普通高等教育案例版系列教材

供药学类、预防、基础、口腔、护理、检验等专业使用

生物化学与分子生物学

案例版

主　编　何凤田　李　荷
副主编　蔡望伟　宋高臣　杨　霞
编　委（按姓氏汉语拼音排序）

蔡望伟（海南医学院）　李红梅（贵州医科大学）
崔炳权（广东药科大学）　连继勤（第三军医大学）
代荣阳（西南医科大学）　刘　皓（四川大学基础与法医学院）
范启兰（赣南医学院）　邱　敏（包头医学院）
冯赞杰（遵义医学院）　宋高臣（牡丹江医学院）
何凤田（第三军医大学）　王建东（成都医学院）
扈瑞平（内蒙古医科大学）　吴炳礼（汕头大学医学院）
蒋　雪（重庆医科大学）　杨　霞（中山大学中山医学院）
金　越（大连医科大学）　张春晶（齐齐哈尔医学院）
李　荷（广东药科大学）　朱蕙霞（南通大学医学院）

科学出版社
北　京

郑 重 声 明

为顺应教学改革潮流和改进现有的教学模式，适应目前高等医学院校的教育现状，提高医学教育质量，培养具有创新精神和创新能力的医学人才，科学出版社在充分调研的基础上，首创案例与教学内容相结合的编写形式，组织编写了国内首套案例版系列教材。案例教学在医学教育中，是培养高素质、创新型和实用型医学人才的有效途径。

案例版教材版权所有，其内容和引用案例的编写模式受法律保护，一切抄袭、模仿和盗版等侵权行为及不正当竞争行为，将被追究法律责任。

图书在版编目（CIP）数据

生物化学与分子生物学 / 何凤田，李荷主编. —北京：科学出版社，2017.1
ISBN 978-7-03-051081-5

Ⅰ. ①生… Ⅱ. ①何… ②李… Ⅲ. ①生物化学–医学院校–教材②分子生物学–医学院校–教材 Ⅳ. ①Q5②Q7

中国版本图书馆 CIP 数据核字(2016)第 302653 号

责任编辑：王 颖 / 责任校对：李 影
责任印制：李 彤 / 封面设计：陈 敬

科学出版社 出版
北京东黄城根北街 16 号
邮政编码：100717
http://www.sciencep.com
北京中科印刷有限公司 印刷
科学出版社发行 各地新华书店经销
*
2017 年 1 月第 一 版 开本：787×1092 1/16
2022 年 9 月第五次印刷 印张：30
字数：991 000

定价：98.00 元

(如有印装质量问题，我社负责调换)

前　言

大学教育的主要目的是“传授知识、启迪智慧和培养能力”，特别是在启迪智慧和培养能力方面应该不断加强。为了更好地实现大学教育的目标，亟需深化课程体系和教学方法改革，加大教材建设与改革力度。鉴于此，科学出版社在总结过去成功经验的基础上，组织出版了一套创新性药学类本科案例版教材。本套教材的特色是在教材中增加案例，但不改变现有教学体制及教学核心内容，其以药学类本科为主要对象，以药学类专业为主，兼顾临床医学、预防医学、基础医学、口腔医学、麻醉学、影像学、儿科学、医学检验学、护理学、法医学等专业需求。

《生物化学与分子生物学》是这套案例版教材的组成部分，其所涵盖的内容可以满足教育部制定的药学类本科生教学要求以及其毕业后执业药师考试和硕士研究生入学考试的需求。在本教材中每章都有针对性地安排了1～3个案例，利用该章的生物化学与分子生物学知识对案例进行分析，将理论与发病机制、药物治疗的作用机制等具体实际结合起来，旨在使学生感到学以致用，增强学习的主动性，从而提高学习效率，达到更好的教学效果。

本教材由来自全国18所医学或药学院校的20位工作在教学第一线的教师编写，所有编者都从事生物化学与分子生物学教学多年，具有较丰富的教学经验；同时，本教材的编写参阅了多本国内外相关教材和大量科研文献，从而保证了教材的科学性与实用性。在召开教材编委会和定稿会过程中，我们得到了科学出版社、第三军医大学和牡丹江医学院的大力支持，在此一并表示感谢。

由于生物化学与分子生物学发展迅猛，内容涉及广泛，加之我们水平有限，书中难免有不足之处，殷切期盼各位老师、同行和同学在使用过程中给予批评指正，我们将不胜感激。

何凤田　李　荷

2016年10月

目　录

绪　论

生物化学（Biochemistry），又称生命的化学（life chemistry），是研究活细胞和生物体内的化学分子与化学反应的一门科学，其从分子水平探讨生命现象的本质。关于分子生物学（Molecular Biology）这一术语，生物学界有不同的解释。有的将分子生物学定义为从分子水平揭示各种生物学现象，该解释无异于生物化学。还有一种比较限定的解释是，在分子水平研究基因的结构与功能，即对核酸和蛋白质等的分子结构与功能的诠释。分子生物学是在20世纪40年代中期以后由生物化学与遗传学杂交融合产生的，故早期又称生化遗传学（Biochemical Genetics）。无论如何定义，生物化学与分子生物学都是密不可分的，故1991年国际生物化学学会正式更名为国际生物化学与分子生物学学会。作为自然科学领域中进展最为迅速的前沿学科，生物化学与分子生物学的理论和技术已经广泛渗透到生物学各学科以及基础医学、临床医学、药学等的各个领域，催生了一大群新兴交叉学科或分支学科，如分子药理学、分子遗传学、分子病理学、分子微生物学、分子免疫学、神经分子生物学、细胞分子生物学、发育分子生物学、衰老分子生物学、分子流行病学、肿瘤分子生物学等。总之，生物化学与分子生物学已成为生物学各学科以及医学和药学等诸多学科之间相互联系的共同语言。

第一节　生物化学与分子生物学发展简史

一、生物化学与分子生物学发展所经历的三个阶段

生物化学的起始研究可追溯到18世纪，经过不断发展，直到1903年才首次使用“生物化学”这一名词，并成为一门独立的学科。生物化学与分子生物学的发展可人为划分为三个阶段，即叙述或静态生物化学阶段、动态生物化学阶段和分子生物学时期。

（一）叙述或静态生物化学阶段

18世纪中叶至20世纪初是生物化学的初期阶段（或萌芽时期）。该阶段的主要工作是研究生物体的化学组成，客观描述组成生物体的物质含量、分布、结构、性质与功能，故又称叙述或静态生物化学阶段。该阶段取得了一系列重要成果，例如，人工合成了尿素，标志着生物化学的开始，从此人们开始用化学“语言”来解释生命现象；较为系统地阐述了三大营养物质（糖、脂、蛋白质或氨基酸）的性质；揭示了细胞是生命体的基本结构单位，是化学反应的主要场所；证实了血红蛋白赋予血液红色；阐明了肽链中肽键的作用；人工合成了简单多肽化合物；明确了酵母发酵过程中存在“可溶性催化剂”；发现了淀粉酶和蛋白水解酶，获得了脲酶、胃蛋白酶和胰蛋白酶的结晶；提出了酶催化作用特异性的“锁钥”学说；证实了酶是化学反应的主宰以及酶的化学本质是蛋白质；发现了核酸，并确定了嘌呤和嘧啶环的结构；发现了维生素、微量元素和激素等等。实际上，在这一时期，不少科学家已经在进行物质代谢方面的研究，例如，18世纪末至19世纪20年代证实，动物在呼吸过程中消耗氧的同时，呼出CO_2并释放出热量，认为这是食物在体内“燃烧”的结果，这些发现是生物氧化及能量代谢研究的开端；随后，在19世纪40年代提出了新陈代谢的概念，认为体内的物质处于合成与分解的化学变化过程之中。

（二）动态生物化学阶段

从20世纪初开始，生物化学进入了蓬勃发展时期。这一时期重点研究生物体内各种分子的动态代谢过程和途径，故该时期又称动态生物化学阶段。放射性核素示踪是推动该阶段生物化学发

展的核心技术。在这一时期，深入而清晰地阐明了大部分生物分子的来源与去路以及相互转化过程，形成了对中间代谢物、代谢限速酶、代谢途径和代谢调节机制的基本认识；揭示了糖酵解途径、尿素循环和脂肪酸 β-氧化过程；证实三羧酸循环是物质氧化分解的最终途径；提出了由分解代谢与合成代谢组成的“中间代谢”概念，阐明了以各种中间代谢物为节点的糖、脂、蛋白质和氨基酸等主要生物分子的体内代谢网络；证实物质代谢与能量代谢相偶联等等。这些研究成果，极大地推动了生物化学学科的成熟与发展。

（三）分子生物学时期

20 世纪 50 年代以来，生物化学发展的显著特征是分子生物学的崛起，即迎来了分子生物学时期。期间，物质代谢途径的研究继续深入，并重点探讨物质代谢的调节与合成代谢。分子生物学时期研究的焦点是核酸与蛋白质等生物大分子的结构与功能、代谢与调控，并取得了举世瞩目的成果。特别是以 1953 年 James Watson 和 Francis Crick 提出的 DNA 双螺旋结构模型作为现代分子生物学诞生的里程碑，开创了分子遗传学基本理论建立和发展的黄金时代。在此基础上建立了遗传信息传递的中心法则并得到补充与完善；破译了遗传密码，揭示了 mRNA 碱基序列与多肽链中氨基酸序列的关系。此外，1951 年发现了蛋白质分子的二级结构形式 α 螺旋；1961 年阐明了调控原核基因表达开启与关闭的分子机制等等。

20 世纪 70 年代，重组 DNA 技术诞生，其作为新的里程碑，标志着人类深入认识生命本质并主动改造生命的新时代开始。通过基因工程技术，相继获得了许多基因工程产品，大大推动了医药工业和农业的发展，并且产生了巨大的社会效益和经济效益。转基因动植物和基因敲除（gene knockout）动物模型的成功建立以及基因诊断与基因治疗等都是重组 DNA 技术在各个领域中的应用。基因工程的迅速发展与应用得益于许多分子生物学新技术的不断涌现，包括核酸的化学合成从手工发展至全自动合成、特定扩增核酸序列的聚合酶链式反应（polymerase chain reaction，PCR）技术、全自动核酸序列测定技术等。核酶（ribozyme）的发现是人们对生物催化剂认识的补充，也丰富了核酸的生物学功能。

1985 年提出，1990 年正式启动计划耗资 30 亿美元，用 15 年完成的人类基因组计划（human genome project，HGP）是生命科学领域有史以来最庞大的研究计划，它与“曼哈顿”原子弹计划、“阿波罗”登月计划并称自然科学史上的“三大计划”。通过包括中国在内的 6 个成员国 16 个实验室 1110 余名生物科学家、计算机专家和有关技术人员的不懈努力，提前 5 年于 2000 年 6 月完成第一个基因草图的绘制，并于次年 2 月由 HGP 和 Cerela 基因组学公司共同公布了人类基因组“工作框架图”。2003 年 4 月 14 日，HGP 隆重宣布：人类基因组序列图绘制成功，HGP 的所有目标基本全部实现，但在 1 号染色体上依然还存在一些漏洞和不精确的地方。2006 年 5 月 18 日，英美科学家宣布完成了人类 1 号染色体的基因测序图，这表明人类最大和最后一个染色体的测序工作已经完成，历时 16 年的 HGP 终于画上了句号。基因组序列图首次在分子层面上为人类提供了一份生命“说明书”，它不仅奠定了人类认识自我的基石，推动了生命与医学科学的革命性进展，而且为全人类的健康带来了福音。

随着 HGP 和十余种模式生物的基因组全序列测定的完成，生命科学随之开始了一个新的纪元——后基因组时代（post genome era）。基因组计划的研究重心已逐渐由结构基因组学转移到功能基因组学、蛋白质组学、蛋白质空间结构的分析与预测、基因表达产物的功能分析以及细胞信号转导机制等。后基因组研究将对各种疾病的发生机制做出最终的解释，也将在各个层次和水平上为疾病的诊疗提供新的线索。

二、我国科学家对生物化学与分子生物学发展所做的贡献

公元前 21 世纪，我们的祖先已能用曲作“媒”（即酶）催化谷物中淀粉转化为酒；此后，公元前 12 世纪以前，我国人民已能利用麦、谷、豆等原料制饴（麦芽糖）、醋和酱，这些足以表明我国

上古时期已有酶学的萌芽。在营养方面，《黄帝内经·素问》的“藏气法时论”篇记载有“五谷为养，五畜为益，五果为助，五菜为充”，将食物分为四大类，并以“养”、“益”、“助”、“充”表明在营养上的价值，这在近代营养学中也是配制完全膳食的一个好原则。在医药方面，我国古代医学对某些营养缺乏病的治疗也有所认识，例如，在公元 4 世纪，我国医书中就有使用海藻酒等治疗“瘿病”（碘缺乏导致的地方性甲状腺肿大）的记载；隋唐医药学家孙思邈曾对“雀目”（维生素 A 缺乏）和脚气病（维生素 B_1 缺乏）建立了食疗方法；北宋科学家沈括曾用从男性尿中沉淀出的“秋石”治疗“虚劳冷疾”等病症，这是最早报道的关于类固醇激素提取和应用的实例。明代李时珍撰写的巨著《本草纲目》，不仅集药物之大成，而且对生物化学的发展也有重要贡献。

20 世纪 20 年代以来，我国生物化学家吴宪等在血液分析化学方面，创立了血滤液的制备和血糖测定法；在蛋白质研究中提出了蛋白质变性学说。我国生物化学家刘思职等在免疫化学领域，用定量分析法研究了抗原-抗体反应机制。新中国成立后，我国的生物化学与分子生物学迅速发展。1965 年，我国在世界上首先人工合成有生物活性的结晶牛胰岛素，并于 1971 年用 X 线衍射法测定了牛胰岛素分子的空间结构；1981 年采用有机合成和酶促相结合的方法成功合成了酵母丙氨酰 tRNA。近年来，我国的基因工程、蛋白质工程、新基因的克隆与功能、疾病相关基因的定位克隆及其功能研究均取得了重要成果。特别要指出的是，人类基因组序列草图的完成也有我国科学家的一份贡献。

第二节 当代生物化学与分子生物学研究的主要内容

一、生物化学与分子生物学的主要研究内容

生物化学与分子生物学的研究内容十分广泛，包括生物体的物质化学组成、化学变化、功能及其调节等，从分子水平揭示生命活动的本质与规律。当代生物化学与分子生物学的研究主要集中在以下几个方面：

（一）生物分子的结构与功能

阐明组成生物体的所有化学成分，包括无机物、有机小分子和生物大分子的种类和作用，是生物化学与分子生物学的基本任务。在研究生物大分子方面，除了确定其基本组成单位的种类、排列顺序和方式外，更重要的是探讨其空间结构及其与功能的关系。分子结构是功能的基础，而功能则是结构的体现。各种细胞活动中的分子识别和分子间的相互作用也是当今生物化学与分子生物学的研究热点之一。无机物和有机小分子在生命活动中的调控作用仍需深入探讨。

（二）物质代谢及其调节

新陈代谢是生命的基本特征，正常新陈代谢是正常生命活动的必要条件。新陈代谢十分活跃，以 60 岁计算，推测人的一生中与外界环境进行交换的水、糖类、蛋白质及脂质分别为 60 000kg、10 000kg、1600kg 和 1000kg。此外，其他小分子物质和无机盐类也在不断交换之中。体内的物质代谢几乎都是由酶催化的反应所组成的代谢途径来完成。正常情况下，体内千变万化的化学反应及错综复杂的代谢途径能按照一定规律有条不紊地进行，是因为机体内存在一套精细、完善的调节机制。物质代谢紊乱或调节失控则可引起疾病。目前，对生物体内主要物质的经典代谢途径已基本清楚，但仍有诸多问题亟待探讨。例如，关于物质代谢中酶的结构和酶量如何适应环境变化及其有序调节的分子机制，尚需进一步研究；各种疾病状态下物质与能量代谢如何变化、与疾病进程的关系、诊断和治疗价值等，依然是当代生物化学与分子生物学研究的重要课题。

（三）基因信息传递及其调控

基因信息传递涉及遗传、变异、生长、发育与分化等诸多生命过程，也与遗传性疾病、恶性肿瘤、心血管疾病、代谢异常性疾病、免疫缺陷性疾病等的发病机制有关。对于多细胞生物来说，

遗传信息的储存、复制、表达及其调控是其分子水平生命活动的重要部分，这些活动决定细胞和整个机体生命活动的形式。目前，尽管已经形成了针对这些分子水平生命活动的基本理论框架，但对所有的分子运行细节的认识仍十分有限。细胞微环境如何影响这些信息的传递是认识这些分子水平生命活动的另一重要问题。阐明细胞间通讯和细胞内信息转导的分子机制是理解细胞和整体生命活动对外界反应的关键。

（四）基因组学及其他组学的研究

HGP 的实施，标志着生物化学与分子生物学的研究进入了规模化和系统化阶段。发现和鉴定人类基因组中的所有基因是结构基因组学的主要研究内容，功能基因组学则以诠释基因功能为目标。蛋白质组学、转录组学、功能 RNA 组学、代谢组学、糖组学等新的规模化和系统化研究是后基因组时代生物化学与分子生物学的重要特点，是全面认识生命活动全部分子机制的重要领域。

二、生物化学与分子生物学研究的发展趋势

生物化学与分子生物学通过围绕上述四方面的研究，逐步完善和深化了对生物分子组成、相互作用和调控网络的认识，较系统地揭示了生物分子的结构与功能、物质在体内转化的主要过程和生物信息传递的基本途径，形成了解释生命现象本质与规律的理论体系。然而，目前对细胞中分子活动的认识仍是局部的、静止的，对于瞬息万变的细胞和个体，依然缺乏全面而准确的理解。规模化、系统化、自动化、信息化、定量化和动态化将是生物化学与分子生物学研究继续发展的必然趋势。

在未来的研究中，生物化学与分子生物学工作者必将以整合、动态和交叉联系的理念，通过创新性的研究技术全面认识关键生物分子在不同生理、病理状态下的功能和实时变化，借助组学等高通量研究方法系统阐明生物分子群体的变化规律及其对生理、病理过程的标识和驱动作用，应用学科融合的研究手段揭示从基因型到表型的涉及遗传、代谢和信息转导的复杂生理现象和病理机制，从而为生命科学和医学、药学等领域的理论突破和技术进步做出应有的贡献。

第三节　本书的主要内容

从生物化学与分子生物学不断发展与其应用范围日益扩大的实际考虑，并密切结合教学需要，本教材主要介绍以下几方面的内容：①生物大分子的结构与功能，包括第一至三章。重点介绍蛋白质与核酸的分子结构、主要理化性质，并在分子水平上阐述其结构与功能的关系。酶作为具有高效、特异性催化功能的一类特殊蛋白质，当然也包括在生物大分子的内容之内。由于维生素及其衍生物可作为酶的辅助因子，故将维生素与酶放在同一章介绍。②物质代谢及其调节，包括第四至十一章。物质代谢包括营养物质糖类、脂质、蛋白质或氨基酸的代谢变化，重点介绍主要代谢途径、生物氧化、能量转换以及相互关系；此外，物质代谢还包括含氮化合物核苷酸的代谢；血红素代谢和非营养物质的代谢分别在血液生物化学和肝胆生物化学章中介绍。③生命信息的传递与调控，包括第十二至十七章。重点阐明遗传学中心法则所提示的信息流向，包括 DNA 的生物合成（复制）、RNA 的生物合成（转录）、蛋白质的生物合成（翻译）以及基因表达调控；同时还讨论了癌基因、抑癌基因与生长因子以及细胞信号转导等内容。④分子生物学技术及应用，包括第十八至二十章。重点介绍常用分子生物学技术、基因工程以及分子生物学技术在医学领域中的应用如基因诊断与基因治疗。每章前有内容提要，正文后有思考题。特别值得一提的是，本书作为案例版教材，在每章中都安排了 1～3 个案例，利用该章的生物化学与分子生物学知识对案例进行分析，将理论与发病机制、药物治疗的作用机制等具体实际结合起来，旨在使学生感到学以致用，增强学习的主动性，从而提高学习效率，达到更好的教学效果。

（何凤田　李　荷）

第一章　蛋白质的结构与功能

内容提要

蛋白质是由氨基酸构成的具有特定空间结构的生物大分子，是生命的物质基础。每一种蛋白质都有其特异的生物学功能。

组成蛋白质的基本元素是碳、氢、氧、氮、硫，各种蛋白质的含氮量接近且恒定，平均为 16%。组成人体蛋白质的氨基酸有 20 种，除甘氨酸外，均为 *L*-α-氨基酸。氨基酸通过肽键相连形成肽，十肽以下者称为寡肽，十肽以上者称为多肽。生物体内存在许多重要的生物活性肽。

蛋白质的结构复杂，具有多层次结构。一般用一级结构和空间结构描述蛋白质的结构，空间结构又分为二级结构、三级结构和四级结构。蛋白质的一级结构是指蛋白质分子中氨基酸在多肽链中的排列顺序，即氨基酸序列，其连接键是肽键，还包括二硫键。蛋白质的二级结构是指主链局部或某一段肽链的空间结构，不涉及氨基酸侧链构象，主要有 α-螺旋、β-折叠、β-转角和有序非重复结构等形式，以氢键维持其稳定。蛋白质的三级结构是指整条多肽链所有原子的空间排布，包括多肽链分子主链及侧链的构象，三级结构的稳定主要靠次级键。蛋白质的四级结构是指蛋白质亚基之间的聚合，也主要靠次级键维系。

蛋白质的一级结构是空间结构的基础，也是功能的基础。一级结构相似的蛋白质，其空间结构与功能也相近。若蛋白质的一级结构发生改变而影响其正常功能，由此引起的疾病称为分子病。

蛋白质空间结构与功能密切相关。蛋白质分子可与某些小分子物质相互作用，使构象发生改变，生物学效应随之发生改变，这种现象称为别构效应。别构效应是蛋白质中普遍存在的功能调节方式之一。

蛋白质的空间结构发生改变，可导致其理化性质改变和生物学活性丧失，称为蛋白质的变性。蛋白质变性后，只要其一级结构未遭破坏，在一定条件下可以复性，并恢复其原有的空间构象和功能。

利用蛋白质的理化性质，可以进行蛋白质的分离纯化。分离和纯化出单一蛋白质并保持蛋白质的活性，在研究蛋白质的结构和功能及生化制药工业中都有着非常重要的意义。

蛋白质（protein）是生物界普遍存在的生物大分子，无论是简单的低等生物，还是复杂的高等生物，从病毒、细菌、植物、动物到人类，凡是生物体均含有蛋白质。人体内蛋白质含量约占人体固体成分的 45%，在细胞中蛋白质可达细胞干重的 70%以上；微生物中蛋白质含量也很高，细菌中蛋白质含量为 50%～80%；干酵母中含蛋白质约为 46.6%；病毒中除少量核酸外，其余成分几乎都是蛋白质；高等植物细胞原生质和种子中也含有较多的蛋白质，如黄豆中蛋白质含量可达 40%。因此，蛋白质不仅是构成组织和细胞的重要成分，也是细胞中含量最丰富的有机化合物。

生物体结构越复杂，其蛋白质种类也越多，功能也越复杂。最简单的单细胞生物如大肠杆菌含有 3000 余种不同的蛋白质，人体内含有 10 万种以上不同的蛋白质。每一种蛋白质都具有重要的生理功能，几乎所有的生命现象和生理活动都有蛋白质参与，没有蛋白质就没有生命。

近年来，随着现代生物技术的发展与进步，人们可大规模地从动植物和微生物中提取分离制备多种生化药物，在提取分离时常常遇到蛋白质处理问题。因此，研究蛋白质不仅具有重要的生物学意义，而且对有关药物的生产、制备、分析和贮存也具有重要的应用价值。

第一节 蛋白质的分子组成

尽管蛋白质种类繁多，但元素组成十分相似。组成蛋白质的主要元素有碳（50%～55%）、氢（6%～8%）、氧（19%～24%）、氮（13%～19%）和硫（0～4%）；有些蛋白质还含有少量磷或金属元素铁、铜、锰、锌、钴、钼等，个别蛋白质还含有碘。各种蛋白质的含氮量很接近且恒定，平均为 16%，这是蛋白质元素组成的一个重要特点。由于动植物组织中的含氮物以蛋白质为主，因此测定生物样品中的含氮量，可以按下式推算出样品中蛋白质的大致含量。

每克样品中含氮克数×6.25×100＝100 克样品中蛋白质的含量（g%）

一、氨 基 酸

蛋白质受酸、碱或蛋白酶的作用水解生成的最终产物是游离氨基酸，所以组成蛋白质的基本单位是氨基酸（amino acid）。

（一）氨基酸的结构

自然界中存在的氨基酸有 300 余种，但是组成人体蛋白质的氨基酸只有 20 种。除甘氨酸外，均为 *L*-α-氨基酸（图 1-1）。其结构通式如下：

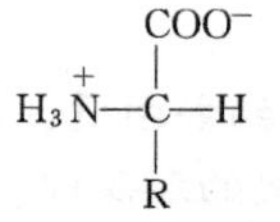

图 1-1 *L*-α-氨基酸结构通式

氨基酸结构中，α-碳原子上连接一个羧基（—COOH）和一个氨基（—NH_2），故称为α-氨基酸。此外还有一个侧链（R 基团），不同氨基酸其侧链结构各不相同。除甘氨酸外，其他氨基酸中的α-碳原子所连接的四个原子或基团互不相同，是不对称碳原子，故氨基酸存在 *L* 型和 *D* 型两种旋光异构体。自然界中已发现的 *D* 型氨基酸大多存在于某些细菌产生的肽类抗生素及细菌细胞壁的多肽中，个别植物的生物碱中也有一些 *D* 型氨基酸。

20 种氨基酸中脯氨酸和半胱氨酸比较特殊。脯氨酸为亚氨基酸，但其亚氨基仍能与另一氨基酸的羧基形成肽键。脯氨酸在蛋白质加工时可被修饰成羟脯氨酸。两个半胱氨酸通过脱氢后以二硫键相连形成胱氨酸，在蛋白质分子中的半胱氨酸多以胱氨酸的形式存在，二硫键在稳定蛋白质空间结构中起重要作用。

（二）氨基酸的分类

根据氨基酸 R 基团的结构和理化性质不同，可将 20 种氨基酸分为四类（表 1-1）：

1. 非极性疏水性氨基酸 这类氨基酸在水中的溶解度较小，包括甘氨酸和四种带有脂肪烃侧链的氨基酸（丙氨酸、缬氨酸、亮氨酸、异亮氨酸），一种芳香族氨基酸（苯丙氨酸）和一种亚氨基酸（脯氨酸）。

2. 极性中性氨基酸 这类氨基酸 R 基团具有一定的极性，在水中的溶解度较非极性氨基酸大，包括两种含有羟基的氨基酸（丝氨酸和苏氨酸），两种含有酰胺基的氨基酸（谷胺酰胺和天冬酰胺），两种含硫氨基酸（半胱氨酸和甲硫氨酸）和两种芳香族氨基酸（酪氨酸和色氨酸）。

3. 酸性氨基酸 这类氨基酸在生理条件下解离带负电荷，包括天冬氨酸和谷氨酸，这两种氨基酸都含有两个羧基。

4. 碱性氨基酸 这类氨基酸在生理条件下解离带正电荷，包括侧链含有ε-氨基的赖氨酸、含有一个带正电荷胍基的精氨酸和含有弱碱性咪唑基的组氨酸。

此外，由于色氨酸、酪氨酸、苯丙氨酸的侧链中均含有苯环，有时又将此三种氨基酸单独归类为芳香族氨基酸。

表 1-1　氨基酸的分类

种类	结构式	中文名	英文名	三字符号	一字符号	等电点 pI
非极性疏水性氨基酸	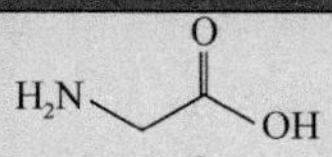	甘氨酸	glycine	Gly	G	5.97
	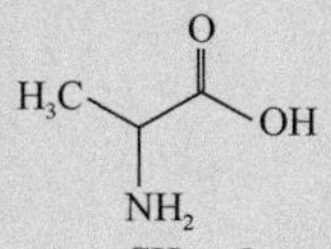	丙氨酸	alanine	Ala	A	6.00
	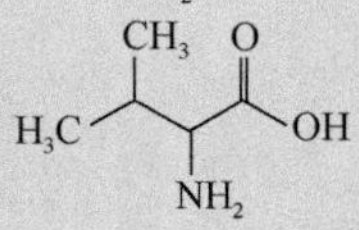	缬氨酸	valine	Val	V	5.96
	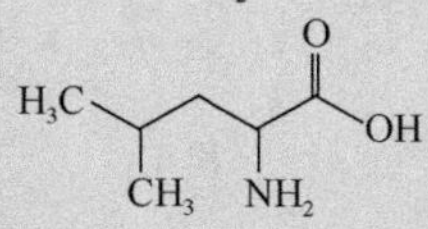	亮氨酸	leucine	Leu	L	5.98
	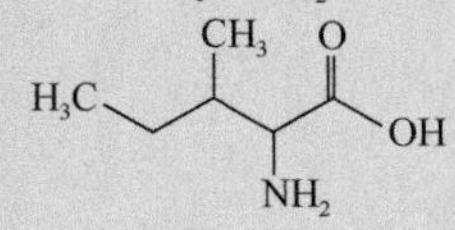	异亮氨酸	isoleucine	Ile	I	6.02
	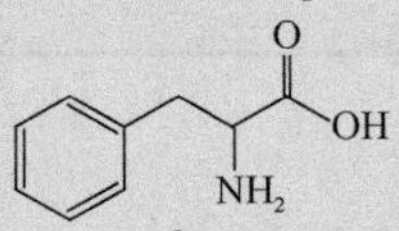	苯丙氨酸	phenylalanine	Phe	F	5.48
	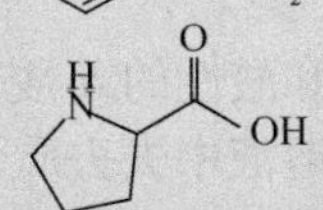	脯氨酸	proline	Pro	P	6.30
极性中性氨基酸	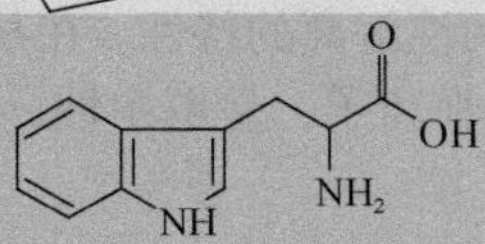	色氨酸	tryptophan	Trp	W	5.89
	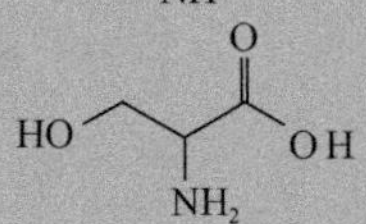	丝氨酸	serine	Ser	S	5.68
	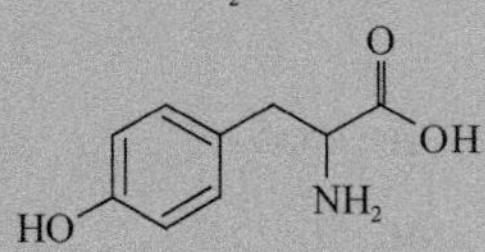	酪氨酸	tyrosine	Tyr	Y	5.66
	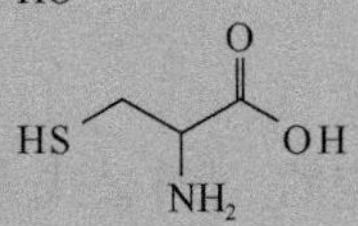	半胱氨酸	cysteine	Cys	C	5.07
	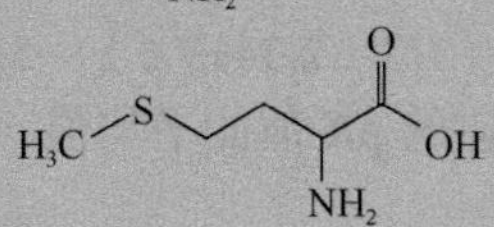	甲硫氨酸	methionine	Met	M	5.74
	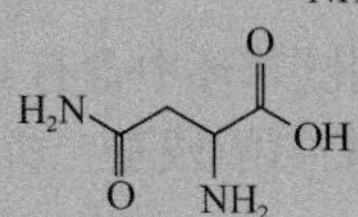	天冬酰胺	asparagine	Asn	N	5.41
	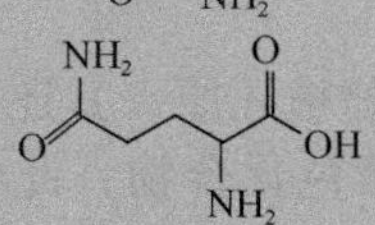	谷氨酰胺	glutamine	Gln	Q	5.65
	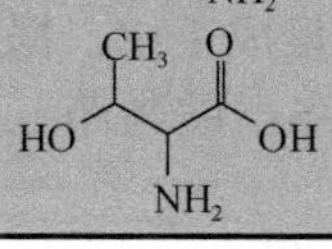	苏氨酸	threonine	Thr	T	5.60

续表

种类	结构式	中文名	英文名	三字符号	一字符号	等电点 pI
酸性氨基酸	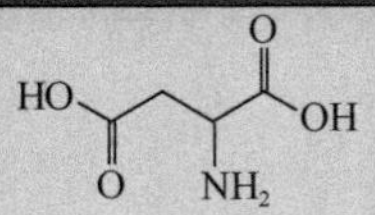	天冬氨酸	aspartic acid	Asp	D	2.97
	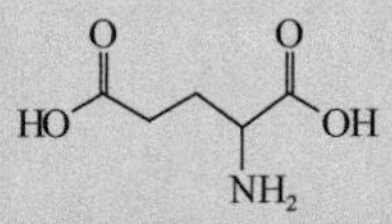	谷氨酸	glutamic acid	Glu	E	3.22
碱性氨基酸	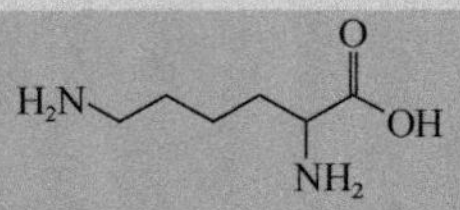	赖氨酸	lysine	Lys	K	9.74
	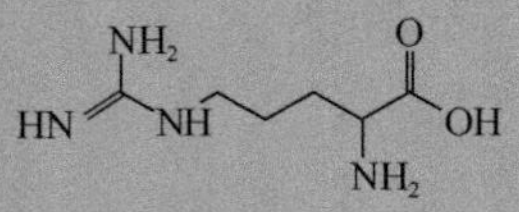	精氨酸	arginine	Arg	R	10.76
	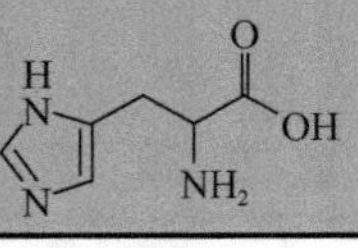	组氨酸	histidine	His	H	7.59

（三）氨基酸的理化性质

1. 两性解离和等电点 所有氨基酸都含有碱性的 α-氨基（或亚氨基）和酸性的 α-羧基，可在酸性溶液中与质子（H^+）结合成带正电荷的阳离子（$—NH_3^+$），也可在碱性溶液中失去质子变成带负电荷的阴离子（$—COO^-$），因此蛋白质是一种两性电解质，具有两性解离的特性。在某一 pH 的溶液中，氨基酸解离成阳离子和阴离子的趋势和程度相等，成为兼性离子，呈电中性，此时溶液的 pH 称为该氨基酸的等电点（isoelectric point，pI）。

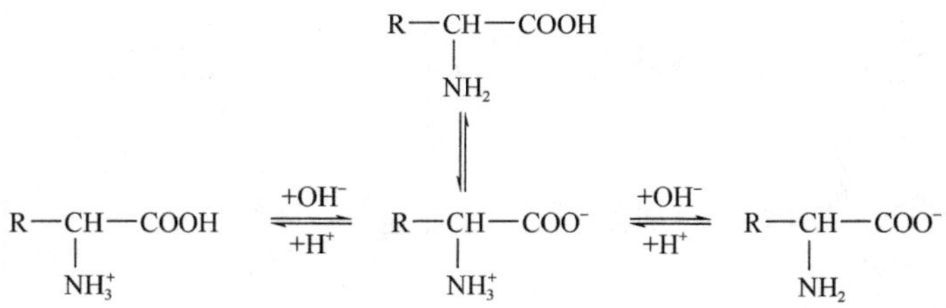

氨基酸的 pI 是由 α-羧基和 α-氨基的解离常数的负对数 pK_1 和 pK_2 决定的。计算公式为：$pI = 1/2(pK_1 + pK_2)$。如甘氨酸的 $pK—COOH = 2.34$，$pK—NH_2 = 9.60$，$pI = 1/2（2.34+9.6）= 5.97$。如果一个氨基酸有三个可解离基团，写出它们的电离式后取兼性离子两边的 pK 值的平均值，即为此氨基酸的 pI 值。

2. 紫外吸收性质 色氨酸、酪氨酸、苯丙氨酸等芳香族氨基酸，其侧链苯环中含有共轭双键，在 280nm 附近有最大吸收峰（图 1-2）。由于大多数蛋白质含有色氨酸和酪氨酸残基，所以测定蛋白质在 280nm 的光吸收值，可快速定量分析溶液中蛋白质含量。

3. 茚三酮反应 氨基酸与茚三酮的水合物共同加热，茚三酮水合物被还原，其还原产物可与氨基酸加热分解产生的氨结合，再与另一分子茚三酮缩合成为蓝紫色化合物，此化合物在 570nm 有最大吸收峰。蓝紫色化合物颜色的深浅与氨基酸分解产生的氨量成正比，据此可进行氨基酸定量分析。脯氨酸、羟脯氨酸与茚三酮试剂反应产物呈黄色，天冬酰胺与茚三酮反应产物呈棕色。

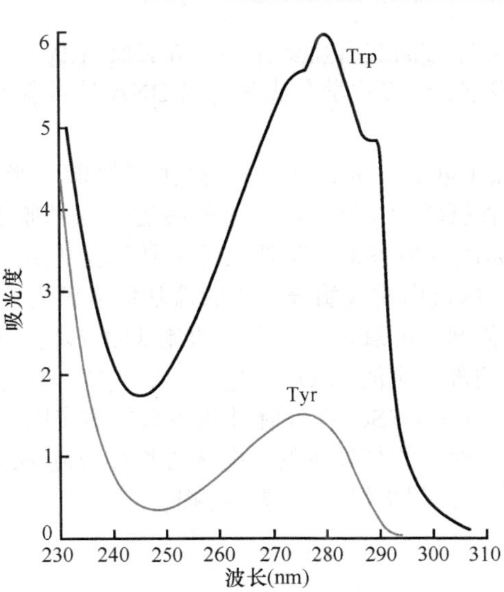

图 1-2　芳香族氨基酸的紫外吸收

二、肽

（一）肽与肽键

早在 1890～1910 年间，德国化学家 Hermann Emil Fischer 就通过实验证明蛋白质分子是氨基酸之间通过肽键相连而形成的肽（peptide）。肽键（peptide bond）是由一个氨基酸的 α-羧基与另一个氨基酸的 α-氨基脱水缩合形成的化学键（—CO—NH—），又称酰胺键（图 1-3）。

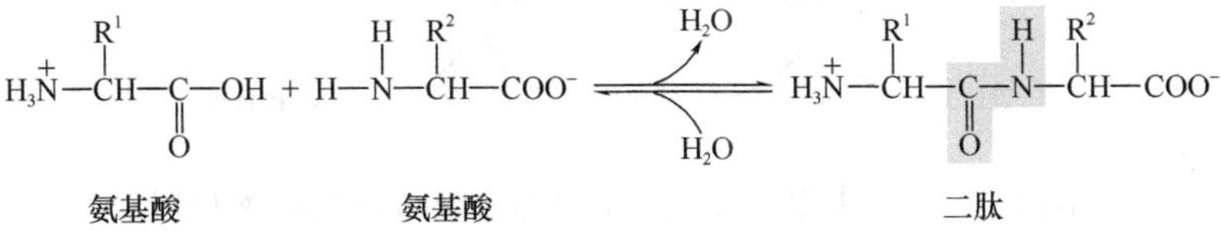

图 1-3　肽与肽键

由二个氨基酸形成的肽称为二肽，三个氨基酸形成的肽称三肽，依此类推。通常将 10 个以下氨基酸相连形成的肽称为寡肽（oligopeptide），10 个以上氨基酸组成的肽称为多肽（polypeptide）。多肽分子中氨基酸相互连接形成长链，称为多肽链（polypeptide chain）。多肽链中的氨基酸由于脱水缩合，已不是完整的氨基酸分子，称为氨基酸残基（residue）。多肽链中的 α-碳原子和肽键的若干重复结构称为主链（backbone），各氨基酸残基的侧链基团为多肽链的侧链（sidechain）。

多肽链两端有自由氨基和自由羧基，含游离 α-氨基的一端称为氨基末端（amino terminal）或 N-末端，通常写在多肽链的左端；含游离 α-羧基的一端称为羧基末端（carboxyl terminal）或 C-末端，通常写在多肽链的右端。肽的命名从 N-末端开始指向 C-末端。如从 N-末端到 C-末端依次由甘氨酸、丙氨酸、酪氨酸、色氨酸组成的四肽，规范化学名称为甘氨酰-丙氨酰-酪氨酰-色氨酸。

蛋白质属于多肽，但多肽不全是蛋白质。蛋白质的氨基酸残基数通常在 50 个以上，50 个氨基酸残基以下的肽仍称为多肽。例如，通常将含有 39 个氨基酸残基的促肾上腺皮质激素称为多肽，而把由 51 个氨基酸残基组成的胰岛素称为蛋白质。

（二）几种重要的生物活性肽

生物体内存在许多具有重要生物功能的肽，称为生物活性肽，有的仅为三肽，有的为寡肽或多肽，在代谢调节、神经传导等方面起着重要作用。如谷胱甘肽、多肽类激素、神经肽及多肽类抗生素等。随着生物技术的发展，许多化学合成和重组 DNA 技术制备的肽类药物和疫苗已在疾病预防和治疗方面取得了成效。

1. 谷胱甘肽 谷胱甘肽（glutathione，GSH）是由谷氨酸、半胱氨酸和甘氨酸组成的三肽（图 1-4A）。第一个肽键是由谷氨酸的 γ-羧基与半胱氨酸的 α-氨基脱水缩合而成，称为 γ-谷氨酰半胱氨酰甘氨酸。分子中半胱氨酸的巯基是谷胱甘肽的主要功能基团。GSH 的巯基具有还原性，是体内重要的还原剂，能保护体内蛋白质或酶分子中的巯基免遭氧化，使蛋白质或酶处在活性状态。H_2O_2 是细胞内产生的重要氧化剂，可氧化蛋白质中的巯基而破坏其功能。在谷胱甘肽过氧化物酶的作用下，GSH 可还原细胞内部产生的 H_2O_2，使其变成 H_2O，失去氧化性，与此同时，GSH 被氧化成氧化型谷胱甘肽（GSSG）；GSSG 在谷胱甘肽还原酶的作用下，再生成 GSH（图 1-4B）。此外，GSH 的巯基还有嗜核特性，能与外源的嗜电子毒物如致癌剂或药物结合，阻断这些化合物与 DNA、RNA 或蛋白质结合，以保护机体免遭毒物损害。

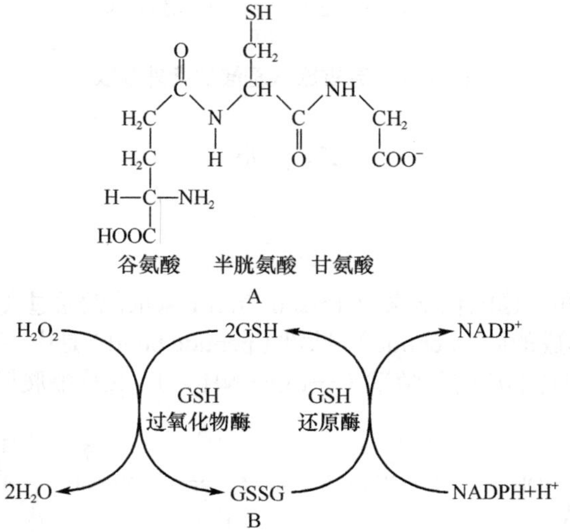

图 1-4 谷胱甘肽（A）和 GSH 与 GSSG 间的转换（B）

2. 多肽类激素及神经肽 体内有许多激素为寡肽或多肽，如催产素（9 肽）、加压素（9 肽）、促肾上腺皮质激素（39 肽）、促甲状腺素释放激素（3 肽）等，它们各有其重要的生理功能。如促甲状腺素释放激素（thyrotropin releasing hormone，TRH）是一个特殊结构的三肽（图 1-5），其 N-末端的谷氨酸残基环化成为焦谷氨酸（pyroglutamic acid），C-末端的脯氨酸残基酰化成为脯氨酰胺，主要作用是促进腺垂体分泌促甲状腺素。

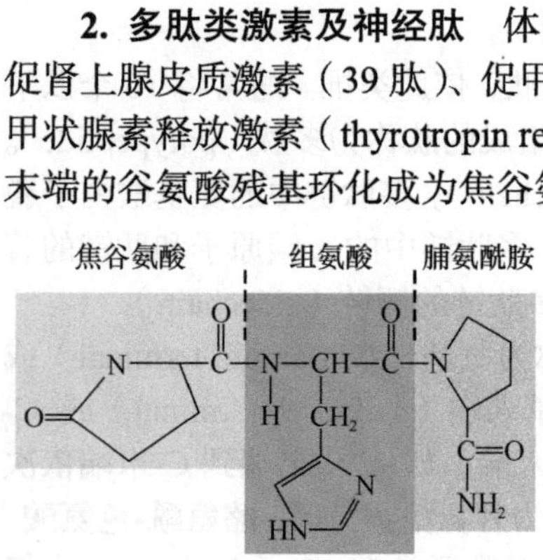

图 1-5 促甲状腺素释放激素

有一类在神经传导过程中起信号转导作用的肽类被称为神经肽（neuropeptide），如脑啡肽（5 肽）、β-内啡肽（31 肽）、强啡肽（17 肽）、P 物质（10 肽）等，它们是中枢神经系统调控机体功能的一类重要化学物质，与中枢神经系统产生痛觉抑制有密切关系。

3. 多肽类抗生素 多肽类抗生素是一类能抑制或杀死细菌的多肽，如短杆菌肽 A、短杆菌素 S、缬氨霉素（valinomycin）和博来霉素（bleomycin）等。

除天然活性多肽外，自 20 世纪 70 年代重组 DNA 技术建立以来，通过重组 DNA 技术获得的多肽类药物、肽类疫苗等越来越多，应用也越来越广泛。

第二节　蛋白质的分子结构

蛋白质是由许多氨基酸通过肽键相连形成的有序生物大分子。人体内每一种蛋白质都有其特定的氨基酸种类、组成百分比及排列顺序，并进一步折叠成特定的空间结构。由氨基酸排列顺序及肽链的特定空间排布等所构成的蛋白质分子结构，是不同蛋白质表现各自特性和独特生理功能的结构基础。根据蛋白质肽链折叠的方式与复杂程度，一般用一级结构和空间结构描述蛋白质的结构，空间结构又称空间构象（conformation），包括蛋白质二、三、四级结构。由一条多肽链形成的蛋白质只有一、二、三级结构，由两条或两条以上多肽链形成的蛋白质才有四级结构。

一、蛋白质的一级结构

蛋白质分子中从 N-末端到 C-末端的氨基酸排列顺序，称为蛋白质的一级结构（primary structure）。一级结构是蛋白质的基本结构，决定着蛋白质的空间结构。蛋白质一级结构的主要化学键是肽键，有的蛋白质还含有二硫键（—S—S—）。

牛胰岛素是第一个被测定一级结构的蛋白质分子，由英国化学家 Frederick Sanger 于 1953 年测定完成，据此他于 1958 年获得诺贝尔化学奖。牛胰岛素是由 A 和 B 两条多肽链组成，A 链有 21 个氨基酸残基，B 链有 30 个氨基酸残基，相对分子质量为 5733Da。牛胰岛素分子中有 3 个二硫键，其中 A 链第 6 位半胱氨酸和第 11 位半胱氨酸的巯基脱氢形成 1 个链内二硫键，A 链和 B 链通过两个链间二硫键相连（图 1-6）。

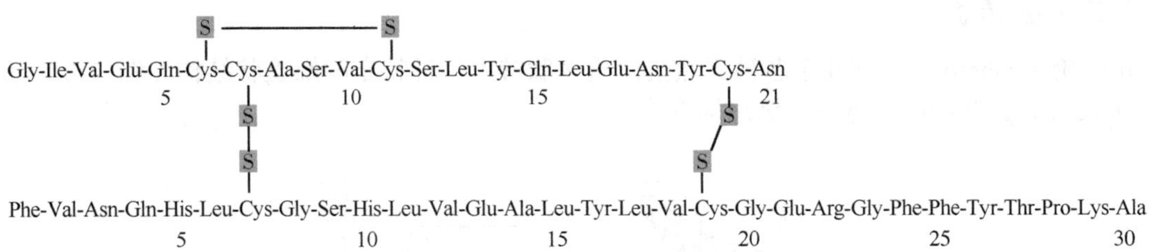

图 1-6　牛胰岛素的一级结构

体内蛋白质种类繁多，不同的蛋白质其一级结构各不相同，一级结构是蛋白质空间结构和生物学功能的基础，但不是决定蛋白质空间结构的唯一因素。

随着蛋白质测序技术和手段的更新，目前已有相当数量的蛋白质一级结构被测定，并且还以更快的速度增加。国际互联网有若干重要的蛋白质数据库（updated protein database），例如 EMBL（European Molecular Biology Laboratory Data Library）、Genbank（Genetic Sequence Databank）和 PIR（Protein Identification Resource Sequence Database）等，收集了大量的蛋白质一级结构及其他资料，为深入研究蛋白质的结构与功能提供了有利条件。

二、蛋白质的二级结构

蛋白质的二级结构（secondary structure）是指蛋白质分子中某一段肽链的局部空间结构，即该段肽链主链骨架中各原子的相对空间位置，不涉及氨基酸残基侧链的构象。

（一）肽单元

肽键是构成蛋白质分子的基本化学键，肽键中的四个原子（C、O、N、H）与相邻的两个 α 碳原子（$C\alpha_1$、$C\alpha_2$）处于同一个平面上，此平面称为肽平面或肽单元（peptide unit），$C\alpha_1$ 和 $C\alpha_2$

在平面中所处的位置为反式（trans）构型（图 1-7）。肽单元是形成蛋白质二级结构的基础。

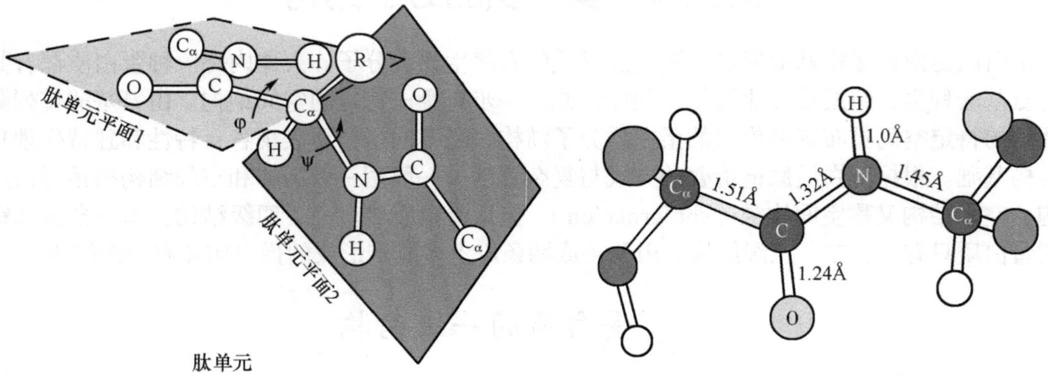

图 1-7 肽单元与肽键中的键长

20 世纪 30 年代末，Linus Pauling 和 Robert Brainard Corey 通过 X 射线衍射分析证明，肽键中的 C—N 键长为 0.132nm，介于 C—N 单键（键长 0.149nm）和 C═N 双键（键长 0.127nm）之间，具有部分双键性能，不能自由旋转。而与肽键相连的 α-碳原子两侧都是单键，可以自由旋转。肽单元上 α-碳原子两侧单键的旋转角度，决定了两个相邻的肽单元平面的相对空间位置，使多肽链形成具有特殊规律的二级结构。蛋白质的二级结构主要包括 α-螺旋、β-折叠、β-转角和有序非重复结构。一个蛋白质分子中可同时含有多种二级结构或多个同种二级结构。

（二）α-螺旋

α-螺旋（α-helix）是存在于各种天然蛋白质多肽链中一种特定的螺旋状结构（图 1-8），是蛋白质中最常见、含量最丰富的二级结构形式。

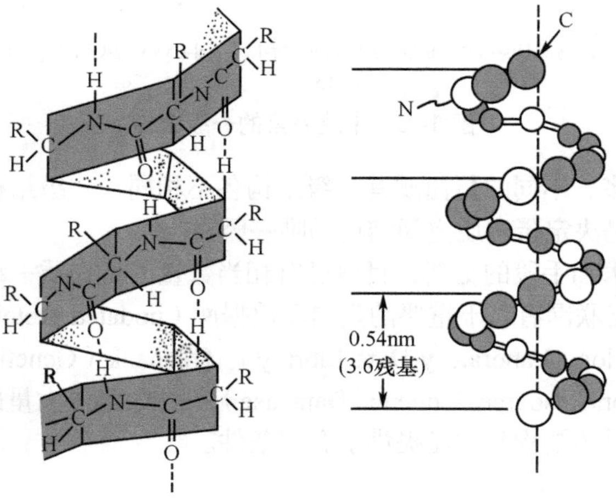

图 1-8 α-螺旋

1951 年，Pauling 和 Corey 根据 William Thomas Astbury 对 α-角蛋白进行的 X-射线衍射分析结果，首先提出了 α-螺旋结构模型，并通过实验证实了蛋白质 α-螺旋二级结构的存在。基于 Pauling 对蛋白质与酶研究的杰出贡献，他于 1954 年获得诺贝尔化学奖。

α-螺旋具有下列特征：

（1）多个肽平面通过 α-碳原子旋转，使多肽链的主链围绕中心轴盘曲成稳定的右手螺旋，氨基酸侧链伸向外侧。每 3.6 个氨基酸残基螺旋上升一圈，螺距为 0.54nm。

（2）螺旋圈之间借肽键中的 C═O 与 N—H 形成许多氢键，即一个肽键亚氨基上的氢原子和第四个肽键羰基上的氧原子形成氢键。肽链中所有肽键中的氢和羰基氧都可参与形成氢键，使得 α-螺旋结构十分稳定。

（3）肽链中氨基酸残基的 R 基团均伸向螺旋的外侧，其形状、大小及电荷影响 α-螺旋的形成和稳定。酸性或碱性氨基酸集中的区域，由于同性电荷相斥，不利于 α-螺旋的形成；含较大 R 基团的氨基酸（如苯丙氨酸、异亮氨酸、色氨酸）集中的区域，由于空间位阻较大，也不利于 α-螺旋的形成；脯氨酸是亚氨基酸，不能形成氢键，故不易形成 α-螺旋。

肌红蛋白及血红蛋白分子中有许多肽段是 α-螺旋结构。毛发的角蛋白、肌肉组织的肌球蛋白以及血凝块中的纤维蛋白，它们的多肽链几乎全部卷曲成 α-螺旋。数条 α-螺旋状的多肽链可缠绕起来，形成缆索，从而增强其机械强度和伸缩性。

（三）β-折叠

β-折叠（β-pleated sheet）也是蛋白质中常见的二级结构，β-折叠结构多肽链较为伸展，肽单元平面间折叠成锯齿状（图 1-9）。

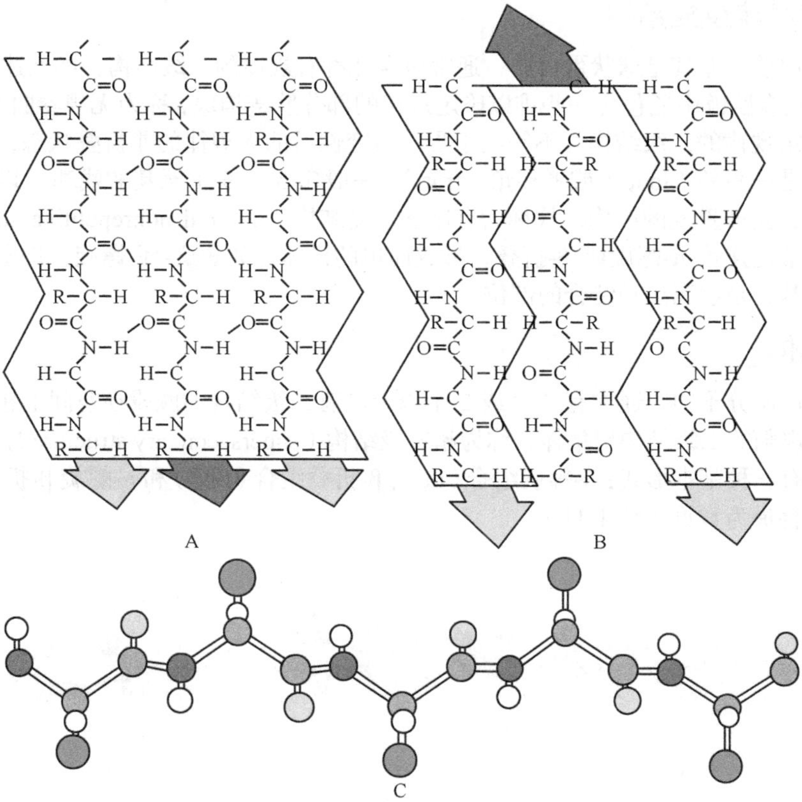

图 1-9　β-折叠

A.平行折叠；B.反平行折叠；C.侧视

β-折叠的结构特征如下：

（1）多肽链呈伸展状态，相邻肽单元平面之间折叠成锯齿状，氨基酸残基的 R 侧链伸出在锯齿的上方或下方。

（2）两条肽链或一条肽链内若干肽段的锯齿状结构平行排列，相邻肽链之间的肽键通过 C═O 与 N—H 形成氢键，维持 β-折叠结构的稳定。

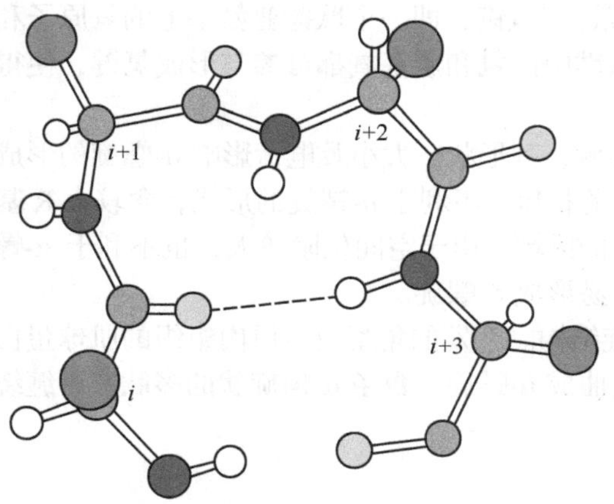

图 1-10 β-转角

（3）分子内相距较远的两个肽段可通过折叠而形成相同走向，也可通过回折而形成相反走向。

（4）氨基酸残基的侧链太大会影响 β-折叠的形成。

蚕丝蛋白几乎都是 β-折叠结构，许多蛋白质既有 α-螺旋又有 β-折叠结构。

（四）β-转角

蛋白质分子中，肽链经常会出现 180°的回折，β-转角（β-turn）常发生于这种回折时的转角上（图 1-10）。β-转角通常由四个氨基酸残基组成，其第一个氨基酸残基的羰基氧与第四个氨基酸残基的亚氨基氢形成氢键，从而使结构稳定。β-转角结构中第二个氨基酸残基常为脯氨酸，甘氨酸、天冬氨酸、天冬酰胺和色氨酸也在 β-转角中常见。

（五）有序非重复结构

大部分蛋白质，尤其是球状蛋白质，通常包含几种有规律的二级结构，如上述的 α-螺旋和 β-折叠，但蛋白质多肽链中还包含一些难以确定规律的部分肽链构象，称为无规卷曲（random coil）。但这种无法确定规律的二级结构并不等同于蛋白质变性后的无规律的非折叠状态，而是一种有序的结构，通常是一些环（loop）或者转角（trun），一般含 3～15 个氨基酸残基，其特点不同于 α-螺旋和 β-折叠，是非重复的结构，故称为有序非重复结构（ordered nonrepetitive structure）。这种结构的作用通常是连接 α-螺旋或 β-折叠，形成简单的模体，如螺旋-环-螺旋。许多环或转角含有功能氨基酸残基，是金属离子结合的部位。

（六）模体

在许多蛋白质分子中，通常有 2 个或 2 个以上具有二级结构的肽段在空间上相互靠近、互相作用，形成有规则的二级结构聚集体，称为超二级结构（supersecondary structure）。目前发现的二级结构聚集体有三种基本形式：α-螺旋组合（αα）、β-折叠组合（βββ）和 α-螺旋 β-折叠组合（βαβ），其中以 βαβ 组合最为常见（图 1-11）。

A　　B　　C

图 1-11 蛋白质的超二级结构

A. α-螺旋组合（αα）；B. β-折叠组合（βββ）；C. α-螺旋 β-折叠组合（βαβ）

模体（motif）是蛋白质分子中一种具有特定空间构象和功能的超二级结构。一个模体总有其特征性的氨基酸序列，并发挥特殊的功能。如锌指结构（zinc finger）就是一个典型的模体，它由一个 α-螺旋和两个反向平行的 β-折叠构成，形似手指，具有结合 Zn^{2+}的功能。该模体 N-末端有一对半胱氨酸残基，C-末端有一对组氨酸残基或半胱氨酸残基，四个氨基酸残基在空间上形成一个洞穴，恰好容纳一个 Zn^{2+}（图 1-12）。由于 Zn^{2+}可稳定模体中的 α-螺旋结构，保证 α-螺旋镶嵌在 DNA 大沟中。一些转录调节因子都含有锌指结构，能与 DNA 或 RNA 结合。

有些蛋白质的模体仅由几个氨基酸残基组成，例如纤连蛋白、层连蛋白及多数去整合素均含有 Arg-Gly-Asp（RGD）三肽片段，RGD 模体是这些蛋白质与其受体相互作用的位点。

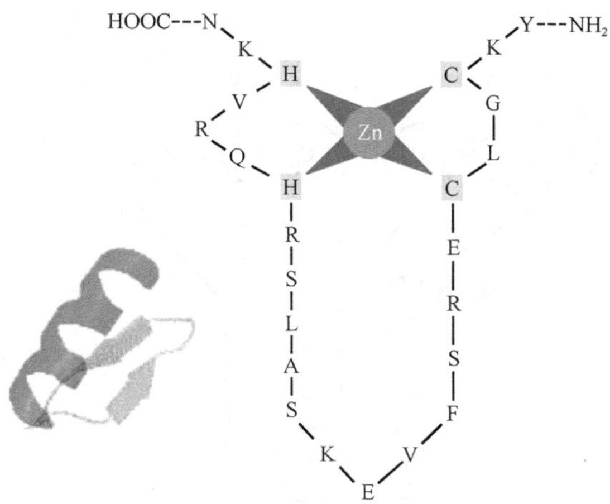

图 1–12　锌指结构

三、蛋白质的三级结构

具有二级结构的蛋白质的一条多肽链再进一步盘曲、折叠，形成具有一定规律的三维空间结构，这种一条多肽链中所有原子在三维空间的整体排布称为蛋白质的三级结构（tertiary structure），包括蛋白质分子主链及侧链的构象。蛋白质三级结构的稳定主要依靠氨基酸残基 R 基团间相互作用生成的次级键，如疏水作用力、氢键、盐键和范德华力（Van der Waals force）等（图 1-13）。此外，虽然二硫键属于共价键，但在三级结构的稳定中也起着重要作用。

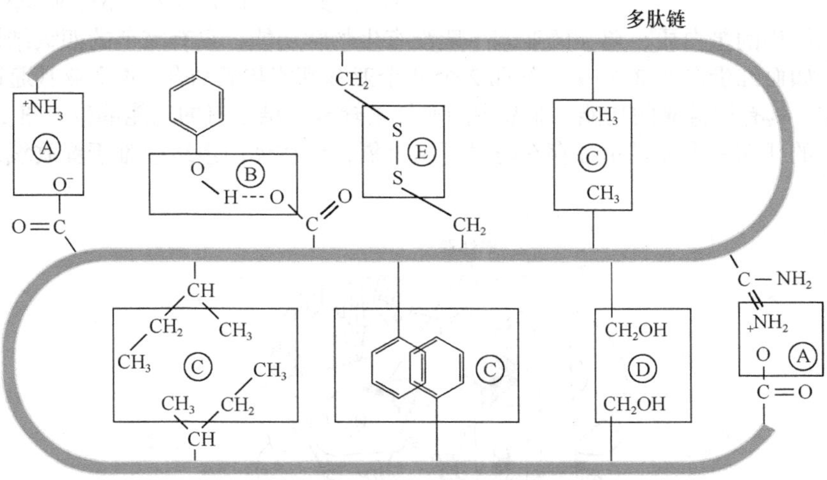

图 1–13　维持蛋白质分子构象的各种化学键

A. 盐键；B. 氢键；C. 疏水作用力；D. 范德华力；E. 二硫键

分子量较大的蛋白质常可折叠成两个或多个结构较为紧密且稳定的区域，称为结构域（domain）。大多数结构域由 100～200 个连续的氨基酸残基组成，各有其独特的空间构象，并承担不同的生物学功能。

一个蛋白质分子中的几个结构域有的相同，有的不相同。如免疫球蛋白 IgG 由 12 个结构域组成，两条轻链上各有 2 个，两条重链上各有 4 个。补体结合部位与抗原结合部位位于不同的结构域（图 1-14）。

若用限制性蛋白酶水解，含多个结构域的蛋白质常分解出独立的结构域，各结构域的构象可以基本不改变，并保持其功能，而超二级结构却不具备这一特点。如用木瓜蛋白酶水解 IgG 分子，在铰链区的重链链间二硫键近 N-端侧，可将 IgG 分子裂解为三个片段，即两个完全相同的抗原结合片段（fragment of antigen binding，Fab）和一个可结晶片段（fragment crystallizable，Fc），每一个片段中各结构域的构象和功能保持不变。Fab 段由一条完整的轻链和重链的 V_H 和 C_{H1} 结构域组成，可与抗原结合；Fc 段由 IgG 的 C_{H2} 和 C_{H3} 结构域组成，是 IgG 与效应分子或细胞相互作用的

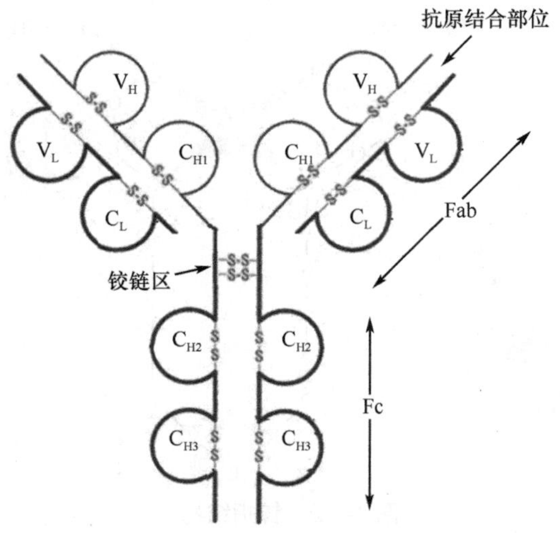

图 1–14　IgG 的结构域

C_{H1}，C_{H2}，C_{H3}：重链恒定区结构域 1，2，3；C_L：轻链恒定区结构域；V_L：轻链可变区结构域；V_H：重链可变区结构域

部位（图 1-14）。

四、蛋白质的四级结构

体内许多蛋白质分子含有两条或两条以上多肽链，每一条多肽链都有其完整的三级结构，称为蛋白质的亚基（subunit），亚基与亚基之间呈特定的三维空间排布，并以非共价键相连。这种蛋白质分子中各个亚基的空间排布及亚基接触部位的布局和相互作用，称为蛋白质的四级结构（quarternary structure）。

在蛋白质四级结构中，各亚基之间的结合力主要是疏水作用力、氢键和盐键。一种蛋白质中，各亚基可以相同，也可以不同。如谷氨酸脱氢酶由 6 个相同的亚基构成，天冬氨酸甲酰基转移酶由 6 个调节亚基和 6 个催化亚基构成，成人血红蛋白由 2 个 α 亚基和 2 个 β 个亚基构成。

含有四级结构的蛋白质，单一的亚基一般没有生物学功能，只有完整的四级结构才能发挥其生物学功能。如血红蛋白的 2 个 α 亚基和 2 个 β 个亚基都能与氧结合，4 个亚基通过 8 个盐键相连形成四聚体，具有运输氧的功能，亚基中的血红素辅基是结合氧的功能部位（图 1-15）。实验证明，血红蛋白的任何一个亚基单独存在时虽可结合氧，但在体内组织中难于释放氧，起不到运输氧的作用。

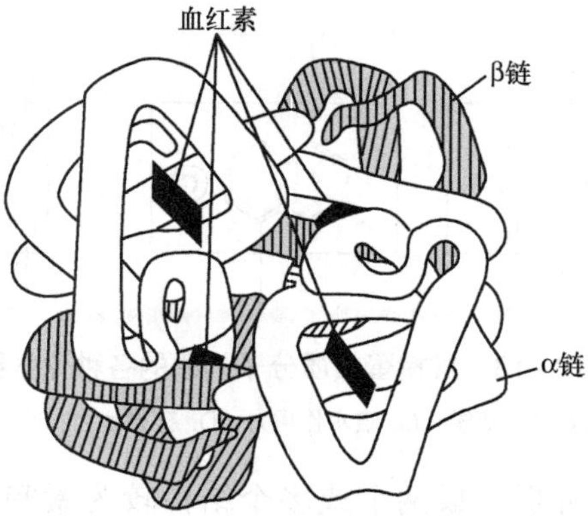

图 1–15　蛋白质的四级结构——血红蛋白结构示意图

五、蛋白质的分类

蛋白质的结构复杂，种类繁多，功能各异，分类方法也不统一。通常根据蛋白质的分子组成和形状进行分类。

（一）根据蛋白质的分子组成分类

根据蛋白质分子组成不同，可将蛋白质为单纯蛋白质和结合蛋白质两大类。单纯蛋白质只由氨基酸组成，其水解产物只含氨基酸，不含其他化合物。清蛋白、球蛋白、精蛋白、组蛋白和硬蛋白等都属此类。结合蛋白质除蛋白质部分外，还包含非蛋白部分，称为辅基（prosthetic group）。

常见的辅基有色素化合物、寡糖、脂类、磷酸、金属离子及核酸等。大多数辅基通过共价键与蛋白质部分相连。

（二）根据蛋白质的分子形状分类

根据蛋白质分子形状不同，可将蛋白质分为纤维状蛋白质和球状蛋白质两大类。纤维状蛋白质分子长轴与短轴之比大于 10，形似纤维；球状蛋白质分子长轴与短轴之比小于 10，形状近似球形或椭球形。纤维状蛋白质一般不溶于水，多为结构蛋白，主要功能是作为细胞的支架或连接细胞、组织和器官的细胞外成分，如胶原蛋白、弹性蛋白、角蛋白等。球状蛋白质的水溶性较好，许多具有生理功能的蛋白质都属于球状蛋白质，如酶、血红蛋白、肌红蛋白、蛋白质类激素、各种调节蛋白及免疫球蛋白等。

第三节　蛋白质结构与功能的关系

研究蛋白质结构与功能的关系是从分子水平上认识生命现象的一个重要领域，对医药的研究也有十分重要的意义。从分子水平阐明蛋白质的作用机制，以及一些蛋白质异常引起的相关疾病发生的原因，将为疾病的防治和药物研究提供重要的理论依据。

生物体内有数以万计的蛋白质，每一种蛋白质都执行着其独特的功能，而这些功能又与蛋白质分子的特异结构密切相关。

一、蛋白质一级结构与功能的关系

（一）蛋白质一级结构是空间结构的基础

20 世纪 60 年代，Christian Boehmer Anfinsen 在研究牛胰核糖核酸酶 A（RNase A）的变性和复性时发现，蛋白质的功能与其三级结构密切相关，而特定的三级结构是以蛋白质的一级结构即氨基酸的排列顺序为基础的。

RNase A 是由 124 个氨基酸残基组成的单一多肽链，分子中 8 个半胱氨酸的巯基形成 4 对二硫键，多肽链进一步折叠成为具有特定空间构象的三级结构（图 1-16）。

在天然 RNase A 溶液中加入适量变性剂尿素和还原剂 β-巯基乙醇，分别破坏次级键和二硫键，使蛋白质空间结构破坏，酶即变性失去活性。由于肽键未受影响，故蛋白质一级结构仍存在。RNase A 中的二硫键被还原成巯基后，若要再形成 4 对二硫键，从理论上推算有 105 种配对方式，只有与天然酶完全相同的配对方式才能呈现酶活性。将尿素和 β-巯基乙醇经透析除去后，4 对二硫键也正确配对，酶活性及其他一系列性质均可恢复到与天然酶一样。牛胰 RNase A 的变性、复性及其酶活性变化充分说明，蛋白质一级结构是空间结构形成的基础，而只有具备了特定空间结构的蛋白质才具有生物学活性。

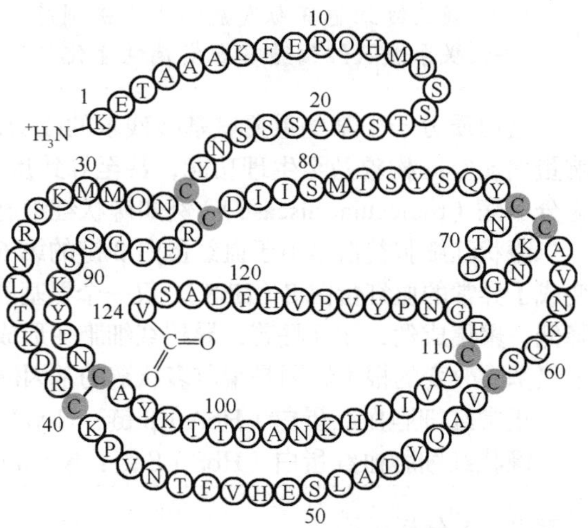

图 1-16　RNase A 的一级结构

（二）蛋白质一级结构是功能的基础

大量研究数据表明，一级结构相似的多肽或蛋白质，其功能也相似。例如不同哺乳类动物的

表 1-2 哺乳类动物胰岛素氨基酸序列的差异

胰岛素	氨基酸残基序号			
	A5	A6	A10	B30
人	Thr	Ser	Ile	Thr
猪	Thr	Ser	Ile	Ala
狗	Thr	Ser	Ile	Ala
马	Thr	Ser	Ile	Ala
兔	Thr	Gly	Ile	Ser
牛	Ala	Gly	Val	Ala
羊	Ala	Ser	Val	Ala

注：A5 表示 A 链第 5 位氨基酸，其余类推。

胰岛素都是由 A、B 两条多肽链组成，氨基酸序列相差甚微，且二硫键的配对位置和空间构象也极为相似，因而它们具有相同的功能，即都具有调节糖等物质代谢的生理功能（表 1-2）。腺垂体分泌的促肾上腺皮质激素（ACTH）和促黑素（MSH）之间有一段相同的氨基酸序列，因此 ACTH 有较弱的促黑色素生成作用。

对蛋白质一级结构的比较可以帮助了解物种间的进化关系。如广泛存在于生物界的细胞色素 c（cytochrome c，Cyt c），物种间亲缘关系越近，其一级结构越相似，空间结构和功能也越相似。人类和黑猩猩的 Cyt c 一级结构完全相同；猕猴与人类很接近，两者的 Cyt c 一级结构只相差一个氨基酸残基；面包酵母与人类在物种进化上距离极远，两者的 Cyt c 一级结构相差达 51 个氨基酸残基。

（三）蛋白质一级结构改变与疾病

案例 1-1

患者，女性，16 岁，因发热、间歇性四肢关节疼痛 3 个月余就诊。体格检查：体温 38.3℃，贫血面容，轻度黄疸，肝、脾略肿大。实验室检查：血红蛋白 80g/L，血细胞比容 9.5%，红细胞总数 3×10^{14}/L，白细胞总数 6×10^{9}/L，白细胞分类正常。血清铁 21μmol/L，次亚硫酸氢钠试验阳性；Hb 电泳产生一条带，与 HbS 在同一位置。红细胞形态为镰形。诊断：镰状红细胞贫血。

问题：

1. 如何诊断镰状红细胞贫血？
2. 镰状红细胞贫血发病的生化机制是什么？
3. 联系镰状红细胞贫血发病的生化机制，拟定治疗方案。

蛋白质分子中某些重要氨基酸残基的改变，有时仅仅是一个氨基酸残基的异常，就可严重影响蛋白质空间构象乃至生理功能，甚至导致疾病的发生。由蛋白质分子发生变异所导致的疾病称为分子病（molecular disease）。例如镰状红细胞贫血就是一种典型的分子病。

镰状红细胞贫血是由于血红蛋白 β 链的第 6 位谷氨酸被缬氨酸取代，正常血红蛋白 A（HbA）变成了异常的血红蛋白 S（HbS）。仅一个氨基酸改变，原来水溶性的血红蛋白在低氧状态下溶解性降低，聚集成丝，相互粘着，导致红细胞变形成为镰刀状，极易碎裂，产生贫血。由于蛋白质分子中氨基酸改变的根本原因是编码多肽链的基因碱基序列的改变，因此分子病的病因是基因突变所致。

正常红细胞血红蛋白（HbA）β 链：N-val · his · leu · thr · pro · glu · glu · · · ·C

镰状红细胞血红蛋白（HbS）β 链：N-val · his · leu · thr · pro · val · glu · · · ·C

案例 1-1 分析讨论

镰状红细胞贫血是一种遗传性疾病，主要症状是贫血。根据“患者呈贫血面容，实验室检查血红蛋白为 80g/L，次亚硫酸氢钠试验阳性，Hb 电泳产生一条带，与 HbS 在同一位置，以及红细胞形态为镰形”等依据，即可诊断为镰状红细胞贫血。

血红蛋白是红细胞中主要的蛋白质，其功能是从肺部运输氧至全身组织细胞。正常红细胞为圆形且富有弹性，血红蛋白（HbA）为水溶性。镰状红细胞贫血是由于血红蛋白 β 链的第 6 位谷氨酸被缬氨酸取代，形成了异常的血红蛋白（HbS）。仅一个氨基酸的改变，HbS 溶解性降低，聚集成丝，相互粘着，导致红细胞变形成为镰刀状（镰变），极易碎裂，产生溶血性贫血。氨基酸改变的根本原因是编码多肽链的基因突变所致，即编码血红蛋白 β 链的第 6 位谷氨酸的密码子 GAG 突变成了 GTG 而被缬氨酸所取代。

异常血红蛋白 HbS 使红细胞变得僵硬，变形性差，不易通过毛细血管，引起微血管堵塞，造成局部组织器官缺血缺氧及炎症反应，导致脾大及相应部位产生疼痛危象，以关节和胸腹部最为常见。溶血还会引起胆红素增高而出现黄疸、肝、胆结石等。

镰状红细胞贫血无特殊治疗，主要是预防感染和防止缺氧。溶血发作时可给予吸氧、补液和输血等支持疗法。健康干细胞移植是治愈该病的唯一方法。美国科学家的最新研究成果为镰状红细胞贫血患者提供了一种新的基因疗法，这项研究在美国纽约斯隆-凯特林癌症中心进行。科学家们从患者身上提取干细胞，用“小干扰核糖核酸（siRNA）”封闭缺陷基因，同时用正常的基因将其替换，再把修复的干细胞重新移植到患者体内。

近年来应用蛋白质工程技术，如采用选择性基因突变或化学修饰定向改造多肽中的一些“关键”氨基酸，可以得到自然界不存在但活性更强的多肽或蛋白质，这对研究多肽类新药具有重要意义。目前已有多种这类多肽类药物应用于临床疾病的治疗。

二、蛋白质空间结构与功能的关系

（一）蛋白质的空间结构决定其功能

蛋白质的功能不仅与一级结构有关，更与其特定的空间结构密切相关。如前述的牛胰核糖核酸酶变性时，尽管其一级结构没有改变，但其空间结构被破坏，酶活性完全丧失，只有恢复到天然构象状态，其活性才可恢复。酶原的激活及各种蛋白质前体的加工和激活也证明，蛋白质只有具备适当的空间结构形式才能执行其功能。

蛋白质功能的多样性与各种蛋白质特定的空间构象密切相关，其构象发生改变，功能活性也随之改变。以下以肌红蛋白（myoglobin，Mb）和血红蛋白（hemoglobin，Hb）为例阐述蛋白质空间结构与功能的关系。

Mb 和 Hb 都是含有血红素辅基的蛋白质。血红素是铁卟啉化合物，由 4 个吡咯环通过 4 个甲炔基相连成为一个环形，Fe^{2+}居于环中。Fe^{2+}有 6 个配位键，其中 4 个与吡咯环的 N 配位结合，1 个与蛋白质的组氨酸残基结合，另 1 个与氧结合。

Mb 是一个只有三级结构的单链蛋白质，有 8 个 α-螺旋结构肽段，整条多肽链折叠成紧密球状分子，氨基酸残基上的疏水侧链大都在分子内部，富极性及电荷的侧链则在分子表面，使其有较好的水溶性。Mb 只有一条多肽链，只能结合一个血红素，故只携带一分子氧，其主要功能是储存氧。

Hb 是由 4 个亚基组成的具有四级结构的蛋白质（图 1-15），每个亚基的三级结构与 Mb 极为相似，分子内部有一个疏水“口袋”，亚铁血红素居于其中，血红素上的 Fe^{2+}能够可逆地与氧结合，因此一分子 Hb 可结合 4 分子氧。成人血红蛋白由 2 个 α 亚基和 2 个 β 亚基组成，亚基之间通过许多氢键和 8 对盐键紧密结合形成亲水的球状分子。Hb 的主要功能是运输氧。

氧合 Hb 占总 Hb 的百分数（称百分饱和度）随 O_2 浓度变化而变化。Hb 和 Mb 一样能可逆地与氧结合，但二者的氧解离曲线不同，前者为 S 形曲线，后者为直角双曲线（图 1-17）。氧解离曲线显示，Mb 易与 O_2 结合，而 Hb 在氧分压较低时较难与 O_2 结合。根据 Hb 与 O_2 结合的 S 形曲线特征可知，Hb 中第一个亚基与 O_2 结合后，可促进第二、第三个亚基与 O_2 结合，当前三个亚基与 O_2 结合后，又大大促进第四个亚基与 O_2 结合。这种一个亚基与其配体结合后，能影响蛋白质分子

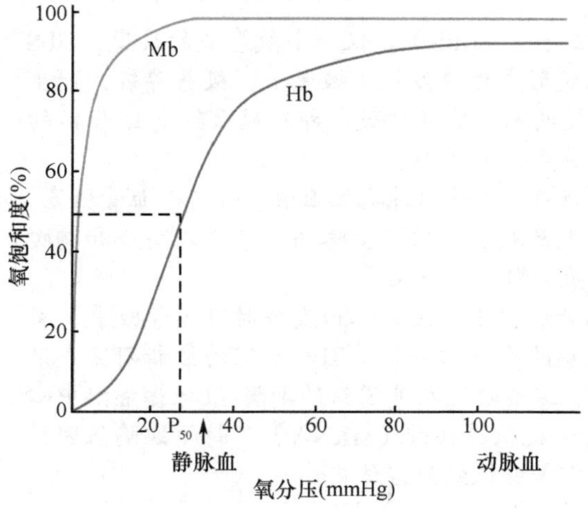

图 1–17 Mb 与 Hb 的氧解离曲线

中另一个亚基与配体结合能力的效应，称为协同效应（cooperative effect），如果是促进作用，称为正协同效应，反之则为负协同效应。

O_2 与 Hb 之间的结合是正协同效应。之所以有这种效应，是因为 Hb 未与 O_2 结合时，其结构处于某一种空间紧密构象，称为紧张态（tense state，T 态），与 O_2 的亲和力小。随着与 O_2 的结合，Hb 亚基之间的盐键断裂，空间结构变得松弛，称为松弛态（relaxed state，R 态），此时 Hb 与 O_2 的亲和力增大（图 1-18）。这种一个氧分子与 Hb 亚基结合后引起亚基构象变化的效应称为别构效应（allosteric effect）。小分子 O_2 称为别构剂或效应剂，Hb 则被称为别构蛋白。许多调节蛋白、代谢酶都属于别构蛋白，也存在别构效应。有关别构效应将在第三章酶中详细阐述。

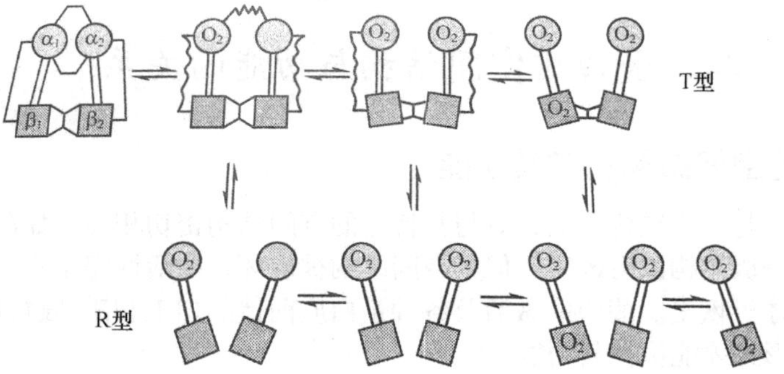

图 1–18 Hb 氧合与脱氧构象转换示意图

（二）蛋白质构象改变与疾病

案例 1-2

患者，男性，42 岁。因进行性痴呆、间歇性肌阵挛发作半年入院。体格检查：反应迟钝，言语较少，理解力差，计算能力下降；腱反射亢进，肌力 3 级，水平眼震，闭目难立征阳性。实验室检查：脑脊液（CSF）蛋白 0.6g/L。脑电图显示弥漫性异常；头颅磁共振（MRI）提示“脑萎缩”。入院后经氯硝西泮（氯硝安定）、巴氯酚治疗，肌阵挛有所减轻，但痴呆症状无明显好转，且言语障碍加剧，1 个月后患者出现昏迷，半年后死亡。经家属同意对死者进行尸检，行脑组织切片后，发现空泡、淀粉样斑块，胶质细胞增生，神经细胞丢失；免疫组织化学染色检查 PrP^{sc} 阳性，确诊为克-雅病。

问题：

1. 克-雅病发病的生化机制是什么？
2. 联系克-雅病发病的生化机制，拟定治疗方案。

生物体内蛋白质的合成、加工、成熟是一个复杂的过程，其中多肽链的正确折叠是蛋白质形成正确的天然构象和发挥功能的重要环节。若蛋白质折叠发生错误，尽管其一级结构不变，但蛋白质的构象发生改变，仍可影响其功能，严重时可导致疾病，此类疾病称为蛋白质构象病（protein conformational diseases）。朊病毒病就是蛋白质构象病中的一种。

已发现的人类朊病毒病有库鲁病（Kuru disease）、人纹状体脊髓变性病或克-雅病（Creutzfeldt-

Jakob disease，CJD）、新变异型克-雅病（new variant Creutzfeldt-Jakob disease，nvCJD）或称人类疯牛病和致死性家族性失眠症（fatal familial insomnia，FFI）等。动物朊病毒病有牛海绵状脑病或称疯牛病（bovine spongiform encephalopathy，BSE）、羊瘙痒症（scrapie，SC）等。

朊病毒病是由朊病毒蛋白（prion protein，PrP）引起的一组人和动物神经退行性病变，临床主要表现为进行性共济失调、震颤、姿态不稳、痴呆、行为反常等中枢神经系统症状，死亡率为100%。

朊病毒（prion）最早由美国加州大学生物化学家 Stanley Benjamin Prusiner 等提出，它是一种只含有蛋白质而不含核酸的蛋白质颗粒。PrP 是一类高度保守的糖蛋白，正常动物和人的 PrP 为细胞型，即正常型 PrP^{c}，其二级结构中仅存在 α-螺旋，水溶性好，对蛋白酶敏感，广泛表达于脊椎动物细胞表面，可能与神经系统功能维持、淋巴细胞信号转导及核酸代谢等相关。正常型 PrP^{c} 在某种未知蛋白质的作用下，可转变成二级结构大多数为 β-折叠的瘙痒型，即致病型 PrP^{sc}。外源或新生的 PrP^{sc} 又可作为模板，通过复杂的机制诱导含 α-螺旋的 PrP^{c} 重新折叠成为含 β-折叠的 PrP^{sc}，这种类似多米诺效应造成 PrP^{sc} 积累。PrP^{sc} 对热稳定，对蛋白酶也不敏感，水溶性差，容易相互聚集，最终形成淀粉样纤维沉淀而导致朊病毒病的发生。

尽管 PrP^{c} 与 PrP^{sc} 的一级结构完全相同，但由于蛋白质错误折叠使其构象改变，进而功能改变而致病。Prusiner 因为发现了朊病毒及一系列工作而获得 1997 年诺贝尔生理学/医学奖。

案例 1-2 分析讨论

对朊病毒致病的详细机制虽不完全清楚，但目前较为普遍认可的机制是：以 α-螺旋为主的不具有感染能力的 PrP^{c}，转变成以 β-折叠为主的具有感染能力的 PrP^{sc}。PrP^{sc} 又可使正常的 PrP^{c} 转化为致病的 PrP^{sc}，并不断自我复制，在细胞中大量蓄积，最终形成淀粉样纤维沉淀而致病。PrP^{c} 转化为 PrP^{sc} 发生在神经细胞中，富集于细胞内的溶酶体中，溶酶体破裂并破坏脑细胞，造成大脑广泛的神经细胞凋亡、脱失，细胞死亡后在大脑中留下空洞，朊病毒被释放并且侵犯其他细胞。现在已有许多假说解释海绵化和神经细胞丢失的机制。

CJD 目前尚无有效的治疗方法，主要是对症支持治疗及加强护理，并积极预防。根据临床症状给予抗惊厥药、抗肌阵挛药、抗精神病药物等，适当加强营养支持。因 CJD 具有一定的传染性，需做好患者的隔离和医护人员的防护，禁止食用被污染的食物，对神经外科的操作及器械进行消毒要严格规范化，对器官移植要排除供者患病的可能等等。

第四节　蛋白质的理化性质及其应用

蛋白质由氨基酸组成，所以其理化性质与氨基酸有相同或相似的部分，例如两性解离和等电点、紫外吸收性质、呈色反应等等。蛋白质又是生物大分子，又表现出氨基酸所没有的一些大分子特性，如胶体性质、沉淀、变性及免疫学特性等。认识蛋白质的理化性质，对于蛋白质的分离、纯化以及结构与功能的研究等都有十分重要的意义。

一、蛋白质的理化性质

（一）蛋白质的两性解离和等电点

蛋白质由氨基酸组成，其分子两端含有游离的 α-氨基和 α-羧基，氨基酸残基的侧链也含有可解离的基团，如赖氨酸残基的 ε-氨基、精氨酸残基的胍基和组氨酸残基的咪唑基、谷氨酸残基的 γ-羧基和天冬氨酸残基的 β-羧基等，这些基团在一定 pH 溶液条件下可以结合或释放 H^+，解离成带正电荷或带负电荷的基团，因此，蛋白质是两性电解质，具有两性解离的特性。在某一 pH 溶液中，蛋白质解离成阳离子和阴离子的趋势相等，即成为兼性离子，净电荷为零，此时溶液的 pH 称为该蛋白质的等电点（isoelectric point，pI）。当溶液的 pH 大于蛋白质的等电点时，蛋白质解离成阴离子，带负电荷，反之则带正电荷。

体内各种蛋白质的等电点不同，但大多数蛋白质的等电点在 pH5.0 左右，故在生理情况下（pH7.4），大多数蛋白质解离成阴离子。少数蛋白质含碱性氨基酸较多，等电点偏碱性，称为碱性蛋白质，如组蛋白、鱼精蛋白等。也有少数蛋白质含酸性氨基酸较多，等电点偏酸性，称为酸性蛋白质，如丝蛋白、胃蛋白酶等。

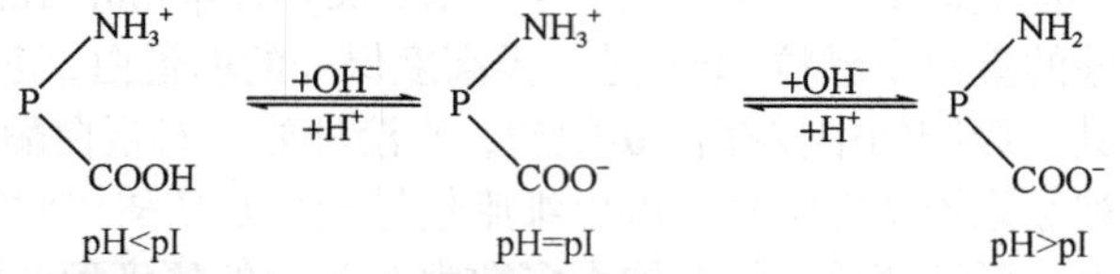

（二）蛋白质的胶体性质

蛋白质是生物大分子，分子量在 1 万到 100 万之间，其分子直径约为 1～100nm，属于胶体颗粒的范围，所以蛋白质溶液是胶体溶液，具有胶体性质。

蛋白质溶液是较为稳定的亲水胶体，球状蛋白质分子表面有许多亲水基团，可与水结合形成一层水化膜，使蛋白质颗粒相互隔开而不易聚集沉淀。另外，蛋白质颗粒表面带有电荷，同种电荷相互排斥，也起到了稳定胶体的作用。若去除这两个稳定因素，蛋白质极易从溶液中沉淀析出（图 1-19）。

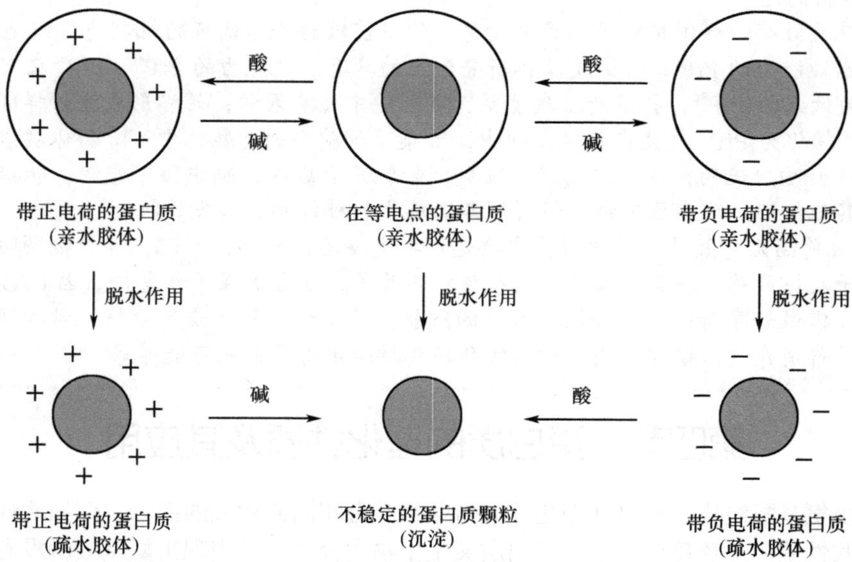

图 1-19　蛋白质的胶体性质

（三）蛋白质的变性与沉淀

1. 蛋白质的变性　在某些理化因素的作用下，蛋白质特定的空间结构被破坏，从而导致其理化性质改变，生物学活性丧失，称为蛋白质变性（denaturation）。蛋白质变性主要是次级键和二硫键的破坏，不涉及一级结构的改变，即肽键并未断裂。

引起蛋白质变性的物理因素有高温、高压、超声波、紫外线和剧烈振荡等；化学因素有强酸、强碱、乙醇、重金属盐、尿素、去污剂等。

生物学活性丧失是蛋白质变性的主要特征。因此，在提取、制备具有生物活性的蛋白质类化合物时，必须尽量避免蛋白质变性的发生。蛋白质变性后，其理化性质也会发生改变，如一些天然蛋白质变性后失去结晶能力、溶解度降低易发生沉淀、黏度增加、吸收光谱改变等。蛋白质变性后，分子结构松散，肽链由盘曲变为伸展，肽键暴露，易被蛋白酶水解，因此变性蛋白质更有利于消化。

有些蛋白质变性程度较轻，去除变性因素后，仍可恢复其构象和功能，这种现象称为复性（renaturation）。如前述的牛胰 RNaseA 在变性剂尿素和还原剂 β-巯基乙醇存在时，其分子中的次级键和二硫键断裂，有序的空间结构遭到破坏，酶发生变性并失去活性。如果用透析的方法将尿素和 β-巯基乙醇除去，并设法恢复其二硫键，则多肽链又可恢复其特定的天然构象，酶活性及其他一系列性质均可恢复到与天然酶一样。但是大多数蛋白质变性后，其空间构象遭到严重破坏而不能复性，称为不可逆变性。

蛋白质的变性作用不仅对蛋白质结构与功能的研究有重要理论意义，而且对医药领域的生产和应用亦有重要的指导作用。临床医学上，变性因素常被应用来消毒及灭菌；中草药有效成分的提取或其注射液的制备也常用变性的方法除去蛋白质；低温贮存蛋白质制剂（如疫苗、抗体等）可防止蛋白质变性，从而保证其活性。有时还可加入保护剂、抑制剂来增强蛋白质的抗变性能力。

2. 蛋白质的沉淀　蛋白质从溶液中析出的现象称为蛋白质沉淀。已知蛋白质在水中稳定的两大因素是水化膜和电荷，若除去蛋白质的水化膜并中和其电荷，蛋白质便发生沉淀。使蛋白质沉淀的方法很多，如向蛋白质溶液中加入大量中性盐可夺取蛋白质的水化膜并中和电荷，使蛋白质从溶液中析出。乙醇、丙酮、正丁醇等有机溶剂可降低溶液的介电常数，夺取蛋白质的水化膜，从而使蛋白质沉淀。生物碱试剂、三氯醋酸、磺基水杨酸等可与带正电的蛋白质结合，使蛋白质变性并沉淀，汞、铅、铜、银等重金属离子可与带负电的蛋白质结合，使蛋白质变性、沉淀。变性的蛋白质易于沉淀，但也有蛋白质已变性却并不沉淀，沉淀的蛋白质也不一定变性。

3. 蛋白质的凝固　蛋白质被强酸或强碱变性后，仍能溶于强酸或强碱溶液中。若将 pH 调到该蛋白质的等电点，则变性蛋白质立即结成不溶的絮状物，此时絮状物仍可溶于强酸和强碱中。如再加热，则絮状物变成比较坚固的凝块，此凝块不再溶于强酸和强碱中，这种现象称为蛋白质的凝固作用（protein coagulation）。鸡蛋煮熟后本来流动的蛋清变成了固体状，豆浆中加入少量石膏就可变成豆腐，都是蛋白质凝固的典型例子。凝固是蛋白质变性后进一步发展的不可逆的结果。

（四）蛋白质的紫外吸收性质

蛋白质分子中含有共轭双键的酪氨酸和色氨酸，使蛋白质在波长 280nm 的紫外光谱区有特征性吸收峰。因此，280nm 的吸光度测定常用于蛋白质的定量分析。

（五）蛋白质的呈色反应

蛋白质分子的肽键和某些侧链基团可与一些特定的化学试剂发生呈色反应，这些呈色反应常用于蛋白质的定性与定量分析。

1. 茚三酮反应　蛋白质经水解后产生的氨基酸也可茚三酮反应，详见本章第一节。

2. 双缩脲反应　在碱性溶液中，蛋白质分子中的肽键能与硫酸铜溶液中的 Cu^{2+}形成紫红色络合物，称为双缩脲反应（biuret reaction）。氨基酸无此反应，当蛋白质溶液中的蛋白质不断水解为游离氨基酸时，其双缩脲反应呈现的紫红色逐渐变浅，因此双缩脲反应可用于检测蛋白质的水解程度。

二、蛋白质理化性质的应用

生物体内存在成千上万种蛋白质，要分析和研究蛋白质的结构和功能，首先必须分离和纯化出单一蛋白质，并保持蛋白质的活性。在生化制药工业中，蛋白质和肽类药物的生产制备也涉及分离和纯化问题。利用蛋白质的各种理化性质可进行蛋白质的分离纯化与含量测定。

（一）蛋白质的分离纯化

1. 透析和超滤法　利用具有半透膜性质的透析袋将大分子的蛋白质和小分子化合物分离的

方法称为透析（dialysis）。将蛋白质溶液放入透析袋内置于流动的水或缓冲液中，小分子杂质从袋中透出，大分子蛋白质则留于袋内，使蛋白质得以纯化。如在袋外放置吸水剂，则袋内水分子伴随小分子物质一起透出，还可达到浓缩蛋白质溶液的目的。

超滤法（ultrafiltration）是应用正压或离心力使蛋白质溶液透过超滤膜从而达到浓缩蛋白质溶液的目的的方法。可选择不同孔径的超滤膜以截留不同相对分子质量的蛋白质。此法简便且回收率高，是常用的浓缩蛋白质的方法。

2. 盐析和有机溶剂沉淀 盐析和有机溶剂沉淀是通过改变蛋白质的溶解度来沉淀蛋白质的常用方法。

盐析（salt precipitation）是用高浓度的中性盐将蛋白质从溶液中析出的方法。常用的中性盐有硫酸铵、硫酸钠和氯化钠等。高浓度的中性盐可以中和蛋白质表面的电荷，破坏蛋白质周围的水化膜，导致蛋白质在水溶液中的稳定因素去除而沉淀。对不同的蛋白质进行盐析时，需要选择不同的盐浓度和不同的 pH。例如，在 pH7.0 左右，血清中的清蛋白溶于半饱和的硫酸铵溶液中，而球蛋白则沉淀下来，当硫酸铵溶液达到饱和时，清蛋白也沉淀出来。

有机溶剂沉淀蛋白质是利用与水互溶的有机溶剂（如丙酮、乙醇、甲醇等）可显著降低溶液的介电常数，破坏蛋白质的水化膜，从而使蛋白质沉淀。有机溶剂沉淀蛋白质应在低温下进行，且沉淀后应立即分离，以防止蛋白质变性。

3. 电泳 带电颗粒在电场中向着与其所带电荷相反的电极移动，称为电泳（electrophoresis）。电泳技术是分离蛋白质的最常用技术之一。蛋白质在低于或高于其等电点的 pH 缓冲溶液中分别带正电荷或负电荷，在电场中向负极或正极移动。带电颗粒在电场中的泳动速度主要取决于其带电性质、数量、颗粒大小和形状等因素。根据支持物的不同，有薄膜电泳、凝胶电泳等，其中凝胶电泳又根据分离目的不同衍生出多种类型。

聚丙烯酰胺凝胶电泳（polyacrylamide gel electrophoresis，PAGE）是一种利用人工合成的凝胶——聚丙烯酰胺凝胶作为支持物的电泳方法。聚丙烯酰胺凝胶电泳可根据被分离物质分子大小、分子电荷多少及构象的差异来分离，既具有分子筛效应，又具有静电效应，分辨力高于普通琼脂糖凝胶电泳，适用于低分子量蛋白质的分离。

若蛋白质样品和聚丙烯酰胺凝胶系统性中加入较多的十二烷基硫酸钠（SDS），使所有的蛋白质颗粒表面覆盖一层 SDS，由于十二烷基硫酸根所带电荷量远远超过蛋白质分子原有的电荷量，掩盖了不同蛋白质分子间的电荷差别，从而使蛋白质在凝胶中的迁移率只取决于蛋白质颗粒的大小，这种电泳方法称为 SDS-聚丙烯酰胺凝胶电泳（SDS-polyacrylamide gel electrophoresis，SDS-PAGE），常用于测定蛋白质的分子量。

等电聚焦电泳（isoelectric focusing electrophoresis，IFE）是一种利用有 pH 梯度的电泳介质来分离等电点不同的蛋白质的电泳技术。在聚丙烯酰胺凝胶中加入两性电解质载体，在电场中可形成一个从正极到负极 pH 逐渐升高的连续而稳定的 pH 梯度。在这种介质中电泳时，处在偏离其等电点位置的蛋白质会带上电荷而发生迁移，当迁移至与该蛋白质 pI 值相等的 pH 区域时，蛋白质表面净电荷为零而不再移动。由于各种蛋白质均有其特定的 pI，在电泳时每一种蛋白质都向着与其等电点相等的 pH 区域迁移，所以可利用这种方法将各种不同的蛋白质分开（图 1-20）。等电聚焦电泳具有较高的分辨率（目前已可分辨等电点相差 0.001pH 单位的生物分子），精确度及重复性好，特别适合于分离分子量相近而所带电荷不同的蛋白质，缺点是在等电点时不溶或易发生变性的蛋白质不能用此方法分离。等电聚焦电泳还可以用于未知蛋白质等电点的测定。

双向电泳（two-dimensional electrophoresis，2DE）是一种高分辨率电泳技术，最常用的模式是等电聚焦电泳和 SDS-PAGE 的组合，这两项技术组合形成的二维电泳是分离分析蛋白质最有效的一种电泳手段。根据蛋白质的等电点不同，以聚丙烯酰胺凝胶作为支持物，在一个方向上进行等电聚焦电泳，然后利用蛋白质的相对分子质量不同，在另一方向上进行 SDS-PAGE，各种蛋白质由于等电点和分子量的不同而被分离，经染色得到的是个二维分布的蛋白质图谱（图 1-21）。双向电泳技术分辨率很高，可一次性分离1000种以上的蛋白质。

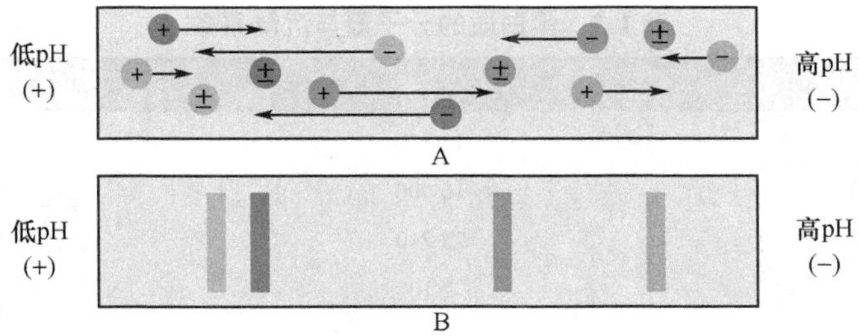

图 1-20 等电聚焦电泳

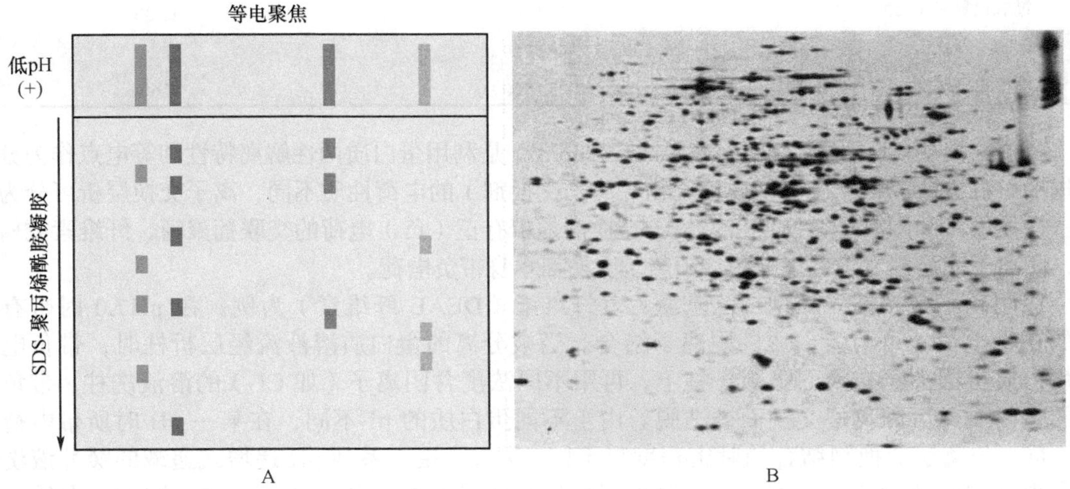

图 1-21 蛋白质双向电泳

A. 双向电泳示意图；B. 双向电泳分离结果

人类基因组计划完成后迎来了后基因组时代，蛋白质组学研究逐渐成为热点，双向电泳是蛋白质组学研究的重要支撑技术。近年来随着技术的发展和各种蛋白质双向电泳图谱分析软件的不断产生，不仅提高了双向电泳的分辨率，而且使得获取被分离蛋白质的若干参数甚至翻译后修饰等信息更为便捷，大大加速了蛋白质组学的研究进程。

4. 离心 离心（centrifugation）分离是利用机械的快速旋转所产生的离心力将不同的物质分离开来的方法。蛋白质在高达50万*g*（*g*为gravity，即地心引力单位）的离心力作用下，在溶液中逐渐沉降，直到其浮力与离心产生的力相等时沉降停止，称为蛋白质的沉降现象。不同蛋白质的相对分子质量、分子形状和密度各不相同，沉降速度也不相同。蛋白质在单位离心力场的沉降速度称为沉降系数（sedimentation coefficient，*S*），沉降系数使用Svedberg单位（$1S=10^{-13}$秒）。通常情况下，分子质量愈大，沉降愈快，沉降系数愈高。因此，可以用超速离心法（ultra centrifugation）来分离混合蛋白质溶液中的不同蛋白质，超速离心的最大转速可达到60 000～80 000r/min。沉降系数还与蛋白质的密度和分子形状有关（表1-3）。

5. 层析 层析（chromatography）是分离、纯化蛋白质的重要手段之一，其基本原理是利用蛋白质混合溶液中各组分理化性质（如分子形状和大小、电荷量、亲和力等）的差别，使各组分以不同程度分布在两个相中，其中一个是固定的，称为固定相，另一个流过此固定相，称为流动相。待分离蛋白质溶液作为流动相流经固定相时，各组分在两相中反复分配，由于各组分受固定相的阻力和受流动相的推力影响不同，从而使各组分以不同的速度移动而得以分离。层析种类很多，按分离的原理不同，可以分为吸附层析、分配层析、离子交换层析、凝胶过滤层析和亲和层析等，其中离子交换层析和凝胶过滤层析应用最为广泛。

表 1-3 蛋白质的分子量与沉降系数

蛋白质	分子量	沉降系数 *S*
细胞色素 c（牛心）	13 370	1.17
肌红蛋白（马心）	16 900	2.04
糜蛋白酶原（牛胰）	23 240	2.54
β-乳球蛋白（羊奶）	37 100	2.90
血红蛋白（人）	64 500	4.50
血清清蛋白（人）	68 500	4.60
过氧化氢酶（马肝）	247 500	11.30
脲酶（刀豆）	482 700	18.60
纤维蛋白原	339 700	7.60

离子交换层析（ion-exchange chromatography）是利用蛋白质两性解离特性和等电点作为分离依据的一种方法。根据层析柱内填充物（离子交换剂）的电荷性质不同，离子交换层析可分为阴离子交换层析和阳离子交换层析。离子交换剂是带有正（负）电荷的交联葡聚糖、纤维素或树脂等，阴离子交换剂本身带正电荷，阳离子交换剂本身带负电荷。

以阴离子交换剂弱碱型二乙基氨乙基纤维素（DEAE 纤维素）为例，在 pH7.0 时带有稳定的正带电荷，可与蛋白质的阴离子结合。当被分离的蛋白质溶液流经层析柱时，带负电荷的蛋白质可因离子交换而吸附于柱上，再用不同浓度含阴离子（如 Cl^-）的溶液洗柱，带负电荷的蛋白质又可因离子交换而被洗脱。由于不同蛋白质的 pI 不同，在某一 pH 时所带电荷多少不同，与离子交换剂结合的紧密程度也不同，因此，用一系列 pH 递增或递减的缓冲液洗脱或者提高洗脱液的离子强度，可以降低蛋白质与离子交换剂的亲和力，将不同的蛋白质逐步洗脱下来（图 1-22）。

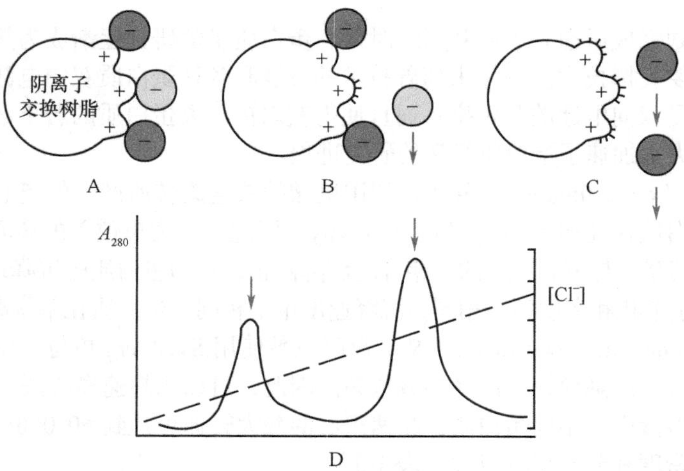

图 1-22 离子交换层析分离蛋白质

A. 样品全部交换并吸附到树脂上；B. 负电荷较少的分子用较稀的 Cl^-或其他负离子溶液洗脱；C. 电荷多的分子随 Cl^-浓度增加依次洗脱；D. 洗脱图 A_{280} 表示为 280nm 的吸光度

凝胶过滤层析（gel filtration chromatography）又称分子筛层析或排阻层析，是根据各种蛋白质分子大小及形状不同，通过具有网状结构的凝胶颗粒（固定相）时，分子的扩散与移动速率各不相同，使混合蛋白质溶液中大小不同的分子得到分离和纯化的一种方法。在层析柱内填充惰性的微孔胶粒（如交联葡聚糖），将混合蛋白质溶液加入柱上部后，小分子蛋白质通过胶粒的微孔进入胶粒内，因而在柱中滞留的时间较长，向下移动的速度较慢；大分子蛋白质不能进入胶粒内部，通过胶粒间的空隙直接流出，向下移动的速度较快，因而先流出层析柱，这样分子大小不同的蛋白质就得以分离（图 1-23）。

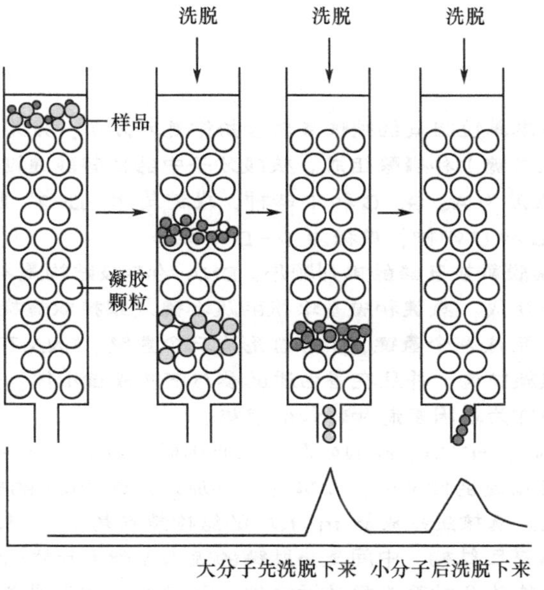

图 1–23　凝胶过滤层析分离蛋白质

上述方法各有其优缺点，目前尚无单一的方法可将蛋白质完全纯化，每一种蛋白质的纯化过程都是多种方法的综合应用。在实际工作中应根据不同的目的和可能的条件选用不同的方法。

（二）蛋白质的含量测定

利用蛋白质的各种理化性质，还可以进行蛋白质的含量测定。主要方法有：凯氏定氮法（Kjeldahl 法）、紫外吸收法、双缩脲法、Folin-酚试剂法（Lowry 法）、二喹啉甲酸法（BCA 法）、考马斯亮蓝法（Bradford 法）等，每一种测定方法各有其优缺点，在此不再叙述。

（范启兰）

思　考　题

1. 试述蛋白质一、二、三、四级结构的概念和主要化学键，蛋白质二级结构的主要形式及 α-螺旋、β-折叠的结构特点。
2. 请举例说明蛋白质空间结构与功能的关系。
3. 蛋白质变性后其理化性质会发生哪些变化？有何应用？
4. 常用蛋白质分离和纯化的方法有哪些？其机理是什么？

第二章　核酸的结构与功能

内容提要

核酸是以核苷酸为基本单位组成的线性多聚合物信息大分子，分为 DNA 和 RNA 两大类。核苷酸由碱基、戊糖（脱氧戊糖）和磷酸组成。核酸分子中的核苷酸通过 3′，5′-磷酸二酯键连接。DNA 分子中的碱基成分为 A、G、C 和 T 四种，戊糖是 β-D-2′脱氧核糖；而 RNA 分子中的碱基成分则为 A、G、C 和 U 四种，戊糖为 β-D-戊糖。

DNA 的一级结构是指脱氧核苷酸的排列顺序。DNA 的二级结构是右手双螺旋结构，由两条反向平行的脱氧多核苷酸链组成；氢键和碱基堆积的疏水键是维持双螺旋稳定的化学键；碱基之间形成氢键配对，即 A 与 T 形成两个氢键，G 与 C 形成三个氢键。DNA 在形成双链螺旋式结构的基础上进一步折叠成为超螺旋结构，并且在蛋白质的参与下构成核小体。DNA 的基本功能是以基因的形式携带遗传信息，并作为基因复制和转录的模板。

RNA 主要包括 mRNA、tRNA、rRNA 及其他非编码 RNA（non-coding RNA，ncRNA）。mRNA 的功能是作为遗传信息的传递者，按碱基互补原则抄录 DNA 的碱基顺序（遗传信息），作为模板指导蛋白质的合成。真核生物成熟 mRNA 的结构特点是 5′-末端含有特殊的帽子结构，3′-末端具有多聚腺苷酸尾巴结构，中间是多肽链的编码序列（开放阅读框架）。tRNA 的功能是在蛋白质生物合成过程中作为各种氨基酸的运载体，并具有识别密码子的作用；tRNA 二级结构呈三叶草形，含有较多的稀有碱基。rRNA 的功能是与多种蛋白构成核糖体，为多肽链合成所需要的 mRNA、tRNA 以及多种蛋白因子提供了相互结合的位点和相互作用的空间环境，在蛋白质生物合成中起着“装配机”的作用。其他 ncRNA 在 RNA 前体的剪接加工、修饰以及基因的表达调控等方面具有重要作用。

核酸具有多种重要理化性质。核酸分子在紫外 260nm 波长处有最大吸收峰，这一特点常被用来对核酸进行定性、定量分析。核酸在酸、碱、尿素或加热情况下，由天然的 DNA 双链变为两条单链，称为 DNA 变性。使 50%的 DNA 双链结构被解开时的温度称为该 DNA 的熔点或熔解温度，用 T_m 表示。在适当条件下，变性的两条互补 DNA 单链重新形成双链的过程称为复性。核酸分子杂交的理论基础是核酸碱基配对、变性和复性。

第一节　核酸的化学组成及一级结构

一、核酸的分类

核酸（nucleic acid）是一类含磷的生物大分子化合物，具有遗传信息的贮存、表达及表达调控等方面的生物学功能。根据化学组成将核酸分为核糖核酸（ribonucleic acid，RNA）和脱氧核糖核酸（deoxyribonucleic acid，DNA）两大类。DNA 存在于细胞核和线粒体内，携带遗传信息，除了决定生物体的基因型（genotype）外，也影响生物体的表型（phenotype）。RNA 是 DNA 的转录产物，存在于细胞质、细胞核和线粒体内，参与遗传信息的表达及表达调控等过程。

二、核酸的基本组成单位

核酸分子的元素组成为 C、H、O、N 和 P。核酸中 P 的含量较为恒定，约为 9%～10%。因此核酸定量分析的方法之一就是测定样品中 P 的含量。核酸由多个核苷酸连接而成，所以核酸又称多聚核苷酸（polynucleotides）。核酸完全水解可释放出等摩尔量的含氮碱基、戊糖（脱氧戊糖）和磷酸，三种成分以共价键依次连接而成（图 2-1）。

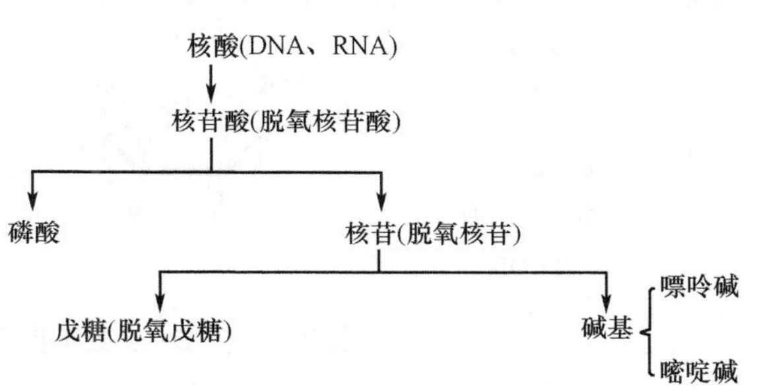

图 2–1　核酸的组成

三、核　苷　酸

组成 DNA 的基本单位是 dAMP、dGMP、dCMP 和 dTMP 四种脱氧核苷酸（deoxynucleotide），而组成 RNA 的基本单位是 AMP、GMP、CMP 和 UMP 四种核苷酸（nucleotide）。

（一）碱基

核酸中的碱基为含氮杂环化合物，分为嘌呤（purine）和嘧啶（pyrimidine）两类（图 2-2）。

常见的嘌呤碱包括腺嘌呤（adenine，A）和鸟嘌呤（guanine，G），为 DNA 和 RNA 的共有成分。常见的嘧啶碱包括胞嘧啶（cytosine，C）、尿嘧啶（uracil，U）和胸腺嘧啶（thymine，T），其中 C 存在于 DNA 和 RNA 分子中，而 U 仅存在于 RNA 分子中，T 存在于 DNA 分子中。

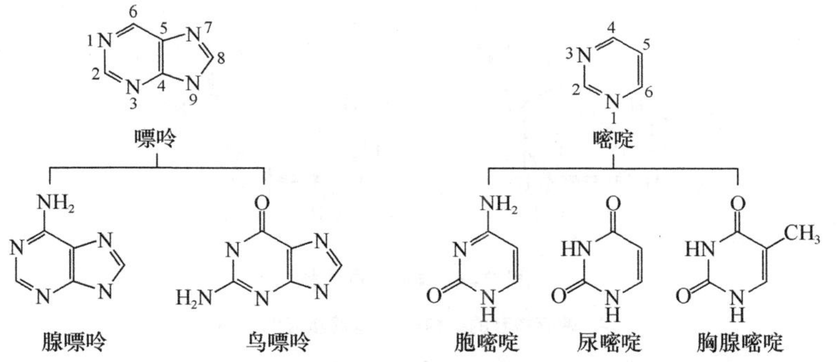

图 2–2　构成核酸的主要碱基的化学结构

核酸中除了这五种基本的碱基外，还有一些含量甚少的碱基，称为稀有碱基（rare base）。稀有碱基大多数都是碱基甲基化的衍生物。tRNA 中可含有高达 10%的稀有碱基。部分稀有碱基的种类见表 2-1。

表 2-1　核酸中部分稀有碱基

	DNA		RNA	
嘌呤	m^7G	7-甲基鸟嘌呤	N^6，N^6-$2m^6A$	N^6，N^6-二甲基腺嘌呤
	N^6-m^6A	N^6-甲基腺嘌呤	N^6-m^6A	N^6-甲基腺嘌呤
			m^7G	7-甲基鸟嘌呤
嘧啶	m^5C	5-甲基胞嘧啶	DHU	二氢尿嘧啶
	hm^5C	5-羟甲基胞嘧啶	T	胸腺嘧啶

（二）戊糖

参与组成核酸分子骨架的戊糖有两种，即 β-D-核糖与 β-D-2′脱氧核糖（图 2-3）。为了有别于碱基分子中的碳原子标号，核糖的碳原子编号都加“′”，标为 C-1′、C-2′、…、C-5′。RNA 所含的戊糖是 β-D-核糖，DNA 所含的戊糖是 β-D-2′脱氧核糖。两者相比，RNA 所含核糖 C-2′有 1 个羟基，致使整个分子较 DNA 更易产生自发水解，性质不如 DNA 分子稳定。

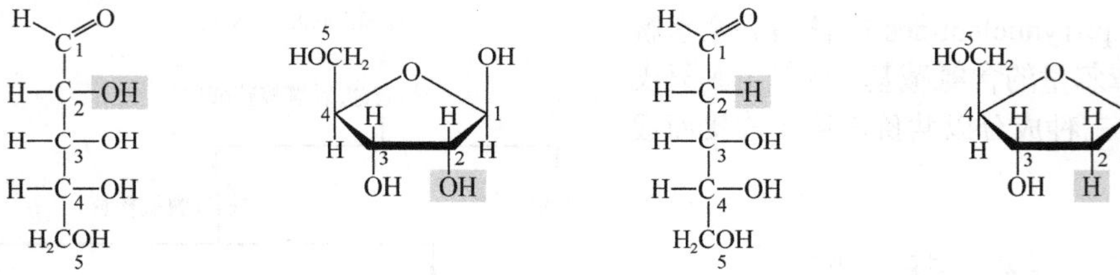

图 2-3 β-D-核糖和 β-D-2′脱氧核糖的化学结构

（三）核苷

核苷（nucleoside）是由核糖和碱基通过糖苷键（glycosidic bond）连接而成，即嘌呤碱的第 9 位氮原子（N-9）或嘧啶碱的第 1 位氮原子（N-1）与核糖或脱氧核糖的 C-1′的脱水缩合相连（图 2-4），称为 N-糖苷键。由核糖与碱基形成的核苷称为核糖核苷，简称核苷（nucleoside）；而脱氧核糖与碱基形成的核苷称为脱氧核糖核苷，简称脱氧核苷（deoxy nucleoside）。核苷的命名是在其前面加上相应碱基的名字，例如腺嘌呤核苷（简称腺苷）、胸腺嘧啶脱氧核苷（简称脱氧胸苷）等。另外核酸中还含有少数稀有碱基构成的核苷，例如，tRNA 中的假尿嘧啶核苷（Ψ），它的核糖 C-1′连接在尿嘧啶的 C-5，而不是通常的 N-1。核苷的结构如下（图 2-4）。

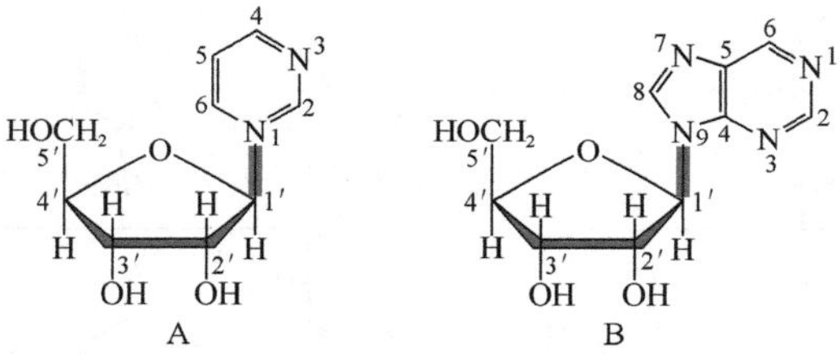

图 2-4 核苷的结构

A. 嘧啶核苷的结构；B. 嘌呤核苷的结构

（四）核苷酸

核苷酸由核苷和磷酸通过磷酸酯键连接形成，是核苷的磷酸酯。整个分子的酸性就源自这一磷酸基团。酯化可以发生在核苷的任意游离羟基上，核糖核苷的糖基上有 3 个自由羟基，故能分别形成 2′、3′或 5′-核苷酸；脱氧核糖核苷的糖基上只有两个自由羟基，所以只能形成 3′或 5′-两种脱氧核苷酸，生物体内游离存在的多是 5′-核苷酸。常见的核苷酸（NMP）有腺苷酸（AMP，称为腺苷一磷酸）、鸟苷酸（GMP）、胞苷酸（CMP）和尿苷酸（UMP）。同样，脱氧核苷酸（dNMP）有脱氧腺苷酸（dAMP）、脱氧鸟苷酸（dGMP）、脱氧胞苷酸（dCMP）和脱氧胸苷酸（dTMP）。

在体内，核苷一磷酸（5′-NMP，N 代表任意一种碱基）上的磷酸与另外一分子磷酸以磷酸酯键相连形成游离核苷二磷酸（NDP），后者再和一分子磷酸以磷酸酯键相连则形成核苷三磷酸（NTP），从接近核糖的位置开始，三个磷酸基团分别以 α、β、γ 标记。例如常见的三磷酸腺苷（ATP），它作为能量的通用载体在生物体的能量转换中起核心作用，UTP、GTP 和 CTP 则在某些专门的生化反应中起传递能量的作用。另外，各种三磷酸核苷及脱氧三磷酸核苷分别是合成 RNA 和 DNA 的原料。

核苷酸还可形成 3′, 5′-环腺苷酸（cAMP）或 3′, 5′-环鸟苷酸（cGMP）等环化形式。这些分子普遍存在于动植物细胞和微生物中，是生物体重要的第二信使，在细胞信号转导中起重要作用。另外核苷酸亦是某些重要辅酶的组成成分，例如辅酶 A 含腺苷-3′, 5′-二磷酸，NAD^+含有 AMP，$NADP^+$含腺苷-2′, 5′-二磷酸等。图 2-5 为不同类型核苷酸的化学结构式。

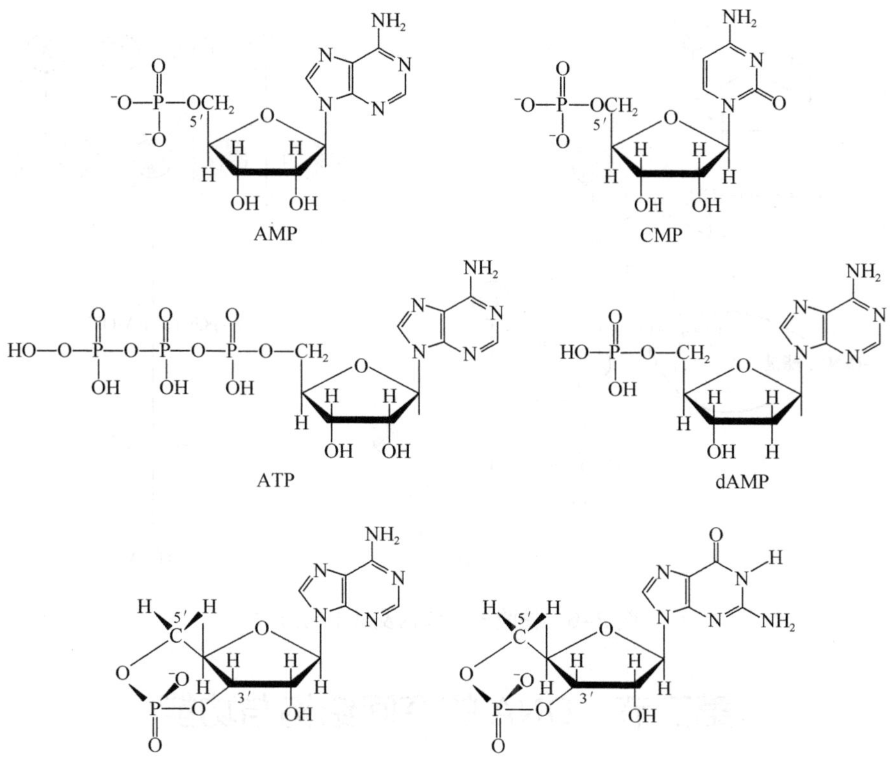

图 2-5　不同类型核苷酸的化学结构式

四、核苷酸的连接

生物体内的核苷酸多为 5′-核苷酸。脱氧核苷酸分子中的 5′羟基与磷酸基团连接，3′端羟基为游离羟基。DNA 分子中两个脱氧核苷酸连接时，前一个核苷酸的 3′羟基与下一个核苷酸的 5′磷酸基团之间脱水形成 3′, 5′-磷酸二酯键。核糖核苷酸分子中有 2′、3′和 5′三个自由羟基，但核苷酸之间还是以 3′, 5′-磷酸二酯键连接。因此，DNA 和 RNA 分子都是核苷酸通过 3′, 5′-磷酸二酯键连接形成的高分子化合物。3′, 5′-磷酸二酯键的结构见图 2-6。

五、核酸的一级结构

核酸的一级结构是指核酸分子中核苷酸的排列顺序。由于四种核苷酸之间的差异主要是碱基不同，因此核酸的一级结构也称为碱基序列。线性多聚核苷酸链有两个游离的末端，分别称为 5′磷酸末端和 3′羟基末端。

多聚核苷酸的结构书写采用自左至右按碱基顺序排列的方式，通常左侧端标出 5′磷酸末端，右侧为 3′羟基末端，或仅写出自左至右的碱基顺序。核苷酸连接的方向性及书写方式从繁到简如图 2-6 所示。

核酸分子的大小常用碱基数目（用于单链 DNA 和 RNA）或碱基对数目（base pair，bp，用于双链 DNA 和 RNA）表示。通常将 50bp 或 50bp 以下的核酸片段称为寡核苷酸，大于 50bp 的核酸片段称为多聚核苷酸。自然界 DNA 和 RNA 的长度在几十至几万个碱基之间，碱基排列顺序的不同表示携带的遗传信息不同。

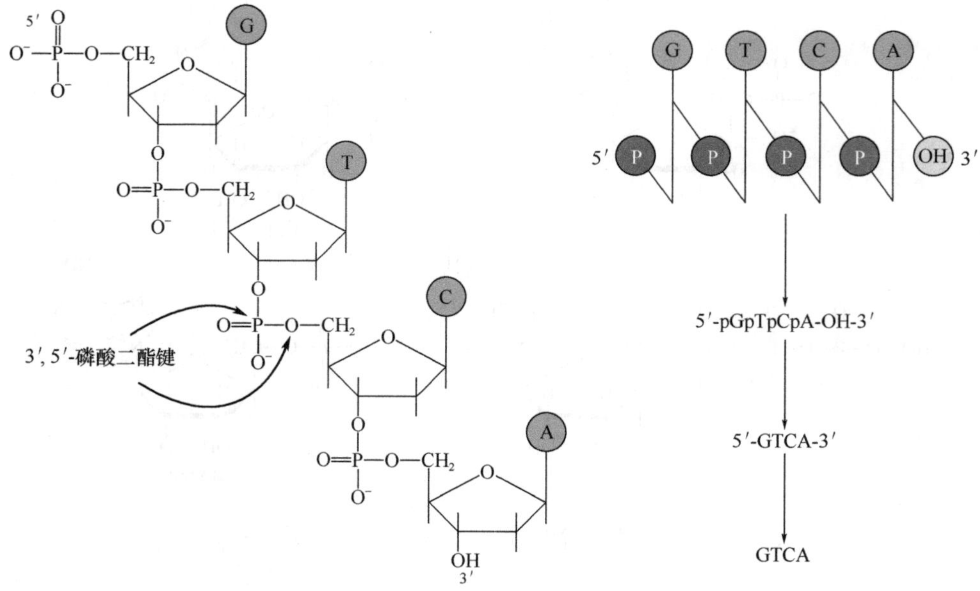

图 2-6　核酸一级结构及其书写方式

第二节　DNA 的空间结构与功能

1953 年 4 月，James Watson 和 Francis Crick 提出 DNA 的双螺旋结构模型，标志着分子生物学的诞生，使人类对生命的研究进入了分子水平。由于 DNA 高级结构的破译，揭示了 DNA 作为遗传物质的奥秘，生物学各个领域的研究也随之迅猛发展。

一、DNA 的二级结构

（一）DNA 双螺旋结构提出的依据

Watson 与 Crick 提出 DNA 双螺旋结构模型的主要依据是 Chargaff 规则和 DNA X 光衍射结果。

1. Chargaff 规则　①不同生物种属的 DNA 碱基组成不同；②同一个体不同器官、不同组织的 DNA 具有相同的碱基组成；③在某一特定的物种中，DNA 的碱基组成不随其年龄、营养状态以及环境的变化而改变；④不同生物来源的 DNA 分子中，腺嘌呤的摩尔数等于胸腺嘧啶的摩尔数（即 A=T）；鸟嘌呤的摩尔数等于胞嘧啶的摩尔数（即 G=C），由此可推导出嘌呤碱基的摩尔数等于嘧啶碱基的摩尔数（即 A+G=C+T）。一些生物来源的 DNA 碱基组分比例见表 2-2。

表 2-2　不同生物来源的 DNA 碱基组分比例

来源	碱基的相对含量（克分子%）				$\frac{A+T}{G+C}$	$\frac{A}{T}$	$\frac{G}{C}$
	A	G	T	C			
人	30.9	19.9	19.8	29.4	1.519	1.050	1.005
牛胸腺	28.2	21.5	22.5	27.8	1.247	1.014	0.956
牛脾	27.9	22.7	22.1	27.3	1.23	1.022	1.027
牛精子	28.7	22.2	22.0	27.2	1.268	1.055	1.009
大鼠	28.6	21.4	21.5	28.4	1.325	1.007	0.995
母鸡	28.8	20.5	21.5	29.2	1.381	0.986	0.953

续表

来源	碱基的相对含量（克分子%）				A+T / G+C	A / T	G / C
	A	G	T	C			
蚕	28.6	22.5	21.9	27.2	1.262	1.051	1.027
酵母	31.3	18.7	17.1	32.9	1.793	0.951	1.093
大肠杆菌	24.7	26.0	25.7	23.6	0.934	1.047	1.012

2. DNA X 光衍射结果 Rosalind Franklin 和 Maurice Wilkins 用 X 射线分析 DNA 纤维的结构，结果提示 DNA 是双链螺旋结构。

（二）DNA 双螺旋结构的特点

（1）DNA 分子是由两条反向平行的脱氧多聚核苷酸链围绕同一中心轴盘旋而形成的右手螺旋结构，一条链是 5′→3′，另一条是 3′→5′（图 2-7）。

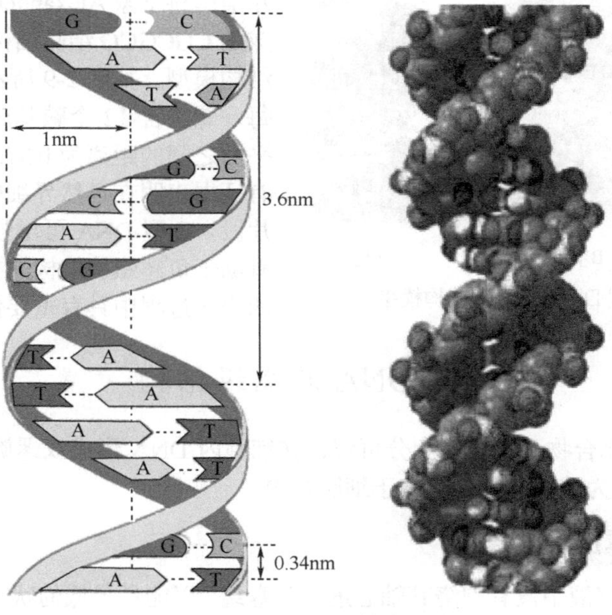

图 2-7　DNA 双螺旋结构

（2）DNA 链的骨架由交替出现的亲水脱氧核糖基和磷酸基构成，位于双螺旋的外侧，疏水碱基位于双螺旋的内侧。

（3）两条脱氧多聚核苷酸链之间的碱基以氢键相连接，即 A 与 T 之间形成两个氢键，G 与 C 之间形成三个氢键（图 2-8）。这种碱基配对关系称为碱基互补（complementary base pair）；DNA 分于中的两条链互称为互补链。

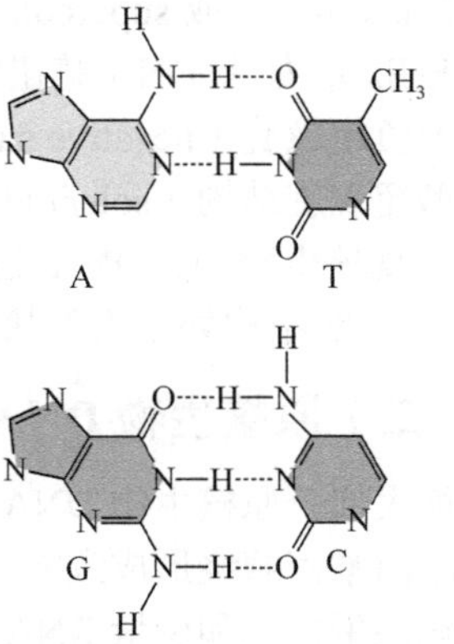

图 2-8　DNA 分子中碱基配对模式

（4）碱基对平面与螺旋轴垂直。双螺旋结构的直径为 2.0nm，相邻两个碱基对平面之间的距离为 0.34nm，每个螺旋结构有 10.5 对碱基，螺距为 3.6nm。DNA 两股链之间的螺旋在表面形成一条小沟（minor groove）和一条大沟（major groove）。

（5）DNA 双螺旋结构的稳定主要由互补碱基对之间的氢键和碱基堆积力来维持。互补碱基间的氢键主要维持双链的稳定性。碱基堆积力是碱基平面在盘旋过程中碱基彼此重叠形成的一种疏水作用力，主要维持螺旋的稳定性。相对而言，碱基堆积力对双螺旋的稳定性更为重要。

（三）DNA 双螺旋结构的多样性

Waston-Crick 提出的右手双螺旋结构模型称为 B 型 DNA，是在与细胞内相似生理环境下获得的 DNA 纤维的 X 射线的衍射分析结果。它是 DNA 分子在生理条件下最稳定和最普遍的构象形式，但这种结构并不是一成不变的，当改变溶液的离子强度或相对湿度时，DNA 结构会呈现不同的螺旋异构体。例如降低环境的相对湿度，B 型 DNA 将会发生一个可逆性构象改变而成为所谓的 A 型 DNA，尽管两型都为右手螺旋，但 A 型 DNA 较粗，每两个相邻碱基对平面之间的距离为 0.26nm，比 B 型 DNA 短了许多，然而每圈螺旋结构却含有 11 个碱基对，双螺旋结构的直径为 2.6nm，而且比 B 型 DNA 刚性强。1979 年美国科学家 Alexander Rich 等在研究人工合成的 CGCGCG 结晶结构后，提出了 Z 型 DNA 结构模型，如图 2-9 所示。Z 型为左手螺旋，每一螺旋含 12 个碱基对，每两个相邻碱基对平面之间的距离为 0.37nm，直径是 1.8nm。且有证据表明在自然界细胞中有短的 Z 型 DNA 片段。Z 型 DNA 可增强某些基因的转录，还有助于负超螺旋结构的打开，在调节一些基因的表达过程中具有重要作用。

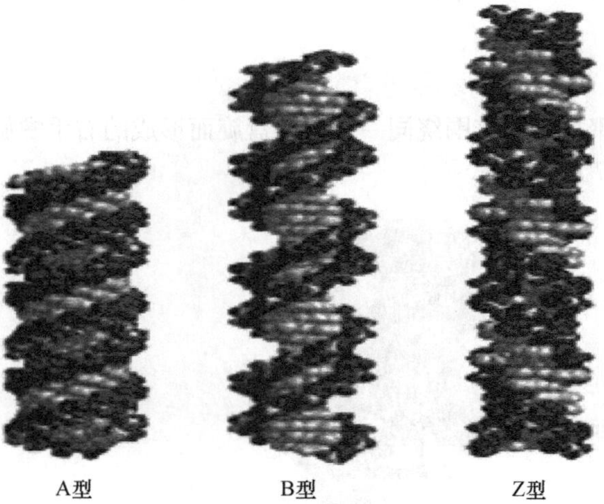

图 2-9 不同类型 DNA 双螺旋结构模型

二、DNA 的高级结构

DNA 是高分子的化合物，其长度十分可观，在细胞内 DNA 形成双螺旋结构基础上还要进一步盘旋和高度压缩，成为致密的结构存在于细胞核内。

（一）DNA 超螺旋结构

线性 DNA 分子在溶液中没有围绕其轴心进一步盘绕，以能量最低的状态存在，此时为松弛态 DNA（relaxed DNA）。DNA 分子在双螺旋结构基础上通过扭曲、折叠或盘旋形成的结构为超螺旋结构（superhelix 或 supercoil）。DNA 链扭曲形成的超螺旋结构称为相缠型超螺旋结构（plectonemic superhelix），如果 DNA 链扭曲的方向为左手螺旋方向，称为为正超螺旋（positive superhelix），反之则为负超螺旋（negative superhelix）（图 2-10）。DNA 链盘旋形成螺线管样的超螺旋结构称为螺线管型超螺旋结构（solenoidal superhelix）（图 2-11B），其左手螺旋为负超螺旋，右手螺旋为正超螺旋。真核生物中，DNA 链以左手螺旋的方式盘绕组蛋白，处于负超螺旋状态。负超螺旋可使 DNA 的二级结构处于松弛状态，有利于复制、转录和基因重组。

（二）原核生物 DNA 是环状超螺旋结构

绝大部分原核生物 DNA 都是共价闭环双螺旋分子（图 2-10），如大肠杆菌的 DNA 是 4639kb，在细胞内紧密缠绕形成致密的小体，称为类核（nucleoid）。类核结构中 DNA 约占 80%，其余是结合的碱性蛋白质和少量 RNA。在细菌基因组中，超螺旋可以相互独立存在，形成超螺旋区。各区域间的 DNA 可以有不同程度的超螺旋结构。

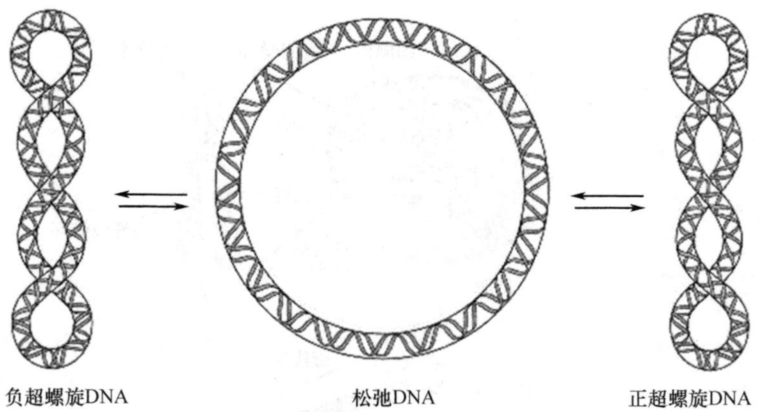

图 2-10 松弛型环状 DNA 和超螺旋 DNA 示意图

（三）真核生物 DNA 在核内的组装

真核细胞 DNA 通常以螺线管型超螺旋结构形式存在，与蛋白质结合形成松散的染色质（chromatin）形式存在于细胞周期的大部分时间里，在细胞分裂期形成高度致密的染色体（chromosome）。染色质的基本单位是核小体。每个核小体由 5 种组蛋白和 DNA 片段构成（图 2-12）。5 种组蛋白分别为 H1、H2A、H2B、H3 和 H4，富含精氨酸和赖氨酸。其中 H2A、H2B、H3 和 H4 各 2 分子构成一个八聚体的组蛋白核心。核小体上的 DNA 片段约为 200bp，其中 146bp 的 DNA 以左手螺旋方式在核心颗粒上盘绕 1.75 圈形成核小体颗粒，其余的片段与 H1 结合共同构成连接区，使核小体颗粒连接起来形成串珠状染色质细丝。染色质细丝结构是 DNA 在细胞核内的第一层次折叠，使 DNA 的长度压缩了约 7 倍。

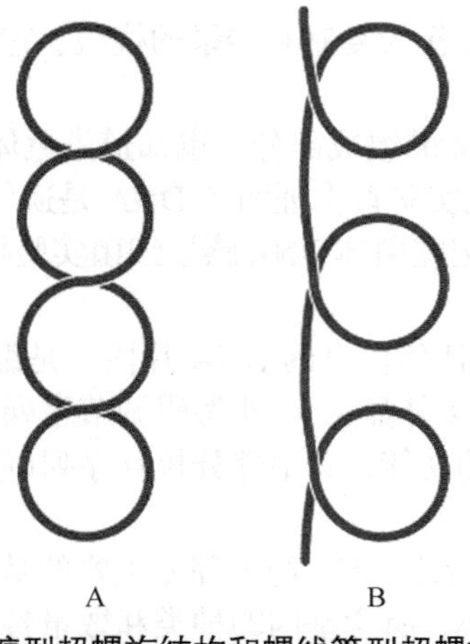

图 2-11 相缠型超螺旋结构和螺线管型超螺旋结构示意图

A. 相缠型超螺旋结构；B. 螺线管型超螺旋结构

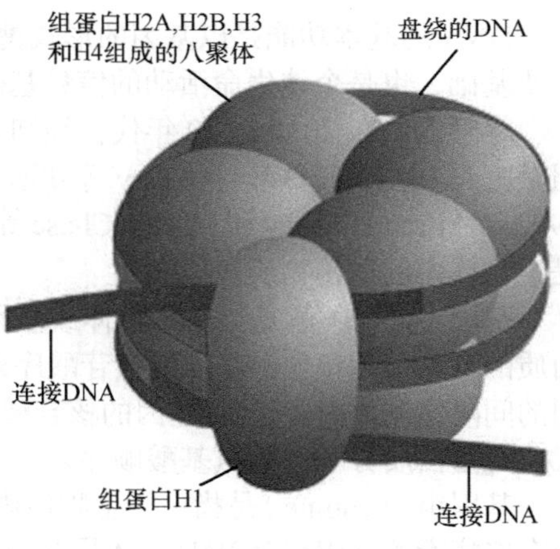

图 2-12 核小体结构示意图

染色质细丝可进一步盘绕形成直径 30nm、内径 10nm 的螺线管（selenoid），也称为染色质纤维（chromatin fibril）。每圈螺旋由 6 个核小体组成，组蛋白 H1 是维系这种高级结构的重要成分。螺线管是 DNA 在细胞核内的第二层次折叠，它使 DNA 的长度压缩大约 100 倍。螺线管进一步盘旋和折叠形成直径为 400nm 的超螺线管，使 DNA 的长度又压缩 40 倍。超螺线管再折叠成染色单体（chromatid），在核内组装成染色体（图 2-13）。人类 24 条染色体上的 DNA 长度的总和约为 1 米，因此体细胞内的 DNA 长度的总和约为 2 米。人类体细胞核内的 DNA 经过多层次盘旋折叠后，使 DNA 的长度压缩至少 10 000 倍，从而使长度约为 2 米的 DNA 分子有效地组装在直径只有数微米的细胞核中。

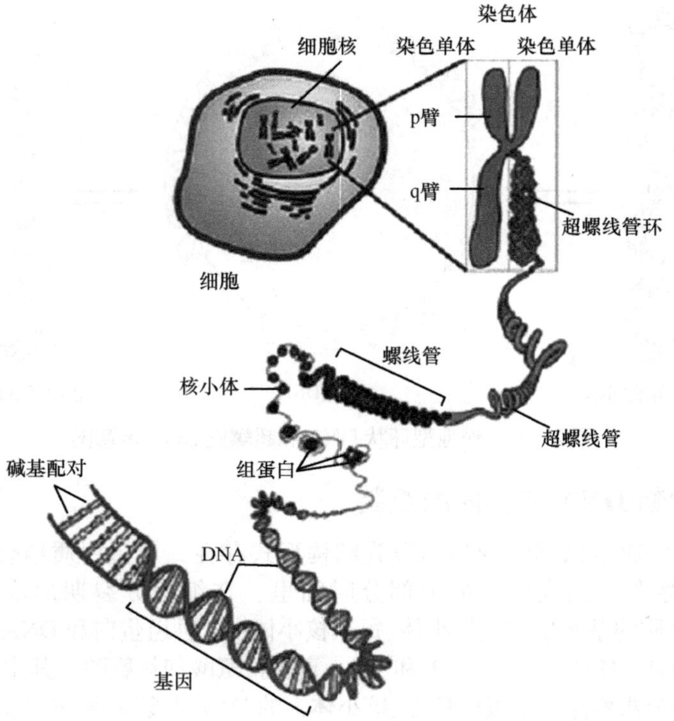

图 2-13 真核生物染色体 DNA 组装成不同层次的结构示意图

三、DNA 的功能

DNA 的基本功能是以基因的形式携带遗传信息，并作为复制和转录的模板。它是生命遗传的物质基础，也是个体生命活动的信息基础。

尽管人们在 20 世纪 30 年代已经知道 DNA 是染色体的组成部分，也知道染色体是遗传物质。但是直到 1944 年，Oswald Avery 等才通过肺炎球菌转化实验首次证明了 DNA 是遗传的物质基础。1952 年 Alfred Hershey 和 Martha Chase 等通过同位素标记噬菌体 DNA 感染细菌实验再次证实 DNA 是生物体内的遗传物质。

基因（gene）就是指在染色体或基因组上负载特定遗传信息的 DNA 片段，是编码 RNA 或蛋白质的基本遗传单位。基因的核苷酸序列包括编码序列（外显子）、非编码调节序列和编码序列之间的间隔序列（内含子）。基因的核苷酸序列决定基因的功能，其中部分核苷序列以遗传密码的方式决定蛋白质分子中的氨基酸顺序。

基因组（genome）是指一个生物体内所含有的全部遗传信息。绝大部分生物的基因组为 DNA，但有些病毒的基因组为 RNA。不同生物体基因组的大小、所含基因的种类和数量各不相同。一般来讲，进化程度越高的生物体，其 DNA 分子越大越复杂。最简单生物的基因组仅含几千个碱基对，而人的基因组则有 3.0×10^9 个碱基对。

第三节 RNA 的结构与功能

RNA 是 DNA 的转录产物。组成 RNA 分子的基本单位是 AMP、GMP、CMP 和 UMP 四种核苷酸。除此之外，在有些 RNA 分子中尚含有少量的稀有碱基和稀有核苷。成熟的 RNA 主要存在于细胞质中，少量位于细胞核中。RNA 分子比 DNA 分子小得多，由数十至数千个核苷酸组成。RNA 通常是单链线型分子，但可自身回折在碱基互补区（A 与 U 配对，C 与 G 配对）形成局部短的双螺旋结构，而非互补区则膨出成环状结构。RNA 与 DNA 的明显差异是核糖环的 C-2′位，RNA

的 C-2′位含有游离的羟基，使 RNA 的化学性质不如 DNA 稳定。

RNA 的种类、大小、结构都比 DNA 多样化，这是 RNA 能执行多种生物功能的结构基础。RNA 与蛋白质共同负责基因的表达和表达的调控。目前发现真核细胞内存在的 RNA 包括信使 RNA、转运 RNA、核糖体 RNA、微 RNA、小 RNA、核小 RNA、核仁小 RNA 等。

案例 2-1

患者，男性，32 岁，因“发热、乏力、咽痛等症状”就诊。患者近 3 个月来反复出现低热、上呼吸道感染，最近 4 天出现严重的咽痛，而且进行性加重，进食困难。患者既往健康，有静脉吸毒史。体格检查：体温 38.5℃，咽部红肿，喉部见大量白色斑点，颈部及腋窝淋巴结肿大，心肺正常。实验室检查主要阳性发现：$CT4^{+}$T 淋巴细胞计数为 200 个/μl（正常值为＞500 个/μl），$CT4^{+}$/$CD8^{+}$T 淋巴细胞比值为 0.9（正常值为 1.5～2.5）。

问题：

1. 该病的初步临床诊断是什么？
2. 该病的病原体的遗传物质是什么？如何检测患者体内病原体的核酸？
3. 目前国内外有哪几类抗 HIV 药物？这些药物通过哪些环节发挥抗 HIV 作用？

一、信使 RNA 的结构与功能

信使 RNA（messenger RNA，mRNA）是细胞内含量较少的一类 RNA，仅占细胞总 RNA 的 3%～5%，但其种类最多，半衰期短，分子大小差别很大。mRNA 的功能是作为遗传信息的传递者，将核内 DNA 的碱基顺序（遗传信息）按碱基互补原则拷贝下来，作为模板指导蛋白质的合成。原核生物和真核生物的 mRNA 在合成和结构上仍有很大区别。原核生物中 mRNA 的转录和翻译发生在细胞内的同一个空间，两个过程可以同时进行。真核细胞中，细胞核内 mRNA 的初级产物为不均一核 RNA（heterozygous nuclear RNA，hnRNA），这种初级的 RNA 产物分子大小不一，经剪接加工后成为成熟 mRNA，再运送到细胞质内，作为蛋白质合成的模板。

真核细胞的成熟 mRNA 在一级结构上还有不同于原核细胞的特点：

（一）5′-末端具有共同的帽子结构

在 mRNA 生物合成过程中，在转录产物 5′-端加上一个 N^7-甲基化鸟苷酸，与起始核苷酸以 5′，5′-焦磷酸键连接，形成 m^7G-5′ppp5′-N-3′帽子结构，同时原始转录产物的第一、二个核苷酸残基的 C-2′通常也被甲基化（图 2-14）。

mRNA 的帽子结构可以与帽结合蛋白（cap binding proteins，CBPs）分子结合，这种结合复合物对于 mRNA 从细胞核转运到细胞质、与核蛋白体的结合、与翻译起始因子的结合等方面均有重要作用，同时可以防止 5′核酸外切酶的水解，增强 mRNA 的稳定性。

（二）3′-末端具有多聚腺苷酸尾巴结构

在真核生物 mRNA 的 3′-末端，大多数有一段由数十个至百余个腺苷酸连接而成的多聚腺苷酸结构，称为多聚 A 尾[poly（A）]。poly A 结构也是在 mRNA 转录完成后额外添加的，催化这一反应的酶为末端腺苷酸转移酶。Poly A 在细胞内与 poly A 结合蛋白（poly A-binding protein，PABP）相结合。目前认为，这种 3′-末端多聚 A 尾巴结构和 5′帽子结构共同参与 mRNA 从核内向胞质的转移以及翻译起始的调控，并维持 mRNA 的稳定性。

（三）信使 RNA 有编码区

mRNA 含有编码氨基酸的密码子（codon），每个密码子由 3 个核苷酸组成，决定多肽链上的一个氨基酸，称为三联体密码（triplet code），也称为遗传密码（genetic code）。起始密码子为 AUG，终止密码子为 UAA、UAG 或 UGA，从起始密码子到终止密码子之间的核苷酸序列成为开放阅读框（open reading frame，ORF），是多肽链的编码序列。在 mRNA 起始密码子的上游和终止密码子的下游还分别有 5′-非翻译区（5′-untranslated region，5-UTR）和 3′-非翻译区（3′-untranslated region，3-UTR）（图 2-15）。

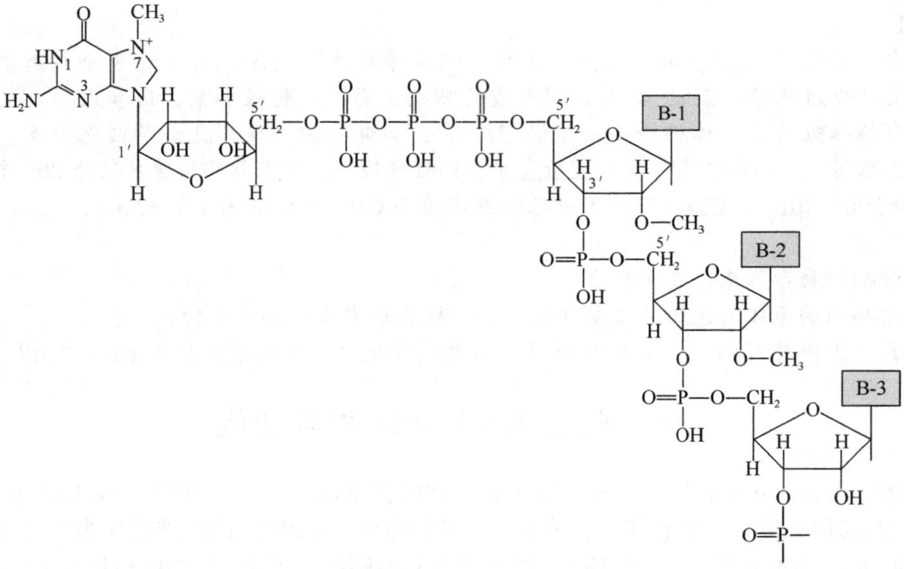

图 2–14 真核生物 mRNA 的帽子结构

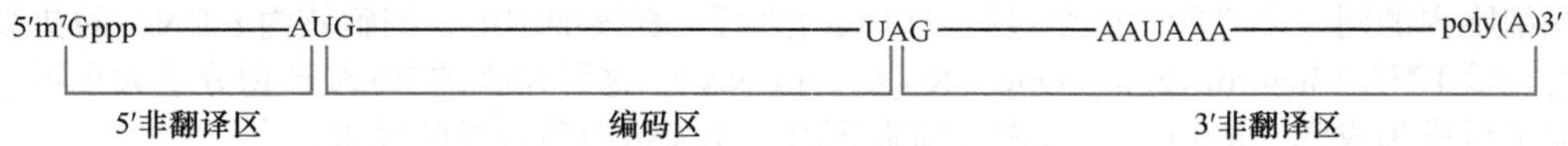

图 2–15 mRNA 基本结构示意图

二、转运 RNA 的结构与功能

转运 RNA（transfer RNA，tRNA）的功能是转运氨基酸和识别密码子，在蛋白质合成过程中根据 mRNA 模板上密码子的顺序将氨基酸转运到核糖体上进行蛋白质的生物合成。tRNA 约占总 RNA 的 10%～15%。大多数 tRNA 由 74～95 个核苷酸组成。细胞内至少有 40 余种 tRNA，每种 tRNA 均携带其特定的氨基酸。尽管每种 tRNA 的碱基组成和结构不同，但它们均有以下类似的结构特点。

（一）转运 RNA 分子含有较多的稀有碱基

稀有碱基是指除 A、G、C、U 以外的一些碱基，包括二氢尿嘧啶（DHU）、假尿嘧啶核苷（ψ）和甲基化的嘌呤（^{m}G、^{m}A），部分稀有碱基的结构见图 2-16。一般的嘧啶核苷以杂环上 N-1 与糖环的 C-1′原子形成糖苷键，而假尿嘧啶核苷则是杂环上的 C-5 原子与糖环的 C-1′原子相连。各种稀有碱基均是 tRNA 转录后修饰形成的。tRNA 中的稀有碱基占所有碱基的约 10%。

（二）转运 RNA 二级结构呈三叶草形

tRNA 是单链分子，但其分子中一些能局部互补配对的核苷酸序列可以形成局部的双链，中间不能配对的部分则膨出形成环，形成茎环（stem loop）结构或发夹（hairpin）结构，使整个 tRNA 分子的形状类似于三叶草形（cloverleaf pattern）。三叶草形结构由二氢尿嘧啶环、反密码环、额外环、TψC 环和氨基酸臂等部分组成（图 2-17）。

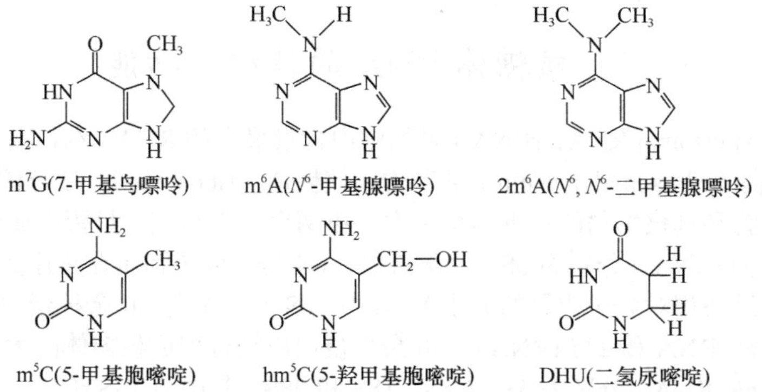

图 2-16 部分稀有碱基结构

1. 二氢尿嘧啶环（dihydrouracil loop，DHU 环） 它是 5′-端起第一个环，由 8～12 个核苷酸组成，因含有二氢尿嘧啶而得名。DHU 环与 tRNA 的折叠相关。

2. 反密码环（anticodon loop） 由 7 个核苷酸组成。环中间含 3 个核苷酸组成的反密码子，可以识别 mRNA 上的密码子并与之反向互补配对。次黄嘌呤核苷酸（inosine，I）常出现于反密码子的第 1 位，可与密码子的第 3 位核苷酸形成不严格的配对。tRNA 的反密码子决定其携带的氨基酸。

3. 额外环（extra loop） 由 3～8 个核苷酸组成，不同 tRNA 的此环大小是高度可变的，故又称可变环，是 tRNA 分类的重要标志。

4. TψC 环 近 3′-端的环结构，由 7 个核苷酸组成，含有胸嘧啶核苷酸（T）及假尿嘧啶核苷（ψ）酸，故由此而得名。TψC 环在 tRNA 的折叠过程中起重要作用，是 tRNA 与核糖体大亚基相互结合的重要部位。

5. 氨基酸臂（amino acid arm） 由 5′-端和 3′-端的 7 对碱基组成，富含鸟嘌呤。氨基酸臂的 3′-末端含有未配对的 CCA，腺苷酸（A）的 3′-羟基是活化氨基酸的结合部位。

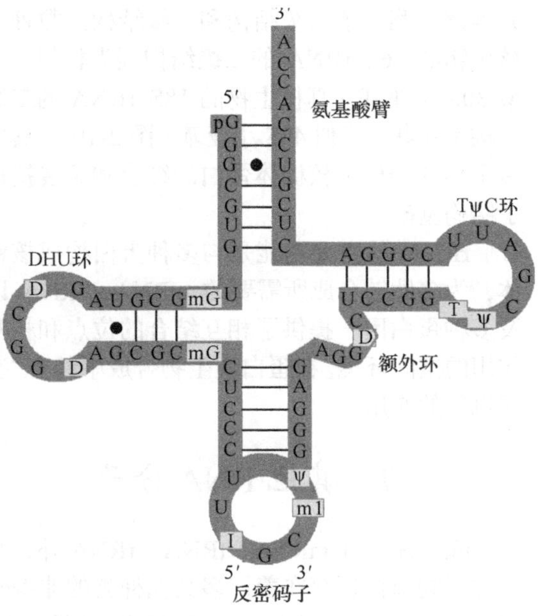

图 2-17 tRNA 的二级结构

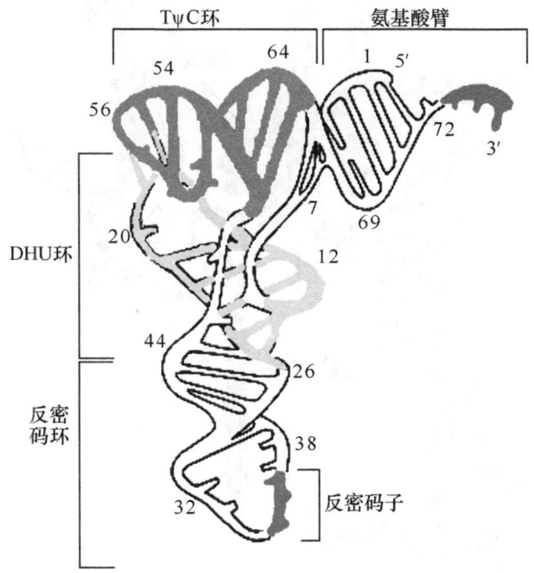

图 2-18 tRNA 的三级结构

（三）转运 RNA 的三级结构是倒“L”形

tRNA 的三级结构呈倒“L”形（图 2-18）。氨基酸臂与 TψC 臂形成一个连续的双螺旋区，而 DHU 臂和反密码臂也形成一个近似于连续双螺旋的区域，两个区域相互垂直，形成倒“L”形的结构。

三、核糖体 RNA 的结构与功能

核糖体 RNA（ribosomal RNA，rRNA）是细胞内含量最多的 RNA，约占总 RNA 的 80%以上。rRNA 与核糖体蛋白（ribosomal protein）共同构成核糖体（ribosome）。参与核糖体构成的蛋白质有数十种。原核生物和真核生物的核糖体均由大、小两个亚基组成，是蛋白质合成的场所。

原核生物有 3 种 rRNA，分别为 5S、16S 和 23S（S 是大分子物质在超速离心沉降中的一个物理学单位，可间接反映相对分子质量的大小）。其中 16S rRNA 与 20 余种蛋白质结合构成核糖体的小亚基（30S），5SrRNA 和 23S rRNA 与 30 余种蛋白质结合构成核糖体的大亚基（50S）。

真核生物有 4 种 rRNA，分别为 5S、5.8S、18S 和 28S。其中由 18S rRNA 与 30 余种蛋白质结合构成核糖体的小亚基（40S）；5S、5.8S、28S 三种 rRNA 与近 50 种蛋白质结合构成核糖体的大亚基（60S）（表 2-3）。

表 2-3 核糖体的组成

原核生物（以大肠杆菌为例）			真核生物（以小鼠肝为例）	
小亚基	30S		40S	
rRNA	16S	1542 个核苷酸	18S	1874 个核苷酸
蛋白质	21 种	占总量的 40%	33 种	占总量的 50%
大亚基	50S		60S	
rRNA	23S	2940 个核苷酸	28S	4718 个核苷酸
	5S	120 个核苷酸	5.8S	160 个核苷酸
			5S	120 个核苷酸
蛋白质	36 种	占总量的 30%	49 种	占总量的 35%

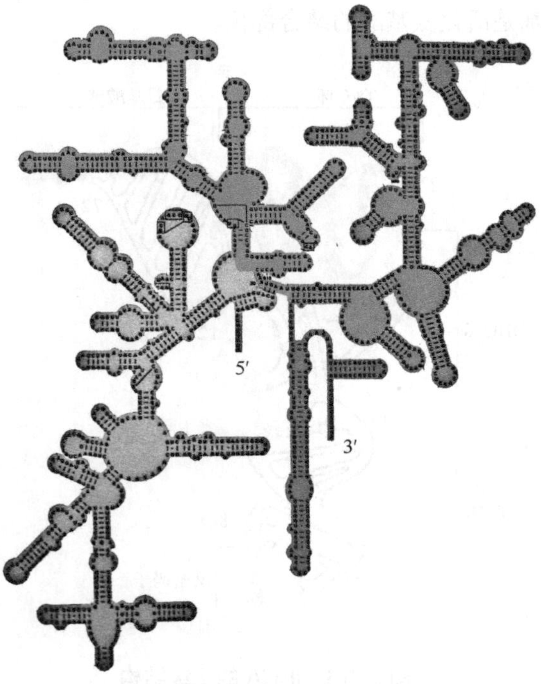

图 2-19 核蛋白体小亚基 rRNA 二级结构

目前已完成了各种rRNA的碱基顺序测定，并据此推测出了二级结构和三级结构。数种原核生物的 16S rRNA 的二级结构颇为相似，形似 30S 小亚基。真核生物的 18S rRNA 的二级结构呈花状，形似 40S 小亚基（图 2-19），其中多个茎环结构为核糖体蛋白的结合和组装提供了结构基础。

rRNA 的主要功能是与多种蛋白构成核糖体，为多肽链合成所需要的 mRNA、tRNA 以及多种蛋白因子提供了相互结合的位点和相互作用的空间环境。在蛋白质生物合成中起着“装配机”的作用。

四、其他 RNA 分子

除上述三种 mRNA、tRNA、rRNA 外，细胞的不同部位还存在着许多其他种类的非编码 RNA（non-coding RNA，ncRNA）。这类 RNA 分子通常不编码蛋白质，但具有重要的生物学功能。根据 RNA 分子的大小分为长链非编码 RNA（long non-coding RNA，lncRNA）和短链非编码 RNA（small non-coding RNA，sncRNA）。

lncRNA 是指长度大于 200nt 的非编码 RNA，具有高度异质性。这类 RNA 具有多种重要的生物学功能，主要参与基因转录调控、转录后调控、翻译调控及介导染色质修饰等生物学过程，与一些疾病（如肿瘤、遗传病等）的发生密切相关。

sncRNA 是指长度小于 200nt 的非编码 RNA，主要包括核内小 RNA（small nuclear RNA，snRNA）、核仁小 RNA（small nucleolar RNA，snoRNA）、微 RNA（microRNAs，miRNA）、小干扰 RNA（small interference RNA，siRNA）、催化小 RNA（small catalytic RNA）等。

1. 核内小 RNA　核内小 RNA（snRNA）是一类长度为 100～200 核苷酸的小 RNA，存在于细胞核内。目前研究得比较清楚的 snRNA 有 U1、U2、U3、U4 和 U5，这些 snRNA 参与真核生物 mRNA 前体（hnRNA）的剪接过程。

2. 核仁小 RNA　核仁小 RNA（snoRNA）是一类长度为 60～300 个核苷酸的小 RNA，参与 rRNA 加工和 rRNA 中核苷酸残基的修饰。

3. 微 RNA　微 RNA（miRNA）是一类长度为 20～25 个核苷酸的小 RNA，可以通过碱基互补配对与靶 mRNA 结合，抑制蛋白质的翻译或促进 mRNA 的降解，使靶基因沉默。

4. 小干扰 RNA（siRNA）　小干扰 RNA（siRNA）是一类长度为 20～25 个核苷酸双链 RNA，双链解离后形成单链 siRNA。siRNA 功能与 miRNA 类似，参与转录后的调控。

5. 催化小 RNA　催化小 RNA 是一类具有催化活性的小 RNA，亦被称为核酶。这类小 RNA 参与 RNA 的剪接，在 RNA 合成后的剪接修饰中起重要作用。

知识链接：miRNA 的发现

多年以来，人们普遍认为一些小分子 RNA 是 RNA 提取过程中产生的降解产物，直到 1993 年哈佛大学的 Victor Ambros 及其同事 Rosalind Lee 在研究线虫（C. elegans）发育过程中发现第一个微 RNA（microRNA，简称 miRNA）后，人们才认识到 miRNA 在基因表达调控中具有重要作用。1993 年，Ambros 和他的同事 Lee 用经典的定位克隆方法在线虫（C. elegans）中克隆了 *lin-4* 基因，发现 *lin-4* 并不编码蛋白，而是编码两个小 RNA 分子，一个长度约为 22 个核苷酸，另一个长度约为 61 个核苷酸，后者可以形成茎环结构，是前者的前体，它们与其靶基因 *lin-14* mRNA 的 3′-非翻译区的多个区域通过互补的方式介导抑制 *lin-14* 基因的表达，调控线虫从幼虫 L1 期到幼虫 L2 期的发育。*lin-4* 基因对 *lin-14* 抑制作用导致 lin-14 蛋白质合成的减少，但不影响 *lin-14* 基因的 mRNA。随后的 7 年内，在线虫以及其他多细胞动物内均未见类似于 *lin-4* 的非编码调控机制的报道。2000 年，Brenda Reinhart 等在线虫中找到了第 2 个调控时序性发育的基因 *let-7*，转录产物也不编码蛋白质，而是被加工成长度为 21 个核苷酸的 miRNA，其作用机制与 *lin-4* 的转录产物相似，作为一个负调节因子抑制靶基因 *Lin-41* 的表达，从而调控线虫从幼虫 L4 期到成虫期的发育。当时这些小 RNA 被称为小分子短暂 RNA（small temporal RNA，stRNA），后来称为 miRNA。发现 *lin-4* 和 *let-7* 非编码小 RNA 可调控基因表达后，非编码 RNA（ncRNAs）的调控机制及生物学功能才引起广泛关注。此后，在果蝇、小鼠、植物、人类等多种生物中也陆续发现 miRNAs 的存在，甚至在病毒中也存在 miRNA。miRNA 在进化过程中具有高度保守性，并具有重要的生物学功能。随着研究的不断深入以及分析方法和技术的发展，越来越多的 miRNA 被发现。到期目前为止，miRNA 公共数据库（miRBase，www.mirbase.org）中至少已有 28 645 个 miRNA。

第四节　核酸的理化性质及其应用

核酸的化学结构及成分和作为高分子化合物赋予其一些特殊的理化性质，这些理化性质已被广泛用作基础研究及疾病诊断的工具。

一、紫外吸收

由于核酸分子所含的嘌呤和嘧啶分子中都有共轭双键，使核酸分子在紫外 260nm 波长处有最大吸收峰（A_{260}），这一特点常被用来对核酸进行定性、定量分析。在核酸提取过程中，蛋白质是最常见的杂质（蛋白质最大吸收峰 280nm，A_{280}），故常用 A_{260}/A_{280} 比值判断提取的核酸纯度。纯 DNA 的 A_{260}/A_{280} 应大于 1.8，纯 RNA 应达到 2.0。根据 260nm 波长的吸光度可以测定出溶液中 DNA 或 RNA 的浓度。实验中常以 A_{260}=1.0 相当于 50μg/ml 双链 DNA 或 40μg/ml 单链 DNA（或 RNA）或 20μg/ml 寡核苷酸为标准计算。此外，紫外吸收值还可作为核酸变性、复性的指标。

二、DNA 的变性

大多数天然存在的 DNA 都具有规则的双螺旋结构。当 DNA 受到某些理化因素（温度、pH、乙醇和丙酮等有机溶剂以及尿素、离子强度等）作用下，DNA 双链的互补碱基之间的氢键断裂，使双链 DNA 发生解链，形成两条单链的过程称为 DNA 变性（denaturation）（图 2-20）。变性并不涉及 DNA 分子中核苷酸间共价键（磷酸二酯键）的断裂。

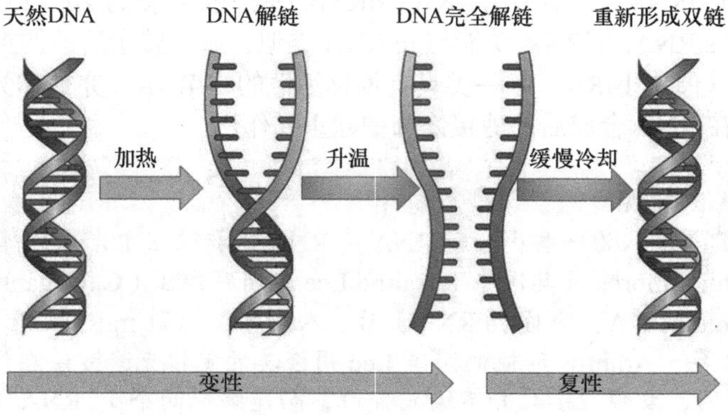

图 2-20 DNA 变性与复性

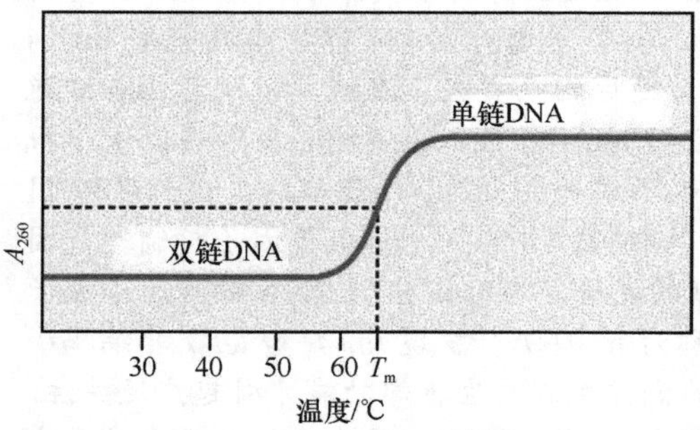

图 2-21 DNA 的溶解曲线

在 DNA 变性过程中，随着 DNA 双链的解链，A_{260} 随之增加，此现象称为增色效应（hyperchromic effect）。这是由于位于双螺旋内侧的碱基共轭双键暴露引起的。若以温度对 DNA 溶液的 A_{260} 作图，可绘制出 DNA 的解链曲线，呈 S 型（图 2-21）。从曲线可以看出，DNA 的变性从开始解链到完全解链，是在一个相当狭窄的范围内完成的。在这一范围内，紫外吸光度达到最大吸光度的 50%时的温度称为 DNA 解链温度（melting temperature，T_m）。在 T_m 时，50%DNA 双链结构被解开。不同来源 DNA 间的 T_m 存在差别，在溶剂相同的前提下，T_m 值大小与 GC 含量和介质中的离子强度有关。① GC 碱基对含量 T_m 值的高低取决于 DNA 分子中（GC）的含量。（GC）含量越高，T_m 值越高。因为 GC 碱基配对形成 3 个氢键，而 AT 碱基配对只形成 2 个氢键，破坏 GC 间的氢键需要更多的能量。因此，测定 T_m 值，可以推算出 DNA 碱基的百分组成。（G+C）含量与 T_m 之间的关系的经验公式为（G+C）%=（T_m−69.3）×2.44。也可以利用此公式从 DNA 的 GC 含量来计算出 T_m 值，推算 T_m 值经验公式为 T_m=69.3+0.41（G+C）%。长度为 20bp 左右的寡核苷酸片段的 T_m 值的经验公式为 T_m=4（G+C）+2（A+T）。②介质中的离子强度：离子强度较低的介质中，DNA 的 T_m 值较低，而且熔解温度的范围较宽。而离子强度较高时，DNA 的 T_m 值较高，且熔解过程发生在一个较小的温度范围之内。在高离子强度介质中，DNA 分子相对稳定，所以 DNA 一般保存在含盐缓冲溶液中。此外，DNA 片段长度也影响 T_m 值，短 DNA 双链的较低，长 DNA 双链的 T_m 值较高。

通过加热、尿素及改变酸碱度是实验室常用的 DNA 变性方法。例如在聚合酶链反应中，通常将 DNA 加热至 94～95℃，使 DNA 变性，以便进行随后的退火和延伸反应。尿素是聚丙烯酰胺凝胶电泳法测定 DNA 序列或分离 DNA 片段时常用的变性剂，使 DNA 在电泳分离过程中处于单链状态。碱变性也是常用的变性方法。在核酸分子杂交前，通常用 NaOH 处理电泳分离 DNA 的琼脂糖凝胶，使 DNA 变性，然后再转移到硝基纤维素膜上进行杂交。

三、DNA 的复性

变性 DNA 在适当条件下，两条互补链重新配对，恢复天然的双螺旋构象，这一现象称为复性（renaturation）（图 2-20）。热变性的 DNA 经缓慢冷却后即可复性，称为退火（annealing）。热变性 DNA 的复性受温度下降速度的影响。如果将加热变性后的 DNA 迅速冷却至 4℃以下，则 DNA 难以复性，几乎处于变性状态。这一特性被用来保持 DNA 的变性状态。DNA 的复性还受 DNA 片段长度及浓度的影响。DNA 的片段越长，复性越慢；DNA 的浓度越大，复性越快。

四、核酸分子杂交

如果将不同来源的 DNA 单链分子或 RNA 分子放在同一溶液中，经变性处理后，只要两种单链分子之间存在着一定程度的碱基配对关系，在适宜的条件（温度及离子强度等）下，就可以在不同的分子间形成杂化双链，这种杂化双链可以在不同的 DNA 与 DNA 之间形成，也可以在 DNA 和 RNA 分子间或者 RNA 与 RNA 分子间形成。这种现象称为核酸分子杂交（hybridization）。杂交的本质就是在一定条件下互补核酸链之间的复性。

核酸分子杂交作为一项基本技术，已应用于核酸结构与功能研究的各个方面。如用 Southern 印迹可检测 DNA，用 Northern 印迹可检测 RNA、基因芯片技术及 PCR 扩增等。在医学上，目前已用于多种遗传病的基因诊断、恶性肿瘤的基因分析、传染病病原体的检测等领域中。

案例 2-1 分析讨论

1. 该病的初步诊断是获得性免疫缺陷综合征（aquired immune deficiency syndrome，简称 AIDS），也称为艾滋病，是人免疫缺陷病毒（human immunodeficiency virus，HIV）感染所致。HIV 感染主要发生在同性恋、不安全性生活史、静脉注射毒品等群体，也可经输血、母婴途径传播。

HIV 感染后破坏机体的免疫系统，使机体免疫功能低下。根据感染后临床表现及症状严重程度，HIV 感染的全过程可分为急性期、无症状期和艾滋病期。①急性期：大多数患者临床症状轻微，持续 1～3 周后缓解。临床表现以发热最为常见，可伴有咽痛、盗汗、恶心、呕吐、腹泻、皮疹、关节疼痛、淋巴结肿大及神经系统症状；②无症状期：可从急性期进入此期，或无明显的急性期症状而直接进入此期。此期持续时间一般为 6～8 年；③艾滋病期：为感染 HIV 后的最终阶段。主要表现为持续 1 个月以上的发热、盗汗、腹泻；体重减轻 10%以上。部分患者表现为神经精神症状，如记忆力减退、精神淡漠、性格改变、头痛、癫痫及痴呆等。此外，患者还可出现持续性全身性淋巴结肿大。

由于 HIV 在体内主要攻击机体的 $CT4^{+}T$ 淋巴细胞，因此血液学检查表现为 $CT4^{+}T$ 淋巴细胞数量逐渐下降，出现 $CT4^{+}/CD8^{+}T$ 淋巴细胞比值倒置。

2. HIV 的遗传物质是 RNA，属于逆转录病毒科慢病毒属中的人类慢病毒组，是 RNA 病毒。每个病毒有两股单链 RNA 分子，基因组全长约 9.2kb。由于 HIV 的逆转录酶无校对功能，导致其在逆转录过程中基因组发生随机变异。因此，HIV 是一种变异性很强的病毒。

根据 HIV 基因组的核苷酸序列设计特异的引物，用反转录-聚合酶链反应（reverse transcription polymerase chain reaction，RT-PCR）技术可以检测患者体内 HIV 的 RNA。

3. HIV 进入宿主细胞及在宿主细胞内的复制周期包括 ①与病毒受体 CCR5 和 CD4 结

合；②病毒外膜与宿主细胞膜融合，将病毒 RNA 释放入宿主细胞胞浆内；③病毒 RNA 在胞浆中逆转录合成病毒双链 cDNA；④病毒双链 cDNA 进入细胞核，与宿主细胞基因组 DNA 整合，插入宿主细胞 DNA 中；⑤利用宿主细胞的转录系统合成病毒基因组 RNA 和 mRNA，合成的病毒基因组 RNA 和 mRNA 被转运到胞浆中；⑥利用宿主细胞的蛋白质合成系统合成病毒蛋白质，在胞浆中病毒基因组 RNA 与病毒蛋白质组装成 HIV 的核心颗粒；⑦病毒核心颗粒以出芽方式释放到细胞外，形成完整的病毒颗粒。根据病毒侵袭及在宿主细胞内的复制周期，目前国际上共有六大类抗 HIV 药物，分为 CCR5 抑制剂、融合抑制剂（FIs）、蛋白酶抑制剂（PIs）、核苷类逆转录酶抑制剂（NRTIS）、非核苷类逆转录酶抑制剂（NNRTIS）及整合酶抑制剂。这些药物主要通过抑制 HIV 与宿主细胞受体的结合、病毒与宿主细胞膜的融合、病毒蛋白酶的活性、病毒逆转录酶的活性干扰病毒的生活周期，抑制病毒的入侵、复制和增殖。目前国际上共有 30 多种抗 HIV 药物（包括复合制剂）。国内的抗 HIV 治疗药物有 NNRTIs、NRTIs、PIs 和整合酶抑制剂四类，共 18 种（包含复合制剂）。

目前临床上使用的抗病毒治疗方案是两种逆转录酶抑制剂和一种蛋白酶抑制剂的三联药疗法，也称为高效抗逆转录病毒治疗（highly active anti-retrovirus therapy，HAART），俗称鸡尾酒疗法，并获得巨大成功，患者数周内病毒大量减少，有的甚至降到测不出来的水平，且在整个疗程内保持这样的水平。这种疗法可以减少单一用药产生的抗药性，最大限度抑制病毒的复制，使被破坏的机体免疫功能部分甚至全部恢复。

（蔡望伟　黄东爱）

思 考 题

1. DNA 和 RNA 有何共性和差异?
2. DNA 的二级结构有何特点?
3. 真核生物的 mRNA 的结构有何特点?
4. 真核生物 tRNA 的结构有何特点?
5. 何谓核酸分子杂交?其基本原理是什么?

第三章 酶和维生素

内容提要

酶是由活细胞合成的生物催化剂，绝大多数酶的化学本质是蛋白质。酶有单纯酶和结合酶之分，单纯酶是仅由氨基酸组成的蛋白质，结合酶由蛋白质和非蛋白部分组成，其中非蛋白部分称为辅助因子。酶蛋白决定酶促反应的特异性，辅助因子决定酶促反应的性质。辅助因子是金属离子或小分子化合物，后者称为辅酶。其中与酶蛋白共价紧密结合的辅酶又称为辅基。

酶有特定的空间构象，其分子表面存在裂穴状活性中心。酶活性中心含有结合基团和催化基团，可结合底物形成酶–底物复合物，催化底物加速转变成产物。酶的作用与其特定的空间构象密切相关。

酶具有高效的催化性、高度专一性和催化作用的可调节性，通过降低反应的活化能加速化学反应。酶在催化过程中通过诱导契合与底物形成酶–底物中间复合物，并使底物处于过渡态，通过邻近效应、定向排列、多元催化及表面效应等机制使酶发挥高效催化作用。

米氏方程式可表示酶促反应过程中底物浓度对反应速度的影响，米氏常数 K_m 是酶的特征性常数，可反映酶对底物的亲和力。有多种因素可影响酶促反应速度，包括底物浓度、酶浓度、温度、pH、抑制剂和激动剂等。根据抑制剂和酶结合的特性，酶的抑制作用有可逆和不可逆抑制。可逆抑制又可分为竞争性抑制、非竞争性抑制和反竞争性抑制。

机体通过调节酶活性与酶含量来调节代谢速度。酶活性的调节方式有酶原的激活、酶的共价修饰和别构调节等。酶共价修饰是在其他酶的催化下共价结合特定化学基团或者脱去相应基团，实现酶活性的调节。酶量的调节包括对酶生物合成的诱导与阻遏，以及对酶降解的调节，通常速度较慢，但幅度较大、时效较长。

同工酶是指催化同一化学反应，而化学组成不同的一组酶。同工酶的分子结构、理化性质及免疫学特性不同。

许多疾病的发生、发展与酶的抑制或异常有关。测定血清酶可有助于某些疾病的诊断。同工酶往往有组织器官特异性，在临床诊断中有重要意义。酶可作为药物的作用靶位，也可以作为药物治疗疾病，还可作为工具用于生产和科学研究。

维生素是人体正常生活所必需的一类小分子有机化合物，机体不能合成，或合成量不足，必须靠食物供给；缺乏时会发生维生素缺乏病，根据其溶解性质可分为脂溶性维生素和水溶性维生素两大类。除维生素 C 外，水溶性维生素均属 B 族维生素，主要以辅酶的形式发挥作用。

酶（enzyme）是由活细胞产生的能够催化特定化学反应的蛋白质、RNA 或其复合体。酶对生命活动是必不可少的。生物体内新陈代谢的一系列复杂化学反应几乎都是由酶催化的，没有酶就没有新陈代谢，也就没有生命活动。

第一节 酶的分子结构与功能

酶与普通蛋白质一样，有一、二、三级结构，有的还有四级结构。酶分子结构中只有一条多肽链的酶称为单体酶（monomeric enzyme），含有两条或以上多肽链的酶称为寡聚酶（oligomeric enzyme）。有些酶虽只含一条多肽链，却具有多种不同催化功能，这类酶称为串联酶（tandem enzyme）或多功能酶（multifunctional enzyme），这种酶可能是在进化过程中，因结构相近、功能相关的几种基因融合，表达后生成的一条含有多种功能的多肽链。催化某一代谢途径的各种酶构成多酶体系（multienzyme system），可散在分布于细胞质中，也可聚集分布于细胞质中或细胞膜上，在细胞质中以聚集形式存在的多酶体系又称为多酶复合物（multienzyme complex），底物可沿着代谢方向，依次被不同的酶作用，转化为最终产物。多功能酶和多酶复合物都有利于提高物质代谢速度和调节效率。

一、酶的分子组成

根据酶的分子组成，可将酶分为单纯酶（single enzyme）和结合酶（conjugated enzyme）两大类。单纯酶分子结构中仅含多肽成分，属于单纯蛋白质，如脲酶、淀粉酶等。结合酶属于结合蛋白质，分子结构中除多肽外，还有非多肽成分。结合酶中的非多肽成分称为辅助因子（cofactor）。酶蛋白与辅助因子结合形成的复合物又称为全酶（holoenzyme），只有全酶才具有催化作用。

常见的酶辅助因子按化学本质可以分成无机金属离子和有机化合物两大类。已发现的酶多数需要金属离子，包括 K^+、Na^+、Ca^{2+}、Mg^{2+}、Cu^{2+}（Cu^+）、Zn^{2+}、Fe^{2+}（Fe^{3+}）等。在全酶催化作用过程中，金属离子可以直接与酶蛋白结合后发挥其作用，或通过其他方式间接发挥作用。如果金属离子直接与酶蛋白紧密结合，在酶从组织细胞分离提取出来的过程中，没有外加的络合剂竞争结合就不丢失，这类酶称为金属酶，如黄嘌呤氧化酶、超氧化物岐化酶等。如果金属离子虽为酶发挥活性所必需，但不直接与酶蛋白结合，而是底物必须与这些金属离子结合成复合物才能被酶识别，这类酶称为金属激活酶，如己糖激酶、肌酸激酶等。

酶的有机辅助因子又称为辅酶（coenzyme），主要为一些化学性质较稳定的小分子有机物，在酶发挥催化作用的过程中，能够在不同酶或同一酶分子内的不同部位之间传递电子、质子或相应基团，如作为辅助因子的有机化合物多为 B 族维生素的衍生物或卟啉化合物。部分辅助因子与酶蛋白的结合比较紧密，甚至是共价结合，这些辅助因子又被称之为辅基（prosthetic group）。

生物体内大部分酶在发生催化作用前后数量和结构性质都不变，而辅酶在酶完成对底物的转化作用前后，结构明显不同。辅酶在全酶发挥催化作用的反应过程中，实际作为辅助底物接受质子或特定基团，故辅酶自身结构会发生改变，且结构改变的辅酶需要与酶蛋白解离，才能使酶蛋白可以重新结合另外相同的辅酶，再催化相同的底物分子转化。在单一酶组成的反应体系中，辅酶会随着酶促反应的进行不断被消耗，直到反应达到平衡，如果补充辅酶则可以继续生成产物。辅基在酶促反应过程中通常不离开酶蛋白分子，只在酶分子或多酶复合物内部转移对应基团或电子，在酶或多酶复合物完成对底物的转化作用前后，其不会被消耗，自身结构也要恢复原状。在独立化学反应体系中反应达到平衡后，补充辅基通常既不能提高酶反应速度，也不能增加产物的生成。

二、酶的活性中心

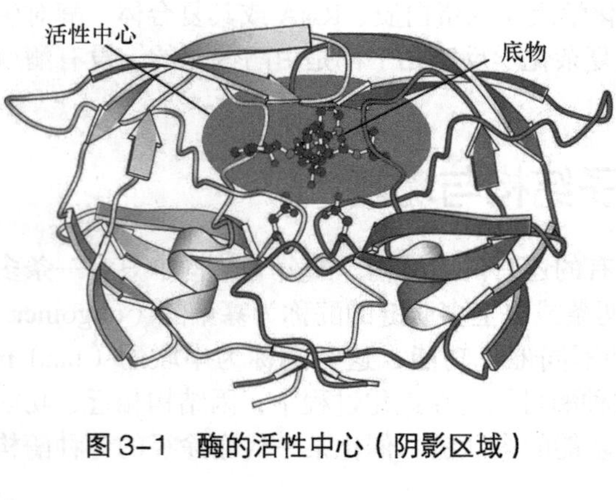

图 3–1 酶的活性中心（阴影区域）

酶分子中的各种化学基团并不一定都直接参与酶的催化过程。酶分子整体构象中对于酶发挥活性所必需的基团称为酶的必需基团(essential group)。酶的必需基团在一级结构上可能相距很远，但在空间结构上彼此靠近，组成具有特定动态构象的局部空间结构，形状如口袋或裂穴，开口在酶分子表面或通过特定方式与外部环境相连通，能与外部的底物特异地结合并将底物转化为产物。此区域称为酶活性中心或活性部位（active center 或 active site，图 3-1）。结合酶中辅助因子常参与构成酶活性中心。

酶活性中心的必需基团可按其作用分类。直接参与酶与底物的结合，使底物与特定构象状态的酶形成酶-底物复合物（E-S complex），这类必需基团称为底物结合基团（substrate binding group）。通过影响底物中某些化学键的稳定性或直接与底物发生化学反应，从而促进底物转变成中间产物或产物，这类必需基团称为催化基团（catalytic group）。活性中心的有些必需基团可同时具有这两方面的功能。另外，酶活性中心外有些基团不直接参与对底物的结合或催化作用，而是维持酶活性中心发挥作用所需要的精确构象，为活性中心外必需基团。组氨酸的咪唑基、丝氨酸基的羟基、半胱氨酸的巯基等是构成酶活性中心的常见基团。

酶活性中心具有精确构象，这种精确构象是酶发挥催化作用所必需的。但是，酶活性中心构象是动态结构，存在一定的可塑性（flexibility）。酶活性中心构象的可塑性也是酶发挥催化作用所必需的。

三、酶活性的表示方法

酶活性（enzyme activity）也称为酶活力，是指酶催化一定化学反应的能力。检测酶的含量及存在，不能直接用重量或体积来表示，常用它催化某一特定反应的能力来表示，即用酶的活力来表示。酶活力的高低是研究酶的特性、生产及应用酶制剂的一项不可缺少的指标。

（一）酶活力与酶反应速度

酶活力的大小可以用在一定条件下它所催化某一化学反应的反应速度来表示，即酶催化的反应速度愈快，酶的活力就愈高；速度愈慢，酶活力就愈低。所以测定酶活力就是测定酶促反应的速度。酶促反应速度可用单位时间内、单位体积中底物的减少量或产物的增加量来表示，所以反应速度的单位是：底物浓度/单位时间。

测定产物增加量或底物减少量的方法很多。常用的方法有化学滴定、比色、比旋光度、气体测压、测定紫外吸收、电化学法、荧光测定以及同位素技术等。选择哪一种方法，要根据底物或产物的物理化学性质而定。在简单的酶反应中，底物的减少与产物增加的速度是相等的，但一般以测定产物为好，因为实验设计规定的底物浓度往往是过量的，反应时底物减少的量只占总量的极小部分，所以不易准确测定；而产物则从无到有，只要方法足够灵敏，就可以准确测定。

（二）酶活力单位

酶的活力大小也就是酶量的多少，用酶活力单位（U，active unit）来度量。1961 年国际酶学会议规定：1 个酶活力单位是指在特定条件下 1min 内能转化 1μmol 底物的酶量，或是转化底物中 1μmol 的有关基团的酶量。特定条件是指：温度选定为 25℃，其他条件（如 pH 及底物浓度）均采用最适条件。这是一个统一的标准，但使用起来不如习惯方法方便。

被人们普遍采纳的习惯用法较方便，如 α-淀粉酶，可用每小时催化 1g 可溶性淀粉液化所需要的酶量来表示，也可以用每小时催化 1ml 2%可溶性淀粉液化所需要的酶量作为 1 个酶单位。不过这些表示法都不够严谨，同一种酶有好几种不同的单位，也不便于对酶活力进行比较。

（三）酶的比活力

比活力（specific activity）即每毫克酶蛋白所具有的酶活力，一般用单位/毫克蛋白质（U/mg 蛋白质）来表示。有时也用每克酶制剂或每毫升酶制剂含有多少个活力单位来表示（U/g 或 U/ml）。它是酶学研究及生产中经常使用的数据，可以用来比较每单位重量酶蛋白的催化能力。对同一种酶来说，比活力愈高，酶愈纯。

（四）酶的转换数

转换数（Kcat）为每秒钟每个酶分子转换底物的微摩尔数（μmol）。它相当于酶将底物转换为产物的速度。

第二节 酶的命名与分类

一、酶的系统命名和习惯命名

（一）系统命名法

按照国际系统命名法，每一种酶有一个系统名称和习惯名称。系统名称应当明确表明酶的底物及催化反应的性质。例如，草酸氧化酶（习惯名称）写成系统名称时，应将它的两个底物，即“草酸”及“氧”同时列出，并用“:”将它们隔开，它所催化的反应性质为“氧化”，也需指明，所以它的系统名称为“草酸：氧氧化酶”。若底物之一是水时，可将水略去不写，如乙酰辅酶A水解酶（习惯名）可以写成乙酰辅酶A：水解酶（系统名），而不必写成乙酰辅酶A：水水解酶。系统命名法虽然合理，但很繁琐，未被广泛采用。

（二）习惯命名法

（1）多以酶的底物或酶催化的反应性质来命名，有时两者兼用。如水解淀粉的酶称为淀粉酶；催化脱氢的酶称为脱氢酶。

（2）对水解酶类，只用底物名称即可，如蔗糖酶、蛋白酶等。

（3）作用相同但来源不同的酶，可加上来源的名称以区别，如唾液分泌的淀粉酶称唾液淀粉酶，胰腺分泌的淀粉酶称胰淀粉酶。

习惯命名比较简单，应用历史较长，但缺乏系统性，有时出现一酶数名或一名数酶的情况。为了适应酶学的发展，避免命名的重复，国际酶学会议于1961年提出了一个新的系统命名及系统分类原则，已为国际生化协会所采用。

二、酶的分类

根据酶催化反应的性质，将酶分为六大类：

（一）氧化还原酶类

催化底物间氧化还原反应的酶类，如脱氢酶、氧化酶等。

（二）转移酶类

催化不同底物分子间某些基团的交换或转移的酶类，如氨基转移酶、甲基转移酶等。

（三）水解酶类

催化底物水解的酶类，如淀粉酶、蛋白酶类等

（四）裂合酶类

催化从底物上移去一个基团而形成双键或其逆反应的酶类，如醛缩酶、水化酶等。

（五）异构酶类

催化同分异构体、几何异构体或光学异构体间相互转变的酶类，如磷酸己糖异构酶、磷酸丙

糖异构酶等。

（六）合成酶

能催化两个分子合成一个分子、并伴有 ATP 磷酸键断裂释能的酶类。如谷胱苷肽合成酶、谷胺酰胺合成酶等。

第三节 酶促反应的特点与机制

一、酶促反应的特点

酶是生物催化剂，除具有催化剂的共性外，还有不同于化学催化剂的特殊性。

（一）高度的特异性

酶的高度特异性是指酶对所作用的底物有严格选择性。一种酶只能对一种底物、一类化合物或一定化学键起催化作用，而其他化学催化剂一般对底物要求不严格。如：H^+可以催化淀粉、脂肪、蔗糖、蛋白质等水解，而蛋白酶只能催化蛋白质水解，对淀粉、脂肪、蔗糖无催化特性。

根据酶对底物的选择程度不同，酶的特异性可大致分为以下 3 种类型：

1. 绝对特异性 指酶对底物的要求非常严格，只作用于特定结构的底物分子，进行一种专一的反应。例如：脲酶只能催化尿素分解生成氨和二氧化碳，而对尿素的衍生物甲基尿素则不起作用。

2. 相对特异性 指酶对底物的要求相对较低，可作用于一类化合物或一种化学键。例如，磷酸酶不仅对一般的磷酸酯键有水解作用，还可水解甘油或酚与磷酸形成的酯键；脂肪酶不仅水解脂肪，也水解简单的酯；蔗糖酶不仅水解蔗糖，也水解棉子糖中同一种糖苷键。

3. 立体异构特异性 指酶只作用于底物分子的一种立体异构体。例如：*D*-氨基酸氧化酶只能催化 *D*-氨基酸氧化脱氨，而对 *L*-氨基酸无作用。延胡索酸酶只催化反丁烯二酸（延胡索酸）与苹果酸之间的反应，而对顺丁烯二酸无作用。

（二）极高的催化效率

酶的催化效率通常比非催化反应高 10^8～10^{20} 倍，比一般催化剂高 10^7～10^{13} 倍。例如：Fe^{2+} 与 H_2O_2 酶均可作为催化剂使 H_2O_2 分解产生 H_2O 和 O_2，1 摩尔 H_2O_2 酶能催化 5×10^5 摩尔 H_2O_2 分解，而 1 摩尔 Fe^{2+} 仅催化 6×10^{-4} 摩尔 H_2O_2 分解。

（三）酶活力的可调节性

酶活力受到体内多种因素的影响，调控的方式也很多，如抑制剂调节、共价修饰调节、反馈调节、酶原激活及激素控制等。

二、酶促反应的机制

（一）降低反应活化能

在化学反应体系中，底物分子所具有的能量不同，所以并非全部底物分子都能进行反应，只有那些具有较高能量的活化分子，才能进行有效碰撞而发生化学反应。能引起反应的最低能量水平称反应能阈。分子由常态（基态）变为活化态（激态）所需的最低能量称为活化能（activation energy）。催化剂能使反应沿活化能较低的途径进行。分子所需的活化能愈低，愈易达到化学反应的能阈。

酶之所以具有高的催化效率，是因为它极大程度的降低了活化能。酶降低活化能的原因是在酶促反应时，酶首先与底物生成了酶-底物复合物，复合物再分解为产物和酶，反应过程如下：

$$E + S \rightleftharpoons ES \longrightarrow P + E$$

S 代表底物，P 代表产物，ES 代表酶-底物复合物。E 和 S 大多数是非共价结合，因此 ES 是不稳定中间产物，可继续分解得到 P 和 E，E 又可与其他 S 结合，继续发挥其催化功能。所以少量酶可以催化大量底物。

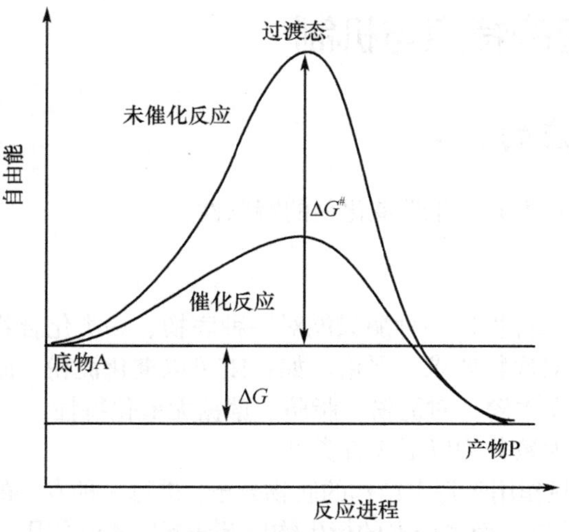

图 3-2　酶催化反应的自由能变化

由于酶与底物形成中间产物，把原来能阈较高的一步反应（S→P），变成能阈较低的两步反应，虽然反应结果相同，但反应过程不同，使得能阈大幅度降低。如图 3-2：

（二）多元催化

1. 共价催化　一些酶在发生催化作用过程中，首先与底物分子共价结合，形成特殊具共价结构的中间产物，再转变成终产物。共价催化也常发生在双底物反应中，酶活性中心的结合基团可较某一底物更易攻击另一底物，首先形成共价结合的酶底物中间产物，再和第二种底物分子发生结合反应。共价催化主要有两类基本形式，亲核共价催化与亲电共价催化。亲核共价催化是由酶活性中心亲核基团（如咪唑基、羟基、巯基等）首先攻击底物分子上的亲电基团（如磷酸基、酰基、糖基等），形成共价结合。亲电共价催化常发生在有辅酶参与的反应中，由辅酶作亲电中心，接受底物分子提供的电子，如一系列的脱氢酶催化的反应。

2. 酸碱催化　普通催化剂常仅有一种解离状态，只能进行酸催化或碱催化。酶是两性电解质，所含的多种功能基团具有不同的解离常数。即使同种基团在同一酶分子中处于不同的微环境，解离度也有差异。因此，同一种酶常常兼有酸、碱双重催化作用。几乎所有的酶促反应都涉及一定程度的酸或碱催化。酸碱催化可分为两类，专一的酸碱催化和总酸碱催化。专一的酸碱催化是指那些由氢离子和氢氧根离子进行的催化，酶的催化速率常数直接受缓冲溶液 pH 影响，但不受缓冲容量的影响。总酸碱催化是指那些由酸碱分子（质子供体或质子受体）而不是氢离子和氢氧根离子参与的催化，因此酶的催化速率常数受缓冲容量影响，如酯的水解反应。

3. 邻近效应与定向效应　在多分子反应中，反应物（底物）之间必须以正确的方向发生碰撞，才有可能形成具有所需要分子取向的过渡态。满足此要求的碰撞称为有效碰撞。酶将反应所需要的底物和辅助因子，按特定顺序和特定空间定向结合到酶的活性中心，使它们相互接近而获得有利于反应进行的正确定向，提高底物分子发生碰撞的几率，这种作用称为邻近效应（proximity）。底物分子在酶活性中心的定向排列，使原来分子之间反应类似于分子内反应，而分子内反应所需活化能明显低于分子间反应的活化能。因此，酶可通过邻近效应显著提高反应速度。

酶的活性中心多为内陷性的疏水“口袋”。疏水环境可排除水分子对酶和底物分子可反应基团的干扰性吸引或排斥，防止在底物与酶之间形成水化膜，有利于酶与底物的密切接触，并发生相互作用。

（三）诱导契合假说

酶与底物形成复合物的过程涉及酶与底物的识别、结合等相互作用，这是酶具有专一性的原因之一。最早曾用酶与底物之间为锁与钥匙的关系来解释酶对底物的识别与结合，即锁钥学说。但是越来越多事实证明，酶与底物结合过程不是锁与钥匙之间的那种简单机械关系，而是在酶与底物相互接近时，通过相互诱导、相互变形和相互适应，才使酶与底物相互结合形成 ES 复合物，此即诱导契合学说（induced-fit theory，图 3-3）。在没有与底物结合时，在酶蛋白邻近两个区域间有一凹陷，为酶的活性中心区域，当底物结合在活性中心区域后，酶蛋白的构象发生了改变，活性中心周围的两个区域变得更加紧密。而酶的变构可以在不同方向对底物施加各种作用，从而使需要断裂的化学键拉伸或者扭曲变形，处于能量较高的过渡态，易与酶活性中心的催化基团发生相互作用。这也是酶发挥作用依赖于活性中心构象可塑性的原因所在。

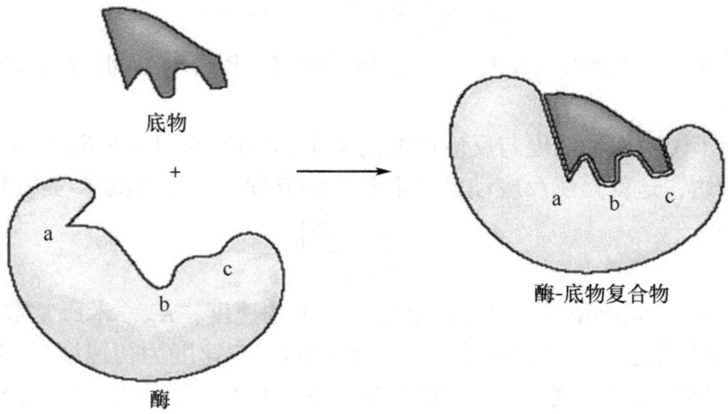

图 3-3　酶与底物结合的诱导契合作用

第四节　酶促反应动力学

酶促反应速度可受到很多因素的影响，包括酶浓度、底物浓度、pH、温度、抑制剂、激活剂等。酶促反应动力学（kinetics of enzyme-catalyzed reaction）是研究酶促反应速率以及各种因素对酶促反应速率影响机制的科学。酶促反应动力学研究可以反映酶的本质特性，是酶学研究的最基本工作，具有重要的理论和实践意义。

一、底物浓度对反应速率的影响

在酶促反应体系中的其他条件相同，特别是酶浓度不变的条件下，底物浓度变化对反应速度影响的作图呈现矩型双曲线（图 3-4）。

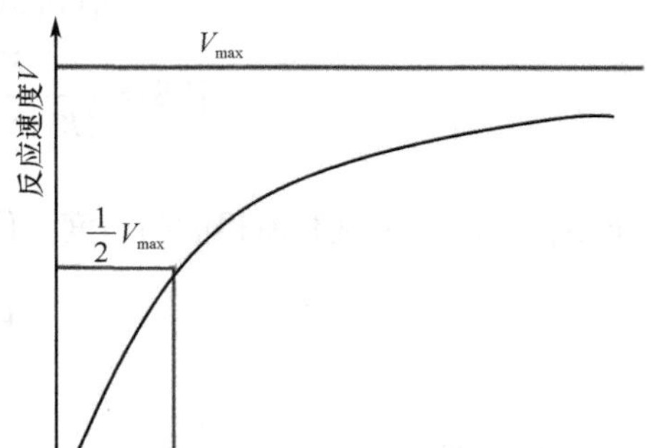

图 3–4　底物浓度对酶促反应速度的影响

当底物浓度很低时，增加底物浓度反应速度随之迅速增加，反应速度与底物浓度成正比，称为一级反应。当底物浓度较高时，增加底物浓度反应速度也随之增加，但增加的程度不如底物浓度低时那样明显，反应速度与底物浓度不再成正比，称为混合级反应。当底物增加至一定浓度时，反应速度趋于恒定，继续增加底物浓度反应速度也不再增加，称为零级反应。

反应速度与底物浓度［S］之间的这种关系，反映了酶促反应中有酶-底物复合物的存在。若以产物 P 生成的速度表示反应速度，显然 P 生成的速度与酶-底物复合物浓度成正比，底物浓度很低时，酶的活性中心没有全部与底物结合，此时增加底物的浓度，ES 的形成与 P 的生成都成正比的增加。当底物浓度增至一定浓度时，全部酶都已变成 ES，此时再增加底物浓度也不会增加 ES 浓度，反应速度趋于恒定。

（一）米-曼方程

根据化学反应动力学的稳态理论（steady-state theory），在化学反应过程中，中间产物快速生成且快速解离，同时也有一部分较慢地转变成目标产物，当反应进行到一定程度时，中间产物生成速度等于其解离及转变成目标产物的速度，则中间产物的浓度维持恒定。酶促反应过程中酶与底物结合形成 ES 复合物，此复合物也称为反应中间产物，其再分解为产物 P 和游离的酶，游离的酶再进入下一个催化循环，此即中间产物学说，反应方程为：

$$E + S \underset{K_{-1}}{\overset{K_1}{\rightleftharpoons}} ES \xrightarrow{K_2} E + P$$

式中 E 表示酶，S 表示底物，ES 表示酶-底物复合物，P 表示产物，K_1、K_{-1} 和 K_2 为各向反应的速度常数。

在此基础上，为了说明底物浓度与反应速度的关系，1913 年 Michaelis 和 Menten 把矩型图归纳为一个数学式加以表达，这就是酶反应动力学最基本的方程——著名的米-曼方程，简称米氏方程：

$$V = \frac{V_{max}[S]}{[S] + K_m}$$

V：反应速度；[S]：底物浓度；V_{max}：反应的最大的速度；K_m：米氏常数。

米氏方程推导的前提是：①单底物反应；②测定的反应速度为初速度，即反应刚刚开始，产物的生成量极少，逆反应可不予考虑；③底物浓度 [S] 远大于酶浓度 [E]，[S] 的变化在测定初速度的过程中可忽略不计。反应中游离酶的浓度为总酶浓度（[E_t]）减去结合到中间产物中的酶浓度（[ES]）。若形成 ES 的速度为 V_f，则：

$$V_f = K_1([E_t]-[ES])[S]$$

式中 E_t 为酶的总浓度，$[E_t]-[ES]$为游离酶的浓度。ES 生成的速度 V_f 与游离酶的浓度及底物浓度成正比。ES 分解的速度 V_d 为：

$$V_d = K_{-1}[ES] + K_2[ES]$$

当反应处于稳态时，ES 的生成速度与分解速度相等，即：

$$V_f = V_d$$

则

$$K_1([E_t]-[ES])[S]=K_{-1}[ES]+K_2[ES]$$

将上式移项

$$K_1[E_t][S]=K_1[ES][S]+K_2[ES]+K_{-1}[ES]$$

$$K_1[E_t][S]=(K_1[S]+K_2+K_{-1})[ES]$$

$$[ES] = \frac{K_1[E_t][S]}{(K_1[S]+K_2+K_{-1})} = \frac{[E_t][S]}{[S]+\frac{K_2+K_{-1}}{K_1}}$$

设 $V=K_2[ES]$，V 为观察所得的初速度，代入上式

$$V = \frac{K_2[E_t][S]}{[S]+\frac{K_2+K_{-1}}{K_1}}$$

设 $\frac{K_2+K_{-1}}{K_1} = K_m$，$V_{max}=K_2[E_t]$，则

$$V = \frac{V_{max}[S]}{[S] + K_m}$$

这就是米氏方程（Michaelis-Menten equation），K_m 称之为米氏常数（Michae1is-constant）。

（二）K_m 与 V_{max} 的意义

当酶促反应处于 $V=1/2\ V_{max}$ 的特殊情况时，

$$\frac{V_{max}}{2} = \frac{V_{max}\cdot[S]}{K_m+[S]}$$

$$\frac{1}{2}=\frac{[S]}{K_m+[S]}$$

$$K_m=[S]$$

由此可以看出 K_m 值的物理意义，即 K_m 值是当酶促反应速度达到最大反应速度一半时的底物浓度，它的单位是 mol/L，与底物浓度的单位一样。

K_m 值是酶的特征常数之一，一般只与酶的性质有关，而与酶的浓度无关。不同的酶 K_m 值不同。如果一种酶有几种底物，则该酶对每一种底物都有一个特定的 K_m 值。并且 K_m 值还受 pH 及温度的影响。因此，K_m 值作为常数只是对一定底物、一定 pH、一定温度条件而言。测定酶的 K_m 值可以作为鉴别酶的一种手段，但是必须在指定的实验条件下进行。

K_m 反映了酶对底物亲和力的大小。K_m 愈小，表明亲和力越大。显然，最适底物与酶的亲和力最大，不需很高的底物浓度就可以很容易地达到 V_{max}。

最大反应速度 V_{max} 是酶完全被底物饱和时的反应速度。$V_{max}=k_2$［E］，V_{max} 与酶浓度［E］呈正比，而与底物浓度无关，增加底物浓度不会影响该酶促反应体系的最大反应速度，而直线的斜率为 k_2，为一级反应速率常数，它的单位为 S^{-1}，k_2 表示当酶被底物饱和时每秒钟每个酶分子转换底物的分子数，k_2 值越大，表示酶的催化效率越高。k_2 这个常数又叫做转换数，通常称为催化常数（catalytic canstant，Kcat）。

（三）K_m 和 V_{max} 测定

测定 K_m 值有许多种方法，最常用的是 Lineweaver-Burk 的双倒数作图法。求 Michaelis- Menten 方程的倒数，可得下式：

$$\frac{1}{V}=\frac{K_m}{V_{max}}\times\frac{1}{[S]}+\frac{1}{V_{max}}$$

此方程相当于一直线的数学表达：$y=ax+b$，以 $1/V$ 为纵坐标，$1/[S]$ 为横坐标，将数据作图，则得一直线，其斜率为 K_m/V_{max}，将直线延长，在横纵及纵轴上的截距分别为 $-1/K_m$ 和 $1/V_{max}$，这样 K_m 就可以从直线上的截距计算出来（图 3-5）。

另外，Hanes-Woolf 作图法也是从米氏方程式衍化而来的，其方程式为：

$$\frac{[S]}{V}=\frac{K_m}{V_{max}}+\frac{1}{V_{max}}[S]$$

以[S]对[S]/V 作图（图 3-6），横截距为 $-K_m$，直线斜率为 $1/V_{max}$。

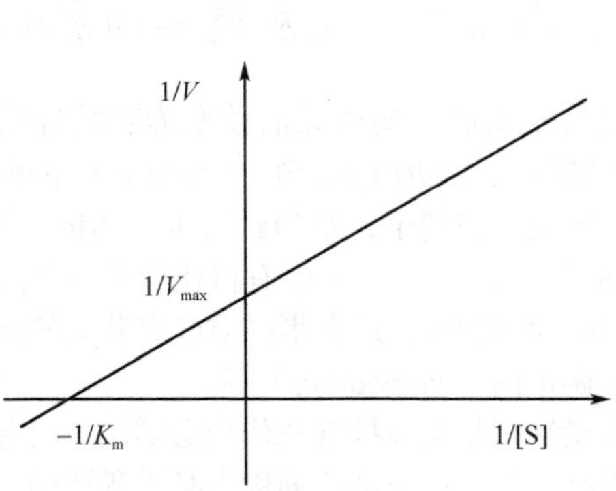

图 3-5 Lineweaver-Burk 作图（双倒数作图）

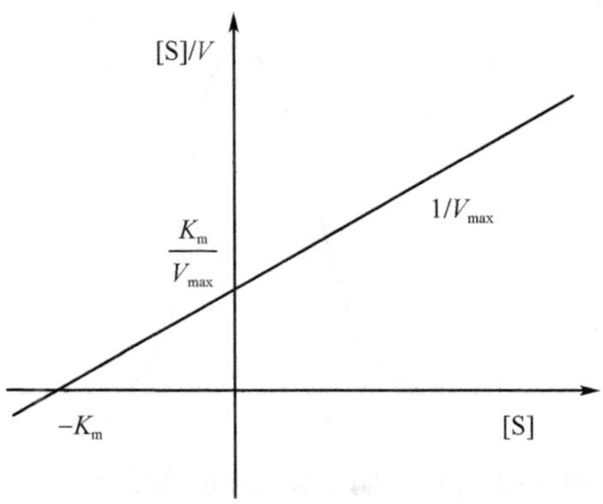

图 3-6 Hanes-Woolf 作图法

二、酶浓度对反应速率的影响

在酶促反应体系中，当底物浓度大大超过酶的浓度而使酶被底物饱和时，反应速度接近于最

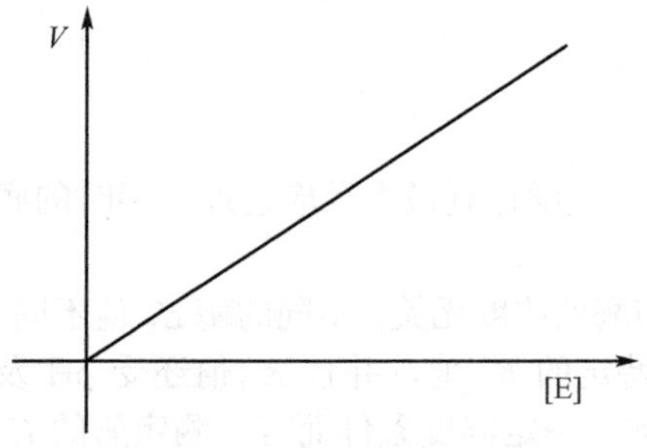

图 3-7 酶浓度对酶促反应速度的影响

大反应速度，且与酶的浓度成正比关系（图 3-7）。

三、温度对反应速率的影响

温度每升高 10℃，一般化学反应速度可增加 1～2 倍。但酶的化学本质为蛋白质，所以温度对酶促反应速度具有双重影响。升高温度一方面可加快酶促反应速度，同时也因造成酶蛋白变性失活而减慢反应速度。当温度达到 60℃以上，大多数酶开始发生快速变性失活；温度达到 80℃时，酶的变性速度更快且已不可逆。在特定温度下，酶促反应速度达到最大值，此反应体系温度称为酶促反应的最适温度。在反应体系温度低于最适温度时，升温所致的加快反应速度的效应起主导作用，所以酶促反应速度随温度升高而升高；反应体系温度高于最适温度时，则因酶变性造成的酶活性降低起主要作用，使酶促反应速度随温度升高而降低（图 3-8）。哺乳动物组织来源的酶，最适温度大多在 35～40℃之间，接近于其体温。

最适温度不是酶的特征常数，它与酶作用时间长短等因素有关。酶作用时间短时最适温度较高；酶作用时间较长时最适温度较低。

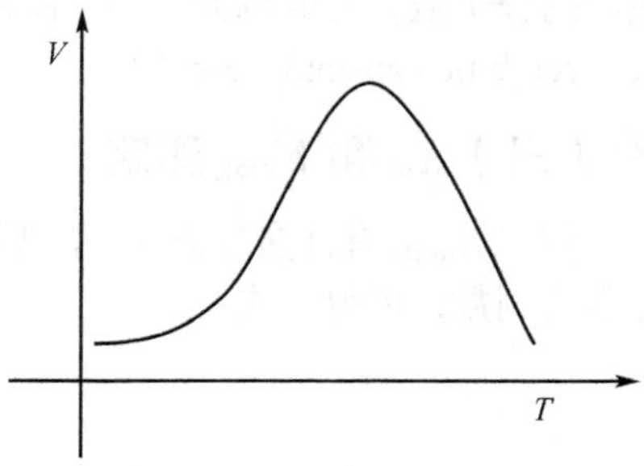

图 3-8 温度对酶促反应速度的影响

四、pH 对反应速率的影响

酶分子中极性基团的解离状态随反应体系 pH 变化。酶活性中心的某些必需基团往往需要处在特定的解离状态才最容易与底物结合，并具有最大催化效力。许多底物及辅助因子（如 ATP、NAD^+、辅酶 A 等）也可解离，pH 的改变明显影响它们的解离状态，从而影响酶与它们的亲和力。因此，pH 的改变既影响酶对底物的结合，也影响酶的催化能力。另外，过酸或过碱条件下酶蛋白容易快速变性失去活性，并进一步发生不可逆变性。因此，在过酸或过碱条件下测定酶活性的反应时段内，酶蛋白可能已明显发生变性失活。能使酶催化活性达到最大的反应体系 pH 称为酶的最适 pH。不同酶往往有不同的最适 pH，如图 3-9 所示，胃蛋白酶的最适 pH 接近 2.0，而胰蛋白酶的最适 pH 接近 7.7。

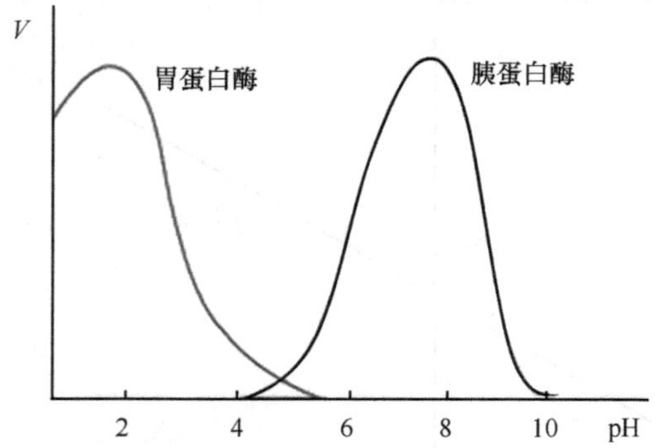

图 3-9 pH 对酶促反应速度的影响

五、激活剂对反应速率的影响

通过特定机制使酶由无活性变为有活性或使酶活性增加的物质称为酶激活剂（activator）。酶的激活剂最常见的是金属离子，如 Mg^{2+}、K^+、Mn^{2+}等；少数为阴离子，如 Cl^-等。一些有机化合物也是酶的激活剂，如胆汁酸盐等。还有蛋白质或多肽类的酶激活剂，如钙调蛋白（calmodulin）等。

有些激活剂是酶发挥催化作用必需的，没有激活剂酶则没有活性，这类激活剂称为必需激活剂。一些金属离子属于这类必需激活剂，它们与酶、底物或酶-底物复合物结合，但在酶完成对底物的转化前后，自身结构性质无变化，相当于酶的辅助因子。例如，己糖激酶催化的反应中，Mg^{2+}与底物 ATP 结合生成 Mg^{2+}-ATP，后者作为酶的真正底物参加反应，加快反应速率。钙调蛋白对于磷酸二酯酶同工酶 I 等也属于必需激活剂。有些激活剂只是增加酶的活性，不存在时酶仍有一定的催化活力，这类激活剂称为非必需激活剂。非必需激活剂通过与酶、底物或酶-底物复合物结合发挥作用，如 Cl^-

对淀粉酶的激活。

六、抑制剂对反应速率的影响

凡能使酶的催化活性降低或消失，而不引起酶蛋白质变性的物质称为酶抑制剂（inhibitor）。酶抑制剂通常与酶活性中心内、外必需基团结合，从而抑制酶的催化活性。根据抑制剂与酶结合的紧密程度和相互作用的化学本质，分为可逆性抑制与不可逆性抑制两类。

案例 3-1

患者，女性，45 岁，已婚，汉族，农民。与家人争吵后于晚上 9 时自服“敌百虫”约 100ml。服毒后自觉头晕、恶心，并伴有呕吐，呕吐物有刺鼻农药味。服药后家属即发现，立即到当地医院就诊，洗胃 10 000ml 后，予阿托品 5ml 静推，解磷定 2g 肌注后，病情无好转。渐出现神志不清，呼之不应，刺激反应差，于凌晨 2 点（即服药后 5 小时）转入某医学院附属医院。

体格检查：体温 37.1℃，脉搏 85 次/分，呼吸 30 次/分，血压 115/65 mmHg，发育正常，营养中等，神志模糊，急性病容，瞳孔直径 2mm，光敏，唇无发绀，呼吸急促，口吐白沫，呼出气有刺鼻农药味，双肺湿性啰音。心率 85 次/分，律齐，未闻及杂音。腹平软，未见胃肠型及蠕动波，肝脾无触及，移动性浊音（–），肠鸣音 14 次/分，单调不高，双下肢无水肿。

辅助检查：①血常规：白细胞 11.5×10^9/L。②尿常规：正常。③血气：pH7.32，PaO_2 57mmHg，$PaCO_2$ 34mmHg，BE –8mmol/L。④便常规：黄、软，镜检（–），OB（±）。⑤肝功能：ALT 126U/L（0～40），AST 134U/L（0～37），肌酸激酶 4200U/L（40～140）。⑥肾功能：正常。⑦EGG：正常。⑧胆碱酯酶浓度：224U/L（4600～11 000）。

予以催吐洗胃，硫酸镁导泻，阿托品、解磷定静注，反复给药补液、利尿等对症支持治疗，患者腹痛有好转，但又出现口干，心慌，烦躁不安，胡言乱语等症。

问题：

1. 有机磷化合物对酶的抑制作用属于哪种类型？有何特点？
2. 有机磷中毒的生化机制是什么？
3. 解磷定解毒的生化机制是什么？

（一）不可逆性抑制作用

抑制剂与酶的必需基团或活性部位以共价键结合而引起酶活力丧失，不能用透析、超滤等物理方法除去抑制剂而使酶活力恢复的作用，称为不可逆性抑制（irreversible inhibition）。其抑制剂称为不可逆抑制剂（irreversible inhibitor）。

案例 3-1 分析讨论

有机磷农药（有机磷酸酯类农药）如美曲膦酯（敌百虫）、苏化 203、1059 等能特异地与胆碱酯酶（choline esterase）活性中心丝氨酸残基的羟基共价结合，在体内与胆碱酯酶形成磷酰化胆碱酯酶，使酶活性受到抑制。胆碱酯酶与中枢系统有关。正常机体在神经兴奋时，神经末梢释放乙酰胆碱传导刺激。乙酰胆碱发挥作用后，被胆碱酯酶水解为乙酸和胆碱。若胆碱酯酶被抑制，神经末梢分泌的乙酰胆碱不能被及时地分解而积聚在突触间隙，使胆碱能神经过度兴奋，引起毒蕈碱样、烟碱样和中枢神经系统症状，出现抽搐等症状，最终导致死亡。因此这类物质又称神经毒剂。

临床上用解磷定和氯磷定治疗有机磷农药中毒。解磷定（pyridine dioxime methyliodide，PAM）和氯磷定为肟类复能剂，可解除有机磷化合物对羟基酶的抑制作用。阿托品能清除或减轻蕈碱样和中枢神经系统症状，改善呼吸中枢抑制。复能剂应及早应用，磷酰化胆碱酯酶一般约经 48 小时即“老化”，不易重新活化。

1. 专一性的不可逆抑制作用 专一性不可抑制剂仅仅与活性部位的特殊基团结合，如有机磷化合物二异丙基氟磷酸（简称 DIFP）与酶活性中心上丝氨酸残基的羟基特异地不可逆结合，使活性中心含丝氨酸残基的酶由此而丧失活性。有机磷化合物是这类酶的专一性不可逆抑制剂。

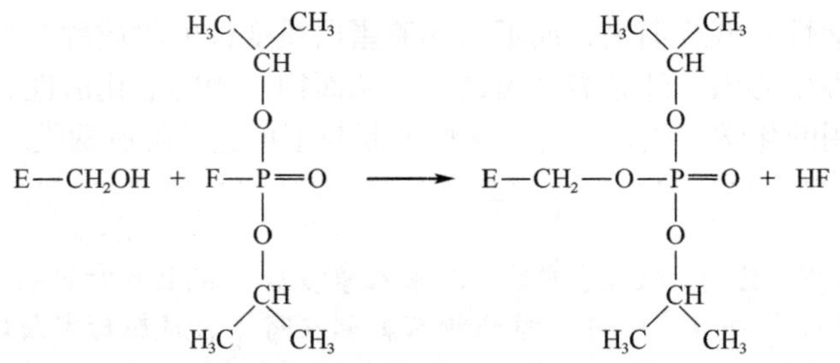

DIFP

2. 非专一性的不可逆抑制作用 非专一性的不可逆抑制剂可以和酶分子中一类或几类基团结合，使酶丧失活性。属于这类抑制剂的有烷化剂、酰化剂等。碘乙酸、2，4-二硝基氟苯（DNFB）等烷化剂可使酶蛋白的氨基、巯基、羧基、硫醚基、咪唑基等烷基化；磺酰氯、酸酐等酰化剂可使酶蛋白的羟基、巯基、氨基、酚基发生酰化反应。

（二）可逆性抑制作用

抑制剂以非共价键与酶或酶-底物复合物的特定区域可逆结合，使酶活性降低甚至消失；通过透析、超滤或稀释等物理方法除去抑制剂后，酶催化活性可恢复，这种抑制称为可逆性抑制作用（reversible inhibition）。在抑制剂存在时酶的米氏常数称为表观米氏常数（apparent K_m），最大反应速度对应为表观最大反应速度（apparent V_{max}）。根据可逆抑制剂与酶结合的形式及对酶表观动力学参数的改变，可逆抑制作用可分为以下几种主要类型。

1. 竞争性抑制作用 抑制剂与底物有相似的化学结构，能与底物竞争结合酶的活性中心，造成酶活性下降，此类抑制作用称为竞争性抑制（competitive inhibition）。如图 3-10 所示，酶结合了该类型抑制剂后不能再结合底物，即不能形成酶-底物-抑制剂的三元复合物，抑制常数为 K_i。此类抑制剂对酶的抑制程度既随抑制剂与酶的亲和力升高而增加，也随抑制剂浓度与底物浓度的比例增加而增加。只要底物浓度足够高，理论上可以消除这类抑制作用。

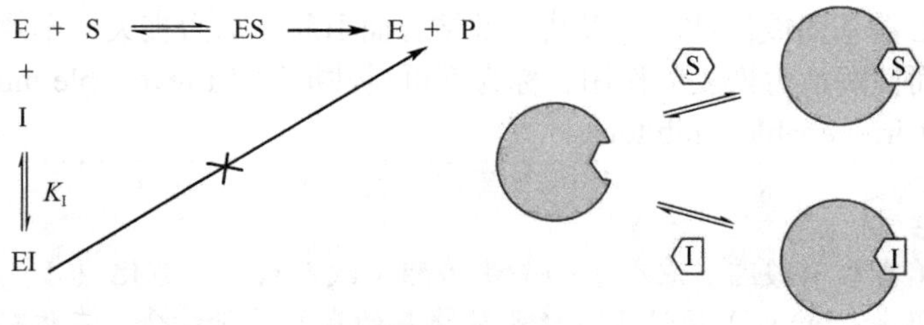

图 3-10 酶的竞争性抑制作用

根据其结合机制，按米氏方程式的推导方法，对于酶的 ES 复合物应用稳态假设，可以确定竞争性抑制剂存在时酶促反应速度与底物浓度变化的动力学关系为：

$$V = \frac{V_{max}[S]}{[S]+K_m(1+[I]/K_i)}$$

取上式的倒数并重排，即得：

$$\frac{1}{V} = \frac{K_m}{V_{max}} \times \left(1+\frac{[I]}{K_i}\right) \times \frac{1}{[S]} + \frac{1}{V_{max}}$$

以 $1/V$ 对 $1/[S]$ 作图，所得直线即竞争性抑制作用曲线，其在纵坐标上的截距为 $1/V_{max}$，与无抑制剂时的反应相同，即 V_{max} 不变，但直线的斜率变成 $K_m/V_{max}(1+[I]/K_i)$，与无抑制剂时的反应相比变小，即 K_m 值增大。可见，竞争性抑制的动力学特点是酶表观 K_m 值增大而表观 V_{max} 不变（图 3-11）。

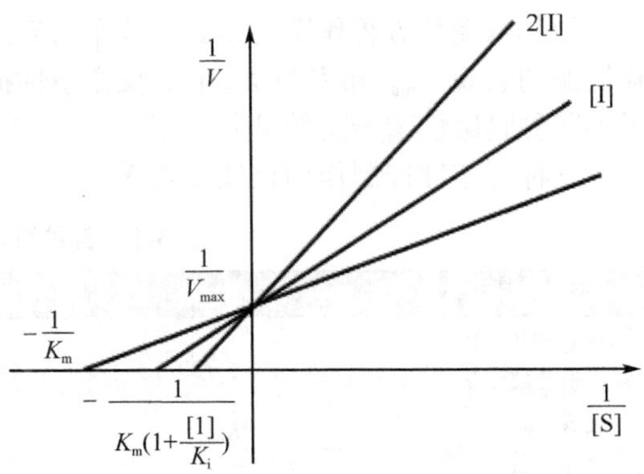

图 3-11　竞争性抑制剂的双倒数作图

2. 非竞争性抑制作用　抑制剂与酶活性中心外的三维结构区域或基团结合，虽不影响酶与底物的结合，但可影响酶将结合在活性中心的底物转变生成产物，导致酶活性的下降，这种抑制作用称为非竞争性抑制（non-competitive inhibition）（图 3-12）。

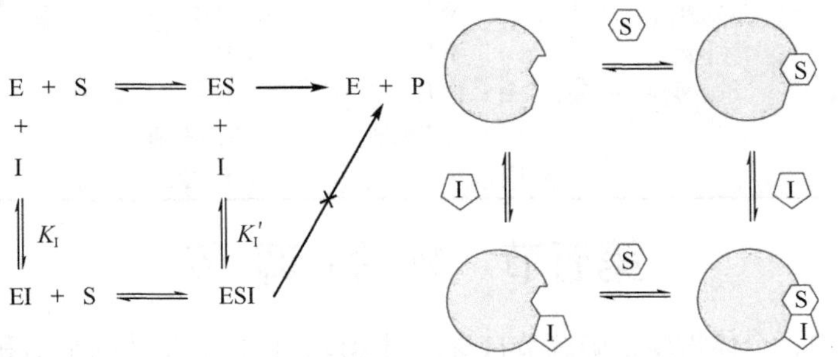

图 3-12　酶的非竞争性抑制作用

酶的非竞争性抑制程度与底物浓度无关，只取决于抑制剂浓度［I］和抑制剂与酶的亲和力。

3. 反竞争性抑制作用　此类抑制剂只能与酶-底物复合物（ES 复合物）的特定空间部位结合，使结合此类抑制剂后的 ES 复合物不能转变成产物，同时也抑制从复合物中解离出游离酶，这种抑制作用称为反竞争性抑制作用（uncompetitive inhibition）（图 3-13）。

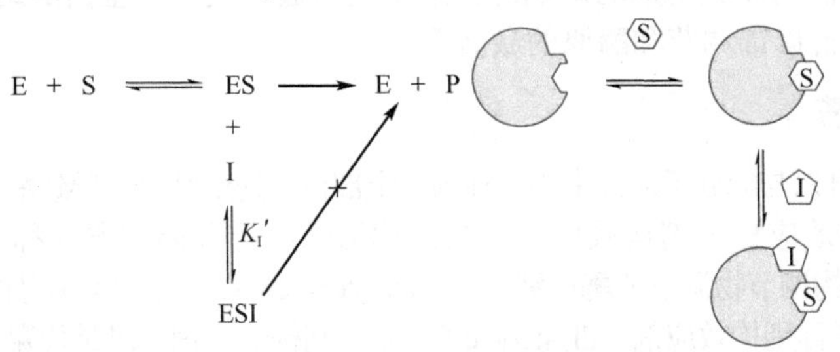

图 3-13　酶的反竞争性抑制作用

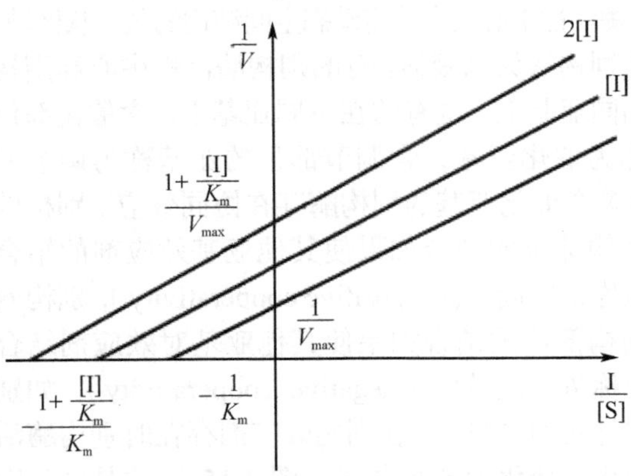

图 3-14　反竞争性抑制剂的双倒数作图

反竞争性抑制作用依赖于形成酶-底物-抑制剂三元复合物。因此，抑制剂对酶的抑制程度随底物浓度和抑制剂浓度[I]及抑制剂同酶的亲和力增加而增加。酶促反应速度同底物浓度的关系方程为：

$$V=\frac{V_{max}[S]}{K_m+[S]\times(1+[I]/K_i)}$$

其双倒数动力学方程为：

$$\frac{1}{V}=\frac{K_m}{V_{max}}\times\frac{1}{[S]}+\frac{1}{V_{max}}\times\left(1+\frac{[I]}{K_i}\right)$$

用其双倒数方程作图可得到一簇平行直线（图 3-14）。可见，反竞争性抑制作用以相同的比例降低酶的表观 V_{max} 和表观 K_m 值。反竞争性抑制剂在自然界很少见，典型代表为 L-苯丙氨酸对兔子小肠黏膜碱性磷酸酶的抑制作用。

三种可逆性抑制作用比较见表 3-1。

表 3-1　各种可逆性抑制作用特点的比较

作用特征	无抑制剂	竞争性抑制	非竞争性抑制	反竞争性抑制
结合 I 的酶组分		游离 E	游离 E 或 ES 等效	ES
动力学参数变化				
表观 K_m	K_m	增大	不变	降低
表观 V_{max}	V_{max}	不变	降低	降低
双倒数作图变化				
斜率	K_m/V_{max}	增大	增大	不变
纵轴截距	$1/V_{max}$	不变	增大	增大
横轴截距	$-1/K_m$	增大	不变	减小
直线间关系		交于纵轴	交于横轴	平行
与底物浓度关系		负相关	不相关	正相关

第五节　酶 的 调 节

生物进化过程中，个体需要精确调节自身代谢速度，以保持整体的平衡和对外界环境变化的快速响应。调节体内各种代谢途径速度主要是调节代谢途径中限速酶活性。改变酶的活性或改变酶含量是体内对酶活性调节的两类基本方式。

一、酶活性的调节

酶活性除可受抑制剂或激动剂的影响外，细胞还可通过改变酶蛋白的结构来调节酶活性，其中包括别构调节，共价修饰调节和酶原的激活等。

（一）别构调节

体内一些代谢物可以与酶分子活性中心以外的特定部位可逆地结合，导致酶构象发生改变，从而影响其催化能力，这种效应称为别构效应。对酶催化活性的这种调节方式称为别构调节（allosteric regulation）。活性受别构调节物调节的酶称别构酶（allosteric enzyme）。结合在别构酶的调节部位，调节酶催化活性的生物分子称别构效应剂（allosteric effector）。别构效应剂可以是代谢途径的终产物或中间产物，也可以是酶的底物。酶分子上结合特定代谢物而产生别构效应的部位称为别构部位（allosteric site），是类似于酶活性中心具有特定动态空间结构的裂穴状区域。

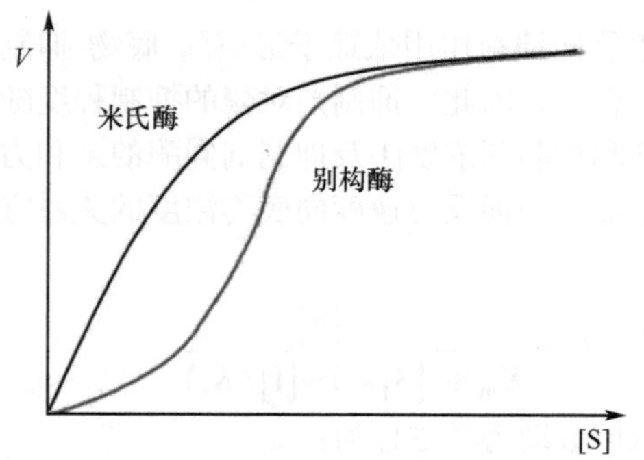

图 3-15　底物浓度对别构酶及米氏酶反应速度的影响

多数别构酶为寡聚体。有的别构酶活性中心和别构部位在相同亚基上，也有的在不同亚基上。含催化部位的亚基称为催化亚基，含调节部位的亚基称为调节亚基。具有多个催化亚基的别构酶存在协同效应。别构效应剂与别构部位的结合如果使其他亚基效应剂的结合能力增强称正协同效应（positive cooperativity），别构效应剂与别构部位的结合如果使其他亚基对效应剂结合能力降低称负协同效应（negative cooperativity）。如别构效应剂是底物本身，则在别构效应剂存在时别构酶活性随底物浓度变化为 S 形曲线（图 3-15），这是区分别构酶和米氏酶的重要特征。

如果某效应剂引起别构酶对底物亲和能力增加，从而加快反应速度，此效应称为别构激活效应；效应剂称为别构激活剂（allosteric activator），反之，降低催化能力者称为别构抑制剂（allosteric inhibitor）。例如，反映细胞内能量供求状态的 ATP 和 ADP、AMP 等是能量代谢途径限速酶的共同别构效应剂，可以同步调节相关代谢途径限速酶而产生不同的效应，从而使代谢途径整体保持一致，并符合生理需要。柠檬酸是三羧酸循环生成的第一个物质。ATP 和柠檬酸这两种物质增多时，反映能量富裕。ATP 和柠檬酸是糖酵解途径的限速酶 6-磷酸果糖激酶-1 的别构抑制剂。ATP 和柠檬酸增多时，糖分解代谢途径受到抑制，抑制糖过度分解和丙酮酸生成过剩，这样也就降低了三羧酸循环和能量生成的速度。ADP 和 AMP 增多表明能量供应不足，它们是 6-磷酸果糖激酶-1 的别构激活剂，这两种物质的增多促进葡萄糖的分解，增加 ATP 的供应。

别构调节是快速调节酶活性的方式之一。由于调节效果通常较小，属于精细调节。生物进化过程中，相关代谢途径的代谢物可以相互作为限速酶的变构效应剂，使体内代谢途径构成相互调节的网络，从而使相关的代谢途径协调一致，并尽可能有效地利用能量，避免无效循环或代谢物堆积造成浪费或不利于细胞生存。

（二）共价修饰调节

酶分子中的某些基团可在其他酶催化下，与某种化学基团发生共价结合而被修饰；结合的化学基团又可在另一种酶的催化下从酶分子上去除，这两种变化都能改变酶的活性，这种对酶活性的调节方式称为酶的共价修饰（covalent modification）或化学修饰（chemical modification）。酶发生共价修饰或脱修饰过程后，可由无活性（或低活性）转变成有活性（或高活性），或者由有活性（高活性）转变成无活性（低活性）。特定酶发生化学修饰后产生的结构变化与酶活性变化之间的联系是确定的，但是不同的酶发生相同的修饰变化后活性的改变可以不同。

酶通过化学修饰调节活性时，发生修饰和脱去修饰需要不同的酶催化。在细胞内所发生的修饰反应一般需要消耗能量，基本不可逆，而脱修饰反应通常也不可逆。酶的共价修饰方式主要有磷酸化与脱磷酸化、乙酰化与脱乙酰化、甲基化与脱甲基化、腺苷化与脱腺苷化，以及巯基与二硫键之间的氧化还原互变等方式。其中以磷酸化与脱磷酸化修饰最为常见，由 ATP 或 GTP 供应活性磷酸基团，由蛋白激酶（protein kinase）催化酶蛋白磷酸化，磷酸化位点为靶蛋白中丝氨酸、苏氨酸与酪氨酸残基的羟基。脱磷酸化由磷蛋白磷酸酶（phosphoprotein phosphatase）催化，两种类型的反应都基本不可逆（图 3-16）。

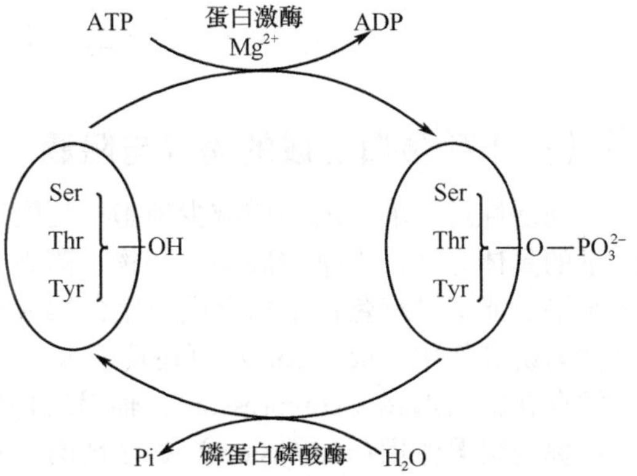

图 3-16　酶的磷酸化与脱磷酸化修饰

（三）酶原的激活

有些酶在细胞内刚合成或初分泌时，只是酶的无活性前体，必须在一定环境条件下，被另外的蛋白酶专一性地水解一个或几个肽键，致酶蛋白构象发生改变而表现出酶活性。这种无活性的酶前体称作酶原（zymogen）。酶原转变成有活性酶的过程称为酶原激活（zymogen activation），也称为酶解激活。酶原激活过程实际上是酶活性中心形成或暴露的过程。

人体消化道的蛋白酶，如胃蛋白酶、胰蛋白酶、胰凝乳蛋白酶、羧基肽酶、弹性蛋白酶在初分泌时都以无活性的酶原形式存在。在特定条件下通过特殊的高度专一的蛋白酶作用，水解一个或几个肽键，使原来的酶原转化成有活性的酶。例如，胰蛋白酶原（trypsinogen）进入小肠后，在肠激酶作用下，第 6 位赖氨酸残基与第 7 位异亮氨酸残基之间的肽键被水解，释放一个六肽，其余蛋白部分的构象发生改变，形成酶的活性中心，从而成为有催化活性的胰蛋白酶（trypsin）（图 3-17）。

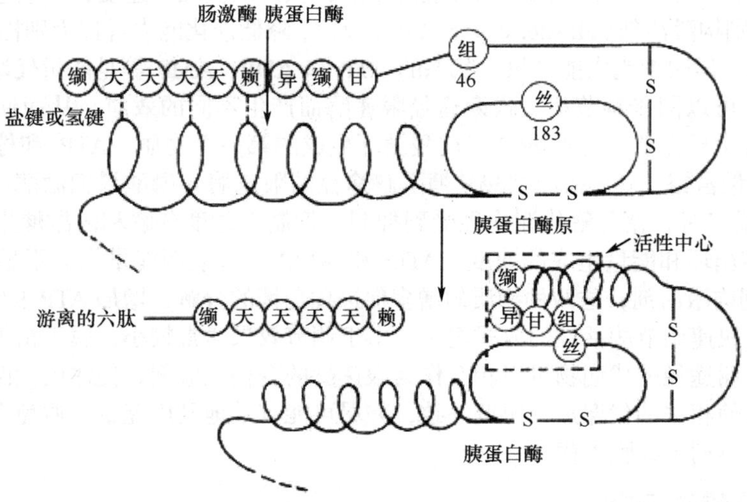

图 3-17 胰蛋白酶原激活示意图

酶原的激活具有特殊的生理意义。首先，酶原形式是物种进化过程中出现的一种自我保护现象。如胰腺合成的蛋白酶，大多只有基团或者化学键专一性，可以水解具有相应肽键的蛋白，包括胰腺细胞内的蛋白，正常情况下以酶原形式存在，可以避免胰腺组织细胞本身受蛋白酶的水解破坏；当分泌入肠道后，再被激活为有活性的胰蛋白酶，发挥催化蛋白水解的作用。如果胰蛋白酶在胰腺组织中即被异常激活，就会造成对胰腺组织的破坏作用，这也就是急性胰腺炎发生和发展的重要原因。其次，酶原相当于酶的储存形式，可以在需要的时候快速启动使其发挥所需要的催化作用，以适应机体的需要。如凝血和纤维蛋白溶解类蛋白酶，都以酶原的形式存在血液中循环中，机体需要时，可快速转化为有活性的酶，发挥其特殊的作用。

二、酶含量的调节

（一）酶蛋白合成的诱导与阻遏

酶活性还可通过增加或减少细胞内的酶含量来调节。增加或阻遏酶蛋白的生物合成是调节酶含量的具体方式。在某些底物、产物、激素、药物作用下，可以启动合成或加速酶的合成。在转录水平上能促进酶蛋白生物合成的化合物称为诱导剂（inducer），诱导剂诱发酶蛋白生物合成的作用称为诱导作用（induction）；可在转录水平上减少酶生物合成速度的物质称为阻遏物（repressor）。通常存在辅阻遏物（corepressor），辅阻遏物与无活性的阻遏蛋白结合，从而抑制基因的转录，此过程称为阻遏作用（repression）。诱导剂诱导酶蛋白生物合成涉及转录、翻译和翻译后加工等过程，所以其效应出现较慢，一般需要半小时以上才能使酶活性发生显著改变。而酶被诱导合成后在一定时间内都可以发挥作用。因此，酶的诱导与阻遏作用是对代谢的缓慢而长效的调节，对酶活性调节的精确程度和速度通常比变构效应低得多。

（二）酶蛋白降解的调控

酶都是机体的组成部分，需要不断的自我更新，发挥作用的时效通常有限。体内原来存在的酶蛋白被代谢分解一半所需要的时间称为半寿期（也称半衰期）。细胞内各种酶的半寿期相差很大。现认为在蛋白质 N 端特定区域的氨基酸序列中包含了决定其半寿期的结构信号。胞内的酶蛋白降解通常在溶酶体内进行，另一条酶蛋白降解途径是胞液中的蛋白酶体（proteosome）作用。有些酶蛋白也可以先在内质网等细胞器上依靠专一性蛋白酶部分降解，再进行彻底降解。机体可通过改变酶分子的降解速度调节细胞内酶的含量，这种调节作用主要由激素等信号启动。

第六节　酶与医学的关系

一、酶与疾病发生

由于生物细胞内几乎所有反应均由酶催化，因此酶的异常会引起代谢异常，导致疾病发生。有些疾病的原因直接或间接地由于酶的先天性缺乏，这类疾病又称代谢缺陷病，已发现的有 140 多种。如酪氨酸酶缺乏引起白化病。苯丙氨酸羟化酶缺乏使苯丙氨酸和苯丙酮酸堆积，进一步造成对 5-羟色胺的生成抑制，导致精神幼稚化。

酶活性在特定组织细胞内的异常增高有时会使病情加重。如急性胰腺炎时，胰蛋白酶原在胰腺中被激活，造成胰腺组织被水解破坏。炎症反应可使弹性蛋白酶从浸润的白细胞或巨噬细胞中释放，进一步加重炎症反应，对组织产生破坏作用。在有机磷农药、重金属盐等中毒时，酶活性受到抑制。如敌百虫、敌敌畏等 能够与乙酰胆碱酯酶活性中心丝氨酸残基的羟基通过共价键不可逆结合，使酶失去活性。乙酰胆碱酯酶失活会造成神经递质乙酰胆碱的积蓄，使哺乳动物出现迷走神经兴奋等相应的中毒症状。重金属 Hg^{2+}和 Ag^{+}等与巯基反应活性很高，所形成的化学键可达到共价键的牢固程度，使酶失活，造成机体损伤。

对日常生活可能接触的毒性大的酶的不可逆抑制剂，需要采用特殊药物防护和解毒。有些特殊化合物，可以和已结合在酶蛋白上的抑制剂发生作用，使酶蛋白恢复到原来的结构状态，同时恢复活性，这类化合物常用做解毒药。如解磷定可与有机磷农药修饰的乙酰胆碱酯酶发生反应，使有机磷农药同解磷定结合而酶蛋白恢复原有结构，从而解除有机磷农药对乙酰胆碱酯酶的抑制作用，消除其毒性（图 3-18）。二巯基丙醇与重金属离子反应活性更高，也可以和重金属离子与酶蛋白巯基形成的加合物发生反应，释放酶分子中的游离巯基，使酶恢复原来的结构和活性，是重金属离子中毒时解毒的常用药。

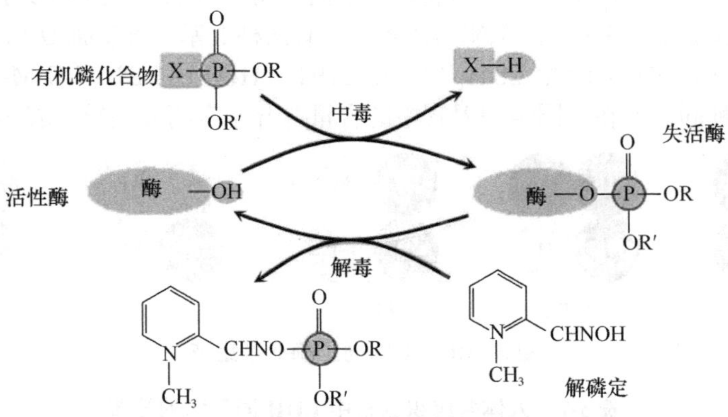

图 3-18　有机磷化合物中毒与解毒机制

二、酶与疾病诊断

（一）疾病与血清酶活性异常

许多组织器官疾病表现为血液中主要分布于该器官的酶活性的异常。造成这种异常的主要原因包括：①组织器官的细胞受到损伤后，细胞膜通透性增高或者完整性丧失，细胞内的某些酶大量释放入血。如急性胰腺炎时血清和尿中淀粉酶活性升高；急性肝炎或心肌炎时血清转氨酶活性升高等。② 细胞的半寿期缩短或细胞的增殖加快，特异性分布在这些细胞内的标志酶释放入血。如前列腺癌病人可有大量酸性磷酸酶释放入血。③肝功能严重障碍时，某些酶合成减少，如血中凝血因子Ⅱ、凝血因子Ⅶ等含量下降。临床上可通过检测血清酶活性辅助疾病的诊断。

（二）酶活性的测定

当前临床上酶的测定占临床化学检验工作总量的 25%，可见酶活性测定在临床诊断上的重要作用。测定酶活性的方法需要有足够高的灵敏度和测定上限，测定结果也应该和酶量成正比。由于酶活性可受许多因素影响，因此，一般需要优化测定反应的条件（如温度、pH、离子强度、激活剂），并保持各种因素的恒定。测定血清样本中的各种酶活性时，还要注意溶血、脂血和黄疸所造成的影响，有时需要做相应的对照试验。

酶活性的测定，通常有两类方法，即终点法和速率法。终点法是在某一反应体系中，加入样品后让反应进行一段时间（常为数十分钟）再终止反应，测定反应后产物的生成或底物的消耗量来判断样品中该酶的活性。速率法是通过连续监测手段，测定含有某样品的特定反应体系在单位时间（数十秒）内产物的生成或底物的消耗量来判断样品中该酶的活性，这种测定常在反应的初速度时间段内进行。很显然，速率法的效率要比终点法的效率高，酶活性的测定结果可直接用国际单位表示。目前临床中心实验室多采用全自动生物化学分析仪和速率法测定血清中各种酶的活性。

（三）同工酶与疾病诊断

来源于同一种系、机体或细胞的同一种酶具有不同的形式。催化同一化学反应，但酶蛋白的分子结构、理化性质及免疫学特性不同的一组酶，称为同工酶（isoenzyme）。产生同工酶的主要原因是在进化过程中基因发生变异，而其变异程度尚不足以成为一个新酶所致。

同工酶分成单体同工酶（monomeric isozyme）和寡聚体同工酶（oligomeric isozyme）。单体同工酶只有一条肽链，其差异只存在于多肽链的氨基酸序列，单体同工酶数目较少。红细胞磷酸酶、葡萄糖磷酸变位酶、碳酸酐酶、腺苷脱氨酶、腺苷酸激酶、甘油磷酸激酶等都是单体同工酶。寡聚体同工酶数量相对较多，具有多个亚基，在亚基的种类或者结构上有差异。由不同亚基组成的寡聚体称为杂化体。寡聚体同工酶主要是偶数亚基同工酶，且亚基一般不多于四个，如乳酸脱氢酶（lactate dehydrogenase，LDH）同工酶为四聚体，有两种亚基，骨骼肌型（M 型）和心肌型（H 型），组成五种同工酶（图 3-19）：LDH_1（H_4）、LDH_2（H_3M）、LDH_3（H_2M_2）、LDH_4（HM_3）、LDH_5（M_4）。这五种同工酶在不同组织器官中的含量与分布有明显差异（表 3-2）。

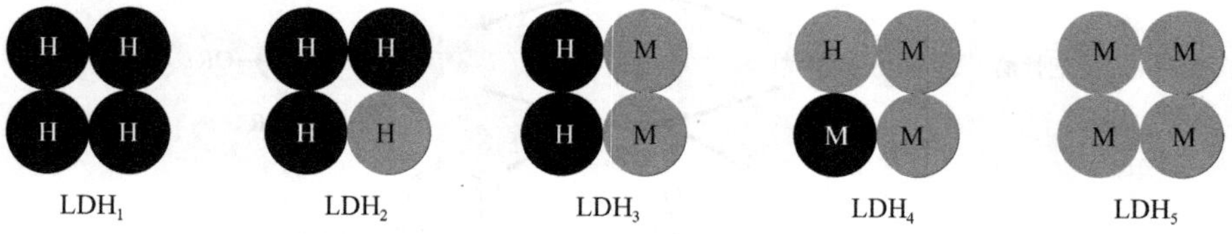

图 3-19 LDH 同工酶亚基组成

表 3-2 人体各组织器官中 LDH 同工酶的分布

组织器官	LDH 同工酶活性百分比				
	LDH_1	LDH_2	LDH_3	LDH_4	LDH_5
心	67	29	4	<1	<1
肾	52	28	16	4	<1
肝	2	4	11	27	56
肺	10	20	30	25	15
脑	21	26	26	20	8
脾	10	25	40	25	5

续表

组织器官	LDH 同工酶活性百分比				
	LDH_1	LDH_2	LDH_3	LDH_4	LDH_5
胰腺	30	15	50	—	5
子宫	5	25	44	22	4
骨骼肌	4	7	21	27	41
红细胞	42	36	15	5	2
白细胞	8	12	50	18	12
淋巴结	10	25	60	—	5
血小板	12	18	15	30	25

由于同工酶在体内分布存在明显的组织特异性或亚细胞结构特异性。同工酶在疾病的鉴别诊断上具有重要作用。当某器官发生疾病时，可能有某种特殊的同工酶释放出来，检测同工酶谱的改变有助于对疾病的诊断，同工酶的测定已应用于临床诊断。

最先在临床上开展检测的同工酶主要有两种，即乳酸脱氢酶（LDH）和肌酸激酶（creatine kinase，CK）同工酶（图 3-20）。

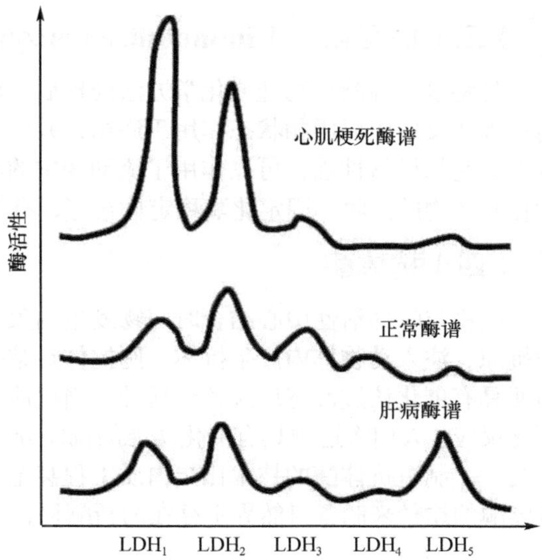

图 3-20 心肌梗死与肝病患者血清同工酶谱的变化

三、酶与疾病治疗

（一）酶作为药物用于临床治疗

酶作为药物直接应用相对较少。胃蛋白酶、胰蛋白酶、胰脂肪酶、胰淀粉酶等可用于助消化；胰蛋白酶、胰凝乳蛋白酶、溶菌酶、木瓜蛋白酶、菠萝蛋白酶等可用于进行外科扩创、化脓伤口的净化、浆膜粘连的防治和一些炎症的治疗；链激酶、尿激酶、纤溶酶等可用于防治血栓等；天冬酰胺酶可以用于治疗白血病。

（二）酶作为药物靶点用于临床治疗

一些药物作为酶的竞争性抑制剂发挥作用。如细菌生长繁殖需要的叶酸由细菌二氢叶酸合成酶催化对氨基苯甲酸合成二氢叶酸后还原得到。磺胺类药物与二氢叶酸合成酶的底物对氨基苯甲酸结构相似，与其竞争结合二氢叶酸合成酶的活性中心，抑制二氢叶酸合成，造成细菌体内叶酸的量不足，进而造成核苷酸合成障碍，抑制细菌生长繁殖。

许多抗癌药是核酸和蛋白生物合成酶的抑制剂。肿瘤细胞快速分裂增殖需要旺盛的核酸与蛋白质合成能力。抗癌药如氨甲蝶呤（MTX）、5-氟尿嘧啶（5-FU）、6-巯基嘌呤（6-MP）等，都是核酸和蛋白合成代谢途径中酶的竞争性抑制剂，分别抑制四氢叶酸、脱氧胸苷酸及嘌呤核苷酸的合成，以抑制肿瘤细胞核酸和蛋白的合成速度，从而抑制肿瘤细胞的生长。

四、酶在生物医学研究中的应用

（一）工具酶

利用酶具有高度特异性的特点，将酶作为工具，在分子水平上对某些生物大分子进行定向的分割与连接。最典型的例子是基因工程中应用的各种限制性核酸内切酶、连接酶以及聚合酶链反应中应用的热稳定 Taq DNA 聚合酶等。酶与许多工农业生产、环境保护关系十分密切。通过研究酶的构效关系，对酶分子进行改造产生更加稳定、更高效的工具酶用于生产。

（二）酶标记测定法

酶可以代替同位素与某些物质相结合，从而使该物质被酶所标记。通过测定酶的活性来判断被标记酶蛋白量，间接确定与其定量结合的物质的存在和含量。这种方法具有相当高的灵敏性，同时又可避免应用放射性同位素。如在临床检验中应用很广的酶联免疫吸附分析（enzyme-linked immunosorbent assay，ELISA），将酶与某些抗体交联，利用酶催化的指示反应，放大显示抗原与抗体作用，以提高检测某些抗原或抗体的灵敏度。

（三）固定化酶（immobilized enzyme）

是将水溶性酶经物理或化学方法处理后，成为不溶于水但仍具有酶活性的酶衍生物。固定化酶在催化反应中以固相状态作用于底物，并保持酶的高度特异性和催化的高效率。固定化酶的优点在于它的机械性强，可以作用于流动相中的底物，反应后可与产物方便地分离，易于使反应自动化和产物的回收。固定化酶稳定性较好，有利于储存。在药物合成和定量分析等方面有应用。

（四）抗体酶

底物与酶的活性中心结合时底物发生构象改变，形成过渡态。如果将底物的过渡态类似物作为抗原，注入动物体内产生抗体，则抗体在结构上与过渡态类似物互相适应并可相互结合。该抗体便具有催化该过渡态反应的酶活性。当抗体与底物结合时，就可使底物转变为过渡态进而发生催化反应。人们将这种具有催化功能的抗体分子称为抗体酶（abzyme）。抗体酶是酶工程研究的前沿之一。制造抗体酶的技术比蛋白质工程甚至比生产酶制剂简单，又可大量生产。因此，可通过抗体酶的途径来制备自然界不存在的新酶种，生产目前尚不易获得的各种酶类。

第七节　维生素与辅酶

维生素（vitamin）是参与生物生长发育和代谢所必需的一类微量有机物质。这类物质由于体内不能合成或者合成量不足，所以虽然需要量很少，但必须由食物供给。分为脂溶性维生素和水溶性维生素两大类。前者包括维生素 A、D、K、E 等，后者有 B 族维生素和维生素 C。大多数 B 族维生素是人体内辅酶的组成成分，与辅酶关系密切的维生素主要有 B_1、B_2、PP、B_6、泛酸、生物素、叶酸和 B_{12}。

一、水溶性维生素与辅酶

（一）维生素 B_1

1. 化学本质、性质及转化　维生素 B_1 又名硫胺素（thiamine），该命名源于其分子中同时含硫和氨基结构，由嘧啶和噻唑通过亚甲基桥连接而成。维生素 B_1 广泛分布于动植物组织，尤以种子外皮和胚芽含量最为丰富，米糠、麦麸、黄豆芽、酵母及瘦肉也是维生素 B_1 的良好来源。成人每日需要量为 1.0～1.5mg。临床上应用的维生素 B_1 是人工合成的硫胺素盐酸盐。体内维生素 B_1 的活性形式为硫胺素焦磷酸（thiamine pyrophosphate，TPP）。维生素 B_1 易被小肠吸收，入血后在肝脏、肌肉、大脑、心脏等组织（主要在肝脏）细胞内 TPP 激酶的催化下由 ATP 提供焦磷酸生成 TPP。

2. 理化功能

（1）TPP 是糖代谢中 α-酮酸氧化脱羧酶的辅酶：TPP 分子中位于噻唑环上硫和氮之间的碳原

子十分活泼，易释放 H^+形成亲核基团——负碳离子，后者能够结合来自 α-酮酸脱下的羧基，以 CO_2 的形式释放。维生素 B_1 缺乏时，TPP 合成不足，α-酮酸氧化脱羧反应发生障碍受阻，丙酮酸堆积。神经系统正常情况下主要靠葡萄糖的有氧氧化供能，故维生素 B_1 缺乏时，神经组织糖代谢障碍，能量代谢障碍。

（2）TPP 参与乙酰胆碱合成，维持神经冲动传导：体内重要的神经递质乙酰胆碱以乙酰辅酶 A 与胆碱为原料合成。乙酰辅酶 A 主要来自于丙酮酸的氧化脱羧，维生素 B_1 缺乏时，丙酮酸氧化脱羧受阻，乙酰胆碱合成减少；同时对胆碱酯酶的抑制作用减弱，乙酰胆碱分解增多，神经冲动传导受阻。表现为消化液分泌减少，胃蠕动变慢，食欲不振，消化不良等。

（3）TPP 是转酮醇酶的辅酶：维生素 B_1 缺乏时，影响磷酸戊糖途径代谢，阻碍核酸合成及神经髓鞘中磷酸戊糖代谢受到影响，髓鞘合成受阻，导致末梢神经炎及其他神经病变。

维生素 B_1 缺乏时可引起“脚气病”，主要发生在高糖饮食及食用高度精细加工的米、面时，初期表现为末梢神经炎、食欲减退等，进而可发生水肿、神经肌肉变性等。

（二）维生素 B_2

1. 化学本质、性质及转化 维生素 B_2 又名核黄素（riboflavin），因其结构中核醇和 6、7-二甲基异咯嗪（又称黄素：flavin）而得名。维生素 B_2 分布广泛，在绿叶蔬菜、黄豆、小麦及动物肝、肾、心及酵母中含量丰富，人体肠道细菌可少量合成。成人每日需要量为 1.2～1.5 mg。

2. 理化功能 食物中吸收的维生素 B_2 在小肠黏膜上皮细胞黄素激酶的作用下转变成为黄素单核苷酸（flavin mononucleotide，FMN），进而在焦磷酸化酶的催化下生成黄素腺嘌呤二核苷酸（flavin dinucleotide，FAD），FMN 及 FAD 是体内维生素 B_2 的活性形式。由于维生素 B_2 分子异咯嗪环上第 1 和第 10 位氮原子与活泼的双键连接，所以这 2 个氮原子能够可逆性地接受或释放氢，因而具有氧化还原性，是体内氧化还原酶（如：琥珀酸脱氢酶、黄嘌呤氧化酶及 NADH 脱氢酶等）的辅基，在氧化过程中，发挥递氢体的作用。机体维生素 B_2 缺乏时，可表现为舌炎、唇炎、口角炎、阴囊皮炎及睑缘炎等。

（三）维生素 PP

1. 化学本质、性质及转化 维生素 PP 又名抗癞皮病因子，属于吡啶衍生物，广泛存在于自然界，肉类、肝、谷物、花生及酵母中含量丰富。机体肝细胞能利用色氨酸为原料合成维生素 PP，但效率较低。而色氨酸属于必需氨基酸，所以人体维生素 PP 主要从食物中摄取。体内维生素 PP 的活性形式为尼克酸（nicotinic acid）及尼克酰胺（nicotinamide），二者可相互转化。

2. 理化功能 尼克酸与核糖、磷酸、腺嘌呤组成体内多种不需氧脱氢酶的辅酶：尼克酰胺腺嘌呤二核苷酸（NAD^+）和尼克酰胺腺嘌呤二核苷酸磷酸（$NADP^+$），其中尼克酰胺的吡啶环能够可逆地加氢及脱氢。

研究显示尼克酸能够抑制脂肪动员（FFA）及肝中极低密度脂蛋白（VLDL）的合成，扩张血管，降低血清胆固醇，临床上可用于心绞痛和高胆固醇血症的防治。人类维生素 PP 缺乏症称为癞皮症（pellagra），主要表现为皮炎、腹泻及痴呆。皮炎对称性发生于体表暴露部位；痴呆是因神经系统变性所致。

尼克酸服用过量（＞2g/d）时，很快出现血管扩张、脸颊潮红、痤疮及胃肠不适等中毒症状，长期大量服用可能产生肝损害。异烟肼与维生素 PP 的化学结构相似，具有拮抗作用，长期应用异烟肼时注意补充维生素 PP。

（四）维生素 B_6

1. 化学本质、性质及转化 维生素 B_6 是吡啶衍生物，包括吡哆醇（pyridoxine）、吡哆醛（pyridoxal）及吡哆胺（pyridoxamine）三种，它们在体内均以磷酸酯的形式存在。其中磷酸吡哆醛和磷酸吡哆胺可相互转变，二者是维生素 B_6 的活性形式。

2. 理化功能

（1）磷酸吡哆醛是转氨酶的辅酶，参与了转氨基、联合脱氨基和鸟氨酸循环。此外，其还是脱羧酶的辅酶，参与氨基酸脱羧基生成胺类物质的代谢反应。磷酸吡哆醛促进谷氨酸脱羧时，能增加抑制性神经递质 γ-氨基丁酸的生成。临床上常用维生素 B_6 对小儿惊厥及妊娠呕吐进行治疗。

（2）磷酸吡哆醛是血红素合成限速酶——δ-氨基 γ-酮戊酸（ALA）合成酶的辅酶，所以维生素 B_6 缺乏时有可能造成低血色素小细胞性贫血和血清铁增高。

（3）磷酸吡哆醛作为糖原磷酸化酶的重要组成部分，参与糖原分解过程。肌磷酸化酶所含的维生素 B_6 约占全身维生素 B_6 的 70%～80%。

人类未发现维生素 B_6 缺乏的典型病例。异烟肼能与磷酸吡哆醛结合，使其失去辅酶的作用，所以在服用异烟肼时，应补充维生素 B_6。

（五）泛酸

1. 化学本质、性质及转化 泛酸（pantothenic acid）又称为遍多酸，是一种由 β 丙氨酸与二羟基二甲基丁酸通过酰胺键缩合而成的酸性维生素，广泛存在于自然界，尤以动物组织、谷物及豆类中含量最为丰富。泛酸在肠内吸收入血，发生磷酸化修饰，继而与半胱氨酸结合，脱羧基生成 4-磷酸泛酰巯基乙胺，后者参与辅酶 A（HSCoA）和酰基载体蛋白（acyl carrier protein，ACP）的组成，因此 CoA 及 ACP 为可视为泛酸在体内的活性形式。

2. 理化功能 CoA 和 ACP 是体内 70 多种酰基转移酶的辅酶，具有酰基载体的作用，广泛参与体内三大营养物质代谢及生物转化过程中的转乙酰基及转脂酰基反应。

泛酸广泛存在于生物界，所以泛酸缺乏症非常少见，但在二战时的远东战俘中曾有“脚灼热综合征”，为泛酸缺乏所致。

（六）生物素

1. 化学本质、性质及转化 生物素（biotin）是由噻吩与尿素缩合而成的双环化合物，属于咪唑衍生物。它是体内多种羧化酶（如丙酮酸羧化酶等）的辅酶，其侧链羧基能够与酶蛋白赖氨酸残基的 ε 氨基以肽键相连，形成羧基生物素-酶复合物，后者也称为生物胞素（biocytin）。生物素具有羧基载体的功能。

2. 理化作用 生物素来源极广，人体肠道细菌也能合成，很少出现缺乏症。新鲜鸡蛋蛋清中有一种抗生物素蛋白（avidin），它能够结合生物素使其失活而阻碍吸收。蛋清加热变性后抗生物素蛋白活性亦随之丧失，因此不再影响生物素的吸收。长期使用抗生素破坏肠道菌群后，可引起生物素的缺乏，表现为食欲不振、恶心、呕吐、皮炎、脱屑性红皮病，甚至贫血。

（七）叶酸

1. 化学本质、性质及转化 叶酸（fo1ic acid）因绿叶植物中含量较高而得名。由于叶酸分子由蝶酸和谷氨酸通过酰胺键连接形成，故而又称为蝶酰谷氨酸。叶酸分子上的谷氨酸数目视生物种类不同而异，通常植物中含 7 个谷氨酸，动物肝中含 5 个谷氨酸；谷氨酸之间连接成 γ 多肽侧链。参与叶酸分子构成的蝶酸由 2-氨基-4-羟基-6-甲基蝶呤啶与对氨基苯甲酸构成，由于动物细胞不能合成对氨基苯甲酸，且不能将第 1 个谷氨酸连接到蝶酸上，所以动物叶酸必须由食物提供。

食物中的叶酸在小肠黏膜细胞分泌的蝶酰-L-谷氨酸羧基肽酶催化下水解为谷氨酸和蝶酰单谷氨酸而吸收。小肠、肝脏、骨髓等组织中富含叶酸还原酶，后者催化叶酸逐步还原为四氢叶酸（tetrahydrofolicacid，FH_4），该还原反应由 NADPH 供氢。FH_4 是体内叶酸的活性形式。

2. 理化作用 FH_4 是体内一碳单位转移酶的辅酶，在嘌呤核苷酸的从头合成过程中发挥转运一碳单位的作用。叶酸缺乏或活化障碍时，核苷酸合成受阻，进而影响 DNA 合成，骨髓幼红细胞

DNA 合成减少，细胞分裂速度减慢，细胞体积变大，形成巨幼红细胞贫血。

肉类及水果、蔬菜中叶酸含量丰富，肠道细菌也能合成叶酸，所以正常人一般不会出现叶酸缺乏症。孕妇及哺乳期妇女因体内细胞分裂速度加快或因泌乳导致代谢旺盛，应适量补充叶酸。口服避孕药或抗惊厥药可干扰或抑制叶酸的吸收与代谢；抗代谢物甲氨蝶呤因结构与叶酸相似，故而能竞争性抑制二氢叶酸还原酶活性，从而抑制 FH_4 合成，一碳单位转运障碍，嘌呤核苷酸合成受阻，因此具有抗肿瘤作用。

（八）维生素 B_{12}

1. 化学本质、性质及转化 维生素 B_{12} 又称钴胺素（coholamine），属于含钴（Co^{2+}）的咕啉衍生物，是唯一含金属元素的维生素。维生素 B_{12} 包括两类组分：咕啉环（类似于血红素的卟啉环）和核糖核苷酸。由于维生素 B_{12} 钴原子上的结合基团不同，形成了包括氰钴胺素、羟钴胺素、甲钴胺素和 5′-脱氧腺苷钴胺素在内的多种存在形式。其中甲钴胺素和脱氧腺苷钴胺素既是体内维生素 B_{12} 的活性形式，也是其在血液中的主要存在形式。而氰钴胺素、羟钴胺素则是药用维生素 B_{12} 的主要形式。

食物中的维生素 B_{12} 常以蛋白质-VB_{12} 复合体的形式存在，在胃中盐酸或肠内胰蛋白酶作用下复合体解离。维生素 B_{12} 必须结合来自幽门黏膜的胃液内源因子（intrinsic factor，IF）方能透过肠壁被吸收。两者结合后被肠黏膜吸收后解离，维生素 B_{12} 可与蛋白因子转钴胺素Ⅱ（transcoholamin Ⅱ，TCⅡ）结合在血液中运输。维生素 B_{12}-TCⅡ复合物被肝细胞表面受体识别摄取进入细胞，转变为羟钴胺素、甲钴胺素；进入线粒体后转变为 5′-脱氧腺苷钴胺素。肝细胞内还有 TCⅠ，维生素 B_{12} 与 TCⅠ结合后贮存于肝内。

2. 理化作用

（1）维生素 B_{12} 是Ⅳ-甲基四氢叶酸转甲基酶的辅酶，参与甲基转移，促进 FH_4 从 N^5-甲基 FH_4 中释放，以便转运其他形式的一碳单位供嘌呤核苷酸合成之需，与此同时甲硫氨酸可得到再生，活化形成 S-腺苷甲硫氨酸，为机体提供甲基。

（2）维生素 B_{12} 作为某些转位酶的辅酶，参与变构反应。例如 5′-脱氧腺苷钴胺素是 L-甲基丙二酰 CoA 转位酶的辅酶，参与 L-甲基丙二酰 CoA 转变为琥珀酰 CoA 的代谢过程。维生素 B_{12} 缺乏，可引起 L-甲基丙二酰 CoA 堆积，由于其结构与丙二酰 CoA 类似，所以干扰脂肪酸的合成。维生素 B_{12} 缺乏所致的神经疾病正是由于脂酸合成异常而影响了髓鞘的转换，使髓鞘质变性退化，造成进行性脱髓鞘。

（3）维生素 B_{12} 参与了机体正常造血功能的维持。它与叶酸相互配合，共同增强红细胞 DNA 及蛋白质的生物合成能力，促进红细胞发育和成熟。维生素 B_{12} 缺乏，削弱了 FH_4 运转一碳单位的能力，与叶酸缺乏的原理类似，影响 DNA 合成，最终影响细胞分裂，产生巨幼红细胞贫血。

B_{12} 广泛存在于动物食品中，食用正常膳食者，很难发生缺乏症。B_{12} 缺乏偶见于有严重吸收障碍疾患的患者及长期素食者。

（九）维生素 C

1. 化学本质、性质及转化 维生素 C 又称为抗坏血酸（ascorbic acid），属于不饱和多羟基内酯化合物。维生素 C 广泛存在于新鲜蔬菜及水果中，植物中含有抗坏血酸氧化酶能将维生素 C 氧化为二酮古洛糖酸，所以长期储存的水果、蔬菜中维生素 C 的含量会大量减少。人体不能合成维生素 C，必须从食物中摄取。

维生素 C 分子中 C_2 和 C_3 之间烯醇式羟基极易解离释出 H^+，因而呈酸性。同时因其烯醇式结构，C_2 及 C_3 羟基上的氢原子可全部脱下生成脱氢抗坏血酸，后者在有供氢体存在时，又能接受 2 个氢原子再转变为抗坏血酸。所以维生素 C 有氧化型和还原型两种形式。

2. 理化作用

（1）作为递氢体，参与体内氧化还原反应与其他水溶性维生素有不同，维生素 C 没有辅酶功能，但其通过氧化型与还原型产物的相互转变，参与体内氧化还原反应。

1）维生素 C 作为供氢体通过维持体内巯基蛋白和巯基酶的还原状态，保护其生物学活性。维生素 C 还可在谷胱甘肽还原酶的催化下，发挥供氢体的作用，促进氧化型谷胱甘肽（GSSG）还原为还原型谷胱甘肽（glutathione，GSH），后者参与胞内脂质过氧化物的清除，保护生物膜的结构和功能。

2）高浓度维生素 C 通过促进胱氨酸还原为半胱氨酸，参与免疫球蛋白的生物合成，提高机体免疫防御能力。与此同时，维生素 C 被氧化成脱氢维生素 C，后者协助新生免疫球蛋白肽链上-SH 氧化成-S-S-，维系免疫球蛋白的空间结构。

3）维生素 C 诱导红细胞中的高铁血红蛋白还原为亚铁血红蛋白，恢复对氧的运输。

4）重金属离子及某些细菌毒素进入机体时，大剂量维生素 C 对其毒性有缓解作用。

5）保护维生素 A、维生素 E 及维生素 B_1、维生素 B_{12} 及生物素等免遭氧化。

（2）参与体内的羟化反应

1）促进胶原蛋白合成，有利于创伤愈合 维生素 C 是胶原蛋白脯氨酸羟化酶及赖氨酸羟化酶维持活性所必需的辅助因子，参与胶原蛋白的合成。机体发生机械损伤时，维生素 C 通过促进胶原蛋白合成，参与创伤愈合。缺乏时，胶原蛋白合成障碍，毛细血管壁通透性和脆性增加易破裂出血，称为坏血病。维生素 C 对坏血病有很好的治疗作用，故称为抗坏血病维生素。

2）促进胆固醇转变为胆汁酸 生理状况下，体内 40%的胆固醇通过转变为胆汁酸进行代谢转变。维生素 C 通过维持 7α 羟化酶活性，促进胆汁酸的生成。

3）参与芳香族氨基酸代谢 苯丙氨酸羟化为酪氨酸、酪氨酸羟化为多巴，多巴胺羟化为去甲肾上腺素，色氨酸羟化脱羧生成 5-羟色胺以及对羟苯丙酮酸转变为尿黑酸的代谢过程中都需要维生素 C 的参与。

维生素与辅酶的关系如表 3-3。

二、脂溶性维生素

脂溶性维生素有维生素 A、D、E、K 四大类，每一类因其结构的差异又各自有两种或数种的同类物质，如维生素 A 有 A_1 和 A_2 两种亚型。这类维生素均为非极性的疏水分子，它们不溶于水，而溶于脂类及脂肪溶剂。在天然食物中，它们常与脂类共同存在，并随脂类一同吸收入血。血液中的脂溶性维生素与脂蛋白或某些特殊的结合蛋白特异地结合而转运。脂溶性维生素排泄较缓慢，摄入过多，会蓄积中毒。

（一）维生素 A

1. 化学本质、性质及转化 维生素 A 又称抗干眼病维生素，是一类含有 β-白芷酮环的不饱和一元醇。天然维生素 A 有 A_1 和 A_2 两种类型。A_1 称为视黄醇（retinol），1931 年 Karrer 等首次从鱼肝油中得到视黄醇纯品并确定其结构。A_2 又称 3-脱氢视黄醇。维生素 A 主要存在于动物来源的食物中，如肝、奶、蛋黄等，海鱼肝脏中含量尤其丰富。动物体内维生素 A 的活性形式有视黄醇、视黄醛和视黄酸三种类型。其中视黄醇具有维生素 A 的全部活性，另两种只有部分活性。植物中虽然不存在维生素 A，但含有丰富的胡萝卜素，特别是 β-胡萝卜素，它在小肠黏膜 β-胡萝卜素加氧酶的作用下，加氧裂解为 2 分子的视黄醛，大部分在视黄醛还原酶的催化下被还原成视黄醇，小部分被氧化成视黄酸。所以，β-胡萝卜素又称维生素 A 原。

体内的视黄醇有酯化型和非酯化型两种存在形式。食物中酯化型视黄醇在小肠水解为非酯化型视黄醇，后者被吸收后又重新合成视黄醇酯，以脂蛋白的形式储存于肝脏细胞。血浆中的维生素 A 为非酯化型，它与视黄醇结合蛋白（retinol binding protein，RBP）及前清蛋白（proalbumin，PA）形成维生素 A-RBP-PA 复合物进行转运，到达靶细胞后，被细胞膜上的特异受体识别结合摄取。

表 3-3 维生素与辅酶的关系

维生素	辅酶或辅基	转移基团
B_1（硫胺素）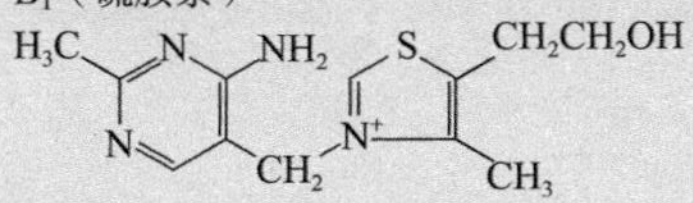	TPP（焦磷酸硫胺素）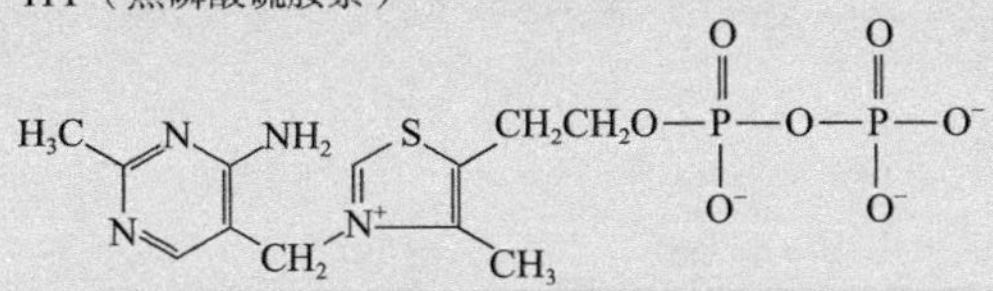	醛基
B_2（核黄素）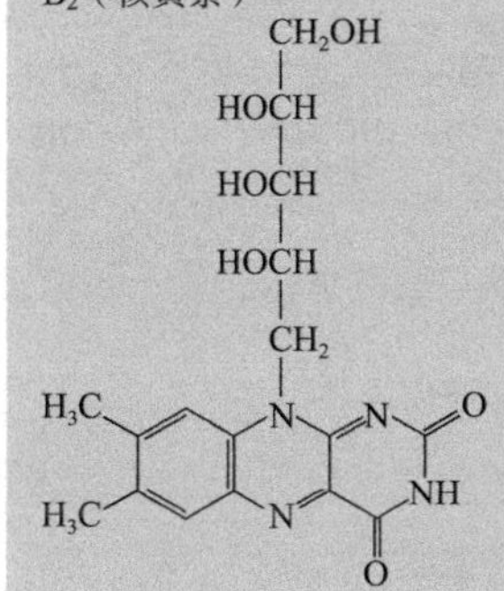	FMN（黄素单核苷酸） FAD（黄素腺嘌呤二核苷酸）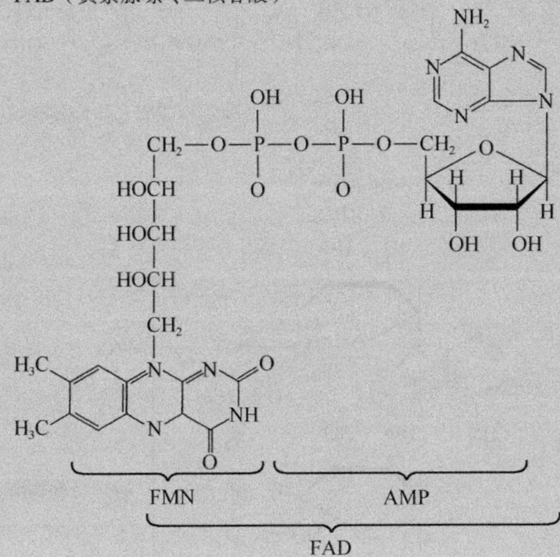	氢原子（质子）

续表

维生素	辅酶或辅基	转移基团
PP（烟酸/烟酰胺） 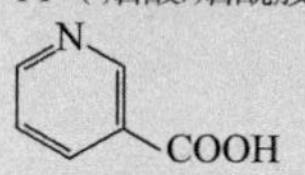 烟酸 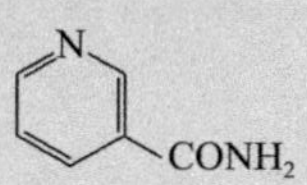 烟酰胺	NAD^{+}（尼克酰胺腺嘌呤二核苷酸） $NADP^{+}$（尼克酰胺腺嘌呤二核苷酸磷酸） 烟酰胺核苷酸 AMP 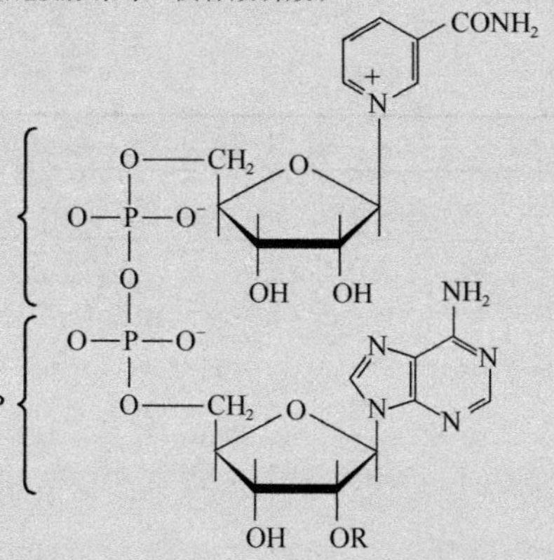 NAD^{+} NADP:R=–PO_3H_2	氢原子（质子）
B_6（吡哆醛/胺） 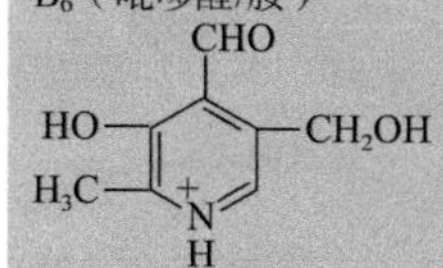 吡哆醛 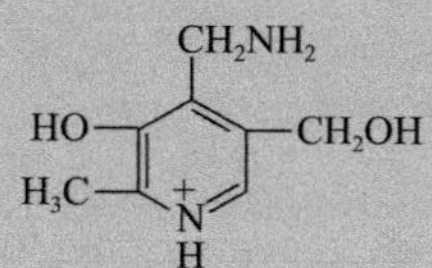 吡哆胺	磷酸吡哆醛，磷酸吡哆胺 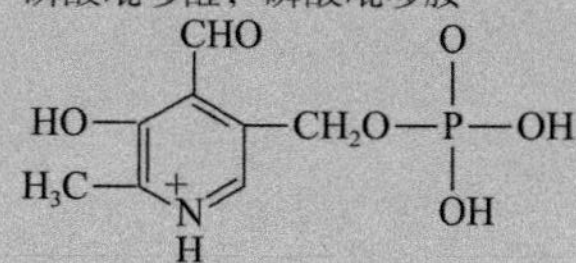 磷酸吡哆醛 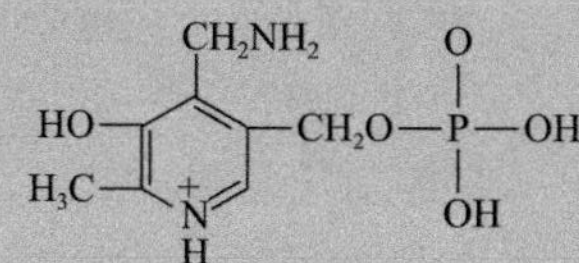 磷酸吡哆胺	氨基

续表

维生素	辅酶或辅基	转移基团
泛酸 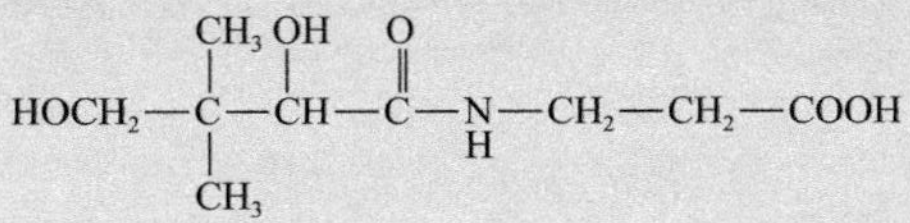	CoA（辅酶 A） 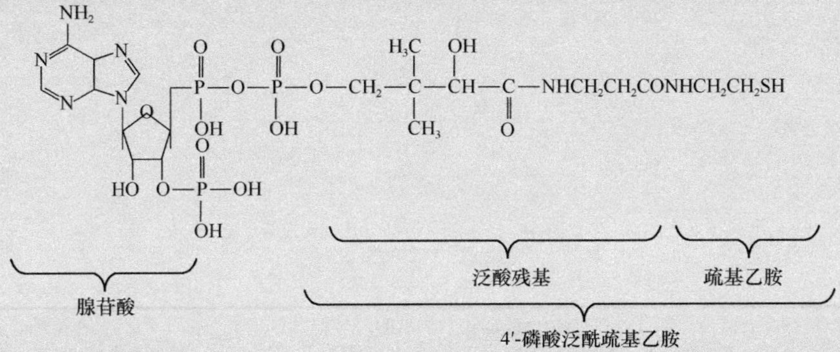	酰基
叶酸 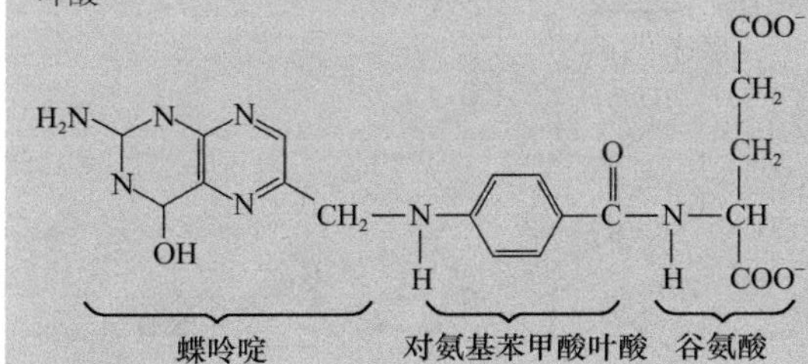	FH_4（四氢叶酸） 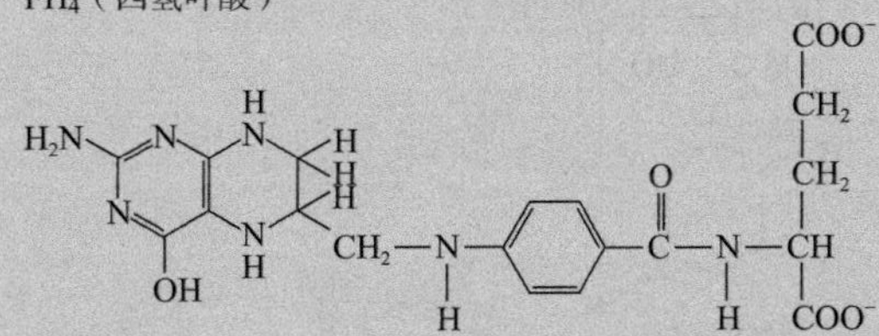	一碳单位
生物素 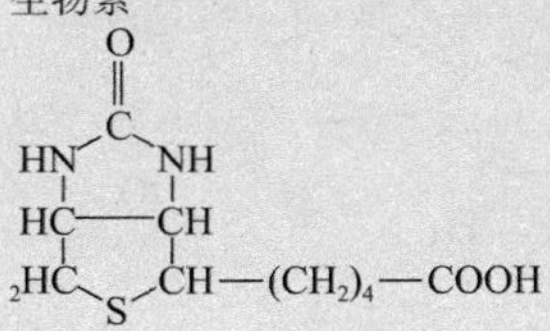	生物素 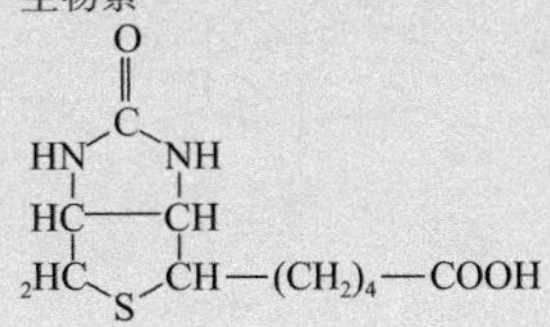	二氧化碳

续表

维生素	辅酶或辅基	转移基团
B_{12}（钴胺素） 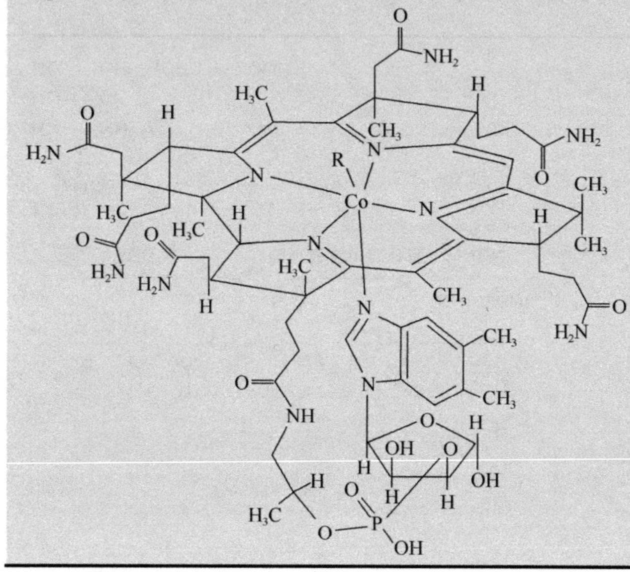	辅酶 B_{12} 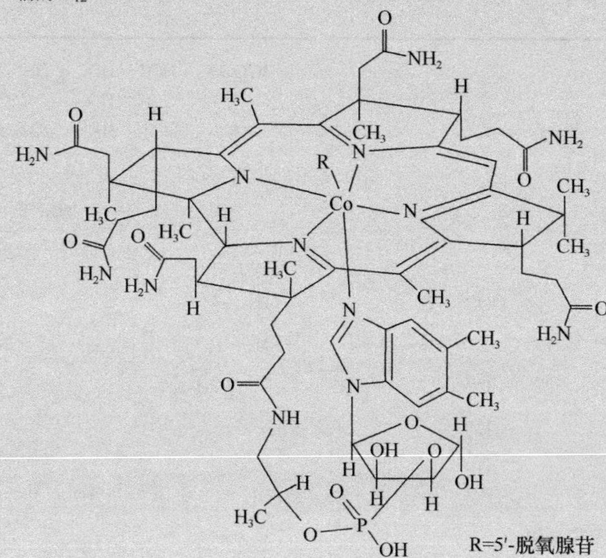 R=5′-脱氧腺苷	甲基

2. 理化功能

（1）构成视觉细胞内感光物质，维持正常视觉功能：视网膜杆状细胞内则有感受弱光或暗光的视紫红质，后者由视蛋白与 11-顺视黄醛所构成。当杆状细胞中视紫红质感光时，视色素中的 11-顺视黄醛异构转变为全反视黄醛，与视蛋白分离，同时引发细胞膜 Ca^{2+}离子通道开放，Ca^{2+}内流，产生神经冲动，传导至大脑后产生视觉。分离后的全反视黄醛，在视黄醛还原酶的催化下首先被还原成全反视黄醇，随着血液循环运输至肝脏异构为 11-顺视黄醇，返回视网膜后重新氧化成 11-顺视黄醛，合成视紫红质。

维生素 A 充足时，视紫红质再生迅速，暗适应恢复时间短；若维生素 A 缺乏，一方面 11-顺视黄醛含量下降，视紫红质合成不足，对弱光敏感性降低，弱光适应能力减弱，另一方面，视紫红质再生慢且不完全，暗适应恢复时间延长，严重时会发生“夜盲症”。

（2）参与糖蛋白合成：视黄酸在体内的磷酸化产物视黄醇磷酸（retinlyl phosphate）是寡糖穿越磷脂膜的载体，此外，大鼠肝、脑等组织中均发现甘露糖合成糖蛋白前，在视黄醇磷酸甘露糖合成酶的催化下转变为视黄醇磷酸甘露糖，后者作为甘露糖的活性供体参与 O-糖苷键的形成。

1）维护上皮组织的正常分化：维生素 A 参与糖蛋白的合成，为上皮组织形成、发育和分化所必需。当其缺乏时，可导致糖蛋白合成的中间体异常，上皮基底层增生变厚，表层组织干燥、异常角化等。眼结膜黏液分泌细胞的丢失与角化以及糖蛋白分泌的减少均可引起角膜干燥，出现干眼病（xerophthalmia）。因此，维生素 A 又称抗干眼病维生素。

2）维持免疫球蛋白的功能：免疫球蛋白的化学本质为糖蛋白，维生素 A 能促进其合成，对于机体免疫功能有重要影响，缺乏时，细胞免疫呈现下降。

（3）抗氧化，预防心血管疾病、肿瘤以及延缓衰老：维生素 A 能够有效的捕获活性氧，能够防止脂质过氧化，具有抗氧化作用。β-胡萝卜素在氧分压较低的条件下，能直接消灭自由基；视黄酸能诱导 HL-60 细胞及急性早幼粒细胞白血病的分化。临床试验表明视黄酸有延缓或阻止癌前病变，抵抗化学致癌剂的作用。流行病学调查显示维生素 A 的摄入与癌症的发生呈负相关，动物实验也表明摄入维生素 A 可减轻致癌物质的作用。临床上维生素 A 作为上皮组织肿瘤的辅助治疗剂已取得较好效果。此外，大量报道维生素 A 在预防心血管疾病以及延缓衰老均有重要意义。

（4）促进生长、发育及维持生殖功能：维生素 A 能促进蛋白质的生物合成和骨细胞的分化。当其缺乏时，成骨活动增强，骨质过度增殖。此外，维生素 A 缺乏影响雄性动物精母细胞分化、雌性阴道上皮周期变化，以及胎盘上皮分化。维生素 A 缺乏还会引起诸如催化黄体酮前体形成所需要的酶的活性降低，抑制肾上腺、生殖腺及胎盘中类固醇的产生。孕期维生素 A 缺乏会直接影响胎儿发育，甚至发生死胎。

（5）维生素 A 过量的危害：由于视黄酸在细胞内可特异地与 CRBP 相结合，后者与核转录因子结合后，对特定基因表达具有调控作用。长期过量（超过需要量的 10～20 倍）摄取可引起不良反应。动物实验表明维生素 A 过量摄入可引起头痛、恶心腹泻以及肝脾肿大等中毒症状。孕妇摄入过多，易发生胎儿畸形，因而应当适量摄取。

（二）维生素 D

1. 化学本质、性质及转化 维生素 D 又称为抗佝偻病维生素，是类固醇衍生物。主要包括维生素 D_2（麦角钙化醇，ergocalciferol）和维生素 D_3（胆钙化醇，cholecalciferol）。机体维生素 D 分为内源性（人体胆固醇代谢转变合成的维生素 D_3）和外源性（动物性食物，如肝、肾、蛋黄、鱼肝油等中的维生素 D_3 以及植物麦角固醇转变生成的维生素 D_2）两大类，其中内源性维生素 D_3 是体内维生素 D_3 的主要来源。内源性维生素 D_3 以胆固醇为合成原来，在胆固醇脱氢酶的作用下脱氢生成 7-脱氢胆固醇，继而在阳光或紫外线的照射下，转变为维生素 D_3。

维生素 D 在体内的活性形式是 1, 25-（OH）$_2$-VD_3。无论是食物中吸收的维生素 D，或是机体自身合成的维生素 D_3，吸收入血后均必须在维生素 D 结合蛋白的协助下转运至肝脏，在肝细胞微粒体和线粒体 25-羟化酶催化下，首先生成 25-OH-VD_3 释放入血，循环至肾脏，在肾小管上皮细胞线粒体 1α-羟化酶的作用下，二次羟化生成具有生物学活性的 1, 25-（OH）2-VD_3。

案例 3-2

患儿，男，11 个月。夜惊、哭闹、多汗数月而来诊。

患儿数月来一直不明原因入睡后极易惊醒，烦躁、哭闹、多汗，枕巾枕头常被汗湿，多汗与室温、季节无关。不发热、不呕吐、常患"腹泻"。但一直未予诊治。其系第一胎第一产，足月顺产，出生体重 3.1kg。生后母乳喂养，4 个月断奶，改为牛乳、米粉喂养，未添加其他辅食。亦未补充过维生素 D。户外活动少。至今尚未出牙，不能独站。父母健康，非近亲结婚，家族中否认有遗传病史。体格检查：体温 36.8℃，脉搏 108 次/分，呼吸 26 次/分。体重 8.5kg，头围 46.5cm，精神尚可，反应好。方颅，前囟 1.8cm×1.8cm，平坦。头发稀少。胸部可见明显的肋骨串珠和郝氏沟。心、肺听诊无异常。呈蛙腹，肝、脾无肿大，生理反射存在，病理反射未引出。实验室检查：血常规、尿常规正常。查血钙偏低，血磷低，碱性磷酸酶活性明显升高。

初步诊断：维生素 D 缺乏性佝偻病。

问题：

1. 维生素 D 与佝偻病的关系？
2. 诊断患儿患"维生素 D 缺乏性佝偻病"的依据？

2. 理化功能 活性维生素 D_3 能够调节钙、磷代谢，主要通过以下机制：①促进小肠黏膜细胞合成钙结合蛋白，增加肠道钙吸收；②增加肾小管对钙磷的重吸收，特别是磷的重吸收，提高血磷浓度，促进骨钙化；③诱导成骨细胞增殖和破骨细胞分化，促进骨质更新。

维生素 D 缺乏或活化障碍造成肠道钙磷吸收减少和低钙血症，进而引起甲状旁腺功能代偿性亢进，甲状旁腺素（PTH）分泌增加，促进骨钙释放，以维持血清钙浓度。与此同时，PTH 抑制了肾小管对磷的重吸收，尿磷排出增加，血磷降低，骨钙化障碍。因此，维生素 D 缺乏可引起钙、磷代谢紊乱而发生佝偻病，成年人发生软骨病。

案例 3-2 分析讨论

患儿出生 4 个月后断奶，喂养中未适时补充含维生素 D 的食物，且户外活动少，因而维生素 D 来源不足，加之腹泻使维生素 D 吸收障碍，从而导致患儿缺乏维生素 D。患儿夜惊、烦躁、多汗等系神经兴奋性增高的表现。患儿 11 个月尚未出牙，不能独站。体格检查：方颅，前囟未闭、头发稀少，有明显的肋骨串珠和郝氏沟，呈蛙腹。实验室检查：血钙偏低，血磷低，碱性磷酸酶活性明显增高。所有这些都支持"维生素 D 缺乏性佝偻病"的临床初步诊断。

（三）维生素 E

1. 化学本质、性质及转化 维生素 E 又称为生育酚，是 6-羟基苯骈二氢吡喃的衍生物，广泛分布于动植物性食品中，如植物油、蔬菜、豆类及肉、蛋、奶类和鱼肝油等食物中。维生素 E 主要分为生育酚及生育三烯酚两大类。每类又可根据甲基的数目、位置不同而分成 α、β、γ 和 δ 四种。α 生育酚是自然界中分布最广泛含量最丰富的维生素 E。维生素 E 对热、酸都很稳定，但对氧十分敏感，所含的酚羟基极易氧化，因此具有抗氧化作用。

2. 理化功能

（1）促进生殖：维生素 E 能促进性激素分泌，增加男子精子活力和数量，缺乏时则会出现睾丸退化和生精障碍，孕育异常。维生素 E 能增加女性雌性激素分泌，提高生育能力，预防流产。大鼠缺乏维生素 E 时，雌鼠怀孕后胚胎及胎盘萎缩，引起流产。

（2）抗氧化作用：机体正常代谢过程经常会产生具有强氧化性的活性氧自由基，如超氧阴离子（$O_2^{\cdot-}$）、羟自由基（OH·）以及过氧化物（ROO·）等，它们能够氧化生物膜（如细胞膜、线粒体膜）磷脂双分子结构中的不饱和脂肪酸，引起生物膜脆性增加，功能紊乱。维生素 E 能够与不饱和脂肪酸竞争性地与强氧化物结合，被活性氧自由基氧化为醌式生育酚，从而减少脂质过氧化物生成，保护生物膜的结构与功能，是体内最重要的抗氧化剂之一。醌式生育酚可被维生素 C 还原为酚式结构，重新利用，并不断发挥其抗氧化作用。

（3）抗衰老作用：磷脂双分子层是生物膜的基本成分，富含多不饱和脂肪酸。自由基增多或消除障碍时，就会引发多不饱和脂肪酸，发生脂质过氧化反应形成脂褐素（或老年斑），沉积于体表、脑组织、心脏及肝脏等。随着年龄增长沉积增多时，会引起智力减退、记忆力下降等衰老现象。维生素 E 能抑制脂质过氧化并维护细胞膜结构的完整性，减少脂褐素沉积，延缓衰老。

（4）促进血红素代谢：维生素 E 能提高血红素合成关键酶 δ 氨基 γ 酮基戊酸（ALA）合成酶及 ALA 脱水酶的活性，促进血红素合成。新生儿维生素 E 缺乏时引起贫血的原因，可能与血红素合成减少及红细胞寿命缩短有关。所以，孕妇、哺乳期妇女和新生儿应注意适当补充维生素 E。

（5）维生素 E 中毒：长期大剂量服用维生素 E 对机体会有潜在毒性，表现为恶心、呕吐、眩晕、视力模糊、胃肠功能及性腺功能紊乱等症状。如果每天长期服用超过 200mg 大剂量维生素 E，还会诱发血栓性静脉炎、肺栓塞等疾病。

（四）维生素 K

1. 化学本质、性质及转化 维生素 K 又称为凝血维生素，属于 2-甲基萘醌衍生物。天然维生素 K 有 K_1 和 K_2 两种，均为脂溶性，耐热，但遇强酸、强碱、强氧化剂容易破坏。K_1 主要存在于绿叶蔬菜和动物肝中，K_2 可由肠道细菌合成，长期服用抗菌药物可抑制细菌合成维生素 K_2。临床上应用的维生素 K_3 和 K_4 为人工合成，水溶性，性质稳定。维生素 K 的吸收主要在小肠，随 β-脂蛋白转运至肝脏储存。

2. 理化功能 维生素 K 能够促进肝细胞合成凝血因子Ⅱ、凝血因子Ⅶ、凝血因子Ⅸ及凝血因子 X 等无活性的前体蛋白，同时参与 γ 羧化酶活性的维持，后者能催化多种凝血因子前体蛋白谷氨酸残基羧化，激活凝血因子，参与凝血过程。由于维生素 K 不能通过胎盘，出生后肠道内未形成正常菌群，所以新生儿容易出现维生素 K 缺乏，引起组织脏器出血，通常采用新生儿肌注维生素 K 的方法预防维生素 K 缺乏引起的出血。

此外，维生素 K 还参与其他重要组织脏器（如骨、肾、脾、肺和乳腺等）中蛋白质前体谷氨酸残基的羧化，促进其形成有生物学活性的羧化蛋白。如骨骼中的骨钙蛋白羧化后才有调节骨基质钙盐沉积的作用。维生素 K 还可增加胃肠蠕动和分泌，延缓糖皮质激素在肝的分解与灭活作用。

（连继勤）

思 考 题

1. 试述影响酶促反应速度的因素有哪些？每一种因素怎样影响酶反应速度？
2. 体内快速调节酶活性的方式有哪些？试述这些方式的区别。
3. 试述同工酶的概念及其临床意义。

第四章 糖代谢

内容提要

糖在体内的主要生理功能是为机体生命活动提供能源和碳源。食物中的糖主要来自植物，其中能被利用的主要是淀粉。淀粉被消化成其基本组成单位葡萄糖后，以主动吸收方式进入血液循环。人体内主要的糖类是糖原和葡萄糖，糖原是糖在体内的主要储存形式。在糖代谢中，葡萄糖的代谢居主要地位，糖的运输、贮存、分解供能与转变均以葡萄糖为中心。因此，糖代谢主要是指葡萄糖在体内的一系列复杂的化学反应，主要包括糖的分解代谢与合成代谢。所有的代谢反应都在细胞内进行，因此，葡萄糖吸收入血液后，在体内代谢首先需要进入细胞，这一过程依赖于葡萄糖转运体而实现。葡萄糖摄取障碍可能诱发高血糖。

人体内所有组织细胞都可以利用葡萄糖。体内绝大多数组织细胞都能有效地进行糖的分解代谢，糖的氧化分解代谢途径主要有四条：包括糖的无氧分解（糖酵解）、糖的有氧氧化、磷酸戊糖途径和糖醛酸途径。正常生理情况下，人体主要靠糖的有氧氧化供能；糖酵解在无氧时进行，提供部分急需的能量，并是红细胞等少数组织生理情况下的供能途径；磷酸戊糖途径则提供磷酸核糖和 NADPH；糖醛酸途径主要在肝内进行，提供尿苷二磷酸葡糖醛酸（UDPGA），参与肝的生物转化作用。糖的分解代谢途径各有其反应过程，发挥不同的生理作用，并通过中间产物可以相互联系、相互转化，以适应生物体物质转化和整体调节的需要。

糖的合成代谢包括糖原合成和糖异生。人体内糖的储存形式是糖原，饱食时葡萄糖可经合成代谢聚合成糖原，主要储存于肝或肌组织中，在短期饥饿时以补充血糖或分解利用。长期饥饿时，一些非糖物质（主要是乳酸、甘油和生糖氨基酸等）经过糖异生途径转变成葡萄糖或糖原。

血糖指血中的葡萄糖，正常空腹血糖浓度在 3.89～6.11mmol/L，这是血糖的来源和去路保持平衡的结果。血糖水平主要受多种激素调控，胰岛素是唯一降低血糖的激素，而胰高血糖素、肾上腺素和糖皮质激素等均可升高血糖。糖代谢紊乱可导致高血糖或低血糖，糖尿病是最常见的糖代谢紊乱性疾病。

第一节 糖的消化与吸收

一、糖的生理功能

糖是自然界存在的一大类有机化合物，其化学本质是多羟基醛或多羟基酮以及它们的衍生物或多聚物。糖类主要由碳、氢、氧三种元素组成，基本结构式是（CH_2O）n，习惯上被称为碳水化合物（carbohydrate）。

糖的主要生理功能有：①糖类是人类食物的主要成分，是人体能量的主要来源之一。人体每天摄入的糖类比蛋白质和脂类多，约占食物总量的 50%以上。正常生理条件下，机体所需总能量的 50%～70% 由糖代谢提供，1mol 葡萄糖（glucose）在体内完全氧化可释放 2840 kJ（679 kcal/mol）的能量，其中约 34%转化生成 ATP，以满足机体生理活动所需的能量。脑是机体耗能较大的器官，在非长期饥饿状态下，脑几乎以葡萄糖为唯一供能物质，每天耗用葡萄糖约 100g。②糖也是机体重要的碳源，糖代谢的中间产物可以转变为多种非糖含碳化合物，如糖类可提供体内合成非必需氨基酸和脂肪酸的碳骨架；核糖与脱氧核糖是合成核苷酸的原料，参与遗传信息的储存和传递。③糖还是构成人体组织结构和细胞的重要成分，如糖与蛋白质结合形成糖蛋白（glycoprotein）或蛋白聚糖（proteoglycan），与脂类结合形成糖脂（glycolipid）或脂多糖（lipopolysaccharide），糖蛋白和糖脂是构成细胞膜的重要组成成分。蛋白聚糖是构成动物结缔组织大分子的基本物质，也存在于细胞表面，参与细胞与细胞、细胞与基质之间的相互作用等。④血浆蛋白、抗体、激素、酶、免疫球蛋白等具有特殊生理功能的糖蛋白，可作为信息分子在细胞识别、细胞通讯及信号转导等方面发挥重要作用。促红细胞生成素是促进骨髓细胞成熟和增殖的糖蛋白激素，临床上用作治疗肾性贫血。⑤糖还参与构成体内多种重要的生物活性物质：如糖的磷酸衍生物可以形成一些重要的生物活性物质，如 NAD^+、FAD、CoA、ATP 等。此外，果糖-1，6-二磷酸可治疗急性心肌缺血性休克，多糖类还广泛作用于免疫系统、血液系统和消化系统等疾病的治疗。

二、糖的分类

糖在生物界分布极广、含量较多，几乎所有的生物体（动物、植物、微生物）体内都含有糖，其中以植物中含量最为丰富，约占 85%～95%。根据糖类物质能否水解以及水解产物情况分为单糖（monosaccharide）、寡糖（oligosaccharide）和多糖（polysaccharide）三大类。单糖和寡糖能溶于水，多有甜味。多糖在水中有的成胶体溶液，有的不溶于水，均无甜味，也无还原性。

单糖是糖类中最简单的一种，是不能被水解成更小分子的糖，因此单糖是组成糖类物质的基本结构单位。根据单糖分子中所含功能基团的不同分为醛糖（aldose）和酮糖（ketose）。按其分子中所含碳原子数的不同可分为丙糖、丁糖、戊糖、己糖等。戊糖（pentose）和己糖（hexose）是自然界中存在最丰富的单糖。例如葡萄糖和半乳糖是六碳醛糖，果糖是六碳酮糖（果糖是糖类中最甜的糖），这三种己糖与机体的营养代谢最为密切，是人体获得能量的最主要来源。丙醛糖（甘油醛）和丙酮糖（二羟丙酮），戊醛糖（核糖和脱氧核糖）等，它们均是糖代谢的中间产物。

寡糖又称低聚糖，水解时能生成 2～10 个单糖分子，各单糖分子之间以糖苷键连接。自然界以游离状态存在的寡糖主要有二糖（双糖），最为常见的为食物中的麦芽糖（maltose）、蔗糖（sucrose）和乳糖（lactose）。此外，甜菜、棉子和桉树的糖蜜中含有的棉子糖是半乳糖、葡萄糖和果糖以糖苷键连接的三糖。

多糖水解时能生成许多单糖（一般为 10 个以上）分子。多糖是由许多单糖分子或其衍生物缩合而成的高分子聚合物。多糖按其组成成分可分为同多糖和杂多糖两类。由一种单糖缩合形成的多糖称为同多糖，如淀粉、纤维素、糖原等。由两种或以上单糖或其衍生物缩合形成的多糖称为杂多糖，如透明质酸、硫酸软骨素、肝素等。根据糖分子中有无支链，又可分为直链多糖和支链多糖。按照生理功能的不同，可分为结构多糖、贮存多糖、抗原多糖等。淀粉和糖原分别是植物和动物的最主要贮存多糖。几丁质和纤维素等是构成细菌细胞壁或动植物的支撑组织所必需的物质。多糖按其分布部位又可分为胞外多糖、胞内多糖等。根据多糖来源还可分为植物多糖、动物多糖、微生物多糖和海洋生物多糖。肝素、硫酸软骨素、透明质酸等动物多糖也是最早作为药物的多糖。硫酸软骨素具有降血脂和抗血凝作用，临床被用于冠心病和动脉粥样硬化的治疗。肝素也是动物体内一种天然抗凝血物质，并具有降血脂作用。当归多糖、茶叶多糖、柴胡多糖、枸杞多糖等从中药材中提取的水溶性植物多糖，几丁质（壳聚糖）、螺旋藻多糖等海洋生物多糖，蘑菇多糖、银耳多糖、猪苓多糖、云芝多糖等微生物多糖对肿瘤治疗及机体免疫调节等效果显著。青霉素类抗生素通过抑制细菌细胞壁基本骨架的肽聚糖（细菌多糖）的生物合成，可导致细菌死亡。发现新的天然多糖或阐明多糖的构效关系，开展以糖类为基础的药物研究，已经成为当今新药研究的发展方向，糖生物学的发展将对药物学、分子生物学的理论作出新贡献。

三、糖的消化与吸收

糖是除水之外人体从食物中摄取量最多的营养物质。食物中的糖类主要是植物淀粉和动物糖原以及少量蔗糖、麦芽糖、乳糖、葡萄糖、果糖等。除单糖外，二糖和多糖都必须经消化道内水解酶的作用，分解为相应的单糖后才能被吸收利用。食物中还含有大量纤维素（cellulose），纤维素分子中含有丰富的β-1, 4-糖苷键，由于人和动物体内缺乏水解该键的β-糖苷酶，故无法对食物中的纤维素进行消化利用。反刍动物（牛、羊等）的消化道中含有某些微生物，这些微生物能分泌纤维素酶，因此反刍动物能利用纤维素做食物。食物中的纤维素虽然不能被人体吸收，但能促进机体胃肠蠕动，具有促进排便、防止便秘等作用；此外，纤维素在人体肠道中可以吸附有机物和无机物供肠道正常菌群利用，维持正常菌群的平衡。因此，纤维素也是维持健康所必需的植物多糖。

主食中的糖类以淀粉为主。食物淀粉的消化从口腔开始，于小肠完成。唾液中含有唾液淀粉酶（α-淀粉酶，α-amylase），可催化水解淀粉分子中的α-1, 4-糖苷键生成葡萄糖、麦芽糖、麦芽三糖和 4～9 个葡萄糖组成的临界糊精等混合物。但由于食物在口腔中停留的时间很短，只有一部分淀粉被消化。食糜混合物与酶一同进入胃内后与胃酸混合，唾液α-淀粉酶变性失活，胃中又缺乏水解糖类的酶，故淀粉在胃中几乎不被消化。所以，食物淀粉的消化主要在小肠中进行。

小肠是消化淀粉的重要器官。在肠液中有来自胰腺分泌的胰α-淀粉酶可水解淀粉分子内部的α-1, 4-糖苷键，继续将淀粉及糊精水解成麦芽糖、麦芽三糖以及含有分支的异麦芽糖和α-极限糊精，还有少量葡萄糖。二糖及寡糖的进一步消化在肠黏膜细胞内进行。小肠黏膜细胞刷状缘上含有丰富的麦芽糖酶和α-极限糊精酶。麦芽糖酶可以将麦芽糖和麦芽寡糖水解成葡萄糖。α-极限糊精酶可以水解α-极限糊精分子中的α-1, 6-糖苷键和α-1, 4-糖苷键，使α-极限糊精彻底水解，最后生成葡萄糖。此外，肠黏膜细胞内还含有β-葡萄糖苷酶类（包括蔗糖酶和乳糖酶），肠黏膜上的蔗糖酶能水解蔗糖为葡萄糖和果糖，乳糖酶能水解乳糖为葡萄糖和半乳糖。婴儿从母乳获得乳糖，但值得指出的是，有些成年人缺乏乳糖酶，饮用牛奶后引发乳糖消化吸收障碍，未消化吸收的乳糖进入大肠，在肠道细菌作用下产生乳酸、CH_4、H_2 等，因此在食用牛奶后出现腹痛、腹泻和肠痉挛等症状，临床上称其为乳糖不耐症（lactose intolerance）。

食物中的多糖、寡糖等经小肠黏膜细胞上的酶催化，最终水解成单糖后主要被小肠上段肠黏膜细胞所吸收入血。单糖的吸收方式有多种，包括：单纯扩散、易化扩散和主动吸收。但以耗能的、有载体蛋白参与的、逆浓度梯度进行的主动吸收为主，如半乳糖和葡萄糖的主动吸收。主动吸收方式中由于有载体蛋白和依赖 ATP 的钠钾泵（Na^+，K^+-ATP 酶）参与，所以吸收速度特别快且吸收率较高。

葡萄糖的主动吸收过程（图 4-1）：在小肠黏膜上皮细胞刷状缘上存在特定的与膜相结合的载体蛋白，可完成 Na^+-单糖协同转运，故称为 Na^+依赖型葡糖同向转运蛋白（sodium-dependent glucose transporter，SGLT），即葡萄糖与载体结合时，需要 Na^+同时结合，一起进入细胞内，导致胞内 Na^+浓度升高。为保持细胞内 Na^+、K^+浓度梯度的平衡，需要依靠膜上的钠钾泵（Na^+，K^+-ATP 酶）将 Na^+ 泵出细胞，该过程需要 ATP 供能，这种转运是一种主动耗能过程。人体内的葡萄糖被小肠上段肠黏膜细胞吸收后首先进入血液，而后随着血液循环经门静脉转运到肝脏，其中一部分转变成肝糖原，储存在肝脏中；其中大部分经肝静脉汇入下腔静脉，经血循环输送到全身各组织细胞加以利用。

葡萄糖的转运过程：细胞的糖代谢取决于细胞对葡萄糖的摄取。葡萄糖无法自由通过细胞膜脂质双层结构进入细胞，细胞对葡萄糖的摄入需要借助细胞膜上的葡糖转运体（glucose transporter，GLUT）来完成。研究发现 GLUT 具有组织特异性，在身体各个组织细胞中起作用，24 小时不间断从高浓度向低浓度转运葡萄糖，以控制人体葡萄糖代谢的平衡，该转运过程不消耗能量。人体中现已发现 12 种 GLUT，其组织分布及质量与糖尿病、肿瘤的发生发展具有极为密切的关系。

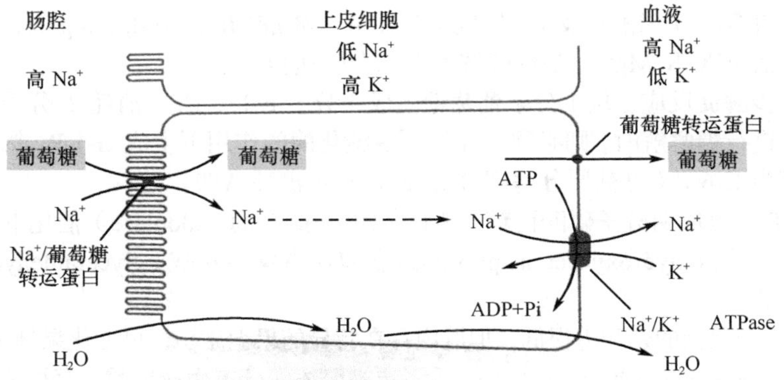

图 4–1 小肠黏膜细胞主动吸收葡萄糖机制

第二节 糖的无氧分解

糖的无氧分解（anaerobic degradation）是指在缺氧条件下，葡萄糖或糖原分解生成乳酸和少量 ATP 的过程，也称为糖的无氧氧化（anaerobic oxidation）。这个反应过程与酵母菌促糖生醇发酵的过程基本相似，故又称之为糖酵解（glycolysis）。

一、糖的无氧分解过程及主要特点

糖无氧分解的全部反应过程均在胞液中进行，反应过程可分为两个阶段：第一阶段是葡萄糖或糖原分解生成丙酮酸的过程，通常将此过程称为糖酵解途径（glycolytic pathway）。第二阶段是丙酮酸还原为乳酸的过程。在某些植物和微生物中，丙酮酸可转变为乙醇和二氧化碳，称为乙醇发酵（ethanol fermentation）。糖的无氧分解的起始物可以是游离的葡萄糖，也可以是糖原分子分解生成的葡萄糖。从游离的葡萄糖开始需经过 11 步连续反应；从糖原开始分解，则需要经过 12 步反应。

（一）第一阶段：丙酮酸的生成

1. 葡萄糖磷酸化生成葡糖-6-磷酸 葡萄糖在己糖激酶（hexokinase，HK）或肝中葡糖激酶（glucokinase，GK）催化下进行磷酸化反应，由 ATP 提供磷酸基团转移到葡萄糖，生成葡糖-6-磷酸（glucose-6-phosphate，G-6-P）。这一过程不仅活化了葡萄糖，增加葡萄糖的反应性，有利于它进一步参与合成与分解代谢；同时还能使进入细胞的葡萄糖留在细胞内，不能自由通过细胞膜而逸出细胞。

该反应不可逆，需要 ATP 和 Mg^{2+}，是糖酵解的第一个限速步骤。催化此反应的 HK，是糖酵解的第一个限速酶（rate-limiting enzyme）。哺乳类动物体内已发现有 4 种 HK 同工酶（Ⅰ～Ⅳ型）。肝细胞中存在的同工酶是Ⅳ型，称为 GK，它对葡萄糖的亲和力很低，K_m 值为 10mmol/L 左右，而其他 HK 的 K_m 值在 0.1mmol/L 左右；该酶还受激素调控，它对 G-6-P 的反馈抑制并不敏感，这些特性使 GK 对于肝脏维持血糖稳定至关重要。肝细胞与其他细胞在葡萄糖代谢上显著不同，它担负供应其他细胞葡萄糖而维持血液葡萄糖水平恒定的任务，当血糖浓度显著升高时，肝脏才会加快对葡萄糖的利用；当血糖浓度降低时，GK 活性降低，从而避免肝脏从血液中摄取过多的葡萄糖；因此，GK 对缓冲血糖水平起到调节作用。

2. G-6-P 异构化转变为果糖-6-磷酸 G-6-P 在磷酸己糖异构酶（phosphohexose isomerase）催化下发生己醛糖和己酮糖之间的异构反应，生成果糖-6-磷酸（fructose-6-phosphate，F-6-P），需要 Mg^{2+}参与，反应可逆。果糖是膳食中重要的能源物质，水果和蔗糖中含有大量果糖，在肌和脂肪组织中，果糖在 HK 的催化下可转变为 F-6-P，进而进入糖酵解途径。

3. F-6-P 再磷酸化生成果糖-1, 6-二磷酸 F-6-P 在果糖-6-磷酸激酶-1（6-phosphofructokinase-1,

PFK-1）催化下发生第二个磷酸化反应，生成果糖-1, 6-二磷酸（fructose-l, 6-biphosphate，F-1, 6-BP），该反应不可逆，需 ATP 和 Mg^{2+}，是糖酵解的第二个限速步骤。

通过上述三步酶促反应，从 1 分子葡萄糖生成 1 分子 F-1, 6-BP，消耗 2 分子 ATP。但是糖原分子中的葡糖基进行糖酵解时，则必须先在糖原磷酸化酶的作用下生成 G-1-P，然后在磷酸葡糖变位酶催化下转变为 G-6-P（见糖原分解部分），此过程不消耗 ATP。

4. F-1, 6-BP 裂解成两分子磷酸丙糖 F-1, 6-BP 在醛缩酶（aldolase）催化下裂解，产生 2 个丙糖：磷酸二羟丙酮（dihydroxyacetone phosphate）和甘油醛-3-磷酸（glyceraldehyde 3-phosphate）。此步反应是可逆的。

在肝中，GK 与果糖的亲和力很低，但肝内存在特异的果糖激酶，可催化果糖 C_1 位磷酸化生成果糖-1-磷酸（fructose-1-phosphate，F-1-P），后者再被醛缩酶分解生成磷酸二羟丙酮及甘油醛。甘油醛在丙糖激酶催化下可磷酸化生成甘油醛-3-磷酸。上述果糖代谢产物恰好是糖酵解的中间代谢产物，可循糖酵解氧化分解。若醛缩酶缺乏，在进食果糖后会引起果糖-1-磷酸堆积，大量消耗肝中磷酸的储备，进而使 ATP 浓度下降，从而加速糖无氧氧化，导致乳酸酸中毒和餐后低血糖。这种病症常表现为自我限制，强烈地厌恶甜食，被称为果糖不耐症（fructose intolerance），它是一种遗传性疾病。

5. 磷酸二羟丙酮转变为甘油醛-3-磷酸 磷酸二羟丙酮和甘油醛-3-磷酸互为同分异构体，在磷酸丙糖异构酶（triose phosphate isomerase）催化下可互相转变。在代谢途径中，甘油醛-3-磷酸不断地进入后续代谢，使磷酸二羟丙酮迅速转变为甘油醛-3-磷酸，所以糖酵解上述阶段的结果是 1 分子 F-1, 6-BP 生成 2 分子甘油醛-3-磷酸。该过程没有 ATP 生成，也没有 ATP 消耗。磷酸二羟丙酮还可转变成 α-磷酸甘油，是联系葡萄糖代谢和脂肪代谢的重要枢纽物质。

上述的 5 步反应为糖酵解的耗能阶段，1 分子葡萄糖经两次磷酸化反应消耗了 2 分子 ATP，产生了 2 分子甘油醛-3-磷酸，而之后的 5 步反应开始产生能量。

6. 甘油醛-3-磷酸氧化为甘油酸-1, 3-二磷酸 在 NAD^+和无机磷酸（H_3PO_4）存在下，甘油醛-3-磷酸脱氢酶（glyceraldehyde-3-phosphate dehydrogenase）催化甘油醛-3-磷酸的醛基氧化脱氢生成羧基时立即与磷酸形成混合酸酐，称为甘油酸-1, 3-二磷酸（1, 3-bisphosphoglycerate，1, 3-BPG）。脱下的 2H 由 NAD^+ 接受，生成 $NADH+H^+$。

7. 1, 3-BPG 转变成甘油酸-3-磷酸 1, 3-BPG 中含有一个高能磷酸基团，是一种高能化合物，在 Mg^{2+}存在下，由磷酸甘油酸激酶（phosphoglycerate kinase）催化将 1, 3-BPG 分子内高能磷酸基团转移给 ADP，生成 ATP 和甘油酸-3-磷酸（3-phosphoglycerate）。这步反应可逆，是糖酵解途径中第一次生成 ATP 的反应，逆反应则需消耗 1 分子 ATP。这种底物在氧化过程中产生的能量直接将 ADP（或其他核苷二磷酸）磷酸化生成 ATP 的反应过程，称为底物水平磷酸化（substrate level phosphorylation）。

8. 甘油酸-3-磷酸转变为甘油酸-2-磷酸 在磷酸甘油酸变位酶（phosphoglycerate mutase）催化下，甘油酸-3-磷酸 C_3 位上的磷酸基团转移到 C_2 位上，生成甘油酸-2-磷酸（2-phosphoglycerate）。此反应可逆，同时需要 Mg^{2+}参与。

9. 甘油酸-2-磷酸脱水生成磷酸烯醇丙酮酸 在烯醇化酶（enolase）催化下，甘油酸-2-磷酸脱水生成磷酸烯醇丙酮酸（phosphoenolpyruvate，PEP）。尽管这个反应的标准自由能改变比较小，但反应时可引起分子内部的电子重排和能量重新分布，形成一个高能磷酸键，为下一步反应作准备。此反应可逆，需 Mg^{2+}或 Mn^{2+}参加。氟化物可与 Mg^{2+}形成络合物而抑制烯醇化酶的活性，从而抑制糖酵解。红细胞的糖酵解可导致血浆中葡萄糖的测定结果偏低，因此，氟化钠常用作抗凝剂以抑制红细胞的糖酵解。

10. 磷酸烯醇丙酮酸转变为丙酮酸 在丙酮酸激酶（pyruvate kinase）催化下，磷酸烯醇丙酮酸发生底物水平磷酸化反应，将高能磷酸基团转移给 ADP，生成 ATP 和烯醇式丙酮酸，但烯醇式丙酮酸化学性质不稳定，生成后可经分子重排而自动的迅速经非酶促反应转变为酮式的丙酮酸。这是糖酵解过程中的第二次底物水平磷酸化，反应不可逆，是糖酵解的第三个限速步骤。丙酮酸激酶是反应过程的限速酶，需要 K^+和 Mg^{2+}参与。

在糖酵解产能阶段的 5 步反应中进行了两次底物水平磷酸化，1 分子甘油醛-3-磷酸生成 1 分子丙酮酸可生成 2 分子 ATP。从葡萄糖开始有 2 分子甘油醛-3-磷酸进入到反应中，发生四次底物水平磷酸化，共产生 4 分子 ATP。

（二）第二阶段：丙酮酸还原为乳酸

在供氧不足时，由乳酸脱氢酶（lactate dehydrogenase，LDH）催化，丙酮酸接收甘油醛-3-磷酸脱氢反应生成的 NADH+H$^+$中的 2H，还原生成乳酸。该反应可逆，在供氧充足时，乳酸可以脱氢生成丙酮酸。

LDH 的辅酶是 NAD$^+$或 NADH+H$^+$。糖酵解途径中甘油醛-3-磷酸脱氢时，氢原子由 NAD$^+$接受而生成 NADH+H$^+$。在供氧不足时，2H 主要在糖酵解途径内部消耗，即这对氢原子用于还原丙酮酸生成乳酸，同时 NADH+H$^+$则重新转变为 NAD$^+$，再生的 NAD$^+$可以继续参与甘油醛-3-磷酸脱氢反应，以维持糖酵解反应的运转；在供氧充足时，2H 的最终去向是与 O_2 生成 H_2O（详见第五章）。

糖酵解的最终产物是乳酸和少量能量。从葡萄糖开始的糖酵解的全部反应过程见图 4-2。糖酵解释放的自由能较少，1 分子葡萄糖通过无氧分解生成 2 分子乳酸的同时可净生成 2 分子 ATP。若从糖原开始，糖原在第一阶段比葡萄糖少消耗 1 分子 ATP，因此糖原分解时产生的每分子葡萄糖可净生成 3 分子 ATP。葡萄糖酵解的总反应如下：

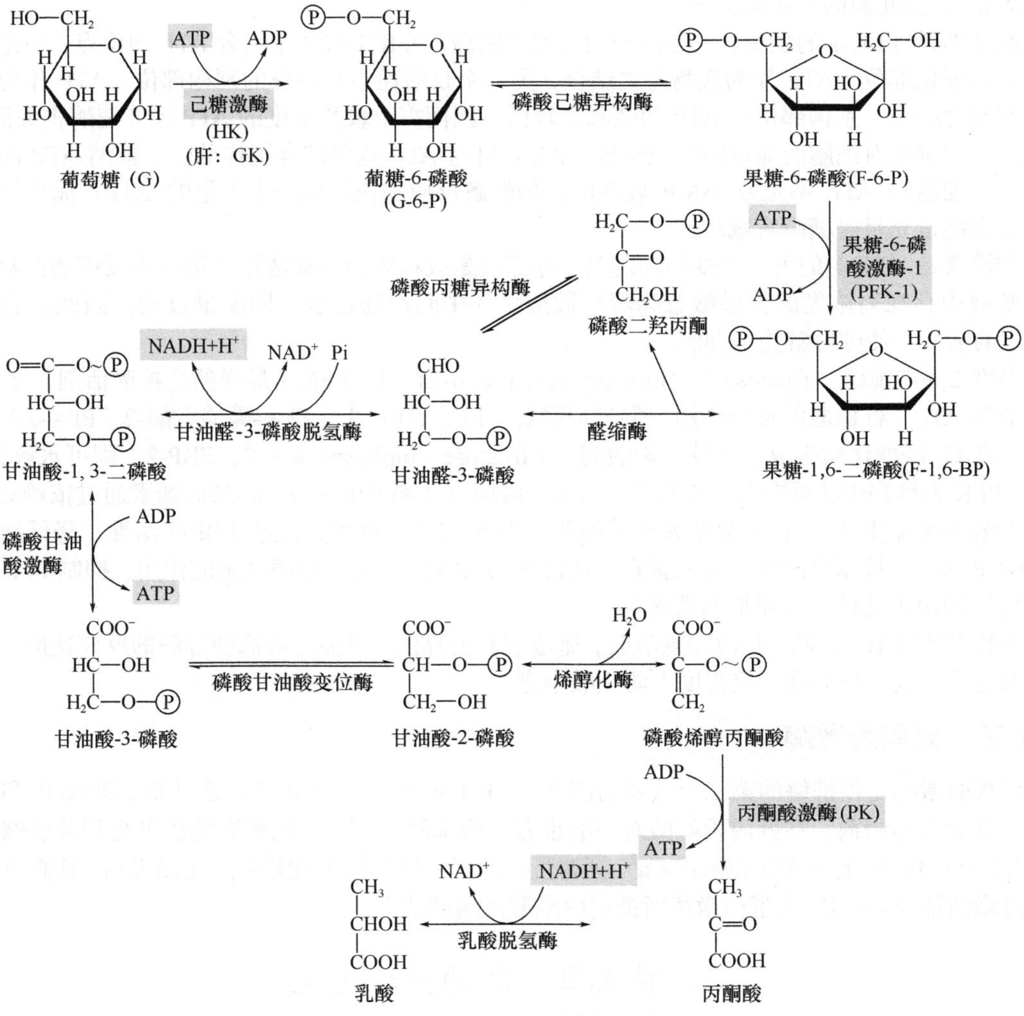

图 4-2　糖酵解的代谢途径

$$葡萄糖 + 2Pi + 2ADP \longrightarrow 2\ 乳酸 + 2ATP + 2H_2O$$

二、糖酵解的调节

糖酵解过程中多数反应是可逆的，但是有3个反应基本不可逆行，且反应速率最慢，分别由HK（GK）、PFK-1和丙酮酸激酶催化，是控制糖酵解流量的限速酶，其活性分别受变构效应剂和激素的调节。

（一）HK或GK

HK或GK在不同组织催化葡萄糖的磷酸化反应，二者的调节作用不及PFK-1和丙酮酸激酶重要。HK主要受到其反应产物G-6-P的反馈抑制。GK分子内没有G-6-P的变构部位，故不受G-6-P的影响。长链脂酰CoA对其有变构抑制作用，饥饿时可减少肝和其他组织摄取葡萄糖，对维持血糖的稳定具有一定调节意义。胰岛素可诱导GK基因的表达，促进酶的合成。

（二）PFK-1

PFK-1是糖酵解途径中起最关键调节作用的酶，被认为是糖酵解途径流量最重要的调节点。该酶分子为四聚体，受到多种变构效应剂的影响。ATP和柠檬酸是该酶的变构抑制剂，AMP、ADP和F-2, 6-BP是此酶的变构激活剂。

ATP即是PFK-1的底物，也是该酶的变构抑制剂。PFK-1有2个结合ATP的位点，一是活性中心内的催化部位，ATP作为底物与之结合；另一个是活性中心以外的别构部位，ATP作为别构抑制剂与之结合，别构部位与ATP的亲和力较低，因而需要较高浓度的ATP才能使酶丧失活性。这就使得糖酵解对细胞的能量需求很敏感。AMP可与ATP竞争结合别构部位，抵消ATP的抑制作用。当细胞内ATP不足或AMP较多时，糖酵解反应加快，以产生大量的ATP；而当细胞内ATP丰富能量充足时糖酵解减弱。

柠檬酸是PFK-1的另一个变构抑制剂。柠檬酸是线粒体内三羧酸循环第一步反应的产物，如果细胞液中存在高浓度的柠檬酸意味着三羧酸循环中间产物过剩，即能量过剩。因此，它抑制PFK-1的活性，使糖酵解受到抑制。

果糖-2, 6-二磷酸（fructose-2, 6-biphosphate，F-2, 6-BP）是PFK-1最强的变构激活剂，与AMP一起消除ATP、柠檬酸的抑制作用，促进糖酵解。F-2, 6-BP由果糖-6-磷酸激酶-2（PFK-2）催化F-6-P的C_2磷酸化而生成；果糖二磷酸酶-2（fructose，biphosphatase-2，FBP-2）则可水解其C_2磷酸。PFK-2和FBP-2可在激素作用下，以共价修饰方式调节酶活性。胰高血糖素通过依赖cAMP的蛋白激酶系统使其32位丝氨酸发生磷酸化，抑制PFK-2活性并激活FBP-2活性，降低细胞内F-2, 6-BP水平，抑制糖酵解。肾上腺素则通过依赖cAMP的蛋白激酶系统的作用，抑制PFK-1活性并增强FBP-1活性，从而抑制糖酵解。

PFK-1还被H^+抑制。长时间缺氧时，胞液pH值降低，可通过降低糖酵解的反应速度，限制乳酸的过多生成，从而在一定程度上防止酸中毒。

（三）丙酮酸激酶

丙酮酸激酶是糖酵解的第二个重要的调节点。F-1, 6-BP是该酶的变构激活剂，而ATP和丙酮酸则是其变构抑制剂。在肝内丙氨酸对该酶也有变构抑制作用。丙酮酸激酶还可受到共价修饰调节。依赖cAMP的蛋白激酶和依赖Ca^{2+}-钙调蛋白的蛋白激酶均可使其磷酸化而失活。胰高血糖素可通过激活依赖cAMP的蛋白激酶而抑制丙酮酸激酶的活性。

三、糖无氧分解的生理意义

在正常生理情况下，葡萄糖主要通过有氧氧化供能，糖无氧分解供能虽少，但具有独特的生理意义。

（一）机体相对缺氧时快速提供能量

糖无氧分解最主要的生理意义在于迅速提供能量，这对肌收缩更为重要。生物体在进行剧烈运动时需要大量供能，但 ATP 含量在肌肉细胞内偏低，仅为 5～7μmol/g 组织，只要肌肉收缩几秒钟即可耗尽。这样，在正常生理情况下，即使不缺氧，但因葡萄糖进行有氧氧化的反应过程比糖酵解长得多，来不及满足生理需要，而通过糖无氧分解可迅速得到能量。人从平原初到高原时，组织细胞也会通过糖无氧分解来适应高原缺氧。

（二）某些组织在生理情况下的供能途径

某些组织细胞即使在有氧时仍通过糖无氧分解供能。成熟红细胞没有线粒体，其生命活动所需的能量完全依赖糖无氧分解。大脑、神经细胞、骨髓、白细胞等代谢极为活跃，即使不缺氧也常由糖无氧分解提供部分能量。少数组织如皮肤、睾丸、视网膜等，即使在氧气供应充足时也主要依靠糖无氧分解供能。

在一些病理情况下（如严重贫血、大量失血、呼吸障碍和循环障碍等），组织细胞处于缺血、缺氧状态，此时也需通过糖无氧分解获取能量，因供氧不足而使糖无氧分解加快甚至过度，致使体内乳酸堆积过多而发生代谢性酸中毒。此外，恶性肿瘤细胞也以糖无氧分解作为主要的供能途径，并表现出糖无氧分解抑制糖的有氧氧化的现象。

第三节　糖的有氧氧化

当氧气供应充足时，葡萄糖或糖原在胞液中分解生成的丙酮酸进入线粒体，经氧化脱羧转变为乙酰 CoA 后进入三羧酸循环，并偶联进行氧化磷酸化，被彻底氧化分解生成 CO_2 和 H_2O，并释放大量能量（ATP）的过程称为糖的有氧氧化（aerobic oxidation）。有氧氧化是糖的主要分解代谢途径，是糖氧化的主要方式，也是机体大多数组织细胞获取能量的主要途径。

糖有氧氧化与糖酵解的关系见图 4-3。

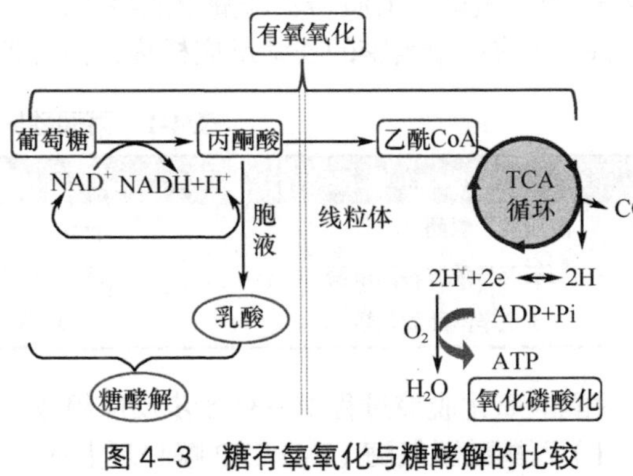

图 4-3　糖有氧氧化与糖酵解的比较

一、糖有氧氧化的过程

糖有氧氧化大致可分为三个阶段。第一阶段：葡萄糖在胞液中循糖酵解途径分解生成丙酮酸；第二阶段：丙酮酸进入线粒体，氧化脱羧生成乙酰 CoA；第三阶段：在线粒体内，乙酰 CoA 进入三羧酸循环并偶联进行氧化磷酸化被彻底氧化。第一阶段已经在糖酵解一节详细讨论过，第三阶段中的氧化磷酸化在第五章中重点讨论。在此主要介绍第二阶段丙酮酸的氧化脱羧和第三阶段中三羧酸循环的反应过程。

（一）葡萄糖在胞液中经糖酵解途径分解生成丙酮酸

糖的有氧氧化与糖的无氧分解具有一段共同的途径，即葡萄糖转变为丙酮酸，因此糖有氧氧化的第一阶段也是糖酵解途径，在胞液中进行的 10 步反应完全一样，但有所不同的是，由甘油醛-3-磷酸脱下的 2H 产生的还原当量 NADH+H$^+$的去向不同。在糖酵解过程中，糖酵解途径产生的丙酮酸被甘油醛-3-磷酸脱下的 2H 还原成乳酸；而在有氧氧化中，丙酮酸则进入线粒体，氧化脱羧转变为乙酰 CoA，因此，由甘油醛-3-磷酸脱下的 2H 产生的还原当量 $NADH+H^+$不必由丙酮酸接受，而是经穿梭机制从胞液中被转运到线粒体，并通过呼吸链（respiratory chain）传递，将 2 个氢（2H）氧化生成 H_2O，并偶联 ADP 磷酸化合成 ATP。（见第五章-生物氧化）。

（二）丙酮酸进入线粒体氧化脱羧生成乙酰 CoA

在有氧状态下，胞液中的丙酮酸进入线粒体，经与线粒体内膜相连的丙酮酸脱氢酶复合体（pyruvate dehydrogenase complex）催化，进行氧化脱羧，并与 HS-CoA 结合生成乙酰 CoA。此反应是将糖酵解途径与三羧酸循环相连的重要反应。催化此反应的丙酮酸脱氢酶复合体是糖有氧氧化过程的限速酶，在整个反应过程中，中间产物并不离开酶复合体，因而可以迅速完成 5 步反应，而且没有游离的中间产物，所以不会发生副反应。丙酮酸氧化脱羧反应的 $\Delta G^{o\prime}=-39.5kJ/mol$（$-9.44kcal/mol$），反应不可逆。

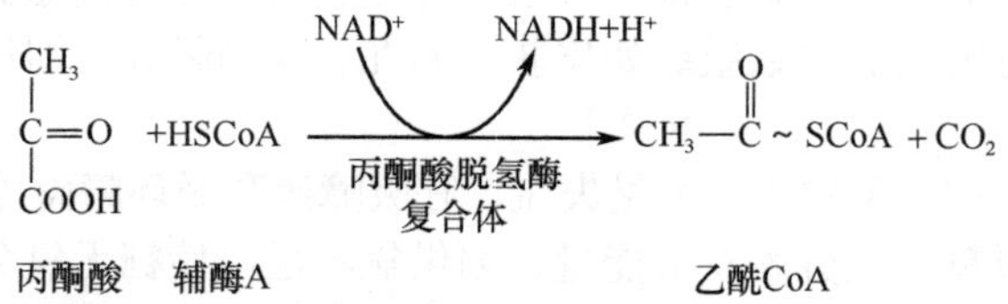

丙酮酸脱氢酶复合体由三种酶和五种辅助因子组成（表 4-1）。丙酮酸脱氢酶（E_1）：辅酶为焦磷酸硫胺素（TPP），需 Mg^{2+}参与反应；二氢硫辛酰胺转乙酰酶（E_2）：辅酶是硫辛酸和 HSCoA；二氢硫辛酰胺脱氢酶（E_3）：辅基为 FAD，并需线粒体基质中的 NAD^+参加反应。多酶复合体中三种酶按一定比例组合，组合比例因生物体物种不同而异。在哺乳动物细胞中，丙酮酸脱氢酶复合体由 60 个二氢硫辛酰胺转乙酰酶组成核心，周围排列着 12 个丙酮酸脱氢酶和 6 个二氢硫辛酰胺脱氢酶，形成一个紧密的连锁反应机构，使得催化效率极高。

表 4-1　丙酮酸脱氢酶复合体的组成

组成酶	辅助因子	维生素
丙酮酸脱氢酶	TPP	维生素 B_1
二氢硫辛酰胺转乙酰酶	硫辛酸、HS-COA	硫辛酸、泛酸
二氢硫辛酰胺脱氢酶	FAD、NAD^+	维生素 B_2、维生素 PP

丙酮酸氧化脱羧过程由下列 5 步反应组成（图 4-4）。

（1）丙酮酸脱氢酶（E_1）TPP 噻唑环上活泼 C 原子与丙酮酸的酮基反应，脱去羧基产生 CO_2，同时形成羟乙基-TPP。

（2）由二氢硫辛酰胺转乙酰酶（E_2）催化，使羟乙基-TPP-E_1上的羟乙基被氧化成乙酰基，同时转移给硫辛酰胺，形成乙酰硫辛酰胺-E_2。

（3）二氢硫辛酰胺转乙酰酶（E_2）继续催化，使乙酰硫辛酰胺上的乙酰基转移给辅酶 A 生成乙酰 CoA 后，离开酶复合体，同时氧化过程中的 2 个电子使硫辛酰胺上的二硫键还原为 2 个巯基而转变为还原型硫辛酰胺。

由反应（2）和（3）可见，硫辛酸通过与转乙酰酶的赖氨酸残基的 ε-氨基相连，形成与酶结合的硫辛酰胺，可将乙酰基从酶复合体的一个活性部位转到另一个活性部位，并与 HS-CoA 结合生成乙酰 CoA 后离开酶复合体。

（4）二氢硫辛酰胺脱氢酶（E_3）使还原型的二氢硫辛酰胺脱氢重新生成硫辛酰胺，同时将氢传递给 FAD，生成 $FADH_2$。

（5）在二氢硫辛酰胺脱氢酶（E_3）催化下，将 $FADH_2$ 上的氢（2H）转移给 NAD^+，生成 $NADH+H^+$。

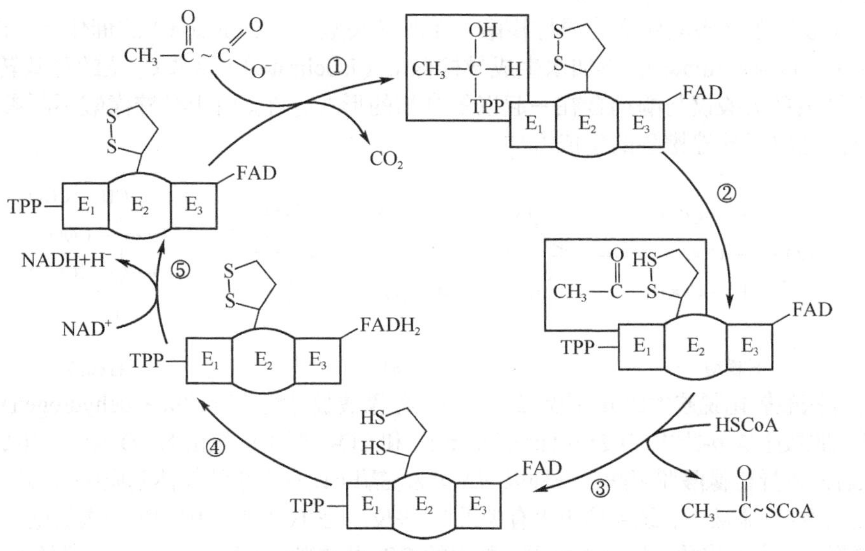

图 4-4 丙酮酸脱氢酶复合体作用机制

经反应（4）和（5），将丙酮酸脱下的 2H 最终转移给线粒体基质中的 NAD^+生成 $NADH+H^+$（产物 3）。

因此，丙酮酸进入线粒体氧化脱羧生成乙酰 CoA 的总反应式为：

$$丙酮酸+NAD^++HSCoA \rightarrow 乙酰\ CoA+NADH+H^++CO_2$$

（三）乙酰 CoA 进入三羧酸循环以及氧化磷酸化被彻底氧化并生成 ATP

三羧酸循环（tricarboxylic acid cycle，TCA cycle），亦称柠檬酸循环（critric acid cycle，CAC），由 Hans Adolf Krebs 在 1937 年正式提出，该循环是被公认的代谢研究的里程碑，因此又称 Krebs 循环，由 8 步反应组成，是体内产生 CO_2 和还原当量的主要机制。

TCA 循环首先由乙酰 CoA（主要来自于三大营养物质的分解代谢）与草酰乙酸（oxaloacetate）缩合生成含 3 个羧基的 6 碳的柠檬酸（citric acid），再经过 4 次脱氢、2 次脱羧生成 4 分子还原当量（3 分子的 $NADH+H^+$和 1 分子 $FADH_2$）和 2 分子 CO_2，并发生 1 次底物水平磷酸化，生成 1 分子 GTP；最终重新生成草酰乙酸再进入下一轮循环。

每一轮循环需要的受氢体 NAD^+和 FAD 既是 TCA 循环中的脱氢酶的辅酶，又是电子传递链的第一个环节。脱氢反应产生的还原当量再通过氧化呼吸链（或电子传递链）传递，即呼吸链上一系列氧化还原体系将 H^+或电子（e）依次传递至氧，生成 H_2O。在 H^+或电子（e）沿呼吸链传递过程中能量逐步释放，同时伴有 ADP 磷酸化合成 ATP，即氧化与磷酸化偶联反应（详见第五章生物氧化）。

1. TCA 循环由八步反应组成

（1）乙酰 CoA 与草酰乙酸缩合成柠檬酸：乙酰 CoA 与草酰乙酸在柠檬酸合酶（citrate synthase）催化下缩合为柠檬酸（citrate）。

柠檬酸合酶是 TCA 循环中的第一个限速酶，它催化乙酰 CoA 的硫酯键加水分解释放出较多的自由能，$\Delta G^{o'}$为–31.4kJ/mol（–7.5kcal/mol），使反应成为单向、不可逆反应；同时，柠檬酸合酶对草酰乙酸的 K_m 很低，所以即使线粒体内草酰乙酸的浓度很低（约 10mmol/L），反应也得以迅速进行。

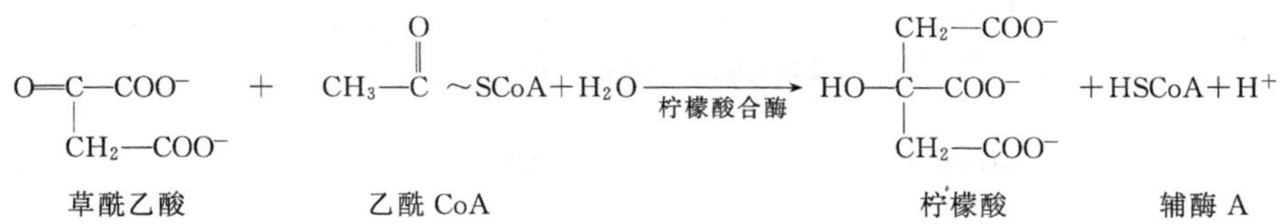

草酰乙酸　　乙酰 CoA　　柠檬酸　　辅酶 A

（2）柠檬酸经顺乌头酸转变为异柠檬酸：在顺乌头酸酶（aconitase）的催化下，柠檬酸先脱水生成顺乌头酸（cis-aconitate），再加水生成异柠檬酸（isocitrate），原来 C_3 位的羟基转到 C_2 位。反应的中间产物顺乌头酸仅与酶结合在一起以复合物的形式存在。由于异柠檬酸不断参加后续反应，故整个反应仍趋向于异柠檬酸的生成方向。

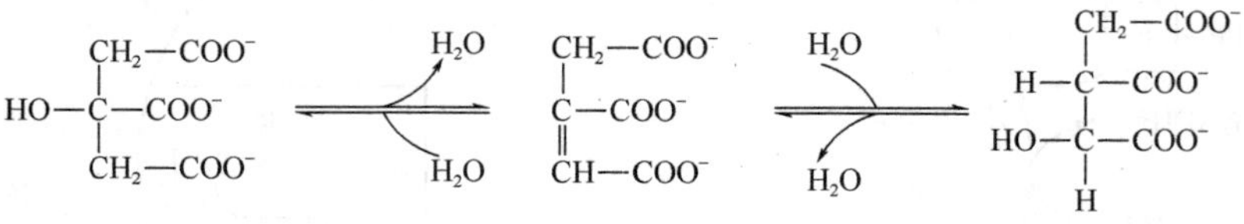

柠檬酸　　顺乌头酸　　异柠檬酸

（3）异柠檬酸氧化脱羧生成α-酮戊二酸：在异柠檬酸脱氢酶（isocitrate dehydrogenase）催化下，异柠檬酸氧化脱羧生成α-酮戊二酸（α-ketoglutarate）和 CO_2，脱下的氢由 NAD^+ 接受，生成 $NADH+H^+$。细胞内存在着两种异柠檬酸脱氢酶：一种以 NAD^+ 为辅酶（仅存在于线粒体基质中）；另一种以 $NADP^+$ 为辅酶（大多存在于胞液中，线粒体内也有少量）。该反应是 TCA 循环中的第一次氧化脱羧反应，也是 TCA 循环的第二个限速步骤，反应不可逆，释出的 CO_2 可被视作乙酰 CoA 的 1 个碳原子的氧化产物。

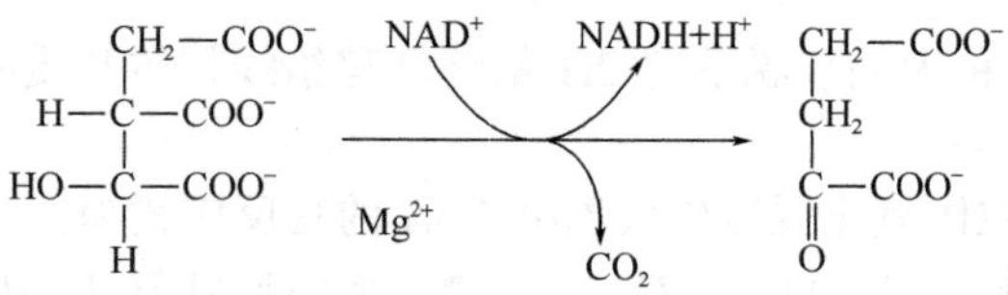

异柠檬酸　　异柠檬酸脱氢酶　　α-酮戊二酸

（4）α-酮戊二酸氧化脱羧生成高能硫酯化合物琥珀酰 CoA：TCA 循环中的第二次氧化脱羧反应是α-酮戊二酸氧化脱羧生成琥珀酰 CoA（succinyl CoA），反应不可逆，是 TCA 循环中的第三个限速步骤。催化该反应的酶是α-酮戊二酸脱氢酶复合体（α-ketoglutarate dehydrogenase complex），该酶复合体由α-酮戊二酸脱氢酶、二氢硫辛酰胺琥珀酰转移酶和二氢硫辛酰胺脱氢酶组成，其辅因子组成及催化反应过程、机制都与丙酮酸脱氢酶复合体一致，由此，α-酮戊二酸可迅速完成脱氢、脱羧、并形成高能硫酯键等反应。该反应脱下的氢由 NAD^+ 接受，生成 $NADH+H^+$；脱羧反应释放的 CO_2 可被视作乙酰 CoA 的另 1 个碳原子的氧化产物；释出的部分自由能以高能硫酯键形式储存在琥珀酰 CoA 中。

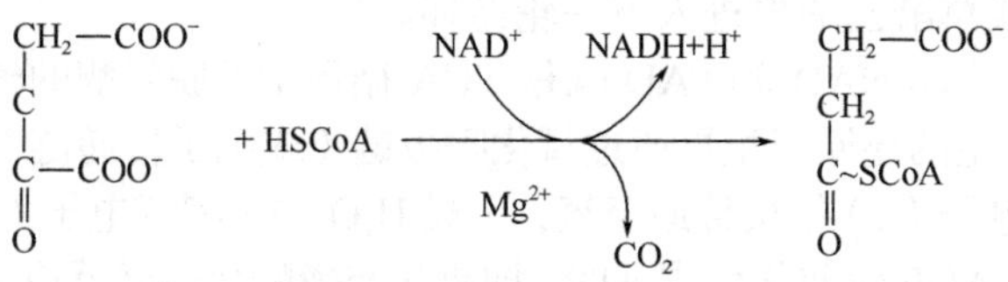

α-酮戊二酸　　α-酮戊二酸脱氢酶复合体　　琥珀酰CoA

（5）琥珀酰 CoA 经底物水平磷酸化反应转变为琥珀酸：该反应在 GDP、无机磷酸和 Mg^{2+} 参与下，琥珀酰 CoA 合成酶（succinyl CoA synthetase）催化琥珀酰 CoA 转变为琥珀酸（succinate）。当琥珀酰 CoA 的高能硫酯键水解时，$\Delta G^{o'}$ 约 −33.4kJ/mol（−7.98kcal/mol），它可与 GDP 的磷酸化偶联生成 GTP，后者在核苷二磷酸激酶催化下，将高能磷酸键转移给 ADP 生成 ATP。这是 TCA 循环中唯一以底物水平磷酸化方式生成 ATP 的反应。

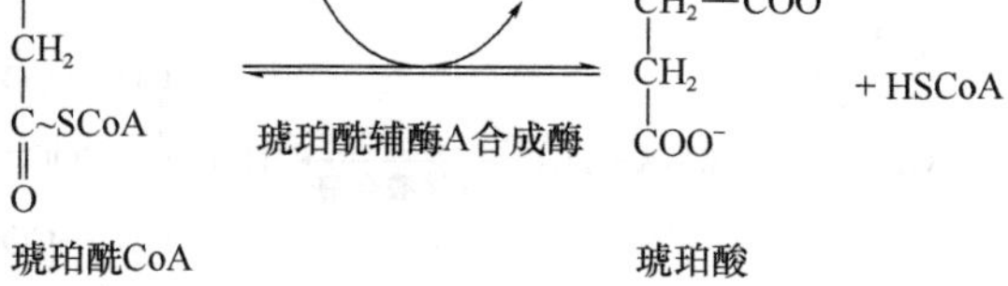

琥珀酰CoA　　琥珀酸

（6）琥珀酸脱氢生成延胡索酸：在琥珀酸脱氢酶（succinate dehydrogenase）催化下，琥珀酸脱氢氧化为延胡索酸（fumarate）。琥珀酸脱氢酶的辅基是 FAD，反应脱下的 2H 由 FAD 接受，生成 $FADH_2$，经过琥珀酸氧化呼吸链被氧化生成 H_2O 和 1.5 分子 ATP。琥珀酸脱氢酶是 TCA 循环中唯一存在于线粒体内膜上的酶，而其他 TCA 循环中的酶则都是存在于线粒体基质中，因此该酶是反映线粒体功能的标志酶之一，其酶活性可作为评价 TCA 循环运行程度的指标，也可以作为检测活细胞数目的指标。该酶具有立体异构特异性，仅催化琥珀酸氧化生成反式丁烯二酸（延胡索酸）而不生成顺式丁烯二酸（马来酸），后者对机体有毒性。

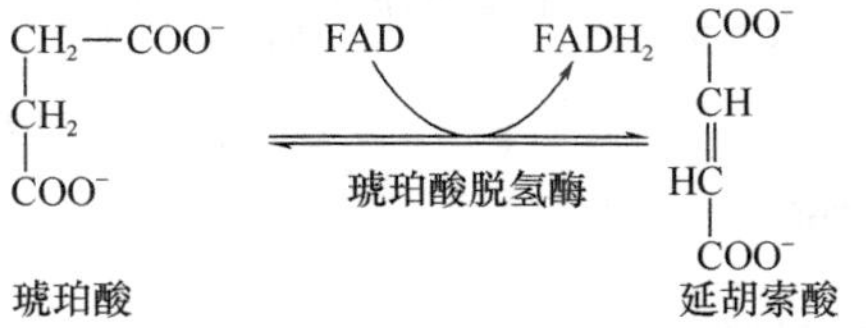

（7）延胡索酸加水生成苹果酸：此反应可逆，延胡索酸在延胡索酸酶（fumarase）催化下，加水生成苹果酸（malate）。该酶也具有立体异构特异性，在催化延胡索酸分子上加水时，H^+和 OH^-以反式加成，因此只形成 *L*-型苹果酸。

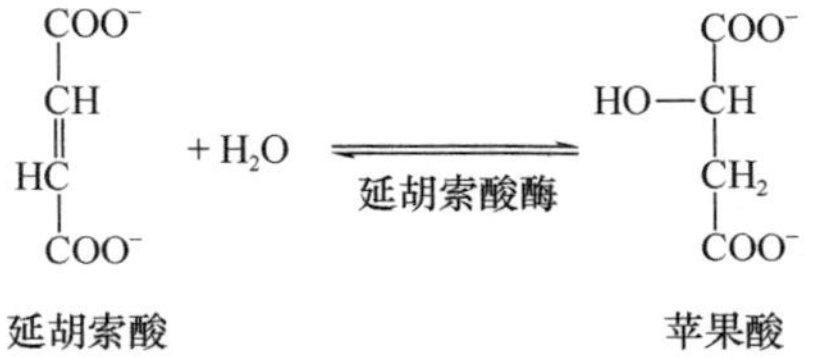

（8）苹果酸脱氢生成草酰乙酸：在苹果酸脱氢酶（L-malate dehydrogenase）的催化下，苹果酸脱氢生成草酰乙酸和 $NADH+H^+$。在细胞内草酰乙酸不断地被用于柠檬酸合成，故这一可逆反应向生成草酰乙酸的方向进行，草酰乙酸又可进入下一次 TCA 循环。

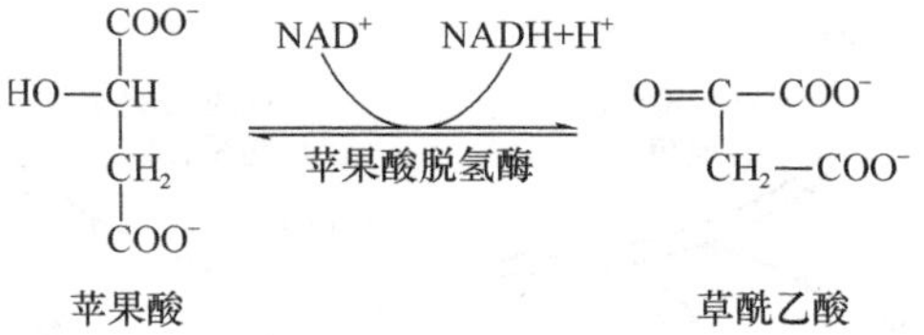

2. TCA 循环的反应特点

（1）TCA 循环每循环一轮的净结果是氧化了 1 个乙酰基：即通过 2 次脱羧反应产生 2 分子 CO_2，这是体内 CO_2 的主要来源。但用 ^{14}C 标记乙酰 CoA 的实验表明，脱羧生成的 2 个 CO_2 的碳原子来自草酰乙酸而不是乙酰 CoA。这是因为中间反应过程中碳原子置换所致，因此实际上只是部分更新了再生的草酰乙酸的碳架，含量并没有增减。

（2）每轮 TCA 循环共发生 4 次脱氢反应，生成 4 分子还原当量：每轮循环中并没有生成 H_2O 和 ATP 的反应，而是通过 4 次脱氢反应生成 4 对氢（4×2H），其中有 3 次脱氢（3 对氢或 6 个电子）由 NAD^+接受，1 次（一对氢或 2 个电子）由 FAD 接受，生成 3 分子 $NADH+H^+$和 1 分子 $FADH_2$。$NADH+H^+$和 $FADH_2$ 通过线粒体内不同的氧化呼吸链传递，最终与氧结合生成水，同时释放能量使 ADP 磷酸化生成 ATP。1 分子 $FADH_2$ 经琥珀酸氧化呼吸链的氧化磷酸化可生成 1.5 分子 ATP；1 分子 $NADH+H^+$经 NADH 氧化呼吸链氧化磷酸化可产生 2.5 分子 ATP（见第五章）。因此，1 分子乙酰 CoA 进入 TCA 循环经脱氢氧化生成的 4 分子还原当量经电子传递链传递彻底氧化分解时，可偶联产生 9 分子 ATP。

（3）有一次底物水平磷酸化：生成 1 分子 GTP。

综上所述，体内凡是能转变为乙酰 CoA 的物质，都能进入 TCA 循环和氧化磷酸化而被彻底氧化。1 分子乙酰 CoA 经过 TCA 循环和氧化磷酸化彻底氧化分解时，共可生成 10 分子 ATP。

TCA 循环的上述八步反应过程可归纳为如图 4-5，总反应如下：

$$CH_3CO\sim SCoA+3NAD^++FAD+GDP+Pi+2H_2O\rightarrow 2CO_2+3NADH+3H^++FADH_2+HSCoA+GTP$$

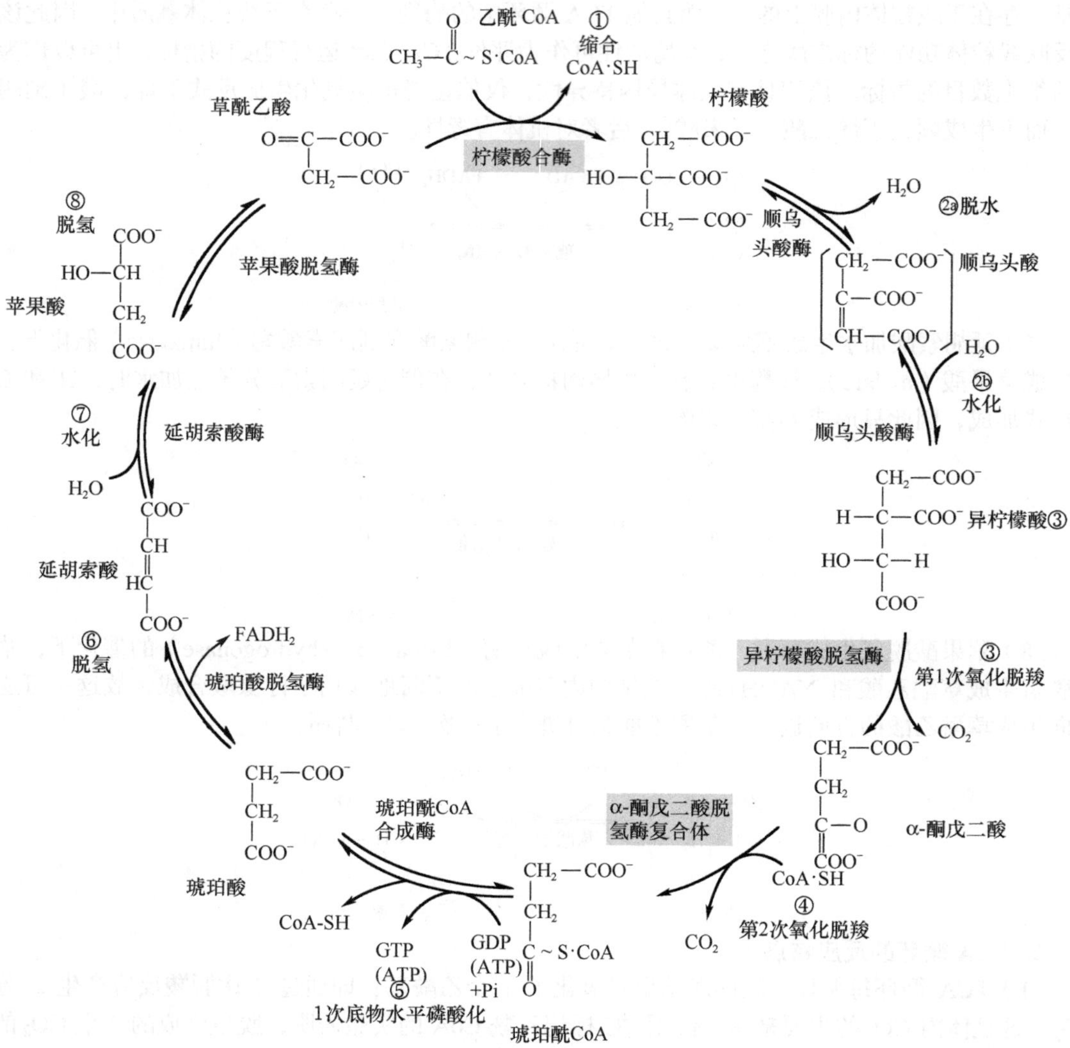

图 4–5 三羧酸循环

（4）TCA 循环的中间产物需要回补：TCA 循环的各中间产物在反应前后的总量不发生改变，即不会消耗中间产物，不可能通过 TCA 循环从乙酰 CoA 合成草酰乙酸或 TCA 循环的其他中间产物；同样，这些中间产物也不可能直接在 TCA 循环中被氧化成 CO_2 和 H_2O。需要强调的是，TCA 循环中的中间代谢物通过本循环代谢，均可生成草酰乙酸，但不能认为后者可通过两轮 TCA 循环就可彻底氧化成 CO_2 和 H_2O，而应该是草酰乙酸转运出 TCA 循环生成三碳的磷酸烯醇丙酮酸，后者生成丙酮酸，丙酮酸再转变成二碳的乙酰 CoA 后再次进入 TCA 循环方可彻底氧化。

此外，其他代谢也消耗 TCA 循环的中间产物（如草酰乙酸和 α-酮戊二酸分别用于合成天冬氨酸和谷氨酸），因此需要对 TCA 循环的中间产物进行回补和及时补充，其中以草酰乙酸的补充最重要。TCA 循环中的草酰乙酸主要来自丙酮酸的直接羧化，也可通过苹果酸脱氢生成。无论何种途径，其最终来源是葡萄糖的分解代谢。因此糖的供应及代谢情况直接影响着乙酰 CoA 进入 TCA 循环的速度。通过“回补反应（anaplerotic reaction）”不仅可使 TCA 循环中的某些中间代谢物不断得到补充和更新，从而保证 TCA 循环的正常运转；而且也可与多种物质代谢过程彼此联系起来。

（5）TCA 循环有三个限速酶：柠檬酸合酶、异柠檬酸脱氢酶和 α-酮戊二酸脱氢酶复合体所催化的反应在生理条件下是不可逆的，故 TCA 循环不可逆。其中异柠檬酸脱氢酶是主要的限速酶及最重要的调节酶。

3. TCA 循环在三大营养物质代谢中具有重要的生理意义

（1）TCA 循环是糖、脂肪、蛋白质三大营养物质分解代谢及氧化供能的共同途径：糖、脂肪、氨基酸（蛋白质）都是能源物质，它们在体内分解代谢都必须生成乙酰 CoA，然后进入 TCA 循环和氧化磷酸化进行彻底氧化并供能。糖分解成丙酮酸，然后氧化成乙酰 CoA；脂肪动员产生的甘油转化成磷酸二羟丙酮，进一步氧化成乙酰 CoA；脂肪酸经过 β-氧化分解成乙酰 CoA；氨基酸经过脱氨基生成 α-酮酸，进一步氧化生成乙酰 CoA。TCA 循环中只有一个底物水平磷酸化反应生成高能磷酸键，循环本身并不是生成 ATP 的主要环节，绝大部分能量主要来自于 TCA 循环中的 4 次脱氢反应，它们为电子传递过程和氧化磷酸化反应生成 ATP 提供了足够的还原当量。因此，TCA 循环不仅是糖、脂肪和氨基酸分解代谢的共同途径，也是它们彻底氧化供能的共同通路。

（2）TCA 循环是糖、脂肪、氨基酸代谢相互联系和互变的枢纽：糖、脂肪、氨基酸三大营养物质通过 TCA 循环在一定程度上可以相互转变（图 4-6）。糖转变成脂肪是最重要的例子。在能量供应充足的条件下，从食物摄取的糖相当一部分转变成脂肪储存。即葡萄糖在线粒体内分解生成乙酰 CoA，乙酰 CoA 必须被转移到胞液中才可作为原料合成脂肪酸。但乙酰 CoA 不能自由通过线粒体膜，需要先经过 TCA 循环第一步反应合成柠檬酸，然后再通过载体转运到胞液后在柠檬酸裂解酶（citratf lyase）作用下裂解成乙酰 CoA 及草酰乙酸，然后乙酰 CoA 即可用于合成脂肪酸及脂肪。由葡萄糖提供的丙酮酸转变成的草酰乙酸或 TCA 循环的其他中间产物可通过接受氨基，合成一些非必需氨基酸如天冬氨酸、谷氨酸等（见第七章氨基酸代谢）。绝大部分氨基酸可以转变成糖和脂肪。许多氨基酸的碳架是 TCA 循环的中间产物，如丙氨酸、天冬氨酸和谷氨酸可分别转变为丙酮酸、草酰乙酸和 α-酮戊二酸，经历部分 TCA 循环后可循糖异生途径转变为葡萄糖。此外，琥珀酰 CoA 可用于与甘氨酸合成血红素，乙酰 CoA 又是合成胆固醇和酮体的原料。因而，TCA 循环在提供生物合成的前体中也起重要作用。

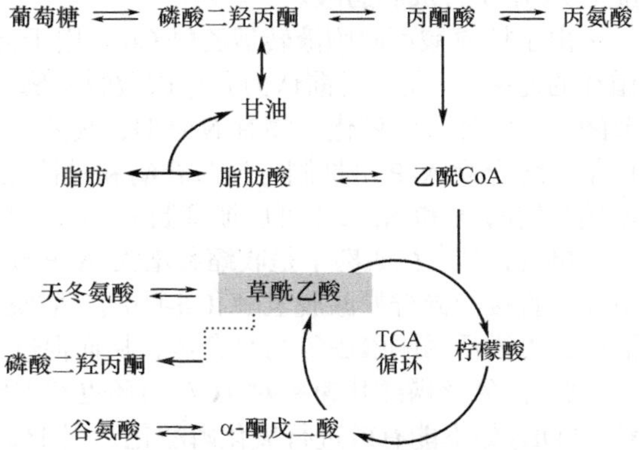

图 4-6 葡萄糖、脂肪和氨基酸代谢的联系简图

二、糖有氧氧化的调节

糖有氧氧化是机体获得能量的主要方式。机体对能量的需求变动很大，因此，对有氧氧化的调节是为了适应机体或不同器官对能量的需要。有氧氧化三个阶段中的 7 个限速酶的活性调节了有氧氧化的速度。糖酵解途径的调节前已叙述，这里主要涉及丙酮酸脱氢酶复合体的调节及 TCA 循环的调节。

（一）丙酮酸脱氢酶复合体的调节

丙酮酸脱氢酶复合体可通过变构效应和共价修饰两种方式影响其酶活性。一方面，丙酮酸脱氢酶复合体催化的反应产物乙酰 CoA 及 $NADH+H^+$对酶有别构抑制作用。当饥饿或大量脂肪动员时，大多数组织器官以脂肪酸作为能量来源，此时，脂肪酸氧化生成的乙酰 CoA 抑制这些组织中糖的有氧氧化，不再消耗葡萄糖，因而确保了大脑等重要组织对葡萄糖的需要。糖有氧氧化的产物 ATP 亦对丙酮酸脱氢酶复合体有别构抑制作用，而 AMP 则能激活该酶。另一方面，丙酮酸脱氢酶复合体的丝氨酸残基可经丙酮酸脱氢酶激酶催化发生磷酸化修饰而失活，脱去磷酸后酶的活性恢复。乙酰 CoA 和 NADH 可间接通过增强丙酮酸脱氢酶激酶的活性而使其失活，从而抑制丙酮酸脱氢酶复合体的活性。胰岛素可促进丙酮酸脱氢酶的去磷酸化作用，使其从无活性转变为有活性。

（二）三羧酸循环的调节

TCA 循环的速率和流量受多种因素的调控。在 TCA 循环中有三个不可逆反应，分别由柠檬酸合酶、异柠檬酸脱氢酶和 α-酮戊二酸脱氢酶复合体催化。其中，柠檬酸合酶的活性可被柠檬酸和 ATP 所抑制，由于该酶的活性可以决定乙酰 CoA 进入 TCA 循环的速率，因此曾被认为是 TCA 循环的主要调节点。乙酰 CoA 和草酰乙酸作为柠檬酸合酶的底物，其含量随细胞代谢状态而改变，从而影响柠檬酸合成的速率。产物堆积如柠檬酸、琥珀酰 CoA 可抑制柠檬酸合酶的活性。柠檬酸是协调糖代谢和脂代谢的枢纽物质之一，当能量供应不足时，柠檬酸留在线粒体中继续进行 TCA 循环产能；当糖氧化供能过于旺盛时，柠檬酸可通过柠檬酸-丙酮酸循环转移至胞液，分解释放乙酰 CoA 用于合成脂肪酸。

由于柠檬酸可向胞液转运乙酰 CoA 用于合成脂肪酸，所以柠檬酸合酶活性升高未必加快 TCA 循环的速率。因此，目前认为异柠檬酸脱氢酶和 α-酮戊二酸脱氢酶复合体才是 TCA 循环的主要调节酶，这两种酶的催化产物有 NADH，其酶活性在 $NADH/NAD^+$、ATP/ADP 比率高时均可被反馈抑制。终产物 ATP 可抑制柠檬酸合酶和异柠檬酸脱氢酶的活性，而 ADP 则是它们的别构激活剂。琥珀酰辅酶 A 和 NADH 可反馈抑制 α-酮戊二酸脱氢酶复合体。

再有，Ca^{2+}在肌肉中是收缩和增大 ATP 供应的信号，所以当线粒体内 Ca^{2+}浓度升高时，Ca^{2+}不仅可直接与异柠檬酸脱氢酶和 α-酮戊二酸脱氢酶复合体相结合，降低其对底物的 K_m 值而使酶激活；也可激活丙酮酸脱氢酶复合体，从而促进 TCA 循环和有氧氧化的进行。

此外，氧化磷酸化速率对 TCA 循环也有重要影响。TCA 循环中 4 次脱氢反应生成的 $NADH+H^+$ 和 $FADH_2$ 如不能有效进行氧化磷酸化，则 TCA 循环中的脱氢反应也将无法继续进行下去。

三、糖有氧氧化的生理意义

糖有氧氧化是机体产生 CO_2 和获取能量的最主要途径。在氧供应充足时，胞液中 2 分子甘油醛-3-磷酸脱氢生成的 2 分子 $NADH+H^+$，将根据糖代谢发生的部位通过 α-磷酸甘油穿梭或苹果酸-天冬氨酸穿梭转运至线粒体内，通过电子传递链传递，每分子 $NADH+H^+$分别产生 2.5 或 1.5 分子 ATP。因此在胞液阶段最终净生成 5 或 7 分子 ATP。2 分子丙酮酸在线粒体内氧化脱羧生成 2 分子 $NADH+H^+$，通过呼吸链偶联将生成 5 分子 ATP。TCA 循环中 4 次脱氢反应分别产生 3 分子 $NADH+H^+$和 1 分子 $FADH_2$，可通过电子传递链和氧化磷酸化产生 ATP，加上底物水平磷酸化生成的 1 分子 ATP，1 分子乙酰 CoA 经 TCA 循环彻底氧化，共生成 10 分子 ATP。若从丙酮酸脱氢开始计算，共产生 12.5 分子 ATP。因此，1 分子葡萄糖的有氧氧化过程将生成 30 或 32 分子 ATP（表 4-2）。如果从糖原的一个葡萄糖单位开始分解代谢，由于在第一阶段少消耗 1 分子 ATP，因此经有氧氧化后可净合成 31 或 33 分子 ATP。

葡萄糖氧化成 CO_2 和 H_2O 时，$\Delta G^{0'}$为−2840kJ/mol（−679kcal/mol），生成 32mol ATP，共储能 32×30.5kJ/mol=976kJ/mol，因此，糖有氧氧化的用能效率为 34%，总反应为：葡萄糖+30ADP +30Pi+$6O_2 \longrightarrow$ 30/32ATP+$6CO_2$+$36H_2O$。

四、糖有氧氧化和糖酵解之间的相互调节

正常情况下，糖有氧氧化和糖酵解互相协调，如 TCA 循环需要多少乙酰 CoA，糖酵解途径就氧化相应数量的葡萄糖生成丙酮酸，进而氧化脱羧为乙酰 CoA。正常代谢时，丙酮酸、乳酸和乙

酰 CoA 保持恒态浓度。TCA 循环速度和糖酵解速度的配合不仅有赖于高 ATP 和 NADH 的抑制作用，而且也受柠檬酸的调控。柠檬酸是糖酵解途径中 PFK-1 的重要别构抑制物。

表 4-2 葡萄糖有氧氧化生成的 ATP

阶段	反应过程	递氢体	生成 ATP 数目
第一阶段	葡萄糖→G-6-P		–1
	G-6-P→F-1, 6-BP		–1
	2×甘油醛-3-磷酸→2×1, 3-BPG	2NADH+2H$^+$	2×1.5*（或 2×2.5*）
	2×1, 3-BPG→2×甘油酸-3-磷酸		2×1
	2×磷酸烯醇丙酮酸→2×丙酮酸		2×1
第二阶段	2×丙酮酸→2×乙酰 COA	2NADH+2H$^+$	2×2.5
第三阶段	2×异柠檬酸→2×α-酮戊二酸	2NADH+2H$^+$	2×2.5
	2×α-酮戊二酸→2×琥珀酰 COA	2NADH+2H$^+$	2×2.5
	2×琥珀酰 COA→2×琥珀酸		2×1
	2×琥珀酸→2×延胡索酸	2FADH$_2$	2×1.5
	2×苹果酸→2×草酰乙酸	2NADH+2H$^+$	2×2.5
净生成 ATP			30（或 32）

* 糖酵解产生的 NADH+H$^+$，若经苹果酸-天冬氨酸穿梭机制进入线粒体内氧化，1 分子 NADH+H$^+$产生 2.5 分子 ATP；若经 α-磷酸甘油穿梭机制进入线粒体内氧化，则产生 1.5 分子 ATP（见第五章）

在无氧条件下酵母菌能使糖生醇发酵，若将其移至有氧环境时，生醇发酵则被抑制。这种糖有氧氧化抑制糖酵解的现象称为巴斯德效应（Pasteur effect）。在动物肌肉组织中也存在类似现象，糖酵解途径产生的丙酮酸，面临着有氧氧化和无氧氧化两种代谢选择，丙酮酸的代谢去向受 NADH+H$^+$ 的调控。缺氧时，糖代谢生成的丙酮酸不能进入 TCA 循环彻底氧化，而是在胞液中消耗 NADH+H$^+$还原为乳酸；而当氧供应充足时，NADH+H$^+$进入线粒体内氧化，丙酮酸不被还原而进入有氧氧化途径彻底分解成 CO_2 和 H_2O，此时胞液中的糖无氧氧化途径受到抑制。一般来说，无氧时通过糖酵解途径所消耗的葡萄糖约为有氧时的 7 倍，这是因为氧缺乏导致氧化磷酸化受阻，ADP 与无机磷酸不能合成 ATP，致使 ADP/ATP 比例增高，从而激活 PFK-1 和丙酮酸激酶，使葡萄糖的糖酵解途径加强。

知识链接：肿瘤细胞为何偏爱糖酵解？

德国生物化学家 O.H.Warburg 发现，即使在氧供应充足时，肿瘤细胞中的葡萄糖也不彻底氧化而是被分解生成乳酸，肿瘤细胞的这种代谢特征被称为有氧酵解或 Warburg 效应（Warburg effect）。Warburg 效应使肿瘤细胞获得生存优势，主要表现在两方面：①关闭了有氧氧化通路，避免产生活性氧自由基，细胞可避免自由基的损伤，从而逃避细胞凋亡；②提供大量碳源，用以合成蛋白质、脂肪和核酸，满足肿瘤细胞快速生长的需要。目前研究发现，肿瘤细胞选择 Warburg 效应的机制可能与肿瘤发生过程中某些基因的改变以及对限速酶的调节有关。

第四节 磷酸戊糖途径

人体内葡萄糖的分解代谢途径除通过产能的糖酵解和有氧氧化外，还存在不产能的分解代谢途径，如磷酸戊糖途径（pentose phosphate pathway）。在肝脏、脂肪组织、泌乳期乳腺、肾上腺皮质、睾丸、红细胞及中性粒细胞等的细胞胞液中都有磷酸戊糖途径。磷酸戊糖途径以糖酵解途径的中间产物 G-6-P 为起始物，经过氧化反应和一系列基团转移反应，生成 F-6-P 和甘油醛-3-磷酸，最终返回到糖酵解途径中，是糖氧化分解代谢中的一条支路，亦称为己糖单磷酸旁路（hexose monophosphate shunt，HMS）。与糖酵解和有氧氧化不同，该途径主要特点是能为细胞产生 NADPH 和核糖-5-磷酸两种重要的物质，但不能直接产生 ATP。

案例 4-1

患儿，男，2 岁，因面色苍白伴血尿 2 天入院。2 天前患儿食新鲜蚕豆后，次日出现发烧、恶心、呕吐，排浓茶色尿。其母曾有类似病史。查体：体温 38℃，脉搏 148 次/分，睑结膜及口唇苍白，B 超显示肝大。肾功能和神经系统检查未见异常。实验室检查：红细胞（RBC）1.98×10^{12}/L，血红蛋白（Hb）53g/L，尿蛋白（++），尿潜血（++）。

问题：

1. 该病的初步临床诊断及确诊依据是什么？
2. 该病发病的生化机制是什么？

一、磷酸戊糖途径的反应过程

磷酸戊糖途径以 G-6-P 为起始物，该途径的代谢反应全部在胞液中进行，分为两个阶段：第一阶段是不可逆的脱氢氧化反应，生成磷酸核糖、NADPH+H^+和 CO_2；第二阶段是可逆的基团转移反应，最终生成 F-6-P 和甘油醛-3-磷酸。

（一）不可逆的脱氢氧化反应阶段

1. G-6-P脱氢氧化生成葡糖酸内酯-6-磷酸 六碳的G-6-P经G-6-P脱氢酶（glucose-6-phosphate dehydrogenase，G6PD）催化氧化脱氢，生成葡糖酸内酯-6-磷酸，脱下的 2 个氢由辅酶 NADP$^+$接受而生成 NADPH+H^+，此反应需要 Mg^{2+}参与。G6PD 为磷酸戊糖途径的限速酶，反应不可逆。由于人体肌肉组织中缺乏此酶，故不能进行该反应。

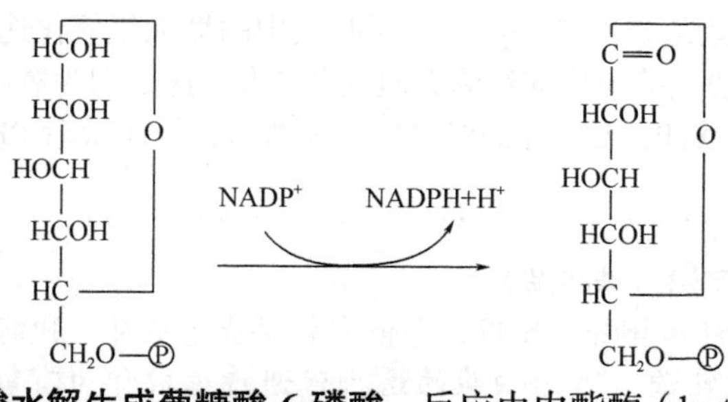

2. 葡糖酸内酯-6-磷酸水解生成葡糖酸-6-磷酸 反应由内酯酶（lactonase）催化，葡糖酸内酯-6-磷酸加水生成葡糖酸-6-磷酸。

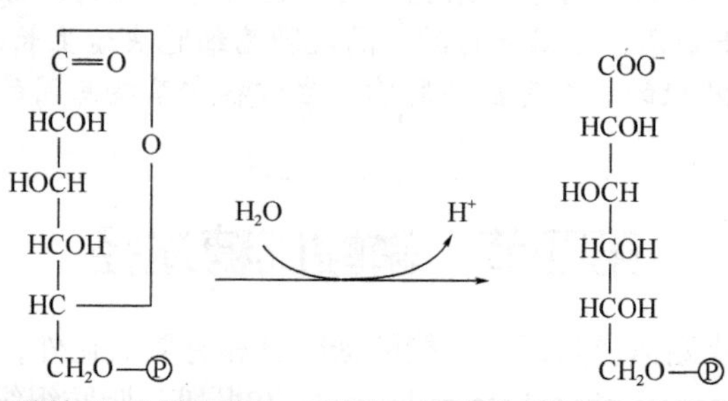

3. 葡糖酸-6-磷酸氧化脱羧生成核酮糖-5-磷酸 反应由葡糖酸-6-磷酸脱氢酶（6-phosphogluconate dehydrogenase）催化，脱下的 2 个氢也由辅酶 NADP$^+$接受而生成 NADPH+H^+，同时脱羧生成 CO_2 和五碳的核酮糖-5-磷酸。

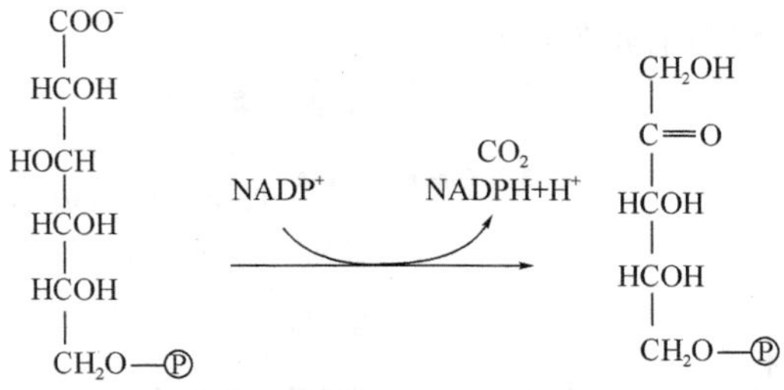

4. 核酮糖-5-磷酸异构为核糖-5-磷酸或木酮糖-5-磷酸 核酮糖-5-磷酸可参与异构化反应，可以由磷酸戊糖异构酶（phosphopentose isomerase）催化转变成核糖-5-磷酸，或由磷酸戊糖差向异构酶（phosphopentose epimerase）催化转变为木酮糖-5-磷酸。

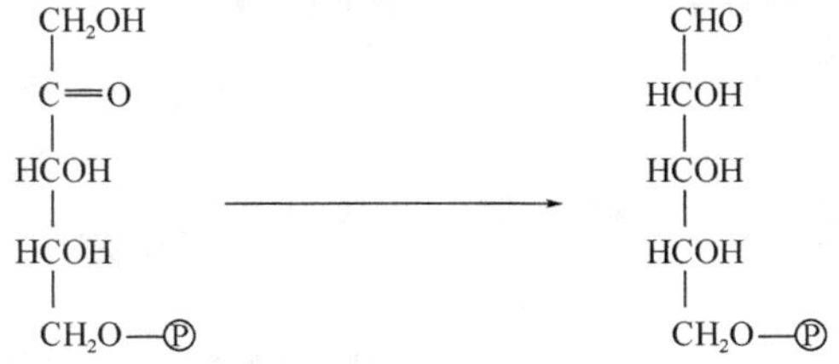

此阶段总反应式为：

$$\text{G-6-P}+2\text{NADP}^{+}+\text{H}_2\text{O} \longrightarrow \text{核糖-5-磷酸}+2\text{NADPH}+2\text{H}^{+}+\text{CO}_2$$

在一些组织中，若细胞对核糖-5-磷酸需要量大于对 $NADPH+H^+$的需要量时，磷酸戊糖途径将终止于此阶段。但若细胞对 $NADPH+H^+$的需要量多于对核糖-5-磷酸的需要量时，则过多的磷酸戊糖可经该途径的基团转移反应阶段转变成 F-6-P 和甘油醛-3-磷酸，重新返回糖酵解途径以供机体之需。

（二）可逆的基团转移反应阶段

反应可概括为 3 分子戊糖-5-磷酸转变成 2 分子磷酸己糖和 1 分子磷酸丙糖。一系列基团转移的接受体都是醛糖，依据催化酶的不同，反应分为两类。一类是转酮醇酶（transketolase）催化的反应，转移含 1 个酮基、1 个醇基的二碳基团，反应需 TPP 作为辅酶并需 Mg^{2+}参与；另一类是转醛醇酶（transaldolase）催化的反应，转移三碳单位。基团转移反应过程均可逆。

具体反应过程如下：在转酮醇酶（transketolase）催化下，将木酮糖-5-磷酸分子中的酮醇基（二碳单位）转移至核糖-5-磷酸的醛基碳原子上，从而生成七碳的景天庚酮糖-7-磷酸和三碳的甘油醛-3-磷酸。景天庚酮糖-7-磷酸又在转醛醇酶（transaldolase）催化下将醛醇基（三碳单位）转移至甘油醛-3-磷酸的醛基碳原子上，生成六碳的 F-6-P 和四碳的赤藓糖-4-磷酸。赤藓糖-4-磷酸进一步与另一分子木酮糖-5-磷酸进行转酮醇基反应，生成 F-6-P 和甘油醛-3-磷酸。

可见，第二阶段的基团转移反应是由 3 分子核酮糖-5-磷酸开始，再经过转醛醇酶和转酮醇酶催化的一系列反应，最终转变为 2 分子 F-6-P 和 1 分子甘油醛-3-磷酸。甘油醛-3-磷酸和 F-6-P 可以进入糖酵解或有氧氧化途径继续进行分解代谢，也可以通过糖异生途径重新生成 G-6-P，因此磷酸戊糖途径也称磷酸戊糖旁路（pentose phosphate shunt）。这一阶段非常重要，因为细胞对 $NADPH+H^+$的消耗量远大于磷酸戊糖，过多的磷酸戊糖需要通过该阶段的反应变为磷酸己糖返回糖酵解途径进行代谢。此外，通过磷酸戊糖途径，还能将体内戊糖和己糖的代谢互相联系起来。并且，通过该途径的中间代谢物（如景天庚酮糖-7-磷酸、赤藓糖-4-磷酸和 G-6-P 是磷酸葡糖异构酶的抑制剂；而 F-1，6-BP 又是 G6PD 的抑制剂），使磷酸戊糖途径与糖有氧氧化和糖酵解途径之间也存在着互相制约的关系。

总之，上述脱氢氧化、异构反应和基团转移反应，可以看成 3 分子 G-6-P 经过磷酸戊糖途径生成 3 分子 CO_2、6 分子 $NADPH+H^+$、2 分子 F-6-P 和 1 分子甘油醛-3-磷酸，总反应式为：

$$3\times\text{G-6-P}+6\text{NADP}^{+} \longrightarrow 2\times\text{F-6-P}+\text{甘油醛-3-磷酸}+6\text{NADPH}+6\text{H}^{+}+3\text{CO}_2$$

磷酸戊糖途径反应全过程归纳如图 4-7：

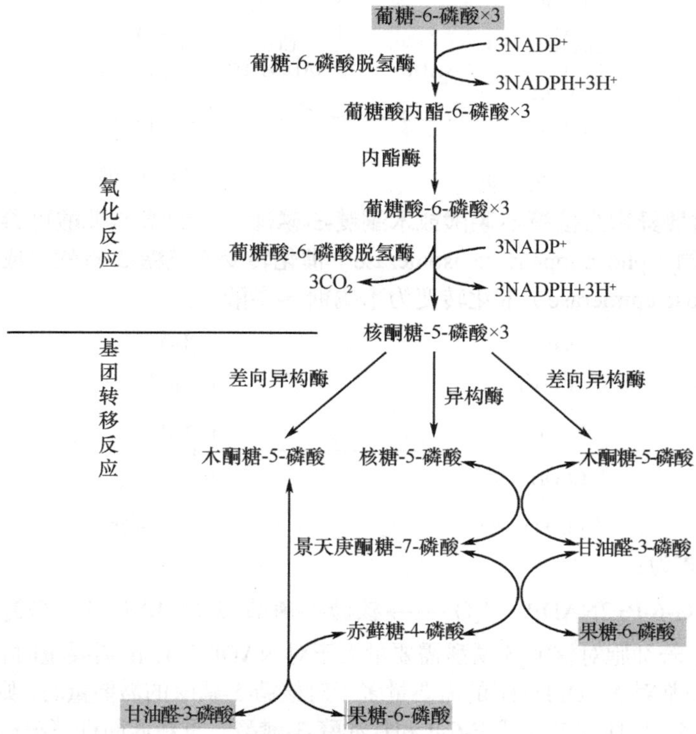

图 4-7 磷酸戊糖途径反应全过程

（三）磷酸戊糖途径的调节

磷酸戊糖途径始于糖代谢的中间产物 G-6-P，G6PD 是磷酸戊糖途径的第一个酶，也是限速酶，其活性决定 G-6-P 进入此途径的流量，因此磷酸戊糖途径的调节点主要是 G6PD，包括酶含量和酶活性两方面的调节，酶活性调节更为重要。在酶含量调节方面，如高糖、高碳水化合物饮食或饥饿后进食时，肝中的 G6PD 含量明显增加，以提供脂肪酸合成时对 $NADPH+H^+$的需要。在酶活性调节方面，该酶的快速调节主要受 $NADPH/NADP^+$比值的影响。$NADPH+H^+$对该酶有明显的抑制作用，当 $NADPH/NADP^+$比例升高（大于 10）时，该途径被抑制（可达 90%）；当 $NADPH/NADP^+$比例降低时，该途径被激活。因此，磷酸戊糖途径的流量取决于组织细胞对 $NADPH+H^+$的需求。

案例 4-1 分析讨论

蚕豆病的病因是患者红细胞中 G6PD 的活性下降或缺乏。本病为 X 性染色体隐性遗传病，常起病急，男性患儿多见，临床实验室检测指标出现红细胞（RBC）和血红蛋白（Hb）下降的溶血性贫血改变，临床表现以贫血、黄疸和血红蛋白尿（浓茶色或酱油样）为主。可通过直接检测红细胞 G6PD 活性指标作为蚕豆病确诊的依据之一。

二、磷酸戊糖途径的生理意义

磷酸戊糖途径最主要的生理意义是生成核糖-5-磷酸和 $NADPH+H^+$。

（一）为核苷酸和核酸的生物合成提供核糖-5-磷酸

体内核糖-5-磷酸主要通过磷酸戊糖途径获得，而并不依赖食物摄入。核糖是核苷酸的组成成分。磷酸核糖的生成方式有两种：一是经 G-6-P 氧化脱羧生成，即磷酸戊糖途径；二是经糖酵解途径的中间产物甘油醛-3-磷酸和 F-6-P 通过基团转移反应生成。因物种、器官等差异性，这两种方式的相对重要性也有所不同，人体主要通过第一种方式生成磷酸核糖，而肌组织内因缺乏 G6PD，故通过第二种方式生成磷酸核糖。

（二）为多种代谢反应提供 NADPH

$NADPH+H^+$作为供氢体参与体内多种代谢反应。与 NADH 不同，NADPH 携带的氢不是通过电子传递链氧化释出能量，而是参与许多代谢反应，发挥不同的功能。

1. $NADPH+H^+$是许多合成代谢的供氢体　$NADPH+H^+$作为供氢体为脂肪酸、非必需氨基酸、胆固醇、胆汁酸、类固醇激素等物质的合成代谢提供氢原子。

2. $NADPH+H^+$参与体内的羟化反应　$NADPH+H^+$作为供氢体参与体内羟化反应。有些羟化反应与生物合成有关，例如，从鲨烯合成胆固醇，从胆固醇合成胆汁酸、类固醇激素等；有些羟化反应则与生物转化（biotransformation）有关，$NADPH+H^+$为肝细胞内质网上的单加氧酶系提供氢，该酶系参与体内多种类固醇的代谢和药物、毒物的生物转化。

3. $NADPH+H^+$可维持谷胱甘肽的还原状态，保护生物膜的完整性　谷胱甘肽（glutathione，GSH）是由谷氨酸、半胱氨酸和甘氨酸组成的三肽，2 分子 GSH 可以脱氢生成氧化型谷胱甘肽（GSSG），而后者可在谷胱甘肽还原酶作用下，被 $NADPH+H^+$重新还原成为还原型谷胱甘肽。

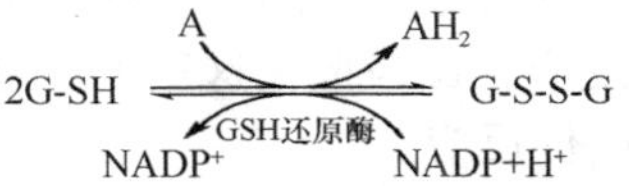

谷胱甘肽具有调节细胞氧化还原稳态的作用，其活性基团为半胱氨酸残基上的巯基。谷胱甘肽可由脱氢酶和还原酶这两种酶催化进行氧化型（GSSG）和还原型（GSH）的互变，后者是体内重要的抗氧化剂，可保护一些含有巯基（-SH）的蛋白质或酶免受氧化剂尤其是过氧化物的损害，因此，维持这些蛋白质的还原型巯基，对于保护红细胞的正常功能和寿命具有重要意义。

知识链接：何谓蚕豆病?

红细胞中能进行的糖代谢途径只有糖酵解和磷酸戊糖途径，前者产生 ATP 满足红细胞对能量的需求；后者主要用于谷胱甘肽的还原作用，这对维持红细胞膜的完整性至关重要。如果由于某种原因导致红细胞中磷酸戊糖途径受阻，不能经磷酸戊糖途径获得充足的 $NADPH+H^+$，$NADPH+H^+$缺乏或不足，难以保证还原型谷胱甘肽的含量，结果在具有强氧化作用的外源物质作用下，红细胞（尤其是较老的红细胞）膜极易破裂而发生溶血，导致溶血性贫血和溶血性黄疸的发生，严重者甚至出现肾功能衰竭而死亡。临床上这种溶血现象常在食用新鲜蚕豆（是强氧化剂）后出现，故称为蚕豆病（favism）。除了新鲜蚕豆外，抗疟药、阿司匹林以及磺胺药等经代谢能产生 H_2O_2、过氧化物等强氧化剂的药物亦能够诱发该病的发生。

案例 4-1 分析讨论（续）

正常人由于 G6PD 活性正常，服用蚕豆或药物时，可使磷酸戊糖途径增强，生成较多 $NADPH+H^+$而导致 GSH 增加，这样可及时清除对红细胞有破坏作用的 H_2O_2，不会出现溶血。但遗传性 G6PD 缺乏者，其磷酸戊糖途径不能正常进行，$NADPH+H^+$缺乏或不足，致 GSH 生成量减少，由于平时机体产生的 H_2O_2 等物质并不多，因此不会发病，与正常人无异。但当服用蚕豆或药物时，机体中的 GSH 不能及时清除产生的 H_2O_2，H_2O_2 不仅可以氧化膜脂，还能将血红蛋白氧化成高铁血红蛋白，从而破坏红细胞，诱发急性溶血性贫血。临床实验室通过高铁血红蛋白还原试验和荧光斑点试验进行进一步确诊。

第五节 糖 异 生

体内糖原的储备有限，正常成人每小时可由肝释出葡萄糖 210mg/kg 体重，若没有补充，10多小时肝糖原即被耗尽，血糖来源断绝。事实上即使禁食 24 小时，血糖仍保持在正常范围，即使长期饥饿也仅略有下降。这时除了周围组织减少对葡萄糖的利用外，主要还是依赖肝脏将氨基酸、乳酸等转变成葡萄糖，不断补充血糖。这种由非糖化合物（主要有乳酸、甘油、生糖氨基酸、丙酮酸和 TCA 循环中间产物等）转变为葡萄糖或糖原的过程称为糖异生（gluconeogenesis）。在生理条件下，机体内进行糖异生补充血糖的主要器官是肝脏。肾脏的糖异生能力在正常情况下只有肝脏的 1/10，而长期饥饿和酸中毒时，肾脏的糖异生能力则可大为增强。

一、糖异生的过程

糖异生的主要原料是丙酮酸、乳酸、甘油以及生糖氨基酸等。其中，从丙酮酸按照糖酵解途径的逆反应生成葡萄糖的具体反应过程称为糖异生途径（gluconeogenic pathway）。乳酸和生糖氨基酸主要是通过转变为丙酮酸而进入糖异生途径。糖异生途径基本上是糖酵解途径的逆过程，但糖酵解途径中由 HK（包括 GK）、PFK-1 和丙酮酸激酶三个限速酶所催化的三个反应过程都有相当大的能量变化，反应是不可逆的，因此构成“能障”（energy barrier）。在糖异生途径中，克服这种“能障”必须借助于另外的酶促反应，参与催化这三个不可逆反应的酶正是糖异生途径的限速酶，包括四步糖酵解中不曾出现的酶促反应。

（一）丙酮酸转变为磷酸烯醇丙酮酸

糖酵解途径中磷酸烯醇丙酮酸由丙酮酸激酶催化转变生成丙酮酸。在糖异生途径中其逆过程由两个反应完成。

第一个反应是丙酮酸羧化，由丙酮酸羧化酶（pyruvate carboxylase）催化，辅酶为生物素。反应分两步，CO_2 先与生物素结合，反应由 ATP 供能。然后活化的 CO_2 再转移给丙酮酸生成草酰乙酸，这是体内草酰乙酸的重要来源之一。

第二个反应是草酰乙酸脱羧，由磷酸烯醇丙酮酸羧化激酶（phosphoenolpyruvate carboxykinase，PEPCK）催化，消耗一个高能磷酸键（由 GTP 提供），若将 GTP 视为 ATP（$GTP+ADP\leftrightarrow GDP+ATP$）和 CO_2 等于 HCO_3^-（在碳酸酐酶作用下，$CO_2+H_2O\leftrightarrow H_2CO_3\leftrightarrow H^++HCO_3^-$），则上述两个反应总的结果是：

$$丙酮酸+2ATP \longrightarrow 磷酸烯醇丙酮酸+2ADP+P_i$$

由丙酮酸羧化酶和磷酸烯醇丙酮酸羧化激酶催化的两步反应称为丙酮酸羧化支路（pyruvate carboxylation shunt）（图 4-8），是耗能的循环反应，消耗两个高能化合物（ATP 和 GTP），即相当于消耗 2 分子 ATP，而糖酵解途径中由磷酸烯醇丙酮酸转变为丙酮酸则是生成 1 分子 ATP。丙酮酸羧化支路是许多物质（如乳酸、丙酮酸及 TCA 循环中间产物）在体内进行糖异生的必由之路。

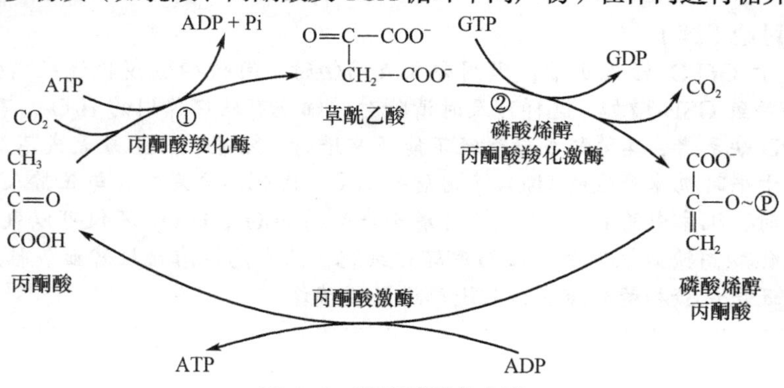

图 4-8　丙酮酸羧化支路

糖异生途径各限速酶的细胞定位不同，使丙酮酸羧化支路的反应步骤更加复杂。其中，丙酮酸羧化酶仅存在于线粒体中，故胞液中的丙酮酸必须进入线粒体，才能羧化生成草酰乙酸；而磷酸烯醇丙酮酸羧化激酶的存在部位因物种而异，在人体的线粒体和胞液中都存在，因此草酰乙酸可以在线粒体中直接转变为磷酸烯醇丙酮酸再进入胞液，也可先转运至胞液再转变为磷酸烯醇丙酮酸。但是，线粒体内膜对各种物质的透过有严格的选择性，草酰乙酸不能直接透过线粒体内膜，需要借助两种方式将其转运到胞液。一种方式是由线粒体内苹果酸脱氢酶催化，草酰乙酸还原生成苹果酸，以苹果酸形式通过线粒体内膜进入胞液，再由胞液中的苹果酸脱氢酶将苹果酸脱氢，重新氧化为草酰乙酸而进入糖异生途径；另一种方式是由线粒体内谷草转氨酶（天冬氨酸氨基转移酶）催化，苹果酸转变成天冬氨酸后再转运出线粒体，再经胞液中谷草转氨酶催化而恢复生成草酰乙酸。

在糖异生途径的随后反应中，1, 3-BPG 还原成甘油醛-3-磷酸时，需 $NADH+H^+$提供氢原子。当以乳酸为原料进行糖异生时，乳酸氧化成丙酮酸已在胞液中产生了 $NADH+H^+$，以供利用；此时丙酮酸进入线粒体先生成草酰乙酸，再转变成天冬氨酸，然后透过线粒体内膜进入胞液。当以丙酮酸或生糖氨基酸（如丙氨酸等）为原料进行糖异生时，$NADH+H^+$则必须由线粒体内脂肪酸 β-氧化或 TCA 循环来提供；线粒体内 $NADH+H^+$以苹果酸形式运出线粒体，在胞液中转变成草酰乙酸的同时，可释放出 $NADH+H^+$以供利用。然而，胞液中的草酰乙酸回至线粒体的路径比较复杂，在此不详述。

从磷酸烯醇丙酮酸至 F-1, 6-BP 的反应都是糖酵解途径的逆反应，并且乳酸脱氢酶催化产生的 $NADH+H^+$正好为甘油醛-3-磷酸脱氢酶利用。

（二）F-1, 6-BP 转变为 F-6-P

糖酵解途径中 PFK-1 催化的反应不可逆，因此在糖异生途径中，需要由果糖二磷酸酶-1 催化 F-1, 6-BP 水解，脱去 C_1 上磷酸后转变为 F-6-P，反应不可逆，没有 ATP 参与和生成。

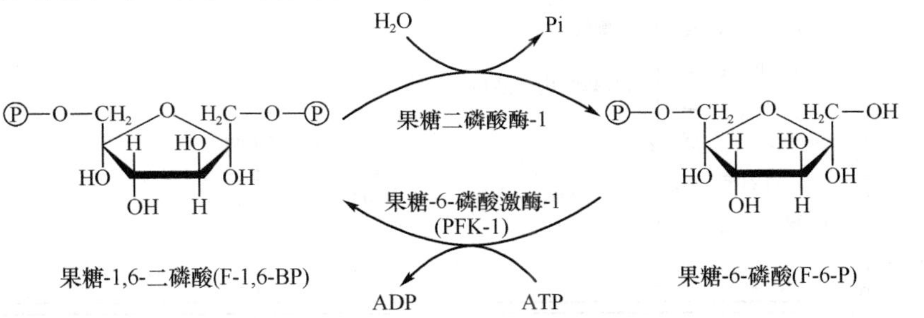

（三）G-6-P 水解为葡萄糖

此反应由葡糖-6-磷酸酶催化。由于不生成 ATP，不是 GK 或 HK 催化反应的逆反应。葡糖-6-磷酸酶仅存在于肝脏和肾脏，而肌肉不含此酶。再者，这种酶结合于内质网膜内侧，因而 G-6-P 需一种转位酶（translocase）将其移入内质网中进行水解。

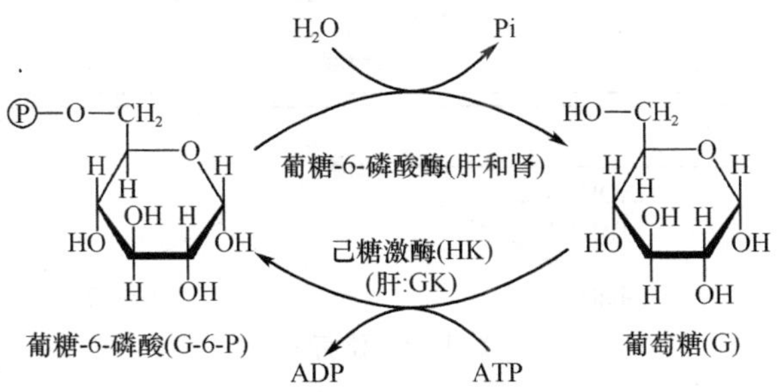

综上，丙酮酸羧化酶、磷酸烯醇丙酮酸羧化激酶、果糖二磷酸酶-1 以及葡糖-6-磷酸酶是糖异生的 4 个限速酶，它们与糖酵解的 3 个限速酶所催化反应的方向正好相反，使得乳酸、丙氨酸等生糖氨基酸可通过丙酮酸异生为葡萄糖。甘油是脂肪代谢产物，肝脏、肾脏等组织含甘油激酶（脂

肪组织则无），可利用 ATP 将甘油转变为甘油-3-磷酸，再经甘油-3-磷酸脱氢酶转变为磷酸二羟丙酮，从而可进入前述的糖异生途径。许多生糖氨基酸可通过脱氨基作用转变为相应的 α-酮酸后进入糖异生。通过这些转化不仅使机体能够利用非糖物质合成葡萄糖，增加了糖的来源，而且连接和沟通了三大营养物质的代谢。糖异生途径可归纳如图 4-9。

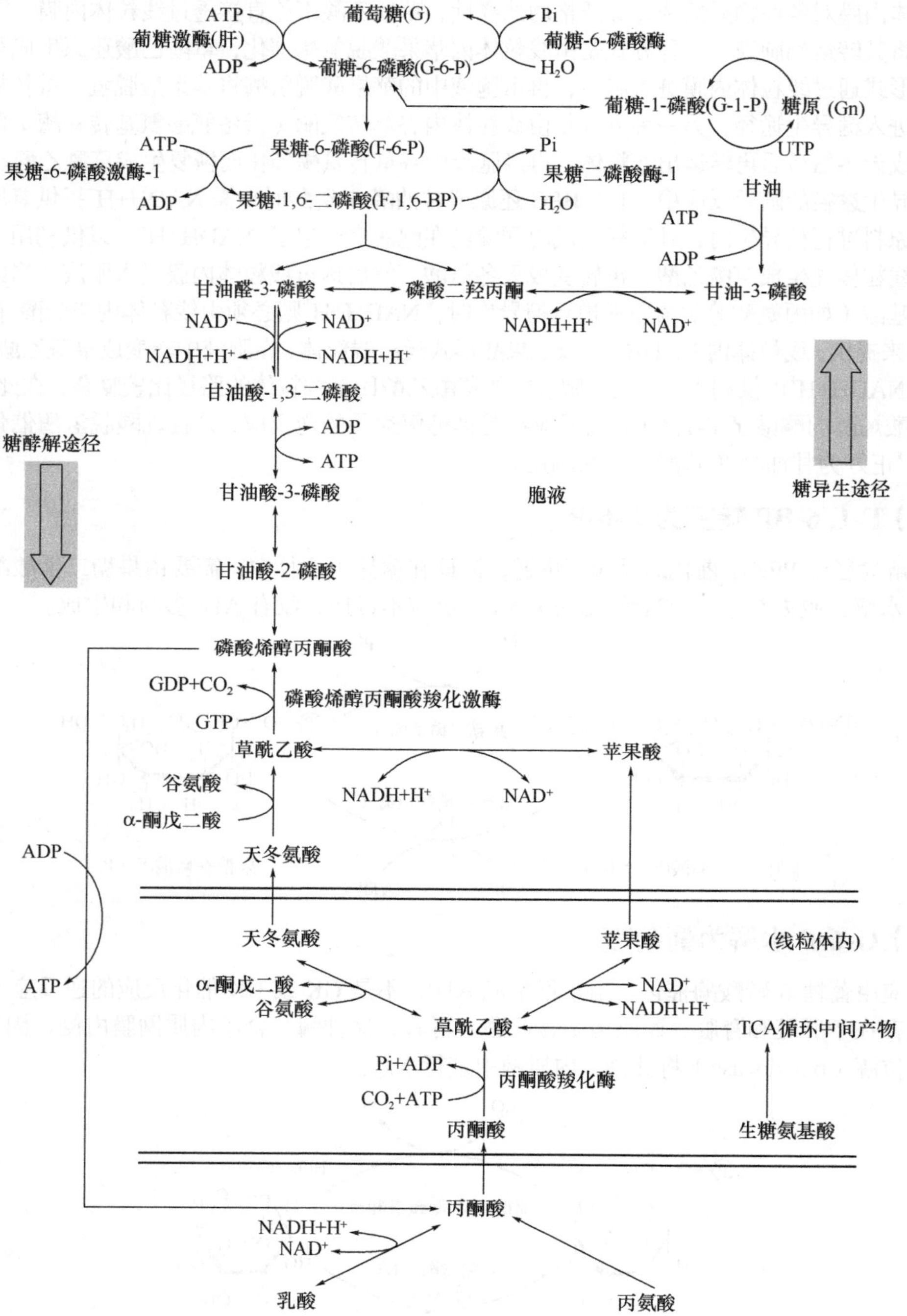

图 4-9 糖异生

二、糖异生的调节

在糖酵解和糖异生反应过程中，作用物的互变反应分别由不同的酶催化其单向反应，这种互变循环称之为底物循环（substrate cycle）。当两种酶活性相等时，则不能将代谢向前推进，结果仅是 ATP 分解释放出能量，因而又称之为无效循环（futile cycle）。而在细胞内两酶活性不完全相等，使代谢反应仅向一个方向进行。肝糖异生的调节与肝糖酵解密切协同。对糖酵解主要调节酶的抑制无疑起了促进糖异生酶的效力，启动糖异生作用就要关闭糖酵解。因此，一般对糖异生途径调节酶起激活作用的别构效应物，对糖酵解途径的调节酶就是抑制性的效应物，反之亦然。这种协调主要依赖于对这两条途径中的 2 个底物循环进行调节。

（一）F-6-P 与 F-1, 6-BP 之间的底物循环

糖酵解时 F-6-P 磷酸化生成 F-1, 6-BP，糖异生时 F-1, 6-BP 去磷酸化生成 F-6-P。如此磷酸化与去磷酸化构成了一个底物循环。如不加调节，净结果是消耗了 ATP 而又不能推进代谢。实际上在细胞内催化此互变反应的两种酶活性常呈相反的变化。F-2, 6-BP 和 AMP 激活 PFK-1 的同时，抑制果糖二磷酸酶-1 的活性，使反应向糖酵解方向进行，同时抑制了糖异生。胰高血糖素通过 cAMP 和依赖 cAMP 的蛋白激酶，使 PFK-2 磷酸化而失活，降低肝细胞内 F-2, 6-BP 水平，从而促进糖异生而抑制糖酵解。胰岛素则有相反的作用。

目前认为 F-2, 6-BP 的水平是肝内糖酵解与糖异生的主要调节信号。进食后，胰岛素分泌增加，胰高血糖素/胰岛素比例降低，F-2, 6-BP 水平升高，糖酵解增强而糖异生被抑制。饥饿时，胰高血糖素分泌增加，F-2, 6-BP 水平降低，糖异生增强而糖酵解被抑制。尽管维持底物循环消耗一些 ATP，但却使代谢调节更为灵敏和精细。

（二）磷酸烯醇丙酮酸与丙酮酸之间的底物循环

糖酵解时磷酸烯醇丙酮酸转变为丙酮酸并产生能量，糖异生时丙酮酸消耗能量生成磷酸烯醇丙酮酸，由此构成了又一个底物循环。F-1, 6-BP 不仅能够别构激活 PFK-1，而且能够别构激活丙酮酸激酶，从而将两个底物循环相联系和协调。胰高血糖素通过以下三方面调节机制加强糖异生，抑制糖酵解：抑制 F-2, 6-BP 和 F-1, 6-BP 的生成，从而抑制丙酮酸激酶；通过 cAMP 使丙酮酸激酶磷酸化而失活；通过 cAMP-PKA 信号通路快速诱导磷酸烯醇丙酮酸羧化激酶基因的表达，增加酶的合成。胰岛素则作用相反，显著降低磷酸烯醇丙酮酸羧化激酶的表达，从而抑制糖异生。此外，肝内丙酮酸激酶的活性可被丙氨酸抑制，这种抑制作用有利于在饥饿时丙氨酸异生成糖。

磷酸烯醇丙酮酸与丙酮酸之间的底物循环调节还可与丙酮酸脱氢酶复合体的活性变化相协调。例如，饥饿时大量脂酰 CoA 在线粒体内 β-氧化，生成大量乙酰 CoA。乙酰 CoA 一方面激活丙酮酸羧化酶，使其转变为草酰乙酸，加速糖异生；另一方面反馈抑制丙酮酸脱氢酶复合体，阻止糖的氧化利用。

三、糖异生的生理意义

（一）维持血糖浓度恒定

糖异生最主要的生理意义是在空腹或饥饿时保持血糖浓度的相对恒定。正常成人的脑组织不能利用脂肪酸，主要依赖葡萄糖供给能量；成熟红细胞没有线粒体，其获取能量的唯一途径就是糖酵解；骨髓、神经等组织由于代谢活跃，经常进行糖酵解。这样，即使在饥饿状况下，机体也需要消耗一定量的糖来维持生命活动。在不进食情况下，机体依赖肝糖原的分解维持血糖浓度，但肝糖原储备有限，10 多小时即消耗殆尽，此后，机体主要靠糖异生作用获得葡萄糖，以维持血糖浓度的相对恒定。因此，在空腹或饥饿情况下，糖异生作用对保障大脑及红细胞等重要组织器官的能量供应具有重要意义。

空腹或饥饿时机体依赖乳酸、生糖氨基酸和甘油等异生成葡萄糖，以维持血糖水平恒定。乳

酸进行糖异生主要与运动强度有关。乳酸来自肌糖原分解，肌内糖异生活性低，因此肌糖原分解生成的乳酸不能在肌内重新合成糖，必须经血液转运至肝后才能异生成糖。而在饥饿时糖异生的原料主要为氨基酸和甘油。在饥饿早期，一方面肌内每天约有 180～200g 蛋白质分解为氨基酸，再以丙氨酸和谷氨酰胺形式运输至肝进行糖异生，约可生成 90～120g 葡萄糖；另一方面随着脂肪组织中脂肪分解增强，运送至肝的甘油增多，每天约生成 10～15g 葡萄糖。而长期饥饿时，每天继续大量消耗蛋白质是无法维持生命的。这时，除减少脑的葡萄糖消耗以外，机体其他组织可依赖酮体供能；甘油仍可经糖异生提供约 20g 葡萄糖，这样可使每天消耗的蛋白质减少至 35g 左右。

（二）补充或恢复肝糖原储备

糖异生是补充或恢复肝糖原储备的重要途径，这在饥饿后进食更为重要。长期以来人们认为，进食后丰富的肝糖原储备是葡萄糖经鸟苷二磷酸葡糖（uridine diphosphate glucose，UDPG）合成糖原的结果。但近年来发现并非如此。肝灌注和肝细胞培养实验表明：只有当葡萄糖浓度达 12mmol/L 以上时，才观察到肝细胞摄取葡萄糖。这样高的浓度在体内是很难达到的。即使在消化吸收期，门脉内葡萄糖浓度也仅达 8mmol/L。这种摄取或释放主要是由 GK 的活性所决定的，GK 的 K_m 值高导致肝摄取葡萄糖的能力降低。另一方面，当在灌注液中加入一些可异生成糖的乳酸、甘油、丙酮酸及谷氨酸，则肝糖原迅速增加。以放射性核素标记葡萄糖的不同碳原子进行示踪分析，研究发现摄入的相当一部分葡萄糖先分解成丙酮酸、乳酸等三碳化合物，后者再异生成糖原。合成糖原的这条途径称为三碳途径或间接途径。相应的，葡萄糖经 UDPG 合成糖原的过程称为直接途径。三碳途径既解释了肝摄取葡萄糖能力虽低，但仍可合成糖原；又可解释为什么进食 2～3 小时内，肝仍要保持较高的糖异生活性。

（三）肾糖异生增强有利于维持酸碱平衡

长期饥饿或禁食后，肾糖异生增强，有利于维持酸碱平衡。长期禁食后，肾的糖异生作用增强，发生这一变化的原因可能是饥饿造成的代谢性酸中毒，此时酮体代谢旺盛，引起体液 pH 降低，促进肾小管中磷酸烯醇丙酮酸羧化激酶的合成，从而使肾的糖异生作用增强。另外，当肾脏中 α-酮戊二酸因异生成糖而含量减少时，可促进谷氨酰胺脱氨生成谷氨酸和进一步的谷氨酸脱氨反应。肾小管细胞将脱下的 NH_3 分泌入管腔中，与原尿中 H^+结合，降低原尿 H^+的浓度，有利于排氢保钠，对于防止酸中毒，调节机体酸碱平衡有重要作用。

（四）利于体内乳酸的再利用，防止乳酸中毒

在安静状态下，机体产生乳酸较少，对糖异生作用的意义不大，但在某些生理和病理等缺氧情况下（如剧烈运动、呼吸或循环功能障碍等），肌糖原通过无氧氧化（糖酵解）产生大量乳酸，部分乳酸由尿排出，大部分乳酸透过细胞膜弥散进入血液并经血液循环进入肝脏，在肝脏中通过糖异生作用合成肝糖原和葡萄糖。肝脏将葡萄糖再释放入血后，葡萄糖又可被肌肉组织摄取利用，重新合成肌糖原，由此构成了一个循环，称为乳酸循环（lactate cycle），又称 Cori 循环（图 4-10）。乳酸循环的形成取决于肝脏和肌肉组织中酶的特点：肝脏内糖异生活跃，又有葡糖-6-磷酸酶，可将 G-6-P 水解生成葡萄糖；而肌肉组织内糖异生活性低，且没有葡糖-6-磷酸酶，因此肌肉组织内生成的乳酸不能经糖异

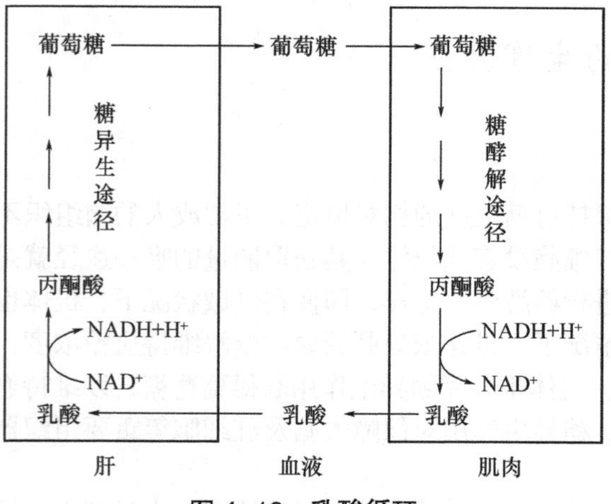

图 4-10 乳酸循环

生作用生成葡萄糖。乳酸循环具有重要的生理意义，使不能直接产生葡萄糖的肌糖原间接转变为血糖，同时使糖酵解产生的乳酸得以回收利用，避免营养物质浪费，并防止因乳酸堆积而引起乳酸酸中毒的发生，对乳酸代谢具有重要的意义。乳酸循环是耗能的过程，2 分子乳酸异生成葡萄糖需消耗 6 分子 ATP。

肝脏具有很强的从丙酮酸异生糖的作用，而肌肉又可将糖酵解产生的丙酮酸氨基化成为丙氨酸，或代谢其他氨基酸成为丙氨酸，然后释放到血液，运到肝脏进行糖异生，形成葡萄糖后运回肌肉，称为葡萄糖-丙氨酸循环，具体反应见第七章-氨基酸代谢。

第六节 糖原的合成与分解

人体摄入的糖类除经氧化分解供能外，大部分转变成脂肪（甘油三酯）储存于脂肪组织内，还有一小部分合成糖原。与脂肪不同的是，糖原能在机体需要葡萄糖时被迅速动用，而脂肪是禁食、饥饿时机体能量的主要来源。糖原（glycogen）是以葡萄糖为基本组成单位的多聚体，是体内糖的储存形式，包括肝糖原和肌糖原，主要存在于肝和肌肉中。但肝糖原和肌糖原生理功能区别很大。肝糖原是血糖的重要来源，能维持血糖正常浓度，供全身利用，这对依赖葡萄糖供能的组织器官，如大脑、红细胞等尤为重要；肌糖原主要为肌肉收缩提供急需的能量 ATP，满足肌组织本身的需要。

糖原分子呈树枝状，其相对分子质量在 100 万～1000 万之间。每个糖原分子仅有一个还原性末端，即末端葡萄糖残基保留有半缩醛羟基而具有还原性；其余的皆为非还原性末端，即末端葡萄糖残基都没有半缩醛羟基，因而不具还原性，糖原在体内的合成与分解反应均从非还原性末端开始。

一、糖原的合成

糖原合成（glycogenesis）是指在原有糖原引物的基础上由葡萄糖合成糖原的过程，主要在肝脏和骨骼肌中进行。由葡萄糖合成糖原的具体反应过程如下：

（一）葡萄糖活化生成 UDPG

糖原合成时，以糖酵解的中间代谢产物 G-6-P 为起始物。进入肝脏或骨骼肌中的葡萄糖首先在 GK 或 HK（见糖酵解途径）的作用下，磷酸化生成 G-6-P。再由磷酸葡糖变位酶催化磷酸基 C_6 移至 C_1 而生成为 G-1-P，反应可逆。G-1-P 与 UTP 经 UDPG 焦磷酸化酶（UDPG pyrophosphorylase）催化生成 UDPG 和焦磷酸，该反应可逆。由于焦磷酸可迅速被焦磷酸酶水解为 2 分子无机磷酸并释放出能量，使反应向糖原合成方向进行。UDPG 可看作“活性葡萄糖”，是体内糖原合成时葡萄糖供体。

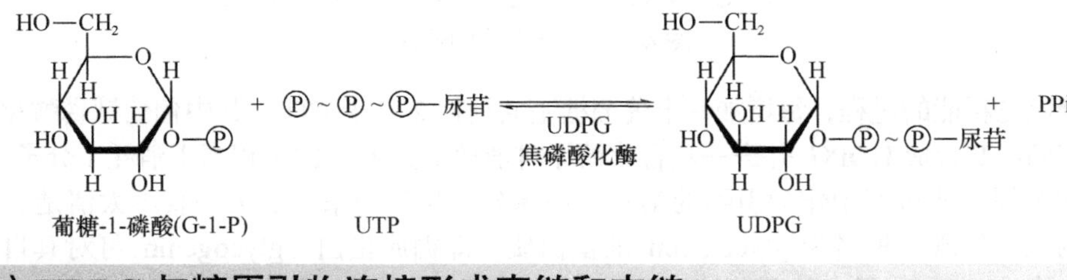

（二）UDPG 与糖原引物连接形成直链和支链

UDPG 的葡萄糖基不能直接与游离葡萄糖连接，必须与糖原引物相连。糖原引物（glycogen primer）是指在细胞内本身存在的较小的糖原分子。在糖原合酶（glycogen synthase）催化下，UDPG 与糖原引物反应，将 UDPG 中的葡萄糖基以 α-1，4-糖苷键连接到糖原引物的非还原端，从而生成比原来多一分子葡萄糖的糖原，此反应不可逆。糖原合酶是糖原合成的限速酶，催化上述反应反复进行，使糖原的糖链不断延长，但不能形成分支，不能合成新的糖原分子。

$$UDPG + (葡萄糖)_n \xrightarrow{糖原合酶} (葡萄糖)_{n+1} + UDP$$

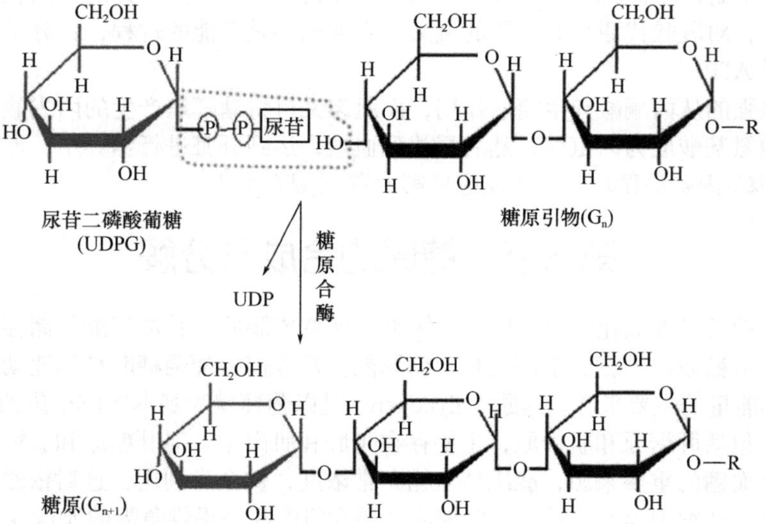

（三）分支酶催化糖原新分支链的形成

糖原合酶只能使糖链不断延长，要合成分支链，尚需要另外的酶。当糖链长度达到 12～18 个葡萄糖基时，将由分支酶（branching enzyme）（图 4-11）发挥作用，后者可将约 6～7 个葡萄糖基转移至邻近糖链上以 α-1, 6-糖苷键连接，形成新的分支，新的分支点与邻近的分支点的距离至少有 4 个葡萄糖基。多分支可增加糖原的非还原性末端数目，有利于糖原的分解利用；多分支也提高糖原的水溶性，利于贮存。上述反应反复进行，使小分子糖原逐渐成为大分子糖原。

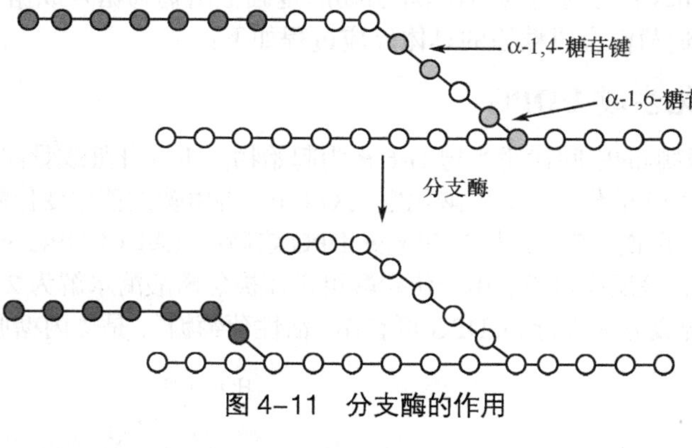

图 4-11　分支酶的作用

糖原合成是耗能的过程，每增加一个葡萄糖基共消耗 2 分子 ATP，其中葡萄糖磷酸化消耗 1 分子 ATP；在 G-1-P 合成 UDPG 并进一步合成糖原时消耗 1 分子 UTP（相当于消耗 1 分子 ATP）。

对于在糖原合成过程中作为引物的第一个糖原分子从何而来，过去一直不太清楚。近年来在糖原分子的核心发现一种名为 glycogenin 的蛋白质，即糖原蛋白。glycogenin 可对其自身进行共价修饰，并将 UDPG 分子中的葡萄糖残基 C_1 结合到 glycogenin 分子的酪氨酸残基上，从而使它糖基化。这个结合上去的葡萄糖分子即成为最初糖原合成时的引物，再由糖原合酶和分支酶催化糖链不断延伸，并形成新的分支。

二、糖原的分解

糖原分解（glycogenolysis）是指储存在肝脏或骨骼肌中的糖原分解为葡萄糖或 G-6-P 的过程，

它不是糖原合成的逆反应。肝糖原和肌糖原均可分解为 G-6-P，在肝内，G-6-P 即可水解成游离葡萄糖释放入血，以补充血糖，也可通过糖酵解途径或磷酸戊糖途径等进行代谢；在骨骼肌，G-6-P 仅进入糖酵解途径，为肌收缩供能。其反应步骤如下：

（一）糖原磷酸解为 G-1-P

糖原分解的第一步是从糖原糖链的非还原性末端开始，由糖原磷酸化酶（glycogen phosphorylase）催化分解 1 个葡萄糖基，生成 G-1-P，反应所需的磷酸基团由无机磷酸提供，反应不消耗 ATP。

$$\text{糖原}_{n} + \text{Pi} \longrightarrow \text{糖原}_{n-1} + \text{G-1-P}$$

糖原磷酸化酶是糖原分解过程中的限速酶，它只能作用于 α-1, 4-糖苷键而非 α-1, 6-糖苷键，因此只能分解糖原的直链。由于糖原分解成 G-1-P 的反应是磷酸解，自由能变动较小，再加上细胞内无机磷酸盐的浓度约为 G-1-P 的 100 倍，故此反应不可逆，只能向糖原分解方向进行。

（二）糖原的葡萄糖基转移与糖链脱支

当糖原分支上的糖链被磷酸化分解至距分支点约 4 个葡萄糖基时，由于空间位阻效应，糖原磷酸化酶不能再发挥作用。这时由葡聚糖转移酶催化，糖原分支上近末端侧的 3 个葡萄糖基转移到直链的非还原端，形成更长的 α-1, 4-糖苷链，以便磷酸化酶发挥其催化作用。分支处仅剩下 1 个葡萄糖基以 α-1, 6-糖苷键连接，在 α-1, 6-葡糖苷酶作用下水解成游离葡萄糖。

目前认为葡聚糖转移酶和 α-1, 6-葡糖苷酶是同一酶的两种活性，合称脱支酶（debranching enzyme）。在磷酸化酶和脱支酶（图 4-12）的协调反复作用下，糖原可迅速地磷酸解和水解。通常所得产物中 G-1-P 约占 85%，游离葡萄糖约占 15%。

（三）G-1-P 变位生成 G-6-P

G-1-P 再经磷酸葡糖变位酶（phosphoglucomutase）催化，转变为 G-6-P，该反应可逆。

（四）G-6-P 水解为葡萄糖

肝脏和肾脏中的 G-6-P 经葡糖-6-磷酸酶（glucose-6-phosphatase）水解为葡萄糖，反应不可逆。

糖原合成与糖原分解是维持血糖正常水平的重要途径。人的进食时间是间断的，所以机体必须储存一定量的糖以备不进食时的生理需要。糖原是糖的储存形式，进食时，血糖水平上升，过多的糖可以在肝脏和肌肉组织中合成糖原储存起来，以防血糖浓度过高。当停止进食后，如果血糖降低，肝糖原就会分解成葡萄糖释放入血以补充血糖。因此，在饥饿时，肝糖原可大量分解为葡萄糖，是补充血糖的主要来源。

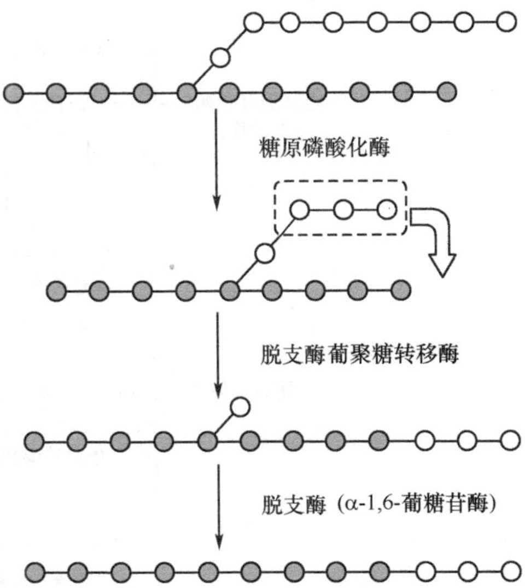

图 4-12 糖原磷酸化酶与脱支酶的协同作用

肌组织中葡糖-6-磷酸酶活性极低，所以肌糖原不能直接转变为葡萄糖，也就不能直接补充血糖。生成的 G-6-P 直接进入糖酵解途径，肌糖原中的 1 个葡萄糖基进行无氧氧化生成乳酸的过程可净产生 3 个 ATP，为肌肉收缩提供能量。这样可减少肌肉组织对血糖的摄取，同时生成的乳酸还可通过血液循环转运到肝脏合成葡萄糖，间接补充血糖。

三、糖原合成与分解代谢的调节

体内糖原的合成与分解不是简单的可逆反应，是按照不同的代谢途径进行精细的调节，相互制约而有序地进行，这也是生物体内合成与分解代谢的普遍规律。糖原合成和糖原分解途径的限速酶分别是糖原合酶和磷酸化酶，这两种酶的快速调节有别构调节和化学修饰调节两种方式，从而决定糖原代谢的方向。当糖原合酶活化时，糖原磷酸化酶被抑制，糖原合成启动；当糖原磷酸化酶活化时，糖原合酶被抑制，糖原分解启动。

（一）共价修饰调节

1. 磷酸化的糖原磷酸化酶是活性形式 糖原磷酸化酶有磷酸化（a 型）和去磷酸化（b 型）两种形式。磷酸化酶 a 有活性，而磷酸化酶 b 无活性，当磷酸化酶 b 的第 14 位丝氨酸残基被磷酸化时，原来活性很低的磷酸化酶 b 就转变为活性强的磷酸化酶 a。这种磷酸化过程由磷酸化酶 b 激酶催化，该酶也有两种形式。在蛋白激酶 A 作用下，去磷酸的磷酸化酶 b 激酶（无活性）转变为磷酸型磷酸化酶 b 激酶（有活性），而蛋白磷酸酶-1 则催化磷酸型磷酸化酶 b 激酶的去磷酸化过程。蛋白激酶 A 也有活性、无活性两种形式，受细胞中 cAMP 的调控。当 cAMP 存在时被激活，而肾上腺素等激素可活化腺苷酸环化酶，进而催化 ATP 生成 cAMP。然而 cAMP 在体内很快被磷酸二酯酶水解成 AMP，此时蛋白激酶 A 即转变为无活性形式。糖原分解在肝内主要受胰高血糖素的调节，而在骨骼肌内主要受肾上腺素调节（图 4-13）。

2. 去磷酸化的糖原合酶是活性形式 糖原合酶也分为 a 和 b 两种形式，去磷酸化的糖原合酶 a 有活性，磷酸化的糖原合酶 b 无活性。蛋白激酶 A 可通过磷酸化其多个丝氨酸残基而使之失活（图 4-13）。此外，蛋白激酶 A 使蛋白磷酸酶抑制剂磷酸化而活化，抑制蛋白磷酸酶-1，使无活性的糖原合酶不能脱磷酸。可见，糖原磷酸化酶和糖原合酶的化学修饰方式相似，但糖原磷酸化酶的磷酸化是有活性的，而糖原合酶磷酸化后则失活。这种精细的调控方式，使特定条件下糖原代谢仅向一个方向进行。

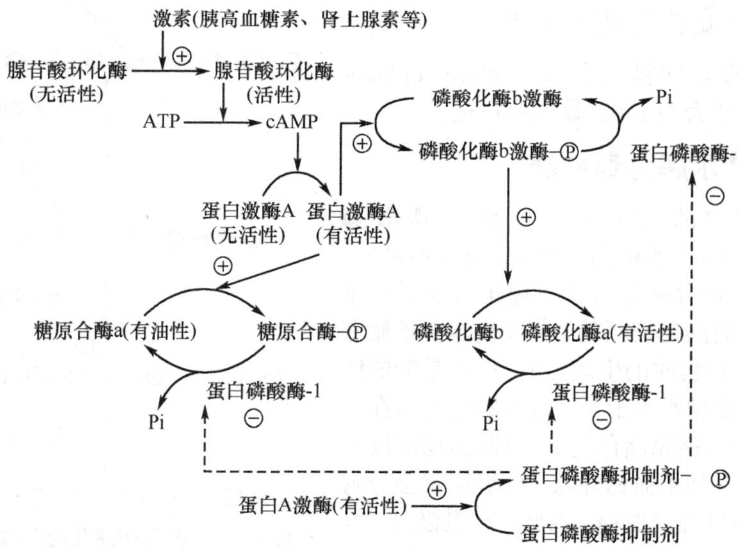

图 4-13 糖原合成与分解的共价修饰调节

（二）别构调节

1. 糖原磷酸化酶 糖原磷酸化酶的别构效应剂主要是葡萄糖、ATP 和 AMP 等小分子。其中，葡萄糖和 ATP 是其别构抑制剂，当血糖升高时，葡萄糖进入肝细胞，与磷酸化酶 a 的别构部位结合，引起酶构象改变而暴露出磷酸化的第 14 位丝氨酸残基，此时蛋白磷酸酶-1 使之去磷酸化转变成磷酸化酶 b 而失活，导致肝糖原分解减弱。而 AMP 是其别构激活剂，当肌肉收缩时，AMP 浓度升高，可激活无活性的糖原磷酸化酶 b，使之产生有活性的磷酸化酶 a，从而加速糖原分解。该调节方式受细胞内底物和产物供需平衡的影响，属于基本调节机制。

此外，Ca^{2+}含量的升高也可加速肌糖原分解，因为磷酸化酶 b 激酶中的 δ 亚基与 Ca^{2+}结合后使酶发生活化，从而催化磷酸化酶 b 磷酸化成磷酸化酶 a，促进糖原分解。神经冲动可以使胞液内 Ca^{2+}升高，所以在神经冲动引起肌收缩的同时，肌糖原分解加强以提供能量。

2. 糖原合酶 糖原合酶主要受 AMP、ATP 和 G-6-P 等别构效应剂的调节，别构调节取决于细胞内的能量状态。当细胞处于静息状态时，G-6-P 和 ATP 浓度升高，可别构激活糖原合酶，有利于糖原合成。当血糖浓度降低或肌肉收缩时，ATP 和 G-6-P 水平降低，而此时 AMP 浓度升高，则别构抑制糖原合酶，使糖原合成途径关闭。

四、糖原累积症

糖原累积症（glycogen storage disease）是由于体内先天性缺乏糖原代谢的酶类，导致某些组织器官不能正常代谢的糖原在体内大量堆积。该病属于遗传性代谢病，为常染色体隐性遗传病，但磷酸化酶 b 激酶缺陷型则是 X-性连锁遗传。糖原累积症有很多类型，受累的器官主要是肝，其次是心和肌肉（表 4-3）。糖原累积症主要临床表现为肝肿大和低血糖，最常见的为 I 型，是由于肝或肾中缺乏葡糖-6-磷酸酶，致使不能动用糖原维持血糖浓度，可引起低血糖、乳酸血症、酮症、高脂血症等；最严重的是Ⅱ型，病人全身组织均有糖原沉积，尤其是心肌糖原浸润肥大明显。多于 1 岁前发病，2 岁前死于心肺功能衰竭。

表 4-3 糖原累积症分型

类型	缺陷的酶	受损组织或器官	糖原结构
Ⅰ	葡糖-6-磷酸酶	肝、肾脏	正常
Ⅱ	溶酶体 α -葡萄糖苷酶	所有组织	正常
Ⅲ	脱支酶	肝、肌肉	多分支
Ⅳ	分支酶	所有组织	少分支
Ⅴ	磷酸化酶	肌肉	正常
Ⅵ	磷酸化酶	肝	正常
Ⅶ	磷酸果糖激酶	肌肉、红细胞	正常
Ⅷ	磷酸化酶 b 激酶	肝、脑	正常

第七节 葡萄糖的其他代谢途径

一、糖醛酸途径

细胞内葡萄糖还可以经过糖醛酸途径（glucuronate pathway）代谢生成重要的代谢产物—葡糖醛酸。该途径起始于糖代谢中间产物 G-6-P，G-6-P 首先经 UTP 活化生成 UDPG（见糖原合成途径），UDPG 经脱氢酶催化氧化生成尿苷二磷酸葡糖醛酸（uridine diphosphate glucuronic acid，UDPGA），后者进一步转变为木酮糖-5-磷酸，从而参入到磷酸戊糖途径中。糖醛酸途径在糖代谢中所占的比例很小，但却具有重要的生理意义。这是因为该途径产生了活化的葡糖醛酸——UDPGA，葡糖醛酸不仅是体内蛋白聚糖的重要组成成分，为合成硫酸软骨素、透明质酸、肝素等物质提供原料；同时还是肝脏生物转化第二相结合反应中重要的结合物，参与许多代谢产物、药物或毒物的生物转化过程。

二、多元醇途径

葡萄糖还可以通过多元醇途径（polyol pathway）代谢生成一些多元醇，如山梨醇（sorbitol）和木糖醇（xylitol）等。该代谢过程在葡萄糖代谢中所占比例极小，仅局限于某些组织。例如，葡萄糖可在醛糖还原酶作用下还原生成山梨醇；在 2 种木糖醇脱氢酶催化下，糖醛酸途径中的 L-木酮糖可生成中间产物木糖醇，后者再转变为 D-木酮糖。

本身无毒的多元醇不易通过细胞膜，但其在机体特定组织具有重要的生理及病理意义。例如，生精细胞中的葡萄糖可以通过多元醇途径先生成山梨醇，后者再转变为果糖，从而使人体精液中果糖浓度超过 10mmol/L，这样就为以果糖作为主要能源的精子活动提供了充足的能源保障。1 型糖尿病患者的血糖水平高，导致透入眼晶状体中的葡萄糖增加而生成较多的山梨醇，局部增多的山梨醇会使渗透压升高而引发白内障。

三、甘油酸-2, 3-二磷酸旁路

在糖酵解途径中，1, 3-BPG 在甘油酸-3-磷酸激酶催化下生成甘油酸-3-磷酸，同时经底物水平磷酸化生成 ATP。但在红细胞内，1, 3-BPG 可由二磷酸甘油酸变位酶催化转变成甘油酸-2, 3-二磷酸（2, 3-BPG），后者再经 2, 3-BPG 磷酸酶水解生成甘油酸-3-磷酸返回到糖酵解途径中，构成了红细胞中特有的侧支循环，称为 2, 3-BPG 旁路（2, 3-BPG shunt pathway）（详见第十章血液生物化学）。

第八节　血糖的调节及糖代谢障碍

血液中的葡萄糖称为血糖（blood sugar），正常人空腹血糖的浓度相对恒定，维持在 3.89～6.11mmol/L。大脑主要依靠葡萄糖供能以进行神经活动，血糖供应不足，神经功能受损。因此，维持血糖浓度的相对稳定对保证机体各组织器官，特别是大脑功能的正常进行极为重要。正常人 24 小时内血糖浓度有所波动，餐后或大量摄入糖后血糖浓度升高，但多维持在 7.8～8.8mmol/L，并且很快即可恢复正常（一般不超过 2h）。饥饿时血糖浓度逐渐降低。正常人短期内不进食，血糖浓度经体内调节也可以维持在正常水平。

一、血糖的来源与去路

血糖之所以能维持恒定，主要是血糖的来源和去路保持平衡的结果。血糖的来源主要有：①食物中经消化吸收入血的葡萄糖和其他单糖，这是血糖的主要来源；②肝糖原分解释放的葡萄糖，这是空腹时血糖的直接来源；③禁食超过 12 小时，主要由非糖物质通过糖异生补充血糖。血糖的去路主要有：①氧化分解供能，这是血糖的主要去路；②合成肝糖原和肌糖原储备；③转变成其他糖及糖衍生物，如核糖、脱氧核糖、氨基酸、唾液酸等；④转变为非糖物质，如脂肪、非必需氨基酸等。当血糖浓度超过肾糖阈（renal glucose threshold）8.89～10.00mmol/L 时，则随尿排出，出现糖尿。

不同组织中葡萄糖利用和代谢各异。某些组织用于氧化供能；肝和肌肉用于合成糖原；脂肪组织和肝可将其转变为脂肪等。饱食时，糖的代谢去路均活跃；短期饥饿时，仅有氧氧化通路保持开放；长期饥饿时，所有去路都关闭以节约葡萄糖，此时机体主要依靠脂肪和酮体供能。血糖的来源和去路如图 4-14。

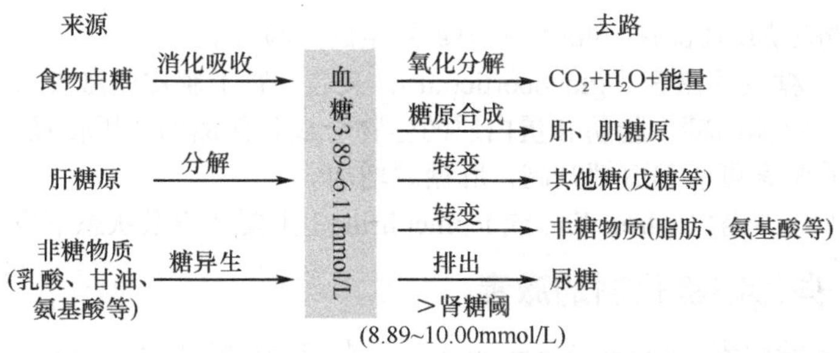

图 4–14 血糖的来源和去路

二、血糖浓度的调节

糖代谢的调节不是孤立的，是机体多种代谢及多个器官之间协调的结果。血糖水平保持恒定即是糖、脂肪及氨基酸代谢协调的结果，也是肝、肌肉和脂肪组织等各器官组织代谢协调的结果。

肝脏是调节血糖浓度的主要器官，对血糖浓度的变化极为敏感。肌肉等外周组织摄取和利用葡萄糖的速度对血糖浓度也有一定影响。例如，消化吸收期间，因进食后从肠道吸收了大量葡萄糖，导致血糖浓度升高，此时由肠道吸收入血的葡萄糖，可经门静脉进入肝，促进肝细胞合成糖原，使肝内糖原合成加强（包括 UDPG 途径和三碳途径）而分解减弱；同时，肌糖原合成和糖的氧化亦加强；肝、脂肪组织还加速将糖转变为脂肪；从肌肉蛋白质分解的氨基酸的糖异生则减弱；因而不致有过多的葡萄糖进入体循环，血糖浓度也仅暂时上升并且很快恢复正常。饥饿时血糖浓度偏低，肝脏可通过肝糖原分解和糖异生两个过程将葡萄糖释放入血液，以补充血糖。例如，长跑者经长达 2 小时多的比赛，其肝糖原本应早已耗尽，但血糖水平仍保持在 3.89～6.11mmol/L，此时肌肉能量主要来自脂肪酸，而糖异生来的葡萄糖可保持血糖于较低水平。长期饥饿时，血糖虽低，仍保持 3.6～3.8mmol/L，此时血糖主要来自肌肉蛋白质降解来的氨基酸，其次为甘油，以保证脑对葡萄糖的需要；其他组织则因摄取葡萄糖被抑制而以脂肪酸和酮体为能量来源，这时脑的能量一部分也由酮体供应。

机体的各种代谢以及各器官之间能这样精确协调，以适应能量、燃料供求的变化，主要依靠激素的调节。调节血糖的激素主要有胰岛素、胰高血糖素、肾上腺素和糖皮质激素等。这些激素主要通过调节细胞内限速酶的活性发挥作用。

（一）降低血糖的激素

胰岛素（insulin）是体内唯一降低血糖的激素，也是唯一同时促进糖原、脂肪和蛋白质合成的激素。胰岛素由胰腺的 β 细胞合成分泌，相对分子量为 5.8kD，分泌入血后在体内的生物半衰期为 5～10 分钟，主要被肝脏摄取并降解，少量由肾小球滤过后在近曲小管重吸收和降解。胰岛素降低血糖的机制是使血糖去路增强、来源减弱。

（二）升高血糖的激素

1. 胰高血糖素 胰高血糖素（glucagon）是由胰岛 α 细胞分泌的一种含 29 个氨基酸残基的多肽，是体内升高血糖的主要激素。

胰岛素和胰高血糖素的分泌主要受血糖浓度调节，但作用相反，二者比例的动态平衡使血糖在正常范围内保持较小幅度的波动。例如，进食后血糖升高，使胰岛素分泌加强而胰高血糖素分泌减少，血糖水平趋于回落；反之血糖降低可刺激胰高血糖素分泌，减少胰岛素分泌。长期糖尿病将削弱胰岛 α 细胞对低血糖的反应，增加低血糖的发生率。应激、运动和氨基酸也可诱导其释放，而胰岛素可抑制胰高血糖素的基因表达，减少其生物合成和释放，若胰岛素不足又继发胰高血糖素浓度升高，将增加高血糖症和酮症酸中毒发生的危险性。

2. 糖皮质激素 糖皮质激素（glucocorticoid），又名“肾上腺皮质激素”，是由肾上腺皮质分泌的一类甾体激素，对体内糖、脂肪和蛋白质的生物合成和代谢的作用较强，对水和无机盐代谢的影响很弱。糖皮质激素可引起血糖升高，肝糖原增加。

3. 肾上腺素 肾上腺素（adrenaline 或 lepinephrine）主要在应激状态下发挥升高血糖的作用。

（三）其他一些影响糖代谢的激素

1. 甲状腺素 甲状腺素（thyroid hormone）并不直接参与糖代谢的调节，但可刺激糖原分解，促进小肠吸收葡萄糖。因此甲状腺功能亢进的患者葡萄糖耐量降低，但空腹血糖水平仍然正常。

2. 生长激素释放抑制激素 生长激素释放抑制激素（growth hormone release inhibiting hormone；GIH）又称生长抑素，由胃肠道和胰岛 δ 细胞分泌，是一种由 14 个氨基酸残基组成的多肽。生长抑素对糖代谢并没有直接作用，但它可抑制生长激素释放。此外，生长抑素还可调节胰高血糖素和胰岛素的分泌。各种激素对血糖水平调节情况见表 4-4。

表 4-4 激素对血糖水平调节一览表

激素	对血糖的影响	主要作用机制
胰岛素	↓	①促进肌肉、脂肪细胞摄取葡萄糖；②激活糖原合酶、抑制磷酸化酶，促进糖原合成，抑制糖原分解；③激活丙酮酸脱氢酶，促进糖有氧氧化；④通过抑制磷酸烯醇丙酮酸羧化激酶活性而抑制糖异生；⑤通过抑制激素敏感性脂肪酶而减少脂肪动员，促进糖转化为脂肪
胰高血糖素	↑	①通过 cAMP-PKA 通路激活磷酸化酶，促进肝糖原分解；②抑制 PFK-2，减少 F-2，6-BP 的生成，抑制糖酵解，促进糖异生；③抑制丙酮酸激酶而促进磷酸烯醇丙酮酸羧化激酶合成，从而促进糖异生；④通过激活激素敏感性脂肪酶加速脂肪动员、促进脂肪分解供能
糖皮质激素	↑	①抑制肌肉、脂肪组织细胞摄取和利用葡萄糖；②促进肌蛋白质分解，增加糖异生原料，促进糖异生；③通过抑制丙酮酸氧化脱羧而抑制糖有氧氧化；④协同其他激素促进脂肪动员，促进机体利用脂肪酸供能
肾上腺素	↑	①主要在应激状态下发挥调节作用；对经常性血糖波动尤其是进食-饥饿循环无生理意义；②通过 cAMP-PKA 通路激活肝和肌细胞内糖原磷酸化酶，产生级联反应，加速糖原分解。肝糖原分解补充血糖，肌糖原经糖酵解产生乳酸供肝糖异生

三、糖代谢障碍

糖是人体的主要能量来源，也是构成机体结构物质的重要组成成分。即使一次性食入大量葡萄糖，由于正常人体内对于糖代谢有着精密的调节机制，也会保证血糖水平不会持续升高。这种人体对摄入的葡萄糖所具有的耐受能力的现象称为葡萄糖耐量（glucose tolerance）或耐糖现象。正常人体内糖代谢的中心问题之一是维持血糖浓度的相对恒定，一旦糖代谢的调节机制出现异常，如神经系统功能紊乱、内分泌失调、先天性酶缺陷及肝肾功能障碍等均可以导致糖代谢障碍，引起糖代谢紊乱。当肝功能严重受损时，进食糖类或输葡萄糖液都可发生一时性高血糖甚至糖尿，而饥饿时也可出现低血糖症状。血糖水平是反映体内糖代谢状况的重要指标。临床上常见的糖代谢紊乱主要是血糖浓度过高（高血糖症）和过低（低血糖症），一些糖代谢过程中的酶先天性缺陷导致的单糖或糖原在体内的累积，也属于糖代谢紊乱的范畴。引起高血糖症最常见和最主要的原因是糖尿病。

（一）低血糖

对于健康人群，空腹血糖浓度低于 2.8mmol/L 时称为低血糖（hypoglycemia），其临床症状因人而异，主要是与交感神经和中枢神经系统的功能异常相关。因血糖过低会影响脑的正常功能，通常表现为出汗、饥饿、心慌、颤抖、面色苍白等，严重者还可出现精神不集中、躁动、易怒甚至昏迷等，但这些症状缺乏特异性。出现低血糖的病因有多种，较常见的原因见表 4-5。

（二）高血糖

空腹血糖浓度高于 7.1mmol/L 时称为高血糖（hyperglycemia）。当血糖浓度高于肾糖阈 8.89～10.00mmol/L，即超过了肾小管的重吸收能力，随尿排出，称为糖尿（glucosuria）。高血糖可以由多种原因引起（表 4-5）。

表 4-5 血糖水平异常一览表

分类	血糖浓度	主要病因
低血糖	＜2.8mmol/L	①胰性（胰岛 β 细胞功能亢进、胰岛 α 细胞功能低下等引起的胰岛素水平相对过高）；②肝性（肝癌、糖原累积症等引起的肝糖原合成减少、糖异生作用减弱）；③内分泌异常（垂体功能低下、肾上腺皮质功能低下等引起糖皮质激素、生长激素分泌不足）；④肿瘤（如胃癌等）使胰岛素分泌过多；⑤饥饿或不能进食者等；⑥剧烈运动或者高烧病人因代谢率增加，血糖消耗过多；⑦使用胰岛素或降血糖药物过多等
高血糖	＞7.1mmol/L	①遗传性胰岛素受体缺陷；②某些慢性肾炎、肾病综合征等引起肾对糖的重吸收障碍；③情绪激动引起交感神经兴奋，肾上腺素分泌增加，使肝糖原大量分解导致的生理性高血糖和糖尿；④临床上静脉滴注葡萄糖速度过快，使血糖迅速升高；⑤内分泌功能紊乱导致病理性高血糖和糖尿，以糖尿病最常见。

（三）糖尿病

糖尿病（diabetes mellitus，DM）是一组由于胰岛素分泌不足或（和）胰岛素作用低下而引起的代谢性疾病，其特征是高血糖症。糖尿病是临床上最常见的糖代谢紊乱性疾病。糖尿病的长期高血糖将导致多种器官的损害、功能紊乱，甚至衰竭，尤其是眼、肾、神经、心脏和血管系统。

案例 4-2

梁某，男，45 岁，因多尿、口渴、多饮、多食易饥、消瘦、乏力 1 个月来诊。病人 1 个月前自觉无明显诱因出现口渴，多饮，每日饮水量大约 3000ml，尿量与饮水量相仿，每日进主食量大约 600～750g，且易饥饿，体重逐渐下降大约 5kg，自觉明显乏力。家族史：其姐姐有糖尿病。入院查体：身高 170cm，体重 80kg，生命体征平稳。

辅助检查主要阳性发现：实验室检查空腹血糖 10.0 mmol/L（参考值 3.89～6.11 mmol/L），餐后 2 小时血糖 18.2 mmol/L（参考值＜7.8 mmol/L），三酰甘油（TG）3.2 mmol/L（参考值 0.45～1.70 mmol/L），尿糖（++），其余各项未见异常。

问题：

1. 该患者的初步诊断及诊断依据是什么？
2. 糖尿病分型及常见并发症？
3. 针对该患者，可以采取何种治疗措施？为预防糖尿病慢性并发症，进行后期疗效监控时，主要监测哪些指标？
4. 如何从生化角度解释肥胖与 2 型糖尿病之间的关系？

分析讨论

1. 初步诊断为糖尿病。糖尿病典型的临床症状为“三多一少”，即多饮、多尿、多食、体重减少。但许多轻症或 2 型糖尿病患者早期常无明显症状，而在普查、健康检查或其他疾病而偶然发现，不少患者甚至以各种急性或慢性并发症而就诊。目前糖尿病的诊断主要取决于生化检验结果，其诊断标准为：①糖化血红蛋白（HbA_1c）≥6.5%，需采用美国糖化血红蛋白标准化计划组织（NGSP）认证的方法进行；②空腹血浆葡萄糖浓度（FPG）≥7.0mmol/L（126mg/dl）；③口服葡萄糖耐量试验（OGTT）中 2 小时血浆葡萄糖浓度（2h-PG）≥11.1mmol/L（200mg/dl）；④糖尿病的典型症状（如多尿、多饮和无原因体重减轻等），同时随机血糖浓度≥11.1mmol/L（200mg/dl）；⑤未发现有明确的高血糖时，应重复检测以确诊。

2. 根据病因糖尿病可分为四大类型，即 1 型糖尿病、2 型糖尿病、其他特殊类型糖尿病和妊娠期糖尿病。1 型糖尿病多见于青少年，起病较急，主要是因为胰岛 β 细胞的破坏引起胰岛素绝对不足，且具有酮症酸中毒倾向。大多数 1 型糖尿病患者以体内存在自身抗体为特征，说明体内有破坏 β 细胞的自身免疫过程。2 型糖尿病常见于肥胖的中老年人，往往在 40 岁以后才发病；血浆中胰岛素含量绝对值并不降低，但在糖刺激后呈延迟释放；胰岛细胞胞浆抗体等自身抗体呈阴性；发生酮症酸中毒的比例不如 1 型糖尿病。此型患者病情相对较轻，但发病率很高，约占糖尿病发病人数的 90%左右。

糖尿病患者最可怕之处在于糖尿病并发症。并发症的严重程度与血糖水平、病史长短密切相关。按并发症的起病快慢可分为急性并发症和慢性并发症两大类。感染是常见的急性并发症，此外还有糖尿病酮症酸中毒、糖尿病非酮症高渗性昏迷、糖尿病乳酸酸中毒昏迷等。糖尿病的高血糖会使蛋白质发生非酶促的糖基化反应，糖化蛋白质与未糖化分子之间相互结合交联，形成大分子的糖化产物，引起血管基底膜增厚、晶状体浑浊及神经病变等病理变化，由此引起的微血管、大血管和神经病变，是导致眼、心、脑、肾、神经等多器官损害的基础。临床数据显示，糖尿病发病 10 年左右，30%～40%的患者至少会发生一种并发症，药物治疗很难逆转，病人需尽早预防并发症。

3. 通过控制饮食、适量运动以控制体重，同时药物治疗。实验室主要监测的指标包括：①血糖和尿糖；②糖化血红蛋白（HbA1c）；③尿微量白蛋白；④其他并发症评估指标（胆固醇、三酰甘油和肌酐等）；⑤C 肽和胰岛素等。

4. 肥胖是发生糖尿病（主要是 2 型糖尿病）的重要危险因素之一。根本原因在于肥胖者体内存在着一种特殊的病理状态，称为胰岛素抵抗。胰岛素是人体内最主要的降血糖激素。肥胖者葡萄糖转运机制发生改变，包括：①细胞表面的胰岛素受体数目减少；②单个受体的功能下降；③胰岛素介导的信号转导功能受损；④GLUT 数目减少，功能减弱；⑤肝糖原合成不足。上述原因导致胰岛素抵抗。为了克服胰岛素抵抗，肥胖者早期胰岛素分泌增加，出现“高胰岛素血症”，以维持血糖在正常范围，随后胰腺合成胰岛素的功能逐渐衰竭，血糖水平异常升高，出现糖尿病。

（张春晶　李淑艳）

思考题

1. 分析 G-6-P 是哪些糖代谢途径的交汇点，并分析不同生理情况下 G-6-P 是如何进行代谢的？
2. 剧烈运动后可出现肌肉酸痛现象，通常疼痛出现的快，但消失的也快，分析其生化机制？
3. 试分析糖异生过程的主要原料、限速酶及生理意义？
4. 试述血糖的来源与去路？调控血糖的因素有哪些？

第五章 生物氧化

内容提要

生物氧化是在生物体内，从代谢物脱下的氢及电子，通过一系列酶促反应与氧化合成水，并释放能量的过程，通常需要消耗氧，产生二氧化碳，故又称为呼吸作用。生物氧化在细胞的线粒体内外均可进行，但氧化过程及意义不同。

生物体有脱电子、脱氢、加氧三种氧化方式；催化氧化还原反应的酶类包括氧化酶类、脱氢酶类、加氧酶类等。

在线粒体内的生物氧化需要呼吸链，呼吸链是指存在于线粒体内膜上，由一系列具有传递氢或电子的酶和辅酶构成的氧化还原连锁反应体系。呼吸链的反应体系由 4 个酶复合体和 2 个分离存在的传递体组成，从代谢物脱下的氢原子（2H）经呼吸链传递体逐步传递，最终与氧结合生成了水，同时释放能量。组成呼吸链的 4 个有电子传递功能的复合体：Ⅰ、Ⅱ、Ⅲ、Ⅳ。复合体Ⅰ又称 NADH—Q 还原酶，可将电子从 NADH 传递给泛醌；复合体Ⅱ又称琥珀酸—Q 还原酶，可将电子从琥珀酸传递给泛醌；复合体Ⅲ又称泛醌——细胞色素 c 还原酶，能把电子从泛醌传递给 Cytc；复合体Ⅳ又称细胞色素 c 氧化酶，能把电子从 Cytc 传递给氧。体内有 NADH 氧化呼吸链和琥珀酸氧化呼吸链，每 2H 经 NADH 氧化呼吸链生成 2.5 分子 ATP，经琥珀酸氧化呼吸链生成 1.5 分子 ATP。

线粒体内生物氧化产生的能量约 40%生成 ATP 以供生命活动之需。ATP 是生物细胞内能够直接利用的能量形式。P/O 比值是指物质氧化时，每消耗 1 摩尔氧原子所消耗无机磷的摩尔数（或 ADP 摩尔数），即生成 ATP 的摩尔数。体内生成 ATP 的主要方式是氧化磷酸化，即作用物氧化脱氢经呼吸链传递给氧生成 H_2O 并释放能量的同时，偶联 ADP 磷酸化生成 ATP 的过程。关于氧化磷酸化的机制有多种解释，其中化学渗透假说被普遍接受。该学说认为电子经呼吸链传递释放的能量，可将质子从线粒体基质侧泵到内膜外侧，产生质子电化学梯度而积蓄能量，当质子梯度达到一定程度时，经 ATP 合酶 F_0质子通道回流，产生的能量由 F_1催化 ADP 磷酸化生成 ATP。

氧化磷酸化受许多因素的影响，包括 ADP 浓度、甲状腺素、呼吸链抑制剂、解偶联剂等。其中 ADP 是调节机体氧化磷酸化的主要因素；鱼藤酮、安密妥、粉蝶霉素、抗霉素 A、氰化物、叠氮化物、一氧化碳等呼吸链抑制剂抑制呼吸链不同复合体的电子传递；解偶联剂 2，4–二硝基苯酚，使氢离子不经 ATP 合酶的 F_0质子通道回流，能量以热能形式释放。

生物体内能量的转化、储存和利用都以 ATP 为中心。ATP 生成时接受物质分解释放的能量。ATP 分解放能供肌肉收缩、合成代谢、物质转运、神经传导等。在肌肉和脑组织中，磷酸肌酸可作为能源的储存形式。

由于线粒体内膜对物质的通透具有严格的选择性，在线粒体外生成的 NADH 不能直接进入线粒体经呼吸链氧化，需要借助穿梭系统才能使 2 H 进入线粒体内。线粒体外的 $NADH+H^+$所携带的 2H 通过 α–磷酸甘油穿梭或苹果酸–天冬氨酸穿梭进入线粒体内进行氧化磷酸化，分别生成 1. 5 分子或 2. 5 分子 ATP。

除线粒体外，体内还有非线粒体氧化体系，如微粒体、过氧化物酶体等，其特点是不伴有氧化磷酸化，不能生成 ATP，主要参与药物和毒物等的生物转化。

第一节 生物氧化概述

物质在生物体内的氧化作用称为生物氧化（biologicaloxidation），生物氧化体系有两大类。一是存在于线粒体内膜上的氧化体系，与 ATP 的生成密切相关。二是非线粒体氧化体系，如微粒体（microsome）氧化体系，主要在光滑内质网中进行，与 ATP 生成无关，但具有如进行生物转化等其他功能，生物转化是机体对非营养物质进行化学转变以利于进一步排除到体外的过程。此外还有过氧化物酶体（peroxisome）氧化体系。

线粒体中的生物氧化由于是在组织细胞中进行，并消耗氧产生二氧化碳，故又称为组织呼吸或细胞呼吸（tissue respiration or cellular respiration）。

生物氧化的过程中同时伴随着能量的释放，驱动 ADP 磷酸化生成 ATP，供机体各种生命活动的需要。

一、氧化反应的类型

生物体内氧化反应与化学上的氧化反应相同，有脱电子、脱氢、加氧等类型。体内的氧化反应和还原反应总是偶联进行的，称氧化还原反应（redox reaction）。其中，失去电子或氢原子的物质称为供电子体（electron donor）或供氢体（hydrogen donor）。接受电子或氢原子的物质称为受电子体（electron acceptor）或受氢体（hydrogen acceptor）。

（一）脱电子反应

作用物（A）在反应过程中脱去电子，脱去的电子由受电子体（B）接受（图 5-1）。

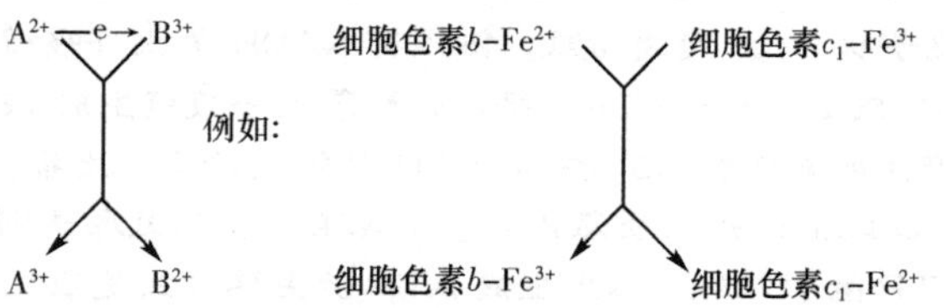

图 5-1 作用物的脱电子反应

（二）脱氢反应

从作用物分子中脱去一对氢的反应为脱氢反应，脱下的氢由受氢体接受（图 5-2）。

因一对氢原子是由一对质子和一对电子组成，故脱氢反应也包括脱电子反应。脱氢反应的另一类型是“加水脱氢”，作用物先与水结合，然后脱去两个氢原子，结果是作用物分子加上一个氧原子（图 5-3）。

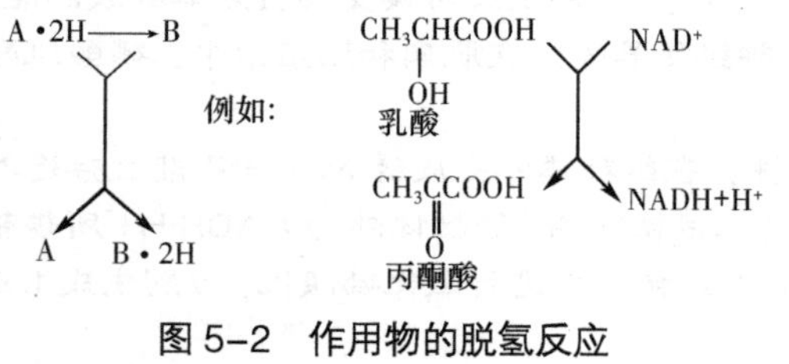

图 5-2 作用物的脱氢反应

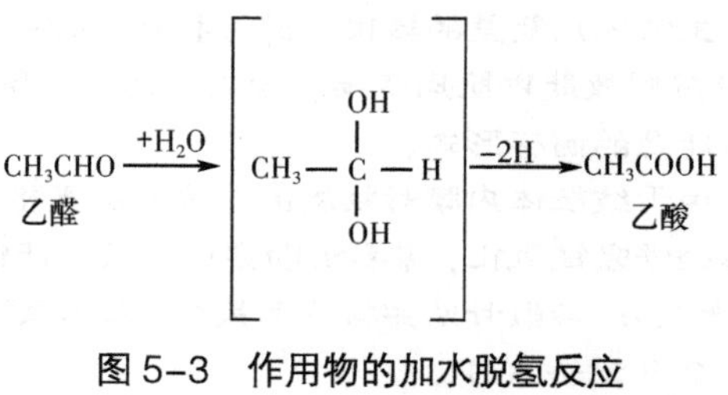

图 5-3 作用物的加水脱氢反应

（三）加氧反应

加氧反应即作用物分子中直接加入氧原子或氧分子的反应（图 5-4）。

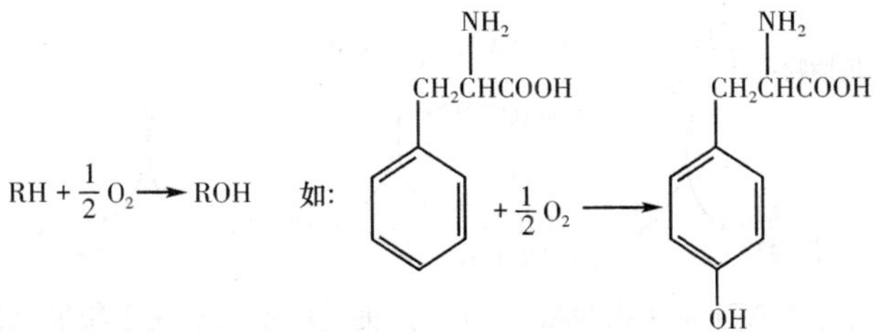

图 5-4 作用物的加氧反应

二、生物氧化的酶以不需氧脱氢酶最常见

生物体内的氧化反应是在一系列酶的催化下进行的，催化生物氧化的酶有氧化酶类、脱氢酶类、加氧酶类和过氧化物酶类等。后两种酶主要参与线粒体外的生物氧化过程，将在本章第三节加以介绍，这里先介绍氧化酶类和脱氢酶类。

（一）氧化酶类

催化底物脱氢并且只能以氧为受氢体的酶类称为氧化酶（oxidases）。氧化酶一般是含铜离子的结合蛋白质。有的是含铁卟啉辅基的结合蛋白质，这类酶能激活氧，把来自传递体的氢传给活化的氧而生成 H_2O，但单胺氧化酶和尿酸酶所催化的产物之一是 H_2O_2 而不是 H_2O（图 5-5）。

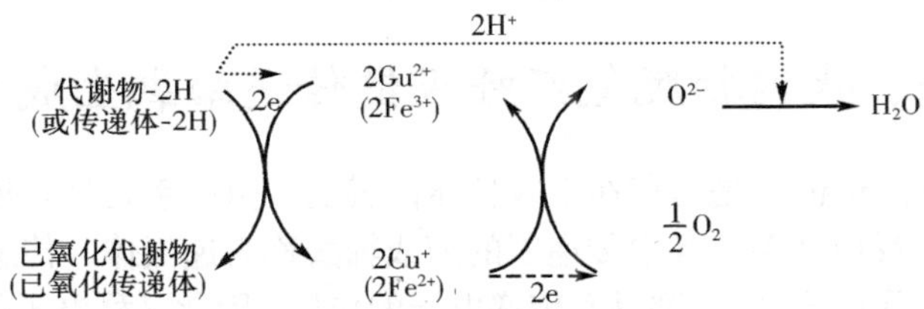

图 5-5 氧化酶催化的反应

（二）脱氢酶类

脱氢酶类可以被分为需氧脱氢酶和不需氧脱氢酶。需氧脱氢酶作用于底物之后，使氢活化（即氢原子失去电子生成氢原子）并传递给氧生成双氧水（图 5-6）。

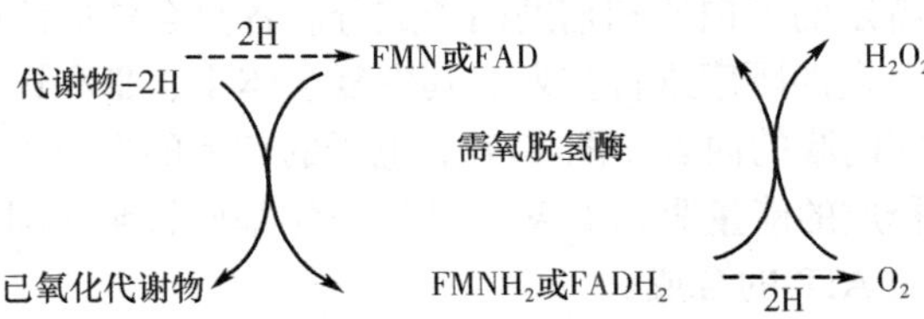

图 5-6 需氧脱氢酶催化的反应

凡是能使作用物活化，又不以氧为直接受氢体的酶都称为不需氧脱氢酶（anaerobic dehydrogenase）。其作用主要有两个方面：一方面在偶联的氧化还原反应中将一个作用物脱下的氢传递给另一个作用物，另一方面作为呼吸链的一个组分，将电子从作用物传到氧。

不需氧脱氢酶在生物氧化尤其是在能量代谢方面是最重要的酶。这类酶的辅酶包括烟酰胺腺嘌呤二核苷酸（nicotinamide adenine dinucleotide，NAD^+）和烟酰胺腺嘌呤二核苷磷酸（nicotinamide adenined-nucleotide phosphate，$NADP^+$）（图 5-7）。还有些不需氧脱氢酶则以 FMN 或 FAD 为辅基（图 5-8）。

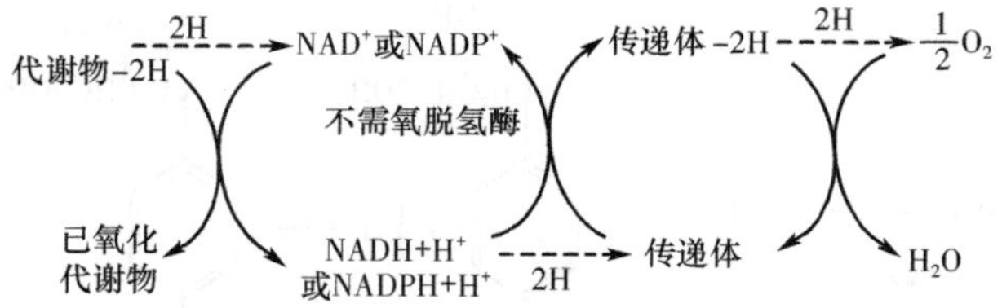

图 5-7　以 NADH+H⁺或 NADPH+H⁺为辅基的不需氧脱氢酶催化的反应

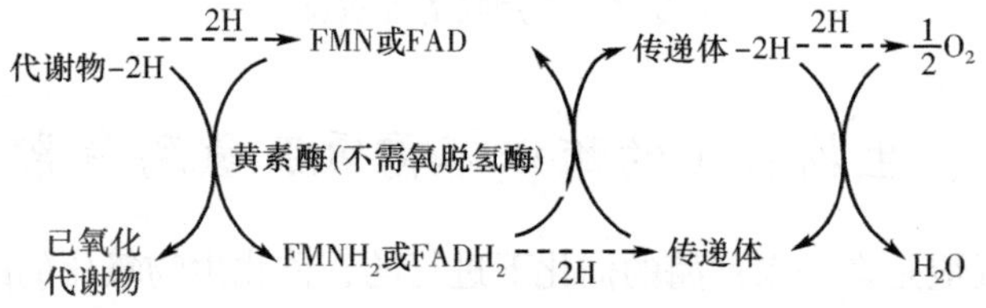

图 5-8　以 FMN 或 FAD 为辅基的不需氧脱氢酶催化的反应

第二节　线粒体氧化体系

线粒体是细胞内的“动力工厂”，因为糖类、脂类及蛋白质分解代谢的最后阶段都在线粒体内经过三羧酸循环及呼吸链彻底氧化，产生二氧化碳和水并释放出大量能量，这能量的相当一部分以 ATP 形式保存下来。线粒体最主要的功能是氧化能源物质。

一、代谢物脱氢经呼吸链传递给氧生成水

呼吸链（respiratory chain）是指存在于线粒体内膜上，由一系列具有传递氢或电子的酶和辅酶构成的氧化还原连锁反应体系。其中传递氢的酶或辅酶称为递氢体，传递电子的酶或辅酶称为递电子体。递氢也包含递电子，它们都具有传递电子的作用，因此又称电子传递链（eletron transfer chain）。从代谢物脱下的氢原子（2H）经呼吸链逐步传递，最终与氧结合生成了水。

（一）氧化呼吸链有 4 种具有电子传递功能的复合体组成

氧化呼吸链是由于位于线粒体内膜的 4 种蛋白酶复合体（complex）组成，分别称之为复合体Ⅰ、Ⅱ、Ⅲ和Ⅳ（表 5-1）。每种复合体都由多种酶蛋白和辅助因子（金属离子、辅酶或辅基）组成，但各复合体含有自己特定的蛋白质和辅助因子成分。各复合体的跨膜蛋白成分使其能够镶嵌在线粒体内膜上，并按照一定的顺序进行排列。其中复合体Ⅰ、Ⅲ和Ⅳ镶嵌在线粒体内膜的双层脂质膜中，而复合体Ⅱ则在内膜的内侧（图 5-9）。电子的传递的本质上是由电势能转变为化学能的过程，电子传递过程所释放的能量驱动 H 离子从线粒体基质移至膜间腔，形成跨线体内膜的 H 离子浓度梯度差，用于驱动 ATP 的合成。

表 5-1　呼吸链中 4 种酶复合体

复合体	酶名称	肽链数	辅基	主要作用
复合体Ⅰ	NADH-Q 还原酶	≥34	FMN Fe-S	将 NADH 的氢原子传递给泛醌
复合体Ⅱ	琥珀酸-Q 还原酶	4	FAD Fe-S	将琥珀酸中的氢原子传递给泛醌
复合体Ⅲ	细胞色素还原酶	≥11	血红素 b-562	将电子从还原性泛醌传递给细胞色素 C
			血红素 b-566	
			血红素 c_1	
			Fe-S	

续表

复合体	酶名称	肽链数	辅基	主要作用
复合体Ⅳ	细胞色素氧化酶	10	血红素 a	将电子从细胞色素 C 传递给氧
			血红素 a_3	
			Cu_A 和 Cu_B	

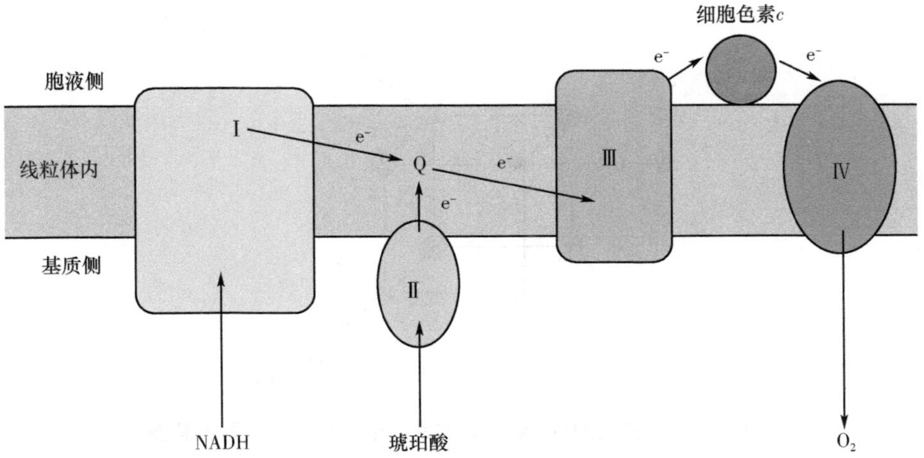

图 5-9 复合体在线粒体内膜上的位置示意图

1. 复合体将 NADH+H⁺中的电子传递给泛醌 复合体Ⅰ又称 NADH-泛醌还原酶或泛醌脱氢酶，分子质量 880kD，至少包含有 34 条多肽链分别由细胞核和线粒体 2 个不同的基因组编码构成。复合体Ⅰ中所含的辅基有以下几种：

（1）黄素单核苷酸酶（FMN）：FMN 中含有核黄素（维生素 B_2），其发挥功能的结构是异咯嗪环（isoalloxazine）。氧化型 FMN 可接受 1 个质子和 1 个电子，形成不稳定的半醌中间体 $FADH^+$ 再接受 1 个质子和 1 个电子转变成还原型 FMN（$FMNH_2$）（图 5-10）。在复合体Ⅱ中含有相似的辅基黄素腺嘌呤二核苷酸（FAD），在结构上 FAD 比 FMN 多含 1 分子腺苷酸（AMP），具有与 FMN 相同的催化机制。

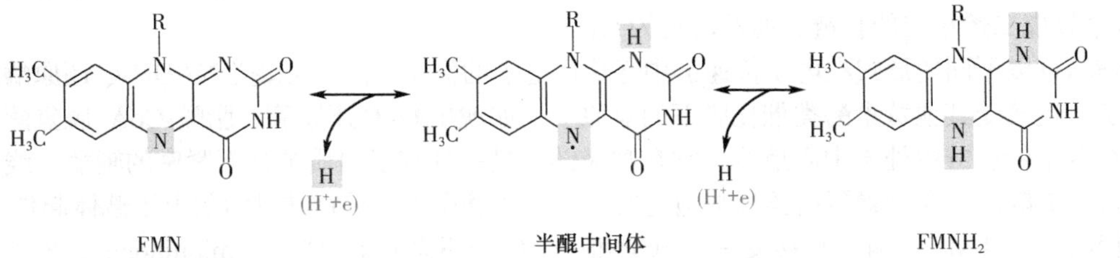

图 5-10 FMN 接受氢被还原为 $FMNH_2$

（2）铁-硫中心（iron sulfur center Fe-S）：含有铁原子和硫原子，与蛋白质相结合构成铁-硫蛋白（iron-sulfur protein）。铁-硫中心有几种不同的类型，有的只含有 1 个铁原子，有的含有 2 个铁原子（2Fe-2S），有的含有 4 个铁原子（4Fe-4S）。如图 5-11 所示。

2. 复合体Ⅱ将电子从琥珀酸传递到泛醌 复合体Ⅱ又称琥珀酸- Q 还原酶（succinate-Q reductase），完整的酶还包括柠檬酸循环中使琥珀酸氧化为延胡索酸的琥珀酸脱氢酶。FAD 作为该酶的辅基在传递电子时并不与酶分离，只是将电子传递给琥珀酸- Q 还原酶中的铁-硫中心。电子经过铁-硫中心又传给 CoA，从而进入电子传递链。

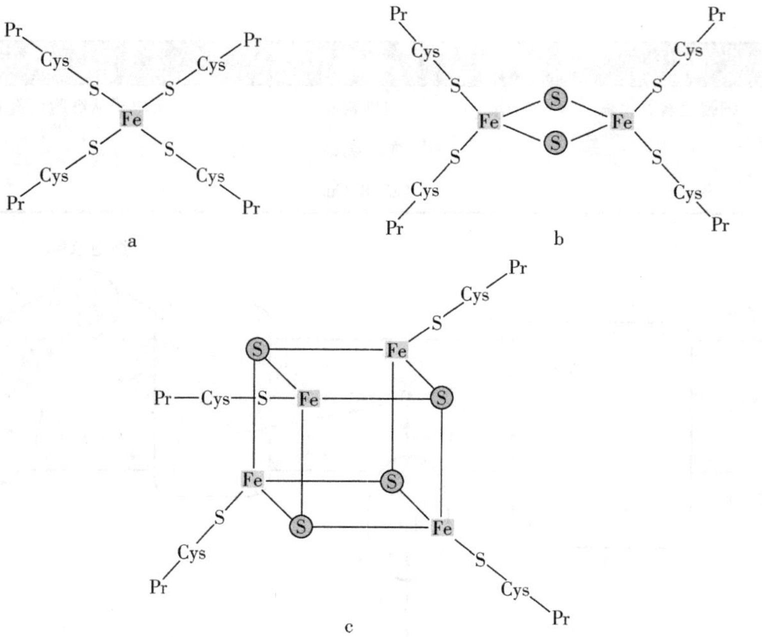

图 5-11 三种类型铁-硫中心的铁原子与硫原子关系示意图

Fe=铁原子；Ⓢ=无机硫原子；S=半胱氨酸中硫原子

琥珀酸-Q还原酶以及其他的酶，将电子从 $FADH_2$ 转移到 CoA 上的标准氧还电位变化不能产生足够的自由能用以合成 ATP。因此，这一步反应没有 ATP 的形成，但是，这一步反应的重要意义在于：它保证 $FADH_2$ 上的具有相对高转移势能的电子进入电子传递链。其他含 FAD 的脱氢酶，如脂酰 CoA 脱氢酶、α-磷酸甘油脱氢酶、胆碱脱氢酶，可以不同方式将相应底物脱下的氢经 FAD 传递给辅酶 Q。

3. 辅酶 Q（coenzyme-Q） 辅酶 Q 又称泛醌（ubiquinone）简称为 Q，泛醌的命名是因为它广泛存在于具有呼吸作用的生物体内，它为疏水性的醌类化合物。

辅酶Q有以异戊二烯（isoprene）为单位构成的长碳氢链，使其成为非极性化合物，能在线粒体内膜的脂质双分子层中自由扩散。在不同生物中长碳氢链长度不同，哺乳动物中最常见的是具有 10 个异戊二烯单位的长链，通常简写为 Q_{10}。

辅酶Q以不同的形式在电子传递链中起传递电子的作用，它不仅接受 NADH-Q 还原酶脱下的氢原子，还接受其他黄素酶类催化脱下的氢原子，如琥珀酸-Q还原酶、脂酰-CoA 脱氢酶等。辅酶Q在电子传递链中处于中心地位，它在呼吸链中是一种和蛋白质结合不紧密的辅酶，线粒体内膜中自由扩散使它在黄素蛋白类和细胞色素类之间能够作为一种特殊灵活的电子载体起作用。

辅酶 Q 和 FMN 一样，可接受一个电子和一个质子还原成半醌型（semiquinone），再接受一个电子和一个质子成还原型（$CoQH_2$），后者又可脱去电子和质子而被氧化为 CoQ（图 5-12）。

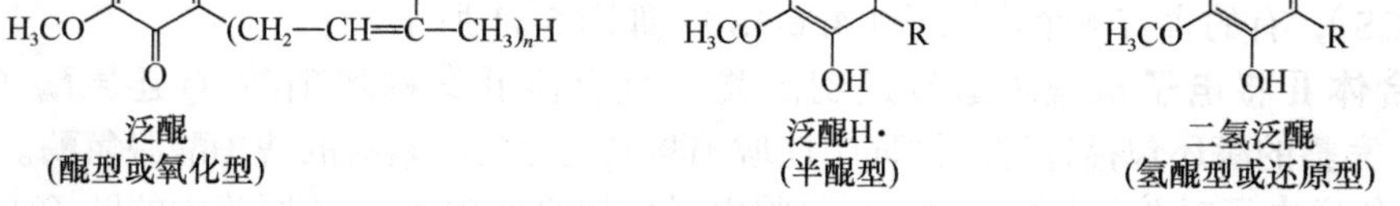

图 5-12 泛醌的结构和递氢反应

4. 复合体Ⅲ将电子从还原型泛醌传递至细胞色素 c 泛醌从复合体Ⅰ或Ⅱ募集还原当量并穿

梭传递到复合体Ⅲ，后者再将电子传递给细胞色素 c，因此复合体Ⅲ又称泛醌-细胞色素 c 还原酶。

细胞色素（cytochrome，Cyt）几乎存在于所有的生物体内，它是一类含有血红素辅基的电子传递蛋白质的总称，因含有血红素所以显红色或褐色。血红素中的铁原子在电子传递中发生 Fe^{3+} 和 Fe^{2+} 价态的可逆变化而传递电子。

1925 年 David Keilin 发现细胞色素，根据吸收光谱的不同将线粒体的细胞色素分为 a、b、c 三类及不同亚类。不同类型的细胞色素其分子内卟啉环上的取代基团各不相同（图 5-13、图 5-14、图 5-15），细胞色素 b 亚基结合的两个血红素分别称为 b_{562} 和 b_{566}，其中 b_{562} 电位较高又称为 b_H，b_{566} 电位低又称为 b_L。

人复合体Ⅲ为二聚体，呈梨形。每个单体含有 11 个亚基，其功能区包括 3 部分：细胞色素 c、细胞色素 b_1 和铁硫蛋白。复合体Ⅲ还有 2 个泛醌结合点，分别位于内膜胞质侧和基质侧。

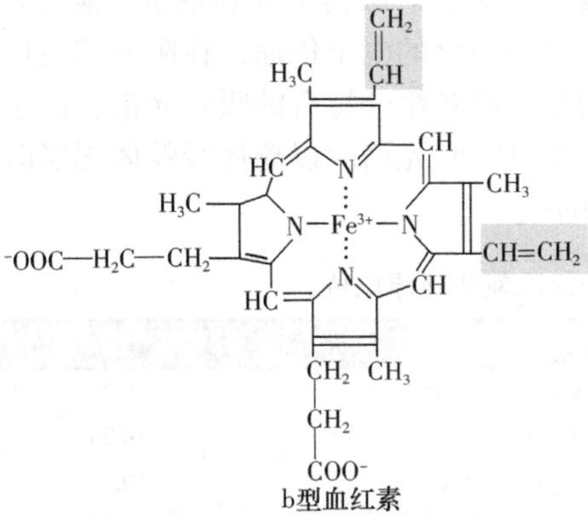

图 5-13　血红素 b 型的结构图

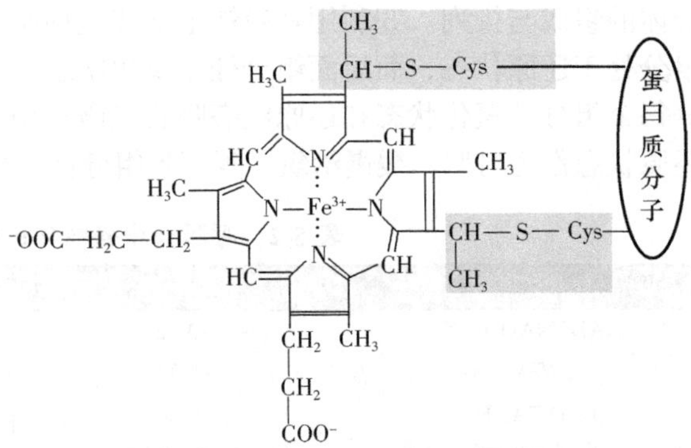

图 5-14　血红素 c 型 Cyt 的辅基结构图

复合体Ⅲ的电子传递过程通过“Q 循环”实现。“Q 循环”是为了实现电子传递体泛醌与单电子传递体细胞色素之间的电子传递，是一个复杂的电子传递过程，最终将电子从泛醌经铁硫蛋白、细胞色素 b、细胞色素 c_1 传递给细胞色素 c。细胞色素 c 是氧化呼吸链唯一的水溶性球状蛋白，与线粒体内膜外表面疏松结合，不包括在上述复合体中。

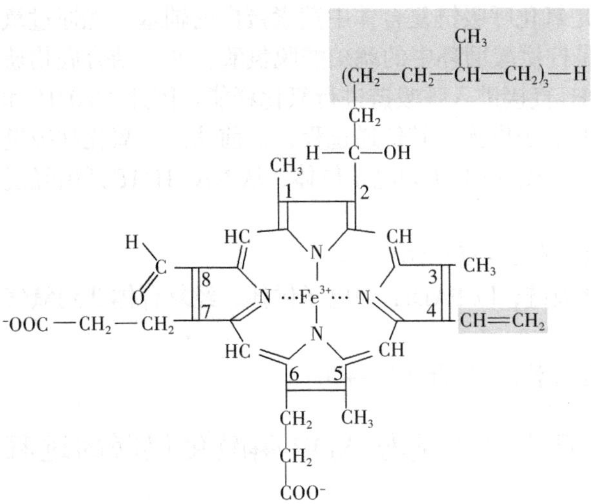

图 5-15　血红素 a 型的结构图

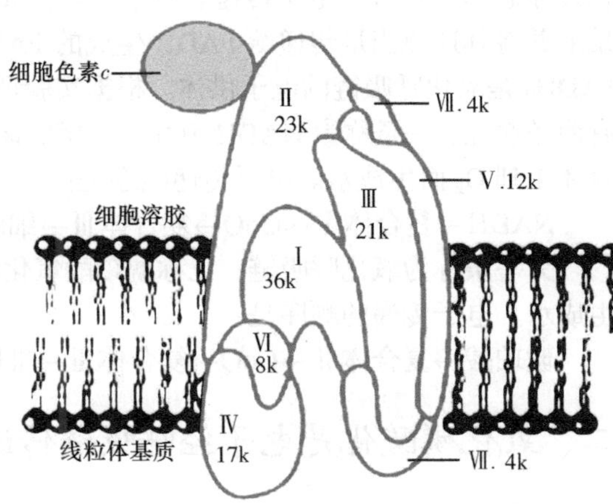

图 5-16　细胞色素氧化酶结构示意图

5. 复合体Ⅳ将电子从细胞色素 c 传递给氧　人复合体Ⅳ又称细胞色素 c 氧化酶（cytochrome c oxidase），将细胞色素 c 的电子传递给分子氧，使其还原为水。

细胞色素氧化酶（图 5-16）由 10 个亚基构成，分别称为Ⅰ、Ⅱ、Ⅲ…。该酶共有 4 个氧化-还原活性中心，都集中在亚基Ⅰ和亚基Ⅱ上，这 4 个氧化-还原活性中心是 2 个 a 型血红素和 2 个铜离子。a 型血红素与其他血红素的不同点是：①由一个甲酰基取代一个甲基；②由一个 15 碳原子长的聚异戊烯碳氢链连在修饰的乙烯基上；③血红素和蛋白质不是以共价键相连（图 5-16）。两个 a 型血红素因处在酶的不同部位，还原电位不同，分别命名为 Cyt a 和 Cyt a_3，二者很难分开而组成一复合体（Cyt aa_3）它是唯一能将电子传递给氧的细胞色素，两个 Cu 离子分别称为 Cu_A（或 Cu_a）和 Cu_B（或 Cu_b），也是由于它们所结合的蛋白质不同，其性质也有差异。

（二）NADH 和 $FADH_2$ 是氧化呼吸链的电子供体

呼吸链组分的排列顺序是由下列实验确定的：①根据呼吸链各组分的标准氧化还原电位由低到高进行顺序排列（电位低容易失去电子）（表 5-2）。②在体外将呼吸链拆开和重组、鉴定 4 种复合体的组成与排列。③利用呼吸链电子传递抑制剂阻断某一组分的电子传递，在阻断部位以前的组分处于还原状态，而后面组分处于氧化状态。④利用呼吸链各组分特有的吸收光谱，由于呼吸链每个组分的氧化状态和还原状态吸收光谱不相同，可检测吸收光谱。以离体线粒体无氧时处于还原状态作为对照，缓慢给氧，观察各组分被氧化的顺序。

表 5-2 呼吸链中各氧化还原对的标准氧化还原电位

氧化还原对	E°′（V）	氧化还原对	E°′（V）
$NAD^+/NADH+H^+$	−0.32	Cyt c_1 Fe^{3+}/Fe^{2+}	+0.22
$FMN/FMNH_2$	−0.30	Cyt c Fe^{3+}/Fe^{2+}	+0.24
$FAD/FADH_2$	−0.06	Cyt aFe^{3+}/Fe^{2+}	+0.29
标准氢电极	0.00	Cyt a_3 Fe^{3+}/Fe^{2+}	+0.38
$CoQ/CoQH_2$	+0.06	1/2 O_2/H_2O	+0.82
Cyt b Fe^{3+}/Fe^{2+}	+0.07		

注：E°′值为 pH 7.0、25℃、1mol/L 反应物浓度条件下和标准氢电极构成的化学电池的测定值

还原态的 NADH 和 NADPH 都是水溶性的电子载体，由于氧化呼吸链的复合体Ⅰ即为 NADH 脱氢酶，可使线粒体 NADH 所携带的还原当量通过氧化呼吸链彻底氧化并释能，而 NADPH 的还原当量主要用于合成代谢反应。FAD 和 FMN 是氧化呼吸链复合体中黄素蛋白的辅基，能通过氧化还原态的变化进行电子传递。由于复合体Ⅱ是柠檬酸循环中的琥珀酸脱氢酶，通过结合底物琥珀酸并将其还原当量传递给 FAD，生成的 $FADH_2$ 直接进入呼吸链进行氧化释能。因此 NADH 和 $FADH_2$ 是氧化呼吸链的电子供体。根据实验证明电子供体及其传递过程，目前认为，氧化呼吸链有两条途径：一条称为 NADH 氧化呼吸链，该途径以 NADH 为电子供体，从 $NADH+H^+$开始经复合体Ⅰ到 O_2 而生成水。电子传递顺序是：

NADH→复合体Ⅰ→CoQ→复合体Ⅲ→细胞色素 c→复合体Ⅳ→O_2

另一条称为氧化呼吸链，也称琥珀酸氧化呼吸链，以 $FADH_2$ 为电子供体，经复合体Ⅱ到氧气生成水。电子传递的顺序是：

琥珀酸→复合体Ⅱ→CoQ→复合体Ⅲ→细胞色素 c→复合体Ⅳ→O_2

二、氧化磷酸化是电子经呼吸链传递产生的能量与 ADP 磷酸化偶联的过程

氧化磷酸化（oxidative phosphorylation）是指作用物氧化脱氢经呼吸链传递给氧生成水，并释放能量的同时，偶联 ADP 磷酸化生成 ATP 的过程，是产生 ATP 的主要方式。真核生物的电子传递和氧化磷酸化都是在细胞的线粒体内膜发生的，而原核生物则是在质膜上发生。

另一种生成 ATP 的方式是底物水平磷酸化，即作用物分子中的能量直接转移至 ADP（或 GTP）

生成 ATP（或 GTP）的过程，已在糖代谢中叙述。

（一）复合体Ⅰ、Ⅲ、Ⅳ是氧化磷酸化偶联部位

根据下述实验结果可以大致确定氧化磷酸化的偶联部位，即 ATP 产生的部位。

1. P/O 比值 将底物、ATP、H_3PO_4、Mg^{2+}和分离得到的较完整的线粒体在模拟细胞内液的环境中于密闭小室内相互作用，发现在消耗氧气的同时消耗磷酸，测定氧和无机磷（或 ADP）的消耗量，即可计算出 P/O 比值。P/O 比值是指物质氧化时，每消耗 1 摩尔氧原子所消耗无机磷的摩尔数（或 ADP 摩尔数），即生成 ATP 的摩尔数。已知 β-羟丁酸的氧化是通过 NADH 呼吸链，测得 P/O 比值为 2.4～2.8，即该呼吸链传递 2H 可能生成 2.5 分子 ATP。琥珀酸氧化时，测得 P/O 比值为 1.7，即该呼吸链传递 2H 可能生成 1.5 分子 ATP。因此，表明在 NADH 与 CoA 之间（复合体Ⅰ）存在一个偶联部位。此外，测得抗坏血酸（维生素 C）氧化时 P/O 比值接近 1，还原型细胞色素 c 氧化时也接近 1，即两者均可能生成 1 分子 ATP，此两者 P/O 比值的不同在于：抗坏血酸通过细胞色素 c 进入呼吸链被氧化。而还原型细胞色素 c 则经复合体Ⅳ被氧化，表明复合体Ⅳ也存在一偶联部位。从 β 羟丁酸、琥珀酸和还原型细胞色素 c 氧化时的 P/O 比值比较表明，在辅酶 Q 与细胞色素 c 之间（复合体Ⅲ）存在另一偶联部位，因此 NADH 氧化呼吸链存在三个偶联部位，也就是在 NADH-CoQ 之间、CoQ-Cyt c 之间和 Cyt aa_3-O_2之间；琥珀酸氧化呼吸链存在两个偶联部位即 CoQ-Cyt c 之间和 Cyt aa_3-O_2之间（表 5-3）。

表 5-3 线粒体离体实验测得的一些底物的 P/O 比值

底物	呼吸链的组成	P/O 比值	ATP 量
β-羟丁酸	NAD^+→复合体Ⅰ→CoQ→复合体Ⅲ→Cytc→复合体Ⅳ→O_2	2.4～2.8	2.5
琥珀酸	复合体Ⅱ→CoQ→复合体Ⅲ→Cytc→复合体Ⅳ→O_2	1.7	1.5
抗坏血酸	Cytc→复合体Ⅳ→O_2	0.88	1
细胞色素 c（Fe^+）	复合体Ⅳ→O_2	0.61～0.68	1

2. 自由能变化 从 NAD^+到 CoQ 段测得的电位差为 0.365V，从 CoQ 到细胞色素 c 的电位差为 0.19V，而从复合体Ⅳ到分子氧为 0.43V。在电子传递过程中，自由能变化（$\Delta G^{\circ\prime}$）与电位变化（$\Delta E^{\circ\prime}$）之间有如下关系：

$$\Delta G^{\circ\prime}=-nF\Delta E^{\circ\prime}$$

n=传递电子数；F 为法拉第常数（96kJ/mol·V）

通过计算，它们相应的 $\Delta G^{\circ\prime}$分别为–70kJ/mol、–37kJ/mol、–83kJ/mol，而生成 ATP 所需能量为 30.5kJ/mol，以上三处提供了足够合成 ATP 所需的能量，所以是 ATP 的偶联部位（图 5-17）。

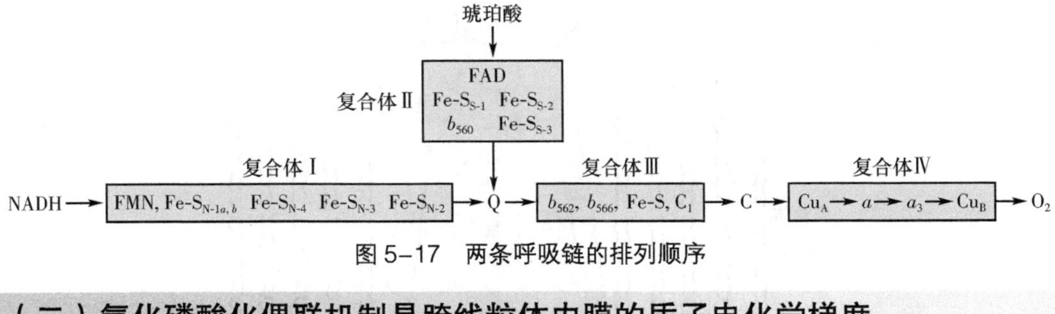

图 5–17 两条呼吸链的排列顺序

（二）氧化磷酸化偶联机制是跨线粒体内膜的质子电化学梯度

1. 化学渗透假说 科学家在对氧化磷酸化偶联机制进行大量研究的基础上，提出了化学偶联假说（chemical coupling hypothesis）、构象偶联假说（conformational coupling hypothesis）和化学渗透假

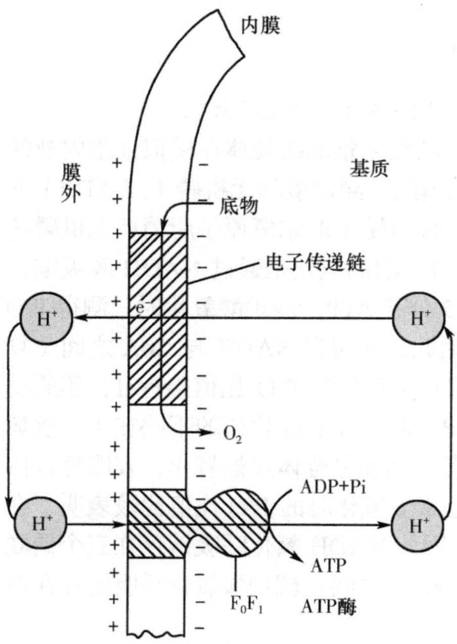

图 5-18 化学渗透假说示意图

说（chemisomotic hypothesis）。其中化学渗透假说得到普遍的承认，它是 20 世纪 60 年代初由 1978 年获诺贝尔化学奖的 Peter Mitchell 提出的。该假说认为：电子经呼吸链传递释放出的自由能驱动 H^+从线粒体基质跨过内膜进入到膜间隙，从而形成跨线粒体内膜的H^+电化学梯度（electrochemical H^+ gradient）储存能量。当H^+顺此梯度经 ATP 合酶的 F_0 部分回流时，F_1 部分催化 ADP 和 Pi 合成 ATP（图 5-18）。

化学渗透假说得到许多实验证明，例如：①氧化磷酸化的进行需要封闭的线粒体内膜存在。②复合体Ⅰ、Ⅲ、Ⅳ均具有质子泵（proton pump）的作用，每传递 2 个电子，它们分别向线粒体膜间隙泵出 4 个氢离子、2 个氢离子和 4 个氢离子。③破坏氢离子浓度梯度的形成（用解偶联剂或离子载体抑制剂等）都必然破坏氧化磷酸化作用的进行。④线粒体电子传递所形成的电子流能够将氢离子从线粒体内膜逐出到膜间隙。⑤氢离子从线粒体内膜基质逐出和由 ATP 合酶将膜外氢离子又吸收到膜内的速度是相当的。

2. ATP 合酶 当质子顺浓度梯度回流至基质时，储存的能量被 ATP 合酶（ATP synthase）充分利用，催化 ADP 与 Pi 生成 ATP。在线粒体内膜上的复合体Ⅴ（complex Ⅴ），即为 ATP 合酶。ATP 合酶是多蛋白组成的蘑菇样结构，含亲水部分 F_1 和疏水部分 F_0 两个功能结构域。亲水部分为 $\alpha_3\beta_3\gamma\delta\varepsilon$，作用为催化 ATP 的合成，催化部位在 β 亚基中，但 β 亚基必须与 α 亚基结合后才有活性。疏水部分 F_0 镶嵌在线粒体内膜中，它由疏水的亚基组成，形成跨内膜质子通道，并将质子梯度与 ATP 合成相偶联。目前认为，ATP 合酶由疏水部分和疏水部分组装成可旋转的发动机样结构，完成质子回流并驱动 ATP 合成。F_0 和 F_1 之间由两种蛋白质形成的柄，一种称为寡霉素敏感蛋白（oligomycin-sensitivity-conferring protein，OSCP），寡霉素是一种抗生素，它干扰对质子梯度的利用从而抑制 ATP 的合成；另一种蛋白质称为偶合因子 6（coupling factor 6，F_6）（图 5-19）。

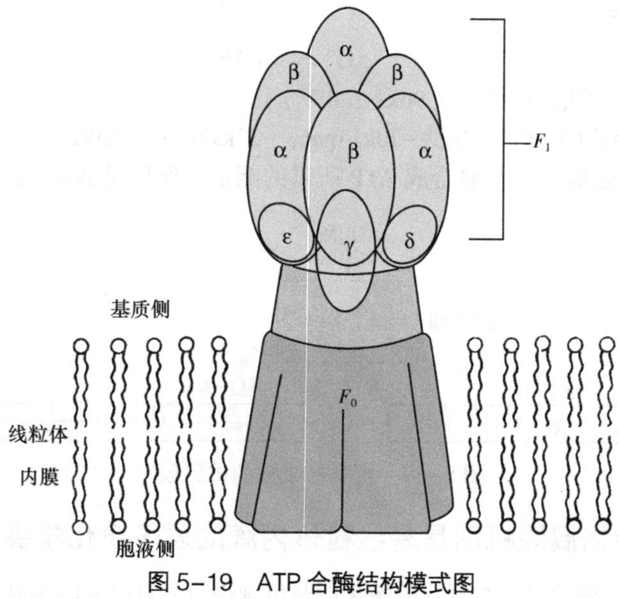

图 5-19 ATP 合酶结构模式图

Paul D.Boyer 提出了 ATP 合成的结合变构机制（binding change mechanism），β 亚基有 3 种构

象：开放型（O）无活性，与 ATP 亲和力低，释放 ATP；疏松型（L）无活性，可与 ADP 和 Pi 底物疏松结合；紧密型（T）有 ATP 合成活性，可紧密结合 ATP。3 个 β 亚基依次经同样循环合成、释放 ATP，质子流能量主要用于驱动 β 亚基构象按顺序改变，分别结合 ADP 和 Pi，合成的 ATP 可从活性中心释放（图 5-20）。

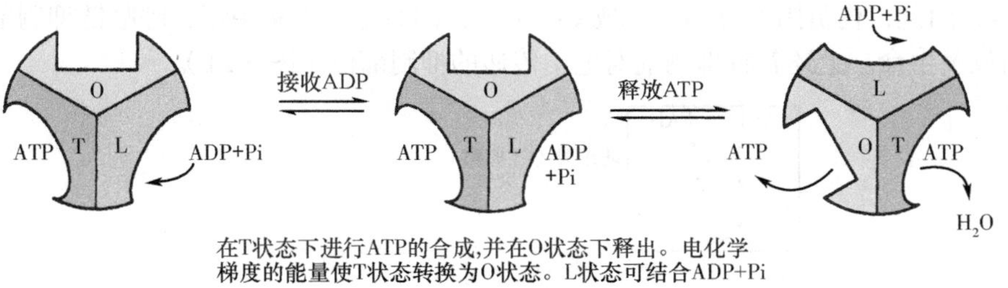

图 5-20　ATP 合酶的作用机制

目前的实验数据表明，合成 1 分子 ATP 需要 4 个质子，其中 3 个质子通过 ATP 合酶穿线粒体内膜回流进基质，另 1 个质子用于转运 ADP、Pi 和 ATP。每分子 NADH 经氧化呼吸链传递出 10 个氢离子，生成约 2.5 分子 ATP，而琥珀酸氧化呼吸链每传递 2 个电子传出 6 个氢离子，生成 1.5 分子 ATP。

（三）某些因素影响氧化磷酸化的进行

氧化磷酸化主要根据细胞对能量需求进行调节，一般情况是 ATP 多时抑制氧化磷酸化，ATP 少时氧化磷酸化速度加快，有以下四类因素影响氧化磷酸化的速率。

1. 解偶联剂使氧化与磷酸化脱偶联　脱偶联机制是使呼吸链传递电子过程中泵出的氢离子不经 ATP 合酶的 F_0 质子通道回流，但可以通过其他途径返回线粒体基质，从而破坏了内膜两侧的电化学梯度，使 ATP 的生成受到抑制，最终质子电化学梯度储存的能量以热能形式释放。例如：2,4-二硝基苯酚（dinitrophenol，DNP）是一种解偶联剂，在线粒体内膜中可自由移动，进入基质侧释出氢离子，返回膜间隙结合氢离子，从而破坏了电化学梯度。人、哺乳动物的棕色脂肪组织的线粒体内膜中含有丰富的解偶联蛋白，解偶联蛋白是机体内源性解偶联剂，能通过氧化磷酸化解偶联释放能量，使组织产热。因而，棕色脂肪组织是哺乳动物体内非战栗产热的主要来源，对于维持动物的体温和能量平衡起重要的作用，对新生儿尤其的重要，如小儿周围环境温度过低，散热过多，棕色脂肪容易耗尽，体温即会下降，皮下脂肪容易凝固而变硬，同时低温时周围毛细血管扩张，渗透性增加，易发生水肿，结果产生硬肿。

2. 体内 ADP 是调节氧化磷酸化速率的主要因素　氧化磷酸化是机体合成能量载体 ATP 的最主要的途径，因而机体根据能量需求调节氧化磷酸化的速率，从而调节 ATP 的生成量。电子的氧化和 ADP 的磷酸化是氧化磷酸化的根本，通常线粒体中氧的消耗是被严格调控的，其消耗量取决于 ADP 的含量，因此，ADP 是调节机体氧化磷酸化的主要因素，只有底物 ADP 和 Pi 充足的情况下电子传递的速率和耗氧量才会提高。

当机体蛋白质合成等耗能代谢途径活跃时，对能量的需求增大，ATP 分解为 ADP 和 Pi 的速率则增加，使 ADP 浓度增高，ADP 进入线粒体后迅速用于磷酸化，氧化磷酸化随之加速，合成的 ATP 用于满足需求，直到 ATP/ADP 的比值回升至正常水平后，氧化磷酸化速率也随之放缓。通过这种方式使 ATP 的合成速率适应机体的生理需要。

3. 呼吸链抑制剂可阻断氧化磷酸化过程　常见的抑制剂有以下几种：①鱼藤酮（rotenone）、安密妥（amytal）、粉蝶霉素（piericidine）。它们的作用是阻断电子在 NADH-Q 还原酶内的传递，因此阻断电子由 NADH 向 CoA 的传递。鱼藤酮是一种极毒的植物物质，常用作重要的杀虫剂。②抗霉素 A（antimycin A）它是由链霉菌分离出的抗生素，有干扰细胞色素还原酶中电子从 Cyt b_{562} 的传递，从而抑制电子从还原型 CoQ（QH_2）到 Cyt c_1 的传递作用。维生素 C 可以缓解这种抑制作用。因为维生素 C 可直接还原 Cyt c_1 电子流从维生素 C 传递到氧气从而消除抗霉素 A 的抑制作用。③氰化物（cyanide，CN^-）、叠氮化物（azide，N_3^-）一氧化碳（carbon monoxide CO）。它们都有阻断电子在细胞色素氧化酶中的传递作用，氰化物和叠氮化物与血红素 a_3 的高铁形式作用，而 CO 则是抑制 a_3 的亚铁形式。目前发生在城市的火灾事故中，由于装饰材料中的 N 和 C 经高温可形成 HCN，因此，伤员因燃烧不全造成 CO 中毒，同时存在 CN^-中毒，呼吸链抑制剂可使细胞呼吸中断而危及生命。上述各种抑制剂对电子传递的抑制部位（图 5-21）。

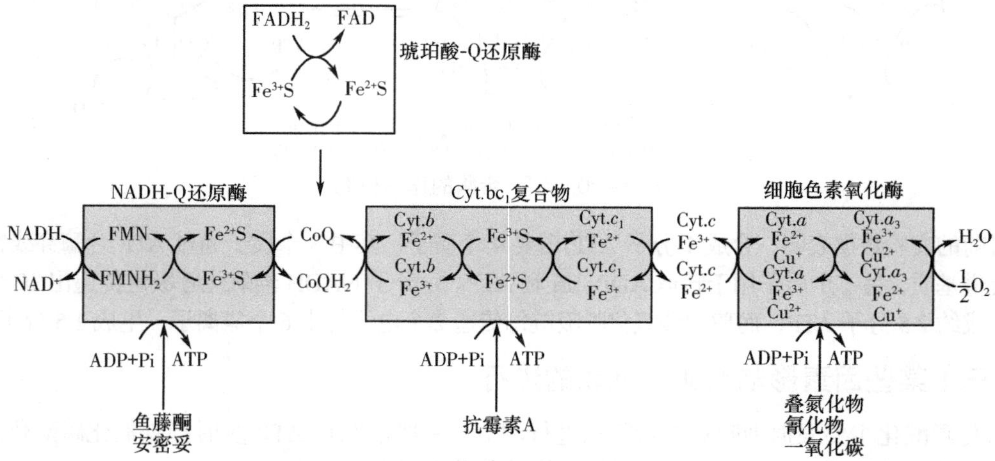

图 5-21 各种抑制剂的作用位点

案例 5-1

患者，女性，48 岁，因昏迷约 1 小时入院。患者于清晨被其夫发现平卧于床上，叫不醒。房内用煤炉取暖，未见呕吐以及异常药瓶等。室内煤炭气味较浓烈，开窗通风后未见明显好转，来我院急诊。

体格检查：T37. 2℃，P98 次/分，R25 次/分，BP130/85mmHg，昏迷状态。口唇黏膜呈樱桃红色，其余皮肤黏膜未见明显异常。双眼睑无水肿，巩膜无黄染，双瞳孔对光反应灵敏，直径约 3mm。耳鼻外形正，无异常分泌物。全身浅表淋巴结，未触及肿大。颈部无抵抗感，咽无充血，气管居中。双肺呼吸音粗，未闻及干湿啰音。心率 98 次/分，律齐，未闻及杂音。腹平软，无压痛及反跳痛，肝脾肋下未及。生理反射存在，病理反射未引出。患者自发病以来未进饮食，大小便未见明显异常。

既往无肝、肾、糖尿病病史及服用安眠药等情况。

临床初步诊断：CO 中毒。

辅助检查：①碳氧血红蛋白（HbCO）>32%。②动脉血气分析：动脉血氧分压（PaO_2）37mmHg，氧饱和度（$SatO_2$）75%（↓）、动脉血二氧化碳分压（$PaCO_2$）22.5（↓），碱丢失-14.5（BE 负值增大）。③血常规：WBC 1.02×10^{10}/L（↑），N 80.5%（↑）；RBC 1.35×10^{12}/L（↓）；Hb 103g/L（↓）。④血生化：Na^+125.6mmo1/L（↓）；K^+4.28mmo1/L；Cl^- 96.69mmo1/L（↓）；Ca^{2+} 2.26mmol/L；BUN 3.85mmo1/L；无机磷 1.72mmo1/L（↑）。⑤心肌酶：天冬氨酸氨基转移酶（AST）128.5U/L（↑）；乳酸脱氢酶（LDH）600. 2U/L（↑）；α-羟基丁酸脱氢酶（HBDH）429.3U/L（↑）；肌酸肌酶（CK）7467.7U/L（↑）；肌酸激酶同工酶（CK-MB）352.7U/L（↑）。⑥血液蛋白：总蛋白 55.1g/L（↓）；白蛋白 32.2g/L（↓）；球蛋白 20.5g/L（↓），白/球蛋比例 1.57。

问题：

1. 对该患者初步诊断的依据有哪些？
2. CO 中毒的机制？
3. 如果确诊为 CO 中毒，应该如何治疗呢？

4. 甲状腺激素可促进氧化磷酸化和产热 机体的甲状腺激素使ATP加速分解为ADP和Pi，ADP进入线粒体增多促进氧化磷酸化，因此ATP的合成和分解速度均增加。另外甲状腺激素可诱导解偶联蛋白基因表达，引起物质氧化释能和产热比率均增多，ATP合成减少，导致机体耗氧量和产热同时增加，所以甲状腺功能亢进症患者基础代谢率增高。

案例 5-1 分析讨论

患者突然昏迷，通过体格检查，体温T37. 2℃，血压Bp17.3/11.3kPa（130/85）mmHg，均在正常范围；心跳P98次/分，呼吸R25次/分，均略高于正常值。见口唇樱红桃色，其余皮肤黏膜、眼、耳、淋巴结、颈部、咽、肺均无异常。无肝、肾糖尿病病史及服用安眠药等情况。仅房间内有一煤火炉，含碳物质未燃烧充分，产生的CO被患者吸入，为一氧化碳中毒来源，无其他中毒依据。因此可诊断其为“CO中型中毒”。

CO为无色，无味、无嗅的气体，使用柴炉、煤炉、煤气热水器时，碳或含碳物质在氧不充分时燃烧，均可产生CO，此时，如果通风不畅，可导致CO中毒。人体吸入CO后，一方面85%与血液中红细胞的血红蛋白（Hb）结合，形成稳定的COHb，由于CO与Hb的亲和力比氧与Hb的亲和力大240倍，使得COHb不能携带氧，且不易解离，引起血红蛋白氧运输量明显减少，血氧不易释放给组织而造成细胞缺氧；另一方面直接与细胞线粒体内的细胞色素a3结合，抑制还原型细胞色素氧化酶的活性，影响细胞呼吸和氧化过程，阻碍细胞对氧的利用。最终临床表现细胞缺氧，故口唇呈樱红桃色。

CO中毒的临床表现是细胞缺氧，其中脑组织对缺氧的耐受能力最差，其次是心脏。①立即打开门窗，移患者于通风良好、空气新鲜的地方，注意保暖。查找煤气漏泄的原因，排除隐患。②松解衣扣，保持呼吸道通畅，清除口鼻分泌物，如发现呼吸骤停，应立即行口对口人工呼吸，并作出心脏体外按摩。③立即给氧，有条件应立即转医院高压氧舱室作高压氧治疗，尤适用于中、重型煤气中毒患者，不仅可使病者苏醒，改善脑组织代谢，还可使后遗症减少，使用糖皮质激素、血管扩张剂等，并采取相应的对症治疗，积极防治并发症及预防迟发性脑病。

案例 5-2

患者，女性，44岁，因“心慌，怕热多汗，双眼复视一年余”，入院。患者一年前无明显诱因下出现心慌，怕热多汗，同时感易饥，多食，体型消瘦，至本院就诊，查甲状腺功能异常，予以药物“甲巯咪唑、左甲状腺素片、利可君”药物治疗后患者自觉双眼复视。现为求进一步诊治，收住入院，近期病程中患者无畏寒发热，无恶心呕吐，无腹痛腹泻，大小便正常。

体格检查：T36.2℃，P80次/分，R18次/分，BP138/80mmHg。神志清醒，全身皮肤黏膜无黄染，无瘀点、瘀斑，浅表淋巴结未触及明显肿大。颜面部无水肿，双侧眼球轻度突出，巩膜无黄染，双侧瞳孔等大等圆，直径3mm，对光反射存在。颈软，颈静脉无怒张，气管居中，肝颈静脉回流征阴性，甲状腺肿大一度，质硬，无明显压痛，未触及震颤，未闻及血管杂音，双肺呼吸音清，未闻及干湿性啰音。心率80次/分，律齐，各瓣膜听诊区未闻及明显病理性杂音，腹平软。

临床初步诊断：甲状腺功能亢进（Graves病）。

辅助检查：①尿常规：上皮细胞计数28.0/μl（↑）；上皮细胞镜检5.0/HP（↑）；24小时尿量2400ml（↑）。②肝功能（特区）+肾功能+血脂分析+生化电解质7项：总蛋白59.9g/L（↓）；甘油三酯1.77mmol/L（↑）；胆固醇2.9mmol/L（↓）。③促甲状腺激素受体抗体：2.33IU/L（↑）；甲功三线（游离）+抗甲状腺过氧化物酶抗体+甲状腺球蛋白抗原+抗体：促甲状腺激素0.02mIU/L（↓）；T3为31.76pmol/L（↑），T4为61.06 pmol/L（↑），甲状腺过氧化物酶抗853.80IU/ml（↑）；甲状腺球蛋白抗体98.40IU/ml（↑）。④血常规：血红蛋白108.0g/L（↓）；红细胞压积0.35L/L（↓）；平均血红蛋白量23.9pg（↓）；平均血红蛋白浓度310g/L（↓）。⑤甲胎蛋白+癌胚抗原+CA199+CA125+CA153+鳞状细胞癌抗原：CA125为35.7U/ml（↑）。

问题：

1. 对该患者初步诊断的依据有哪些？
2. 甲状腺功能亢进的机制？
3. 甲亢的主要临床表现有哪些？
4. 如果确诊为甲状腺功能亢进，应该如何治疗呢？
5. 为了进一步确诊，体格检查应注意哪些内容？

分析讨论

通过体格检查：T36.2℃，P80次/分，R18次/分，BP138/80mmHg。心率80次/分，律齐。双侧眼球轻度突出，甲状腺肿大，初步诊断为甲亢。为了进一步确诊，我们又对患者进行一系列辅助检查：促甲状腺激素受体抗体：2.33IU/L（↑）、甲功三线（游离）+抗甲状腺过氧化物酶抗体+甲状腺球蛋白抗原+抗体：促甲状腺激素0.02mIU/L（↓）、T3为31.76pmol/L（↑）、T4为61.06 pmol/L（↑）、甲状腺过氧化物酶抗853.80IU/ml（↑）、甲状腺球蛋白抗体98.40IU/ml（↑），这些指标的变化最终确立“甲亢”诊断，且患者有自身免疫病因存在。甲亢导致了生化中蛋白质和脂肪代谢异常，24小时尿量2400ml（↑）、总蛋白59.9g/L（↓）、胆固醇2.9mmol/L（↓）。后期入院可进行鉴别诊断：甲状腺高功能结节：可表现为甲亢症状，甲状腺影响学检查如甲状腺B超、甲状腺ECT可表现为碘摄取增高结节；亚急性甲状腺炎：大多有病毒感染的前驱症状，而后会出现甲状腺局部的疼痛。

甲状腺机能亢进症，其发病过程大多是特定遗传素质的个体，在环境因素（细菌、病毒、碘等）、应激（如精神创伤）作用下，激发细胞免疫及体液免疫功能紊乱、导致甲亢。其治疗方法有抗甲状腺药物、手术、放射性 ^{131}I 等三种方法。一般治疗方法是保证休息及营养，甲亢患者能量消耗大，要保持营养供给，应提供高热量、高蛋白、高脂肪、高维生素饮食，限制含纤维素高的食物，主食足量，多摄取新鲜蔬菜和水果，避免刺激性及含碘丰富的食物，多饮水。首选药物治疗是服用抗甲状腺素药，甲状腺危象首选丙硫氧嘧啶。

三、能量的生成、利用、储存是以ATP为中心

（一）高能磷酸化合物

磷酸化合物在生物体的换能过程中占有重要地位，机体内有许多磷酸化合物。当其磷酰基水解时，释放出大量自由能，这类化合物为高能磷酸化合物。这些分子中的酸酐键，能释放出大量自由能，一般将水解时能释放出大于21kJ/mol（5000cal/mol）自由能的键称为高能键（high-energy bond），并用符号“～”表示，而将水解时释放出大于21kJ/mol自由能的磷酸酯键或磷酸酐键称为高能磷酸键，用符号“～”表示。

生物体高能化合物（energy-rich compounds）的种类是很多的，不只是高能磷酸化合物（表5-4）。根据它们键型的特点，可归纳为以下几种类型：磷氧键型、氮磷键型即胍基磷酸化合物、硫酯键型即活性硫酸基、甲硫键型即活性甲硫氨酸。

表5-4　几种常见的高能化合物

化合物	释放能量（pH 7.0，25℃）kJ/mol （kcal/mol））
磷酸肌酸	−43.9（−10.5）
磷酸烯醇式丙酮酸	−61.9（−14.8）
ATP，GTP，UTP，CTP	−30.5（−7.3）
乙酰Co A	−31.4（−7.5）

（二）ATP 的特性

ATP（即腺苷三磷酸）是一分子腺嘌呤、一分子核糖和三个相连的磷酸基团构成的核苷酸。在 ATP 分子中，从与腺苷基团相连的磷酸基团算起，三个磷酸基团依次称为 α、β、γ 磷酸基团。

生物体所需的能量，主要来自糖、脂类等物质的分解代谢，但都必须转化成 ATP 的形式才被利用，所以 ATP 是能量的直接供给者。ATP 有 3 个磷酸基，它们形成的 2 个高能磷酸酐键都可利用。最常见的是末端磷酰基被转移，生成 ADP。ATP 参与糖、脂类及蛋白质的生物合成过程，糖原合成除直接消耗 ATP 外，还需要 UTP 参加，磷脂合成需要 CTP，蛋白质合成需要 GTP。所有的核苷 5-磷酸的高能磷酸基团都由 ATP 转移而来。催化转移反应的酶称为核苷二磷酸激酶，这种酶在细胞质和线粒体中都存在。

生物体内能量的产生、储存和利用都是以 ATP 为中心的。神经和肌肉等细胞活动的直接供能物质是 ATP，但 ATP 在细胞中的含量很低。肌肉和脑中的磷酸肌酸（creatine phosphate）的含量都远远超过 ATP，在细胞内首先供应 ADP 合成 ATP。在运动后的恢复期，细胞内积累的肌酸可由其他途径来源的 ATP 提供高能磷酸基团，重新合成磷酸肌酸；当细胞处于静息状态时，ATP 的浓度较高，反应向合成磷酸肌酸的方向进行；当细胞处于活动状态时 ATP 的浓度下降，反应即转向合成 ATP 的方向进行。因此磷酸肌酸有“ATP 缓冲剂”之称（图 5-22）。

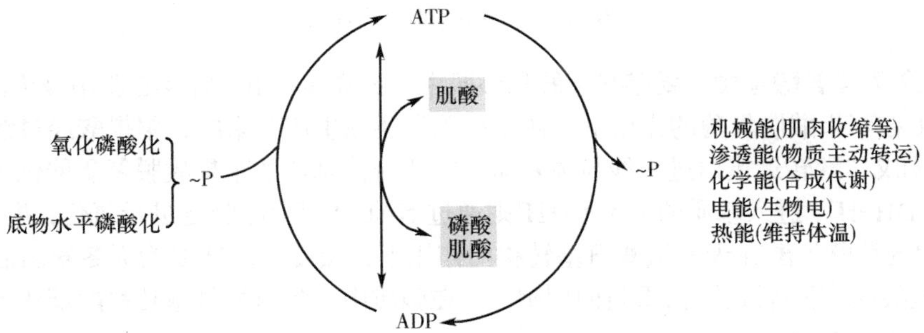

图 5–22　ATP 的生成和利用

四、线粒体内膜对物质的转运具有选择性

线粒体基质（matrix）与细胞液之间有线粒体内外膜相隔，线粒体外膜与一般生物膜相似，但其通透性较高，大多数小分子化合物和离子可以自由通过进入膜间隙。与外膜相反，内膜对各种物质的通过有严格的选择性。几乎所有离子和不带电荷的小分子化合物都不能自由通过。线粒体内膜两侧物质的通过依赖内膜上的转运蛋白（载体）体系，重要的转运蛋白有腺苷酸转运蛋白、谷氨酸/天冬氨酸转运蛋白、二羧酸转运蛋白、α-酮戊二酸转运蛋白等，这些转运蛋白体系共同协作，从而完成转运任务。

（一）胞质中的 NADH 通过穿梭机制进入线粒体的氧化呼吸链

生物氧化的脱氢反应可发生在细胞的胞质或线粒体基质中，在线粒体生成的 NADH 可直接进入氧化呼吸链进行电子传递。但 NADH 不能自由穿过线粒体内膜，在胞质中经糖酵解等生成的 NADH 需通过穿梭机制进入线粒体的呼吸链才能进行氧化磷酸化。体内有两种转运机制：α-磷酸甘油穿梭（glycerophosphate shuttle）和苹果酸-天冬氨酸穿梭（malate-aspartate shuttle）。

1. α-磷酸甘油穿梭主要存在于脑和骨骼肌中　如图 5-23 所示，胞质中的 $NADH+H^+$在 α-磷酸甘油脱氢酶（辅基是 NAD^+）催化下，将 2H 传递给磷酸二羟丙酮，使其还原成 α-磷酸甘油，后者通过线粒体外膜，到达线粒体内膜的膜间腔侧，由膜间腔的 α-磷酸甘油脱氢酶（辅基是 FAD）催化生成磷酸二羟丙酮和 $FADH_2$，磷酸二羟丙酮可穿出线粒体外膜至胞质，而 $FADH_2$ 则进入琥珀酸氧化呼吸链，在此机制中，1 分子的 NADH 经此穿梭能产生 1.5 分子 ATP。

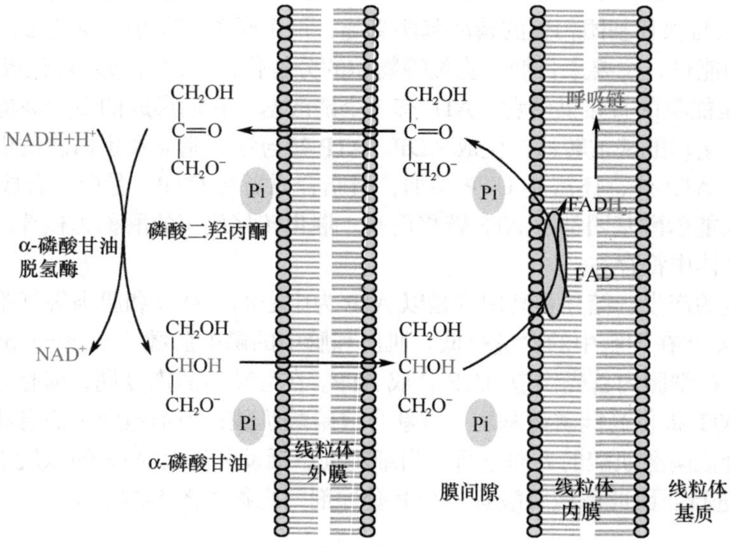

图 5-23 α-磷酸甘油穿梭

2. 苹果酸-天冬氨酸穿梭主要存在于肝和心肌中 该穿梭在肝、肾及心肌中极为活跃。胞质中的 $NADH+H^+$在苹果酸脱氢酶的作用下，使草酰乙酸还原生成苹果酸，苹果酸经过线粒体内膜上的苹果酸-α-酮戊二酸转运蛋白进入线粒体基质，在线粒体基质的苹果酸脱氢酶催化下重新生成草酰乙酸和 $NADH+H^+$，进入基质的 $NADH+H^+$则通过 NADH 氧化呼吸链进行氧化，并产生 2.5 分子 ATP。基质中的草酰乙酸在天冬氨酸氨基转移酶作用下，接受氨基转变为天冬氨酸后经线粒体内膜上的天冬氨酸-谷氨酸转运蛋白重新回到胞质，在胞质中天冬氨酸氨基转移酶催化下转变为草酰乙酸继续穿梭（图 5-24）。

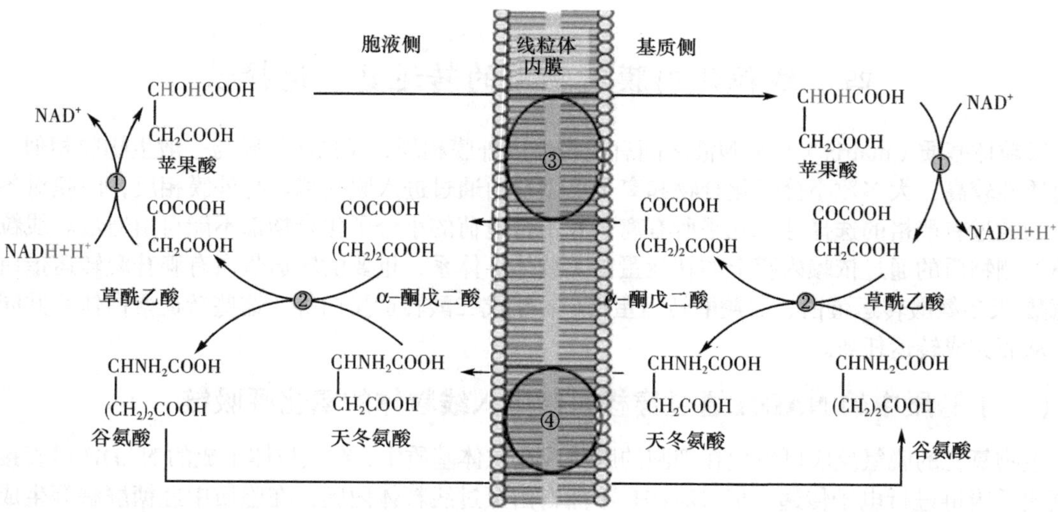

①苹果酸脱氢酶；②天冬氨酸氨基转移酶；③苹果酸-α-酮戊二酸转运蛋白；④天冬氨酸-谷氨酸转运蛋白

图 5-24 苹果酸-天冬氨酸穿梭

（二）ATP-ADP 转位酶协调转运 ADP 进入和 ATP 移出线粒体

电子传递产生的跨膜质子梯度主要用于驱动 ATP 的合成，同时也驱动内膜上的转运蛋白用于转运氧化磷酸化的相关成分，包括腺苷酸转运蛋白、磷酸盐转运蛋白。

腺苷酸转运蛋白即为 ATP-ADP 转位酶（ATP-ADP translocase），又称腺苷酸移位酶，富含于线粒体内膜。每分子 ATP 在线粒体基质中生成并转运到胞质具体共需 4 个氢离子回流进入线粒体基质中。ATP 与 ADP 经该转运蛋白反向转运，当胞液内游离 ADP 水平升高时，ADP 进入线粒体，而 ATP 则自线粒体转运到胞液，同时胞质中的 $H_2PO_4^-$经磷酸盐载体与 H^+同向转运到线粒体基质内（图 5-25），结果线粒体基质内 ADP/ATP 比值升高，促进氧化磷酸化。

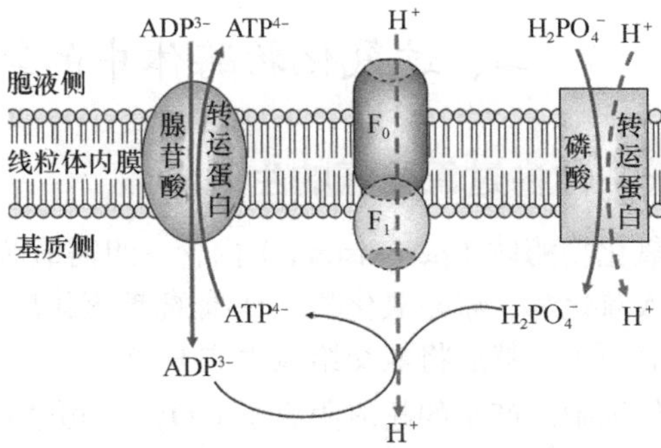

图 5-25 ATP、ADP 的转运

第三节 线粒体外氧化体系

除线粒体外，细胞的微粒体和过氧化物酶体也是生物氧化的场所，存在一些不同于线粒体的氧化酶类，组成特殊的氧化体系。其特点是在氧化过程中不偶联磷酸化过程，没有 ATP 的生成，但在体内代谢物、药物和毒物的生物转化及活性氧的清除等方面有重要作用。

一、微粒体中的细胞色素 P_{450} 单加氧酶使底物羟基化

微粒体细胞色素 P_{450} 单加氧酶（cytochrome P_{450} monooxygenase）催化氧分子中的一个氧原子加到底物分子上（羟化反应），另一个氧原子被氢还原成水，故又称混合功能氧化酶（mixed function oxidase，MFO）或羟化酶（hydroxylase）。参与类固醇激素、胆汁酸及胆色素等的生成以及药物、毒物的生物转化过程中的羟化反应。其催化反应可表示如下：

$$RH + NADPH + H^+ + 2O_2 \longrightarrow ROH + NADP^+ + H_2O$$

细胞色素 P_{450} 单加氧酶是含量最丰富，反应最复杂的单加氧酶类，含细胞色素 P_{450}，细胞色素 P_{450} 属于细胞色素 b 类，通过辅酶血红素中 Fe 离子价键变化进行单电子传递。加单氧酶的反应过程如图 5-26：

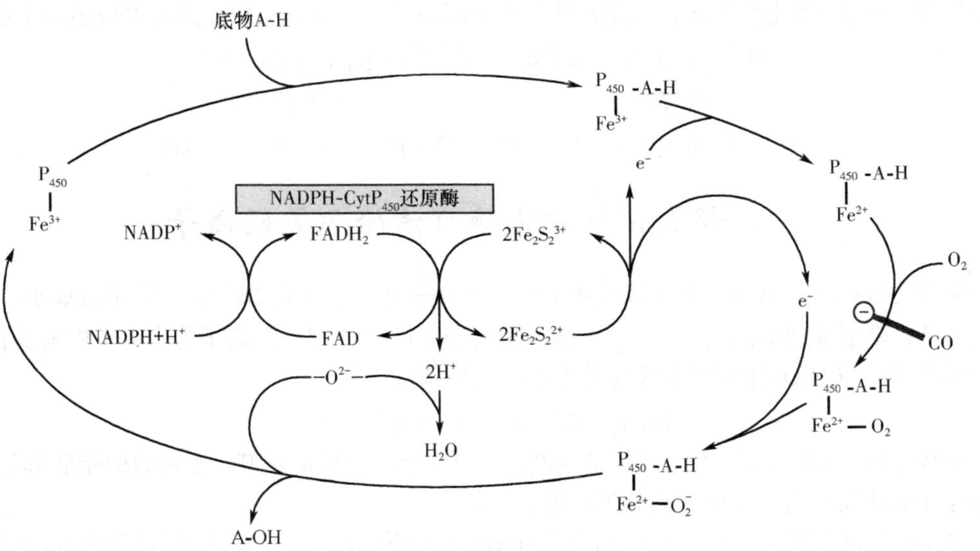

图 5-26 加单氧酶的反应过程

二、过氧化物酶体中的氧化体系可分解过氧化氢

（一）体内过氧化氢的生成

过氧化物酶体（peroxisome）内含一组需氧脱氢酶，如 D-氨基酸氧化酶、L-羟酸氧化酶、脂酰辅酶A氧化酶、尿酸氧化酶、D-葡萄糖氧化酶等。它们都属黄素蛋白，能直接作用于底物而获得两个氢原子，然后将氢交给氧生成 H_2O_2。

此外细胞内产生的超氧阴离子（O_2^-），可通过歧化反应生成 H_2O_2，此反应受超氧化物歧化酶催化，超氧阴离子的损伤作用也往往是由歧化反应生成的 H_2O_2 所介导。生理量的 H_2O_2 对机体无害，并有一定的生理功能。

$$O_2^- + 2H^+ \rightarrow H_2O_2 + O_2$$

（二）过氧化氢酶

过氧化氢酶（catalase）广泛分布于血液、骨髓、黏膜、肾脏及肝脏等组织。其化学本质为血红素蛋白，每个酶分子含 4 个血红素。它的功能为分解双氧水，即利用一分子 H_2O_2 提供电子（作为还原剂）而被氧化，另一分子双氧水接受电子（作为作用物）而被还原。

$$H_2O_2 + H_2O_2 \xrightarrow{\text{过氧化氢酶}} 2H_2O + O_2$$

（三）过氧化物酶

在乳汁、白细胞、血小板等体液或细胞中含有过氧化物酶（peroxidase），该酶又称触酶，其辅基为血红素，与酶蛋白结合疏松，它催化 H_2O_2 直接氧化酚类或胺类化合物，催化反应如下：

$$R + H_2O_2 \longrightarrow RO + H_2O \text{或} RH_2 + H_2O_2 \longrightarrow R + 2H_2O$$

临床上判断粪便中有无隐血时，就是利用白细胞中含有过氧化物酶的活性，将联苯胺氧化成蓝色化合物。粪便隐血检查又称便潜血实验。是用来检查粪便中隐匿的红细胞或血红蛋白，转铁蛋白一项试验。这对检查消化道出血是一项非常有用的诊断指标。

此外，在红细胞及其他一些组织中存在有谷胱甘肽过氧化物酶，此酶含硒，它利用还原型谷胱甘肽（GSH）使 H_2O_2 或过氧化脂质（ROOH）等还原生成水或醇类，从而保护膜脂质及血红蛋白免受氧化。生成的氧化型谷胱甘肽在谷胱甘肽还原酶催化下由 NADPH 供氢重新还原生成 GSH。

$$\underset{\text{（还原型）}}{H_2O_2 + 2GSH} \xrightarrow{\text{谷胱甘肽过氧化物酶}} \underset{\text{（氧化型）}}{2H_2O + GS-SG}$$

$$ROOH + 2GSH \xrightarrow{\text{谷胱甘肽过氧化物酶}} H_2O + ROH + GS-SG$$

三、超氧化物歧化酶可清除超氧阴离子

生物氧化过程中，氧分子必须接受 4 个电子才能完全还原形成 $2O^{2-}$ 再与 H^+ 结合成水。如果电子供给不足，就形成超氧阴离子（O_2^-）或氧阴离子（O^-），超氧阴离子为带有负电荷的自由基，化学性质活泼，与 H_2O_2 作用可生成性质更活泼的羟基自由基。

$$H_2O_2 + O_2^- \longrightarrow O_2 + OH^- + HO^{\bullet}$$

自由基可使 DNA 分子氧化、修饰甚至断裂，可氧化蛋白质的巯基、生物膜的脂肪酸等。破坏核酸结构甚至诱发疾病：如癌、动脉粥样硬化等。

生物体内广泛存在着超氧化物歧化酶（superoxide dismutase，SOD），它是金属酶，包括三种

同工酶。真核细胞胞液中，该酶以 Cu^{2+}、Zn^{2+}为辅基，称为 CuZn-SOD；原核细胞和真核细胞的线粒体内以 Mn^{2+}为辅基，称为 Mn-SOD；原核细胞还有以 Fe^{2+}为辅基的 Fe-SOD。细胞内的 SOD 可有效清除超氧阴离子，防御内、外环境中超氧阴离子对人体的侵害。

思 考 题

1. 写出 NADH 氧化呼吸链和琥珀酸氧化呼吸链的组成、排列顺序以及产生 ATP 的偶联部位。
2. 写出氧化磷酸化过程中各个部位抑制剂的名称及作用点。
3. 人体生成 ATP 的方式有哪几种？请简单叙述生成过程。
4. 试述机体影响氧化磷酸化的因素及其作用机制。
5. 细胞质中的 NADH 参与氧化磷酸化有哪些方式，各有什么不同？
6. 请简述非线粒体氧化体系的特点、主要的酶及其作用。

（朱蕙霞）

第六章 脂质代谢

内容提要

脂质包括脂肪、类脂及其衍生物。脂肪的最主要功能是储能和供能。类脂主要包括磷脂、糖脂、胆固醇及胆固醇酯等，其是生物膜的重要组分，参与细胞识别及信息传递，同时也是体内多种生物活性物质的前体。

脂质的消化吸收主要在小肠上段。食物脂质在小肠中胆汁酸盐及多种酶的共同作用下水解为甘油、脂肪酸和一些不完全水解产物，进而主要在空肠被吸收。被吸收的甘油和中、短链脂肪酸经门静脉入血；长链脂肪酸在小肠黏膜细胞中与单酰甘油重新合成脂肪，连同被吸收的磷脂、胆固醇及由小肠黏膜细胞合成的载脂蛋白一起构成乳糜微粒（CM），经淋巴入血。

脂肪酸是脂肪烃的羧酸，分为饱和及不饱和脂肪酸两大类。必需脂肪酸是指一类维持生命活动所必需的、体内不能合成、必须从外界摄取的脂肪酸。

脂肪水解产生甘油和脂肪酸。甘油主要在肝脏被利用，经活化、脱氢生成磷酸二羟丙酮后循糖分解代谢途径继续氧化分解或异生成糖；脂肪酸则在胞液中活化后进入线粒体进行 β−氧化，经脱氢、加水、再脱氢、硫解等步骤彻底氧化分解并产生大量能量。肝中脂肪酸经 β−氧化生成的乙酰 CoA 可用于合成酮体（乙酰乙酸、β−羟丁酸和丙酮）并运至肝外组织氧化利用。酮体生成过多可在血中积存，严重时可引起酮症酸中毒。

脂肪酸合成的原料是乙酰 CoA，还需 NADPH 供氢及 ATP 供能。乙酰 CoA 在胞液中经脂肪酸合成酶系催化，先合成软脂酸，再转变为多种不同碳数和不同饱和度的脂肪酸。脂肪合成的原料是单酰甘油、脂肪酸（脂酰 CoA）和甘油（甘油−3−磷酸），合成途径包括单酰甘油途径和二酰甘油途径。肝、脂肪组织及小肠是脂肪合成的主要场所，其中肝脏的合成能力最强。

磷脂是指分子中含有磷酸的脂质，包括甘油磷脂和鞘磷脂两大类，体内的磷脂主要是甘油磷脂。甘油磷脂的合成途径包括二酰甘油途径和 CDP−二酰甘油途径，两条途径的共同起始物均为磷脂酸。甘油磷脂在多种磷脂酶催化下被水解，再进一步代谢。鞘磷脂不含甘油而含鞘氨醇，其是生物膜的重要组分，并参与细胞识别及信息传递。

胆固醇除来源于食物外，主要由体内合成。肝脏是合成胆固醇的主要器官，合成原料主要是乙酰 CoA、NADPH 和 ATP。乙酰 CoA 先缩合为 HMG−CoA，再经多步反应缩合成鲨烯，后者环化转变为胆固醇。胆固醇不能彻底氧化分解，其主要去路是转化为胆汁酸、类固醇激素及维生素 D_3。

血脂是血浆中各种脂质的总称，以血浆脂蛋白的形式存在和转运。血浆脂蛋白经电泳法分为 α、前 β、β 及 CM 四类，经超速离心法分为高密度脂蛋白（HDL）、低密度脂蛋白（LDL）、极低密度脂蛋白（VLDL）及 CM 四类。CM 在小肠黏膜细胞合成，主要转运外源性脂肪及胆固醇；VLDL 主要在肝脏合成，主要转运内源性脂肪；LDL 在血浆中生成，主要转运内源性胆固醇；HDL 在肝脏和小肠中生成，主要逆向转运胆固醇（从肝外运至肝内）。血脂代谢异常可导致高脂血症。

第一节 脂质概述

脂质（lipid）是一类不溶于水而易溶于乙醚、氯仿、丙酮等有机溶剂并能被机体利用的有机化合物，包括脂肪、类脂及其衍生物。脂肪（fat）即三酰甘油（triacylglycerol）或甘油三酯（triglyceride），是由一分子甘油和三分子脂肪酸通过羧酸酯键生成的化合物，其是体内含量最多的脂质。脂肪酸（fatty acid，FA）是脂肪烃的羧酸，分子一端含有一个疏水性烃链基团，另一端含有一个亲水性羧基，其结构通式为 $CH_3(CH_2)_nCOOH$。类脂（lipoid）主要包括磷脂、糖脂、胆固醇和胆固醇酯等。

一、脂质的生理功能

（一）脂肪的生理功能

脂肪的主要生理功能包括：①cal）能量，比等量糖或蛋白质高出一倍多。此外，体内脂库中储存的脂肪，结合水分少，体积小，储存 1g 脂肪仅占 $1.2cm^3$（为储存 1g 糖原所占体积的 1/4），故在单位体积内可储存较多能量。②保护内脏与维持体温。内脏周围的脂肪组织具有软垫作用，可缓冲外界的机械撞击，对内脏具有保护功能。脂肪不易导热，分布于皮下的脂肪可防止热量的过多散失，对维持体温的恒定具有重要作用。③促进脂溶性维生素的吸收。

（二）类脂的生理功能

类脂的主要生理功能包括：①维持生物膜的正常结构与功能。类脂约占生物膜重量的一半，是维持生物膜正常结构与功能必不可少的成分。磷脂分子构成生物膜骨架的主要结构——脂质双层，成为极性物质进出细胞的通透性屏障。胆固醇分子散布于磷脂分子之间，其极性头部与磷脂分子的极性头部紧紧相依，板面状甾环结构则使与之相邻的磷脂烃链的活动性下降，从而增加膜的稳定性。糖脂为亲水性脂质分子，位于细胞膜的非胞液面，糖基暴露在膜外。糖脂的功能与细胞同外部环境的相互作用有关，其具体功能因糖脂种类不同而异。②参与细胞信息传递。例如，细胞质膜上的磷脂酰肌醇 4,5-双磷酸，可被特异性磷脂酶 C 水解生成肌醇三磷酸（inositol triphosphate，IP_3）和二酰甘油，后两者均为细胞内的第二信使，参与细胞信息传递。③促进脂肪和脂溶性维生素的吸收与转运。④可转变为多种重要的生物活性物质。例如，胆固醇可在体内转变为胆汁酸、维生素 D_3、类固醇激素等生物活性物质；磷脂分子中的花生四烯酸是前列腺素（prostaglandin，PG）、凝血噁烷（thromboxane，TX）及白三烯（leukotriene）等生物活性物质的前体，具有多种重要生理功能。

二、脂质的消化与吸收

膳食中的脂质以脂肪为主（约占 90%），此外还有少量磷脂及胆固醇等。正常成人每天膳食中约含胆固醇 300～500mg，主要来自动物内脏、蛋黄、奶油及肉类。食物中的胆固醇多为游离胆固醇，10%～15%为胆固醇酯。脂质的消化吸收需要胆汁酸盐帮助乳化分散以及多种消化酶的协同作用。成人口腔中没有消化脂质的酶；胃中有少量脂肪酶，但胃液 pH 偏酸，脂肪酶活性受到抑制；小肠中含有来自胰液的多种脂酶及来自胆汁的胆汁酸盐，所以小肠是脂质消化吸收的主要部位。婴儿时期胃酸浓度较低，胃液 pH 接近中性，脂肪（特别是乳脂）能在胃被部分消化。

脂质进入小肠后刺激肠促胰液肽（secretin）、肠促胰酶素（pancreozymin）和胆囊收缩素（cholecystokinin）的产生与释放。前两者可促进胰酶原分泌，后者可引起胆囊收缩，促进胆汁分泌。胆汁酸盐是双性分子，可与进入肠腔的脂肪、胆固醇等脂质混合，通过肠蠕动，将不溶于水的脂质分散成细小的水包油的乳化微团（micelle），从而大大提高了脂质的溶解度，并增加了脂质与消化酶的接触面积，有利于脂质的消化吸收。胆汁酸盐是维持胆固醇吸收的主要因素，胆汁酸盐缺乏可明显降低胆固醇的吸收。食物中的纤维素、果胶、植物固醇及某些药物如考来烯胺（消胆胺）等，可在消化道中与胆汁酸盐结合促使其从粪便排出，从而发挥减少胆固醇吸收、降低血中胆固醇的作用。

经胰腺分泌入十二指肠的脂质消化酶包括胰脂酶（pancreatic lipase）、磷脂酶 A_2、胆固醇酯酶及辅脂酶（colipase）。胰脂酶特异性催化脂肪的 1 位与 3 位酯键水解，生成 1 分子 2-单酰甘油和 2 分子脂肪酸。胰脂酶必须吸附在乳化微团的水油界面上，才能水解微团内的脂肪，其发挥作用的必需辅助因子是辅脂酶。辅脂酶以酶原形式随胰液分泌进入十二指肠后，在胰脂酶的作用下从 N-端切下一个五肽而被激活。辅脂酶本身不具脂肪酶活性，但激活的辅脂酶具有与胰脂酶及脂肪结合的结构域，分别通过氢键与胰脂酶结合，通过疏水键与脂肪结合，在胰脂酶与脂肪之间起桥梁作用，使胰脂酶充分发挥水解脂肪的作用。在小肠内，胰脂酶的作用依赖于胆汁酸盐的存在，但又受胆汁酸盐的抑制，因为脂质乳化后其表面张力升高，反而使胰脂酶不能与微团内的脂肪接触；同时在水油界面胰脂酶易于变性失活。磷脂酶 A_2 催化磷脂 2 位酯键水解，生成脂肪酸和溶血磷脂。胆固醇酯酶催化胆固醇酯水解，生成游离脂肪酸（free fatty acid，FFA）与胆固醇。

2-单酰甘油、溶血磷脂、胆固醇及脂肪酸等消化产物进一步与胆汁酸盐乳化成体积更小、极性更大的混合微团（mixed micelle），在十二指肠下段及空肠上段，经被动扩散进入小肠黏膜细胞内。甘油、短链（2～4 碳）及中链（6～10 碳）脂肪酸易被肠黏膜吸收，经门静脉入血。一部分未被消化的、由短链及中链脂肪酸构成的脂肪，被胆汁酸盐乳化后也可被吸收，其吸收后在肠黏膜细胞内脂肪酶的催化下水解为 FFA 和甘油，经门静脉入血。长链脂肪酸（12～26 碳）、2-单酰甘油及其他脂质消化产物，在脂酰 CoA 合成酶（acyl-CoAsynthetase）和脂酰 CoA 转移酶（acyl-CoAtransferase）催化下，消耗 ATP 生成新的脂肪、磷脂及胆固醇酯，它们再与小肠黏膜细胞合成的载脂蛋白构成乳糜微粒，经淋巴入血。

三、脂肪酸的分类与命名

按碳原子数目多少，可将脂肪酸分为短链（<6C）、中链（6～12C）及长链（>12C）脂肪酸。高等动植物中的脂肪酸碳链长度一般在 14～26C 之间，且主要为偶数碳。按是否含有双键，可将脂肪酸分为饱和与不饱和脂肪酸。不含双键的脂肪酸为饱和脂肪酸（saturated fatty acid）；而含有双键者为不饱和脂肪酸（unsaturated fatty acid），其中含一个双键者为单不饱和脂肪酸（monounsaturated fatty acid），含两个及两个以上双键者为多不饱和脂肪酸（polyunsaturated fatty acid）。各种脂肪酸碳链长度、饱和度以及双键位置的不同导致其某些理化性质及生物学功能各异。例如，随着碳链长度的增加，其熔点逐渐增加；随着不饱和度的增加，其熔点逐渐下降，这对于生物膜脂质在各种环境温度下保持流态并由此维持生物膜的正常功能具有十分重要的意义。

体内脂肪酸的来源有二：一是自身合成；二是从食物中摄取。某些维持生命活动所必需的多不饱和脂肪酸在体内不能合成，必须从食物中摄取，称为必需脂肪酸（essential fatty acid），主要包括亚油酸、亚麻酸和花生四烯酸。

脂肪酸的系统命名法依据脂肪酸的碳链长度命名（表 6-1），若碳链含双键，则标示双键位置。Δ 编码体系从脂肪酸的羧基碳原子起计双键位置；ω（n）编码体系则从甲基碳原子起计双键位置，并且根据第一个双键所在碳原子的位置，可将不饱和脂肪酸分为 ω-3、ω-6、ω-7 和 ω-9 四族（表 6-1）。哺乳动物体内的多不饱和脂肪酸由相应的母体脂肪酸衍生而来（表 6-2），如 γ-亚麻酸和花生四烯酸可由亚油酸转变而来，但 ω-3、ω-6 和 ω-9 三族多不饱和脂肪酸在体内彼此不能相互转化。动物只能合成 ω-7 和 ω-9 族多不饱和脂肪酸（如软油酸和油酸），不能合成 ω-3 和 ω-6 族多不饱和脂肪酸（如 α-亚麻酸和亚油酸），这是因为哺乳动物体内缺乏 ω-3 和 ω-6 脂肪酸去饱和酶（desaturase）系，不能在脂肪酸的 ω-3 和 ω-6 碳原子处引入双键。

表 6-1 常见脂肪酸的命名及其 ω 分族

习惯名	系统名	碳原子数及双键数	双键位置 Δ 系	双键位置 ω/n 系	族
饱和脂肪酸					
月桂酸（lauric acid）	十二烷酸	12：0			
豆蔻酸（myristic acid）	十四烷酸	14：0			
软脂酸（palmitic acid）	十六烷酸	16：0			
硬脂酸（stearic acid）	十八烷酸	18：0			
花生酸（arachidic acid）	二十烷酸	20：0			
山箭酸（behenic acid）	二十烷酸	22：0			
掬焦油酸（lignoceric acid）	二十四烷酸	24：0			
单不饱和脂肪酸					
软油酸（soft oleic acid）	十六碳一烯酸	16：1	9	7	ω-7
油酸（oleic acid）	十八碳一烯酸	18：1	9	9	ω-9
异油酸（vaccenic acid）	反式十八碳一烯酸	18：1	11	7	ω-7
神经酸（nervonic acid）	二十四碳一烯酸	24：1	15	9	ω-9
多不饱和脂肪酸					
亚油酸（linoleic acid）	十八碳二烯酸	18：2	9，12	6，9	ω-6
α-亚麻酸（α-linolenic acid）	十八碳三烯酸	18：3	9，12，15	3，6，9	ω-3
γ-亚麻酸（γ-linolenid acid）	十八碳三烯酸	18：3	6，9，12	6，9，12	ω-6
花生四烯酸（arachidonic acid）	二十碳四烯酸	20：4	5，8，11，14	6，9，12，15	ω-6
eicosapentaenoic acid（EPA）	二十碳五烯酸	20：5	5，8，11，14，17	3，6，9，12，15	ω-3
docosApentaenoic acid（DPA）	二十二碳五烯酸	22：5	7，10，13，16，19	3，6，9，12，15	ω-3
docosAhexaenoic acid（DHA）	二十二碳六烯酸	22：6	4，7，10，13，16，19	3，6，9，12，15，18	ω-3

表 6-2 不同族的母体不饱和脂肪酸

族	母体脂肪酸
ω-7（n-7）	软油酸（16：1，ω-7）
ω-9（n-9）	油酸（18：1，ω-9）
ω-6（n-6）	亚油酸（18：2，ω-6，9）
ω-3（n-3）	α-亚麻酸（18：3，ω-3，6，9）

第二节 脂肪代谢

脂肪代谢包括分解与合成代谢。脂肪分解产生甘油和脂肪酸。甘油主要在肝脏被利用；脂肪酸则在胞液中活化后进入线粒体进行 β-氧化。肝中脂肪酸经 β-氧化生成的乙酰 CoA 可用于合成酮体并运至肝外组织氧化利用。脂肪合成的原料是单酰甘油、脂肪酸（脂酰 CoA）和甘油（甘油-3-磷酸），合成途径包括单酰甘油和二酰甘油途径。脂肪酸合成的原料是乙酰 CoA，先在胞液中合成软脂酸，再转变为多种不同碳数和不同饱和度的脂肪酸。

一、脂肪的分解

（一）脂肪动员

脂肪动员（fat mobilization）是指储存在脂肪细胞中的脂肪（三酰甘油）被一系列脂肪酶逐步水解为甘油和 FFA，并释放入血供其他组织利用的过程。

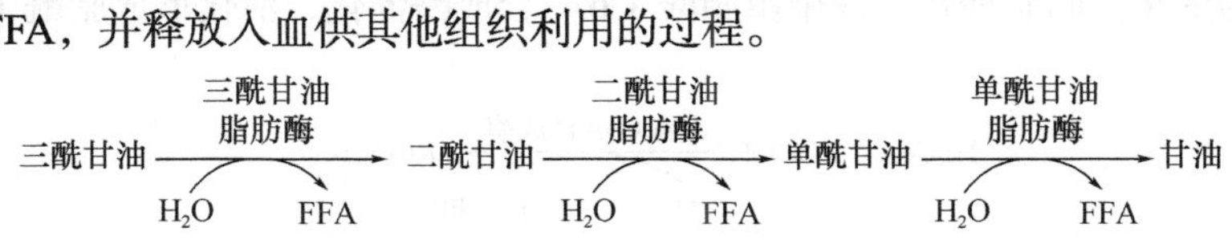

三酰甘油脂肪酶是脂肪动员的限速酶，因其活性受多种激素的调控，故又称激素敏感性脂肪酶（hormone sensitive lipase，HSL）。此酶有磷酸化和去磷酸化两种形式，前者有活性，后者无活性。不同激素对 HSL 的影响不同，其中能提高 HSL 活性、促进脂肪动员的激素，称为脂解激素（lipolytic hormone）；能降低 HSL 活性、抑制脂肪动员的激素，称为抗脂解激素（antilipolytic hormone）。脂解激素包括胰高血糖素、肾上腺素、去甲肾上腺素等，它们可与脂肪细胞膜上的受体结合，激活腺苷酸环化酶，促进细胞内 cAMP 的合成，进而激活蛋白激酶 A，使 HSL 磷酸化而活化，促进三酰甘油水解生成二酰甘油和 FFA（图 6-1）。胰岛素是主要的抗脂解激素，其能抑制腺苷酸环化酶，增强磷酸二酯酶活性，减少 cAMP 生成，抑制蛋白激酶 A，从而使 HSL 去磷酸化而失活，抑制脂肪动员。当禁食、饥饿或处于兴奋状态时，脂解激素分泌增加，从而促进脂解作用；进食后胰岛素分泌增加，从而抑制脂解作用。

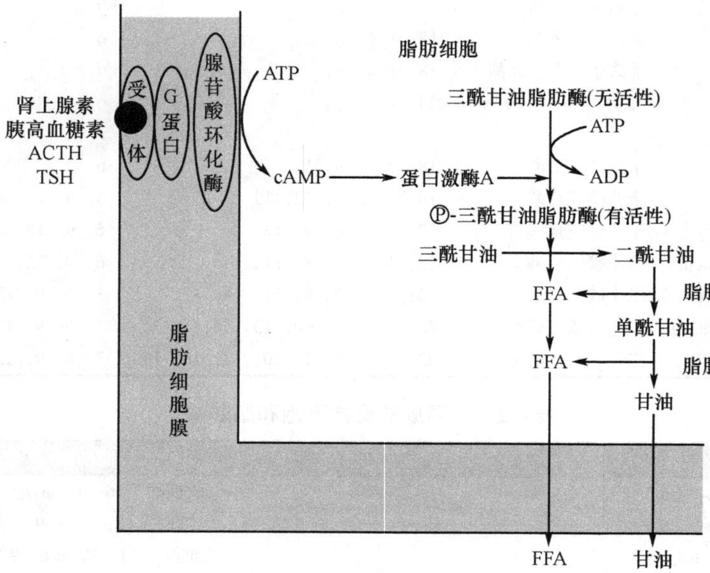

图 6-1 脂解激素对脂肪动员的促进作用

ACTH，adrenocorticotropic hormone，促肾上腺皮质激素；TSH，thyroid stimulating hormone，促甲状腺激素

脂肪动员产生的甘油在血液中游离运输，主要被运输到肝脏经甘油激酶催化生成甘油-3-磷酸，后者在甘油-3-磷酸脱氢酶催化下生成磷酸二羟丙酮，继而循糖分解代谢途径继续氧化分解或异生成糖。肾、肠等组织细胞中也含有甘油激酶，可以利用甘油；脂肪和骨骼肌组织缺乏甘油激酶，不能利用甘油。

脂肪动员产生的 FFA 释放入血，与清蛋白结合，随血循环运输至心、肝、骨骼肌等各组织利用，但脑组织和红细胞等不能直接利用脂肪酸。

（二）脂肪酸 β-氧化

在供氧充足的条件下，脂肪酸在体内彻底氧化分解生成 CO_2 和 H_2O，并产生大量能量，因其氧化从羧基端 β-碳原子开始，每次断裂 2 个碳原子，故称 β-氧化（β-oxidation）。除脑组织和成熟红细胞外，大多数组织的细胞都能氧化分解脂肪酸，其中以肝和肌肉组织的细胞最为活跃。

脂肪酸的 β-氧化大致可分为活化、转运和氧化三个阶段。

1. 脂肪酸的活化 脂肪酸在胞液中由脂酰 CoA 合成酶催化，活化形成脂酰 CoA，这是一个耗能的过程。

$$\mathrm{HSCoA + RCOOH \xrightarrow[\text{ATP}\quad\text{AMP+PPi}]{\text{脂酰CoA合成酶}} RCOCoA}$$

脂酰 CoA 极性增强，易溶于水；分子中含高能硫酯键，代谢活性增强；与酶的亲和力升高，反应速度加快。同时，反应生成的焦磷酸在细胞内被焦磷酸酶迅速水解为 2 分子无机磷酸，从而阻止逆向反应的进行。因此，活化 1 分子脂肪酸实际消耗了 1 分子 ATP 中的两个高能磷酸键，相当于消耗了 2 分子 ATP。

2. 脂酰 CoA 转运进入线粒体 脂肪酸的活化在胞液中进行，而脂肪酸 β-氧化酶系分布于线粒体基质，因此必须将脂酰 CoA 转运到线粒体基质中才能进行 β-氧化。长链脂酰 CoA 需载体肉碱（carnitine）或称肉毒碱的帮助才能进入线粒体基质进行代谢，其转运机制如图 6-2：①长链脂酰 CoA 透过线粒体外膜进入内、外膜间的膜间腔，在线粒体内膜外侧的肉碱脂酰转移酶Ⅰ（carnitine acyl transferase-Ⅰ，CAT-Ⅰ）催化下，脂酰 CoA 脱去 HSCoA，将脂酰基转移至肉碱的 3-羟基上生成脂酰肉碱。②脂酰肉碱经线粒体内膜上肉碱-脂酰肉碱转位酶（carnitine-acylcarnitine transposase）的转运，进入线粒体基质。③进入线粒体基质的脂酰肉碱，在肉碱脂酰转移酶Ⅱ（CAT-Ⅱ）的催化下，与 HSCoA 进行脂酰基交换，释放出肉碱，生成脂酰 CoA，随后脂酰 CoA 进行 β-氧化。

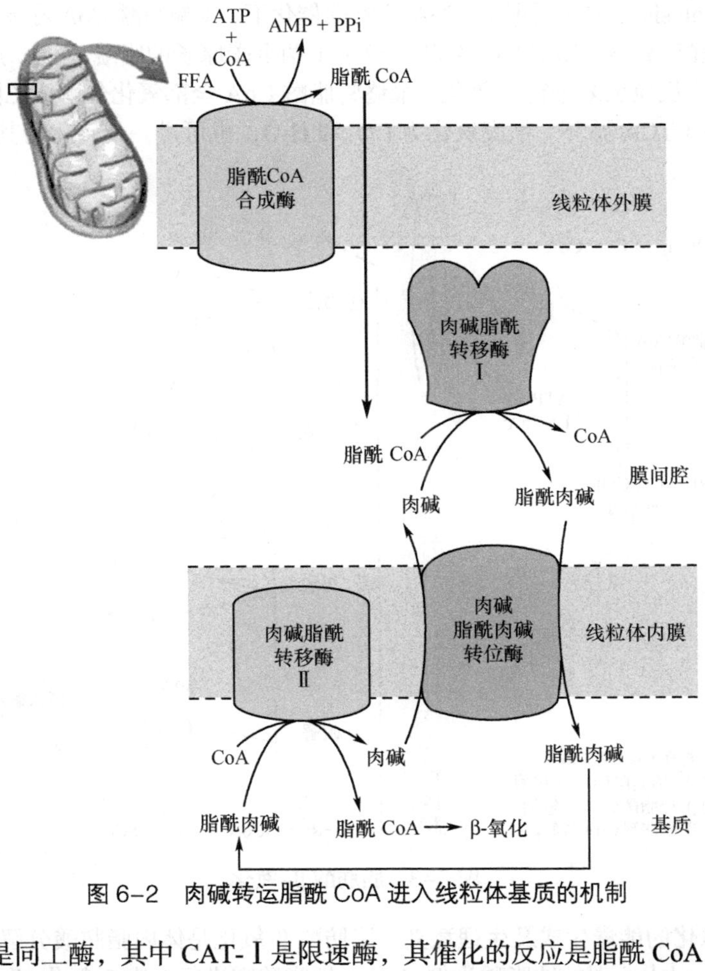

图 6-2 肉碱转运脂酰 CoA 进入线粒体基质的机制

CAT-Ⅰ和Ⅱ是同工酶，其中 CAT-Ⅰ是限速酶，其催化的反应是脂酰 CoA 转运进入线粒体的关键反应，也是脂肪酸 β-氧化的主要限速步骤。CAT-Ⅰ受丙二酰 CoA 抑制，CAT-Ⅱ受胰岛素抑制。胰岛素还可通过诱导乙酰 CoA 羧化酶的合成使丙二酰 CoA 浓度增加，进而抑制 CAT-Ⅰ。可见，胰岛素对脂肪酸的 β-氧化具有直接和间接双重抑制作用。饥饿或禁食时，胰岛素分泌减少，CAT 的活性增高，长链脂肪酸进入线粒体氧化加快，从而为机体提供能量供应。

3. 脂酰 CoA 的 β-氧化 1904 年，Franz Knoop 设计了一个极富创造性的实验，即用不被机体分解的苯基标记脂肪酸的 ω 甲基后喂犬，按时检测尿中代谢产物，结果发现：不论脂肪酸碳链长短，若喂带标记的奇数碳脂肪酸，尿液代谢物中均含苯甲酸；若喂带标记的偶数碳脂肪酸，尿液代谢物中均含苯乙酸。据此，Knoop 认为：脂肪酸在体内的氧化分解首先从羧基端 β-碳原子开始，碳链依次断裂，每次断下一个 2 碳单位，即乙酰 CoA，这就是著名的 β-氧化学说。后来，经酶学和同位素示踪技术证实，脂酰 CoA 在线粒体基质中经脂肪酸 β-氧化多酶复合体的催化，首先从羧基端 β-碳原子开始氧化，经过脱氢、加水、再脱氢、硫解四步连续反应，每循环一次生成 1 分子乙酰 CoA 和 1 分子少两个碳原子的新的脂酰 CoA（图 6-3）。

（1）脱氢（dehydrogenation）：脂酰 CoA 在脂酰 CoA 脱氢酶催化下，从 α 和 β 碳原子上各脱去 1 个氢原子，生成反式 Δ^2-烯脂酰 CoA，脱下的 2 个氢由 FAD 接受生成 $FADH_2$。

（2）加水（hydration）：在 Δ^2-烯脂酰 CoA 水化酶（hydratase）催化下，反式 Δ^2-烯脂酰 CoA 加上 1 分子 H_2O 生成 *L*-（+）-β-羟脂酰 CoA。

（3）再脱氢：在 β-羟脂酰 CoA 脱氢酶催化下，*L*-（+）-β-羟脂酰 CoA 脱氢生成 β-酮脂酰 CoA，脱下的 2 个氢由 NAD^+接受生成 $NADH+H^+$。

（4）硫解（thiolysis）：在 β-酮脂酰 CoA 硫解酶催化下，β-酮脂酰 CoA 在 α 和 β 碳原子之间断链，加上 1 分子辅酶 A，生成乙酰 CoA 和 1 分子少两个碳原子的脂酰 CoA。后者再次经脱氢-加水-再脱氢-硫解四步反应反复进行 β-氧化，最终将脂酰 CoA 全部氧化分解成乙酰 CoA。乙酰 CoA 可进入三羧酸循环（TCA 循环）彻底氧化为 CO_2 和 H_2O，也可进一步转化为其他代谢中间产物。

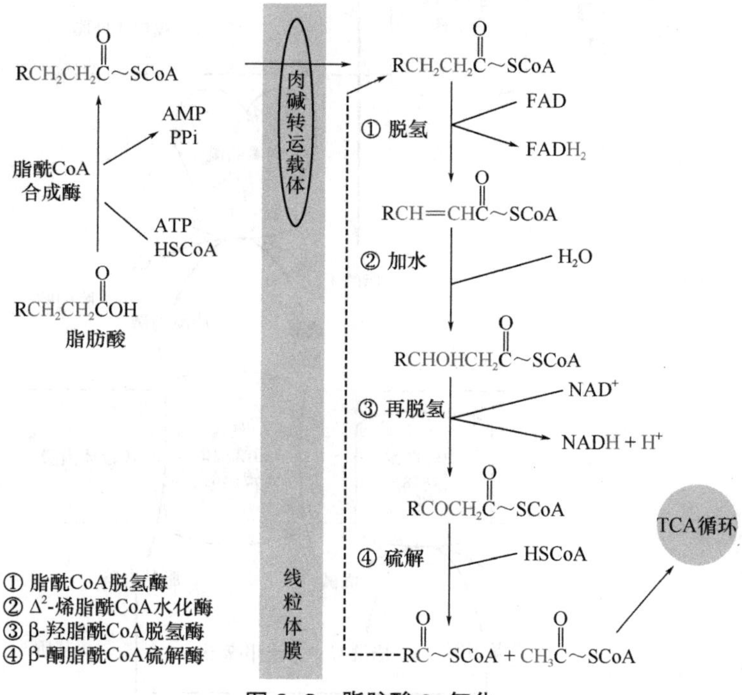

图 6-3 脂肪酸 β-氧化

4. 脂肪酸 β-氧化的能量生成及生理意义 脂肪酸 β-氧化是体内脂肪酸分解的主要途径，可为机体提供大量能量。以十八碳的硬脂酸为例，1 分子硬脂酸需进行 8 次 β-氧化，生成 8 分子 $FADH_2$、8 分子 $NADH+H^+$及 9 分子乙酰 CoA，总反应式如下：

$$CH_3(CH_2)_{16}COSCoA + 8HSCoA + 8FAD + 8NAD^+ + 8H_2O \longrightarrow 9CH_3COSCoA + 8FADH_2 + 8NADH + 8H^+$$

硬脂酸的 β-氧化产物经 TCA 循环及呼吸链彻底氧化，8 分子 $FADH_2$ 生成 8×1.5 ATP=12 ATP，8 分子 $NADH+H^+$生成 8×2.5 ATP =20 ATP，9 分子乙酰 CoA 生成 9×10 ATP =90 ATP。因此，1 分

子硬脂酸彻底氧化为 CO_2 和 H_2O，总计生成 12+20+90=122 ATP。由于活化 1 分子硬脂酸需要消耗 2 个高能磷酸键，所以 1 分子硬脂酸完全氧化可净生成 120 分子 ATP。与葡萄糖相比，1 分子葡萄糖彻底氧化生成 32 分子 ATP，3 分子葡萄糖所含碳原子数与 1 分子硬脂酸相等，前者可产生 96 分子 ATP，后者可产生 122 分子 ATP。可见，在碳原子数相同的情况下，脂肪酸氧化能为机体提供更多的能量。脂肪酸氧化释放的能量约有 40%被机体用于合成其他化合物，其余 60%以热能形式释放用于维持体温，可见，机体能有效地利用脂肪酸能源。

脂肪酸 β-氧化生成的乙酰 CoA 除了进入 TCA 循环彻底氧化供能外，还可转变为酮体供机体利用，或作为胆固醇和类固醇化合物等的合成原料。此外，脂肪酸 β-氧化也是改造脂肪酸的过程（人体所需脂肪酸碳链的长度不同，通过 β-氧化可将长链脂肪酸改造为中、短链脂肪酸，供机体利用）。

（三）脂肪酸的特殊氧化形式

1. 奇数碳脂肪酸的氧化 人体内和膳食中含有少量奇数碳脂肪酸，经过连续多次 β-氧化后，除生成乙酰 CoA 外，还生成 1 分子丙酰 CoA。胆汁酸生成过程中以及支链氨基酸氧化分解亦可产生丙酰 CoA。丙酰 CoA 的氧化与乙酰 CoA 的氧化不同，首先经丙酰 CoA 羧化酶（propionyl-CoAcarboxylase）催化生成甲基丙二酰 CoA，然后在甲基丙二酰 CoA 变位酶（methylmalonyl-CoAmutase）的催化下，经过分子内重排转变为琥珀酰 CoA，后者或进入 TCA 循环氧化分解或经草酰乙酸异生成糖（图 6-4）。

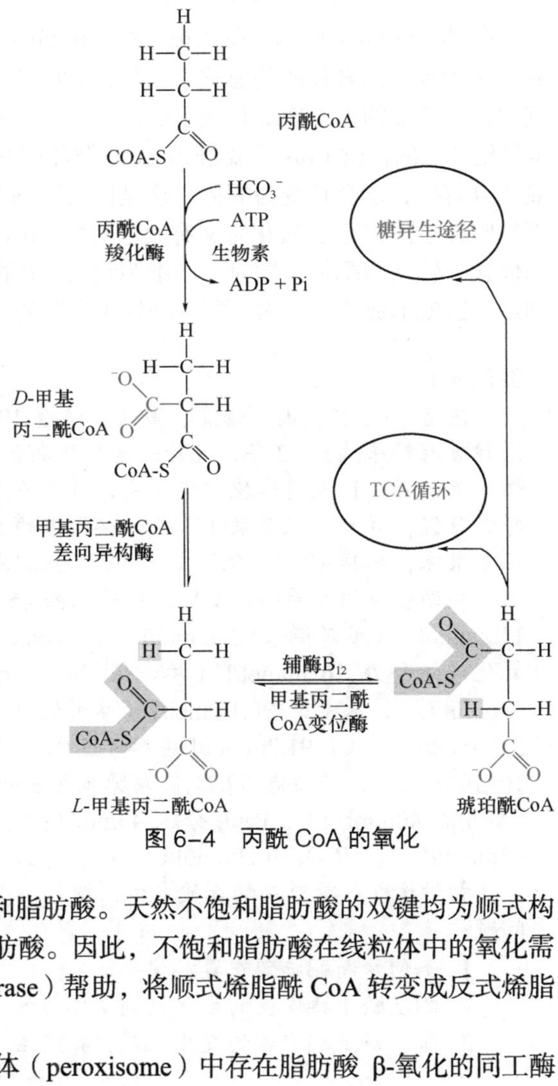

图 6-4 丙酰 CoA 的氧化

甲基丙二酰 CoA 变位酶以 5′-脱氧腺苷 B_{12}（5′-dAB_{12}）为辅酶，因此，维生素 B_{12} 缺乏或 5′-dAB_{12} 合成障碍均可使该酶活性下降，造成甲基丙二酰 CoA 堆积；后者脱去辅酶 A 生成甲基丙二酸，使血中甲基丙二酸含量增高，引起甲基丙二酸血症（methylmalonic acidemia）；同时，随尿排出体外的甲基丙二酸也随之升高，若 24 小时排出量大于 4mg，则称为甲基丙二酸尿症（methylmalonic aciduria）。此外，甲基丙二酸的增多还可引起丙酰 CoA 浓度升高，合成较多的异常脂肪酸（15C、17C 和 19C 脂肪酸）掺入神经髓鞘脂质中，引起神经髓鞘脱落、神经变性等亚急性变性症。

2. 不饱和脂肪酸的氧化 人体内约有 1/2 以上的脂肪酸为不饱和脂肪酸，食物中也含有不饱和脂肪酸。天然不饱和脂肪酸的双键均为顺式构型，而脂肪酸 β-氧化酶系只能氧化反式不饱和脂肪酸。因此，不饱和脂肪酸在线粒体中的氧化需要特异性烯脂酰 CoA 顺反异构酶（cis-trans isomerase）帮助，将顺式烯脂酰 CoA 转变成反式烯脂酰 CoA。其余氧化过程与 β-氧化过程相同。

3. 过氧化物酶体脂肪酸的氧化 过氧化物酶体（peroxisome）中存在脂肪酸 β-氧化的同工酶系，能使超长链（＞18C）脂肪酸氧化成较短链脂肪酸，再进入线粒体进行 β-氧化。氧化的第一步反应在以 FAD 为辅基的脂肪酸氧化酶催化下脱氢，脱下的氢与 O_2 结合生成 H_2O_2，而不与呼吸链偶联产生 ATP；产生的 H_2O_2 被过氧化氢酶分解。过氧化物酶体脂肪酸氧化途径的意义主要是使不能进入线粒体的长链脂酰 CoA 先氧化成较短链脂酰 CoA，再进入线粒体氧化。

4. ω-氧化 ω-氧化（ω-oxidation）是指在加单氧酶（monooxygenase）或称混合功能氧化酶（mixed function oxidase）的催化下，一些中长链脂肪酸（特别是 8～12C 脂肪酸）的 ω-碳原子羟化生成 ω-羟脂酸，然后经脱氢酶作用依次生成 ω-醛脂酸和 α，ω-二羧酸，随后进入线粒体，分别从 α-和 ω-端或同时从两侧进行 β-氧化，最后生成琥珀酰 CoA。

5. α-氧化 某些支链脂肪酸由加单氧酶催化 α-碳原子羟化，然后经脱羧酶作用，从脂肪酸的羧基末端失去一个碳原子，α-碳被氧化为羧基，该过程称为 α-氧化（α-oxidation）。例如，牛奶和动物脂肪中均含有的植烷酸（phytanic acid）即 3,7,11,15-四甲基十六烷酸，需在过氧化物酶体中进行 α-氧化。若机体过氧化物酶体缺陷，则可导致植烷酰 CoA-α-羟化酶（phytanoyl-CoA-α-hydroxylase，PAHX）活性降低，从而不能进行 α-氧化，造成体内植烷酸大量堆积，引起 Refsum 氏病。由于 α-氧化主要发生在脑组织，故 α-氧化障碍多引起神经症状。

（四）酮体的生成与利用

酮体（acetone body）是乙酰乙酸（acetoacetic acid）、β-羟丁酸（β-hydroxybutyric acid）及丙酮（acetone）三种物质的总称，它们是脂肪酸在肝脏进行正常分解代谢所产生的特殊中间产物；其中乙酰乙酸约占 70%，β-羟丁酸约占 30%，丙酮仅少量。在骨骼肌、心肌等肝外组织，脂肪酸 β-氧化产生的乙酰 CoA 主要进入 TCA 循环彻底氧化供能；而在肝脏，乙酰 CoA 除进入 TCA 循环氧化分解外，还会转变为酮体。这是因为肝细胞中分布着活性较高的酮体合成酶系，而脂肪酸在肝细胞线粒体进行 β-氧化时又有大量乙酰 CoA 产生，因此，一些乙酰 CoA 便可在酮体合成酶系的催化下转变为酮体；同时，肝细胞缺乏利用酮体的酶系，故肝中产生的酮体必须运往肝外组织利用。这就形成了“肝内生酮、肝外用酮”的酮体代谢特点。

案例 6-1

患者，42 岁，因“烦渴、多饮、消瘦 12 年，咳嗽 3 天，伴意识模糊 1 天”入院。患者既往曾有糖尿病史 12 年，院外一直用胰岛素治疗，血糖控制情况不详。3 天前受凉后出现咳嗽，未治疗。1 天前出现意识障碍，呼之不应，可简单表示“想饮水”等动作，家属发现其呼吸急促，并有“烂苹果味”。体格检查的主要阳性发现：重度脱水貌，浅昏迷，呼气带有烂苹果味；脉搏 108 次/分，血压 69/43mmHg；双肺呼吸音粗，右肺可闻及湿啰音。

辅助检查的主要阳性发现：空腹血糖 45.72mmol/L（参考值 3.9～6.4mmol/L），β-羟丁酸 11.2mmol/L（参考值<0.25mmol/L），乙酰乙酸 4.6mmol/L（参考值 0.01～0.18mmol/L），二氧化碳结合力 16.5mmol/L（参考值 24～28mmol/L），血肌酐 355.42μmol/L（参考值 40～97μmol/L），尿素氮 28.1mmol/L（参考值 1.7～8.3mmol/L），K^+ 5.65mmol/L（参考值 3.5～5.5mmol/L），Cl^- 91.2mmol/L（参考值 96～111mmol/L）。血白细胞 16.22×10^9/L（参考值 4～10×10^9/L），中性粒细胞 97.21%。动脉血气分析：pH 7.096（参考值 7.35～7.45），$PaCO_2$ 33.1mmHg（参考值 40mmHg），PaO_2 分压 43mmHg（参考值 60mmHg），碱剩余–18.7mmol/L（参考值 ±3mmol/L），HCO_3^- 10.2mmol/L（参考值 24mmol/L）。尿酮体（+++），尿糖（++++）。

初步诊断：糖尿病酮症酸中毒，糖尿病高渗性昏迷，1 型糖尿病，肺部感染。

问题：

1. 如何诊断酮症酸中毒？
2. 酮症酸中毒发生的生化机制是怎样的？
3. 联系酮症酸中毒的发生机制，拟定治疗方案。

1. 酮体的生成 酮体的生物合成以脂肪酸 β-氧化生成的乙酰 CoA 为原料，以 $NADH+H^+$ 为供氢体，经过以下三步反应生成（图 6-5）。

（1）乙酰乙酰 CoA 的生成：2 分子乙酰 CoA 在硫解酶的催化下，缩合生成 1 分子乙酰乙酰 CoA，释放出 1 分子 HSCoA。

（2）β-羟-β-甲基戊二酰 CoA（β-hydroxy-β-methyl glutaryl-CoA，HMG-CoA）的生成：该反应是酮体生成的限速步骤。乙酰乙酰 CoA 在限速酶 HMG-CoA 合酶（HMG-CoAsynthase）的催化下，再与 1 分子乙酰 CoA 缩合生成 HMG-CoA，释放出 1 分子 HSCoA。

（3）酮体的生成：在 HMG-CoA 裂解酶（HMG-CoAcatenase）催化下，HMG-CoA 分解成 1 分子乙酰乙酸和 1 分子乙酰 CoA。乙酰乙酸在 β-羟丁酸脱氢酶（β-hydroxybutyrate dehydrogenase）催化下，加氢还原生成 β-羟丁酸，该酶的活性取决于线粒体中[NADH+H^+]/[NAD^+]的比值；少量乙酰乙酸或自发脱羧或在酶催化下脱羧生成丙酮。乙酰 CoA 可再用于酮体生成。

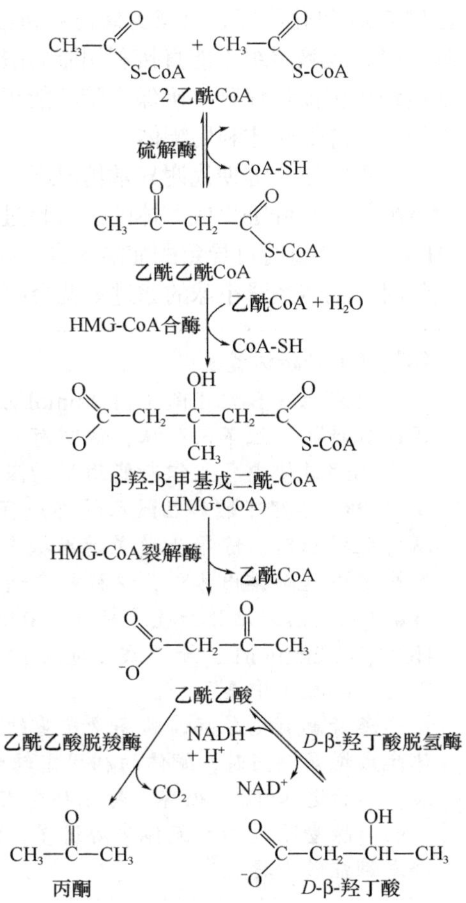

图 6–5 酮体的生成

2. 酮体的利用 利用酮体的酶类主要有琥珀酰 CoA 转硫酶（succinyl CoAthiophorase）、乙酰乙酸硫激酶（acetoacetate thiokinase）、乙酰乙酰 CoA 硫解酶（acetoacetyl CoAthiolase）和 β-羟丁酸脱氢酶等。在脑、心、肾和骨骼肌等肝外组织细胞的线粒体中，分解利用酮体的酶类活性很强，能够将酮体氧化分解为 CO_2 和 H_2O，同时释放大量能量供这些组织利用。而肝细胞中没有琥珀酰 CoA 转硫酶和乙酰乙酸硫激酶，所以肝细胞不能利用酮体。肝外组织利用酮体的主要过程如下：

（1）乙酰乙酸的活化：乙酰乙酸的活化有两条途径（图 6-6）：①在 ATP 和 HSCoA 参与下，乙酰乙酸经乙酰乙酸硫激酶催化，直接活化生成乙酰乙酰 CoA；②在琥珀酰 CoA 转硫酶的催化下，乙酰乙酸与琥珀酰 CoA 进行高能硫酯键的交换，生成乙酰乙酰 CoA 和琥珀酸。

（2）乙酰 CoA 的生成：乙酰乙酰 CoA 在硫解酶的催化下，生成 2 分子乙酰 CoA（图 6-6），然后进入 TCA 循环彻底氧化。

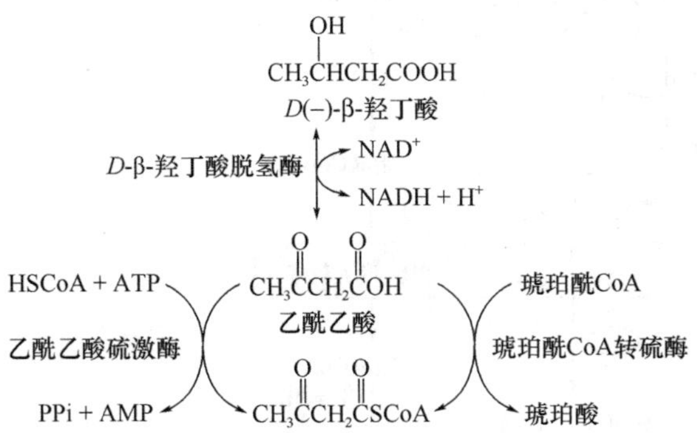

图 6–6 酮体的利用

（3）丙酮的呼出：丙酮生成量少、挥发性强，主要通过肺部的呼吸作用排出体外。部分丙酮也可在多种酶催化下转变成丙酮酸或乳酸，进而异生成糖或彻底氧化。

3. 酮体生成的意义 酮体分子小、溶于水，易于运输、便于利用，能够透过血脑屏障、毛细血管壁及线粒体内膜，是肝脏向肝外组织输出脂肪性优质能源的一种形式。在生理条件下，肝脏的酮体合成能力往往低于肝外组织的用酮能力，血液中的酮体水平很低，常维持在 0.03～0.5mmol/L 之间。

肝外组织利用酮体的量与动脉血中酮体的浓度成正比，当血中酮体浓度达 7mmol/L 时，可使肝外组织的用酮能力达到饱和。血液中酮体含量升高常见于饥饿、妊娠中毒症、糖尿病以及过多摄入高脂低糖膳食等情况下。在饥饿或糖供应不足时，脂肪动员加强，所产生的脂肪酸转变为乙酰 CoA 氧化供能，以减少葡萄糖和蛋白质的消耗，维持血糖浓度的恒定。但脂肪酸不能透过血脑屏障，故脑组织不能直接利用脂肪酸。肝脏可将脂肪酸分解转化为酮体，以代替葡萄糖能源为脑组织提供能量保障，确保大脑功能正常。可见，脑组织利用酮体的能力与血糖水平有关，只有血糖水平降低时才利用酮体。

严重糖尿病等糖代谢异常情况下，葡萄糖得不到有效利用，脂肪动员而来的脂肪酸被转化为大量酮体。若肝脏生成酮体的能力超过肝外组织用酮的能力，就会引起血液酮体含量升高、血液 pH 下降，严重时可导致酮症酸中毒。同时，由于人体肾酮阈为 7mmol/L，故当血中酮体浓度超过此值时，酮体经肾小球的滤过量就会超过肾小管的重吸收能力，出现酮尿症（ketonuria）。

案例 6-1 分析讨论

患者血液 β-羟丁酸（11.2mmol/L）和乙酰乙酸（4.6mmol/L）均远大于参考值；呼吸具有丙酮独特的“烂苹果”味，说明有大量的丙酮通过呼吸排出体外。以上表明患者体内酮体的产生已超过体内各组织所能用酮的限度和排出的速度，导致酮体在体内堆积，产生酮血症。酮体中的 β-羟丁酸和乙酰乙酸都是有机酸，血酮增高可使血中有机酸浓度升高。大量有机酸从肾脏排出时，除很少量呈游离状态或被肾小管泌$[H^+]$中和排出外，大部分与体内碱性基团结合形成盐而排出体外，这样就会造成体内碱储备大量丢失，从而导致代谢性酸中毒，即酮症酸中毒。患者动脉血气分析 pH7.096，$PaCO_2$33.1mmHg，$PaO_2$43mmHg，碱剩余−18.7mmol/L，HCO_3^-10.2mmol/L，血二氧化碳结合力 16.5mmol/L，呈现代谢性酸中毒的特征。由此可以诊断其“酮症酸中毒”。

患者患有糖尿病，胰岛素严重缺乏同时伴有感染，糖利用障碍，机体脂肪动员加强，酮体生成增多。同时，酮体的利用需转变成乙酰 CoA 后与糖代谢的产物草酰乙酸结合形成柠檬酸，然后进入 TCA 循环。糖尿病患者糖代谢障碍，无充足的糖代谢产物草酰乙酸，从而使酮体的消除受限。由于酮体来源过多，利用受阻，于是酮体便在体内蓄积，导致酮血症，进而诱发酮症酸中毒。

4. 酮体生成的调节 调节酮体生成的主要因素如下（图 6-7）：

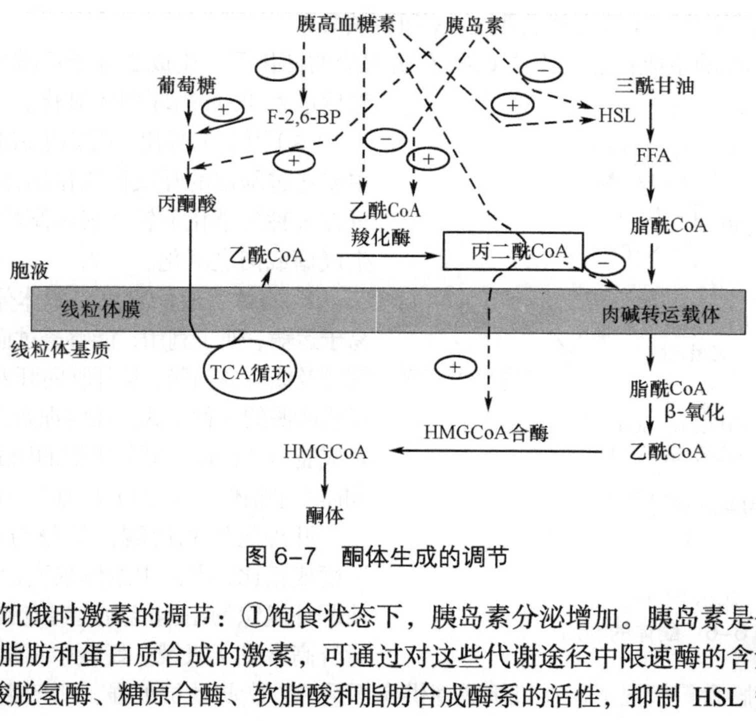

图 6-7 酮体生成的调节

（1）饱食和饥饿时激素的调节：①饱食状态下，胰岛素分泌增加。胰岛素是一个增加血糖去路，促进糖原、脂肪和蛋白质合成的激素，可通过对这些代谢途径中限速酶的含量和活性的调节（诸如增加丙酮酸脱氢酶、糖原合酶、软脂酸和脂肪合成酶系的活性，抑制 HSL 等的活性），使机体代谢以糖分解供能、糖原和脂肪合成为主，脂肪动员受抑制，血中 FFA 浓度下降，CAT-Ⅰ活性降低，肝内 β-氧化减弱，酮体生成减少。②饥饿状态下，胰岛素分泌下降，胰高血糖素分泌增加，作用恰好与上述过程相反。机体以脂肪酸氧化分解供能为主，脂肪动员增强，血中 FFA 浓度升高，CAT-Ⅰ活性增强，肝内脂肪酸 β-氧化增强，酮体生成增多。

（2）丙二酰 CoA 对酮体生成的调节：糖代谢旺盛时，产生的乙酰 CoA 和柠檬酸通过别构激活乙酰 CoA 羧化酶，促进丙二酰 CoA 的合成。丙二酰 CoA 可竞争性抑制 CAT-Ⅰ的活性，阻止长链脂酰 CoA 进入线粒体进行 β-氧化，从而使酮体生成减少。

（3）糖代谢旺盛时，甘油-3-磷酸及 ATP 生成充足，进入肝细胞的脂肪酸主要用于酯化生成脂肪及磷脂，而不是进行 β-氧化，从而减少酮体生成。

案例 6-1 分析讨论（续）

对于糖尿病酮症酸中毒的治疗主要包括：①补液、纠正酸中毒和水电解质紊乱。②胰岛素治疗，从而有效降低和控制血糖，调节糖脂代谢。③去除感染等疾病诱因。④对症治疗。

二、脂肪的合成

（一）脂肪酸的合成

外源性脂肪酸来源于食物，经机体加工改造后被利用。内源性脂肪酸由机体自身合成，主要利用糖代谢的中间产物乙酰 CoA 转变为脂肪酸，进而用于合成脂肪储存能量。多种组织如肝、肾、脑、肺、乳腺、小肠及脂肪组织等均能合成脂肪酸，其中肝脏是最主要的合成场所。脂肪酸的合成体系包括胞液体系、内质网体系和线粒体体系；胞液体系中合成的脂肪酸以 16C 的软脂酸为主，然后将其运至内质网或线粒体中进行碳链的延长。

1. 软脂酸的合成 以乙酰 CoA 和由乙酰 CoA 生成的丙二酰 CoA 为反应物，在脂肪酸合成酶系的催化下，重复循环反应，每循环一次，碳链延长两个碳原子，最终生成 16C 的软脂酸。

（1）脂肪酸合成的原料：乙酰 CoA 是主要原料，其主要来自糖的分解代谢；此外，还需要 ATP、$NADPH+H^+$、HCO_3^-及 Mn^{2+}。脂肪酸合成酶系分布于胞液中，脂肪酸合成的全过程在胞液进行。乙酰 CoA 全部在线粒体内生成，其不能自由透过线粒体膜进入胞液，因此需要一个穿梭系统将线粒体中的乙酰 CoA 转运至胞液，这一过程由柠檬酸-丙酮酸循环（citrate-pyruvate cycle）来完成，具体循环穿梭机制如图 6-8：①在柠檬酸合酶的催化下，线粒体内的乙酰 CoA 与草酰乙酸缩合生成柠檬酸；②柠檬酸经线粒体内膜上的柠檬酸载体协助进入胞液，进而在柠檬酸裂解酶催化下裂解成乙酰 CoA 及草酰乙酸；③乙酰 CoA 在胞液中用于脂肪酸的合成，草酰乙酸在苹果酸脱氢酶作用下还原为苹果酸；④在胞液中苹果酸酶的催化下，苹果酸氧化脱羧生成丙酮酸。苹果酸和丙酮酸可分别经相应载体转运返回线粒体，重新转变成草酰乙酸，进而再与乙酰 CoA 结合生成柠檬酸参与乙酰 CoA 的转运。柠檬酸-丙酮酸循环每运转一次，消耗 2 分子 ATP，将 1 分子乙酰 CoA 从线粒体带入胞液，并为机体提供 1 分子 $NADPH+H^+$，以补充合成反应的需要。可见，此循环不仅为脂肪酸合成提供原料，还是除磷酸戊糖途径外的又一条提供还原物质 $NADPH+H^+$的途径。

（2）参与脂肪酸合成的酶：主要包括乙酰 CoA 羧化酶（acetyl-CoAcarboxylase）和脂肪酸合成酶系（fatty acid synthetases）。

1）乙酰 CoA 羧化酶：在脂肪酸合成过程中，仅有 1 分子乙酰 CoA 直接参与合成反应，其他乙酰 CoA 均需先羧化为丙二酰 CoA 才能进入脂肪酸合成途径。乙酰 CoA 羧化酶负责催化丙二酰 CoA 的生成，该酶是脂肪酸生物合成的限速酶，其分布于胞液，以生物素为辅基，Mn^{2+}为激活剂，反应过程如下：①在 ATP、生物素及 Mn^{2+}存在的情况下，将 CO_2 固定在酶分子的辅基生物素分子上；②酶分子将携带在生物素分子上的羧基转移给乙酰 CoA 生成丙二酰 CoA。

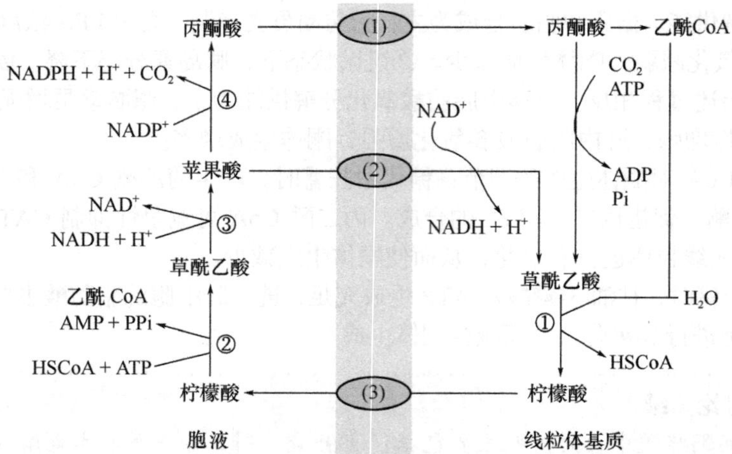

图 6-8 柠檬酸–丙酮酸循环

（1）丙酮酸载体；（2）苹果酸载体；（3）柠檬酸载体；①柠檬酸合酶；②柠檬酸裂解酶；③苹果酸脱氢酶；④苹果酸酶

乙酰 CoA 羧化酶受别构调节和化学修饰调节。真核生物中乙酰 CoA 羧化酶有两种形式，一种是无活性单体；另一种是有活性的多聚体，通常由 10～20 个单体组成。柠檬酸和异柠檬酸可使该酶由无活性的单体聚合成有活性的多聚体，而长链脂酰 CoA 则可使其解聚失活，此为该酶的别构调节。同时，乙酰 CoA 羧化酶还受到化学修饰调节：胰高血糖素和肾上腺素可激活 cAMP 依赖性蛋白激酶 A，使乙酰 CoA 羧化酶磷酸化而失活；而胰岛素则可通过激活蛋白磷酸酶使磷酸化的乙酰 CoA 羧化酶去磷酸化而恢复活性。此外，长期摄入高糖低脂膳食能诱导乙酰 CoA 羧化酶的合成，从而促进脂肪酸的合成；长期摄入高脂低糖膳食则可抑制该酶的合成，从而减少脂肪酸的生成。

2）脂肪酸合成酶系：负责催化从乙酰 CoA 和丙二酰 CoA 合成脂肪酸。不同生物脂肪酸合成酶系的组成和结构不同。①大肠杆菌脂肪酸合成酶系是一个由 7 种不同功能的酶与酰基载体蛋白（acyl carrier protein，ACP）聚合形成的多酶复合体，脂肪酸合成的各步反应均在酶的辅基上进行。②酵母脂肪酸合成酶系由两条不同功能的肽链构成，一条肽链具有 ACP 功能和两种酶活性，另一条肽链具有四种酶活性，两条肽链聚合成一个异二聚体，6 个异二聚体组合成一个更大的复合体。③哺乳动物脂肪酸合成酶是一种多功能酶，由 2 条相同肽链首尾相连形成二聚体，每个亚基含有 7 个不同催化功能的结构域和 1 个相当于 ACP 的结构域；当两个亚基结合形成二聚体时酶才具有活性，当二聚体解聚时酶则失去催化功能（图 6-9A）。

无论高等或低等生物，脂肪酸合成酶系中的 ACP 均以 4′-磷酸泛酰氨基乙硫醇（4′-phosphopantetheine）为辅基，辅基的 4′-磷酸与 ACP 的丝氨酸残基通过酯键相连；辅基的末端巯基（中心巯基）为脂酰基携带基团，可与脂酰基结合形成硫酯键（图 6-9B）。酶系中的 β-酮脂酰合酶分子中含有半胱氨酸残基，该残基中的巯基（外周巯基）也能携带脂酰基。

（3）软脂酸的合成过程：在乙酰 CoA 羧化为丙二酰 CoA 的基础上，1 分子乙酰 CoA 与 7 分子丙二酰 CoA 经过合成的启动和丙二酰 CoA 的装载后，进入“缩合-加氢-脱水-再加氢”的重复循环过程，每循环一次碳链延长两个碳原子，经过 7 次循环，最后硫解生成 1 分子 16 碳软脂酸（图 6-10）。

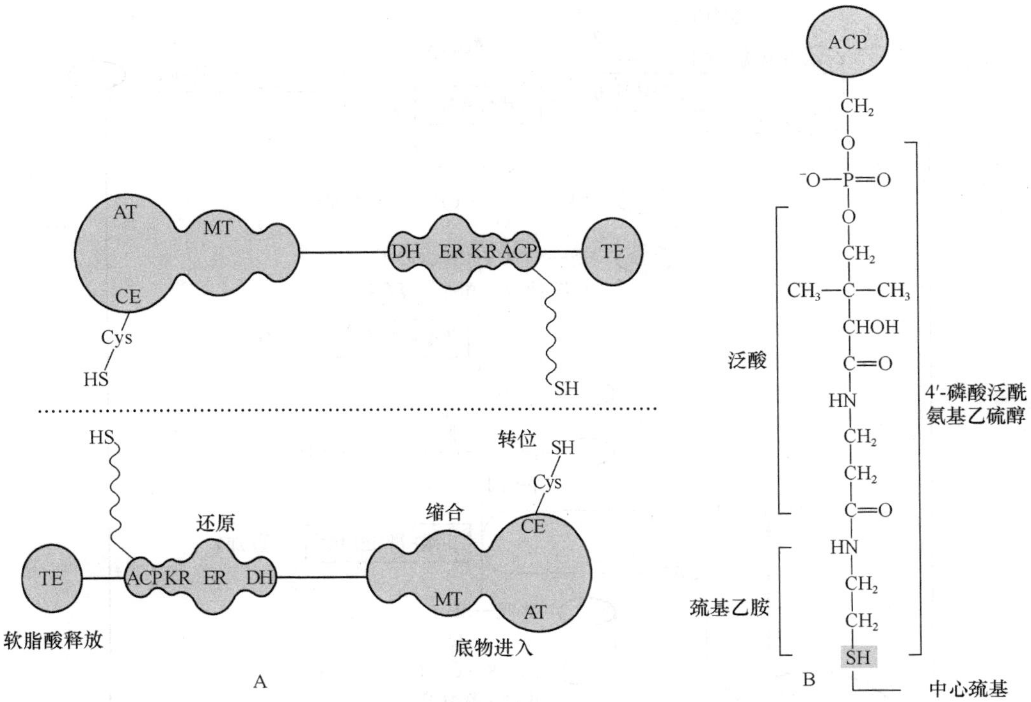

图 6-9 哺乳动物脂肪酸合成酶二聚体及 ACP 的结构

A. 哺乳动物脂肪酸合成酶二聚体；B. ACP

AT：乙酰基转移酶；MT：丙二酰基转移酶；CE：β-酮脂酰合酶；KR：β-酮脂酰还原酶；DH：β-羟脂酰脱水酶；ER：烯脂酰还原酶；TE：硫酯酶

1）启动（priming）：即乙酰基的转移。该过程由乙酰基转移酶催化，先是乙酰 CoA 的乙酰基转移到脂肪酸合成酶系的 ACP 中心巯基上，然后再转移到该酶系的外周巯基上。

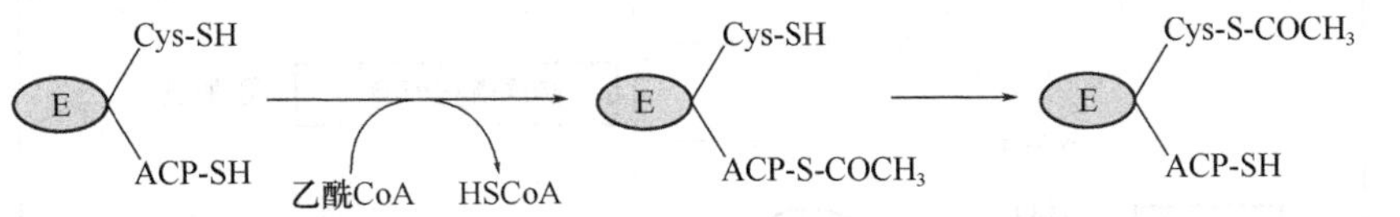

2）装载（loading）：即丙二酰基的转移。在丙二酰基转移酶的催化下，丙二酰基被装载到脂肪酸合成酶系的 ACP 中心巯基上，形成“乙酰基-酶-丙二酰基”三元复合物。

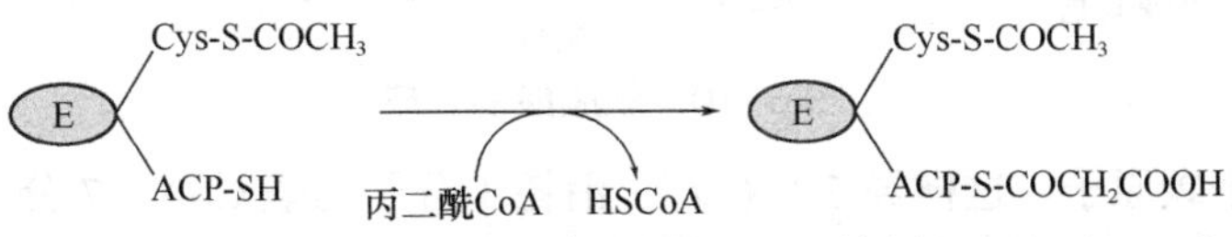

3）缩合（condensation）：在 β-酮脂酰合酶的催化下，外周巯基上的乙酰基转移到丙二酰基的第二个碳原子上并脱去羧基，生成 β-酮丁酰（乙酰乙酰）ACP，β-酮丁酰基连接在 ACP 中心巯基上。

4）加氢（hydrogenation）：在 β-酮脂酰还原酶的催化下，以 NADPH+H^+为供氢体，β-酮丁酰 ACP 经加氢还原生成 *D*-（–）-β-羟丁酰 ACP。

5）脱水（dehydration）：在 β-羟脂酰脱水酶的催化下，*D*-（–）-β-羟丁酰 ACP 脱水生成反式 Δ^2 丁烯酰 ACP。

6）再加氢（re-hydrogenation）：在烯脂酰还原酶的催化下，反式Δ^2 丁烯酰 ACP 加氢还原生成丁酰 ACP。如此，经过上述酰基转移、缩合、加氢、脱水、再加氢等步骤，生成丁酰 ACP，脂酰基由 2 个碳原子增加到 4 个碳原子，完成了脂肪酸合成的第一轮循环。丁酰基又在脂酰转移酶催化下，从 ACP 的中心巯基转移到外周巯基上，ACP 的中心巯基再与新的丙二酰基结合，继续第二

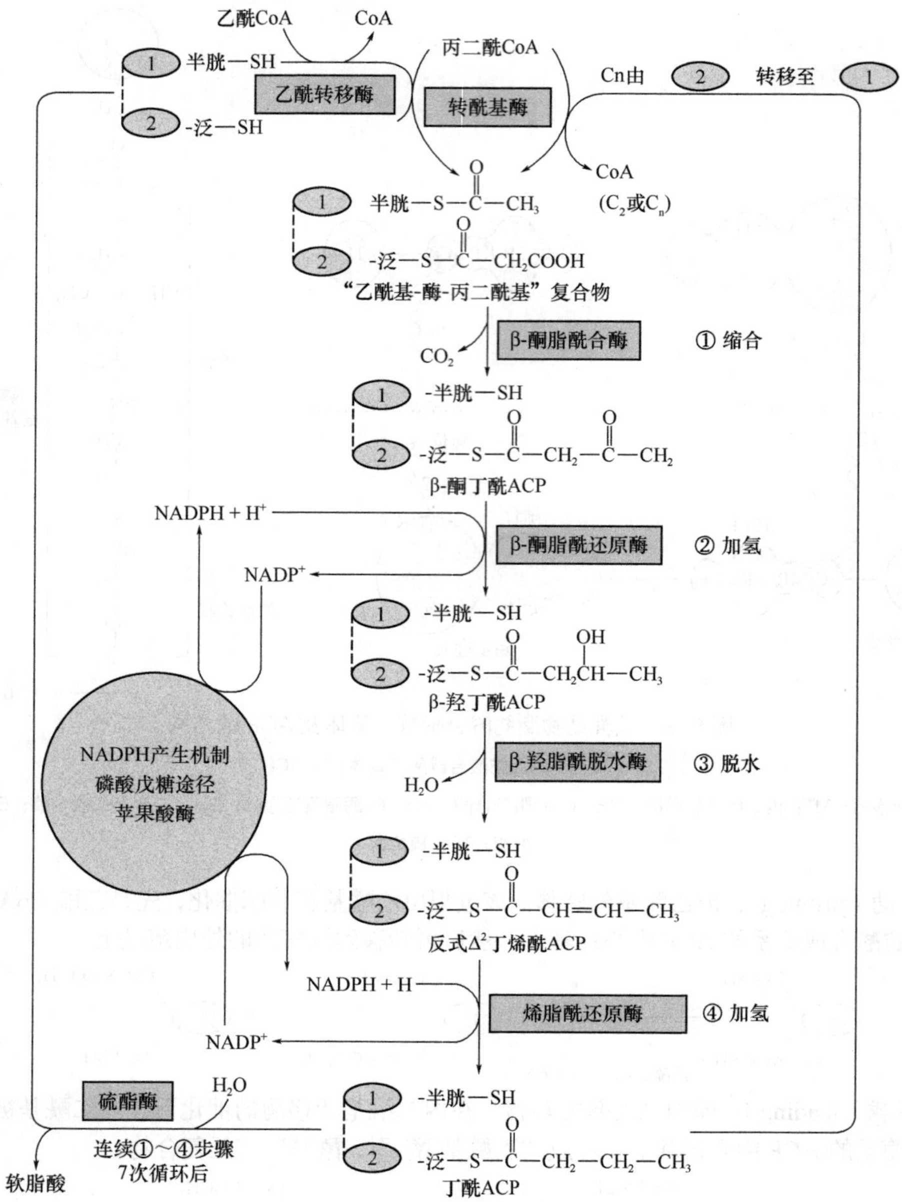

图 6-10 软脂酸的合成

轮循环，再增加 2 个碳原子。这样经 7 次循环，消耗 1 分子乙酰 CoA、7 分子丙二酰 CoA、7 分子 ATP 和 14 分子 NADPH+H^+，生成 16C 的软脂酰 ACP。

7）硫解（thiolysis）：在长链脂酰硫酯酶的催化下，软脂酰 ACP 的硫酯键水解断裂，将软脂酸从酶复合体中释放出来。

软脂酸合成的总反应式如下：

$$CH_3COSCoA + 7HOOCCH_2COSCoA + 14NADPH + 14H^+ \xrightarrow{\text{脂肪酸合成酶系}} CH_3(CH_2)_{14}COOH + 7CO_2 + 6H_2O + 8HSCoA + 14NADP^+$$

虽然软脂酸的合成与脂肪酸 β-氧化都是一个重复循环、每次循环改变 2 个碳原子长度的过程，但前者不是后者的逆过程，两者在组织与细胞定位、转移载体、酰基载体、限速酶、供氢体与受氢体、底物与产物以及激活剂与抑制剂等方面均有不同（表 6-3）。

表 6-3 脂肪酸合成与β-氧化比较

比较类别	脂肪酸合成	脂肪酸β-氧化
反应最活跃时期	高糖膳食后	饥饿
主要刺激激素	胰岛素/胰高血糖素比值↑	胰岛素/胰高血糖素比值↓
主要组织定位	肝脏为主	肌肉、肝脏
亚细胞定位	胞液	线粒体为主
酰基转运机制	柠檬酸-丙酮酸循环（线粒体到胞液）	肉碱穿梭（胞液到线粒体）
酰基载体	ACP 结构域，HSCoA	HSCoA
氧化还原辅因子	$NADPH+H^+$	NAD^+，FAD
底物/产物	乙酰 CoA/脂酰 CoA	脂酰 CoA/乙酰 CoA
限速酶	乙酰 CoA 羧化酶	CAT-Ⅰ
激活剂	柠檬酸、异柠檬酸、胰岛素、高糖低脂膳食	饥饿、高脂低糖膳食
抑制剂	长链脂酰 CoA、胰高血糖素、肾上腺素、高脂低糖膳食	丙二酰 CoA、胰岛素、饱食

2. 软脂酸的加工改造 除必需脂肪酸依赖食物供应外，人体所需的其他脂肪酸均可自身合成；它们均以软脂酸为母体，分别在线粒体、内质网等不同的亚细胞结构中进行碳链长度和饱和度的加工改造。

（1）内质网碳链延长系统：内质网碳链延长酶系以软脂酸为母体、丙二酰 CoA 为二碳单位供体、HSCoA 为酰基载体、$NADPH+H^+$为供氢体，经过脱羧缩合-加氢还原-脱水成烯-再加氢还原等步骤，使软脂酸的碳链延长，其过程与胞液中脂肪酸合成过程基本相同。除脑组织外，内质网碳链延长系统一般以合成 18 碳硬脂酸为主。脑组织因含有其他酶，可将碳链最多延长至 24 碳，以供脑中脂质代谢需要。

（2）线粒体碳链延长系统：在线粒体中，以乙酰 CoA 为二碳单位供体、$NADPH+H^+$为供氢体，软脂酸经过与乙酰 CoA 缩合-加氢-脱水-再加氢等步骤，使软脂酸的碳链逐步延长，其过程类似于脂肪酸 β-氧化的逆反应，仅烯脂酰 CoA 还原酶的辅酶为 $NADPH+H^+$与 β-氧化过程不同。线粒体碳链延长系统一般可将脂肪酸碳链延长至 24 碳或 26 碳，但仍以 18 碳硬脂酸最多。

（3）脂肪酸碳链的缩短：脂肪酸碳链的缩短在线粒体由 β-氧化酶系催化完成，每经过一次 β-氧化循环就可减少两个碳原子。

（4）饱和度的加工改造：人和动物组织中的不饱和脂肪酸主要有软油酸、油酸、亚油酸、亚麻酸以及花生四烯酸等。最普通的单不饱和脂肪酸是软油酸和油酸，它们分别由软脂酸和硬脂酸活化后经 Δ^9 去饱和酶催化脱氢而成。去饱和酶分布于滑面内质网，属混合功能氧化酶。人和动物细胞质网上镶嵌有 Δ^4、Δ^5、Δ^8 及 Δ^9 去饱和酶，缺乏 Δ^9 以上的去饱和酶，故自身不能合成亚油酸、亚麻酸及花生四烯酸等多不饱和脂肪酸。植物组织中含有 Δ^{10}、Δ^{12} 和 Δ^{15} 去饱和酶，能够合成上述多不饱和脂肪酸。

（二）甘油-3-磷酸的生成

人体甘油-3-磷酸的来源有二：①从糖代谢生成。糖分解代谢产生的磷酸二羟丙酮在胞液中甘油-3-磷酸脱氢酶催化下，还原为甘油-3-磷酸；此反应普遍存在于人体各组织，是甘油-3-磷酸的主要来源。②细胞内甘油再利用。肝、肾、哺乳期乳腺及小肠黏膜细胞富含甘油激酶，在该酶催化下，可将甘油磷酸化形成甘油-3-磷酸。

（三）脂肪的合成

人体大部分组织都能合成脂肪，但主要合成场所是肝、脂肪组织和小肠，其中肝脏的合成能力最强。合成脂肪的原料为单酰甘油、甘油（甘油-3-磷酸）和脂肪酸，其中脂肪酸需先活化为脂酰 CoA。脂肪的合成有以下两条途径：

1. 单酰甘油途径 其特点是在脂酰 CoA 转移酶的催化下，以单酰甘油为起始物，与 2 分子脂酰 CoA 反应生成脂肪（三酰甘油）。该途径是小肠黏膜细胞利用食物脂质的消化降解产物为原料合成脂肪的主要途径。脂肪组织也可利用此途径合成脂肪并就地储存。

单酰甘油　　　　三酰甘油

2. 二酰甘油途径 又称磷脂酸途径（图 6-11）。其特点是利用糖代谢生成的甘油-3-磷酸，在脂酰 CoA 转移酶的催化下，与 2 分子脂酰 CoA 反应生成磷脂酸。后者在磷脂酸磷酸酶作用下，水解脱去磷酸生成 1，2-二酰甘油，进而在脂酰 CoA 转移酶催化下，加上 1 分子脂酰基生成脂肪。脂肪所含的三个脂肪酸可相同或不同，可为饱和或不饱和脂肪酸。肝、脂肪等组织均可利用此途径合成脂肪，且脂肪组织合成的脂肪可就地储存。

肝、肾等细胞还能利用游离甘油，经甘油激酶催化生成甘油-3-磷酸用于脂肪的合成。脂肪组织缺乏甘油激酶，不能利用游离甘油合成脂肪（图 6-11）。

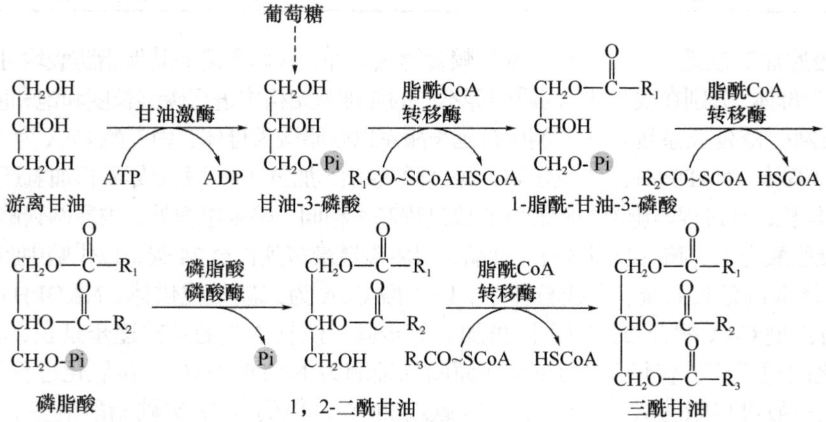

图 6-11　二酰甘油途径合成脂肪

虽然肝脏合成脂肪的能力最强，但不能储存脂肪，合成的脂肪主要与载脂蛋白以及磷脂、胆固醇等组装成极低密度脂蛋白，由肝细胞分泌入血，经血循环向肝外组织输出。若磷脂合成不足或载脂蛋白合成障碍，或者脂肪合成量超过了肝脏的外运能力，多余的脂肪就会在肝细胞中聚集，导致脂肪肝（fatty liver）。

3. 脂肪合成的调节

（1）代谢物的调节作用：进食高脂食物或脂肪动员加强时，肝细胞内脂酰 CoA 增多，可别构抑制脂肪酸合成的限速酶乙酰 CoA 羧化酶，使丙二酰 CoA 生成减少，从而抑制脂肪酸的合成。进食糖类后糖代谢加强，细胞内 ATP 生成增多，可抑制异柠檬酸脱氢酶，造成柠檬酸和异柠檬酸增多，从而别构激活乙酰 CoA 羧化酶，使丙二酰 CoA 生成增加，从而促进脂肪酸合成。

（2）激素的调节作用：胰岛素可通过如下几种机制促进脂肪的合成：①促进葡萄糖进入细胞分解，使乙酰 CoA 生成增多，从而促进脂肪酸的合成；②诱导乙酰 CoA 羧化酶和脂肪酸合成酶等的合成，从而使脂肪酸合成增加；③增强磷酸甘油脂酰转移酶的活性，使磷脂酸合成增加，从而促进脂肪合成。因此，胰岛素是调节脂肪合成的主要激素。胰高血糖素能升高细胞内 cAMP 的水平，使乙酰 CoA 羧化酶磷酸化，从而降低其活性，抑制脂肪酸的合成；肾上腺素、生长激素也有类似胰高血糖素的作用。

第三节　磷脂代谢

磷脂（phospholipids，PL）是指含有磷酸的脂质，主要包括甘油磷脂和鞘磷脂两大类。含有甘油的磷脂称为甘油磷脂（glycerophospholipids），其是体内主要的磷脂；含有神经鞘氨醇的磷脂称为鞘磷脂（sphingomyelin）。

一、甘油磷脂的合成与分解

（一）甘油磷脂的结构、分类及生理功能

1. 甘油磷脂的结构与分类 甘油磷脂种类繁多，是机体含量最丰富的一类磷脂，由 1 分子甘油、2 分子脂肪酸、1 分子磷酸及 1 分子 X 取代基团组成。甘油磷脂都是具有亲水头部和疏水尾部的双亲分子，通常在甘油 C_1 位上多为饱和脂肪酸，C_2 位上多为不饱和脂肪酸，其基本化学结构如下：

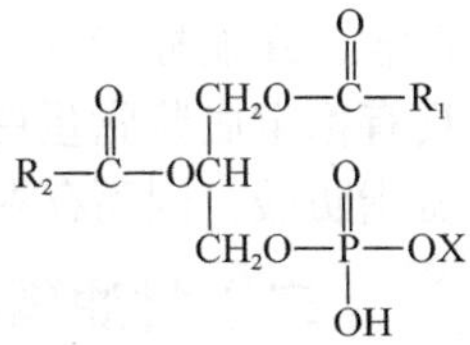

在甘油磷脂分子中，根据 X 取代基团的不同，可将其分为许多种类；每一类甘油磷脂又因所酯化的脂肪酸不同而分为若干种，重要的甘油磷脂见表 6-4。

表 6-4 机体内几类重要的甘油磷脂

X-OH	X 取代基	甘油磷脂的名称
水	$-H$	磷脂酸
胆碱	$-CH_2CH_2N^+(CH_3)_3$	磷脂酰胆碱（卵磷脂）
乙醇胺	$-CH_2CH_2NH_3^+$	磷脂酰乙醇胺（脑磷脂）
丝氨酸	$-CH_2CHNH_2COOH$	磷脂酰丝氨酸
甘油	$-CH_2CHOHCH_2OH$	磷脂酰甘油
磷脂酰甘油	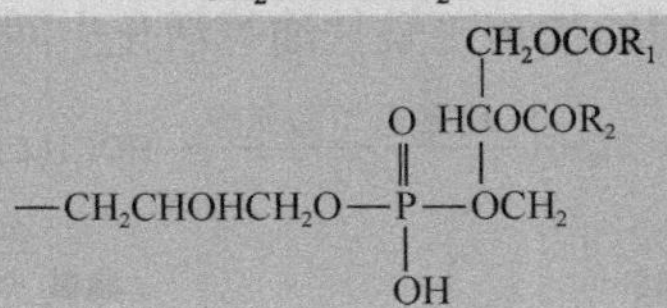	二磷脂酰甘油（心磷脂）
肌醇	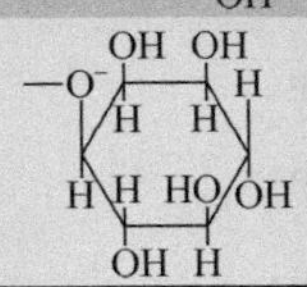	磷脂酰肌醇

当 X 取代基团为 H 时，即为最简单的甘油磷脂——磷脂酸（phosphatidic acid，PA）；X 为胆碱（bilineurine）时，即为磷脂酰胆碱（phosphatidyl choline，PC），又名卵磷脂（lecithin）；X 为乙醇胺（cholamine）时，即为磷脂酰乙醇胺（phosphatidyl ethanolamine，PE），又名脑磷脂（cephalin）；当甘油 C_1 位或 C_2 位上的脂酰基被水解脱落时，即为溶血磷脂（lysophospholipids）。1 分子甘油的 C_1-OH 和 C_3-OH 分别与 1 分子磷脂酸的磷酸羟基脱水，则生成心磷脂（cardiolipin）。除上表所列的几种主要甘油磷脂外，在甘油磷脂分子中甘油第 1 位的脂酰基被长链醇取代形成醚，如缩醛磷脂（plasmalogen）及血小板活化因子（platelet activating factor，PAF），它们也属于甘油磷脂。

2. 甘油磷脂的生理功能 甘油磷脂 C_1 和 C_2 位上的长链脂酰基是两个疏水的非极性尾，C_3 位上的磷酸含氮碱或羟基是亲水的极性头部。这样的结构特点使磷脂在水和非极性溶剂中都有很大的溶解度，能同时与极性或非极性物质结合，最适于作为水溶性蛋白质和非极性脂质之间的结构桥梁，因而磷脂是生物膜系统如细胞膜、核膜、线粒体膜及血浆脂蛋白的重要结构成分，对维持细胞和细胞器的正常形态与功能起着重要作用。细胞膜上还分布着许多脂质依赖性酶类，如 NADH-细胞色素还原酶、琥珀酸-细胞色素 c 还原酶、Na^+/K^+-ATP 酶等，这些酶类的活性也与磷脂关系密切。

不同的甘油磷脂还有一些特殊的功能，如神经组织含有大量甘油磷脂，它们与神经兴奋有关。研究表明，神经膜上磷脂酰肌醇三磷酸和磷脂酰肌醇二磷酸的相互转变，能改变膜的通透性，完成离子的能动输送，使神经兴奋。磷脂酰肌醇及其衍生物还参与细胞膜对蛋白质的识别和细胞信号转导，例如：磷脂酰肌醇一磷酸与去甲肾上腺素的受体有很强的结合力，对去甲肾上腺素的激素信息传递具有一定的影响；肌醇三磷酸和二酰甘油是胞内重要的第二信使。心磷脂是线粒体内膜和细菌生物膜的重要成分，而且是唯一具有抗原性的磷脂分子。二软脂酰胆碱（C_1 和 C_2 位上均

为饱和的软脂酰基，C_3 位上是磷酸胆碱）是肺表面活性物质的重要成分，能保持肺泡表面张力，防止气体呼出时肺泡塌陷；早产儿因这种磷脂的合成和分泌缺陷可引起肺不张，从而导致呼吸窘迫综合征。血小板激活因子也是一种特殊的磷脂酰胆碱，具有极强的生物活性，能激活血小板，促进血小板聚集及凝血噁烷（thromboxane，TX，又称血栓素）A_2（TXA_2）合成，刺激 5-羟色胺释放，在血栓形成、炎症及过敏反应中起重要作用。甘油磷脂还是血浆脂蛋白的重要组成成分，具有稳定血浆脂蛋白、帮助脂质运输的功能。此外，甘油磷脂分子 C_2 位上的脂酰基多为不饱和必需脂肪酸，因而存在于膜结构中的甘油磷脂还是必需脂肪酸的储备库。

（二）甘油磷脂的合成

1. 合成部位 全身各组织细胞内质网都分布有磷脂合成酶系，均能合成甘油磷脂，但以肝、肾、肠等组织最活跃，其中肝脏的合成能力最强。甘油磷脂的合成在内质网膜外侧面进行。

2. 合成原料 合成甘油磷脂需甘油、脂肪酸、磷酸盐、丝氨酸、肌醇、胆碱等原料。甘油和脂肪酸主要由糖代谢转化而来；甘油磷脂 C_2 位上多为不饱和脂肪酸，且主要是必需脂肪酸，需由食物提供；肌醇主要由食物提供；胆碱和乙醇胺可从食物摄取，也可由丝氨酸在体内转变生成。丝氨酸脱羧后生成乙醇胺，乙醇胺从 S-腺苷甲硫氨酸（S-adenosyl methionine，SAM）获得 3 个甲基即可合成胆碱。合成甘油磷脂所需的能量主要由 ATP 提供；此外，还需 CTP 参加，CTP 不但供能，而且是合成 CDP-乙醇胺、CDP-胆碱及 CDP-二酰甘油等活化中间物的载体（图 6-12）。

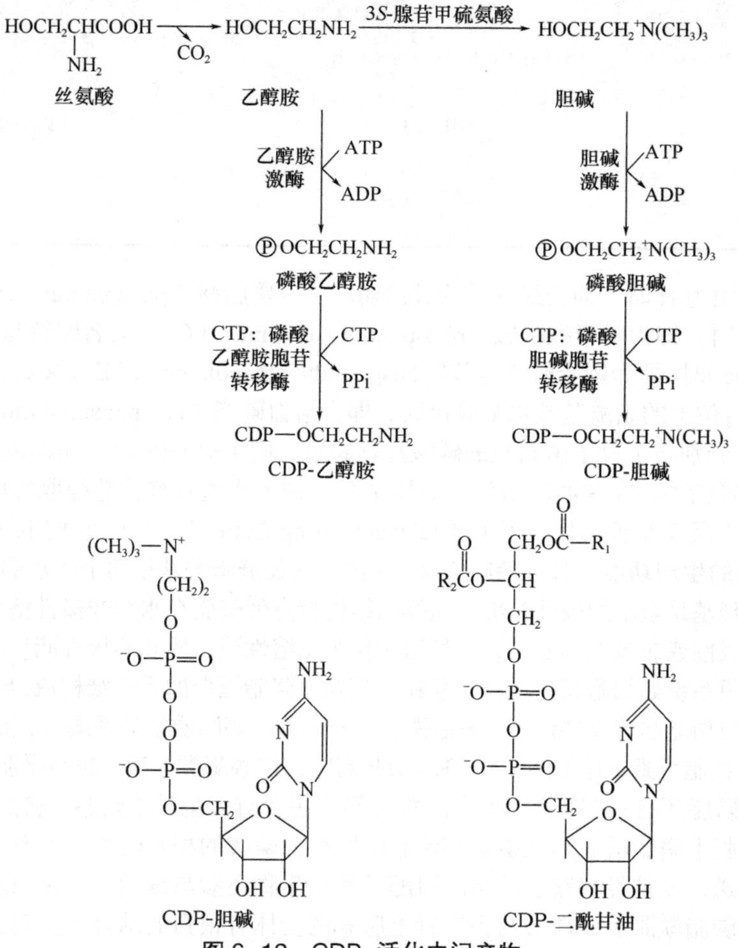

图 6-12 CDP-活化中间产物

3. 合成过程 合成甘油磷脂的途径有两条，即二酰甘油途径和 CDP-二酰甘油途径，磷脂酸是两条合成途径共同的起始反应物。

（1）二酰甘油途径：该途径以二酰甘油为重要中间产物，以 CDP-胆碱和 CDP-乙醇胺分别作为胆碱和乙醇胺的供体，以卵磷脂和脑磷脂为主要产物。这两类甘油磷脂在体内含量最多，占组织及血液中磷脂的 75%以上。合成过程是：磷脂酸经磷脂酸磷酸酶水解生成 1，2-二酰甘油，作为 CDP-胆碱或 CDP-乙醇胺的受体参与相应磷脂的合成（图 6-13）。

（2）CDP-二酰甘油途径：该途径以 CDP-二酰甘油为重要中间产物，以磷脂酰丝氨酸（phosphatidyl serine，PS）、磷脂酰肌醇（phosphatidyl inositol，PI）及心磷脂（二磷脂酰甘油，diphosphatidyl glycerol）为主要产物。在合成过程中，磷脂酸不必被磷酸酶水解，本身即为合成该类磷脂的前体；丝氨酸、肌醇及磷脂酰甘油等也不必先与 CDP 结合，而是在相应合酶催化下，直接与 CDP-二酰甘油反应生成 PS、PI 及心磷脂（图 6-14）。

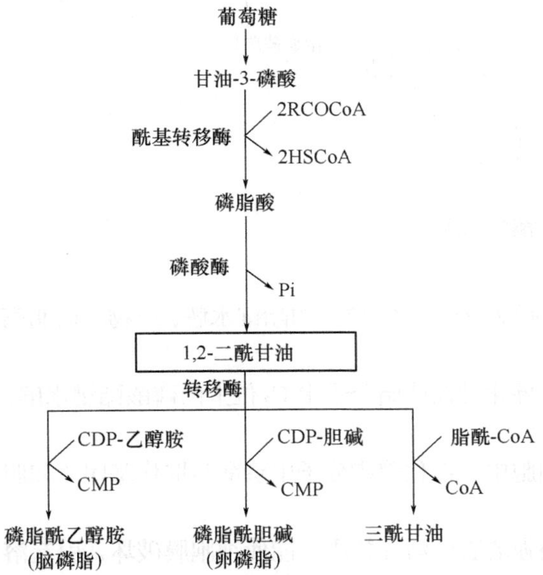

图 6-13　脑磷脂和卵磷脂的生物合成

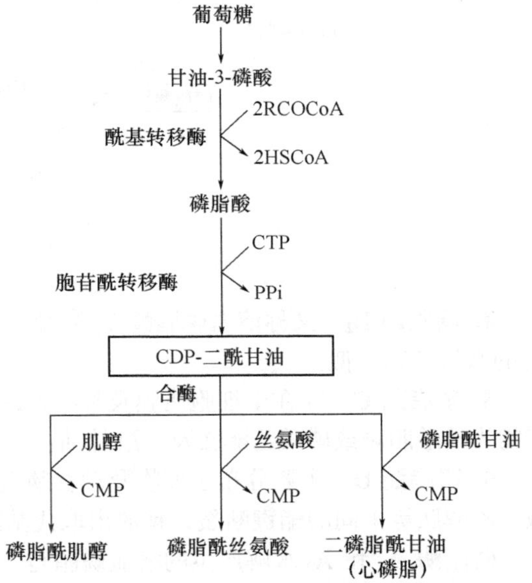

图 6-14　磷脂酰丝氨酸、磷脂酰肌醇及心磷脂的生物合成

此外，在肝脏合成的脑磷脂也可由 S-腺苷甲硫氨酸提供甲基，在脑磷脂甲基转移酶催化下生成卵磷脂，通过这种方式合成的卵磷脂约占肝脏合成总量的 10%～15%。PS 可由脑磷脂羧化或乙醇胺与丝氨酸交换生成（哺乳动物缺乏 PS 合成酶系，故哺乳动物体内的 PS 只能由磷脂酰乙醇胺分子中乙醇胺被丝氨酸置换生成）。二软脂酰胆碱由Ⅱ型肺泡上皮细胞合成，其 C_1 和 C_2 位上均为软脂酰基。

胞液中存在一类能促进甘油磷脂在细胞内生物膜之间进行交换的磷脂交换蛋白（phospholipid exchange proteins，PEP），它们催化不同种类的甘油磷脂在膜之间进行交换，从而促进甘油磷脂的更新。例如，内质网合成的心磷脂可通过 PEP 转移至线粒体内膜，构成线粒体内膜的特征性磷脂。

（三）甘油磷脂的分解

生物体内能够水解甘油磷脂的酶类称为磷脂酶（phospholipase），根据其水解酯键的特异部位不同分为磷脂酶 A_1、A_2、B、C 和 D 等几种主要类型（图 6-15）。

1. 磷脂酶 A_1　广泛分布于动物细胞溶酶体中，蛇毒及某些微生物中亦有。该酶能特异性水解甘油磷脂分子中 C_1 位酯键，产物通常为饱和脂肪酸和溶血磷脂 2。

2. 磷脂酶 A_2　广泛分布于动物细胞质膜及线粒体膜上，以 Ca^{2+}为激活剂，能特异性水解甘油磷脂分子中 C_2 位上的酯键，产物通常为多不饱和脂肪酸及溶血磷脂 1。

3. 磷脂酶 B_1　又称溶血磷脂酶 1，催化溶血磷脂 1 分子中 C_1 位上的酯键水解，产物为脂肪酸、甘油磷酸胆碱或甘油磷酸乙醇胺。

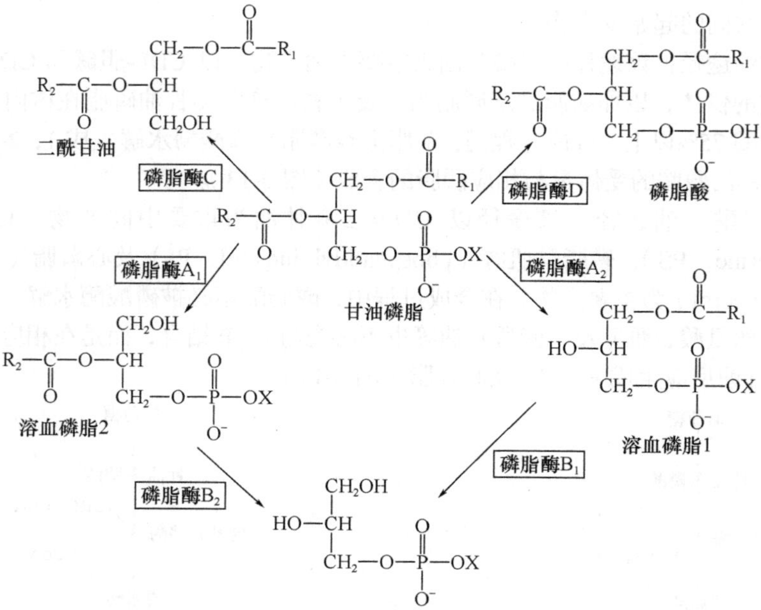

图 6-15 磷脂酶的作用

4. 磷脂酶 B_2 又称溶血磷脂酶 2，催化溶血磷脂 2 分子中 C_2 位上的酯键水解，产物与磷脂酶 B_1 的水解产物类似。

5. 磷脂酶 C 存在于细胞质膜及某些细菌中，催化甘油磷脂分子中 C_3 位上的磷酸酯键水解，产物为磷酸胆碱或磷酸乙醇胺及二酰甘油。

6. 磷脂酶 D 主要分布于植物及动物脑组织细胞中，催化磷脂分子中磷酸与取代基团（如胆碱、乙醇胺等）间的酯键断裂，释放出取代基团。

磷脂酶 A_1 和 A_2 水解产生的溶血磷脂是一类很强的表面活性物质，能使细胞膜破坏，引起溶血或细胞坏死。人胰腺细胞含有大量磷脂酶 A_2 原，急性胰腺炎时，胰腺细胞中的磷脂酶 A_2 原被脱氧胆酸或胰蛋白酶激活，作用于细胞质膜和线粒体膜上的卵磷脂，产生大量的溶血磷脂，引起胰腺细胞膜及线粒体膜结构溶解、破坏，从而导致胰腺出血坏死以及腹腔各脏器损害。磷脂酶 C 能水解溶血磷脂 C_1 或 C_2 位上的酯键，使其失去溶解生物膜的作用。

二、鞘磷脂的合成与分解

（一）鞘脂的化学组成及结构

鞘脂（sphingolipid，SL）是指含有鞘氨醇或二氢鞘氨醇的脂质。鞘氨醇（sphingosine）是脂肪族（含 16～20 个碳原子）氨基二元醇，分子中含有一个疏水性长链脂肪烃尾巴及由 2 个羟基和 1 个氨基构成的极性头部。鞘氨醇分子中有双键存在，故有顺反异构体，但天然结构均为反式构型。二氢鞘氨醇（dihydrosphingosine）分子中没有双键。自然界中，以 18 碳的鞘氨醇最多，也有含 16、17、19 及 20 碳原子的鞘氨醇存在。

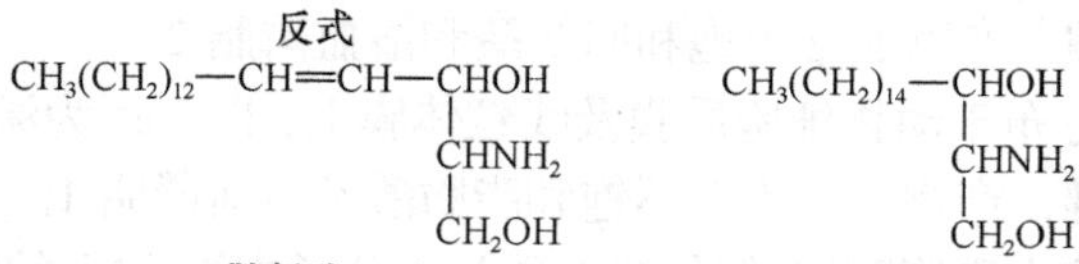

鞘氨醇　　二氢鞘氨醇

鞘脂的组成特点是：不含甘油而含鞘氨醇，一分子脂肪酸以酰胺键与鞘氨醇的氨基相连，鞘脂的末端羟基常被极性基团（X）如磷酸胆碱或糖基所取代（图 6-16）。鞘脂分子中的脂肪酸，主要为含 16、18、22 或 24 个碳原子的饱和或单不饱和脂肪酸，有的还含有 α-羟基。按照取代基团 X 的不同，可分为鞘磷脂和鞘糖脂两类。鞘磷脂含磷酸，末端羟基取代基团 X 为磷酸胆碱或磷酸乙醇胺；鞘糖脂（sphingoglycolipids）含糖，末端羟基取代基团 X 为单糖基或寡糖链，通过 β-糖苷键与其末端羟基相连。

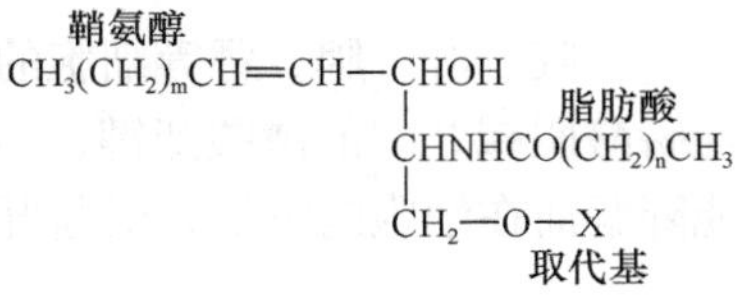

图 6-16 鞘脂的化学结构通式

m 多为 12；n 多在 12～22 之间

（二）鞘磷脂的合成

人体含量最多的鞘磷脂是神经鞘磷脂（sphingomyelin），由鞘氨醇、脂肪酸及磷酸胆碱构成。神经鞘磷脂是构成生物膜的重要磷脂，常与磷脂酰胆碱并存于细胞膜的外侧。在神经髓鞘中，脂质的 5%为神经鞘磷脂；在人红细胞膜中，20%～30%为神经鞘磷脂。

1. 合成部位 全身各组织细胞的内质网都含有鞘磷脂合成酶系，均可合成鞘磷脂，但以脑组织最为活跃。

2. 合成原料 软脂酰 CoA 和丝氨酸为合成鞘氨醇的基本原料，长链脂肪酸、CDP-胆碱为合成辅料，磷酸吡哆醛、NADPH+H^+和 FAD 等为合成所需辅酶。

3. 合成过程 软脂酰 CoA 与丝氨酸在 3-酮二氢鞘氨醇合成酶和还原酶的催化下，先脱羧缩合、再加氢还原生成二氢鞘氨醇；后者在脂酰转移酶的催化下，其氨基与脂酰 CoA 的脂酰基进行酰胺缩合，生成二氢神经酰胺，进而在脱氢酶的催化下，生成神经酰胺（ceramide）；最后，在鞘磷脂合成酶的催化下，由磷脂酰胆碱提供磷酸胆碱与神经酰胺合成神经鞘磷脂（图 6-17）。

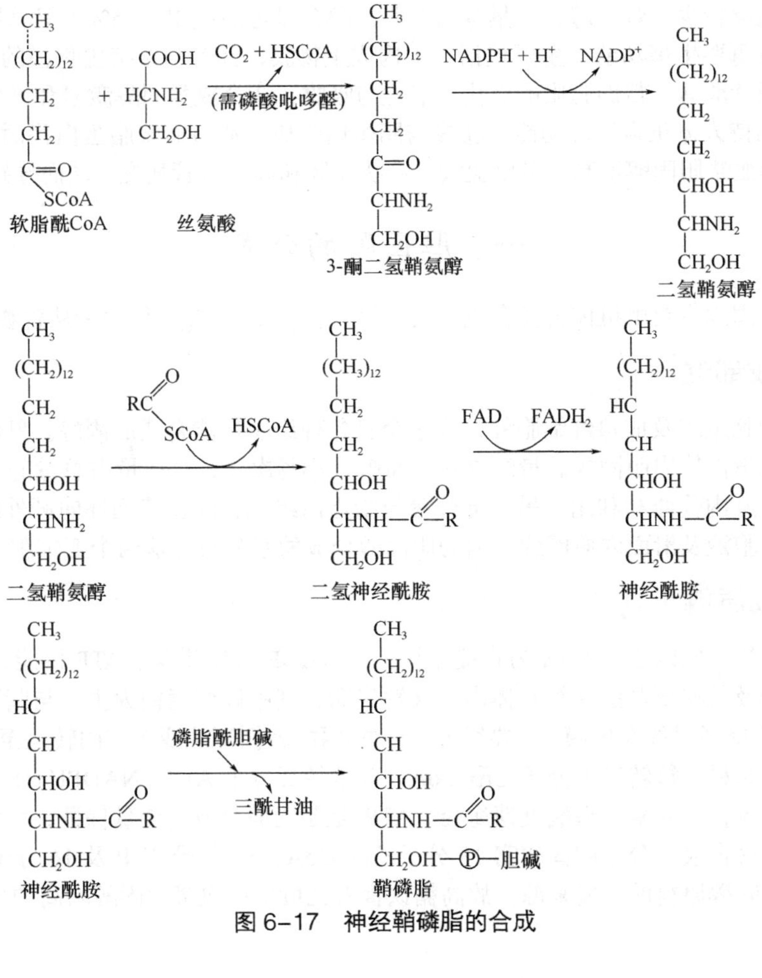

图 6-17 神经鞘磷脂的合成

（三）鞘磷脂的分解

在脑、肝、脾、肾等细胞的溶酶体中，含有鞘磷脂酶（属于磷脂酶 C 类），能水解神经酰胺与磷酸胆碱之间的磷酸酯键，生成神经酰胺及磷酸胆碱。鞘磷脂酶先天缺乏者，可使鞘磷脂因不能降解而在细胞内沉积，引起肝、脾肿大及痴呆等症状，称为 Niemann-Pick 病。

第四节　胆固醇代谢

胆固醇（cholesterol，Ch）是类固醇家族的重要成员，因最早从动物胆石中分离而得名，其具有环戊烷多氢菲烃核结构，在 C_3 位含有 1 个羟基。胆固醇及其衍生物不溶于水、易溶于有机溶剂，在人体内主要以游离胆固醇（free cholesterol，FC）及胆固醇酯（cholesteryl ester，CE）的形式存在，二者的结构式如下：

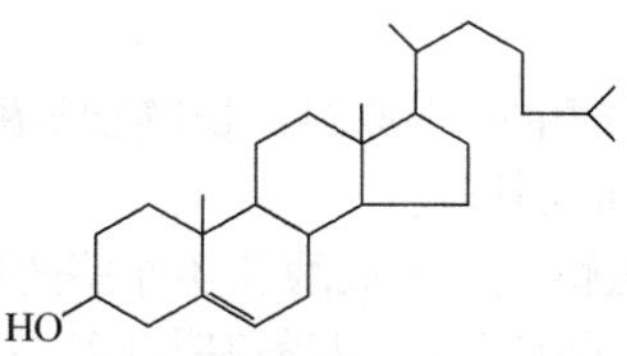
胆固醇

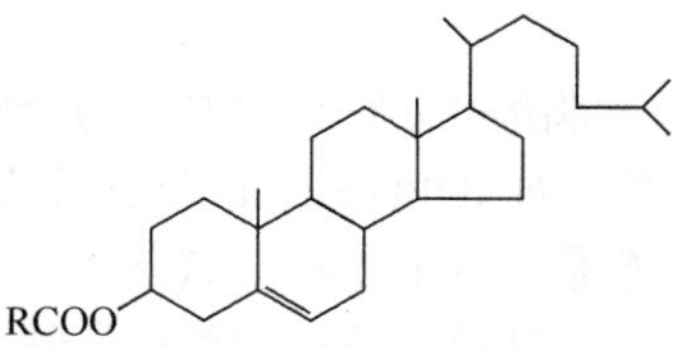
胆固醇酯

胆固醇广泛存在于全身各组织中，其中约 1/4 分布在脑及神经组织中，占脑组织总重量的 2% 左右。肝、肾、肠等内脏以及皮肤、脂肪组织亦含较多的胆固醇，每 100g 组织中约含 200～500mg，以肝为最多，肌肉较少，肾上腺、卵巢等组织胆固醇含量可高达 1%～5%（但总量很少）。

胆固醇具有重要生理功能，主要包括：①构成生物膜，并参与维持生物膜的流动性和正常功能；②转变成胆汁酸盐，帮助脂质的乳化、消化与吸收；③合成类固醇激素和维生素 D_3，从而调节物质代谢和维持人体正常生理功能；④参与脂蛋白组成，调节血浆脂蛋白代谢。胆固醇代谢发生障碍，可引起血浆胆固醇增高以及脑血管、冠状动脉和周围血管病变，从而导致动脉粥样硬化。

一、胆固醇的合成

人体内的胆固醇主要由机体自身合成，成人每天合成 1～1.5g，仅少量从食物中摄取。

（一）合成部位

除成年动物脑组织及成熟红细胞外，几乎全身各种组织均能合成胆固醇。肝脏合成胆固醇的能力最强，合成量占体内胆固醇总量的 70%～80%；小肠次之，合成量占总量的 10%。肝合成的胆固醇一部分在肝内代谢和利用，另一部分参与脂蛋白组成，随血液循环向肝外组织输出。胆固醇合成定位于细胞液及滑面内质网膜，因为胆固醇合成酶系分布在这两个亚细胞部位。

（二）合成原料

胆固醇的生物合成以乙酰 CoA 为直接原料，以 $NADPH+H^+$ 供氢、ATP 供能。乙酰 CoA 来自葡萄糖、脂肪酸及某些氨基酸在线粒体内的分解代谢，其中以葡萄糖为主。与脂肪酸合成类似，由于乙酰 CoA 不能通过线粒体膜，需要经过柠檬酸-丙酮酸循环从线粒体内转运至细胞液，才能作为合成胆固醇的原料。每转运 1 分子乙酰 CoA，需消耗 2 分子 ATP。$NADPH+H^+$ 是胆固醇合成所需还原性氢的供体，主要来自磷酸戊糖途径。ATP 是胆固醇合成的能量保证，大多来自线粒体中糖的有氧氧化。每合成 1 分子胆固醇需 18 分子乙酰 CoA，36 分子 ATP 及 16 分子 $NADPH+H^+$。由于糖是合成胆固醇原料的主要来源，故高糖饮食者也可出现血浆胆固醇增高的现象。

（三）合成过程

胆固醇合成需近 30 步酶促反应，整个过程可分为 3 个阶段（图 6-18）。

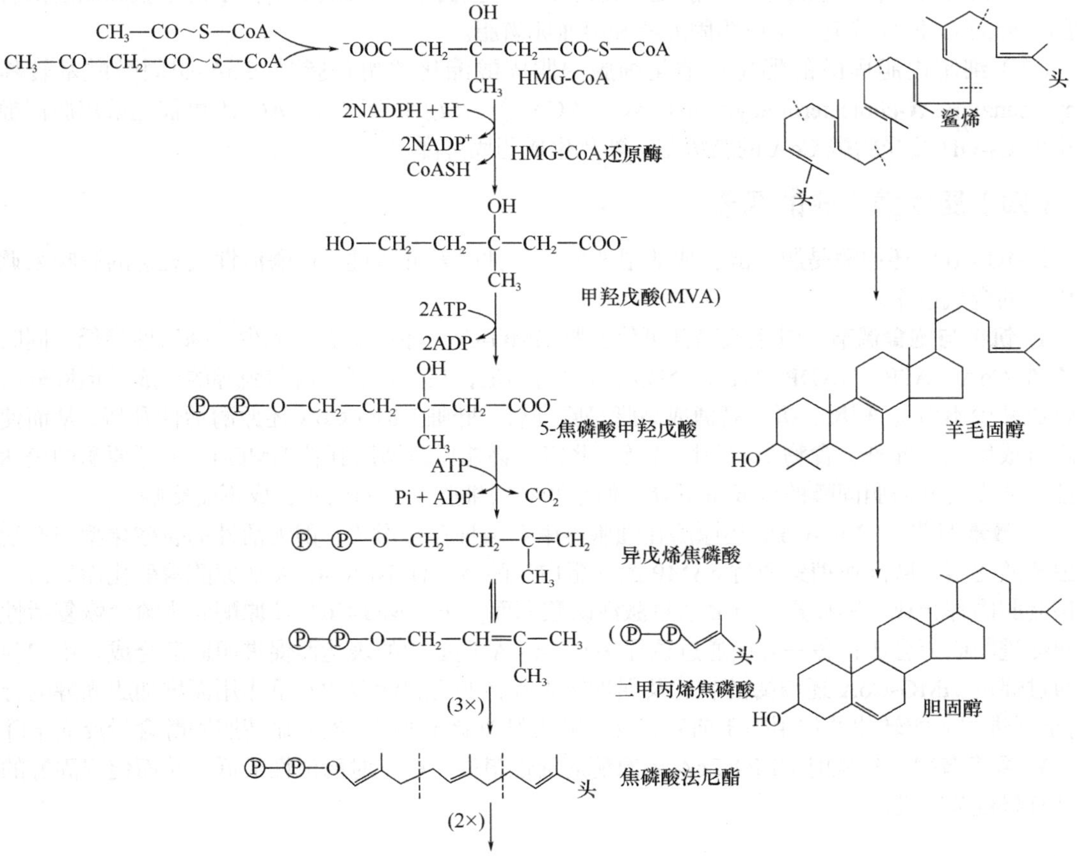

图 6-18 胆固醇的生物合成

1. 甲羟戊酸的生成 该阶段包含 3 步反应。首先，在胞液中，2 分子乙酰 CoA 在乙酰乙酰 CoA 硫解酶催化下，缩合成乙酰乙酰 CoA；然后在 β-羟-β-甲基戊二酰 CoA 合酶（HMG-CoA 合酶）催化下，再与 1 分子乙酰 CoA 缩合生成 HMG-CoA。在线粒体中，HMG-CoA 被裂解生成酮体；而胞液中生成的 HMG-CoA，则在内质网 HMG-CoA 还原酶作用下，消耗 2 分子 $NADPH+H^+$生成甲羟戊酸（mevalonic acid，MVA）。HMG-CoA 还原酶是胆固醇合成的限速酶。

2. 鲨烯的生成 从 MVA 转变成鲨烯（squalene）经过 7 步酶促反应，需要大量 ATP 供能、$NADPH+H^+$供氢。胞液中的 MVA（C_6）在一系列酶的催化下，经过两次磷酸化、一次脱羧及一次异构生成含 5 个碳原子，性质活泼的异戊烯焦磷酸（isopentenyl pyrophosphate，IPP）和二甲基丙烯焦磷酸（3,3-dimethylallyl pyrophosphate，DPP）。然后，1 分子 DPP 与 2 分子 IPP 缩合生成含 15 个碳原子的焦磷酸法尼酯（farnesyl pyrophosphate，FPP）。2 分子 FPP 在内质网鲨烯合酶（squalene synthase）催化下，经缩合、加氢生成含 30 个碳原子的多烯烃——鲨烯。

3. 胆固醇的生成 鲨烯具有与固醇母核相似的结构。鲨烯与胞液中的固醇载体蛋白（sterol carrier protein）结合进入内质网，经鲨烯加单氧酶（squalene monooxygenase）与环化酶（cyclase）的催化，先氧化后再环化生成羊毛固醇（lanosterol）。后者再经氧化、脱羧，还原等约 20 步反应，脱去 3 个羧基生成含 27 个碳原子的胆固醇。

4. 胆固醇的酯化 血浆中与细胞内的胆固醇均可接受脂酰基生成胆固醇酯，但在不同部位催化胆固醇酯化的酶及反应过程不同。

（1）血浆内胆固醇的酯化：催化血浆中胆固醇酯化的酶是卵磷脂-胆固醇酰基转移酶（lecithin-cholesterol acyltransferase，LCAT），该酶由肝细胞合成，常与高密度脂蛋白结合在一起，在血液中发挥催化作用。其主要功能是催化高密度脂蛋白中的卵磷脂 C_2 位上的不饱和脂肪酸转移到胆固醇的 C_3 位羟基上，生成胆固醇酯和溶血卵磷脂。

（2）细胞内胆固醇的酯化：催化细胞内胆固醇酯化的酶是脂酰 CoA-胆固醇酰基转移酶（acylcoenzyme A-cholesterol acyltransferase，ACAT）。在组织细胞内，ACAT 可催化游离胆固醇分子中的 C_3-OH 接受脂酰 CoA 的脂酰基，酯化生成胆固醇酯。

（四）胆固醇合成的调节

HMG-CoA 还原酶是胆固醇合成的限速酶，各种因素可通过对该酶活性及表达的影响来调节胆固醇的合成速率。

1. 饥饿与饱食调节 饥饿或禁食可使肝脏 HMG-CoA 还原酶表达减少、酶活性降低，同时可使乙酰 CoA、ATP、NADPH+H^+等合成所需原料不足，从而抑制肝内胆固醇的合成（但肝外组织的合成减少不多）。相反，摄入高糖或高脂等膳食后，肝脏 HMG-CoA 还原酶活性升高，从而使胆固醇合成增加。此外，食物中的胆固醇及一些衍生物能反馈抑制肝脏 HMG-CoA 还原酶的表达与活性，从而使肝内胆固醇的合成量下降，但小肠黏膜细胞中的胆固醇合成不受影响。

2. 激素调节 HMG-CoA 还原酶在细胞液中有两种存在形式，即无活性的磷酸化型与有活性的去磷酸化型。胰高血糖素通过 cAMP 激活蛋白激酶 A，使 HMG-CoA 还原酶磷酸化而失活，从而抑制胆固醇合成。胰岛素一方面通过激活磷酸酶而促进 HMG-CoA 还原酶脱去磷酸恢复活性，从而促进胆固醇合成；另一方面通过诱导 HMG-CoA 还原酶的表达而促进胆固醇合成。甲状腺激素通过促进 HMG-CoA 还原酶的表达及促进胆固醇转变为胆汁酸的双重作用而增加胆固醇的合成（由于促进胆固醇转化的作用强于前者，故当甲状腺功能亢进时，患者血清胆固醇含量反而下降）。

3. 昼夜节律 午夜时 HMG-CoA 还原酶的活性最高，中午时酶活性最低，从而使胆固醇的合成具有昼夜节律性。

二、胆固醇的转化

人体内没有降解胆固醇母核（环戊烷多氢菲）的酶类，使其不能彻底氧化分解为 CO_2 和 H_2O，而是经氧化、还原转变成含环戊烷多氢菲母核的其他化合物，参与体内代谢调节，或直接或经转化后排出体外。

（一）转化为胆汁酸

胆固醇的主要代谢去路是在肝中转化为胆汁酸，经肠道排出体外。正常成人每天约合成胆固醇 1.0～1.5g，其中约 0.4～0.6g 在肝内转变为胆汁酸，随胆汁排入肠道。

（二）转化为类固醇激素

胆固醇是肾上腺皮质激素、性激素等类固醇激素的前体。①肾上腺皮质球状带细胞可利用胆固醇，在一系列酶的催化下，主要合成以醛固酮（aldosterone）为代表的盐皮质激素，参与水盐代谢的调节。肾上腺皮质束状带细胞可利用胆固醇合成皮质醇（corticosteroid）和少量皮质酮（corticosterone），参与糖类、脂质及蛋白质代谢的调节。②在特异酶系催化下，睾丸间质细胞可利用胆固醇合成睾酮（testosterone）。卵巢卵泡在卵子成熟前可利用胆固醇合成雌二醇（estradiol），卵巢黄体及胎盘则可利用胆固醇合成孕酮（progesterone）。这些性激素具有维持副性器官分化、发育及第二性征的作用，同时对全身代谢也有重要影响。

（三）转化为维生素 D_3

维生素 D_3（又称胆钙化醇）是胆固醇的开环化合物，故从本质上也属固醇激素。其可由食物供给，也可在体内合成。皮肤中的胆固醇经酶促氧化生成7-脱氢胆固醇，在紫外线照射下，形成维生素 D_3。维生素 D_3 经肝细胞微粒体25-羟化酶催化生成25-羟维生素 D_3，后者经血运至肾，再经1位羟化形成具有生物活性的1，25-二羟维生素 D_3（又称钙三醇）。活性维生素 D_3 具有调节钙、磷代谢的作用。

第五节 血浆脂蛋白代谢

一、血脂的组成、来源与去路

血浆中含有的脂质统称为血脂（blood lipids），包括脂肪、磷脂、FFA、胆固醇及其酯等。FFA在血浆中与清蛋白结合为复合物而运输。

血脂的主要来源有：①肠道中食物脂质的消化吸收；②由肝脏、脂肪细胞及其他组织合成后释放入血；③储存的脂肪动员入血。

血脂的主要去路有：①进入脂肪组织储存；②氧化供能；③构成生物膜；④转变为其他物质。

血脂总量并不多，只占体内总脂的极少部分，但外源性和内源性脂质都需经过血液转运于各组织之间，故血脂的含量常可以反映体内各组织器官的脂质代谢情况，对血脂的检测有利于对某些疾病的诊断。血脂水平受年龄、性别、遗传以及代谢等因素的影响，因职业、生活方式、饮食习惯或劳动类型不同而异，因此，各地区正常人血脂参考值也不尽相同。空腹状态下血脂水平相对稳定，临床上常在禁食12小时左右抽取空腹血进行血脂检测，这样才能准确地反映血脂水平。正常成人空腹血脂的组成及含量见表6-5。

表6-5 正常成人空腹血脂的组成、含量及主要来源

脂质类型	血浆含量		空腹时主要来源
	mg/dl	mmol/L	
总脂	400～700（500）	4.0～7.0（5.0）	
三酰甘油	10～160（100）	0.11～1.81（1.13）	肝
总胆固醇	150～250（199）	3.88～6.47（5.17）	肝
胆固醇酯	90～200（145）	1.35～3.01（2.18）	
游离胆固醇	40～70（55）	1.04～1.82（1.43）	
总磷脂	150～250（200）	1.94～3.23（2.58）	肝
卵磷脂	80～225（110）	1.01～2.86（1.40）	肝
鞘磷脂	10～50（30）	0.13～0.63（0.38）	肝
脑磷脂	0～30（10）	0～0.41（0.14）	肝
脂肪酸总量	110～485（300）	4.30～18.95（11.72）	
FFA	5～20（15）	0.20～0.78	脂肪组织

注：括号内为均值；FFA，游离脂肪酸。

二、血浆脂蛋白的分类、组成及结构

血浆脂蛋白（lipoprotein）是血脂与血浆中的蛋白质结合而形成的颗粒状亲水复合体，是血脂在血浆中的存在及运输形式。脂蛋白中的蛋白质部分称为载脂蛋白（apolipoprotein，apo）。

（一）血浆脂蛋白的分类

各种脂蛋白因所含脂质及蛋白质种类和数量的不同，其密度、颗粒大小、表面电荷、电泳行

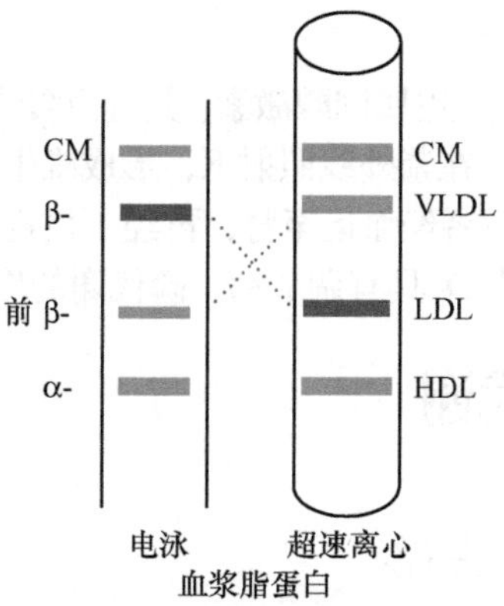

图 6-19 血浆脂蛋白的电泳和超速离心图谱

为及免疫学特性等均有差异。一般采用电泳法和超速离心法将血浆脂蛋白分为四类（图 6-19）。

1. 电泳法分类 该方法利用脂蛋白在电场中迁移速度不同而予以分离。影响脂蛋白在电场中迁移速率的重要因素有电荷多少、分子大小、含脂质多少等。用电泳法可将血浆脂蛋白分为α-脂蛋白、前β-脂蛋白、β-脂蛋白和乳糜微粒（chylomicron，CM）（图 6-19）。α-脂蛋白含蛋白质多，分子小，所以迁移最快。CM 中蛋白质含量很低，98%为不带电的脂质，所以在电场中基本不移动。

2. 超速离心法分类 各种脂蛋白因所含的脂质及蛋白质的质和量不同而导致其密度存在差异。血浆在一定密度的盐溶液中进行超速离心时，各种脂蛋白因其密度的不同表现不同的沉浮状态而被分离，据此将血浆脂蛋白分为四类（图 6-19），即 CM、极低密度脂蛋白（very low density lipoprotein，VLDL）、低密度脂蛋白（low density lipoprotein，LDL）和高密度脂蛋白（high density lipoprotein，HDL）；分别相当于电泳法分类中的 CM、前β-脂蛋白、β-脂蛋白和α-脂蛋白。四种脂蛋白的密度大小依次为：CM＜VLDL＜LDL＜HDL。除上述几类脂蛋白外，还有一种中间密度脂蛋白（intermediate density lipoprotein，IDL），其密度介于 VLDL 与 LDL 之间，是 VLDL 代谢的中间产物。针对每一类脂蛋白，还可根据其颗粒大小和密度的不同而分为不同的亚组份，如 VLDL 可分为 $VLDL_1$ 和 $VLDL_2$；LDL 可分为 A，B 两个亚型，A 型颗粒较大（＞25.5nm），B 型颗粒较小（＜25.5nm）；HDL 在代谢过程中蛋白质与脂质成分发生变化，据此可将 HDL 再分为 HDL_1、HDL_2 与 HDL_3。HDL_1 在高胆固醇膳食时才出现；正常人血浆中主要含 HDL_2 和 HDL_3，前者密度较低，后者密度稍高。

（二）血浆脂蛋白的组成

从表 6-6 中可以看出，血浆脂蛋白的主要组分是载脂蛋白（apo）及脂质（脂肪、磷脂、胆固醇及其酯等），但各类脂蛋白所包含的 apo 种类、数量均有不同，所含脂质的比例、数量也不相同。由于蛋白质的密度比脂质大，故脂蛋白中蛋白质含量越高，脂质含量越低，其密度越大；反之，其密度越小。

表 6-6 血浆脂蛋白的分类、性质、组成、合成部位及功能

分类	密度法 电泳法	CM	VLDL 前β-脂蛋白	LDL β-脂蛋白	HDL α-脂蛋白
性质	密度	＜0.95	0.95～1.006	1.006～1.063	1.063～1.210
	Sf 值	＞400	20～400	0～20	沉降
	电泳位置	原点	$α_2$-球蛋白	β-球蛋白	$α_1$-球蛋白
	颗粒直径（nm）	80～500	25～80	20～25	7.5～10
组成（%）	蛋白质	0.5～2	5～10	20～25	50
	脂质	98～99	90～95	75～80	50
	脂肪	80～95	50～70	10	5
	磷脂	5～7	15	20	25
	胆固醇	1～4	15	45～50	20
	游离胆固醇	1～2	5～7	8	5
	胆固醇酯	3	10～12	40～42	15～17
apo 组成（%）	apoA Ⅰ	7	＜1	—	65～70
	apoA Ⅱ	5	—	—	20～25
	apoA Ⅳ	10	—	—	—
	apoB100	—	20～60	95	—
	apoB48	9	—	—	—

续表

分类	密度法 电泳法	CM	VLDL 前β-脂蛋白	LDL β-脂蛋白	HDL α-脂蛋白
	apoCⅠ	11	3	—	6
	apoCⅡ	15	6	微量	1
	apoCⅢ$_{0\text{-}2}$	41	40	—	4
	apoE	微量	7～15	<5	2
	apoD	—	—	—	3
合成部位		小肠黏膜细胞	肝细胞	血浆	肝、肠、血浆
功能		主要转运外源性脂肪及胆固醇	主要转运内源性脂肪	主要转运内源性胆固醇	主要逆向转运胆固醇

（三）血浆脂蛋白的结构

各种血浆脂蛋白的基本结构相似（图 6-20），除新生 HDL 为圆盘状外，脂蛋白一般为球状颗粒，具有极性（亲水）的表面和非极性（疏水）的核心。脂蛋白都是以疏水的三酰甘油和胆固醇酯构成核心，由具有双性 α-螺旋结构（amphipathic α-he1ix）的载脂蛋白和双性磷脂分子及胆固醇组成表面极性单层结构（2nm 厚），它们的疏水基团与核心相连，其亲水基团朝向外面，从而使脂蛋白能够稳定地悬浮于水溶性的液相之中，得以在血液中运输。

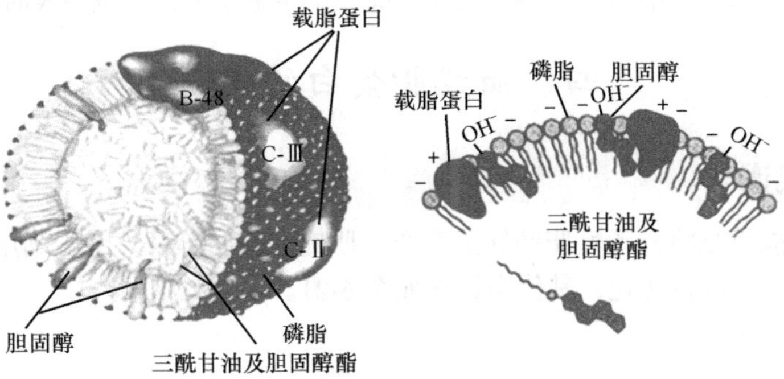

图 6-20 血浆脂蛋白的一般结构

三、载脂蛋白

载脂蛋白（apo）主要在肝脏和小肠黏膜细胞中合成。目前已发现了 20 多种 apo，主要有 apoA、B、C、D 和 E 五大类。每一类 apo 又可分为不同的亚类，如 apoA 又分为 apoAⅠ、AⅡ和 AⅣ；apoB 又分为 apoB100 和 B48；apoC 又分为 apoCⅠ、CⅡ和 CⅢ。血浆中主要 apo 及其功能见表 6-7。

apo 在分子结构上具有一定特点，在 apo 的氨基酸排列顺序中，每间隔 2～3 个氨基酸残基，通常出现一个带极性侧链的氨基酸残基。当这种多肽链形成 α-螺旋时，极性氨基酸残基集中在 α-螺旋一侧形成极性（亲水）侧面，非极性氨基酸残基集中在另一侧形成非极性（疏水）侧面，即形成所谓双性 α-螺旋结构，极性较强的一侧可与水溶剂及磷脂或胆固醇极性区结合，构成脂蛋白的亲水面；极性较低的一侧可与非极性的脂质结合，构成脂蛋白的疏水核心区。这种双性 α-螺旋结构在 apo 结合和转运脂质以及构成和稳定脂蛋白结构中起重要作用。

不同的血浆脂蛋白中包含一种或多种 apo，但多以某一种为主，且各种 apo 之间维持一定比例。例如 HDL 中主要含 apoAⅠ和 AⅡ；LDL 中绝大部分 apo 是 apoB100，还有少量 apoE（<5%）；VLDL 中除含 apoB100 外，还有 apoCⅠ、CⅡ、CⅢ及 apoE；CM 由多种 apo 参与组成，但不含

apoB100 及 apoD（表 6-7）。

表 6-7 血浆中主要 apo 的类型及其所在脂蛋白、合成部位和主要功能

apo 类型	相对分子质量	氨基酸数	所在脂蛋白	合成部位	主要功能
apoA Ⅰ	28 300	243	HDL	小肠、肝	激活 LCAT，识别 HDL 受体
apoA Ⅱ	17 500	154	HDL	小肠、肝	稳定 HDL 结构，激活 HL
apoAⅣ	46 000	371	CM，HDL	小肠	辅助激活 LPL
apoB100	512 723	4 536	LDL，VLDL	肝	识别 LDL 受体
apoB48	264 000	2 152	CM	小肠	促进 CM 生成
apoC Ⅰ	6 500	57	VLDL，HDL，CM	小肠	激活 LCAT
apoC Ⅱ	8 800	79	VLDL，HDL，CM	肝	激活 LPL
apoC Ⅲ	8 900	79	VLDL	肝	抑制 LPL，抑制肝 apoE 受体
apoD	22 000	169	HDL	未确定	促进胆固醇酯的转移
apoE	34 000	299	VLDL，CM，HDL	肝	识别 apoE 受体

注：LCAT，卵磷脂-胆固醇酰基转移酶；HL，肝脂肪酶；LPL，脂蛋白脂肪酶

apo 的主要功能是稳定血浆脂蛋白的结构，作为脂质的运输载体；除此以外，有些 apo 还可作为酶的激活剂，如 apoA Ⅰ可激活 LCAT，apoC Ⅱ可激活脂蛋白脂肪酶；有些 apo 还可作为细胞膜受体的配体，如 apoB48、apoE 参与肝细胞对 CM 的识别，apoB100 可被各种组织细胞表面 LDL 受体所识别等。

四、血浆脂蛋白的代谢

（一）CM 代谢

CM 的主要功能就是将外源性脂肪转运至心、肌肉和脂肪等肝外组织利用，同时将食物中外源性胆固醇转运至肝脏进行转化，其代谢过程如图 6-21。

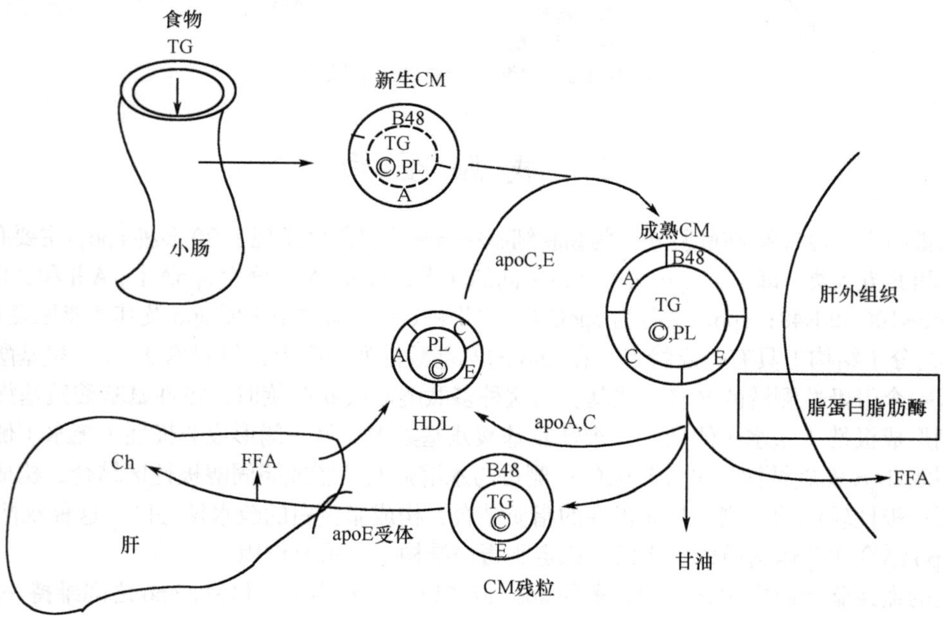

图 6-21 CM 代谢示意图

TG，三酰甘油；PL，磷脂；©，胆固醇和胆固醇酯；Ch，胆固醇；A、C、E 和 B48，apoA、C、E 和 B48；FFA，游离脂肪酸

CM 在小肠黏膜细胞中生成。食物中的脂质在小肠黏膜细胞滑面内质网上经再酯化后与粗面内质网上合成的 apo 构成新生 CM（包括脂肪、胆固醇酯和胆固醇、磷脂、apoB48 和 apoA），经高尔基体分泌到细胞外，经淋巴入血。

新生 CM 入血后，接受来自 HDL 的 apoC 和 E，同时失去部分 apoA，被修饰成为成熟的 CM。成熟 CM 上的 apoCⅡ可激活脂蛋白脂肪酶（LPL），催化 CM 中的脂肪水解为甘油和 FFA。LPL 存在于心、肌肉和脂肪组织的毛细血管内皮细胞外表面上。FFA 可被上述组织摄取利用，甘油可进入肝脏用于糖异生。通过 LPL 的作用，CM 中的大部分脂肪被水解利用，同时 apoA、apoC、胆固醇和磷脂转移到 HDL 上，CM 逐渐变小，成为以含胆固醇酯为主的 CM 残余颗粒。肝细胞膜上的 apoE 受体可识别 CM 残余颗粒，将其吞入肝细胞，与细胞溶酶体融合，apo 被水解为氨基酸，胆固醇酯分解为胆固醇和 FFA，进而被肝细胞利用或分解，完成最终代谢。正常人 CM 在血浆中的半寿期为 5～15min，故空腹血中通常不含 CM。

（二）VLDL 代谢

VLDL 的主要功能是转运内源性脂肪，其代谢过程如图 6-22 所示。

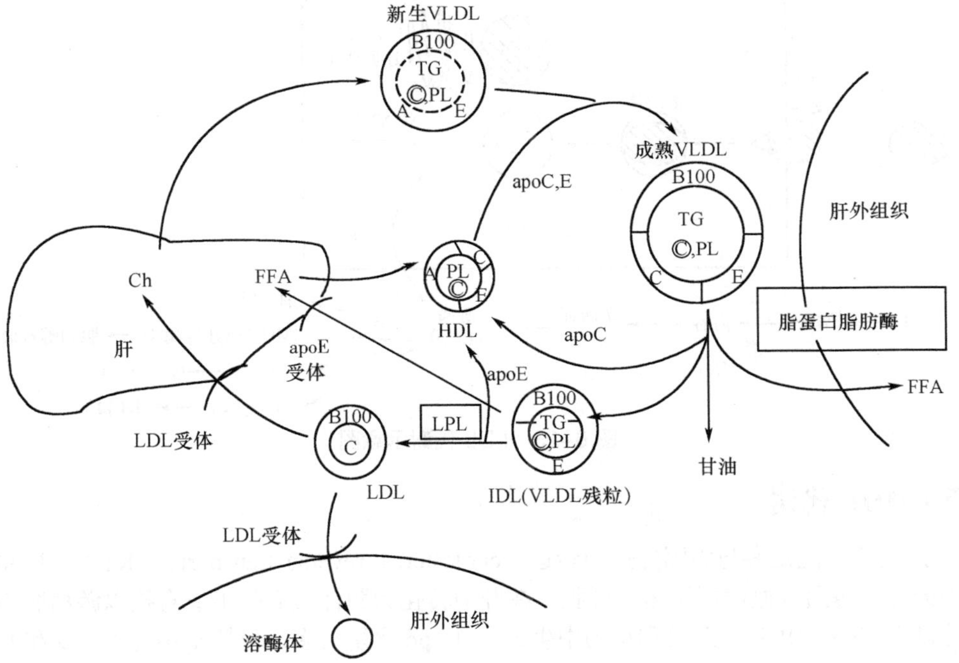

图 6-22 VLDL 代谢示意图

TG：三酰甘油；PL：磷脂；©：胆固醇和胆固醇酯；Ch：胆固醇；A、C、E 和 B100：apoA、C、E 和 B100；FFA：游离脂肪酸；LPL：脂蛋白脂肪酶

VLDL 在肝内生成，主要成分是肝细胞利用糖和脂肪酸（来自脂肪动员或 CM 残余颗粒）合成的脂肪、肝细胞合成的 apoB100、apoAⅠ和 apoE 等、少量磷脂和胆固醇及胆固醇酯。小肠黏膜细胞也能生成少量 VLDL。VLDL 分泌入血后，接受来自 HDL 的 apoC 和 apoE，由 apoCⅡ激活 LPL，催化脂肪水解，产物被肝外组织利用。同时 VLDL 与 HDL 之间进行物质交换，一方面将 apoC 和 apoE 等在两者之间转移；另一方面在胆固醇酯转移蛋白（cholesteryl ester transfer protein，CETP）协助下，将 VLDL 的磷脂、胆固醇等转移至 HDL，将 HDL 的胆固醇酯转移至 VLDL，使 VLDL 逐渐转变为 IDL。

IDL 有两条去路：一是通过肝细胞膜上的 apoE 受体介导而被吞噬利用，二是进一步被水解生成 LDL。VLDL 在血浆中的半寿期为 6～12 小时。

（三）LDL 代谢

LDL 的主要功能是将肝脏合成的内源性胆固醇运到肝外组织，保证组织细胞对胆固醇的需求，其代谢过程如图 6-23。

LDL 由 VLDL 转变而来，LDL 中的主要脂质是胆固醇及其酯，apo 为 apoB100。在肝及肝外组织细胞表面分布着 apoB100 受体（或称 LDL 受体），能与 LDL 特异性结合，将 LDL 吞入细胞内并与溶酶体融合，其中的 apo 被降解为氨基酸，胆固醇酯水解为游离胆固醇和 FFA，这一代谢过程称为 LDL 受体代谢途径。此途径所产生的游离胆固醇除参与细胞生物膜的构成之外，还对细胞内胆固醇的代谢具有重要调节作用，包括：①通过抑制 HMG-CoA 还原酶活性而减少细胞内胆固醇的合成；②激活 ACAT，使胆固醇生成胆固醇酯而在胞内储存；③抑制 LDL 受体蛋白基因的转录，减少 LDL 受体蛋白的合成，降低细胞对 LDL 的摄取；④在肾上腺、性腺等细胞中用以合成类固醇激素（图 6-23）。

除上述受体介导的 LDL 代谢途径外，血浆中的 LDL 还可被单核吞噬细胞清除，经此途径代谢的 LDL 约占每日 LDL 降解总量的 1/3，此途径生成的胆固醇不具有上述调节作用，因此，过量摄取 LDL 可导致吞噬细胞空泡化。LDL 在血浆中的半寿期为 2～4 天。

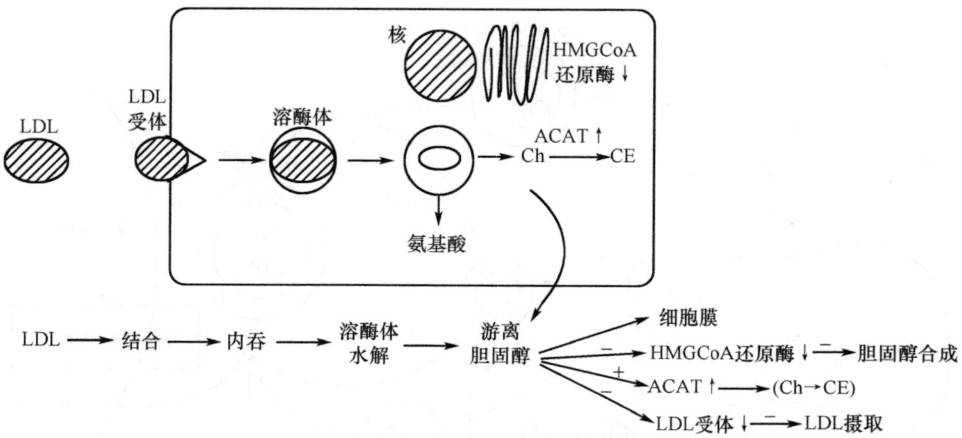

图 6-23　LDL 代谢示意图

（四）HDL 代谢

HDL 的主要功能是参与胆固醇逆向转运（cholesterol reverse transport，CRT），即将肝外组织细胞中的胆固醇通过血循环转运至肝脏，在肝中转化为胆汁酸后排出或直接以游离胆固醇形式通过胆汁排出体外。HDL 在肝脏和小肠中生成，其 apo 含量较多，包括 apoA、C、D 和 E 等，脂质以磷脂为主。HDL 的代谢过程如图 6-24。

CRT 分为两个步骤：①胆固醇自肝外细胞（包括动脉平滑肌细胞、巨噬细胞等）移出至 HDL。HDL 是胆固醇从肝外细胞移出不可缺少的接受体。在肝细胞内，由磷脂、少量胆固醇及 apoA、C 和 E 组成新生 HDL。小肠黏膜细胞合成的新生 HDL 除脂质外仅含 apoA，入血后再获得 apoC 和 E。新生 HDL 呈盘状双脂层结构，几乎不含胆固醇，是外周细胞游离胆固醇的最好接受体。②HDL 所运载的胆固醇的酯化及胆固醇酯（CE）的转运。新生 HDL 从肝外细胞接受的游离胆固醇分布于 HDL 表面。由肝细胞分泌入血的 LCAT，可催化 HDL 表面的卵磷脂 C_2 位脂肪酸（通常是亚油酸）转移至游离胆固醇，使之生成 CE，卵磷脂则转变成溶血卵磷脂；生成的 CE 可转入 HDL 内核。随着 HDL 内核中 CE 的不断增多，使 HDL 的脂双层圆盘状结构逐步膨胀为脂单层球状结构，并最终转变为成熟 HDL。apoA Ⅰ是 LCAT 的激活剂。由于生成的 CE 可反馈抑制 LCAT 活性，因此 LCAT 催化的反应就成为血浆胆固醇清除的限速步骤。

血浆中 CETP 能迅速将 CE 由 HDL 转移至 VLDL，后者随即转变成 LDL。CE 的转移使 LCAT

恢复活性，从而保证胆固醇的酯化反应得以顺利进行。HDL 中的 apoD 也是一种转脂蛋白，具有将 CE 由 HDL 表面转移到 HDL 内核的作用。此外，血浆中还存在磷脂转运蛋白（phospholipid transport protein，PTP），其可促进磷脂的转移。CETP 既可促进 CE 由 HDL 向 VLDL 和 LDL 转移，又可促进脂肪由 VLDL 转移至 HDL；而 PTP 只能促进磷脂由 HDL 向 VLDL 转移。由于 LCAT、CETP 及 apoD 的共同作用，使 HDL 表面 apoAⅠ空出较多的胆固醇结合位点，使之不致于处于饱和状态，以便从肝外细胞摄取更多的游离胆固醇。因此，HDL 能否不断地清除肝外细胞流出的胆固醇，主要取决于 apoAⅠ的数量和 apoAⅠ上游离胆固醇的有效结合位点的多少。

在血浆 LCAT、apoAⅠ、apoD 以及 CETP 和 PTP 的共同作用下，HDL 中的游离胆固醇不断被酯化，酯化的胆固醇有 80%转移至 VLDL 和 LDL，20%进入 HDL 内核。同时 HDL 表面的 apoE 和 apoC 也转移到 VLDL 和 CM 上，脂肪则由 VLDL 和 CM 转移至 HDL。随着 HDL 内核 CE 及脂肪的不断增加，HDL 由颗粒较小、密度较大的 HDL_3 逐步转变为颗粒较大、密度较小的 HDL_2。HDL_1 仅在高胆固醇膳食诱导后才在血浆中出现（高胆固醇膳食后，血浆中 HDL_2 大量转变为 HDL_1）。HDL 每发生一次转变，颗粒中 CE 的数目就会增加 40 倍左右。

CRT 的最终步骤发生在肝脏。肝细胞膜上除分布有 HDL 受体和 LDL 受体外，还存在着特异的 apoE 受体（图 6-24）。HDL 在血浆中的半寿期为 3～5 天。研究表明，血浆中 CE 的 90%以上来自 HDL，其中约 70%在 CETP 作用下由 HDL 转移至 VLDL，后者再转变为 LDL，通过 LDL 受体途径在肝被清除；20%经 HDL 受体在肝被清除；10%经特异的 apoE 受体在肝被清除。机体通过 HDL 逆向转运胆固醇的机制，避免了胆固醇在外周局部组织细胞中的大量堆积，可以防止动脉粥样硬化的发生。

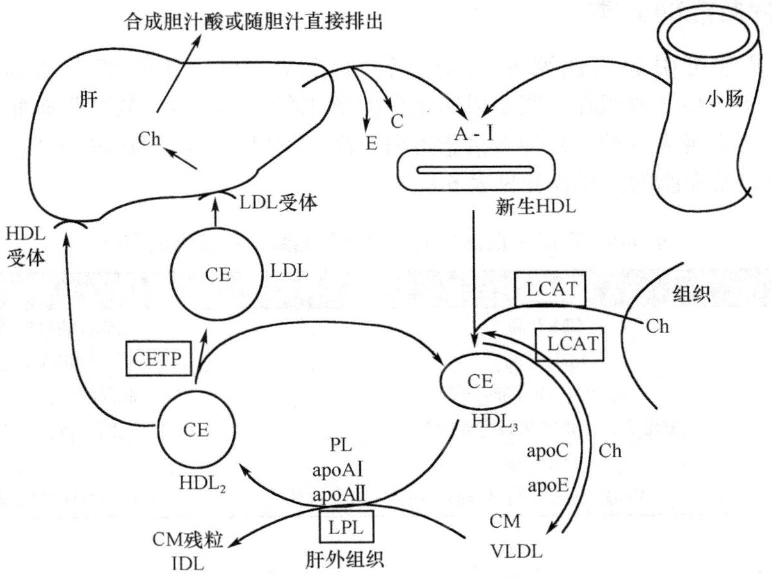

图 6-24 HDL 代谢示意图

Ch：胆固醇；CE：胆固醇酯；PL：磷脂；LPL：脂蛋白脂肪酶；LCAT：卵磷脂-胆固醇酰基转移酶；A-Ⅰ、C 和 E：apoAⅠ、C 和 E

五、血浆脂蛋白代谢异常

脂蛋白代谢紊乱可使血浆中某种脂蛋白水平升高或降低，最常见的是高脂蛋白血症（hyperlipoproteinemia）。由于高脂蛋白血症与动脉粥样硬化关系密切，所以临床上受到普遍重视。

案例 6-2

患者，男性，36 岁，发现血压高 6 年，反复胸闷、气短 1 个月余入院。患者于 6 年前发现“血压高”，并出现胸闷，偶发于晚间睡眠时，坐起后缓解，血压 180/140mmHg，予以“福辛普利”降压治疗。此后患者坚持服用降压药，测血压最高为 140/100mmHg。1 个月前，患者开始出现活动后胸闷、气短，休息后缓解。2 年前在当地医院发现“血脂高”。

家族史：父亲已故，生前患有“冠心病”，曾查体发现总胆固醇（TC）为 9.2mmol/L（参考值 3.3～5.7mmol/L）；母亲患有“高血压病”，查体发现 TC 为 10.0mmol/L。

查体主要阳性发现：血压 155/100 mmHg，眼睑米粒状黄色瘤。

辅助检查主要阳性发现：①生化检查：TC 为 17.19mmol/L，低密度脂蛋白胆固醇（LDL-C）10.07mmol/L（参考值 2.1～3.6mmol/L），高密度脂蛋白胆固醇（HDL-C）0.91mmol/L（参考值≥1.0mmol/L），三酰甘油（TG）3.33mmol/L（参考值 0.45～1.70mmol/L）。②超声心动图显示左房增大，二尖瓣、三尖瓣轻度返流，左室舒张早期弛张功能降低，右室舒张早期弛张功能降低，室间隔基底部增厚。③冠状动脉 CTA 显示：右冠优势型，右冠近段及左冠前降支近段钙化，左冠前降支近段软斑，管腔狭窄。④冠脉造影检查显示：前降支近中段中重度狭窄，右冠脉近段轻度狭窄。

临床初步诊断：冠心病，不稳定心绞痛，家族性高胆固醇血症。

问题：

1. 引起家族性高胆固醇血症的因素有哪些？
2. 如何从生化角度解释和诊断家族性高胆固醇血症？
3. 如何对家族性高胆固醇血症进行治疗？

（一）高脂血症的分类

脂质代谢异常可引起血脂水平改变，若血脂浓度高于正常值上限即称为高脂血症（hyperlipoidemia）。由于血脂在血浆中以脂蛋白的形式存在和转运，故高脂血症实际上表现为高脂蛋白血症，主要表现为一种或几种血浆脂蛋白升高。世界卫生组织建议将高脂蛋白血症分为六型，各型的脂蛋白及血脂的主要改变见表 6-8。

表 6-8　高脂蛋白血症的类型及其脂蛋白和血脂的变化

类型	脂蛋白变化	血脂变化
Ⅰ	CM 升高	三酰甘油↑↑↑，胆固醇↑
Ⅱa	LDL 升高	胆固醇↑↑
Ⅱb	LDL 和 VLDL 同时升高	胆固醇↑↑，三酰甘油↑↑
Ⅲ	IDL 升高（电泳出现宽 β 带）	胆固醇↑↑，三酰甘油↑↑
Ⅳ	VLDL 升高	三酰甘油↑↑
Ⅴ	VLDL 和 CM 同时升高	三酰甘油↑↑↑，胆固醇↑

（二）生化机制

高脂血症分为原发性和继发性两大类。原发性高脂血症属遗传性缺陷，常有家族史。造成原发性脂蛋白代谢紊乱的因素包括 apo、酶和受体缺陷。最常见的 apo 缺陷是 apoE 变异，可导致Ⅲ型高脂蛋白血症；酶缺陷主要是指与脂蛋白代谢密切相关的 LCAT 和 LPL 缺陷，后者表现为Ⅰ型高脂蛋白血症；受体缺陷最主要的是家族性高胆固醇血症（familial hypercholesterolemia），即Ⅱa 型高脂蛋白血症。LDL 受体缺陷是家族性高胆固醇血症发病的重要原因，该受体缺陷可经常染色体隐性遗传。

继发性高脂血症是指继发于其他疾病的高脂血症，其比原发性高脂蛋白血症多见，成人约 3%～5%有继发性高脂蛋白血症，常见于糖尿病、肝胆疾病、肾病等。摄入过量糖、酗酒或长期服用某些药物，也可导致继发性高脂蛋白血症。

案例 6-2 分析讨论

患者血清 TC 17.19mmol/L、LDL-C 10.07mmol/L 大大高于参考值，HDL-C 0.91mmol/L 显著低于参考值；患者父母血脂代谢异常，其已故父亲 TC 为 9.2mmol/L，母亲 TC 为 10.0mmol/L，推断其父母可能属于家族性高胆固醇血症杂合子类型，需做基因检测确诊。

（三）临床联系

动脉粥样硬化主要是由于血浆中胆固醇含量过高，沉积于大、中动脉内膜上，形成粥样斑块，引起局部坏死、结缔组织增生、血管壁纤维化和钙化等病理改变，使血管腔狭窄。冠状动脉若发生这种变化，常引起心肌缺血，称为冠心病，甚至发生心肌梗死。

血浆中 LDL 及 VLDL 增高的患者，冠心病的发病率显著升高；而 HDL 的水平与冠心病的发病率呈负相关，因为 HDL 能将外周细胞过多的胆固醇转变为胆固醇酯，并将其转运到肝脏，进而转变成胆汁酸或直接随胆汁排出。因此，HDL 含量较高者，冠心病发病率较低；缺乏 HDL 的人，即使胆固醇含量不高也易发生动脉粥样硬化。总之，血浆 LDL 和 VLDL 含量的升高以及 HDL 含量的降低是导致动脉粥样硬化的关键因素，降低 LDL 和 VLDL 的水平以及提高 HDL 的水平是防治动脉粥样硬化、冠心病的基本原则。

案例 6-2 分析讨论（续）

患者具有以下临床特点：①TC 17.19mmol/L、LDL-C 10.07mmol/L、HDL-C 0.91mmol/L；②眼睑黄色素瘤；③心绞痛的症状和冠状动脉造影结果阳性；④有家族性高胆固醇血症家史；⑤患者体检无异常，可排除继发性高脂蛋白血症可能。据此可初步得出诊断结论：患者属于家族性高胆固醇血症（Ⅱa 型高脂蛋白血症）。

目前对于本病的治疗尚无确切方法，可采用以下方法缓解病情：①禁食高胆固醇食物，控制高热、高糖膳食的摄入，增加膳食中蔬菜、水果、豆类、牛奶等的比例。②服用他汀类等限制胆固醇合成的药物，减少胆固醇合成。③适当运动，增加骨骼肌和心肌细胞的耗能。

（何凤田 陈 姗）

思 考 题

1. 脂质的消化与吸收是如何进行的？哪些因素可影响其消化与吸收？
2. 脂肪酸 β-氧化与脂肪酸合成是否互为逆过程？请说明原因。
3. 乙酰 CoA 参与哪些脂质代谢过程？相关脂质代谢过程受哪些因素调控？
4. 试述酮体的来源与去路。
5. 试述血浆脂蛋白的类型、来源、特点及主要功能。

第七章 氨基酸的代谢

内容提要

蛋白质的基本组成单位是氨基酸。氨基酸具有重要的生理功能，除主要作为合成蛋白质的原料外，还可以转变成核苷酸、某些激素、神经递质等含氮物质及氧化分解释放能量。人体内氨基酸来源有：食物蛋白质的消化吸收、组织蛋白质分解和体内合成。

氮平衡试验可反映机体对蛋白质的需要量。人体氮平衡有 3 种情况：氮总平衡、氮正平衡及氮负平衡。为了维持长期氮的总平衡我国营养学会推荐成人每日蛋白质需要量为 80g。营养必需氨基酸是指体内不能合成必须由食物来供给的氨基酸。共有 8 种，包括苏氨酸、赖氨酸、色氨酸、甲硫氨酸、缬氨酸、亮氨酸、异亮氨酸、苯丙氨酸。蛋白质的营养价值主要取决于必需氨基酸的含量、种类及其比例。两种或两种以上营养价值较低的蛋白质混合食用，相互补充必需氨基酸的缺乏或不足，以提高蛋白质的营养价值称蛋白质的互补作用。

食物蛋白质的消化主要在小肠进行，由各种蛋白水解酶协同完成。水解生成的氨基酸通过载体蛋白和 γ-谷氨酰基循环吸收。未被消化的蛋白质和未被吸收的氨基酸在大肠下部发生腐败作用。腐败产物大多对人体有害，主要随粪便排出体外，部分被吸收进入体内，可在肝脏经生物转化后随尿排出。

体内蛋白质总是处于不断降解和合成的动态平衡中，即蛋白质的转换和更新。常用半寿期（$t_{1/2}$）表示蛋白质更新的速度。蛋白质降解途径有两条：一条是不依赖 ATP 的溶酶体途径，该途径主要降解外源性蛋白质、膜蛋白以及半寿期长的蛋白质；另一条是依赖 ATP 和泛素的非溶酶体途径，主要降解半寿期较短或异常的蛋白质，被降解的蛋白质与泛素共价结合，蛋白酶体识别泛素化蛋白并将其降解为短肽和氨基酸。

外源性与内源性的氨基酸共同构成“氨基酸代谢库”，参与体内代谢。氨基酸的一般分解代谢包括脱氨基作用和脱羧基作用，主要是脱氨基作用。脱氨基作用方式主要有转氨基作用、氧化脱氨基及联合脱氨基等。其中以转氨基与氧化脱氨基的联合脱氨基作用方式最重要，此途径是体内大多数氨基酸脱氨基的主要方式。由于该过程可逆，因此也是体内合成非必需氨基酸的重要途径。在骨骼肌等组织，氨基酸主要通过嘌呤核苷酸循环脱去氨基。氨基酸脱氨基后生成氨及相应的 α-酮酸，这是氨基酸的主要分解途径。

α-酮酸是氨基酸的碳架。α-酮酸的代谢去路主要是部分生成非必需氨基酸，其余有些可转变成丙酮酸和三羧酸循环的中间产物而生成糖，有些可转变成乙酰 CoA 而生成脂类以及氧化分解供能。由此可见，在体内，氨基酸与糖及脂肪代谢有着广泛的联系。

氨对中枢神经系统有毒。血液中的氨主要以谷氨酰胺和丙氨酸两种形式运输。血氨来源有氨基酸脱氨基作用、胺类物质分解；肠道吸收的氨；肾小管分泌的氨。血氨的去路除在肾脏以铵盐形式排出和参与合成非必需氨基酸等外，主要是在肝脏合成尿素，合成机制是鸟氨酸循环，精氨酸代琥珀酸合成酶是尿素合成的关键酶。肝功能严重损伤时，可产生高氨血症及肝性脑病。体内少部分氨在肾以铵盐形式随尿排出。

脱羧基作用是一些氨基酸脱羧基作用生成的胺类物质和 CO_2。有些胺类在体内具有重要生理功能，如 γ-氨基丁酸、组胺、5-羟色胺、牛磺酸、多胺等。催化氨基酸脱羧的酶为氨基酸脱羧酶，其辅酶为磷酸吡哆醛。

个别氨基酸的特殊代谢产物对机体也具有重要作用。某些氨基酸在分解代谢过程中产生含有一个碳原子的基团，称为一碳单位。如$-CH_3$、$-CH_2-$等，主要来自甘氨酸、丝氨酸、组氨酸和色氨酸。一碳单位的载体为四氢叶酸，通常结合在 FH_4 分子的 N^5、N^{10} 位上。一碳单位的主要生理功用是用于合成嘌呤、嘧啶、肾上腺素等重要物质的原料，同时也是联系氨基酸和核酸代谢的一个枢纽。

含硫氨基酸有甲硫氨酸、半胱氨酸及胱氨酸。甲硫氨酸的主要功能是通过甲硫氨酸循环生成S-腺苷甲硫氨酸（SAM），提供活性甲基，是体内甲基的直接供体。此外，还可参与肌酸等代谢。酶蛋白中半胱氨酸的自由巯基和许多酶的活性有关。半胱氨酸可转变成牛磺酸，后者是胆汁酸盐的成分。含硫氨基酸分子中的硫在体内可氧化生成硫酸，进而转变为活性硫酸根（PAPS）。

芳香族氨基酸包括苯丙氨酸、酪氨酸。苯丙氨酸羟化生成酪氨酸，进一步代谢可生成儿茶酚胺类及黑色素等。苯丙氨酸或酪氨酸代谢的酶缺陷症有多种，如苯丙氨酸羟化酶缺陷导致苯丙酮尿症，并可出现痴呆；酪氨酸酶缺陷则出现白化病等。

蛋白质是生命的物质基础，蛋白质代谢在生命活动过程中具有十分重要的作用。氨基酸是蛋白质的基本组成单位。氨基酸的重要生理功能之一是作为合成蛋白质的原料。蛋白质代谢包括合成代谢和分解代谢。本章重点论述蛋白质的分解代谢。蛋白质在体内首先分解为氨基酸而后再进一步代谢，所以氨基酸代谢是蛋白质分解代谢的中心内容。

氨基酸在体内有重要作用：①参与蛋白质的组成：20 种编码氨基酸，通过肽键相连构成蛋白质分子的多肽链。②转化为体内重要的生理活性物质：氨基酸可在体内转变成一些具有重要生理功能的衍生物，如儿茶酚胺、γ-氨基丁酸、5-羟色胺等神经递质，均为体内生理活性物质，参与物质代谢与调节。体内氨基酸还参与合成嘌呤、嘧啶等含氮化合物。③氧化供能：氨基酸经脱氨基作用产生α-酮酸，再进一步分解释放能量。饥饿时，氨基酸还可通过糖异生作用转变成糖。

第一节 蛋白质的生理功能和营养价值

体内蛋白质的合成和分解需由食物补充才能维持正常的生命活动，为此，在讨论蛋白质分解代谢之前，需要先介绍蛋白质的生理功能、营养作用及蛋白质的消化、吸收问题。

一、蛋白质的生理功能

（一）维持细胞组织的生长、发育、更新和修补

蛋白质是细胞组织的主要成分。因此，参与构成各种细胞组织是蛋白质最重要的功能。蛋白质约占干重的 45%以上，食物中必须提供足够量的优质蛋白质，才能维持细胞组织生长、发育、更新和修补的需要，这对于处于生长发育的儿童和康复期的病人尤为重要。

（二）参与体内多种重要生理活动

蛋白质是生命的物质基础。体内具有多种特殊功能的蛋白质，例如多肽激素、催化（酶）、免疫（抗原及抗体）、运动（肌肉）、物质转运（载体）、凝血（凝血系统）、某些调节蛋白等。肌肉的收缩、血液的凝固、物质的运输等都是由蛋白质实现的。高等动物的学习能力、记忆功能也与蛋白质有关。此外，氨基酸代谢还可产生胺、神经递质、嘌呤和嘧啶等重要含氮化合物。蛋白质和氨基酸的这些功能不能由糖和脂类代替。由此可见，蛋白质是整体生命活动的重要物质基础。

（三）氧化供能

蛋白质分解产生的某些氨基酸可通过糖异生作用转变成糖，为机体提供能量。每克蛋白质在体内氧化分解可释放 17.19 kJ（4.1kcal）能量。一般来说，成人每日约有 18%的能量来自蛋白质，蛋白质的这种功能作用可由糖或脂肪代替，因此氧化功能仅是蛋白质的一种次要功能。

显然，食物蛋白质在维持组织生长、发育、更新、修补和合成重要含氮化合物中是不可少的。那么人体每日摄入多少蛋白质才能满足这种需要呢？一般用氮平衡的方法确定。

二、氮 平 衡

机体内蛋白质代谢概况可根据氮平衡（nitrogen balance）实验来确定。蛋白质的含氮量平均约为16%,食物中的含氮物质绝大部分是蛋白质,因此测定食物的含氮量可以估算出所含蛋白质的量。蛋白质在体内分解代谢所产生的含氮物质主要由尿、粪排出。测定尿与粪中的含氮量（排出氮）及摄入食物的含氮量（摄入氮）可以反映人体蛋白质的代谢概况。人体氮平衡有以下三种情况。

（一）氮的总平衡

每日摄入氮=排出氮，即每日体内蛋白质合成的量与分解的量大致相当，反映正常成人的蛋白质代谢情况。

（二）氮的正平衡

每日摄入氮＞排出氮，体内蛋白质的合成多于分解，部分摄入的氮用于合成体内蛋白质。见于儿童、孕妇及恢复期病人。

（三）氮的负平衡

每日摄入氮＜排出氮，体内蛋白质的分解多于合成，见于蛋白质摄入量不足，例如饥饿、消耗性疾病或长期营养不良人群。

由此可见，摄取足量的蛋白质对维持氮总平衡和氮正平衡是必要的。但是，实验证明仅注意蛋白质的数量并不能满足机体对蛋白质的需要，还应重视蛋白质的质量。研究表明，在一定程度上，蛋白质的质量比数量更为重要。

三、蛋白质的需要量和营养价值

（一）蛋白质的需要量

根据氮平衡实验计算，在不进食蛋白质时，体重 60kg 的成人每日蛋白质的最低分解量约为20g。由于食物蛋白质与人体蛋白质组成的差异，不可能全部被利用，故成人每日蛋白质最低生理需要量为 30～50g。为了长期保持氮的总平衡，仍须增量才能满足要求。我国营养学会推荐成人每日蛋白质需要量为 80g。

（二）蛋白质的营养价值

在营养方面，不仅要注意膳食蛋白质的量，还必须注意蛋白质的质。由于各种蛋白质所含氨基酸的种类和数量不同，它们的质不同。有的蛋白质含有体内所需要的各种氨基酸，并且含量充足，则此种蛋白质的营养价值（nutrition value）高；有的蛋白质缺乏体内所需要的某种氨基酸，或含量不足，则其营养价值较低。

1. 营养必需氨基酸 组成蛋白质的氨基酸有 20 多种。实验证明，人体内有 8 种氨基酸不能合成。这些体内需要而又不能自身合成，必须由食物提供的氨基酸，称为营养必需氨基酸（nutritionally essential amino acid）。它们分别是：缬氨酸（Val）、异亮氨酸（Ile）、亮氨酸（Leu）、苯丙氨酸（Phe）、甲硫氨酸（Met）、色氨酸（Trp）、苏氨酸（Thr）和赖氨酸（Lys）。其余12 种氨基酸体内可以合成，不一定需要由食物供应，在营养学上称为非必需氨基酸（non-essential amino acid）。组氨酸和精氨酸虽能在人体内合成，但合成量不多，若长期缺乏也能造成氮的负平衡，因此有人将这两种氨基酸也归为营养必需氨基酸。

2. 食物蛋白质的互补作用 一般来说，含有必需氨基酸种类多和数量足的蛋白质，其营养价值高，反之营养价值低。由于动物性蛋白质所含必需氨基酸的种类和比例与人体需要相近，故营养价值高。营养价值较低的蛋白质混合食用，则必需氨基酸可以互相补充从而提高营养价值，称为食物蛋白质的互补作用（protein complementary action）。例如，谷类蛋白质含赖氨酸较少而含色氨酸较多，豆类蛋白质含赖氨酸较多而含色氨酸较少，两者混合食用即可提高营养价值。某些疾病情况下，为保证氨基酸的需要，可进行混合氨基酸输液。

第二节　蛋白质的消化、吸收与腐败

一、蛋白质的消化

食物蛋白质在胃、小肠及肠黏膜细胞中经一系列酶促反应水解生成氨基酸及小分子肽的过程称为蛋白质的消化。

蛋白质是具有高度种属特异性的大分子化合物，不易被吸收，若未经消化而直接进入体内，常会引起（免疫）反应。食物蛋白质的消化可消除种属特异性或抗原性，避免引起过敏、毒性反应。食物蛋白质的消化从胃开始，主要在小肠中进行，由多种蛋白水解酶的催化，将其水解成以氨基酸为主的消化产物，然后再吸收、利用。

（一）胃部的消化

食物蛋白质进入胃后经胃蛋白酶（pepsin）作用水解生成肽及少量氨基酸。胃蛋白酶由胃黏膜主细胞合成并分泌，开始时是酶原的形式，即胃蛋白酶原（pepsinogen）。胃蛋白酶原的相对分子质量为 40 kDa，在胃酸作用下，从其分子的 N 端水解掉部分氨基酸残基，从而激活成胃蛋白酶。已经激活的胃蛋白酶可以激活胃蛋白酶原，称自身激活作用（autocatalysis）。胃蛋白酶的最适 pH 为 1.5～2.5。此酶对肽键的特异性较差，主要水解由芳香族氨基酸及蛋氨酸和亮氨酸等所形成的肽键。胃蛋白酶对乳中的酪蛋白有凝乳作用，这对乳儿较为重要，因为乳液凝成乳块后在胃中停留时间延长，有利于蛋白质的充分消化。

（二）小肠中的消化

食物蛋白质在胃中停留时间较短，因此消化很不完全。蛋白质的消化主要在小肠进行。胃液中的蛋白质消化产物及未被消化的蛋白质进入肠道后，在胰液及肠黏膜细胞分泌的多种蛋白酶及肽酶的共同作用下，进一步水解成为氨基酸。小肠中蛋白质的消化主要靠胰酶来完成，胰液中的蛋白酶基本上分为内肽酶（endopeptidase）和外肽酶（exopeptidase）两大类。其最适 pH 为 7.0 左右。内肽酶可以水解蛋白质肽链内部的一些肽键，如胰蛋白酶（trypsin）、糜蛋白酶（chymotrypsin）及弹性蛋白酶（elastase）等。这些酶对所水解的肽键羧基端的氨基酸组成有一定的选择性，例如胰蛋白酶主要水解由赖氨酸和精氨酸等碱性氨基酸组成的羧基末端肽键。

外肽酶有羧基肽酶 A（carboxypeptidase A）和羧基肽酶 B（carboxypeptidase B）两类，它们自肽链的羧基末端开始，每次水解掉一个氨基酸残基，对不同氨基酸组成的肽键也有一定专一性。蛋白质在胰酶的作用下，最终产物为氨基酸和一些寡肽。

蛋白质经胃液和胰液中各种酶的水解，所得到的产物中仅有 1/3 为氨基酸，其余 2/3 为寡肽。小肠黏膜细胞的刷状缘及胞液中存在着一些寡肽酶（oligopeptidase），例如氨基肽酶（aminopeptidase）及二肽酶（dipeptidase）等。氨基肽酶从肽链的氨基末端逐个水解出氨基酸，最后生成二肽。二肽再经二肽酶水解。最终生成氨基酸（图 7-1）。可见，寡肽水解主要在小肠黏膜细胞内进行。

蛋白水解酶对肽键作用的专一性不同，但通过它们的协同作用，蛋白质消化的效率很高。一般正常成人，食物蛋白质的 95%可被完全水解。但是，一些纤维状蛋白质只能部分被水解。由胰

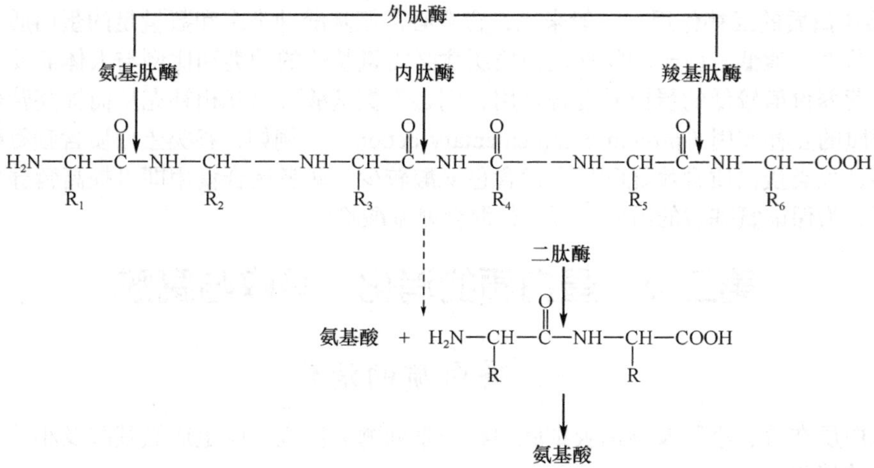

图 7-1 蛋白水解酶作用示意图

腺细胞分泌的各种蛋白酶，最初均以无活性的酶原形式存在，并分泌到十二指肠后通过肠激酶（enterokinase）迅速被激活成为有活性的蛋白水解酶（图 7-2）。且胰蛋白酶的自身激活作用较弱，同时胰液中还存在着胰蛋白酶抑制剂，由于胰液中各种蛋白水解酶最初均以酶原形式存在，可保护胰组织免受蛋白酶的自身消化作用。

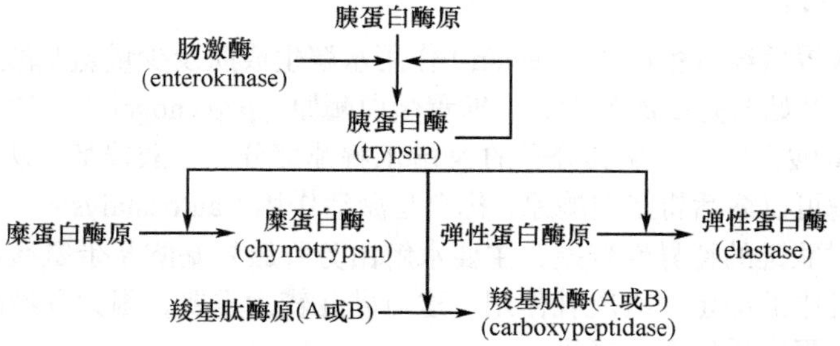

图 7-2 肠液中酶原的激活

二、氨基酸的吸收

蛋白质的消化产物主要是氨基酸及一些小肽。已经证明二肽可以直接被吸收，吸收到小肠上皮细胞内后，再被水解成氨基酸，然后进入门静脉。氨基酸的吸收是一个需要载体的主动转运过程，但吸收的详细机制，目前尚不完全清楚。主要有以下两种方式。

（一）以氨基酸转运载体介导方式吸收氨基酸

肠黏膜细胞上有转运氨基酸的载体蛋白（carrier protein），与氨基酸、Na^+形成三联体，可将氨基酸转运入细胞，Na^+ 则借钠泵排出细胞外，并消耗 ATP。不同的氨基酸需要不同的转运载体，现已知人体内至少有 7 种转运蛋白（transporter），这些转运蛋白包括中性氨基酸转运蛋白、酸性氨基酸转运蛋白、碱性氨基酸转运蛋白、亚氨基酸转运蛋白、β-氨基酸转运蛋白、二肽转运蛋白及三肽转运蛋白。同一种载体转运的氨基酸在结构上有一定的相似性，当某些氨基酸共用同一种载体时，则它们在吸收过程中将彼此竞争。在所有载体中，中性氨基酸载体是主要的载体。氨基酸通过转运蛋白的吸收过程不仅存在于小肠黏膜细胞，也存在于肾小管细胞和肌细胞等细胞膜上。

（二）以γ-谷氨酰基循环方式吸收氨基酸

氨基酸的吸收机制，除了载体转运吸收外，小肠黏膜细胞、肾小管细胞和脑组织吸收氨基酸还

可通过 γ-谷氨酰基循环（γ-glutamyl cycle）机制吸收。此循环可以由谷胱甘肽协助将肠腔氨基酸转移至细胞内，反应可看成两个阶段：一是谷胱甘肽对氨基酸的转运，二是谷胱甘肽的再合成，由此构成一个循环。其反应过程如图 7-3。催化上述反应的酶存在于小肠黏膜细胞、肾小管细胞和脑细胞。γ-谷氨酰基转移酶（γ-glutamyl transferase）是关键酶，位于细胞膜上，其余的酶均在胞液中。

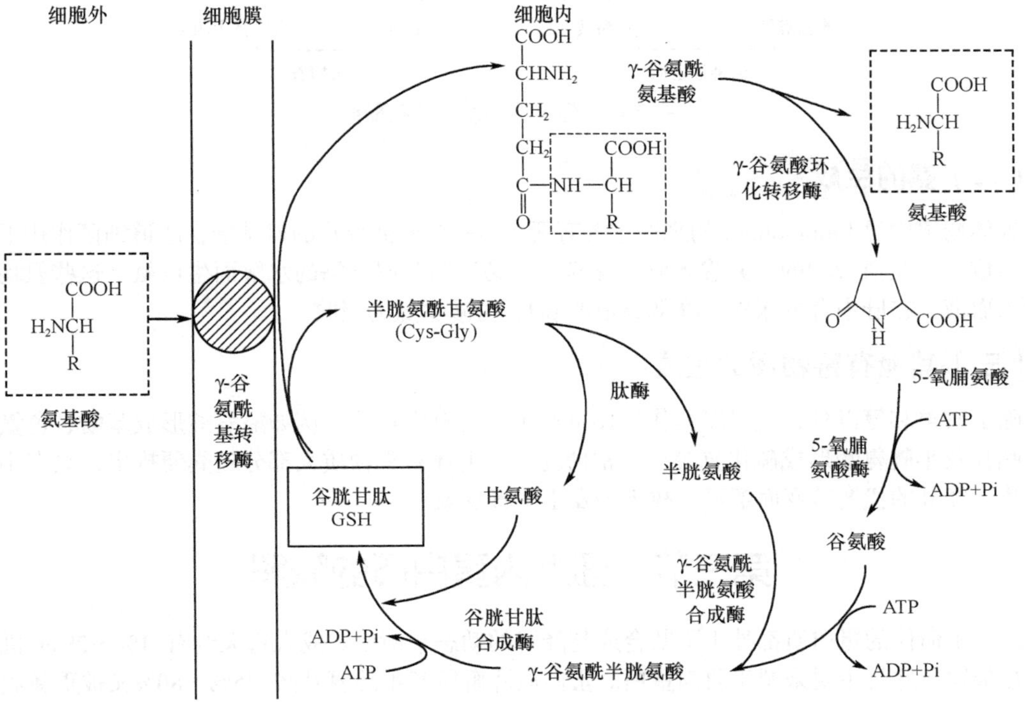

图 7-3 γ-谷氨酰基循环

（三）肽的吸收

肠黏膜细胞上还存在着吸收二肽或三肽的转运体系。肽的吸收也是一个耗能的主动吸收过程，吸收作用在小肠近端较强，故肽吸收入细胞甚至先于游离氨基酸。

三、蛋白质的腐败作用

食物中的蛋白质，大约 95%被消化吸收。肠道中未被消化的蛋白质及未被吸收的氨基酸在肠道细菌的作用下发生以无氧分解为主要过程的变化称为蛋白质的腐败作用（putrefaction）。腐败作用的产物大多有害，如胺、氨、苯酚、吲哚及硫化氢等，也可产生少量脂肪酸及维生素被机体利用。

（一）胺类的生成

肠道细菌的蛋白酶将蛋白质水解成氨基酸，再经氨基酸脱羧基作用，产生胺类（amines）。例如，赖氨酸脱羧基生成尸胺，组氨酸脱羧基生成组胺，色氨酸脱羧基生成 5-羟色胺，酪氨酸脱羧基生成酪胺等。这些腐败产物大多有毒性，例如组胺和尸胺具有降低血压的作用，酪胺具有升高血压作用。这些有毒物质通常经肝代谢转化为无毒形式排出体外。经酪胺和由苯丙氨酸脱羧基生成的苯乙胺，若不能在肝内分解而进入脑组织，则可分别经 β-羟化而生成 β-羟酪胺和苯乙醇胺，其结构与儿茶酚胺类似，称为假神经递质（false neurotransmitter）（图 7-4）。假神经递质增多，可取代正常神经递质儿茶酚胺，但它们不能传递神经冲动，可使大脑发生异常抑制，这可能是肝昏迷发生的原因之一。

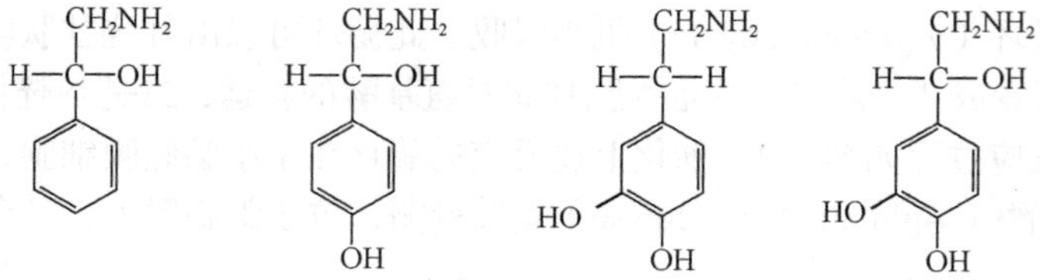

图 7-4 假神经递质和儿茶酚胺

（二）氨的生成

人体肠道中氨（ammonia）的来源主要有两个：一是未被吸收的氨基酸在肠道细菌作用下脱氨基而生成；二是血液中的尿素渗入肠道黏膜，受肠道细菌尿素酶的水解而生成氨。这些氨均可被吸收入血液，在肝中合成尿素。降低肠道的 pH，可减少氨的吸收。

（三）其他有害物质的生成

除了胺类和氨以外，通过腐败作用还可产生其他有害物质，例如酪氨酸形成苯酚、色氨酸转变成吲哚及半胱氨酸形成硫化氢等。正常情况下，上述有害物质大部分随粪便排出，只有小部分被吸收，经肝的代谢转变而解毒，故不会发生中毒现象。

第三节　细胞内蛋白质的降解

所有生命体的蛋白质都处于不断合成与降解的动态平衡中。成人每天约有 1%～2%的机体蛋白质被降解，并且主要来源于肌肉蛋白。蛋白质降解所产生的氨基酸 75%～80%又被重新利用合成新的蛋白质。

一、蛋白质以不同速率降解

人体各种蛋白质降解速率有很大不同，随生理需要而发生改变，且不同蛋白质的寿命差异很大，短则数秒，长则数月甚至更长。蛋白质降解的速率常用半寿期（half- life，$t_{1/2}$）表示，即蛋白质降低其原浓度一半所需要的时间。如肝中蛋白质的 $t_{1/2}$ 短的低于 30 分钟，长的超过 150 小时，但肝中大部分蛋白质的 $t_{1/2}$ 为 1～8 天。人血浆蛋白质的 $t_{1/2}$ 约为 10 天，结缔组织中一些蛋白质的 $t_{1/2}$ 可达 180 天以上，眼晶体蛋白质的 $t_{1/2}$ 更长。体内许多关键酶的 $t_{1/2}$ 都很短，例如胆固醇合成的关键酶 HMGCoA 还原酶的 $t_{1/2}$ 为 0.5～2 小时。体内蛋白质的更新有着重要的生理意义，通过调节蛋白质的降解速度可直接影响代谢过程与生理功能。此外，某些异常或损伤的蛋白质可通过更新而被清除。

二、真核细胞内蛋白质降解途径

体内蛋白质降解是在组织细胞内一系列蛋白酶和肽酶协同作用下完成的，蛋白质被水解为肽，肽再降解为氨基酸。真核细胞中蛋白质降解途径有两条。

（一）不依赖 ATP 的溶酶体途径

该途径主要在溶酶体内降解外源性蛋白质、膜蛋白以及半寿期长的蛋白质。此过程不需要 ATP 参加。溶酶体含多种酸性组织蛋白酶，可将胞吞蛋白质或细胞自身受损蛋白质水解为氨基酸，后者由细胞自噬（autophagy）作用介导。溶酶体对所降解的蛋白质选择性相对较差。

（二）依赖 ATP 的泛素-蛋白酶体途径

该途径主要在胞质中降解半寿期较短或异常的蛋白质。泛素（ubiquitin）是一种分子量较小（8.5kDa）的蛋白质，广泛存在于真核细胞内，是许多细胞内蛋白质降解的标志。在蛋白质的降解过程中，首先，泛素通过消耗 ATP 的连续酶促反应与被降解的蛋白质共价结合，称为蛋白质的泛素化。一种蛋白质的降解需多次泛素化，形成泛素链。随后，蛋白酶体（proteasome）特异性地识别被泛素标记的蛋白质并与之结合，在 ATP 存在下，将其降解为氨基酸或短肽。蛋白酶体存在于胞核和胞质中，是一个 26S 的大分子蛋白质复合物，由 20S 的核心颗粒（core particle，CP）和 19S 的调节颗粒（regulatory particle，RP）组成。核心颗粒形成空心圆柱形态，内部具有蛋白酶催化活性，直接水解蛋白质。而调节颗粒则分别位于 CP 的两端，形似盖子，参与识别、结合待降解的泛素化蛋白质，以及蛋白质去折叠、定位等功能，同时具有 ATP 酶活性（图 7-5）。泛素-蛋白酶体系统控制的蛋白质降解不仅是正常情况下细胞内特异蛋白质降解的重要途径，而且对细胞生长周期、DNA 复制、染色体结构都有重要调控作用。

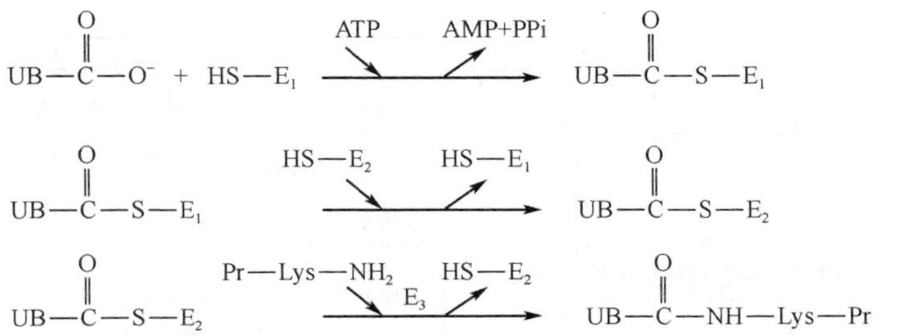

UB：泛素；E_1：泛素激活酶；E_2：泛素结合酶；E_3：泛素连接酶；Pr-Lys-NH_2：被降解的蛋白质

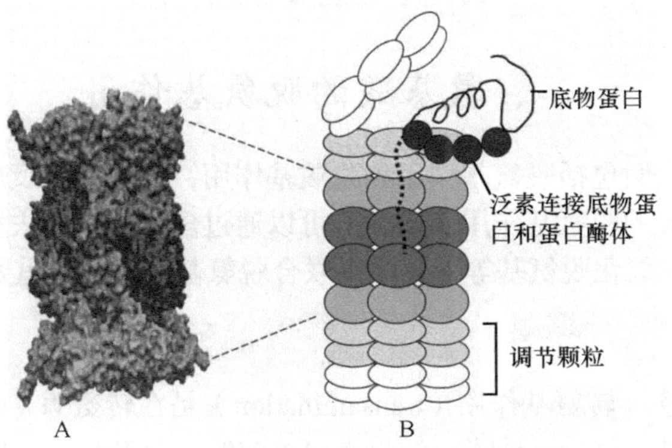

图 7–5　蛋白酶体降解蛋白质示意图

A. 核心颗粒；B. 完整的蛋白酶体

知识拓展

瑞典皇家科学院 2004 年 10 月 6 日宣布，将 2004 年诺贝尔化学奖授予以色列科学家阿龙-西查诺瓦（Aaron Ciechanover）、阿弗拉姆-赫尔什科（Avram Hershko）和美国科学家伊尔温-罗斯（Irwin Rose），以表彰三位科学家发现泛素调节的蛋白质降解途径。三人因在蛋白质控制系统方面的重大发现而共同获得该奖项。这一工作是在 20 世纪 70 年代到 80 年代完成的。在这期间，他们联名发表了一系列论文，揭示了泛素介导的蛋白质降解机制，从而指明了蛋白质降解研究的方向。具体说，就是人类细胞对无用蛋白质的“废物处理”过程。

第四节　氨基酸的一般代谢

机体组织蛋白质在体内不断更新，新的蛋白质不断合成，旧的蛋白质也不断受细胞内酶的作用而水解。正常情况下，体内氨基酸的来源和去路处于动态平衡。

一、氨基酸代谢库

食物蛋白质经消化而被吸收的氨基酸（外源性氨基酸）与体内组织蛋白质降解产生的氨基酸（内源性氨基酸）混在一起，分布于体内各处，参与代谢，称为氨基酸代谢库（aminoacid metabolic pool）。氨基酸代谢库通常以游离氨基酸总量计算。血浆氨基酸是体内各组织之间氨基酸转运的主要形式。虽然正常人血浆氨基酸浓度并不高，但其更新却很迅速，平均半寿期约为 15 分钟，表明一些组织器官不断向血浆释放和摄取氨基酸。肌肉和肝在维持血浆氨基酸浓度的相对稳定中起着重要作用。体内氨基酸的主要功用是合成蛋白质和多肽。蛋白质降解所产生的氨基酸，大约 70%～80%又被重新利用合成新的蛋白质。此外，氨基酸也可以转变成其他含氮物质。正常人尿中排出的氨基酸极少。各种氨基酸具有共同的结构特点，故它们有共同的代谢途径，但不同的氨基酸由于结构的差异，也各有其个别的代谢方式。体内氨基酸代谢的概况见图（图 7-6）。

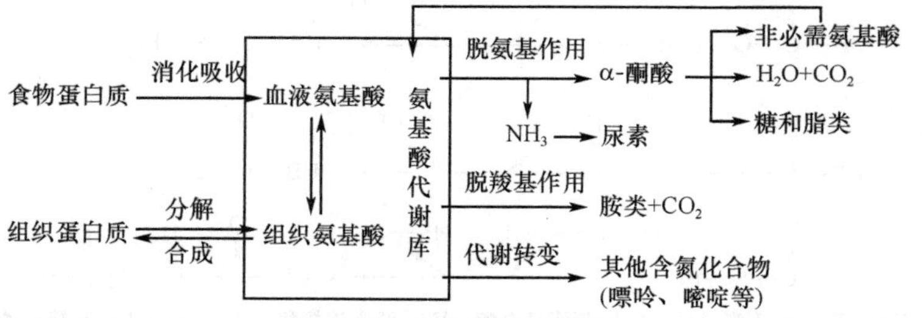

图 7-6　氨基酸代谢概况

二、氨基酸的脱氨基作用

氨基酸的一般分解代谢包括脱氨基作用和脱羧基作用，但最主要反应是脱氨基作用。体内大多数组织都能进行氨基酸的脱氨基作用。氨基酸可以通过多种方式脱去氨基，例如氧化脱氨基、转氨基、联合脱氨基及非氧化脱氨基等，其中以联合脱氨基作用为最重要。

（一）转氨基作用

1. 转氨基作用的概念　转氨基作用（transamination）是在转氨酶（transaminase）的催化下，可逆地把 α-氨基酸的氨基转移给 α-酮酸，结果是氨基酸脱去氨基生成相应的 α-酮酸，而原来的 α-酮酸则转变成另一种氨基酸。

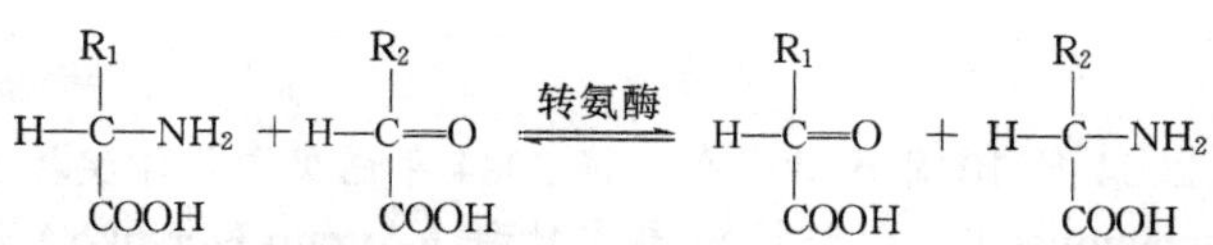

2. 转氨酶　转氨酶亦称氨基转移酶（amino transferase），广泛分布于体内各组织中，其中以肝脏及心肌含量最丰富。转氨基作用的平衡常数接近 1.0，所以反应是完全可逆的。不仅可促进氨基酸的脱氨基作用，亦可自 α-酮酸合成相应的氨基酸。这是机体合成非必需氨基酸的重要途径。除赖氨酸、苏氨酸、脯氨酸及羟脯氨酸外，大多数氨基酸都能进行转氨基作用。除 α-氨基外，氨基酸侧链末端的氨基也可通过转氨基作用而脱去，如鸟氨酸的 δ-氨基可通过转氨基作用而脱去。在各种转氨酶中，以 L-谷氨酸和 α-酮酸的转氨酶最为重要。例如丙氨酸转氨酶（alanine transaminase，ALT）又称谷丙转氨酶（glutamic pyruvic transaminase，GPT），及天冬氨酸转氨酶（aspartate transaminase，AST）又称谷草转氨酶（glutamic oxaloacetic transaminase，GOT）在体内广泛存在，但各组织中的含量不同（表 7-1），下式说明 ALT 及 AST 催化的反应。

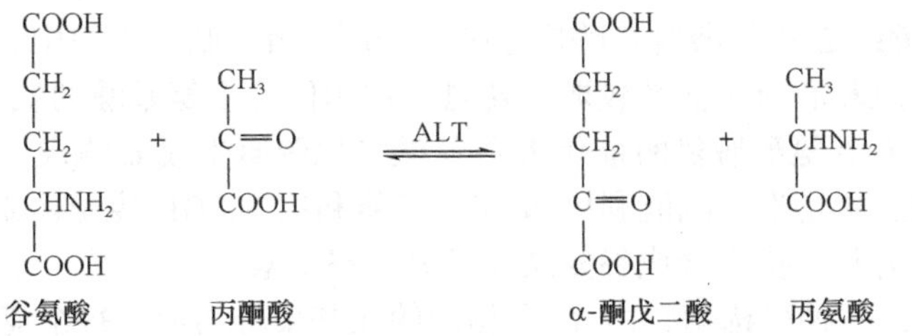

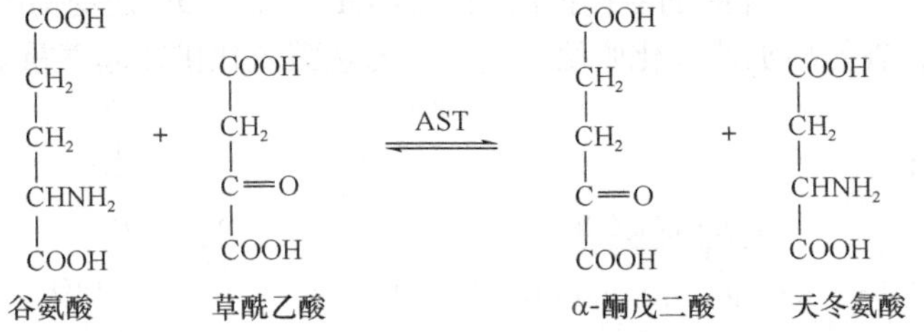

表 7-1　正常人各组织中 ALT 及 AST 活性（单位/克湿组织）

组织	ALT	AST	组织	ALT	AST
肝	44 000	142 000	胰腺	2 000	28 000
肾	19 000	91 000	脾	1 200	14 000
心	7 100	156 000	肺	700	10 000
骨骼肌	4 800	99 000	血清	16	20

肝组织中 ALT 活性最高，心肌组织中 AST 活性最高。正常情况下，转氨酶主要存在于细胞内。当组织细胞在缺氧或炎症等情况下，由于细胞膜通透性增加或细胞破坏，转氨酶可大量释放入血，导致血清转氨酶活性明显升高。例如急性肝炎患者血清中 ALT 活性增高，心肌梗死患者血清中 AST 活性明显上升。因此，临床上血清中转氨酶活性的测定可作为对某些疾病的诊断、观察疗效以及判断预后的参考指标之一。

3. 转氨基作用机制　转氨酶的辅酶都是维生素 B_6 的磷酸酯，即磷酸吡哆醛，它结合于转氨酶活性中心赖氨酸的 ε-氨基上。转氨基过程中，磷酸吡哆醛先从氨基酸接受氨基转变成磷酸吡哆胺，同时氨基酸则转变成 α-酮酸。磷酸吡哆胺进一步将氨基转移给另一种 α-酮酸而生成相应氨基酸，同时磷酸吡哆胺又转变回磷酸吡哆醛。在转氨酶催化下，磷酸吡哆醛与磷酸吡哆胺的这种相互转变起着传递氨基的作用，下式说明反应过程。

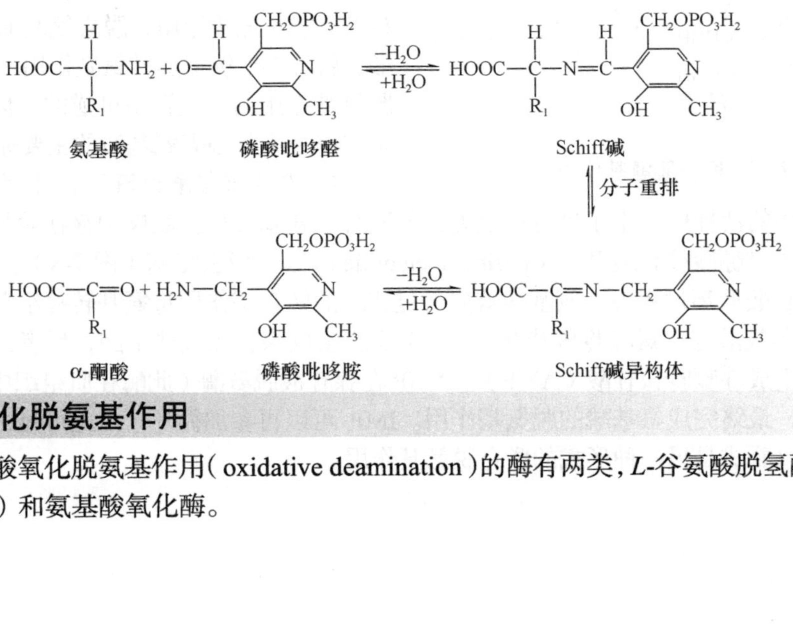

（二）氧化脱氨基作用

催化氨基酸氧化脱氨基作用（oxidative deamination）的酶有两类，*L*-谷氨酸脱氢酶（*L*-glutamate dehydrogenase）和氨基酸氧化酶。

1. L-谷氨酸脱氢酶 *L*-谷氨酸脱氢酶广泛分布于肝、肾、脑等组织中，活性较强，是一种不需氧脱氢酶。但骨骼肌和心肌中活性较弱。转氨基作用使许多氨基酸的氨基被浓集在 α-酮戊二酸上生成 *L*-谷氨酸，*L*-谷氨酸脱氢酶催化 *L*-谷氨酸氧化脱氨生成 α-酮戊二酸，辅酶是 NAD^+或 $NADP^+$。*L*-谷氨酸脱氢酶是唯一既能利用 NAD^+ 又能利用 $NADP^+$接受还原当量的酶，其催化的反应可逆，根据机体的状态决定合成谷氨酸还是分解谷氨酸。

L-谷氨酸脱氢酶是一种变构酶，由 6 个相同的亚基聚合而成，每个亚基的相对分子质量为 56000。已知 GTP 和 ATP 是此酶的变构抑制剂，而 GDP 和 ADP 是变构激活剂。因此，当体内 GTP 和 ATP 不足时，谷氨酸加速氧化脱氨，这对于氨基酸氧化供能起着重要的调节作用。

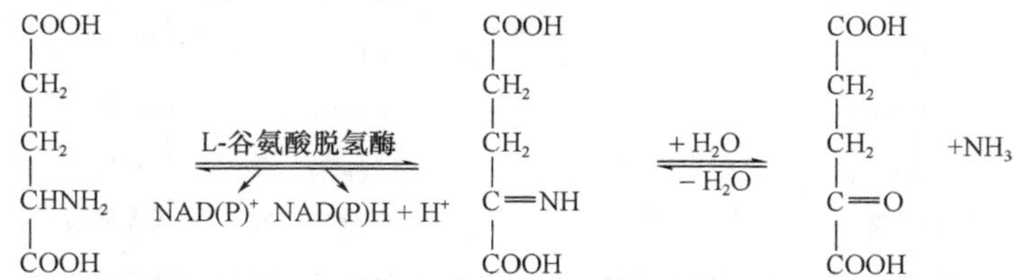

谷氨酸　　　　α-酮戊二酸

2. 氨基酸氧化酶 氨基酸氧化酶在体内分布不广，活性不高，对脱氨作用并不重要。但在肝肾组织中还存在一种 *L*-氨基酸氧化酶，属黄素酶类，其辅基是 FMN 或 FAD。这些能够自动氧化的黄素蛋白将氨基酸氧化成 α-亚氨基酸，接着再加水分解成相应的 α-酮酸，并释放铵离子，分子氧再直接氧化还原型黄素蛋白形成过氧化氢（H_2O_2），H_2O_2被过氧化氢酶裂解成氧和 H_2O，过氧化氢酶存在于大多数组织中，尤其是肝。

（三）联合脱氨基作用

1. 转氨基作用与谷氨酸的氧化脱氨基作用偶联 转氨酶与 *L*-谷氨酸脱氢酶协同作用，即转氨基作用与谷氨酸的氧化脱氨基作用偶联进行，就可达到把氨基酸转变成 NH_3 及相应 α-酮酸的目的。转氨基作用与谷氨酸脱氨作用的结合被称为转氨脱氨作用（transdeamination），又称联合脱氨基作用。此类联合脱氨基作用主要在肝、肾等组织中进行。

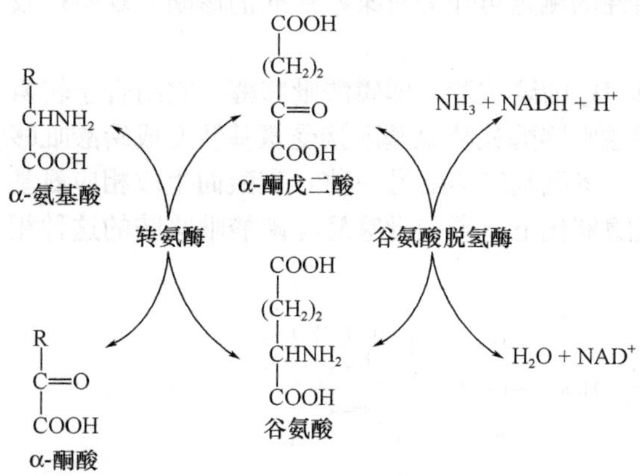

图 7-7　联合脱氨基作用

其过程是：氨基酸首先与 α-酮戊二酸在转氨酶作用下生成 α-酮酸和谷氨酸，然后谷氨酸再经 *L*-谷氨酸脱氢酶作用，脱去氨基而生成 α-酮戊二酸，后者再继续参加转氨基作用（图 7-7）。联合脱氨基作用的全过程是可逆的，因此这一过程也是体内合成非必需氨基酸的主要途径。

2. 嘌呤核苷酸循环 由于骨骼肌和心肌中 *L*-谷氨酸脱氢酶的活性弱，难于进行以上方式的联合脱氨基过程。肌肉中存在着另一种氨基酸脱氨基反应，即通过嘌呤核苷酸循环（purine nucleotide cycle）脱去氨基（图 7-8）。

在嘌呤核苷酸循环过程中，氨基酸首先通过连续的转氨基作用将氨基转移给草酰乙酸，生成天冬氨酸；天冬氨酸与次黄嘌呤核苷酸（IMP）反应生成腺苷酸代琥珀酸，后者经过裂解，释放出延胡索酸并生成腺嘌呤核苷酸（AMP）。AMP 在腺苷酸脱氨酶（此酶在肌组织中活性较强）催化下脱去氨基，最终完成氨基酸的脱氨基作用。IMP 可以再参加循环。由此可见，嘌呤核苷酸循环实际上也可以看成是另一种形式的联合脱氨基作用。

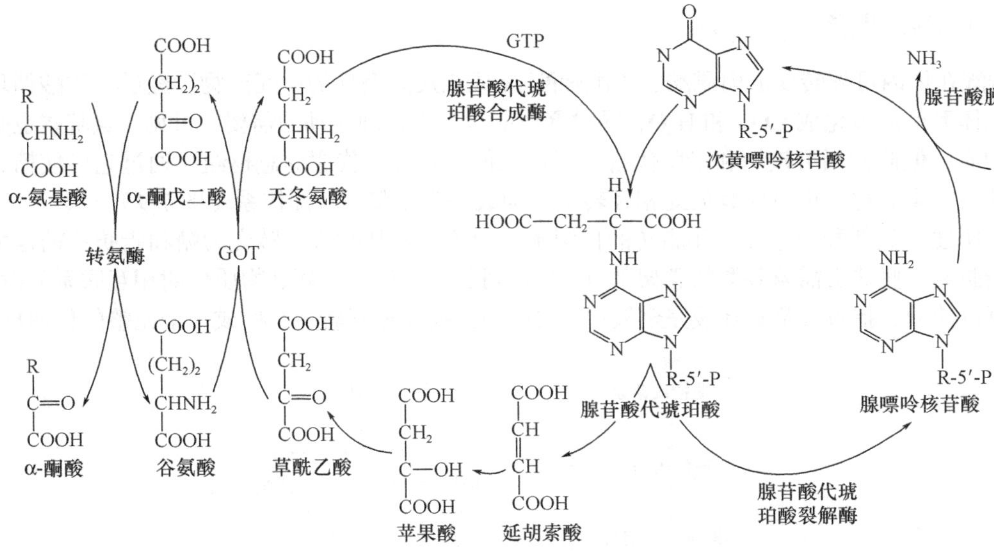

图 7–8　嘌呤核苷酸循环

（四）非氧化脱氨基作用

1. 脱水脱氨基　丝氨酸在脱水酶催化下，先脱去水，再水解为丙酮酸和氨。

2. 脱硫化氢脱氨基　半胱氨酸经脱硫化氢酶作用，先脱下 H_2S，然后水解生成丙酮酸和氨。

3. 直接脱氨基　天冬氨酸在天冬氨酸酶催化下，生成延胡索酸和氨。

三、α-酮酸的代谢

氨基酸脱氨基后生成的 α-酮酸（α-keto acid）可以进一步代谢，主要有生成非必需氨基酸、转变成糖或脂类以及氧化供能三方面的代谢途径。

（一）经氨基化生成非必需氨基酸

人体内的一些非必需氨基酸一般通过相应的 α-酮酸经氨基化而生成。例如，丙酮酸、草酰乙酸、α-酮戊二酸经氨基化可分别转变成丙氨酸、天冬氨酸、谷氨酸。过程如前，不再赘述。

（二）转变成糖及脂类

在体内 α-酮酸可以转变成糖和脂类化合物。实验发现，用各种不同的氨基酸饲养人工造成糖尿病的犬时，大多数氨基酸可使尿中排出的葡萄糖增加，少数几种则可使葡萄糖及酮体排出同时增加，而亮氨酸和赖氨酸只能使酮体排出量增加。由此，将在体内可以转变成糖的氨基酸称为生糖氨基酸（glucogenic amino acid）；能转变成酮体者称为生酮氨基酸（ketogenic amino acid）；二者兼有者称为生糖兼生酮氨基酸（glucogenic and ketogenic amino acid）（表 7-2）。在体内，α-酮酸可以转变成糖及脂类。

表 7-2　氨基酸生糖及生酮性质的分类

氨基酸类别	氨基酸
生糖氨基酸	甘氨酸、丝氨酸、缬氨酸、组氨酸、精氨酸、半胱氨酸、脯氨酸、丙氨酸、谷氨酸、谷氨酰胺、天冬氨酸、天冬酰胺、甲硫氨酸
生酮氨基酸	亮氨酸、赖氨酸
生糖兼生酮氨基酸	异亮氨酸、苯丙氨酸、酪氨酸、苏氨酸、色氨酸

（三）氧化供能

α-酮酸在体内可先转变成丙酮酸、乙酰辅酶 A 或三羧酸循环的中间产物，经过三羧酸循环与生物氧化体系彻底氧化成 CO_2 和 H_2O，同时释放能量，供生理活动的需要。可见，氨基酸也是一类能源物质，但此作用可被糖和脂肪代替。三羧酸循环是物质代谢的总枢纽，通过它可使糖、脂肪及氨基酸完全氧化，也可使其彼此相互转变，构成一个完整的代谢体系（图 7-9）。

综上所述，氨基酸代谢和糖和脂肪的代谢密切相关。氨基酸可以转变为糖和脂肪；糖也可以转变成脂肪和一些非必需氨基酸的碳架部分。由此可见，三羧酸循环是物质代谢相互联系的枢纽，通过它可以使糖、脂肪酸及氨基酸完全氧化，也可使其彼此相互转变，构成一个完整的代谢枢纽。

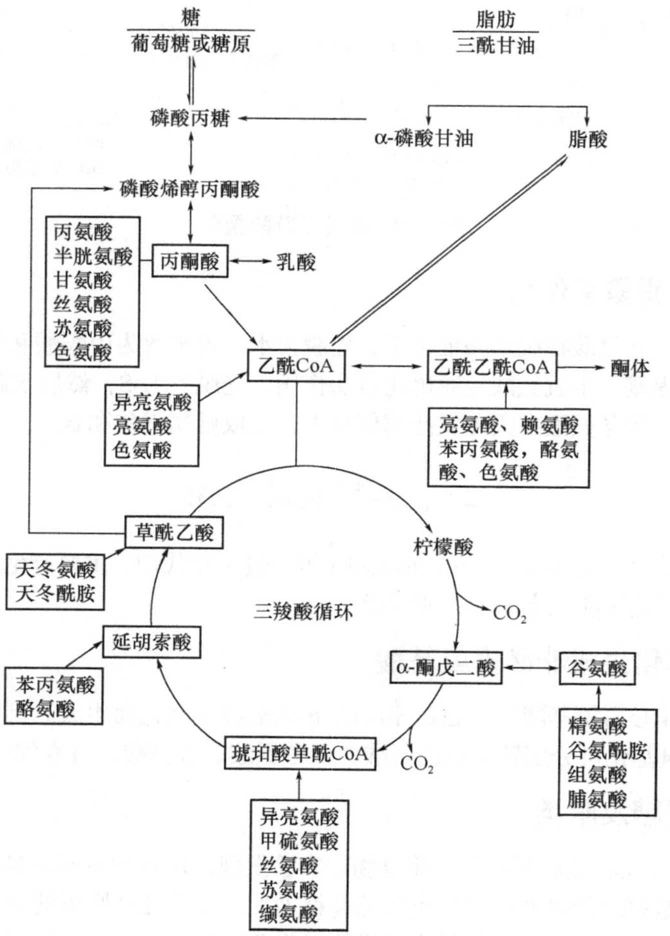

图 7-9　氨基酸、糖与脂肪代谢关系

第五节　氨 的 代 谢

氨是机体正常代谢的产物。氨具有毒性，尤其脑组织对氨的毒性作用特别敏感。家兔血液若每百毫升中含量达到 5mg，即中毒死亡。机体内代谢产生的氨以及消化道吸收来的氨进入血液，形成血氨。哺乳动物体内氨的主要去路是在肝脏合成尿素，再经肾脏排出。尿素是氨基酸的主要最终代谢产物之一。因此，一般来说，除门静脉血液外，体内血液中氨的浓度很低。正常人血浆中氨的浓度一般不超过 47～65 μmol/L（1mg/L）。严重肝病患者尿素合成功能降低，血氨增高，引起脑功能紊乱，常与肝性脑病的发病有关。

案例 7-1

患儿，女，4 岁半。因间歇性呕吐，嗜睡 1 年余，再发 2 天入院。呕吐为非喷射状。呕吐物为胃内容物。呕吐与进食无明显关系，发病时伴嗜睡。病程中无发热，头痛，抽搐，黄疸，腹痛，腹泻等症状，无明显消瘦，智力正常。曾 4 次间歇发病，均表现为呕吐，嗜睡，无其他症状，多次诊断为“病毒性脑炎”给甘露醇脱水，抗感染、抗病毒治疗后，症状均可消失。发病间歇正常，精神饮食好。既往无特殊病史，无家族遗传病史。查体无阳性体征。

辅助检查：脑脊液、脑电图、头颅 CI 及 MPd 无异常，肝炎病毒学检查阴性，上消化道钡餐提示胃动力差，HP-Ab（+），ALT 322.5 U/L，AST 287.9 U/L，血氨 281.7 μmol/L。

初步诊断：根据患儿以上临床特点诊断为先天性高氨血症（尿素循环障碍可能）。经甘露醇脱水，静脉滴注盐酸精氨酸，天门冬氨酸钾镁降血氨等治疗 2 天，血氨降至 37.3 μmol/L，患儿呕吐停止，能下床活动，精神好转，饮食增加。

问题：

1. 如何诊断高氨血症？
2. 高氨血症发生的生化机制是怎样的？
3. 联系高氨血症的发病机制，拟定治疗方案。

一、体内氨的来源

人体内氨的来源主要有三个，即各组织器官中氨基酸及胺分解产生的氨、肠道吸收的氨以及肾小管上皮细胞分泌的氨。

（一）氨基酸脱氨基作用和胺类分解产生的氨

氨基酸脱氨基作用产生的氨是体内氨的主要来源，胺类的分解也可以产生氨。其反应如下：

$$RCH_2NH_2 \xrightarrow{\text{胺氧化酶}} RCHO + NH_3$$

（二）肠道细菌腐败作用产生的氨

凡从肠道吸收入血的氨均称外源氨，主要有两个来源：①蛋白质和氨基酸在肠道细菌腐败作用下产生氨；②血液中的尿素渗入肠道，受肠菌脲酶水解而生成氨。肠道产氨量较多，每天约 4 g，并能吸收入血。在肠道，NH_3 比 NH_4^+ 更易于穿过细胞膜而被吸收；在碱性环境中，NH_4^+倾向于转变成 NH_3。当肠道 pH 偏碱时，氨的吸收加强。临床上对高血氨病人采用弱酸性透析液做结肠透析。禁止用碱性肥皂水灌肠，就是为了减少肠道氨的吸收。

（三）肾小管上皮细胞分泌的氨

肾小管上皮细胞中的谷氨酰胺在谷氨酰胺酶的催化下水解成谷氨酸和 NH_3，这部分氨分泌到肾小管腔中主要与尿中的 H^+结合成 NH_4^+，以铵盐的形式由尿排出体外，这对调节机体的酸碱平衡起着重要作用。酸性尿有利于肾小管细胞中的氨扩散入尿，但碱性尿则可妨碍肾小管细胞中的 NH_3 分泌，此时氨易被重吸收入血，引起血氨升高。因此，临床上对肝硬化而产生腹水的病人，为减少肾小管对氨的重吸收，不宜使用碱性利尿药（如双氢克尿塞），以免血氨升高。

二、氨 的 转 运

氨是有毒物质，各组织中产生的氨如何以无毒的方式经血液运输到肝合成尿素或运输到肾以铵盐的形式排出？现已知，氨在血液中主要是以丙氨酸及谷氨酰胺两种形式转运。

（一）丙氨酸-葡萄糖循环

骨骼肌中的氨基酸经转氨基作用将氨基转给丙酮酸生成丙氨酸，丙氨酸经血液运到肝。在肝中，丙氨酸通过联合脱氨基作用，生成丙酮酸，并释放出氨。氨用于合成尿素，丙酮酸经糖异生途径生成葡萄糖。葡萄糖由血液输送到肌肉，沿糖酵解途径转变成丙酮酸，后者再接受氨基而生成丙氨酸。丙氨酸和葡萄糖反复地在肌肉和肝之间进行氨的转运，故将这一途径称为丙氨酸-葡萄糖循环（alanine- glucose cycle）。通过这个循环，既可使骨骼肌中的氨以无毒的丙氨酸形式运输到肝，同时，肝又为骨骼肌提供了生成丙酮酸的葡萄糖（图 7-10）。

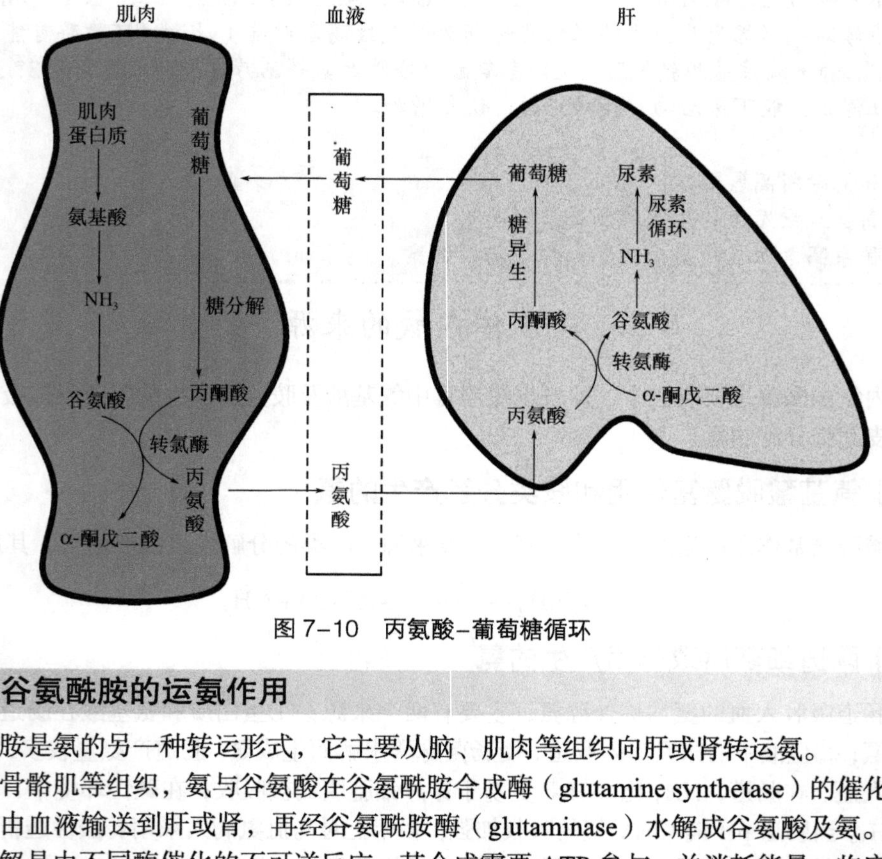

图 7-10 丙氨酸-葡萄糖循环

（二）谷氨酰胺的运氨作用

谷氨酰胺是氨的另一种转运形式，它主要从脑、肌肉等组织向肝或肾转运氨。

在脑和骨骼肌等组织，氨与谷氨酸在谷氨酰胺合成酶（glutamine synthetase）的催化下合成谷氨酰胺，并由血液输送到肝或肾，再经谷氨酰胺酶（glutaminase）水解成谷氨酸及氨。谷氨酰胺的合成与分解是由不同酶催化的不可逆反应，其合成需要 ATP 参与，并消耗能量。临床上对氨中毒病人可服用或输入谷氨酸盐，以降低氨的浓度。

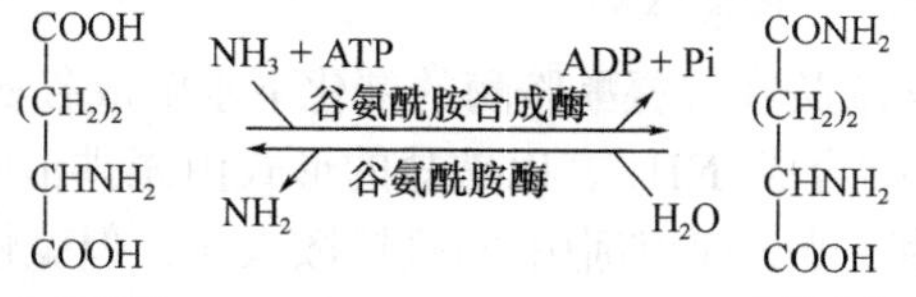

谷氨酰胺既是氨的解毒产物，也是氨的储存及运输形式。谷氨酰胺在肾脏分解生成氨与谷氨酸，氨与原尿中 H^+结合形成铵盐随尿排出，这也有利于调节酸碱平衡。

三、氨的去路

氨的去路有尿素的合成、谷氨酰胺的生成、参与合成一些重要的含氮化合物（如嘌呤、嘧啶、非必需氨基酸等），少部分氨可直接经肾脏以铵盐的形式排出体外。

（一）合成尿素

1. 尿素生成的鸟氨酸循环 氨在体内的最主要去路是在肝脏合成尿素，然后由肾排出。正常成人尿素占排氮总量的 80%～90%，可见肝在氨解毒中起着重要作用。肝是合成尿素的最主要器官，肾及脑等其他组织虽然也能合成尿素，但合成量甚微。

早在 1932 年，德国学者 Krebs 和 Henseleit 首次提出了鸟氨酸循环(ornithine cycle)学说，又称尿素循环(ureAcycle)或 Krebs-Henseleit 循环。鸟氨酸循环学说的实验根据是：将大鼠肝的薄切片放在有氧条件下加铵盐保温数小时后，铵盐的含量减少，而同时尿素增多。另外，在切片中，分别加入不同化合物，并观察它们对尿素生成的影响。发现鸟氨酸、瓜氨酸或精氨酸能够大大加速尿素的合成。根据以上三种氨基酸的结构推断，它们彼此相关，即鸟氨酸可能是瓜氨酸的前体，而瓜氨酸又是精氨酸的前体。进一步实验发现，当大量鸟氨酸与肝切片及 NH_4^+一起保温时，的确有瓜氨酸的积聚。基于这些事实，Krebs 和 Henseleit 提出了一个循环机制，即：鸟氨酸先与氨及 CO_2 结合生成瓜氨酸；然后瓜氨酸再接受 1 分子氨生成精氨酸；接着精氨酸又被水解产生尿素和新的鸟氨酸。此鸟氨酸又参与第二轮循环（图 7-11）。由此可见，在这个循环过程中，鸟氨酸所起的作用与三羧酸循环中草酰乙酸所起的作用类似。后来有人用放射性核素标记的 $^{15}NH_4Cl$ 或含 ^{15}N 的氨基酸饲养犬，发现随尿排出的尿素含有 ^{15}N，但鸟氨酸中不含 ^{15}N；用含 ^{14}C 标记的 $NaH^{14}CO_3$ 饲养犬，随尿排出的尿素也含有 ^{14}C。由此进一步证实了尿素可由氨及 CO_2 合成。这是第一条被发现的循环代谢途径，比 Krebs 发现三羧酸循环还早 5 年。Krebs 一生两个循环途径的提出为生物化学的发展做出了重要贡献。

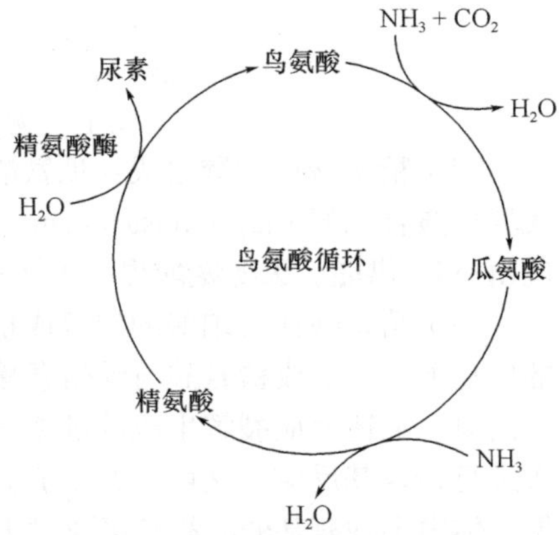

图 7-11 鸟氨酸循环简图

2. 鸟氨酸循环的反应过程 鸟氨酸循环的具体过程较为复杂，其详细反应过程可分为五步：①氨基甲酰磷酸的合成；②瓜氨酸的合成；③精氨酸代琥珀酸生成；④精氨酸的合成；⑤精氨酸水解生成尿素。

（1）氨基甲酰磷酸的合成：在 ATP、Mg^{2+} 及 *N*-乙酰谷氨酸（*N*-acetyl glutamic acid，AGA）存在时，氨与 CO_2 可在氨基甲酰磷酸合成酶（car-bamoyl phosphate synthetase Ⅰ，CPS-Ⅰ）的催化下，合成氨基甲酰磷酸。

此反应需消耗 2 分子 ATP，属不可逆反应。CPS-Ⅰ是一种变构酶，AGA 是此酶的变构激活剂。AGA 的作用可能是使酶的构象改变，暴露了酶分子中的某些巯基，从而增加了酶与 ATP 的亲和力。CPS-Ⅰ和 AGA 都存在于肝细胞线粒体中。氨基甲酰磷酸是高能化合物，性质活泼。在酶的催化下易与鸟氨酸反应生成瓜氨酸。

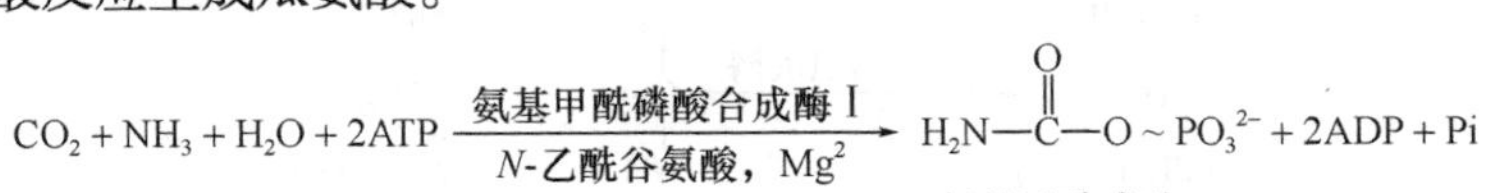

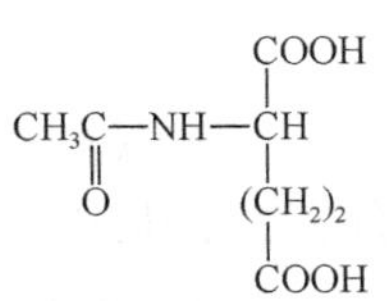

N-乙酰谷氨酸(AGA)

（2）瓜氨酸的合成：在鸟氨酸氨基甲酰转移酶（ornithine arbamoyltransferase，OCT）催化下，氨基甲酰磷酸与鸟氨酸缩合生成瓜氨酸。鸟氨酸氨基甲酰转移酶也存在于肝细胞的线粒体中，并通常与氨基甲酰磷酸合成酶Ⅰ结合成酶的复合体。此反应也不可逆。

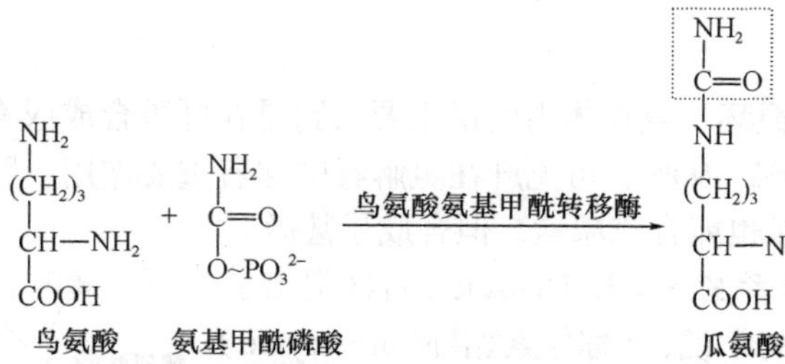

（3）精氨酸代琥珀酸生成：瓜氨酸在线粒体合成后，即被转运到线粒体外，在胞液中经精氨酸代琥珀酸合成酶（argininosuccinate synthetase）催化，与天冬氨酸反应生成精氨酸代琥珀酸，此反应由 ATP 供能。天冬氨酸提供了尿素分子的第二个氮原子。

（4）精氨酸代琥珀酸的裂解成精氨酸与延胡索酸：精氨酸代琥珀酸在精氨酸代琥珀酸裂解酶的催化下，裂解成精氨酸与延胡索酸。反应产物精氨酸分子中保留了来自游离 NH_3 和天冬氨酸分子的氮。上述反应裂解生成的延胡索酸可经三羧酸循环的中间步骤转变成草酰乙酸，后者与谷氨酸进行转氨基反应，又可重新生成天冬氨酸，而谷氨酸的氨基可来自体内的多种氨基酸。由此可见，体内多种氨基酸的氨基可通过天冬氨酸的形式参与尿素的合成。

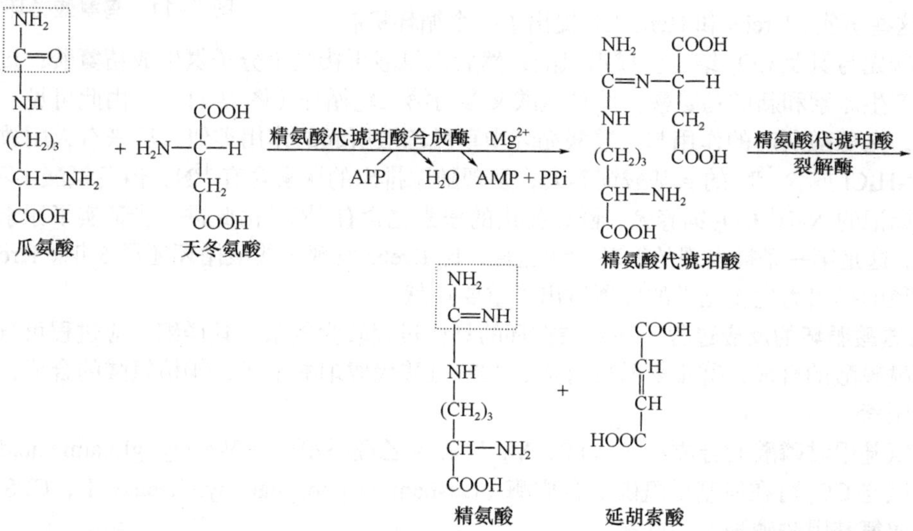

（5）精氨酸水解生成尿素：在精氨酸酶的作用下，精氨酸被水解生成尿素和鸟氨酸，此反应在胞液中进行。鸟氨酸通过线粒体内膜上载体的转运再进入线粒体，并参与瓜氨酸合成。如此反复，尿素不断合成。

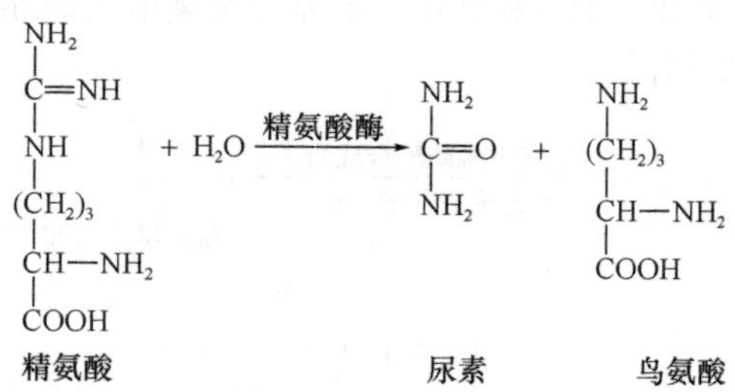

尿素作为代谢终产物通过肾脏排出体外。综上所述，尿素合成的总反应为：

$$2NH_3 + CO_2 + 3ATP + 3H_2O \rightleftharpoons H_2N-CO-NH_2 + 2ADP + AMP + 4Pi$$

尿素合成的中间步骤及其在细胞中的定位总结为图 7-12。

从图 7-12 可见，合成尿素的两个氮原子，一个来自氨基酸脱氨基生成的氨、另一个则由天冬氨酸提供，而天冬氨酸又可由多种氨基酸通过转氨基反应而生成。因此，尿素分子的两个氮原子都是直接或间接来源于氨基酸。另外尿素的生成是耗能的过程，每合成 1 分子尿素需消耗 3 分子 ATP（消耗 4 个高能磷酸键）。

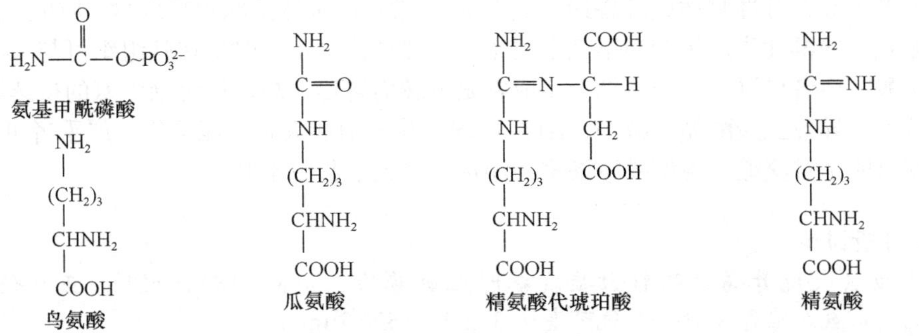

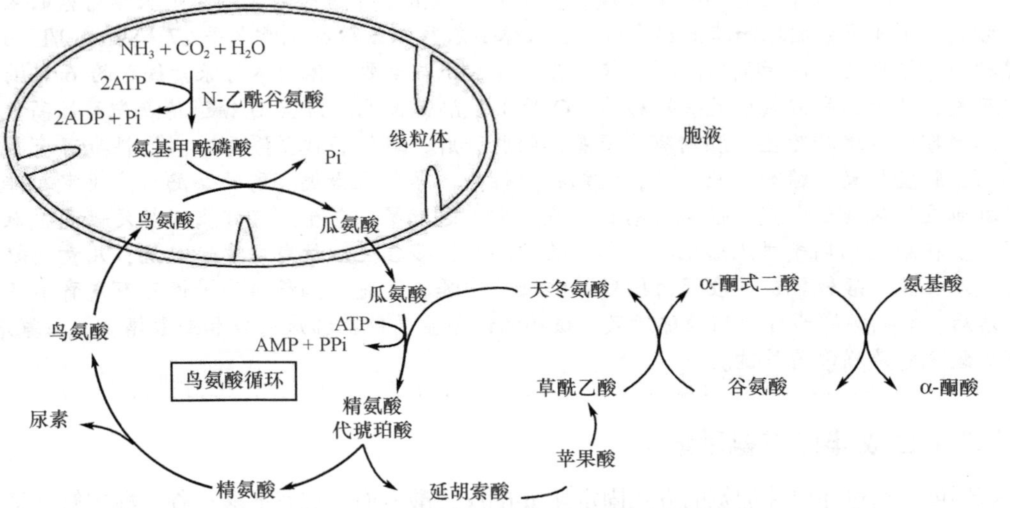

图 7–12 尿素合成的中间代谢途径和细胞定位

3. 尿素合成的调节

（1）膳食蛋白质的影响：高蛋白质膳食时尿素的合成速度加快，排出的含氮物中尿素约占 90%；反之，低蛋白质膳食时尿素合成速度减慢，尿素排出量可低于含氮排泄量的 60%。

（2）CPS-Ⅰ的调节：氨基甲酰磷酸的生成是尿素合成的一个重要步骤。AGA 是 CPS-Ⅰ的变构激活剂，由乙酰辅酶 A 和谷氨酸通过 AGA 合成酶催化而生成。精氨酸是 AGA 合成酶的激活剂，精氨酸浓度增高时，尿素生成量增加。在临床上常用精氨酸治疗高血氨症的病人，以促进尿素的合成。

（3）尿素合成酶系的调节：在尿素合成的酶系中，以精氨酸代琥珀酸合成酶的活性最低（表 7-3），是尿素合成启动后的关键酶，可调节尿素的合成速度。

表 7-3 正常人肝尿素合成酶的相对活性

酶	相对活性
氨基甲酰磷酸合成酶	4.5
鸟氨酸氨基甲酰转移酶	163.0
精氨酸代琥珀酸合成酶	1.0
精氨酸代琥珀酸裂解酶	3.3
精氨酸酶	149.0

4. 尿素合成障碍可引起高血氨症和氨中毒 正常情况下，血氨的来源与去路保持动态平衡，

血氨浓度处于较低水平。

当肝功能严重受损时，尿素合成障碍，血氨浓度升高，称为高血氨症（hyperammonemia）。高血氨症严重者可导致肝性脑病或肝昏迷（氨中毒），常见的临床症状包括厌食、呕吐、嗜睡甚至昏迷等。高血氨症的毒性作用机制尚不完全清楚，一般认为，正常时氨在脑组织可与 α-酮戊二酸结合生成谷氨酸，后者可进一步与氨结合生成谷氨酰胺而解毒。高血氨时脑中氨的持续增加，使 α-酮戊二酸减少，导致三羧酸循环减弱，ATP 耗竭，从而引起大脑功能障碍，严重者可发生昏迷。另一种机制可能是谷氨酸、谷氨酰胺增多，渗透压增大引起脑水肿。

案例 7-1 分析讨论

患儿血氨表现升高，高氨血症发病时血氨常为 234.8～587μmol/L，正常值为 27～82μmol/L。高氨血症昏迷时，血氨可高达 352.2～1526.2μmol/L。

尿素循环是人体在肝内将氨合成尿素而随尿排出体外的代谢途径，是人体对氨的主要解毒方式，通过尿素循环和其他解毒方式，人体血氨得以维持在正常水平 27～82μmol/L 而不出现神经毒性反应。尿素循环障碍引起先天性高氨血症主要与体内参与尿素循环的 6 种酶的缺陷有关，其中鸟氨酸氨甲酰基转移酶（OCT）缺陷最常见，为 X-连锁遗传。先天性高氨血症在急性期以脑水肿为主，脑内有广泛星形细胞胀肿，肝线粒体呈多形体。慢性期可有脑皮质萎缩，脑室扩大，髓鞘生长不良，海绵样变性等。参与尿素循环酶的缺陷程度决定其伴发的高氨血症临床症状。完全性酶缺陷的症状严重，起病早，新生儿期即出现暴发性高氨血症表现，多在新生儿期或婴儿期死亡。部分酶缺陷时，多在生后数月或更晚起病，儿童期起病的高氨血症状一般较轻，多表现为间歇性呕吐、嗜睡、昏迷。病程转为慢性可有发育不良，智力落后。本病例即为部分酶缺陷所致。该病的诊断主要依据临床表现和血氨增高。血氨基酸、有机酸分析是确诊的关键。

（二）合成非必需氨基酸

氨还可以通过还原性加氨的方式固定在 α-酮戊二酸上而生成谷氨酸；谷氨酸的氨基又可以通过转氨基作用，转移给其他 α-酮酸，生成相应的氨基酸，从而合成某些非必需氨基酸。

（三）生成谷氨酰胺

氨还可与谷氨酸反应生成谷氨酰胺，在肾小管上皮细胞通过谷氨酰胺酶的作用水解成氨和谷氨酸，谷氨酸被肾小管上皮细胞重吸收而进一步利用。

（四）肾脏泌氨

谷氨酰胺酶的作用使谷氨酰胺水解成氨，由肾小管上皮细胞分泌，随尿排出。

氨的来源及去路总结如下（图 7-13）。

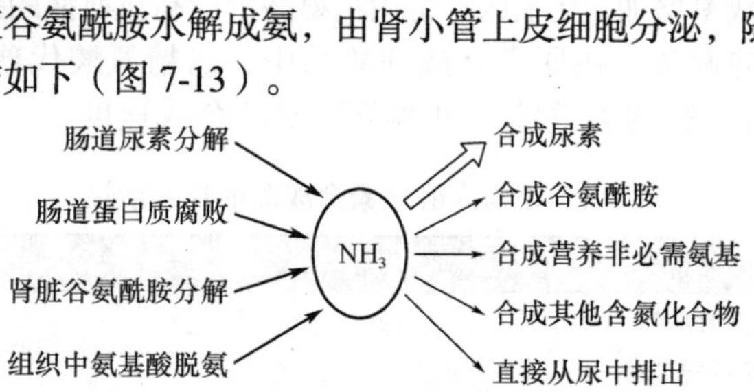

图 7-13 氨的来源和去路

案例 7-1 分析讨论（续）

对高氨血症的治疗主要包括：以长期饮食疗法为主，采用低蛋白饮食；另可用药物建立代谢旁路以排出过多的氨，如静脉滴注精氨酸（除因精氨酸酶缺陷所致的高氨血症外）、苯甲酸钠等；治疗期间应避免应激反应和感染；肝移植对氨甲酰磷酸合成酶（CPS）、OTC 缺乏有一定效果；急性高氨血症昏迷者需行血透或腹透，静注降氨药物以尽快清除过多的血氨，及其他对症治疗办法。

第六节　个别氨基酸的代谢

氨基酸的分解代谢，除了脱氨基作用之外，某些氨基酸还有特殊的代谢途径，通过这些代谢途径可以生成具有重要生理意义的生物活性物质。本节首先介绍某些氨基酸的特殊代谢方式，例如氨基酸的脱羧基作用和一碳单位的代谢，然后介绍含硫氨基酸、芳香族氨基酸及支链氨基酸的代谢。

一、氨基酸的脱羧基作用

体内部分氨基酸也可进行脱羧基作用（decarboxylation）生成相应的胺。催化这些反应是氨基酸脱羧酶（decarboxyase），其辅因子是磷酸吡哆醛。例如，组氨酸脱羧基生成组胺，谷氨酸脱羧基生成 γ-氨基丁酸等，也有的氨基酸先经过羟化等变化后再脱羧基而生成胺。胺类含量虽然不高，但具有重要的生理作用。体内广泛存在着胺氧化酶（amine oxidase），能将其氧化成为相应的醛类，再进一步氧化成羧酸，从而避免胺类在体内蓄积。胺氧化酶属于黄素蛋白酶，在肝中活性最强。下面列举几种氨基酸脱羧基产生的重要胺类物质。

（一）γ-氨基丁酸

谷氨酸脱羧基生成 γ-氨基丁酸（γ-aminobutyric acid，GABA），催化此反应的酶是谷氨酸脱羧酶，此酶在脑、肾组织中活性很高，所以脑中 GABA 的含量较多。GABA 是中枢抑制性神经递质，对中枢神经有抑制作用。临床上对妊娠呕吐和小儿抽搐患者常用维生素 B_6 治疗，加强氨基酸脱羧酶的活性，增加 GABA 生成，以抑制神经过度兴奋。

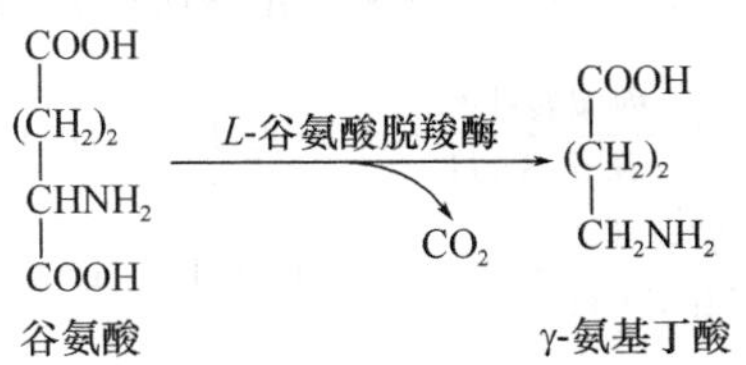

（二）组胺

组氨酸脱羧基生成组胺（histamine），反应由组氨酸脱羧酶催化。组胺在体内分布广泛，乳腺、肺、肝、肌及胃黏膜中含量较高，主要存在于肥大细胞中。

组胺是一种强烈的血管扩张剂，并能增加毛细血管的通透性。组胺可使平滑肌收缩，引起支气管痉挛导致哮喘。组胺还能促进胃黏膜细胞分泌胃蛋白酶原及胃酸。创伤性休克或炎症病变部位可有组胺的释放。

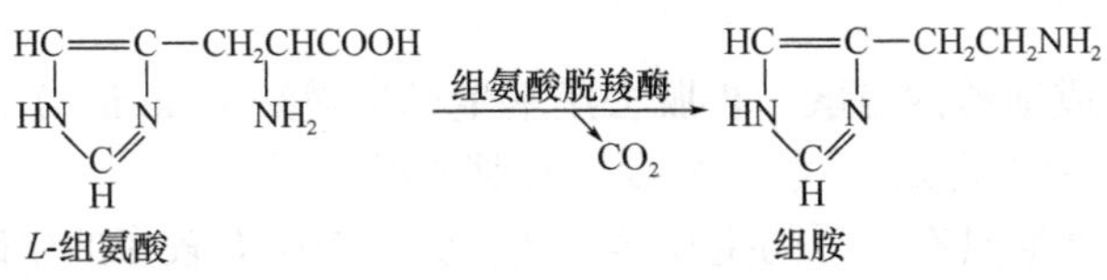

（三）5-羟色胺

在色氨酸羟化酶的作用下，色氨酸先羟化生成 5-羟色氨酸，然后经脱羧酶作用生成 5-羟色胺（5-hydroxytryptamine，5-HT）。

5-羟色胺广泛分布于体内各组织，除神经组织外，还存在于胃肠、血小板及乳腺细胞中。在脑组织中 5-羟色胺是一种抑制性神经递质，与人的镇静、镇痛和睡眠有关。在外周组织，5-羟色胺有很强的收缩血管作用。5-羟色胺经单胺氧化酶催化生成 5-羟色醛，进一步氧化而成 5-羟吲哚乙酸随尿排出。

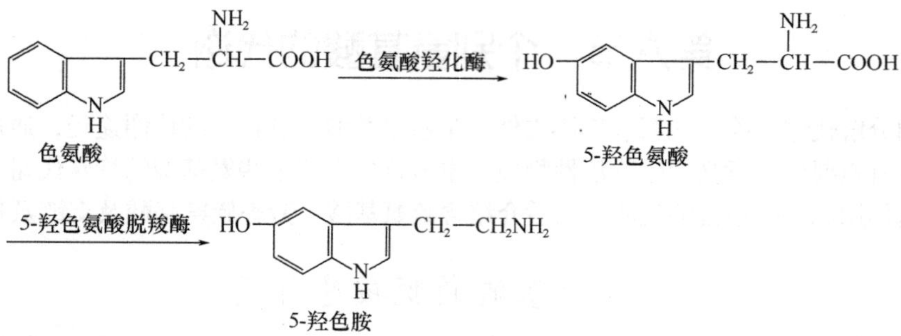

（四）多胺

体内某些氨基酸经脱羧基作用可以产生多胺（polyamines），多胺是指含有多个氨基的化合物。例如，鸟氨酸脱羧基生成腐胺，腐胺再转变成精脒（spermidine）和精胺（spermine）。反应如下：

腐胺、精脒与精胺三者统称为多胺，是调节细胞生长的重要物质。鸟氨酸脱羧酶（orinithinedecarboxylase，ODC）是多胺合成的关键酶。凡生长旺盛的组织，如胚胎、再生肝、生长激素作用的细胞及癌瘤组织等，鸟氨酸脱羧酶的活性和多胺的含量都有所升高。多胺促进细胞增殖的机制可能与稳定核酸和细胞结构，促进核酸和蛋白质的合成有关。目前临床上常把测定癌瘤病人血或尿中多胺的含量作为观察病情的指标之一。

$$L\text{-鸟氨酸} \xrightarrow[-CO_2]{\text{鸟氨酸脱羧酶}} H_2N\text{-}(CH_2)_4\text{-}NH_2\text{(腐胺)}$$

$$S\text{-腺苷甲硫氨酸(SAM)} \xrightarrow[-CO_2]{\text{SAM 脱羧酶}} \text{腺苷}\text{-}\overset{\overset{\displaystyle CH_3}{|}}{S}\text{-}(CH_2)_3\text{-}NH_2\text{(脱羧基 SAM)}$$

$$\text{腐胺}+\text{脱羧基 SAM} \xrightarrow[\text{-腺苷-S-}CH_3]{\text{丙胺转移酶}} H_2N\text{-}(CH_2)_4\text{-}NH\text{-}(CH_2)_3\text{-}NH_2\text{(精脒)}$$

$$\text{精脒}+\text{脱羧基 SAM} \xrightarrow[\text{-腺苷-S-}CH_3]{\text{丙胺转移酶}} H_2N\text{-}(CH_2)_3\text{-}NH\text{-}(CH_2)_4\text{-}NH\text{-}(CH_2)_3\text{-}NH_2\text{(精胺)}$$

知识拓展：精氨酸与气体信号分子 NO

精氨酸可通过一氧化氮合酶（nitric oxide synthase，NOS）作用，直接氧化为瓜氨酸，并产生 NO。NO 是一种重要的细胞内信号分子，能很容易通过细胞膜，引起心血管、消化道等平滑肌的松弛，使血管扩张。NO 还可防止血小板凝聚、动脉粥样硬化，在感觉传入以及学习记忆等方面有着重要作用。

（五）牛磺酸

半胱氨酸首先氧化成磺酸丙氨酸，再脱去羧基生成牛磺酸（taurine）。牛磺酸是结合胆汁酸的结合剂。人体内牛磺酸主要来自食物，主要由肾脏排泄。

近年研究发现，牛磺酸具有广泛的生物学功能，脑组织中有较多的牛磺酸，它是一种中枢神经抑制性神经递质，调节着中枢神经系统的兴奋性；维持正常的视觉和视网膜结构；抗心律失常、降血压和保护心肌的作用；维持血液、免疫和生殖系统正常功能所必需的物质；促进婴幼儿的生长发育，被认为是婴幼儿的必需营养素。其细胞保护作用表现为维持细胞内外渗透压平衡、直接稳膜作用、调节细胞钙稳态、清除自由基及抗脂质过氧化损伤等。

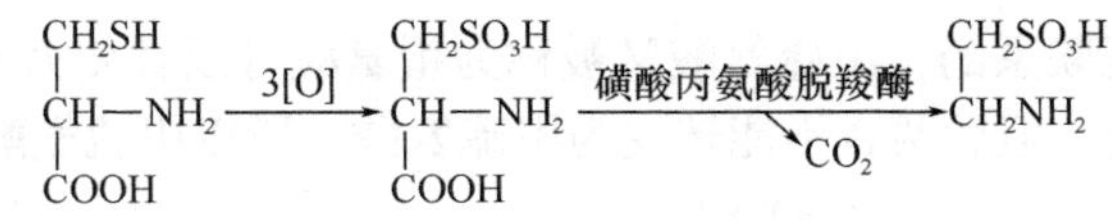

L-半胱氨酸　磺酸丙氨酸　牛磺酸

二、一碳单位的代谢

（一）一碳单位与四氢叶酸

某些氨基酸在分解代谢过程中产生的含有一个碳原子的有机基团称为一碳单位（one carbon unit），主要包括甲基（$-CH_3$，methyl）、甲烯基（亚甲基，$-CH_2-$，methylene）、甲炔基（次甲基，=CH-，methenyl）、甲酰基（-CHO，formyl）及亚胺甲基（CH=NH，formimino）等五种。但 CO_2 不属于一碳单位。

一碳单位不能游离存在，常与四氢叶酸结合而进行转运并参与代谢。因此，四氢叶酸（FH_4）是一碳单位的运载体和代谢的辅酶。一般来说，一碳单位通常结合在 FH_4 分子的 N^5、N^{10} 位上。在哺乳类动物体内，四氢叶酸可由叶酸经二氢叶酸还原酶（dihydrofolate reductase）催化，分两步还原反应生成。四氢叶酸的化学结构以及其生成反应如下：

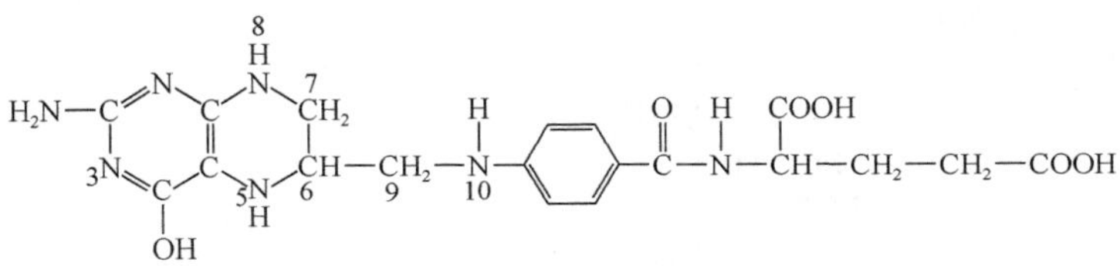

5,6,7,8-四氢叶酸(FH_4)

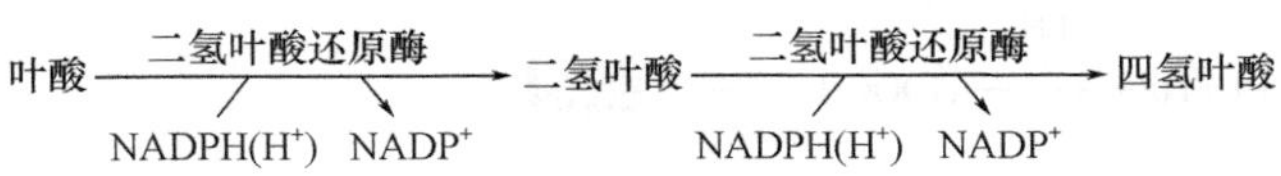

（二）一碳单位与氨基酸代谢

一碳单位主要来源于丝氨酸、甘氨酸、组氨酸和色氨酸的分解代谢，其中色氨酸分解后产生的甲酸直接提供甲酰基作为一碳单位的供体。

（三）一碳单位的相互转变

各种不同形式一碳单位中碳原子的氧化状态不同。在适当条件下，它们可以通过氧化还原反应而彼此转变（图 7-14）。但在这些反应中，$N^5-CH_3-FH_4$ 的生成是不可逆的。

（四）一碳单位的生理作用

一碳单位的生理作用主要是作为合成嘌呤及嘧啶的原料，故在核酸生物合成中占有重要地位。一碳单位是合成核苷酸进而合成 DNA 和 RNA 的原料。例如，$N^{10}-CHO-FH_4$ 与 $N^5,N^{10}=CH-FH_4$ 分别提供嘌呤合成时 C_2 与 C_8 的来源；$N^5,N^{10}-CH_2-FH_4$ 提供胸苷酸（dTMP）合成时甲基的来源（见第八章）。一碳单位的生成和转移障碍，使核酸合成受阻，妨碍细胞增殖，造成某些病理情况，例如巨幼红细胞贫血等。由此可见，一碳单位将氨基酸与核酸代谢密切联系起来。磺胺药及某些抗恶性肿瘤药（甲氨蝶呤等）也正是分别通过干扰细菌及恶性肿瘤细胞的叶酸、四氢叶酸合成，进一步影响一碳单位代谢与核酸合成而发挥其药理作用。

三、含硫氨基酸的代谢

体内的含硫氨基酸有三种，甲硫氨酸、半胱氨酸和胱氨酸，其中甲硫氨酸是必需氨基酸。这三种氨基酸的代谢是相互联系的，甲硫氨酸又被称为蛋氨酸可以转变为半胱氨酸和胱氨酸，半胱氨酸和胱氨酸也可以互变，但后两者不能转变为甲硫氨酸，所以甲硫氨酸是必需氨基酸。

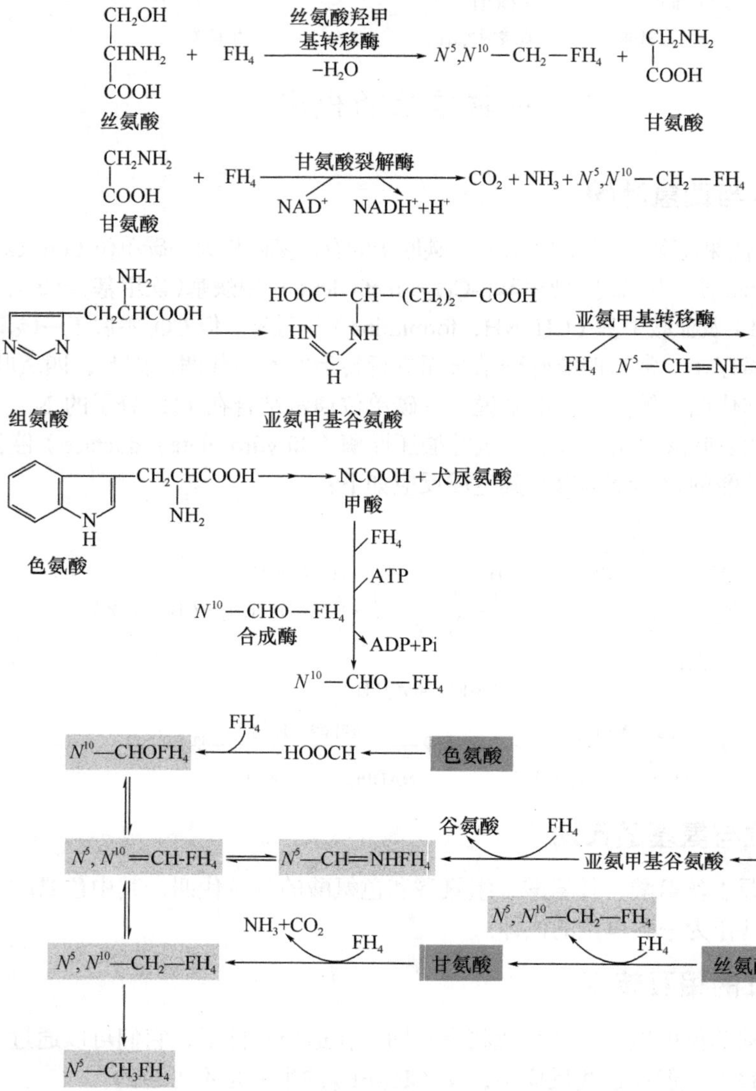

图 7-14 一碳单位的代谢

（一）甲硫氨酸的代谢

1. 甲硫氨酸与转甲基作用 甲硫氨酸分子中含有 S-甲基，通过转甲基作用可以生成多种含甲基的重要生理活性物质，如肌酸、肾上腺素、肉毒碱等。但是，甲硫氨酸在转甲基之前，必须先与 ATP 作用，生成 S-腺苷甲硫氨酸（SAM）。此反应由甲硫氨酸腺苷转移酶催化。SAM 中的甲基称为活性甲基，SAM 称为活性甲硫氨酸。活性甲硫氨酸在甲基转移酶（methyl transferase）的作用下，可将甲基转移至另一种物质，使其甲基化（methylation），而活性甲硫氨酸即变成 S-腺苷同型半胱氨酸，后者进一步脱去腺苷，生成同型半胱氨酸（homocysteine）。

甲基化作用是体内重要的代谢反应之一，具有广泛的生理意义（包括 DNA 与 RNA 的甲基化），而 SAM 则是体内最重要的甲基直接供给体。据统计，体内约有 50 多种物质需要 SAM 提供甲基，生成甲基化合物，这些化合物是体内重要的生理活性物质。如肾上腺素、肌酸、胆碱、核酸中的稀有碱基等（表 7-4）。

表 7-4 SAM 参与的转甲基作用

甲基接受体	甲基化合物	甲基接受体	甲基化合物
去甲肾上腺素	肾上腺素	RNA	甲基化 RNA
胍乙酸	肌酸	DNA	甲基化 DNA
磷脂酰乙醇胺	磷脂酰胆碱	蛋白质	甲基化蛋白质
γ-氨基丁酸	肉毒碱	烟酰胺	N 甲基烟酰胺

2. 甲硫氨酸循环 甲硫氨酸在体内最主要的分解代谢途径是通过上述转甲基作用而提供甲基，与此同时产生的 S-腺苷同型半胱氨酸进一步转变成同型半胱氨酸。同型半胱氨酸可以接受 N^5-CH_3-FH_4 提供的甲基，重新生成甲硫氨酸，形成一个循环过程，即称为甲硫氨酸循环（methionine cycle）（图 7-15）。体内约 50%的同型半胱氨酸经此途径重新合成甲硫氨酸。

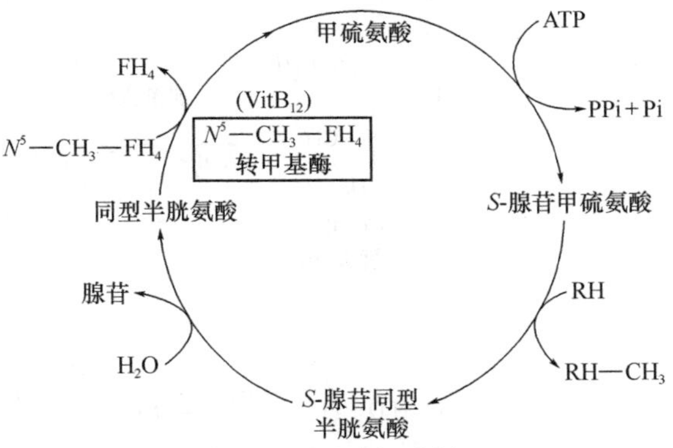

图 7-15 甲硫氨酸循环

这个循环的生理意义是由 N^5-CH_3-FH_4 供给甲基合成甲硫氨酸，再通过此循环中的 SAM 提供甲基，以进行体内广泛存在的甲基化反应。因此，N^5-CH_3-FH_4 可看成是体内甲基的间接供体。

应当注意的是，由 N^5-CH_3-FH_4 提供甲基使同型半胱氨酸转变成甲硫氨酸的反应是目前已知体内能利用 N^5-CH_3-FH_4 的唯一反应。催化此反应的 N^5-甲基四氢叶酸转甲基酶，又称甲硫氨酸合成酶（methionine synthase），其辅酶是维生素 B_{12}，它参与甲基的转移。维生素 B_{12} 缺乏时，N^5-CH_3-FH_4 上的甲基不能转移，这不仅不利于甲硫氨酸的生成，同时也影响四氢叶酸的再生，使组织中游离的四氢叶酸含量减少，导致核酸合成障碍，影响细胞分裂。可见，维生素 B_{12} 不足时可以引起巨幼红细胞性贫血；同时同型半胱氨酸在血中浓度升高，可能是动脉粥样硬化和冠心病的独立危险因子。研究发现同型半胱氨酸作用机制包括刺激心血管细胞增殖等多种作用，引起更为广泛的医学问题。如果由于遗传缺陷造成甲硫氨酸代谢障碍，引起体内同型半胱氨酸含量高达几百 nmol/L，患儿往往由于严重的心血管疾病而早死。

3. 肌酸的合成 肌酸（creatine）和磷酸肌酸（creatine phosphate）是能量储存、利用的重要化合物。肌酸以甘氨酸为骨架，由精氨酸提供脒基，S-腺苷甲硫氨酸供给甲基而合成（图 7-16）。肝是合成肌酸的主要器官。在肌酸激酶（creatine kinase 或 creatine phosphokinase，CPK）催化下，肌酸转变成磷酸肌酸，并储存 ATP 的高能磷酸键。磷酸肌酸在心肌、骨铬肌及大脑中含量丰富。

肌酸激酶由两种亚基组成，即 M 亚基（肌型）与 B 亚基（脑型），有三种同工酶：MM 型、MB 型及 BB 型。它们在体内各组织中的分布不同，MM 型主要在骨酪肌，MB 型主要在心肌，BB 型主要在脑。心肌梗死时，血中 MB 型肌酸激酶活性增高，可作为辅助诊断的指标之一。

肌酸和磷酸肌酸代谢的终产物是肌酐（creatinine）。肌酐主要在肌肉中通过磷酸肌酸的非酶促反应而生成。正常成人，每日尿中肌酐的排出量恒定。肾严重病变时肌酐排泄受阻，血中肌酐浓度升高，血中肌酐的测定有助于肾功能不全的诊断。

（二）半胱氨酸的代谢

1. 半胱氨酸与胱氨酸互变 半胱氨酸含有巯基（-SH），胱氨酸含有二硫键（-S-S-），两者可通过氧化还原反应互变。

半胱氨酸的-SH 是许多蛋白质或酶的活性基团，如琥珀酸脱氢酶、乳酸脱氢酶等均含有-SH，称为巯基酶。一些毒物如重金属盐、芥子气等能与酶分子中巯基结合而抑制酶活性。两个半胱氨酸残

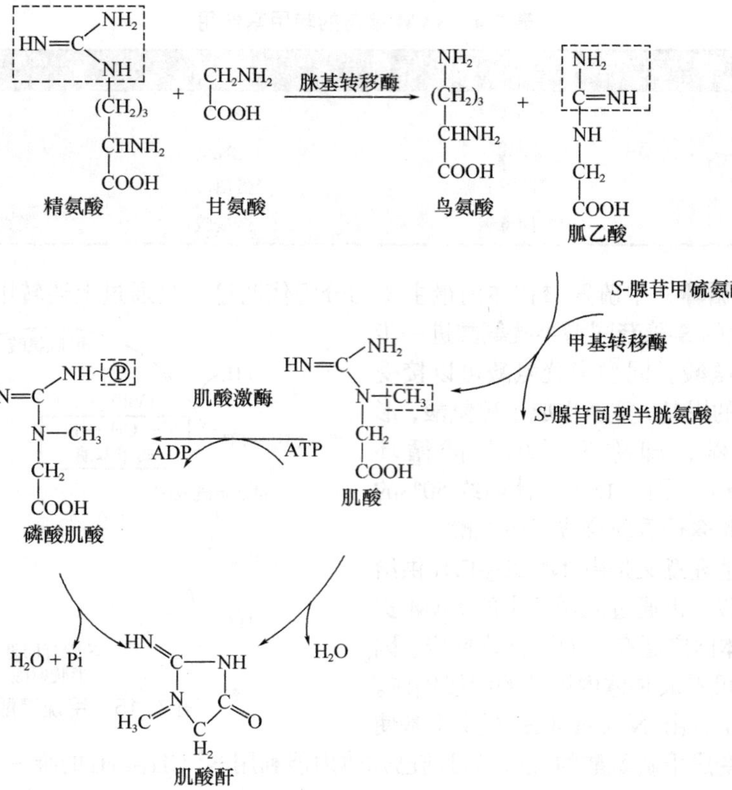

图 7-16　肌酸代谢

基间所形成的二硫键对于维持蛋白质空间构象起着重要作用，如胰岛素 A、B 链之间的二硫键断裂可失去生物活性。谷胱甘肽是由谷氨酸、甘氨酸和半胱氨酸构成的三肽，还原型谷胱甘肽（GSH）与氧化型谷胱甘肽（GSSH）互变在保护细胞膜和细胞内巯基酶与蛋白质生物活性中起重要作用。

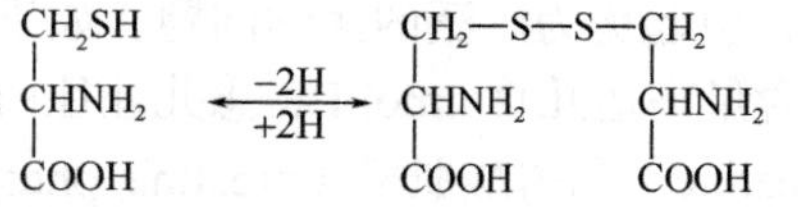

半胱氨酸　　　　胱氨酸

2. 硫酸根的代谢　含硫氨基酸氧化分解均可以产生硫酸根，半胱氨酸是体内硫酸根的主要来源。半胱氨酸直接脱去巯基和氨基，生成丙酮酸、NH_3 和 H_2S。H_2S 再经氧化而生成 H_2SO_4。体内的硫酸根，一部分以无机盐形式随尿排出，另一部分则经 ATP 活化成活性硫酸根，即 3′-腺苷-5′-磷酸硫酸（3′-phospho-adenosine-5′-phospho-sulfate，PAPS）。通过 PAPS 使一些物质形成硫酸酯。

PAPS 化学性质活泼，在肝生物转化中可提供硫酸根使某些物质生成硫酸酯。例如，类固醇激素可形成硫酸酯而被灭活，一些外源性酚类化合物也可以形成硫酸酯而排出体外。此外，PAPS 还可参与硫酸角质素及硫酸软骨素等分子中硫酸化氨基糖的合成。

$$\text{ATP} + \text{SO}_4^{2-} \xrightarrow{-\text{PPi}} \underset{\text{腺苷-5′-磷酸硫酸}}{\text{AMP—SO}_3^-} \xrightarrow{+\text{ATP}} \underset{\text{PAPS}}{3\text{—PO}_3\text{H}_2\text{—AMP—SO}_3^-} + \text{ADP}$$

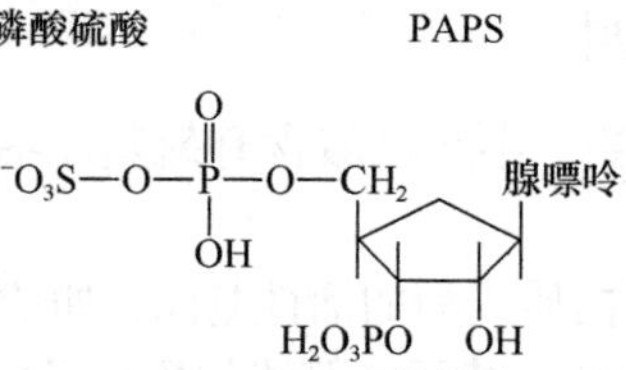

PAPS的结构

四、芳香族氨基酸的代谢

芳香族氨基酸包括苯丙氨酸、酪氨酸和色氨酸。其中苯丙氨酸、色氨酸是必需氨基酸。苯丙氨酸在结构上与酪氨酸相似，且体内苯丙氨酸可转变成酪氨酸，所以合并在一起叙述。

案例 7-2

“不食人间烟火的孩子”

有这样一个群体，从出生起就不能喝妈妈的奶，不能尝酸甜苦辣，不能吃普通的大米白面，否则将变为智残、脑瘫，甚至死亡。他们被称为不食人间烟火的孩子。他们得了一种叫苯丙酮尿症（PKU）的病，这是世界上近 7000 种遗传病中少数几个可控的病种之一。PKU 患儿出生时与正常孩子一样，但如按普通孩子喂养，患儿头发会逐渐变黄，皮肤变白，出生 3 个月后出现智能和语言发育障碍，并随年龄增大而加重；此外，患儿的尿液和汗液会散发浓浓的鼠臭味，如不及时救治将导致患者智力障碍甚至死亡。

由于所有含蛋白质的食物里，几乎都含苯丙氨酸。对于 PKU 患儿，必须食用无苯丙氨酸特制奶粉和用各种植物淀粉制成的低苯丙氨酸特殊大米，并定时接受体内苯丙氨酸血浓度测试。患儿一生下来就要食用特制的食品，如“越界”则可能导致智残、脑瘫，甚至死亡，世上几乎所有的舌尖美味都和他们终身无缘。在罕见病群体中，PKU 患儿被称为“不食人间烟火的孩子”。

据不完全统计我国对苯丙酮尿症的筛查覆盖率仅 20%，国内约有 12 万此类患儿，在治群体约 2 万人，近 10 万儿童已经或濒临瘫痪边缘。目前在国内大部分地区，针对 PKU 的救助尚属空白，而这种疾病也鲜为人知。在北京地区，苯丙酮尿症的发病率是 1/9300，目前北京大约有近千名 PKU 患者。

问题

1. 如何诊断苯丙酮尿症？
2. 苯丙酮尿症发生的生化机制是怎样的？
3. 联系苯丙酮尿症的发病机制，拟定治疗方案。

（一）苯丙氨酸和酪氨酸的代谢

1. 苯丙氨酸羟化生成酪氨酸 正常情况下，苯丙氨酸的主要代谢是经羟化作用生成酪氨酸。催化此反应的酶是苯丙氨酸羟化酶（phenylalanine ydroxylase，PHA）。苯丙氨酸羟化酶是一种加单氧酶，其辅酶是四氢生物蝶呤，催化的反应不可逆，因而酪氨酸不能转变为苯丙氨酸。

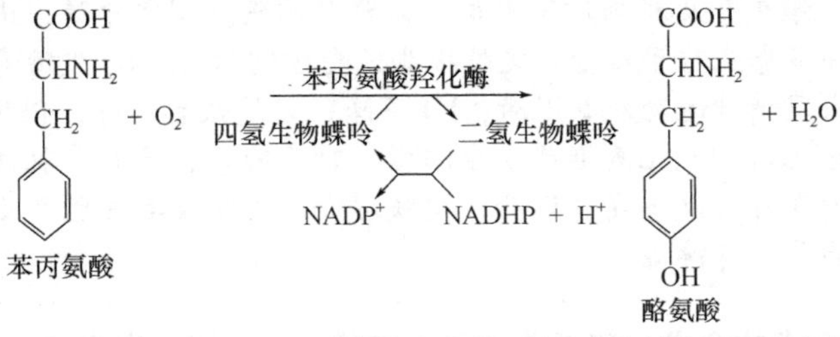

2. 生成苯丙酮酸及苯丙酮酸尿症 正常情况下苯丙氨酸代谢的主要途径是转变成酪氨酸。苯丙氨酸除能转变为酪氨酸外，少量可经转氨基作用生成苯丙酮酸。当苯丙氨酸羟化酶先天性缺乏时，苯丙氨酸不能正常地转变成酪氨酸，体内的苯丙氨酸蓄积，此时苯丙氨酸可经转氨基作用生成苯丙酮酸增加，尿中出现大量苯丙酮酸等代谢产物，称为苯丙酮尿症（phenylketonuria，PKU）。苯丙酮酸的堆积对中枢神经系统有毒性，使脑发育障碍，患儿智力低下。对此种患儿的治疗原则是早期发现，并适当控制膳食中的苯丙氨酸含量。

苯丙酮酸可进一步转变成苯乙酸等衍生物。

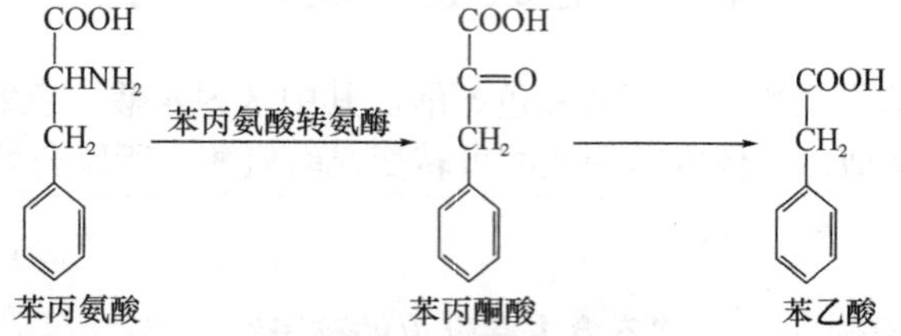

案例 7-2 分析讨论

典型的苯丙酮尿症是一种常染色体隐性遗传疾病，以苯丙氨酸羟化酶活性缺乏，致血浆苯丙氨酸浓度升高为特征，如不及时治疗将出现脑组织损伤和不可逆转的智力发育障碍。患这种病的儿童，皮肤雪白，头发稀黄，尿和汗液呈特殊的鼠尿味。

新生儿筛查：①可采用半定量法，喂奶 2～3 天后，采末梢血液，测定苯丙氨酸＞0.2mmol/L（4mg/dl）；②血清氨基酸分析，苯丙氨酸＞1.2mmol/L（20mg/dl）。

苯丙酮尿症为常染色体隐性遗传病，智力低下为本病最突出的表现。按酶缺陷的不同可分为经典型和四氢生物蝶呤（BH_4）缺乏型两种，大多数为经典型。经典型 PKU 是由于患儿肝细胞缺乏苯丙氨酸-4-羟化酶（基因位于 12q-22-24.1）所致。BH_4 缺乏型 PKU 是由于缺乏鸟苷三磷酸环化水合酶（基因位于 14q22.1-q22.2）、二氢蝶呤还原酶（DHPR）。丙酮酸的堆积对中枢神经系统有毒性，故患儿的智力发育障碍。

本病为少数可治的遗传性代谢病之一，对此种患儿的治疗原则是早期发现，并适当控制膳食中的苯丙氨酸含量。我国有些地方正在开展新生儿的 PKU 筛查，旨在及时发现所有可疑的 PKU 婴儿，做出早期诊断，以便得到及时的治疗。

案例 7-2 分析讨论（续）

苯丙酮尿症治疗的关键在于减少体液中苯丙氨酸及代谢产物含量，防止或减轻脑损害。

典型 PKU 的治疗采取低苯丙氨酸饮食，婴儿期可用人工合成低苯丙氨酸奶粉喂养，国内也有出品，既能满足机体代谢和生长发育的最低需要，又不会使血中苯丙氨酸含量过高造成脑损伤。饮食控制要及早开始，如生后 6 个月开始疗效差，4～5 岁开始因神经系统发育已基本完成而无效。如控制患儿饮食中苯丙氨酸，血苯丙氨酸含量维持在 0.18～0.92mmol/L（5～10mg/dl）疗效可能较理想，可提高智力发育。然而，断奶后再维持低苯丙氨酸饮食并非容易，因动植物蛋白中苯丙氨酸含量均可达 0.18～0.31mmol/L，必须严格限制蛋白质饮食，还要充分满足热卡、脂肪、维生素及矿物质等需求，需要营养医师制定食谱，进行严密随访。特殊膳食的口味很差，许多患儿难于接受。文献报告饮食控制愈好，IQ 发育愈高。如儿童期中断饮食治疗，可再次出现精神运动发育迟滞，IQ 下降；恢复饮食治疗，仍可望获得一定疗效。国内许多病例是在婴儿后期或儿童期已发生脑损伤时才确诊，此时采取饮食治疗虽不能改善智商，但对控制痫性发作及改善发育迟滞、皮肤湿疹、皮肤及毛发色素减退、硬皮症、精液减少和生殖功能缺陷等仍有裨益。

3. 儿茶酚胺和黑色素的合成 酪氨酸经酪氨酸羟化酶作用，生成 3，4-二羟苯丙氨酸（3，4-dihydroxyphenyalanine，dopA 多巴）。与苯丙氨酸羟化酶相似，此酶也是以四氢生物蝶呤为辅酶的加单氧酶。在多巴脱羧酶的作用，多巴转变成多巴胺（Dopamine）。多巴胺是脑中的一种神经递质，帕金森病（Parkinsondisease）患者多巴胺生成减少。在肾上腺髓质中，多巴胺侧链的 β-碳原子可再被羟化，生成去甲肾上腺素（norepinephrine），后者经 N-甲基转移酶催化，由 S-腺苷甲硫氨酸提供甲基，转变成肾上腺素（epi-nephrine）。多巴胺、去甲肾上腺素、肾上腺素统称为儿茶酚胺（catecholamine），即含邻苯二酚的胺类。酪氨酸羟化酶是儿茶酚胺合成的关键酶，受终产物的反馈调节。

酪氨酸代谢的另一条途径是合成黑色素（melanin）。在黑色素细胞中酪氨酸酶（tyrosinase）的催化下，酪氨酸羟化生成多巴，后者经氧化、脱羧等反应转变成吲哚-5，6-醌。黑色素即是吲哚醌的聚合物。人体缺乏酪氨酸酶，黑色素合成障碍，导致皮肤、毛发等发白，称为白化病（albinism）。患者对阳光敏感，易患皮肤癌。

除上述代谢途径外，酪氨酸还可在酪氨酸转氨酶的催化下，生成对羟苯丙酮酸，后者经尿黑酸等中间产物进一步转变成延胡索酸和乙酰乙酸，二者分别参与糖和脂肪酸代谢。因此，苯丙氨酸和酪氨酸是生糖兼生酮氨基酸。先天性尿黑酸氧化酶缺陷患者，尿黑酸氧化障碍，可出现尿黑酸尿症（alkaptonuria）。

苯丙氨酸和酪氨酸代谢途径总结见图 7-17。

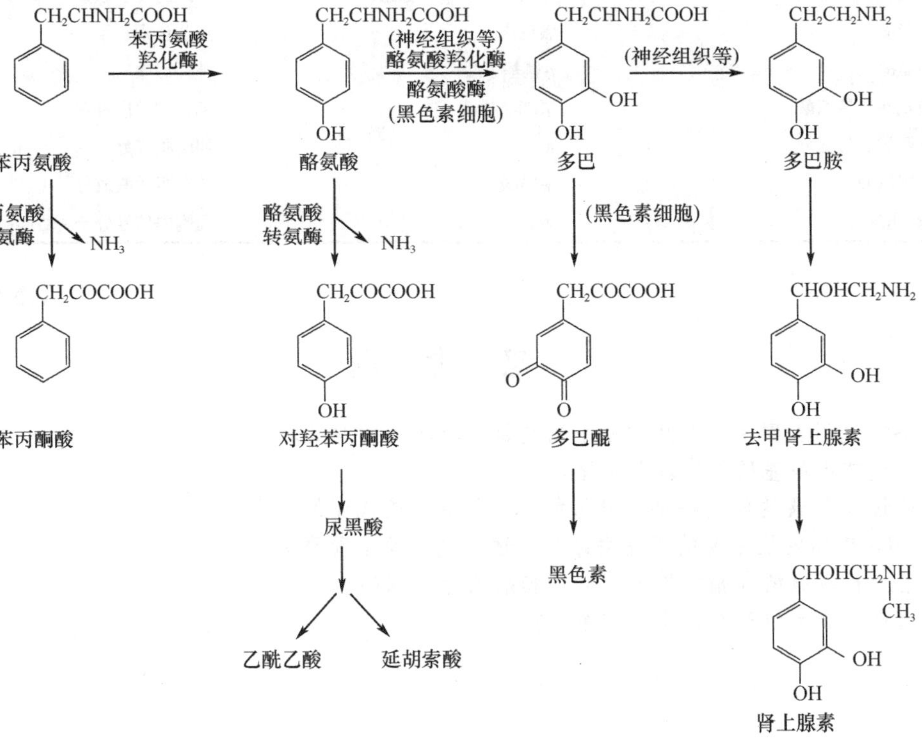

图 7–17 苯丙氨酸和酪氨酸的代谢途径

（二）色氨酸的代谢

色氨酸除生成 5-羟色胺外，本身还可分解代谢。在肝中，色氨酸通过色氨酸加氧酶（又称吡咯酶）的作用，生成一碳单位。色氨酸分解可产生丙酮酸与乙酰乙酰辅酶 A，所以色氨酸是一种生糖兼生酮氨基酸。此外，色氨酸分解还可产生烟酸，这是体内合成维生素的特例，但其合成量甚少，不能满足机体的需要。

五、支链氨基酸的代谢

支链氨基酸包括亮氨酸、异亮氨酸和缬氨酸三种，它们都是营养必需氨基酸。这三种氨基酸分解代谢的开始阶段基本相同，先经转氨基作用，生成各自相应的 α-酮酸，然后分别进行代谢，经过若干步骤，亮氨酸产生乙酰辅酶 A 及乙酰乙酰辅酶 A；异亮氨酸产生乙酰辅酶 A 及琥珀酸单酰辅酶 A；缬氨酸分解产生琥珀酸单酰辅酶 A。因此，这三种氨基酸分别是生酮氨基酸、生糖兼生酮氨基酸及生糖氨基酸。支链氨基酸的分解代谢主要在骨骼肌中进行。氨基酸作为组成蛋白质的基本原料，是其主要作用，它们还可以转变成其他多种含氮的生理活性物质，见表 7-5。

表 7-5 氨基酸衍生的重要含氮化合物

氨基酸	衍生的化合物	生理功能
天冬氨酸、谷氨酰胺、甘氨酸	嘌呤碱	含氮碱基、核酸成分
天冬氨酸	嘧啶碱	含氮碱基、核酸成分
甘氨酸	卟啉化合物	血红素、细胞色素
甘氨酸、精氨酸、蛋氨酸	肌酸、磷酸肌酸	能量储存
色氨酸	5-羟色胺、尼克酸	神经递质、维生素
苯丙氨酸、酪氨酸	儿茶酚胺、甲状腺素	神经递质、激素
酪氨酸	黑色素	皮肤色素
谷氨酸	γ-氨基丁酸	神经递质
蛋氨酸、乌氨酸	精脒、精胺	细胞增殖促进剂
丝氨酸、蛋氨酸	胆碱	卵磷脂成分
半胱氨酸	牛磺酸	结合胆汁酸成分
精氨酸	NO	细胞内信号分子

（扈瑞平）

思 考 题

1. 举例说明人群中存在几种氮平衡及氮平衡实验的意义。
2. 简述体内氨基酸的来源与去路。
3. 通过α-酮酸的代谢去路试分析氨基酸与糖、脂代谢的联系。
4. NH_3在体内最主要的代谢去路？叙述其过程及生理意义。
5. 请分析谷氨酸和精氨酸治疗肝性脑病的生化基础。
6. 何谓一碳单位？有何生物学意义？

第八章 核苷酸代谢

内容提要

核苷酸在体内具有多种重要的生理功能，其中最主要的功能是作为生物大分子核酸的合成原料。此外，核苷酸还参与能量利用、物质代谢和生理调节等过程。

体内核苷酸主要由机体细胞自身合成，食物来源的嘌呤和嘧啶极少被机体利用。因此，核苷酸不属于机体的营养必需物质。

嘌呤核苷酸的合成有从头合成和补救合成两条途径。从头合成的原料包括5-磷酸核糖、谷氨酰胺、天冬氨酸、甘氨酸、一碳单位和 CO_2。在多种酶的催化下先合成 IMP，然后 IMP 再转变成 AMP 与 GMP。补救合成实际上是对体内现有的碱基或核苷的再利用过程，虽然通过补救合成的嘌呤核苷酸量甚少，但此途径对某些组织器官（脑和骨髓等）具有重要意义。如 HGPRT 完全缺失，可引起 Lesch-Nyhan 综合征。

嘧啶核苷酸的合成也有从头合成和补救合成两条途径。嘧啶核苷酸的从头合成与嘌呤核苷酸不同，即先合成嘧啶环，再通过磷酸核糖化而合成核苷酸。利用细胞内现有的嘧啶碱基或嘧啶核苷，通过补救合成途径也可以合成部分嘧啶核苷酸。

嘌呤核苷酸合成的调节属于反馈调节和交叉调节；嘧啶核苷酸合成的调节除了反馈调节外，在哺乳类动物细胞中还存在阻遏和去阻遏调节。另外嘧啶与嘌呤的合成产物也可相互调控合成过程，使双方的合成速度均衡。

脱氧核苷酸是由相应的核糖核苷酸在二磷酸水平上还原生成，核糖核苷酸还原酶催化此反应。但 dTMP 例外，它是由 dUMP 从 N^5，N^{10}-甲烯基四氢叶酸获得甲基生成的。

体内通过从头合成或补救合成途径所合成的核苷酸均为核苷一磷酸，它们可以在激酶的作用下，依靠 ATP 提供磷酸基，逐步转变为核苷二磷酸至核苷三磷酸。四种核糖核苷三磷酸（ATP、GTP、CTP、UTP）和四种脱氧核糖核苷三磷酸（dATP、dGTP、dCTP 和 dTTP）分别是合成 RNA 和 DNA 的原料。

在人体内，嘌呤碱分解的最终产物是尿酸，黄嘌呤氧化酶是嘌呤核苷酸分解过程的关键酶。嘌呤代谢异常，尿酸生成过多可以引起痛风症和肾结石等。临床上利用别嘌呤醇来治疗痛风症。嘧啶碱分解的最终产物是 NH_3、CO_2 和 β-氨基酸等，多随尿排出体外。

抗代谢物在医学上具有十分重要的应用价值。可以根据嘌呤核苷酸和嘧啶核苷酸的合成过程设计与筛选抗代谢物，包括叶酸、氨基酸、嘌呤、嘧啶、核苷的类似物，这些抗代谢物在抗肿瘤治疗中起重要作用。

核苷酸（nucleotide）是构成核酸的基本结构单位。在人体内核苷酸分布广泛，主要以5′-核苷酸形式存在。一般来说，细胞中核糖核苷酸的浓度远远高于脱氧核糖核苷酸；在细胞分裂周期中，脱氧核糖核苷酸含量变化较大，而核糖核苷酸的浓度则相对稳定。

体内的核苷酸具有多种生物学功能：①作为核酸合成的原料，这是核苷酸的最主要生物学功能；②作为体内能量的载体和利用形式。如 ATP 是细胞主要能量载体和利用形式；③参与体内代谢和生理调节，一些核苷酸及其衍生物是许多代谢过程的调节分子。如糖有氧氧化受 ATP、ADP 或 AMP 浓度变化的调节；cAMP 或 cGMP 是多种细胞膜受体激素调节作用的第二信使；④作为辅酶的组分，如腺苷酸可构成 NAD^+、$NADP^+$、FMN、FAD 及 HSCoA 等多种辅酶；⑤作为活性中间代谢物的载体，如 UDP-葡萄糖是合成糖原、糖蛋白的糖基载体；CDP-二酰甘油是合成磷脂的活性原料；S-腺苷甲硫氨酸是活性甲基的载体等。另外 ATP 还参与蛋白激酶催化的反应，作为磷酸基团的供体。

人体内的核苷酸主要依靠机体细胞自身合成，因而与氨基酸不同，核苷酸不属于营养必需物

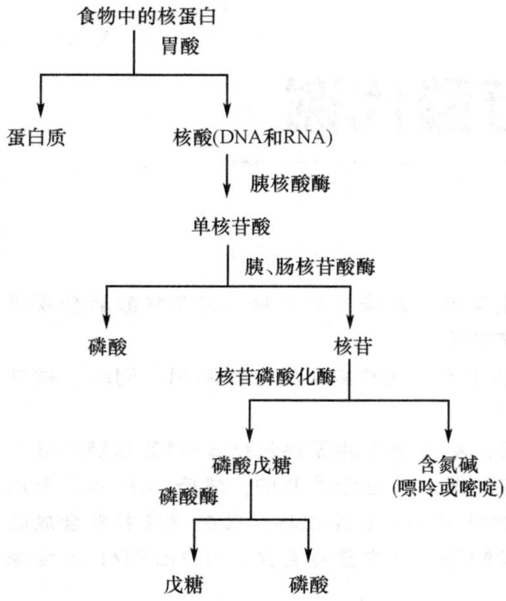

图 8–1 核酸的酶促降解

质。通常体内的核苷酸处于降解和再利用的动态平衡之中。细胞内核苷酸被酶促降解为碱基或核苷，可进一步分解而排出体外，同时核苷酸降解的中间产物也可以被细胞再利用来合成核苷酸。

食物中的核酸多以核蛋白的形式存在，核蛋白在胃中受胃酸作用，分解成核酸和蛋白质。核酸的消化是由来自胰腺和肠液中的多种水解酶催化逐步降解（图 8-1）。核苷酸及其水解产物均可以被小肠黏膜细胞吸收，吸收后绝大部分仍可以进一步代谢，其中戊糖可参与戊糖代谢；嘌呤和嘧啶碱除小部分可被再利用外，大部分主要被分解而排出体外。因此，食物来源的嘌呤和嘧啶碱基很少被利用。

核苷酸代谢包括其合成代谢和分解代谢。按照构成核苷酸的碱基不同，把核苷酸分为嘌呤核苷酸和嘧啶核苷酸。因此本章重点介绍嘌呤核苷酸和嘧啶核苷酸的合成和分解代谢，并简要介绍脱氧核苷酸合成过程及核苷酸抗代谢物的生理作用。

第一节 嘌呤核苷酸代谢

一、嘌呤核苷酸的合成代谢

体内存在两条嘌呤核苷酸的合成途径，即：从头合成和补救合成。但从头合成是体内合成嘌呤核苷酸的主要途径。

（一）嘌呤核苷酸的从头合成途径

从头合成途径（de novo synthesis），是指机体利用 5-磷酸核糖、氨基酸、一碳单位和 CO_2 等简单物质为原料，通过一系列酶促反应合成嘌呤核苷酸。肝脏是嘌呤核苷酸从头合成的主要器官，此外小肠和胸腺也能从头合成嘌呤核苷酸，合成反应发生在这些组织细胞的胞质中。

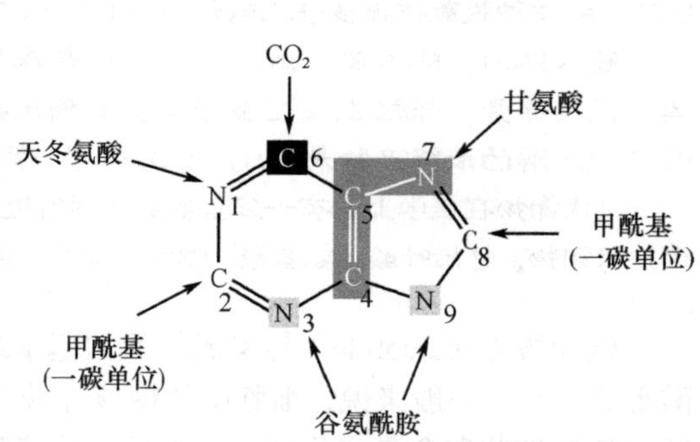

图 8–2 嘌呤环合成的元素来源

几乎所有所有生物体（除某些细菌外）都能合成嘌呤碱。1948 年，John Buchanan 等人利用放射性核素标记不同化合物喂养鸽子，并测定排出的尿酸中标记原子的位置，证实合成嘌呤碱的原料为简单物质：氨基酸、一碳单位和 CO_2（图 8-2）。从图中可见，合成嘌呤环的各元素来源分别是：N-1 由天冬氨酸提供；C-2、C-8 来自一碳单位；N-3 和 N-9 来自谷氨酰胺；C-4、C-5、N-7 由甘氨酸提供；C-6 来自 CO_2。

1. 嘌呤核苷酸的从头合成过程 嘌呤核苷酸的合成过程可以分为两个阶段：先合成次黄嘌呤核苷酸（inosine monophosphate，IMP），然后 IMP 再转变为腺嘌呤核苷酸（AMP）和鸟嘌呤核苷酸（GMP）。

（1）IMP 的合成

1）5-磷酸核糖的活化：嘌呤核苷酸的合成始于 5-磷酸核糖（来自磷酸戊糖途径）。5-磷酸核糖在磷酸核糖焦磷酸激酶（phosphoribosyl pyrophosphokinase，又称为磷酸核糖焦磷酸合成酶（phosphoribosyl pyrophosphate synthetase））催化下，活化生成磷酸核糖焦磷酸（phosphoribosyl pyrophosphate，PRPP），ATP 提供焦磷酸基团并转移至 5-磷酸核糖的 C-1 位。PRPP 不但是嘌呤核苷酸合成的重要中间物，也是嘧啶核苷酸、组氨酸、色氨酸合成的前体物质，因此 PRPP 合成酶是催化多种物质合成的重要酶，该酶是一种变构酶，受多种代谢物的变构调节。

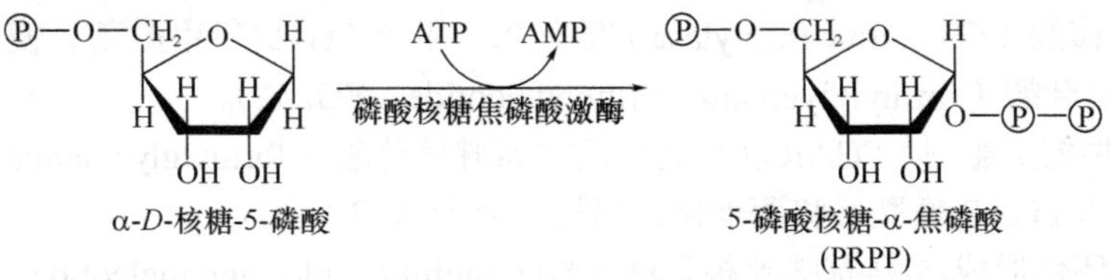

2）IMP 的生成：在 PRPP 的基础上，经过约十步反应生成 IMP（图 8-3）。

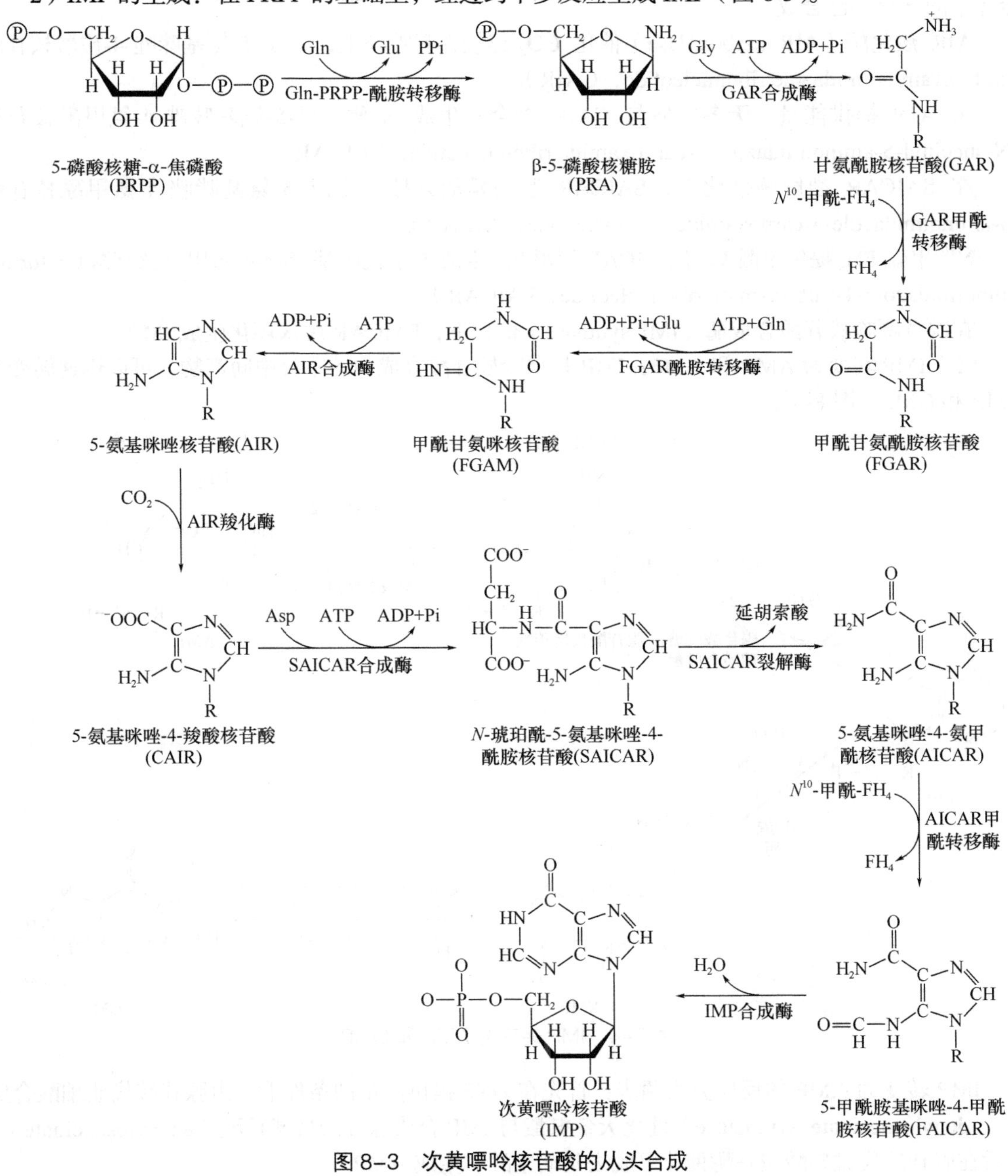

图 8-3　次黄嘌呤核苷酸的从头合成

磷酸核糖酰胺转移酶（amidotransferase）催化谷氨酰胺的酰胺基取代 PRPP 上的焦磷酸，产生 5-磷酸核糖胺（phosphoribosyylamine，PRA），PRA 极不稳定，半衰期为 30 秒。此反应由焦磷酸水解供能，是嘌呤合成的限速步骤，磷酸核糖酰胺转移酶为限速酶，受嘌呤核苷酸的反馈抑制。

由 ATP 供能，甘氨酰胺核苷酸合成酶（glycinamide ribonucleotide synthetase）催化甘氨酸与 PRA 加合生成甘氨酰胺核苷酸（glycinamide ribonucleotide，GAR）。此反应为可逆反应。

GAR 甲酰转移酶（GAR transformylase）催化 N^{10}-甲酰 FH_4 提供甲酰基，使 GAR 甲酰化，生成甲酰甘氨酰胺核苷酸（formylglycinamide ribonucleotide，FGAR）。

谷氨酰胺提供酰胺氮，使 FGAR 转变为甲酰甘氨脒核苷酸（formylglycinamidine ribonucleotide，FGAM），此反应由 FGAR 酰胺转移酶催化，消耗 1 分子 ATP。

FGAM 脱水环化形成 5-氨基咪唑核苷酸（5-aminoimidazole ribonucleotide，AIR）。至此，嘌呤环中的咪唑环已合成。

AIR 羧化酶（AIR carboxylase）催化 CO_2 连接在咪唑环上，生成 5-氨基咪唑-4-羧酸核苷酸（carboxyaminoimidazole ribonucleotide，CAIR）。

由 ATP 提供能量，天冬氨酸与 CAIR 缩合，生成 N-琥珀酰-5-氨基咪唑-4-氨甲酰核苷酸（N-succinyl-5-aminoimidazole-4-carboxamide ribonucleotide，SAICAR）。

在 SAICAR 裂解酶催化下，SAICAR 脱去延胡索酸，生成 5-氨基咪唑-4-氨甲酰核苷酸（5-aminoimidazole-4-carboxamide ribonucleotide，AICAR）。

N^{10}-甲酰 FH_4 提供甲酰基，使 AICAR 甲酰化，生成 5-甲酰胺基咪唑-4-氨甲酰核苷酸（5-formyl aminoimidazole-4-carboxamide ribonucleotide，FAICAR）。

在次黄嘌呤核苷酸合成酶（IMP synthase）催化下，FAICAR 脱水环化生成 IMP。

（2）IMP 转变为 AMP 和 GMP：IMP 是嘌呤核苷酸合成中的重要中间产物，可以迅速转变为 AMP 和 GMP（图 8-4）。

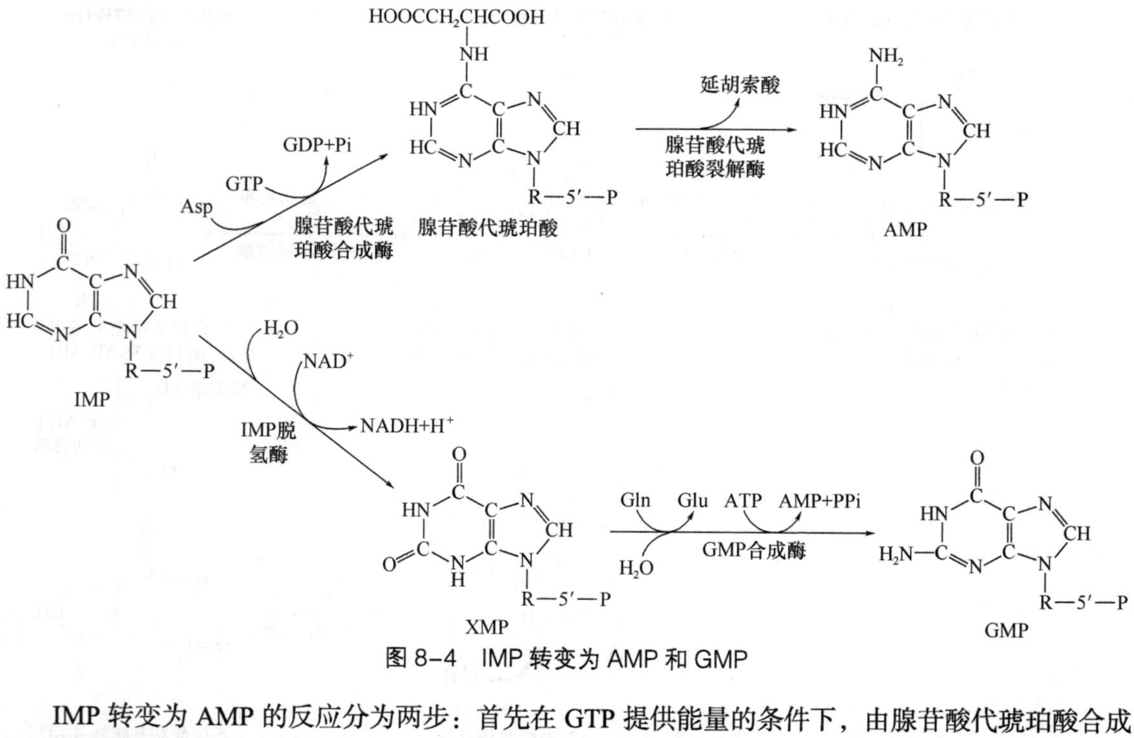

图 8-4 IMP 转变为 AMP 和 GMP

IMP 转变为 AMP 的反应分为两步：首先在 GTP 提供能量的条件下，由腺苷酸代琥珀酸合成酶（adenylosuccinate synthetase）催化天冬氨酸与 IMP 合成腺苷酸代琥珀酸（adenylosuccinate），而后在腺苷酸代琥珀酸裂解酶催化下脱去延胡索酸，生成 AMP。

IMP 转变为 GMP 的过程也由两步反应完成：先由 IMP 脱氢酶催化，NAD^+为受氢体，IMP 被氧化生成黄嘌呤核苷酸（xanthosine monophosphate，XMP），随后谷氨酰胺提供酰胺基取代 XMP 中 C-2 上的氧生成 GMP，此反应由 GMP 合成酶催化，ATP 水解供能（图 8-4）。

细胞内的 AMP 和 GMP 在激酶作用下转变为 ATP 或 GTP，可作为合成 RNA 的原料。

$$\text{AMP}\xrightarrow[\text{ATP}\quad\text{ADP}]{\text{激酶}}\text{ADP}\xrightarrow[\text{ATP}\quad\text{ADP}]{\text{激酶}}\text{ATP}\qquad \text{GMP}\xrightarrow[\text{ATP}\quad\text{ADP}]{\text{激酶}}\text{GDP}\xrightarrow[\text{ATP}\quad\text{ADP}]{\text{激酶}}\text{GTP}$$

从嘌呤核苷酸从头合成过程可以清楚的看到，其合成过程是在磷酸核糖分子上逐步合成嘌呤环，而不是先合成嘌呤碱基再与磷酸核糖结合，这是与嘧啶核苷酸从头合成的明显差别，也是嘌呤核苷酸从头合成的一个重要特点。

2. 嘌呤核苷酸从头合成的调节　从头合成是体内嘌呤核苷酸的主要来源，在这个合成过程中需要消耗磷酸核糖和氨基酸等原料以及大量的 ATP。因此，机体通过对其合成速度进行精确的调节，既满足细胞合成核酸对嘌呤核苷酸的需要，又减少了前体分子和能量的多余消耗。

嘌呤核苷酸从头合成的调节机制属于反馈调节和交叉调节，主要发生在以下几个部位：

PRPP 合成酶和 PRPP 酰胺转移酶是嘌呤核苷酸合成起始阶段的限速酶，均属变构酶类，可被合成产物 IMP、AMP 及 GMP 等反馈抑制，PRPP 能增加酰胺转移酶活性。在嘌呤核苷酸合成调节中 PRPP 合成酶可能比 PRPP 酰胺转移酶起着更大的作用。

在 IMP 转变为 AMP 与 GMP 的过程中，过量的 AMP 可抑制 IMP 向 AMP 的转变，而不影响 GMP 的合成。同样，过量的 GMP 也独立地反馈抑制 GMP 的生成。另外，IMP 转变为 GMP 时需要 ATP，而 IMP 转变为 AMP 时需要 GTP。因此，GTP 可促进 AMP 的生成，AMP 可促进 GMP 的生成。这种交叉调节作用对维持 ATP 与 GTP 浓度的平衡具有重要意义（图 8-5）。

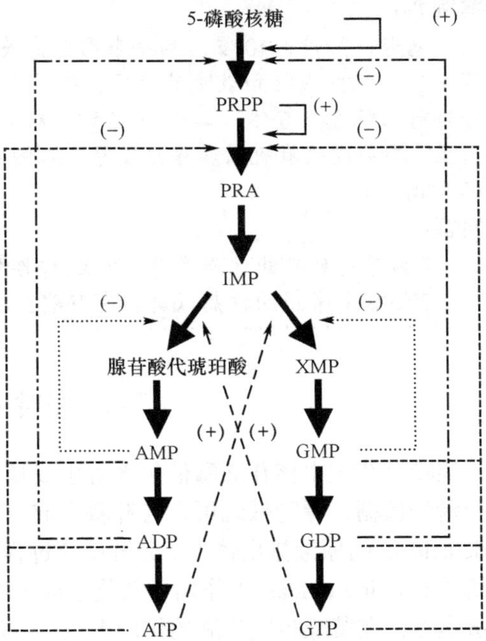

图 8-5　嘌呤核苷酸从头合成的调节

（二）嘌呤核苷酸的补救合成途径

补救合成途径（salvage pathway），是指直接利用体内游离的嘌呤碱或嘌呤核苷，通过简单反应合成嘌呤核苷酸。脑和骨髓仅依靠补救途径合成嘌呤核苷酸。

补救合成途径比较简单，消耗能量也少。补救合成的方式有两种：

1. 嘌呤碱与 PRPP 直接合成嘌呤核苷酸　在人体内催化嘌呤碱与 PRPP 直接合成嘌呤核苷酸的酶有两种，即腺嘌呤磷酸核糖转移酶（adenine phosphoribosyl transferase，APRT）和次黄嘌呤-鸟嘌呤磷酸核糖转移酶（hypoxanthine guanine phosphoribosyl transferase，HGPRT），前者催化腺嘌呤核苷酸的生成，后者催化次黄嘌呤核苷酸或鸟嘌呤核苷酸的生成。HGPRT 的活性较 APRT 活性高。正常情况下，HGPRT 可使 90%左右的嘌呤碱再利用重新合成核苷酸，而 APRT 催化的再利用反应很弱。

$$\text{腺嘌呤+PRPP}\xrightarrow{\text{腺嘌呤磷酸核糖转移酶}}\text{AMP+PPi}$$

$$\text{鸟嘌呤+PRPP}\xrightarrow{\text{次黄嘌呤-鸟嘌呤磷酸核糖转移酶}}\text{GMP+PPi}$$

$$\text{次黄嘌呤+PRPP}\xrightarrow{\text{次黄嘌呤-鸟嘌呤磷酸核糖转移酶}}\text{IMP+PPi}$$

2. 腺嘌呤或腺苷再利用 腺嘌呤与1-磷酸核糖在核苷磷酸化酶催化下生成腺苷，再经在腺苷激酶催化生成腺嘌呤核苷酸。

$$\text{腺嘌呤}+\text{1-磷酸核糖}\xrightarrow{\text{核苷磷酸化酶}}\text{腺苷}+\text{Pi}$$

$$\text{腺苷}+\text{ATP}\xrightarrow{\text{腺苷激酶}}\text{腺甘酸}+\text{ADP}$$

嘌呤核苷酸补救合成途径的生理意义在于：一方面可以节省从头合成所消耗的能量和氨基酸等原料；另一方面，体内有些组织器官（如脑和骨髓等组织缺乏从头合成核苷酸的酶系），只能进行核苷酸的补救合成。因此，对于这些组织器官来说，补救合成途径具有十分重要的意义。例如，由于次黄嘌呤鸟嘌呤磷酸核糖转移酶（HGPRT）基因缺陷，可导致自毁容貌症（也称为Lesch-Nyhan综合征），患儿表现为智力减退、有自残行为，并伴有高尿酸血症等。

案例 8-1

患者，男性，40岁，两年来因全身关节疼痛并伴低热反复就诊，均被诊断为“风湿性关节炎”。经抗风湿和激素治疗后，疼痛现象缓解。两个月前，疼痛加重，经抗风湿治疗未见好转前来就诊。查体：体温37.5℃，双足第一跖趾关节红肿，压痛，双踝关节肿胀，左侧较明显，局部皮肤有脱屑和瘙痒现象，双侧耳郭触及绿豆大的结节数个，白细胞 9.5×10^9/L，血沉67mm/h。

问题：

1.该患者的可能诊断是什么？还需要做哪些检查进一步确诊？

2.临床上常用的抗痛风药物有哪些？其作用机制是什么？

二、嘌呤核苷酸分解代谢

嘌呤核苷酸由核苷酸酶催化水解生成核苷和磷酸，核苷经核苷磷酸化酶催化，磷酸解生成碱基和磷酸核糖，嘌呤碱既可参与补救合成，也可进一步代谢。人体内，嘌呤碱最终分解生成尿酸（uric acid），随尿液排出体外。分解反应过程如图8-6所示。AMP降解生成次黄嘌呤，在黄嘌呤氧化酶（xanthine oxidase）作用下氧化生成黄嘌呤，最终生成尿酸。GMP降解生成鸟嘌呤，再转变为黄嘌呤，在黄嘌呤氧化酶的作用下也生成尿酸。

体内嘌呤核苷酸的分解代谢主要在肝、小肠及肾中进行，这些组织中黄嘌呤氧化酶活性较高。

在正常情况下，嘌呤合成与分解处于相对平衡状态，所以体内尿酸的生成与排泄也较恒定。正常人血浆中尿酸含量约为0.12～0.36mmol/L（2～6mg/dl），男性平均约为0.27mmol/L（4.5mg/dl），女性平均约为0.21mmol/L（3.5mg/dl）。主要以尿酸及其钠盐的形式存在，但其水溶性差。当大量摄入高嘌呤食物或体内核酸大量分解（如白血病、恶性肿瘤等）或排泄发生障碍（如肾脏疾病）时，会造成血浆中尿酸积累。如果血浆尿酸浓度超过0.48mmol/L（8mg/dl）时，就会形成尿酸盐晶体，晶体沉积于关节和软骨组织而导致痛风症（gout）；如果沉积于肾脏，就会形成肾结石。痛风多见于成年男性，其原因尚不完全清楚，可能与嘌呤核苷酸代谢酶的缺陷有关。

临床上常用别嘌呤醇（allopurinol）来治疗痛风症，其可能的机制包括：别嘌呤醇与次黄嘌呤结构相似，可竞争性抑制黄嘌呤氧化酶（图8-6），以减少尿酸的生成，同时别嘌呤醇与PRPP反应可形成别嘌呤核苷酸，由于消耗了PRPP使从头合成减弱，而别嘌呤核苷酸结构类似于IMP，又可反馈抑制PRPP酰胺转移酶活性，阻断嘌呤核苷酸的从头合成，这些作用均可使嘌呤核苷酸合成减少。

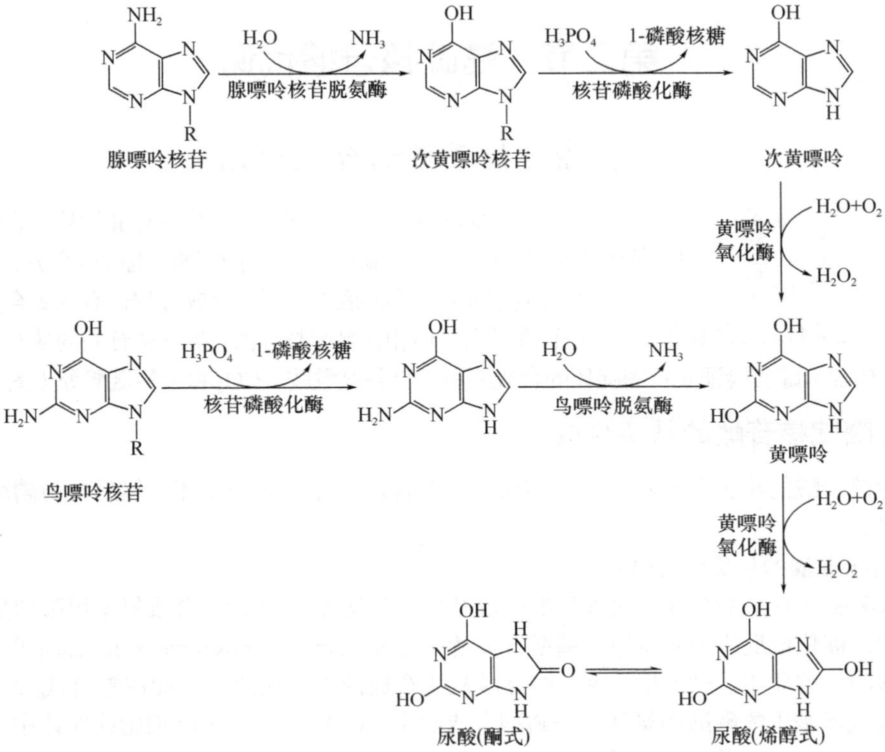

图 8-6　嘌呤核苷酸的分解代谢

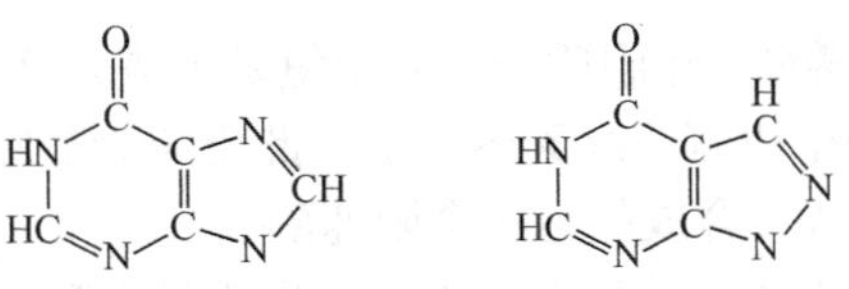

另外，注意饮食结构对防止痛风症的发生也有重要意义。痛风患者要限制嘌呤的摄入量，动物性食品中嘌呤含量较高，故痛风患者应该少食动物内脏、骨髓、海鲜及发酵食物、豆类等。

案例 8-1 分析讨论

该患者有反复发作的关节炎，累及双足第一跖趾关节、双踝关节，肩和髋关节未累及，双侧耳郭（即软骨）触及绿豆大的结节数个（即痛风石）。因此该患者的可能诊断是痛风。

本病诊断要点有：反复发作的关节炎、痛风石、间质性肾病和尿酸性肾结石。典型的病例首次发作多夜间，常累及单个关节，也可能反复发作，累及多个关节，影响第一跖趾关节、足弓、踝、膝、腕、肘，而髋和肩等大关节较少受累。

如需进一步确诊，需要检查血尿酸含量，经检查该患者血尿酸为 0.57mmol/L（男性临床参考值为 0.149～0.416mmol/L），表明血尿酸显著升高。此外局部 X 线片：两足第一跖趾关节、双踝关节均符合痛风样改变。因此基本可以确诊为痛风。

临床上治疗痛风症常用药物为别嘌呤醇。其作用机制是：别嘌呤醇与次黄嘌呤结构相似，可竞争性抑制黄嘌呤氧化酶，以减少尿酸的生成，同时别嘌呤醇与 PRPP 反应可形成别嘌呤核苷酸，由于消耗了 PRPP 使从头合成减弱，而别嘌呤核苷酸结构类似于 IMP，又可反馈抑制 PRPP 酰胺转移酶活性，阻断嘌呤核苷酸的从头合成，这些作用均可使嘌呤核苷酸合成减少。

另外临床上治疗痛风症的另一种方案，就是提高肾脏的通透性，减少肾小管对尿酸的重吸收，加快尿酸的排出而减少体内的堆积。常见的药物包括丙磺舒、辛可芬、水杨酸等。

第二节　嘧啶核苷酸代谢

一、嘧啶核苷酸的合成代谢

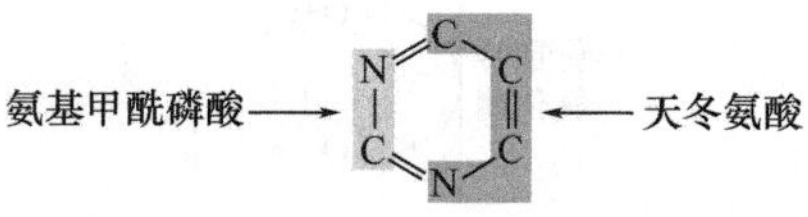

图 8-7　嘧啶环合成的元素来源

与嘌呤核苷酸的合成相似，嘧啶核苷酸的从头合成过程也主要在肝脏进行，小肠和胸腺等组织细胞也可以合成，合成反应发生在这些组织细胞的细胞质中。合成过程也有从头合成和补救合成两条途径。但相比嘌呤核苷酸，嘧啶核苷酸的从头合成比较简单。放射性核素示踪实验证实：嘧啶环的合成原料来自谷氨酰胺、CO_2和天冬氨酸等（图 8-7）。

（一）嘧啶核苷酸的从头合成

与嘌呤核苷酸的从头合成不同，嘧啶核苷酸的合成是先合成嘧啶环，然后再与磷酸核糖相连形成核苷酸。

1. 嘧啶核苷酸的从头合成过程

（1）尿嘧啶核苷酸的合成：嘧啶环的合成开始于谷氨酰胺与 CO_2 合成氨基甲酰磷酸，反应需要消耗 ATP，催化该反应的氨基甲酰磷酸合成酶Ⅱ（carbamoyl phosphate synthetaseⅡ，CPSⅡ）位于肝细胞的细胞质中。CPSⅡ是嘧啶核苷酸从头合成的限速酶之一。而尿素合成过程中，催化氨和 CO_2 合成氨基甲酰磷酸的氨基甲酰磷酸合成酶Ⅰ（CPSⅠ），位于肝细胞线粒体中。虽然这两种合成酶催化合成的主要产物相同，但 CPSⅠ氮源是氨，而 CPSⅡ的氮源是谷氨酰胺，反应底物不同，因此它们的性质不同。

上步反应产生的氨基甲酰磷酸，在胞质天冬氨酸氨基甲酰转移酶（aspartate transcarbamoylase，ATCase）催化下，与天冬氨酸生成氨甲酰天冬氨酸。此反应为嘧啶合成中的限速步骤，天冬氨酸氨基甲酰转移酶是嘧啶核苷酸从头合成的另一个限速酶。

氨甲酰天冬氨酸在二氢乳清酸酶催化下脱水环化生成具有嘧啶环的二氢乳清酸，再经二氢乳清酸脱氢酶催化二氢乳清酸脱氢，生成乳清酸（orotic acid）。二氢乳清酸脱氢酶是含铁的黄素酶，以氧或 NAD^+为电子受体，位于线粒体内膜的外侧面。

乳清酸在乳清酸磷酸核糖转移酶催化下与 PRPP 结合，生成乳清酸核苷酸（OMP），再经乳清酸核苷酸脱羧酶作用，脱羧生成尿苷酸（uridine monophosphate，UMP）（图 8-8）。

研究表明：在真核生物细胞内催化嘧啶核苷酸从头合成的前三个酶，即 CPSⅡ、天冬氨酸氨基甲酰转移酶和二氢乳清酸脱氢酶，是位于分子量约为 200kD 的同一条多肽链上，所以它们是一个多功能酶的 3 个活性中心。合成反应的后两个酶（乳清酸磷酸核糖转移酶、乳清酸核苷酸脱羧酶），也是位于同一条肽链上的多功能酶。这些多功能酶在催化过程中产生的中间产物不会释放到介质中，而是在这些酶间连续的转移，这非常有利于嘧啶核苷酸的合成和调节。

（2）胞嘧啶核苷酸的生成：UMP 在尿苷酸激酶和二磷酸核苷激酶的催化下，形成三磷酸尿苷（UTP），然后 UTP 在三磷酸胞苷合成酶催化下，由谷氨酰胺提供氨基、消耗一分子 ATP 而生成三磷酸胞苷（CTP）。

嘧啶核苷酸本来还应该包括胸腺嘧啶核苷酸，但由于胸腺嘧啶核苷酸在体内只以脱氧核苷酸的形式存在，故胸腺嘧啶核苷酸的生成过程将在第三节中介绍。

2. 嘧啶核苷酸从头合成的调节　嘧啶核苷酸从头合成的调节总体上是通过反应产物对合成途径中的 CPSⅡ、天冬氨酸氨基甲酰转移酶及磷酸核糖焦磷酸合成酶等限速酶的反馈抑制来实现。UMP 可反馈抑制 CPSⅡ；CTP 和 UMP 可反馈抑制天冬氨酸氨基甲酰转移酶以及各种嘌呤核苷酸和嘧啶核苷酸对磷酸核糖焦磷酸合成酶的反馈抑制。此外，UMP 对乳清酸核苷酸脱羧酶也有反馈

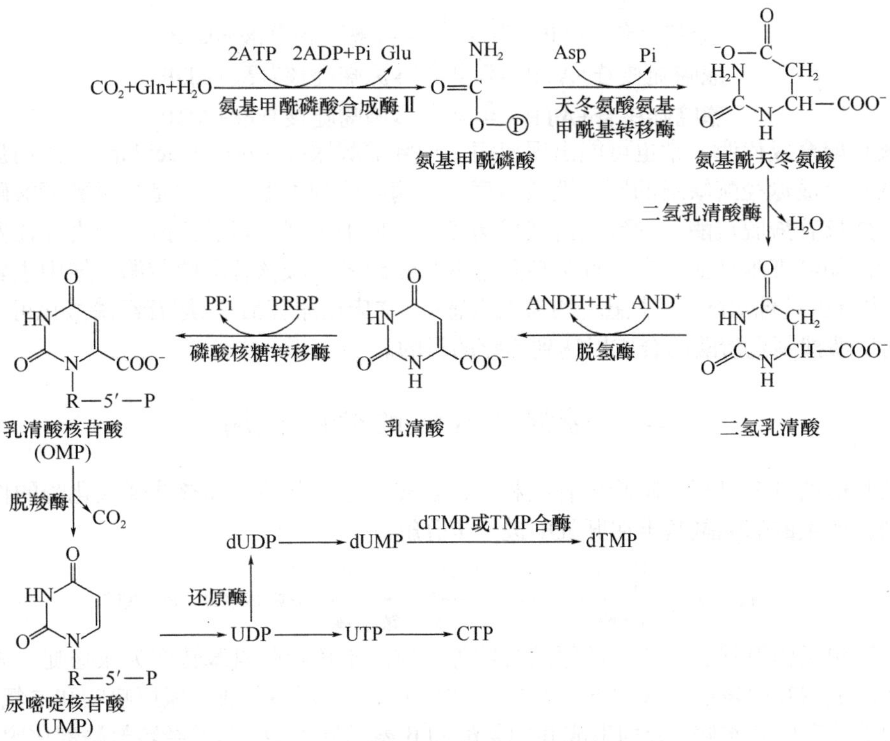

图 8-8　嘧啶核苷酸的合成代谢

抑制；乳清酸核苷酸的生成还受 PRPP 的影响（图 8-9）。

原核生物和真核生物嘧啶核苷酸从头合成调节所依赖的限速酶是有差别的，在细菌中，嘧啶核苷酸从头合成调节主要依靠天冬氨酸氨基甲酰转移酶实现，而哺乳动物细胞中嘧啶核苷酸从头合成调节主要依赖 CPSⅡ，此外哺乳动物细胞中，嘧啶核苷酸从头合成过程中的起始和终末的两种多功能酶还可受到阻遏和去阻遏调节。

放射性核素掺入实验证实：嘧啶和嘌呤的合成存在协调控制关系，两者的合成速度往往是平行的。

由于磷酸核糖焦磷酸合成酶是嘌呤和嘧啶两类核苷酸合成共同需要的酶，因此，它可同时受到嘌呤和嘧啶核苷酸的反馈抑制。

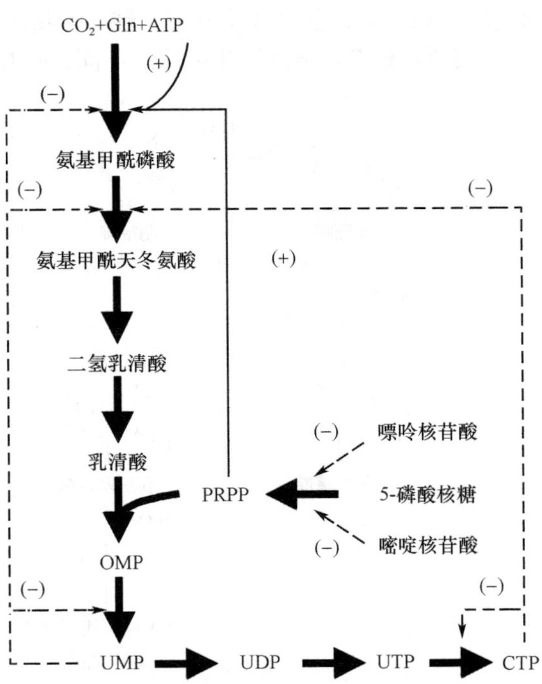

图 8-9　嘧啶核苷酸合成的调节

（二）嘧啶核苷酸的补救合成

外源性或体内核苷酸降解的嘧啶碱基在嘧啶磷酸核糖转移酶的催化下生成嘧啶核苷酸，该酶是嘧啶核苷酸补救合成的主要酶，它能催化尿嘧啶、胸腺嘧啶和乳清酸形成相应的核苷酸，但不能利用胞嘧啶直接合成胞嘧啶核苷酸。

$$\text{嘧啶}+\text{PRPP}\xrightarrow{\text{嘧啶磷酸核糖转移酶}}\text{嘧啶核苷酸}+\text{PPi}$$

嘧啶核苷激酶（pyrimidine nucleoside kinase）也是一种补救合成酶，能催化各种嘧啶核苷形成相应的嘧啶核苷酸，如尿苷激酶可催化尿苷或胞苷生成尿苷酸或胞苷酸。

嘧啶核苷+ATP $\xrightarrow{\text{嘧啶核苷激酶}}$ 嘧啶核苷酸+ADP

尿嘧啶核苷+ATP $\xrightarrow{\text{尿苷激酶}}$ 尿嘧啶核苷酸+ADP

胞嘧啶核苷+ATP $\xrightarrow{\text{尿苷激酶}}$ 胞嘧啶核苷酸+ADP

嘧啶核苷酸合成代谢异常也可能出现疾病。如乳清酸尿症（orotic aciduria）该病症是一种嘧啶核苷酸从头合成途径酶缺乏的原发性遗传病。此病有两种类型：一种是缺乏乳清酸磷酸核糖转移酶和乳清酸核苷酸脱羧酶，导致乳清酸代谢障碍，尿中出现大量乳清酸，患者往往发育不良，出现严重的巨幼红细胞贫血。另一种类型是患者只缺乏乳清酸核苷酸脱羧酶，尿中主要出现乳清酸核苷酸，也有少量乳清酸。两类患者均易发生感染，临床用尿苷治疗。尿苷经磷酸化可生成UMP、UTP，进而反馈抑制乳清酸的合成以达到治疗的目的。

二、嘧啶核苷酸的分解代谢

嘧啶核苷酸的分解过程与嘌呤核苷酸相似，首先通过核苷酸酶和核苷磷酸化酶的作用，脱去磷酸和核糖，产生的嘧啶碱基再在肝脏中进一步分解。

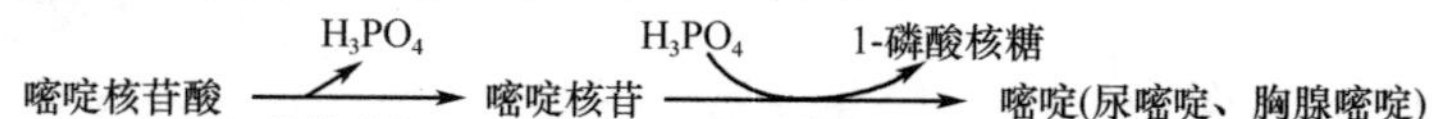

分解过程包括脱氨基、氧化、还原及脱羧等反应。胞嘧啶脱氨基转变为尿嘧啶，尿嘧啶和胸腺嘧啶先在二氢嘧啶脱氢酶的催化下，由NADPH供氢，分别还原成二氢尿嘧啶和二氢胸腺嘧啶，二氢嘧啶酶催化嘧啶环水解，分别生成β-丙氨酸和β-氨基异丁酸，两者经转氨酶催化脱去氨基后，β-丙氨酸转变成丙二酸半醛，丙二酸半醛活化成丙二酰-CoA，再脱去CO_2生成乙酰CoA可进入三羧酸循环而彻底氧化，而β-氨基异丁酸可转变为为琥珀酰CoA，此产物可参与三羧酸循环而彻底氧化（图8-10），部分β-氨基异丁酸亦可随尿排出体外。

与嘌呤核苷酸分解产生的尿酸不同，嘧啶核苷酸分解产物均易溶于水。

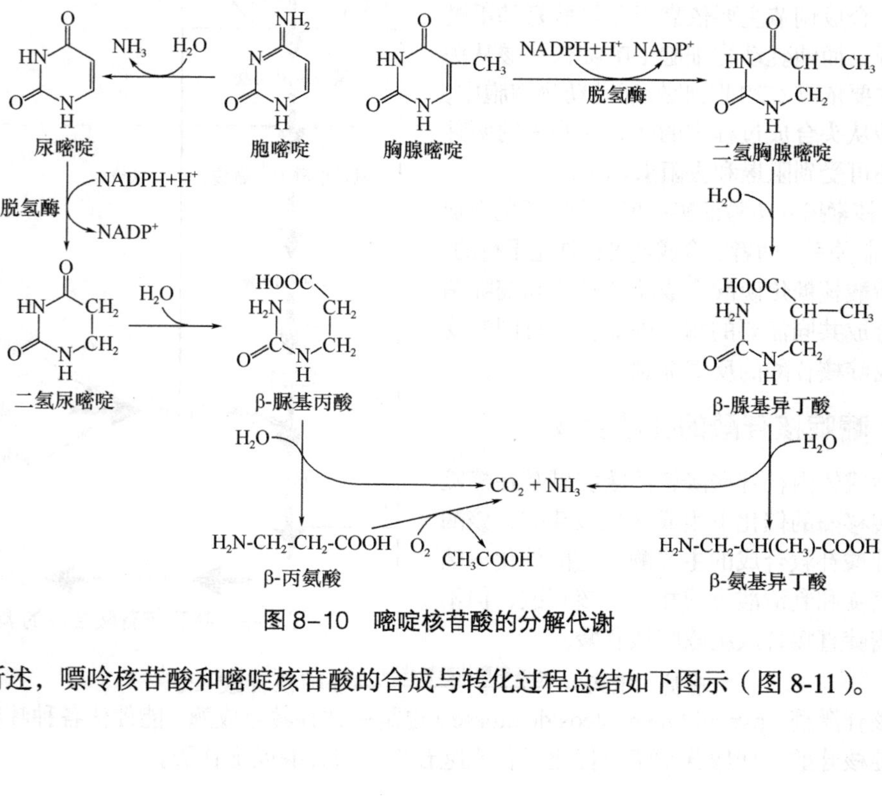

图8-10 嘧啶核苷酸的分解代谢

综上所述，嘌呤核苷酸和嘧啶核苷酸的合成与转化过程总结如下图示（图8-11）。

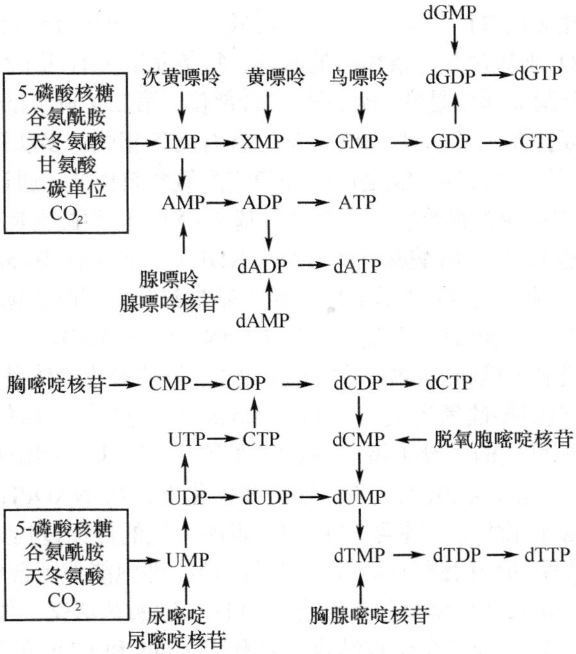

图 8-11　核苷酸的合成与转化过程

第三节　脱氧核糖核苷酸及核苷三磷酸的生成

脱氧核糖核苷酸是合成 DNA 的前体。在细胞分裂旺盛时，体内脱氧核糖核苷酸含量明显增加，以满足合成 DNA 的需要。各种脱氧核糖核苷酸是如何合成的呢？本节主要描述脱氧核糖核苷酸的合成途径。

一、脱氧核糖核苷酸的生成

实验证明，脱氧核糖核苷酸的生成主要是由二磷酸核糖核苷酸（NDP，N 代表 A、G、C、U 等碱基）还原而来。二磷酸腺嘌呤核糖核苷酸（ADP）、二磷酸鸟嘌呤核糖核苷酸（GDP）、二磷酸胞嘧啶核糖核苷酸（CDP）和二磷酸尿嘧啶核糖核苷酸（UDP）经还原，将其核糖第二位碳原子上的氧脱去，即可形成相应的脱氧核糖核苷酸（dNDP）；胸腺嘧啶脱氧核苷酸的形成则首先由二磷酸尿嘧啶核糖核苷酸（UDP）还原生成二磷酸尿嘧啶脱氧核苷酸（dUDP），然后 dUDP 再甲基化转变为胸腺嘧啶脱氧核苷酸（dTDP）。

1. 核糖核苷酸还原　在生物体内，腺嘌呤、鸟嘌呤、胞嘧啶和尿嘧啶核糖核苷酸，在其二磷酸核苷（NDP）水平上，都可以被还原产生相应的脱氧核糖核苷酸（dNDP）。反应如图 8-12 所示：

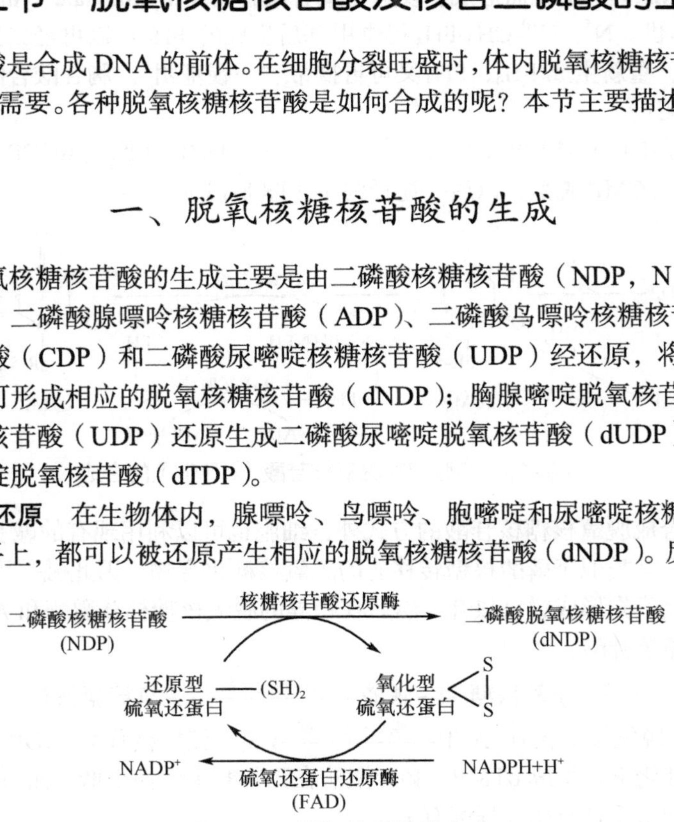

图 8-12　脱氧核苷酸的生成

催化该还原反应的酶称为核糖核苷酸还原酶（ribonucleotide reductase）。细菌和动物体内都存在核糖核苷酸还原酶，此酶由 R1 和 R2 两种亚基组成，只有它们聚合并有镁离子存在时有催化活性，而解聚后无活性。R1 亚基含有两条相同的肽链，每条肽链上有两个变构调节部位和一对参与还原反应的巯基。第一个调节部位是变构效应剂结合部位，第二个调节部位是底物特异结合位点。通过这两个调节部位可以控制酶的活性。R2 亚基也含有两条相同的多肽链，各有一个酪氨酰基和一个双核铁（Fe^{3+}）辅因子，后者的功能是产生和稳定酪氨酸自由基，通过酪氨酸自由基促使位于 R1 和 R2 界面处的活性中心 R2 侧产生另一个自由基（--X*）（可能是 R2 亚基上的半胱氨酸的巯基转变成一个硫的自由基）。当二磷酸核糖核苷酸（NDP）进入活性中心后，R2 亚基上的自由基（--X*）发动单电子转移反应，使 R1 亚基上的一对巯基被氧化，同时核糖核苷酸中核糖的 2′-羟基被还原，由氢取代羟基生成二磷酸脱氧核糖核苷酸（dNDP）和 H_2O。

核糖核苷酸还原成脱氧核糖核苷酸需要两个氢原子，氢的最终给体是 NADPH，但核糖核苷酸还原酶从 NADPH 获得氢需要硫氧还蛋白（thioredoxin）作为载体。硫氧还蛋白是一种分子量为 12kD，广泛参与氧化还原反应的小分子蛋白质。它含有一对巯基，给出两个氢后即成为含有二硫键的氧化型，氧化型硫氧还蛋白在硫氧还蛋白还原酶催化下，从 NADPH 获得氢再生成为还原型硫氧还蛋白。硫氧还蛋白还原酶是一种含 FAD 的黄素酶。氢的传递过程见图 8-12。

通过核糖核苷酸还原酶的变构调节和反馈抑制等机制，细胞能控制合成 DNA 的四种脱氧核糖核苷酸的合成达到平衡。如果变构调节位点结合了 ATP，则酶被活化；如果结合 dATP 则酶被抑制。当 ATP 或 dATP 与底物特异结合位点结合，有利于 UDP 和 CDP 的还原；当 dTTP 或 dGTP 与之结合时，则分别促进 GDP 或 ADP 的还原。

2. 胸腺嘧啶脱氧核苷酸（dTMP）的合成 dTMP 是 DNA 的重要组分之一。dTMP 可由脱氧尿嘧啶核苷酸（dUMP）甲基化而形成。反应由胸苷酸合酶（thymidylate synthase）催化，甲基由 N^5，N^{10}-CH_2-FH_4 提供。N^5，N^{10}-CH_2-FH_4 提供甲基后生成的 FH_2 可以再经二氢叶酸还原酶作用，由 NADPH 提供氢，重新生成 FH_4，FH_4 又可再携带"一碳基团"。胸苷酸合酶和二氢叶酸还原酶常作为肿瘤化疗的靶点。

合成 dTMP 所需的 dUMP 可以来自两条途径：一是 UDP 还原成 dUDP，再水解脱磷酸而成 dUMP；另一途径是 dCMP 脱氨，以后一途径为主（图 8-13）。

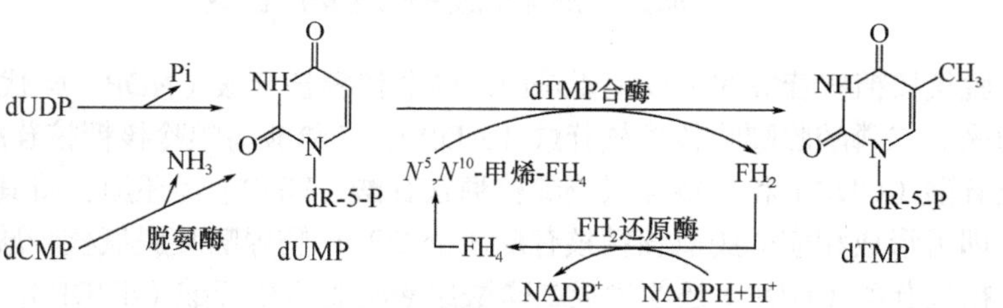

图 8-13 胸腺嘧啶脱氧核苷酸（dTMP）的合成

除了以上两种合成脱氧核糖核苷酸的方式外，细胞也可以利用现有的碱基和核苷合成脱氧核糖核苷酸，但体内没有类似于磷酸核糖转移酶的脱氧核糖化合物，因此碱基可与脱氧核糖-1-磷酸在核苷磷酸化酶催化下先形成脱氧核苷，然后在特异的脱氧核糖核苷激酶和 ATP 作用下，磷酸化形成相应的脱氧核糖核苷酸。

$$\text{碱基+脱氧核糖-1-磷酸} \xrightarrow{\text{核苷磷酸化酶}} \text{脱氧核糖核苷}$$

$$\text{脱氧核糖核苷+ATP} \xrightarrow{\text{脱氧核苷激酶}} \text{脱氧核糖核苷酸+ADP}$$

如胸苷激酶可催化胸苷生成 dTMP。胸苷激酶在正常肝中活性很低，而再生肝中酶活性升高；在恶性肿瘤中明显升高而且与恶性程度有关。

一些微生物体内还存在一种核苷脱氧核糖转移酶（nucleosides deoxyribosyl transferase），可以碱基与脱氧核苷之间相互转变。如胸腺嘧啶与脱氧腺苷反应可产生脱氧胸苷和腺嘌呤。

胸腺嘧啶+脱氧腺苷 $\xrightleftharpoons{\text{脱氧核糖转移酶}}$ 脱氧胸苷+腺嘌呤

二、核苷三磷酸的生成

核苷三磷酸是合成核酸（DNA 或 RNA）的原料。合成 DNA 所需的是脱氧核糖核苷三磷酸（dNTP，N 代表 A、C、G、T）；而合成 RNA 需要核糖核苷三磷酸（NTP，N 代表 A、C、G、U），因此核苷三磷酸是细胞分裂、增殖、生长必不可少的物质。

细胞内的核苷酸有核苷一磷酸、核苷二磷酸和核苷三磷酸三种形式。细胞合成的或体内核酸降解产生的核苷一磷酸（或脱氧核苷）可在特异的核苷一磷酸激酶（nucleoside monophosphate kinase）催化下，由 ATP 提供磷酸基，转变为核苷（或脱氧核苷）二磷酸；而核苷（或脱氧核苷）二磷酸可在核苷二磷酸激酶催化下，形成相应的核苷（或脱氧核苷）三磷酸。反应式如下：

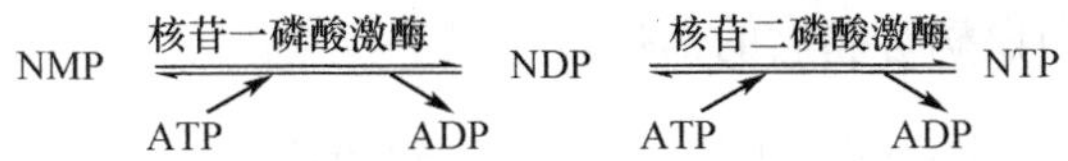

(N代表A、C、G、U)

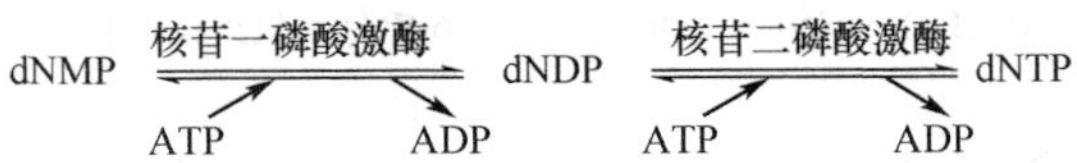

(N代表A、C、G、T)

案例 8-2

患者，女性，36 岁，半年前发现左乳房疼痛就诊，经临床检查乳腺触及肿块（最大径 1.5cm），腺体局灶增厚，乳头溢液，后经乳腺 B 超及数字化钼靶摄影检查，辅助乳腺 MRI 及穿刺活检，第一诊断为乳腺癌Ⅰ期（$T_1N_0M_0$），后住院行单侧乳腺改良根治术并辅助乳腺癌化疗。以下是住院医师提供的化疗方案：

药物	剂量 mg/（$m^2 \cdot d$）及途径		时间（天）及周期	
环磷酰胺	600	iv	1，8	q28d×6
甲氨蝶呤	40	iv	1，8	q28d×6
氟尿嘧啶	600	iv	1，8	q28d×6

问题：运用生物化学知识分析该方案中主要药物在乳腺癌化疗中的作用机制并评价化疗方案的疗效。

第四节　核苷酸抗代谢物

抗代谢物（antimetabolite）是指在化学结构上与正常代谢物相似、能竞争性拮抗正常代谢的物质。抗代谢物大多数属于竞争性抑制剂，它们与正常代谢物竞争酶的活性中心，抑制酶活性，导致正常代谢不能进行，最终抑制核酸和蛋白质的生物合成。由于肿瘤细胞的核酸和蛋白质合成十分旺盛，因此抗代谢物往往是临床用于抗肿瘤的药物。下面分别介绍嘌呤核苷酸抗代谢物和嘧啶核苷酸抗代谢物。

一、嘌呤核苷酸抗代谢物

嘌呤核苷酸类似物是指嘌呤、氨基酸和叶酸等的结构类似物，它们主要以竞争性抑制的方式干扰或阻断细胞嘌呤核苷酸的合成代谢，从而进一步阻止其核酸以及蛋白质的生物合成。

1. 嘌呤类似物　包括 6-巯基嘌呤（6-MP）、6-巯基鸟嘌呤、8-氮杂鸟嘌呤等，其中 6-MP 在临床上应用较多，其结构与次黄嘌呤相似，在体内经磷酸核糖化生成 6-MP 核苷酸，并以这种形式抑制 IMP 转变为 AMP 及 GMP 的反应，还可以反馈抑制 PRPP 酰胺转移酶而干扰磷酸核糖胺的形成，从而阻断嘌呤核苷酸的从头合成。6-MP 还能直接影响次黄嘌呤-鸟嘌呤磷酸核糖转移酶，使 PRPP 分子中的磷酸核糖不能向鸟嘌呤及次黄嘌呤转移，阻断补救合成途径。

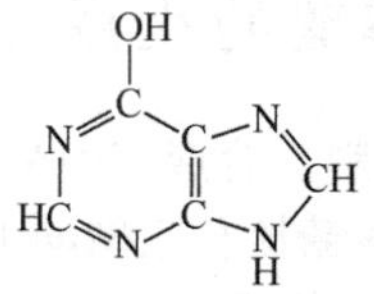

次黄嘌呤

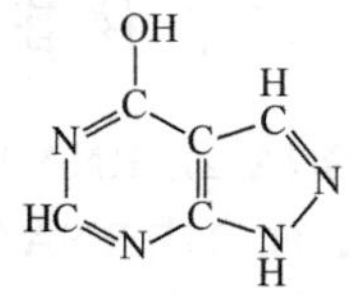

别嘌呤醇

2. 氨基酸类似物 包括氮杂丝氨酸及 6-重氮-5-氧正亮氨酸等。它们的结构与谷氨酰胺相似，可干扰谷氨酰胺在嘌呤核苷酸合成中的作用，从而抑制嘌呤核苷酸的合成。

3. 叶酸的类似物 氨蝶呤和甲氨蝶呤（MTX）都是叶酸的类似物，能竞争性抑制二氢叶酸还原酶，使叶酸不能还原成二氢叶酸及四氢叶酸，影响一碳单位的供应，从而抑制嘌呤核苷酸的合成。MTX 在临床上用于白血病等癌瘤的治疗。

$H_2NCOCH_2CH_2CHNH_2COOH$	谷氨酰胺
$N^{+}NCH^{2}COOCH^{2}CHNH^{2}COOH$	氮杂丝氨酸（重氮乙酰丝氨酸）
$N^{+}NCH^{2}COCH^{2}CH^{2}CHNH^{2}COOH$	6-重氮 5-氧正亮氨酸

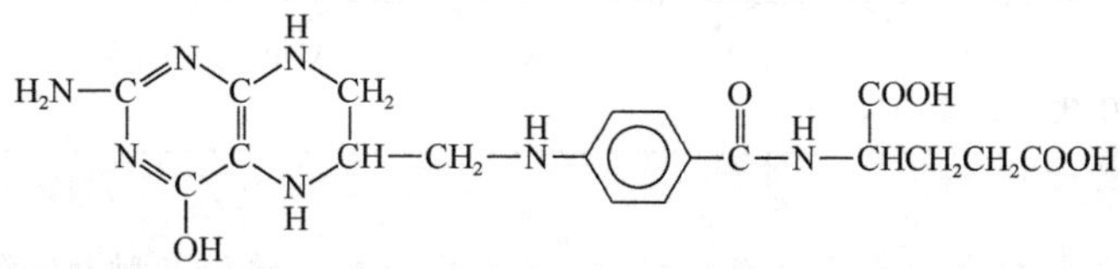

四氢叶酸

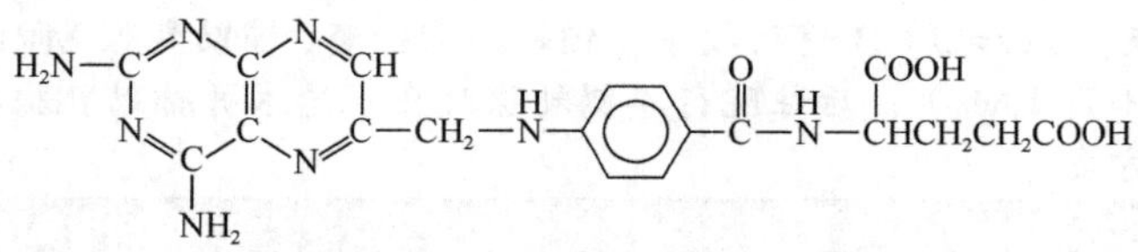

氨蝶呤

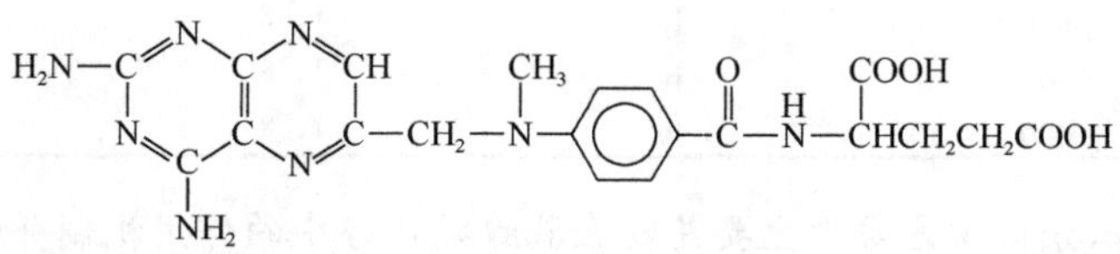

甲氨蝶呤

应该指出的是，上述药物缺乏对癌细胞的特异性，故对增殖速度较快的某些正常组织也有杀伤性，从而有较大的毒副作用。

嘌呤核苷酸抗代谢物的作用归纳如图 8-14

二、嘧啶核苷酸抗代谢物

嘧啶核苷酸抗代谢物是指嘧啶、氨基酸或叶酸等的结构类似物。它们对代谢的影响及抗肿瘤机制与嘌呤抗代谢物相似。

1. 嘧啶的类似物 主要有 5-氟尿嘧啶（5-fluorouracil，5-FU），它的结构与胸腺嘧啶相似，在体内转变成一磷酸脱氧核糖氟尿嘧啶核苷（FdUMP）及三磷酸氟尿嘧啶核苷（FUTP）后发挥作用。FdUMP 与 dUMP 的结构相似，是胸苷酸合酶的抑制剂，使 dTMP 合成受到阻断。FUTP 可以 FUMP 的形式掺入 RNA 分子，破坏 RNA 的结构与功能。

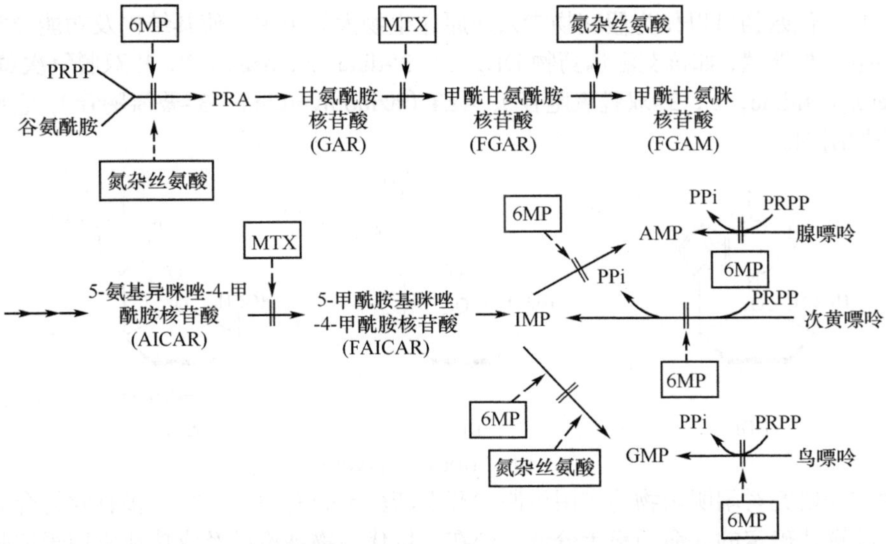

图 8–14　嘌呤核苷酸抗代谢物的作用（ ‖ 表示抑制 ）

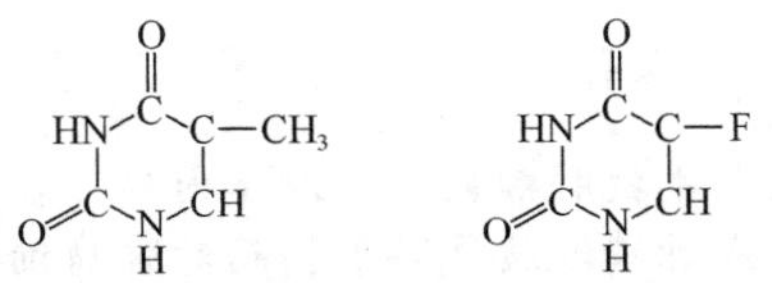

胸腺嘧啶　　5-氟尿嘧啶

2. 氨基酸类似物　由于氮杂丝氨酸类似谷氨酰胺，在嘧啶核苷酸的合成中能抑制氨甲酰磷酸合成酶Ⅱ和 CTP 合成酶，可以抑制 CTP 的生成。

3. 叶酸类似物　叶酸类似物的结构特点和作用机制已在嘌呤抗代谢物中做过介绍，不再赘述。在嘧啶核苷酸合成中，叶酸类似物（氨蝶呤和甲氨蝶呤）可干扰叶酸代谢，抑制 FH_2 再生为 FH_4，阻断 dUMP 从 N^5，N^{10}-CH_2-FH_4 获得甲基生成 dTMP，进而影响 DNA 合成。

另外，某些改变了核糖结构的核苷类似物，如阿糖胞苷和环胞苷也是重要的抗癌药物，阿糖胞苷能抑制 CDP 还原成 dCDP，也能影响 DNA 的合成。

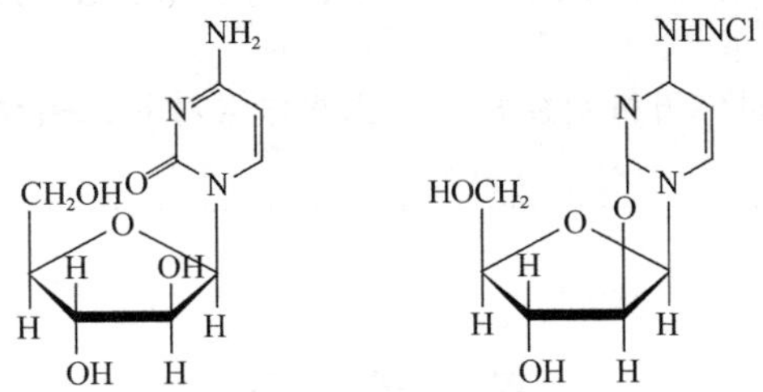

阿糖胞苷　　环胞苷

嘧啶核苷酸抗代谢物的作用归纳如图（ ‖ 表示抑制 ）。

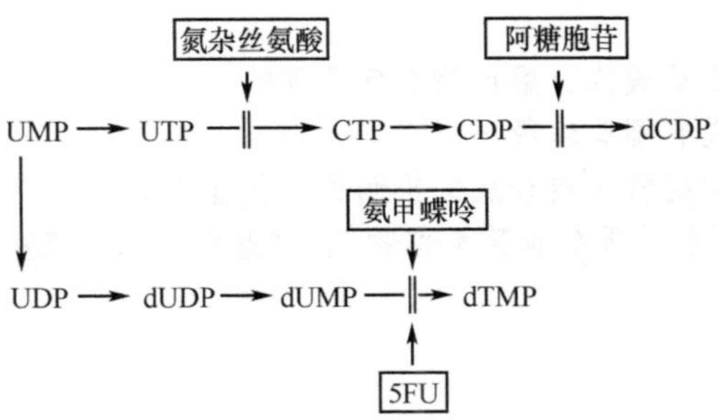

还有一些抗代谢物可以作为假底物掺入病原体生物大分子中，使其结构及功能异常，从而抑制病原体的生长与繁殖，如抗艾滋病药物 DDI（2′，3′-dideoxyinosine，2′，3′-双脱氧次黄苷）、DDC（2′，3′-dideoxycytidine，2′，3′-双脱氧胞苷）、AZT（azidothymidina，3′-叠氮胸苷），它们都是核苷类逆转录酶抑制剂。

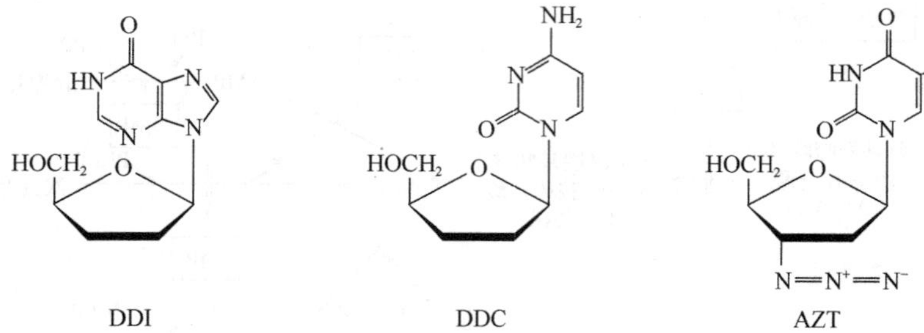

DDI、DDC、AZT结构式

抗代谢物的研究对阐明药物的作用机制和开发新药十分有益。以往许多有效的合成药物是经过大量随机筛选才确定的，命中率十分低。现在，抗代谢物理论已经成功地应用于抗肿瘤和抗病毒药物的开发。

案例 8-2 分析讨论

环磷酰胺为最常用的烷化剂类抗肿瘤药，进入体内后，在肝微粒体酶催化下分解释出烷化作用很强的氯乙基磷酰胺（或称磷酰胺氮芥），而对肿瘤细胞产生细胞毒作用。临床用于恶性淋巴瘤，多发性骨髓瘤，白血病、乳腺癌、卵巢癌、宫颈癌、前列腺癌、结肠癌、支气管癌、肺癌等的化疗，有一定疗效。

二氢叶酸还原酶和胸苷酸合酶常作为肿瘤化疗的靶点。

甲氨蝶呤是叶酸的类似物，能竞争性抑制二氢叶酸还原酶，使叶酸不能还原成二氢叶酸及四氢叶酸，影响一碳单位的供应，抑制肿瘤细胞核苷酸的合成，也就抑制了肿瘤细胞 DNA 的合成，从而抑制肿瘤的分裂增殖。

氟尿嘧啶的结构与胸腺嘧啶相似，在体内转变成一磷酸脱氧核糖氟尿嘧啶核苷（FdUMP）及三磷酸氟尿嘧啶核苷（FUTP）后发挥作用。FdUMP 与 dUMP 的结构相似，是胸苷酸合酶的抑制剂，使肿瘤细胞 dTMP 合成受到阻断。FUTP 可以 FUMP 的形式掺入 RNA 分子，破坏肿瘤细胞 RNA 的结构与功能。

从该方案中主要药物的作用机制分析，此化疗方案对乳腺癌细胞具有杀伤和抑制作用，对早期乳腺癌有一定疗效。

（崔炳权）

思考题

1. 生物体内合成嘌呤环和嘧啶环的主要原料是什么？嘌呤核苷酸和嘧啶核苷酸的从头合成有什么差别？
2. 嘌呤核苷酸和嘧啶核苷酸的分解产物有何不同？
3. 体内脱氧核苷酸合成有哪些途径？
4. 说明以下抗代谢物抑制核苷酸合成的机制和主要作用点。

重氮丝氨酸、羽田杀菌素（天冬氨酸类似物）、氨基蝶呤、6-巯基嘌呤

第九章　物质代谢的联系与调节

内容提要

生物体的生存和健康有赖于其机体不断地与外界进行物质交换。食物中的糖、脂及蛋白质经消化吸收进入体内，在细胞内进行分解代谢提供能量，以满足生命活动的需要；同时也可通过合成代谢转变成机体自身的蛋白质、脂质、糖类，以参与机体的构成。机体这种和环境之间不断进行的物质交换，即物质代谢。物质代谢是生命的本质特征，也是生命活动的物质基础。

体内各种物质代谢既相互联系、又相互补充、相互制约，具有整体、统一有序、可调节等特点，既能满足正常生长发育的需求，又能适应机体内外环境改变的需求。

体内的物质代谢受到中枢神经系统、激素以及细胞三级水平的精细调节。

细胞水平调节是最基本、最原始的调节方式，其调节主要通过改变限速酶活性或酶含量来实现。改变酶活性主要通过别构调节与共价修饰调节两种方式，酶含量调节主要通过改变酶蛋白的合成速度而实现。

激素水平调节通过激素与靶细胞受体特异结合，通过激素/受体、信号转导分子、效应分子组成的信号级联反应影响细胞内生物化学反应，调节代谢。激素的合成、释放在神经系统主导下进行。

神经系统通过调控激素的功能整合不同组织/器官的细胞内代谢途径，实现整体调节，维持代谢稳态。

在饱食、空腹、饥饿、应激等状态下，机体主要通过神经系统主导并调节胰高血糖素与胰岛素等激素的分泌量，进而达到对不同组织/器官物质代谢的调节作用。

代谢综合征是多种代谢成分异常积聚发生在某一个体的异常病理生理现象，超重和肥胖在代谢综合征发生、发展中起着决定性的作用。

糖尿病是一种以血糖升高为特征的疾病症候群，由于胰岛素绝对或相对缺乏，导致机体血糖升高，可以引起一系列代谢紊乱，包括糖代谢、脂质代谢与蛋白质代谢的紊乱，严重时可导致酮症酸中毒。

第一节　物质代谢的特点

一、物质代谢的整体性

食物中的糖、脂、蛋白质、水、无机盐、维生素等成分，经消化吸收进入机体后的代谢不可能是彼此孤立各自为政，而是同时进行的，且彼此互相联系，或相互转变，或相互依存，构成统一的整体。例如进食后，摄入体内的葡萄糖增加。此时，除糖原合成加强外，糖的分解代谢加强，释放能量增多，以保证糖原、脂肪、蛋白质等物质合成的能量；同时糖原分解、脂肪动员和蛋白质分解过程受到抑制。

此外，内源性代谢物（体内各组织细胞分解来的糖、脂、氨基酸）也通过各物质的共同代谢池参与机体的整体性物质代谢。例如：无论是由食物消化吸收的氨基酸，还是由机体自身组织蛋白降解产生的氨基酸，或者机体自身合成的营养非必需氨基酸，均混为一体构成氨基酸代谢池，参与各种组织的代谢。因此，细胞内各种物质的共同代谢池是物质代谢形成整体性的基础。

二、物质代谢过程的有序性

生命体内的物质代谢都是按一定的代谢途径进行，而每条途径又是通过一系列代谢反应有序进行来实现的。正是代谢途径的不同决定了代谢物的去向不同，产物的差异，最终促成生命体的多样性和满足生命过程的需要。这些代谢途径有的局限在一个亚细胞结构中，有的跨越多个亚细胞结构，每条代谢途径都按照自己的路线有序进行。代谢途径的模式主要有以下几种：

（一）直线途径

一般指从起始物到终产物的整个反应过程中无代谢支路。如 DNA 的生物合成等。

（二）分支途径

一般是指代谢物可通过某个共同中间产物进行代谢分支途径，产生两种或更多种产物。例如以葡糖-6-磷酸为分支点的糖代谢，葡糖-6-磷酸可以进入糖酵解途径，也可进入磷酸戊糖途径，还可以进入糖原合成途径。再如糖酵解途径产生的丙酮酸，在相对缺氧时被还原为乳酸，在有氧条件下则氧化脱羧生成乙酰 CoA。

（三）循环途径

循环中的中间产物可以反复生成，反复利用，使生物体能经济高效地进行代谢变换，而且循环反应可以从任一中间产物起始或终止，可大大提高代谢变化的灵活性。例如三羧酸循环、鸟氨酸循环。

三、代谢反应需要酶催化并受到精细调节

代谢反应通常是以一系列酶促反应组成。酶是由活细胞产生的生物催化剂，绝大多数酶的本质是蛋白质。酶的主要作用是加快物质代谢速度，并且对物质代谢起调节作用。不同组织细胞产生的酶有些是相同的，也有些是不同的，这些不同使不同的组织细胞具有不同的代谢特点和功能。例如肝脏是维持血糖恒定的重要器官，它不仅能进行糖异生，还能进行糖原的合成和分解。再如肝脏只能进行酮体的合成，却不能利用酮体；肝糖原的分解可以作为血糖的补充来源，而肌糖原分解却只能分解供能，而不能作为血糖的补充。

同时，酶的活性具有可调节性，机体通过对酶活性的调节控制体内的各种代谢反应。对酶活性的调节主要包括酶原激活、酶的别构调节、酶的共价修饰调节以及同工酶等，这些调节方式准确、快速、直接影响到体内物质代谢的速度；同时也可以通过酶的诱导和阻遏对酶的含量进行调节。因而，对酶的活性和/或含量的调节是对体内各种物质代谢能否进行和代谢速度调节的关键。

生物体的各种物质代谢错综复杂，以对抗外环境变化，维持内环境恒定，即稳态。从生物化学角度认识稳态，就是机体通过精细的调节机制，不断调节各种物质代谢的强度、方向和速度，以补偿外环境变化而维持的代谢动力学动态稳定状态——代谢稳态（metabolic homeostasis）。而这种通过改变各种物质代谢的强度、方向和速度，以对抗代谢产物浓度变化的机制即为代谢调节。代谢调节普遍存在于生物界，是生物的重要特征，是生命在进化过程中逐步形成的一种适应能力。

四、ATP 是能量储存和消耗的共同形式

ATP 是一切生命活动所需能量的直接利用形式。糖、脂及蛋白质在体内氧化分解释出的能量，大部分储存在 ATP 的高能磷酸键中。体内其他的高能化合物，如磷酸肌酸、琥珀酰辅酶 A、NTP 等均需要转化为 ATP 进行利用。生命活动如生长、发育、繁殖、运动等所涉及的蛋白质、核酸、多糖等生物大分子的合成，肌肉收缩，神经冲动的传导，以及细胞渗透压及形态的维持均直接利用 ATP。ATP 犹如一种能量货币，是能量交换的媒介，简化了细胞中复杂的能量循环。

五、NADPH 提供合成代谢所需的还原当量

许多参与氧化分解代谢的脱氢酶常以 NAD^+为辅酶，而参与还原合成代谢的还原酶则多以NADPH 为辅酶，由 NADPH 提供还原当量。如葡萄糖经磷酸戊糖途径生成的 NADPH 既可为乙酰CoA 合成脂肪酸，又可为乙酰 CoA 合成胆固醇提供还原当量。

第二节　物质代谢的相互联系

一、三大营养物在能量代谢上相互联系相互制约

三大营养物糖、脂及蛋白质可在体内氧化供能。虽然它们在体内氧化分解的代谢途径各不相同，但它们的共同中间产物是乙酰 CoA，最终分解机制是三羧酸循环，产生能量主要通过氧化磷酸化，释出的能量均需转化为 ATP 形式。

从能量供应的角度看，这三大营养素可以互相代替，并互相制约。一般情况下，人体摄取的食物中糖类含量最多，人体所需能量的 50%～70%由糖提供，糖是体内的“燃烧材料”；其次是脂肪，摄入量虽然不多，变动在 10%～40%，但因其含水少，便于储存，故脂肪是生物体内的“储存材料”；蛋白质虽然也能氧化分解提供能量，但机体尽可能节约蛋白质的消耗，因为蛋白质是机体的“建筑材料”，其主要功能是参与细胞的最重要组成。由于糖、脂、蛋白质分解代谢有共同的通路，所以任一供能物质的分解代谢占优势，常能抑制和节约其他供能物质的降解。例如，脂肪分解增强、生成的 ATP 增多，ATP/ADP 比值增高，可变构抑制糖分解代谢中的限速酶 6-磷酸果糖激酶-1 的活性，从而抑制糖分解代谢。相反，若供能物质不足，体内 ATP 减少，ADP 积存增多，则可变构激活 6-磷酸果糖激酶-1，加速体内糖的分解代谢。

二、三大营养物代谢通过中间代谢物而相互联系

体内糖、脂、蛋白质和核酸等物质的代谢不是彼此独立，而是相互关联的。它们通过共同的中间代谢物，即两种代谢途径汇合时的中间产物，三羧酸循环和生物氧化等联成整体。三大营养物之间还可以互相转变，当一种物质代谢障碍时可引起其他物质代谢的紊乱，如糖尿病时糖代谢的障碍，可引脂代谢、蛋白质代谢甚至水盐代谢的紊乱。

（一）糖代谢与脂代谢的相互联系

1. 糖可转变为脂肪　当摄入的糖量超过体内能量消耗时，除合成少量糖原储存外，生成的柠檬酸及 ATP 可变构激活乙酰 CoA 羧化酶，使由糖代谢而来的大量乙酰 CoA 得以羧化成丙二酰辅酶 A，进而合成脂肪酸及脂肪在脂肪组织中储存。

案例 9-1

俗话说：糖吃多了会长胖。

问题：根据学习的生化知识阐述：糖吃多了为什么会长胖？

2. 脂肪中甘油部分可转变为糖　当大量脂肪分解时，在肝、肾、肠等组织中甘油激酶的作用下，将甘油转变成甘油-3-磷酸，甘油-3-磷酸通过糖异生途径转变生成葡萄糖；但脂肪酸不能在体内转变为糖，因为脂肪酸分解生成的乙酰 CoA 不能转变为丙酮酸，所以脂肪只有甘油部分可转变为糖。又由于甘油占脂肪组成比例较少，所以脂肪转变为糖较少。

3. 脂肪的分解代谢受糖代谢的影响 糖代谢的正常进行是脂肪分解代谢顺利进行的前提。因为脂肪酸氧化的产物乙酰 CoA 必须与草酰乙酸缩合成柠檬酸后进入三羧酸循环，才能彻底氧化，而草酰乙酸主要靠糖代谢产生的丙酮酸羧化生成。当饥饿、糖供给不足或糖代谢障碍时，脂肪作为主要的供能物质大量动员，脂肪酸β氧化加强，由于缺乏糖代谢产生的草酰乙酸，乙酰 CoA 不能有效地进入三羧酸循环而合成大量酮体，造成血酮体升高，产生高酮血症，甚至尿中有酮体排出，即酮尿症。

案例 9-1 分析讨论

食物中主要的糖类物质包括：单糖如葡萄糖、果糖；寡糖如乳糖、麦芽糖、蔗糖等；多糖如淀粉、动物糖原（肝糖原）、纤维素等。除了纤维素，其他都是人体能利用的糖类物质。

食物中各种类型的糖最终在机体内都转化为葡萄糖进行代谢。葡萄糖的分解供能代谢是它最主要的一条代谢去路，也是糖最主要的生理功能，除此以外，葡萄糖还能合成或转化为其他物质，比如合成糖原、转化为脂肪、营养非必需氨基酸、磷酸核糖等。当食物中糖摄入过多，分解功能剩余的葡萄糖除少部分在肝和肌细胞合成糖原外，大部分主要转化为脂肪进行储存。

葡萄糖在体内转变为脂肪的主要过程如下：葡萄糖经糖酵解途径生成丙酮酸，丙酮酸进入线粒体氧化脱羧生成乙酰 CoA，由于摄入过多，供能过剩，细胞内 ATP 以及 NADH 等浓度增大，从而抑制三羧酸循环使线粒体内乙酰 CoA 过多，这时过剩的乙酰 CoA 就通过柠檬酸-丙酮酸循环转运到细胞胞液作为合成脂肪酸的原料，参与合成脂酰 CoA。同时，葡萄糖在糖酵解过程中裂解产生的磷酸二羟丙酮可转化生成 3-磷酸甘油。有了由葡萄糖代谢生成的乙酰 CoA 合成的脂酰 CoA 以及甘油-3-磷酸，循二酰甘油途径就能合成脂肪。这就是为什么摄取不含脂肪的高糖膳食过多可使人肥胖及血三酰甘油升高的原因。

（二）糖代谢与氨基酸代谢的相互联系

体内蛋白质中的 20 种氨基酸，除生酮氨基酸（亮氨酸、赖氨酸）外，都可通过脱氨作用生成相应的α-酮酸。这些α-酮酸可转变成某些中间代谢物如丙酮酸、草酰乙酸、α-酮戊二酸等，循糖异生途径转变为糖。如精氨酸、组氨酸及脯氨酸均可通过转变成谷氨酸进一步脱氨生成α-酮戊二酸，经草酰乙酸转变成磷酸烯醇式丙酮酸，再循糖酵解逆行途径转变成糖。

糖可以转变为非必需氨基酸。糖代谢的一些中间代谢物，如丙酮酸、α-酮戊二酸、草酰乙酸等也可氨基化生成某些非必需氨基酸。但苏氨酸、甲硫氨酸、赖氨酸、亮氨酸、异亮氨酸、缬氨酸、苯丙氨酸及色氨酸等 8 种必需氨基酸不能由糖代谢中间物转变而来，必须由食物供给，所以这就是为什么食物中的蛋白质不能为糖替代，而蛋白质却能替代糖和脂肪供能的重要原因。

（三）脂质代谢与氨基酸代谢的相互联系

蛋白质可以转变为脂肪。氨基酸无论生糖、生酮（亮氨酸、赖氨酸）或生酮生糖氨基酸（异亮氨酸、苯丙氨酸、色氨酸、酪氨酸、苏氨酸）分解后均生成乙酰 CoA，乙酰 CoA 经还原缩合反应可合成脂肪酸进而合成脂肪，即蛋白质可转变为脂肪。

氨基酸可作为合成磷脂的原料。丝氨酸脱羧可变为乙醇胺，乙醇胺经甲基化可变为胆碱。丝氨酸、乙醇胺及胆碱分别是合成磷脂酰丝氨酸、脑磷脂及卵磷脂的原料。此外，乙酰 CoA 也可合成胆固醇以满足机体的需要。

脂肪的甘油部分可变为非必需氨基酸，脂肪酸类不能转变为氨基酸。仅脂肪的甘油可通过生成甘油醛-3-磷酸，生成某些非必需氨基酸的相应α-酮酸，再转变为非必需氨基酸。

（四）核酸与氨基酸代谢的相互关系

氨基酸是体内合成核酸的重要原料。体内合成嘌呤、嘧啶核苷酸需要氨基酸作为重要原料，核苷酸再进一步合成核酸（RNA、DNA）。如嘌呤核苷酸的合成需甘氨酸、天冬氨酸、谷氨酰胺及一碳单位；嘧啶核苷酸的合成需天冬氨酸、谷氨酰胺及一碳单位为原料。

合成核苷酸所需的磷酸核糖由磷酸戊糖途径提供。三大营养物质代谢的相互联系见图 9-1。

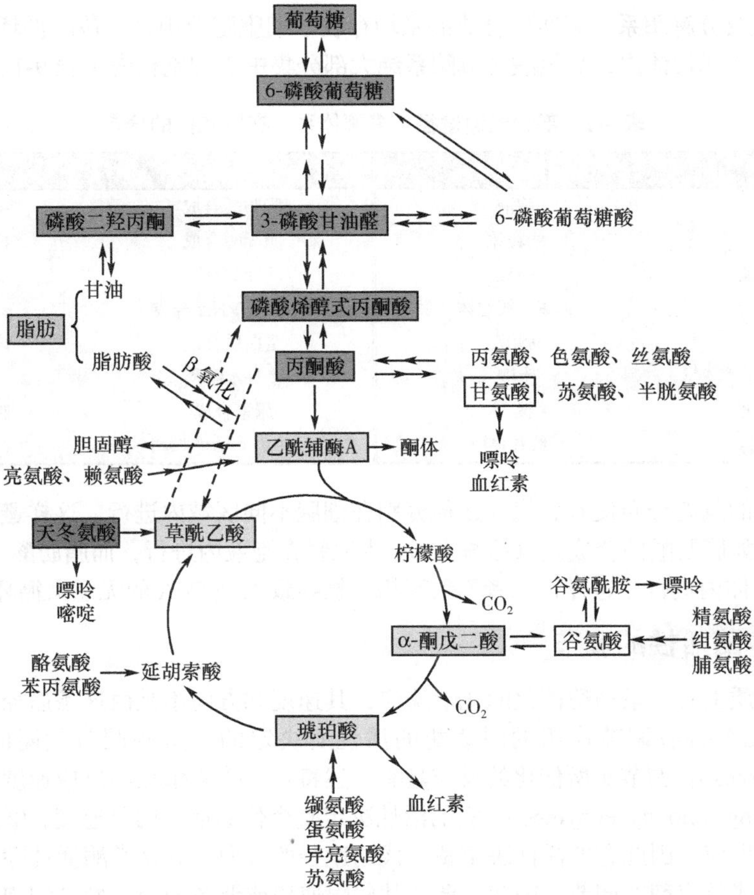

图 9-1　糖、脂、氨基酸代谢途径间的相互联系

第三节　物质代谢的调节方式

正常情况下，机体各种物质代谢及代谢途径是井然有序、相互联系、相互协调地进行，以适应内外环境的不断变化，保持机体内环境的相对恒定及动态平衡。这是因为机体有一套完整而精细的调节系统。对于高等生物而言，该系统分为三个水平层次：①细胞水平调节：即通过细胞内代谢物浓度的变化，对酶的活性及含量进行调节；②激素水平调节：即通过分泌的激素可对其他细胞发挥代谢调节作用；③整体水平调节：即在中枢神经系统的控制下，或通过神经纤维及神经递质对靶细胞直接发生影响，或通过某些激素的分泌来调节某些细胞的代谢及功能，并通过各种激素的互相协调而对机体代谢进行综合调节。在代谢调节的三级水平中，细胞水平调节是基础，激素及神经对代谢的调节都是通过细胞水平的调节实现的。

一、细胞水平的代谢调节

细胞是组成组织及器官的最基本功能单位。细胞水平调节是代谢调节的最原始调节，也叫做初始调节。细胞水平调节的调控点是细胞中催化代谢反应的酶，特别是各代谢途径的限速酶。

（一）细胞内酶的隔离分布

代谢途径有关酶类常常组成酶体系，分布于细胞的某一区域或亚细胞结构中。例如：糖酵解酶系、糖原合成及分解酶系、脂肪酸合成酶系均存在于细胞胞液中，三羧酸循环酶系、脂肪酸 β 氧化酶系则分布于线粒体内，而核酸合成酶系绝大部分集中于细胞核内（表 9-1）。

表 9-1 部分代谢途径（多酶体系）在细胞内的分布

代谢途径	酶分布	代谢途径	酶分布
糖酵解	胞液	脂肪酸合成	胞液
三羧酸循环	线粒体	胆固醇合成	内质网，胞液
磷酸戊糖途径	胞液	磷脂合成	内质网
糖异生	胞液、线粒体	DNA 及 RNA 合成	细胞核
糖原合成	胞液	蛋白质合成	内质网，胞液
糖原分解	胞液	多种水解酶	溶酶体
脂肪酸 β 氧化	线粒体	尿素合成	胞液，线粒体
氧化磷酸化	线粒体		

酶在细胞内的隔离分布使有关代谢途径分别在细胞不同区域内进行，这样避免了各种代谢途径互相干扰。例如脂肪酸的合成是以乙酰 CoA 为原料在胞液内进行，而脂肪酸 β 氧化生成乙酰 CoA 则是在线粒体内进行，这样，二者不致互相干扰导致乙酰 CoA 的无意义循环。

（二）限速酶活性的调节

代谢途径实质上是一系列酶催化的化学反应，其速度和方向不是由这条途径中每一单个酶而是其中一个或几个具有调节作用的限速酶的活性所决定的。这些调节代谢的酶称为调节酶（regulatory enzymes）。调节酶所催化的反应具有下述特点：①它催化的反应速度最慢，因此又称为限速酶（limiting velocity enzymes），它的活性决定整个代谢途径的总速度；②这类酶催化单向反应，或非平衡反应，因此它的活性决定整个代谢途径的方向；③这类酶活性除受底物控制外，还受多种代谢物或效应剂的调节。因此，调节某些限速酶或调节酶的活性是细胞代谢调节的一种重要方式。表 9-2 列出一些重要代谢途径的限速酶。

表 9-2 某些重要代谢途径的限速酶

代谢途径	限速酶	代谢途径	限速酶
糖原合成	糖原合酶	三羧酸循环	柠檬酸合酶
糖原分解	糖原磷酸化酶		异柠檬酸脱氢酶
糖酵解	己糖激酶		α-酮戊二酸脱氢酶
	6-磷酸果糖激酶-1	糖异生	丙酮酸羧化酶
	丙酮酸激酶		磷酸烯醇式丙酮酸羧激酶
脂肪酸合成	乙酰 CoA 羧化酶		果糖-1，6-二磷酸酶-1
胆固醇合成	HMG -CoA 还原酶	酮体生成	HMG-CoA 合成酶

代谢调节主要是通过对限速酶活性的调节实现的。按调节的快慢可分为快速调节及慢速调节两类。快速调节主要是通过改变酶的分子结构，从而改变其活性来调节酶促反应的速度。快速调节主要有三种机制①酶原激活；②变构调节；③共价修饰调节。（这部分内容已在第三章第五节酶活性调节一节中讨论）一些重要代谢途径中的变构酶及其效应剂见表 9-3。酶的共价修饰调节主要有磷酸化/去磷酸，乙酰化/去乙酰，甲基化/去甲基，腺苷化/脱腺苷，及—SH 与—S—S—互变等，其中磷酸化与去磷酸化在代谢调节中最为多见（图 9-2、表 9-4）。

表 9-3 一些代谢途径中的变构酶及其效应剂

代谢途径	变构酶	变构激活剂	变构抑制剂
三羧酸循环	柠檬酸合酶	AMP	ATP，长链脂酰 CoA
	异柠檬酸脱氢酶	AMP，ADP	ATP
糖异生	丙酮酸羧化酶	乙酰 CoA，ATP	AMP
糖原分解	磷酸化酶 b	AMP，G-l-P，Pi	ATP，G-6-P
脂肪酸合成	乙酰 CoA 羧化酶	柠檬酸，异柠檬酸	长链脂酰 CoA
氨基酸代谢	谷氨酸脱氢酶	ADP，亮氨酸，蛋氨酸	GTP，ATP，NADH
嘌呤合成	谷氨酰胺 PRPP 酰胺转移酶	PRPP	AMP，GMP
嘧啶合成	天冬氨酸转甲酰酶		CTP，UTP
核酸合成	脱氧胸苷激酶	dCTP，dATP	dTTP

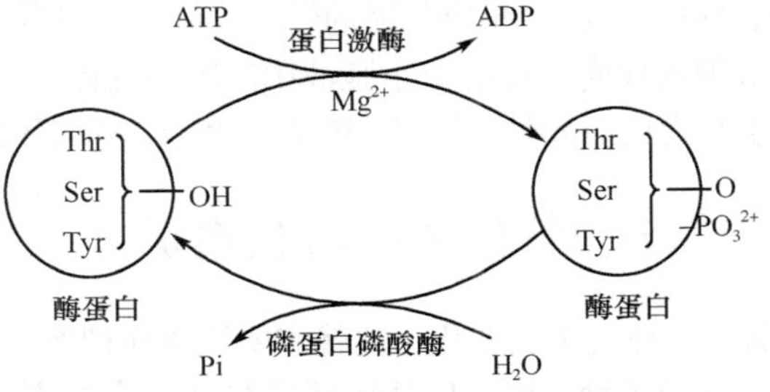

图 9-2 酶的磷酸化与去磷酸

表 9-4 酶促共价修饰对酶活性的调节

酶	化学修饰类型	酶活性改变
糖原磷酸化酶	磷酸化/去磷酸化	激活/抑制
磷酸化酶 b 激酶	磷酸化/去磷酸化	激活/抑制
糖原合酶	磷酸化/去磷酸化	抑制/激活
丙酮酸脱羧酶	磷酸化/去磷酸化	抑制/激活
磷酸果糖激酶	磷酸化/去磷酸化	抑制/激活
丙酮酸脱氢酶	磷酸化/去磷酸化	抑制/激活
HMG-CoA 还原酶	磷酸化/去磷酸化	抑制/激活
HMG-CoA 还原酶激酶	磷酸化/去磷酸化	激活/抑制
乙酰 CoA 羧化酶	磷酸化/去磷酸化	抑制/激活
脂肪细胞三酰甘油脂肪酶	磷酸化/去磷酸化	激活/抑制
黄嘌呤氧化脱氢酶	—SH /—S—S—	脱氢酶/氧化酶

慢速调节则是通过改变细胞内酶含量而达到改变代谢的方向和速度，即通过改变酶的合成或降解速度而实现的，一般需数小时或几天才能实现。

二、激素水平的代谢调节

激素水平的代谢调节是高等动物体内代谢调节的重要方式，激素作用有较高的组织特异性和效应特异性，不同激素作用于不同组织产生不同的生物学效应。激素与靶细胞上特异受体（receptor）结合，发挥作用，将激素的信号跨膜传递入细胞内，转化为一系列细胞内的化学反应，最终表现出激素的生物学效应。

按激素受体在细胞的部位不同，可将激素分为两大类：膜受体激素和胞内受体激素。

(一)膜受体激素

膜受体是存在于细胞表面质膜上的跨膜糖蛋白。与膜受体特异结合发挥作用的激素包括胰岛素、生长激素、促性腺激素、促甲状腺激素、甲状旁腺素等蛋白质类激素，生长因子等肽类及肾上腺素等儿茶酚胺类激素。这些激素都是亲水的，难以越过脂质双分子层构成的细胞质膜，而是作为第一信使分子与相应的靶细胞膜受体结合后，通过跨膜传递将所携带的信息传递到细胞内。然后通过第二信使将信号逐级放大，产生显著的代谢调节效应。(各种跨膜信号传递将在第十七章讨论。)

(二)胞内受体激素

胞内受体激素包括类固醇激素、甲状腺素、1,25(OH)$_2$-D$_3$及视黄酸等疏水性激素。这些激素可透过脂质双分子层细胞质膜进入细胞，与相应的胞内受体结合。大多数胞内受体位于细胞核内，与相应激素特异结合形成激素受体复合物后，作用于 DNA 的特定序列即激素反应元件(hormone response element，HRE)，改变相应基因的转录，促进(或阻遏)蛋白质或酶的合成，调节细胞内酶含量，从而调节细胞代谢。亦有位于胞液中的胞内受体与激素结合后，形成激素受体复合物，再进入核内作用于激素反应元件，调节相应基因表达，发挥代谢调节作用。

三、整体水平的代谢调节

在人类生活过程中，其内外环境不断变化，这就需要机体在神经系统主导下，调节激素释放，并通过激素整合不同组织器官的各种代谢，以适应环境改变，从而维持内环境的相对恒定。现以饱食、空腹、饥饿及应激等为实例说明整体物质代谢的调节。

(一)饱食

1. 混合膳食 通常情况下，人体摄入的膳食为混合膳食，经消化吸收后的主要营养物质以葡萄糖、氨基酸和 CM 形式进入血液，体内胰岛素水平中度升高，机体主要分解葡萄糖，为各组织器官供能。未被分解的葡萄糖，一部分在胰岛素的作用下合成肝糖原和肌糖原贮存；另一部分在肝内转换为丙酮酸、乙酰 CoA，进一步合成三酰甘油，以 VLDL 形式运输到脂肪等组织贮存。吸收的三酰甘油大部分被运输到脂肪组织、肌肉组织等进行转换、储存或利用，少部分经肝转换为内源性三酰甘油。

2. 高糖膳食 人体摄入高糖膳食后，体内胰岛素水平明显升高，胰高血糖素降低。在胰岛素作用下，食物消化吸收而来的葡萄糖少部分在骨骼肌合成肌糖原，在肝合成肝糖原和三酰甘油，后者运输到脂肪等组织储存；大部分葡萄糖直接被运输到脂肪组织、骨骼肌等转换成三酰甘油等非糖物质储存或利用。

3. 高脂膳食 进食高脂膳食后，体内胰岛素水平降低，胰高血糖素水平升高。在胰高血糖素作用下，肝糖原分解补充血糖，供给脑组织等。肌组织氨基酸分解、转化，生成丙酮酸运输到肝作为糖异生原料合成葡萄糖，补充血糖供给肝外组织。食物消化吸收而来的三酰甘油主要运输到脂肪和肌组织等储存或利用。脂肪组织一方面在接受消化吸收而来的三酰甘油，另一方面也在部分水解脂肪生成脂肪酸，运送到其他组织。肝利用脂肪酸生成酮体，供应脑等肝外组织利用。

4. 高蛋白膳食 摄入高蛋白膳食后，体内胰岛素水平中度升高，胰高血糖素水平也升高。在两者协同作用下，肝糖原分解补充血糖，供给脑组织等。食物消化吸收而来的氨基酸主要在肝通过糖异生途径生成葡萄糖，供应脑组织及其他肝外组织；少部分氨基酸可以转化为乙酰 CoA，合成三酰甘油，供应脂肪组织等；还有少部分氨基酸直接运送到骨骼肌。

(二)空腹

空腹通常指餐后 12 小时以后。此时体内胰岛素水平降低，胰高血糖素水平升高。事实上，在胰高血糖素作用下，餐后6～8小时肝糖原即开始分解补充血糖，主要供应脑，兼顾其他组织需要。餐后16～24小时，尽管肝糖原分解仍可持续进行，但由于肝糖原即将耗竭，能用于分解的糖原已经很少，所以肝糖原分解水平较低，主要依靠肝糖异生补充血糖。同时，脂肪动员中度增加，释放脂肪酸供应肝、肌等组织利用。肝氧化脂肪酸产生酮体，主要供应肌组织。骨骼肌在接受脂肪组织输出的脂肪酸同时，部分氨基酸分解，补充肝糖异生的原料。

（三）饥饿

在病理状态（如昏迷、食管及幽门梗阻等）或特殊情况下不能进食时，若不能及时治疗或补充食物，则机体物质代谢在整体调节下发生一系列的变化。

1. 短期饥饿 短期饥饿通常指1～3天未进食。这时肝糖原显著减少，血糖趋于降低，引起胰岛素分泌减少和胰高血糖素分泌增加。这两种激素的增减可引起一系列的代谢改变。

（1）肌蛋白分解加强：释放入血的氨基酸量增加，肌蛋白分解的氨基酸大部分转变为丙氨酸和谷氨酰胺释放入血循环。饥饿第3天，肌释出丙氨酸占输出总氨基酸的30%～40%。

（2）糖异生作用增强：饥饿2天后，肝糖异生和酮体生成明显增加，此时肝糖异生速度约为150g葡萄糖/天。肝是饥饿初期糖异生的主要场所，约占80%，其中30%来自乳酸，10%来自甘油，其余40%来自氨基酸。另一小部分（约20%）则在肾皮质中进行。

（3）脂肪动员加强，酮体生成增多：血浆甘油和游离脂肪酸含量升高，脂肪组织动员出的脂肪酸约25%在肝生成酮体。此时脂肪酸和酮体成为心肌、骨骼肌和肾皮质的重要燃料，一部分酮体可被大脑利用。

（4）组织对葡萄糖的利用降低：由于心、骨骼肌及肾皮质摄取和氧化脂肪酸及酮体增加，因而减少这些组织对葡萄糖的摄取及利用。饥饿时脑对葡萄糖的利用亦有所减少，但饥饿初大脑仍以葡萄糖为主要能源。

总之，饥饿时的主要能量来源是储存的蛋白质和脂肪，其中脂肪约占能量来源的85%以上。如此时输入葡萄糖，不但可减少酮体的生成，降低酸中毒的发生率，且可防止体内蛋白质的消耗。每输入100g葡萄糖约可节省50g蛋白质的消耗，这对不能进食的消耗性疾病患者尤为重要。

2. 长期饥饿 长期饥饿通常指未进食3天以上，通常在饥饿4～7天后，机体就发生与短期饥饿不同的代谢改变。

（1）脂肪动员进一步加强，肝生成大量酮体，脑组织利用酮体增加，超过葡萄糖，占总耗氧量的60%。

（2）肌组织以脂肪酸为主要能源，以保证酮体优先供应脑组织。

（3）肌蛋白质分解减少，肌组织释出氨基酸减少，乳酸和丙酮酸成为肝糖异生的主要来源。

（4）肾糖异生作用明显增强，生成约40g葡萄糖/天，占饥饿晚期糖异生总量一半，几乎和肝相等。

（5）因肌蛋白分解减少，负氮平衡有所改善。

（四）应激

应激（stress）是人体受到一些异乎寻常的刺激，如创伤、剧痛、冻伤、缺氧、中毒、感染以及剧烈情绪激动等所作出一系列反应的“紧张状态”。应激状态时，交感神经兴奋，肾上腺髓质及皮质激素分泌增多，血浆胰高血糖素及生长激素水平增加，而胰岛素分泌减少，引起一系列代谢改变。

1. 血糖升高 交感神经兴奋引起的肾上腺素及胰高血糖素分泌增加，均可激活磷酸化酶而促进肝糖原分解，同时肾上腺皮质激素及胰高血糖素又可使糖异生加强，不断补充血糖，加上肾上腺皮质激素及生长素使周围组织对糖的利用降低，均可使血糖升高。这对保证大脑、红细胞的供能有重要意义。

2. 脂肪动员增强 血浆游离脂酸升高，成为心肌、骨骼肌及肾等组织主要能量来源。

3. 蛋白质分解加强 肌组织释出丙氨酸等氨基酸增加，同时尿素生成及尿氮排出增加，呈负氮平衡。

综上述可见，应激时糖、脂、蛋白质代谢特点是分解代谢增强，合成代谢受到抑制，血液中分解代谢中间产物如葡萄糖、氨基酸、游离脂肪酸、甘油、乳酸、酮体、尿素等含量增加。应激时，机体代谢改变见表 9-5。

表 9-5 应激时机体的代谢改变

内分泌腺或组织	代谢改变	血中含量
胰腺 α-细胞	胰高血糖素分泌增加	胰高血糖素↑
β-细胞	胰岛素分泌抑制	胰岛素分泌↓
肾上腺髓质	去甲肾上腺素及肾上腺素分泌增加	肾上腺素分泌↑
皮质	皮质醇分泌增加	皮质醇分泌↑
肝	糖原分解增加	葡萄糖↑
	糖原合成减少	
	糖异生增强	
	脂肪酸 β-氧化增加	
	酮体生成增加	酮体↑
肌	糖原分解增加	乳酸↑
	葡萄糖的摄取利用减少	葡萄糖↑
	蛋白质分解增加	氨基酸↑
	脂肪酸 β-氧化增强	
脂肪组织	脂肪动员加强	游离脂肪酸↑
	葡萄糖摄取及利用减少	甘油↑
	脂肪合成减少	

（五）代谢综合征（metabolic syndrome，MS）

MS 是多种代谢成分异常积聚发生在某一个体的异常病理生理现象，这些异常包括：糖尿病或糖调节异常、高血压、血脂紊乱、全身或腹部肥胖、脂肪肝、高胰岛素血症伴胰岛素抵抗、微量清蛋白尿、高纤溶酶原激活抑制物、高尿酸血症等。MS 是一组复杂的代谢紊乱症群，以肥胖、高血压、糖代谢及血脂异常等为主要临床表现。超重和肥胖在 MS 发生、发展中起着决定性的作用。中华医学会糖尿病学分会建议的诊断代谢综合征标准为具备以下 4 项组成成分中的 3 项或全部者：①超重和（或）肥胖：体重指数（BMI）≥25.0kg/m^2；②高血糖：FPG≥6.1mmol/L（110mg/dl）和（或）2hPG≥7.8mmol/L（140mg/dl），和（或）已确诊糖尿病并治疗者；③高血压：SBP/DBP≥140/90mmHg，和（或）已确诊高血压并治疗者；④血脂紊乱：空腹血 TG≥1.7mmol/L（110mg/dl），和（或）空腹血 HDL-C＜0.9mmol/L（35mg/dl）（男），＜1.0mmol/L（39mg/dl）（女）。

BMI 的计算是用体重公斤数除以身高米数平方得出的数字，是目前国际上常用的衡量人体胖瘦程度以及是否健康的一个标准。

$$BMI=体重（kg）÷身高^2（m^2）$$

1. 肥胖 肥胖是多种因素引起的进食行为和能量代谢调节的紊乱症，与遗传、膳食结构和体力活动等多种因素有关。肥胖者常表现胰岛素分泌以及功能异常和糖脂代谢的紊乱。肥胖主要分为单纯性肥胖和继发性肥胖两类。

单纯性肥胖是指并非由于其他疾病或医疗的原因，仅仅是由于能量摄入超过能量消耗而引起的肥胖。单纯性肥胖主要与遗传、社会环境、个人心理以及运动相关。继发性肥胖是指继发于其他疾病或医疗原因而引起的肥胖。常见原因有：①神经内分泌性因素：由神经-内分泌系统疾病引起的肥胖，实际上是内分泌疾病的结果，如成人的皮质醇增多症和甲状腺功能低减。②医源性因素：有些患者既没有引起肥胖的原发疾病，也不是单纯性肥胖，他们的肥胖是服用了某些药物所引起的，一般把这种肥胖叫做医源性肥胖。能够引起医源性肥胖的药物包括糖皮质激素（强的松或地塞米松等）、酚噻嗪、三环类的抗抑郁药物、胰岛素等。另外，颅脑手术如果影响到下丘脑，也可以引起肥胖。

2. 糖尿病 糖尿病是一种以血糖升高为特征的疾病症候群，目前临床分为 1 型糖尿病和 2 型糖尿病两种类型。1 型糖尿病原名胰岛素依赖型糖尿病，是由于各种原因引起体内胰岛素绝对不足而造成，多发生在儿童和青少年，一般起病比较急剧，容易发生酮症酸中毒。2 型糖尿病是指由于多种原因引起体内胰岛素生物效应降低而导致的血糖升高，好发于成年人，占糖尿病患者 90%以上。2 型糖尿病患者体内产生胰岛素的能力并未完全丧失，有的患者体内胰岛素甚至产生过多，但由于胰岛素抵抗作用使患者体内的胰岛素处于相对缺乏。胰岛素是一种以促进组织合成代谢为主的激素，也是体内唯一能降低血糖的激素。由于胰岛素绝对或相对缺乏，导致机体血糖升高，可以引起一系列代谢紊乱。

（1）糖尿病代谢紊乱变化：肌肉组织：葡萄糖、氨基酸和脂肪酸进入肌细胞减少，糖原合成酶活性减弱→肝糖原合成减少而肌糖原分解加强，肌糖原减少或消失；肌肉蛋白质分解加强，细胞内钾释放增加，均加重肌肉的功能障碍→表现为肌无力，体重下降。同时，胰岛素和生长激素对促进蛋白质合成具有协同作用，生长激素促进合成代谢所需要的能量也依赖于胰岛素促进物质的氧化产生。因而缺乏胰岛素，即使体内生长素水平较高，仍可引起儿童生长迟缓。

脂肪组织：由于摄取葡萄糖受限，由葡萄糖代谢生成的乙酰 CoA、NADPH 减少→乙酰 CoA 羧化酶不被激活，所以脂肪酸和三酰甘油的形成减少；又由于胰岛素/胰高血糖素比值降低，胰岛素的抗脂解作用减弱，使脂肪分解作用加强→体重减轻，大量游离脂肪酸入血。

肝脏组织：由于胰岛素缺乏，葡糖激酶和糖原合成酶的活化受限，使糖原合成减少，但肝糖原分解和糖异生加强，使肝释放出大量葡萄糖，加重血糖水平增高。同时来自脂肪组织的大量脂肪酸和甘油进入肝脏，一部分酯化成三酰甘油，并以 VLDL 的形式释放入血，造成高 VLDL 血症；此外脂蛋白脂肪酶的活性依赖胰岛素/胰高血糖素的高比值，而糖尿病时此比值低下，脂蛋白脂肪酶活性降低，VLDL 和 CM 难从血浆清除，因此除 VLDL 进一步升高外，还可以出现高 CM 血症。另一部分脂肪酸氧化分解，使乙酰 CoA 增多，因其不能彻底氧化，进而合成胆固醇和酮体增多。上述代谢变化反映在血液中则表现为高脂血症，包括高三酰甘油、高胆固醇、高 VLDL 的糖尿病性Ⅳ型高脂蛋白血症。

血糖浓度增高，超出肾糖阈时葡萄糖排入尿液称为尿糖。肾脏滤液中的葡萄糖作为渗透性利尿剂，抑制水的重吸收，导致多尿。多尿进而导致血容量减少、脱水。脱水又刺激下丘脑口渴中枢，导致口渴多饮。

（2）糖尿病急重症——酮症酸中毒：胰岛素功能丧失或降低后，葡萄糖不能得到有效利用，故而引起体内储存的脂肪的分解加快以提供燃料，此时脂肪酸成为除脑组织之外的所有组织的主要能量来源。脂肪分解加快将导致肝脏中有机酸即酮体生成。肝生成酮体过多，超过肝外组织氧化利用的能力，而使血中酮体升高出现酮血症。酮体中的乙酰乙酸和 β 羟丁酸为酸性物质，故血液中酮体升高可使血液 pH 降低，导致酸中毒，即酮症酸中毒。同时，酮体通过尿液排出，即导致酮尿。酮体带负电荷，因此，机体排出酮体的同时，会导致体内电解质的丢失。电解质紊乱可引起患者腹痛、呕吐，腹痛呕吐又加剧电解质的丢失，细胞脱水，如不及时治疗最终导致患者出现昏迷，甚至死亡。

案例 9-2

患者，男性，27 岁，糖尿病史 4 年，诊断为 2 型糖尿病，口服二甲双胍缓释片 0.5g，3 次/日，空腹血糖控制在 9mmol/L 左右，餐后在 11mmol/L 左右，近 4 年体重减轻约 25kg。

查体：身高 173cm，体重 90kg，BMI 30.1kg/m^2。肥胖体型，心、肺、腹未有明显异常，双下肢无水肿，双足背动脉搏动正常。

实验室检查：全血糖化血红蛋白 10.4%，糖化清蛋白 24.56%；馒头餐试验；空腹及餐后 2 小时血糖分别为 9.92mmol/L（3.9～6.1mmol/L）、17.56mmol/L（3.9～7.8mmol/L）；空腹和餐后 2 小时胰岛素分别为 8.72IU/ml（5～20IU/ml）、23.55IU/ml；空腹及餐后 2 小时 C 肽分别为 2.51ng/ml（0.6～9.1ng/ml）、4.60ng/ml（餐后上升 5～6 倍）。

根据该患者病史特点调整了治疗方案：给予二甲双胍 0.5g，3 次/日联合利拉鲁肽注射液早饭前 1 次皮下注射 0.6mg。治疗 3 天后空腹血糖控制在 6mmol/L。该方案治疗 2 个月后随访，空腹血糖 4mmol/L，餐后 6mmol/L，体重下降 10kg。

问题：

1. 该患者除了明确的 2 型糖尿病的诊断外，还患有什么疾病？
2. 从生物化学角度解释该患者为什么不首选胰岛素治疗？
3. 简要分析二甲双胍联合利拉鲁肽的治疗方案对该患者的优越性。

分析讨论

1. 该患者的 2 型糖尿病诊断明确，且已进行正规的治疗 4 年。而且其根据 WHO 的肥胖诊断标准：25≤BMI＜30 肥胖 1 度；30≤BMI＜35 肥胖 2 度；35≤BMI＜40 肥胖 3 度；BMI≥40 肥胖 4 度。该患者 BMI 为 30.1kg/m^2，已达到肥胖 2 度的标准，故其还患有肥胖症。国内目前诊断超重和肥胖的 BMI 临界值分别为 24kg/m^2 和 28kg/m^2，若 BMI≥28kg/m^2 同时符合Ⅱ型糖尿病的诊断标准，则称为肥胖症合并 2 型糖尿病。

2 型糖尿病与肥胖之间存在着密切关系，在过去十年中，全球范围内糖尿病与肥胖的患病率迅速增加。

3. 胰岛素通过①促进肌肉、脂肪组织等的细胞膜载体将葡萄糖转运入细胞；②使糖原合酶活性增强而磷酸化酶活性降低，加速糖原合成，抑制糖原分解；③能激活丙酮酸脱氢酶复合体，加速丙酮酸氧化；④抑制糖异生等主要作用可以有明显的降低血糖效应。但是胰岛素同时也有明显的抑制脂肪动员，促进脂肪合成的效应，故胰岛素的长时间、大剂量使用易导致体重增加。2 型糖尿病是由于多种原因引起体内胰岛素生物效应降低而导致的血糖升高，其中常见原因是胰岛素抵抗，这类型患者疾病初期的检查结果常见高胰岛素血症。本病例患者为 2 型糖尿病，且病程较短，馒头餐试验提示胰岛功能尚可，考虑其血糖高的主要原因是胰岛素抵抗。并且患者体型肥胖，如选用胰岛素长期治疗可能导致体重进一步增加，胰岛素抵抗也会进一步加重，使血糖控制难度加大，则需要相应地增加药物剂量以保持血糖稳定，从而导致恶性循环。因而，该患者在治疗上不宜首选胰岛素治疗。

4. 二甲双胍为 2010 年《2 型糖尿病防治指南》推荐治疗糖尿病的一线用药。二甲双胍能改善胰岛素敏感性，减轻胰岛素抵抗，提高外周组织对葡萄糖的摄取利用，抑制糖异生和糖原分解。并且二甲双胍可缓解高胰岛素血症，减少胰岛素原，避免由此引发的体重增加，对治疗肥胖 2 型糖尿病具有一定的优势。最近研究表明，二甲双胍可以在胃肠激素存在的情况下，抑制摄食，促进餐后血糖下降，减少日摄入总热量，从而实现减重效果。

利拉鲁肽属于 GLP-1 受体激动剂，具有促胰岛素分泌、保护胰岛细胞功能、抑制食欲、降低体重和增加胰岛素敏感性作用。其主要机制是通过刺激胰岛 β 细胞分泌胰岛素、抑制 α 细胞分泌胰高血糖素，从而有效地控制血糖水平；同时，又能够延缓胃排空和肠蠕动，增加饱腹感，减少食物的摄入，延迟营养物质的吸收，有效地降低体重。

第四节　组织、器官的代谢特点及相互联系

机体各组织、器官的代谢由于细胞分化和结构不同及功能差异，而各具特色，但它们并非孤立地进行，而是通过血液循环及神经系统联成统一整体。

一、肝在物质代谢中的作用

肝是机体物质代谢的枢纽，是人体的“中心生化工厂”。它的耗 O_2 量占全身耗 O_2 量的 20%。它不仅在糖、脂、蛋白质、水、盐及维生素代谢中均具有独特而重要的作用，而且还有监控和调

节血液化学组成的功能。

（一）肝在糖代谢中的作用

1. 肝内生成的葡糖-6-磷酸是糖原合成及其他单糖转换的枢纽 肝细胞含有葡糖转运蛋白 2（glucose transporter 2，GLUT2），使肝细胞能有效摄取血中的葡萄糖，维持肝细胞与血糖几乎相等的浓度。葡糖激酶仅在肝细胞内且其 Km 值比肝外组织己糖激酶的 K_m 值高，这一特性使肝在高浓度葡萄糖情况下将葡萄糖转化为葡糖-6-磷酸，进而在合成糖原；而在葡萄糖浓度较低时却能抑制糖原合成，以确保脑等重要组织糖供给。血中葡萄糖浓度过低时，肝糖原合成抑制而分解加强，补充血糖，供肝外组织利用。故肝糖原合成/分解是血糖调节的重要机制之一。肝受损时，糖原转换能力降低，所以严重肝病患者糖耐量能力下降，易出现餐后高血糖、空腹低血糖等症候。

此外，肝内生成的葡糖-6-磷酸还是葡萄糖、果糖、半乳糖及甘露糖互变的枢纽物质。通过这一枢纽，小肠吸收的其他单糖均可在肝内转变为葡萄糖进一步代谢。

2. 肝是糖异生的主要场所 肝糖原分解虽可补充血糖，但肝糖原储存有限（占肝重的 10%，约 150g），故肝糖原的分解仅能持续 16～24 小时。较长时间不进食，肝糖异生则成为血糖的重要来源。肝是糖异生的主要器官，可使氨基酸、乳酸、甘油等非糖物质转变为糖，以保证机体对糖的需要。即使在正常情况下，每日经糖异生途径转变而来的葡萄糖仍可达 80～160g。

（二）肝在脂代谢中的作用

1. 肝是内源性三酰甘油合成的主要场所 因肝细胞内的葡糖激酶 K_m 值很大，故肝细胞内的糖酵解途径主要依赖葡萄糖的浓度，只有葡萄糖浓度较高时才会有部分葡萄糖进入酵解途径被肝利用。通常情况下，肝能量供应以脂肪酸氧化为主。脂肪酸氧化而来的乙酰 CoA 除进入三羧酸循环氧化分解供能，还可以作为酮体合成的原料。此外，葡萄糖供应过剩时，除少部分合成糖原，肝还可以将大量葡萄糖来源的乙酰 CoA 转变成脂肪酸，进而合成三酰甘油，这是内源性三酰甘油的主要来源，并以 VLDL 形式输出肝外。

2. 肝合成酮体供肝外组织利用 饥饿时，脂肪动员增加，脂肪酸成为多数组织的主要能源物质。脂肪酸在肝内经 β 氧化产生大量乙酰 CoA，合成酮体增多，向肝外组织输出，其中 60%～70% 供给脑组织，30%被心肌利用。

3. 血浆胆固醇及磷脂主要来源于肝 胆固醇及磷脂在体内大多数组织都能合成，但肝合成最为活跃。肝可利用糖及某些氨基酸合成胆固醇及磷脂，是血液中胆固醇及磷脂主要来源。

（三）肝在氨基酸代谢中的作用

1. 肝内氨基酸代谢活跃，合成尿素是肝的特异功能 肝内氨基酸代谢的酶类十分丰富，所以氨基酸在肝内进行的转氨基、脱氨基、脱羧基、转甲基等反应十分活跃。肝通过这些反应可合成营养非必需氨基酸及各种含氮类化合物（如肌酸、胆碱等）。

此外，因为合成尿素所需的氨基甲酰磷酸合成酶 I 及鸟氨酸氨甲酰基转移酶仅在肝细胞线粒体内才有，故只有肝细胞才具有合成尿素的功能。尿素合成不仅可以解除“氨毒”，从氨基酸转化反应总平衡看，从氨基酸代谢池中移除氨有利于氨基酸转换反应的进行。

2. 多数血浆蛋白质在肝内合成 肝不仅可利用氨基酸合成自身的结构/功能蛋白质，而且还合成大部分血浆蛋白质，如血浆清蛋白、凝血因子、凝血酶原及纤维蛋白原等。严重肝病会导致清蛋白、凝血因子、凝血酶原合成减少，出现因血浆清蛋白/球蛋白比值倒置的肝性水肿及凝血机制障碍。

二、脑内物质代谢的特点

脑不能储存能源物质，但却是机体耗能大的主要器官。正常情况下，由于脑组织己糖激酶活性高，因此即使在血糖水平较低时也能利用葡萄糖。故葡萄糖是脑组织的主要供能物质，每天耗用葡萄糖约 100g。由于脑组织无糖原储存，其耗用的葡萄糖只能由血糖供应。长期饥饿血糖供应不足时，脑则利用由肝生成的酮体作为能源。饥饿 3～4 天后每天耗用约 50g 酮体，饥饿 2 周后耗用酮体可达 100g。

三、骨骼肌物质代谢的特点

骨骼肌收缩所需能量的直接来源是 ATP。通常情况下，骨骼肌收缩所需的 ATP 主要通过脂肪酸 β 氧化、三羧酸循环及氧化磷酸化获得；但在剧烈运动时，脂肪酸氧化所获得的 ATP 不能够满足骨骼肌的需求，这时则以糖酵解作为补充来源，同时产生乳酸。而乳酸则通过乳酸循环在肝重新异生为葡萄糖，因此乳酸循环是整合肝糖异生和肌糖酵解途径的重要机制。由于肌细胞缺乏葡萄糖-6-磷酸酶，因此肌糖原不能直接分解成葡萄糖提供血糖。在禁食和长期饥饿情况下，骨骼肌蛋白被降解，通过丙氨酸-葡萄糖循环等机制为肝糖异生过程提供原料。

四、肾在物质代谢中的作用

肾也可进行糖异生和生成酮体，它是除肝外唯一可进行上述两种代谢途径的器官。在正常情况下，肾糖异生量仅占肝糖异生的 10%，而饥饿 5～6 周后每天由肾生成葡萄糖约 40g，几乎与肝糖异生的量相等。肾髓质因无线粒体，主要由糖酵解供能，而肾皮质则主要由脂肪酸及酮体的有氧氧化供能。肾生成的谷氨酰胺不仅是储氨、运氨以及解氨毒的重要方式，而且还有调节体液酸碱平衡的作用。

五、心肌物质代谢的特点

心的功能是泵出血液，通过血液沟通全身的物质代谢，所以，心肌对能量供应是敏感的。由于心肌细胞富含肌红蛋白、细胞色素及线粒体，故心肌的能量代谢以有氧氧化为主，其主要能源物质依次为脂肪酸、酮体及乳酸。这是因为，心肌富含多种硫激酶的同工型，可催化长短碳链脂肪酸进行 β 氧化，这使脂肪酸优先成为心肌氧化分解供能分子。而脂肪酸 β 氧化产物乙酰 CoA 是 6-磷酸果糖激酶-1（糖酵解途径限速酶）的抑制剂，故脂肪酸的氧化抑制了葡萄糖酵解途径的进行。同时心肌细胞富含的 LDH_1 也利于乳酸氧化。因此，心肌在餐后不排斥利用葡萄糖为能源物质，而餐后数小时或饥饿时利用脂肪酸和酮体，运动中或运动后则利用乳酸。

六、脂肪组织物质代谢中的作用

脂肪组织是合成及储存脂肪的重要组织。肝虽可大量合成脂肪，但不能储存脂肪，肝细胞内合成的脂肪以 VLDL 的形式释放入血，供其他组织利用或储存到脂肪组织。脂肪细胞还含丰富的激素敏感三酰甘油脂肪酶，能使储存的脂肪分解成脂肪酸和甘油释入血循环，以供机体其他组织能源的需要。

七、成熟红细胞物质代谢的特点

成熟红细胞的主要功能是运输氧，但由于其没有线粒体，因此不能进行糖的有氧氧化，也不能利用脂肪酸及其他非糖物质。红细胞能量主要来自葡萄糖的酵解途径，每天消耗约 30g 葡萄糖。

不同组织器官的代谢、代谢中间物及代谢终产物，通过血液循环、神经系统及激素的调节构成统一整体（表 9-6）。

表 9-6 重要器官及组织氧化供能的特点

器官组织	特有的酶	功能	主要代谢途径	主要代谢物	主要代谢产物
肝	葡糖激酶，葡糖-6-磷酸酶，甘油激酶，磷酸烯醇式丙酮酸羧激酶	代谢枢纽	糖异生，脂肪酸β氧化，糖有氧氧化，酮体生成	葡萄糖，脂肪酸，乳酸，甘油，氨基酸等，	葡萄糖，VLDL，HDL，酮体
脑		神经中枢	糖有氧氧化，氨基酸代谢	葡萄糖，氨基酸，酮体，	CO_2，H_2O
肌肉	脂蛋白脂肪酶，呼吸链丰富	收缩	糖酵解，糖有氧氧化	脂肪酸，葡萄糖，酮体	乳酸，CO_2，H_2O
肾	甘油激酶，磷酸烯醇式丙酮酸羧激酶	排泄尿液	糖异生，糖酵解，酮体生成	脂肪酸，葡萄糖，乳酸，甘油	葡萄糖
心	脂蛋白脂肪酶，呼吸链丰富	泵出血液	糖有氧氧化	乳酸，葡萄糖，VLDL	CO_2，H_2O
脂肪组织	脂蛋白脂肪酶，激素敏感脂肪酶，	储存及动员脂肪	酯化脂肪酸，脂解	VLDL，CM	游离脂肪酸，甘油
红细胞	无线粒体	运输氧	糖酵解	葡萄糖	乳酸

（蒋 雪）

思 考 题

1. 试述糖、脂肪和氨基酸代谢之间的相互联系。
2. 物质代谢的调控主要在哪三级水平上调节，简述其基本机制。

第十章 血液生物化学

内容提要

血液由有形的红细胞、白细胞和血小板以及无形的血浆组成，血浆的主要成分是水、无机盐、有机小分子化合物和蛋白质等。血浆中的蛋白质浓度为 60～80g/L，其中含量最多的是清蛋白，它能结合并转运许多物质，在血浆胶体渗透压形成中起主要作用。血浆中的蛋白质具有多种生理功能。血浆中除蛋白质以外的含氮化合物，包括尿素、尿酸、肌酸、肌酸酐等，这些物质中所含的氮，称为 NPN。NPN 主要由肾脏排泄。如果肾脏有某些疾病，可阻碍血中 NPN 排出，致使血中 NPN 升高。所以测定血液中的 NPN，能反映肾脏的排泄功能。血液中还含有少量的 O_2 和 CO_2，它们主要以化学结合状态存在，物理溶解的所占比例很小。血液中葡萄糖、乳酸、酮体、脂类等含量与糖代谢和脂代谢密切相关。血浆中的脂类全部以脂蛋白的形式存在。

血液凝固是一系列复杂的酶促反应过程，血浆中的可溶性纤维蛋白原转变成不溶性的纤维蛋白，纤维蛋白交织成网，把血细胞及血液的其他成分网罗在内，形成血凝块。血浆与组织中直接参与血液凝固的物质统称为凝血因子，已知的凝血因子共有 14 种。血浆及血管内皮等处存在多种抗凝成分和纤溶系统，与凝血系统处于动态平衡。体内主要的抗凝成分有三个：抗凝血酶-Ⅲ、蛋白 C 系统和组织因子途径抑制物。凝血因子Ⅹ被激活是使凝血酶原活化的关键步骤。激活Ⅹ有内源性和外源性两条凝血途径。纤维蛋白原或纤维蛋白被纤维蛋白溶解系统分解液化的过程称为纤维蛋白溶解，简称纤溶。纤溶系统包括四种成分：纤溶酶原、纤溶酶、纤溶酶原激活物和纤溶抑制物。

血红蛋白是在红细胞成熟之前合成的，先合成血红素和珠蛋白，然后两者再缔合成血红蛋白。血红素是含铁的卟啉化合物，是血红蛋白、肌红蛋白、细胞色素、过氧化物酶的辅基。血红素合成的主要部位是骨髓和肝，合成的原料是琥珀酰辅酶 A、甘氨酸及 Fe^{2+} 等，合成的起始和终末阶段均在线粒体中进行，中间过程则在胞液中进行。血红素合成有关的酶受多种因素影响，其中 ALA 合酶是血红素合成的限速酶。成熟红细胞除质膜和胞浆外，无其他细胞器，也不含糖原，主要能源是血糖，糖酵解是其产生 ATP 的唯一途径。2,3-二磷酸甘油酸支路为红细胞所特有，这一糖酵解的侧支循环所产生的 2,3-DPG 主要功能是调节血红蛋白的运氧功能。

白细胞包括粒细胞、淋巴细胞和单核/巨噬细胞三大系统。粒细胞中的线粒体很少，主要的糖代谢途径是糖酵解。单核/巨噬细胞能进行有氧氧化和糖酵解，但糖酵解仍占很大比重。中性粒细胞不能从头合成脂酸。单核/巨噬细胞受多种刺激因子激活后，可将花生四烯酸转变成血栓素和前列腺素。成熟粒细胞缺乏内质网，因此蛋白质的合成量极少；单核/巨噬细胞具有活跃的蛋白质代谢，能合成各种细胞因子、酶和补体。

血液（blood）是一种流体组织，在心血管系统中循环。正常人体的血液总量约占体重的 8%。血液是由液态的血浆与混悬在其中的红细胞、白细胞、血小板等有形的血细胞成分组成。将一定量的血液与抗凝剂混匀后离心，可以观察到血液被分为两层，上层浅黄色的液体为血浆，约占全血体积的 55%～60%；下层红色的为红细胞，约占全血体积的 40%～45%；红细胞层与血浆交界之间的灰白色薄层是白细胞和血小板，二者仅占血液总量的约 1%，故在计算容积时常可忽略不计。血液凝固后析出的淡黄色透明液体，称作血清（serum）。凝血过程中，血浆中的纤维蛋白原转变成纤维蛋白析出，故血清中无纤维蛋白原。

正常人血液的比重为 1.050～1.060，它主要取决于血液内的血细胞数和蛋白质的浓度。血液的 pH 为 7.40±0.05，37℃时血液的渗透压约为 770 kPa（7.6 个大气压）。

血浆和淋巴液、组织间液以及其他细胞外液共同构成机体的内环境。血液在机体内物质的运输、内环境因素（如 pH、渗透压、体温等）的调节、异物的防御（免疫）以及防止出血（血液凝固）等方面都发挥着重要作用。

第一节　血液的化学成分

在正常生理情况下，血液的各种化学成分含量相对稳定，仅在有限范围内变动。如果这种变动超出正常范围，则表示机体的某些代谢过程异常。机体内各组织器官与血液之间不断地进行物质交换，所以通过血液成分分析，可以了解体内物质代谢的状况，对临床诊断及预后等有实际意义。血液中比较重要的化学成分及其含量参见表 10-1。

表 10-1　正常人血液的主要化学成分

成分	参考值
血红蛋白	男性，7.4～9.9mmol/L（12～16g/100ml），血液
	女性，6.8～9.3mmol/L（11～15g/100ml），血液
总蛋白	6～7.5g/100ml，血浆
清蛋白	3.5～4.9g/100ml，血浆
球蛋白	2～3g/100ml，血浆
清蛋白与球蛋白的比例	1.5～2.5：1，血浆
纤维蛋白原	5.9～11.8μmol/L（200～400mg/100ml），血浆
非蛋白氮	14.3～28.6mmol/L（20～40mg/100ml），血液
尿素氮	3.0～7.1mmol/L（8～20mg/100ml），血液
尿酸	0.2～0.3mmol/L（3～5mg/100ml），血液
肌酸	0.19～0.23mmol/L（3～7mg/100ml），血清
肌酐	0.1～0.2mmol/L（1～2mg/100ml），血液
血氨	5.9～35.2μmol/L（10～60μg/100ml），血液（Nessler 试剂显色法）
葡萄糖	4.4～6.6mmol/L（80～120mg/100ml），血液（福吴法）
	3.9～6.1mmol/L（70～110mg/100ml），血液（邻甲苯胺法）
总胆固醇	4.4～6.6mmol/L（80～120mg/100ml），血液（福吴法）
胆固醇酯	3.9～6.1mmol/L（70～110mg/100ml），血液（邻甲苯胺法）
磷脂	110～230mg/100ml，血清
三酰甘油	90～130mg/100ml，血清（占总胆固醇量的 60%～75%）
B-脂蛋白定量	110～210mg/100ml，血清
	20～110mg/100ml，血清
	＜700mg/100ml，血清
氯化物（以 NaCl 计）	98～106mmol/L（570～620mg/100ml），血清
Na^+	135～145mmol/L（310～330mg/100ml），血清
K^+	4.1～5.6mmol/L（16～22mg/100ml），血清
Ca^{2+}	2.3～2.8mmol/L（9～11mg/100ml），血清
P（无机磷）	1.0～1.6mmol/L（3～5mg/100ml），血清
丙氨酸氨基转移酶	5～25U（连续监测法）
天冬氨酸氨基转移酶	8～28U（赖氏法）
CO_2 结合力	22～30mmol/L（50%～70Vol%）

一、血液中的水和电解质

正常人全血含水约 77%～81%，余为固体成分和少量 O_2、CO_2 等气体。红细胞含水较少，其固体成分约占 35%，其中主要是血红蛋白。血浆则含水较多，约为 93%～95%。血浆的固体成分非常复杂，可分为有机物和无机物两大类：有机物包括蛋白质、非蛋白质类含氮化合物、糖、脂类、微量的酶、激素和维生素等；无机物主要以电解质为主，血浆中含有多种无机盐，它们多以离子状态存在，主要的阳离子有 Na^+、K^+、Ca^{2+}、Mg^{2+}，主要的阴离子有 Cl^-、HCO_3^-、HPO_4^{2-} 等。这些离子在维持血浆晶体渗透压、酸碱平衡及神经肌肉的兴奋性等方面起着重要作用。

由于血液的某些成分受食物影响，故常采取餐后 8～12 小时的空腹血液进行分析。血浆各成分的参考值因所用测定方法不同而略异，有些成分还与年龄、性别、身体的活动状况有关，临床工作者在分析化验结果时，应了解各项测定指标所用的方法及参考值范围。

二、血浆蛋白质

血浆蛋白是血浆中多种蛋白质的总称，是血浆中主要的固体成分，其含量约为 60～80g/L。血浆蛋白的种类繁多，功能各异。

（一）血浆蛋白的分类

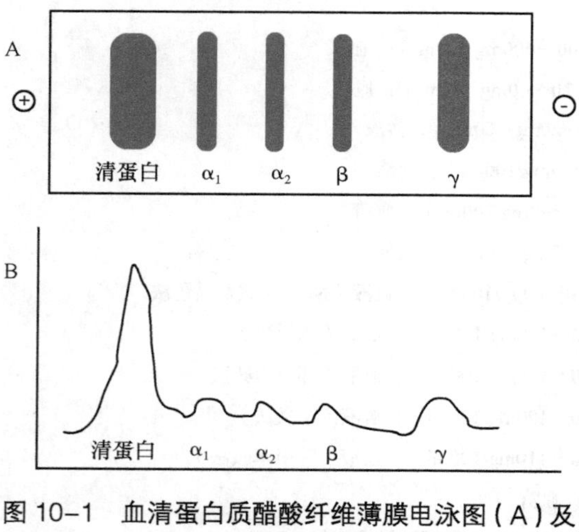

图 10-1 血清蛋白质醋酸纤维薄膜电泳图（A）及电泳峰（B）

按分离方法、来源或功能的不同，血浆蛋白具有不同的成分。

通常用盐析法、电泳法和超速离心法将血浆蛋白质分为不同的类型。用盐析法（例如硫酸铵或硫酸钠）可将血浆蛋白分为清蛋白（又称白蛋白）、球蛋白及纤维蛋白原等 3 类，并可进行定量测定。清蛋白是血浆中含量最多的蛋白质，约占血浆总蛋白的 50%，正常值为：38～48g/L。成熟的清蛋白是一个含有 585 个氨基酸残基的单一多肽链，外观呈椭圆形；球蛋白约 15～30g/L，两者比值（即清球比值，A/G ratio）为 1.5～2.5；用滤纸或醋酸纤维素薄膜电泳，可将血清蛋白质分为清蛋白、α_1 球蛋白、α_2 球蛋白、β 球蛋白及 γ 球蛋白等 5 类（图 10-1），用分辨率高的电泳法如聚丙烯酰胺凝胶电泳或免疫电泳能分出更多类别；超速离心法可根据蛋白质的密度将其分离，如血浆脂蛋白被分离为 CM、VLDL、LDL、HDL 等 4 类。

血浆蛋白根据来源不同分为两类：一类是由各种组织细胞合成后分泌入血，在血浆中发挥作用的血浆功能性蛋白质，如凝血酶原、抗体、补体、生长调节因子、转运蛋白等，这类蛋白质的质量变化可反映机体组织细胞的代谢状况；另一类是细胞更新或破坏时进入血浆的蛋白质，如淀粉酶、血红蛋白、转氨酶等，这类蛋白质在血浆中出现或含量升高可反映有关组织细胞的更新、破坏或细胞通透性的改变情况。

血浆蛋白按功能不同分为 8 类：①凝血和纤溶系统的蛋白质，包括各种凝血因子（除凝血因子Ⅲ外）、纤溶酶等；②免疫防疫系统的蛋白质，包括各种抗体和补体；③载体蛋白，包括白蛋白、脂蛋白、运铁蛋白、铜蓝蛋白等；④酶，包括血浆功能酶和非功能酶；⑤蛋白酶抑制剂，包括酶原激活抑制剂、血液凝固抑制剂、纤溶酶抑制剂、激肽释放抑制剂、内源性蛋白酶及其他蛋白酶抑制剂等；⑥激素，包括促红细胞生成素、胰岛素等；⑦参与炎症应答的蛋白，包括C-反应蛋白、α2 酸性糖蛋白等；⑧未知功能的血浆蛋白质。目前已知的血浆蛋白有 200 多种，有些蛋白质的功能尚未阐明（表 10-2）。

表 10-2 主要血浆蛋白的含量及功能

名称		符号	正常血浆中浓度（mg/100ml）	主要功能
清蛋白	前清蛋白	PA/Pre-Al	28～35	结合甲状腺素
	清蛋白	Alb	4200±700	维持血浆胶渗压，运输，营养
	$α_1$ 脂蛋白（HDL）	$α_1$LP	217～270	运输脂类及脂溶性维生素
	$α_1$ 酸性糖蛋白（乳清类黏蛋白）	$α_1$AGP	75～100	感染初期活性物质，抑制黄体酮
$α_1$-球蛋白	$α_1$-抗胰蛋白酶	$α_1$AT	210～500	抗胰蛋白酶和糜蛋白酶
	运钴胺素蛋白 I			结合维生素 B_{12}
	运皮质醇蛋白	TSC	5～7	运输皮质醇
	甲胎蛋白	AFP	$0.5～2.0\times10^{-3}$	
	$α_2$-神经氨酸糖蛋白		24±10	抑制补体第一成分 C_1s
	C_1s 酯酶抑制物	C_1s I		酯酶的抑制物
	甲状腺结合球蛋白	TBG	1～2	结合甲状腺素（T4）
	$α_1$HS 糖蛋白	$α_2$HS		炎症时被激活
	铜蓝蛋白	Cp	27～63	有氧化酶活性，与铜结合，参与铜的代谢，急性时相反应物
$α_2$-球蛋白	凝血酶原		5～10	参加凝血作用
	$α_2$-巨球蛋白	$α_2$M	200±60	抑制纤溶酶和胰蛋白酶，活化生长激素和胰岛素，可和其他低分子物质结合，急性时相反应物
	胆碱酯酶	ChE	1±0.2	水解乙酰胆碱
	缚珠蛋白（结合珠蛋白）	Hp	100（30～190）	结合 Hb
	血管紧张素原			收缩血管，升高血压；促进醛固酮分泌，促进 RBC 生成
	红细胞生成素			
	$α_2$-脂蛋白（VLDL）	$α_1$LP	28～71（随年龄性别而异）	运输脂类（主要是三酰甘油）、脂溶性维生素和激素
β-球蛋白	β-脂蛋白（LDL）	βLP	219～340（随年龄性别而异）	运输脂类（胆固醇、磷脂等）脂溶性维生素、激素
	运铁蛋白	Tf	250±40	运输铁，抗菌、抗病素
	运血红素蛋白	Hpx	80～100	与血红素结合
	C-反应蛋白	CRP	<1.2	与肺炎球菌的 C 多糖起反应
	运钴铵素蛋白Ⅱ			与维生素 B_{12} 结合
	纤溶酶原	Pm	30±2	有纤溶酶活性
	纤维蛋白原	Fib	350	凝血因子Ⅰ，急性时相反应物
γ-球蛋白	免疫球蛋白 A	IgA	247±87	分泌型抗体
	免疫球蛋白 D	IgD	3（0.3～40）	抗体活性
	免疫球蛋白 E	IgE	0.033	反应素活性
	免疫球蛋白 M	IgM	146±56	抗体活性
	免疫球蛋白 G	IgG	1280±260	抗体活性

（二）血浆蛋白的功能

血浆蛋白的功能目前尚未完全阐明，仅将已知的功能概括如下：

1. 稳定内环境的作用 血浆胶体渗透压和血液 pH 的稳定对于机体内环境的稳定具有重要意义。血浆蛋白的含量和分子大小决定血浆胶体渗透压的大小。清蛋白是血浆中含量最多的蛋白质，占血浆总蛋白的 60%。多数血浆蛋白的分子量在 160～180kDa 之间，而清蛋白分子量仅为 69kDa。由于清蛋白含量多而分子小，因此在维持血浆胶体渗透压方面起着主要作用，血浆胶体渗透压的75%左右由清蛋白维持。清蛋白由肝细胞合成，正常成人每日每千克体重合成约 120～200mg，占肝脏合成分泌蛋白质总量的 50%。清蛋白含量下降会导致血浆胶体渗透压下降，使水分向组织间隙渗出而产生水肿。临床上血浆清蛋白含量降低的主要原因有：①合成原料不足（如严重营养不良等）；②合成能力降低（如重症肝病等）；③丢失过多（如严重肾脏疾病、大面积烧伤等）；④分解过多（如甲状腺功能亢进、发热等）。

正常人血液 pH 为 7.35～7.45，大多数血浆蛋白的等电点在 4.0～7.3 之间。血浆蛋白为弱酸性，其中一部分与 Na^+结合成弱酸盐，弱酸与弱酸盐组成缓冲对，发挥维持血浆正常 pH 的作用。

2. 运输作用 血浆蛋白表面有许多亲脂性和亲水性的结合位点，体内许多物质通过血液运输时，是与血浆蛋白质相结合的。例如脂溶性维生素 A 在血浆中的运输，首先与视黄醇结合蛋白结合形成复合物，再与前清蛋白以非共价键缔合成视黄醇–视黄醇结合蛋白–前清蛋白复合物。血浆中的清蛋白可与脂肪酸、二价金属离子（Ca^{2+}等）、胆红素以及药物等多种物质结合。许多物质与清蛋白结合常表现竞争作用。如新生儿溶血性黄疸，当应用磺胺类药物时，因药物和胆红素竞争与清蛋白相结合，而使部分胆红素从清蛋白中游离出来，进入脑组织而加重毒性。

球蛋白中有多种特异性载体蛋白，如甲状腺素结合球蛋白、皮质激素传递蛋白、运铁蛋白等。各种物质与血浆蛋白质的结合，除利于运输外，还起到一定的调节作用，且不易从肾小球滤出，故能减少有用物质的丢失。如游离型甲状腺素虽然易被组织摄取，但与血浆蛋白质结合后，游离型浓度减少，可防止被组织过多摄取。结合型和游离型之间的平衡对组织细胞的摄取量起调节作用。运铁蛋白与铁结合后，既可防止铁离子浓度过高而引起的中毒，又能阻止铁从尿中丢失。

3. 营养作用 正常成年人 3000ml 左右的血浆中约有 200g 蛋白质，它们起着营养储备的作用。体内某些吞噬细胞，例如巨噬细胞，可吞噬完整的血浆蛋白，然后由细胞内的酶类将其分解为氨基酸，用于蛋白质的合成，或转变成其他含氮物质，或氧化分解提供能量。

4. 凝血作用和抗凝血作用 有些血浆蛋白质是凝血因子，在一定条件下起凝血作用；而另一些血浆蛋白质具有抗凝血或溶解纤维蛋白的作用。这两组作用相反的蛋白质的对立统一，既防止血液流失，又保证了血流的通畅。

当血管内皮损伤、血液流出时，血液内发生一系列酶促级联反应，使血液由液态转变为凝胶状态，其过程可分为三个阶段：①血管损伤后加速收缩，以减少血液的流出；②血管受损部位内皮细胞产生一种大分子糖蛋白（vWF），能与血小板糖蛋白 Ib 和内皮下胶原结合，使其成为血小板黏附在内皮层下的桥梁，血小板受到皮下组织或凝血酶刺激后释放产物，引起血小板与纤维蛋白原凝聚成团，形成白色血栓；③水溶性的纤维蛋白原转变成纤维蛋白，互相连接形成比较牢固的网状结构的交联纤维蛋白多聚体，血细胞黏附其上，形成不溶于水的血纤维，即红色血栓。

5. 参与机体免疫作用 机体对入侵的病原体或异体蛋白质能产生特异的抗体，抗体即属于血浆蛋白质。血浆中另有一组称为补体的蛋白质酶系，协助抗体完成免疫作用。

血中具有抗体作用的球蛋白称为免疫球蛋白（immunoglobulin，Ig）。Ig 是淋巴细胞接受抗原（如细菌、病毒或异体蛋白等）刺激后产生的一类具有免疫作用的球状蛋白质，属于糖蛋白类。Ig 能特异地与相应的抗原结合形成抗原-抗体复合物，从而阻断抗原对人体的危害作用。而且抗原抗体复合物能够激活补体系统，产生溶菌和溶细胞现象，将带有抗原的细菌溶解而消除。

6. 催化功能 血浆中的酶可分为三类：①大多以酶原的形式存在于血浆内，在一定条件下被激活后发挥催化作用，这类酶称为血浆功能酶；②由外分泌腺分泌的一些酶类，如胃蛋白酶、胰蛋白酶、胰淀粉酶、唾液淀粉酶等，在生理条件下少量逸入血浆，当脏器受损时，逸入血浆量增加，使得血浆内相关酶活性增加，这类酶称为外分泌酶；③存在于细胞和组织内，参与物质代谢的酶类称作细胞酶。当特定的器官发生病变，这类酶可释放入血，使血浆内相应酶的活性增高，可用于临床酶学检验。

三、血液中的非蛋白含氮化合物

血液中除蛋白质以外的含氮化合物，主要有尿素、尿酸、肌酸、肌酸酐、氨基酸、氨、多肽、胆红素等，这些化合物中所含的氮总称为非蛋白氮（non-protein nitrogen，NPN）。

非蛋白含氮化合物主要是蛋白质及核酸代谢的产物，它们由血液运到肾排出体外。正常人血中 NPN 含量为 14.28～24.99mmol/L。其中尿素氮（blood urea nitrogen，BUN）约占 1/3～1/2，故临床上测定血中 BUN 的意义和测定 NPN 的意义大致相同，肾功能严重下降时，可阻碍血中 NPN 的排出，以致血中 NPN、BUN 升高。

血中 NPN 和 BUN 的浓度还受体内蛋白质分解及失水情况的影响，当蛋白质分解加强（如高热、糖尿病）或消化道大量出血时，也可引起血中 NPN、BUN 增加；NPN、BUN 的排泄与尿量关系密切，当肾血流量下降时，尿量减少，则 NPN、BUN 排泄量也减少。因此脱水、循环功能不全等引起肾血流量下降的状况，也是促进血中 NPN 及 BUN 升高的因素。肾功能不全时，此种升高更为显著。

尿酸是嘌呤化合物代谢的终产物，正常人血浆中尿酸含量约为 0.12～0.36mmol/L。当核酸大量摄入及大量分解（如白血病、恶性肿瘤等），或排泄障碍时（如肾脏疾病），血中尿酸含量升高，当超过 0.48mmol/L 时，尿酸盐结晶即可沉积于关节、软骨组织而导致痛风症。如沉积于肾脏，可导致肾结石。

肌酸是精氨酸、甘氨酸和甲硫氨酸等在体内代谢的产物，出现肌萎缩等广泛性肌病变时，血中肌酸增多，尿中排出量也增加。肌酸酐是肌酸代谢的终产物，全部由肾排出。因为血中肌酸酐含量不受食物蛋白质的影响，故临床上检测肌酸酐含量较 NPN 更能正确地了解到肾脏的排泄功能。肝功能严重损伤时，血液中氨、胆红素等可升高。胆红素的升高还可见于胆道梗阻等。

四、血液中的气体和其他有机化合物

机体各组织细胞代谢中不断地消耗 O_2、产生 CO_2。血液担负着将肺吸入的 O_2 运给各组织并将组织产生的 CO_2 运到肺的重要任务。血液通过运输 O_2 和 CO_2 将肺呼吸和组织呼吸紧密连接，在整体呼吸中起重要作用。O_2 和 CO_2 可通过毛细血管壁、肺泡壁及细胞膜，它们无论是气体状态或溶解状态，都能由分压高处向低处扩散。因而，促使血液与肺泡或组织之间进行气体交换的基本动力是膜两侧气体的分压差。静脉血流经肺泡壁毛细血管时，因血液 P_aCO_2 比肺泡气的高，CO_2 即由血向肺泡扩散；同时，肺泡气 P_aO_2 比血液的高，O_2 即扩散入血。从肺流出的动脉血流经各组织毛细血管时，因血液比组织的 P_aO_2 高 P_aCO_2 低，则 O_2 由血液扩散入组织细胞，同时组织 CO_2 扩散入血，再经静脉血运回肺而排出。

血液中的 O_2 和 CO_2 都有物理溶解和化学结合的两种存在形式。动静脉血中 O_2 和 CO_2 含量的差值即表示在安静条件下，血液循环一次中，每 100ml 血液通过各种形式由肺运给组织的 O_2 量和从组织运出到肺排出的 CO_2 量。其中，物理溶解的所占比例很小，化学结合的 O_2 和 CO_2 是主要运输形式。然而在气体交换时，进入血液的气体必须先经过物理溶解状态才能成为化学结合状态；气体从血液释放时化学结合状态也需要先行分解成为物理溶解状态，然后才能离开血液。实际上，物理溶解状态与化学结合状态的气体之间，经常维持着动态平衡。

血液中葡萄糖、乳酸、酮体、脂类等含量与糖代谢和脂代谢密切相关。血浆中的脂类全部以脂蛋白的形式存在（表 10-1）。

第二节 血液凝固

血液凝固（blood coagulation）是指血液由流动的液体状态变成不流动的凝胶状态的过程。血液凝固是伤口愈合的一种正常机制，如果血液凝固与伤口愈合无关，就可能产生危险甚至威胁生命。偶发的血液凝固会发生在老年群体。长时间的不运动，如坐飞机、汽车或者躺在床上等都会导致血液凝固。其他的诱发因素有口服避孕药、手术、分娩、大面积创伤、烧伤、骨折等。在通向心脏的血管内发生过度的凝固会出现深部静脉血栓（deep vein thrombosis，DVT）。

案例 10-1

患者，14 岁，学生。曾于 8 年前因手指被割破后流血不止，以后经常鼻出血，关节青紫肿痛，活动受限。近半个月来，左眼球红肿高突，视力减退，肘腿关节肿大，步履困难。

体格检查：患者体质情况良好，精神苦闷，行走不便，迈步困难，面部左侧大片青紫，鼻孔流血以纱布填塞。左眼上下睑淤血呈青紫色，上睑肿胀，左眼球高突约 10mm，左眼视力：手动/眼前，瞳孔极度散大，对光反应迟钝，结膜下出血。上方眶部可触及一块较大的硬结。结膜水肿，角膜中央深层混浊，下方角膜也混浊。眼底：网膜用+5D 可看清，整个网膜水肿，有部分网膜浅深层出血，视神经乳头+2D 可看清，乳头界限模糊，水肿。脉沉细，舌质红，苔黄薄。

辅助检查：①血常规：Hb 85g/L；RBC3.57×10^{12}/L；WBC1.25×10^{10}/L；PLT 6.2×10^{11}/L；N56%；L44%。②试管法凝血时间>12 分钟。③简易凝血活酶生成及纠正试验：PT 对照 16 秒，患者 15 秒；简易凝血活酶生成最短时间 22 秒，纠正：加吸附血浆 14 秒，加储存血清 21 秒（正常人 15 秒）。

初步诊断：血友病。

问题：

1. 试分析该患儿的凝血过程发生了何种异常？
2. 根据血友病的发生机制，拟定治疗方案。

一、凝血因子与抗凝血成分

（一）凝血因子

血浆与组织中直接参与血液凝固的物质称为凝血因子（coagulation factor）。已知的凝血因子共有 14 种（表 10-3），其中 12 种依发现的先后顺序用罗马数字统一编号，因子Ⅵ是血清中活化的因子Ⅴ，不再视为独立的凝血因子。

表 10-3 凝血因子的编号及名称

编号	中文名称	英文名称
Ⅰ	纤维蛋白原	fibrinogen
Ⅱ	凝血酶原	prothrombin
Ⅲ	组织凝血激酶	tissue thromboplastin
Ⅳ	钙离子	Ca^{2+}
Ⅴ	前加速素	proaccelerin
Ⅶ	前转变素	proconvertin

续表

编号	中文名称	英文名称
Ⅷ	抗血友病因子	antihemophilic factor，AHF
Ⅸ	血浆凝血激酶	plasma thromboplastin component，PTC
Ⅹ	斯多特-普劳尔因子	Stuart-Prower factor
Ⅺ	血浆凝血激酶前质	plasma thromboplastin antecedent，PTA
Ⅻ	接触因子	contact factor
XIII	纤维蛋白稳定因子	fibrin-stabilizing factor，FSF
	前激肽释放酶	Prekallidrein，PK
	高分子量激肽原	high molecular weight kininogen，HMWK

除因子Ⅳ是 Ca^{2+}外，其余凝血因子均为蛋白质，并以酶原形式存在，通过其他酶的水解而暴露或形成活性中心后，才具有酶的活性，这一过程称为凝血因子的激活。习惯上在凝血因子右下角加“a”（activated）表示其“活化型”，如因子Ⅱ被激活为Ⅱa。除因子Ⅲ外，其他凝血因子均存在于新鲜血浆中，且多数在肝内合成。因子Ⅱ、Ⅶ、Ⅸ、Ⅹ的合成需要维生素 K 参与，故它们又称依赖维生素 K 的凝血因子，这些凝血因子含有谷氨酸，与 Ca^{2+}结合后可发生变构，暴露出与磷脂结合的部位而参与凝血。当肝严重病变时，可出现凝血功能障碍。

（二）抗凝血成分

血浆及血管内皮等处存在多种抗凝成分和纤溶系统，与凝血系统处于动态平衡。体内主要的抗凝成分有三个：抗凝血酶-Ⅲ、蛋白 C 系统和组织因子途径抑制物。

抗凝血酶-Ⅲ（antithrombin-Ⅲ，AT-Ⅲ）是一种糖蛋白，主要由肝合成，是血浆中最重要的生理性抗凝成分。它能持久灭活凝血酶，还能抑制凝血因子Ⅸa、Ⅹa、Ⅺa、Ⅻa 以及激肽释放酶等。

蛋白 C 系统包括蛋白 C（PC）、蛋白 S（PS）和蛋白 C 抑制物。PC 是肝合成的一种酶原，可被凝血酶、胰蛋白酶以及高浓度的因子Ⅴa 激活，激活后的 PC（APC）又可使因子Ⅴa 及Ⅷa 水解灭活，从而阻止因子Ⅹa 与血小板结合，大大降低其凝血活性，同时，APC 还能促进纤维蛋白溶解。

组织因子途径抑制物（TFPI）是一种单链糖蛋白，通过抑制因子Ⅹa 而抑制凝血。

二、凝 血 途 径

血凝过程需要多种凝血因子的参与（图 10-2）。凝血因子Ⅹ被激活是使凝血酶原活化的关键步骤。激活因子Ⅹ有两条途径：

（一）内源性途径

来自血液的凝血因子参与的凝血过程称内源性凝血途径（intrinsic coagulation pathway）。通常因血液与带负电荷的异物表面（如玻璃、白陶土、硫酸酯、胶原等）接触而启动凝血。首先是因子Ⅻ结合到异物表面，被激活为Ⅻa。Ⅻa 又使因子Ⅺ激活为Ⅺa，从而启动内源性凝血途径。Ⅻa 还能使前激肽释放酶激活为激肽释放酶，后者又可激活因子Ⅻ，形成表面激活的正反馈效应。从因子Ⅻ结合于异物表面到Ⅺa 形成的过程称为表面激活。表面激活还需要高分子量激肽原参与。高分子量激肽原既能与异物表面结合，又能与因子Ⅺ及前激肽释放酶结合，从而将前激肽释放酶和因子Ⅺ带到异物表面，作为辅因子加速激肽释放酶对因子Ⅻ的激活及Ⅻa 对前激肽释放酶和因子Ⅺ的激活。表面激活所生成的Ⅺa 在 Ca^{2+}存在的情况下可激活因子Ⅸ生成Ⅸa。在 Ca^{2+}的作用下，Ⅸa 与Ⅷa 在活化的血小板的膜磷脂表面结合成复合物，可进一步激活因子Ⅹ，生成 Ⅹa。在此过程中，Ⅷa 作为辅因子，使Ⅸa 对因子Ⅹ的激活速度提高 20 万倍。正常情况下，血浆中因子Ⅷ与血管内皮细胞产生的 von Wilebrand 因子（vWF）以非共价结合成复合物，因子Ⅷ从该复合物释出后才能活化成Ⅷa。

（二）外源性途径

来自血液之外的组织因子（tissue factor，TF）暴露于血液而启动的凝血过程称外源性凝血途径（extrinsic coagulation pathway），又称组织因子途径。组织因子即因子Ⅲ，是一种跨膜糖蛋白，存在于大多数组织细胞。在生理情况下，直接与血液接触的血细胞和内皮细胞不表达组织因子。当血管损伤时，暴露出组织因子，后者与因子Ⅶ结合，使其迅速转变为Ⅶa，形成Ⅶa-组织因子复合物，后者在磷脂和 Ca^{2+}存在的情况下迅速激活因子Ⅹ，生成Ⅹa。在此过程中，组织因子是辅因子，它能使Ⅶa 激活因子Ⅹ的效力增加 1000 倍。Ⅹa 反过来又激活因子Ⅶ，进而使更多因子ⅩⅩ激活，形成外源性凝血途径的正反馈效应。此外，Ⅶa-组织因子复合物在 Ca^{2+}的参与下还能激活因子Ⅸ，生成Ⅸa。后者除能与Ⅷa 结合而激活因子Ⅹ外，也能激活因子Ⅶ。因此，通过Ⅶa-组织因子复合物的形成，使内源性凝血途径和外源性凝血途径相互联系，相互促进，共同完成凝血过程。在病理状态下，细菌内毒素、补体 C_5a、免疫复合物、肿瘤坏死因子等均可刺激血管内皮细胞和单核细胞表达组织因子，引起弥漫性血管内凝血（图 10-2）。

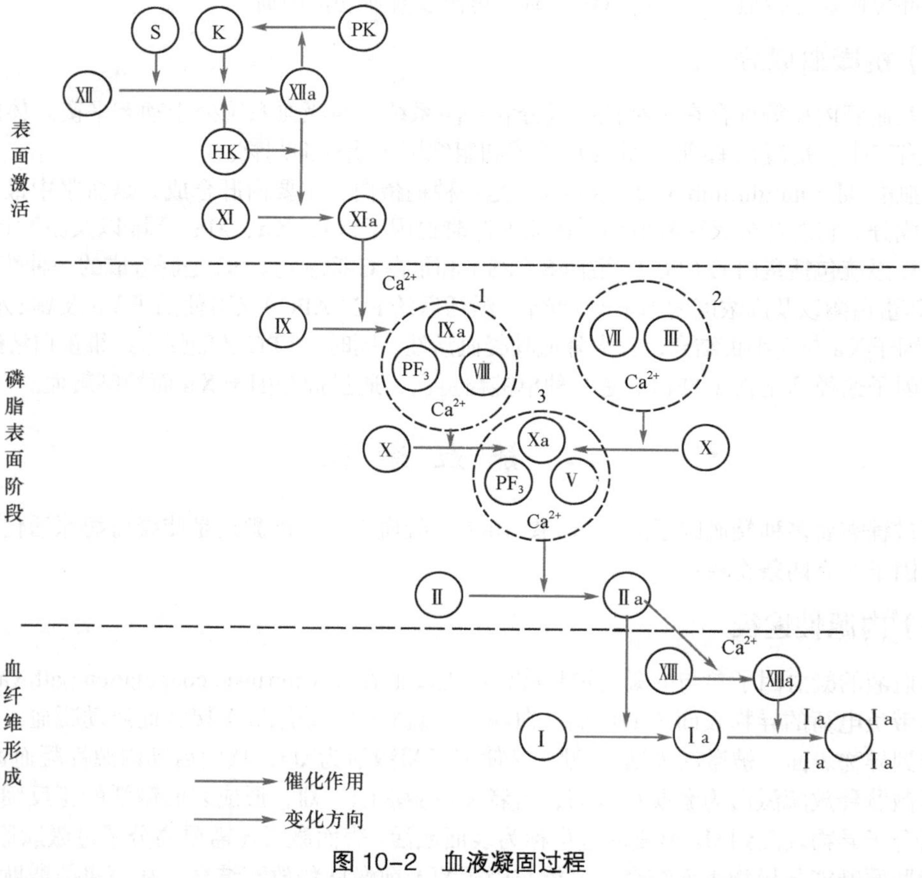

图 10-2　血液凝固过程

S：带负电荷的异物表面；K：激肽释放酶；PF_3：血小板因子 3；HK：高相对分子质量激肽原；PK：前激肽释放酶

案例 10-1 分析讨论

血友病（hemophilia）是一种凝血功能障碍性疾病，患者难以靠自身机能止血。病情严重的患者只要皮肤受到轻微创伤就会流血不止，病情较轻的患者通过压迫止血等措施可以止血，但出血时间会比一般人长。不过，这种看得见的出血并不是最可怕的，看不见的内出血才是威胁血友病患者的“不定时炸弹”。几乎所有未得到有效治疗的血友病患者都会因关节和肌肉出血而导致剧烈疼痛，反复的关节出血还会导致关节变形，最终造成残疾。研究发现，血友病患者血液中缺乏凝血因子Ⅷ或Ⅸ。

血友病治疗目前主要采用凝血因子疗法，给患者注射凝血因子Ⅷ或Ⅸ，能迅速有效止血，还可以预防出血。20 世纪 90 年代基因重组凝血因子Ⅷ的出现，为血友病患者带来了更为安全的治疗选择。基因重组凝血因子Ⅷ在生产过程中不采用人血浆，因此将感染疾病的风险降至最小。目前正在尝试用基因疗法治疗血友病，已经取得一定进展。通过有效的治疗和护理，血友病患者完全能像正常人一样生活、学习和工作。

三、血凝块的形成和溶解

血液凝固是一系列复杂的酶促反应过程，血浆中的可溶性纤维蛋白原转变成不溶性的纤维蛋白，纤维蛋白交织成网，把血细胞及血液的其他成分网罗在内，形成血凝块，即血栓。

纤维蛋白原由两条 α 链、两条 β 链、两条 γ 链组成，每三条肽链（α、β、γ 链）绞合成索状，两条索状肽链的 N 端再通过二硫键相连成纤维状。α、β 链的 N 端各有一段 16 和 14 个氨基酸残基组成的短肽，称为纤维肽 A 和纤维肽 B。凝血酶可切除这两个短肽，使纤维蛋白原转变为纤维蛋白。刚形成的血凝块不牢固，在因子XIII_a催化下 γ 链 C 端的谷氨酰胺残基与邻近 γ 肽链的赖氨酸残基的 ε-氨基共价结合，α 链之间也同样发生共价交联，使纤维蛋白网非常牢固。

纤维蛋白原或纤维蛋白被纤维蛋白溶解系统分解液化的过程称为纤维蛋白溶解，简称纤溶。纤溶过程分为两个阶段：①在纤溶酶原激活物的作用下，纤溶酶原激活成为纤溶酶。②在纤溶酶的作用下，纤维蛋白原或纤维蛋白发生降解（图 10-3）。

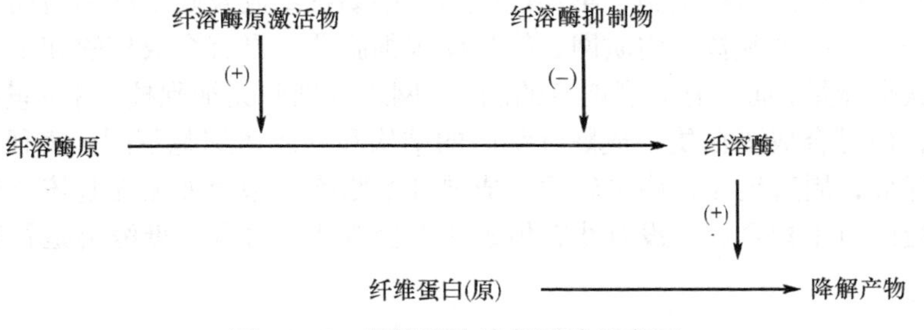

图 10-3　纤维蛋白溶解系统示意图

（一）纤溶酶原激活物

纤溶酶原激活物主要有三类：

1. 血管激活物　血管激活物是一种丝氨酸蛋白酶，由小血管内皮细胞合成后释放入血，对纤维蛋白具有特异性的结合作用。当血管内出现纤维蛋白沉着、各种应激刺激、血流停滞、肌肉运动、儿茶酚胺等均可刺激血管内皮细胞分泌血管激活物，内皮细胞释放的内皮素可抑制其分泌。

2. 组织激活物　组织激活物存在于很多组织，其中子宫、肾上腺、甲状腺、前列腺、淋巴结含量较多。肾合成和分泌的尿激酶就属于组织激活物，它的活性很强，能够防止肾小管中纤维蛋白沉着，临床上用尿激酶治疗脑血栓。

3. Ⅶa、PKa、Ⅱa　这些活化的蛋白酶均可激活纤溶酶原，促进纤维蛋白溶解。

（二）纤维蛋白降解

纤溶酶可将纤维蛋白或纤维蛋白原分割成许多可溶性小肽，称为纤维蛋白降解产物，它们一般不再凝固，其中一部分还有抗凝血作用。

（三）纤溶抑制物

纤溶抑制物广泛分布于组织和体液中，有的能抑制纤溶酶原转变成纤溶酶，有的能抑制纤溶酶对纤维蛋白的分解（后者称为抗纤溶酶）。肝脏合成分泌的 α_2 抗纤溶酶能与纤溶酶高亲和力结合，使纤溶酶失去活性，是主要的纤溶抑制物。α_2 巨球蛋白、α_1 抗胰蛋白酶等也有抑制纤溶酶的作用。人工合成的抗纤溶药物，如 6-氨基己酸、凝血酸、对羧苄胺等则有抑制纤溶酶原激活的作用，已广泛用于临床。

在血液中存在促进和抑制纤维蛋白溶解的相互制约的平衡系统，对于保持血液处于液体状态起重要作用。在正常生理状态下，血液凝固系统和纤维蛋白溶解系统保持动态平衡，使血液既能在血管内流动，也能在血管损伤流出血管时及时发生凝固。但在病理情况下，这两个系统之间的动态平衡发生改变，就会导致纤维蛋白形成不足或过多，从而引起出血性疾病或血栓症。

第三节 血细胞代谢

一、红细胞代谢

红细胞是血液中含量最多的细胞，在体内具有运输 O_2 和 CO_2 的作用。红细胞是在骨髓中由造血干细胞定向分化而成的红系细胞，红细胞在成熟过程中要经历一系列形态和代谢的改变（表 10-4）。经历了原始红细胞、早幼红细胞、中幼红细胞、晚幼红细胞、网状红细胞阶段，最后才成为成熟红细胞。原始红细胞、早幼红细胞、中幼红细胞及晚幼红细胞属于有核红细胞，与一般体细胞一样，有细胞核、内质网、线粒体等细胞器，具有合成核酸和蛋白质的能力，可进行有氧氧化获得能量，而且有分裂增殖的能力；网织红细胞无细胞核，含少量线粒体和 RNA，不能合成核酸，但可合成蛋白质；成熟红细胞的结构和一般体细胞不同，直径为 7～8μm，其形态呈双凹圆碟形，周边较厚，中央较薄。成熟红细胞除细胞膜外无细胞核及其他细胞器，不能进行核酸和蛋白质生物合成，没有线粒体氧化途径等代谢过程，糖酵解是其获得能量的唯一途径。

表 10-4 红细胞成熟过程中的代谢变化

代谢能力	有核红细胞	网织红细胞	成熟红细胞
分裂增殖能力	+	−	−
DNA 合成	+*	−	−
RNA 合成	+	−	−
RNA 存在	+	+	−
蛋白质合成	+	+	−
血红素合成	+	+	−
脂类合成	+	+	−
三羧酸循环	+	+	−
氧化磷酸化	+	+	−

续表

代谢能力	有核红细胞	网织红细胞	成熟红细胞
糖酵解	+	+	+
磷酸戊糖途径	+	+	+

注："+"，"−" 分别表示该途径有或无；*晚幼红细胞为 "−"。

（一）血红蛋白的生物合成

血红蛋白是红细胞中的主要成分，占红细胞内蛋白质总量的 95%，主要功能是运输氧气和二氧化碳。血红蛋白是在红细胞成熟之前合成的，先合成血红素（heme）和珠蛋白（globin），然后两者再缔合成血红蛋白。

1. 血红素合成　血红素（heme）是含铁卟啉化合物，卟啉由四个吡咯环组成，铁位于其中，由于血红素具有共轭结构，性质较稳定。血红素不仅是血红蛋白的辅基，也是肌红蛋白（myoglobin）、细胞色素（cytochrome）、过氧化氢酶（catalase）、过氧化物酶（peroxidase）的辅基，具有重要的生理功能。血红素可在体内多种组织细胞内合成。用于组成血红蛋白的血红素则主要在骨髓的幼红细胞和网织红细胞中合成。

合成血红素的基本原料是甘氨酸、琥珀酰 CoA 和 Fe^{2+}。合成过程的起始和终末阶段是在线粒体中进行的，中间阶段是在胞液中进行的。其合成过程可分为四个步骤：

（1）δ-氨基-γ-酮戊酸（δ-aminolevulinic acid，ALA）的生成：在线粒体内，甘氨酸和琥珀酰 CoA 在 ALA 合酶的催化下，脱羧生成 δ-氨基-γ-酮戊酸。此酶是血红素生物合成的限速酶，辅酶是磷酸吡哆醛。

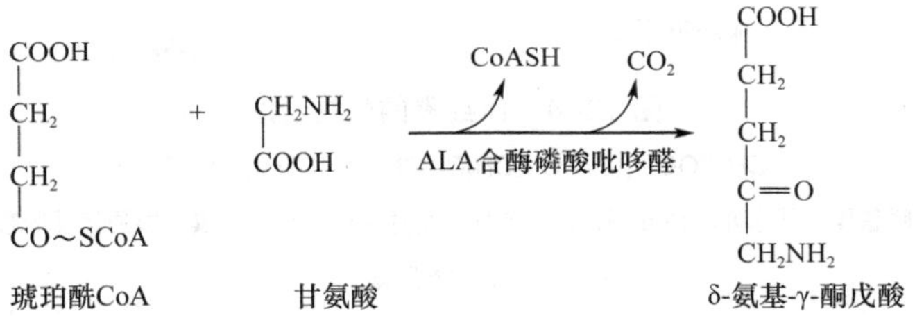

（2）卟胆原的生成：ALA 生成后，从线粒体扩散到胞液中，在 ALA 脱水酶的催化下，2 分子 ALA 脱水生成 1 分子卟胆原。

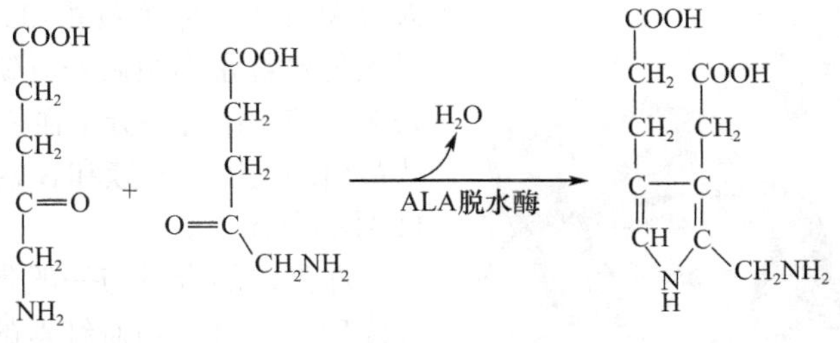

（3）尿卟啉原Ⅲ及粪卟啉原Ⅲ的生成：在胞液中，4 分子卟胆原在卟胆原脱氨酶的催化下，生成线状四吡咯，然后经尿卟啉原Ⅲ同合酶催化生成尿卟啉原Ⅲ，尿卟啉原Ⅲ再经尿卟啉原Ⅲ脱羧酶催化，其 4 个乙酸基脱羧，生成粪卟啉原Ⅲ。线状四吡咯还可自发地环化生成尿卟啉原Ⅰ。

（4）血红素的生成：在胞液中生成的粪卟啉原Ⅲ扩散进入线粒体内，在粪卟啉原氧化脱羧酶的催化下，脱羧脱氢生成原卟啉原Ⅸ，再经原卟啉原Ⅸ氧化酶催化生成原卟啉Ⅸ，原卟啉Ⅸ和 Fe^{2+} 在亚铁螯合酶的催化下，生成血红素（图 10-4）。

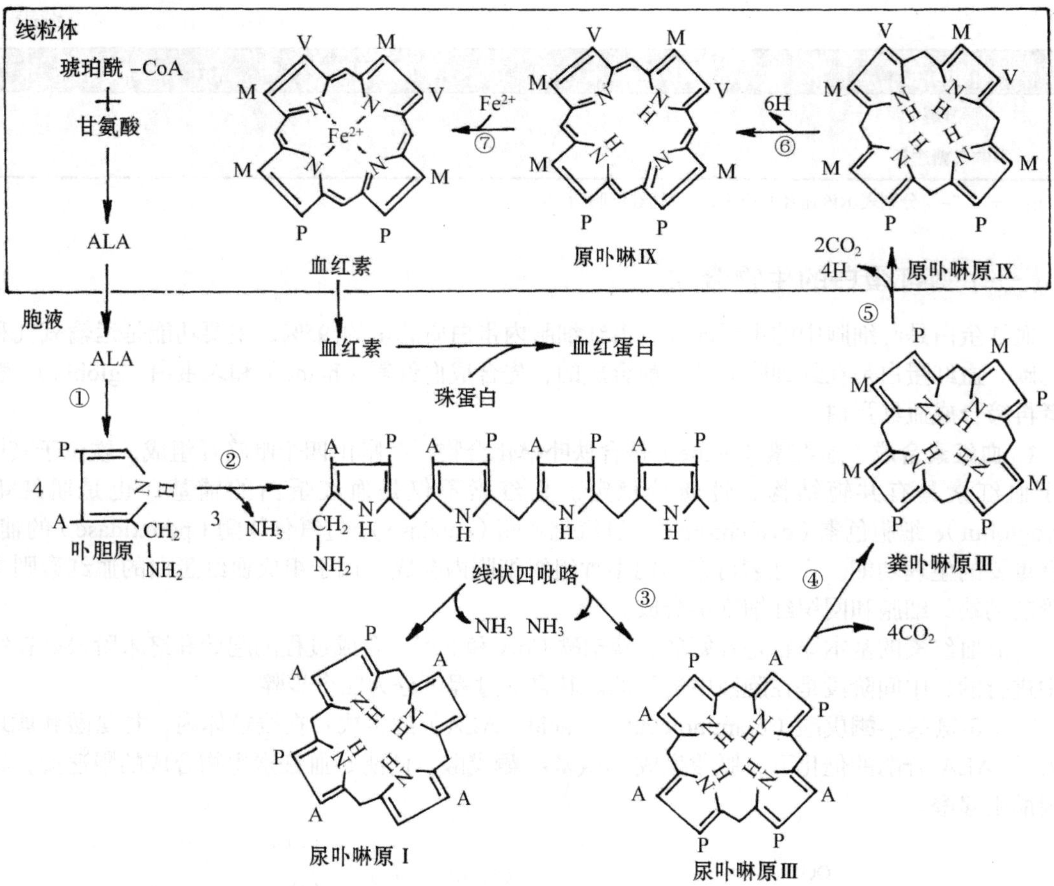

图 10-4 血红素的生物合成

A—CH_2COOH；P—CH_2CH_2COOH；M—CH_3；V—$CHCH_2$

①ALA 脱水酶；②叶胆原脱氨酶；③尿卟啉原Ⅲ同合酶；④尿卟啉原Ⅲ脱羧酶；⑤粪卟啉原氧化脱羧酶；⑥原卟啉原氧化酶；⑦亚铁螯合酶

2. 血红蛋白的生成 血红素生成后从线粒体转运到胞液，与珠蛋白结合成为血红蛋白。正常人每天约合成 6g 血红蛋白，相当于 210mg 血红素。成人的血红蛋白由两条 α 链、两条 β 链组成，每条多肽链各结合一分子血红素（图 10-5）。编码人珠蛋白的基因有 α 族和 β 族两组，分别位于 16 和 11 号染色体上。

图 10-5 血红蛋白的结构

珠蛋白的合成与一般蛋白质相同，在珠蛋白合成后，一旦容纳血红素的空穴形成，立刻有血红素与之结合，并使珠蛋白折叠成最终的立体结构，再形成稳定的 αβ 二聚体，最后由两个二聚体构成有功能的 $\alpha_2\beta_2$ 四聚体血红蛋白。

（二）血红素合成的特点及调节

血红素是含铁的卟啉化合物，卟啉由四个吡咯环组成，铁位于其中。由于血红素具有共轭结构，因此性质较稳定。血红素不仅是血红蛋白的辅基，也是肌红蛋白（myoglobin）、细胞色素（cytochrome）、过氧化氢酶（catalase），过氧化物酶（perox- idase）的辅基，具有重要的生理功能。

1. 血红素合成的特点 血红素合成特点可归纳如下：①血红素合成的原料是琥珀酰辅酶A、甘氨酸及 Fe^{2+}等小分子物质，其中间产物主要是进行脱氢脱羧反应；②体内合成血红素的主要部位是肝与骨髓细胞，成熟红细胞不含线粒体，所以不能合成；③血红素合成过程的亚细胞定位主要经过线粒体—胞液—线粒体，这种定位对终产物血红素的反馈调节具有重要意义。

2. 血红素合成的调节 ALA合酶是血红素合成的限速酶，血红素对此酶具有反馈抑制作用。血红素生成过多时，可自发地氧化成高铁血红素，高铁血红素一方面阻遏ALA合酶的合成，另一方面又能直接抑制此酶的活性，从而减少血红素的生成。此外，铁对血红素的合成具有促进作用。

血红素合成代谢异常而导致卟啉或其他中间代谢物排出增多，称为卟啉症（porphyria）。先天性卟啉症是由于某种血红素合成酶遗传性缺陷引起，后天性卟啉症主要是由于铅或某些药物中毒引起的血红素合成障碍。铅等重金属能抑制ALA脱水酶、亚铁螯合酶及尿卟啉合成酶，从而抑制血红素的合成。由于ALA脱水酶和亚铁螯合酶对重金属的抑制作用极为敏感，因此血红素合成的抑制也是铅中毒的重要标志。此外亚铁螯合酶的催化作用还需谷胱甘肽等还原剂的协同，如还原剂减少也会抑制血红素的合成。

某些固醇类激素，例如睾酮在体内的5-β还原物，能诱导ALA合酶的合成，从而促进血红素和血红蛋白的生成。许多在肝中进行生物转化的物质（如致癌剂、药物、杀虫剂等）均可导致肝ALA合酶显著增加，因为这些物质的生物转化作用需要细胞色素 P_{450}，后者的辅基是铁卟啉化合物，通过肝ALA合酶的增加，以适应生物转化的需要。细胞色素 P_{450}的生成要消耗血红素，使红细胞中血红素下降，故它们对ALA合酶的合成具有去阻抑作用。

（三）成熟红细胞的代谢特点

1. 能量代谢 成熟红细胞除质膜和胞浆外，无其他细胞器，其代谢比一般细胞简单。主要供能物质是血糖，成熟红细胞每天约消耗25～30g葡萄糖，其中90%～95%进入糖酵解途径，5%～10%进入磷酸戊糖途径。成熟红细胞因为没有线粒体，所以虽携带氧但自身并不消耗氧，糖酵解是其产生ATP的唯一途径。红细胞中存在催化糖酵解所需要的全部酶，通过糖酵解可使红细胞内ATP的浓度维持在 1.85×10^3mol/L水平，这些ATP对于维持红细胞的正常形态和功能具有重要意义。具体作用是：①维持红细胞膜上脂质与血浆脂蛋白中的脂类进行交换，这是红细胞膜上脂类更新的主要形式。尽管其机制还不清楚，但这种交换是耗能过程，因此缺少ATP时，其更新受阻，红细胞膜可塑性降低，易被破坏；②维持细胞膜上钠泵（Na^+-K^+-ATP酶）的转运，保持红细胞的离子平衡以及细胞容积和双凹盘状的特定形态；③维持红细胞膜上钙泵（Ca^{2+}-ATP酶）的运行，缺乏ATP时细胞内 Ca^{2+}聚集并沉积在膜上，使膜失去柔韧性而趋于僵硬，降低变形能力；④少量ATP可用于谷胱甘肽、NAD^+等的生物合成，这些在红细胞代谢中都有重要意义；⑤用于葡萄糖的活化，启动糖酵解过程。

2. 2,3-二磷酸甘油酸旁路 红细胞内糖酵解过程中生成的1,3-二磷酸甘油酸（1,3-BPG）有15%～50%可转变为2,3-BPG，后者在磷酸酶的催化下脱磷酸变成3-磷酸甘油酸而返回糖酵解。这一糖酵解的侧支循环称为2,3-二磷酸甘油酸旁路（2,3-BPG shunt pathway）（图10-6）。由于2,3-BPG对BPG变位酶的负反馈作用大于对3-磷酸甘油酸激酶的抑制作用，所以红细胞中葡萄糖主要经糖酵解生成乳酸。又由于2,3-BPG磷酸酶活性较低，结果2,3-BPG的生成大于分解，在红细胞中2,3-BPG的浓度远远高于糖酵解其他中间产物。

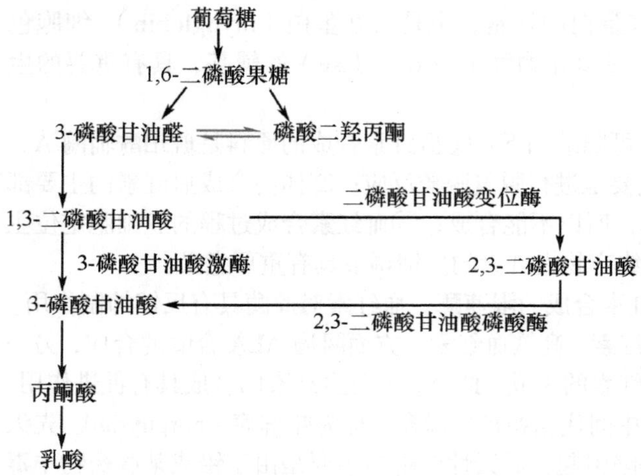

图 10-6 2,3-二磷酸甘油酸旁路

红细胞内 2,3-BPG 的主要功能是调节血红蛋白的运氧功能。2,3-BPG 是一个负电性很高的分子，可与血红蛋白结合，结合部位在 Hb 分子 4 个亚基的对称中心孔穴内。2,3-BPG 的负电基团与孔穴侧壁的 2 个 β 亚基的正电基团形成盐键（图 10-7），使血红蛋白分子的紧密态构象更趋稳定，降低与 O_2 的亲和力。BPG 变位酶及 2,3-BPG 磷酸酶活性受血液 pH 调节，在肺泡毛细血管中，血液 pH 高，BPG 变位酶受抑制而 2,3-BPG 磷酸酶活性强，结果红细胞内 2,3-BPG 的浓度降低，有利于 Hb 与 O_2 结合；在外周组织毛细血管中，血液 pH 下降，2,3-BPG 的浓度升高，有利于 HbO_2 放氧，借此调节 O_2 的运输和利用。人在短时间内由海平面上升至高海拔处或高空时，可通过红细胞中 2,3-BPG 浓度的改变来调节组织的供 O_2 状况。

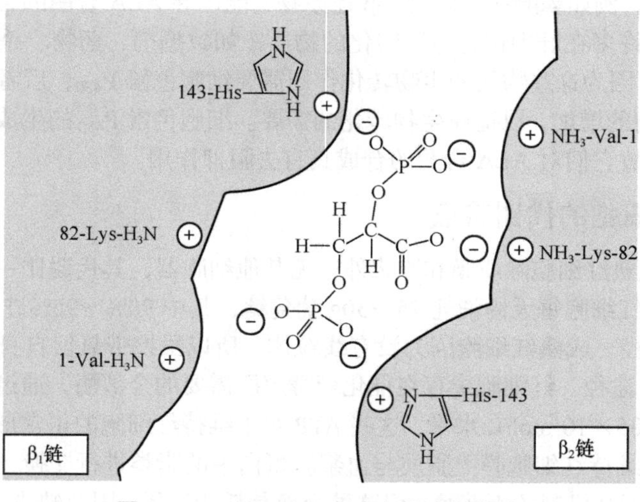

图 10-7 2,3-BPG 与血红蛋白的结合

红细胞中无葡萄糖贮存，但含有较多的 2,3-BPG，它氧化时可生成 ATP，因此 2,3-BPG 也是红细胞中能量的贮存形式。

3. 脂代谢 成熟红细胞缺乏完整的亚细胞结构，所以不能从头合成脂肪酸。成熟红细胞中的脂类几乎都位于细胞膜。红细胞通过主动摄取和被动交换不断与血浆进行脂质交换，以满足其膜脂不断更新，维持其正常的脂类组成、结构和功能。

4. 氧化还原系统 红细胞中存在着一系列还原机制，它们具有对抗氧化剂，保护细胞膜蛋白、血红蛋白及酶蛋白不被氧化的作用，从而维持细胞的正常功能。

（1）谷胱甘肽-NADPH 还原系统：还原型谷胱甘肽（GSH）是一种强抗氧化剂，它能通过谷胱甘肽过氧化物酶还原体内生成的过氧化氢（H_2O_2），以消除后者对血红蛋白、酶和膜蛋白上的巯基的氧化作用，因而可以维持这些蛋白质处于还原状态，这对保持红细胞的正常功能和寿命有重要意义。GSH 在谷胱甘肽过氧化物酶的作用下，将 H_2O_2 还原成水，而自身被氧化成氧化型谷胱甘肽（GSSG）。后者又在谷胱甘肽还原酶的作用下，从 NADPH 接受氢而重新被还原为 GSH（图 10-8）。

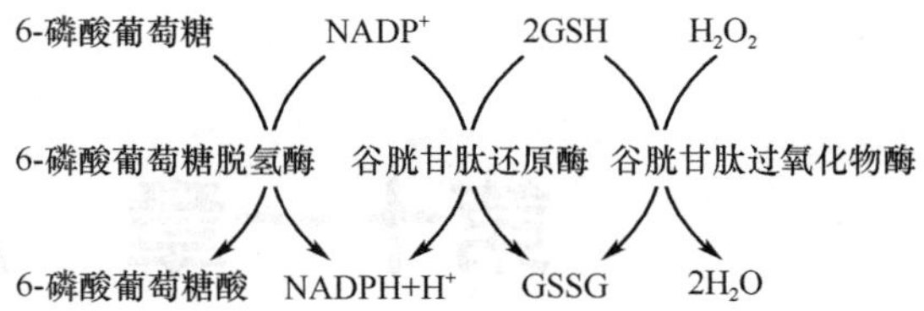

图 10–8　谷胱甘肽的氧化与还原

反应中 NADPH 来源于磷酸戊糖途径，如果此途径功能低下，如 6-磷酸葡萄糖脱氢酶缺陷的病人，其红细胞中 NADPH 生成受阻，GSH 减少，含巯基的膜蛋白和酶等得不到保护，容易发生溶血。

（2）高铁血红蛋白的还原：由于各种氧化作用，细胞内经常有少量高铁血红蛋白（methemoglobin，MHb）产生。但因红细胞中有一系列酶促及非酶促的 MHb 还原系统，故正常红细胞内 MHb 只占 Hb 总量的 1%～2%。MHb 分子中的铁是三价铁，不能带氧。但红细胞内有 NADH-高铁血红蛋白还原酶及 NADPH-高铁血红蛋白还原酶，它们都能催化 MHb 还原成 Hb。另外，GSH、抗坏血酸也能直接还原 MHb。上述高铁血红蛋白的还原反应中，以 NADH-高铁血红蛋白还原酶反应最为重要，约占其总反应的 60%。红细胞中糖酵解过程中生成的 NADH 主要用于丙酮酸的还原，还原 MHb 所需的 NADH 主要来自糖醛酸途径，它是红细胞中提供 NADH 的主要途径。

二、白细胞代谢

人体白细胞包括粒细胞、淋巴细胞和单核/巨噬细胞三大系统，主要功能是抵抗外来病原微生物的入侵。白细胞代谢与白细胞的功能密切相关，这里只扼要介绍粒细胞和单核/巨噬细胞的代谢。

（一）糖代谢

粒细胞中的线粒体很少，主要的糖代谢途径是糖酵解。中性粒细胞能利用外源性的糖和内源性的糖原进行糖酵解，为细胞的吞噬作用提供能量。在中性粒细胞中，约有 10%的葡萄糖通过磷酸戊糖途径进行代谢。单核/巨噬细胞虽能进行有氧氧化和糖酵解，但糖酵解仍占很大比重。中性粒细胞和单核/巨噬细胞被趋化因子激活后，可启动细胞内磷酸戊糖途径，产生大量的 NADPH，经 NADPH 氧化酶递电子体系可使氧接受单电子还原，产生大量的超氧阴离子，超氧阴离子再进一步转变成 H_2O_2、OH•等，发挥杀菌作用。

（二）脂代谢

中性粒细胞不能从头合成脂酸。单核/巨噬细胞受多种刺激因子激活后，可将花生四烯酸转变成血栓素和前列腺素。在脂氧化酶的作用下，粒细胞和单核/巨噬细胞可将花生四烯酸转变为白三烯，白三烯是速发型过敏反应中产生的慢反应物质。

（三）蛋白质和氨基酸代谢

粒细胞中的氨基酸浓度较高，特别是组氨酸脱羧后的代谢产物组胺的含量尤其多，组胺释放后参与白细胞激活后的变态反应。成熟粒细胞缺乏内质网，因此蛋白质的合成量极少；单核/巨噬细胞具有活跃的蛋白质代谢，能合成各种细胞因子、酶和补体。

（宋高臣　刘洪凤）

思　考　题

1. 血浆蛋白质按分离方法、来源或功能的不同大致分几类？
2. 血浆蛋白的功能有哪些？
3. 血红素合成的过程及特点如何？
4. 成熟红细胞代谢的特点有哪些？

第十一章 肝胆生物化学

内容提要

肝脏不仅具有肝动脉和门静脉双重血液供应，还有肝静脉和胆道系统两条输出通路，以及肝脏丰富的肝血窦和细胞内丰富的细胞器、酶系，这些独特的形态结构及组成特点，使肝脏具有复杂多样的生物化学功能。它不仅是多种物质代谢的中枢，还具有生物转化、分泌和排泄等功能。

肝是糖、脂、蛋白质、维生素、激素等物质代谢的中枢。肝通过肝糖原合成、分解及糖异生维持血糖的相对稳定；肝细胞内的糖代谢是肝内核酸、脂、蛋白质代谢及生物转化等正常进行的重要保证；肝还是人体内糖转变为脂肪的主要场所。肝在脂类代谢中占据中心地位，其在脂类的消化吸收、运输、合成、分解等方面均发挥重要作用：肝将胆固醇转化为胆汁酸，协助脂质的消化与吸收；肝能合成 VLDL 及 HDL，参与三酰甘油与胆固醇的转运；肝是体内合成三酰甘油、磷脂与胆固醇的重要器官；也是氧化脂肪酸并产生酮体的主要器官。肝的蛋白质（尤其血浆蛋白）合成与分解代谢均非常活跃：除 γ-球蛋白外，几乎所有的血浆蛋白质均来自于肝；肝是除支链氨基酸外所有氨基酸（尤其芳香族氨基酸）分解代谢的重要器官；也是代谢氨和胺类物质解毒的重要器官，氨主要在肝内经鸟氨酸循环合成尿素而解毒。肝脏在维生素的吸收、贮存、运输和代谢转化等方面起重要作用；肝也参与了激素的灭活与排泄。

生物转化作用是指肝脏将一些极性或水溶性较低、不易排出体外的内、外源性非营养物质进行化学转化，提高其极性或水溶性，利于从尿液或胆汁排出的过程。大部分非营养物质经过生物转化后，生物学活性（或毒性）会降低或消失；但生物转化作用并不都是解毒作用，有的物质经过生物转化后，其毒性或生物活性反而增加。肝生物转化分为两相反应：第一相反应包括氧化、还原和水解反应；第二相反应是结合反应，主要与葡糖醛酸等结合剂结合，结合反应是体内最重要、最普遍的生物转化方式。肝生物转化反应具有转化反应的连续性、代谢通路与产物的多样性及解毒与致毒的双重性等特点，并受年龄、性别、营养状态、食品、药物、疾病、遗传因素等体内外多种因素的影响和调节。

胆汁是由肝细胞分泌的消化液和排泄液，分为肝胆汁和胆囊胆汁。胆汁主要固体成分——胆汁酸是由胆固醇转变而来，是体内胆固醇清除的最主要方式。胆汁酸按其来源可分为初级胆汁酸和次级胆汁酸。初级胆汁酸是在肝脏以胆固醇为原料生成，包括胆酸与鹅脱氧胆酸。次级胆汁酸是肠道细菌以初级胆汁酸为原料转化形成，包括脱氧胆酸与石胆酸。胆汁酸按结构又可分为游离胆汁酸与结合胆汁酸，结合胆汁酸是游离胆汁酸与甘氨酸或牛磺酸在肝内结合的产物。胆固醇 7α-羟化酶是胆汁酸合成途径的限速酶，与 HMG-CoA 还原酶（胆固醇合成途径限速酶）均属于诱导酶，同时受胆汁酸和胆固醇的调节，肝细胞通过这两种酶的协同作用维持肝细胞内胆固醇的水平。胆汁酸肠肝循环是指进入肠道的胆汁酸约 95%被肠重吸收入血回到肝，在肝中重新转变为结合胆汁酸，并与新合成的胆汁酸一起再排入肠道的过程。此循环的意义在于：使有限的胆汁酸反复利用，满足机体对胆汁酸的需求。

胆色素是铁卟啉类化合物的主要分解代谢产物，包括胆红素、胆绿素、胆素原和胆素等，胆红素是最重要的胆色素，居于胆色素代谢的中心。胆红素主要由衰老红细胞破坏所释放的血红蛋白分解产生。血红素加氧酶（HO）和胆绿素还原酶催化血红素经胆绿素生成胆红素，HO 是胆红素生成的限速酶。胆红素是亲脂、疏水的化合物，极易自由透过细胞膜进入血液，对组织细胞尤其是神经组织具有毒性作用。胆红素在血液中与清蛋白结合而运输，为未结合胆红素。未结合胆红素被肝摄取，并在肝滑面内质网内与葡糖醛酸结合生成水溶性的胆红素，为结合胆红素，后者由肝主动分泌，经胆管排入小肠。在肠道细菌作用下，胆红素被还原成无色的胆素原。大部分胆素原在肠道下段接触空气被氧化为黄褐色的粪胆素，并随粪便排出，粪胆素是粪便的主要色素；约 10%的胆素原被肠黏膜重吸收入肝，其中的大部分又以原形重新排入肠道，构成胆素原的肠肝循环；另一小部分则经肾排入尿中，尿胆素原与空气接触后被氧化成黄褐色的尿胆素，它是尿液的主要色素。正常人血清胆红素含量甚微，大部分是未结合胆红素，少部分为结合胆红素。凡是能够导致胆红素生成过多或肝细胞对胆红素摄取、转化和排泄能力下降的因素均可使血中胆红素含量增多，称为高胆红素血症。胆红素为橙黄色物质，血浆中浓度过高可扩散入组织，造成皮肤、巩膜、黏膜等组织黄染，称为黄疸。黄疸是一种临床症状，许多疾病都可以发生。根据黄疸发生的原因及机制可将黄疸分为溶血性黄疸、肝细胞性黄疸和梗阻性黄疸。各类黄疸均有其独特的血、尿、粪胆色素实验室检查改变。

第一节　肝脏的解剖结构特点及其生物化学功能

正常成年人肝脏重量约 1～1.5kg，占体重 2.5%，是人体最大的实质性器官，也是体内最大的腺体。肝脏（liver）独特的形态结构及化学组成特点，使其几乎参与了体内各类物质如糖、脂、蛋白质、维生素、激素的代谢，故有“物质代谢中枢”、“人体最大化工厂”之称。此外肝脏还与非营养物质的生物转化、胆汁酸代谢及胆色素代谢密切相关。

一、肝的结构组成

人体肝脏约有 2.5×10^{11} 个肝细胞，组成 50 万～100 万个肝小叶，肝小叶是肝脏结构与功能的基本单位，具有肝的全部功能。肝脏复杂的生理功能是与其特殊的形态结构和化学组成特点密切相关的：

（一）肝脏具有肝动脉和门静脉双重血液供应

肝动脉可为肝细胞提供充足的氧，门静脉则提供由肠道吸收的大量营养物质，从而为肝脏执行多种生理功能奠定了重要物质基础（图 11-1）。

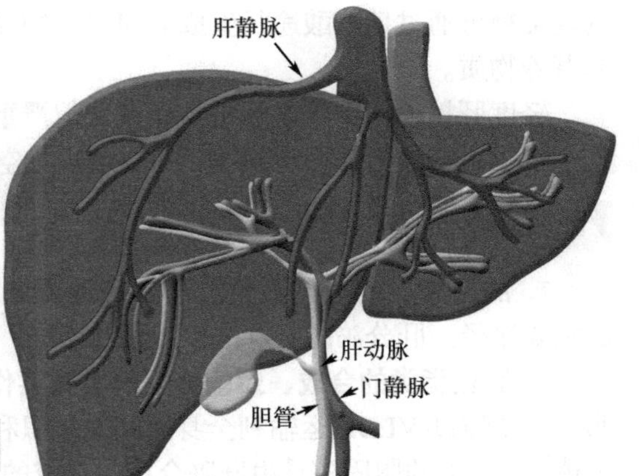

图 11–1　肝脏的双重血液供应及两条输出通路

（二）肝脏具有丰富的肝血窦

肝动脉和门静脉入肝后经反复分支，最后均进入肝血窦。血窦增大了血液与肝细胞的接触面，且窦中血流速率缓慢，可有利于肝细胞与血液进行充分的物质交换。

（三）肝细胞含有丰富的细胞器

肝细胞比其他组织细胞具有更多的内质网、线粒体、微粒体、溶酶体、过氧化物酶体等亚细胞结构，为肝脏进行活跃的蛋白质合成、生物氧化、生物转化等代谢提供了结构保证和能量保证。

（四）肝细胞含有丰富的酶体系

肝细胞内酶的种类有数百种，有些甚至是肝所独有或其他组织含量极少的，如合成尿素和酮体的酶系几乎仅存在于肝脏。丰富的酶体系是肝脏进行各类物质代谢的重要基础。

（五）肝脏具有肝静脉和胆道系统两条输出通路

肝静脉与体循环相连，可将肝内的代谢产物运输到其他组织利用，或经肾排出体外。胆道系统与肠道相通，将肝分泌的胆汁酸排入肠道，帮助脂类消化吸收，同时也排出一些代谢废物。

二、肝在机体物质代谢中的作用

肝脏在物质代谢中的重要作用主要体现在糖、脂、蛋白质、维生素、激素等物质的代谢方面。

（一）肝在糖代谢中的作用

1. 肝是维持血糖水平相对恒定的重要器官 肝脏主要通过肝糖原合成、肝糖原分解及糖异生三方面的调节，维持血糖的相对恒定，以确保全身各组织，尤其是大脑和红细胞的能量供应。肝细胞膜分布有葡糖转运蛋白 2（glucose transporter，GLUT2），可使肝细胞内的葡萄糖浓度与血糖浓度保持一致。饱食状态下血糖浓度升高，肝细胞迅速摄取血中葡萄糖，并将其合成为肝糖原储存起来，肝糖原可达 75～100g，约占肝重的 5%～6%。空腹时血糖浓度降低，此时肝糖原分解增强，在肝所特有的葡糖-6-磷酸酶作用下分解为葡萄糖，补充血糖。饥饿 12 小时左右肝糖原几乎耗尽，此时肝脏通过加强糖异生作用，将甘油、乳酸、丙酮酸、生糖氨基酸等非糖物质转变为葡萄糖，维持血糖的正常水平。空腹 24～48 小时后，糖异生的主要原料来自肌肉蛋白质分解的氨基酸，此时肝脏还通过增加酮体的合成供脑组织利用，以节约葡萄糖。

2. 肝是人体内糖转变为脂类物质的主要场所 因肝储存糖原量有限，当大量葡萄糖进入肝脏，肝可将过多的糖转化为脂肪或胆固醇，合成的脂肪不贮存在肝内，而主要与磷脂和载脂蛋白合成 VLDL，以 VLDL 形式输送到全身其他组织利用或贮存。

3. 肝细胞内的糖代谢是肝内核酸、脂、蛋白质代谢及生物转化等正常进行的重要保证 首先，葡萄糖通过磷酸戊糖途径生成磷酸核糖及 NADPH，可为核酸合成提供原料，同时还为肝的生物转化、脂肪酸及胆固醇的合成提供足量的 NADPH。其次，肝细胞通过加强肝糖原合成，减少饥饿状态下的糖异生，可避免过多消耗氨基酸，保证足够的氨基酸参与蛋白质的合成。最后，肝细胞内的葡萄糖可通过糖醛酸途径生成 UDP-葡糖醛酸，其作为重要的结合剂参与肝生物转化作用，处理非营养物质。

轻度肝损伤很少出现糖平衡紊乱，但严重肝损害时，肝对血糖的调节能力下降，造成肝糖原贮存减少、糖异生作用障碍等，主要表现为空腹易发生低血糖，进食后又易出现高血糖。

（二）肝在脂类代谢中的作用

1. 肝在脂类的消化吸收方面具有重要作用 肝将胆固醇转变为胆汁酸盐是体内胆固醇降解的重要途径。肝分泌的胆汁酸盐随胆汁入肠，可乳化食物中的脂类物质，促进脂类的消化吸收。

2. 肝在脂类的合成、运输方面起着重要作用 人体的脂肪酸和脂肪主要在肝脏合成，合成的脂肪主要通过 VLDL 运输到全身供其他组织利用或贮存。肝也是人体合成胆固醇能力最强的器官，人体 3/4 以上的胆固醇是由肝脏合成，合成的胆固醇主要以 LDL 形式在血液中运输。肝还是合成磷脂的重要器官，各种磷脂合成后，主要与肝内其他脂类及载脂蛋白一起形成 VLDL、HDL 等脂蛋白，运至全身各组织。此外，肝脏还可合成分泌卵磷脂-胆固醇酰基转移酶（LCAT），催化血液中游离胆固醇酯转化为胆固醇酯。

3. 肝在脂类的分解方面也发挥了重要作用 肝是脂肪酸 β-氧化最为活跃的器官之一，肝生命活动所需的大部分能量由脂肪酸 β-氧化分解提供。肝细胞中含有酮体生成酶系，是体内酮体生成的主要器官。在空腹或饥饿状态下，肝摄取血液中游离脂肪酸，经 β-氧化进一步生成酮体。酮体是肝向肝外组织输出脂类能源的一种形式，供肝外组织尤其是脑和肌肉等氧化利用。

肝脏疾病、肝功能受损时，由于脂类消化吸收障碍，会出现厌油、脂肪泻等临床症状。由于胆固醇合成障碍及 LCAT 分泌减少，使血浆中胆固醇含量减少，而血浆胆固醇酯降低则更早、更明显。

当肝中磷脂生成障碍时，会影响 VLDL 的合成，使肝内脂肪不能正常转运出肝脏，形成脂肪肝。

（三）肝在蛋白质代谢中的作用

1. 肝在蛋白质合成尤其是血浆蛋白合成代谢中发挥重要作用　肝内蛋白质合成极为活跃，肝除了合成自身所需要的蛋白质外，还合成、分泌 90%以上的血浆蛋白质。除 γ-球蛋白外，几乎所有的血浆蛋白均来自于肝脏，如清蛋白、凝血因子、纤维蛋白原及各种载脂蛋白（Apo A、Apo B、Apo C、Apo E）等。血浆清蛋白含量多、分子小，是维持血浆胶体渗透压的主要成分。严重肝功能损伤患者，因清蛋白合成减少，血浆胶体渗透压降低，出现水肿或腹水。病人同时还会出现清蛋白与球蛋白比值（A/G）下降，甚至倒置，临床将其作为肝病诊断的辅助指标之一。肝功能障碍时，凝血因子合成减少会造成凝血功能障碍，患者易出现凝血时间延长及出血倾向。另外，胚胎期肝可合成甲胎蛋白（α-fetoprotein），胎儿出生后其合成受到抑制，正常人血浆中很难检出。由于原发性肝癌细胞的甲胎蛋白基因失去阻遏，血浆中甲胎蛋白含量会增高，因此检测血浆甲胎蛋白对诊断原发性肝癌具有一定参考价值。

2. 肝在蛋白质的分解代谢中也起着重要作用　体内除了支链氨基酸主要在肌肉分解外，其余大部分氨基酸，尤其是芳香族氨基酸主要在肝分解。严重肝病时，患者血浆支链氨基酸与芳香族氨基酸的比值会下降。

3. 肝是氨和胺类物质解毒的重要器官　肝的一个重要功能是将氨基酸分解产生的有毒氨通过鸟氨酸循环合成尿素以解毒；另外，肠道腐败产生的芳香胺类有毒物质吸收入血后也主要在肝内进行生物转化，减低毒性。当严重肝功能受损时，肝尿素合成障碍引起血氨过高，可导致肝性脑病的发生。肝功能不全或门静脉侧枝循环形成时，腐败产生的芳香胺类物质可直接进入神经组织，经 β-羟化生成假神经递质 β-羟酪胺和苯乙醇胺，抑制脑细胞功能，从而促进肝性脑病的发生。

（四）肝在维生素代谢中的作用

1. 肝在维生素的吸收方面具有重要作用　肝合成和分泌的胆汁酸盐在促进脂类消化的同时，亦有助于脂溶性维生素的吸收。肝胆疾病将导致脂溶性维生素吸收障碍。严重肝病变影响维生素 K 的吸收利用，易出现出血倾向。

2. 肝在维生素的贮存、运输等方面发挥重要作用　肝是体内贮存维生素 A、K、B_2、PP、B_2、B_6、B_{12}、泛酸、叶酸等的主要场所。肝中维生素 A 的含量占体内总量的 95%，因此用动物肝脏治疗维生素 A 缺乏症——夜盲症具有较好疗效。肝脏几乎不储存维生素 D，但具有合成维生素 D 结合蛋白的能力，绝大多数维生素 D 及其代谢物主要通过与维生素 D 结合蛋白结合而在血液中运输。因此当肝脏严重疾患时，维生素 D 结合蛋白合成不足，可导致血浆总维生素 D 代谢物水平降低。

3. 肝在维生素的转化方面也具有重要作用　肝可将 β-胡萝卜素（维生素 A 原）转化为维生素 A；将维生素 D_3 转化为 25-羟维生素 D_3，以便于进一步形成有活性的 1，25-二羟维生素 D_3；将维生素 B_2 转变为 FMN、FAD；维生素 PP 转变为 NAD^+、$NADP^+$；将泛酸合成辅酶 A；将维生素 B_6 合成磷酸吡哆醛；将维生素 B_1 合成 TPP 等，这些维生素活性形式对机体的物质代谢起着重要作用。另外，肝脏还可利用维生素 K 合成凝血因子Ⅱ、Ⅶ、Ⅸ、Ⅹ等。

（五）肝在激素代谢中的作用

肝主要参与激素的灭活与排泄。激素在发挥调节作用后降解或失去活性的过程称为激素的灭活（inactivation of hormone）。肝是激素灭活的主要器官，许多激素在肝脏分解转化而失去活性。如雌激素、醛固酮可在肝内与葡糖醛酸或硫酸等结合剂结合而灭活；抗利尿激素可在肝内水解灭活。肝功能障碍时，激素灭活能力下降，血中相应激素水平升高，会导致某些临床症状。例如肝脏受损时，雌激素水平升高，可出现男性乳房发育、肝掌和蜘蛛痣；肾上腺皮质激素和醛固酮水平升高，引起高血压、水钠储留；抗利尿激素水平升高，使重症肝病患者出现水肿或腹水。

第二节　肝的生物转化作用

一、生物转化的主要生物学意义

（一）生物转化的概念

1. 生物转化的定义　生物转化（biotransformation）是指机体将一些极性或水溶性较低、不易排出体外的非营养物质进行化学转变，增加其极性或水溶性，使其容易排出体外的过程。

2. 生物转化的对象——非营养物质　在生命活动过程中，人体内不可避免地存在许多非营养物质。按来源可分为内源性和外源性两类。内源性非营养物质包括体内物质的代谢产物或中间物（如胺类、胆红素等）及发挥生理作用后有待灭活的生物活性物质（如激素、神经递质等）；外源性非营养物质是指人在日常生产、生活过程中不可避免接触的异源物，如药物、环境化学污染物、食品添加剂、毒物及肠道吸收的腐败产物吲哚、硫化氢等。这些物质既不能作为构建组织细胞的成分，又不能作为能源物质，其中一些物质对机体还具有一定生物学效应或潜在毒性作用，长期蓄积对人体有害。除少数水溶性非营养物质可直接以原形经胆汁或尿排出外，绝大部分非营养物质需经过生物转化及时排出体外，以保证机体生理功能的正常进行。

3. 生物转化的主要部位——肝　肝细胞的胞液、微粒体、线粒体等亚细胞结构内分布着丰富的生物转化酶类，肝是生物转化的主要器官，其生物转化能力最强。但肝并不是机体进行生物转化的唯一部位，肾、胃、肠、肺、皮肤、胎盘等组织也具有一定能力的生物转化作用。

（二）生物转化的生物学意义

生物转化作用的主要生物学意义在于：机体通过对非营养物质进行生物转化，增加其水溶性或极性，使之易于随尿液或胆汁排出体外。一般而言，大部分非营养物质经过生物转化过程后，其生物学活性（或毒性）会降低或消失，对机体是一种保护作用。但生物转化作用并不都是解毒作用，有的物质经过生物转化后，其毒性或生物活性反而增加。如发霉的谷物、花生常含有黄曲霉素 B_1，黄曲霉素 B_1 本身没有致癌作用，但在体内经过生物转化后转变为 2，3-环氧黄曲霉素 B_1，后者可与 DNA 分子中鸟嘌呤结合引起 DNA 突变，成为导致原发性肝癌发生的重要危险因素。有些药物如百浪多息、水合氯醛、环磷酰胺和中药大黄等则需生物转化作用后才能成为具有活性的药物。因此，生物转化作用具有解毒与致毒的双重性。

二、生物转化的两相反应

生物转化反应非常复杂，包括多种化学反应类型。肝内的生物转化反应分为两相反应：第一相反应和第二相反应。第一相反应主要包括氧化、还原、水解三种反应类型，可使非营养物质中某些非极性基团转变为极性基团，增强其水溶性；第二相反应主要是结合反应，可使极性较弱的物质与葡糖醛酸、硫酸等极性更强的物质结合，增强其在水中的溶解度。许多非营养物质经过第一相反应即可排出体外；但有些物质经过第一相反应后极性或水溶性改变不明显，必须经过第二相反应后才能最终排出体外；还有些非营养物质也可不经过第一相反应而直接进入第二相反应（图 11-2）。实

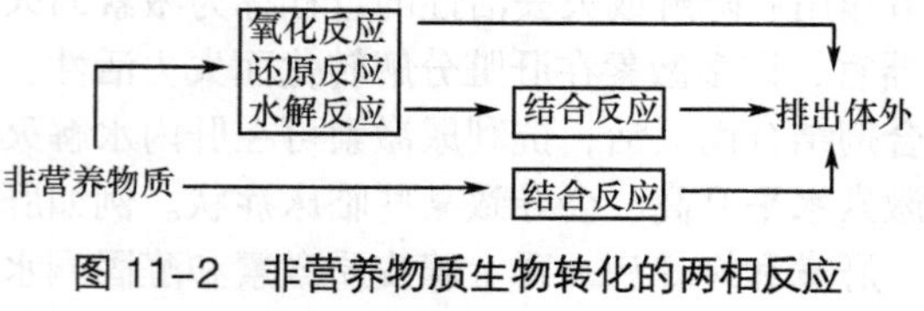

图 11-2　非营养物质生物转化的两相反应

际上，许多物质需要连续进行几种反应类型才能实现生物转化的目的。

（一）第一相反应——氧化、还原和水解反应

大多数药物、毒物等非营养物质进入肝细胞后经过第一相反应可增加极性基团，利于排泄。

1. 氧化反应 氧化反应是第一相反应中最主要的反应类型。肝细胞微粒体、线粒体及胞液中均分布着参与氧化反应的多种氧化酶系。

（1）单加氧酶系：单加氧酶系（monooxygenase）是催化氧化反应的最重要酶，是目前已知底物最广泛的生物转化酶类。它定位于肝细胞微粒体，全称为细胞色素 P_{450} 单加氧酶（cytochrome P_{450} monooxygenase），又称混合功能氧化酶（mixed function oxidase）或羟化酶（hydroxylase）。

单加氧酶系为复合物，至少包括两种组分：一种是细胞色素 P_{450}（血红素蛋白），另一种是NADPH-细胞色素 P_{450} 还原酶（以 FAD 为辅酶的黄酶）。其催化的反应可概括为：

$$RH + O_2 + NADPH{+}H^+ \longrightarrow ROH + NADP^+ + H_2O$$

反应特点是：在酶系的作用下可直接激活氧分子，其中一个氧原子将底物氧化生成羟基类化合物，另一个氧原子则被还原生成水。因反应使一个氧原子加到产物分子中，故此酶称为单加氧酶；生成的产物为羟基类化合物，故又称羟化酶；由于在反应中，一分子氧发挥了氧化、还原两种不同功能，其又被称为混合功能氧化酶。

单加氧酶系的生理意义：①主要参与药物与毒物的生物转化，它是肝脏中代谢药物和毒物的非常重要的酶系。人类摄取的药物约有一半以上通过该酶系代谢转化，其催化羟化反应后增强了药物或毒物的水溶性，利于这些物质排出体外。②它还参与体内物质代谢的羟化过程，如体内维生素 D_3 羟化为 25-羟维生素 D_3 及胆汁酸的羟化均由该酶系催化完成。

苯巴比妥类药物可诱导单加氧酶系的合成，由于该酶系特异性差，多种不同底物可由同一种单加氧酶系催化，因此长期服用巴比妥类药物会造成人体对异戊巴比妥、氨基比林等多种药物的转化及耐受能力亦同时增强。

（2）单胺氧化酶系：定位于肝细胞线粒体，催化胺类物质氧化脱氨生成相应的醛类物质：

$$\underset{\text{胺}}{RCH_2NH_2} + O_2 + H_2O \longrightarrow \underset{\text{醛}}{RCHO} + NH_3 + H_2O_2$$

生成的醛类物质可进一步在胞液内醛脱氢酶催化下氧化成相应的酸。

肠道腐败作用产生的胺类物质（如组胺、酪胺、尸胺、腐胺等）及一些肾上腺素能药物（如5-羟色胺、儿茶酚胺等）均可经此转化失去生物学活性，最终排出体外。

脱氢酶系：醇脱氢酶（alcohol dehydrogenase，ADH）定位于肝细胞胞液，醛脱氢酶（aldehyde dehydrogenase，ALDH）定位于肝细胞线粒体或胞液。它们均以 NAD^+ 为辅酶，醇脱氢酶可催化醇类氧化生成相应的醛，后者在醛脱氢酶催化下进一步氧化生成相应的酸类。

$$\underset{\text{醇}}{RCH_2OH} + NAD^+ \xrightarrow{\text{醇脱氢酶}} \underset{\text{醛}}{RCHO} + NADH + H^+$$

$$\underset{\text{醛}}{RCHO} + NAD^+ + H_2O \xrightarrow{\text{醛脱氢酶}} \underset{\text{酸}}{RCOOH} + NADH + H^+$$

乙醇（ethanol）作为饮料与调味剂，在日常生活中广为人类所利用。饮入人体内的乙醇约有2%～10%不经转化直接从肺呼出或随尿排出，其余大部分需在肝脏进行生物转化。肝内存在多种氧化乙醇的酶，主要是醇脱氢酶和醛脱氢酶，它们将乙醇氧化为乙酸，最终分解成 CO_2 和 H_2O。

$$\underset{\text{乙醇}}{CH_3CH_2OH} \xrightarrow{\text{醇脱氢酶}} \underset{\text{乙醛}}{CH_3CHO} \xrightarrow{\text{醛脱氢酶}} \underset{\text{乙酸}}{CH_3COOH} \xrightarrow{\text{氧化脱羧}} CO_2 + H_2O$$

人体内参与乙醇代谢的醇脱氢酶主要有 ADH-Ⅰ、ADH-Ⅱ、ADH-Ⅲ三种类型，其中 ADH-

Ⅰ对乙醇具有最高亲和力，ADH-Ⅱ其次，ADH-Ⅲ的亲和力最小。长期饮酒可使人体肝细胞的内质网增殖，大量饮酒或慢性乙醇中毒可启动肝微粒体乙醇氧化系统（microsomal ethanol oxidizing system，MEOS），使其活性增加 50%～100%。MEOS 只在血中乙醇浓度很高时起作用，此时体内的乙醇约 50%经 MEOS 代谢，另约 50%经 ADH 氧化。MEOS 是乙醇-P_{450}单加氧酶，辅酶为 NADPH，其催化生成的产物是乙醛。值得注意的是，乙醇诱导 MEOS 不但不能使乙醇氧化产生 ATP，同时还增加肝对氧和 NADPH 的消耗，而且还催化脂质过氧化产生羟乙基自由基，羟乙基自由基可进一步促进脂质过氧化，引发肝损伤。ADH 与 MEOS 之间的比较（表 11-1）。

表 11-1 ADH 与 MEOS 的比较

	ADH	MEOS
肝细胞定位	胞液	微粒体
底物与辅酶	乙醇、NAD^+	乙醇、O_2、NADPH
乙醇诱导作用	无	有
能量变化	$NADH+H^+$经氧化磷酸化释放能量	耗能

乙醇经上述两种代谢途径氧化均生成乙醛，90%以上的乙醛在 ALDH 的催化下氧化为乙酸。人群中 ALDH 有三种基因型：正常纯合子型、无活性纯合子型和两者的杂合子型。正常纯合子 ALDH 活性正常，无活性纯合子完全缺乏 ALDH 活性，杂合子部分缺乏 ALDH 活性，东方人这三种基因型的分布比例是 45：10：45。当饮入少量乙醇（0.1g/kg 体重）时，无活性纯合子人血中乙醛浓度明显升高（杂合子和正常纯合子不明显）；饮入中等量乙醇（0.8g/kg 体重）时，无活性纯合子和杂合子人血中乙醛浓度均明显升高（正常纯合子不明显）。乙醛对人体具有毒性作用，在体内蓄积引起血管扩张、面部潮红、心动过速、脉搏加快等反应，并增加肝损伤的危险。

2. 还原反应 还原酶定位于肝细胞微粒体，主要有硝基还原酶类和偶氮还原酶类，它们催化还原反应所需的氢由 NADH 或 NADPH 提供，生成产物主要为胺类物质。

常见的硝基类化合物有食品防腐剂、工业试剂等，偶氮类化合物则常见于食品色素、化妆品、纺织与印刷工业制品等，有些可能是前致癌物。这些物质进入人体内后，主要在肝脏还原酶催化下还原为相应胺类，再进一步转化，最终排出体外。例如：硝基苯在硝基还原酶催化下，经多次加氢还原为苯胺；偶氮苯经偶氮还原酶催化还原生成苯胺，生成的苯胺再在单胺氧化酶的作用下生成相应的醛，后者又在醛脱氢酶催化下生成相应的酸。

$$\text{硝基苯}\xrightarrow[2H\ \ \ H_2O]{\text{硝基还原酶}}\text{亚硝基苯}\xrightarrow[2H]{\text{硝基还原酶}}\text{羟胺基苯}\xrightarrow[2H\ \ \ H_2O]{\text{硝基还原酶}}\text{苯胺}$$

$$\text{偶氮苯}\xrightarrow[2H]{\text{偶氮还原酶}}\text{二氢偶氮苯}\xrightarrow{\text{偶氮还原酶}}\text{苯胺}$$

氯霉素、海洛因等少数物质也能进行还原反应，此外，催眠药三氯乙醛也可在肝还原为三氯乙醇，从而失去催眠作用。

3. 水解反应 水解酶定位于肝微粒体与胞液中，种类多，主要有酯酶、酰胺酶和糖苷酶，它们可分别催化脂类、酰胺类及糖苷类化合物中酯键、酰胺键、糖苷键的水解反应。如阿司匹林、乙酰苯胺、普鲁卡因、利多卡因及简单的脂肪族酯类化合物的水解。

大多数物质通过水解反应后生物学活性减弱或丧失，但也有少数呈现活性。例如：麻醉药普鲁卡因在肝经水解反应失去药理作用，而阿司匹林（乙酰水杨酸）则需经酯酶水解生成水杨酸后才能起镇痛解热作用。另外，这些水解产物通常还需经进一步的转化反应才能排出体外。如阿司匹林的水解产物水杨酸，还需与葡糖醛酸进行结合反应，增强其水溶性，最终得以排出体外。

（二）第二相反应——结合反应

结合反应是体内最重要、最普遍的生物转化方式。反应在肝细胞的微粒体、胞液和线粒体内进行，凡是含有羟基、羧基或氨基的化合物，或者体内可被转化成含有羟基、羧基、氨基等功能基团的非营养物质均可进行结合反应。结合反应是指非营养物质在肝内与某种极性较强的物质结合，既增强了水溶性，又掩盖了分子原有的功能基团，一般具有解毒功能，且易于排出体外。能够参与结合反应的结合剂有多种，主要包括葡糖醛酸、甘氨酸、硫酸、谷胱甘肽、谷氨酰胺、甲基、乙酰基、硫代硫酸基等。根据参加反应的结合剂不同，可将结合反应分为以下多种类型：

1. 葡糖醛酸结合反应　葡糖醛酸结合是最普遍存在的结合反应。据研究，有数千种亲脂的内源物和异源物可与葡糖醛酸结合。葡糖醛酸的活化形式为尿苷二磷酸葡糖醛酸（uridine diphosphate glucuronic acid，UDPGA），是葡糖醛酸的活性供体，它由糖代谢过程产生的尿苷二磷酸葡萄糖（UDPG）在肝氧化生成。

$$\underset{(\text{UDPG})}{\text{尿苷二磷酸葡萄糖}} + NAD^+ \xrightarrow{\text{UDPG脱氢酶}} \underset{(\text{UDPGA})}{\text{尿苷二磷酸葡糖醛酸}} + NADH + H^+$$

肝细胞微粒体的UDP-葡糖醛酸转移酶（UDP-glucuronyl transferase，UGT），可催化UDPGA的葡糖醛酸基转移到醇、酚、胺、羧酸类化合物的羟基、氨基或羧基上，形成相应的葡糖醛酸苷，使其极性增加且易排出体外。例如类固醇激素、胆红素、吗啡和苯巴比妥类药物等均可在肝与葡糖醛酸结合进行生物转化，继而排出体外。临床上用肝泰乐（葡醛内酯）治疗肝病，也是基于其作为葡糖醛酸类制剂可增强肝的生物转化作用，促进体内非营养物质的代谢转变。

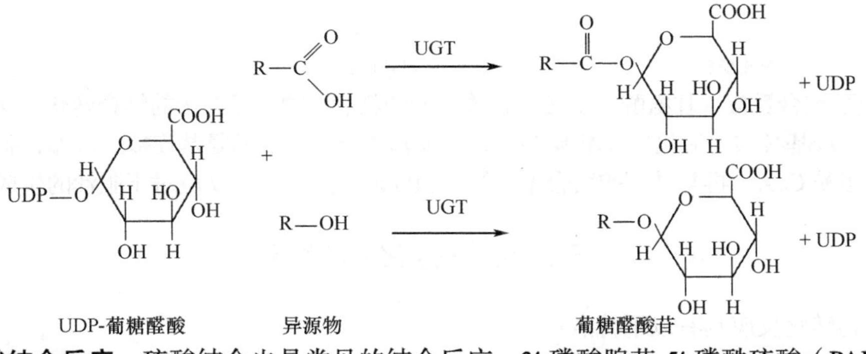

2. 硫酸结合反应　硫酸结合也是常见的结合反应。3′-磷酸腺苷-5′-磷酰硫酸（PAPS）是活性硫酸供体，硫酸基转移酶（sulfotransferase，SULT）存在于肝细胞胞液中，其可催化PAPS的硫酸基转移到类固醇、酚、醇或芳香胺等内、外源性非营养物质的羟基上生成硫酸酯，使其活性或毒性丧失，水溶性增强，易排出体外。如：雌酮即与肝内硫酸结合生成雌酮硫酸酯而灭活。

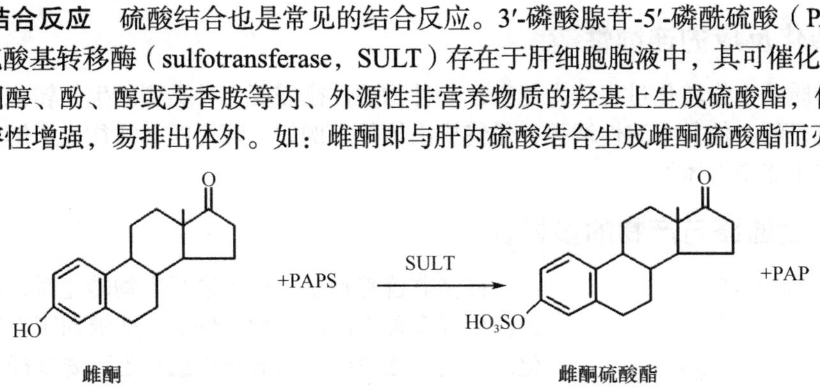

3. 乙酰基结合反应　乙酰化是某些含胺非营养物质的重要转化反应。乙酰CoA是乙酰基的直接供体，肝细胞胞液内富含乙酰基转移酶（acetyltransferase），可催化乙酰基转移到苯胺、异烟肼等含氨基或肼的内、外源性非营养物质上，生成乙酰化衍生物。磺胺类药物、异烟肼等在肝内通过此形式失去药理作用。但应指出，磺胺类药物乙酰化后，其溶解度反而降低，在酸性尿中易析出，因此在服用磺胺类药物时应服用适量碳酸氢钠，以提高其溶解度，利于随尿排出。

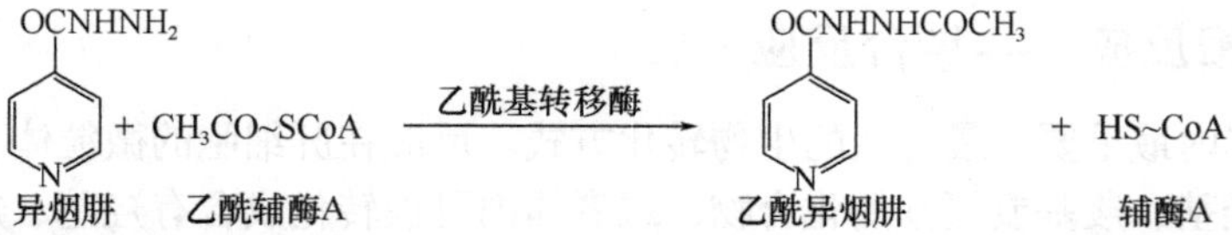

4. 谷胱甘肽结合反应 谷胱甘肽结合反应主要参与对致癌物、环境污染物、抗肿瘤药物及内源活性物质的转化，是细胞应对亲电子性异源物的重要防御反应。肝细胞胞液富含谷胱甘肽 S-转移酶（glutathione S-transferase，GST），其催化谷胱甘肽（GSH）与含有亲电子中心的卤代化合物、环氧化合物等异源物结合，生成含 GSH 的结合物，主要随胆汁排出体外。若亲电子异源物不与 GSH 结合，则可自由与 DNA、RNA 或蛋白质进行共价结合，致细胞严重损伤。因此，谷胱甘肽结合反应是细胞自我保护的重要反应。

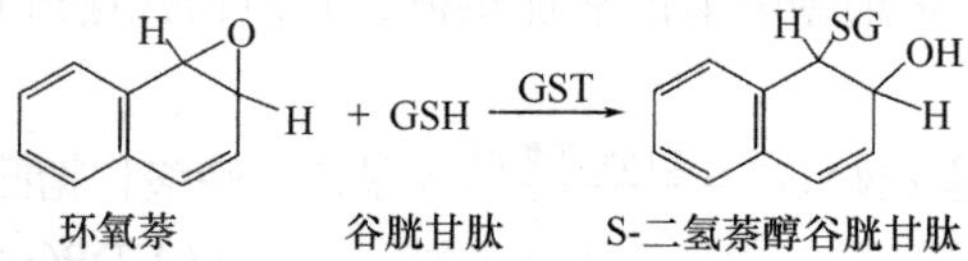

5. 甲基化反应 肝细胞胞液及微粒体内含多种转甲基酶，它以 S-腺苷甲硫氨酸（SAM）为甲基供体，催化含有羟基、氨基或巯基的化合物发生甲基化反应。一些胺类生物活性物质和药物可通过甲基化反应而灭活。

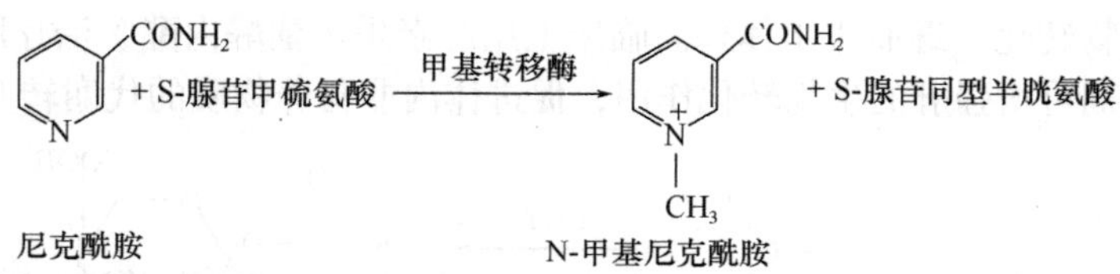

6. 甘氨酸结合反应 甘氨酸主要参与含羧基的药物、毒物等异源物的结合转化。这些物质与甘氨酸结合前，羧基必须先活化生成酰基 CoA，后酰基再与甘氨酸的氨基连接。例如，胆酸在肝细胞内先活化成胆酰 CoA，再与甘氨酸结合生成结合胆汁酸，这种结合反应对于胆汁的生成非常重要。

三、生物转化的特点

体内生物转化反应具有以下特点：

（一）转化反应的连续性

非营养物质的生物转化过程较为复杂，一种物质往往需要几种类型的生物转化反应连续进行才能达到转化目的，使其水溶性增强，最终排出体外。例如，阿司匹林往往先水解为水杨酸，后再经结合反应才能排出体外。

（二）代谢通路与产物的多样性

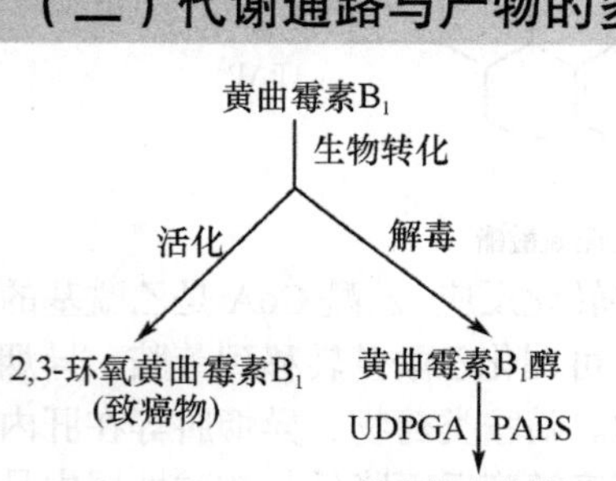

图 11-3 黄曲霉素 B$_1$ 的生物转化过程

许多非营养物质在体内进行生物转化时，可经多条代谢通路生成多种不同的产物。例如，非那西丁在肝进行生物转化的主要代谢通路是先氧化生成对乙酰氨基酚，再进行结合反应生成不同结合产物排出体外；但有少部分非那西丁在肝内则先水解为对氨苯乙醚，再进行氧化。又如黄曲霉素 B$_1$ 在肝内的生物转化主要有两条代谢通路，其中一条通路其可活化为致癌物（2,3-环氧黄曲霉素 B$_1$），另一条通路则可生成解毒产物（图 11-3）。

（三）解毒与致毒的双重性

一般情况下，非营养物质经生物转化后，其生物活性或毒性均降低甚至消失，因此曾将此作用称为生理解毒。但有少数物质经生物转化后毒性反而增强，或由无毒转变为有毒有害物质。例如，香烟中的苯丙芘在体外本无致癌作用，其进入人体后经生物转化生成 7,8-二羟-9,10 环氧-7,8，9,10 四氢苯丙芘，后者可与 DNA 分子中鸟嘌呤结合，诱发 DNA 突变而致癌。又如黄曲霉素 B_1 本身无致癌作用，但在肝内经单加氧酶转化后，形成环氧化物而致癌。

四、影响和调节生物转化的因素

生物转化作用受年龄、性别、营养状态、食品、药物、疾病、遗传因素等体内外多种因素的影响和调节。

（一）年龄对生物转化作用的影响

不同年龄人群的生物转化能力有明显差别。由于新生儿的生物转化酶系发育不完善，对内、外源性非营养物质的转化能力弱，因此易发生药物及毒物中毒。例如，新生儿高胆红素血症的发生是与葡糖醛酸转移酶缺乏密切相关的，此酶活性在胎儿出生后 3～5 天才开始升高，1～3 个月后接近正常，故新生儿血中胆红素不能快速转化排泄出体外，易发生高胆红素血症；另外，由于 90%的氯霉素是与葡糖醛酸结合后解除药理活性的，因此新生儿也易发生氯霉素中毒。而老年人则因肾廓清速率及肝血流量下降，使血浆药物的清除率降低，导致药物在体内半寿期延长，常规剂量用药易发生药物作用蓄积，药效增强，副作用也增大。例如安替匹林的半寿期青年人为 12 小时，老年人为 17 小时，所以临床上对新生儿及老年人的用药量较成人少，许多药物要求儿童和老年人慎用或禁用。

（二）性别对生物转化作用的影响

某些生物转化反应具有性别差异，可能与不同性激素对某些生物转化酶的影响不同有关。例如，女性体内醇脱氢酶活性高，对乙醇的代谢速率高于男性，所以女性对乙醇的代谢处理能力强于男性；氨基比林在男性体内半寿期约 13.4 小时，女性约 10.3 小时，说明女性对氨基比林的转化能力比男性强；晚期妊娠妇女体内多种生物转化酶活性降低，故生物转化能力普遍下降，但妊娠期妇女肝清除抗癫痫药的能力上升。

（三）营养状态及食品对生物转化作用的影响

营养状态对生物转化作用亦产生影响。摄入蛋白质可增加肝重量和肝细胞整体酶的活性，提高肝生物转化的效率；饥饿 7 天，肝脏中谷胱甘肽 S-转移酶（GST）参与的生物转化反应水平降低，其催化作用受到明显影响；大量饮酒会减少 UDP-葡萄糖转变为 UDP-葡糖醛酸，影响肝内葡糖醛酸结合反应。

不同食物对生物转化酶活性的影响不同，有的可以诱导生物转化酶系的合成，有的则可抑制生物转化酶系的活性。例如烧烤食物、甘蓝、萝卜等食物中含有微粒体单加氧酶系的诱导物，水田芥则含有该酶系的抑制物；食物中黄酮类成分可抑制单加氧酶系活性；葡萄柚汁可抑制细胞色素 $P_{450}3A4$ 活性，避免黄曲霉素 B_1 的激活，具有抗肿瘤作用。

（四）药物对生物转化作用的影响

许多药物或毒物可诱导生物转化酶的合成，增强肝的生物转化能力，此现象称为药物代谢酶的诱导。实验发现，此类诱导作用主要有两种类型：巴比妥酸型（巴比妥酸、苯巴比妥、苯妥英等）诱导作用和多环芳香烃型（苯并蒽衍生物、苯并芘等）诱导作用。例如，长期服用苯巴比妥可诱导肝细胞微粒体单加氧酶的合成，使机体对苯巴比妥转化能力增强，是其耐药性产生的重要因素之一。临床上可利用药物的诱导作用，增强人体对某些药物的代谢，以达解毒目的，如服用地高辛的同时可少量服用苯巴比妥，以减低地高辛中毒。临床也有用苯巴比妥防治高胆红素血症，原理是苯巴比妥可诱导肝细胞微粒体UDP-葡糖醛酸转移酶的合成，促进游离胆红素与葡糖醛酸结合，使其易于排出体外。

由于多种物质在体内转化常由同一酶系催化，因此同时服用多种药物可出现药物之间竞争同一酶系，使多种药物的生物转化作用相互抑制，导致某些药物药理作用或毒性增强。例如异烟肼可抑制双香豆素类药物的代谢，当两种药物同时服用时，异烟肼可使双香豆素的抗凝作用增强，易发生出血倾向，因此同时服用多种药物时应尤其注意药物之间的相互影响。

（五）疾病对生物转化作用的影响

疾病尤其是严重肝病也可明显影响生物转化作用。肝是生物转化的主要器官，肝功能损伤直接影响肝生物转化酶类的合成，肝细胞微粒体单加氧酶系、UDP-葡糖醛酸转移酶等酶活性均显著降低，药物代谢受到抑制，使药物在人体内作用延长或加强。如严重肝病时，微粒体单加氧酶系活性可降低50%，再加上肝血流量减少，使肝脏对许多药物及毒物的摄取、转化作用均明显减弱，易发生蓄积中毒。因此对肝病患者用药要特别谨慎，避免使用对肝有损害的药物，以免加重肝脏的负担。

（六）遗传因素对生物转化作用的影响

遗传因素可影响生物转化酶的活性。遗传变异引起个体之间生物转化酶类分子结构不同或酶合成量存在差异，是导致药物效应个体差异的决定因素。遗传变异产生的高活性酶可缩短药物的作用时间或造成药物代谢产生的毒性产物增多；相反，变异导致的低活性酶则可因抑制药物代谢而导致药物在人体内蓄积。

第三节 胆汁酸的代谢

胆囊是肝脏的附属器官，对肝分泌的胆汁起储存和浓缩作用。

一、胆汁的分泌与浓缩

胆汁（bile）由肝细胞分泌，经肝胆管进入胆囊储存，再经胆总管排泄至十二指肠，参与食物的消化吸收。正常成年人平均每天分泌胆汁300～700ml。胆汁可分为肝胆汁（hepatic bile）和胆囊胆汁（gallbladder bile）。肝胆汁是由肝细胞初分泌的胆汁，清澈透明，呈橙黄色，固体成分含量较少。肝胆汁流入胆囊后，由于胆囊上皮细胞不断吸收其中的水分和无机盐，并分泌粘蛋白入胆汁，使肝胆汁浓缩为胆囊胆汁，胆囊胆汁密度增大、黏稠、不透明，呈暗褐色或棕绿色。

胆汁组成的主要固体成分是胆汁酸盐（简称胆盐，bile salts），约占总固体含量的50%，主要为胆汁酸钠盐和钾盐；其他固体成分还包括：无机盐、粘蛋白、胆色素、胆固醇、磷脂等（表11-2）；胆汁中还含有脂肪酶、磷脂酶、淀粉酶等多种酶类；及药物、毒物、染料、重金属盐等异源物在肝脏进行生物转化后生成的代谢产物。胆汁组成成分里，除胆盐和某些酶与脂类的消化吸收有关，磷脂与胆固醇的溶解有关，其他成分多属于机体排泄物。

因此胆汁具有双重性：既是一种消化液，可促进脂类消化吸收；又是排泄液，将体内某些内源性代谢产物（如胆红素）及外源性代谢产物运至肠腔，随粪便排出体外。

表11-2 两种胆汁的性质及主要组成成分

	肝胆汁	胆囊胆汁
性质：		
比重	1.009～1.013	1.026～1.032
pH	7.1～8.5	5.5～7.7

续表

	肝胆汁	胆囊胆汁
百分组成（%）：		
水	96～97	80～86
固体成分	3～4	14～20
胆汁酸盐	0.5～2	1.5～10
无机盐	0.2～0.9	0.5～1.1
黏蛋白	0.1～0.9	1～4
胆色素	0.05～0.17	0.2～1.5
总脂类	0.1～0.5	1.8～4.7
胆固醇	0.05～0.17	0.2～0.9
磷脂	0.05～0.08	0.2～0.5

二、胆汁酸的分类

胆汁酸（bile acids）是存在于胆汁中的一大类胆烷酸总称，它是胆固醇在体内的主要代谢产物，是以胆固醇为原料转变生成的含有24个碳原子的类固醇化合物。胆汁酸种类多，主要有两种分类方式。

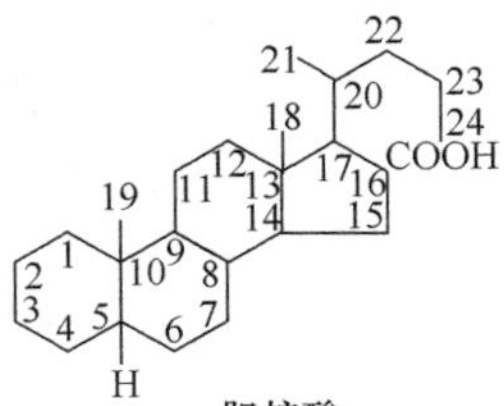

胆烷酸

（一）按结构分类

按结构可将胆汁酸分为两大类：

1. 游离胆汁酸 包括胆酸、鹅脱氧胆酸、脱氧胆酸和少量石胆酸。

2. 结合胆汁酸 由上述四种游离胆汁酸的24位羧基分别与甘氨酸或牛磺酸结合生成的产物，主要有甘氨胆酸、牛磺胆酸、甘氨鹅脱氧胆酸和牛磺鹅脱氧胆酸等。结合胆汁酸的水溶性较游离胆汁酸大，在酸性条件下或有Ca^{2+}的情况下不容易沉淀，更稳定。

（二）按来源分类

按来源也可将胆汁酸分为两大类：

1. 初级胆汁酸 在肝细胞中以胆固醇为原料转化生成的胆汁酸为初级胆汁酸。包括胆酸、鹅脱氧胆酸及它们相应的结合型胆汁酸——甘氨胆酸、牛磺胆酸、甘氨鹅脱氧胆酸和牛磺鹅脱氧胆酸。初级胆汁酸的C_7位均连接有α-羟基。

2. 次级胆汁酸 初级胆汁酸在肠道受细菌作用，C_7位α-羟基脱氧生成次级胆汁酸。包括脱氧胆酸、石胆酸及它们分别与甘氨酸和牛磺酸结合生成的产物。所有次级胆汁酸的C_7位均不再有α-羟基。

人体胆汁内的胆汁酸以结合胆汁酸为主，其中甘氨胆汁酸与牛磺胆汁酸的比例为3∶1。胆汁酸分类及结构见表11-3，图11-4。

表11-3 胆汁酸的分类

按来源分类	按结构分类	
	游离胆汁酸	结合胆汁酸
初级胆汁酸 （在肝脏以胆固醇为原料生成）	胆酸	甘氨胆酸 牛磺胆酸
	鹅脱氧胆酸	甘氨鹅脱氧胆酸 牛磺鹅脱氧胆酸
次级胆汁酸 （在肠道以初级胆汁酸为原料，由细菌转化形成）	脱氧胆酸	甘氨脱氧胆酸 牛磺脱氧胆酸
	石胆酸	甘氨石胆酸 牛磺石胆酸

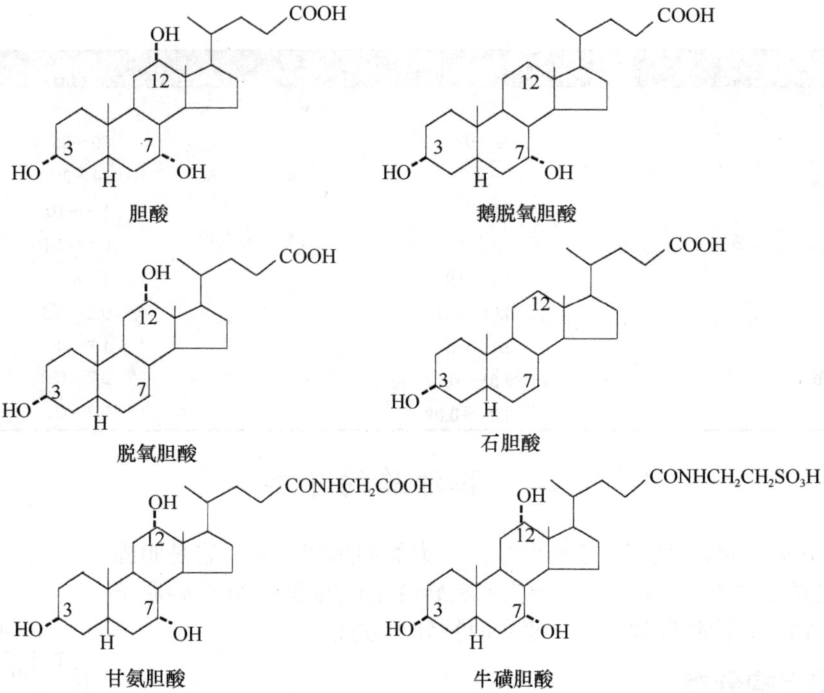

图 11-4 胆汁酸的结构

三、胆汁酸代谢及其肠肝循环

（一）初级胆汁酸的生成

初级胆汁酸的合成部位在肝细胞的微粒体和胞液，合成原料为胆固醇。以胆固醇为原料合成初级胆汁酸，是胆固醇在体内的主要代谢去路。正常人每日约合成 1～1.5g 胆固醇，其中约 2/5 在肝内转化为胆汁酸。

初级胆汁酸的合成过程比较复杂：首先胆固醇在胆固醇 7α-羟化酶（cholesterol 7α-hydroxylase）的催化下生成 7α-羟胆固醇，后者转变为 7α-羟-4-胆固烯-3-酮后，在 12α-羟化酶催化下生成 7α，12α-二羟-4-胆固烯-3-酮，7α-羟-4-胆固烯-3-酮与 7α，12α-二羟-4-胆固烯-3-酮分别经过加氢还原、侧链氧化断裂、加水等一系列反应后，最终分别生成胆酸和鹅脱氧胆酸（图 11-5）。

胆固醇首先通过以上多步酶促反应生成初级游离胆汁酸——胆酸和鹅脱氧胆酸，肝过氧酶体可将这些游离胆汁酸转变为胆汁酰 CoA，后者与甘氨酸或牛磺酸结合，生成相应的初级结合胆汁酸。另外，初级游离胆汁酸生成过程中，也会形成中间产物——胆酰 CoA 和鹅脱氧胆酰 CoA，它们也可直接与甘氨酸或牛磺酸结合生成结合型胆汁酸（图 11-6）。人胆汁以结合型胆汁酸为主，肝细胞中结合胆汁酸占总胆汁酸的 90%以上。

胆固醇 7α-羟化酶是胆汁酸合成途径的限速酶，属微粒体单加氧酶系，仅表达于肝脏，其活性可被调节。胆固醇 7α-羟化酶与 HMG-CoA 还原酶（胆固醇合成途径限速酶）均属于诱导酶，同时受胆汁酸和胆固醇的调节。当胆汁酸浓度升高时，可同时抑制这两种酶的合成，从而抑制肝细胞胆汁酸、胆固醇的生成；食物胆固醇在抑制 HMG-CoA 还原酶的同时，诱导胆固醇 7α-羟化酶的合成，促进胆汁酸的生成。肝细胞通过这两种酶的协同作用维持细胞内胆固醇的水平。甲状腺素可诱导胆固醇 7α-羟化酶的合成，故甲状腺功能亢进患者血浆胆固醇含量降低，而甲状腺功能低下的病人血浆胆固醇含量则增高。糖皮质激素和生长激素均可增强胆固醇 7α-羟化酶的活性。

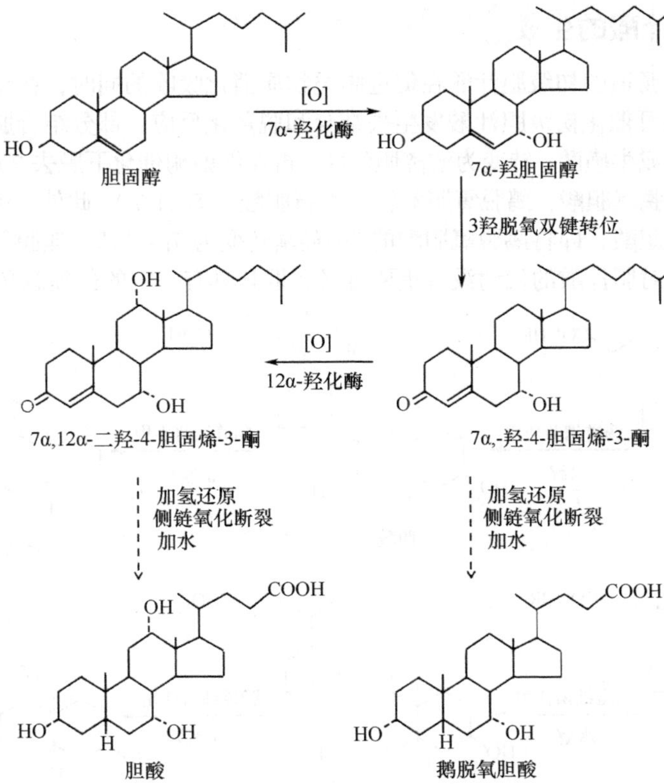

图 11-5 初级游离胆汁酸生成的基本步骤

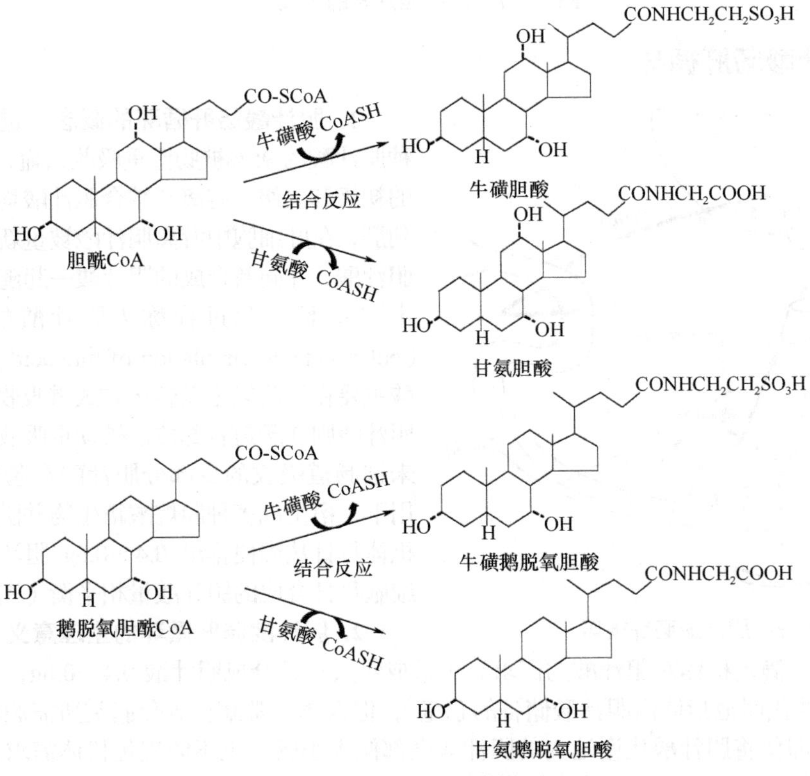

图 11-6 初级结合胆汁酸的生成

（二）次级胆汁酸的生成

随胆汁分泌进入肠道的初级胆汁酸在促进脂类物质消化吸收的同时，在小肠下段和大肠还受到细菌作用，细菌酶可催化初级胆汁酸发生去结合和脱羟化反应：部分结合胆汁酸先在细菌酶作用下水解脱去甘氨酸或牛磺酸，转变为游离胆汁酸；再在细菌酶催化下脱去 7α-羟基转变为次级胆汁酸，即胆酸转变为脱氧胆酸，鹅脱氧胆酸转变为石胆酸（图 11-7）。此外，肠道细菌还可将鹅脱氧胆酸转化为熊脱氧胆酸，即将鹅脱氧胆酸的 7α-羟基转变为 7β-羟基。熊脱氧胆酸也属于次级胆汁酸，其含量很少，对胆汁酸的代谢没有重要意义，但其具有一定的药理意义。

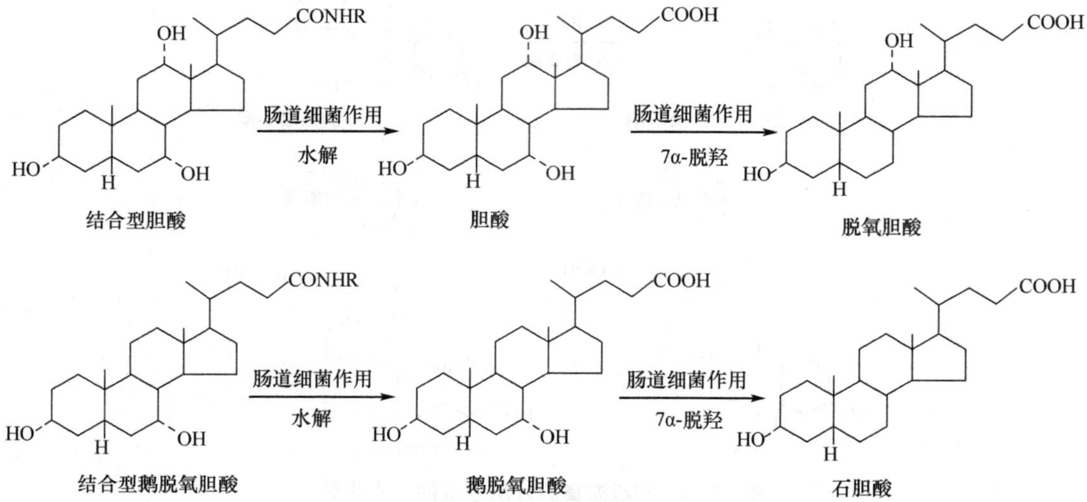

图 11-7 次级胆汁酸的生成

（三）胆汁酸肠肝循环

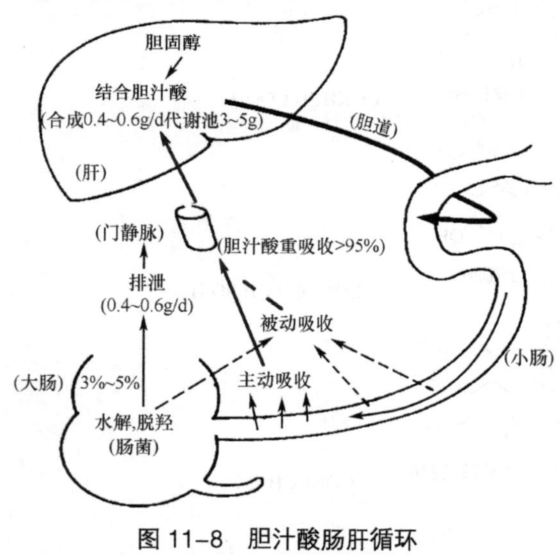

图 11-8 胆汁酸肠肝循环

1. 胆汁酸肠肝循环的概念 进入肠道的各种胆汁酸约 95%被肠壁重吸收入血，肠道重吸收的初级和次级、游离与结合胆汁酸均经门静脉回到肝，在肝细胞中游离胆汁酸被重新转变为结合胆汁酸，并同新合成的胆汁酸一起随胆汁再排入十二指肠，此过程称为胆汁酸的肠肝循环（enterohepatic circulation of bile acid）。结合胆汁酸主要在回肠以主动转运方式重吸收，少量游离胆汁酸则在肠道各部位以被动重吸收方式入肝。未被肠道吸收的少部分胆汁酸在肠道细菌的作用下，衍生成多种胆烷酸衍生物并随粪便排出，机体每日从粪便排出 0.4～0.6g 胆汁酸盐，与肝细胞每日合成的胆汁酸量相平衡（图 11-8）。

2. 胆汁酸肠肝循环的生理意义 使有限的胆汁酸反复利用，满足机体对胆汁酸的需求。正常成年人每日合成胆汁酸 0.4～0.6g，胆汁酸代谢池 3～5g（胆汁酸代谢池指体内胆汁酸储备的总量），但人体正常膳食乳化脂类所需胆汁酸量则为每日 16～32g，即便将胆汁酸代谢池内的胆汁酸全部倾入小肠，也不能满足机体需求，供需矛盾十分突出。人体每天约进行 6～12 次胆汁酸肠肝循环，从肠道重吸收的胆汁酸总量可达 12～32g，因此弥补了胆汁酸合成量的不足，使有限的胆汁酸能够最大限度发挥作用，得以维持脂类食物消化吸收的正常进行。若因腹泻或行回肠大部切除术等破坏了胆汁酸肠肝循环，一方面会影响脂类的消化吸收，另一方面胆汁中胆固醇含量相对较高，处于饱和状态，易形成胆固醇结石。

（四）胆汁酸的生理功能

1. 促进脂类物质的消化吸收 胆汁酸分子内部既含有亲水的羟基、羧基或磺酸基，又含有疏水的烃核和甲基。两类性质不同的基团恰恰位于胆汁酸环戊烷多氢菲核的两侧，因此胆汁酸的立体构型具有亲水和疏水两个侧面（图 11-9）。这种结构特点赋予胆汁酸很强的界面活性，成为较强的乳化剂，能降低油/水两相的表面张力，促进脂质在水中乳化成 3～10μm 的细小微团，增加了脂肪酶的附着面积，有利于脂肪的消化。脂质的消化产物又可与胆汁酸盐结合，并汇入磷脂等形成约 20μm 的混合微团，此微团利于通过小肠黏膜表面水层，以促进脂类物质的吸收。

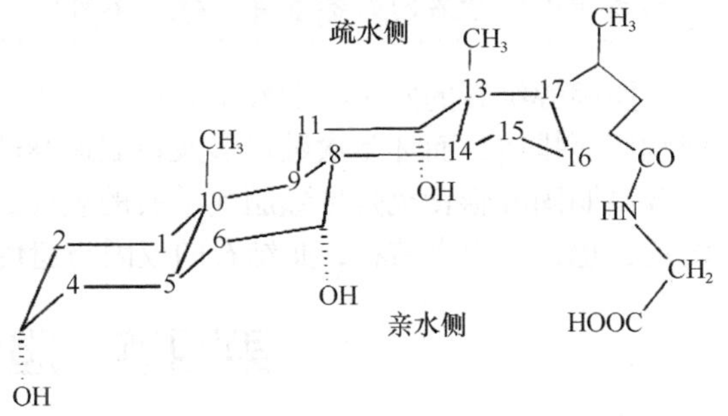

图 11-9 甘氨胆酸的立体构型

2. 是胆固醇的主要排泄形式 人体内的胆固醇除少量用于合成皮质激素、性激素及随皮肤脱落外，绝大部分胆固醇随胆汁经肠道排泄。正常成年人每天随胆汁排出的胆固醇总量为 600～1350mg，其中约一半以胆汁酸形式排出。

案例 11-1

患者，女，43 岁，“反复右上腹间歇性疼痛 1 年”入院。患者于 1 年前进食油腻食物后出现右侧上腹部疼痛，疼痛呈阵发性绞痛，可向右肩背部放射。后此症状反复发作，常发生在饱餐后及夜间。既往身体健康，喜食动物内脏及油腻食物。育有两子，母亲患胆囊结石，父亲体健。

体格检查：右上腹压痛（+），无反跳痛，Murphy 征（+）。

辅助检查：生化检查：总胆固醇 6.87mmol/L（正常值 2.86～5.98mmol/L）。腹部 B 超检查：胆囊大小正常，壁毛糙，囊内可见多个强回声团，后方伴声影，最大径约 2.4cm。

初步诊断：多发性胆囊结石（胆固醇结石）。

问题：胆囊结石发生的生化机制怎样？

3. 防止胆固醇结石形成 胆汁中的胆固醇难溶于水，在浓缩后的胆囊胆汁中容易沉淀析出。而胆汁中的胆汁酸盐和卵磷脂协同作用，可使胆固醇分散形成可溶性微团，使其不易结晶沉淀而随胆汁排泄，故胆汁酸有防止胆结石生成的作用。但不同胆汁酸对结石形成的作用不同，鹅脱氧胆酸和熊脱氧胆酸可促使胆固醇结石溶解，而胆酸及脱氧胆酸则无此作用。胆固醇是否从胆汁中析出形成结石主要取决于胆汁酸、卵磷脂与胆固醇之间的比例。肝脏合成胆汁酸能力下降、排入胆汁中的胆固醇过多、胆汁酸在消化道丢失过多或胆汁酸肠肝循环减少等因素均可造成胆汁中胆汁酸、卵磷脂与胆固醇的比例下降，当比值小于 10∶1 时，胆汁酸和卵磷脂不足以转运胆汁中的胆固醇，此种胆汁为胆固醇过饱和胆汁，又称成石胆汁，易发生胆固醇沉淀析出，形成胆结石。

案例 11-1 分析讨论

目前认为胆固醇结石的形成需要三个条件，除上述“成石胆汁”形成因素外，还需如下两个条件：①胆汁中胆固醇的成核过程异常：指胆汁中的小泡聚集融合形成大泡过程中，使溶解状态的胆固醇析出胆固醇单水结晶，这是胆固醇结石形成的最初阶段。此过程中，成石胆汁中的某些成核因子有明显促进成核的作用，缩短了成核时间。②胆囊功能异常：研究表明胆固醇结石患者的胆囊壁对水和电解质的吸收能力增强，易使胆汁浓缩；成石性胆汁可刺激胆囊黏膜分泌黏蛋白增加，此在成核过程中起重要作用；胆囊收缩运动减弱，易使胆汁滞留于胆囊内，形成沉淀物，为胆固醇结晶聚集和生长提供必要的时间和场所。此三个条件是形成胆固醇结石的必备条件，缺一不可。

胆固醇结石的发生在女性中多见，由于雌激素可促进胆汁中胆固醇的过饱和，妊娠、绝经可影响胆囊排空，而怀孕次数增多及口服避孕药等均与胆固醇结石的成石有关；另外，高饱和脂肪酸及高胆固醇膳食也是导致胆囊结石的重要因素之一；老年人因胆囊功能紊乱、胆汁过度浓缩、沉淀，也易患胆囊结石；胆结石的成因与遗传因素也有一定关系。

第四节　胆色素代谢与黄疸

胆色素（bile pigment）是体内铁卟啉化合物分解代谢的产物，包括胆红素（bilirubin）、胆绿素（biliverdin）、胆素原（bilinogen）和胆素（bilin）等。体内的铁卟啉化合物有血红蛋白、肌红蛋白、过氧化物酶、过氧化氢酶及细胞色素类等，它们分解产生的胆色素类化合物主要随胆汁排出体外，肝脏在胆色素代谢过程中起着重要作用。胆红素是最重要的胆色素，呈橙黄色，是胆汁的主要色素。胆红素居于胆色素代谢的中心，胆红素的生成、运输、转化及排泄异常与临床多种病理生理过程关联。熟悉胆红素的代谢途径对于临床上伴有黄疸体征疾病的诊断和鉴别诊断具有重要意义。

一、胆红素的生成

（一）胆红素的来源

胆红素是体内铁卟啉化合物在肝、脾、骨髓等组织分解代谢产生，成人每天可产生 250～350mg 胆红素。大部分胆红素（约 80%）是由衰老红细胞破坏所释放的血红蛋白分解产生；少部分是由造血过程中过早破坏的红细胞血红蛋白降解产生；仅少量是由细胞色素类、过氧化物酶、过氧化氢酶及肌红蛋白等非血红蛋白铁卟啉化合物分解产生。肌红蛋白由于更新效率低，所占比例很小。

（二）胆红素的生成过程

人体内细胞不断更新，正常人红细胞寿命 120 天，每天约有 $2×10^{11}$ 个红细胞被破坏，释放约 6g 血红蛋白。衰老红细胞由于细胞膜的变化被肝、脾、骨髓等单核-吞噬系统细胞识别并吞噬破坏，生成胆红素释放入血（图 11-10）。

血红素是 4 个吡咯环连接而成的环形化合物，并螯合 1 个铁离子。血红素在单核-吞噬系统细胞内的微粒体血红素加氧酶（heme oxygenase，HO）催化下，在 O_2 和 NADPH 存在的条件下，环上的 α 甲炔基桥（—CH═）桥碳原子两侧氧化断裂，释放出一分子 CO 和 Fe^{2+}，形成胆绿素，胆绿素为水溶性的线性四吡咯。Fe^{2+}氧化为 Fe^{3+}进入体内铁代谢池，可被重新利用或以铁蛋白形式储存，释放的 CO 则可排出体外。胆绿素进一步在胞液胆绿素还原酶（辅酶为 NADPH）催化下，迅速还原为胆红素（图 11-11）。由于体内胆绿素还原酶活性很强，且分布广，利用从 NADPH 获得的氢原子还原胆绿素，因此一般不会发生胆绿素堆积或进入血液。

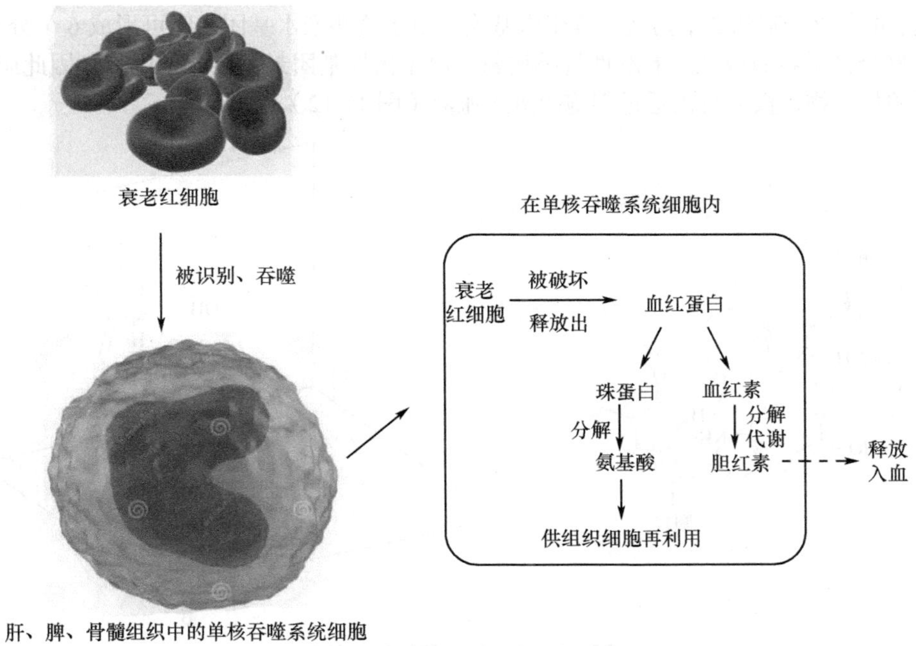

图 11-10 胆红素的生成过程

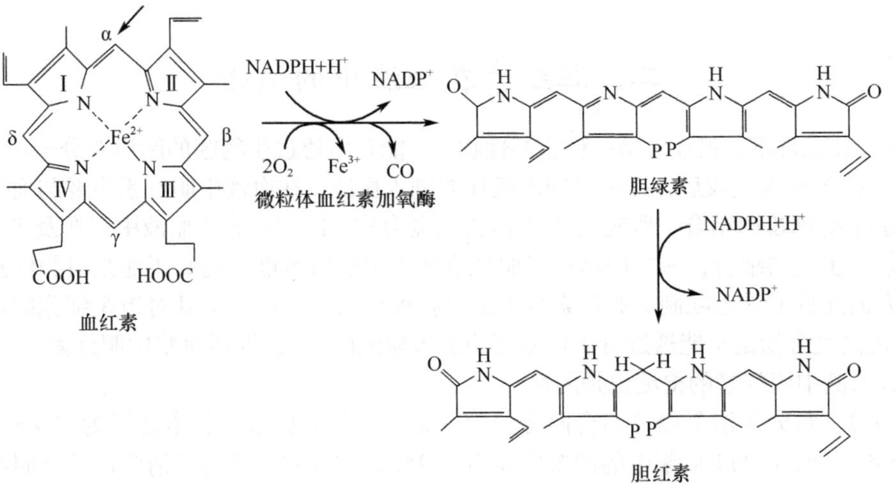

图 11-11 血红素分解代谢生成胆红素

血红素加氧酶是胆红素生成的限速酶，人体内存在三种血红素加氧酶同工酶：HO-1、HO-2 和 HO-3，其中 HO-1 在血红素代谢中居重要地位，主要存在于肝、脾、骨髓等降解衰老红细胞的组织器官，它是一种诱导酶，底物血红素可迅速激活其合成，以及时清除循环系统中的血红素。另外，缺氧、高氧、内毒素、重金属、一氧化氮（NO）、炎性细胞因子等因素均可诱导此酶的表达；肿瘤、动脉粥样硬化、心肌缺血、阿尔茨海默症等疾病亦表现 HO-1 的表达增加，导致机体内 CO 和胆红素的生成增加。HO-1 作为一种应激蛋白，当机体遭遇多种有害刺激或疾病发生时，可通过催化生成代谢产物来实现对机体的保护作用。其主要产物为胆红素，适量水平的胆红素是人体内强有力的内源性抗氧化剂，是血清中抗氧化的主要成分，它可有效清除氧自由基，以抵御机体的氧化应激状态。

（三）胆红素的结构特点及性质

胆红素是由 4 个吡咯环通过 2 个甲炔基桥和 1 个甲烯基桥连接而组成，其分子中含有 2 个羟基或酮基、4 个亚氨基和 2 个丙酸基等亲水基团，由于这些亲水基团之间可形成 6 个分子内氢键，使胆红素整个分子卷曲成稳定的刚性折叠构象。由于极性基团封闭在分子内部，因此胆红素是亲脂、疏水的化合物，极易自由透过细胞膜进入血液（图 11-12）。

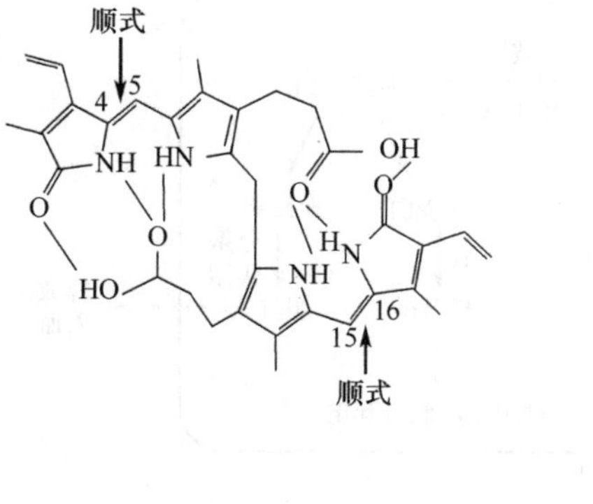

A

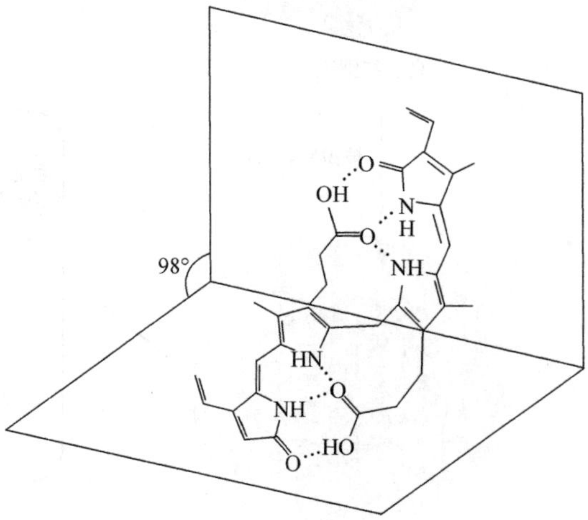
B

图 11-12　胆红素的空间结构

A. 胆红素亲水基团间形成 6 个分子内氢键；B. 胆红素分子卷曲成稳定的刚性折叠构象

二、胆红素在血液中的运输

在生理 pH 条件下，胆红素是一种脂溶性物质，能自由透过生物膜的脂质双分子层，因此它在单核-吞噬系统细胞内生成后，即透过细胞膜释放进入血液。在血液中胆红素主要与血浆清蛋白结合（少部分与 α_1 球蛋白结合）形成胆红素-清蛋白复合物，以此形式在血液中存在及进行运输。胆红素与血浆清蛋白的结合，一方面增加了胆红素在水中的溶解度，提高了血浆对胆红素的运输能力；另一方面此种形式也限制了胆红素自由透过各种生物膜，避免了其对组织细胞的毒性作用。胆红素-清蛋白复合物是不能透过肾小球基底膜进入尿液的，因此即便血浆中胆红素-清蛋白复合物含量增加，尿液中胆红素的检测也是阴性。

研究表明，每分子清蛋白可结合两分子胆红素。正常人血浆胆红素含量为 3.4～17.1μmol/L（0.2～1mg/dl），而 100ml 血浆中的清蛋白能结合 25mg 胆红素，故血浆清蛋白结合胆红素的潜力很大，足以阻止胆红素进入组织细胞产生毒性作用。但是，胆红素与清蛋白的结合是非特异性的非共价结合，具有可逆性。当清蛋白含量明显降低或结合部位被其他物质占据或胆红素对结合部位的亲和力降低时，均可促使胆红素从血浆向各组织细胞转移。例如，某些有机阴离子（如磺胺类药物、水杨酸、胆汁酸、脂肪酸等）可与胆红素竞争结合血浆清蛋白，使胆红素游离，从而增加了胆红素透入细胞的可能性。游离胆红素极易与富含脂类的脑部基底核神经细胞结合，干扰脑的正常功能，此类疾病称为胆红素脑病（bilirubin encephalopathy）或核黄疸（kernicterus）。新生儿由于血-脑屏障不健全，如果发生高胆红素血症，过多的游离胆红素很容易进入脑组织，导致胆红素脑病发生。因此对新生儿必须慎用上述有机阴离子药物。

可见，血浆清蛋白与胆红素的结合仅起到暂时解毒的作用，其真正意义上的解毒还要依赖于它在肝脏与葡糖醛酸结合的生物转化作用。这种未经肝结合转化，在血液中与清蛋白结合运输的胆红素称为未结合胆红素（unconjugated bilirubin），或称游离胆红素、血胆红素或肝前胆红素。由于未结合胆红素分子内存在 6 个氢键，不能与重氮试剂直接反应，只有在加入尿素或乙醇等破坏氢键后才能与重氮试剂反应，生成紫红色偶氮化合物，因此未结合胆红素又称为间接胆红素（indirect bilirubin）。

三、胆红素在肝中的转变与分泌

肝、脾、骨髓等组织单核-吞噬系统细胞生成释放的胆红素通过血浆清蛋白 转运至肝脏，在肝脏中胆红素进行进一步的代谢反应。肝细胞对胆红素的代谢非常全面，包括摄取、转化和排泄三方面的作用。

（一）肝细胞对胆红素的摄取

胆红素-清蛋白复合物随血液循环到肝脏后，在被肝细胞摄取前胆红素先与清蛋白分离，然后胆红素迅速被肝细胞摄取。注射具有放射性的胆红素约 18 分钟后，就有 50%的胆红素从血浆清除，说明肝细胞摄取胆红素的能力很强。肝能很快从血浆中摄取胆红素是因为肝细胞内含有两种配体蛋白（ligandin），即 Y 蛋白和 Z 蛋白。配体蛋白是胆红素在肝细胞胞液的主要载体，它们能特异地结合包括胆红素在内的有机阴离子，主动将其摄入细胞内。胆红素与配体蛋白 1∶1 结合，以胆红素-Y 蛋白、胆红素-Z 蛋白形式将胆红素携带至肝细胞滑面内质网进一步代谢。肝细胞摄取胆红素是可逆、耗能的过程。由于胆红素可自由双向通透肝血窦及肝细胞膜表面，因此当肝细胞处理胆红素的能力下降，或者胆红素生成量超过肝细胞处理胆红素能力时，已进入肝细胞的胆红素可反流入血，使血胆红素含量增高。

Y 蛋白是一种碱性蛋白，由分子量为 22kD 和 27kD 的两个亚基组成，约占肝细胞液蛋白质总量的 5%。由于 Y 蛋白与胆红素的亲和力高于 Z 蛋白，且含量多，因此它是肝细胞摄取胆红素的主要配体蛋白。Y 蛋白是一种诱导蛋白，苯巴比妥可诱导其合成。新生儿出生 7 周后 Y 蛋白水平才接近成人水平，所以新生儿容易发生生理性黄疸，临床可用苯巴比妥诱导 Y 蛋白合成，治疗新生儿生理性黄疸。甲状腺素、溴酚磺酸钠（BSP）和靛青绿（ICG）等物质可竞争结合 Y 蛋白，影响胆红素在肝细胞内的转运。Z 蛋白属于酸性蛋白，分子量 12kD。胆红素浓度较低时优先与 Y 蛋白结合，当 Y 蛋白结合饱和时 Z 蛋白结合胆红素才增多。

胆红素一旦进入肝细胞，就迅速与配体蛋白（主要是 Y 蛋白）结合有两个重要作用：一方面可帮助胆红素在与葡糖醛酸结合前保持溶解状态；另一方面也可阻止胆红素从肝细胞返流入血。

（二）肝细胞对胆红素的转化作用

胆红素-Y 蛋白或胆红素-Z 蛋白复合物运到肝细胞滑面内质网后，在 UDP-葡糖醛酸基转移酶（UGT）的催化下，由 UDP-葡糖醛酸提供葡糖醛酸基，胆红素与葡糖醛酸通过酯键结合转变生成胆红素葡糖醛酸酯（bilirubin glucuronide）。胆红素分子中含有 2 个羧基，它们均可与葡糖醛酸 C_1 位上的羟基形成酯键而结合，故每分子胆红素可结合 2 分子葡糖醛酸，生成胆红素二葡糖醛酸酯（图 11-13）。人胆汁中结合胆红素主要是胆红素二葡糖醛酸酯（占 70%～80%），仅有少量胆红素一葡糖醛酸酯（占 20%～30%）。此外尚有少量胆红素可与硫酸结合生成胆红素硫酸酯，甚至与甲基、乙酰基、甘氨酸等化合物结合形成相应的结合物。肝对胆红素代谢的最重要作用就是将脂溶性、有毒的未结合胆红素通过生物转化的结合反应转变为水溶性、无毒的结合型胆红素（主要是胆红素葡糖醛酸酯），是对有毒胆红素的一种根本的解毒方式。这些在肝脏主要与葡糖醛酸结合转化的胆红素称为结合胆红素（conjugated bilirubin）或肝胆红素。因为与葡糖醛酸结合的胆红素分子内不再有氢键，使分子中间的甲烯基桥暴露于分子表面，其可以迅速、直接与重氮试剂发生反应生成紫红色偶氮化合物，故结合胆红素又称直接胆红素（direct bilirubin）。

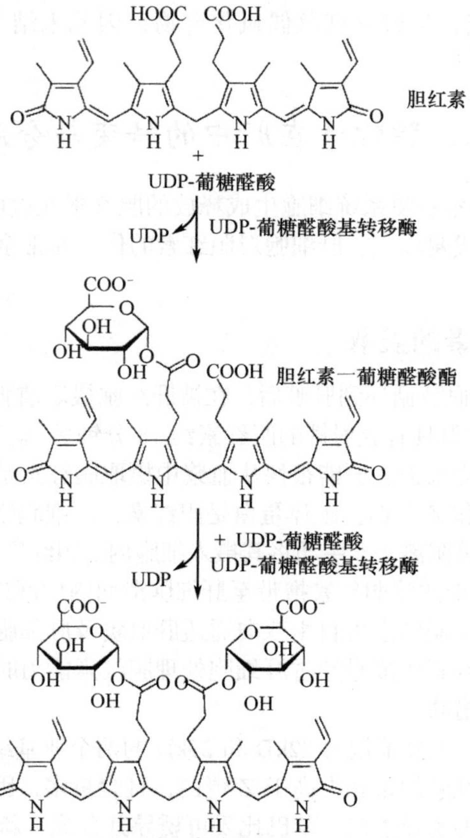

胆红素二葡糖醛酸酯

胆红素+UDP−葡糖醛酸 $\xrightarrow{\text{UDP−葡糖醛酸基转移酶}}$ 胆红素一葡糖醛酸酯+UDP

胆红素一葡糖醛酸酯 + UDP−葡糖醛酸 $\xrightarrow{\text{UDP−葡糖醛酸基转移酶}}$ 胆红素二葡糖醛酸酯+UDP

图 11–13　胆红素葡糖醛酸酯的生成

结合胆红素水溶性强，与血浆清蛋白亲和力减小，易随胆汁排入小肠继续代谢，也容易透过肾小球基底膜从尿中排出。结合胆红素不容易通过细胞膜和血-脑屏障，不易造成组织中毒，是胆红素在体内解毒的重要方式。

许多药物（例如苯巴比妥、糖皮质激素）可诱导肝细胞中 UGT 的合成或增强其活性，加强胆红素代谢，因此临床上常选用这些药物治疗新生儿生理性黄疸或高胆红素血症。

（三）肝对胆红素的排泄作用

胆红素在肝细胞滑面内质网经转化后水溶性增强，再经高尔基复合体、溶酶体等作用分泌进入毛细胆管，随胆汁排出肝脏，最终进入肠道。肝毛细胆管内结合胆红素的浓度远高于肝细胞中的浓度，故肝细胞排出胆红素是一个逆浓度梯度、耗能的主动转运过程，可能是肝脏代谢胆红素的限速步骤。参与此过程的转运蛋白主要为多耐药相关蛋白 2（multidrug-resistance-like protein 2，MRP2），又称多种特异性有机阴离子转运体（multispecific organic anion transporter，MOAT），它是 ATP 结合转运蛋白家族的一员，定位于肝细胞膜胆小管域，对葡糖醛酸具有很高亲和力，可将肝细胞内的结合胆红素等有机阴离子转运分泌至胆小管。胆红素排泄过程是肝处理胆红素的薄弱环节，容易发生障碍。当胆道阻塞引起毛细胆管因压力过高而破裂，会导致结合胆红素逆流入血，使血浆结合胆红素水平增高。

对 UGT 具有诱导作用的苯巴比妥、糖皮质激素等药物对结合胆红素分泌排泄至胆汁也有诱导作用，可见胆红素的结合转化与分泌排泄是一个协调的功能体系。

血浆中的未结合胆红素通过肝细胞膜的自由扩散、肝细胞质内配体蛋白的转运、滑面内质网的结合转化及肝细胞的主动分泌等联合作用，不断被肝细胞摄取、转化和排泄，使血浆中未结合胆红素不断被清除（图 11-14）。

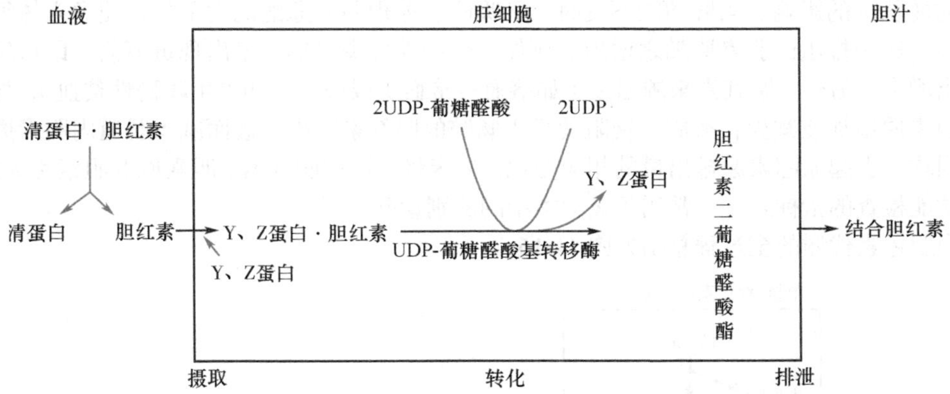

图 11-14　肝细胞对胆红素的摄取、转化与排泄

四、结合胆红素在肠道内的转变

（一）胆红素在肠道细菌作用下生成胆素原

结合胆红素随胆汁排入肠道后到达回肠下段至结肠处，在肠道细菌作用下，大部分结合胆红素先被水解脱去葡糖醛酸基，转变成游离胆红素，再逐步加氢还原成为无色的四吡咯化合物——胆素原（bilinogen）族化合物，主要包括中胆素原（mesobilirubinogen）、粪胆素原（stercobilinogen）和尿胆素原（urobilinogen），80%胆素原随粪便排出。粪胆素原在肠道下段或随粪便排出后，经空气氧化为相应的胆素——粪胆素（stercobilin），粪胆素呈黄褐色，是粪便颜色的主要来源。正常成人每天从粪便排出的胆素原总量约为 40～280mg。当胆道完全梗阻时，由于胆红素不能排入肠道，不能生成胆素原及粪胆素，因此粪便呈灰白色，临床称为白陶土样便。婴儿肠道细菌稀少，未被细菌作用的胆红素可随粪便直接排出，使粪便呈现胆红素的颜色——橙黄色。肠道内胆色素代谢过程概括为图 11-15。

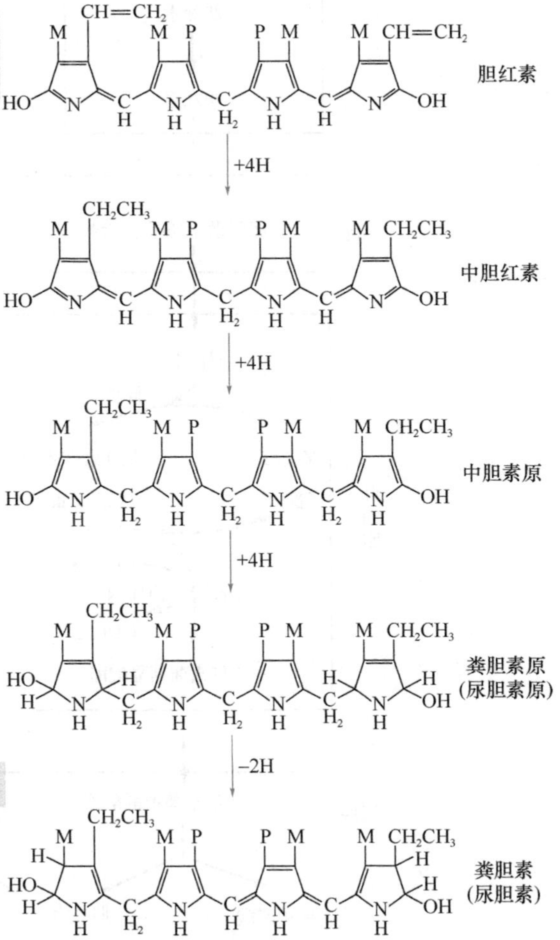

图 11-15　肠道内胆素原及胆素的生成

（二）胆素原的肠肝循环

生理情况下，约 10%～20%的胆素原被肠黏膜细胞重吸收入血，经门静脉进入肝脏，重吸收的胆素原约 90%又以原形随胆汁排入肠道，形成胆素原的肠肝循环（bilinogen enterohepatic circulation)。只有小部分(10%)胆素原可以进入体循环，再经肾小球滤出，随尿液排出，因此称其为尿胆素原。尿胆素原与空气接触后被氧化成黄褐色的尿胆素(urobilin)，是尿液的主要色素。

正常成人每天从尿液排出的尿胆素原约 0.5～4mg。尿中胆素原排出量受多种因素影响，尤其易受肝功能状况的影响。当肝功能不良时，肝吸收、处理胆素原的能力下降，使逸入体循环的胆素原增多，尿中排出的胆素原随之增加。例如，传染性肝炎早期，未出现黄疸前，即可发现尿胆素原排出增多。另外，胆红素来源增多(如溶血性贫血)或减少(如再生障碍性贫血)，导致肠道生成的胆素原增加或减少；或胆道梗阻使排入肠腔的胆红素减少，进而减少肠道内胆素原生成，这些原因均会引起尿胆素原排出量的相应变化。临床将尿液中胆红素、胆素原及胆素称为尿三胆，作为肝功能检查的指标之一，常用于黄疸类型的鉴别诊断。

体内胆色素代谢的全过程总结如图 11-16。

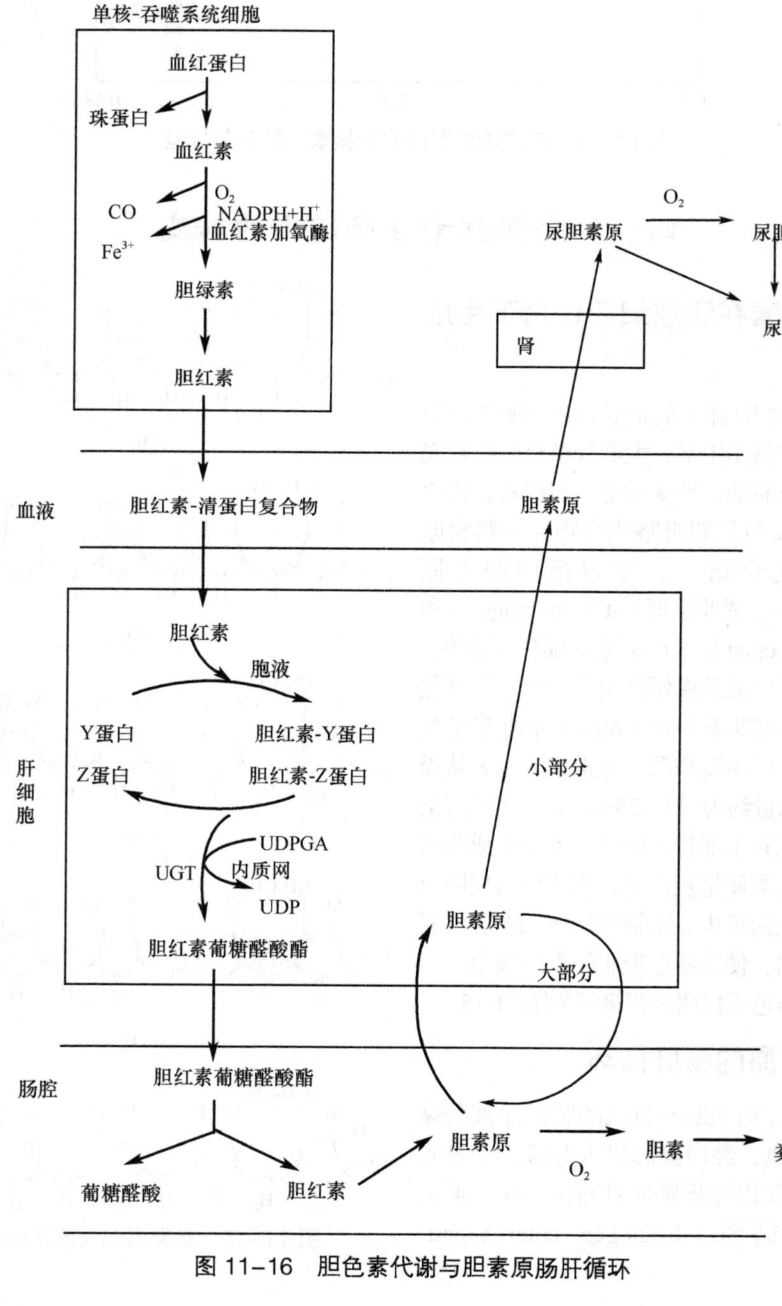

图 11-16 胆色素代谢与胆素原肠肝循环

五、黄　疸

（一）两种类型血清胆红素的比较

正常人血清胆红素按其性质和结构不同分为两大类型：结合胆红素与未结合胆红素，两类胆红素的性质有所不同，详见表 11-4。

表 11-4　未结合胆红素与结合胆红素性质的比较

性质	未结合胆红素	结合胆红素
其他名称	游离胆红素、血胆红素、肝前胆红素、间接胆红素	肝胆红素、直接胆红素
来源	单核-吞噬系统细胞内衰老红细胞释放的血红蛋白分解产生	肝细胞内由未结合胆红素经生物转化生成
是否与葡糖醛酸结合	未结合	结合
溶解性	脂溶性	水溶性
自由透过生物膜的能力及对脑毒性	有	无
能否透过肾小球基底膜随尿排出	不能	能
与重氮试剂反应	间接反应阳性	直接反应阳性

（二）高胆红素血症与黄疸的定义

由于未结合胆红素为脂溶性有毒物质，易对富含脂类的神经细胞造成不可逆损伤，因此肝脏对胆红素的解毒作用具有十分重要的意义。肝对血液中的未结合胆红素具有强大的摄取、转化、排泄能力，通过生物转化作用将未结合胆红素转变为水溶性强的结合胆红素，经胆汁排泄出体外。虽然正常人每日从单核-吞噬系统细胞产生 200～300mg 胆红素，但正常人肝每天可清除 3000mg 以上的胆红素，远远大于机体产生胆红素的能力，使体内胆红素的生成与排泄保持动态平衡，因此正常人血清中胆红素含量甚微。人体正常血清胆红素总量为 3.4～17.1μmol/L（0.2～1mg/dl），其中约 80%是未结合胆红素，其余为结合胆红素。

凡是能够导致胆红素生成过多，或肝细胞对胆红素摄取、转化和排泄能力下降的因素均可使血中胆红素含量增多，当血清胆红素含量超过 17.1μmol/L（1mg/dl）称为高胆红素血症（hyperbilirubinemia）。胆红素为橙黄色物质，血清中浓度过高可扩散入组织，造成皮肤、巩膜、黏膜等组织黄染，称为黄疸（jaundice）。巩膜、皮肤容易被黄染，是因为这些组织中含有较多弹性蛋白，后者与胆红素有较强亲和力；而黏膜能被染黄，则是由于黏膜中含有较多能与胆红素结合的血浆清蛋白。黄疸程度与血清胆红素的浓度密切相关，若血清胆红素在 34.2μmol/L（2mg/dl）以下，此时血清胆红素浓度虽然超过正常值，但肉眼观察不到巩膜或皮肤黄染，临床称为隐性黄疸；当血清胆红素浓度超过 34.2μmol/L（2mg/dl），肉眼可见巩膜、皮肤及黏膜等组织明显黄染，称为显性黄疸。

（三）黄疸的形成原因及发病机制

黄疸是一种临床症状，不是病名，许多疾病都可以发生。凡能引起胆红素代谢障碍的各种因素均可引起黄疸，根据黄疸形成的原因、发病机制不同可将其分为三大类型：溶血性黄疸（肝前性黄疸）、肝细胞性黄疸（肝源性黄疸）和梗阻性黄疸（肝后性黄疸）。

案例 11-2

患者，男性，55 岁，因“皮肤巩膜黄染 20 天”入院。20 天前无明显诱因出现皮肤巩膜黄染，伴腹胀、厌油、纳差，上腹部偶有不适，小便深茶色，大便呈灰白色，2 个月内患者体重减轻约 5kg。

辅助检查：生化检查：总胆红素 209.1μmol/L（正常值 3.4～17.1μmol/L），直接胆红素 198.6μmol/L（正常值 0～3.5μmol/L），间接胆红素 10.5μmol/L（正常值 3.4～13.6μmol/L），血浆清蛋白 43.5g/L（正常值 35～45g/L），甲胎蛋白 3.7μg/L（正常值＜20μg/L），癌胚抗原 4.5μg/L（≤5ng / ml），CA-19-9＞1000U/ml（正常值≤39U/ml），尿胆红素（++）（正常阴性），尿胆原（–）（正常弱阳性），尿胆素（–）（正常弱阳性），粪胆素原（–）（正常阳性）。腹部 B 超：肝内外胆管明显扩张，胰头区可见一低回声病变，直径约 30mm×32mm。CT 及磁共振检查：肝内胆管，胆总管明显扩张，胰头体积增大，局部见类圆形稍低密度影，边缘模糊，大小约 30mm×33mm。

问题：

1. 此患者所患何种类型黄疸？判断依据？
2. 导致该患者黄疸的原因？
3. 患者粪便为何为灰白色，尿液为深茶色？

1. 溶血性黄疸（hemolytic jaundice） 各种原因引起红细胞大量破坏，释放过多的血红蛋白，使单核-吞噬系统细胞分解生成未结合胆红素增多，超过肝细胞处理能力，引起的黄疸称为溶血性黄疸，又称肝前性黄疸。

发生原因：①溶血因素，包括先天性红细胞膜、酶或血红蛋白的遗传缺陷，及后天性的不当输血、蚕豆病、脾功能亢进、疟疾及各种理化因素或药物、毒物等引起的红细胞破坏增多所致。②非溶血因素，即造血系统功能紊乱，如恶性贫血、珠蛋白生成障碍等引起的无效造血。

溶血性黄疸的发生主要由于血液中胆红素来源增多，而此时肝脏功能并未受到损伤，肝细胞处理胆红素的能力未受影响，且处理胆红素的量较正常时增多。因此主要表现为：血清中未结合胆红素含量增加、结合胆红素正常；因未结合胆红素不能进入尿液，故尿胆红素阴性；由于肝处理胆红素的量增多，使排入肠腔的结合胆红素增加，最终导致粪胆素原、粪胆素、尿胆素原、尿胆素均相应增多。

溶血性黄疸临床检验特征：①血清总胆红素、未结合胆红素增高，结合胆红素正常，重氮试剂反应呈间接阳性。②尿胆红素阴性，尿胆素原、尿胆素增多。③粪胆素原、粪胆素增加，粪便颜色加深。

2. 肝细胞性黄疸（hepatocellular jaundice） 又称为肝源性黄疸，是因为肝细胞功能受损害，肝对胆红素的摄取、转化、排泄能力下降导致的高胆红素血症。

发生原因：感染（传染性肝炎、伤寒、回归热等）、中毒（砷、四氯化碳等有毒物质中毒）、肝硬化、原发性或继发性肝癌、充血性心力衰竭引起的肝阻性充血等疾病，引起肝细胞损伤、中毒、纤维化甚至坏死，使肝脏处理胆红素能力下降所致。

肝细胞性黄疸的发生主要由于肝脏对胆红素处理能力下降，导致血液中未结合胆红素含量增多；又因为肝实质受损，或多或少伴有毛细胆管阻塞、破坏，使肝脏已生成的结合胆红素从破损的毛细胆管返流入血液，因此此型黄疸患者血液中结合胆红素含量亦增多。结合胆红素能通过肾小球滤过，致尿胆红素检测呈阳性反应。由于肝细胞受损程度不同，经肝脏处理排到肠腔的结合胆红素量可能减少也可能正常，故粪便颜色变化及粪（尿）胆素原、胆素的变化也随之不一定。

肝细胞性黄疸临床检验特征：①血清总胆红素、未结合胆红素、结合胆红素含量均增高，重氮试剂反应呈双向阳性。②尿胆红素阳性，尿胆素原、尿胆素变化不一定。③粪胆素原、粪胆素正常或减少，粪便颜色正常或变浅。

3. 梗阻性黄疸(obstructive jaundice) 又称肝后性黄疸，是各种原因引起胆红素排泄的通道——胆管阻塞，使胆小管或毛细胆管压力增高或破裂，胆汁中结合胆红素逆流入血引起的黄疸。

发生原因：胆管内结石、胆管炎症、狭窄、胆道蛔虫、胆管癌及胆管外压迫（如胰头癌、肝门淋巴结肿大等）等疾病引起胆红素从胆道排泄受阻所致。此类型黄疸由于排入肠道的胆红素减少，生成的粪（尿）胆素原、胆素也随之减少，粪便的颜色变浅，如阻塞严重，大便甚至呈白陶土样色。解除压迫，黄疸可缓解。

梗阻性黄疸临床检验特征：①血清总胆红素、结合胆红素增高，未结合胆红素正常，重氮试剂反应呈直接阳性。②尿胆红素阳性，尿胆素原、尿胆素减少。③粪胆素原、粪胆素减少，粪便颜色变浅或白陶土样便。

表 11-5 归纳总结了正常人和三类黄疸患者血、尿、粪便中胆色素改变情况，临床常用于黄疸的诊断与鉴别诊断。

表 11-5　三种类型黄疸血、尿、便的实验室检查变化

指标	正常	溶血性黄疸	肝细胞性黄疸	梗阻性黄疸
原因		红细胞大量破坏	肝脏实质性病变	胆道阻塞
血清胆红素				
总胆红素浓度	<17.1μmol/L	>17.1μmol/L	>17.1μmol/L	>17.1μmol/L
未结合胆红素	3.4～13.6μmol/L	↑↑	↑	
结合胆红素	极少		↑	↑↑
重氮试剂反应	直接：阴性 间接：弱阳性	直接：阴性 间接：强阳性	直接：阳性 间接：阳性	直接：强阳性 间接：弱阳性
尿三胆				
尿胆红素	－	－	＋＋	＋＋
尿胆素原	少量	↑	不一定	↓
尿胆素	少量	↑	不一定	↓
粪便				
粪便颜色	正常	变深	变浅或正常	变浅，完全阻塞时呈白陶土色
粪胆素原	40～280mg/24h	↑	↓或正常	↓或－

案例 11-2 分析讨论

1. 患者皮肤、巩膜明显黄染，呈显性黄疸，说明血清总胆红素含量高于 34.2μmol/L。生化检查证实，患者血清总胆红素（209.1μmol/L）远高于正常值范围。

该患者直接胆红素（198.6μmol/L）明显增高，而间接胆红素（10.5μmol/L）在正常范围内。分析原因，很可能由于胆道梗阻致胆汁中直接胆红素逆流入血而引起血清总胆红素增高，因血清间接胆红素在正常范围内，提示患者肝脏功能未受损伤，也无引起大量红细胞破坏的相关疾病；由于生化检测指标血浆清蛋白（43.5g/L）、甲胎蛋白（3.7μg/L）均在正常范围，进一步排除肝脏疾患的可能。再结合患者尿三胆及粪便检测结果：尿胆红素(++)、尿胆素原（–）、尿胆素（–）、粪胆素原（–），可初步诊断患者为梗阻性黄疸。尿胆红素（++）是因为血液中的直接胆红素易排入尿液中，使患者尿液内含有大量胆红素；尿胆素原（–）、尿胆素（–）、粪胆素原（–）是由于胆道梗阻仅有少量胆红素排入肠腔，使肠腔内经细菌分解产生的胆素原减少，进而导致粪胆素原及经肠肝循环进入体循环的尿胆素原量微乎其微，尿胆素原氧化生成的尿胆素也很少，所以患者粪胆素原、尿胆素原及尿胆素均呈阴性。

2. 患者肿瘤抗原 CA-19-9 远高于正常值。B 超结果显示：患者肝内外胆管明显扩张，胰头区可见一低回声病变。复查 CT 及核磁共振进一步明确，患者胰头区有一肿块，并导致肝内外胆管梗阻性扩张。据此该患者可确诊为：梗阻性黄疸、胰头癌。

3. 该患者因胰头癌肿压迫胆道引起胆道阻塞，导致粪便中粪胆素原呈阴性，粪胆素原氧化生成的粪胆素亦呈阴性，由于粪胆素为粪便色素的主要来源，呈黄褐色，因此缺少了粪胆素的粪便呈灰白色。正常情况下，尿胆素是尿液色素的主要来源，呈黄褐色，该患者因胆道梗阻使尿胆素为阴性，说明其尿液颜色非来源于尿胆素。由于梗阻性黄疸患者尿中含大量橙黄色的结合胆红素，故该患者尿液颜色主要来自于胆红素，量多，呈深茶色。

（冯赞杰）

思 考 题

1. 什么是生物转化？其特点及重要生理意义？
2. 何谓胆汁酸肠肝循环？有何生理意义？
3. 什么是黄疸？三种类型黄疸的发病机制及实验室检查特点？
4. 试比较结合胆红素与未结合胆红素性质的区别。

第十二章 DNA 的生物合成

内容提要

DNA 复制是以 DNA 为模板合成 DNA，是基因组的复制过程。在这个过程中，亲代 DNA 作为合成模板，按照碱基配对原则合成子代分子，其化学本质是酶促脱氧核苷酸聚合反应。DNA 的忠实复制以碱基配对规律为分子基础。酶促修复系统可以校正复制中可能出现的错误。因此 DNA 复制具有高保真性。原核生物和真核生物 DNA 复制的规律和过程极其相似，但在具体细节上有许多不同，真核生物 DNA 复制过程和参与的分子更为复杂和精细。

DNA 是生物界遗传的主要物质基础。生物有机体的遗传特征以密码的形式编码在 DNA 分子上，表现为特定的核苷酸排列顺序—即遗传信息，在细胞分裂前通过 DNA 的复制，将遗传信息由亲代传递给子代，在后代的个体发育过程中，遗传信息由 DNA 转录给 RNA，并指导蛋白质合成，以执行各种生命功能，使后代表现出于亲代相似的遗传形状，这种遗传信息的传递方向，是从 DNA 到 RNA 再到蛋白质，即生物学“中心法则”；生物体内或细胞内进行的 DNA 复制、DNA 修复合成以及逆转录合成 DNA 等的过程称之为 DNA 的生物合成。20 世纪 80 年代以后在某些致癌 RNA 病毒中发现遗传信息也可存在于 RNA 分子中，由 RNA 通过逆转录的方式将遗传信息传递给 DNA，这又为中心法则增添了新的内容。

虽然遗传物质 DNA 的遗传保守性是维持物种相对稳定的最主要因素，然而在长期的生命进化过程中，个体时刻受到来自内、外环境中各种因素的影响，因此，DNA 的改变不可避免。各种体内外因素所导致的 DNA 组成与结构的变化都称为 DNA 损伤。而 DNA 损伤又可产生两种后果：一是 DNA 的结构发生永久性改变，即突变；二是导致 DNA 失去作为复制和（或）转录的模板的功能。在长期的进化中，低等生物和高等生物都形成了自己的 DNA 修复系统，可随时修复损伤的 DNA，恢复 DNA 的正常结构，保持细胞的正常功能，DNA 损伤的同时即有 DNA 修复系统的启动。在很大程度上，受损细胞的转归，取决于 DNA 的修复效果，如果正确修复，细胞 DNA 结构恢复正常，细胞就会维持正常状态；如果损伤严重，DNA 不能被有效修复，则有可能通过凋亡的方式，清除 DNA 受损的细胞，降低 DNA 损伤对生物体遗传信息稳定性的影响；此外，如果 DNA 发生不完全修复，DNA 发生突变，染色体发生畸变，可诱导细胞出现功能改变，甚至出现衰老、细胞恶性转化等生理病理变化。

但是，如果遗传物质具有绝对的稳定性，那么生物就会失去进化的基础，就不会出现万物生辉的自然景象；因此生物多样性是 DNA 突变与 DNA 修复之间的良好动态平衡。

第一节 DNA 的复制

DNA 作为遗传物质的基本特点就是在细胞分裂前准确的自我复制（self replication），这是细胞分裂的物质基础，能使 DNA 的量成倍增加。1953 年，James Watson 和 Francis Crick 提出 DNA 双螺旋结构模型说明，DNA 是由二条互补的脱氧核苷酸链组成，一条 DNA 链上的核苷酸排列顺序是由双螺旋 DNA 的另一条决定的。这就说明 DNA 的复制是由原来的亲代分子为模板来合成新的链。在复制时，亲代双链 DNA 解开为两股单链，各自作为模板，依据碱基配对规律，合成序列互补的子链 DNA 双链。亲代 DNA 模板在子代 DNA 中的存留有 3 种可能性，即全保留式、半保

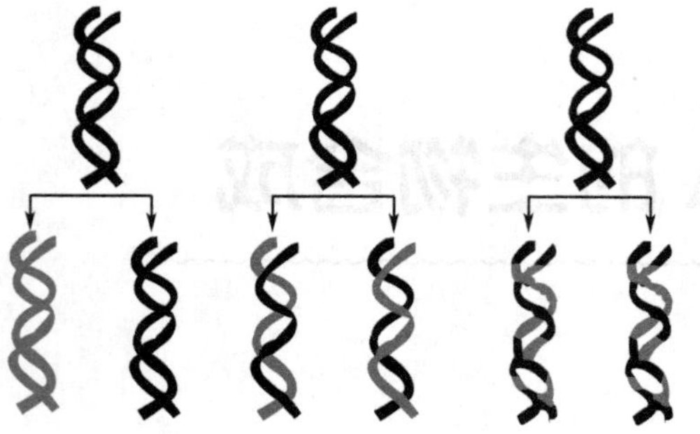

图 12-1 DNA 复制理论上有三种可能形式

留式或混合式（图 12-1）。DNA 复制的主要特征包括半保留复制（semi-conservative replication）、双向复制（bidirectional replication）和半不连续复制（semi-discontinuous replication）。DNA 的复制具有高保真性。

一、DNA 的半保留复制

Watson 和 Crick 在提出 DNA 双螺旋结构模型时就推测，DNA 在复制时首先两条链之间的氢键断裂，两条链分开，然后以每一条链分别做模板各自合成一条新的 DNA 链，这样新合成的子代 DNA 分子中一条链来自亲代 DNA，另一条链是新合成的，这种复制方式为半保留复制。1958 年，Matthew Meselson 和 Franklin W. Stahl 用实验证实自然界的 DNA 复制方式是半保留式的。他们利用氮标记技术，将大肠杆菌放在含有 ^{15}N 标记的 NH_4Cl 培养基中培养若干代（每一代约 20min），使大肠杆菌 DNA 全部被 ^{15}N 所标记，然后将细菌转移到含有 ^{14}N 标记的 NH_4Cl 培养基中进行培养，新合成的 DNA 则有 ^{14}N 的掺入；提取不同培养代数的细菌 DNA 做密度梯度离心分析，因 ^{15}N-DNA 和 ^{14}N-DNA 的密度不同，DNA 形成不同的致密区带。实验结果表明，在全部由 ^{15}N 标记的培养基中得到的 ^{15}N-DNA 显示为一条位于离心管管底的重密度带。在转入 ^{14}N 标记的培养基中繁殖后第一代，得到了一条中密度区带，这是 ^{15}N-DNA 和 ^{14}N-DNA 的杂交分子。第二代有中密度区带及低密度区带，这表明它们分别为 $^{15}N/^{14}N$ –DNA 和 $^{14}N/^{14}N$ –DNA。随着在普通培养基中培养代数的增加，低密度带增强，而中密度带保持不变，离心结束后，从管底到管口，在紫外光下可以看到 DNA 分子形成三种密度区带。为了进一步证实第一代杂交分子确实是一半 ^{15}N-DNA 和一半 ^{14}N-DNA，将这种杂交分子经加热变性，对于变性前后的 DNA 分别进行密度梯度离心，结果变性前的杂交分子为一条中密度带，变性后则分为两条区带，即重密度带（^{15}N-DNA）和低密度带（^{14}N-DNA）（图 12-2）。这一实验结果证明，亲代 DNA 复制后，是以半保留形式存在于子代 DNA 分子中的。

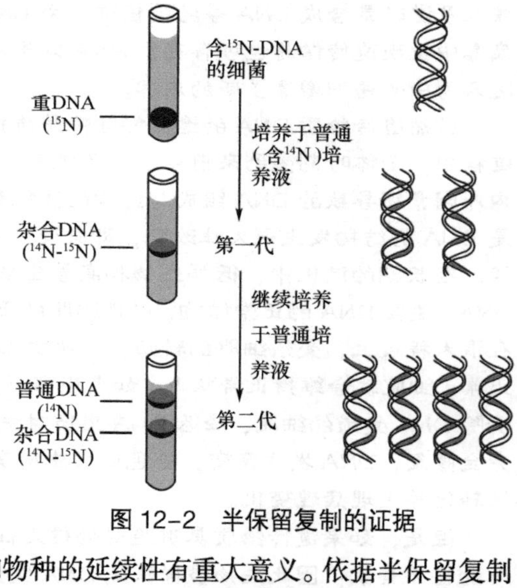

图 12-2 半保留复制的证据

半保留复制规律的阐明，对于理解 DNA 的功能和物种的延续性有重大意义。依据半保留复制的方式，子代 DNA 保留了亲代的全部遗传信息，亲代与子代 DNA 之间碱基序列高度一致。这种遗传信息的相对稳定是物种稳定的分子基础，但同一物种个体与个体之间仍然存在着普遍的变异现象，所以说遗传的保守性是相对而不是绝对的。例如，自古以来地球上的人口，除了单卵双胞胎之外，两个人之间不可能有完全一样的 DNA 分子组成。因此在强调遗传恒定性的同时，不应忽视其变异性。

二、DNA 的双向复制

细胞的增殖有赖于基因组复制从而使子代获得完整的遗传信息。许多实验都表明：复制是从 DNA 分子上的特定部位开始的，这一部位叫做复制起始点（origin），常用 ori 或 o 表示。复制从起始点一经开始就会连续复制下去，直至终点为止完成全部基因组DNA的复制。每个这样的DNA单位称为复制子（replicon）或复制单元。复制子是含有一个复制起始点的独立完成复制的功能单位。高等生物有数以万计的复制子，复制子间长度差别很大，约在13～900kb之间（图12-3）。

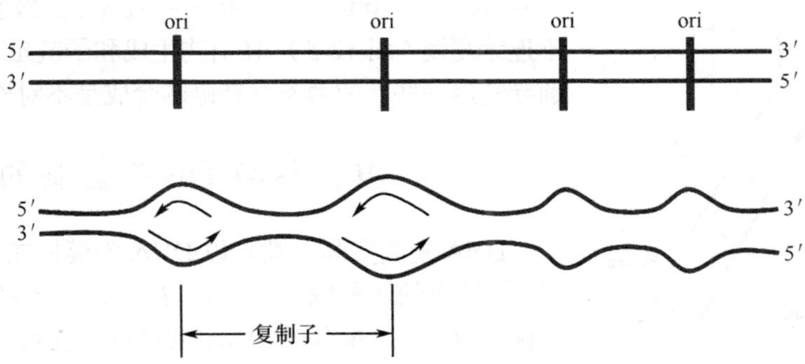

图12-3 复制子

原核生物基因组是环状DNA，只有一个复制起始点，因而只有一个复制子。复制从起始点开始，向两个方向进行解链，进行的是单点起始双向复制。复制中的模板DNA形成2个延伸方向相反的开链区，称为复制叉（replication fork）。复制叉指的是正在进行复制的双链DNA分子所形成的Y形区域，此时已解链的两条模板单链以及正在进行合成的新链构成了Y形的头部，尚未解链的DNA模板双链构成了Y形的尾部。与原核生物不同，真核生物基因组庞大而复杂，由多个染色体组成，全部染色体均需复制，每个染色体又有多个起点，呈多起始点双向复制特征（图12-4）。每个起点产生两个移动方向相反的复制叉，复制完成时，复制叉相遇并汇合连接。例如酵母S.cerevisiae的17号染色体约有400个起始点，因此，虽然真核生物DNA复制的速度（60核苷酸/秒）比原核生物DNA复制的速度（如*E.coli*的合成速度为1700核苷酸/秒）慢得多，但复制完全部基因组DNA也只要几分钟的时间。

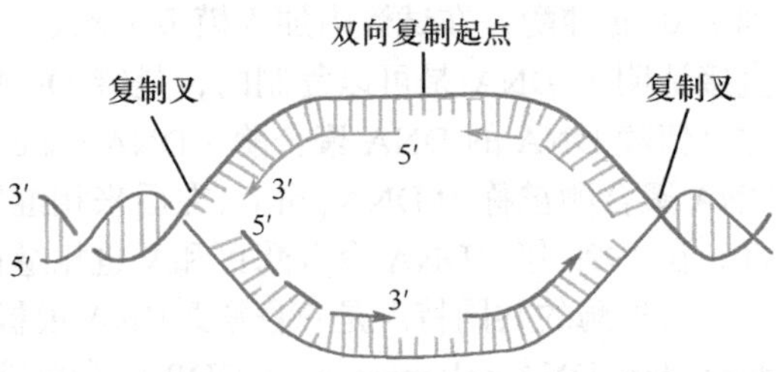

图12-4 原核生物DNA单点双向复制

三、DNA复制的半不连续性

DNA双螺旋结构的特征之一是两条链的反向平行，一条链为5′至3′方向，其互补链是3′至5′方向。DNA合成酶只能催化DNA链从5′至3′方向的合成，故子链沿模板复制时，只能从5′至3′方向延伸。在同一个复制叉上，解链方向只有一个，此时一条子链的合成方向与解链方向相同，可以边解链边合成新链，但另一条链的复制方向则与解链方向相反，只能等待DNA全部解链，方可开始合成，这样的等待在细胞内现实吗？显然是不可能的。1968年，冈崎（Okazaki）及其同事进行了一系列实验，在研究大肠杆菌中的噬菌体DNA复制情形时发现冈崎片段，回答了这一问题。目前认为DNA复制过程中沿着解链方向连续生成的子链DNA，称为前导链（leading strand）；而另外一股链因为复制方向与解链方向相反，不能连续延长，只能随着模板链的解开，逐段地从5′至3′生成引物并复制子链，也就是模板被打开一段，起始合成一段子链；再打开一段，再起始合成另一段子链，这种不连续复制的链称为后随链（lagging strand）。前导链连续合成，后随链分段合成会出现一些较短的新DNA片段，这些在DNA的后随链的不连续合成期间生成的较短的片段，称为冈崎

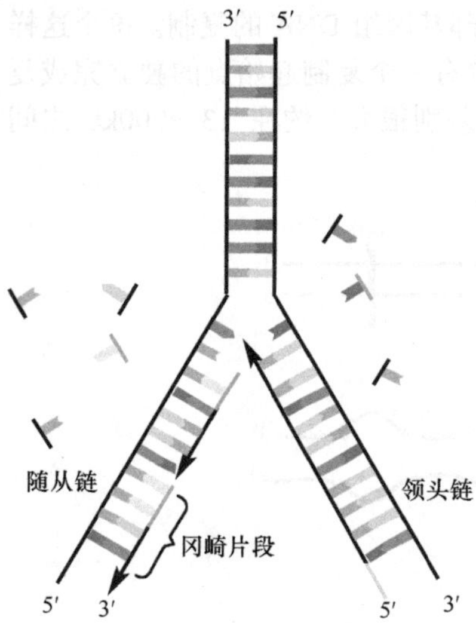

图 12-5 DNA 半不连续复制

片段（Okazaki fragment），该片段克服了 DNA 空间结构对 DNA 新链合成的制约。真核冈崎片段长度约 100～200 个核苷酸残基，而原核约 1000～2000 个核苷酸残基。复制完成后，这些不连续片段经过去除引物，填补引物留下的空隙，连接成完整的 DNA 长链。前导链连续复制而后随链不连续复制的方式称为半不连续复制（图 12-5）。在引物生成和子链延长上，后随链都比前导链迟一些，故两条互补链的合成是不对称的。

四、参与 DNA 复制的酶

DNA 复制实际上就是以 DNA 为模板在 DNA 聚合酶作用下，将游离的四种脱氧单核苷酸（dATP、dGTP、dCTP、dTTP，简称为 dNTP）聚合成 DNA 的过程。这是一个非常复杂的酶促反应，需要许多种酶和蛋白质参与，下面将分别叙述它们在 DNA 复制中的作用。

（一）DNA 聚合酶

1957 年，Arthur Kornberg 首次在大肠杆菌中发现 DNA 聚合酶，他从 100g 细菌沉渣中仅提取到了 0.5g 纯酶，在试管内加入模板 DNA、dNTP 和引物，该酶可催化新链 DNA 生成。这一结果直接证明了 DNA 是可以复制的，是继 DNA 双螺旋模型确立后的又一重大发现。DNA 聚合酶全称是依赖 DNA 的 DNA 聚合酶（DNA-dependent DNA polymerase，DNA pol）。Kornberg 发现的 DNA 聚合酶被称为 DNA pol Ⅰ。在后来相继发现 DNA 聚合酶Ⅱ和Ⅲ，简写成 DNA pol Ⅱ，DNA pol Ⅲ。在 1999 年，DNA 聚合酶Ⅳ和Ⅴ也相继被发现。

这种酶的共同特点是：①需要 DNA 模板，因此这类酶被称为依赖 DNA 的 DNA 聚合酶（DNA dependent DNA polymerase，DDDP）；②需要 RNA 或 DNA 作为引物（primer），即 DNA 聚合酶不能从头催化 DNA 的合成；③催化 dNTP 加到引物的 3′末端，因而 DNA 合成的方向是 5′→3′；④三种 DNA 聚合酶都属于多功能酶，它们在 DNA 复制和修复过程的不同阶段发挥作用。实验已经证实，DNA pol Ⅲ主要参与 DNA 复制的过程，而 DNA pol Ⅰ和 DNA pol Ⅱ在 DNA 错配的校正和修复中起作用。

1. 原核生物 DNA 聚合酶 迄今在大肠埃希菌中发现的 DNA-pol 至少有 5 种，以下主要介绍 pol Ⅰ～Ⅲ。

（1）DNA pol Ⅰ：由一条多肽链组成，分子量为 109kD。酶分子中含有一个 Zn^{2+}，是聚合活性必需的。大肠杆菌每个细胞中约有 400 个酶分子，在 37℃下每个酶分子每分钟能催化 667 个核苷酸参与到 DNA 链中。用枯草杆菌蛋白酶可将此酶水解成两个片段，大片段分子量为 76kD，通常称为 klenow 片段，小片段为 34kD。大小片段具有不同的酶活性。

1）DNA 聚合酶的聚合活性：这是 DNA 聚合酶最主要的活性，可按照 5′→3′的方向延长脱氧核苷酸链。

2）DNA 聚合酶的 5′→3′外切核酸酶活性：这种酶活性是从 DNA 链的 5′端向 3′末端水解已配对的核苷酸，本质是切断磷酸二酯键，每次能切除 10 个核苷酸。因此，这种酶活性在 DNA 损伤的修复中可能起重要作用，对完成的 DNA 片段去除 5′端的 RNA 引物也是必需的。

3）DNA 聚合酶的 3′→5′外切核酸酶活性：这种酶活性的主要功能是从 3′→ 5′方向识别并切除 DNA 生长链末端与模板 DNA 不配对而游离的核苷酸，这种功能称为校对功能，这是保证其聚合作用正确性不可缺少的，因此对于 DNA 复制中极高的保真性是至关重要的（图 12-6）。

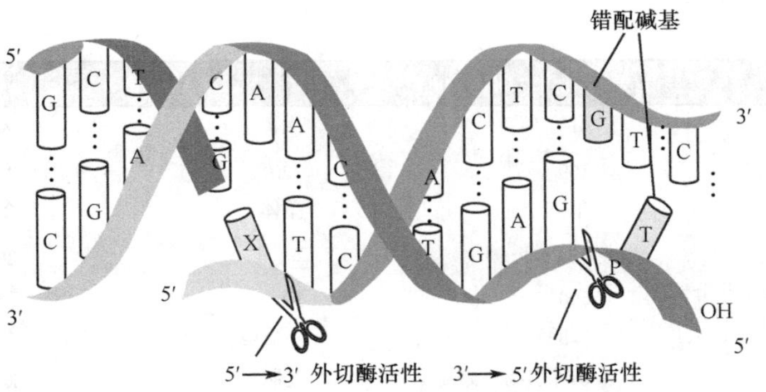

图 12-6　DNA 聚合酶的 5′→3′外切酶活性和 3′→5′外切酶活性

4）焦磷酸解作用：DNApol Ⅰ的这种活性可以催化 3′末端焦磷酸解 DNA 分子。这种作用就是无机焦磷酸分解 DNA 生长链，可以认为是 DNA 聚合作用的逆反应，而且这种水解 DNA 链作用需要有模板 DNA 的存在。

5）焦磷酸交换作用：催化 dNTP 末端的 PPi 同无机焦磷酸的交换反应。

最后两种作用，都要求有较高浓度的 PPi，因此，在体内由于没有足够高的 PPi 而无重要意义。但是，许多实验业已证实，DNA pol Ⅰ并不是 DNA 复制过程中主要的酶，它的作用主要与 DNA 损伤后修复有关。

（2）DNA pol Ⅱ：其活性只有 DNA pol Ⅰ的 5%，它具有 5′- 3′聚合酶活性和 3′→ 5′外切活性，而没有 5′- 3′外切酶活性，它的作用可能与 DNA 损伤修复有关。该酶分子量为 120kD，每个细胞约有 100 个酶分子。

（3）DNA pol Ⅲ：其聚合反应远高于 pol Ⅰ，每分钟可催化多至 10^5 次聚合反应，因此 DNA pol Ⅲ是原核生物复制延长中真正起催化作用的酶。它既有 5′→3′方向聚合酶活性，也有 3′→5′核酸外切酶活性。该酶的活性较强，为 DNA pol Ⅰ的 15 倍，DNA pol Ⅱ的 300 倍。它能在引物的 3′-OH 上以每分钟约 5 万个核苷酸的速度延长新的 DNA 链，因此，它是大肠杆菌 DNA 复制中链延长反应的主导聚合酶。

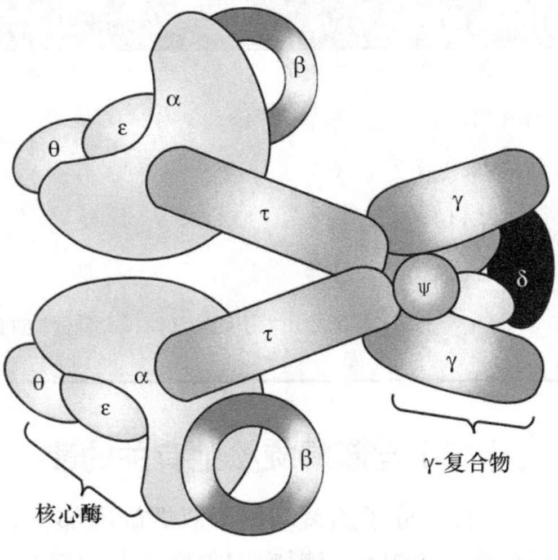

图 12-7　DNA pol Ⅲ异源二聚体的亚基结构

DNA pol Ⅲ是起码含有 10 个亚基组成的不对称异源二聚体，由 α、ε、θ 亚基组成核心酶（图 12-7）。其中，α 亚基的主要功能是合成 DNA；ε 亚基具有 3′→5′外切酶活性（校正功能）。最近研究表明，ε 亚基对子链延长的核苷酸具有特异的选择功能。α 亚基可增强其活性；θ 亚基可能起组装作用。β 亚基二聚体形成一个环或夹可使核心酶夹住单链 DNA 模板并滑动，由此使复制的连续性增加到 1×10^5 个核苷酸以上。DNA pol Ⅲ各亚基的功能相互协调，使其具有更高的保真性、协同性，全酶可以持续完成整个染色体 DNA 的合成（表 12-1）。

表 12-1　原核生物 DNA 聚合酶

	DNA pol Ⅰ	DNA pol Ⅱ	DNA pol Ⅲ
5′→3′多聚酶活性	有	有	有
3′→5′外切酶活性	有	有	有

续表

	DNA pol Ⅰ	DNA pol Ⅱ	DNA pol Ⅲ
5′→3′外切酶活性	有	无	无
分子量（kD）	109	120	250
组成	单体	单体	多亚基化合物
分子数/细胞	400	?	20
聚合速度（核苷酸数/酶分子·分钟）	600	30	约 30 000
基因突变后的致死性	可能	不可能	可能
功能	切除引物、修复?	复制	修复、填补空缺

2. 真核生物 DNA 聚合酶 真核细胞的 DNA 聚合酶主要有 5 种。在真核生物中 DNA polα 催化新链延长的长度有限，但它能催化 RNA 链的合成，因此认为它具有引物酶的活性。DNA polβ 复制的保真度低，可能是参与应急修复复制的酶。而 DNA polε 与原核生物的 DNA pol Ⅰ 相似，在复制中起校对修复和填补引物去除后缺口的作用。真核生物的 DNA 链延长中起催化作用的主要是 DNA polδ，它类似于原核生物的 DNA polⅢ，此外 DNA polδ 还具有解旋酶的活性。DNA polγ 是线粒体 DNA 复制的酶。真核生物 DNA 聚合酶功能见表 12-2。

表 12-2 真核生物 DNA 聚合酶的功能

DNA 聚合酶	α	Β	γ	δ	ε
分子量（kD）	>250	39～68	160～200	>170	256
细胞内定位	核	核	线粒体	核	核
5′→3′聚合活性	有	有	有	有	有
3′→ 5′外切活性	无	无	有	有	有
持续合成能力	中等	低	高	有 PCNA 时高	高
功能	起始引发引物酶活性	低保真性的复制	线粒体 DNA 复制	延长子链的主要酶，解旋酶活性	填补引物空缺切除修复，重组

（二）与超螺旋松弛有关的酶

DNA 分子的碱基位于双螺旋内部，只有把 DNA 解成单链，它才能起模板作用，因此 DNA 复制涉及 DNA 双螺旋构象变化及解链过程。DNA 链很长，且复制速度快，旋转速度达 100 次/秒，极易造成 DNA 分子过度盘绕的正超螺旋现象，复制解链时应沿同一轴反向旋转，使 DNA 分子盘绕松弛形成负超螺旋。复制起始时需多种酶和辅助蛋白质因子参与，共同将螺旋或超螺旋解开，使 DNA 的两条链至少分开一部分，并维持 DNA 分子在一段时间内处于单链状态，才能使 DNA 复制酶系统“阅读”模板链的碱基顺序。

1. 解螺旋酶和单链 DNA 结合蛋白 解螺旋酶（helicase）又称为解链酶，其利用水解 ATP 提供能量打断氢键，使 DNA 的两条链分开。解螺旋酶通常是为多聚体的结构，提供多个 DNA 结合位点，使其能在 DNA 上定向移动。*E.coli* DNA 复制起始的解螺旋酶 DnaB 就是一种典型的环形六聚体蛋白，它可能存在两种构象：一种形式与双链体 DNA 结合；另一种形式与单链 DNA 结合。两种构象的转化引发双链体的熔化，这同时需要 ATP 提供能量，即每解开一个碱基对需要水解一个 ATP。解螺旋酶以环形的蛋白质复合体环绕在复制叉单链-双链接头的一条单链上，解链沿着一定的方向运动，即 DNA 解螺旋酶具有极性，可以有 5′→3′或 3′→5′的极性，此方向性是根据结合的（或被解螺旋酶环绕的）DNA 链决定的。

经解螺旋酶作用产生的单链 DNA 因为碱基互补配对，有重新形成双链的倾向，且单链易被细胞内广泛的核酸酶降解，因此细胞内存在的单链 DNA 结合蛋白（single strand binding protein，SSB）可迅速地与单链 DNA 结合，起到维持、稳定 DNA 单链模板的作用。并且一个 SSB 与单链 DNA 的结合会促进另一个 SSB 与其紧邻的单链 DNA 的结合，这种协同结合（cooperative binding）大大提高了 SSB 与单链 DNA 之间的相互作用，一旦被多个 SSB 覆盖，单链 DNA 即处于伸直状态，有利于其作为模板进行 DNA 合成或 RNA 引物的合成。但复制反应之前，单链 DNA 上结合的 SSB 必须解离，因此随着复制叉的前移，SSB 是不断地结合、脱离，进行反复利用。

2. 引物酶　DNA 聚合酶的一个显著特征是不能从头催化游离的 dNTP 聚合，其合成 DNA 新链的反应只能是从核苷酸链自由的 3′-OH 末端添加新的 dNTP 并形成磷酸二酯键。所有细胞和多数病毒的 DNA 复制会首先利用模板合成一段短链 RNA 序列，被称为引物（图 12-8），其长度约几个到几十个核苷酸不等，合成方向也是自 5′端至 3′端，从而为 DNA 聚合酶提供游离 3′-OH 端来延伸 DNA。前导链和后随链冈崎片段合成的起始都需要引物（primer）。引物的合成由引物酶（primase）催化，这是一种仅用于 DNA 复制所需引物合成的 RNA 聚合酶，不同于催化转录的 RNA 聚合酶。但真核细胞的引物酶是 DNA 聚合酶 α 的两个小亚基。有的噬菌体（如 G4）利用宿主引物酶合成引物，有的噬菌体（如 M13）则利用细菌 RNA 聚合酶合成引物。也存在特殊的引物形式，如逆转录病毒利用宿主细胞 tRNA 的 3′-OH 端作为逆转录引物。线粒体 DNA 复制利用 RNA 聚合酶的转录产物 3′-OH 端作为引物。还有 ΦX174 噬菌体利用环形双链 DNA 中一条链的切口处为 DNA 聚合酶提供游离 3′-OH 端。

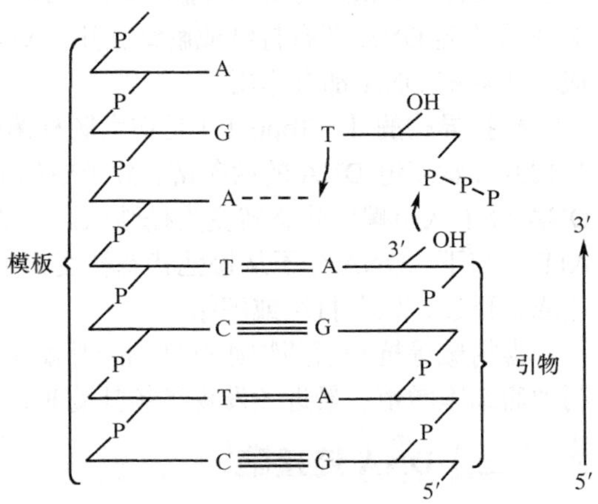

图 12-8　DNA 聚合的基本化学反应

3. DNA 拓扑异构酶（DNA topoisomerase）　DNA 复制从起始点开始向一个方向复制时，局部的 DNA 双链必须打开，主要靠解链酶的作用。打开后的单链还需要单链结合蛋白与其结合，使 DNA 处于单链状态。在复制过程中，当复制叉向前移动时造成其前方 DNA 分子发生构象变化，产生正超螺旋，必须由拓扑异构酶来解决。

DNA 拓扑异构酶是存在于细胞核内的一类酶，是一类改变 DNA 拓扑性质的酶。它们能够催化 DNA 链的断裂和连接，从而控制 DNA 的拓扑状态。在体外可催化 DNA 的各种拓扑异构化反应，而在生物体内它们可能参与了 DNA 的复制与转录。在 DNA 复制时，复制叉行进的前方 DNA 分子部分产生有正超螺旋，拓扑酶可松弛超螺旋，有利于复制叉的前进及 DNA 的合成。DNA 复制完成后，拓扑酶又可将 DNA 分子引入超螺旋，使 DNA 缠绕、折叠、压缩以形成染色质。DNA 拓扑异构酶有 Ⅰ 型和 Ⅱ 型，它们广泛存在于原核生物及真核生物中（表 12-3）。

表 12-3　大肠杆菌和真核生物中的拓扑异构酶

类型	作用	对超螺旋的作用
Ⅰ型拓扑异构酶		
大肠杆菌	切开一股 DNA 链	松弛负超螺旋
真核生物	切开一股 DNA 链	松弛正、负超螺旋
Ⅱ型拓扑异构酶		

续表

类型	作用	对超螺旋的作用
大肠杆菌	切开二股 DNA 链，依赖 ATP	松弛正超螺旋，引入负超螺旋
真核生物	切开二股 DNA 链，依赖 ATP	松弛正超螺旋，但不能引入负超螺旋

拓扑异构酶Ⅰ（TopoⅠ）的主要作用是将环状双链 DNA 的一条链切开一个口，切口处链的末端绕螺旋轴按照松弛超螺旋的方向转动，然后再将切口封起来。这就使 DNA 复制叉移动时所引起的前方 DNA 正超螺旋得到缓解，利于 DNA 复制叉继续向前打开。拓扑异构酶Ⅰ除上述作用外，对环状单链 DNA 还有打结或解结作用，对环状双链 DNA 的环连或解连以及使环状单链 DNA 形成环状双链 DNA 都有作用。

拓扑异构酶Ⅱ（TopoⅡ）是在大肠杆菌中发现的，曾被称为旋转酶（grase）。它们作用的特点是切开环状双链 DNA 的两条链，分子中的部分经切口穿过而旋转，然后封闭切口，TopoⅡ还可使 DNA 分子从超螺旋状态转变为松弛状态，此反应不需要 ATP 参与。DNA 复制完成后，TopoⅡ在 ATP 参与下，DNA 分子从松弛状态转变为负超螺旋。此外，TopoⅡ催化的拓扑异构化反应还有环连或解环连，以及打结或解结。

喜树碱等抗肿瘤药物通过抑制拓扑酶Ⅰ或拓扑酶Ⅱ的活性，干扰细胞 DNA 的合成，从而抑制肿瘤细胞增殖。最近还发现了拓扑酶Ⅲ，拓扑酶Ⅲ只消除负超螺旋，而且活性较弱。

（三）DNA 连接酶

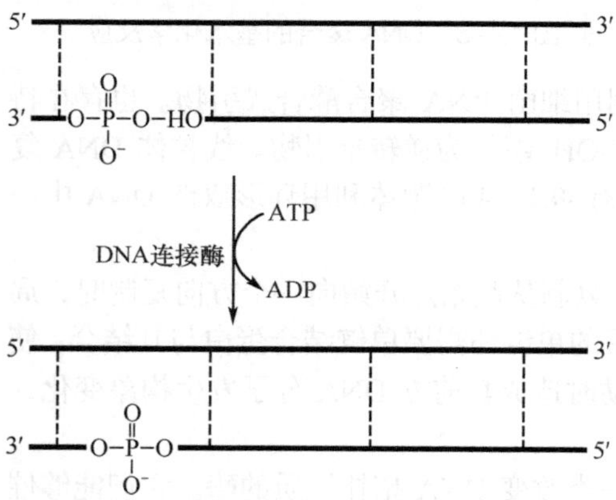

图 12-9 DNA 连接酶的作用

DNA 聚合酶只能从核苷酸链的 3′-OH 端催化链的延长反应，DNA 复制中不连续合成的冈崎片段之间，要靠 DNA 连接酶（DNA ligase）接合。图 12-9 说明了每一个冈崎片段的 RNA 引物去除后，由 DNA pol Ⅰ将间隙填补充，最后的缺口由 DNA 连接酶催化。在一个冈崎片段的 3′-OH 端和相邻的一个冈崎片段的 5′-P 端生成磷酸二酯键，从而把两段相邻的 DNA 片段连成完整的链。连接酶的催化作用需要消耗 ATP。在细菌中，DNA 连接酶需要 NAD^+辅助因子作为能量来源，而在真核生物中，DNA 连接酶直接利用 ATP 供能。实验证明：连接酶只能连接碱基互补基础上双链中的单链缺口，而对单独存在的 DNA 单链或 RNA 单链没有连接的作用。

DNA 连接酶不仅在复制中起最后接合缺口的作用，在 DNA 修复、重组、剪接中也起缝合缺口作用。如果 DNA 两股都有单链缺口，只要缺口前后的碱基互补，连接酶也可连接。它也是基因工程 DNA 体外重组技术的重要工具酶之一。

五、原核生物 DNA 复制

DNA 复制的研究最初是在原核生物中进行的，有些原核生物的 DNA 复制已经很清楚了，具体介绍如下。

（一）复制的起始

起始是复制中较为复杂的环节，在此过程中，各种酶和蛋白因子在复制起始点处装配引发体，形成复制叉并合成 RNA 引物。

1. DNA 的解链

（1）复制有固定起始点：复制不是在基因组上的任何部位随机起始。*E.coli* 上有一个固定的复制起始点，称为 *oriC*，跨度为 245bp，碱基序列分析发现这段 DNA 上有 2 对反向重复序列和 3 组串联重复序列（图 12-10）。上游的串联重复序列称为识别区；下游的反向重复序列碱基组成以 A、T 为主，称为富含 AT（AT rich）区。DNA 双链中，AT 间的配对只有 2 个氢键维系，故富含 AT 的部位容易解链。

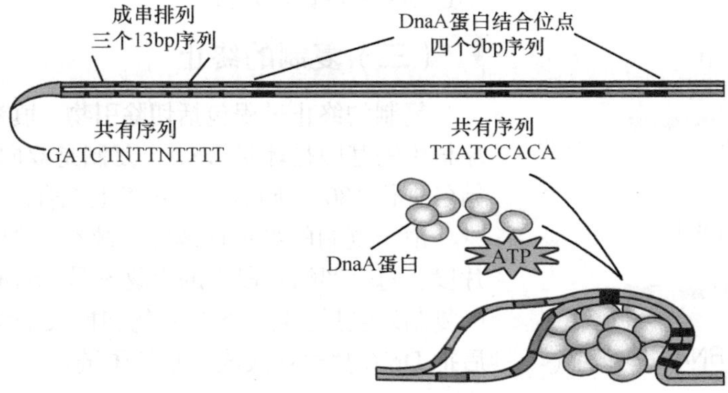

图 12-10 *E.coli* 的复制起始点 *oriC*

（2）DNA 解链需要多种蛋白质：DNA 的解链过程由 DnaA、DnaB、DnaC 三种蛋白质共同参与完成。DnaA 蛋白是一同四聚体，负责辨认并结合 *oriC* 的串联重复序列（AT 区）上。此后几个 DnaA 蛋白互相靠近，形成 DNA 蛋白质复合体结构，并促使 AT 区的 DNA 发生解链。在 DnaC 蛋白的协同下，DnaB 蛋白（解旋酶）结合于解链区并沿解链方向移动，使双链解开足够于复制的长度，随之逐步置换出 DnaA 蛋白。此时，复制叉已初步形成。与此同时，SSB（单链结合蛋白）结合到 DNA 单链上，稳定单链 DNA，防止 DNA 复性，在一定时间内使复制叉保持适当的长度，有利于核苷酸依据模板掺入。

（3）解链过程中需要 DNA 拓扑异构酶参与：由于解链是一种高速的反向旋转，其下游发生打结现象也是不可避免的。拓扑异构酶Ⅱ通过切断、旋转和再连结的作用，实现 DNA 超螺旋的转型，也就是把正超螺旋变为负超螺旋。因为扭得不那么紧的超螺旋比过度扭紧的更容易解开成单链，所以负超螺旋 DNA 比正超螺旋有更好的模板作用。

2. 引物合成和引发体形成 复制起始过程需要先合成引物。引物是由引物酶（primase）催化合成的短链 RNA 分子。母链 DNA 解成单链后，不会立即按照模板序列将 dNTP 聚合为 DNA 子链。这是因为 DNA pol 不具备催化两个游离 dNTP 之间形成磷酸二酯键的能力，只能催化核酸片段的 3′-OH 末端与 dNTP 间的形成 3′, 5′-磷酸二酯键。为此，复制起始部位合成的引物只能是 RNA，引物酶是复制起始时催化 RNA 引物合成的酶，属于 RNA 聚合酶。短链引物 RNA 为 DNA 的合成提供 3′-OH 末端，在 DNA pol 催化下逐一加入 dNTP 而形成 DNA 子链。引物长度不等或十几个，或几十个。引物合成的方向也是 5′-端至 3′-端。已合成的引物必然留有 3′-OH 端，此时就可进入 DNA 的复制延长。在 DNA polⅢ催化下，引物末端与新配对进入的 dNTP 生成磷酸二酯键。新链每次反应后亦留有 3′-OH，复制就可进行下去。

（二）DNA 链的延长

在 DNA pol 催化下，复制中 DNA 链延长。原核生物催化延长反应的酶是 DNA polⅢ。底物 dNTP 的 α-磷酸基团与引物或延长中的子链上 3′-OH 反应后，dNTP 的 3′-OH 又成为链的末端，使下一个底物可以掺入。前导链沿着 5′→3′方向连续延长，复制沿 5′→3′延长，指的是子链合成的方向，后随

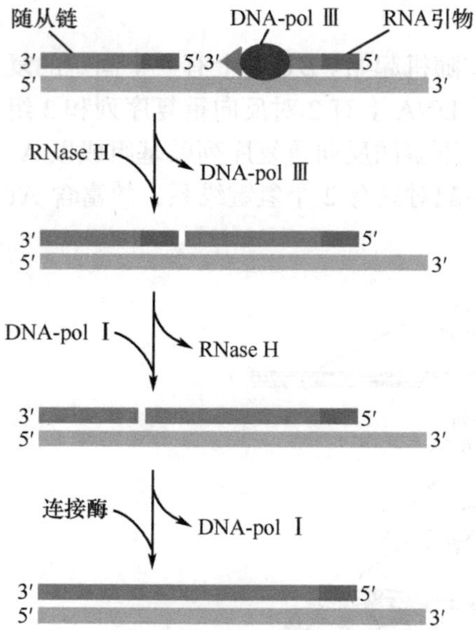

图 12-11 子链中 RNA 引物被取代

链沿着 5′→3′方向呈不连续延长。因为后随链的模板 DNA 可以折叠或绕成环状，进而与前导链正在延长的区域对齐，故在同一个复制叉上，前导链的复制先于后随链，延长方向和延长点都处在 DNA polⅢ核心酶的催化位点上。解链方向就是酶的前进方向，就是复制叉向待解开片段伸展的方向。由于复制叉上解开的模板单链走向相反，所以其中一股出现不连续复制的冈崎片段。

（三）复制的终止

复制的终止过程包括切除引物、填补空缺和连接缺口。原核生物基因是环状 DNA，复制是双向复制，从起始点开始各进行 180°，同时在终止点上汇合。

由于复制的半不连续性，故在后随链上出现许多冈崎片段。每个冈崎片段上的引物不是 DNA 而是 RNA。完全的复制还包括去除 RNA 引物和换成 DNA（图 12-11），最后把 DNA 片段连接成完整的子链。

六、真核生物 DNA 复制

真核生物比原核生物复杂得多，但 DNA 复制的基本过程还是相似的。真核生物的基因组复制在细胞分裂周期的 DNA 合成期（S 期）进行，而且只复制一次。染色体的任何一部分的不完全复制，均可能导致子代染色体分离时发生断裂和丢失。不适当的 DNA 复制也可能产生严重后果。细胞完成一轮分裂所需要的过程称为细胞周期（cell cycle），典型的细胞周期分为 4 期（图 12-12）。它的 DNA 合成的基本机制和特征与原核生物相似，但由于基因组庞大及核小体的存在，反应体系、反应过程和调节都更为复杂。

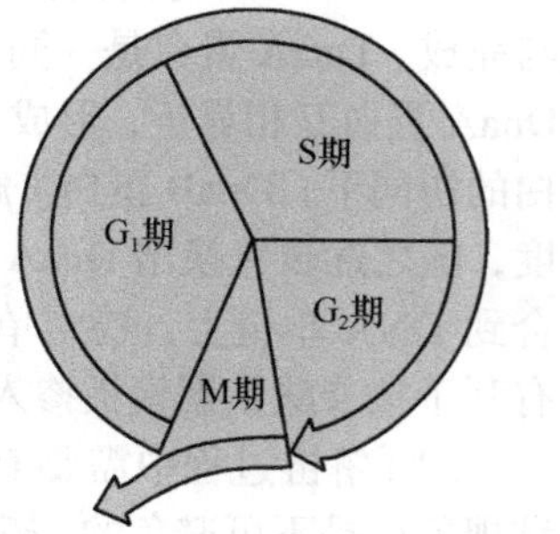

图 12-12 哺乳类动物细胞周期

（一）复制的起始

1. 复制没有固定起始点 DNA 分布在许多染色体上，各自进行复制。每个染色体有上千个复制子，复制的起始点很多。复制子以分组方式激活而不是同步启动体现复制的时序性。转录活性高的 DNA 在 S 早期就进行复制；高度重复的序列如端粒（telomere）、中心体（centrosome）和卫星 DNA 等都是 S 期的最后才复制的。

2. 复制需要的酶 复制的起始需要 DNA polα 和 polδ 参与，DNA polα 有引物酶活性而 DNA polδ 有解旋酶活性。此外还需拓扑酶和复制因子（replication factor，RF）等。

3. 形成引发体和合成 RNA 引物 真核生物复制起始也是打开双链形成复制叉，形成引发体和合成 RNA 引物。但详细的机制，包括酶及各种辅助蛋白起作用的先后，尚未完全明了。

（二）DNA 链的延长

真核生物复制的延长发生 DNA polα/δ 转换。DNA polδ 和 polα 分别兼有解旋酶和引物酶活性，前者延长核酸链长度的能力远比后者大，对模板链的亲和力也是 polδ 较高。而 polα 主要催化合成引物，后随链多次合成的引物包含有 DNA 片段。在复制叉及引物生成后，DNA polδ 通过协同作用，逐步取代 polα，在 RNA 引物的 3′-OH 端基础上连续合成前导链。随从链引物也由 polα 催化合成，然后由 PCNA 协同，polδ 置换 polα，继续合成 DNA 子链。真核生物是以复制子为单位各自进行复制的，所以引物和后随链的冈崎片段都比原核生物短，大概长度与一个核小体（nucleosome）所含 DNA 碱基数（135bp）或其若干倍相等。可见随从链的合成到核小体单位之末时，DNA polδ 会脱落，DNA polα 再引发下游引物合成，引物的引发频率相当高。真核生物前导链的连续复制只限于半个复制子的长度，当随从链延长了一个或若干个核小体的长度后，要重新合成引物。

真核生物 DNA 合成，就酶的催化速率而言，远比原核生物慢，但真核生物是多复制子复制，因而总体速度是不慢的。

（三）端粒酶与染色体末端复制

由于真核生物染色体是线性 DNA，它的两端叫做端区，端区是由重复的寡核苷酸序列构成的。由于所有生物 DNA 聚合酶都只能催化 DNA 从 5′→3′的方向合成，因此当复制叉到达线性染色体末端时，前导链可以连续合成到头，而由于后随链是以一种不连续的形式合成冈崎片段，所以不能完成线性染色体末端的复制，如果是这样，真核生物在细胞分裂时 DNA 复制将产生 5′末端隐缩，使 DNA 缩短。但这又是不符合科学的。事实上，染色体在正常生理状况下复制，是可以保持其应有长度的。20 世纪 30 年代，研究者发现染色体的末端可维持染色体的稳定性，故将这一真核生物染色体线性 DNA 分子末端的特殊结构命名为端粒。形态学上，染色体末端膨大成粒状，这是因为 DNA 和它的结合蛋白紧密结合，像两顶帽子那样盖在染色体两端，故而得名。端粒可防止染色体间末端连接，并可补偿 DNA5′末端去除 RNA 引物后造成的空缺，可见端粒对维持染色体的稳定性及 DNA 复制的完整性中有重要作用。

端粒的共同结构是富含（TnGn）x 的重复序列，重复的次数由几十到数千不等，并能反折成二级结构。水解引物后每个染色体的 3′末端比 5′末端长，伸出约 12～16 个单核苷酸链，这一特殊结构可募集一种特殊的端粒酶（telomerase），从而解决染色体末端的复制问题（图 12-13）。

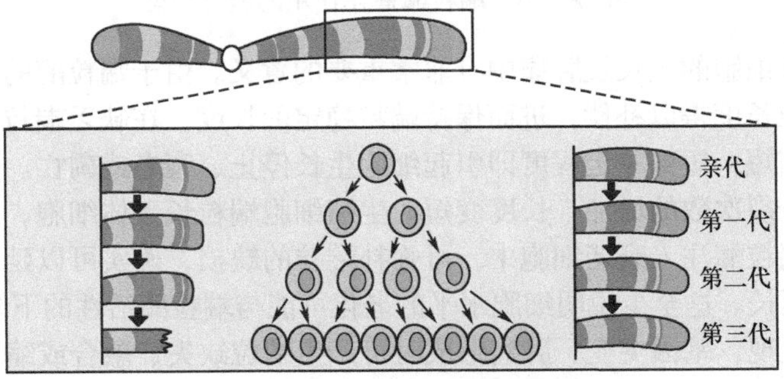

图 12-13 染色体末端复制问题

1978 年，Elizabeth H.Blackburn 首先从四膜虫中发现了端粒的结构，两年后与遗传学家 Jack W. Szostak 共同确证了四膜虫的端粒具有保护染色体线性 DNA 的作用。直到 1984 年，Blackburn 实验室工作的 Carol W. Greider 终于找到了端粒酶，三位科学家因发现端粒和端粒酶保护染色体的机制而获 2009 年度诺贝尔生理/医学奖。现在明确，端粒酶是由 RNA 和蛋白质组成的一种核糖核蛋白（ribonucleoprotein，RNP），功能是合成染色体末端的端粒，其蛋白组分是识别并和结合端粒 3′末端序列，利用自身携带的 RNA 作模板，使端粒复制和延长的逆转录酶。1997 年，人类端粒酶被克隆成功，其由三部分组成：端粒酶 RNA（human telomerase RNA，hTR）约 150 个核苷酸，富含 CA；人端粒酶协同蛋白 1（human telomerase associated protein 1，hTP1）；端粒酶逆转录酶（human telomerase reverse transcriptase，hTRT）。与其他 DNA 聚合酶相似，端粒酶能够延伸其 DNA 底物的 3′端。与一般 DNA 聚合酶不同，端粒酶是以自己的 RNA 组分作为模板（这一 RNA 序列能与染色体的 3′ ssDNA

互补），染色体的3′端ssDNA作引物，开始以逆转录复制的方式，将端粒序列添加于染色体的3′端。待3′-OH单链延长到一定长度后，可以反折成发夹结构，提供3′-OH端而利于复制延伸。延伸至足够长度后，端粒酶脱离母链，代之以DNA聚合酶催化完成末端双链的复制。端粒酶可能通过这一种称为爬行模型（inchworm model）的机制维持染色体的完整（图12-14）。

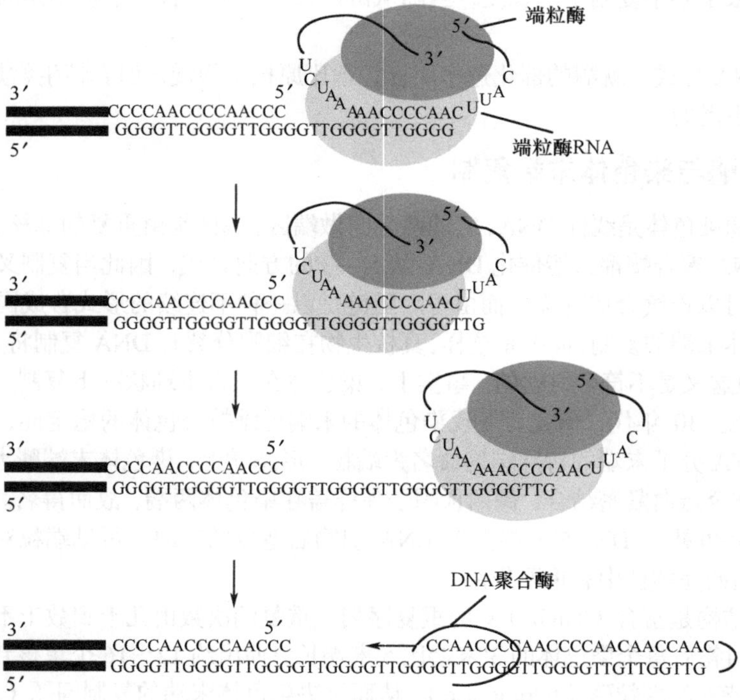

图12-14 端粒酶催化作用的爬行模型

端粒与端粒酶在细胞的生长及肿瘤中有非常重要的意义。由于端粒酶的存在，使每次细胞分裂而逐渐缩短的端粒长度得以补偿，进而保持端粒稳定的长度。在缺乏端粒酶活性时，细胞连续分裂将使端粒不断缩短，短到一定程度即引起细胞生长停止、衰老或凋亡。研究发现培养的人成纤维细胞端粒随着分裂次数的增加，长度变短。生殖细胞端粒长于体细胞，成年细胞的端粒比胚胎细胞的短。如把端粒酶注入衰老细胞中，可弥补端粒的缺损，确实可以延长细胞分裂的寿命，使细胞年轻的周期延长。这至少说明细胞水平的老化可能与端粒酶活性的下降有关。

此外，研究也发现，基因突变、肿瘤形成时可产生端粒缺失、融合或缩短等现象。某些肿瘤细胞的端粒比正常同类细胞显著缩短。然而，主要的恶性肿瘤细胞中均发现具有高活性的端粒酶，因此不仅为病变组织的良恶性鉴别提供了一个良好的诊断指标，也设想端粒酶抑制剂有可能开发成为抗癌药物。

某些动物病毒和细菌含有线性染色体，它们利用一种引发蛋白，其氨基酸残基提供一个羟基，取代正常情况下由RNA引物提供的3′-OH，延续合成DNA，完成线性染色体末端的复制。

第二节 逆 转 录

1970年Baltimere Temin等在致癌RNA病毒中发现了一种特殊的DNA聚合酶，该酶以RNA为模板，根据碱基配对原则，按照RNA的核苷酸顺序（其中U与A配对）合成双链DNA。这一过程与一般遗传信息流动转录的方向相反，故称为逆转录，催化此过程的DNA聚合酶叫做逆转录酶（reverse transcriptase），全称是RNA依赖的DNA聚合酶（RNA dependent DNA polymerase）。

一、逆转录机制和逆转录酶

逆转录酶有三种活性：①RNA 指导的 DNA 聚合酶活性：以 RNA 为模板，催化 dNTP 聚合成 DNA，出错率比较高；②DNA 指导的 DNA 聚合酶活性：以逆转录合成的第一条 DNA 单链为模板，以 dNTP 为底物，再合成第二条 DNA 分子；③RNase H 活性：由逆转录酶催化合成的 cDNA 与模板 RNA 形成的杂交分子，将由 RNase H 从 RNA 5′端水解掉 RNA 分子；作用需 Zn^{2+}为辅助因子。逆转录酶的作用是以 dNTP 为底物，以 RNA 为模板，tRNA（主要是色氨酸 tRNA）为引物，在 tRNA3′-OH 末端上，按 5′→3′方向，合成一条与 RNA 模板互补的 DNA 单链，这条 DNA 单链叫做互补 DNA（complementary DNA，cDNA），它与 RNA 模板形成 RNA/DNA 杂化双链。随后又在逆转录酶的作用下，水解 RNA 链，再以 cDNA 为模板合成第二条 DNA 链。至此，完成由 RNA 指导的 DNA 合成过程。

从单链 RNA 到双链 DNA 的生成可分为三步：首先是逆转录酶以病毒基因组 RNA 为模板，催化 dNTP 聚合生成 DNA 互补链，产物是 RNA/DNA 杂化双链。然后，杂化双链中的 RNA 被逆转录酶中有 RNaseH 活性的组分水解，被感染细胞内的 RNase H 也可水解 RNA 链。RNA 分解后剩下的单链 DNA 再用作模板，由逆转录酶催化合成第二条 DNA 互补链。合成反应也按照 5′→3′延长的规律（图 12-15）。除此之外，有些逆转录酶还有 DNA 内切酶活性，这可能与病毒基因整合到宿主细胞染色体 DNA 中有关。逆转录酶的发现对于遗传工程技术的发展起了很大的推动作用，目前它已成为一种重要的工具酶。

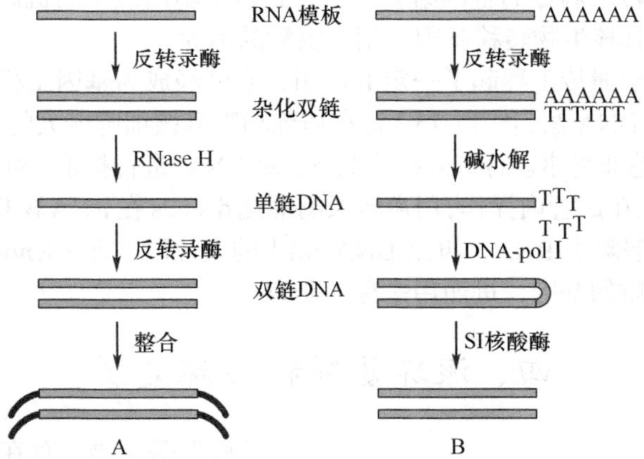

图 12-15 逆转录酶催化 RNA 转变为双链 cDNA 的途径

A. 逆转录病毒 RNA 细胞内复制；B. 试管内合成 cDNA

二、逆转录的发现发展了中心法则

中心法则是指遗传信息从 DNA 传递给 RNA，再从 RNA 传递给蛋白质的转录和翻译的过程，以及遗传信息从 DNA 传递给 DNA 的 DNA 复制过程。这是所有有细胞结构的生物所遵循的法则。遗传物质可以是 DNA，也可以是 RNA。绝大部分生物的遗传物质都是 DNA，只有一些病毒的遗传物质是 RNA。这种以 RNA 为遗传物质的病毒称为逆转录病毒（retrovirus）。在某些病毒中的 RNA 自我复制（如烟草花叶病毒等）和在某些病毒中能以 RNA 为模板逆转录成 DNA 的过程（某些致癌病毒）是对中心法则的补充。RNA 的自我复制和逆转录过程，在病毒单独存在时是不能进行的，只有寄生到宿主细胞中后才发生。

中心法则认为 DNA 的功能兼有遗传信息的储存、传代和表达，因此 DNA 处于生命活动的中心位置。逆转录现象说明在某些生物中，RNA 同样兼有遗传信息储存、传代与表达功能。

三、逆转录研究的意义

逆转录酶和逆转录现象，是分子生物学领域中的重大发现。逆转录的发现扩展了中心法则，使人们对遗传信息的流向有了新的认识，也说明 RNA 可同时兼有遗传信息传代与表达的功能。逆转录病毒能够转导宿主的染色体 DNA 序列。前病毒 DNA 通过重组可以与宿主染色体 DNA 组合在一起。如果重组病毒携带了控制细胞生长分裂的原癌基因，使其异常高水平表达，或经突变失去了调节机制，就成为病毒致癌的原因。逆转录病毒中癌基因的发现，有助于深入研究肿瘤的分子机制，并对肿瘤的防治提供重要线索和途径。

1983 年发现的人类获得性免疫缺陷病（human immunodeficiency virus，HIV）也是一种逆转录病毒，其作用不是引起肿瘤，而是杀死被感染的宿主细胞（主要是淋巴细胞），逐渐造成宿主机体免疫系统损伤，引起获得性免疫缺陷综合征（acquired immunodeficiency syndrome，AIDS），即艾滋病。根据 HIV 的作用特点，设计研发抑制逆转录酶的药物已用于临床治疗艾滋病，第一个有应用价值的药物是 AZT（3′-叠氮-2′，3′-双脱氧胸腺核苷），AZT 经 T 淋巴细胞吸收后转变为 AZT 三磷酸酯，HIV 逆转录酶对 AZT 三磷酸酯有高亲和力，能把 AZT 加接到合成中的 DNA 链 3′端，从而竞争性抑制了酶对 dNTP 的结合。由于 AZT 没有 3′-OH，病毒 DNA 链的合成迅速终止。但是，HIV 中编码病毒外膜蛋白的 *env* 基因和基因组的其他部分以极快速度突变，且 HIV 中逆转录酶在复制中出错率比其他已知逆转录酶大 10 倍以上，因此有效的疫苗研制也是一项艰难复杂、亟待解决的难题。利用逆转录病毒的基因组易于整合到宿主基因组中的机制，转基因技术可采用逆转录病毒作为载体，向真核生物转移基因，用于疾病的治疗。

逆转录酶的发现对于遗传工程起了一定的作用，它已经成为基因工程中获取目的基因的一个重要工具酶，此法称为 cDNA 法（图 12-15B）。在哺乳动物真核细胞庞大的基因组 DNA（3×10^9bp）中选取某一目的基因，绝非易事。而在某些情况下，对 RNA 进行提取、纯化较为可行。取得 RNA 后，可以通过逆转录方式在试管内操作，用逆转录酶催化 dNTPs 在 RNA 模板指引下生成 RNA-DNA 杂化双链，用酶或碱水解除去 RNA，再以 DNA pol Ⅰ 的大片段，即 Klenow 片段催化合成 cDNA，此 cDNA 就是编码蛋白质的基因，进而用来深入研究。

四、滚环复制和 D 环复制

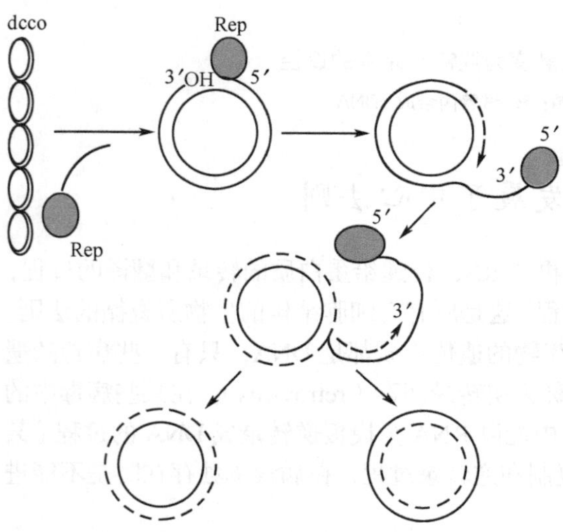

图 12-16 滚环复制示意图

某些低等生物中存在一种单向复制的特殊方式称为滚环复制（rolling circle replication）。例如噬菌体 ΦX174 是环状单链 DNA 分子，其入侵细胞后，在胞内的繁殖方式（复制型）为双链 DNA。首先由它自己编码的有核酸内切酶活性的 A 蛋白作用，在双链 DNA 复制起始点打开一个缺口，形成开环单链，以产生的游离 3′- OH 作为引物，保持闭环的对应单链为模板，一边滚动一边进行连续的复制合成新链。滚动的同时，外环 5′端逐渐离环向外伸出。合成一圈后，露出切口序列，A 蛋白即把母链和子链切断，外环母链再重新滚动一次，3′端沿母链延长，最后合成两个环状子链（图 12-16）。A 蛋白是一种较少见的体内顺式作用蛋白，它还应具有第二个活性中心，即单链 DNA

连接酶催化活性。A 蛋白仅仅结合和作用于表达它的 DNA 序列。

滚环复制是 M13 噬菌体在感染 *E.coli* 后 DNA 复制的方式。此外，爪蟾卵 rDNA 也利用滚环复制大量扩增，以满足卵发育阶段对 rRNA 的大量需求。线性 rDNA 通过滚环复制产生的多拷贝，既可以保持线性状态，也能够连接成闭合环形。经过若干次滚环复制，能迅速产生数以千计的 rDNA 拷贝。

线粒体 DNA（mitochondrial DNA，mtDNA）采用另一种单向复制的特殊方式，称为 D-环或取代环式（displacement loop）复制。复制时需合成引物，mtDNA 为双链，在特异的复制起点解开进行复制，但两条链的合成是高度不对称的，第一个引物以内环为模板延伸，待链复制到一定程度，暴露出另一链的第二个复制起点，再合成另一个反向引物，才以外环为模板开始进行反向的延伸，最后完成两个双链环状 DNA 的复制（图 12-17）。在电镜下可以看到呈 D-环形状。这表明复制起点是以一条链为模板起始合成 DNA 的一段序列，两条链的起点并不总在同一点上，当两条链的起点分开一定距离时就产生 D-环复制。叶绿体 DNA 的复制也采取 D-环的方式。

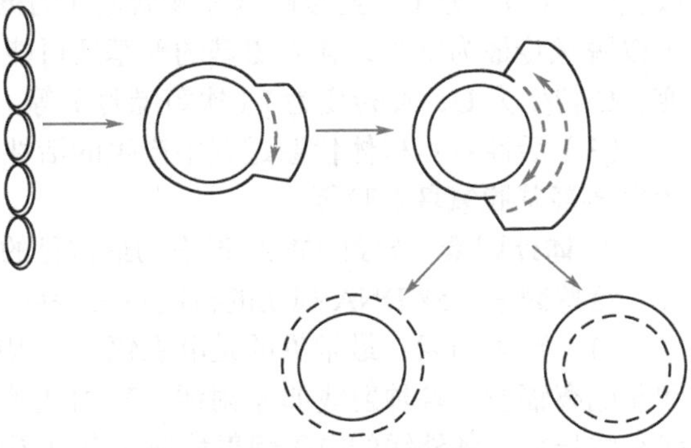

图 12-17　D-环复制示意图

第三节　DNA 损伤与修复

DNA 存储着生物体赖以生存和繁衍的遗传信息，这种遗传保守性是维持物种相对稳定的最主要因素，因此维护 DNA 分子的完整性对细胞至关重要。在生命长期演进的过程中，外界环境和生物体内部的因素都经常会导致 DNA 分子的损伤或改变，各种体内外因素所导致的 DNA 组成与结构的变化称为 DNA 损伤（DNA damage）。DNA 损伤可以产生两种后果：一种是 DNA 结构发生永久性改变；另外一种是 DNA 失去作为复制和（或）转录的模板的功能。

一、DNA　损　伤

DNA 损伤的诱发因素众多，一般可分为体外和体内两种因素。体外因素包括化学毒物、病毒感染、药物、微生物的代谢产物以及辐射等；体内因素包括机体代谢过程中产生的代谢物，DNA 复制过程中发生的碱基错配以及 DNA 本身的热不稳定性等因素，可诱发 DNA 的“自发”损伤。但人体是有机整体，体内因素和体外因素之间是相互作用，不能截然分开的。许多体外因素是通过诱发体内因素，引发 DNA 损伤的。然而，不同因素所引发的 DNA 损伤的机制往往是不同的。

（一）DNA 损伤的原因

1. 体内因素

（1）DNA 复制中的错误：以 DNA 为模板按碱基配对进行 DNA 复制是一个严格而精确的事件，但也不是完全不发生错误的。在 DNA 复制过程中，碱基的异构互变、4 种 dNTP 之间浓度的不平衡等均可能引起碱基的错配，但绝大多数错配的碱基会被 DNA 聚合酶的校对功能所纠正，也有极少数的错配被保留下来。DNA 复制的错配率约为 $1/10^{10}$。

除上述之外，复制错误还表现为片段的缺失或插入。特别是 DNA 上的短片段重复序列，在真核细胞染色体上广泛分布，导致DNA复制系统工作时可能出现“打滑”现象，使得新生成的DNA上的重复序列拷贝数发生变化。在遗传性疾病如亨廷顿病、肌强直性营养不良等神经退行性疾病的研究中，DNA重复序列的高度多态性具有重大意义和价值。

（2）DNA自身的不稳定性：DNA结构自身的不稳定性是DNA自发性损伤中最重要和最频繁的因素。生物体内DNA分子可以由于各种原因发生变化，如当DNA受热或所处环境的pH发生改变时，DNA分子上连接碱基和核糖之间的糖苷键可自发发生水解，导致碱基的丢失或脱落，其中以脱嘌呤最为常见；含有氨基的碱基还可能自发脱氨基反应，转变为另一种碱基，即碱基的转变，C转变为U，A转变为I（次黄嘌呤）等。

（3）活性氧：机体代谢过程中产生的活性氧（ROS）可以直接作用于碱基，如修饰鸟嘌呤，产生8-羟基脱氧鸟嘌呤等。

2. 体外因素 导致DNA损伤的最常见的体外因素主要包括物理因素、化学因素和生物因素等。这些因素导致DNA损伤的机制各有特点。

（1）物理因素：最常见的是电磁辐射。根据作用原理的不同，通常将电磁辐射分为电离辐射和非电离辐射。各种射线如γ射线、X射线等，能直接或间接引起被穿透组织发生电离；而紫外线和波长大于紫外线的电磁辐射均属非电离辐射。

1）电离辐射引起的DNA损伤：电离辐射损伤DNA有直接和间接的效应，直接效应是DNA直接吸收射线能量而遭损伤，间接效应是指DNA周围其他分子（主要是水分子）吸收射线能量产生具有很高反应活性的自由基进而损伤DNA。电离辐射可导致DNA分子的多种变化：①碱基变化：主要是由OH-自由基引起，包括DNA链上的碱基氧化修饰、碱基环的破坏和脱落以及过氧化物的形成等，一般嘧啶比嘌呤更为敏感；②脱氧核糖变化：脱氧核糖上的每个碳原子和羟基上的氢都能与-OH反应，导致脱氧核糖分解，最后会引起DNA链断裂；cDNA链断裂这是电离辐射引起的严重损伤事件，断链数随照射剂量而增加。射线的直接和间接作用都可能使脱氧核糖破坏或磷酸二酯键断开而致DNA链断裂。DNA双链中一条链断裂称单链断裂（single strand broken），DNA双链在同一处或相近处断裂称为双链断裂（double strand broken）。虽然单链断裂发生频率为双链断裂的10～20倍，但还比较容易修复；对单倍体细胞来说（如细菌）一次双链断裂就是致死事件；③交联：包括DNA链交联和DNA-蛋白体交联。同一条DNA链上或两条DNA链上的碱基间可以共价键结合，DNA与蛋白质之间也会以共价键相连，组蛋白、染色质中的非组蛋白、调控蛋白、与复制和转录有关的酶都会与DNA共价键连接。这些交联是细胞受电离辐射后在显微镜下看到的染色体畸变的分子基础，会影响细胞的功能和DNA复制。

2）紫外线引起的DNA损伤：DNA分子损伤最早就是从研究紫外线的效应开始的。当DNA受到最易被其吸收波长（～260nm）的紫外线照射时，主要是使同一条链上相邻的嘧啶以共价键连成二聚体，相邻的两个T或两个C或C与T间都可以连成二聚体，其中最容易形成的是TT二聚体。比如人皮肤因受紫外线照射而形成二聚体的频率可达5×10^4细胞/小时，但只局限在皮肤中，因为紫外线不能穿透皮肤。但微生物受紫外线照射后，就会影响其生存。紫外线照射还能引起DNA链断裂等损伤。

（2）化学因素：化学因素对DNA损伤的认识最早来自对化学武器杀伤力的研究，随后对癌症化疗、化学致癌作用的研究使人们更重视突变剂或致癌剂对DNA的作用。值得注意的是，许多肿瘤化疗药物是通过诱导DNA损伤、包括碱基改变、单链或双链DNA断裂等，阻断DNA的复制或RNA的转录，进而抑制肿瘤细胞增殖。因此，对DNA损伤及后继的肿瘤细胞死亡机制的认识，将十分有助于对肿瘤化疗药物的改进。

1）烷化剂对DNA的损伤：烷化剂是一类亲电子的化合物，很容易与生物体大分子的亲核位点起反应。烷化剂的作用可引起DNA发生各种类型的损伤，主要包括：①碱基烷基化：烷化剂很容易将烷基加到 DNA 链中嘌呤或嘧啶的 N 或 O 上，其中鸟嘌呤的 N7 和腺嘌呤的 N3 最容易受攻击，烷基化的嘌呤碱基配对发生变化，例如鸟嘌呤 N7 被烷化后就不再与胞嘧啶配对，而改与胸腺嘧啶配对，结果会使 G-C 转变成 A-T；②碱基脱落：烷化鸟嘌呤的糖苷键不稳定，容易脱落形成 DNA 上无碱基的位点，复制时可以插入任何核苷酸，造成序列的改变；③断链：DNA 链的磷酸二酯键上的氧也容易被烷化，结果形成不稳定的磷酸三酯键，易在糖与磷酸间发生水解，使 DNA 链断裂；④交联：烷化剂有两类，一类是单功能基烷化剂，如甲基甲烷碘酸，只能使一个位点烷基化，另一类是以双功能基烷化剂，化学武器如氮芥、一些抗癌药物如环磷酰胺、丝裂霉素等、某些致癌物均属此类，其两个功能基可同时使两处烷基化，结果就能造成 DNA 链内、DNA 链间以及 DNA 与蛋白质间的交联。

2）碱基类似物、修饰剂对 DNA 的损伤：人工可以合成一些碱基类似物作为促突变剂或抗癌药物，如 5-溴尿嘧啶（5-BU）、5-氟尿嘧啶（5-FU）、2-氨基腺嘌呤（2-AP）等。由于其结构与正常的碱基相似，进入细胞能替代正常的碱基参与到 DNA 链中而干扰 DNA 复制合成。此外，有一些人工合成或环境中存在的化学物质能专一修饰 DNA 链上的碱基或通过影响 DNA 复制而改变碱基序列，如黄曲霉素 B 能专一攻击 DNA 上的碱基导致序列变化，是诱发突变的致癌剂。

（3）生物因素：主要指病毒，如麻疹病毒和真菌等、风疹病毒、疱疹病毒、黄曲霉菌等，它们产生的毒素和代谢产物，如黄曲霉菌等有诱变作用。

（二）DNA 损伤的类型

DNA 分子中的核糖、磷酸二酯键、碱基等都是 DNA 损伤因素作用的靶点。根据 DNA 分子结构改变的不同，DNA 损伤有碱基脱落、碱基结构破坏、嘧啶二聚体形成、DNA 单链或双链断裂和 DNA 交联等多种类型。

1. 碱基之间发生错配　碱基类似物的掺入、碱基修饰剂的作用可改变碱基的性质，导致 DNA 序列中的错误配对。在正常的 DNA 复制过程中，存在着一定比例的自发碱基错配，最常见的是组成 RNA 的尿嘧啶替代胸腺嘧啶掺入到 DNA 分子中。

2. 碱基损伤与糖基破坏　化学毒物可通过对碱基的某些基团进行修饰而改变碱基的性质。由于碱基损伤或糖基破坏，在 DNA 链上可能形成一些不稳定点，最终可导致 DNA 链的断裂，如具有氧化活性的物质可造成 DNA 中嘌呤和嘧啶碱基的氧化修饰，形成 8-羟基脱氧鸟苷或 6-甲基尿嘧啶等氧化代谢产物；紫外线作用于 DNA 分子可形成嘧啶二聚体等。

3. DNA 链发生断裂　DNA 链断裂是电离辐射致 DNA 损伤的主要形式。某些化学毒剂也可导致 DNA 链断裂。碱基的损伤和脱落、脱氧戊糖的破坏、磷酸二酯键的断裂都是引起 DNA 断裂的原因。碱基损伤或糖基破坏可引起 DNA 双螺旋局部变性，形成酶敏感性位点，特异的核酸内切酶能识别并切割这样的部位，造成链断裂。DNA 断裂可以发生在单链或双链上，单链断裂能迅速在细胞中以另一链为模板重新合成，完成修复；而双链断裂在原位修复的几率很小，需依赖重组修复，这种修复导致染色体畸变的可能性很大。因此，一般认为双链断裂的 DNA 损伤与细胞的致死性效应有直接的联系。

4. DNA 分子内较大片段的交换　移位的 DNA 可以在新位点上颠倒方向反置（倒位），也可以在染色体之间发生交换重组。图 12-18 表示由于血红蛋白 β 链和 δ 链两种类型的基因重排而引起的地中海贫血。

在各种类型的 DNA 损伤中最常见的是碱基损伤、糖基破坏和链断裂，而实际上 DNA 损伤是相当复杂的，当 DNA 损伤严重时，在局部范围发生的不止一种损伤，是多种类型的损伤复合存在。

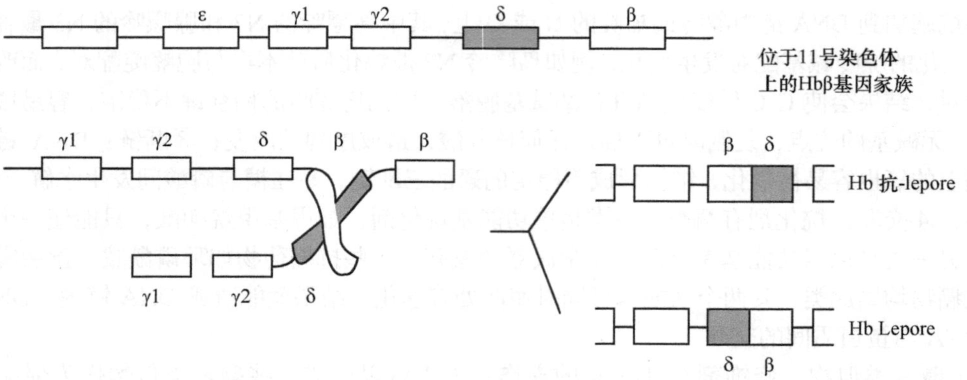

图 12-18 基因重排引起两种地中海贫血的基因型

DNA 损伤导致的 DNA 模板发生碱基置换、插入、缺失、链的断裂等变化（图 12-19），并可能影响到染色体的高级结构。以碱基置换为例，DNA 链中一种嘌呤被另一种嘌呤取代，或嘧啶被另一种嘧啶取代，称为转换（transition）；嘌呤被嘧啶取代或相反，称为颠换（transversion）。转换和颠换在 DNA 复制时可引起碱基错配，导致基因突变。此外，DNA 损伤引起的染色体结构变化也可造成转录，甚至是翻译的异常。所有这些变化可造成某种或某些基因信息发生丢失或异常，导致其表达产物的量与质的变化，对细胞的功能造成不同程度的影响。

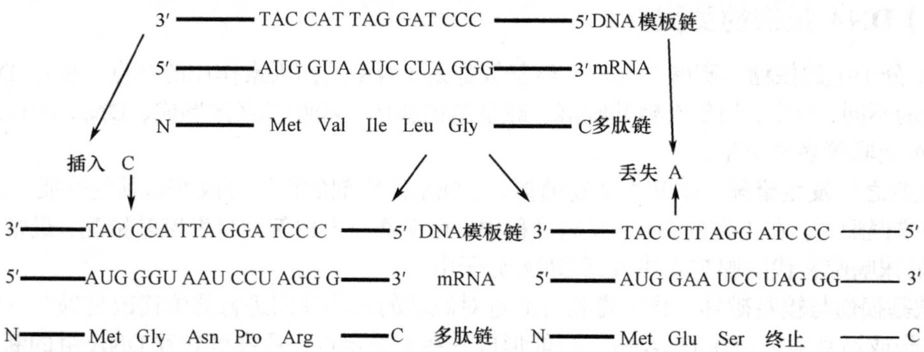

图 12-19 插入和缺失引起移码突变

二、DNA 损伤的修复

在自然环境中，生物体发生 DNA 损伤是不可避免的。损伤所导致的后果取决于 DNA 损伤的程度，以及细胞对损伤 DNA 的修复能力。DNA 损伤的修复是指纠正 DNA 两条单链间错配的碱基、清除 DNA 链上受损的碱基或糖基、恢复 DNA 的正常结构的过程。因此 DNA 修复（DNA repair）是机体维持 DNA 结构的完整性与稳定性，保证生命延续和物种稳定的重要环节，同时 DNA 修复也是探索生命的重要方面，与肿瘤也密切相关。不同的 DNA 损伤，细胞可以有不同的修复反应，一种 DNA 损伤可通过多种途径来修复，而一种修复途径也可同时参与多种 DNA 损伤的修复过程。常见的 DNA 修复途径如下。

（一）直接修复

1. 光复活修复（light repair） 这是最早发现的 DNA 修复方式。生物体内存在着一种光复活酶（photolyase），能够识别和结合于 DNA 链上的嘧啶二聚体部位。结合后如受 300～600nm 的可见光激发下，光复活酶就被激活，可将嘧啶二聚体解聚为原来的单体核苷酸形式，然后酶从 DNA 链上释放，DNA 恢复正常结构，完成修复。后来发现类似的修复酶广泛存在于动植物中，人体细胞中也有发现，但光复活修复不是高等生物修复嘧啶二聚体的主要方式。

2. 单链断裂的重接　DNA 单链断裂是常见的损伤，以电离辐射造成的切口为例，DNA 连接酶能够催化 DNA 双螺旋结构中一条链上缺口处的 5′-磷酸基团与相邻片段的 3′-羟基之间形成磷酸二酯键，从而直接参与部分 DNA 单链断裂的修复。此酶在各类生物各种细胞中都普遍存在，修复反应容易进行。但双链断裂几乎不能修复。

3. 碱基的直接插入　DNA 链上嘌呤碱基受损时，可能被糖基化酶水解而脱落，成为无嘌呤位点，能被 DNA 嘌呤插入酶（insertase）识别结合，在 K^+存在的条件下，催化游离嘌呤或脱氧嘌呤核苷插入生成糖苷键，且催化插入的碱基具有高度专一性、与另一条链上的碱基严格配对，使 DNA 完全恢复。

4. 烷基的转移　在细胞中发现有一种 O^6-甲基鸟嘌呤-DNA 甲基转移酶，能直接将甲基从 DNA 链鸟嘌呤 O^6 位上的甲基移到蛋白质的半胱氨酸残基上而修复损伤的 DNA。这种酶的修复能力并不很强，但在低剂量烷化剂作用下便能诱导出此酶的修复活性。

（二）切除修复

切除修复（excision repair）是 DNA 损伤最为普遍的方式，对多种 DNA 损伤包括碱基脱落形成的无碱基位点、嘧啶二聚体、碱基烷基化、单链断裂等都能起修复作用。这种修复方式普遍存在于各种生物细胞中，也是人体细胞主要的 DNA 修复机制。

1. 碱基切除修复　碱基切除修复（base excision repair，BER）依赖于生物体内存在的一类特异的 DNA 糖基化酶。整个修复过程包括：①识别水解：DNA 糖基化酶识别 DNA 链中已受损的碱基并将其水解去除，产生一个无碱基位点；②切除：在此位点 5′端，无碱基位点核酸内切酶将 DNA 链的磷酸二酯键切开，去除剩余的磷酸核糖部分；③合成：在 DNA 聚合酶的催化下，以完整的互补链为模板，按 5′→3′方向合成 DNA 链，填补已切除的空隙；④连接：由 DNA 连接酶将切口重新连接，使 DNA 恢复正常结构（图 12-20A）。这样完成的修复能使 DNA 恢复原来的结构。

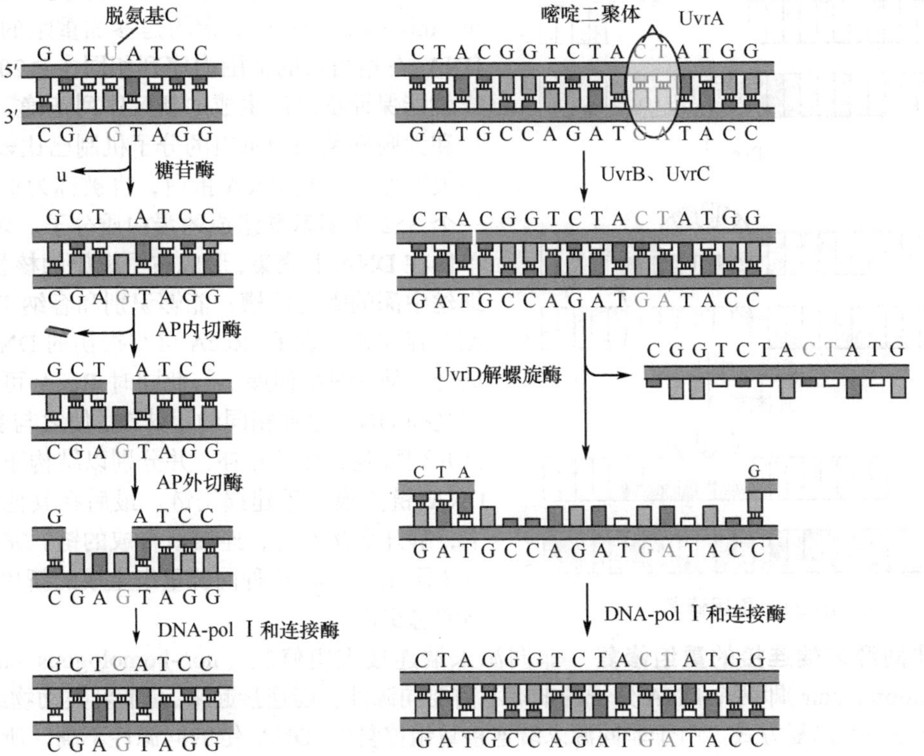

图 12-20　切除修复方式：碱基切除修复（A）和核苷酸切除修复（B）

2. 核苷酸切除修复 核苷酸切除修复（nucleotide excision repair，NER）系统并不识别具体的损伤，这与碱基切除修复不同，而是识别损伤对DNA双螺旋结构所造成的扭曲，但修复过程与碱基切除修复相似，以NER方式进行修复（图12-20B），包括：①由一个酶系统识别DNA损伤部位；②在损伤两侧切开DNA链，去除两个切口之间的一段受损的寡核苷酸；③以互补链为模板，在DNA聚合酶作用下，合成一段新的DNA，填补缺损区；④最后由连接酶连接完成损伤修复。

切除修复用未受损的DNA链作为模板来合成另一条链上已受损的DNA片段。细胞如何修复DNA中两条链都断裂的损伤呢？这是由双链断裂修复途径进行的，此途径从姊妹染色体中取回序列信息。

3. 碱基错配修复 错配修复也可被看作是碱基切除修复的一种特殊形式，是维持细胞中DNA结构完整稳定的重要方式，主要作用是纠正：①复制与重组中出现的碱基配对错误；②由碱基损伤导致的碱基配对错误；③碱基插入；④碱基缺失。从低等生物到高等生物，均有保守的碱基错配修复系统。

（三）重组修复

重组修复（recombination repair）是指依靠重组酶系，将一段未受损伤的DNA移到损伤部位，提供正确的模板，进行修复的过程。与其他修复方式不同，损伤严重、DNA分子的双链断裂、双链断裂修复没有互补链提供修复断裂的遗传信息，即需要重组修复来完成。根据修复机制的不同，重组修复可分为同源重组修复和非同源末端连接重组修复。

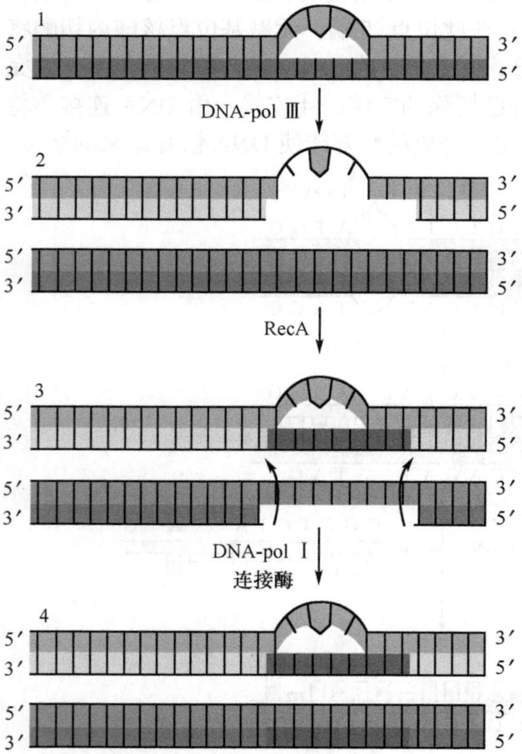

图12-21 重组修复

1. 同源重组修复 同源重组修复（homologous recombination repair）指的是参加重组的两段双链DNA在相当长的范围内序列相同（≥200bp），这样就能保证重组后生成的新区序列正确。目前对酵母和大肠杆菌同源重组的分子机制已比较清楚，发挥关键作用的是RecA蛋白，也被称为重组酶，由一个352个氨基酸组成的蛋白质分子。多个RecA单体在DNA上聚集，形成右手螺旋的核蛋白细丝，细丝中深的螺旋凹槽，能够识别和容纳DNA链。ATP存在的前提下，RecA可与损伤的DNA单链区结合，使DNA伸展，与此同时RecA可识别一段与受损DNA序列相同的姐妹链，使之与受损DNA链并列排列，交叉互补，并分别以结构正常的两条DNA链为模板重建损伤链。最后在其他酶的作用下，解开交叉互补，连接新合成的链，完成同源重组（图12-21）。这种同源重组生成的新片段具有很高的忠实性。

2. 非同源末端连接的重组修复 非同源末端连接重组修复（non-homologous end joining recombination repair）即两个DNA分子的末端不需要同源性就能连接起来，是哺乳类动物细胞DNA双链断裂的一种修复方式。由于非同源末端连接重组修复的DNA链的同源性不高，所以修复的DNA序列中可能存在一定的错误。非同源末端连接重组修复中起关键作用的蛋白分子是DNA依赖的蛋白激酶（DNA-dependent protein kinase，DNA-PK），是一种核内的丝氨酸/苏氨酸蛋白激酶，由一个分子量大约为 465kD 的催化亚基（DNA-PKcs）和一个能结合 DNA 游离端的异二聚体蛋白 Ku 组成。DNA-PKcs 的主要作用是介导 DNA-PK 的催化功能，Ku 蛋白可与双链 DNA 的断端连接，促进双链断裂的重接。另一个参与非同源末端连接重组修复的重要蛋白是 XRCC4（X-ray repair，complementing defective in Chinese hamster），可与 DNA 连接酶形成复合物，并增强连接酶的活力，在 DNA 连接酶与组装在 DNA 末端的 DNA-PK 复合物相结合的过程中起中间体作用。非同源末端连接重组修复既是修复 DNA 损伤的一种方式，也可看作是一种生理性基因重组策略，将原来并未连在一起的基因或片段连接产生新的组合，例如 T 淋巴细胞的受体基因、B 淋巴细胞和免疫球蛋白基因的构建与重排等。

对于拥有巨大基因组的哺乳类动物细胞来说，发生错误的位置可能并不在必需基因上，依然可以维持受损细胞的存活。

（四）SOS 修复

SOS 修复（SOS repair）是指 DNA 损伤严重，复制难以继续进行，细胞处在危急状态下诱发产生的一种应急修复方式。有些致癌剂能诱发 SOS 修复系统。SOS 系统包括诱导切除修复和重组修复中某些关键酶和蛋白质的产生，即 *uvr*、*rec* 基因及产物，调节蛋白 LexA 等。在 *E.coli* 菌中约由 20 个与 DNA 损伤修复有关的基因构成一个调节子的网络式调控系统。此网络的反应特异性低，此外，SOS 反应还能诱导产生缺乏校对功能的 DNA 聚合酶，它能在 DNA 损伤部位进行复制而避免了死亡，可是却带来了高的变异率。通过 SOS 修复，复制如能继续，细胞可存活，但 DNA 保留的错误较多，会引起长期广泛的突变，细胞癌变也可能与 SOS 反应有关。

三、DNA 损伤和修复的意义

遗传物质的稳定性是维持物种稳定的主要因素。但是，如果遗传物质是绝对一成不变的话，自然界也就不可能进化，没有进化也就没有新的物种出现。因此，生命和生物多样性依赖于 DNA 损伤或突变与损伤修复之间的动态平衡。

（一）DNA 损伤的双重效应

通常认为 DNA 损伤是有害的。但就 DNA 损伤的结果而言有消极的一面也有积极的一面。DNA 损伤通常有两个生物学后果：一是突变，这种损伤给 DNA 带来永久性的改变，可能改变了基因的编码序列或者基因的调控序列；二是 DNA 的损伤使得 DNA 不能用作复制和转录的模板，轻则使细胞的功能出现障碍，重则死亡。

DNA 突变可能只是改变基因型，不影响基本表型，只体现个体差异。如基因的多态性已被广泛用于个体识别、亲子鉴定、器官移植，以及疾病易感性分析等。DNA 突变还是某些遗传性疾病如高血压、糖尿病和肿瘤等的发病基础，是多种基因与环境因素共同作用的结果。因此 DNA 损伤若发生在与生命活动密切相关的基因上，可能导致细胞甚至是个体的死亡。现代常利用这种特性来杀死某些病原微生物。

从长远来说，进化过程就是遗传物质不断突变的结果，也可以说没有突变就没有现在生物物种的多样性。但从目前来看，我们是无法看到一个物种的自然演变，只能见到长期突变累积的结果。所以突变是进化的分子基础。

（二）DNA 损伤修复障碍与疾病的关系

DNA 损伤的生物学后果，主要由 DNA 损伤的程度和细胞的修复能力而决定。如果损伤不能得到及时准确的修复，就有可能导致细胞功能的异常。DNA 碱基的损伤可导致遗传密码子的变化，经转录和翻译产生功能异常的RNA与蛋白质，导致细胞功能的衰退、凋亡甚至发生恶性转化。双链DNA断裂可以通过重组修复途径加以修复，但非同源重组修复的忠实性差，修复过程中可能获得或者丧失核苷酸，造成染色体畸变，导致严重后果。因此，DNA损伤与衰老、免疫系统疾病和肿瘤等的发生有密切的联系。

1. DNA损伤修复系统缺陷与肿瘤 肿瘤发生是DNA损伤对机体的远后效应之一，先天性DNA损伤修复系统缺陷的人群易患恶性肿瘤。DNA损伤可导致原癌基因激活，肿瘤抑制基因失活，原癌基因与肿瘤抑制基因的表达或活性失衡是细胞恶变的重要机制，直观的表述就是DNA损伤→DNA修复异常→基因突变→肿瘤发生，这是贯穿肿瘤发生发展过程的重要环节。能够参与DNA修复的多种基因具有肿瘤抑制基因的功能，目前已证实这些基因在多种肿瘤中发生突变而失活。

值得重视的是，DNA修复功能缺陷可引起肿瘤的发生，但已癌变的细胞本身DNA修复功能常常并不低下，反而却显著地升高，这就使得癌细胞能够充分修复化疗药物引起的DNA的损伤，这也是大多数抗癌药物不能奏效的原因，因此关于DNA修复的研究可为肿瘤联合化疗提供新思路、新靶点。

2. DNA损伤修复与衰老 从现已研究中发现，寿命长的动物如牛和象等的DNA损伤的修复能力较强；寿命短的动物如小鼠、仓鼠等的DNA损伤的修复能力较弱。人的DNA修复能力也很强，随着年龄的增长，修复能力逐渐减弱，突变细胞数和染色体畸变率也相应增加。

3. DNA损伤修复缺陷与免疫性疾病 DNA修复功能先天性缺陷的病人的免疫系统亦常有缺陷，主要是T淋巴细胞功能的缺陷。随着年龄的增长细胞中的DNA修复功能逐渐衰退，如果同时伴有发生免疫监视功能的障碍，便不能及时清除突变细胞，从而导致发生肿瘤。

案例 12-1

患者，男性，13岁，学生，因头晕、皮肤紫斑1个月入院。

患者近1个月无明显原因自觉头昏、乏力，活动后明显，并伴下肢皮肤紫斑，但未引起重视；近一周来上述症状加重，皮肤紫斑增多。既往体健，无外伤史。家族中无类似疾病。T 36.8℃，P 112次/分，R 22次/分，Bp13.3/9.3kPa。贫血貌，全身浅表淋巴结花生米至枣大，躯干及四肢皮肤可见散在瘀点、瘀斑。双肺呼吸音，心音有力，心率112次/分，律齐。腹软，肝肋下1cm，脾肋下2cm。

实验室检查：血液一般检查：RBC 1.96×10^{12}/L，Hgb 56g/L；WBC 23.0×10^{9}/L，L 80%，原幼淋巴细胞11%，Sg8%，St 1%；PLT 15.0×10^{9}/L。骨髓细胞学检查：骨髓增生极度活跃，原始及幼稚淋巴细胞占40%，红系细胞占13%，粒系占27%，巨核细胞及血小板少见。

临床初步诊断：急性淋巴细胞白血病。

问题：急性淋巴细胞白血病治疗方案中为什么常选用环磷酰胺，生化机制是什么？

分析讨论

环磷酰胺具有细胞毒作用，它能杀灭肿瘤细胞，防止肿瘤细胞无限制的生长，另外，研究显示环磷酰胺是一种药效作用很强的免疫抑制剂，具有骨髓抑制作用，故急性淋巴细胞白血病治疗方案中常选用环磷酰胺。环磷酰胺是双功能烷化剂及细胞周期非特异性药物，在体外无活性。进入体内后先在肝脏中经微粒体功能氧化酶转化成醛磷酰胺。醛磷酰胺经血液循环转运到肿瘤细胞内，分解出有强大抗肿瘤活性的磷酰胺氮芥，它是通过与DNA鸟嘌呤的第7位氮共价结合，产生DNA的双链内的交叉联结或DNA的同链内不同碱基的交叉联结，抑制DNA复制过程中双链的解链及DNA聚合酶与DNA分子的结合，从而影响DNA功能，抑制DNA的合成，延迟细胞由G期向S期的进入。大剂量时对各周期的细胞和非增殖细胞均有杀伤作用。此外，它还可诱导细胞凋亡。

目前对于急性淋巴细胞白血病的治疗方案仍在不断的改进，5年生存率也在不断的提高，主要策略是①诱导缓解：使用化疗药物将白血病细胞降到最低，达到完全缓解的目的；②巩固强化治疗：在完全缓解后，仍有不同程度的残留白血病细胞，需要用化疗药物进一步巩固、强化治疗；③造血干细胞移植：在成人有合适供体的患者，特别是有高危险因素的患者建议进行异基因造血干细胞移植。

（邱　敏）

思考题

1. DNA复制的基本特征以及参与DNA复制的酶是什么?
2. DNA复制具有高度保真性的原因是什么?
3. 逆转录的机制是什么？需要的酶是什么?
4. 造成DNA损伤的原因及类型有哪些?
5. 试述常见的DNA修复途径。

第十三章 RNA的生物合成

内容提要

RNA 的生物合成过程，有转录和 RNA 复制两种方式，后者常见于病毒，最近的研究发现人类细胞中可能也存在 RNA 复制机制。转录是指以双链 DNA 中的一条链为模板，在依赖 DNA 的 RNA 聚合酶催化下合成 RNA 的过程，本章将分别从转录过程的总特性，转录体系的构成、转录过程、转录后加工等几个方面重点介绍 RNA 的转录过程，最后将简单介绍一下 RNA 复制。

与复制相比，转录的总特性表现为具有选择性，即不对称转录：一方面，在特定的生长发育阶段，转录只在某些 DNA 区段进行，其他的 DNA 区段不转录；第二方面，对正在进行转录的 DNA 区段来说，DNA 双链中仅有一条单链可作为模板指导转录的进行，对应的链只能进行复制，而无转录的功能。

转录体系主要由 DNA 模板、依赖 DNA 的 RNA 聚合酶、四种核糖核苷三磷酸（NTP）底物以及一些蛋白质因子构成。通常把 DNA 双链中按碱基配对原则指导 RNA 生成的单股链，称为模板链；而与模板链相对应的那一股链则称为编码链。在生物体内，依赖 DNA 的 RNA 聚合酶在模板 DNA 链指导下，按碱基互补配对规律把四种 NTP 聚合成 RNA 链，但原核生物和真核生物的 RNA 聚合酶有所不同。大肠杆菌（*E.coli*）RNA 聚合酶是目前研究得比较透彻的 RNA 聚合酶，由 α、β、β′ 和 σ 这 4 种不同的亚基构成。有证据表明，大肠杆菌 RNA 聚合酶还有第五个亚基（ω 亚基）存在，其功能不详。其中 $\alpha_2\beta\beta'$ 亚基合称核心酶，σ 亚基加上核心酶统称为全酶。σ 亚基能辨认结合启动序列，只参与转录起始阶段。随着转录起始复合物的形成，σ 亚基将从全酶上脱落；核心酶催化 NTP 按模板的指引合成 RNA，并参与整个转录过程。利福平是原核生物 RNA 聚合酶的特异抑制剂。真核生物的 RNA 聚合酶主要包括三种，即 RNA 聚合酶Ⅰ、Ⅱ和Ⅲ（最近又新发现有 RNA 聚合酶Ⅳ和线粒体 RNA 聚合酶），这五种 RNA 聚合酶在催化转录的基因类型、亚基的结构以及相对含量等方面都有很大的差异，其中真核生物 RNA 聚合酶Ⅰ、Ⅱ和Ⅲ的主要转录产物分别是 45S rRNA、hnRNA、tRNA 和 5S rRNA。真核生物 RNA 聚合酶的亚基组成和结构也比原核生物要复杂得多。

原核生物转录过程分为转录起始、转录延长和转录终止三个阶段。转录起始阶段主要解决两个问题：①RNA 聚合酶准确结合在转录模板的启动序列区域；②DNA 双链解开，其中的一条单链作为转录的模板。在转录延长阶段，DNA 双链不断小规模打开，同时 DNA 模板指导 RNA 聚合酶核心酶不断催化游离 NTP 分子聚合到新生 RNA 链的 3′-OH 末端，从而形成特殊的转录空泡结构。依据是否需要蛋白质因子的参与，原核生物的转录终止分为依赖 ρ 因子的转录终止与非依赖 ρ 因子的转录终止两大类。真核生物的转录将分别介绍 hnRNA、45S-rRNA 以及 tRNA 和 5S-rRNA 的合成过程。

RNA 的转录后加工重点介绍真核生物 mRNA 的转录后加工，包括 5′-端帽子结构和 3′-端多聚腺苷酸尾巴的形成、hnRNA 的剪接等多个过程；原核生物的 tRNA 前体为一个多顺反子前体，往往包含一个以上的 tRNA 分子，经切割成含单个 tRNA 分子的部分后，随后的加过程与真核生物的 tRNA 前体的加工非常类似，包括内含子序列的去除、稀有碱基的生成及氨基酸接受位点的加入等。rRNA 的转录后加工部分还将简单介绍核酶。

在依赖 DNA 的 RNA 聚合酶催化下，生物体以 DNA 为模板合成 RNA 的过程称为转录（transcription）。通过转录，贮存于 DNA 中的遗传信息传递到 RNA 分子。细胞中的各类 RNA 分子，主要包括 mRNA、rRNA、tRNA 以及一些具有特殊功能的小 RNA，如 snRNA、microRNA 等等，它们都是转录的产物。根据中心法则，RNA 分子携带的遗传信息可以通过翻译过程传递到蛋白质，因此这些转录产物绝大部分都将直接或间接参与蛋白质的生物合成过程，其中 mRNA 分子作为蛋白质合成的模板，rRNA 是蛋白质合成场所核蛋白体的主要组成成分，tRNA 则在蛋白质合成过程中能特异结合和携带氨基酸。

DNA 复制是为了保留物种的全部遗传信息，从而维持物种的相对稳定，因此复制过程要对所有 DNA 分子进行全长的复制，因此 DNA 的复制产物是与亲代 DNA 分子几乎完全相同的子代 DNA 分子；而转录与复制不同，它是一个有选择性的过程。在细胞的不同生长发育阶段，并随着细胞内外环境条件的改变，细胞将转录不同的 DNA 区段，而并不会同时对 DNA 进行全长的转录。转录的选择性即不对称转录（asymmetric transcription），具体来说包含两个方面的含义：一方面，在特定的生长发育阶段，转录只在某些 DNA 区段进行，其他的 DNA 区段不转录；第二方面，对正在进行转录的 DNA 区段来说，DNA 双链中仅有一条单链可作为模板指导转录的进行，对应的链只能进行复制，而无转录的功能；但是模板链并非总在同一条单链上，也就是说，在某些 DNA 区段以这条链为模板进行转录，另一些区段以另一条为模板进行转录。很显然，不以同一单链为模板进行的转录，其直观的转录方向是相反的。但实质上转录产物的延伸方向是一致的，都是从 5′→3′。正是由于转录的选择性，转录的产物往往是各种长度不同的 RNA 分子（图 13-1）。

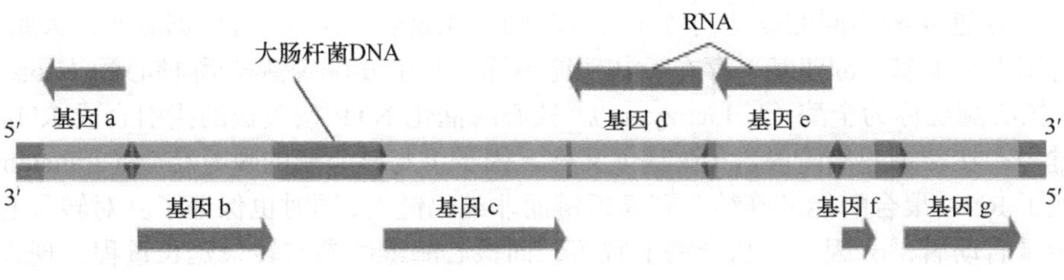

图 13–1 RNA 的不对称转录

第一节 转录体系的构成

和复制相似，RNA 的生物合成即转录过程实际上也是一个在酶催化下的核苷酸聚合过程，转录体系主要包括以下几个部分：四种不同的核苷三磷酸（ATP、UTP、CTP 和 GTP）底物、DNA 模板、依赖 DNA 的 RNA 聚合酶及其辅基 Mn^{2+}、Zn^{2+}等二价金属离子。在这个部分，我们主要重点介绍转录体系中的 DNA 模板和 RNA 聚合酶。

一、DNA 模 板

通常把 DNA 双链中按碱基配对原则指导 RNA 生成的单股链，称为模板链（template strand）或 Waston 链；而与模板链相对应的那一股链则称为编码链（coding strand）或 Crick 链。比较 RNA 与其相应编码链的碱基序列，可以发现除了 RNA 分子中用 U 来代替 T 以外，其余的序列都是一致的，所以编码链又称为有意义链；相应的，与之互补的模板链又称作反意义链（图 13-2）。

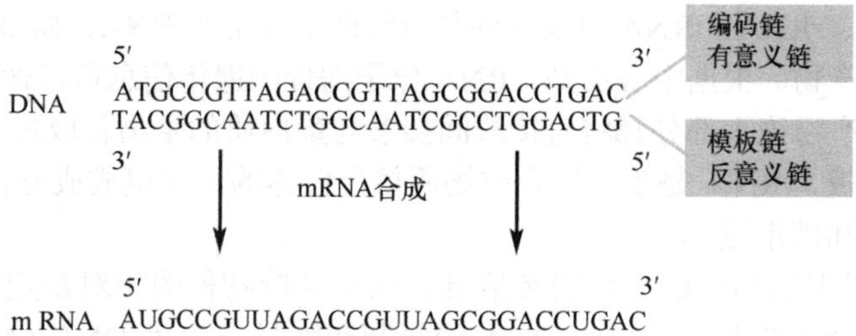

图 13-2 模板链与编码链

二、依赖 DNA 的 RNA 聚合酶

1960 年 Samuel B. Weiss 和 Jerard Hurwitz 等各自在大肠杆菌裂解液中发现了依赖 DNA 的 RNA 聚合酶（DNA- dependent RNA polymerase，简称 RNA-pol），这是一种多聚体蛋白质。在生物体内，依赖 DNA 的 RNA 聚合酶在模板 DNA 链指导下，按碱基互补配对规律把四种核糖核苷三磷酸聚合成 RNA 链，但原核生物和真核生物的 RNA 聚合酶有所不同。

（一）原核生物的 RNA 聚合酶

大肠杆菌（*E.coli*）RNA 聚合酶是目前研究得比较透彻的 RNA 聚合酶，其分子量为 480 kD，由 α、β、β′和 σ 这 4 种不同的亚基构成（各亚基的功能见表 13-1）。有证据表明，大肠杆菌 RNA 聚合酶还有第五个亚基（ω 亚基）存在，其功能不详。其中 $\alpha_2\beta\beta'$亚基合称核心酶（core enzyme），σ 亚基加上核心酶统称为全酶（holoenzyme）。核心酶催化 NTP 按模板的指引合成 RNA，并参与整个转录过程；在转录起始阶段，σ 亚基（又称 σ 因子）与核心酶的瞬时结合（transient binding）一方面保证了 RNA 聚合酶能准确结合到模板链而非编码链上，同时也保证了其对转录起始点的辨认结合。转录启动后，σ 因子便从全酶上脱落，而核心酶继续参与转录延长过程。现在已发现多种 σ 因子，例如在大肠杆菌中，σ^{70} 参与大部分基因的转录过程，而 σ^{32} 和 σ^{28} 则分别促进热休克蛋白基因（heat shock genes）和鞭毛蛋白基因（flagellin gene）的转录。其他原核生物的 RNA 聚合酶在结构、组成及功能上均与 *E.Coli* 的 RNA 聚合酶相似。

表 13-1 大肠杆菌 RNA 聚合酶的亚基组成及功能

亚基	分子量（Da）	亚基数目	功能
α	36，512	2	控制转录的速率
β	150，618	1	催化磷酸二酯键的形成
β′	155，613	1	结合 DNA 模板，兼有解链功能
σ	70，263	1	辨认起始位点，决定基因的特异性转录

研究发现，利福平（一种用于抗结核菌治疗的药物）是原核生物 RNA 聚合酶的特异抑制剂，能专一性地结合 RNA 聚合酶的 β 亚基，从而抑制 DNA 的转录。体外实验表明，若在转录开始后才加入利福平，仍能发挥其抑制转录的作用，这说明 β 亚基在转录的整个过程中都是起作用的。

（二）真核生物的 RNA 聚合酶

真核生物的 RNA 聚合酶主要包括三种，即 RNA 聚合酶Ⅰ、Ⅱ和Ⅲ（最近又新发现有 RNA 聚合酶Ⅳ和线粒体 RNA 聚合酶）。这五种 RNA 聚合酶在催化转录的基因类型、亚基的结构以及相对含量等方面都有很大的差异。在这个部分，我们主要介绍 RNA 聚合酶Ⅰ、Ⅱ和Ⅲ。RNA 聚合酶Ⅰ定位在细胞核的核仁中，其催化生成的转录产物为大分子的 45S-rRNA，后者为 rRNA 前体，经剪切修饰可生成除 5S-rRNA 以外的各种 rRNA 分子包括 28S、5.8S 和 18S rRNA。RNA 聚合酶Ⅱ负责转录生成 mRNA 前体即 hnRNA 和大部分 snRNA（small nuclear RNA）分子。因为 mRNA 是各种 RNA 中半衰期最短、最不稳定的，需经常重新合成，因此 RNA 聚合酶Ⅱ通常被认为是真核生物中最活跃的 RNA 聚合酶。RNA 聚合酶Ⅱ还负责合成一些在体内具有重要的基因表达调控作用的非编码 RNA 分子，如长链非编码 RNA（long chain non-coding RNA，lncRNA）、miRNA 等。RNA 聚合酶Ⅲ的转录产物主要包括 5S-RNA 和各种 tRNA 分子。

真核生物 RNA 聚合酶的亚基组成和结构比原核生物要复杂得多。所有真核生物 RNA 聚合酶都含有两个分子量超过 100 kD 的大亚基和 6～10 个大小不等的小亚基。两个大亚基均作为催化亚基，在功能上与原核生物 RNA 聚合酶的 β 和 β′亚基有一定的序列同源性；小亚基的数目在不同的物种中有很大的差异，某些小亚基也可能出现在两种或三种不同的 RNA 聚合酶上，这些小亚基的作用还不清楚，但是，每一种亚基对真核生物 RNA 聚合酶发挥正常功能都是必需的。与原核生物 RNA 聚合酶不同，真核生物 RNA 聚合酶不能单独启动转录，它需要与多种不同的转录因子结合才能结合到转录起始位点。真核生物 RNA 聚合酶的另一个特点是受 α-鹅膏蕈（xùn）碱（α-amanitin）的特异性抑制，鹅膏蕈碱是一种高等菌类（毒伞蕈）毒素，但真核生物的各类 RNA 聚合酶对鹅膏蕈碱的敏感性不同（见表 13-2）。

表 13-2　真核生物 RNA 聚合酶的种类与性质

种类	细胞内定位	转录产物	对鹅膏蕈碱的敏感性
RNA-pol Ⅰ	核仁	45S-rRNA	耐受
RNA-pol Ⅱ	核质	hnRNA，某些 snRNA	极敏感
RNA-pol Ⅲ	核质	5S rRNA，tRNA，U6 snRNA 等	中度敏感
RNA-pol Ⅳ	核质	siRNA	不详
RNA-pol mt	线粒体	线粒体 RNA	敏感

真核生物 RNA 聚合酶Ⅱ由 12 个亚基组成，两个大亚基的分子量分别为 215 kD 和 149 kD，其最大的亚基称为 RBP1，在其羧基末端有一段共有序列（consensus sequence）为 Tyr-Ser-Pro-Thr-Ser-Pro-Ser 的七氨基酸重复序列片段，称为羧基末端结构域（carboxyl-terminal domain，CTD）。RNA 聚合酶Ⅰ和 RNA 聚合酶Ⅲ的羧基末端并没有类似的 CTD，但真核生物的 RNA 聚合酶Ⅱ都具有 CTD，只是 7 个氨基酸共有序列的重复程度不同，如酵母 RNA 聚合酶Ⅱ的 CTD 有 27 个重复共有序列，其中 18 个与上述 7 氨基酸共有序列完全一致；哺乳动物 RNA 聚合酶Ⅱ的 CTD 有 52 个重复共有序列，其中 21 个与 7 氨基酸重复序列完全一致。CTD 上的 Tyr、Ser 和 Thr 可被蛋白激酶作用发生磷酸化。CTD 对于维持细胞的活性是必需的。体外实验显示，去磷酸化的 CTD 在转录起始中发挥作用，当 RNA 聚合酶Ⅱ启动转录离开启动子后，CTD 上的许多 Ser 和一些 Tyr 残基被磷酸化。体内实验也证实了这一点。

三、RNA 聚合酶与模板的辨认结合

前面已经提及，转录具有选择性，因而 DNA 的转录是不连续、分区段进行的，我们把每一个转录区段视为一个转录单位，而原核生物以操纵子（operon）作为转录单位。一个操纵子往往包括若干个结构基因及其上游的调控序列，而调控序列中的启动序列是 RNA 聚合酶结合并启动转录的区域（操纵子的具体结构详见基因表达调控章节）。

图 13-3 显示了原核生物 RNA 聚合酶与模板的结合。黑色的直线表示双链 DNA 分子，虚线部

分显示 RNA 聚合酶与 DNA 结合的区域，即转录起始区。很显然，RNA 聚合酶以全酶的形式结合在转录起始区域。

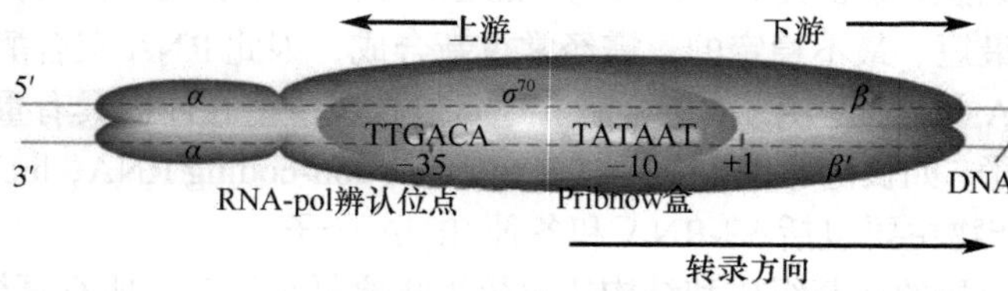

图 13-3 原核生物 RNA 聚合酶与模板的结合

图 13-3 中数字表示碱基在 DNA 中的相对位置，下方链为模板链，通常以模板链转录生成 RNA 5′-端第一个核苷酸的位置为 1，即转录起始点为 1，以转录起始点为参照，往模板链 3′-端的方向为上游，上游的走向与转录方向相反；往模板链 5′-端的方向为下游，下游的走向与转录方向一致。通常以负数表示上游的碱基序数，以正数表示其下游的碱基序数。对大肠杆菌乳糖操纵子、色氨酸操纵子等数百个原核生物操纵子的启动序列进行碱基序列分析后发现，该区域富含 A-T 配对，并有两个高度保守的序列：第一个保守序列为 TATAAT，位于转录起始点的上游–10 区，它由 David Pribnow 首先发现，因此也称为 Pribnow 盒（Pribnow box）；第二个保守序列为 TTGACA，位于转录起始点上游–35 区。这些保守的碱基序列也称为共有序列（consensus sequence）。比较 RNA 聚合酶与不同 DNA 区段结合的平衡常数，发现 RNA 聚合酶与–10 区的结合比–35 区相对牢固。从大量的实验结果推断，原核生物 RNA 聚合酶全酶靠 σ 亚基辨认启动序列–35 区的 TTGACA，并与其疏松的结合，因此–35 区被认为是 RNA 聚合酶启动转录的辨认位点（recognition site）；然后全酶沿模板 DNA 向下游滑动，直到启动子的–10 区即 Pribnow 盒，并与之紧密结合形成稳定的酶-DNA 复合物。这时 RNA 聚合酶已经跨入了转录起始点，DNA 启动转录。

在启动子的研究中，常采用一种非常巧妙的方法即 RNA-pol 保护法：先把一段基因分离出来，然后与提纯的 RNA 聚合酶混合，再往体系中加入一定量的核酸外切酶，DNA 链在核酸外切酶的作用下水解，生成游离的核苷酸，但总会有一段由 40～60 个碱基对组成的 DNA 片段由于与 RNA 聚合酶结合在一起而免于被降解。然后对这段受保护的 DNA 序列进行分析。这一段被保护的 DNA 区段，被最终确认为是 RNA 聚合酶在转录起始阶段辨认和结合的区域，即启动序列。

第二节 转 录 过 程

一、原核生物的转录过程

原核生物的转录过程分为转录起始、转录延长和转录终止三个阶段。

（一）转录起始

转录的起始阶段需要解决两个问题：①RNA 聚合酶必须准确的结合在转录模板的启动序列区域；②DNA 双链解开，其中的一条单链作为转录的模板。

那么在转录起始阶段，到底是通过什么样的机制来解决这两个问题呢？原核生物 DNA 转录的起始分三步进行（图 13-4）：①形成闭合转录复合物（closed transcription complex）：全酶靠 σ 亚基识别启动子序列的–35 区并与之疏松结合，此时 DNA 双链尚未打开，因而形成闭合的全酶-DNA 复合物；②DNA 双链打开，形成开放转录复合物（open transcription complex）：全酶随即沿模板滑动至–10 区，在 β′亚基的作用下，启动序列区域的 DNA 双链迅速打开，形成开放转录复合体，此时 RNA 聚合酶已经跨入了转录起始点。转录是无论是起始或延长阶段，DNA 双链的解链范围通常约为 17±1 碱基对，这比复制中的解链范围要小得多。③在 RNA 聚合酶催化下发生第一次聚合反应，形成转录起始复合物：在转录起始点，两个与模板链配对的相邻核苷酸，按 5′→3′ 的方向，在 RNA 聚合酶的催化下，生成磷酸二酯键直接相连。RNA 聚合酶与 DNA 聚合酶最大的区别在于前者能催化两个游离的 NTP 发生聚合而无需引物。研究发现，RNA 5′-端的起始核苷酸多为 GTP 或 ATP，又以 GTP 更为常见。当其与第二位 NTP 聚合生成磷酸二酯键，仍然保留其 5′-端三个磷酸，生成四磷酸二核苷酸结构，即 5′-pppGpN-OH-3′，该结构与全酶-DNA 复合物一起，构成转录起始复合物（RNA-pol（$\alpha_2\beta\beta'\sigma$）-DNA-5′-pppGpN-OH3′）。

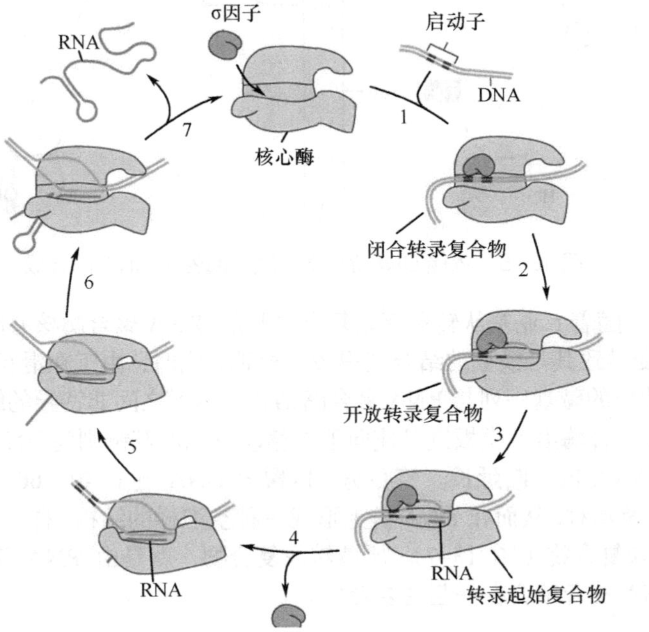

图 13-4 原核生物的转录过程

1-3：转录起始；4-5：转录延长；6-7：转录终止，图中所示为非依赖 ρ 因子的转录终止模式

转录起始复合物一旦形成，即 RNA 链上第一个 3′,5′-磷酸二酯键生成后，σ 亚基随即从转录起始复合物上脱落，核心酶连同四磷酸二核苷酸，继续结合在 DNA 模板上。随着核心酶继续沿模板向下游滑动，RNA 链的延伸随之进行。实验证明，σ 亚基若不脱落，RNA 聚合酶则继续停留在起始位置，转录不能继续进行。脱落后的 σ 亚基可与其他的核心酶形成另一全酶而被重复利用。

（二）转录延长

1. 转录延长的化学反应 转录延长的化学反应和复制延长的化学反应基本相似，但转录延长的化学反应是以 NTP 为底物。按模板链的指引（也就是说，参入 RNA 链中的 NTP 分子应与模板链相应位置的碱基遵循互补配对的原则），在 RNA 聚合酶的催化下，正在延伸的 RNA 链的 3′-OH 与游离的 NTP 的 α-磷酸基团之间形成 3′,5′-磷酸二酯键，而 β、γ-磷酸基团以焦磷酸形式被释放。通过上述方式，NTP 分子就逐个聚合到正在延长的 RNA 链上，直至遇到 DNA 模板上的转录终止信号（图 13-5）。总的反应可以表示为：$(NMP)_n + NTP \rightarrow (NMP)_{n+1} + PPi$。很显然，RNA 链的延长是有方向性的，只能从 5′-端向 3′-端延长。

与 DNA 聚合酶不同，RNA 聚合酶缺乏具有校对功能的 3′→5′核酸外切酶活性，所以转录发生错误的概率比复制高，大约是十万分之一到万分之一。但对大多数基因而言，一个基因可以转录产生许多 RNA 拷贝，而且 RNA 最终是要被降解和替代的，所以转录产生错误 RNA 对细胞的影响比复制要小得多。

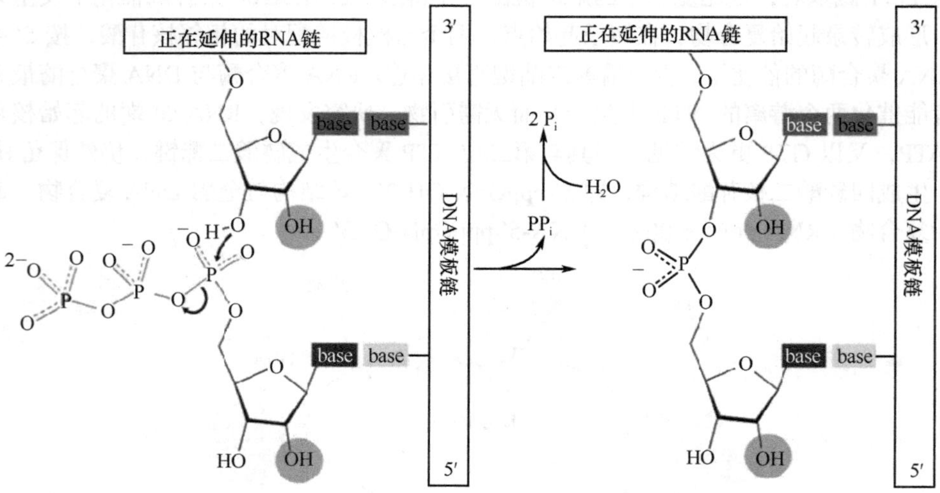

图 13-5 依赖 DNA 的 RNA 聚合酶催化 RNA 的合成

2. 转录复合物 随着 σ 亚基从转录起始复合物脱落，RNA 聚合酶核心酶的构象也随之发生变化，这种构象的改变导致其与模板的结合变得较为松弛；同时，由于在滑行通过转录起始区域后，模板 DNA 上没有特异的碱基序列与 RNA 聚合酶结合，两者之间非特异的结合也并不稳定。但上述改变有利于 RNA 聚合酶沿着模板链迅速向下游移动，DNA 双链则随 RNA 聚合酶的移动不断小规模的打开，同时 RNA 链不断延长。核心酶可以覆盖 DNA 链上 40～60 个碱基，但转录解链的范围一般为（17±1）碱基对，从而在 DNA 链上形成一种空泡样的结构，称为转录空泡（transcription bubble），也称为转录复合物（图 13-6）。所谓转录复合物，就是由 RNA 聚合酶的核心酶、DNA 模板和转录产物 RNA 三者结合在一起的复合体。

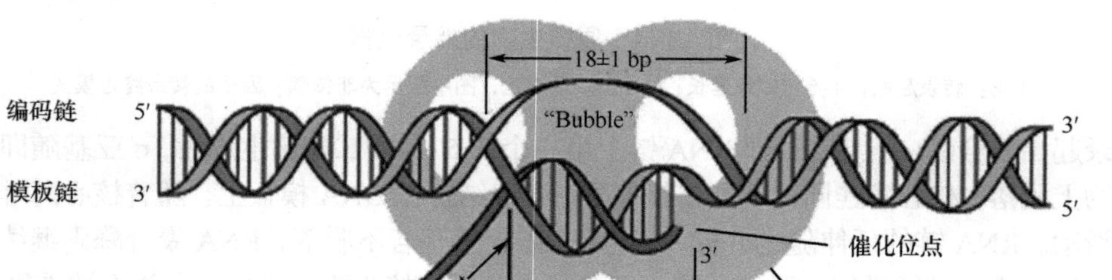

图 13-6 原核生物的转录空泡和转录过程

在转录延长的过程中，转录产物 RNA 只有 3′-端的一小段约 8～9 个碱基依靠与模板链的相应碱基互补配对而结合在模板链上，随着 RNA 链的不断延长，其 5′-端长长的一段 RNA 链脱离模板链伸展在转录空泡之外。已知碱基配对的稳定性是 G≡C＞A＝T＞A＝U，因而 DNA 双链结构比 DNA-RNA 杂化双链更稳定，所以转录时打开的局部 DNA 双链，在转录完毕后会迅速回复为原来的双链结构，同时结合在其上的 RNA 链脱离 DNA 链向外伸展。大肠杆菌 RNA 聚合酶合成 RNA 的速度是每秒 50～90 个核苷酸。当 RNA 聚合酶往下游移动时，前方的 DNA 双螺旋要不断小规模解链，导致其下游的 DNA 双链形成正超螺旋（positive supercoil），而 RNA 聚合酶后方的 DNA 则恢复双螺旋并形成负超螺旋（negative supercoil）。

在电子显微镜下观察原核生物的转录现象，可以看到一种羽毛状的图形。因为在同一 DNA 模

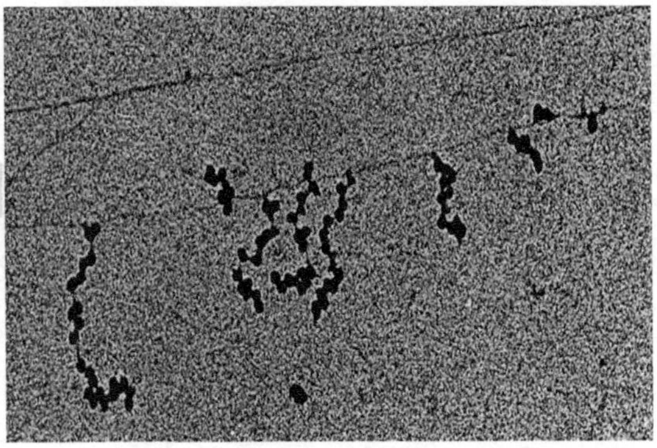

图 13-7 电子显微镜下观察原核生物的转录和翻译同步现象

板上，有多个转录同时在进行；RNA 链上的小黑点是结合的核蛋白体，说明 mRNA 链尚未转录完全，翻译已在进行（图 13-7）。

（三）转录终止

当 RNA 聚合酶核心酶滑行到 DNA 模板的转录终止信号区域时，聚合反应停止，RNA 链和 RNA 聚合酶随之从转录复合物上脱落，转录过程即告结束。

依据是否需要蛋白质因子的参与，原核生物的转录终止分为依赖ρ因子的转录终止与非依赖ρ因子的转录终止两大类。

1. 依赖 ρ 因子的转录终止 1969 年，Jeffrey Roberts 在研究 T_4 噬菌体感染的大肠杆菌 *E.Coli* 中发现了能控制转录终止的 ρ 因子。他们通过体外转录实验发现，体外转录产物比细胞内的转录产物要长。这个结果一方面说明转录终止点是可以被跨越而继续转录的；另一方面也说明细胞内可能还存在某些执行转录终止功能的因子。他们随后的研究确定 ρ 因子是这种具备转录终止功能的蛋白质。ρ 因子是一种由 6 个相同的亚基组成的六聚体蛋白质，并具备 ATP 酶（ATPase）活性和 RNA 解螺旋酶（helicase）活性；其亚基分子量为 46 kD，每个亚基上都各含一个 RNA 结合结构域（RNA binding domain）和一个 ATP 酶结构域（ATPase domain）。

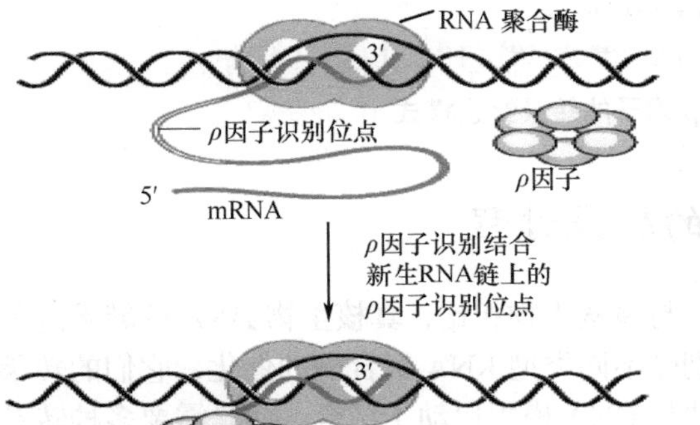

图 13-8 原核生物依赖 ρ 因子的转录终止模式

大肠杆菌中有很少一部分操纵子依赖 ρ 因子的转录终止，那么 ρ 因子到底通过什么机制来控制转录终止的过程呢？现有的实验证据支持以下的模式：首先，依赖 ρ 因子终止转录的 RNA 分子中含 ρ 因子识别位点，这个识别位点离新生 RNA 链的 3′- 末端相对较近，ρ 因子通过辨认结合这个识别位点结合在新生 RNA 链上，并可借助水解 ATP 获得的能量推动其沿着 RNA 链由 5′→3′ 端移动；另一方面这种 RNA 链可在 3′- 末端可形成一个短的发夹结构，后者由模板 DNA 中含一个反转重复序列（inverted repeat）的转录终止信号转录而来，这个发夹结构可阻止 RNA 聚合酶继续往下游移动而被迫暂停，使后方的 ρ 因子得以追上 RNA 聚合酶，同时利用其解螺旋酶活性在 ATP 供能的情况下，使 DNA：RNA 杂化双链解离，从而使 RNA 链和 RNA 聚合酶从转录复合物上脱落下来，转录过程随即终止（图 13-8）。

2. 非依赖 ρ 因子的转录终止 这种类型的转录终止信号上有两个相隔较近的，其后有多个连续的碱基 A，其转录产物中由富含 G-C 配对区转录而来的两段 RNA 序列能相互碱基配对形成局部双链，中间隔有一些不配对的碱基，即形成了茎-环结构（stem-loop）或发夹（hairpin）结构，茎环结构之后还有若干个连续的碱基 U（约有 8 个）。

当 RNA 链延长至转录终止信号时，转录终止信号的转录产物随即形成茎环结构，其富含 G-C 的片段保证了这种二级结构的稳定性。这种结构能阻止 RNA 聚合酶继续向前移动，并能促进转录复合物的解体，其机制是：①RNA 分子要形成自己的局部双链，DNA 模板也要回复其原有的双链结构，也就是说，DNA 和 RNA 要各自形成双链，使本来不稳定的杂化链更不稳定；②同时茎环结构末端的一段寡聚 U 与 DNA 链之间形成的 U-A 配对极不稳定，亦有助于 RNA 链从转录复合物上脱落下来（图 13-9）。

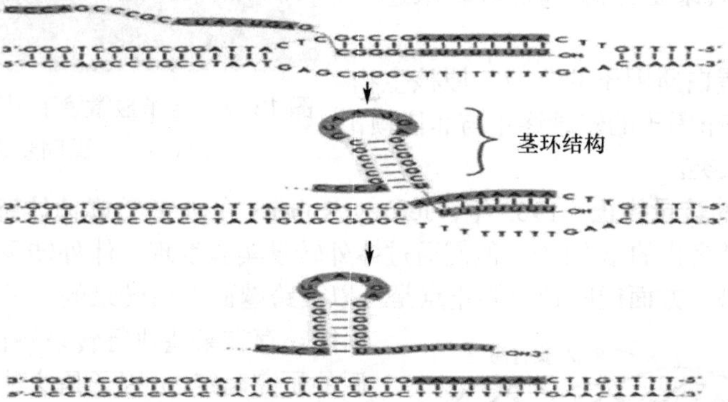

图 13–9 原核生物非依赖 ρ 因子的转录终止模式

二、真核生物的转录过程

真核生物 DNA 的转录一般以基因为单位进行。与原核生物相比，真核生物 DNA 的转录过程要复杂得多：真核生物的各类 RNA 分子的合成分别受不同类型 RNA 聚合酶的催化，它们的转录过程又各有区别；真核生物的 RNA 聚合酶不能单独与 DNA 模板启动子结合，而是需要多种转录因子（transcription factor，TF）的协助才能有效的启动转录。转录因子是指能直接或间接结合基因表达调控序列的蛋白质因子，其中 RNA 聚合酶结合启动子所必需的一组转录因子又称为通用转录因子（general transcription factor）或基本转录因子（basal transcription factor），这些基本转录因子在真核生物的进化过程中是高度保守的。在真核生物转录过程中，不同类型的 RNA 聚合酶需要不同类型转录因子的协助，除个别的基本转录因子如 TFⅡD 是通用的外，大多数 TF 都是不同的 RNA 聚合酶所特有的；另外，不同类型的 RNA 聚合酶识别的启动子类型也各不相同。

（一）hnRNA 的合成

hnRNA（heter-ogeneous nuclear RNA，hnRNA）是 mRNA 的前体，它的合成是在真核生物 RNA 聚合酶Ⅱ的催化下进行的，这种初级转录产物需要经过一系列转录后的加工过程才能转变成为成熟的 mRNA 分子。真核生物的转录过程也分为转录起始、转录延长和转录终止三个阶段。

1. 转录起始 真核生物转录起始需要RNA聚合酶对基因转录起始点上游的DNA序列作辨认结合，形成转录起始复合物。与原核生物的启动序列相似，我们把这些真核生物基因正确转录起始所需的 DNA 序列称为启动子（promoter）。RNA 聚合酶Ⅱ识别的启动子属于第Ⅱ类启动子（class Ⅱ promoter），最多包含四个不同类型的功能元件：一个位于转录起始点下游的下游元件（downstream element）、一个 TATA 盒（TATA box）、一个位于转录起始点的起始子（initiator）和一个远离转录起始点的上游元件（upstream element）。常见的上游元件如 GC 盒和 CAAT 盒等，其中 TATA 盒是Ⅱ型启动子中最常见的一个功能元件。自然界存在的启动子通常至少会缺少上述四个元件中的一个元件，比如起始区域和下游元件在Ⅱ型启动子中并不常见。TATA 盒也称为 Hogness 盒，通常位于转录起始点上游–30～–25bp，共有序列是 TATAAAA（指编码链上的碱基序列），其中第 5 和第 7 位碱基常被碱基 T 所替代，TATA 盒的命名就来源于其共有序列的前 4 个碱基。TATA 盒实际上与原核生物启动序列的–10 区非常类似，主要区别在于二者与转录起始点的相隔距离有远近的差异。

适用于 RNA 聚合酶Ⅱ的基本转录因子是 TFⅡ（transcription factor for RNA polymerase Ⅱ，TFⅡ），主要包括 TFⅡD 以及 TFⅡA、B、E、F、H，其中 TFⅡD 为三类 RNA 聚合酶所共有（表 13-3），这些基本转录因子在进化的过程中也是高度保守的。TFⅡD 是一种由 1 分子 TATA 盒结合蛋白（TATA-binding protein，TBP）和 8～10 分子 TBP 相关因子（TBP-associated factors，TAFs）组成的蛋白复合体。TFⅡD 是所有基本转录因子中唯一具有特异结合 DNA 能力的基本转录因子，在 TAF 的协助下，TFⅡD 中的 TBP 可特异识别结合启动子区域的 TATA 盒。研究发现，TBP 结合的 DNA 区域长 10 bp，刚好覆盖 TATA 盒，而含有 TAFs 的 TFⅡD 则可覆盖一个 35bp 或者更长的区域；此外，TAF 的分布具有组织特异性。不同物种的 TFⅡA 的亚基组成有所不同，酵母的 TFⅡA 包含 2 个亚基，而果蝇和人类的 TFⅡA 由 3 个亚基组成。如果 TFⅡA 被认为是一种 TAF 可能更为合适，因为该转录因子能结合 TBP 并能稳定 TFⅡD 与启动子的结合。TFⅡB 是把 TFⅡD 与 TFⅡF/RNA 聚合酶Ⅱ结合在一起的桥梁，分子中包含两个结构域，其中一个是 TFⅡD 结合域，另一个则有助于转录前起始复合物（pre-initiation complex，PIC）的组装。TFⅡF 由两个亚基组成，大亚基有解螺旋酶活性，小亚基与原核生物的 σ 因子具有高度同源性。

表 13-3 真核生物基本转录因子 TFⅡ的种类及功能

基本转录因子	功能
TFⅡD	特异识别结合 TATA 盒
TFⅡA	稳定 TFⅡD 与启动子的结合
TFⅡB	促进 RNA 聚合酶Ⅱ结合，并为其他因子的结合提供桥梁
TFⅡF	解螺旋酶
TFⅡE	ATPase
TFⅡH	解螺旋酶和蛋白激酶，后者可使 RNA 聚合酶Ⅱ大亚基 CTD 磷酸化

在 TFⅡ的协助下，真核生物 RNA 聚合酶Ⅱ首先与相应基因的启动子区域结合形成Ⅱ型 PIC。PIC 的组装是按照严格的顺序精确进行的（图 13-10）：①在 TAF 的协助下，TFⅠⅡD 中的 TBP 特异识别结合启动子中的 TATA 盒。②TFⅡA 与 TFⅡB 相继与 TBP 上结合，在 TATA 盒形成 DAB 复合体。③RNA 聚合酶Ⅱ与 TFⅡF 先行结合在一起，然后以复合体的形式与 DAB 复合体相结合，形成 DAB-RNA-pol-F 复合体。在这个过程中 TFⅡB 作为桥梁并提供结合表面，促使已与 TFⅡF 结合的 RNA 聚合酶Ⅱ靶向结合启动子；TFⅡF 由两个亚基组成，大亚基有解螺旋酶活性，小亚基与原核生物的 σ 因子具有高度同源性。④TFⅡE 和 TFⅡH 相继加入，最终形成 DAB-RNA-pol-FEH，完成 PIC 的装配过程。随着具有 ATPase 活性的 TFⅡE 的加入，TFⅡF 在 TFⅡE 的协同下利用解螺旋酶活性解开局部的 DNA 双链，最后 TFⅡH 加入进来，PIC 的装配完成。

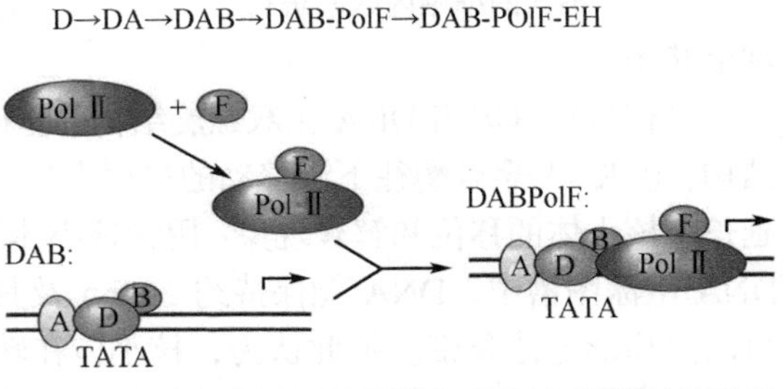

图 13–10 真核生物转录前起始复合物的形成过程

TFⅡH 具有解螺旋酶活性，能使转录起始点附近的 DNA 双螺旋进一步解开，促使 PIC 转变为活性转录复合体（active transcription complex），启动转录；TFⅡH 还能利用其蛋白激酶活性使 RNA 聚合酶Ⅱ的 CTD 磷酸化，使转录复合体的构象发生改变，促进转录。CTD 磷酸化在转录延长期也很重要，而且影响转录后加工过程中转录复合体和参与加工的酶之间的相互作用。当新生

RNA 链合成至含 60～70 个核苷酸时，TFⅡE 和 TFⅡH 从转录复合体上释放，RNA 聚合酶Ⅱ进入转录延长期。此后，大多数的 TF 就会脱离转录前起始复合物。

通过上述过程精密装配而成的 PIC 还不能有效启动转录，它必须进一步通过 TAF 与结合在增强子（另一种基因表达调控元件，详见基因表达调控章节）上的特异转录因子结合后，才能有效的启动转录。前面我们已经提及，TAF 的分布具有组织特异性，功能多样，但主要表现在两个方面：一是能够通过与特异转录因子相互作用，参与基因的特异性表达；二是对于一些缺乏 TATA 盒的Ⅱ型启动子来说，它还能帮助 TBP 结合到这些启动子的起始子和上游元件上。基本转录因子 TFⅡ的种类及功能见表 13-3。

不同基因与不同的转录因子相互作用保证了基因的特异性表达。以人为例，人类基因虽数以万计，但转录因子只有 300 多种，这些转录因子如何满足不同基因的转录需要呢？现在公认的拼板理论（piecing theory）很好的解释了这一难题：一个真核生物基因的转录需要 3-5 个转录因子，这些因子之间相互组合，生成专一性的复合物再与 RNA 聚合酶搭配而有针对性地结合并转录相应的基因。转录因子的相互辨认结合，就像儿童玩具七巧板，搭配得当就能拼出多种不同的图形。目前有不少实验都支持这一理论。

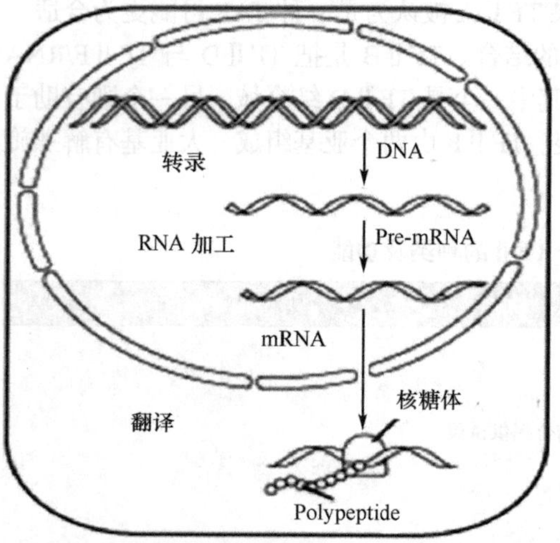

图 13-11 真核生物的转录和翻译分隔在不同的细胞内区间进行

2. 转录延长 在整个延长期，TFⅡF 始终与 RNA 聚合酶Ⅱ相连。延长因子增强了 RNA 聚合酶Ⅱ的活性，也能抑制转录中发生的转录暂停现象，并协调参与 mRNA 转录后加工的蛋白复合体之间的相互作用。一旦 RNA 合成结束，转录即终止，RNA 聚合酶Ⅱ去磷酸化，进入再循环，启动另一次转录。

真核生物的转录延长的化学过程和原核生物大致相似，不同的是，真核生物有核膜把转录和翻译过程分割在不同的细胞内区间进行（图 13-11）。因此在电子显微镜下，观察不到像原核生物转录时所形成的羽毛状图形。

真核生物基因组 DNA 在双螺旋结构的基础上，与多种组蛋白组成核小体（nucleosome）高级结构，在 RNA 聚合酶往下游移动的过程中处处都遇上核小体。通过体外转录实验可以观察到转录延长中核小体的移位和解聚现象：用含核小体结构的 DNA 片段作模板进行体外转录分析发现，在 DNA 电泳图谱中，DNA 能保持约 200bp 及其倍数的阶梯形电泳条带。据此认为，核小体在转录过程中发生了移位；但在体外培养的细胞中进行转录实验时进一步发现，组蛋白中含量丰富的精氨酸发生了乙酰化，降低了正电荷数目；DNA 分子上则出现了 AMP 生成 ADP 后聚合成多聚 ADP 的现象，使负电荷减少。而核小体组蛋白-DNA 结构的稳定是靠碱性氨基酸提供正电荷和核苷酸磷酸根上的负电荷之间形成离子键来维系的。据此推论：核小体在转录过程中可能发生了解聚和重新装配（图 13-12）。

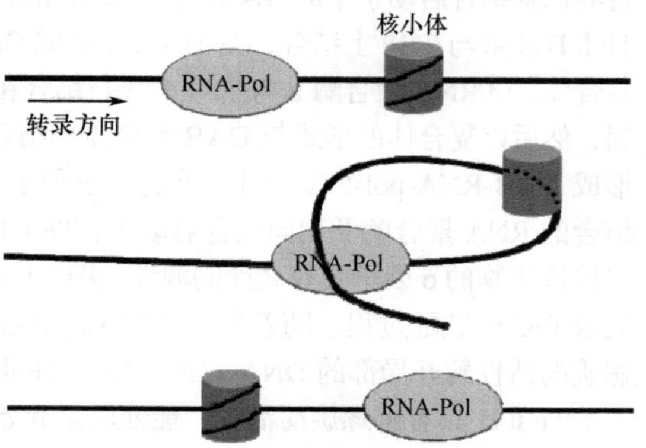

图 13-12 真核生物转录延长中的核小体移位现象

3. 转录终止 真核生物的转录终止，和转录后的修饰密切相关。研究发现，在大多数真核生物基因的编码链近 3′-端常有一个保守序列 AATAAA，其下游还有相当多的 GT 序列，这些序列称为转录终止的修饰点。AATAAA 是 mRNA 3′-端附加 poly（A）的信号，当转录到这一序列的下游区时，核酸酶识别这一序列，并在这一序列下游 10～15 碱基处切断 mRNA 链的磷酸二酯键，随即在 poly（A）聚合酶催化下加入 3′-端 poly（A）尾，余下的 RNA 要继续转录数百个甚至上千个核苷酸后才停顿，但很快被 RNA 酶降解。因此，poly（A）尾结构可以保护 RNA 免受降解（图 13-13）。

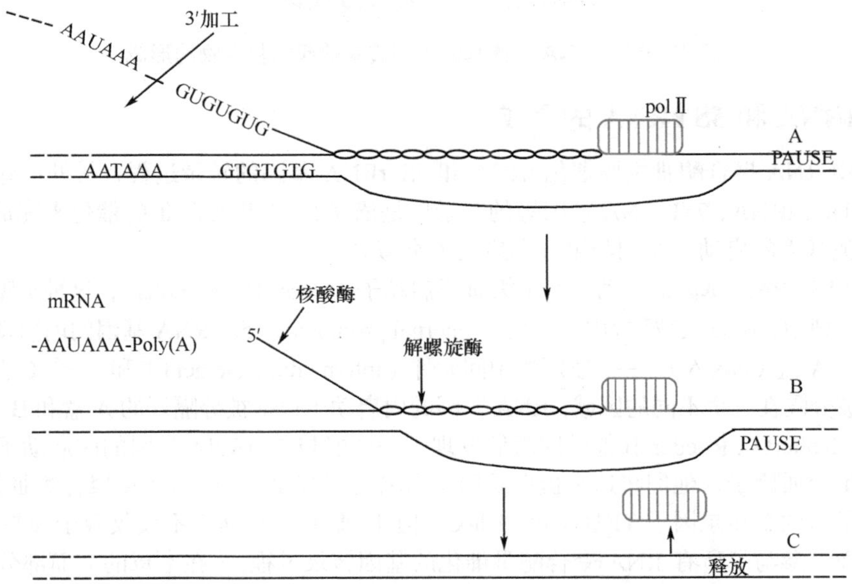

图 13-13　真核生物 RNA 聚合酶Ⅱ的转录终止及加尾修饰

通过上述一系列的转录过程，生成 mRNA 的初级转录产物 hnRNA 分子，后者还需要经过一系列的转录后修饰加工过程，才能转变成为成熟的 mRNA 分子。

（二）45S-rRNA 的合成

45S-rRNA 的合成是在真核生物 RNA 聚合酶Ⅰ的催化下进行的，这种大分子的 rRNA 前体经过转录后的剪切修饰可分别生成 28S、5.8S 和 18S rRNA。

真核生物 RNA 聚合酶Ⅰ能且只能识别 rRNA 前体基因的启动子，它属于第Ⅰ类启动子（class Ⅰ promoter）。rRNA 前体基因在每个细胞中都有数百个拷贝，它们的碱基序列几乎完全一致并含有相同的启动子序列，但在不同的物种中第Ⅰ类启动子的序列差别非常大，这一点与 RNA 聚合酶Ⅱ识别的第Ⅱ类启动子有很大的区别，如前所述，第Ⅱ类启动子具有多个高度保守的功能元件，如 TATA 盒和 CCAAT 盒等。rRNA 前体基因的启动子包括两个关键区域，这两个关键区域的基因突变往往会导致其启动转录的活性严重受损：一个是核心元件（core element），该元件定位在转录起始区域–45 和+20 之间；另一个关键区域是上游控制元件（upstream control element，UCE），位于–156 和–107 之间。

RNA 聚合酶Ⅰ识别结合上述启动子的过程需要两种转录因子的协助，分别是选择性因子（selective factor 1，SL1）和上游结合因子（upstream binding factor，UBF）。SL1 于 1985 年在 Hela 细胞中被发现，具有种属特异性（species specificity），在体外实验中人 SL1 能区分人和小鼠的 rRNA 启动子。SL1 含 4 个亚基，一个是 TATA 盒结合蛋白（TBP），另 3 个是 TBP 相关因子（TAFs）。研究发现，SL1 并不具备单独结合启动子的能力，但能与 RNA 聚合酶Ⅰ相互作用。

Ⅰ型转录前起始复合物形成过程相对比较简单，但需要 SL1 和 UBF 这两种转录因子的协同作用（图 13-14）：首先是 UBF 结合在 UCE 和核心元件的上游部分，导致模板 DNA 发生弯曲，使本来相距上百个核苷酸的 UCE 和核心元件靠拢，接着 SL1 募集 RNA 聚合酶Ⅰ并相继结合到 UBF-DNA

复合物上，完成Ⅰ型转录前起始复合物的装配而启动转录。rRNA 的合成过程与 mRNA 相似。

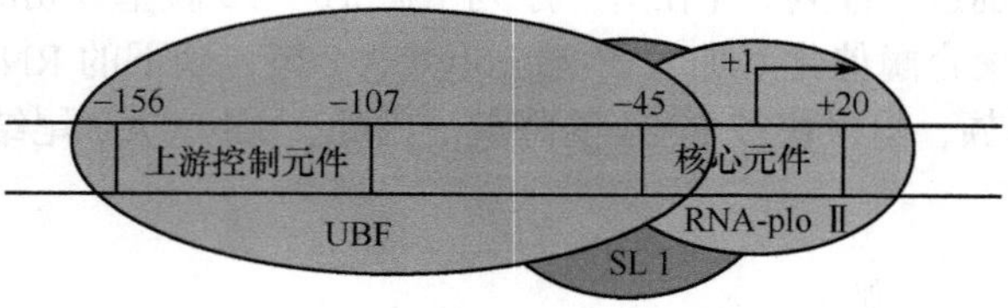

图 13–14 rRNA 前体基因Ⅰ型转录前起始复合物的形成

（三）tRNA 和 5S rRNA 的合成

真核生物 RNA 聚合酶Ⅲ主要催化 tRNA 和 5S rRNA 基因的转录过程，另外一些非经典的第Ⅲ类基因如 U6 snRNA、7SL RNA 基因等的转录也是依靠 RNA 聚合酶Ⅲ的催化来完成的，这些非经典的第Ⅲ类基因的启动子序列与第Ⅱ类启动子类似。

tRNA 和 5S rRNA 基因的启动子属于第Ⅲ类启动子（class Ⅲ promoter），这种类型的启动子位于被转录的序列中，所以又被称为内启动子（internal promoter）。5S rRNA 基因的内启动子包括 3 个部分，即一个 A 盒（box A）、一个较短的中间元件（intermediate element）和一个 C 盒（box C），这 3 个部分被分隔在三个不同的区域；tRNA 基因的内启动子包括被分隔开的 A 盒和 B 盒两个元件。

1980 年，Robert G. Roeder 和他的同事们发现了一个能与 5S rRNA 基因的内启动子结合并能促进其转录的蛋白质因子，他们将这个蛋白质因子命名为 TFⅢA，意即 RNA 聚合酶Ⅲ的转录因子。随后又发现了另两个转录因子 TFⅢB 和 TFⅢC，但 TFⅢB 和 TFⅢC 不仅仅限于参与 5S rRNA 基因的转录，而是参与了所有 RNA 聚合酶Ⅲ催化的基因转录过程。（在本章的前面部分我们已经提到过，真核生物 RNA 聚合酶Ⅱ的一整套转录因子也遵循这样的命名原则，所以被命名为 TFⅡA，TFⅡB 等等，但值得注意的是，RNA 聚合酶Ⅰ的转录因子并没有遵循这样的命名原则，其转录因子分别被命名为 SL1 和 UBF，而没有被称作 TFⅠA 和 TFⅠB。）

5S rRNA 基因的转录需要 TFⅢA、B、C 三种转录因子的共同参与。启动时，TFⅢA 先与 C 盒结合，接着是 TFⅢC 与 TFⅢA 结合，然后是 TFⅢB 与 TFⅢC 结合，并促进 RNA 聚合酶Ⅲ结合在转录起始点处而启动转录。

tRNA 基因的转录只需要 TFⅢB 与 TFⅢC 两种转录因子。转录起始时，TFⅢC 首先与 A 盒和 B 盒结合，并促进 TFⅢB 结合于转录起始点上游约 30bp 处，后者再促进 RNA 聚合酶Ⅲ结合在转录起始点处，形成转录前起始复合物而启动转录。

第三节 RNA 的转录后加工

转录生成的 RNA 是初级转录产物（primary transcript），又称作 RNA 前体，它们大都需要经过一定程度的转录后加工修饰才能转变为成熟的具备相应功能的 RNA 分子。原核生物的转录和翻译过程几乎是同时进行的，原核生物 mRNA 的初级转录产物不经过加工就能作为翻译的模板，但原核生物的 rRNA 和 tRNA 的初级转录产物也要经过一定的加工过程；真核生物的转录后修饰过程比原核生物要复杂得多，导致这种复杂性的因素主要有二：一是真核生物基因组结构比原核生物要复杂得多；二是由于核膜的存在，转录和翻译两个过程被分隔在不同的细胞内区间进行，即转录在细胞核内，而翻译在胞浆中。所以当转录过程完成之后，转录产物需要在翻译开始之前被运送到胞浆中去，这样在转录和翻译过程之间就出现了一个间隔（interval），这个间隔即我们通常所说的转录后时期（post-transcriptional phase），许多真核生物独有的转录后加工修饰过程都是在这个时期内完成的。在对转录后修饰的研究过程中，发现不少与生命活动有重大关系的现象，比如真核生物的断裂基因、内含子的功能、核酶等等，对转录后修饰的研究也是基因表达调控研究中的一个重要内容。本节重点介绍真核生物转录后修饰，也会简单介绍一下原核生物的 RNA 加工。

一、真核生物 mRNA 前体的转录后加工

真核生物 mRNA 前体为不均一核 RNA（hetero-nuclear RNA，hnRNA），它需要经过 5′-端和 3′-端的首、尾修饰及剪接过程，才能转变为成熟的 mRNA。

（一）5′-端的帽子结构

大多数真核生物成熟 mRNA 的 5′-端都有 7-甲基鸟嘌呤帽子结构。目前普遍认为，当真核生物 mRNA 前体合成至其长度达 30 个核苷酸之前，其 5′-端的第 1 个核苷酸就与一分子游离的 7-甲基三磷酸鸟苷通过特殊的 5′，5′-三磷酸二酯键相连（图 13-15）。

帽子结构是在加帽酶（capping enzyme）和甲基转移酶（methyltransferase）共同作用下完成的。加帽酶含两个亚基，两个亚基分别具有（phosphohydrolase）和鸟苷酸转移酶（guanylate transferase）的功能，在加帽的过程中，加帽酶与 RNA 聚合酶Ⅱ的 CTD 结合在一起。具体过程如下：首先新生 RNA 链 5′-端的第一个核苷酸在磷酸酶的作用下，水解 1 分子 γ-磷酸；然后在鸟苷酸转移酶的作用下，一分子游离的 GTP 水解 1 分子焦磷酸后，与其通过特殊的 5′，5′-三磷酸二酯键相连，这样新加入的鸟苷酸成为了 RNA 链 5′-端的第 1 位核苷酸；最后，在甲基转移酶的作用下，利用 S-腺苷甲硫氨酸（SAM）提供的甲基，先后使新加上去鸟嘌呤的 N7 和（或）原新生 mRNA 前体 5′-端的第一位和（或）第二位核苷酸的核糖 2′-O 甲基化。所以 mRNA 的帽子结构有 3 种类型：0 型、Ⅰ型和Ⅱ型帽子结构。如果只有新加入的鸟嘌呤 N7 发生甲基化，即为 0 型；在 0 型帽的基础上，如果原新生 mRNA 前体 5′-端的第一位核苷酸的核糖 2′-O 也发生甲基化，即为Ⅰ型；如果原新生 mRNA 前体 5′-端的第一位和第二位核苷酸的核糖 2′-O 都发生甲基化，即为Ⅱ型。真核生物帽子结构的复杂程度与生物进化程度密切相关。

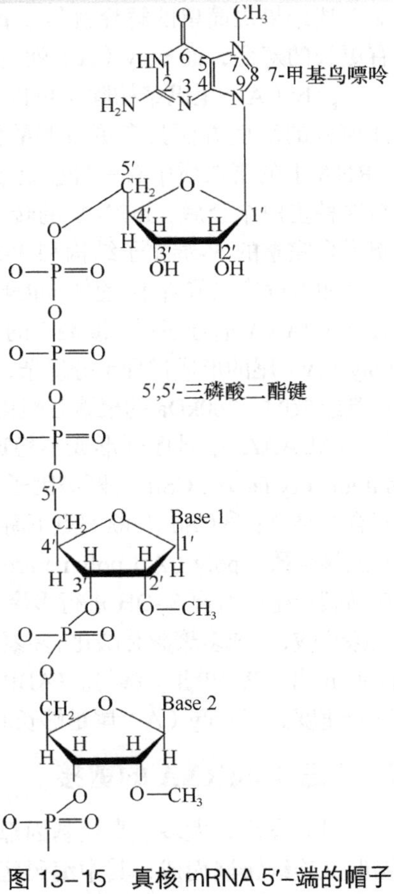

图 13-15 真核 mRNA 5′-端的帽子结构（图中所示为Ⅱ型帽子结构）

5′-端帽子结构可以使 mRNA 免遭核酸酶的攻击，也能与帽结合蛋白质复合体（cap-binding complex of proteins）结合，并参与 mRNA 和核糖体的结合，启动蛋白质的生物合成。

（二）3′-端 polyA 尾巴

绝大多数真核生物成熟 mRNA 及其前体分子的 3′-端都有一段约含 80～250 个腺苷酸的 poly（A）尾巴结构，但也有例外，比如组蛋白 mRNA 没有 poly（A）尾巴。现在大家都已经知道 hnRNA 是 mRNA 的前体，最初之所以会把这两种不同的 RNA 分子联系在一起，就是由于它们的 3′-端都有特殊的 poly（A）尾部结构，而 rRNA 和 tRNA 分子没有。科学家们也据此推测聚腺苷酸化（polyadenylation）的加尾过程应该是在细胞核内完成的，而且先于 mRNA 的剪接过程。

poly（A）尾巴并非由 DNA 模板编码，而且加尾过程属于转录后的修饰。之所以有这样的结论，一是由于基因组 DNA 中并没有足够长的成串多聚 T 来为其编码，特别是在已测序的基因中

没有发现相应的 3′-端多聚 T 序列；更重要的证据是，放线菌素 D（actinomycin D）可以抑制以 DNA 为模板的转录过程，但它不能抑制聚腺苷酸化过程。

那么接下来的问题是——几乎所有的 mRNA 分子都加上 poly（A）尾巴是为了什么目的呢？有证据证实 poly（A）尾巴可以增加 mRNA 本身的稳定性：Michel. Revel 分别将带或不带 poly（A）尾的球蛋白 mRNA 注入青蛙卵中，然后在两天的观察期内检测球蛋白在不同时间间隔内的合成速率。结果发现，在最初的阶段，两者并无明显差异；但 6 小时过后，不带 poly（A）尾的球蛋白 mRNA 已经不再支持蛋白质的合成，而带 poly（A）尾的球蛋白 mRNA 分子，翻译活性仍然很高。对上述结果最简单的解释就是带 poly（A）尾的 mRNA 分子比不带 poly（A）尾的 mRNA 分子具有更长的寿命，而 poly（A）就是保护结构。

poly（A）尾巴结构除了可以增加 mRNA 本身的稳定性以外，它在维持和增强 mRNA 作为翻译模板的活性方面具有更重要的作用。多方面的证据证实了这一点：在翻译过程中结合到真核 mRNA 上的蛋白质中有一种就是 poly（A）结合蛋白Ⅰ（poly（A）binding protein Ⅰ，PAB Ⅰ），与这种蛋白结合后，mRNA 的转录活性显著增强；而往体外反应体系中加入过量的 poly（A）抑制了含完整的 5′-端帽子结构和 3′-端 poly（A）尾巴结构的 mRNA 的翻译。

如本章第二节所述，前体 mRNA 上的裂解位点也是聚腺苷酸化的起始点，断裂点的上游 10～30nt 有 AAUAAA 信号序列，断裂点的下游 20～40nt 有富含 G 和 U 的序列。前体 mRNA 分子的断裂和 poly（A）尾的形成过程十分复杂，需要多种蛋白质参与其中，其主要步骤和重要分子有：①由 4 个亚基组成的、360kDa 的聚腺苷酸化特异因子（cleavage and polyadenylation specificity factor，CPSF）与 AAUAAA 信号序列形成不稳定的复合体；②至少有 3 种蛋白质，即断裂激动因子（cleavage stimulatory factor，CStF）、断裂因子Ⅰ（cleavage factor Ⅰ，CFⅠ）和断裂因子Ⅱ（CFⅡ）与 CPSF-RNA 复合体结合；③CStF 与断裂点下游富含 G 和 U 的序列相互作用形成稳定的多蛋白复合体；④多聚腺苷酸聚合酶（poly（A）polymerase，PAP）加入到多蛋白复合体，前体 mRNA 在断裂点断裂，随机在断裂产生的游离 3′-OH 进行多聚腺苷酸化。在加入大约前 12 个腺苷酸时，速度较慢，随后快速加入腺苷酸，完成多聚腺苷酸化。多聚腺苷酸化的快速期有一种多聚腺苷酸结合蛋白Ⅱ（poly（A）binding protein Ⅱ，PABPⅡ）参与。PABP Ⅱ和慢速期已合成的多聚腺苷酸结合，加速多聚腺苷酸聚合酶的反应速度。当 poly（A）尾足够长时，PABPⅡ还可使多聚腺苷酸聚合酶停止作用。

（三）hnRNA 的剪接

研究发现，大多数真核基因都是断裂基因（split gene），它由若干个编码区和非编码区互相间隔但又连续镶嵌而成，其中编码区称为外显子（exon），非编码区称为内含子（intron），有时也被称作插入序列（intervening sequence，IVS），它们通常被认为是一些无义（no sense）序列。大多数外显子的长度少于 1000 个核苷酸，最多见的是 100 至 200 个核苷酸；内含子的长度范围变化较大，可以从 50 个核苷酸到 20000 个核苷酸。有一些基因，特别是低等真核生物的基因，并不含内含子序列；但有些基因含丰富的内含子序列，比如肌营养不良蛋白（dystrophin）基因至少含 60 个内含子，它是至今为止发现的内含子数目最多的基因，该基因的功能异常将导致杜兴氏肌营养不良（Duchenne muscular dystrophy）。在真核生物基因的转录过程中，RNA 聚合酶并不能区分这些无义的内含子序列和编码序列，整个基因都会被转录，所以转录后修饰的一个重要任务就是将这些无义序列从编码序列中移除。

hnRNA 是 mRNA 基因的初级转录产物，绝大多数真核生物 hnRNA 的相对分子量往往比在胞浆内出现的成熟 mRNA 分子大几倍甚至数十倍。研究发现，hnRNA 和 DNA 模板链可以完全配对，而对比成熟 mRNA 分子的碱基序列和其相应的基因序列发现，并不是全部的基因序列都保留在成熟的 mRNA 分子中，有一些区段被去除了。这些被剪接去除的核酸序列即内含子的序列；而最终出现在成熟 mRNA 分子中、作为模板指导蛋白质翻译的序列即外显子序列。这种去除初级转录物上的内含子，把外显子连接为成熟 mRNA 的过程称为 mRNA 的剪接（mRNA splicing）。20 世纪 70 年代，Phillip Sharp 等在研究腺病毒 Ad2 时首次发现了内含子的存在。他们将分离的单链腺病毒 DNA 与成熟的 mRNA 分子杂交后，在电子显微镜下观察到配对的 DNA-RNA 杂交双链部分间隔有一些不配对的单链环形结构（不能配对的单链实际上就是内含子序列），并据此提出了“断裂基因”的概念。两人也因此而共同获得 1993 年度的诺贝尔生理/医学奖。

卵清蛋白基因是第一个被详细研究的断裂基因，全长为 7.7kb，有 8 个外显子和 7 个内含子（图 13-16）。图中蓝色并用数字表示的部分是外显子，其中 L 是前导序列；用字母表示的白色部分是内含子。初级转录物即 hnRNA 和相应的基因是等长的，说明内含子也存在于初级转录产物中，成熟的 mRNA 分子因为剪接去除了大量的内含子序列，长度明显短于 hnRNA，仅为 1.2kb，为 386 个氨基酸编码。

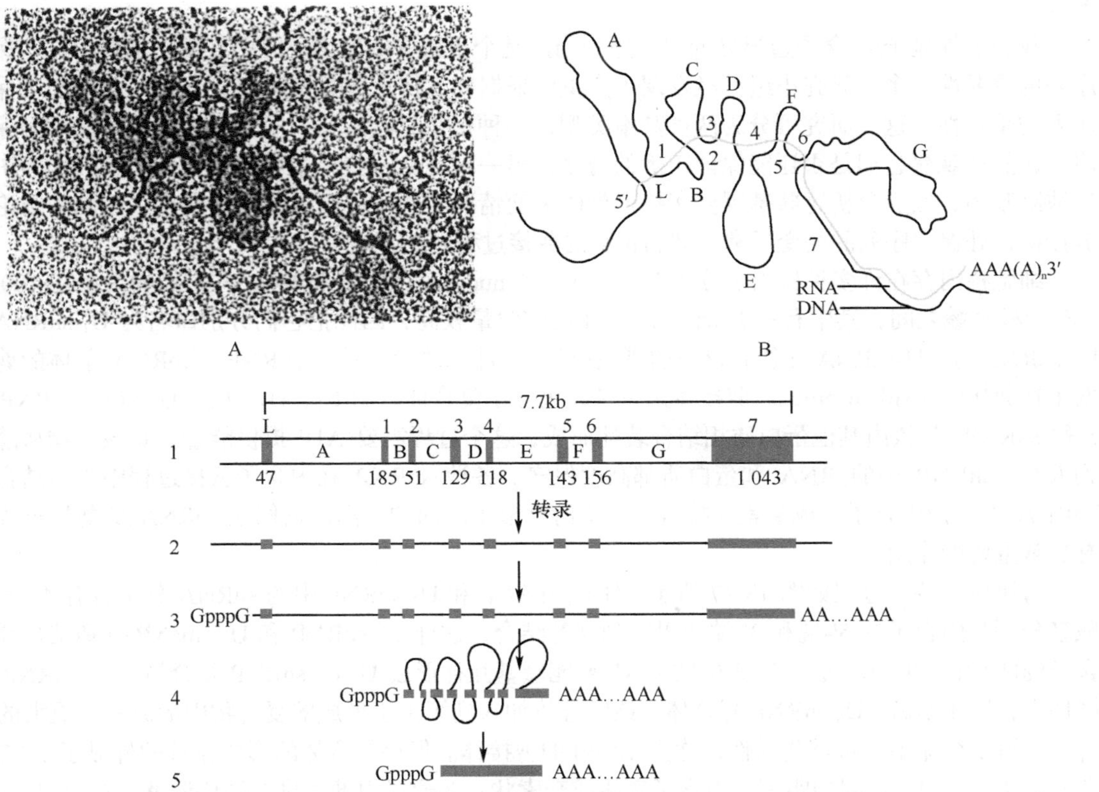

图 13-16 核酸分子杂交研究卵清蛋白基因及其转录产物的加工

A 和 B：成熟 mRNA 与基因模板 DNA 杂交的电镜图（A）和模式图（B）

1.卵清蛋白基因；2.初级转录产物 hnRNA；3.hnRNA 的首、尾修饰；4.剪接过程中套索 RNA 的形成；5.胞浆中出现的 mRNA，套索已去除

在 mRNA 剪接过程中，如何保证剪接的精确性是非常重要的。如果切除过少，内含子序列没有被切除完全，那么成熟 mRNA 分子中的编码序列就会被残留的“内含子”隔断；如果切除过多，带走了部分外显子序列，那么就会导致部分编码信息的丧失。既然精确剪接这么重要，那么在 mRNA 前体中应该存在某种信号，保证精确地剪切和再连接。那么这种剪接信号是什么呢？

剪接信号（splicing signal） 寻找剪接信号的最直接办法就是大量分析基因的碱基序列组成，定位内含子的边界（intron boundaries），然后观察它们的序列中是否存在共同的序列。理论上来讲，这些共同的序列可能就是剪接信号的一部分。Chambon 采用上述策略最先观察到一个有趣的现象：几乎所有细胞核内的 mRNA 前体内含子序列的 5′-端为 GU 序列，而 3′-端为 AG 序列

（exon/GU-intron-AG/exon），换句话说，就是内含子序列相应的转录产物最开始两个碱基是 GU，最后两个碱基是 AG。既然 GU—AG 模体（motif）并不是偶然出现的，所以可以确定 GU—AG 应该是剪接信号的一部分。

一个典型的内含子中往往含有多个 GU—AG 序列，但为什么并不是所有的 GU—AG 都被当作剪接的位点呢？答案就是 GU—AG 模体只是剪接信号的一部分。研究发现，在外显子/内含子边界处总有一些保守序列。哺乳动物 mRNA 前体的边界序列为：5′-AG/GUAAGU—内含子-YNCURAC—Y_NNAG/-3′，其中"/"表示外显子与内含子的边界；Y 代表任一嘧啶碱基 U 或 C，Y_N 表示一串嘧啶（9 个左右）；R 代表任意嘌呤碱基 A 或 G；A 代表一个特别的碱基 A；它参与了一个分支剪接中间体（branched splicing intermediate）的形成，分支剪接中间体又称为套索（lariat）；N 代表任一碱基。酵母 mRNA 前体的边界序列也研究得非常清楚，与哺乳动物的非常相似，只有很小的差异。

找到了外显子/内含子边界处的保守序列当然是个很重要的发现，但更重要的是揭示这些保守序列的重要性。多个研究小组已经发现了大量的证据来支持这些剪接接口（splice junction）保守序列的重要性。这些研究可分为两种基本类型，一种是在克隆的基因中突变某些剪接接口的保守序列，然后观察它们是否还能保证正确的剪接；另一种是从一些推测可能有剪接问题的病人中收集缺陷基因，然后分析这些基因剪接接口处的突变情况。两种不同的研究都得出了相同的结论：剪接接口处保守序列的突变通常会抑制正常的剪接过程。

细胞核内存在许多种核内小分子 RNA（small nuclear RNA，snRNA），它们的大小在 100 至 300 个核苷酸之间，其中有一类 snRNA 的尿嘧啶含量较高，因此把它们分别命名为 U_1-snRNA，U_2-snRNA 等。U-snRNA 往往和核内的蛋白质组成核糖核酸蛋白体（snRNP）。mRNA 前体的剪接发生在剪接体（spliceosome）。剪接体是一种超大分子复合体，由 U_1、U_2、U_4、U_5 和 U_6-snRNP 这 5 种 snRNPs 与核内其他蛋白质相结合装配而成，这个过程需要 ATP 提供能量。真核生物从酵母到人类，snRNP 中的 RNA 和蛋白质都高度保守。各种 snRNP 在内含子剪接过程中先后结合到 hnRNA 上，使内含子形成套索并拉近上、下游外显子之间的距离。它们在 mRNA 的剪接过程中有非常重要的作用。

剪接体的装配过程如图 13-17 所示：①U_1-snRNP 和 U_2-snRNP 中的 snRNA 分子各有 4～6 个碱基分别与内含子的 5′-端和 3′-端边界序列互补结合，这样 U_1-snRNP 和 U_2-snRNP 分别结合到内含子的两端；②U_4 和 U_6-snRNP 中的 snRNA 能碱基互补形成 U_4/U_6-snRNP 复合体，U_5-snRNP 随即加入，形成 U_4/U_5/U_6-snRNP 复合体。该复合体加入到第①步形成的复合物中形成一个更大的复合体，该复合体不具备催化活性，称为无活性的剪接体。但该复合体的形成拉近的外显子 1（E1）和外显子 2（E2）之间的距离，内含子弯曲成套索状；③通过内部重排的结构调整，释放出 U_1 和 U_4-snRNP，U_2 和 U_6-snRNP 形成催化中心，活性剪接体形成，催化发生二次转酯反应，从而完成切除内含子和连接外显子的剪接过程。

剪接过程需两次转酯反应。见图 13-18，外显子 E1 和 E2 之间的内含子 I 因与剪接体结合而弯曲，5′-端与 3′-端互相靠近。内含子可因小部分碱基与外显子互补而互相依附。第一次转酯反应需要细胞核内的含鸟苷酸的 pG、ppG 或 pppG 的辅酶，以 3′-OH 基对 E1/I 之间的磷酸二酯键进行亲电子攻击，使 E1/I 之间的共价键断开。pG 则取代 E1 成为 5′-端，E1 的 3′-OH 游离出来，所以称为转酯反应。第二次转酯反应由 E1 的 3′-OH 对 I/E2 之间的磷酸二酯键进行亲电子攻击，使 I 与 E2 断开，由 E1 取代了 I。这样，两个外显子被连接起来而内含子则被切除掉。在这两步反应中磷酸酯键的数目并没有改变，因此也没有能量的消耗。

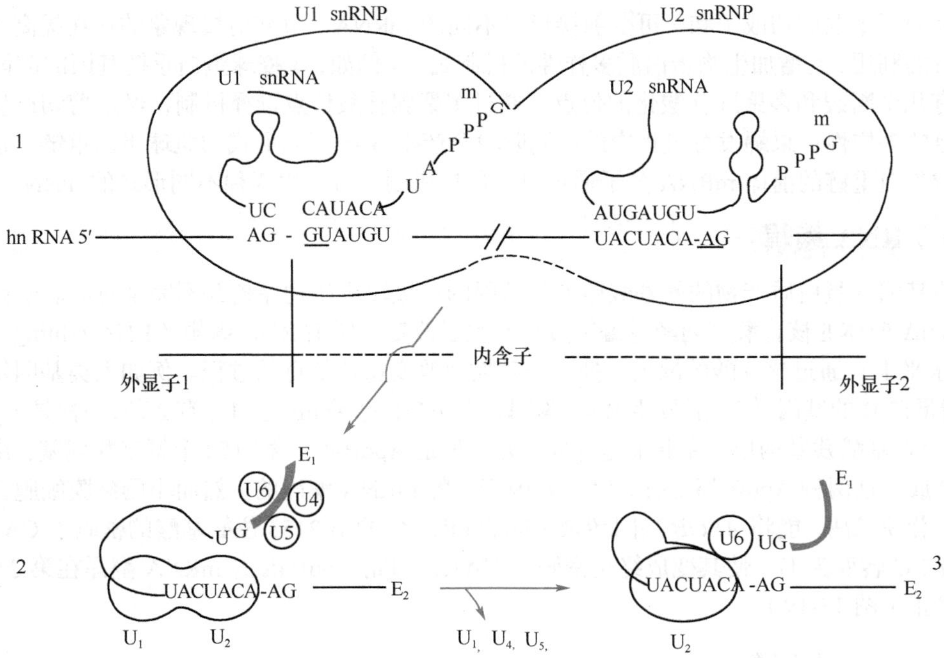

图 13–17 剪接体的装配和剪接过程

1. snRNP 与内含子边界序列结合；2. 完整的无活性剪接体形成；3. 活性剪接体形成

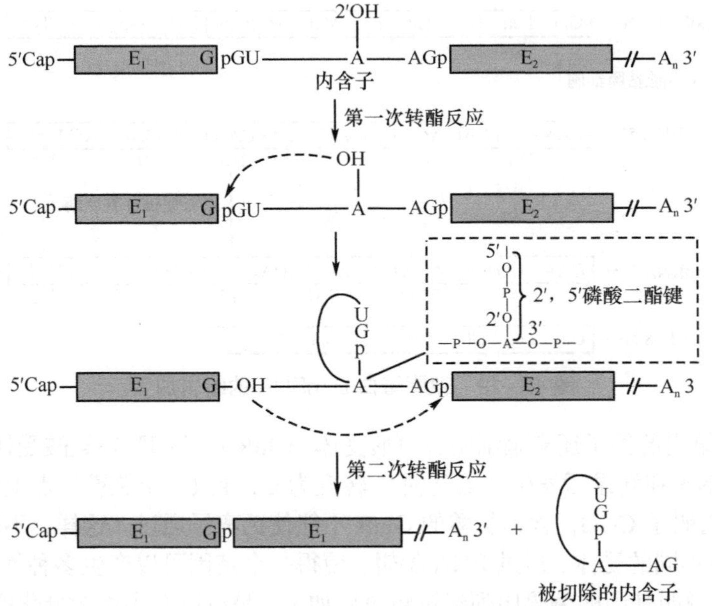

图 13–18 剪接过程的两次转酯反应机制

前体 mRNA 分子的加工除上述剪接外，还有一种剪切（cleavage）模式。剪切指的是剪去某些内含子后，在上游的 3′-端直接进行多聚腺苷酸化，不进行相邻外显子之间的连接反应。

（四）可变剪接

许多前体 mRNA 分子经过加工只产生一种成熟的 mRNA，翻译成相应的一种多肽；但有些前体 mRNA 分子可剪切或（和）剪接加工成结构有所不同的 mRNA，这一现象称为可变剪接（alternative splicing）。这些真核生物前体 mRNA 分子可能具有 2 个以上的断裂和多聚腺苷酸化的位点，因而可采取剪切或（和）可变剪接形成不同的 mRNA。可变剪接现象的存在提高了有限的基因数目的利用，是增加生物蛋白质多样性的机制之一。例如，免疫球蛋白重链基因的前体 mRNA 分子中有几个断裂和多聚腺苷酸化的位点，通过多聚腺苷酸位点选择机制，经过剪切产生免疫球蛋白重链的多样性；果蝇发育过程中的不同阶段会产生 3 种不同形式的肌球蛋白重链，这是由于同一肌球蛋白重链的前体 mRNA 分子通过可变剪接机制，可产生 3 种不同形式的 mRNA。

（五）RNA 编辑

有些基因的蛋白质产物的氨基酸序列与基因的初级转录产物序列并不完全对应。研究发现，某些 mRNA 前体的核苷酸序列经过编辑过程发生了改变。所谓 RNA 编辑（RNA editing）是指在 mRNA 水平上，通过核苷酸的缺失、插入或替换而改变遗传信息的过程。例如人类基因组上只有 1 个载脂蛋白 B 的基因，转录后发生 RNA 编辑，编码产生的 ApoB 蛋白却有 2 种，一种是 ApoB100，由 4536 个氨基酸残基构成，在肝细胞合成；另一种是 ApoB48，含 2152 个氨基酸残基，由小肠黏膜细胞合成。这两种 ApoB 都是有 *APOB* 基因产生的 mRNA 编码的，然而小肠黏膜细胞存在一种胞嘧啶核苷脱氨酶，能将 *APOB* 基因转录生成的 mRNA 的第 2153 位氨基酸的密码子 CAA（编码 Gln）中的 C 转变为 U，使其变成终止密码子 UAA，因此 ApoB48 的 mRNA 翻译在第 2153 个密码子处终止（图 13-19）。

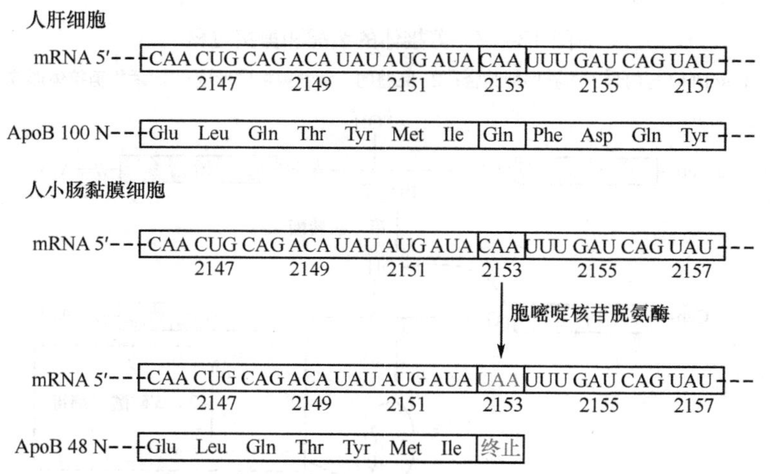

图 13-19 载脂蛋白 B mRNA 的编辑加工

类似的 RNA 编辑的例子还有脑细胞谷氨酸受体（GluR）。脑细胞谷氨酸受体是一种离子通道，编码该受体的 mRNA 在转录后发生脱氨基使 A 转变为 G，导致一个关键位点上的谷氨酰胺密码子 CAG 变为精氨酸密码子 CGG，含精氨酸的 GluR 不能使钙离子通过。这样，不同功能的脑细胞就可以选择性地产生不同的受体。通过 RNA 编辑，使得一个基因可以产生多种氨基酸序列不同、功能不同的蛋白质，说明基因的编码序列经过转录后加工，是可以有多用途分化的，因此 RNA 编辑也称为分化加工（differential RNA processing）。RNA 编辑的结果不仅扩大了遗传信息，而且使生物能更好地适应环境。

二、tRNA 的转录后加工

大多数细胞有 40～50 种不同的 tRNA 分子，它们初级转录本往往是以过长的前体（over-long precursor）形式被合成，在转录后加工过程中，前体 tRNA 分子的两端都需要切除部分 RNA 序列。在真核细胞中，一个前体分子只含一个单一的 tRNA；而在原核细胞中，一个前体分子中往往包含一个或多个 tRNA 分子，有时候甚至是 rRNA 和 tRNA 的混合物。真核生物和原核生物 tRNA 的转录后加工过程非常类似，所以我们把它们放在一起讲述。

原核生物的 tRNA 前体是一个多顺反子前体（polycistronic precursor），往往包含一个以上的 tRNA 分子（注：多顺反子的定义见基因表达调控章节）。所以对原核生物而言，tRNA 前体加工的第一步是在 RNase Ⅲ的作用下，将其切割成多个不同的部分，每个部分只含一种 tRNA 分子。如果这个前体包含 rRNA 和 tRNA 的混合物，切割之后每个部分只含一种 tRNA 或 rRNA。

原核生物 tRNA 前体经过上述切割后，接下来的剪接、加工过程和真核生物非常类似，主要步骤如下：①tRNA 前体的剪接：tRNA 前体的剪接分两步进行，首先由 tRNA 核酸内切酶（tRNA endonuclease）切去内含子序列，反应不需要 ATP，tRNA 核酸内切酶是一种膜结合酶；然后由 RNA 连接酶（RNA ligase）催化使切开的 tRNA 两部分共价连接，这步反应需要 ATP。②形成成熟的 5′-末端：原核和真核 tRNA 分子前体的两端都各有一些多余的 RNA 序列。在 RNase P 的作用下，5′-末端的多余序列经过一次切割被切除掉。RNase P 是一种核蛋白，由两个亚基构成，一个蛋白质亚基，一个 RNA 亚基，其中的 RNA 亚基具备核酸内切酶的活性，而蛋白质亚基只是起稳定构象的作用，所以 RNase P 实际上是一种核酶。③形成成熟的 3′-末端：tRNA 3′-末端的成熟过程比 5′-末端的成熟要复杂，共有 6 中不同的 RNase 参与了 3′-末端多余 RNA 的切除过程，这 6 种酶分别是 RNase D，RNase BN，RNase T，RNase PH，RNase Ⅱ和多聚核苷酸磷酸化酶（polynucleotide phosphorylase，PNPase）。已证实这 6 种酶对保证 3′-末端的有效加工都是必需的，其中的任意一种失活，tRNA 的加工过程都会严重受阻。在 3′-末端的成熟过程中，首先由 RNase Ⅱ和 PNPase 协同作用去除绝大部分多余的核苷酸，只剩下多余的最后两个；在切除最后两个核苷酸的过程中，RNase PH 和 RNase T 表现出最强的切除活性。④各种稀有碱基的生成：成熟 tRNA 分子中在多个位点含稀有碱基，这些稀有碱基也是转录后经各种化学修饰生成的，包括某些嘌呤甲基化生成甲基嘌呤、某些尿嘧啶还原为二氢尿嘧啶（DHU）、尿嘧啶核苷经过核苷内的转位反应转变为假尿嘧啶核苷、某些腺苷酸脱氨成为次黄嘌呤核苷酸（I）等。⑤加上 CCA-OH 的 3′-末端：在核苷酸转移酶的作用下，在 3′-末端除去个别碱基后，换上 tRNA 分子统一的 CCA-OH 末端，完成柄部结构。

三、rRNA 的转录后加工

（一）原核生物 rRNA 的转录后加工

大肠杆菌的基因组中有 7 个含 rRNA 基因的 *rrn* 操纵子。以 *rrn* D 操纵子为例，该操纵子中包含 3 个 tRNA 基因和 3 个 rRNA 基因，其转录产物为一个 30S 前体，包含了 16S、23S、5S rRNA 以及 tRNA 序列，tRNA 序列位于 16S rRNA 和 23S rRNA 之间。研究表明，不同的 rRNA 前体分子所含的 tRNA 种类不同，有些 rRNA 前体分子的 5S rRNA 的 3′-端也有 tRNA 的序列。30S rRNA 前体分子的加工可分为 3 个阶段：首先是一些特异核苷酸的甲基化（核糖的 2′-OH 甲基化最常见）；然后分别通过 RNase Ⅲ和 RNase E 的作用，使 30S rRNA 前体分子断裂，产生 16S、23S 和 5S rRNA 以及 tRNA 的前体；最后通过各种特异核酸酶的作用，产生成熟的 RNA。

（二）真核生物 rRNA 的转录后加工

真核生物的 45S-rRNA 基因和 5S-rRNA 基因的转录分别受真核生物 RNA 聚合酶Ⅰ和 RNA 聚合酶Ⅲ的催化。45S-rRNA 基因和 5S-rRNA 基因都属于丰富基因（redundant gene）族的 DNA 序列，即染色体上一些相似或完全一样的纵列串联基因（tandem gene）单位的重复。rRNA 基因位于核仁内，每个基因各自为一个转录单位。不同物种基因组可有数百或上千个 rRNA 基因，每个基因又被不能转录的基因间隔（nontranscribed gene spacers，NTSs）分段隔开。NTSs 不同于可转录的基因间隔（transcribed gene spacers），后者是 rRNA 基因成分，能够被转录为 rRNA 前体的一部分，其相应的序列在 rRNA 前体的成熟过程中会被移除。

45S-rRNA 基因的初级转录产物为大分子的 45S-rRNA 前体，通过如下一系列剪切过程，最终形成 5.8S、18S 和 28S 三种成熟的 rRNA 分子（图 13-20）：①45S-rRNA 前体 5′-端的多余 RNA 被切除，45S-rRNA 前体转变为 41S-rRNA 前体；②41S-rRNA 前体被剪切成两个部分，即 18S-rRNA 的 20S-rRNA 前体以及 5.8S-rRNA 和 28S-rRNA 的 32S-rRNA 前体；③20S-rRNA 前体 3′-端的多余 RNA 被切除，生成成熟的 18S-rRNA；④32S-rRNA 前体剪切生成成熟的 5.8S-rRNA 和 28S-rRNA，这两种成熟的 rRNA 又通过碱基配对结合在一起。

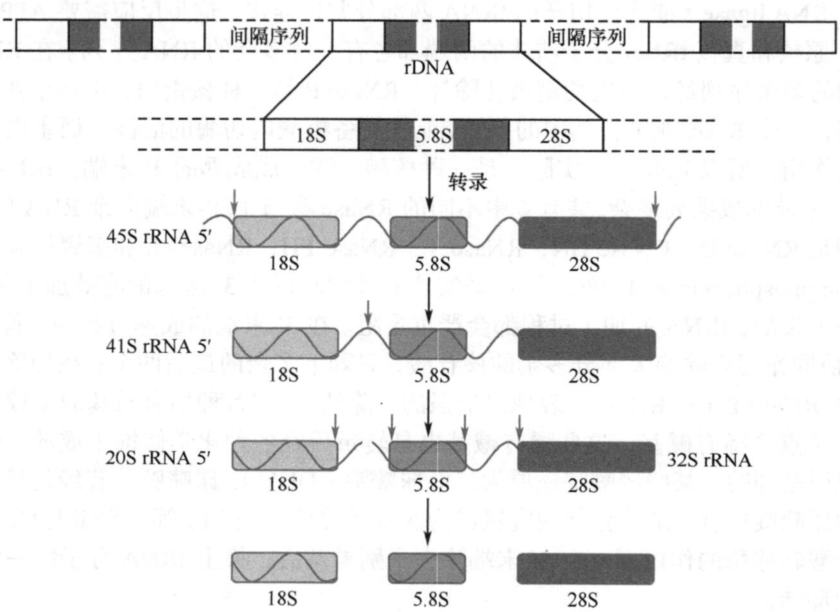

图 13-20 真核生物 45S-rRNA 前体的加工过程

（三）核酶

1983 年美国科学家 Thomas R.Cech 和他的同事发现四膜虫（tetrahymena thermophilic）编码 rRNA 前体的 DNA 序列含有间隔内含子序列。他们在体外用从细菌纯化得到的 RNA 聚合酶转录从四膜虫纯化的编码 rRNA 前体的 DNA，发现在没有任何来自四膜虫的蛋白质情况下，rRNA 前体能准确地剪接去除含 413 个核苷酸的内含子。这种由 RNA 分子催化自内含子剪接的反应称为自我剪接（self-splicing）。随后，在其他原核生物及真核生物的线粒体、叶绿体的 rRNA 前体加工中，亦证实了这种自我剪接方式的存在。科学家据此首次提出了核酶（ribozyme）这一概念，用以指代有酶促活性的 RNA（见第二章）。近年来已陆续发现不少 RNA 具有催化功能。

核酶的发现，对研究生命的起源和进化有重要意义，同时在抗感染和抗肿瘤的研究中也有广泛的应用前景。

第四节 RNA 复制

自然界的绝大部分生物都已是以 DNA 作为基因组携带遗传信息，但 RNA 病毒非常独特，它们以 RNA 作为基因组。目前已知的 RNA 病毒大多数为单链 RNA 病毒，这类病毒除逆转录病毒以外，在宿主细胞中都是以病毒的单链 RNA 为模板，以 A、U、C、G 四种核糖核苷酸为底物合成 RNA，这种 RNA 依赖的 RNA 合成称为 RNA 复制（(RNA replication)。

催化 RNA 复制的酶是 RNA 依赖的 RNA 聚合酶（RNA-dependent RNA polymerase），也称为 RNA 复制酶（RNA replicase），由病毒的 RNA 编码。RNA 复制酶只对病毒本身的 RNA 起作用，而不会作用于宿主细胞中的 RNA 分子。RNA 依赖的 RNA 合成的化学反应过程、机制与 DNA 依赖的 RNA 合成是相同的，合成的方向也是从 5′→3′，但 RNA 复制酶不具有校正功能，因此 RNA 复制时错误率较高。

下面我们以 RNA 噬菌体的 RNA 复制酶为例来简单介绍一下 RNA 复制酶的组成及功能。大多数 RNA 噬菌体的 RNA 复制酶由 4 个亚基组成，其中一个亚基是由噬菌体 RNA 复制酶基因编码的，是复制酶的活性部位；另外 3 个亚基是延长因子 Tu、延长因子 Ts 和 S1 蛋白（核糖体 30S 小亚基的一种蛋白质），都由宿主细胞自身的基因编码，参与宿主细胞蛋白质合成。这 3 种蛋白质可能在协助复制酶定位和结合病毒 RNA 的 3′-端的过程中起作用。

单链 RNA 病毒分为正单链 RNA 病毒与负单链 RNA 病毒。正单链 RNA 病毒的 RNA 基因组不仅可作为模板复制子代病毒 RNA，还同时具有 mRNA 的功能，可直接附着于胞质的核糖体，翻译出相应的病毒蛋白。负单链 RNA 病毒的基因组 RNA 也可作为模板复制子代病毒 RNA，但负链 RNA 不能直接附着于胞质内的核糖体作为病毒蛋白质翻译的模板。因此负单链 RNA 病毒体内必须携带有依赖 RNA 的 RNA 聚合酶，通过自身内部先转录出核苷酸序列与亲代基因组互补的正链后，才能在核糖体上翻译出相应的蛋白质。

无论正单链或负单链 RNA 病毒在复制子代病毒 RNA 前都需合成另一互补链，成为复制中间型后，再分别解链进行复制。不同的是正单链 RNA 病毒体内自身不携带 RNA 复制酶，需要以自身 RNA 为模板翻译合成 RNA 复制酶；而负单链 RNA 病毒体内携带有 RNA 复制酶，无需重新合成。在 RNA 复制过程中，RNA 病毒形成的复制中间型可高效地大量复制，因此 RNA 病毒增殖一个周期所需时间远远少于 DNA 病毒。多数 RNA 病毒的合成不会进入细胞核内，因此不会出现 RNA 病毒的整合（逆转录病毒例外）。另外，宿主细胞中并无依赖 RNA 的 RNA 聚合酶，因此这一酶可作为抗病毒作用的“靶”。

2010 年，Philipp Kapranov 等利用单分子高通量测序方法在人类细胞中发现了一类新的小 RNA（small RNA，sRNA），这类 sRNA 均小于 200 个核苷酸，5'-末端带有非基因组编码的“polyU”尾巴，往往存在于 mRNA 分子的 3'-远末端（the very 3' end）poly（A）尾巴附近。他们的研究结果强烈提示人类细胞中可能存在一种全新的 RNA 复制机制，能以 mRNA 为模板，并从 mRNA 的 3'-末端 poly（A）尾巴开始复制上述 sRNA 分子。

案例 13-1

患者，女性，30 岁，因咳嗽、咳痰、午后潮热伴夜间盗汗 1 个月余就医。体格检查：未见明显异常。实验室检查：红细胞沉降速度 14 mm/h（参考值 0～12mm/h），痰涂片查找结核菌阳性，肝肾功能正常，乙肝表面抗原阴性胸片：左上肺可见斑片状阴影，边缘不清，密度不均。

诊断：原发性肺结核。

治疗方案：利福平+异烟肼+乙胺丁醇三联治疗（6RHE）。

疗效：疗效良好，病情逐步好转，第 140 天胸片检查结果显示左上肺阴影明显缩小，胸水吸收。继续按原方案治疗半年，病灶稳定。

问题：

1. 利福平的抗菌机理是什么？
2. 为什么利福平被用作抗结核首先联合用药之一？
3. 结核病的治疗原则是什么？
4. 干扰 DNA 转录的常用药物还有哪些？

分析讨论

利福平为利福霉素类半合成广谱抗菌药，对结核分枝杆菌、部分非结核分枝杆菌、需氧革兰阳性菌、需氧革兰阴性菌等多种病原微生物都有明显的杀菌作用。研究表明，利福平能与原核生物依赖 DNA 的 RNA 聚合酶的β亚基牢固结合，从而抑制原核生物 RNA 的合成；并能阻止 RNA 聚合酶与 DNA 连接，从而阻断 RNA 转录过程，最终导致原核生物的蛋白合成停止。利福平能选择性抑制细菌依赖 DNA 的 RNA 聚合酶，阻碍 RNA 合成，但对真核生物细胞 RNA 聚合酶则无影响。

利福平是抗结核首先联合用药之一，有强大的抑制或杀灭结核杆菌作用。不但对繁殖期和静止期的结核杆菌有作用，而且对其他抗结核药的耐药菌株也有效。能杀灭巨噬细胞、纤维空洞和干酪样病灶中的结核杆菌。利福平单用易产生耐药性，常与其他一线药合用于重症的初治或复治患者，可增强疗效及延缓耐药性的产生。利福平与其他抗结核药间无交叉耐药性。

在肺结核的治疗中，为了增加疗效、减少耐药性的产生，多采用三联治疗。在本案例中采用的就是异烟肼、利福平和乙胺丁醇三联治疗。

除了利福平，干扰 DNA 转录的药物还有放线菌素 D、多柔比星（doxorubicin）、柔红霉素（daunorubicin）、伊达比星（idarubicin）等。

（刘　皓）

思　考　题

1. 试比较复制与转录的异同点。
2. 简述原核生物 RNA 聚合酶与模板的辨认结合过程。
3. 试述原核生物的转录过程。
4. 试述真核生物 mRNA 的转录后加工过程。

第十四章　蛋白质的生物合成

内容提要

蛋白质是遗传信息表现的功能形式，是生命活动的重要物质基础，需不断地代谢和更新。因此，细胞内的蛋白质合成是生命现象的主要内容。蛋白质的生物合成与核酸密切相关，根据中心法则，DNA 通过转录将 DNA 中遗传信息传递至 mRNA 分子，再通过翻译将遗传信息从 mRNA 传递至蛋白质分子中。其本质是将 mRNA 分子中所隐含的遗传信息（核酸语言），转化为蛋白质中的氨基酸序列信息（蛋白质语言）。因此，细胞内蛋白质的生物合成（protein biosynthesis）也称翻译或转译（translation）。

蛋白质生物合成体系由 mRNA——蛋白质生物合成的直接模板、核糖体——蛋白质生物合成的场所、tRNA——结合并运载氨基酸的工具以及参与蛋白质生物合成的其他成分组成。

蛋白质的生物合成过程包括 3 个阶段：氨基酸的活化、肽链的生物合成和肽链合成后的加工过程。其中肽链的合成过程又分为起始、延伸与终止。延伸又分为进位、成肽和转位。原核生物 mRNA 的转录和转译过程几乎是同时进行的，蛋白质合成往往在 mRNA 一开始转录就被引发。真核细胞的蛋白质合成与 mRNA 的转录过程在时间和空间上是分开的。真核细胞的 mRNA 经转录和修饰后，成为成熟 mRNA 并转运至细胞质，参与蛋白质合成，而且只编码一种肽链，其 mRNA 称为单顺反子。当肽链释出、大小亚基解聚，则代表着蛋白质合成的终止。蛋白质生物合成是一个复杂的过程，涉及许多蛋白质因子的参与，而且需要消耗大量的能量。

蛋白质生物合成后，还需要折叠形成有活性的三维空间结构，只有形成正确特定空间结构的蛋白质才具有生物学活性。分子伴侣等在蛋白质折叠中发挥重要的辅助作用。有的蛋白质合成后还要被进一步修饰，并输送到正确的细胞部位才能发挥作用。

原核生物与真核生物的蛋白质生物合成过程有共性，也有差异。人们利用这种差异性，分析干扰蛋白质生物合成的物质，研发了临床应用的抗病毒与抗细菌感染类药物。深入了解真核生物蛋白质生物合成过程，可以开发新的抗肿瘤药物。

蛋白质生物合成是指用转录得到的携带遗传信息的 mRNA 指导多肽链合成的过程，也称为翻译（translation）。该过程的本质是将 mRNA 分子中 A、G、C、U 四种核苷酸序列编码的遗传信息转换成蛋白质一级结构中 20 种氨基酸的排列顺序。翻译是包含起始、延长和终止三个阶段的连续过程。肽链合成后还要通过翻译后的加工修饰，包括折叠形成天然蛋白质的三维构象、对一级结构和空间结构的修饰等，才能成为有活性的天然蛋白质。此外，多种蛋白质在细胞质中合成后，还需要运输到相应的亚细胞部位或分泌到细胞外发挥作用。

第一节　蛋白质生物合成体系的构成

一、mRNA

mRNA 的概念是在 1965 年由 François Jacob 和 Jacques Monod 首先提出来的。因为当时已经知道编码蛋白质的遗传信息载体 DNA 是在细胞核中，而蛋白质的合成是在细胞质中，于是就推测，应该有一种中间信使在细胞核中合成后，携带遗传信息进入细胞质中指导蛋白质的合成。后来经过许多科学家的试验，发现除 rRNA 和 tRNA 之外的第三种 RNA，它起着这种遗传信息传递的功能，被称为信使 RNA（mRNA）。即遗传信息由 DNA 经转录传递给 mRNA，然后由 mRNA 翻译成特异的蛋白质。mRNA 的半寿期很短，很不稳定，一旦完成使命后很快就被水解掉。

不同的mRNA的分子大小差别很大,这和以它为模板所合成的蛋白质的分子大小不均一有关。原核生物的 mRNA 大部分为多顺反子，往往携带着一种以上蛋白质分子的信息，但大多数真核细胞的 mRNA 则只编码一条多肽链。

（一）阅读框架

mRNA 从 5′-末端到起始密码子 AUG 间的序列称 5′-末端非转译区（5′untranslated region，5′UTR），其中含有调控转译的序列；从起始密码子到终止密码子间的区域称为编码区，也称开放阅读框（open reading frame，ORF），此区域的密码子编码肽链的氨基酸残基序列，也就是肽链的合成是从起始密码子开始，到终止密码子结束；从终止密码子到 3′-末端区域称 3′-末端非密码区（3′untranslated region，3′UTR）。mRNA 在所有细胞内执行着相同的功能，即通过开放阅读框的三联体密码，在核糖体上指导肽链的生物合成（图 14-1）。

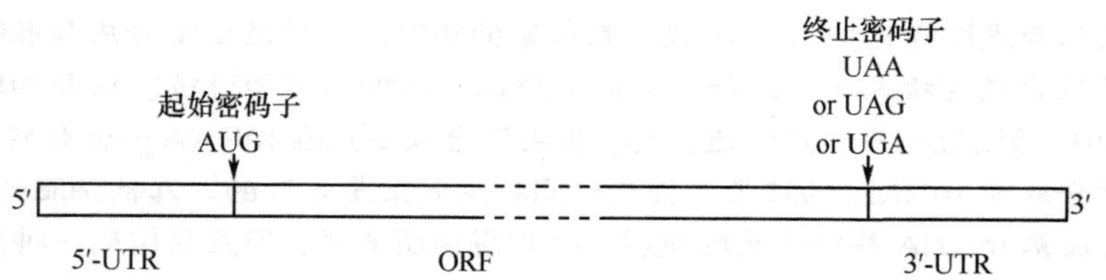

图 14-1 mRNA 结构示意图

通常在 mRNA 5′-末端区（也可以在任何区域）起始密码子 AUG 的上游 10 个碱基左右的位置，含有一段富含嘌呤碱基的保守序列（AGGAGGU）称 SD 序列（Shine-Dalgarno sequence），它能与核糖体小亚基 30S 中的 16S rRNA 的一段碱基互补，从而在转译起始过程中将核糖体小亚基固定在 AUG 附近（图 14-2）。

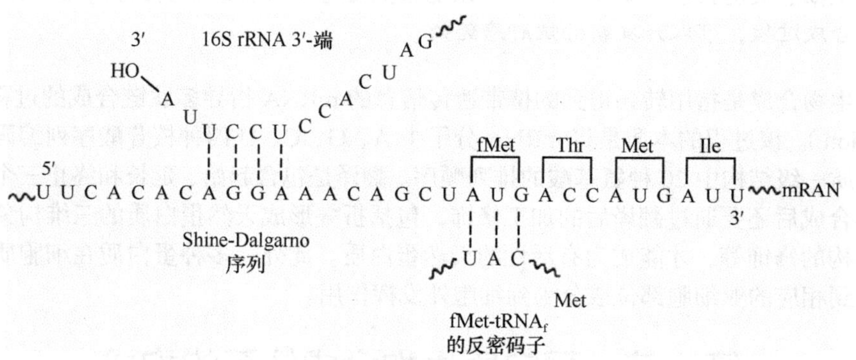

图 14-2 原核 mRNA 的 SD 序列

原核生物 mRNA 的转录和转译过程几乎是同时进行的，蛋白质合成往往在 mRNA 一开始转录就被引发（图 14-3）。

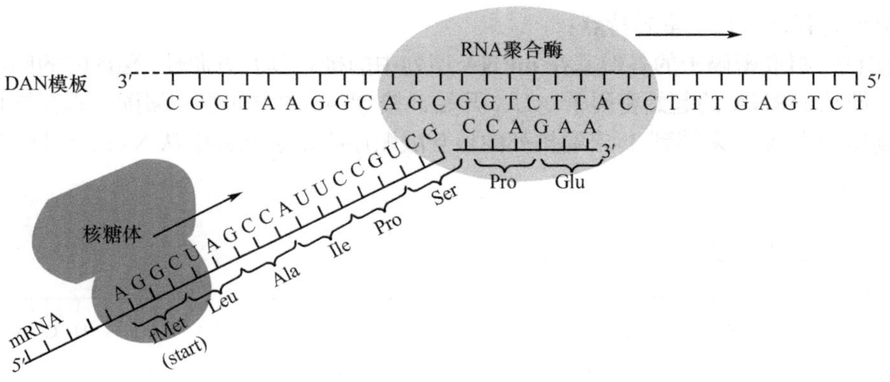

图 14-3　原核生物中的转录与翻译过程

真核细胞 mRNA 的最大特点在于它往往以一个相对分子量较大的前体 RNA（pre-mRNA）或称核内不均一 RNA（hnRNA）在细胞核内被合成，经转录后修饰为成熟 mRNA，转运至细胞质，参与蛋白质合成，而且只编码一种肽链。所以，真核细胞的蛋白质合成与 mRNA 的转录过程在时间和空间上是分开的。真核细胞 mRNA 的 5′-帽子与蛋白质合成的正确起始作用有关，协助核糖体与 mRNA 相结合，使转译在 AUG 起始密码子处开始。mRNA 的 3′-polyA 不仅与其从细胞核到细胞质的转移有关，也与其半衰期有关。

（二）遗传密码及特点

生物体对 mRNA 分子中核苷酸序列的翻译方式以 3 个相邻核苷酸为单位进行。在 mRNA 的开放阅读框架区，以每 3 个相邻的核苷酸为一组，编码一种氨基酸。如 AUG 被识别为甲硫氨酸和肽链合成起始信号、UCU 允许丝氨酸进入新生肽链、UGA 被识别为终止信号。这样串联排列的 3 个核苷酸被称为一个三联体密码子（codon）。4 种构成 mRNA 的核苷酸经排列组合可构成 64 个密码子（表 14-1），其中 61 个编码 20 种直接在蛋白质合成中使用的氨基酸；另有 3 个不编码任何氨基酸，而作为肽链合成的终止密码子（termination codon）。

表 14-1　遗传密码表

第一个核苷酸（5′）	第二个核苷酸 U	C	A	G	第三个核苷酸（3′）
U	苯丙氨酸 UUU	丝氨酸 UCU	酪氨酸 UAU	半胱氨酸 UGU	U
	苯丙氨酸 UUC	丝氨酸 UCC	酪氨酸 UAC	半胱氨酸 UGC	C
	亮氨酸 UUA	丝氨酸 UCA	终止密码 UAA	终止密码 UGA	A
	亮氨酸 UUG	丝氨酸 UCG	终止密码 UAG	色氨酸 UGG	G
C	亮氨酸 CUU	脯氨酸 CCU	组氨酸 CAU	精氨酸 CGU	U
	亮氨酸 CUC	脯氨酸 CCC	组氨酸 CAC	精氨酸 CGC	C
	亮氨酸 CUA	脯氨酸 CCA	谷氨酰胺 CAA	精氨酸 CGA	A
	亮氨酸 CUG	脯氨酸 CCG	谷氨酰胺 CAG	精氨酸 CGG	G
A	异亮氨酸 AUU	苏氨酸 ACU	天冬酰胺 AAU	丝氨酸 AGU	U
	异亮氨酸 AUC	苏氨酸 ACC	天冬酰胺 AAC	丝氨酸 AGC	C
	异亮氨酸 AUA	苏氨酸 ACA	赖氨酸 AAA	精氨酸 AGA	A
	*甲硫氨酸 AUG	苏氨酸 ACG	赖氨酸 AAG	精氨酸 AGG	G
G	缬氨酸 GUU	丙氨酸 GCU	天冬氨酸 GAU	甘氨酸 GGU	U
	缬氨酸 GUC	丙氨酸 GCC	天冬氨酸 GAC	甘氨酸 GGC	C
	缬氨酸 GUA	丙氨酸 GCA	谷氨酸 GAA	甘氨酸 GGA	A
	缬氨酸 GUG	丙氨酸 GCG	谷氨酸 GAG	甘氨酸 GGG	G

*AUG 为起始密码

遗传密码具有以下几个重要特点：

1. 方向性 组成密码子的各碱基在 mRNA 序列中的排列具有方向性。翻译时的阅读方向只能从 5′至 3′，即从 mRNA 的起始密码子 AUG 开始，按 5′→3′的方向逐一阅读，直至终止密码子。mRNA 阅读框架中从 5′-末端到 3′-末端排列的核苷酸顺序决定了肽链中从 N-末端到 C-末端的氨基酸排列顺序（图 14-4）。

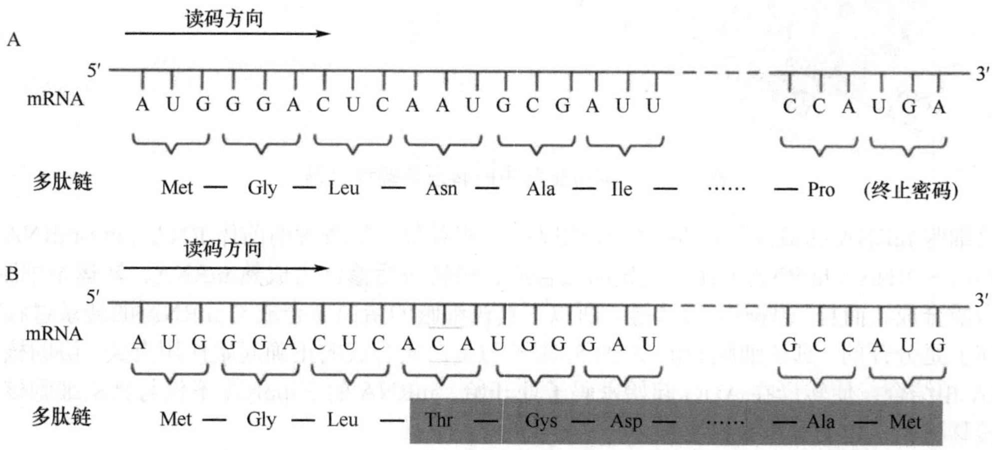

图 14-4 遗传密码的连续性与移码突变

A.氨基酸的排列顺序对应于 mRNA 序列中密码子的排列顺序；B.核苷酸插入导致移码突变

2. 连续性 mRNA 的密码子之间没有间隔核苷酸。从起始密码子开始，密码子被连续阅读，直至终止密码子出现。由于密码子的连续性，在开放阅读框中发生插入或缺失 1 个或 2 个碱基的基因突变，都会引起 mRNA 阅读框架发生移动，称之为移码（frame shift），使后续的氨基酸序列大部分被改变（图 14-4），其编码的蛋白质彻底丧失功能，称之为移码突变（frameshift mutation），如同时连续插入或缺失 3 个碱基，则只会在蛋白产物中增加 1 个或缺失 1 个氨基酸，但不会导致阅读框移位，对蛋白质的功能影响较小。

3. 简并性 64 个密码子中有 61 个编码氨基酸，而氨基酸只有 20 种，因此有的氨基酸可由多个密码子编码，这种现象被称为简并性（degeneracy）。例如，UUU 和 UUC 都是苯丙氨酸的密码子，UCU、UCC、UCA、UCG、AGU 和 AGC 都是丝氨酸的密码子。密码子 AUG 具有特殊性，不仅代表甲硫氨酸，如果位于 mRNA 起始部位，它还代表肽链合成的起始密码子（initiator codon）。

为同一种氨基酸编码的各密码子称为简并性密码子，也称同义密码子。多数情况下，同义密码子的前两位碱基相同，仅第三位碱基有差异，即密码子的特异性主要由前两位核苷酸决定，如苏氨酸的密码子是 ACU、ACC、ACA、ACG。这意味着第三位碱基的改变往往不改变其密码子编码的氨基酸，合成的蛋白质具有相同的一级结构。因此，遗传密码的简并性可降低基因突变的生物学效应。

4. 摆动性 密码子的翻译通过与 tRNA 的反密码子配对而实现。这种配对有时并不严格遵循 Watson-Crick 碱基配对原则，出现摆动（wobble）。此时 mRNA 密码子的第 1 位和第 2 位碱基（5′→3′）与 tRNA 反密码子的第 3 位和第 2 位碱基（5′→3′）之间仍为 Watson-Crick 配对，而反密码子的第 1 位与密码子的第 3 位碱基配对存在碱基配对摆动现象。

如某种 tRNA 上的反密码子第 1 位为次黄嘌呤核苷（inosine，I），则可分别与 mRNA 分子中的密码子第 3 位的 A、C 或 U 配对；反密码子第 1 位的 U 可分别与密码子第 3 位的 A 或 G 配对；反密码子第 1 位的 G 可分别与密码子第 3 位的 C 或 U 配对（表 14-2）。由此可见，摆动配对能使一种 tRNA 识别 mRNA 序列中的多种简并性密码子。

```
              3  2  1   3  2  1   3  2  1
反密码子  (3') G—C—I    G—C—I    G—C—I  (5')
              ≡  ≡  ≡   ≡  ≡  ≡   ≡  ≡  ≡
密码子    (5') C—G—A    C—G—U    C—G—C  (3')
              1  2  3   1  2  3   1  2  3
```

表 14-2　密码子与反密码子配对的摆动现象

tRNA 反密码子第 1 位碱基	A	C	G	U	I
mRNA 密码子第 3 位碱基	U	G	C、U	A、G	A、C、U

5. 通用性　从细菌到人类都使用着同一套遗传密码，这一方面为地球上的生物来自同一起源的进化论提供了有力依据，另外使我们有可能利用细菌等生物来制造人类蛋白质。遗传密码的通用性中仍有个别例外，在哺乳类动物线粒体内有些密码子编码方式不同于通用遗传密码，如 UAG 不代表终止信号而代表色氨酸，CUA、AUA 编码有所不同，此外终止密码子亦不一样。

二、tRNA

分散存在于胞液中的氨基酸需要由 tRNA 搬运到核糖体上才能组装成多肽链，所以 tRNA 起着运载氨基酸的作用。mRNA 序列中密码子的排列顺序通过 tRNA“改写”成多肽链中氨基酸的排列顺序。

tRNA 具有两个关键部位：一个是氨基酸结合部位；另一个是 mRNA 结合部位。氨基酸结合部位是 tRNA 氨基酸臂的-CCA 腺苷酸 3′-羟基。氨基酸被 tRNA 转运至核糖体之前，各种氨基酸须被分别加载到各自的 tRNA 分子上，形成氨基酰-tRNA。氨基酰-tRNA 是氨基酸的活化形式，它是氨基酸的 α-羧基与 tRNA 的 3′-CCA 末端的羟基之间形成酯键后，氨基酸与 tRNA 相连接而成的产物。tRNA 与 mRNA 的结合部位是 tRNA 的反密码子。反密码子能与 mRNA 序列中相应的密码子互补结合，于是，tRNA 所携带的氨基酸就可以准确地在 mRNA 序列上“对号入座”，从而使形成肽链的氨基酸按 mRNA 规定的顺序排列起来。

三、核　糖　体

核糖体（ribosome）由大、小两个亚基组成，每种亚基包含一种或几种 rRNA 以及许多功能不同的核糖体蛋白质（ribosomal protein，rp）。大、小亚基所含的蛋白质分别称为 rpL 和 rpS。这些蛋白质与 rRNA 存在于核糖体中，对蛋白质的生物合成发挥重要作用。

核糖体又称核蛋白体，是由 rRNA 和蛋白质组成的复合物。参与蛋白质生物合成的各种成分最终都要在核糖体上将氨基酸合成多肽链。所以，核糖体是蛋白质生物合成的场所。

核糖体在蛋白质生物合成中的重要作用和它的成分及结构密切相关。各种细胞核糖体都有大、小两个亚基，每个亚基都由多种核糖体蛋白质（ribosomal protein，rp）和 rRNA 组成。大、小亚基所含蛋白质分别称为 rpL 和 rpS，它们多是参与蛋白质生物合成过程的酶和蛋白质因子。rRNA 分子含较多局部螺旋结构区，可折叠形成复杂的三维构象作为亚基的结构骨架，使各种核糖体蛋白质附着结合，装配成完整亚基。如表 14-3 所示，原核生物的大亚基（50S）由 23S rRNA、5S rRNA 和 36 种蛋白质组成；小亚基（30S）由 16S rRNA 和 21 种蛋白质组成，大、小亚基结合形成 70S 的核糖体。真核细胞的大亚基（60S）由 28S rRNA、5.8S rRNA、5S rRNA 和 49 种蛋白质组成；小亚基（40S）由 18S rRNA 和 33 种蛋白质组成，大、小亚基结合形成 80S 的核糖体。

表 14-3 原核、真核生物核糖体的组成

	原核生物核糖体（70S）		真核生物核糖体（80S）	
	小亚基（30S）	大亚基（50S）	小亚基（40S）	大亚基（60S）
rRNA	16S rRNA	23S rRNA 5S rRNA	18S rRNA	28S rRNA 5.8S RNA 5S rRNA
核糖体蛋白	21 种 rpS	36 种 rpL	33 种 rpS	49 种 rpL

（一）原核生物核糖体

原核生物核糖体是由大、小亚基结合形成 70S 的核糖体。此处 S（svedberg unit）是表示生物大分子或复合体的大小单位，它与分子或复合体的质量和形状有关（图 14-5）。

核糖体至少有四个活性部位：mRNA 结合部位、氨基酰-tRNA 结合部位（A 位）、二肽酰及多肽酰 tRNA 结合部位（P 位）和肽键形成部位（转肽酶中心位）。核糖体大、小亚基间存在裂隙，该裂隙便是 mRNA 结合部位。A 位（aminoacyl site）是核糖体结合氨基酰-tRNA 的氨基酰位。P 位（peptidyl site）是结合肽酰-tRNA 的肽酰位。肽键形成位就在 A、P 位之间，在转肽酶（peptidyltransferase）的作用下，肽酰基被转移到位于 A 位的氨基酰-tRNA 的氨基上，两者形成肽键。这样，A 位上的氨基酸就被添加到肽链中，使肽链延长（图 14-6）。原核生物核糖体上还有一个 E 位（exit site），它是排出空载 tRNA 的排出位，但真核生物核糖体上没有 E 位。

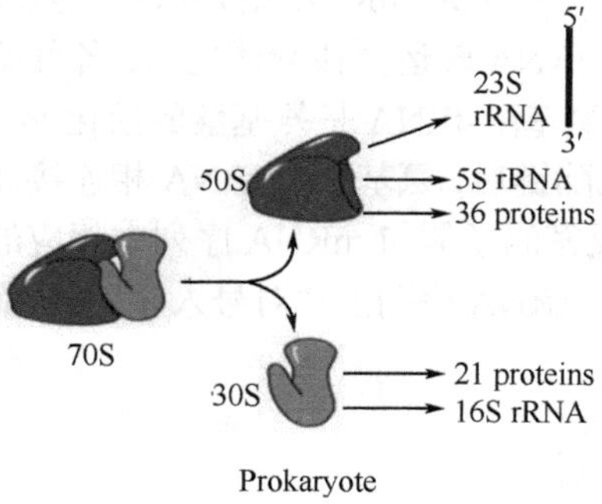

图 14-5 原核生物的核糖体

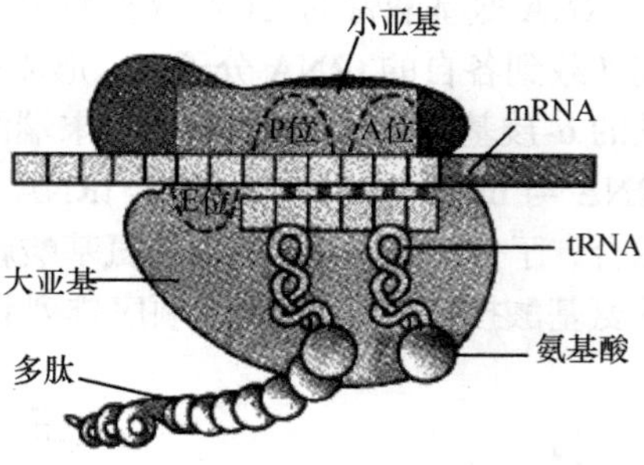

图 14-6 翻译过程中核蛋白体结构图

（二）真核生物核糖体

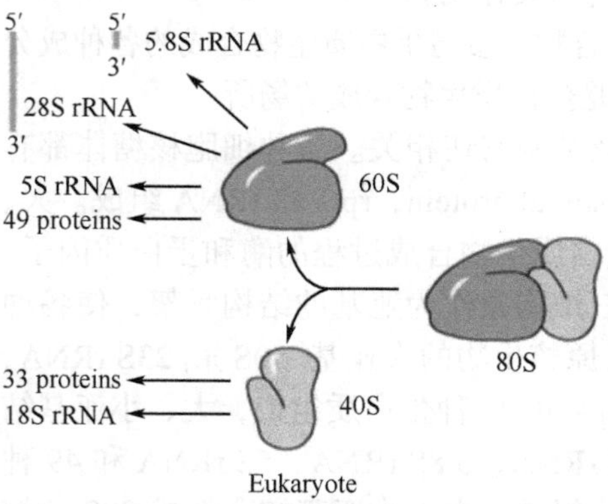

图 14-7 真核生物的核糖体

真核生物核糖体结构与原核相似，但组分更为复杂。真核生物核糖体（80S）分别由小亚基（40S）与大亚基（60S）所组成（图 14-7）。

四、酶类和蛋白质因子

（一）重要的酶类

参与蛋白质生物合成的重要酶有：①氨基酰-tRNA 合成酶，存在于胞液中，催化氨基酸的活化；②转肽酶，是核糖体大亚基的组成成分，催化核糖体 P 位上的肽酰基转移至 A 位氨基酰 tRNA 的氨基上，使酰基与氨基结合形成肽键，它受释放因子的作用后发生变构，表现出酯酶的水解活性，使 P 位上的肽链与 tRNA 分离；③转位酶，其活性存在于延长因子 G 中，催化核糖体向 mRNA 的 3′—端移动一个密码子的

距离，使下一个密码子定位于 A 位。

（二）蛋白质因子

在蛋白质生物合成的各阶段有很多重要的非核糖体蛋白质因子参与反应。翻译时它们仅临时性地与核糖体发生作用，之后会从核糖体复合物中解离出来，主要有：①起始因子（initiation factor，IF），原核生物（prokaryote）和真核生物（eukaryote）的起始因子分别用 IF 和 eIF 表示；②延长因子（elongation factor，EF），原核生物与真核生物的延长因子分别用 EF 和 eEF 表示；③释放因子（release factor，RF）又称终止因子（termination factor），原核生物与真核生物的释放因子分别用 RF 和 eRF 表示。参与蛋白质生物合成的各种已知蛋白质因子见表 14-4 和表 14-5。

表 14-4　参与原核生物翻译的各种蛋白质因子及生物学功能

种类		生物学功能
起始因子	IF-1	占据 A 位防止结合其他 tRNA
	IF-2	促进 fMet-tRNA^{fMet}与小亚基结合
	IF-3	促进大、亚基分离，提高 P 位对结合 fMet-tRNA^{fMet}的敏感性
延长因子	EF-Tu	促进氨基酰-tRNA 进入 A 位，结合并分解 GTP
	EF-Ts	EF-Tu 的调节亚基
	EF-G	有转位酶活性，促进 mRNA-肽酰-tRNA 由 A 位移至 P 位，促进 tRNA 的卸载与释放
释放因子	RF-1	特异识别 UAA、UAG，诱导转肽酶转变为酯酶
	RF-2	特异识别 UAA、UGA，诱导转肽酶转变为酯酶
	RF-3	可与核糖体其他部位结合，有 GTP 酶活性，能介导 RF-1 及 RF-2 与核糖体的相互作用

表 14-5　参与真核生物翻译的各种蛋白质因子及其生物学功能

种类		生物学功能
起始因子	eIF-1	多功能因子，参与翻译的多个环节
	eIF-2	促进起始 Met-tRNAi^{Met}与小亚基结合
	eIF-2B	结合小亚基，促进大、小亚基分离
	eIF-3	结合小亚基，促进大、小亚基分离；介导 mRNA-eIF-4F 复合物与小亚基结合
	eIF-4A	eIF-4F 复合物成分，有 RNA 解旋酶活性，解除 mRNA 的 5′-末端发夹结构，使其与小亚基结合
	eIF-4B	结合 mRNA，促进 mRNA 扫描定位起始 AUG
	eIF-4E	eIF-4F 复合物成分，结合 mRNA 的 5′-末端帽子结构
	eIF-4G	eIF-4F 复合物成分，连接 eIF-4E、eIF-3 和 PAB
	eIF-5	促进各种起始因子从核糖体释放，进而结合大亚基
	eIF-6	促进无活性的核糖体解聚生成大、小亚基
延长因子	eEF-1α	结合并分解 GTP，携带氨酰-tRNA 进入 A 位，相当于 EF-Tu
	eEF-1βγ	调节亚基，相当于 EF-Ts
	eEF-2	有易位酶活性，促进 mRNA-肽酰-tRNA 由 A 位移至 P 位，促进 tRNA 脱酰基与释放，相当于 EF-G
释放因子	eRF	识别终止密码子

（三）能源物质及离子

蛋白质生物合成的能源物质为 ATP 和 GTP。参与蛋白质生物合成的无机离子有 Mg^{2+}和 K^{+}等。

第二节　蛋白质的生物合成过程

蛋白质合成过程可以分为四步反应：①氨基酸的活化；②肽链合成的起始；③肽链的延长；④肽链的终止。后三步均在核糖体上进行，且是一个循环过程。因此，多肽链的合成过程也称核糖体循环。

一、氨基酸的活化

（一）氨基酰-tRNA 合成

肽链合成中，氨基酸本身不能进入核糖体，必须结合到特定 tRNA 上，才能被带到 mRNA-核糖体复合体上。氨基酰-tRNA 合成酶催化氨基酸活化后，再连接到 tRNA 分子上，这一过程称氨基酸活化。反应过程分两步：

第一步：在 Mg^{2+}或 Mn^{2+}参与下，由 ATP 供能，氨基酰-tRNA 合成酶（E）接纳活化的氨基酸并形成中间复合物：

$$\mathrm{R{-}\underset{}{\overset{NH_2}{\overset{|}{C}}}H{-}COOH + ATP + E \xrightarrow{Mg^{2+}或Mn^{2+}} R{-}\overset{NH_2}{\overset{|}{C}}H{-}\underset{\underset{O}{\|}}{C}{-}O{-}AMP{\cdot}E + PPi}$$

第二步：中间复合物与特异的 tRNA 作用，将氨基酰基从 AMP 转移到 tRNA 的氨基酸臂（即 3′-末端 CCA-OH）上：

$$\mathrm{R{-}\overset{NH_2}{\overset{|}{C}}H{-}\underset{\underset{O}{\|}}{C}{-}O{-}AMP{\cdot}E + tRNA{-}CCA \longrightarrow tRNA{-}CCA{-}O{-}\underset{\underset{O}{\|}}{C}{-}\overset{NH_2}{\overset{|}{H}}C{-}R + AMP + E}$$

总反应：$\text{氨基酸} + ATP + tPNA \xrightarrow{Mg^{2+}或Mn^{2+}} \text{氨基酰 - tRNA} + AMP + 2Pi$

反应过程如下（图 14-8）。

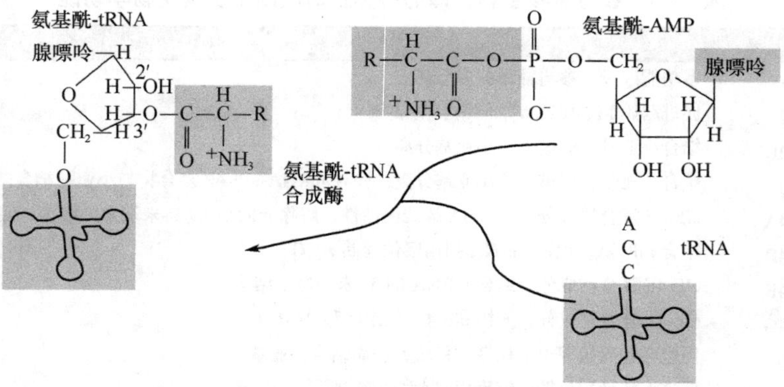

图 14-8 氨基酰-tRNA 的合成

（二）形成氨基酰-tRNA 有两方面的意义

（1）tRNA 结合的氨基酸是活化状态，有利于在核糖体形成肽键。

（2）tRNA 将携带的活化氨基酸转送到核糖体特定位置，通过其反密码子与 mRNA 上的密码子互相识别，将活化的氨基酸掺入到正在合成肽链的合适位置中。也就是说，氨基酰-tRNA 的形成，不仅为肽链的合成解决了能量问题，而且还解决了专一性问题。

每一种氨基酸都有与之对应的氨基酰-tRNA 合成酶，该酶既能够识别相应的氨基酸，又能识别与此氨基酸相对应的 tRNA 分子。另外，氨基酰-tRNA 合成酶具有校对功能，如果形成的氨基酰-tRNA 产物不是正确的对应关系，则该酶会立刻启动校对功能活性，将上述氨基酰-tRNA 产物水解。在氨基酰-tRNA 合成酶上述双重功能的监控下，可使转译过程的错误频率得以有效降低。

（三）真核生物起始氨基酰-tRNA 是 Met-tRNAi^{Met}

真核生物中与甲硫氨酸结合的 tRNA 至少有两种：一种是具有起始功能的 Met-tRNAi^{Met}

（initiator-tRNA），它与甲硫氨酸结合后，可以在 mRNA 的起始密码子 AUG 处就位，参与形成翻译的起始复合物；另一种是参与肽链延长的 $tRNA^{Met}$，它和甲硫氨酸结合后生成 Met-$tRNA^{Met}$，必要时进入核糖体，为延长中的肽链添加甲硫氨酸。Met-$tRNAi^{Met}$ 和 Met-$tRNA^{Met}$ 可分别被起始或延长过程起催化作用的酶和蛋白质因子所辨认。

原核生物中参与肽链延长的 $tRNA^{Met}$ 和甲硫氨酸结合后生成 Met-$tRNA^{Met}$，而具有起始功能的 $tRNA^{Met}$ 与甲硫氨酸结合后，甲硫氨酸很快被甲酰化为 N-甲酰甲硫氨酸（N-formyl methionine，fMet），于是形成 N-甲酰甲硫氨酸-tRNA（fMet-$tRNA^{fMet}$）。原核生物的起始密码子只辨认 fMet-$tRNA^{fMet}$。fMet-$tRNA^{fMet}$ 的生成反应由转甲酰基酶催化，将甲酰基从 N^{10}-甲酰四氢叶酸（THFA）转移到甲硫氨酸的 α-氨基上，反应如下：

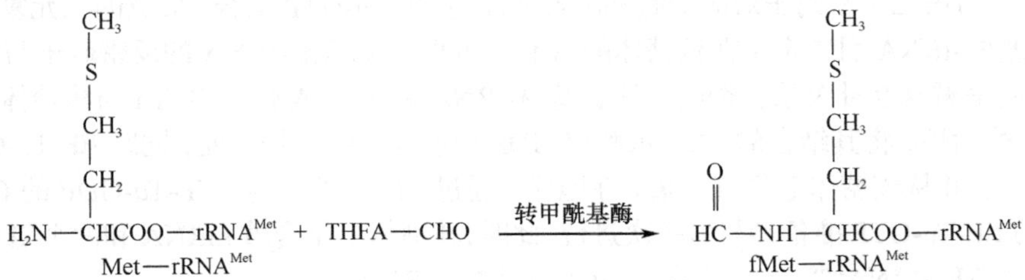

二、肽链合成的起始

在蛋白质生物合成的启动阶段，核糖体的大、小亚基，mRNA 与 fMet-$tRNA_i^{fMet}$ 共同构成翻译起始复合物（translational initiation comples）。这一过程还需要起始因子、GTP 和 Mg^{2+} 参与。原核生物多肽链合成的起始可以分为三步：

1. 核糖体亚基分离　IF-3 首先结合到核糖体 30S 小亚基上，可能在其与 50S 大亚基的界面上，故能促进核糖体大小亚基的解离，使核糖体 30S 小亚基从不具活性的核糖体（70S）释放。IF-1 与小亚基的 A 位结合则能加速此种解离，避免起始氨酰 tRNA 与 A 位的提前结合，同时也有利于 IF-2 结合到小亚基上。

2. 30S 起始复合物的形成　核糖体 30S 小亚基可与 mRNA 及 fMet-$tRNA^{fMet}$ 分别结合。mRNA 与核糖体小亚基的结合可能是蛋白质合成的限速反应，IF-3 起辅助作用。通过 mRNA 5′-末端的 SD 序列与小亚基中 16S rRNA 3′-末端的互补序列的结合，这样 30S 小亚基在 mRNA 上的结合位置正好使小亚基上的 P 位对准起始密码 AUG，fMet-$tRNA^{fMet}$ 在 IF-2 参与下进入 P 位，与 GTP 共同形成 fMet-$tRNA^{fMet}$IF-2 GTP 中间复合物。IF-2 具有促进该复合体与 30S 小亚基结合的作用，IF-1 也有利于将其结合到小亚基上，通过反密码子辨认 mRNA 上的起始复合物。

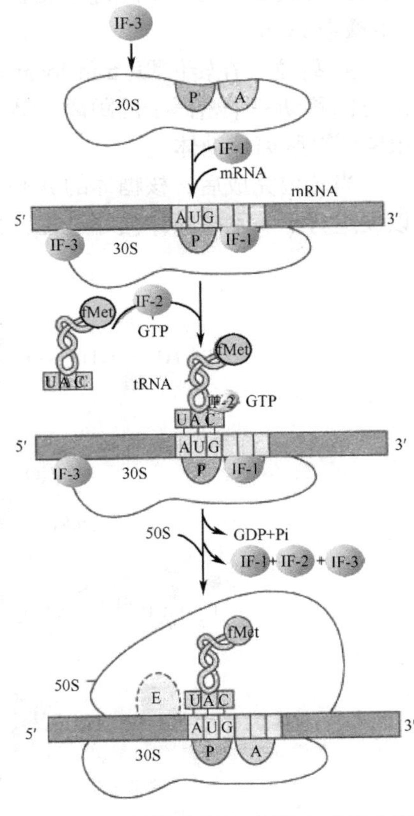

图 14-9　原核生物蛋白质合成的起始

3. 70S 起始复合体的形成　30S 起始复合物一经形成，IF-3 即行脱落，IF-3 从 30S 小亚基释出后，大、小亚基重新结合，形成 70S 核糖体并释出 IF-1，最后 IF-2 的 GTP 酶活性被激活，水解 GTP 释出能量并随之脱落，形成了完整的起始复合物 70S fMet-$tRNA^{fMet}$mRNA（图 14-9）。至此，肽位（P 位）已被 fMet-$tRNA^{fMet}$ 占据，空着的氨基酰位（A 位）准备接受一个能与第二个密码子配对的氨基酰 tRNA，为多肽链的延伸做好了准备。释出的起始因子可参与下一个核糖体的起始作用。

三、肽链的延长

三元起始复合物形成后，与起始密码子紧邻的下游密码子被其氨基酰-tRNA 的反密码子识别并结合进入 AA-tRNA 结合部位（A 位），肽链合成的延长反应阶段就开始。肽链延长过程可分为三个步骤：进位、成肽和转位。在核糖体每完成上述三个步骤，就会在肽链的 C 末端加上一个氨基酸残基，故肽链的延长是一个上述三个步骤反复循环的过程，此过程也称核糖体循环。在核糖体循环过程中，需要一些蛋白因子参与，这些蛋白因子称延长因子（elongation factor，EF）。在原核细胞中，有 EF-Tu、EF-Ts 和 EF-G 参与核糖体循环。

1. 进位 与第二个密码子对应的氨基酰-tRNA 与 EF-Tu-GTP 结合，形成的二元复合物进入核糖体，将氨基酰-tRNA 引领定位在核糖体的 A 位，此时，氨基酰-tRNA 的反密码子与对应 mRNA 的密码子之间呈碱基互补关系，否则，该氨基酰-tRNA 将退出 A 位。EF-Tu 与核糖体结合后，就表现出 GTP 酶活性，将其结合的 GTP 水解成 GDP 而引起三维结构改变，同时 EF-Tu-GDP 与氨基酰-tRNA 分开，并从核糖体上脱离下来。在胞质，通过 EF-Ts 的参与，EF-Tu-GDP 的 GDP 被 GTP 交换，形成的 EF-Tu-GTP 准备参与另一次进位。此时，核糖体上结合着 mRNA 和两个氨基酰-tRNA，一个在 P 位（fMet-tRNA^{fMet}），一个在 A 位（氨基酰$_2$-tRNA）。

2. 成肽 位于二个氨基酰附近的转肽酶，也称肽酰转移酶（peptidyltransferase），将 fMet-tRNA^{fMet} 的甲酰蛋氨酰转从核糖体的 P 位移至 A 位，并与 A 位氨基酰$_2$-tRNA 的氨基酰$_2$的氨基形成肽键。第一个肽键形成后，核糖体的 A 位是二肽酰-tRNA 占据，P 位是空载的 tRNA^{fMet}（不携带 fMet）。

3. 转位 在转位酶（translocase）的催化下，由 GTP 水解提供能量，使核糖体沿着 mRNA 5′→3′ 的方向移动一个密码子的距离。结果是二肽酰-tRNA 由核糖体的 A 位转移至 P 位，而原 P 位的 tRNA^{fMet} 脱离核糖体。

当转位完成后，核糖体的 A 位是空白，等待 EF-Tu-GTP 携带第三个氨基酰-tRNA 进入 A 位，以便进行下一轮核糖体循环过程，直至肽链完成其合成（图 14-10）。

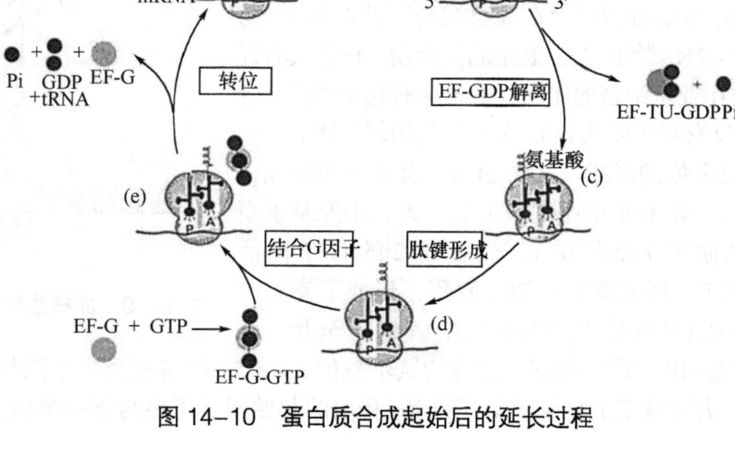

图 14-10 蛋白质合成起始后的延长过程

四、肽链合成终止

在肽链合成过程中，当核糖体移动使其 A 位对应 mRNA 的终止密码子时，转译就进入终止阶段。这一过程除了需要终止密码子外，还需要一些释放因子（release factor，RF）和核糖体释放因子（ribosome release factor，RRF）的参与（图 14-11）。

在大肠杆菌中，当终止密码子进入核糖体的 A 位后，由于细胞通常没有能够识别终止密码子的 tRNA，此时产生肽链合成的延宕。在延宕的过程中，核糖体 A 位就被释放因子识别，RF-1 能够识别 UAA 和 UAG，RF-2 能够识别 UAA 和 UGA，RF-3 不识别终止密码子，但能刺激另外两个因子的活性。当释放因子识别在 A 位上的终止密码子后，改变核糖体的肽酰转移酶的属性，由肽酰转移酶活性转变为酯酶活性，将 P 位肽酰-tRNA 的肽链 C-末端酯键水解，同时释放出合成完毕的肽链。在 RF 的作用下，mRNA 和 tRNA 从核糖体上脱落下来。核糖体在 IF-3 的作用下解离，30S 小亚基又可以进入另一轮肽链合成的起始过程。

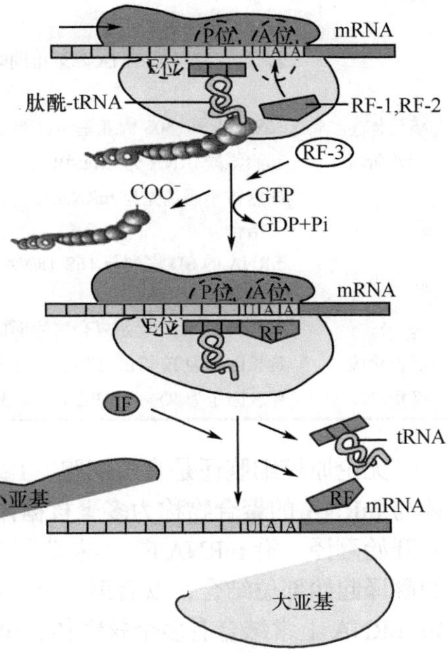

图 14-11　原核生物肽链合成的终止

五、真核细胞与原核细胞蛋白质生物合成的异同

真核生物的肽链合成过程与原核生物的肽链合成过程类似，只是反应更复杂、涉及的蛋白质因子更多。

（一）肽链合成的起始

真核生物的翻译起始过程与原核生物相似，但顺序不同，所需的成分也有区别。如核糖体为 80S，起始因子（eIF）数目更多，起始甲硫氨酸不需甲酰化。真核生物 mRNA 为单顺反子，起始 AUG 上游没有 SD 序列，但有 5′-帽子和 3′-poly（A）尾结构。小亚基首先识别结合 mRNA 的 5′-帽子结构，再移向起始密码子 AUG，并在那里与大亚基结合。

（二）肽链的延长

真核生物肽链延长过程和原核生物基本相似，只是反应体系和延长因子不同。另外，真核细胞核糖体没有 E 位，转位时脱酰 tRNA 直接从 P 位脱落。

（三）肽链合成的终止

真核生物肽链合成的终止过程尚不清楚，目前仅发现一种释放因子 eRF，可以识别全部三种终止密码子。

真核生物与原核生物肽链合成的主要步骤相同，但其过程有许多差别（表 14-6）。

表 14-6 原核生物与真核生物肽链合成过程的比较

	原核生物	真核生物
mRNA	一条 mRNA 编码几种蛋白质	一条 mRNA 编码一种蛋白质
	转录后很少加工	转录后进行首、尾修饰及剪接
	转录、翻译和 mRNA 降解可同时发生	mRNA 在细胞核内合成，加工后进入细胞质，再作为模板指导蛋白质合成
核糖体	30S 小亚基+50S 大亚基=70S 核糖体	40S 小亚基+60S 大亚基=80S 核糖体
起始阶段	起始氨酰 tRNA 为 fMet-tRNAfMet	起始氨酰 tRNA 为 Met-tRNAiMet
	核糖体小亚基先与 mRNA 结合，再与 fMet-tRNAfMet 结合	核糖体小亚基先与 Met- tRNAiMet 结合，再与 mRNA 结合
	mRNA 的 SD 序列与 16S rRNA 3′端的一段互补序列结合	mRNA 的帽子结构与帽子结合蛋白复合物结合
	有 3 种 IF 参与起始复合物的形成	有至少 10 种 eIF 参与起始复合物的形成
延长阶段	延长因子为 EF-Tu、EF-Ts 和 EF-G	延长因子为 eEF-1α、eEF-1βγ和 eEF-2
终止阶段	释放因子为 RF-1、RF-2 和 RF-3	释放因子为 eRF

无论原核细胞还是真核细胞，1 条 mRNA 模板链上可附着 10～100 个核糖体。这种多个核糖体与 mRNA 的聚合物称为多聚核糖体（polyribosome 或 polysome）。当一个核糖体与 mRNA 结合并开始翻译，沿 mRNA 向 3′-末端移动一定距离（约 80 个核苷酸）后，第二个核糖体又在 mRNA 的翻译起始部位结合，以后第三个、第四个核糖体相继结合到 mRNA 的翻译起始位点，这样在一条 mRNA 上常结合有多个核糖体，呈串珠状排列，同时进行多条肽链的合成，大大增加了细胞内蛋白质的合成速率。原核生物 mRNA 转录后不需加工即可作为模板，转录和翻译偶联进行。因此在电子显微镜下看到，原核生物 DNA 分子上连接着长短不一正在转录的 mRNA 分子，每条 mRNA 再附着多个核糖体进行翻译，显示为羽毛状结构。

蛋白质生物合成是耗能过程。首先，每分子氨基酸活化生成氨酰 tRNA 消耗 2 个高能磷酸键；其次，在肽链延长阶段，进位和转位各消耗 1 个高能磷酸键。但为保持蛋白质合成的高度保真性，任何步骤出现不正确连接都需消耗能量而水解清除，因此肽链每增加 1 个肽键实际消耗可能多于 4 个高能磷酸键，这使多肽链合成的错误率低于 10^{-4}。

第三节 翻译后加工

新生多肽链不具备蛋白质生物学活性，必须经过复杂的加工修饰过程才转变为具有天然构象的功能蛋白质，该过程称为翻译后修饰（post-translational modification）。主要包括多肽链折叠为天然的三维构象、肽链一级结构的修饰、肽链空间结构的修饰等。另外，在细胞质的核糖体上合成的蛋白质还需要靶向输送到特定细胞部位，如线粒体、溶酶体、细胞核，有的分泌到细胞外，并在靶位点发挥各自的生物学功能。

一、一级结构的修饰

由于不同蛋白质的一级结构与功能不同，修饰作用也有差异，新生多肽链通过肽链水解、化学修饰等作用后成熟。

（一）氨基末端的修饰

在蛋白质合成过程中，N-末端氨基酸总是甲酰甲硫氨酸或甲硫氨酸，但天然蛋白质大多数不以甲硫氨酸为 N-末端第一位氨基酸。细胞内的氨基肽酶可去除 N-末端甲硫氨酸或 N-末端的部分肽段，从而形成以不同氨基酸为 N-末端的肽链。在大肠埃希菌中还发现了脱甲酰酶，它可水解甲酰甲硫氨酸的甲酰基；在真核生物中，常常在多肽链合成到一定长度时（15～30 个氨基酸），其 N-末端的甲硫氨酸就已被氨基肽酶切除。

（二）共价修饰

蛋白质分子的氨基酸残基的共价修饰，包括羟基化（如胶原蛋白）、糖基化（各种糖蛋白）、磷酸化（糖原磷酸化酶等）、乙酰化（如组蛋白）、羧基化和甲基化（细胞色素 c、肌肉蛋白等）等。这些共价修饰作用通常在细胞的内质网中进行。由于这些共价修饰，组成蛋白质的氨基酸种类显著增多，已发现 100 多种，这些修饰对蛋白质生物学功能的发挥起着重要作用。

1. 羟基化　在结缔组织的蛋白质内常出现羟脯氨酸、羟赖氨酸，这两种氨基酸并无遗传密码，是在肽链合成后脯氨酸、赖氨酸残基经过羟化产生的，羟化作用有助于胶原蛋白螺旋的稳定。

2. 糖基化　许多膜蛋白和分泌蛋白均是糖蛋白，在多肽链合成中或在合成之后常以共价键与单糖或寡糖链连接而生成，这是在内质网或高尔基体中加入的。糖可连接在天冬酰胺的酰胺上（N-连接寡糖）或连接在丝氨酸、苏氨酸或羟赖氨酸的羟基上（O-连接寡糖）。糖基化是多种多样的，可以在同一条肽链上的同一位点连接上不同的寡糖，也可在不同位点上连接上寡糖。糖基化过程是在酶催化反应下进行。

3. 磷酸化　蛋白质的可逆磷酸化在细胞生长和代谢调节中有重要作用。磷酸化发生在翻译后，由多种蛋白激酶催化，将磷酸基团连接于丝氨酸、苏氨酸和酪氨酸的羟基上（图 14-12）。而磷酸酯酶则催化脱磷酸作用。

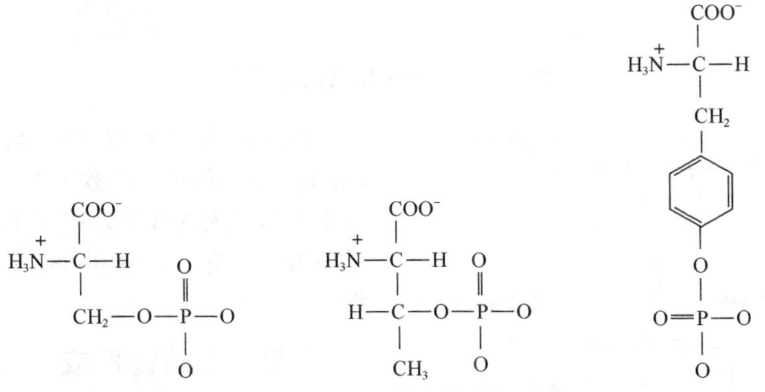

磷酸丝氨酸　　磷酸苏氨酸　　磷酸酪氨酸

图 14-12　磷酸化后的氨基酸残基

4. 乙酰化　蛋白质的乙酰化普遍存在于原核生物和真核生物中。乙酰化有两个类型：一类是由结合于核糖体的乙酰基转移酶将乙酰 CoA 的乙酰基转移至正在合成的多肽链上，当将 N-末端的甲硫氨酸除去后，便乙酰化，如卵清蛋白的乙酰化；另一类型是在翻译后由胞液的酶催化发生乙酰化，如肌动蛋白。此外，细胞核内的组蛋白的内部赖氨酸也可乙酰化。

5. 羧基化　一些蛋白质的谷氨酸和天冬氨酸可发生羧化作用，由羧化酶催化。如参与血液凝固过程的凝血酶原（prothrombin）的谷氨酸在翻译后羧化成 γ-羧基谷氨酸，后者可以与 Ca^{2+}螯合。

6. 甲基化　有些蛋白质多肽链中赖氨酸可被甲基化，如细胞色素 c 中含有一甲、二甲基赖氨酸。大多数生物的钙调蛋白含有三甲基赖氨酸。有些蛋白质中的一些谷氨酸羧基也发生甲基化。

（三）多肽链的水解修饰

某些无活性的蛋白前体可经蛋白酶水解，生成具有活性的蛋白质或多肽，如胰岛素原酶解生成胰岛素，多种蛋白酶原经裂解激活成蛋白酶。另外，真核细胞某些大分子多肽前体，经翻译后加工，水解生成小分子活性肽类。例如腺垂体所合成的促黑激素与 ACTH 的共同前体——阿黑皮素原（proopiomelanocortin，POMC）是由 265 个氨基酸残基构成的多肽，经不同的水解加工，可生成至少 10 种不同的肽类激素，包括：ACTH（三十九肽）、α-促黑激素（α-MSH）、β-促黑激素（β-MSH）、γ-促黑激素（γ-MSH）、α-内啡肽（α-endorphin）、β-内啡肽（β-endorphin）、γ-内啡肽（γ-endorphin）、β-脂酸释放激素（β-lipotropin，β-LT）、γ-脂酸释放激素（γ-lipotropin，γ-LT）、蛋氨酸脑啡肽等活性物质（图 14-13）。

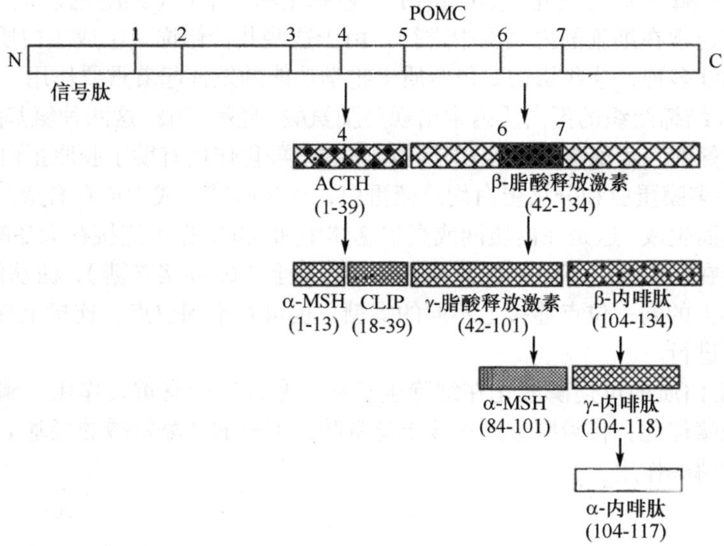

图 14-13 POMC 的水解加工

POMC 的水解位点由 Arg-Lys、Lys-Arg、Lys-Lys 序列构成，用数字 1～7 表示。各活性物质下方括号内的数字为其在 POMC 中对应的氨基酸编号（将 ACTH 的 N 端第一位氨基酸残基编为 1 号）。

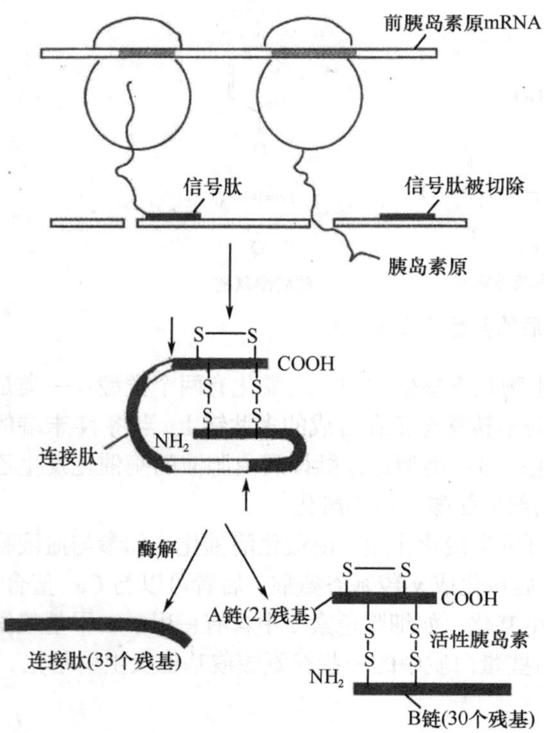

图 14-14 胰岛素合成过程

（四）二硫键形成

mRNA 上没有胱氨酸的密码子。肽链内或两条肽链间的二硫键是在肽链形成后，通过 2 个半胱氨酸的巯基氧化而形成的，二硫键的正确形成主要由内质网的蛋白二硫键异构酶催化。二硫键在维系与稳定蛋白质的空间结构中起着重要作用，链间形成二硫键也可使蛋白质分子的亚单位聚合（图 14-14）。

二、高级结构的修饰

有些蛋白质的多肽链合成后，除了正确折叠成天然空间构象之外，还需要经过某些其他的空间结构的修饰，才能成为有功能的蛋白质。

（一）亚基聚合

具有四级结构的蛋白质由两条以上的肽链通过非共价聚合，形成寡聚体（oligomer）。蛋白质各个亚基相互聚合所需的信息仍储存在肽链的氨基酸序列之中，而且这种聚合过程往往有一定顺序，前一步骤常可促进后一步骤的进行。如血红蛋白分子 $\alpha_2\beta_2$ 亚基的聚合。质膜镶嵌蛋白、跨膜蛋白也多为寡聚体，虽然各亚基各自有独立功能，但又必须聚合后才能够发挥作用。

（二）辅基连接

对于结合蛋白来讲，如糖蛋白、脂蛋白、色蛋白、金属蛋白及各种带辅基的酶类等，其非蛋白部分（辅基）都是合成后连接上去的，这类蛋白只有结合了相应辅基，才能成为天然有活性的蛋白质。辅基（辅酶）与肽链的结合过程十分复杂，很多细节尚未研究清楚。如蛋白质添加糖链辅基的过程，称为糖基化（glycosylation），主要发生在真核细胞的质膜蛋白或分泌型蛋白上，由多种糖基转移酶催化，在细胞内质网及高尔基体中完成。

（三）疏水脂链的共价连接

某些蛋白质，如 Ras 蛋白、G 蛋白等，翻译后需要在肽链特定位点共价连接一个或多个疏水性强的脂链、多异戊二烯链等。这些蛋白质通过脂链嵌入膜脂双层，定位成为特殊质膜内在蛋白，才成为具有生物学功能的蛋白质。

三、蛋白质构象病

蛋白质的正确折叠会使蛋白质具有完整的三维空间构象，正确的空间构象是蛋白质具有生物学活性所必需的。若蛋白质一级结构不变，由于在体内折叠错误导致蛋白质功能丧失，并由此而引起疾病，这类疾病被称为分子构象病。有些蛋白质由于错误折叠后相互聚焦，形成抗蛋白酶水解的淀粉样纤维沉淀的病理改变。这类疾病包括人纹状体脊髓变性病、老年痴呆症、亨丁顿舞蹈病和疯牛病等。

四、蛋白质合成的靶向输送

在生物体内，蛋白质的合成位点与功能位点常常被一层或多层生物膜所隔开，这样就产生了蛋白质转运的问题。蛋白质合成后经过复杂机制，定向输送到最终发挥生物功能的目标地点，称为蛋白质的靶向输送（protein targeting）。真核生物蛋白在胞质核糖体上合成后，不外有三种去向：保留在胞液；进入细胞核、线粒体或其他细胞器；分泌到体液。上述后两种情况，蛋白质都必须先通过膜性结构才能到达。那么蛋白质是怎样从合成部位运送到功能部位的？它们又是如何跨膜运输的？跨膜之后又是依靠什么信息到达各自“岗位”的？这些有趣的问题正是生物膜研究中非常活跃的领域。

研究表明，细胞内蛋白质的合成有两个不同的位点：游离核糖体与膜结合核糖体，因而也就决定了蛋白质的去向和转运机制不同。①翻译运转同步机制：指在内质网膜结合核糖体上合成的蛋白，其合成与运转同时发生，包括细胞分泌蛋白、膜整合蛋白、滞留在内膜系统（内质网、高尔基复合体、内体、溶酶体和小泡等）的可溶性蛋白；②翻译后运转机制：指在细胞质游离核糖体上合成的蛋白，其蛋白从核糖体释放后才发生运转，包括预定滞留在细胞质基质中的蛋白、质膜内表面的外周蛋白、核蛋白以及参与到其他细胞器（线粒体、过氧化物酶体、叶绿体）的蛋白等。上述所有靶向输送的蛋白质结构中均存在分选信号，主要为 N-末端特异氨基酸序列，可引导蛋白质转移到细胞的适当靶部位，这类序列称为信号序列（signal sequence），是决定蛋白靶向输送特性的最重要元件。20 世纪 70 年代，美国科学家 Günter Blobel 发现当很多分泌性蛋白跨过有关细胞膜性结构时，需切除N-末端的短肽，由此提出著名的“信号假说”——蛋白质分子被运送到细胞不同部位的“信号”存在于它的一级结构中，因此Blobel荣获了1999年度的诺贝尔生理/医学奖。靶向不同的蛋白质各有特异的信号序列或成分（表14-7）。下面重点讨论分泌蛋白、线粒体蛋白及核蛋白的靶向输送过程。

表14-7 靶向输送蛋白的信号序列或成分

靶向输送蛋白	信号序列或成分
分泌蛋白	N-末端信号肽，13～36个氨基酸残基
内质网腔驻留蛋白	N-末端信号肽，C-末端-Lys-Asp-Glu-Leu-COO-（KDEL序列）
内质网膜蛋白	N-末端信号肽，C-末端KKXX序列（X为任意氨基酸）
线粒体蛋白	N-末端信号序列，两性螺旋，12～30个残基，富含Arg、Lys
核蛋白	核定位序列（-Pro-Pro-Lys-Lys-Arg-Lys-Val-，SV40T抗原）
过氧化物酶体蛋白	C-末端-Ser-Lys-Leu-（SKL序列）
溶酶体蛋白	Man-6-P（甘露糖-6-磷酸）

（一）分泌蛋白的靶向输送

如前所述细胞分泌蛋白、膜整合蛋白、滞留在内质网、高尔基体、溶酶体的可溶性蛋白均在内质网膜结合核糖体上合成，并且边翻译边进入内质网（endoplasmic reticulum，ER），使翻译与运转同步进行。这些蛋白质首先被其N-末端的特异信号序列引导进入内质网，然后再由内质网包装转移到高尔基体，并在此分选投送，或分泌出细胞，或被送到其他细胞器。

1. 信号肽（signal peptide） 各种新生分泌蛋白的N-末端都有保守的氨基酸序列称为信号肽，长度一般在13～36个氨基酸残基之间。有如下三个特点：①N-末端常常有1个或几个带正电荷的碱性氨基酸残基，如赖氨酸、精氨酸；②中间为10～15个残基构成的疏水核心区，主要含疏水中性氨基酸，如亮氨酸、异亮氨酸等；③C-末端多以侧链较短的甘氨酸、丙氨酸结尾，紧接着是被信号肽酶（signal peptidase）裂解的位点。

2. 分泌蛋白的运输机制 为翻译运转同步进行。分泌蛋白靶向进入内质网，需要多种蛋白成分的协同作用。

（1）信号肽识别颗粒（signal recognition particles，SRP）：是6个多肽亚基和1个7S RNA组成的11S复合体。SRP至少有三个结构域：信号肽结合域、SRP受体结合域和翻译停止域。当核蛋白体上刚露出肽链N-末端信号肽段时，SRP便与之结合并暂时终止翻译，从而保证翻译起始复合物有足够的时间找到内质网膜。SRP还可结合GTP，有GTP酶活性。

（2）SRP受体：内质网膜上存在着一种能识别SRP的受体蛋白，称SRP受体，又称SRP锚定蛋白（docking protein，DP）。DP由α（69kDa）和β（30kDa）两个亚基构成，其中α亚基可结合GTP，有GTP酶活性。当SRP受体与SRP结合后，即可解除SRP对翻译的抑制作用，使翻译同步分泌得以继续进行。

（3）核糖体受体：也为内质网膜蛋白，可结合核糖体大亚基使其与内质网膜稳定结合。

（4）肽转位复合物（peptide translocation complex）：为多亚基跨ER膜蛋白，可形成新生肽链跨ER膜的蛋白通道。

分泌蛋白翻译同步运转的主要过程：①胞液游离核糖体组装，翻译起始，合成出N-端包括信号肽在内的约70个氨基酸残基。②SRP与信号肽、GTP及核糖体结合，暂时终止肽延伸。③SRP引导核糖体-多肽-SRP复合物，识别结合ER膜上的SRP受体，并通过水解GTP使SRP解离再循环利用，多肽链开始继续延长。④与此同时，核糖体大亚基与核糖体受体结合，锚定在ER膜上，水解GTP供能，诱导肽转位复合物开放形成跨ER膜通道，新生肽链N-末端信号肽即插入此孔道，肽链边合成边进入内质网腔。⑤内质网膜的内侧面存在信号肽酶，通常在多肽链合成约80%以上时，将信号肽段切下，肽链本身继续增长，直至合成终止。⑥多肽链合成完毕，全部进入内质网腔中。内质网腔 Hsp70 消耗 ATP，促进肽链折叠成功能构象，然后输送到高尔基体，并在此继续加工后储于分泌小泡，最后将分泌蛋白排出胞外。⑦蛋白质合成结束，核糖体等各种成分解聚并恢复到翻译起始前的状态，再循环利用（图 14-15）。

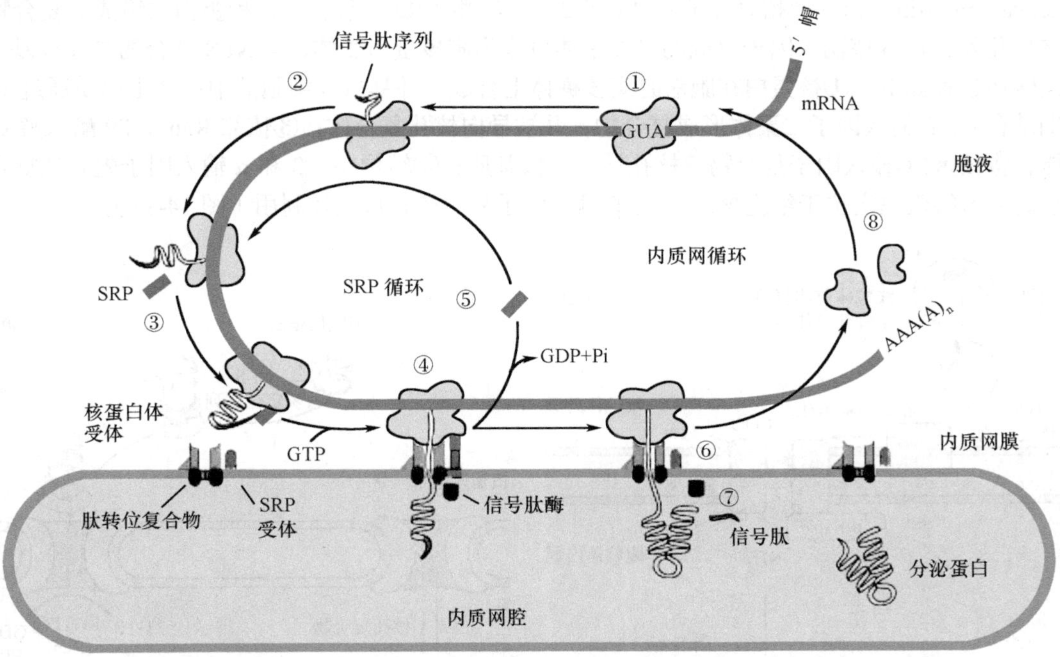

图 14–15　信号肽引导分泌性蛋白质进入内质网过程

（二）线粒体蛋白的跨膜转运

线粒体蛋白的输送属于翻译后运转。90%以上的线粒体蛋白前体在胞液游离核糖体合成后输入线粒体，其中大部分定位基质，其他定位内、外膜或膜间隙。线粒体蛋白 N-末端都有相应信号序列，如线粒体基质蛋白前体的 N-末端含有保守的 12～30 个氨基酸残基构成的信号序列，称为前导肽。前导肽一般具有如下特性：富含带正电荷的碱性氨基酸（主要是 Arg 和 Lys）；经常含有丝氨酸和苏氨酸；不含酸性氨基酸；有形成两性（亲水和疏水）α-螺旋的能力。

线粒体基质蛋白翻译后运转过程：①前体蛋白在胞液游离核糖体上合成，并释放到细胞液中；②细胞液中的分子伴侣 Hsp70 或线粒体输入刺激因子（mitochondrial import stimulating factor，MSF）与前体蛋白结合，以维持这种非天然构象，并阻止它们之间的聚集；③前体蛋白通过信号序列识别、结合线粒体外膜的受体复合物；④再转运、穿过由线粒体外膜转运体（Tom）和内膜转运体（Tim）共同组成的跨内、外膜蛋白通道，以未折叠形式进入线粒体基质；⑤前体蛋白的信号序列被线粒体基质中的特异蛋白水解酶切除，然后蛋白质分子自发地或在上述分子伴侣帮助下折叠形成有天然构象的功能蛋白（图 14-16）。

（三）核定位蛋白的运转机制

细胞核蛋白的输送也属于翻译后运转。所有细胞核中的蛋白，包括组蛋白及复制、转录、基因表达调控相关的酶和蛋白因子等都是在胞液游离核糖体上合成之后转运到细胞核的，而且都是通过体积巨大的核孔复合体进入细胞核的。

研究表明，所有被输送到细胞核的蛋白质多肽链都含有一个核定位序列（nuclear localization sequence，NLS）。与其他信号序列不同，NLS 可位于核蛋白的任何部位，不一定在 N-末端，而且

NLS 在蛋白质进核后不被切除。因此，在真核细胞有丝分裂结束核膜重建时，胞液中具有 NLS 的细胞核蛋白可被重新导入核内。最初的 NLS 是在猿病毒 40（SV40）的 T 抗原上发现的，为 4～8 个氨基酸残基的短序列，富含带正电荷的赖氨酸、精氨酸及脯氨酸。不同 NLS 间未发现共有序列。

蛋白质向核内输送过程需要几种循环于核质和胞质的蛋白质因子，包括 α、β 核输入因子（nuclear importin）和一种相对分子质量较小的 GTP 酶（Ran 蛋白）。三种蛋白质组成的复合物停靠在核孔处，α、β 核输入因子组成的异二聚体可作为胞核蛋白受体，与 NLS 结合的是 α 亚基。核蛋白转运过程如下：①核蛋白在胞液游离核糖体上合成，并释放到细胞液中；②蛋白质通过 NLS 识别结合 α、β 输入因子二聚体形成复合物，并被导向核孔复合体；③依靠 Ran GTP 酶水解 GTP 释能，将核蛋白-输入因子复合物跨核孔转运入核基质；④转位中，β 和 α 输入因子先后从复合物中解离，胞核蛋白定位于细胞核内。α、β 输入因子移出核孔再循环利用（图 14-17）。

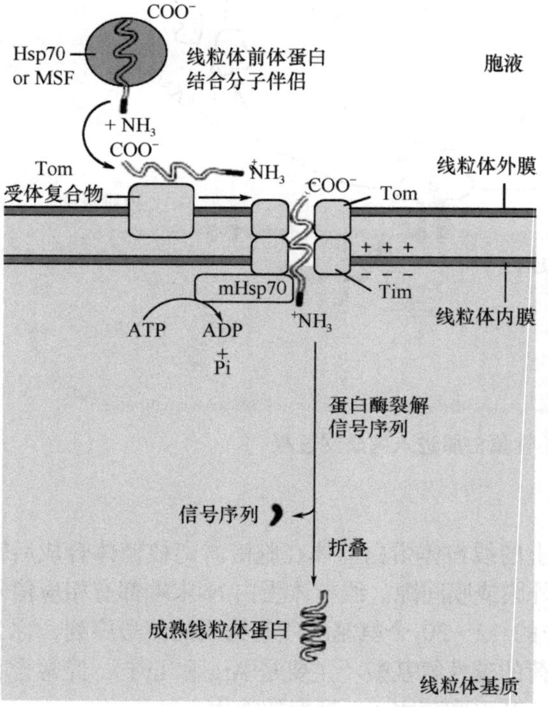

图 14-16 真核线粒体蛋白的靶向输送

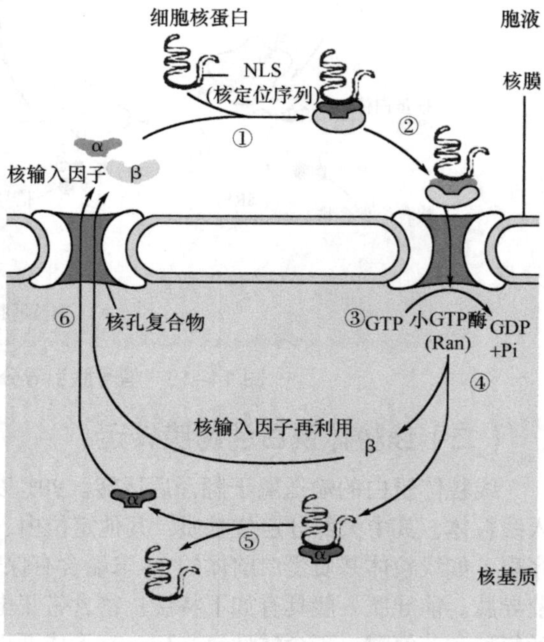

图 14-17 细胞核蛋白的靶向输送

第四节 蛋白质生物合成的干扰和抑制

蛋白质生物合成是许多药物和毒素的作用靶点。这些药物或毒素可以通过阻断真核或原核生物蛋白质生物合成体系中某组分的功能，从而干扰和抑制蛋白质生物合成过程。真核生物与原核生物的翻译过程既相似又有差别，这些差别在临床医学中有重要应用价值。如抗生素能杀灭细菌但对真核细胞无明显影响，可以蛋白质生物合成所必需的关键组分作为研究新的抗菌药物的靶点。某些毒素也作用于基因信息传递过程，对毒素作用原理的了解，不仅能研究其致病机制，还可从中发现寻找新药的途径。

一、某些抗生素的作用机制

某些抗生素（antibiotics）可抑制细胞的蛋白质合成，仅仅作用于原核细胞蛋白质合成的抗生素可作为抗菌药，抑制细菌生长和繁殖，预防和治疗感染性疾病。作用于真核细胞的蛋白质合成的抗生素可以作为抗肿瘤药（表 14-8）。

表 14-8 常用抗生素抑制肽链生物合成的原理与应用

抗生素	作用位点	作用原理	应用
伊短菌素	原核、真核核糖体小亚基	阻碍翻译起始复合物的形成	抗病毒药
四环素、土霉素	原核核糖体小亚基	抑制氨基酰-tRNA 与小亚基结合	抗菌药
链霉素、新霉素、巴龙霉素	原核核糖体小亚基	改变构象引起读码错误、抑制起始	抗菌药
氯霉素、林可霉素、红霉素	原核核糖体大亚基	抑制转肽酶、阻断肽链延长	抗菌药
嘌呤霉素	原核、真核核糖体	使肽酰基转移到它的氨基上后脱落	抗肿瘤药
放线菌酮	真核核糖体大亚基	抑制转肽酶、阻断肽链延长	医学研究
夫西地酸、细球菌素	EF-G	抑制 EF-G、阻止转位	抗菌药
大观霉素	原核核糖体小亚基	阻止转位	抗菌药

（一）抑制肽链合成起始的抗生素

伊短菌素（edeine）和螺旋霉素（pactamycin）引起 mRNA 在核糖体上错位而阻碍翻译起始复合物的形成，对所有生物的蛋白质合成均有抑制作用。伊短菌素还可以影响起始氨基酰-tRNA 的就位和 IF-3 的功能。

（二）抑制肽链延长的抗生素

1. 干扰进位的抗生素 四环素（tetracycline）和土霉素（terramycin）特异性结合 30S 亚基的 A 位，抑制氨基酰-tRNA 的进位。粉霉素（pulvomycin）可降低 EF-Tu 的 GTP 酶活性，从而抑制 EF-Tu 与氨基酰-tRNA 结合；黄色霉素（kirromycin）阻止 EF-Tu 从核糖体释出。

2. 引起读码错误的抗生素 氨基糖苷（aminoglycoside）类抗生素能与 30S 亚基结合，影响翻译的准确性。例如，链霉素（streptomycin）与 30S 亚基结合，改变 A 位上氨基酰-tRNA 与其对应的密码子配对的精确性和效率，使氨基酰-tRNA 与 mRNA 错配；潮霉素 B（hygromycin B）和新霉素（neomycin）能与 16S rRNA 及 rpS12 结合，干扰 30S 亚基的解码部位，引起读码错误。这些抗生素均能使延长中的肽链引入错误的氨基酸残基，改变细菌蛋白质合成的忠实性。

3. 影响成肽的抗生素 氯霉素（chloraruphenicol）可结合核糖体 50S 亚基，阻止由转肽酶催化的肽键形成；林可霉素（lincomycin）作用于 A 位和 P 位，阻止 tRNA 在这两个位置就位而抑制肽键形成；大环内酯类（macrolide）抗生素如红霉素（erythromycin）能与核糖体 50S 亚基中肽链排出通道结合，阻止新生肽链从核糖体大亚基中排出，从而阻止肽键的进一步形成；嘌呤霉素（puromycin）的结构与酪氨酰-tRNA 相似，在翻译中可取代酪氨酰-tRNA 而进入核糖体 A 位，中断肽链合成；放线菌酮（cycloheximide）特异性抑制真核生物核糖体转肽酶的活性。

二、细菌毒素与植物毒素对蛋白质生物合成的抑制

案例 14-1

患者，女，15 岁。因发热、咽剧痛有白色分泌物、抗炎治疗 5 天不见好转来诊。入院后从咽部脱落下一块灰白色假膜，约 5mm×7mm。体查：体温 37.2℃，脉搏 104 次/分，血压 104/84mmHg；神志清，嗜睡，呼吸均匀，声音稍有嘶哑；右侧鼻腔内有较多血性浆液性分泌物，通气不畅；软腭、扁桃体、悬雍垂、咽后壁高度充血、水肿，悬雍垂有新鲜出血创面；

咽后壁、软腭及双侧扁桃体有灰白色假膜附着，颈部淋巴结肿大，周围软组织高度水肿，成“牛颈”状，触痛明显。

实验室检查：WBC（15.4～19.8）×10^9/L。尿蛋白（++++），可见白细胞及颗粒管型。咽分泌物纳萨染色找到白喉杆菌样的细菌，白喉杆菌豚鼠毒力试验阳性。痰培养生长白喉杆菌样的细菌。

初步诊断为咽白喉。立即给白喉抗毒素 13 万单位肌内注射及青霉素、氯霉素等治疗，病情一度平稳。入院第 7 天，病情突然恶化，心率减慢，经抢救无效死亡。

问题：

1. 如何从生物化学角度分析白喉的病因及发病机制？
2. 白喉毒素的作用机制如何？

（一）白喉毒素

白喉毒素（diphtheria toxin）是白喉杆菌产生的毒素蛋白，对人体和其他哺乳动物的毒性极强，其主要作用就是抑制蛋白质的生物合成。白喉毒素由于 A、B 两个亚基组成，A 亚基能催化辅酶 I（NAD^+）与真核 eEF-2 共价结合，从而使 eEF-2 失活（图 14-18）。它的催化活性很高，只需微量就能有效地抑制细胞整合蛋白质合成，给予烟酰胺可拮抗其作用。B 亚基可与细胞表面特异受体结合，帮助 A 链进入细胞。

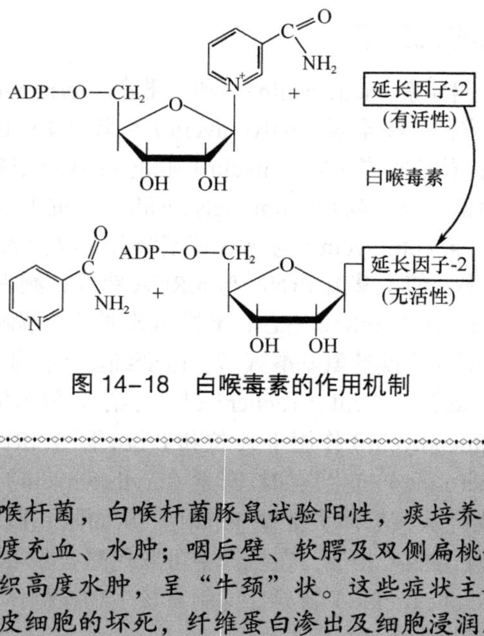

图 14-18 白喉毒素的作用机制

案例 14-1 分析讨论

患者咽分泌物找到白喉杆菌，白喉杆菌豚鼠试验阳性，痰培养生长白喉杆菌。软腭、扁桃体、悬雍垂、咽后壁高度充血、水肿；咽后壁、软腭及双侧扁桃体有灰白色假膜附着，颈部淋巴结肿大，周围软组织高度水肿，呈“牛颈”状。这些症状主要是白喉毒素抑制细胞蛋白质的生物合成，引起上皮细胞的坏死，纤维蛋白渗出及细胞浸润所致。本患者为咽白喉，因误诊 5 天没有用白喉抗毒素治疗，导致大量毒素进入细胞，合并中毒性心肌炎。

（二）蓖麻蛋白

蓖麻蛋白（ricin）可与真核生物核糖体 60S 大亚基结合，抑制肽链延长。该蛋白质由 A、B 两条链通过一对二硫键连接而组成。B 链是凝集素，通过与细胞膜上含有半乳糖的糖蛋白（或糖脂）结合附着于动物细胞的表面。附着后，二硫键被还原，A 链释放进入细胞内，与 60S 大亚基结合。A 链具有蛋白酶活性，催化 60S 大亚基中 28S rRNA 第 4324 位脱嘌呤反应，使 28S rRNA 降解，使核糖体大亚基失活，抑制蛋白质的生物合成。蓖麻蛋白毒力很强，为同等重量氰化钾毒力的 6000 倍，可用于生化武器。

三、其他蛋白质合成阻断剂

（一）干扰素

案例 14-2

患者，女，12 岁，因“双侧耳周肿痛 4 天。”入院。患儿于入院前 4 天无明显诱因出现双侧耳周肿胀，局部疼痛，咀嚼食物时疼痛加重，无头痛、发热、恶心、呕吐、腹痛、腹泻等症，曾到附近私人诊所诊治，给“双黄连、病毒唑”等药静滴，“板蓝根颗粒”等药口服，效果欠佳，双侧耳周仍肿痛，故今日来院门诊就诊，为进一步确诊及系统治疗，门诊以“流行性腮腺炎”收住入院。查体：T 36.0℃；P 90 次/分；R 24 次/分；BP 110/80mmHg；体重为 45kg。治疗：α-1b 干扰素，肌内注射，剂量 100 万 U/次，每日 1 次，疗程 3～5 天。

问题：

1. 如何从生物化学的角度分析干扰素治疗流行性腮腺炎的作用机理？
2. 干扰素临床治疗的其他应用与不良反应？

干扰素（interferon，IFN）是真核细胞感染病毒后分泌的一类具有抗病毒作用的蛋白质，它可抑制病毒繁殖，保护宿主细胞。干扰素分为 α-（白细胞）型、β-（成纤维细胞）型和 γ-（淋巴细胞）型三大族类，每族类各有亚型，分别有各自的特异作用。干扰素抗病毒的作用机制有如下两点：

1. 激活一种蛋白激酶　干扰素在某些病毒等双链 RNA 存在时，能诱导 eIF-2 蛋白激酶活化。该活化的激酶使真核生物 eIF-2 磷酸化失活，从而抑制病毒蛋白质合成。

2. 间接活化核酸内切酶使 mRNA 降解　干扰素先与双链 RNA 共同作用活化 2′-5′ 寡聚腺苷酸合成酶，使 ATP 以 2′-5′ 磷酸二酯键连接，聚合为 2′-5′ 寡聚腺苷酸（2′-5′ A）。2′-5′A 再活化一种核酸内切酶 RNaseL，后者使病毒 mRNA 发生降解，阻断病毒蛋白质合成。干扰素作用机制见图 14-19。

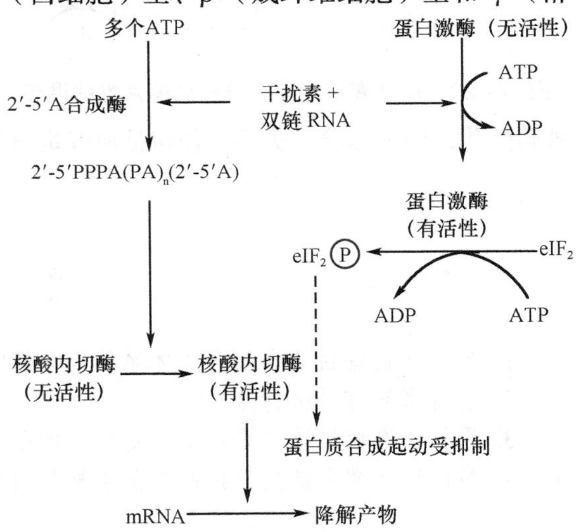

图 14-19　干扰素抗病毒作用的分子机制

干扰素除了抑制病毒蛋白质的合成外，几乎对病毒感染的所有过程均有抑制作用，如吸附、穿入、脱壳、复制、表达、颗粒包装和释放等。此外，干扰素还有调节细胞生长分化、激活免疫系统等作用，因此有十分广泛的临床应用。现在我国已能用基因工程技术生产人类干扰素，是继基因工程生产的胰岛素之后，较早获准在临床使用的基因工程药物。

案例 14-2 分析讨论

干扰素不能直接灭活病毒，而是通过诱导细胞合成抗病毒蛋白发挥效应。干扰素首先作用于细胞的干扰素受体，经信号转导等一系列生化过程，激活细胞基因表达多种抗病毒蛋白，实现对病毒的抑制作用。抗病毒蛋白主要包括 2′-5′A 合成酶和蛋白激酶等。前者降解病毒 mRNA、后者抑制病毒多肽链的合成，使病毒复制终止。

干扰素具有广谱抗病毒活性，临床主要用于急性病毒感染性疾病，如流感及其他上呼吸道感染性疾病、病毒性心肌炎、流行性腮腺炎、乙型脑炎、慢性病毒活动性肝炎等。全身用药可出现发热、恶心、呕吐、倦怠、肢体麻木感，偶有骨髓抑制、肝功能障碍，但反应为一过性，停药后即消退。

（二）eIF-2 蛋白激酶

eIF-2 是真核细胞翻译起始的重要因子，其活性形式为 eIF-2-GTP。翻译起始复合物形成后，eIF-2 以无活性的 eIF-2-GDP 形式解离，然后再与鸟苷酸交换因子（guanyl nucleotide exchange factor，GEF，又称 eIF-2B）作用将 GTP 取代 GDP，重新生成 eIF-2-GTP，循环利用。

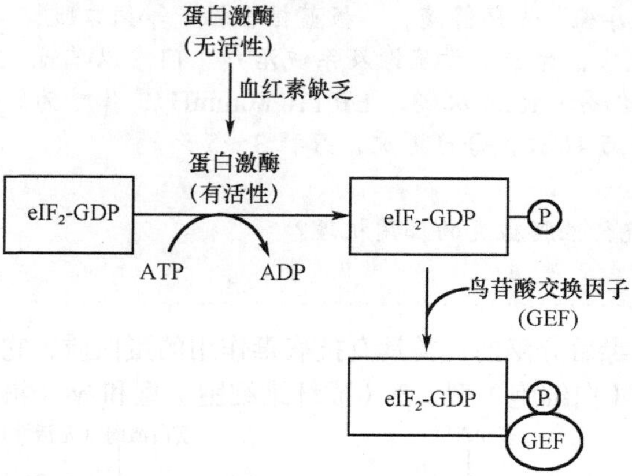

图 14-20 血红素对 eIF-2 蛋白激酶活性的调节

哺乳类动物细胞有两种 eIF-2 蛋白激酶，一种依赖于双链 RNA 的激活（如上述干扰素的作用）；另一种受血红素的控制。后者平时无活性，缺铁时，血红素合成减少，使 eIF-2 蛋白激酶活化，进而磷酸化 eIF-2-GDP。磷酸化的 eIF-2-GDP 与 GEF 的亲和力大为增强，两者黏着，互不分离，妨碍 GEF 作用，使 eIF-2-GDP 难以转变成 eIF-2-GTP，eIF-2 处于 eIF-2-GDP-P-GEF 无活性状态，GEF 也不能再生，肽链翻译停止（图 14-20）。网织红细胞所含 GEF 很少，eIF-2-GDP 只要 30% 被磷酸化，GEF 就全部失活，使包括血红蛋白在内的所有蛋白质合成完全停止。

（李 荷）

思 考 题

1. 参与原核蛋白质生物合成体系的组分有哪些？它们具有什么功能？
2. 遗传密码有什么特点？
3. 原核、真核细胞内蛋白质生物合成的差别有哪些？
4. 举例说明常用抗生素抑制细菌生长繁殖的作用机制。

第十五章 基因表达调控

内容提要

基因表达是指基因的转录，或基因的转录与翻译的过程，而此过程的调节与控制就是基因表达调控。许多基因的表达表现为严格的时间特异性和空间特异性。基因表达的方式有组成性表达、诱导性表达和阻遏性表达等。某些基因的表达产物对生物个体生命全过程都是必不可少的，且在生物个体的几乎所有细胞中持续表达，这类基因被称为管家基因。另有一些基因表达随外界环境信号变化而变化。在外环境信号刺激时，基因表达被激活，基因表达产物增加，这种基因表达方式称为诱导表达。相反，有些基因对外环境信号应答时，基因表达被抑制，基因表达产物减少，这种基因表达方式称为阻遏表达。

基因表达调控是在多级水平上进行的复杂分子事件，其中，转录起始是基因表达的最基本控制点。基因转录起始调控的基本要素涉及特异 DNA 序列、转录调节蛋白和 RNA 聚合酶的活性等。

大多数原核基因的表达调控是通过操纵子机制实现的。*E. coli* 的 *lac* 操纵子含 *Z*、*Y*、*A* 三个结构基因，结构基因上游含有一个阻遏蛋白结合位点，即 O 序列，以及启动序列 P、分解代谢物基因激活蛋白（CAP）结合位点、调节基因 *I*。*lac* 操纵子的表达既有阻遏蛋白的负性调节，又有 CAP 的正性调节，两者的协调作用控制着 *lac* 操纵子基因的转录起始。*E. coli* 的 *trp* 操纵子是可阻遏操纵子。*trp* 操纵子的结构基因区含 *trpE*、*trpD*、*trpC*、*trpB*、*trpA* 五个结构基因，结构基因上游是前导基因 *L*、操纵序列 O 和启动序列 P，后三者构成调控区。调控区上游还有调节基因 *R*，编码阻遏蛋白。

与原核基因的表达调控相比，真核基因表达调控的环节更多，机制更复杂，可以在扩增、基因激活、转录、转录后、翻译和翻译后等多级水平上进行。转录起始调控是真核基因表达最关键的控调环节，通过转录因子与顺式作用元件之间的相互作用最终激活 RNA 聚合酶。真核基因的转录因子包括基本转录因子和特异转录因子。而顺式作用元件主要包括启动子、增强子和沉默子等，顺式作用元件发挥作用离不开转录因子的介导。转录因子含有三个主要功能结构域：DNA 结合域、转录激活域和结合其他蛋白质的调节结构域。常见的 DNA 结合域有 HTH、锌指、bHLH 和亮氨酸拉链等。亮氨酸拉链结构域是转录因子中常见的二聚化结构域。几种转录因子和 RNA 聚合酶Ⅱ按一定的时间和空间顺序，形成具有活性的转录起始复合物。转录后的加工过程包括 mRNA 分子的 5′端加帽子、3′端加 Poly(A)尾和选择性剪接等。翻译起始因子 eIF-2 的磷酸化修饰是调节真核蛋白翻译的关键步骤。

基因表达（gene expression）通常指基因组 DNA 经过转录生成 RNA，其中蛋白编码基因由 RNA 进一步翻译成蛋白质的过程。并非所有的基因表达过程都产生蛋白质，rRNA、tRNA、microRNA 及长链非编码 RNA 等非蛋白编码基因转录产生功能型 RNA 的过程也属于基因表达。而对于上述过程的调节与控制就是基因表达调控（regulation of gene expression）。

与原核生物相比，真核生物基因表达的调控机制更为复杂。真核基因表达的过程一般包括以下几个环节：基因的活化—转录—转录后的加工—mRNA 转运至细胞质—翻译—翻译后加工，上述各个环节都可以是受调控的。基因表达调控可发生在从基因激活到蛋白质生物合成的各个阶段，其特点为多级调控，但以转录水平的基因表达调控最重要。

第一节 基因表达调控的基本原理及其生物学意义

从 DNA 到 RNA，遗传信息由储存状态到功能状态是受到严格调控的。尽管对个体而言，不同组织细胞所含的基因组 DNA 都是一样的，但基因表达的种类不相同；而且同一基因在不同组织细胞中表达的强度也各不相同，甚至在同一组织内不同生理或病理情况下，表达量也可能不一样。机体的正常运转需要不同的基因在恰当的部位、恰当的时机进行表达。某些重要功能基因的表达调控模式发生显著变化，会导致细胞的功能和状态甚至形态也会随之改变。在正常组织细胞恶变为肿瘤细胞过程中，许多相关基因的表达水平会发生明显改变。不同组织细胞基因组中哪些基因表达开启，哪些基因表达关闭，以及它们表达的强度，是在严格的调节机制控制下进行的，即基因表达调控。基因表达调控是生物体适应环境、维持正常生长、发育、增殖和分化的重要保证。

一、基因表达调控的基本规律

（一）基因表达的时空特异性

生物体内，基因的表达具有严格的时间特异性和空间特异性，简称时空特异性。物种愈高级，基因表达的时空特异性愈明显。而且基因表达时空特异性的异常往往与异常生理病理的发生发展密切相联。

为了适应生存，在漫长的进化演变中，生物体基因表达时空特异性调控的分子机制已发展得十分精密完善，以此实现对自身诸多基因间协调表达的控制。伴随着个体发育与细胞周期的不同，基因表达的时空特异性十分严格，而绝非全部基因同步表达，而且表达量也不一样。这从一个基因组通常表达有限的基因的数量或比例就可以清晰看出，例如：①大肠杆菌基因组含有约 3500 个基因，但通常只有 5%～10%的基因处于较高水平表达状态，而其他基因或表达水平较低，或暂时不表达；②人类基因组约含有 2.5 万个基因，在不同的人体组织细胞中，通常只是部分基因表达，部分基因处在沉默状态；③尽管病毒基因组十分简单，但其基因表达也表现出非常明显的时空特异性。

1. 基因表达的时间特异性 在生物个体的生命过程中，根据功能的需要，某些特定基因的表达严格按一定的时间顺序开启或关闭，这就是基因表达的时间特异性（temporal specificity）。多细胞生物从受精卵到组织、器官形成的不同发育阶段，都会有不同的基因严格按特定的时间顺序开启或关闭；而且每个基因转录的持续时间和表达强度都不一样，导致后续发挥功能的蛋白质的量也不一样，决定着细胞向特定的方向分化，表现为与发育阶段一致的时间性。因此，多细胞生物基因表达的时间特异性又被称为阶段特异性（stage specificity）。例如，人血红蛋白中珠蛋白基因的表达就表现为严格的阶段特异性。血红蛋白（Hb）包括 α、β、γ、δ、ε 和 ζ 6 种编码基因。在人类胚胎早期，多肽链 ζ 和 ε 编码基因表达。在人类 1～3 个月的胎儿期，Hb 的组成型逐渐变为 $\alpha_2\varepsilon_2$。在人类 4～6 个月的胎儿期，α 编码基因依然表达，ε 编码基因逐渐关闭，γ 编码基因开启表达，Hb 的组成型为 $\alpha_2\gamma_2$。从人类胎儿后期到出生，β 编码基因的表达急剧上升，δ 编码基因也开始表达，Hb 的主要组成型为 $\alpha_2\beta_2$，次要组成型为 $\alpha_2\gamma_2$ 和 $\alpha_2\delta_2$。在人类婴儿出生后约 12 周，γ 编码基因关闭，而 α、β 和 δ 编码基因依然表达，因此在婴儿出生后 12 周到成人期，Hb 的主要类型为 $\alpha_2\beta_2$，次要类型为 $\alpha_2\delta_2$。

2. 基因表达的空间特异性 对多细胞生物而言，在个体生长发育的某一阶段，同一基因在不同的组织细胞中的表达水平是不一致的，如葡萄糖-6-磷酸酶，通常在肝细胞中表达，在肌细胞中不表达。又如血红蛋白在骨髓红系细胞中表达，在肌细胞则不表达，肌细胞表达的是肌红蛋白。基因在多细胞个体中按不同组织细胞中的空间顺序表达的特性称为基因表达的空间特异性（spatial specificity），也被称为组织特异性（tissue specificity）或细胞特异性（cell specificity）。

（二）基因表达的方式

为了生物个体更好地维持生存，达到最优状态，各种组织细胞接受细胞内外的信号刺激，相同基因组内的各个基因表达方式各不相同，主要包括组成性表达、诱导性表达、阻遏性表达和协同性表达等。

1. 基因的组成性表达　基因组中的某些基因，在生物体一生几乎所有的细胞中，以相对恒定的速率表达，其 mRNA 丰度及蛋白质含量不易受外环境因素的影响，这种基因表达的方式被称之为基因的组成性表达（constitutive expression）。采取组成性方式表达的基因，通常被称之为看家基因或管家基因（house-keeping gene），例如 rRNA、tRNA、微管蛋白（tubulin）、甘油醛-3-磷酸脱氢酶（glyceraldehyde-3-phosphate dehydrogenase，GAPDH）等。这些管家基因的蛋白表达产物对生命全过程都是必不可少的，几乎在全部组织细胞中持续表达，没有明显的时间和空间表达变化。看家基因的组成性表达强度通常只与该基因的启动子的活性有关，很少受到细胞内外刺激的影响，常在 mRNA 或蛋白定量检测中被当作内参。

2. 基因的诱导性表达和阻遏性表达　与管家基因不同，另有一些基因的表达很容易受外环境因素的影响，可发生明显的升高或下降。在特定外环境刺激信号下，相应基因的表达被激活，基因的表达产物明显增加，这种基因表达方式被称为基因的诱导性表达（induced expression）。采取诱导方式表达的基因，通常被称为可诱导基因。例如，长期生长在只含有葡萄糖的培养基中的大肠杆菌，不合成利用乳糖进行代谢的酶系；当把这些大肠杆菌转移到只含有乳糖的培养基中，在乳糖的刺激下，大肠杆菌基因组中能够利用乳糖进行代谢的酶系蛋白编码基因被诱导表达，使之可以利用乳糖作为能源物质，维持其生长增殖。

与上述情况相反，如果某基因对外环境信号的应答效应为抑制性，即该基因表达的状态变为显著降低或不表达，这种表达方式被称为基因的阻遏性表达（repressed expression）。采取阻遏性表达的基因，通常被称为可阻遏基因。例如，当培养基中色氨酸供应充足时，细菌体内色氨酸合成酶系蛋白编码基因的表达就会被阻遏。诱导和阻遏是同一事物的两种表现形式，在生物界普遍存在，也是生物体适应环境的最基本机制。

3. 基因的协同性表达　在多种机制调控下，功能上相关的一组基因，无论采取何种表达方式，均需协调一致，使细胞内蛋白的种类与数量达到最佳状态，即协同性表达（coordinate expression），这种调节称为协同调节（coordinate regulation）。如生物体内，一个代谢途径通常是由一系列化学反应组成，需要多种酶参与，此外还需要其他蛋白质，诸如负责底物或代谢产物的转运等。这些酶及转运蛋白等编码基因被统一调节，使参与同一代谢途径的所有蛋白质含量比例适当，以确保代谢途径有条不紊地进行。

二、基因表达调控的生物学意义

（一）适应环境、维持生长和增殖的需要

生物体通过调控自身基因的表达水平，以适应内外环境变化是一种普遍存在的机制。原核生物中，环境营养因素对基因表达的影响很大。原核生物基因表达调控的生物学意义主要在于满足适应环境变化、维持个体生长与分裂增殖的需要。对高等真核生物亦是如此，例如，经常饮酒者体内的醇脱氢酶活性较高，这与相应基因的表达水平被调节升高有密切关系。总之，生物体所处的内、外环境处于动态变化的，所有生物的所有活细胞都必须对内、外环境的变化做出适当反应，以使生物体能更好地适应变化着的环境。而生物体这种适应环境的能力总是与某种或某些蛋白质

分子的功能有关。细胞内某种功能蛋白质分子的有或无、多或少的变化则由编码这些蛋白质的基因是否表达，以及表达水平的高低所决定。因此，通过基因表达调控，使生物体表达种类与数量都合适的蛋白质，以更好地适应环境，维持其生长与增殖。

（二）维持个体发育与分化的需要

多细胞生物体由各种不同组织类型的细胞组成。这些细胞来源于同一受精卵，有共同的基因组构成。细胞分化是多细胞生物体生长发育的基础，关键在于特异性蛋白编码基因的选择性表达。在多细胞生物体生长、发育的不同阶段，细胞中蛋白质分子的种类与含量的变化是很大的；即使在同一生长发育阶段，不同器官组织细胞内蛋白质分子分布也存在很大差异，是这些分化细胞形态结构与功能的分子基础，例如，鸡的输卵管细胞合成卵清蛋白、胰岛细胞合成胰岛素等，而这些细胞都是在个体发育过程中逐渐产生的。高等哺乳类动物各种器官、组织的发育与分化均由一组特定基因所控制，当其中的某种基因缺陷或异常表达时，则会出现相应组织或器官的异常发育与分化。

第二节 原核生物基因表达调控

原核生物作为单细胞生物，在发育生长过程中对外界环境具有高度适应性，可根据环境条件的变化，迅速通过诱导或阻遏各种不同基因的表达，增加或减少相应的蛋白质，使原核生物个体适应外环境的变化。

原核生物的基因表达以操纵子为基本单位，操纵子（operon）指一个多顺反子转录单位与其调控序列，即几个功能相关蛋白质的编码基因串联在一起，利用共同的启动子及终止信号，受其上游调控序列共同调节，生成含几个结构基因的一个 mRNA 分子，从而达到整体调控的目的。原核生物的转录与翻译是偶联的，原核生物基因表达调控主要发生在转录水平，而且这种过程时间很短，只需数分钟，同时大多数原核生物的 mRNA 在几分钟内就受到酶的影响而降解。

一、细菌的操纵子调控模式

多个功能相关的原核基因总是串联在一起，依赖同一转录调控区对基因的转录进行调节，构成一个转录单位，以确保功能相关基因之间表达的协同性，这就是操纵子学说。大量实验证明，操纵子学说在原核基因的表达调控中具有普遍意义。通常，操纵子由编码区和调控区两部分构成。编码区一般含有 2～6 个结构基因，而有些操纵子的编码区最多可包含 20 个以上的结构基因。调控区往往位于转录起始点上游，包括与 RNA 聚合酶结合的启动序列、与阻遏蛋白结合的操纵序列，有些还包含与某些激活蛋白结合的特异性位点等。

在原核操纵子系统中，特异的阻遏蛋白对操纵子基因转录起始的阻遏机制是十分普遍的。当阻遏蛋白与操纵序列结合时，转录起始复合物不能形成，基因的转录被阻遏；相反，当某种特异的信号分子与阻遏蛋白结合，使阻遏蛋白变构失活，从操纵序列上解离下来，则操纵子基因去阻遏，转录又被重新开启。下面分别以大肠埃希杆菌（*E. coli*）的乳糖操纵子和色氨酸操纵子为例，介绍原核生物基因的转录调控机制。

（一）乳糖操纵子的转录调控

在 1960 年，法国科学家 Francois Jacob 和 Jacques Monod 等发现乳糖降解代谢具有典型“开关”特性，提出了操纵子学说。他们发现当大肠杆菌生长在含有乳糖的培养基上，乳糖代谢酶浓度从每个细胞几个分子急剧增加到几千个分子。而当培养基中没有乳糖时，乳糖代谢活动停止，则乳糖代谢酶基因不表达，避免能量与物质的损耗。该模型用来说明乳糖代谢中基因表达的调控机制，成为基因表达调控研究的典例。

1. 乳糖操纵子的结构　大肠杆菌的乳糖操纵子（*lac* operon）含有 *Z*、*Y*、*A* 三个结构基因。*Z* 基因编码有活性的β-半乳糖苷酶（β-galactosidase），催化乳糖转变为别乳糖（allolactose），再分解为半乳糖和葡萄糖；*Y* 基因编码半乳糖苷通透酶（permease），促使环境中的乳糖进入细菌；*A* 基因编码转乙酰基酶（transacetylase），以二聚体活性形式催化半乳糖的乙酰化。此外，在结构基因紧邻上游为 *lac* 操纵子的调控区，含有一个操纵序列（operator，O）、一个启动序列 P（promoter，P）、一个分解代谢物基因激活蛋白（catabolite gene activator protein，CAP）结合位点，分别能与 *lac* 阻遏蛋白、RNA 聚合酶及 CAP 结合。在结构基因远处上游存在一个调节基因（inhibitor gene，I）以及 *I* 基因的独立启动子 Pi 等。调节基因 *I* 编码一种阻遏蛋白，该阻遏蛋白与操纵序列 O 结合之后使 *lac* 操纵子处于关闭状态，不能启动转录（图 15-1）。

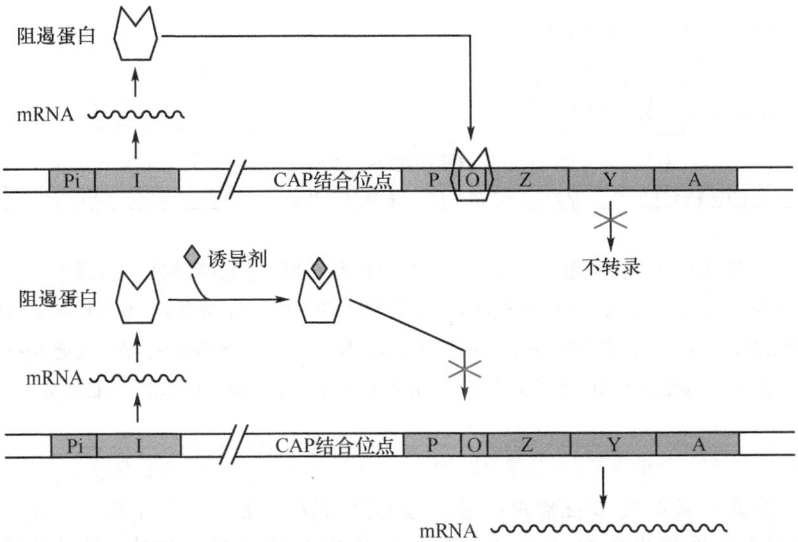

图 15–1　乳糖操纵子的结构与阻遏蛋白的负性调控

2. 乳糖操纵子的转录调控机制　大肠杆菌乳糖操纵子的转录调控机制中，既有阻遏蛋白的负性调节，又有 CAP 的正性调节（图 15-2）。

（1）阻遏蛋白的负性调节：大肠杆菌具有优先利用葡萄糖作为能源的特点。当大肠杆菌的生存环境中只有葡萄糖、不存在乳糖时，*lac* 操纵子处于阻遏状态。此时，*I* 基因在 Pi 启动序列作用下表达阻遏蛋白，与 *lac* 操纵子的 O 序列结合，阻碍 RNA 聚合酶与操纵子的 P 序列结合，抑制了操纵子转录启动。但是阻遏蛋白的阻碍作用不是绝对的，偶有阻遏蛋白与 O 序列解聚，其发生概率是每个细胞周期 1～2 次。因此，在没有诱导剂存在的情况下细胞也会有少量的β-半乳糖苷酶、通透酶和乙酰基转移酶表达，称为本底水平的组成性表达。当只有乳糖存在时，大肠杆菌要将乳糖水解为半乳糖和葡萄糖，催化此水解反应的是β-半乳糖苷酶。*lac* 操纵子被诱导开放，但真正的诱导剂并非乳糖本身。此时，乳糖经通透酶作用进入细胞，再经原先存在于细胞中的少量的β-半乳糖苷酶催化，转变为别乳糖。别乳糖作为一种诱导剂（inducer）与阻遏蛋白结合，使阻遏蛋白的构象发生变化，导致阻遏蛋白与 O 序列解离，继而 RNA 聚合酶与 P 序列结合，引起结构基因 *Z*、*Y* 和 *A* 相继表达，使β-半乳糖苷酶的量增加 1000 倍。由于 *Z*、*Y*、*A* 以多顺反子（polycistron）形式存在，即三种基因被转录到同一条 mRNA 上，因此乳糖能同时等量地诱导三种酶的合成（图 15-2）。

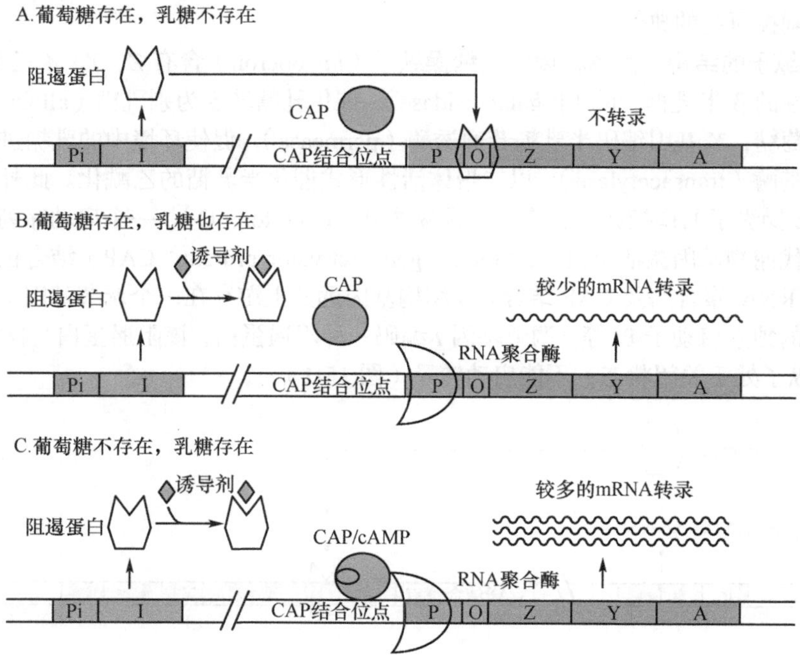

图 15-2　阻遏蛋白、cAMP、诱导剂和 CAP 对乳糖操纵子的调节

A.当葡萄糖存在，乳糖不存在时，阻遏蛋白封闭转录，CAP 不能发挥作用，目的基因不转录；B.乳糖存在，诱导阻遏蛋白变构，不能发挥作用，转录去阻遏，然而，因葡萄糖存在，CAP 依然不能发挥作用；C.当葡萄糖不存在，乳糖存在时，阻遏蛋白被诱导变构，不能发挥作用，转录去阻遏，与此同时，CAP 发挥作用，目的基因大量转录。

案例 15-1

蓝白斑筛选是一种基因工程常用的重组菌筛选常用方法，以检测该细菌是否含有被插入外源 DNA 的质粒。无色化合物 X-gal（5-溴-4-氯-3-吲哚-β-D-半乳糖苷）作为 β-半乳糖苷酶的底物,被切割成半乳糖和深蓝色的物质 5-溴-4-靛蓝。当 β-半乳糖苷酶缺陷型菌株被转入带 *lacZ* 的质粒后，有两种情况：①如果质粒没有插入外源 DNA 片段，*lacZ* 基因编码的 α 肽链和菌株基因组表达的 N 端缺陷的 β-半乳糖苷酶突变体互补，具有与完整 β-半乳糖苷酶相同的活性，将 X-gal 生成蓝色物质，得到蓝色菌落，这种现象称为 α-互补；②当外源 DNA 插入进多克隆位点，使 α 肽链读码框破坏，这种重组质粒不再表达 α 肽链，将它导入宿主缺陷菌株则无 α 互补，不形成活性 β-半乳糖苷酶，即不可分解培养基中的 X-gal 产生蓝色，呈现白色菌落，提示获得阳性克隆。

异丙基硫代-β-D-半乳糖苷（isopropyl-β-o-thiogalactoside，IPTG）是别乳糖的类似物，能与阻遏蛋白特异性结合，诱导 *lac* 操纵子的开放。在非诱导条件下，表达菌株中表达出的 lacI 阻遏蛋白可以作用于 T7 RNA 聚合酶前的 lacUV5 启动子,从而抑制 T7 RNA 聚合酶的表达。IPTG 可以与阻遏蛋白 lacI 结合，使其对 lacUV5 启动子失去阻遏作用，T7 RNA 聚合酶得以合成，继而与 pET-28 质粒上的 T7 启动子结合，启动目的基因的表达。IPTG 广泛应用在基因工程菌株大规模诱导生产真核蛋白。

（2）CAP 的正性调节：当大肠杆菌在含有葡萄糖的环境中生长时，葡萄糖对一些分解代谢酶，如 β-半乳糖苷酶、半乳糖激酶、阿拉伯糖异构酶、色氨酸酶等具有明显的抑制效应，称之为分解物阻遏作用（catabolite repression）。这种现象与 cAMP 有关。在大肠杆菌中，cAMP 的浓度受葡萄糖代谢的调节。当环境没有葡萄糖时，细胞内 cAMP 浓度增高，cAMP 结合 CAP，而结合了 cAMP 的 CAP 能够辨认并结合位于 *lac* 操纵子 P 序列上游的 CAP 位点，增强 RNA 聚合酶的活性，使操纵子的转录效率提高约 50 倍。当有葡萄糖存在时，cAMP 的浓度降低，cAMP 与 CAP 的结合数量下降，未结合 cAMP 的 CAP 不能与 DNA 结合发挥正性调节作用，RNA 聚合酶与启动子并不形成具有高效转录活性的开放复合体，因此 *lac* 操纵子的转录效率下降。由此可见，乳糖操纵子结构基因的高表达既需要有诱导剂乳糖的存在，又要求无葡萄糖或低浓度葡萄糖的条件。

（3）协同调节：CAP 的正性调节与阻遏蛋白的负性调节是相互协调的。当阻遏蛋白结合 O 序列时，CAP 对 *lac* 操纵子系统是不发挥作用的；但是，当阻遏蛋白从 O 序列上脱落下来，*lac* 操纵子依然转录活性很低，此时必须有 CAP 的正性调节，才能启动高水平的转录。可见，CAP 的正性调节与阻遏蛋白的负性调节，两种机制是相辅相成、互相协调的关系。两种机制的协调作用可因葡萄糖和乳糖的存在与否分为如下四种情况：①葡萄糖存在，乳糖不存在：阻遏蛋白与 O 序列结合，并且没有 CAP 的正性调节作用，基因处于关闭状态；②葡萄糖和乳糖均存在：葡萄糖存在导致 cAMP 浓度低，cAMP 不能与 CAP 有效结合，CAP 不能发挥正性调节作用；阻遏蛋白与半乳糖结合，空间构象改变，不再与操纵基因结合，总体而言 *lac* 操纵子转录水平很低。此时，细菌优先利用葡萄糖；③乳糖存在，葡萄糖不存在：阻遏蛋白与 O 序列解聚，且有 CAP 的正调控作用，*lac* 操纵子被快速开启，*lac* 操纵子的转录活性最强；④葡萄糖和乳糖均不存在：阻遏蛋白封闭 O 序列，CAP 的正性调节也难以发挥作用，*lac* 操纵子处于关闭状态，而此时的大肠杆菌则可能通过表达另外的操纵子，寻求利用环境中存在的其他能源物质的能力。

（二）色氨酸操纵子的转录调控

原核生物内色氨酸的合成分五步完成，每个环节需要一种酶的催化。这五种酶的编码基因紧密连锁在一起，表达在一条多顺反子 mRNA 上，称为色氨酸操纵子（tryptophane operon）。色氨酸或与其代谢有关的某种物质在阻遏过程（而不是诱导过程）中起作用。由于色氨酸体系参与生物合成而不是降解，它不受葡萄糖或 cAMP-CAP 的调控。

1. 色氨酸操纵子的结构　*trp* 操纵子包含 *trpE*、*trpD*、*trpC*、*trpB* 和 *trpA* 五个结构基因，分别编码色氨酸合成通路中所需要的酶蛋白。结构基因上游依次是前导基因（*L*）、操纵序列（*O*）和启动序列（*P*），三者构成了操纵子基因的转录调控区。而转录调控区上游还有调节基因（*R*），编码阻遏蛋白（图 15-3）。

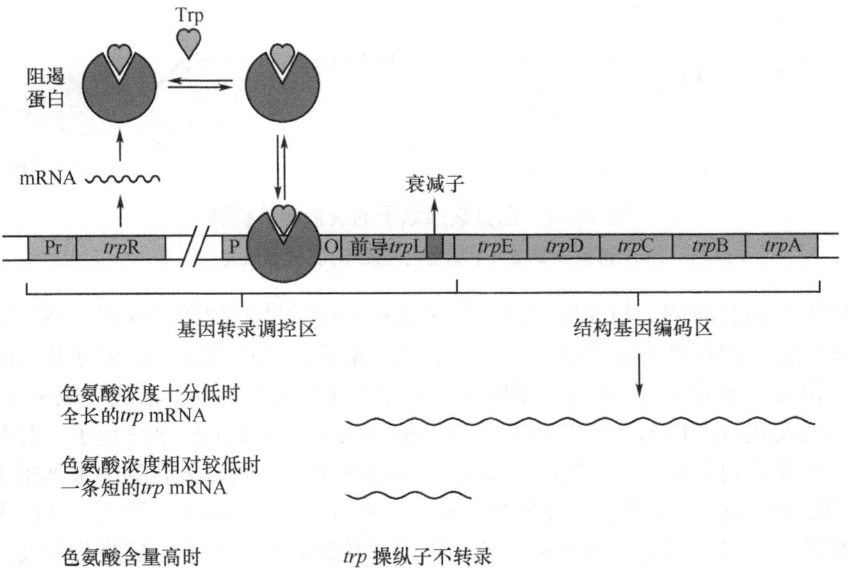

图 15-3　色氨酸操纵子的结构与阻遏蛋白的调节

2. 色氨酸操纵子的转录调控机制　色氨酸操纵子是一种阻遏型操纵子，其表达调控有两种机制：一种是阻遏蛋白的负调控，另一种是衰减作用。

（1）阻遏蛋白的负调控：色氨酸阻遏蛋白是一种同源二聚体蛋白质，每个亚基有 107 个氨基酸残基。色氨酸阻遏蛋白本身不能和操纵基因 *O* 结合，必须和色氨酸结合后才能与操纵基因 *O* 结合，从而阻遏结构基因表达，因此色氨酸是一种阻遏物。当色氨酸浓度高时，色氨酸与阻遏蛋白结合，引起阻遏蛋白构象变化，并使其与操纵子的 *O* 序列结合，阻遏转录。而当色氨酸浓度较低时，没有足够的色氨酸与阻遏蛋白结合，阻遏蛋白便不能与操纵子的 *O* 序列结合，转录进行。

（2）衰减调节：色氨酸操纵子转录的衰减调节与前导基因 *trpL* 有关。前导基因 *trpL* 位于结构基因 *trpE* 与 *O* 序列之间，长度 162bp，其中第 27～79 碱基编码由 14 个氨基酸组成的前导肽，并且第 10、11 位的两个密码子均编码色氨酸。大肠杆菌在色氨酸缺乏的环境下，前导肽编码基因和 5 个结构基因能转录产生长度为 6700 个核苷酸的多顺反子 mRNA。当细胞内色氨酸增多时，*trp*E、*trp*D、*trp*C、*trp*B 和 *trp*A 基因转录受到抑制，但前导肽编码基因转录出 140 个核苷酸 mRNA 引导序列并没有减少，这部分转录称为衰减子转录物。前导基因 *trpL* 的 mRNA 分成 4 段，14 个氨基酸的编码区位于序列 1，而序列 3 既可与序列 2 配对、也可与序列 4 配对，形成茎环结构，但只有序列 3 与序列 4 形成茎环结构时，才能终止转录，是衰减子的核心部分（图 15-4）。

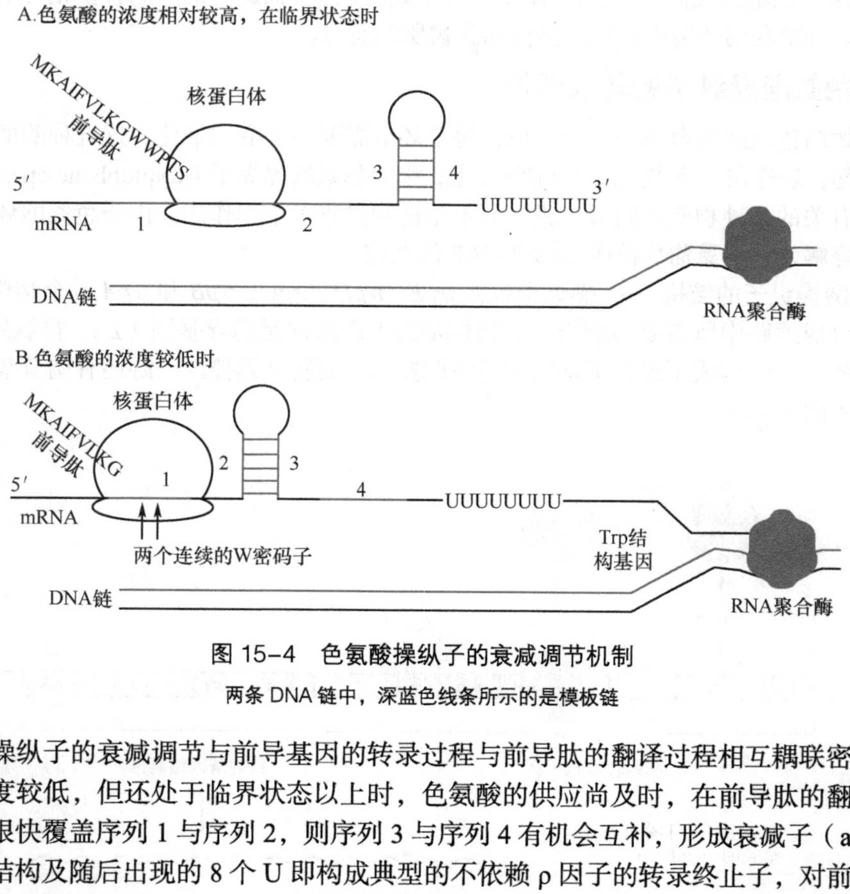

图 15-4 色氨酸操纵子的衰减调节机制

两条 DNA 链中，深蓝色线条所示的是模板链

色氨酸操纵子的衰减调节与前导基因的转录过程与前导肽的翻译过程相互耦联密切相关。当色氨酸的浓度较低，但还处于临界状态以上时，色氨酸的供应尚及时，在前导肽的翻译过程中，核蛋白体会很快覆盖序列 1 与序列 2，则序列 3 与序列 4 有机会互补，形成衰减子（attenuator），形成的发夹结构及随后出现的 8 个 U 即构成典型的不依赖 ρ 因子的转录终止子，对前方的转录复合物的稳定性造成不利影响，一条短的不成熟的 mRNA 链会从转录复合物中被拖扯下来，转录终止。而当色氨酸十分缺乏时，核蛋白体因原料缺乏终止在 1 区 Trp 密码子部位，2 区无法与 1 区配对且在 4 区被转录出来之前与 3 区互补，致 4 区处于单链状态，不能形成终止发夹，即衰减子不能形成，RNA 聚合酶通过衰减子而继续转录，最终转录出一条完整的 mRNA 链，促进色氨酸合成酶蛋白表达，促进色氨酸合成，满足细菌代谢的需要。

二、原核生物翻译水平的基因表达调控

尽管原核 mRNA 的转录与翻译是同步进行的，原核基因表达的调控同样可以发生在翻译水平上。虽然通常把转录水平上的调控看成是基因表达调控的最主要、最经济、也是最有效的方式，而把包括翻译水平在内在其他层面上的调控看成是基因转录表达调控的补充方式，但有时翻译水平上的基因表达调控同样也是十分关键的。

（一）mRNA 翻译能力的差异调控

mRNA 的翻译能力主要受控于其 5′端的 SD 序列（Shine-Dalgarno sequence）。SD 序列是位于起始密码子上游约 4～7 个核苷酸之前一段富含嘌呤的短序列 5′-AGGAGG-3，可以与 16S rRNA 分子 3′端的序列 5′-CCUCCU-3 互补结合，促使核蛋白体结合到 mRNA 分子上，有利于翻译的起始。适宜的 SD 序列使蛋白翻译的起始频率高，反之则蛋白翻译的起始频率低。此外，mRNA 所采用密码子比例的不同也会影响蛋白翻译速度。大多数氨基酸由于密码子的简并性，具有不止一种密码子，它们对应 tRNA 的丰度也差别很大，采用常用密码子的 mRNA 翻译速度快，而含稀有密码子比例高的 mRNA 的翻译速度慢。多顺反子 mRNA 在进行翻译时，各个编码区翻译频率和速度不同时，所合成的蛋白质的量也就不同了。

（二）翻译起始的调控

mRNA 分子上的核糖体结合位点（ribosome binding site，RBS）是起始密码子 AUG 上游的一段非翻译区序列。RBS 的结合强度取决于 SD 序列的结构及其与起始密码 AUG 之间的距离。SD 序列与 AUG 之间相距一般以 4～10 个核苷酸为佳。此外，mRNA 分子的二级结构也是翻译起始的重要因素。因为核糖体的 30S 亚基必须与 mRNA 分子结合，才能开始翻译，所以要求 mRNA 5′端要有合适的空间结构。SD 序列的变化能够改变 mRNA 分子 5′端二级结构的最低自由能，影响了核蛋白体 30S 亚基与 mRNA 分子的结合，从而造成了蛋白质合成效率上的差异。

（三）核糖体蛋白翻译的阻遏

组成核糖体的蛋白质共有 50 多种，它们的含量需要严格保持与 rRNA 相适应的水平。当游离核糖体蛋白质过量存在时，会引起它自身以及相关蛋白质翻译的阻遏。对核糖体蛋白发挥翻译阻遏作用的蛋白均为能直接和 rRNA 分子相结合的核糖体蛋白。由于它们能和自身 mRNA 的翻译起始部位相结合，因此可以影响翻译的起始。例如，在大肠埃希杆菌 L11 操纵子中编码 *L11*（*rplK*）和 *L1*（*rplA*）两个基因，起反馈调节作用的为第二个蛋白质 L1，它能与该操纵子的第一个编码区（*L11*）的 SD 序列邻近部位结合，阻止核糖体起始翻译。利用这种机制可以使核糖体蛋白的合成与核糖体的组装直接关联在一起。因此，凡有核糖体蛋白合成出来，必定首先与 rRNA 结合以装配成核糖体。但是，一旦 rRNA 的合成变慢或停止，游离的核糖体蛋白便会积累。于是它们就可以与其自身的 mRNA 结合，从而阻遏进一步的翻译。

（四）释放因子 2 合成的自我调控

释放因子 2（release factor 2，RF2）是原核生物中的一种特殊蛋白因子，能够识别终止密码子 UGA 和 UAA，使刚翻译的多肽链及核糖体从 mRNA 上脱落，发挥翻译终止功能。有趣的是，*RF2* 基因的密码子不是连续排列的，在第 25 位密码子和 26 位密码子之间多了一个 U，这个 U 可以同第 26 位密码子头两个核苷酸组成终止密码子 UGA，而为 RF2 蛋白所识别。细胞内，在 RF2 充足的条件下，核蛋白体 A 位进入到第 25 位密码子后的 UGA 处，便因为 RF2 发挥作用而终止 RF2 的合成，释放出只有 25 个氨基酸的短肽，不具有 RF2 的终止翻译的活性。如果细胞内 RF2 不足，

核糖体就会以+1 的移码机制将第 26 位密码子译成天冬氨酸，完成整个 RF2 的翻译，最后由 RF1 终止翻译。可见，RF2 作为一个翻译调节蛋白，可根据自身在细胞内的丰欠程度决定其自身的翻译是连续还是及时终止。

（五）反义 RNA 的作用

以往认为，基因表达调控只能由蛋白质与 DNA 之间的相互作用介导来完成。然而，近年来有研究发现小分子 RNA 也能调节基因表达。目前对原核细胞的研究结果表明，这些小 RNA 是独立基因编码的 RNA 片段，它们可以通过碱基互补方式与靶 mRNA 结合，形成局部 RNA—RNA 双链，影响 mRNA 的正常修饰和翻译等过程，称为反义 RNA，其在翻译水平上的调控机制包括：①反义 RNA 与 mRNA 5′端非翻译区的 SD 序列相结合，阻止 mRNA 与核糖体小亚基结合，直接抑制翻译；②反义 RNA 与 mRNA 5′端编码区起始密码子 AUG 结合，抑制 mRNA 翻译起始；③反义 RNA 与 mRNA 的其他非编码区互补结合，使 mRNA 构象改变，影响其与核糖体结合，间接抑制了 mRNA 的翻译。

第三节　真核生物基因表达调控

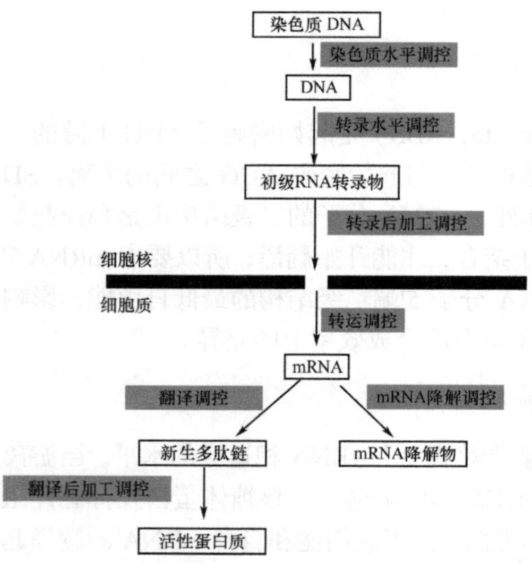

图 15-5　多层次的真核基因表达调控示意图

真核生物和原核生物的细胞结构和遗传信息存在明显差异。在基因组结构上，原核生物结构简单，信息量少；真核生物结构复杂，信息量大，真核基因表达调控的环节更多，可以在复制、扩增、基因激活、转录、转录后、翻译和翻译后等多级水平上进行（图 15-5），但同样转录水平的调控是主要的。真核基因转录发生在细胞核内（线粒体基因的转录在线粒体内），翻译发生在胞浆，两个过程在空间方面是分开的，因此其调控增加了更多的环节和复杂性，转录后调控也发挥重要的调控作用。此外，真核 RNA 聚合酶对启动子的亲和力很低，基本上不依靠自身来起始转录，需要依赖多种激活蛋白的协同作用。

真核生物基因表达调控具有以下几个特点：

1. 细胞的全能性　是指同一种生物的所有细胞都含有相同的基因组 DNA，即基因的数目和种类是一样的。近年研究发现尽管细胞的类型不同，但经过一定的诱导，但它们都有分化成完整个体的潜能。

2. 基因表达的时空性　包括时间性和空间性，所谓时间性是指高等生物的各种不同细胞具有相同的基因组，但在个体发育的不同阶段，基因表达的种类和数量是不同的，导致细胞中各种蛋白质的组成也不一样。所谓空间性指在不同组织和器官中，基因表达的种类和数量不同，甚至有很大的差异。

3. 转录和翻译分区域进行　真核生物基因组 DNA 与组蛋白结合并形成染色体，位于由核膜包绕形成的细胞核内。mRNA 在核中转录生成后，穿过核孔至胞质作为模板指导蛋白质合成。真核生物的转录和翻译不是同步及同区域进行的，容易受多层次调控。

4. 初级转录产物的加工修饰　真核生物基因组 DNA 转录生成的为初级转录产物为 mRNA 前体分子，即核不均一性 RNA（heterogeneous nuclear RNA，hnRNA），hnRNA 要经过戴帽（m^7GpppN）、加 polyA 尾、切除内含子和拼接外显子等过程，才能形成成熟的 mRNA 分子。

5. 单顺反子的基因结构 真核生物基因组 DNA 不存在含多个基因的操纵子转录单位，真核生物基因转录产物为单顺反子（monocistron），即一个基因一般只转录生成一条 mRNA。此外，功能相关的基因大多数分散在不同的染色体上，即使空间位置很近，也是分别进行转录。

6. 转录调控区远近与大小 在真核生物的基因组较大，基因转录的调节区相对较大，它们可能远离启动子达几百个甚至上千个碱基对，这些调节区一般通过改变整个所控制基因 5′上游区 DNA 构型，来影响它与 RNA 聚合酶的结合能力。相反，在原核生物中，转录的调节区都很小，大都位于启动子上游不远处，调控蛋白结合到调节位点上可直接促进或抑制 RNA 聚合酶与它的结合。

7. 少量基因有多拷贝 真核生物某些基因如组蛋白和 tRNA 等，以多拷贝形式存在，这样既可满足细胞的需要，也是表达调控的一种有效方式。

一、真核基因组 DNA 水平表达调控

真核基因组 DNA 绝大部分都在细胞核内与组蛋白等结合形成染色质，染色质中 DNA 和组蛋白的结构状态、化学修饰因素等都能显著影响基因的表达水平。

1. DNA 拓扑结构变化 天然双链 DNA 的构象大多是负性超螺旋。当基因活跃转录时，RNA 聚合酶转录方向前方 DNA 的构象是正性超螺旋，其后面的 DNA 为负性超螺旋。正性超螺旋会拆散核小体，有利于 RNA 聚合酶向前移动转录；而负性超螺旋则有利于核小体的再形成。

2. 染色质结构影响基因转录 真核生物基因组 DNA 在细胞生活周期的大部分时间里都是以染色质的形式存在。将处于分裂间期的细胞核用苏木精-伊红染色法染色后，在显微镜下观察大部分染色体松开分散在核内，称为常染色质，但仍有部分（通常位于着丝粒区、端粒、染色体中间及末端）保持紧凑折叠的结构，形成浓集的斑块，称为异染色质。位于常染色质内的基因具有较强的转录活性。真核生物基因在转录发生之前，常染色质往往在被解旋或松弛，形成自由 DNA，这种变化可能包括核小体结构的消除或改变，DNA 本身局部结构的变化，如双螺旋的局部去超螺旋或松弛、DNA 从右旋变为左旋，这些变化可导致结构基因暴露，RNA 聚合酶能够发生作用，促进了这些转录因子与启动区 DNA 的结合，导致基因转录。异染色质丝压缩折叠紧密，与常染色质相比，异染色质内的基因是转录活跃程度很低。

3. 组蛋白的作用 组蛋白是染色体基本结构——核小体中的重要组成部分，组蛋白是碱性蛋白质，带正电荷，可与 DNA 链上带负电荷的磷酸基相结合，从而遮蔽了 DNA 分子，妨碍了转录，可能扮演了非特异性阻遏蛋白的作用。组蛋白 N-末端氨基酸残基可发生乙酰化、甲基化、磷酸化、泛素化、多聚 ADP 糖基化等多种共价修饰作用。组蛋白的修饰可通过影响组蛋白与 DNA 双链的亲和性，从而改变染色质的疏松或凝集状态，或通过影响其他转录因子与顺式作用元件的亲和性来发挥基因调控作用。

组蛋白的甲基化、乙酰化、甲基化、磷酸化等属于表型遗传学（epigenetics）的研究范畴。组蛋白的甲基化由不同的特异性组蛋白甲基转移酶（histone methylt ransferases，HMT）催化形成，主要发生在组蛋白 H3 和 H4 的赖氨酸和精氨酸的残基上。组蛋白甲基转移酶数量庞大，它们介导的转录调节功能也不尽相同，某些可以激活基因的转录，而某些则会抑制基因的转录。乙酰化修饰大多在组蛋白 H3 第 9、14、18、23 位赖氨酸和 H4 第 5、8、12、16 位赖氨酸等位点。组蛋白乙酰化是可逆过程，乙酰化由组蛋白乙酰基转移酶（histone acetylase，HAT）催化，去乙酰化由组蛋白去乙酰基酶（histone deacetylase，HDAC）催化。染色体组蛋白的乙酰化修饰与活跃的基因表达密切相关，组蛋白乙酰化可以激活特定基因的转录过程，而相应基因调节区的乙酰化程度不足通常引起基因沉默（图 15-6）。

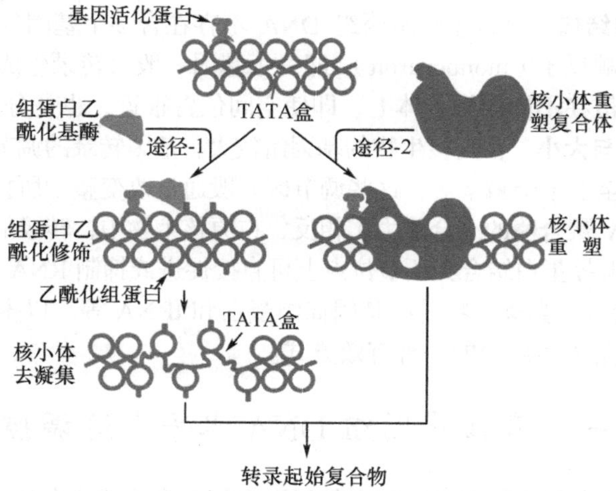

图 15-6 组蛋白的乙酰化修饰与核小体重塑

组蛋白的磷酸化修饰主要发生在组蛋白 H3 的第 10 位丝氨酸和第 28 位丝氨酸上，这两个位点都存在于一个相同的保守序列（-ARKS-）中，它们的磷酸化与基因转录的起始和有丝分裂期染色质凝集有关。通过磷酸化修饰可能改变了组蛋白的电荷，进而改变了组蛋白与 DNA 结合的特性，从而调控基因的转录活性。

由此可见，不同的组蛋白修饰影响组蛋白和 DNA 的聚集和分离，同时也能作为信号募集一些与基因转录调控密切相关的转录因子，通过这些作用它们可以调节基因转录的“开”和“关”状态，在表观遗传学层面上对基因表达进行调控。

4. 转录活跃区域对核酸酶作用敏感度增加 受到核小体的空间位阻作用，用核酸酶 DNase Ⅰ消化染色质 DNA，出现 100bp、400bp 等长度较规律的降解片段，反映了完整的 DNA 与核小体规则结合的重复结构。但转录活跃的染色质区域受 DNase Ⅰ消化常出现 50～200bp 长短不一的 DNA 片段，提示 DNA 与组蛋白结合的结构有变化，对 DNase Ⅰ敏感性显著增加。该位点称 DNase Ⅰ超敏感点（DNase Ⅰ hypersensivity site），为无核小体区，常出现在转录基因的调控蛋白结合位点的附近。

5. DNA 甲基化碱基修饰 DNA 甲基化修饰是指在 DNA 甲基转移酶的催化下，以硫代蛋氨酸为甲基供体，在 CpG 二核苷酸的胞嘧啶分子的 5′碳原子上添加一个甲基基团（-CH3）的化学修饰。DNA 甲基化在生物体内的分布并不是随机的，而是呈现一定的规律性。CpG 二核苷酸在基因组中的分布有成簇存在的倾向，CpG 岛是基因组中 GC 碱基含量大于 55%、CpG 出现频率与平均频率的比值高于 0.6 的长度大于 200bp 的区域。大约 70%的人类基因启动子区含 CpG 岛，甲基基团本身以及甲基化DNA募集的甲基化结合蛋白如MeCP2所造成的空间位阻能够抑制转录因子的结合，因此启动子区域的甲基化对基因的表达有明显的抑制作用。

6. 基因重排 真核细胞在分化过程中会发生基因重排，指 DNA 分子中核苷酸序列的重新排列。这些序列的重排可以形成新的基因，也可以调节基因的表达。在人类基因组中，所有抗体的重链和轻链都不是由固定的完整基因编码的，而是由不同基因片段经重排后形成的完整基因编码的。完整的重链基因由 VH、D、J 和 C 四个基因片段组合而成，完整的轻链基因由 VL、J 和 C 三 3 个片段组合而成。在每一个重链分子重排时，首先 V 区段与 D 区段连接，然后与 J 区段连接，最后与 C 区段连接，形成一个完整的抗体重链基因。轻链的重排方式与重链基本相似。重链和轻链基因重排后转录，再翻译成蛋白质，由二硫键连接，形成抗体分子。此外，基因片段之间的连接点也可以在几个 bp 的范围内移动。因此，可以从约 300 个抗体基因片段中产生 10^9 数量级的免疫球蛋白分子。这其中涉及复杂的基因表达调控机理。

7. 基因拷贝数变化 真核细胞中还存在基因扩增（gene amplification）现象，即基因组中的特定段落在某些情况下会复制产生许多拷贝。最早发现是蛙的成熟卵细胞在受精后的发育过程中其rRNA基因可扩增2000倍，以后发现其他动物的卵细胞也有同样的情况，这很显然适合了受精后迅速发育分裂要合成大量蛋白质，需要有大量核糖体。在某些肿瘤中，常出现原癌基因的DNA拷贝数明显增加，而抑癌基因的DNA拷贝数减少的现象。DNA拷贝数变化（copy number variant，CNV）是一种介于1kb至3Mb的DNA片段的变异，其中包括缺失、重复、倒位和易位。CNV通过改变基因剂量、调节基因活性影响基因表达（癌基因激活与抑癌基因失活）、表型差异和表型适应，从而引起肿瘤以及其他遗传疾病。

二、真核生物基因转录水平调控

转录起始仍是真核生物基因表达调控的最基本环节。调控作用主要是通过顺式作用元件、转录因子和RNA聚合酶的相互作用来完成的。调控作用主要是转录因子结合顺式作用元件后影响转录起始复合物的形成。

1. 转录起始复合物的形成　不论是原核生物还是真核生物，在转录起始复合物形成过程中，RNA聚合酶与启动子的结合都是关键的一步，差别在于细菌的RNA聚合酶识别的是一段单纯的DNA序列，而真核生物的RNA聚合酶识别的是一个由通用转录因子与DNA形成的蛋白质-DNA复合物。真核细胞的RNA聚合酶不能单纯识别DNA上的启动子。只有当一个或多个通用转录因子transcription factor，TF）与DNA结合，形成功能性的启动子后，才可被RNA聚合酶识别与结合。转录因子是RNA合成起始所必需的因子。转录因子与原核细胞中的δ因子不同，δ因子是先与RNA聚合酶结合形成全酶后，方可识别启动子；δ因子在启动转录后与RNA聚合酶解离，并且不再结合RNA。而转录因子是不依赖于RNA聚合酶而独立地结合DNA，并且在转录过程中，促使许多RNA聚合酶分子与启动子的结合。

RNA聚合酶Ⅱ分子识别启动子的最低程度是必须在聚合酶识别启动子之前，与一个TATA盒结合因子（或称TATA因子）形成稳定的转录复合物。TATA盒对于许多编码蛋白质基因的启动子活性和RNA链的起始点决定起关键作用。由于TATA因子为RNA聚合酶Ⅱ转录的基因所需要，所以它更倾向于被视为通用转录组分。体外实验证明，TATA因子一旦与DNA结合，就可形成一个稳定的转录复合物，并介导许多RNA聚合酶Ⅱ分子的转录。

RNA聚合酶Ⅱ识别并结合由TATA因子与TATA盒形成的蛋白质-DNA复合物。此时形成的是闭合的复合物，DNA双链没有打开，尚不能启动转录；只有当转录起始因子与RNA聚合酶结合，使DNA部分双螺旋解开成为开放的转录起始复合物时，基因转录才开始，可以合成RNA。在转录调控过程中，转录因子主要是促进或抑制TATA因子与TATA盒结合、RNA聚合酶与TATA因子-DNA复合物结合以及转录起始复合物的形成。

2. 顺式作用元件　顺式作用元件（*cis*-acting element）指基因组DNA分子里对基因表达有调节作用，影响转录速率的特异DNA序列，按照功能分为启动子（promoter）、增强子（enhancer）和沉默子（silencer）等（图15-7）。

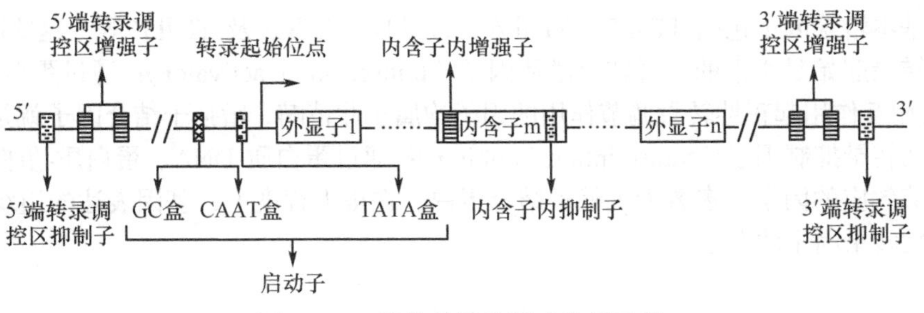

图15-7　真核基因的顺式作用元件

（1）启动子：是在基因转录起始位点（+1）及其5′上游近端大约100～200bp以内的一段具有独立功能的DNA序列，为转录因子和RNA聚合酶的结合位点。启动子内含有决定RNA聚合酶Ⅱ转录起始点和转录频率的关键元件。整个启动子由核心启动子和上游启动子元件两个部分组成。

1）核心启动子（core promoter）：指足以使RNA聚合酶Ⅱ转录正常起始所必需的、最少的DNA序列。其中包括转录起始位点，及其上游–25～–30bp处的富含TA的典型元件"TATA"盒（即Hogness盒，其核心序列为TATAAAA，与原核生物启动子Pribnow盒相似）。核心启动子单独起作用时，其功能为确定转录起始位点并产生基础水平的转录。

2）上游启动子元件（upstream promoter element）：包括通常位于–70bp附近的CAAT盒（GCCAAT）和GC盒（GGGCGG）等，其功能是调节转录起始的频率，提高转录效率。

（2）增强子：指位于启动子上游或下游（1～30kb），能够增强启动子转录活性的DNA序列，但增强子本身不具备启动子活性。增强子首先发现于SV40病毒中，位于早期启动子5′上游约200bp，内含2个72bp的重复序列，其核心序列为GGTGTGGAAAG，增强子可促使该病毒基因转录效率提高100倍。增强子有以下特点：①增强子增强基因转录的效应十分明显，一般能使基因转录效率增加10～200倍，有的可以增加上千倍；②增强子发挥作用的方式通常与其方向，或与其所在部位与转录起始点的距离无关，即增强子从5′→ 3′或是由3′→5′均可对启动子发挥作用；③增强子大多数为重复序列。增强子的跨度一般为100～200 bp，但其基本的核心组件常由8～12bp组成，可以有完整的或部分的回文结构；④增强子增强基因的转录效应有严格的组织细胞特异性；⑤增强子没有基因专一性，可以在不同基因的转录中发挥作用；⑥增强子的活性与其在DNA双螺旋结构中的空间方向性有关；⑦增强子若受外部信号驱使发挥作用，该类增强子又被称为反应元件，如cAMP反应元件、激素反应元件、金属反应元件和血清反应元件等。

（3）沉默子：是20世纪80年代末才被证实的一类负性转录调控元件。与增强子的作用恰恰相反，当沉默子结合特异蛋白因子时，对基因的转录发挥抑制作用。需要指出的是，同一DNA元件，有时表现增强子的活性，有时又表现沉默子的活性，这取决于与该元件结合蛋白质的性质。这些负调控元件不受距离和方向的限制，并可对异源基因的表达起作用。

3. 反式作用因子 不论是启动子还是增强子序列，他们的转录调节功能都必须通过与特定的DNA结合蛋白的相互作用而实现。真核生物的RNA聚合酶与原核生物的RNA聚合酶不同，它本身不能启动转录，反式作用因子（trans-acting factor）指能直接或间接地识别或结合在各类顺式作用元件的8～12bp核心DNA序列上，参与调控靶基因转录效率的蛋白质，通常称为转录因子。根据转录因子所调节基因与自身编码基因之间关系，调节自身编码基因的转录因子又称为顺式作用蛋白。有关反式作用因子和顺式作用蛋白调节基因转录的作用方式，详见图15-8。

按功能特性可将转录因子分为：①基本转录因子（general transcription factor）：是RNA聚合酶结合启动子所必需的一组因子，为大部分mRNA转录启动所共有，故称基本转录因子，如RNA聚合酶Ⅱ的基本转录因子包括TFⅡD、TFⅡA、TFⅡB、TFⅡE及TFⅡF等，这些因子对TATA盒的识别及转录起始是必需的；②转录激活因子（transcription activator）：通过蛋白质-DNA、蛋白质-蛋白质相互作用起正性转录调节作用的因子均属于此范畴，增强子结合因子就是典型的转录激活因子；③转录抑制因子（transcription inhibitor）：通过蛋白质-DNA、蛋白质-蛋白质相互作用产生负性调节效应的因子，多数为沉默子结合蛋白。在很大程度上，基因表达的组织特异性取决于组织特异性转录因子的存在。

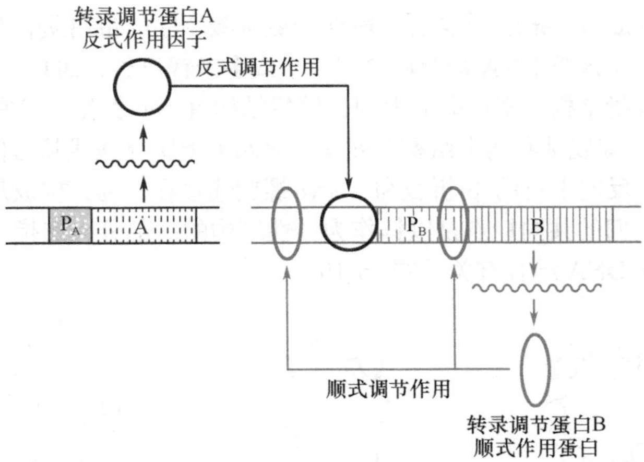

图 15-8 反式作用因子和顺式作用蛋白调节基因转录的作用方式

反式作用因子，即转录调节蛋白 A 表达后，通过与 B 基因的转录调控区的特异的顺式作用元件识别结合，调节 B 基因的转录，即反式调节作用方式。而顺式作用蛋白，即转录调节蛋白 B 表达后，通过与自身基因转录调控区的特异的顺式作用元件识别结合，调节自身基因的转录，即顺式调节作用方式。

4. 转录因子的结构特点及与 DNA 的结合 一个完整的转录因子通常含有三个主要功能结构域，分别为 DNA 识别结合域、转录活化域和结合其他蛋白质的调节结构域。常见的 DNA 识别结合域有以下几种。

（1）螺旋-回折-螺旋（helix-turn-helix，HTH）：是转录因子中的常见的 DNA 结合域。HTH 是由两个螺旋被一个短的伸展的氨基酸链回折连接而成，两个螺旋通过侧链间的相互作用，维持固定的角度。C-末端的螺旋是识别螺旋，与 DNA 大沟相匹配，在识别特异 DNA 序列中发挥作用。而 N-末端的螺旋则是辅助螺旋，主要在识别螺旋与相应 DNA 序列结合的准确定位中发挥辅助作用（图 15-9A）。含有 HTH 结构域的各种转录因子在这一结构域外的构造千差万别，提示这类转录因子有着自己独特的作用方式。需要特别强调的是，大多数这类转录因子的螺旋-回折-螺旋结构域外的多肽链的一部分，对于与 DNA 的接触甚至结合也是十分重要的，有助于精细的蛋白质—DNA 间的相互作用。

有些转录因子的 DNA 结合域是一段由大约 60 个氨基酸组成的保守序列，构成 3 个α-螺旋，第 2 和第 3 个α-螺旋构成 HTH 结构域，第 3 个α-螺旋结构起识别作用，与 DNA 分子的大沟紧密接触，而第 1 个α-螺旋的 N-末端则与 DNA 分子小沟的特异碱基相互作用（图 15-9B）。上述这种结构被称为同源异型域（homeodomain，HD），是 HTH 结构域的一种特殊类型。在从酵母、植物到人类等的真核细胞中发现了许多含同源异型域的转录因子，构成同源异型域蛋白（homeodomain protein）家族，在发育过程中发挥关键作用。

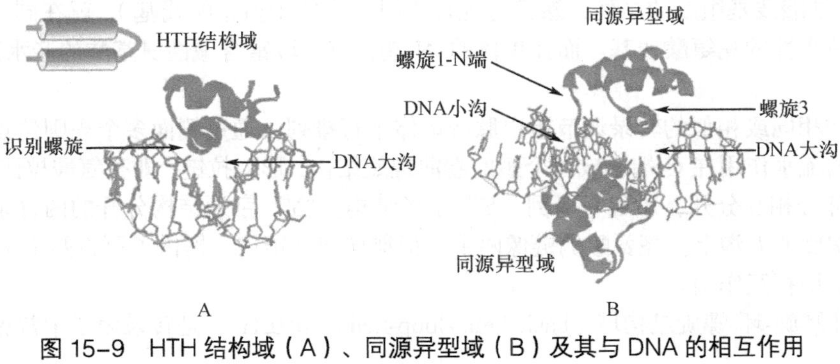

图 15-9 HTH 结构域（A）、同源异型域（B）及其与 DNA 的相互作用

（2）锌指结构（zinc finger）：是含有一段保守氨基酸顺序的蛋白质，与该蛋白的辅基锌螯合而形成的环状结构。由于这类 DNA 结合域含有一个或多个锌离子，而且二维结构图像形如手指，因此被形象地命名为锌指结构。实验研究发现，锌指结构有不同类型，较常见的是 Cys2/His2 与 Cys2/Cys2。两个半胱氨酸残基和两个组氨酸残基，或四个半胱氨酸残基与位于中心的锌离子以配位键结合，借此把两个反向平行的 β-折叠和一个α-螺旋连接在一起，构成从二维结构图像上看类似手指的结构特征。它们的共同特点是以锌作为活性结构的一部分，在指状突出区表面暴露的碱性及其他极性氨基酸与 DNA 结合有关（图 15-10）。

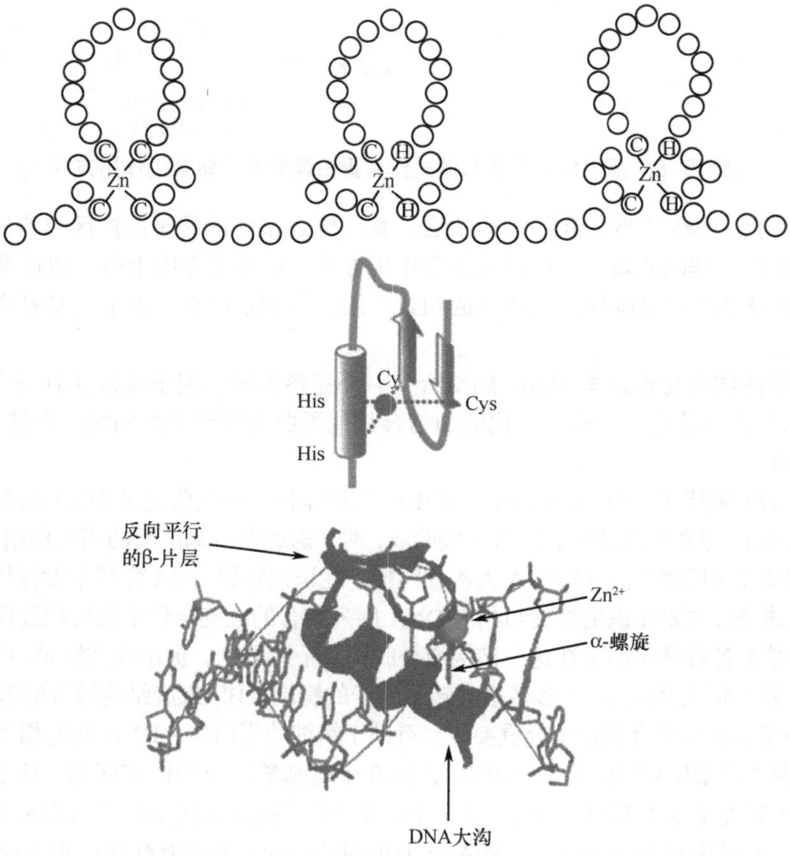

图 15-10　锌指结构域及其与 DNA 的相互作用

（3）亮氨酸拉链（leucine zipper）：是指由两条走向平行的肽链单体中的α-螺旋通过规则位点上的亮氨酸残基相互作用在一起所形成的对称二聚体结构。每条肽链单体中靠近 C-端的α-螺旋有一约 30 个氨基酸残基组成的序列，螺旋每旋转两周（约 7 个氨基酸残基），就在同一侧面有规律地出现一个疏水性的亮氨酸残基。而在单体的 N-端，有一段富含碱性氨基酸的亲水区，是 DNA 结合域所在。

两个结构相同或相似的转录调节蛋白肽链单体平行排列，通过侧面多个规则位点上的亮氨酸残基分子间的疏水作用在 C-端形成一个短的卷曲螺旋结构，形似拉链，即亮氨酸拉链（图 15-11）。N-端未结合部分相互分开，形成一个倒“Y”字形结构。“Y”字形结构分开的两臂亲水区，骑跨在 DNA 双螺旋的大沟上。亮氨酸侧链像两手手指那样交叉锁住，提供了可将两个 α-螺旋结合在一起的疏水堆积相互作用。

（4）碱性螺旋-环-螺旋结构域（basic helix-loop-helix，bHLH）：是转录因子中常见的另一个重要的结构域，也可以同时调节与 DNA 的结合以及蛋白质的二聚体化。每一个 bHLH 单体由 3 部分构成（图 15-12）：一长一短两个α-螺旋，中间由一个非螺旋的环连接；N-端由碱性氨基酸形成亲水区，与 DNA 结合，即 DNA 结合域；C-端由疏水性氨基酸残基形成疏水区，与另一单体结合，形成二聚体。与亮氨酸拉链相似，bHLH 也骑跨在 DNA 双螺旋的大沟上。非螺旋环有不同的长度，使单体分子易于弯曲折叠。

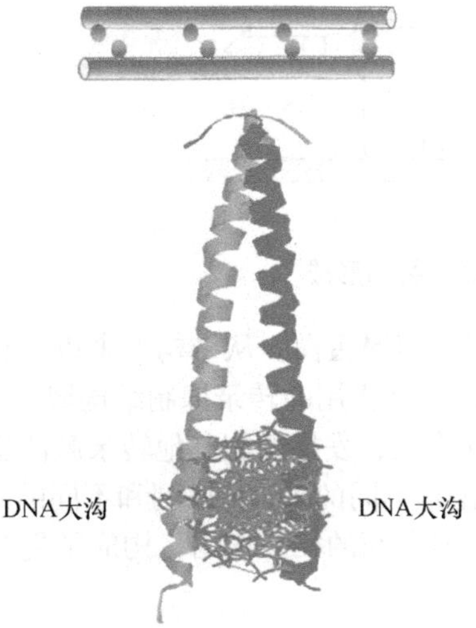

图 15-11　亮氨酸拉链结构域及其与 DNA 的相互作用

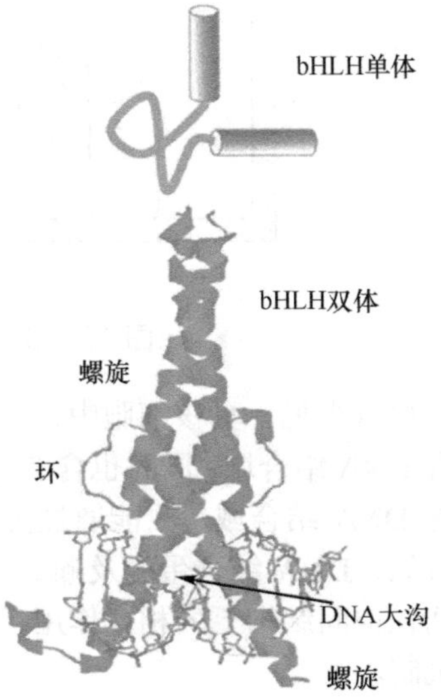

图 15-12　碱性螺旋-环-螺旋结构域及其与 DNA 的相互作用

5. 转录激活域　在真核生物中，反式作用因子的转录调控功能并非都需要其直接与 DNA 结合。具有转录活化域就成为反式作用因子中唯一必须具备的结构基础。常见的转录激活域一般由 30～100 个氨基酸残基组成。根据氨基酸组成特点，转录激活域分 4 种类型：①富含谷氨酰胺的结构域；②富含脯氨酸的结构域；③带负电荷的 α-螺旋结构域；④含有双性 α-螺旋和酸性氨基酸的结构域。

真核细胞中，RNA 聚合酶Ⅱ没有单独识别结合 DNA 的能力或能力很弱，不能独自启动基因的转录。基因转录的启动需要一整套基本转录因子，在转录开始前在启动子部位按顺序组装，再与 RNA 聚合酶Ⅱ形成复合物。这个组装的每一个步骤都有可能受到外部环境信号的调节，使不同基因转录的启动快慢有别，许多转录调节蛋白主要就是针对这一环节发挥作用的。在真核蛋白编码基因的转录起始中，首先识别、结合启动子 TATA 盒或起始子序列的是基本转录因子 TFⅡD 的核心组成成分 TATA 盒结合蛋白（TATA box binding protein，TBP），同时还须有 TBP 相关因子（TBP associated factor，TAF）参与，形成 TFⅡD 启动子复合物。继而，在其他基本转录因子 TFⅡA、TFⅡB、TFⅡF 和 TFⅡH 等依次帮助下，最终围绕 RNA 聚合酶Ⅱ形成转录前起始复合物（preinitiation complex，PIC）。在几种基本转录因子中，TFⅡD 是唯一具有位点特异性 DNA 结合能力的因子，在转录前起始复合物的组装中发挥关键性指导作用。而 TAF 是有细胞特异性的，与转录激活蛋白一起决定基因的组织特异性转录。然而，转录前起始复合物尚不稳定，也尚不能有效启动基因的转录。在迂回折叠的 DNA 构象中，结合了增强子的基因活化蛋白通过中介子（一种含有多达 20 个亚单位的蛋白复合体）的作用，与转录前起始复合物结合在一起，最终形成稳定的转录起始复合物（图 15-13）。此时的 RNA 聚合酶Ⅱ才能够真正启动基因的转录。

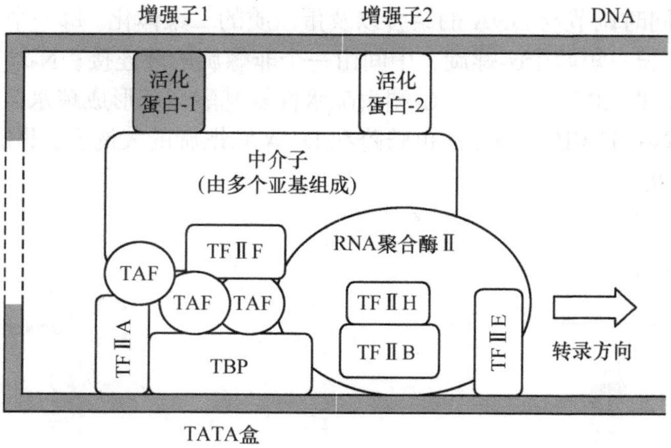

图 15-13　真核基因转录起始复合物的形成

另外，尽管少见，真核细胞中也存在着抑制基因转录的阻遏蛋白。从结构上来讲，有些阻遏蛋白既含有 DNA 结合域，同时也含有与其他转录相关蛋白相互作用的转录抑制结构域。但有些阻遏蛋白缺乏 DNA 结合域，只能通过蛋白质-蛋白质间相互作用，发挥抑制其他转录激活蛋白的功能。由此可见，DNA 结合蛋白及顺式调控元件有多种，正是不同的 DNA 序列和不同的 DNA 结合蛋白之间在空间结构上的相互作用，以及蛋白质与蛋白质之间的相互作用，构成了复杂的基因转录调控机制。

三、真核生物基因转录后水平调控

转录后形成的原初转录物须经过一系列的加工，才能转变成具功能的成熟 mRNA，从而作为蛋白质翻译的模板。在 mRNA 的加工成熟过程中，可通过各种不同的机制来调节控制基因表达种类和数量，可根据自身生长发育的需要实现遗传信息的选择性表达。

1. 5′端加帽和 3′端多聚腺苷酸化对基因表达的调控　①5′端加帽：真核生物转录生成的 mRNA 在转录后，在 5′端加上 7-甲基鸟苷（m^7GpppN），保护 mRNA 不受 5′外切酶降解，增强 mRNA 的稳定性，同时有利于 mRNA 从细胞核向胞质的转运，促进 mRNA 与核糖体的结合。mRNA 的“帽子”部分为核糖体识别所必需，由此通过核糖体小亚基的滑动以寻找 mRNA 的起始密码子。因此，帽子的形成是具帽结构的 mRNA 翻译能否进行、表达能否实现的先决条件。②3′端加尾：转录后的 mRNA 在 3′末端加上 50～200 个腺苷酸，即 poly（A）尾。mRNA 中 poly（A）形成位点（即多聚腺苷酸化信号）选择不仅决定多聚腺苷酸化的位置和效率，还可能通过 3′UTR 的变化而影响 mRNA 的稳定性，从而影响表达效率。

2. 选择性剪接对基因表达的调控　真核生物的基因绝大多数是断裂基因，初始转录产物中既有外显子又有内含子，必须经剪接才能产生成熟 mRNA。一个外显子或内含子是否出现在成熟的 mRNA 中是可以选择的，这种剪接方式称为选择性剪接。mRNA 的选择性剪接在高等生物细胞的高度异质性中起重要作用。由于剪接的多样化，一个基因在转录后通过 mRNA 前体的剪接加工而产生两个或更多的蛋白质。mRNA 的选择性剪接是基因表达的一个具显著效应的调节机制。

3. mRNA 5′非翻译区对基因表达的调控　从真核基因 mRNA 5′末端帽子结构到起始密码子 AUG 之间的核酸序列称为 5′端非翻译区（5′ untranslated region，5′UTR）。5′UTR 的二级结构对翻译起始有重要影响。5′UTR 二级结构阻止核糖体 40S 亚基的滑动，对翻译起始有抑制作用，而作用的强弱则取决于发夹结构的稳定性及其在 5′UTR 中的位置。二级结构较多的 5′UTR 明显不利于翻译起始。5′UTR 具有内部核糖体进入位点（internal ribosome entry site，IRES），通过富集核糖体和起始因子促进 mRNA 的翻译。许多具有 IRES 结构的真核 mRNA 5′UTR 具有一些共同的特征，如序列长度都比不含 IRES 的 5′UTR 要长、GC 含量相对较高、通常有多个 AUG 位点、都有折叠成高度稳定的高级结构的趋势等。此外，5′UTR 可形成一些特殊的元件影响真核基因的翻译，如铁离子反应元件（iron responsive element，IRE）是一个具有保守核酸序列 CAGUGN 的茎环结构，能与铁离子调节蛋白（iron regulatory protein，IRP）结合。当细胞内的铁离子浓度降低时，IRP 作为翻译抑制子与 IRE 紧密结合，阻止了核糖体小亚基结合在 mRNA 上，从而抑制铁蛋白的表达。当细胞内铁离子水平较高时，IRP 与铁离子形成复合物，IRP 无法结合 IRE（即不能发挥抑制作用），从而增强铁蛋白的表达（图 15-14）。

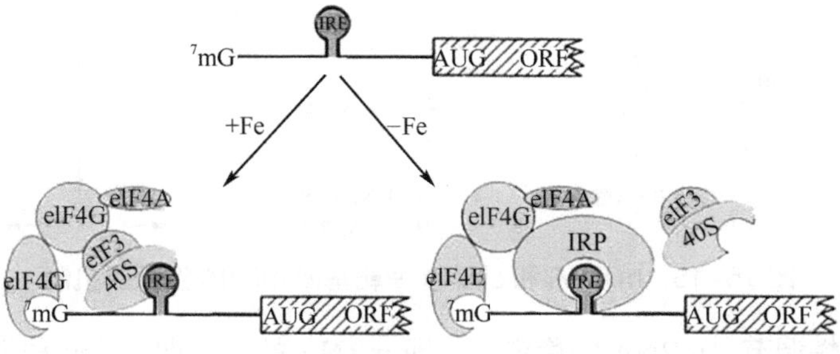

图 15-14　IRP 对铁蛋白 mRNA 翻译的负性调节

4. 3′ UTR 在转录后调控中的作用　一些基因 3′ UTR 中富含腺嘌呤和尿嘧啶元件（adenosine and uridine rich element，ARE），通常都含有一个或多个 AUUUA 五聚体。ARE 调节 mRNA 稳定性功能的实现需要 ARE 结合蛋白（ARE-BP）的参与，已有多种 ARE-BP 被鉴定，某些可加速 mRNA 降解；某些可提高相应 mRNA 的稳定性。哺乳动物基因能够编码产生一种 mRNA 结合蛋白 HuR，HuR 与 ARE 相结合能提高相应 mRNA 的稳定性。

近年来研究发现，一类长约 22nt 的非编码单链小 RNA 分子 microRNA（miRNA），广泛存在于动物、植物、病毒等生物中。miRNA 基因以单拷贝、多拷贝或基因簇等多种形式存在于基因组中，而且绝大部分位于基因间隔区，说明它们的转录独立于其他的基因，具有自身的转录调控机制。与蛋白编码基因相似，miRNA 基因也是由 RNA 聚合酶Ⅱ及相关转录因子启动转录，产生具有帽子结构、多聚腺苷酸尾巴的 pri-miRNA。pri-miRNA 在核酸酶 Drosha 和其辅助因子 Pasha 的作用下被处理成由 70 个核苷酸组成的 pre-miRNA，经 exportin 5 等蛋白转运到细胞质中。另一个核酸酶 Dicer 将其剪切成约 22 个核苷酸长度的 miRNA 双链，其中一条为成熟的 miRNA 分子在细胞内与 Argonaute 蛋白等形成 RNA 诱导的沉默复合体（RNA-induced silencing complex，RISC），结合到靶基因的 3′ UTR。其中 miRNA 与靶 mRNA 的 3′ UTR 碱基互补配对，如果 mRNA 与 miRNA 的序列完全互补，将导致靶 mRNA 被切割和降解；如果 miRNA 与靶 mRNA 不完全碱基互补配对，则导致靶 mRNA 翻译抑制，最终也被降解。miRNA 通过作用于具有重要功能的靶 mRNA，参与细胞增殖、凋亡、分化、代谢、发育、肿瘤转移等多种生物学过程。常常出现几个 miRNA 共同调控一个靶基因或一个 miRNA 调控多个靶基因的现象，这表明 miRNA 发挥着巨大的转录后调节功能，同时其调节机制也是非常复杂的（图 15-15）。

5. siRNA 干扰在转录后调控的作用　RNA 干扰（RNA interference，RNAi）最早是在线虫中发现的一种由双链 RNA 引发的基因沉默现象。不论是长的双链 RNA（double strand RNA，dsRNA）或小发夹 RNA（small hairpin RNA，shRNA），最后都要被 Dicer 酶加工成 21 个碱基长度的双链小干扰 RNA（small interfering RNA，siRNA），其中的单链小 RNA 分子在细胞质内结合到 RNA 诱导沉默复合体 RISC，通过碱基配对将 RISC 识别并结合到靶 mRNA 上，随后 RISC 中的 Ago 蛋白利用其核酸内切酶活性切割与之完全互补配对的靶 mRNA，产生具有 5′ 磷酸基和 3′ 羟基末端的片段，使之更易受到 5′ 或 3′ 核酸外切酶的攻击而快速降解（图 15-15）。

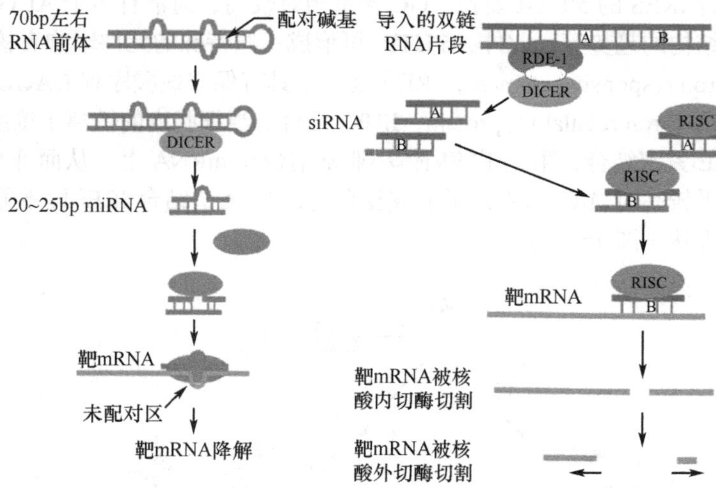

图 15-15　miRNA 和 siRNA 使靶基因 mRNA 沉默的机制

6. mRNA 稳定性调节　mRNA 的稳定性，即 mRNA 的半衰期。不同种类的 mRNA，半衰期亦不一致。即使同一种 mRNA，在不同条件下，其半衰期也不一样。mRNA 半衰期越长，翻译效率越高。由于 mRNA 半衰期的变化可能在短时间内使 mRNA 的丰度发生显著变化，因此 mRNA 稳定性的调节是一种重要因素。

首先，真核生物 mRNA 的序列元件与 mRNA 稳定性密切相关。

（1）5′ 帽子结构与 mRNA 稳定性：真核 mRNA 5′ 末端帽子结构的有两种功能：①保护 5′ -端免受磷酸化酶和核酸酶的作用；②提高真核 mRNA 的翻译活性。研究表明：如果细胞内的清道夫脱帽酶（scavenger mRNA-decapping enzyme）被 mRNA 中的序列元件激活，随后细胞内的 5′→3′核酸外切酶或核酸内切酶，对失去帽子结构的 mRNA 进行降解。

（2）5′ UTR 与 mRNA 稳定性：原癌基因 *c-myc* 的 mRNA 通常不稳定，半衰期仅为 15～30min。c-myc 突变型基因的 5′ UTR 被截短后，半衰期却比其正常的延长了约 3～5 倍，产生过量的 c-myc 蛋白，从而促进细胞异常增殖而容易导致癌变。

（3）编码区与 mRNA 稳定性：真核基因的编码区同样也参与对 mRNA 稳定性的调节。组蛋白基因编码区突变后的 mRNA 的半衰期至少比正常转录本增加 2 倍以上，其原因可能是：①与终止信号的位置发生变化有关；如果终止密码子发生突变，使核糖体得以继续前行进入 3′ UTR，将激发 mRNA 降解；②RNA 二级结构或调控稳定性的蛋白—RNA 之间的互作发生明显改变。编码区序列对 mRNA 稳定性的调控，多与翻译过程直接相关。

（4）3′ UTR 与 mRNA 稳定性：3′ UTR 对 mRNA 稳定性起着重要作用。3′ UTR 中最具普遍意义的是 ARE 元件。ARE 元件的核心序列通常是 AUUUA。ARE 常被认为是 mRNA 不稳定因素，其启动 mRNA 衰变的机理大致是：先激活某一特异核酸内切酶切割转录本，例如使转录本脱去 poly（A）尾，从而变得对 3′→5′核酸外切酶敏感，然后再激活下一步的降解过程。这方面典型例子是转铁蛋白受体 mRNA 上的铁反应元件。IRE 通过结合 IRP 来发挥作用。当细胞内铁离子过剩时，IRE 不与 IRP 结合形成 IRE—IRP 复合体，IRE 发挥去稳定功能，转铁蛋白 mRNA 的稳定性大大降低。反过来，当细胞内铁浓度下降时，IRP 的构象发生改变，IRE 与 IRP 结合形成 IRE—IRP 复合体，mRNA 稳定性大大增加。因此，转铁蛋白受体合成增加，从而满足细胞对铁的需求。此外，许多真核基因转录本的 3′ UTR 都可形成茎环结构。胰岛素样生长因子Ⅱ（insulin-like growth factor

Ⅱ，IGF-Ⅱ）对细胞增殖及分化发挥着至关重要的作用。在 IGF-II 基因 mRNA 3′ UTR 的 poly（A）尾上游约 1.7 kb 处有一个长茎-环结构，也是核酸内切酶的剪切位点，核酸内切酶对 mRNA 实行剪切必须要有两个片段的存在，颠倒此结构中主茎的核苷酸序列会降低或阻断核酸内切酶对它的剪切作用。

（5）poly（A）尾巴与 mRNA 稳定性：自发现真核 RNA 3′ 末端具有尾巴以来，就认为 poly（A）参与 mRNA 稳定性的调控。因为 poly（A）尾巴缓冲了核酸外切酶对 mRNA 3′ → 5′ 方向的降解。另一方面，mRNA 3′ 末端 poly（A）尾与 poly（A）结合蛋白（poly（A）binding protein，PABP）作用形成的 poly（A）-PABP 复合体可以保护 mRNA 不被迅速降解，提高了 mRNA 的稳定性。

其次，多种 mRNA 特异性结合蛋白在 mRNA 稳定性发挥重要作用。

（1）5′帽结合蛋白（Cap-binding protein，CBP）与 mRNA 稳定性：至今已发现两种 CBP：一种存在于胞质中，即 eIF-4E，促进核糖体与 mRNA 的结合，并识别起始密码子；另一种是存在于细胞核内称为帽结合蛋白复合体（cap-binding complex，CBC），与 mRNA 前体在体外剪接有关。

（2）编码区结合蛋白与 mRNA 稳定性：原癌基因 *c-fos* 基因 mRNA 编码区有两个 mRNA 不稳定信号序列，其中一个位于 mRNA 近中心处，长约 320 bp，编码对 c-Fos 蛋白发挥正常功能至关重要的亮氨酸拉链区。若将这 320 个核苷酸序列插入到其他 mRNA 编码区，则该 mRNA 的稳定性大大降低。因此，有编码区结合蛋白识别该不稳定信号序列，增强 c-fos mRNA 稳定性，保证 c-fos 蛋白的产量。

（3）3′ UTR 结合蛋白与 mRNA 稳定性：在真核生物 mRNA 3′ UTR 序列结合蛋白中，最引人注意的是 ARE 结合蛋白。

（4）poly（A）结合蛋白与 mRNA 稳定性：研究最为深入的 poly（A）结合蛋白当属 PABP。研究表明，poly（A）-PABP 复合物是某些 mRNA 维持稳定的必要成分，其作用是保护 mRNA 免受核酸酶降解。

四、真核生物基因翻译水平调控

翻译水平的调控一般是指对 mRNA 品种的选择和对 mRNA 翻译效率的调控。翻译效率是指每个 mRNA 分子在单位时间内合成多肽的数量。事实上对 mRNA 品种的选择，亦可看作是翻译效率的调控。不被翻译的 mRNA，其翻译效率等于零。mRNA 翻译过程可大致分为起始、延伸和终止三个阶段，翻译水平的调控主要发生在起始阶段。

1. 翻译起始因子的调控功能　eIF-2 是蛋白质合成过程中重要的起始因子。elF-2 含 α、β、γ 3 个亚基，能与 GTP、Met-tRNAi 结合形成 Met-tRNA^{Met}-elF-2-GTP 三元复合物。该复合物与游离的 40S 核糖体小亚基结合后再与其他 eIFs 结合，形成 43S 前起始复合物，结合到 mRNA 的 5′ UTR，并逐步向 3′ 端移动扫描。当识别起始密码 AUG 时，GTP 被 eIF-2 水解成 GDP，而 eIF-2 自身发生构象变化，连同 GDP 一起从小亚基上被释放出来（图 15-16）。随后大亚基结合上去形成完整的核糖体，肽链翻译开始。

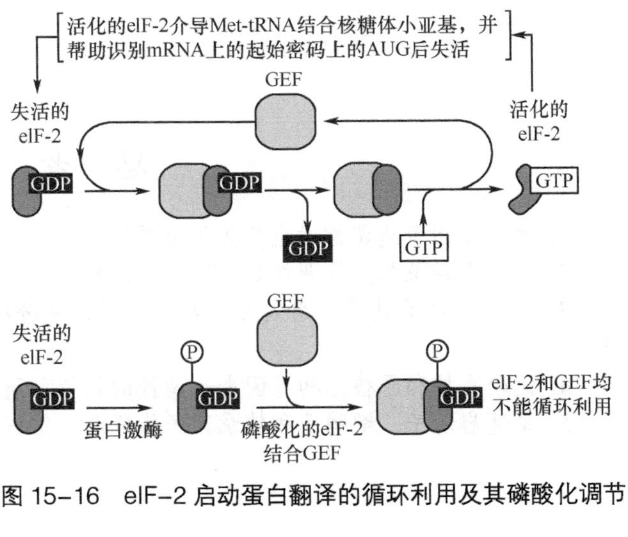

图 15-16　eIF-2 启动蛋白翻译的循环利用及其磷酸化调节

营养物质可以影响 eIF-2 的活性，调节蛋白质合成的速度。培养的真核细胞处于营养不足，如氨基酸饥饿、嘌呤核苷酸饥饿、葡萄糖饥饿等，eIF-2 的 α 亚基磷酸化而失活，最终导致肽链起始效率降低。细胞在缺氧、病原体刺激、紫外线照射等应激的情况下，能发生蛋白激酶介导的 eIF-2α 的磷酸化，而这种 eIF-2α 的磷酸化使蛋白质合成下降，并能导致细胞凋亡。

案例 15-2

真核翻译起始因子 eIF-2 在真核细胞中蛋白质翻译所必需的、保证正确的 mRNA—核糖体复合物形成的蛋白质。哺乳动物细胞中有 4 种不同的 eIF-2α 激酶：HRI（haem-regulated inhibitor Kinase），PKR（protein kinase RNA），PERK（PKR-like endoplasmic reticulum kinase）和 GCN2（general control non-derepressible-2）。这四种激酶在不同情况下发挥作用。HRI 在低血红素、亚砷酸盐中毒或热休克条件下激活，GCN2 在氨基酸饥饿或紫外线损伤下激活，PKR 被双链 RNA 激活，PERK 则应答内质网压力。这些激酶的效应最后都反映在 eIF-2α 的磷酸化及导致的整体翻译水平的降低和特定 mRNA 翻译的增强。

案例 15-3

干扰素是一种非特异性广谱抗病毒生物制剂，临床上可用于治疗许多病毒性疾病。干扰素抑制某些病毒特别是 RNA 病毒的复制。病毒感染细胞后在病毒的复制过程中会释放 dsRNA，释放的 dsRNA 就会激活 PKR，活化的 PKR 会磷酸化 eIF-2α。而干扰素可以诱导细胞产生依赖于双链 RNA 的蛋白激酶 PKR。α 亚基磷酸化的 eIF-2 的利用受到一定障碍，因而间接抑制了蛋白质的合成。因此干扰素的一个可能作用机制是通过促进 eIF-2α 亚基的磷酸化而抑制病毒 RNA 的翻译。

2. 翻译抑制蛋白的调节作用 并不是所有进入胞浆的 mRNA 分子都能翻译成蛋白质，由于存在一些特定的翻译抑制蛋白可以与一些 mRNA 的 5′端结合，从而抑制了蛋白质翻译。

3. 5′ AUG 对翻译的调节作用 绝大部分真核 mRNA 遵从第一 AUG 规律，即真核 mRNA 的翻译利用最靠近其 5′端的第一个 AUG。但某些 mRNA 中，在起始密码子 AUG 的上游有一个或数个 AUG，称为 5′ AUG。5′ AUG 的阅读框通常与正常编码区的阅读框不一致，不是正常的开放阅读框，如果从 5′ AUG 开始翻译，很快就会遇到终止密码子，得到的是无活性的短肽。5′ AUG 多存在原癌基因中，是控制原癌基因表达重要调控因素。5′ AUG 的缺失是某些原癌基因翻译激活的原因。

（吴炳礼　杜则澎）

思 考 题

1. 试述基因表达调控对生物体的重要性。
2. 为什么转录起始的调控是基因表达调控的中心环节?
3. 举例说明操纵子的组成元件及其作用，并分析可阻遏的操纵子和可诱导的操纵子的调控方式。
4. 比较真核和原核生物基因表达调控的相似和不同之处。
5. 论述启动子、增强子和转录因子的概念、结构、功能及其相互关系。

第十六章 癌基因、抑癌基因与生长因子

内容提要

癌基因是一类普遍存在于正常细胞内，发挥正调节作用，促进细胞增殖和分化的重要基因。按照其来源不同，癌基因可分为病毒癌基因和存在于正常细胞中的细胞癌基因，又称为原癌基因。正常的原癌基因为正常生命活动所必需。当原癌基因被激活，基因结构发生异常或表达失控，可导致细胞发生恶性转化进而形成肿瘤。原癌基因常见的激活方式包括点突变、基因扩增、染色体易位、病毒基因插入使原癌基因获得调节序列。原癌基因编码的蛋白与细胞生长调控的许多因子有关，包括生长因子、生长因子受体、胞内信号转导分子及核内转录因子等。

与癌基因相反，抑癌基因编码的蛋白能抑制细胞过度生长和增殖，从而遏制肿瘤形成，这类基因的丢失或失活可导致肿瘤发生。抑癌基因常见的失活方式包括突变、缺失和高甲基化修饰等。

生长因子是调节细胞生长和增殖的一类多肽类物质，主要以内分泌、旁分泌和自分泌等方式作用于靶细胞，通过作用于靶细胞的受体，激活细胞内信号传递体系，产生促进细胞生长和增殖的生物学效应。

从一个受精卵到成熟个体的发育过程中，由单细胞分裂成多细胞，由一种细胞分化成多种有特定形状、大小、功能及定位的器官，每一步都在时空上受到精确的调控。正常情况下，细胞的生长和增殖通常由两类基因调控，一类基因发挥正调节作用，促进细胞的生长和增殖，抑制其发生终末分化，这类基因称为癌基因（oncogene）；另一类基因称为抑癌基因（tumor suppressor gene，cancer suppressor gene，antioncogene），发挥负调节作用，抑制细胞的生长和增殖，促进细胞的分化和成熟，甚至凋亡。两类基因互相制约维持平衡。当细胞受到各种致癌因素作用时，可引起癌基因或抑癌基因的结构或表达调控异常，导致癌基因活性过高或抑癌基因活性过低甚至丧失，最终导致细胞生长增殖失控，从而导致肿瘤的发生。

许多生长因子或生长因子的受体由癌基因编码，它们的异常激活可导致细胞恶性转化。

第一节 癌 基 因

癌基因（oncogene）是基因组内正常存在的基因，其编码产物通常作为正调控信号，促进细胞的增殖和生长。癌基因的突变或表达异常是导致肿瘤发生的重要原因。按照来源可将癌基因分为两大类：一类称为病毒癌基因（viral oncogene，*v-onc*），是存在于病毒（主要是逆转录病毒）基因组中，体内使敏感宿主产生肿瘤、体外导致细胞转化的基因；另一类存在于真核细胞基因组中，称为细胞癌基因（cellular oncogene，*c-onc*）或原癌基因（proto-oncogene）。癌基因标准名称一般用三个斜体小写字母表示，如 *src*、*ras* 和 *myc* 等。

一、病毒癌基因

第一个病毒癌基因是在逆转录病毒中发现的。1911 年，Francis P. Rous 等人在实验研究中发现，将一种鸡肉瘤组织无细胞滤液，注入活鸡体内可诱发新的肉瘤。后来的实验研究确定，诱发新肉瘤发生的是一种逆转录病毒，被命名为 Rous 肉瘤病毒（Rous sarcoma virus，RSV）。由于第一个发现 RSV，Rous 于 1966 年获得了诺贝尔生理/医学奖。研究表明，Rous 肉瘤病毒核酸中有一个特殊的片段 *src*，可使正常细胞转化为肿瘤细胞，*src* 即第一个发现的病毒癌基因。目前已发现的病

毒癌基因有 30 多种，主要是 RNA 病毒，大多数是逆转录病毒，除 RSV 外，还包括人 T 细胞白血病（嗜淋巴细胞）病毒（HTLV）、人类免疫缺陷病毒（HIV）等；病毒癌基因也可以来自 DNA 病毒，如乙型肝炎病毒、人乳头状瘤病毒（HPV）等。

逆转录病毒的遗传物质是 RNA，其基因组中的 3 个结构基因保证病毒在宿主细胞中的繁殖，它们的排列顺序为 5′-*gag-pol-env*-3′。*gag* 基因编码核心蛋白，*pol* 基因编码逆转录酶，*env* 基因编码外壳蛋白。病毒进入宿主细胞后，以病毒 RNA 为模板，在 *pol* 基因编码的逆转录酶的催化下合成双链 DNA 的前病毒（provirus），随后病毒 DNA 随机整合于宿主细胞基因组内，通过重排或重组，前病毒可将宿主细胞的原癌基因转导到自己的基因组内，使原来的野生型病毒变成携带恶性转化基因的病毒（图 16-1）。需要注意的是，虽然病毒癌基因来源于宿主细胞的原癌基因，但并不是简单地从宿主细胞中转移过来的，而是经过拼接、截短和复杂重排之后形成的融合基因，因此，病毒癌基因对细胞的恶性转化能力明显强于细胞中的原癌基因。为了区分病毒癌基因和原癌基因，通常病毒癌基因的名称冠以前缀 v-，如 *v-src*，而原癌基因则冠以前缀 c-，如 *c-src*。

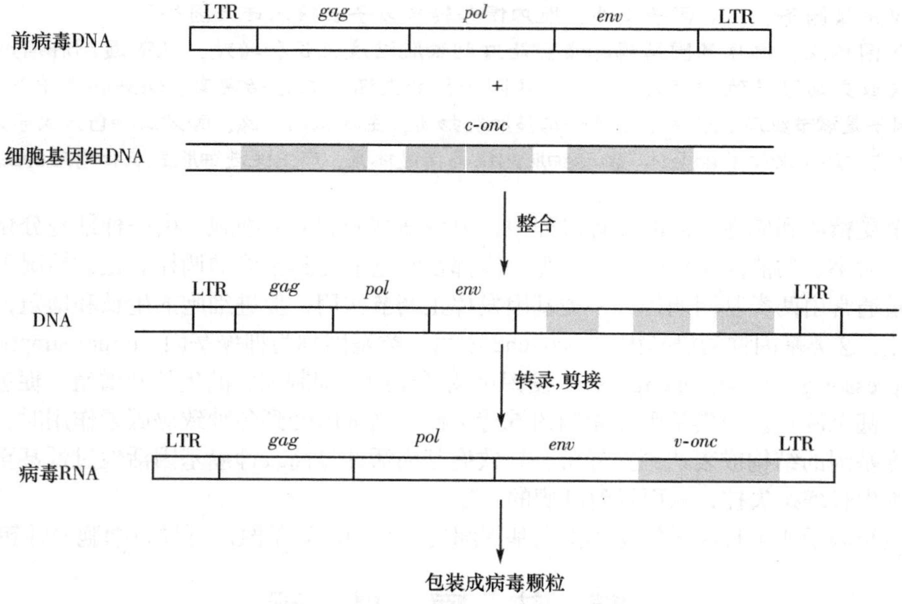

图 16-1 RNA 病毒捕获细胞癌基因示意图

二、细胞癌基因

细胞癌基因存在于正常细胞的基因组中，在正常情况下这些基因处于静止或低水平（限制性）表达状态，其表达产物对于细胞不仅无害，而且对于维持细胞的正常功能具有重要作用，通常参与细胞的生长和增殖。其突变或不恰当表达会引起细胞癌变。由于细胞癌基因在正常细胞中以非激活形式存在，故又称为原癌基因。按照其功能相关性，细胞癌基因被分为不同的家族。

（一）*src* 家族

src 家族包括 *src*、*yes*、*fyn*、*fgr*、*hck*、*lyn*、*lck*、*blk*、*abl* 等成员。该类癌基因编码的蛋白多具有酪氨酸蛋白激酶活性，定位于细胞膜内侧或跨膜分布。其中以 *src* 发现最早和最为典型。人 *c-src* 定位于第 20 号染色体，含有 17 个外显子，其编码产物是分子质量为 60 kD 的酪氨酸蛋白激酶，是一个重要的细胞信号转导分子，可以被受体酪氨酸蛋白激酶（如 PDGF 受体）活化，进而激活磷脂酰肌醇 3 激酶（PI3K）等信号转导通路，促进细胞增殖。

（二）*ras* 家族

ras 家族主要包括来自大鼠肉瘤病毒 *H-ras*、*K-ras* 和来自人神经母细胞瘤的 *N-ras*。其产物 Ras 蛋白是位于细胞膜胞质面的一种鸟苷酸结合蛋白，能与 GDP 及 GTP 结合，因与 G 蛋白作用类似，分子量小，为 21kD，故称为小 G 蛋白。

（三）*myc* 家族

myc 主要包括 *c-myc*、*N-myc* 和 *L-myc*。*c-myc* 基因编码 49 kD 蛋白质，位于细胞核内，是一种转录因子。它的羧基端有亮氨酸拉链、螺旋-环-螺旋和碱性区三种模体（motif），是 DNA 结合区，氨基端有转录激活区。该蛋白与 Max 蛋白形成异源二聚体后，再与特异的 DNA 序列（CACGTG）结合，从而活化细胞增殖相关靶基因的转录。

（四）*sis* 家族

sis 家族只有 *sis* 基因一个成员。*c-sis* 的编码产物为血小板源生长因子（PDGF）的 β 链（PDGF-β），其形成二聚体后可与靶细胞膜上的 PDGF 受体特异结合，通过信号转导促进靶细胞的生长与增殖。$p28^{sis}$ 蛋白也是以二聚体的形式发挥作用，它能使具有 PDGF 受体的细胞转化成癌细胞。

（五）*myb* 家族

myb 家族包括 *c-myb*、*A-my*b 和 *B-myb*。*c-myb* 的编码产物为定位于细胞核内的转录因子。这类基因当受细胞外信号刺激时能迅速表达，其产物进一步调控其他基因的转录，属于立早基因成员。

（六）*jun* 和 *fos*

c-jun 和 *c-fos* 的产物均为转录因子，两者形成的异二聚体称为 AP-1。一些生长因子如 PDGF 与靶细胞膜上的特异受体结合后，通过相应的细胞信号转导通路激活 AP-1，活化的 AP-1 可通过调节相应靶基因的转录进而促进细胞增殖。

细胞癌基因具有如下特点：①广泛存在于生物界中，从酵母到人的细胞普遍存在，基因序列高度保守；②细胞癌基因在正常细胞中适度表达不仅无害，而且对维持细胞正常生理功能、调控细胞生长和分化起重要作用，是细胞发育、组织再生、创伤愈合等必需；③在某些诱导因素（如放射线、某些化学物质等）的作用下，细胞癌基因发生结构变异或过表达，导致细胞生长、增殖与分化异常，部分细胞甚至发生恶性变，形成肿瘤。

案例 16-1

患者，男，42 岁，因无明显诱因出现刺激性咳嗽、痰中带血入院检查，CT 检查示右肺部肿物。之前身体健康，无手术史，吸烟史 20 年。入院时未见远处转移。术中发现右肺门右肺动脉干处大块肿物，术中决定行右全肺切除术，病理诊断为右肺非小细胞癌（NSCLC），ⅢA 期。基因检测发现 *EGFR* 基因 19、21 外显子有突变，建议用吉非替尼（gefitinib）进行靶向治疗。

问题：

1. EGFR 基因突变与非小细胞肺癌的关系？
2. 吉非替尼靶向治疗的机制是什么？

三、癌基因的活化机制

从正常的原癌基因转变为具有使细胞发生恶性转化功能的癌基因的过程称为癌基因的活化，是功能获得的过程。引起原癌基因突变的 DNA 结构改变包括点突变、染色体易位和基因扩增等（表 16-1）。

表 16-1 癌基因活化与人的恶性肿瘤

癌基因	活化机制	肿瘤
abl	易位	慢性髓细胞白血病、急性淋巴细胞白血病
bcl-2	易位	滤泡性淋巴瘤
erbB2	扩增	胶质瘤、鳞状细胞癌、乳腺癌、胃癌
ets	扩增	淋巴瘤、乳腺癌
Her2	扩增	乳腺癌、唾液腺癌、卵巢癌
hst	扩增、重排	乳腺癌、膀胱癌和胃癌
int-2	扩增	乳腺癌、膀胱癌、胃癌和鳞状细胞癌
kit	点突变	胃肠间质瘤
mdm2	扩增	肉瘤
met	扩增、点突变	各种恶性肿瘤
myb	扩增	结肠癌、白血病
c-myc	扩增、易位、病毒基因插入	Burkitt 淋巴瘤、白血病
L-myc	扩增	肺癌
N-myc	扩增、易位	神经母细胞瘤、视网膜母细胞瘤、横纹肌肉瘤
H-ras	点突变	膀胱癌、结肠癌、肺癌、黑色素瘤
K-ras	点突变	肺癌、结肠癌、膀胱癌、胰腺癌、卵巢癌
N-ras	扩增	急性髓样和淋巴样白血病
ret	点突变	甲状腺癌、多发性内分泌肿瘤
sis	扩增	骨肉瘤、星形细胞癌

（一）点突变

基因在放射线或化学致癌物等因素的作用下可发生单个碱基的改变，称为基因的点突变。点突变是癌基因激活的一种主要方式。原癌基因发生点突变后，可能造成基因编码蛋白中氨基酸残基的改变，进而引起编码蛋白的结构和功能的异常，最终导致癌变，这就是原癌基因点突变导致的活化。例如，*H-ras* 原癌基因的活化就是该基因中编码 Ras 蛋白第 12 位氨基酸残基的密码子 GGC 突变为 GTC，造成 Ras 蛋白的第 12 位氨基酸由甘氨酸变为缬氨酸，导致 Ras 蛋白的 GTP 酶活性降低或丧失，不能把 Ras 蛋白结合的 GTP 水解为 GDP，使 Ras 一直处于结合 GTP 的活化状态，下游信号通路持续激活，引起细胞的无限制生长。大量临床样本检测表明，30%左右的肿瘤组织都带有 *ras* 基因的点突变。

（二）基因扩增

基因扩增（gene amplification）是指基因拷贝数的增加。原癌基因可以通过基因扩增，即基因拷贝数增加，从而使原癌基因表达的蛋白质的量也随之升高，使细胞发生癌变。例如，常见的癌基因 *myc* 主要就是通过基因扩增而被激活的，该基因在神经母细胞瘤、膀胱癌、前列腺癌等多种肿瘤中都存在扩增现象。另外，*Her2/neu* 原癌基因的激活方式也是基因扩增，在乳腺癌、肺癌等多种肿瘤中都检测到该基因的扩增。

（三）染色体易位

染色体易位（chromosome translocation）是指染色体的一部分易位到另一染色体上。染色体易位主要包括两种类型：①位于易位断裂部位的基因部分相互融合，形成一嵌合基因，表达新的异常的融合蛋白，促进细胞转化；②易位导致一个基因移至另一个基因附近，前者接受后者的转录调节，并使前者过表达，促进细胞的转化。例如，Burkit 淋巴瘤细胞中，位于 8 号染色体的 *c-myc* 基因易位到 14 号染色体免疫球蛋白重链基因的调节区附近，使 *c-myc* 基因与具有强转录活性的免疫球蛋白启动子排列在一起并受其调控，导致 *myc* 基因转录水平升高，驱动淋巴细胞大量恶性增殖，引发肿瘤。

（四）病毒基因插入使原癌基因获得调节序列

有些逆转录病毒在体外没有恶性转化培养细胞的能力，只有当感染宿主细胞后经过一个较长的潜伏期才能诱发肿瘤。在所有发生恶性转化的细胞中都发现了LTR序列，其含有较强的启动子和增强子，插入到宿主细胞原癌基因附近或内部，可启动或影响下游邻近基因的转录，使原癌基因过度表达，从而导致细胞癌变。如鸡白细胞增生病毒引起的淋巴瘤，就因为该病毒DNA序列整合到宿主正常细胞的*c-myc*基因附近，其LTR也同时被整合，称为*c-myc*的启动子，可使*c-myc*的表达比正常高30～100倍。

四、原癌基因的表达产物与功能

原癌基因编码的蛋白都是细胞信号转导途径和调节基因转录的关键分子，参与细胞生长、增殖、分化、凋亡过程中各个环节的调控（表16-2）。按照其在细胞信号传递系统中的作用，原癌基因表达产物可分为以下四类：

表16-2 原癌基因产物的分类及功能

原癌基因产物类别	癌基因	产物功能
生长因子		
	sis	PDGF-2
	int-2	FGF类似物
生长因子受体		
酪氨酸蛋白激酶受体	*erb*	EGF受体
	neu(erbB-2、Her-2)	EGF受体类似物
	fms、kit、ros	M-CSF受体、SCF受体
细胞内信号转导分子		
GTP结合蛋白	*ras*	小G蛋白Ras
酪氨酸蛋白激酶	*src*家族	与非酪氨酸蛋白激酶受体结合转导信号
丝/苏氨酸蛋白激酶	*raf、mos*	Raf蛋白（MAPK通路分子）
转录因子		
	*myc*家族	转录因子
	fos、jun	转录因子AP-1

（一）生长因子

原癌基因*sis*、*int-2*、*ks-3*和*hst*的编码产物为生长因子。这类癌基因的持续性激活可以刺激细胞生长并导致恶性转化，它们通过作用于靶细胞的受体，激活相应的细胞内信号转导途径，从而发挥其促进细胞生长增殖的效应。*c-sis*的编码产物为血小板源生长因子（PDGF）的β链（PDGF-β），*int-2*、*ks-3*和*hst*的编码产物是成纤维细胞生长因子（FGF）家族的成员。

（二）生长因子受体

Her1(EGFR，ErbB1)、*Her2（Neu，ErbB2）*、*Her3（ErbB3）*、*Her4(ErbB4)*、*kit*、*met*和*ret*等原癌基因的编码产物为生长因子受体。该类受体为跨膜受体，其胞内结构域多具有酪氨酸蛋白激酶活性，与生长因子结合后，即可激活其胞内结构域的酪氨酸蛋白激酶活性，进而激活下游信号通路，调控靶细胞的生长、增殖和癌变。

（三）细胞内信号转导分子

有些原癌基因的编码产物为细胞内信号转导分子，这些信号转导分子可以将生长信号从生长因子受体传至核内。该类原癌基因可以分为以下几类：编码产物为非受体型酪氨酸蛋白激酶的 *abl*、*lck* 和 *src*；编码产物为非受体型丝/苏氨酸蛋白激酶的 *akt*、*raf*、*mos* 和 *pim*；编码产物为 G 蛋白的 *ras*、*gsp* 和 *gip*；编码产物为其他胞质蛋白的 *crk*、*dbl*、*vav* 等。

（四）核内转录因子

该类原癌基因的编码产物为定位于细胞核内的转录因子，它们通过与特定靶基因启动子区域的 DNA 序列结合而调节大量下游相关靶基因的表达，进而导致细胞的生长失控和癌变。该类癌基因包括 *c-fos*、*c-jun*、*c-myc*、*c-myb* 和 *ets* 等。这些原癌基因通常在细胞受到生长因子刺激时迅速表达，促进细胞的生长与分裂过程。

案例 16-1 分析讨论

人类表皮生长因子受体（EGFR）是原癌基因 *c-erbB1* 的表达产物，属于蛋白酪氨酸激酶受体型。EGFR 广泛分布于各种上皮细胞的细胞膜上，分为胞外区、跨膜区、胞内区三个部分。胞内区具有蛋白酪氨酸激酶活性。人的 *c-erbB1* 定位于第 7 号染色体短臂（7p11～13），包含 26 个外显子，长约 110kb。*c-erbB1* 突变主要发生在编码胞内区蛋白酪氨基酸激酶区域的 4 个外显子上（18～21）。主要的突变有：外显子 19 处的缺失突变、点突变；外显子 20 处的插入突变；外显子 21 处的点突变等。这些突变可引起 EGFR 蛋白酪氨酸激酶的活性增强，同时启动不同的信号转导途径。研究表明，EGFR 在 43%～89%的非小细胞肺癌中表达上调，其在肿瘤的形成及其介导肿瘤细胞的生物行为中发挥着重要的作用，是治疗非小细胞肺癌的重要靶点之一。

吉非替尼系小分子的蛋白酪氨酸激酶抑制剂，通过扩散进入肿瘤细胞，可与 ATP 竞争 EGFR 胞内区的蛋白酪氨酸激酶的结合位点，从而抑制 EGFR 受体的磷酸化，阻断受体下游信号通路的传导，发挥抗肿瘤作用。

第二节 抑癌基因

一、概　　述

抑癌基因（tumor suppressor gene，cancer suppressor gene，antioncogene），是存在于正常细胞内、调节细胞正常生长和增殖的基因，其与癌基因相互制约，共同维持细胞增殖调节信号的相对稳定。当细胞生长到一定程度时，会自动产生反馈性抑制，这时抑制基因表达增加，调控生长的基因则不表达或低表达。抑癌基因的丢失或失活可导致肿瘤发生。

（一）抑癌基因的发现

早在 20 世纪 20 年代，Theodor Boveri 就提出正常细胞中存在特异的抑制细胞增殖的因素，并假定与染色体有关，肿瘤细胞无限增殖的原因是失去某种抑制性染色体。随后，经过半个多世纪的研究，才发现了抑癌基因。

20 世纪 60 年代，Henry Harris 开创了杂合细胞的致癌性研究，他将肿瘤细胞株与正常细胞融合得到的杂合细胞（或是导入了正常细胞染色体的肿瘤细胞）接种于动物，通常并不产生肿瘤，提示正常细胞中有抑制肿瘤发生的基因，即抑癌基因。用化学物质、致癌病毒等诱发的肿瘤及自发发生的肿瘤细胞与正常细胞制备杂合细胞也可重复上述结果，并且与肿瘤的组织起源无关，表明上述结果有普遍意义。将不具致癌性的杂合细胞体外培养传代，可从中分离出具有致癌性的子代细胞。比较两种杂合细胞，发现致癌性的子代杂合细胞丢失了来自正常细胞的一条或几条染色体。将正常的人类细胞的单条染色体逐一融合在肿瘤细胞中，也可分离到无致癌性的杂合细胞。这些结果说明细胞中含有各种不同的抑癌基因，它们是隐性基因，分布在不同的染色体上，可以分别抑制不同组织起源的癌细胞的致癌作用。根据这些结果，将不同的肿瘤细胞株融合也可获得不具有致癌作用的杂合细胞，从而提示肿瘤细胞中存在着由于突变而失去功能的抑癌基因，不同的肿瘤细胞中失活的抑癌基因可能不同，因而不同的肿瘤细胞可能有基因互补，产生无致癌性的杂合细胞。

Rb 基因是最早被克隆鉴定的抑癌基因。Alfred G. Kundson 在研究视网膜母细胞瘤（retinoblastoma，Rb）的流行病学中发现：家族性 Rb 患者中，肿瘤常常早发于婴幼儿期，且呈双侧多发性；而散发患者往往发病较晚，并且是单侧肿瘤。他提出了遗传性和散发性的肿瘤都与一个基因（即 *Rb*）的失活有关。早发性患者从父母获得的一对等位 *Rb* 基因，其中一个是正常的（野生型）基因，另一个是失活的，如野生型 *Rb* 基因再发生突变失活，*Rb* 基因功能就会全部丧失，导致早期就发生 Rb。而散发患者从父母获得的一对等位 *Rb* 基因都是正常的，只有它们各自都突变失活，才能使 *Rb* 基因的功能丧失，所以肿瘤发生较晚。据此，他提出了 Rb 发病的“二次打击学说”，即肿瘤的发生需要该基因位点发生两次突变。

随着分子生物学技术的不断进步，一系列的抑癌基因被克隆和鉴定。目前公认的抑癌基因有 10 余种。

（二）抑癌基因失活的分子机制

按照失活机制不同，抑癌基因通常可以分为两大类。Ⅰ类抑癌基因，如 *Rb1*、*p53* 和 *WT1* 等，它们的功能丢失通常是由于 DNA 序列点突变或片段缺失突变造成的。Ⅱ类抑癌基因，如 *VCL*、*MASPIN* 和 *HREV107* 等，它们的功能丢失往往是由于表达调控受阻造成的。Ⅱ类抑癌基因的表达调控受阻，有时与Ⅰ类抑癌基因的突变有关，即Ⅰ类抑癌基因的功能丢失能够抑制某些Ⅱ类抑癌基因的表达。抑癌基因失活的分子机制主要包括以下 5 个方面：

1. 纯合性缺失 抑癌基因的功能是隐性的，只有两个等位基因皆缺失或失活，才能表现出抑制肿瘤活性的完全丧失。已经证实存在纯合性缺失的抑癌基因主要包括 *Rb*、*p53*、*APC*、*p16*、*WT1* 以及 *smad2* 和 *smad4/DPC4* 等。

2. 杂合性缺失 基因的杂合性缺失（loss of heterozygosity，LOH）是指两个等位基因中的一个已经缺失或因突变已经丧失的情况下，发生的另一个等位基因的缺失或突变失活。杂合性缺失的结果导致原来是杂合子的等位基因变成了纯合子。杂合性缺失导致抑癌基因失活的经典实例就是 *Rb* 的研究。视网膜母细胞瘤易感人群中，因胚系突变或体细胞突变等原因，*Rb* 的一个等位基因已经失活或缺失，因此在这些人的视网膜母细胞中，两条同源染色体中的一条含有野生型 *Rb*，而另一条则含有突变或缺失型 *Rb*。当视网膜母细胞分裂，产生的子细胞如果发生杂合性缺失，可能会出现 3 种情况：①*Rb* 的两个等位基因均缺失；②*Rb* 的两个等位基因均失活；③*Rb* 的两个等位基因一个失活，一个缺失。其结果是细胞丧失了 *Rb* 基因的杂合性，称为缺失 *Rb* 基因功能的纯合子。

3. 基因突变 抑癌基因发生突变后，会造成其编码蛋白的功能或活性的丧失或降低，进而导致细胞癌变。最典型的例子就是 *p53* 的突变，目前已经发现 *p53* 基因在超过一半以上的肿瘤中发生了突变，以点突变为主。在点突变中，约 90%为单碱基置换的错义突变，另外 10%为无义突变或移码突变。点突变主要发生在 *p53* 基因中段（该段编码 DNA 结合区），直接影响 DNA 结合活性。

4. 高甲基化修饰 近年来表观遗传学的研究表明，DNA 的甲基化修饰在真核基因的转录调控方面起着重要作用。抑癌基因启动子区 CpG 岛的高甲基化修饰是导致抑癌基因失活的重要分子机制之一。在许多肿瘤患者中，经常可以检测到 *p16*、*p53*、*BRCA1* 等抑癌基因启动子区 CpG 岛高甲基化修饰，而且是在肿瘤发生的早期。

二、抑癌基因的功能

抑癌基因的编码产物主要包括细胞周期调节蛋白、转录因子与转录调节蛋白、胞质调节因子或结构蛋白等，主要在细胞周期的调控中发挥作用。总体上讲，抑癌基因对生长起着负调控作用，能抑制细胞的恶性生长。若抑癌基因发生突变，则不能表达正常产物，或者其编码蛋白产物的活性受到抑制，使细胞增殖调控失衡，导致肿瘤发生。目前已鉴定的一些抑癌基因产物及其功能见表 16-3。

表 16-3　常见的抑癌基因及其作用

分类	染色体定位	基因产物作用	主要相关肿瘤
细胞周期蛋白			
p16	9p21	P16 蛋白（CDK4 抑制蛋白）	多种肿瘤
p15	9p21	P15 蛋白（CDK4/6 抑制蛋白）	胶质母细胞瘤
p21	6p21	P21 蛋白（CDK2/4/6 抑制蛋白）	前列腺癌
Rb	13q14	P105 蛋白，与 E2F 结合控制细胞周期	视网膜母细胞瘤、骨肉瘤
转录因子和转录调节蛋白			
p53	17p13	P53 蛋白，细胞周期负调节和 DNA 损伤后凋亡	多种肿瘤
WT1	11p13	锌指蛋白	肾母细胞瘤
VHL	3p25	转录调节蛋白	肾癌、小细胞肺癌
BRCA1	17q21	锌指蛋白	乳腺癌、卵巢癌
BRCA2	13q12	锌指蛋白	乳腺癌
胞质调节因子或结构蛋白			
APC	5q21	G 蛋白	结肠癌、胃癌
PTEN	10q23.3	PTEN 磷酸酶，抑制 PI3K-Akt 通路	胶质瘤、前列腺癌、子宫内膜癌等
NF1	17q11	GTP 酶激活蛋白	神经纤维瘤
NF2	22q12	细胞膜与细胞骨架连接蛋白	神经鞘膜瘤、脑膜瘤

下文主要对常见的重要抑癌基因 *Rb*、*p53* 和 *PTEN* 进行简要介绍。

（一）*Rb* 基因

Rb 基因是最早被克隆鉴定的抑癌基因，因为首先在视网膜母细胞瘤细胞中发现而得名。正常情况下，视网膜细胞含活性 *Rb* 基因，控制着视网膜细胞的生长发育以及视觉细胞的分化，当 *Rb* 基因一旦丧失功能或先天性缺失，视网膜细胞则出现异常增殖，形成视网膜母细胞瘤。*Rb* 基因失活还见于骨肉瘤、小细胞肺癌、乳腺癌等多种肿瘤。

Rb 基因位于人染色体 13q14，含有 27 个外显子，转录 4.7kb 的 mRNA，编码产物为分子量 105kD 的 Rb 蛋白（P105）。Rb 蛋白 C 端含有由 A、B 两个结构域组成的“口袋结构域（pocket domain）”（图 16-2）。Rb 蛋白通过口袋结构域与含有“LXCXE”基序的多种细胞蛋白（如 E2F、Cyclins）和某些病毒蛋白（如 SV40 大 T 抗原、腺病毒 E1A 蛋白）相互作用，从而发挥其生物学功能。

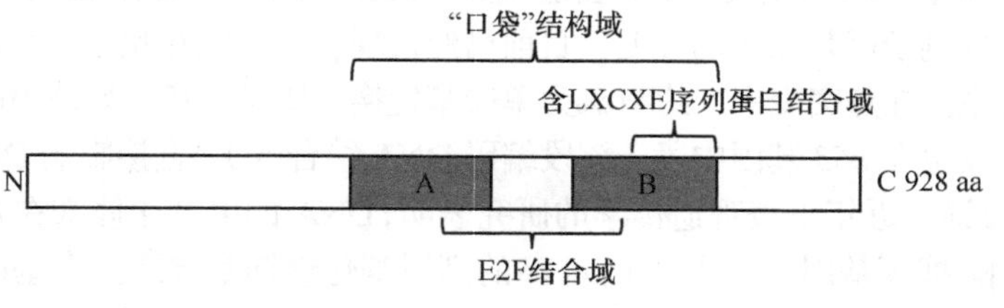

图 16-2Rb　蛋白结构示意图

Rb 蛋白位于细胞核内，有磷酸化（无活性型）和去磷酸化（活性型）两种形式。Rb 蛋白对细胞周期的负调控是通过与转录因子 E2F 的结合或释放来实现的。去磷酸化的 Rb 蛋白与 E2F 结合使其失活，阻遏了 E2F 的转录激活活性，S 期必需的基因产物不能合成，细胞周期被抑制。在细胞周期蛋白依赖性激酶（cyclin-dependent kinase，CDK）作用下，Rb 蛋白高磷酸化，不能与 E2F 结合，E2F 发挥转录因子活性，启动基因转录，细胞通过 G_1-S 关卡。*Rb* 基因缺失使细胞丧失了该关卡的限制，细胞周期进程失控，细胞异常增生。

（二）*p53*基因

p53 基因是迄今发现与人类肿瘤相关性最高的抑癌基因。50%～60%的人类各系统肿瘤中都发现有 *p53* 基因突变。

人的 *p53* 基因定位于 17p13，全长 16～20kb，有 11 个外显子，转录 2.8kb 的 mRNA，编码产物是 393 个氨基酸残基的蛋白质，分子量为 53 kD，故称为 p53 蛋白。按照氨基酸序列将 p53 蛋白分为三个区（图 16-3）：①N 端酸性区，具有转录激活功能，可与 Mdm2 结合，由第 1～80 位氨基酸残基组成，含有一些特殊的磷酸化位点，易被蛋白酶水解，蛋白的半寿期短与此有关；②蛋白核心区，由第 102～290 位氨基酸残基组成，高度保守区，含有与 DNA 结合的特定基序，为重要功能区；③C 端碱性区，由第 319～393 位氨基酸残基组成，有多个磷酸化位点，为多种蛋白激酶识别区域。p53 蛋白通过这一区段聚合形成四聚体。C 端可以独立发挥活性而起到癌基因作用。

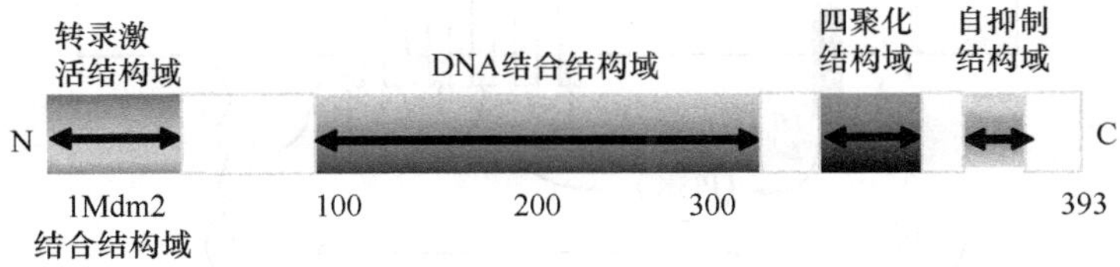

图 16-3　p53 蛋白结构示意图

p53 蛋白位于细胞核内，正常情况下 p53 含量很低，在生长增殖的细胞中，其浓度可升高 5～100 倍。p53 蛋白具有转录因子活性，在维持细胞生长、抑制恶性增殖中发挥重要作用。其作用机制是多方面的：在细胞 DNA 受到损伤时，p53 蛋白与特定基因的序列结合，作为转录因子激活 *p21* 基因的转录，导致细胞周期停滞在 G1 期；并与复制因子 A 作用，参与 DNA 的损伤修复。如果修复失败，p53 蛋白可促进相关基因（如 *bax* 基因）的表达，启动细胞凋亡的过程，诱导细胞自杀，以阻止有癌变倾向的突变细胞生成，从而防止细胞癌变。

（三）*PTEN*基因

PTEN 基因，即第 10 号染色体缺失的磷酸酶张力蛋白同源物（phosphatase and tensin homolog deleted on chromosome ten，*PTEN*）基因，是继 *p53* 基因后发现的另一个与肿瘤发生关系密切的肿瘤抑制基因。人的 *PTEN* 基因定位于染色体 10q23.3，含有 9 个外显子和 8 个内含子，长度为 200 kb，编码 5.15 kb 的 mRNA，PTEN 蛋白由 403 个氨基酸残基组成，分子量约为 56 kD。

PTEN 蛋白由 4 个功能结构域组成：①N 端的第 1～14 位氨基酸残基为磷脂酰肌醇-4，5-二磷酸结合结构域（phosphatidylinositol-4，5-bisphosphate binding domain，PDB）；②N 端的第 15～185 位氨基酸残基为磷酸酶结构域，与蛋白酪氨酸磷酸酶及蛋白丝/苏氨酸磷酸酶催化区的核心模体（HCXXGXGRXG）同源，是 PTEN 发挥肿瘤抑制活性的主要功能区；③C2 结构域，由第 186～351 位氨基酸残基组成，PTEN 通过 C2 结构域与细胞膜磷脂结合，参与 PTEN 在细胞膜上的有效定位和胞内细胞信号转导；④C 端尾部，由第 351～403 位氨基酸残基组成，含有 2 个 PEST 序列和 PDZ 结合结构域（PDZ-binding domain，PDZ-BD）。PEST 序列与蛋白降解有关，对于调节自身的稳定性具有重要作用；PDZ-BD 与细胞生长调控有关（图 16-4）。

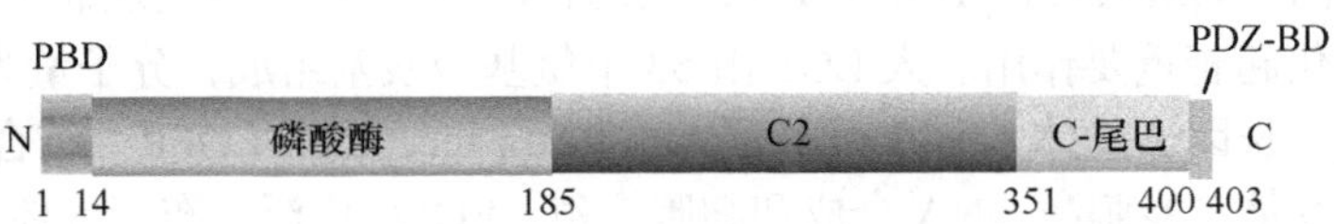

图 16-4　PTEN 蛋白结构示意图

PTEN 蛋白具有磷脂酰肌醇-3,4,5-三磷酸（phosphatidylinositol-3,4,5-triphosphate，PIP3）磷酸酶活性，催化水解 PIP3 的 3-磷酸成为磷脂酰肌醇-4,5-二磷酸（phosphatidylinositol-4,5-bisphosphate，PIP2）。正常情况下，PIP3 在细胞内的浓度很低，当一些生长因子如表皮生长因子（EGF）、血小板衍生生长因子（PDGF）以及类胰岛素生长因子（IGF）等与细胞膜上相应受体结合后，可激活 PI3K，后者催化 PIP2 生成 PIP3，PIP3 聚集在细胞膜上，引起具有 PH 同源结构域的丝/苏氨酸激酶（Akt）磷酸化而活化，抑制细胞凋亡。而 PTEN 蛋白催化 PIP3 的 3-磷酸去磷酸，进而阻断 PI3K/Akt 信号通路，使 PI3K 活性维持在正常水平，从而调节细胞生长和凋亡（图 16-5）。除了 PI3K/Akt 信号通路外，PTEN 蛋白还可以负调控 FAK 和 MAPK 信号通路，这几条信号通路均与人类恶性肿瘤的发生、发展密切相关。

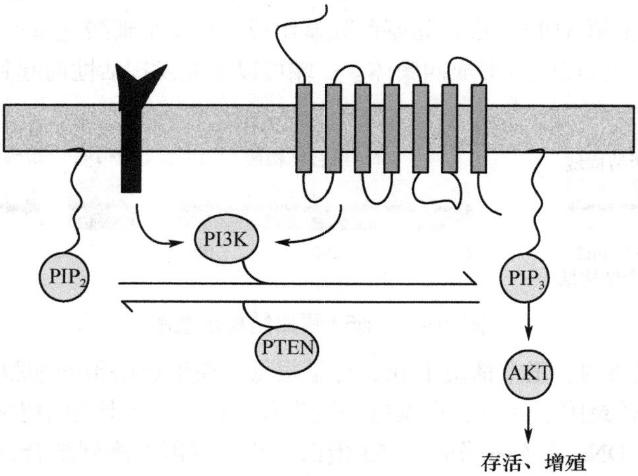

图 16-5 PTEN 抑制 PI3K/Akt 信号通路示意图

第三节 生长因子

生长因子（growth factor）是一类由细胞分泌的、调节细胞生长与增殖的多肽类物质。生长因子通常为细胞正常生长增殖所必需，如果在细胞培养基中不添加包含有各种生长因子的新鲜血清，细胞则不能继续生长。生长因子的作用机制相当复杂，与细胞生长、分化、免疫、肿瘤、创伤愈合等多种生理及病理状态有关，因而受到科学家们极大的重视。

一、生长因子的分类

迄今已发现了 60 余种生长因子及受体。生长因子可来源于多种不同组织，其靶细胞亦各不相同。根据它们作用的靶细胞，可以将生长因子分成两大类：①作用于上皮、内皮和间叶细胞的生长因子；②作用于造血和淋巴细胞的生长因子。

（一）上皮、内皮和间叶细胞的生长因子

以下介绍几种常见的作用于上皮、内皮和间叶细胞的生长因子。

1. 表皮生长因子（epidermal growth factor，EGF） 其是最早被发现的生长因子，对调节细胞生长、增殖和分化起着重要作用。人 EGF 由 53 个氨基酸残基组成，分子量为 6 kD。EGF 通过与细胞表面的表皮生长因子受体（epidermal growth factor receptor，EGFR）结合而起作用。EFGR 是蛋白酪氨酸激酶受体，能刺激 DNA 合成和细胞增殖。EGFR 广泛分布于人体不同的细胞，包括上皮细胞、间叶细胞和胶质细胞。转化生长因子 α（transforming growth factor-α，TGF-α）与 EGF

有 40%的同源性，与 EGF 共享同一受体，被认为是一种胚胎性 EGF。

2. 转化生长因子 β（transforming growth factor-β，TGF-β） 其分子组成、结构和受体都与 TGF-α 不同。TGF-β 的分子量为 25 kD，是由两个结构相同的亚单位通过二硫键形成的同源二聚体，其受体为 TGF-βR。几乎所有细胞表面都有 TGF-βR。TGF-β 具有广泛的生物学功能，主要包括：①抑制上皮细胞生长，促进上皮细胞分化；②诱导上皮-间充质细胞转化和肌成纤维母细胞形成；③促进细胞外基质的形成；④抑制免疫功能，抑制淋巴细胞的增殖和分化，抑制单核细胞产生 IFN-γ 等。

3. 血小板衍生的生长因子（platelet-derived growth factor，PDGF） 其由多种细胞产生，分子量为 45 kD，由两条多肽链通过二硫键形成同源二聚体或异源二聚体。PDGF 具有广泛的生物学功能，能刺激皮肤成纤维细胞、神经胶质细胞、平滑肌细胞、上皮及内皮细胞生长，趋化成纤维细胞、平滑肌细胞、中性粒细胞和单核细胞迁移。PDGF 的作用通过受体 PDGFR 介导。

4. 成纤维细胞生长因子（fibroblast growth factor，FGF） 目前已发现 23 种 FGF，由 150～300 个氨基酸残基组成，相互之间的氨基酸序列有 20%～50%的同源性。FGF 与存在于细胞表面的 FGF 受体（FGF receptor，FGFR）结合，将信号传递到细胞内。FGF 作为细胞间信号分子广泛参与人体细胞的生长代谢，刺激间叶细胞生长，对内皮细胞有趋化和促有丝分裂作用。

5. 胰岛素样生长因子（insulin-like growth factor，IGF） 因其与胰岛素氨基酸序列有同源性而得名。IGF 有两种形式：IGF-1 和 IGF-2，两者在氨基酸水平的同源性为 75%。IGF 及其受体和结合蛋白等共同组成了 IGF 系统，其成员包括：①IGF-1 和 IGF-2；②IGF-1 受体（IGF-1 receptor，IGF-1R）和 IGF-2R；③IGF 结合蛋白（IGF-binding protein，IGFBP）。IGF 主要参与调节糖、脂质和蛋白质的代谢，促进细胞增殖和分化。

6. 血管内皮生长因子（vascular endothelial growth factor，VEGF） 现已发现的 VEGF 家族成员包括 VEGF-A、VEGF-B、VEGF-C、VEGF-D 和胎盘生长因子（placental growth factor，PGF）。VEGF 是重要的血管生成正性调节因子。VEGF 家族的成员可通过其受体选择性地增强血管和（或）淋巴管内皮细胞的有丝分裂，刺激内皮细胞增殖并促进血管生成，提高血管特别是微小血管的通透性，使血浆大分子外渗沉积在血管外的基质中，促进新生毛细血管网的建立等。

7. 肝细胞生长因子（hepatocyte growth factor，HGF） 其由 728 个氨基酸残基组成，分子量为 92 kD，是由 α 链和 β 链组成的异二聚体。HGF 的主要生物学功能是刺激上皮细胞及内皮细胞生长和迁移。许多间叶细胞都能产生 HGF，但在正常组织中表达很低，在多种肿瘤中高水平表达，引起肿瘤细胞的浸润、转移。HGF 对新生血管的生成具有促进作用。HGF 受体由癌基因 *c-met* 编码，属于蛋白酪氨酸激酶受体。

（二）造血细胞生长因子

造血细胞生长因子是一类可以影响造血细胞的细胞因子（cytokines）的总称。它们在造血干细胞和祖细胞的生长和分化上起着重要的调节作用，对成熟造血细胞的功能也起重要的激活作用。迄今已证明有 25 种以上的细胞因子对造血活性有影响，包括肿瘤坏死因子（tumor necrosis factor，TNF）、粒细胞-巨噬细胞集落刺激因子（granulocyte-macrophage colony stimulating factor，GM-CSF）、粒细胞集落刺激因子（granulocyte colony stimulating factor，G-CSF）、巨噬细胞集落刺激因子（macrophage colony stimulating factor，M-CSF）、白细胞介素（interleukin，IL）、促红细胞生成素（erythropoietin，EPO）、干细胞因子（stem cell factor，SCF）等。

生长因子被合成并分泌出来后，可通过以下三种模式作用于靶细胞：①内分泌（endocrine），生长因子从细胞分泌出来后，通过血液运输到达并作用于远端靶细胞。如 PDGF 来源于血小板，作用于结缔组织；②旁分泌（paracrine），细胞分泌的生长因子作用于邻近的其他类型细胞，对合成、分泌该生长因子的自身细胞不发生作用，因为它缺乏相应受体；③自分泌（autocrine），生长因子作用于合成及分泌该生长因子的细胞本身。

二、生长因子的作用机制

生长因子由不同的细胞合成并分泌后，作用于靶细胞上的相应受体，这些受体有的位于细胞膜上，有的位于细胞内部。生长因子与受体结合后，激活细胞内信号传递体系，产生相应的生物学作用。根据受体的分布和对生长因子不同的响应，生长因子的作用机制可分为以下情况：

大部分生长因子的受体属于蛋白酪氨酸激酶受体家族，如EGF受体、FGF受体、PDGF受体等。当生长因子与这类受体结合后，受体所包含的酪氨酸激酶被活化，使胞内的相关蛋白被直接磷酸化。另一些膜上的受体则通过胞内信号传递体系，产生相应的第二信使，后者使蛋白激酶活化，活化的蛋白激酶同样可使胞内相关蛋白质磷酸化。这些被磷酸化的蛋白质再活化核内的转录因子，引发基因转录，达到调节生长和分化的作用。

另一类生长因子受体定位于胞质，当生长因子与胞内相应受体结合后，形成生长因子-受体复合物，后者亦可进入核内活化相关基因促进细胞生长。

原癌基因的表达产物有的属于生长因子或生长因子受体，有的属于胞内信号转导分子或转录因子。发生突变的原癌基因可能生成上述产物的变异体，后者的生成及过量表达会导致细胞生长、增殖失控，进而引起癌变。

（李红梅）

思考题

1. 什么是癌基因？简述癌基因活化的机制。
2. 简述癌基因的表达产物及分类。
3. 什么是抑癌基因？简述抑癌基因失活的机制。
4. 简述Rb、p53和PTEN蛋白的生物学作用。
5. 什么是生长因子？简述生长因子的作用方式。

第十七章 细胞信号转导

内容提要

细胞是机体结构和功能的基本单位，机体内各种细胞在功能上的协调统一是通过细胞之间的相互调控作用来实现的。细胞间的相互联络和调控作用过程称为细胞通讯（cell communication）。在细胞通讯过程中，外源信息作用于细胞并诱导细胞发生生物化学反应及生物学功能变化的过程称为信号转导（signal transduction）。细胞信号转导是由多种分子相互作用所介导的一系列有序的级联生物化学反应，该体系通常由信息分子（signal molecule）、受体（receptor）、信号转导分子（signal transducer）和效应分子（effector）4部分组成，该有序的级联生物化学反应称作信号转导通路（signal transduction pathway）。

信息分子包括细胞外和细胞内信息分子两大类。细胞外信息分子通常又称为第一信使，主要包括游离型和膜结合型两大类；细胞内信息分子主要是指第二信使。受体是细胞膜表面或细胞内的蛋白质分子（个别是糖脂），能特异性识别和结合配体分子，并能将配体的信号进行转换和传递。胞膜受体主要有离子通道偶联受体、酶偶联受体（如GC受体、PTK受体、PTK相关受体、蛋白丝/苏氨酸激酶受体、PTP受体等）以及G蛋白偶联受体；胞内受体通常是DNA结合蛋白，包括胞质和胞核内的受体，二者统称为核受体。受体与配体的结合具有高特异性、高亲和力、可饱和性、可逆性和失敏等特点。

细胞信号转导通路分为胞膜和胞内受体介导的信号转导通路两大类。胞膜受体介导的信号通路主要有离子通道偶联受体介导的信号通路、酶联受体介导的信号通路（如cGMP-PKG通路、Ras-MAPK通路、JAK-STAT通路、TβR-SMADs通路）、G蛋白偶联受体介导的信号通路（如cAMP-PKA通路和PI-PLC-IP_3/DAG-PKC通路）和Ca^{2+}-CaM通路等。胞内受体介导的信号转导通路统称为核受体信号通路。不同的信号转导通路发挥着不同的调节作用，从而影响机体在生理或病理情况下的反应。

信号转导过程具有迅速产生并迅速终止、级联放大和网络联系的特点。细胞信号转导调控了细胞代谢、增殖和分化等各个方面的功能。阐明细胞信号转导机制，不仅有助于揭示生命活动的复杂性和多样性，也有助于阐明多种疾病发生和发展的分子机制，并为疾病防治靶点的药物开发提供科学依据。

第一节 信息物质

信息物质（signal substance）是指能够调节细胞生命活动的理化物质。信息物质可分为细胞外信号分子（extracellular signal molecule）和细胞内信号分子（intracellular signal molecule）两大类。

一、细胞外信息分子

细胞外信号分子通常统称为第一信使（first messenger），细胞所感受的外源信号主要是化学信号。细胞通过分泌各种化学物质来调节自身和其他细胞的代谢等生物学功能是高等生物体内普遍的信号转导方式。根据发出信号分子的细胞（signal cell）与靶细胞（target cell）之间距离的远近可以将细胞外信号分子分为下述4种类别：①内分泌信号分子（endocrine signal molecule），此类信号分子一般是由内分泌细胞分泌的激素，激素进入血液循环可作用于全身远距离的组织器官；②旁分泌信号分子（paracrine signal molecule），此类信号分子一般是由细胞所分泌的生长因子和细胞因子，仅作用于局部临近细胞；③自分泌信号分子（autocrine signal molecule），此类信号分子由细胞分泌至胞外，信号分子反过来作用于自身受体；④神经递质（neurotransmitter），此类信号分子在神经元之间及神经细胞与效应细胞之间传递信息。

根据溶解性，细胞外化学信号分为亲水性（膜结合型）和亲脂性（可溶型）两种类别。亲水性信号分子不能穿过细胞质膜的脂质双分子层，只能与细胞表面的受体结合，将信号传递至细胞内引起细胞对外界的反应。亲脂性信号分子能穿过靶细胞的质膜进入细胞，与细胞质或细胞核中的受体结合形成配体受体复合物。

根据分子特点和作用机制，细胞外信号大致可以分为以下几类：

（一）激素

激素（hormone）通常是由特定的内分泌细胞分泌的化学物质，又称为内分泌信号。激素分泌后释放入血液，通过血液循环到达靶细胞并发挥生物化学效应。根据化学组成，激素可以分为甾体类激素（类固醇激素）和肽激素（含氮激素）两大类。甾体类激素包含性激素（如睾酮和雌二醇）、糖皮质激素和盐皮质激素等。肽激素包括肾上腺素、甲状腺素、调节肽、胰岛素和胰高血糖素等。

（二）生长因子

生长因子（growth factor）大多存在于神经内分泌组织、腺体组织和胚胎组织中。生长因子是一类调节细胞生长代谢所必需的蛋白分子。生长因子通过与特异的、高亲和力的细胞膜受体结合，发挥调节细胞生长、分化等多种功能。生长因子主要有血小板衍生生长因子（platelet derived growth factor，PDGF）、表皮生长因子（epidermal growth factor，EGF）、转化生长因子（transforming growth factor，TGF）、神经生长因子（nerve growth factor，NGF）、血管内皮细胞生长因子（vascular endothelial growth factor，VEGF）、胰岛素样生长因子（insulin-like growth factor，IGF）、成纤维母细胞生长因子（fibroblast growth factor，FGF）和红细胞生成素（erythropoictin，EPO）等。

（三）细胞因子

细胞因子（cytokine）主要由免疫细胞合成和分泌，内皮细胞、表皮细胞和纤维母细胞等非免疫细胞也能合成和分泌细胞因子。细胞因子是一类具有广泛生物学活性的小分子蛋白质，参与调节细胞免疫、生长和分化等。

（四）血管活性物质

在组织损伤过程中，使血管扩张的物质称为血管活性物质（vasoactive agent），其中包括由肥大细胞和嗜碱性粒细胞释放的组胺、由血小板释放的 5-羟色胺等。二十碳物质是另一类重要的血管活性物质，由花生四烯酸衍生而成。二十碳物质包括前列腺素、凝血噁烷和白三烯，它们作为有力的旁分泌或自分泌物质，在短距离发挥作用。

（五）神经递质和神经肽

神经递质（neurotransmitter）由神经元产生，也是细胞外信号中的一种。递质通过前后神经元的短距离过程非常快（约 0.1 微秒甚至更快），保证了递质在神经元之间以及神经和肌肉的神经肌肉连接点快速聚集。神经递质包括胆碱类的乙酰胆碱，氨基酸类的γ-氨基丁酸和甘氨酸等，单胺类的去甲肾上腺素、多巴胺和 5-羟色胺。神经肽类（neuropeptide）如类啡肽是神经系统内具有活性的、由氨基酸组成的短肽链，它们有时在神经细胞之间传递信号，有时也作为内分泌激素在体内起作用。

二、细胞内信息分子

细胞内信号分子是指将胞外信息转换为胞内信息的细胞内的非蛋白小分子信使物质，通常称作第二信使（second messenger）。细胞内信号分子在信号传递过程中由一些特异的酶促反应生成或释放，进而调节信号传递途径中下游蛋白的活性。细胞内的信号分子主要包括经典的第二信使和近些年发现的非经典的第二信使，本书主要介绍经典的第二信使。

（一）3′,5′-环磷酸腺苷

3′,5′-环磷酸腺苷（cyclic adenosine monophosphate，cAMP）是最早发现的第二信使，它可以调节细胞代谢、细胞分裂、细胞增殖和细胞分化等多种功能。

cAMP 的产生与灭活：cAMP 是三磷酸腺苷（adenosine triphosphate，ATP）在腺苷酸环化酶（adenylyl cyclase，AC）的催化下脱去一个焦磷酸形成的，细胞内 cAMP 可以在短时间内迅速增加到数倍或数十倍，从而激发一系列的生物化学反应，并产生一定的生理效应。cAMP 发挥作用后，cAMP 特异的环核苷酸磷酸二酯酶（cAMP specific cyclic nucleotide phosphodiesterase，cAMP-PDE）催化 cAMP 水解产生腺苷-5′-单磷酸（adenosine 5'-monophosphate，5′-AMP），从而将 cAMP 信号灭活。

cAMP 的作用机制：细胞外兴奋或抑制信号分别传递给兴奋性或抑制性受体，通过兴奋性蛋白或抑制性蛋白传递给腺苷酸环化酶，使其激活或钝化。一旦腺苷酸环化酶被激活，细胞中迅速产生 cAMP 信号，cAMP 激活蛋白激酶 A（protein kinase A，PKA），PKA 通过调节靶蛋白的磷酸化调节细胞反应。cAMP 信号可被磷酸二酯酶水解灭活而终止该信号传递。

（二）3′,5′-环磷酸鸟苷

3′,5′-环磷酸鸟苷（guanosine 3′,5′-cyclic phosphate，cGMP）也是一种广泛分布于细胞内的信使物质。cGMP 是由鸟苷酸环化酶（guanylate cyclase，GC）催化底物三磷酸鸟苷（guanosine triphosphate，GTP）生成的，cGMP 的灭活是由 cGMP 特异的环核苷酸磷酸二酯酶完成的。虽然鸟苷酸环化酶催化产生 cGMP 的反应与腺苷酸环化酶催化产生 cAMP 类似，但两个酶家族在结构上和活化机制上存在很大的差异。鸟苷酸环化酶主要存在于胞浆中，也有少量存在于细胞膜上，可溶性的鸟苷酸环化酶在调节多种生理过程中都是作为信号转导分子中的重要一员，它不像腺苷酸环化酶那样与受体 G 蛋白偶联因而不具备 cAMP 信使系统的特点。

鸟苷酸环化酶主要有两大类，一类为只含一个跨膜片段，另一类则是胞内可溶性的。只含一个跨膜片段的鸟苷酸环化酶具有受体功能，其 N 端的胞外域可以结合配体，其 C 端胞内域有两个环磷酸鸟苷环化酶的催化结构。当其胞外域被细胞外信号分子结合后发生活化，活化后胞内催化结构催化 GTP 形成 cGMP，最终将细胞外信号转换为细胞内信号。胞内可溶的鸟苷酸环化酶为异二聚体，由 70kD 的 α 亚基和 85kD 的 β 亚基组成，是含有血红素的 cGMP 环化酶，每个单体具有一个 cGMP 环化酶催化结构，其序列与膜上的鸟苷酸环化酶催化结构相似。

cGMP 通过其依赖性的蛋白激酶调节许多酶、靶蛋白，引起相应的生理功能变化。cGMP 依赖性蛋白激酶（cGMP-dependent protein kinase，PKG）在哺乳动物中分为可溶性的 PKGⅠ和膜结合的 PKGⅡ，后者可调节细胞膜上的 Cl^- 通道作用。只有结合上 cGMP 引起结构变化，使自身抑制区脱离，才能使 PKG 活化，被 PKG 磷酸化的底物有很多，不同底物磷酸化产生不同的生理效应。

（三）三磷酸肌醇和二酰甘油

多种细胞外刺激都可以引起质膜肌醇磷脂代谢的变化，质膜肌醇磷脂代谢所调控的信号系统最突出的特点就是产生两个胞内信使。肌醇磷脂信使途径是以肌醇磷脂代谢循环为基础的，首先磷脂酰肌醇-4,5 二磷酸（phosphatidylinositol 4,5-bisphosphate，PIP_2）在磷脂酶 Cβ（phospholipase C beta，PLCβ）作用下，产生三磷酸肌醇（inositol trisphosphate，IP_3）和二酰甘油（diacylglycerol，DAG）两个胞内信使，IP_3 和 DAG 分别激活 IP_3/Ca^{2+} 和 DAG/PKC 两条信号传递途径，所以这一信号系统也叫做双信使系统。IP_3 通过作用于内质网上特异的受体使其内部的 Ca^{2+} 释放，引起细胞内 Ca^{2+} 水平增加，启动 Ca^{2+} 信号系统。DAG 通过激活蛋白激酶 C（protein kinase C，PKC）对许多蛋白质和酶类进行磷酸化修饰，从而调节一系列生理过程。执行功能后 IP_3 和 DAG 代谢灭活，最后两个信使的代谢产物再合成，重新生成 PIP_2，为下一次信号转导作准备。这种循环在细胞的信使传递过程中可以使信号物质得到重复利用，保证细胞对外界的刺激应答时产生足够的第二信使。IP_3/Ca^{2+} 和 DAG/PKC 两条途径相辅相成，相互制约，从而调控细胞对外界信号做出不同的生理反应。这些特征赋予了细胞代谢的可塑性，同时也体现了信号转导网络调节的精细性。

（四）Ca^{2+} 及钙调素

Ca^{2+} 信号系统调节的细胞生理功能十分广泛，包括卵细胞受精、胚胎发育、体细胞分化、细胞分裂、凋亡、基因转录、蛋白和酶功能的调控、神经细胞调节等。

细胞钙分布及钙信号的产生与终止：细胞自由 Ca^{2+} 的分布和转移是形成钙信号的基础，钙在细胞内以结合钙和游离钙两种形式存在。在通常情况下，胞内钙 99.9%以上为结合钙，主要分布在线粒体和内质网，而胞内游离钙极少。在细胞外和细胞质之间，胞内钙库和细胞质之间存在着较大的 Ca^{2+} 浓度梯度。钙信号的产生与终止是细胞内 Ca^{2+} 增减波动的结果。当细胞受到相应刺激后，细胞可以通过两种方式增加胞质内 Ca^{2+} 浓度而产生 Ca^{2+} 信号，其一是胞外 Ca^{2+} 进入细胞，其二是胞内钙库内的 Ca^{2+} 释放到胞质中。可见，Ca^{2+} 信使的产生不是酶促反应的结果，而是 Ca^{2+} 移动的结果，胞内钙库对 Ca^{2+} 浓度的调节是钙信息传递过程中的关键环节。质膜上及内质网膜上的钙离子通道开放，进而胞外或内质网中的 Ca^{2+} 释放至细胞质内导致胞质内 Ca^{2+} 浓度增高，这是钙信号产生的主要途径。钙离子信号的终止与细胞质缓冲 Ca^{2+} 的能力有关，即胞质局部升高的 Ca^{2+} 浓度被胞质中可结合的蛋白质所缓冲，使其不能任意扩散。终止强而持久的钙信号，细胞质有限的缓冲能力就不够了，需要质膜和内质网上的 Ca^{2+} 泵将胞质内的 Ca^{2+} 排出胞外或泵入钙库。

钙信号的传递途径：Ca^{2+} 信使的靶分子是钙结合蛋白（calcium binding protein，CaBP）和钙调节蛋白（calcium regulation protein，CRP）。钙结合蛋白泛指所有能与 Ca^{2+} 结合的蛋白，钙调节蛋白一般指已知生理功能的 Ca^{2+} 结合蛋白。Ca^{2+} 信使与其他的胞内信使不一样，它的靶分子种类繁多，分布很广，因此 Ca^{2+} 信号途径的传递很复杂。胞内的钙结合蛋白种类极多，按照性质和功能可分为四类：①与 Ca^{2+} 结合后构象改变，可激活一些调节酶的活性，如钙调素、肌钙蛋白和副清蛋白等；②与 Ca^{2+} 结合后参与其他离子通道的调节，如活化 Na^+ 通道、K^+ 通道、Cl^- 通道及其他非转移性的离子通道；③本身就是一种调节酶或功能酶，如在 DAG 的参与下激活 PKC、PLC 和磷脂酶 A_2（phospholipase A_2，PLA_2）等调节细胞反应；④与 Ca^{2+} 结合只是起缓冲作用，调节胞内 Ca^{2+} 浓度，如肌钙蛋白与钙结合蛋白等。CaM 是一种在细胞内广泛分布、功能最多、研究最深入的钙结合蛋白，它的活性形式是 Ca^{2+}-CaM 复合物，该复合物结合并激活靶蛋白，从而启动靶蛋白介导的细胞反应。

第二节　受体及其所介导的信号转导通路

受体（receptor）是细胞表面或细胞内的一种大分子物质，能特异性地识别并结合相应信号分子，激活并启动细胞内一系列生化反应，使细胞产生相应的生物学效应。大部分受体是蛋白质，且多为糖蛋白，也有少数受体是糖脂。能与受体结合并导致细胞反应的信息分子称为配体（ligand）。根据受体在细胞的分布，可将其分为细胞膜受体（membrane receptor）和细胞内受体（intracellular receptor）两大类，其中细胞膜受体占多数。

绝大多数的细胞外信息分子只能被细胞膜上的受体分子识别并结合后通过细胞膜的信号转换机制转换为胞内信号，进而才能对细胞的代谢和基因表达等生命活动发挥调节作用。根据信号转导机制和受体蛋白分子结构的不同，可以将细胞膜受体分为离子通道偶联受体（ion channel-linked receptor）、酶偶联受体（enzyme-linked receptor）以及 G 蛋白偶联受体（guanine nucleotide-binding–protein-linked receptor）三大家族。少数细胞外信息分子能够直接跨过细胞膜进入细胞和细胞内相应的受体分子结合引起相应的生物学效应，细胞内受体分为细胞质受体和细胞核受体（nuclear receptor），由于细胞质受体是通过进入细胞核发挥功能，因而细胞内受体都可划归为细胞核受体。

一、离子通道偶联受体及其所介导的信号转导通路

离子通道偶联受体（ion channel-linked receptor）是一类自身为离子通道的受体，这类受体多由若干相同或不同的亚基组成，每个亚基经 4 次跨膜形成 4 个疏水的跨膜区段，其氨基末端和羧基末端均游离在细胞外基质，这些亚基围绕细胞膜形成孔道排布，其中某些亚基具有配体结合部位。离子通道型受体的开放或关闭直接受化学配体的控制，其跨膜信号转导无需中间步骤，因而也被称为配体-门控受体通道（ligand-gated receptor channel）。离子通道型受体活化时，离子通道蛋白发生构象变化，使孔道开放，阳离子或阴离子即可通过这种孔道进入细胞，离子的跨膜流动诱发细胞膜电位变化。离子通道型受体通过将化学信号转变成为电信号而引起细胞生物学效应。

离子通道型受体的配体主要是神经递质。离子通道型受体主要存在于神经细胞或其他可兴奋细胞上，负责突触信号传递。典型的例子就是肌肉的 N 型乙酰胆碱受体（n-acetylcholine receptor, n-AchR），它由 α、β、γ 和 δ 四种亚单位组成 α2βγδ 五聚体，五个亚单位共同围成一个离子通道（图 17-1）。乙酰胆碱的结合位点在 α 亚单位的细胞膜外侧。其他受体-门控离子通道，如甘氨酸受体、γ-氨基丁酸 A 型受体和谷氨酸受体等，都是由数目和种类各异的亚单位组成的类似通道。

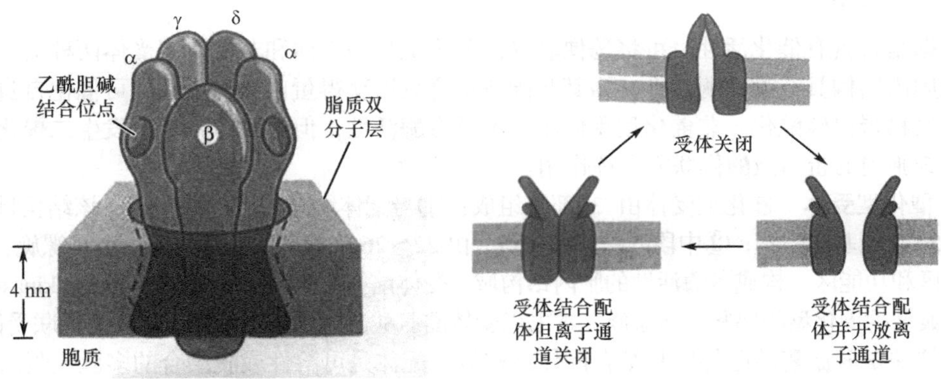

图17-1 N 型乙酰胆碱受体结构示意图

（一）分类

根据通道对离子的选择性，离子通道型受体可以分为阳离子通道和阴离子通道两类。离子通道型受体的属性与各亚单位靠近通道出、入口处的氨基酸残基所带电荷有密切的关系。阳离子通道，入口处的氨基酸多带负电荷，如 N 型乙酰胆碱、谷氨酸和 5-羟色胺的受体；反之，阴离子通道，如甘氨酸和 γ-氨基丁酸的受体则多带正电荷。离子通道偶联受体除了分布在可兴奋细胞的细胞膜上（一般为 4 次跨膜蛋白），一些细胞内的信使物质，如 cAMP、cGMP 和 IP_3 等的受体位于细胞内的各种膜结构之上（一般为 6 次跨膜蛋白），也属于离子通道型受体。离子通道型受体的激活常常可以改变细胞内离子浓度的变化，如 IP_3 受体活化导致内质网中 Ca^{2+} 外流，从而提高胞质中游离 Ca^{2+} 浓度。

（二）离子通道型受体介导的信号转导

离子通道型受体介导的信号转导的最终作用是导致细胞膜电位的改变，即通过将化学信号转变为电信号而影响细胞的功能，因此该类受体是化学信号与电信号的转换器。神经递质通过与受体的结合而改变通道蛋白的构象，导致离子通道的开启或关闭，从而改变质膜的离子通透性，在瞬间将胞外化学信号转换为电信号，继而改变突触后细胞的兴奋性。以 N 型乙酰胆碱受体为例，

此受体以三种构象存在，两分子乙酰胆碱的结合可以使之处于通道开放构象，但处于通道开放构象状态的时限十分短暂，即使有乙酰胆碱的结合，通道在几十毫秒内又回到关闭状态。离子通道关闭后乙酰胆碱与受体解离，受体恢复到初始状态，做好重新接受乙酰胆碱的准备。

知识窗

麻醉药广泛应用于临床各类手术中，各类全身麻醉药的作用靶位主要是配体-门控离子通道。其中γ-氨基丁酸A受体可能是挥发性麻醉药和静脉麻醉药异丙酚的主要靶位，N型乙酰胆碱受体、N-甲基-D-天冬氨酸受体可能是氯胺酮和气体麻醉药的主要作用靶位，挥发性麻醉药还可作用于N型乙酰胆碱受体和甘氨酸受体。

二、酶偶联受体及其所介导的信号转导通路

酶偶联受体（enzyme linked receptor）指自身具有酶活性，或者自身没有酶活性，但与酶分子结合存在的一类受体。酶偶联受体结构上多为单次跨膜，故亦称为单跨膜受体。酶偶联受体的配体大部分是生长因子和细胞因子，它们所介导的信号转导通路主要调节细胞的蛋白质功能、基因表达、细胞增殖和细胞分化等。

（一）分类

根据是否具有催化活性，可将酶偶联受体分为催化型受体和非催化型受体两种类型。催化型受体的胞内结构具有潜在酶活性，当其与配体结合后即获得蛋白激酶活性，可催化自身磷酸化或使其他底物蛋白磷酸化。非催化型受体本身不具有酶活性，但与配体结合后发生二聚化而激活，可以与细胞内的蛋白激酶偶联而发挥作用。

1. 催化型受体 催化型受体由3部分组成：①与配体结合的胞外结构域，该结构域一般含有500～850个氨基酸残基；②中段的跨膜结构域，由22～26个氨基酸残基构成一个α螺旋；③C-末端为近膜区和功能区，构成激酶活性的胞内结构域。受体酪氨酸激酶（receptor tyrosine kinase，RTK）是一类典型的催化型酶偶联受体家族，本书以受体酪氨酸激酶为例子阐述催化型酶偶联受体。

受体酪氨酸激酶的胞外区是结合配体结构域，配体是可溶性或膜结合的多肽或蛋白类激素，包括胰岛素、血小板衍生生长因子、成纤维细胞生长因子、上皮生长因子等多种生长因子。其胞内段是酪氨酸蛋白激酶的催化部位，并具有自身磷酸化位点。配体在胞外与受体结合并引起构象变化，导致受体二聚化（dimerization）形成同源或异源二聚体，在二聚体内受体彼此相互磷酸化胞内段酪氨酸残基，激活受体本身的酪氨酸蛋白激酶活性，随即引起一系列磷酸化级联反应导致细胞生理或基因表达的改变。

2. 非催化型受体 非催化型受体本身不具有酶活性，与配体结合后发生二聚化而激活，可以与胞内的蛋白激酶（如胞内酪氨酸蛋白激酶JAK和某些原癌基因编码的TPK）偶联而发挥作用，如生长激素受体和干扰素受体等。

（二）酶偶联受体介导的信号转导通路

蛋白激酶偶联受体介导的信号转导通路错综复杂。细胞内蛋白激酶多种多样，不同蛋白激酶组合成不同的信号转导通路。各种通路的具体作用模式虽有差别，但基本模式大致相同，主要包含以下几个阶段：①胞外信号分子与受体结合，导致第一个蛋白激酶被激活；②通过蛋白质间相互作用或蛋白激酶的磷酸化修饰激活下游信号分子，使信号得以传递；③蛋白激酶通过磷酸化修饰激活转录因子和代谢途径限速酶等，影响基因表达和代谢通路等。下面介绍几条常见的蛋白激酶偶联受体介导的信号转导通路。

1. 表皮生长因子受体信号转导通路　表皮生长因子受体（epidermal growth factor receptor，EGFR）是一个典型的酪氨酸蛋白激酶受体。有丝分裂原活化蛋白激酶（mitogen-activated protein kinase，MAPK）信号通路是表皮生长因子受体所介导的主要信号通路之一（图 17-2）。此通路具有广泛的功能，包括调节细胞的增殖与分化，促进细胞存活，以及细胞代谢过程中的调节与校正作用。EGFR-MAPK 信号通路的基本模式是：与配体 EGF 结合后，EGFR 形成二聚体，并发生自身磷酸化而活化，活化的 EGFR 激活小分子 G 蛋白（small G protein，Ras），活化的 Ras 引起 MAPK 的磷酸化级联反应。Ras 蛋白要释放 GDP，结合 GTP 后才能激活，GDP 的释放需要鸟苷酸交换因子（guanine exchange factor，GEF），如 SOS 的参与。SOS 有 SH3 结构域，但没有 SH2 结构域，因此不能直接和受体结合，需要接头蛋白生长因子受体结合蛋白 2（growth factor receptor bound protein 2，Grb2）的连接，接头蛋白通过 SH2 与受体的磷酸酪氨酸残基结合，再通过 SH3 与 SOS 结合，SOS 与膜上的 Ras 接触，从而活化 Ras。Ras 本身的 GTP 酶活性不强，需要 GTP 酶活化蛋白（GTPase activating protein，GAP）的参与，使 Ras 结合的 GTP 水解而失活，GAP 具有 SH2 结构域可直接与活化的受体结合。Ras 蛋白与 Raf 的 N 端结构域结合并使其激活，Raf 是丝氨酸/苏氨酸（Ser/Thr）蛋白激酶（又称 MAPKKK）。活化的 Raf 结合并磷酸化另一种蛋白激酶 MAPKK，使其活化。MAPKK 又磷酸化 MAPK 的苏氨酸和酪氨酸残基使之激活。MAPK 属丝氨酸/苏氨酸蛋白激酶，活化的 MAPK 进入细胞核，可使许多转录因子活化，如将 Elk-1 激活，促进 *c-fos* 和 *c-jun* 的表达。除表皮生长因子受体外，许多单跨膜受体也可以激活 MAPK 这一信号通路。

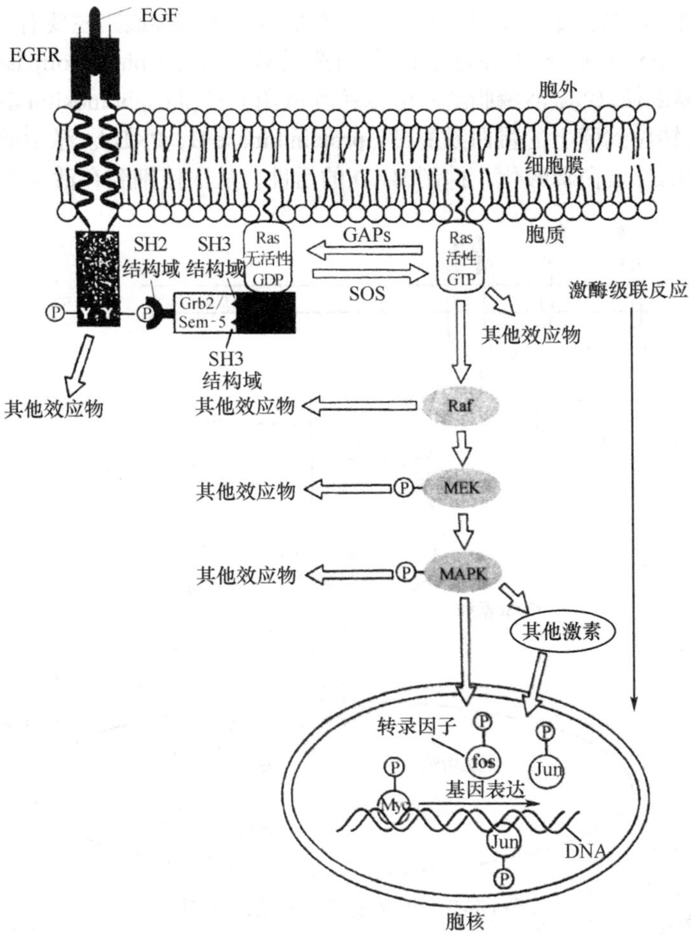

图17-2　EGFR 信号通路示意图

知识窗

表皮生长因子受体属于蛋白酪氨酸激酶受体，它介导的信号转导途径调节细胞的生长、增殖和分化。在癌症，尤其是肺癌中发现表皮生长因子受体酪氨酸激酶区常发生各种突变，这些突变导致它不能被关闭，无休止地刺激细胞生长，参与了癌症发生以及转移。表皮生长因子受体酪氨酸激酶区域的突变主要发生在18-21号外显子，其中19号和21号外显子突变覆盖突变的90%。研究发现，表皮生长因子受体的这些突变和酪氨酸激酶抑制剂的疗效密切相关。因此，表皮生长因子受体突变的检测对癌症的个体化治疗具有重要的参考价值。目前常用的表皮生长因子受体突变检测方法有测序法、PCR-SSCP、突变体富集PCR、ARMS、微数字PCR、HRM、DHPLC。据估计，在我国的肺癌患者中，高达40%左右都有表皮生长因子受体突变，对于这部分病人就可以采用半个体化治疗，用效果更好且副作用更小的靶向药物取代传统化疗药物，例如，第一代针对表皮生长因子受体的靶向药有易瑞沙（Iressa）和特罗凯（Tarceva）。

2. 胰岛素受体信号转导通路 胰岛素受体（insulin receptor，IR）也是典型的受体酪氨酸激酶，是由α和β两种亚基组成四聚体型受体，其中β亚基具有激酶活性，可将胰岛素受体底物（insulin receptor substrates，IRSs）磷酸化，胰岛素受体底物作为多种蛋白的停泊点，可以结合或激活具有SH2结构域的蛋白，如磷脂酰肌醇3-激酶（phosphotidylinositol 3-kinase，PI3K）。PI3K催化PI形成3，4-二磷酸磷脂酰肌醇（phosphatidylinositol-3，4-bisphosphate，$PI(3,4)P_2$）和3，4，5-三磷酸磷脂酰肌醇（phosphatidylinositol-3，4，5-trisphosphate，$PI(3,4,5)P_3$），这两种磷酸肌醇可以募集并激活细胞内含PH结构域的信号蛋白。胰岛素受体底物信号通路主要有：①通过激活Bruton酪氨酸蛋白激酶(Bruton's tyrosine kinase，BTK)，再激活磷脂酶Cγ(phospholipase C gamma，PLCγ)，从而活化磷脂酰肌醇途径；②激活磷脂酰肌醇依赖性激酶D1(phosphoinositol dependent kinase D1，PKD1)，PKD1激活转位到膜上的蛋白激酶B（protein kinase B，PKB）。激活的PKB返回细胞质，将细胞凋亡相关的BAD蛋白磷酸化，抑制BAD的活性，从而使细胞存活（图17-3）。

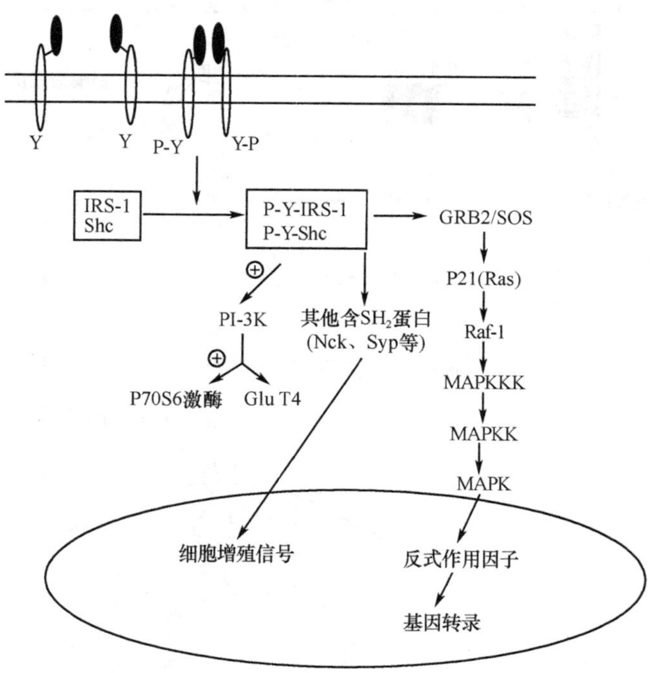

图17-3 胰岛素信号通路示意图

3. JAK-STAT信号转导通路 许多细胞因子受体不具有激酶结构域，属于非催化型酶偶联受体，信号转导是通过 JAK/STAT 通路完成。JAK 为非受体型蛋白酪氨酸激酶，与细胞因子受体结合存在。已发现有四个 JAK 成员，即 JAK1 、JAK2 、JAK3 和 TYK1，其结构不含 SH2、SH3 结构域，其 C 端具有两个相连的激酶区。JAK 的底物是信号转导和转录活化因子（signal transducer activator of transcription，STAT），具有 SH2 和 SH3 两类结构域。二者所组成的 JAK-STAT 途径是细胞因子信息传递的主要信号通路。JAK-STAT 途径的信号转导过程首先是细胞因子与其受体结合，导致受体二聚化，二聚化后的受体激活与之连接的 JAK，活化的 JAK 进而催化 STAT 磷酸化。STAT 既是信号转导分子，又是转录因子。STAT 被 JAK 磷酸化后发生二聚化，暴露出入核信号，然后穿过核膜进入细胞核内调节相关基因的表达（图 17-4）。

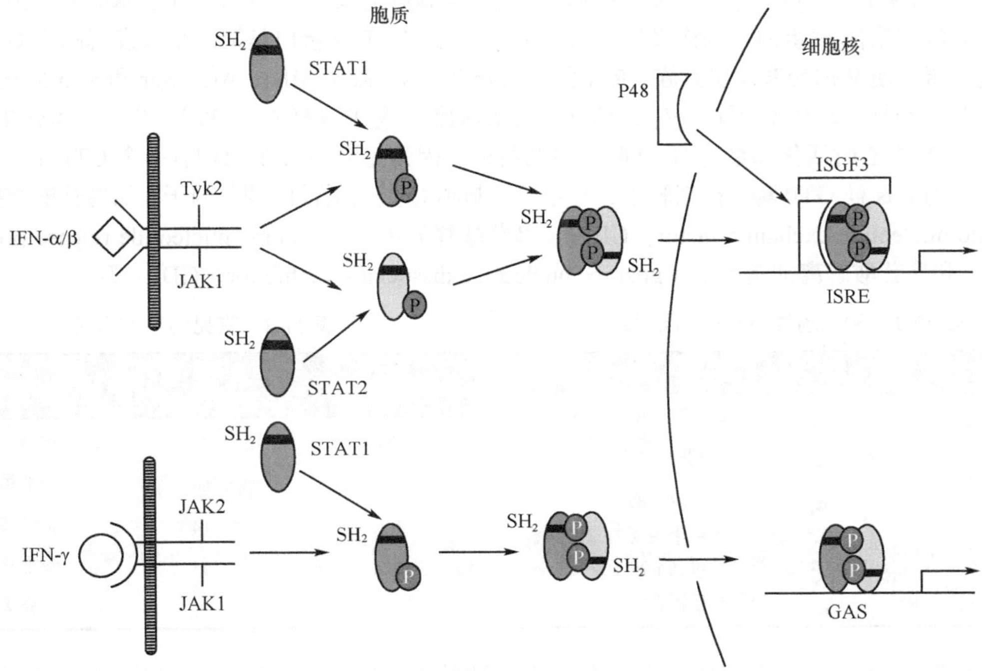

图17-4　JAK-STAT 信号通路示意图

三、G 蛋白偶联受体及其所介导的信号转导通路

G 蛋白偶联受体（G-protein coupled receptor，GPCR）在结构上为单体蛋白，氨基端位于细胞膜外表面，羧基端在细胞膜内侧。G 蛋白偶联的跨膜受体的结构特征是具有七个跨膜螺旋，以 α 螺旋方式跨膜两侧，其肽链反复跨膜七次，因此又称为七跨膜受体。由于肽链反复跨膜，在膜外侧和膜内侧形成了几个环状结构，分别负责接受外源信号的刺激并启动细胞内的信号传递。此类受体的胞内下游信号蛋白为由三个亚基组成的三聚体 G 蛋白，通过 G 蛋白向下游传递信号，因此称为 G 蛋白偶联受体。

G 蛋白是鸟苷酸结合蛋白（guanine nucleotide binding protein，G protein）的简称。G 蛋白在细胞信号转导中扮演了重要的角色，当其与 GTP 结合时有活性，与 GDP 结合时无活性。根据组成和相对分子量的不同，G 蛋白可分为异源三聚体 G 蛋白（heterotrimeric GTP binding protein）和低分子量 G 蛋白两大类（small GTP binding protein）。

（一）G 蛋白

1. 异源三聚体 G 蛋白　异源三聚体 G 蛋白由三个不同的亚基组成，分别命名为 α（G_α）、β

($G_β$)、γ($G_γ$)亚基。不同的 G 蛋白，αβγ 亚基组合不同。α 亚基最大，相对分子质量在 39～46kD 之间，β 亚基相对分子质量约为 36kD，γ 亚基最小，相对分子质量只有 7～8kD。不同 G 蛋白的 α 亚基都有共同的结构特点，即 $G_α$ 上都有 GTP 结合位点、GTP 酶的活性位点、ADP 核糖基化位点及受体和效应器结合位点等。相比之下，$G_α$ 亚基种类最多，差别最大，常被用作 G 蛋白的分类依据。异三聚体 G 蛋白中的 α 亚基与 GDP 结合时，$G_α$ 处于非激活状态，当与 α 亚基结合的 GDP 被 GTP 替代后，$G_α$ 从三聚体解离下来并激活，此时三聚体分为两个部分，即游离的激活态的 α 亚基和 β/γ 亚基复合体。根据 α 亚基的结构和功能，可将异源三聚体 G 蛋白分为不同的类别，常见的有 G_s、G_i、G_t、G_q 和 G_o 等（表 17-1）。

2. 小 G 蛋白 小 G 蛋白由单一多肽链组成，与异源三聚体 G 蛋白的 α 亚基同源，但分子量远小于异源三聚体 G 蛋白，因而又称为低分子量 G 蛋白。Ras 蛋白是第一个被发现的小 G 蛋白，因此这类蛋白质又称为 Ras 超家族。Ras 蛋白又分为 Ras、Rab、Rho、Arf、Sar 和 Ran 6 个亚家族（表 17-2），与异三聚体 G 蛋白一样，具有 GTP 酶活性（称 Ras 样 GTP 酶）、结合 GDP/GTP 的能力以及结合 GTP 时活化和结合 GDP 时失活的特征。因为每个小 G 蛋白均有一个 GTP 酶结构域，故亦称之为 Ras 样 GTP 酶。在细胞中，有专门控制小 G 蛋白活性的调节因子，如鸟苷酸交换因子（guanine nucleotide exchange factor，GEF）、鸟苷酸释放蛋白（guanine nucleotide release protein，GNRP）和鸟苷酸解离抑制因子（guanine nucleotide dissociation inhibitor，GDI）等。

表 17-1 常见的异源三聚体 G 蛋白

G 蛋白类型	α 亚基	功能
G_s	$α_s$	激活腺苷酸环化酶
G_i	$α_i$	抑制腺苷酸环化酶
G_q	$α_q$	激活磷脂酶 C
G_o	$α_o$	大脑中主要的 G 蛋白，可调节离子通道
G_T	$α_T$	激活视觉

表 17-2 常见的小 G 蛋白

小 G 蛋白亚家族	动物中存在的种类数/种	效应
Ras	7	信号转导
Rab	60	囊泡运输
Rho	14	信号转导
Arf	45	囊泡吐出
Ran	1	核质运输

与异源三聚体 G 蛋白相比，小 G 蛋白有下述特点：①分子量较小，相对分子量只有 20～30kD；②结构相对简单。G 蛋白是 3 个亚基聚合的三聚体，除 3 个亚基构成复杂的关系外，还通过 α/γ 亚基的修饰锚定于质膜内层。小 G 蛋白是单体蛋白，可划分为 4 个结构域，其中 1、2 结构域内有 GTP 酶活性作用部位，2～4 结构域为 GDP/GTP 结合部位；③受体调节范围有限。调节 G 蛋白的受体是最广泛的一种膜受体，而小 G 蛋白位于细胞膜内侧，主要受蛋白酪氨酸激酶受体的调节；④不能单独完成信号转导。小 G 蛋白接受蛋白酪氨酸激酶受体激活后，需要两种蛋白的辅助才能实现信号转导，其中一种是接头蛋白（adaptor），另一种是鸟苷酸释放因子（guanine-nucleotide releasing factor，GRF）。接头蛋白作为中介蛋白，将酪氨酸蛋白激酶受体连接于鸟苷酸释放因子，而结合的鸟苷酸释放因子再作用于小 G 蛋白，实现信号转导；⑤小 G 蛋白结合 GTP 后，因其 GTPase 活性很低，不能达到生理条件下水解 GTP 并使小 G 蛋白失活的速率，因此必须在 GTPase 激活蛋白 GAP 的催化下使小 G 蛋白水解 GTP，从而终止其信号转导。

（二）G 蛋白偶联受体及下游效应器

跨膜受体识别胞外信号并将信息传导至胞内，其中 G 蛋白偶联的跨膜受体形成了最大的信号家族。在脊椎动物中，发现了超过 1000 种不同的 G 蛋白偶联的跨膜受体，这些受体都能被胞外信号激活。能够激活 G 蛋白偶联受体的信号分子包括生物胺类，如肾上腺素、去甲肾上腺素、组胺、5-羟色胺、视黄醛；多肽类，如缓激肽；大分子糖蛋白，黄体激素和甲状旁腺激素。作为信号转导中介，异三聚体 G 蛋白是偶联信号激活的受体，下游激活相应的效应器，实现跨膜信号转导。

1. 异三聚体 G 蛋白偶联受体 激素受体是常见的 G 蛋白偶联受体，如胰高血糖素受体、前列腺素受体、肾上腺素受体和促甲状腺素受体等。神经细胞与某些肌细胞往往需要对信号做出快速反应，一般是通过 G 蛋白直接或间接地偶联相应受体与离子通道实现的。哺乳动物类的视觉、嗅觉和味觉受体也可以通过 G 蛋白偶联介导信号转导。G 蛋白偶联的信号转导也参与了许多哺乳动物类细胞，如 B 细胞、T 细胞、肝细胞及肾细胞等细胞生理反应的调节。

2. G 蛋白激活的效应器 异三聚体 G 蛋白可以调节质膜上的效应酶或离子通道，也可以调节近质膜和胞质中的效应器。异三聚体 G 蛋白质膜上的效应酶主要有腺苷酸环化酶、磷脂酶 C 和磷酸二酯酶等。腺苷酸环化酶主要由 Gα 亚基调节，也可以由 Gβγ 亚基或者两者共同调节。质膜上的磷脂酶如 PLCβ 和 PLA2 受 G 蛋白调节，但 PLCβ 的 4 种亚型被激活的程度不同。异三聚体 G 蛋白对质膜上的离子通道可以通过直接作用，也可通过间接作用进行调节，主要是调节 Ca^{2+}通道和 K^{+}通道的活性。异三聚体 G 蛋白调节的近质膜或胞质中的效应酶，主要由 Gβγ 亚基调节，比如 Gβγ 亚基可激活 PI3K，并且可影响胞外信号调节激酶的活性来调节丝裂原活化蛋白激酶途径。

（三）G 蛋白偶联受体介导的信号转导通路

G 蛋白偶联受体和 G 蛋白都有很多种类，G 蛋白偶联受体所介导的信号转导通路非常复杂。此处主要介绍 G 蛋白偶联受体通过腺苷酸环化酶和磷脂酶 C 介导的信号转导。

1. G 蛋白偶联受体通过腺苷酸环化酶介导的信号转导 该通路的基本过程包括 cAMP 的生成、依赖 cAMP 蛋白激酶 A（cAMP-dependent protein kinase，PKA）的活化和 PKA 活化效应分子。

cAMP 的生成：当胰高血糖素和肾上腺素配体与相应兴奋型 G 蛋白偶联受体结合后，受体构象发生改变并与 Gs 蛋白结合，于是 Gs 蛋白 α 亚基上的 GDP 被 GTP 置换，结合了 GTP 的 αs 亚基与 β/γ 亚基解离。游离出来的 αs-GTP 亚基可激活细胞膜上的腺苷酸环化酶，后者可催化 ATP 生成 cAMP。

cAMP 活化 PKA：cAMP 依赖性 PKA 由两个调节亚基（R）和两个催化亚基（C）组成，其以四聚体全酶形式存在时无活性。当每个 R 亚基各结合 2 分子 cAMP（且有 Mg^{2+}存在）时，PKA 构象发生改变，C 亚基从全酶中解离出来发挥其催化活性。

PKA 的作用：PKA 可催化多种底物蛋白（包括胞质内蛋白、核内蛋白和胞膜蛋白）的丝/苏氨酸残基磷酸化，从而调节细胞的物质代谢和基因表达等多种生物学效应。PKA 进入胞核中对基因表达的调节表现在多个层次。比如，①PKA 可通过磷酸化组蛋白而使组蛋白与 DNA 结合松弛或解离，从而解除组蛋白对基因的抑制；②PKA 可磷酸化转录因子 cAMP 应答元件结合蛋白（cAMP response element binding protein，GREB），磷酸化的 cAMP 应答元件结合蛋白进而形成同源二聚体，与 DNA 上的 cAMP 应答元件（cAMP response element，CRE）结合，从而调节基因的转录。胰高血糖素促进糖原分解主要就是通过 cAMP-PKA 通路实现的。

2. G 蛋白偶联受体通过磷脂酶 C 介导的信号转导 该通路的基本过程包括 IP_3 和 DAG 的生成、蛋白激酶 C（protein kinase C，PKC）的活化和 PKC 活化效应分子。

IP_3 和 DAG 的生成：当配体（如血管紧张素Ⅱ、促甲状腺素释放激素、去甲肾上腺素和抗利尿激素等）与相应 G 蛋白偶联受体结合后，受体变构并与 Gq 蛋白结合，于是 αq 亚基与 GTP 结合并与 β/γ 亚基解离。游离出来的 Gq-GTP 亚基可激活磷脂酶 C （phospholipase C，PLC），后者可催化胞膜上的 PIP_2 水解，生成 IP_3 和 DAG。产生 DAG 的另一途径是：磷脂酶 D 催化磷脂酰胆碱生成磷脂酸，进而在磷脂酸磷酸水解酶的作用下产生 DAG（图 17-5）。

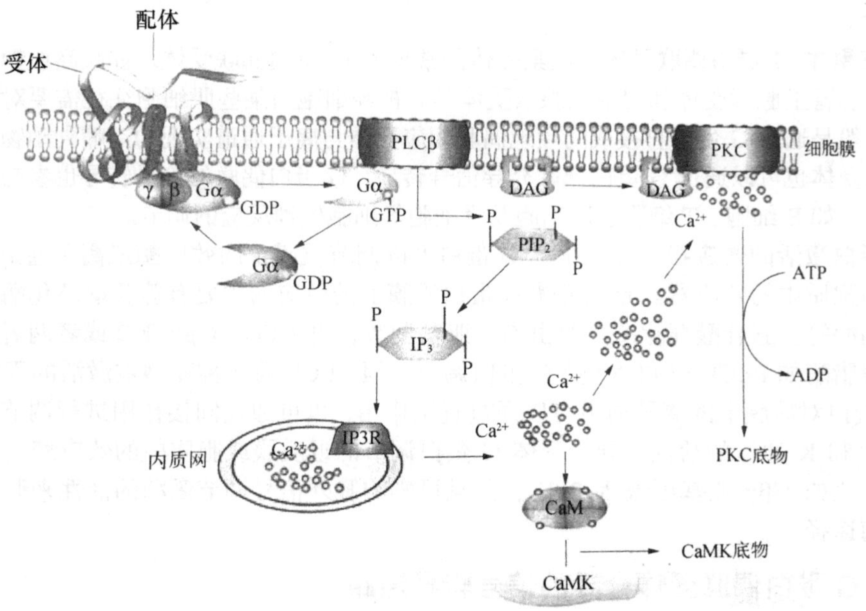

图 17-5 PI-PLC-IP_3/DAG-PKC 信号通路示意图

PKC 的转位与激活：静息细胞中 PKC 主要存在于胞质中，当细胞受到刺激后，PKC 以 Ca^{2+} 依赖的形式从胞质中移位至细胞膜上，该过程称为转位（translocation）。IP_3 生成后从胞膜上迅速扩散到胞质中，与肌浆网和内质网膜上特异性受体（IP_3 受体）结合，从而使这些细胞器上的钙通道开放，于是 Ca^{2+} 从储存库进入胞质，进而与胞质中 PKC 结合，促进 PKC 的膜转位，随后在胞膜上 DAG 和磷脂酰丝氨酸（phosphatidylserine，PS）的共同作用下，PKC 被彻底激活。尽管 PKC 的活性依赖于 Ca^{2+} 和磷脂的存在，但只有在 DAG 存在时，生理浓度的 Ca^{2+} 才起作用，这是由于 DAG 能增加 PKC 对底物亲和力的缘故。佛波酯（12-O-tetradecanoyl phorbol-13-acetate，TPA）是一种致癌剂，其结构与 DAG 相似，但稳定性更好，佛波酯能在很低的浓度下模拟 DAG 而直接活化 PKC，从而促进细胞的过度增殖，乃至癌变。

PKC 及其作用：PKC 广泛存在于机体各组织，目前发现至少有 12 种同工酶。PKC 为单一多肽链蛋白，其 N-端为调节结构域，含有与磷脂、Ca^{2+}、DAG 及佛波酯结合的位点。C-端为催化结构域，含有与 ATP 和底物结合的序列。PKC 可催化多种底物蛋白质的丝/苏氨酸残基磷酸化，这些底物包括含氮激素、酶和转录因子等。胰岛素、EGF、α-肾上腺素、IL-2、DNA 甲基转移酶、转铁蛋白、血清应答因子（serum response factor，SRF）、c-Fos 和 c-Jun 等都是 PKC 的底物。PKC 通过对这些底物进行磷酸化而广泛参与调节细胞的代谢、DNA 和蛋白质的合成，进而调节细胞生长、增殖与分化以及细胞分泌和肌肉收缩等生物学功能。

PKC 对基因表达调节分为早期反应（early response phase，ERP）和晚期反应（late response phase，LRP）两个阶段。在早期反应阶段，PKC 使即时早期基因（immediate early gene）的反式作用因子磷酸化，加速即时早期基因的表达。即时早期基因多为原癌基因（如 *c-fos* 和 *c-jun* 等），其表达蛋白质的半衰期通常较短，具有跨越核膜传递信息的功能，因此成为第三信使（third messenger）。晚期反应阶段，PKC 磷酸化即时早期编码的蛋白质（如 c-Fos 和 c-Jun），后者通常为 DNA 结合蛋白，通过与 DNA 顺式作用元件结合而调节晚期反应基因的转录，导致细胞增殖或核型变化。如 c-Fos 和 c-Jun 被 PKC 磷酸化后可形成二聚体，该二聚体实际就是活化蛋白 1（activation protein 1，AP1）。AP1 可结合于靶基因的顺式作用元件，调节基因的转录。另外，在晚期反应阶段，PKC 还可以通过磷酸化转录因子的抑制蛋白（如 NF-κB 的抑制蛋白 IκB）而使转录因子活化，进而调节基因转录，促进细胞增殖。

四、核受体及其所介导的信号转导通路

核受体（nuclear receptor）是序列特异性的DNA结合蛋白，一般由大约800个氨基酸残基组成。已知的核受体超家族不少于百余种，在细胞的生长、发育和分化过程中起重要作用。核受体含有锌指结构，该结构为保守性区段，为核受体的 DNA 结合部位。当配体与核受体结合后能与DNA顺式作用元件结合，调节基因转录。由于核受体的作用机制类似于转录因子，因而又称为转录因子型受体。

（一）核受体的分类和结构

1. 核受体的分类 根据配体的类型，可将核受体超家族分为三类：①类固醇激素受体（steroid hormone receptor），如糖皮质激素受体、雌激素受体、雄激素受体和盐皮质激素受体等；②非类固醇激素受体，如甲状腺激素受体、维生素 D_3受体和类维生素 A 的 X 受体等；③孤儿受体（orphan receptor），指目前尚未发现配体的一类核受体，如核受体 SHP 和 DAX1 等。

2. 核受体的结构 核受体包括以下四个区域（图 17-6）：①高度可变区，即位于N 端的 A/B 区。可变区具有一个非激素依赖性的组成性转录激活功能区，与染色体中其他蛋白的相互作用有关；②DNA 结合区，即一个高度保守负责结合 DNA 的 C 区。位于受体分子的中部，距离 C 末端大约 300 个氨基酸残基，大约由 70 个氨基酸残基组成，富含 Cys、Lys 和 Arg 的保守性区域，可形成锌指结构。改变这一区域会使之完全失活，说明这部分区域与 DNA 结合发挥调节作用；③铰链区，即一个富含核定位信号的连接区 D 区。铰链区引导核受体在胞浆合成后定位于细胞核；④激素结合区，即具有配体结合和二聚化作用的 E 区。

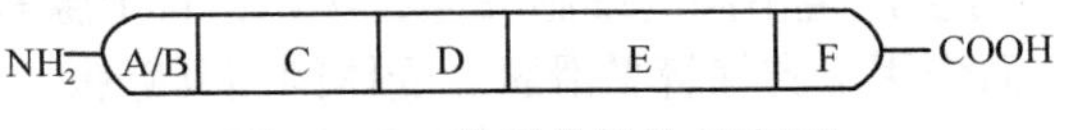

图 17-6 核受体结构示意图

A/B：N 端可变区；C：DNA 结合区；D：可变连接子区；E：配体结合区

（二）核受体介导的信号转导

甾体激素通过其受体在两种不同的水平上影响基因的表达，即转录水平和转录后水平。转录水平调节的核受体与激素结合后，核受体通过同源或异源二聚体形式穿过核孔进入细胞核内，在核内与特定 DNA 序列结合，从而调节基因转录（图 17-7）。与核受体结合的 DNA 序列称为激素反应元件（hormone response elements，HRE）。有些甾体激素受体在未与受体结合之前在胞核内与热休克蛋白结合，处于静止状态。热休克蛋白有助于受体与激素的结合，并遮蔽受体与 DNA 的结合部位使受体只能与 DNA 疏松结合。当激素与受体结合后，受体即释放出热休克蛋白，暴露出 DNA 结合部位，与 DNA 紧密结合并调节基因表达。

本节以雌激素受体（estrogen receptor，ER）为例子介绍核受体介导的信号转导。没有雌激素结合时，雌激素受体位于胞浆，无法调控基因表达。当雌激素通过扩散进入细胞并与雌激素受体结合后，雌激素受体发生二聚化并进入细胞核，二聚化的雌激素受体与雌激素应答元件结合，雌激素受体-雌激素应答元件复合物募集其他转录调控蛋白分子形成转录起始复合物，诱导基因转录。

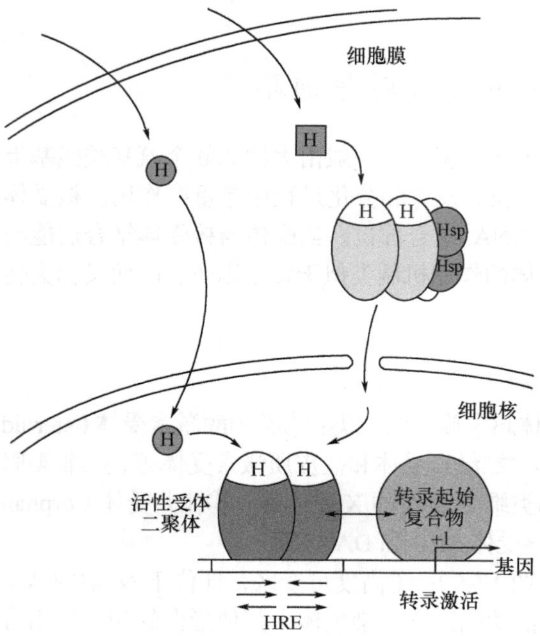

图 17–7 核受体介导的信号转导示意图

第三节 受体与配体的结合特点及受体活性的调节

一、受体与配体的结合特点

受体与配体的结合基于分子的热运动、静电引力和大分子的诱导契合机制。从受体与配体结合的机制而言，受体除了具备识别配体、结合配体、传递信号以及引起相应的生物学效应外，受体与配体的结合还具有以下特点。

（一）高度特异性

受体与配体的结合具有高度特异性，受体只有与特定的配体结合才能表现出生物效应。特异性是受体识别配体的最基本特点，该特点保证了信号传导的准确性。配体和受体的结合是一种分子识别过程，该过程依靠氢键、离子键和范德华力的作用使两者结合。受体选择性地与特定信息分子结合是通过两者的选择性互补，但也包括分子的几何形态、反应基团定位与构型等。特异性除了可以理解为一种受体只能与特定配体结合之外，还可以表现为在同一细胞或不同类型的细胞中，同一配体可能有两种或两种以上的不同受体。同一配体与不同类型受体结合会产生不同的细胞反应，例如，肾上腺素作用于皮肤黏膜血管上的 α 受体使血管平滑肌收缩，而作用于支气管平滑肌 β 受体则使其舒张。

案例 17-1

患者，女，56 岁。2 个月前开始感到左眼疼痛，视物模糊，视灯周围有红晕，偶伴有轻度同侧头痛，但症状轻微，常自行缓解。3 天前突然感觉左侧头部剧烈头痛，眼球胀痛，视力极度下降。体格检查：左眼视力 0.6，右眼视力 1.4。左眼睫状充血（++）。瞳孔约 2mm 大小，对光反射较弱。左眼眼压 26mmHg，右眼眼压 16 mmHg。前房角镜检左眼窄Ⅲ，右眼基本正常。余正常。

初步诊断：左眼急性闭角型青光眼。

治疗方案：用 2%毛果芸香碱滴眼对症治疗等。

问题：使用毛果芸香碱滴眼治疗的分子机制是什么？

受体激动剂能够与特异性受体结合并激活该受体，达到在没有信息分子刺激时活化受体的作用，从而活化相应信号转导途径。

案例 17-1 分析讨论

闭角型青光眼主要是因前房角狭窄，房水回流受阻而致眼内压增高，进而引起眼痛、头痛和视力模糊等症状。毛果芸香碱对 M 受体有相当高的选择特异性，为 M 受体激动剂。毛果芸香碱激活瞳孔括约肌上的 M 受体，瞳孔括约肌收缩，使虹膜向中心拉紧，虹膜根部变薄，前房角间隙变大，房水易于通过滤帘进入巩膜静脉窦，使眼内压降低，故眼痛、头痛症状减轻。毛果芸香碱激活瞳孔括约肌上的 M 受体使瞳孔缩小，瞳孔缩小可减少入眼的光量，并减少折光系统的球面像差和色像差，使视网膜成像更清晰，故患者自觉视力有所恢复。

（二）高度亲和力

配体与受体的结合能力称为受体的亲和力。体内化学信号的浓度非常低，受体能识别周围环境中微量的配体，即浓度很低的配体就能与受体结合而产生显著的生物效应。例如：5×10^{-19}mol/L 的乙酰胆碱溶液就能对蛙心产生明显的抑制作用。血液中激素的浓度很低，一般只有 1～10mol/L，但已经足以与其受体结合发挥正常的生理作用。受体与配体的结合通常用配体—受体复合物的解离常数（*Kd*）的负对数(pD2)来表示。亲和力与解离常数成反比，与 pD2 成正比，即 pD2 值越大，配体与受体的亲和力越大。

（三）可饱和性

配体与受体的结合在剂量-效应曲线上反映出具有饱和性（图 17-8）。由于分布在细胞膜上的受体数量有限，因而其能结合的配体也是有限的，因此受体和配体的结合具有饱和性。剂量-效应曲线为矩形双曲线，在药物的作用上反映为最大效应，当药物达到一定浓度后，其效应不会随药物浓度的增加而继续增加。

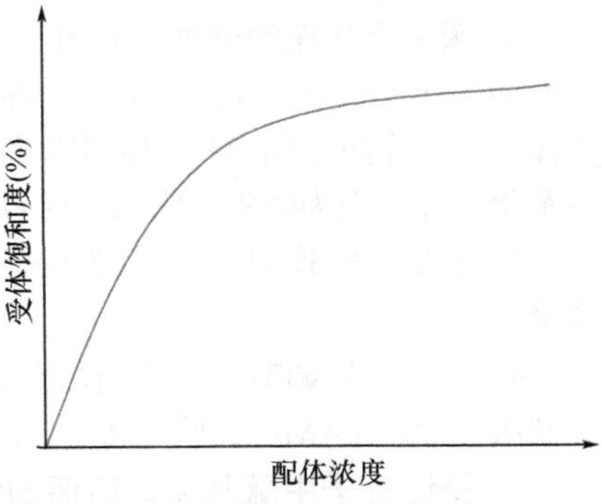

图 17-8 配体与受体结合曲线

（四）可逆性

受体与配体可通过离子键、氢键和范德华力等非共价键结合形成复合物，此复合物在一定条件下可以解离，也可以被其他特异性配体置换，解离的难易程度可以用解离常数表示。当配体与受体结合发生生物效应后，配体受体复合物发生解离，受体恢复原有状态并可再次被利用，而配体则被灭活。

（五）失敏现象

当长期暴露于配体的环境中时，大多数受体会降低或甚至失去反应性，即产生受体失敏现象。发生失敏时，大多数受体的反应性下降，不同的受体失敏的快慢不同。失敏现象包括同源失敏和异源失敏。同源失敏是指细胞与其特异配体结合后仅对其配体失去反应性，而仍保持对其他配体的反应性。异源失敏是指细胞因与其特异配体结合后，对该配体和其他配体均失去了反应性。长期应用激动药可使相应受体失敏，这是产生药物耐受的原因之一。

二、受体活性的调节

受体不是固定不变的，而是经常处于代谢转换和活性变化的动态平衡中。配体、某些生理、病理和药物因素可以影响受体的数目或影响受体对配体的亲和力，此现象称为受体调节（receptor regulation）。

（一）受体调节的分类

1. 向上调节和向下调节 根据受体调节的效果，可以分为向上调节（up regulation）和向下调节(down regulation)。向上调节也称为上增性调节，而向下调节也称为衰减性调节。长期使用拮抗剂，例如，用普萘洛尔突然停药，可以出现肾上腺素能受体向上调节，从而引起反跳现象，表现为敏感性增高。长期使用激动剂异丙肾上腺素治疗哮喘，可导致受体向下调节，从而引起疗效普遍下降。

2. 同种特异调节和异种特异调节 根据调节受体的种类，可分为同种特异调节和异种特异调节。同种特异调节是指配体与特异性受体作用，使自身的受体发生数量或亲和力的变化，如生长激素受体和 β 肾上腺素受体等存在同种调节。异种特异调节是指配体作用于其特异性受体，对另一种配体的受体产生数量或亲和力的调节作用，如β肾上腺素受体可被甲状腺素和糖皮质激素等调节。

（二）受体活性调节的机制

1. 磷酸化和脱磷酸化作用 受体数目和受体对配体的亲和力受多种因素的调节，磷酸化和脱磷酸化对受体活性调节起着重要作用。磷酸化状态的改变不仅使受体功能发生改变，而且也影响到其在细胞中的分布状况。某些受体的磷酸化可以增强受体与配体的结合，而某些受体与配体的结合则受到磷酸化修饰的抑制。如表皮生长因子受体的酪氨酸残基被磷酸化修饰后能促进受体与其配体的结合，而磷酸化修饰对类固醇激素受体与其配体的结合起抑制作用。

2. 膜磷脂代谢的影响 膜磷脂是构成细胞膜的重要组成部分，对维持细胞膜的流动性和受体活性调节起着重要的作用。受体长期受激动剂的作用，膜磷脂酶 A_2 活性增加，使氨基酸的合成增加，受体的内移作用更加容易，用磷脂酶 A_2 的抑制剂可以防止某些受体的下调。质膜的磷脂酰乙醇胺经甲基化修饰转变为磷脂酰胆碱，后者能够显著增强肾上腺素β受体对腺苷酸环化酶的激活能力。

3. 酶促水解作用 有些膜受体对蛋白水解酶敏感，可通过内吞（internalization）作用被溶酶体降解。

4. G蛋白的调节 G蛋白可在多种活化受体与腺苷酸环化酶之间起偶联作用，当一个受体系统被激活而使cAMP水平升高时，就会使同一细胞受体对配体的亲和力下降。

5. 受体分子中巯基和二硫键的修饰 巯基和二硫键在维持蛋白质分子构象和蛋白质功能中起着重要作用。受体是一种蛋白质，可通过对受体蛋白分子中巯基和二硫键的修饰，改变受体的结构和功能，从而实现对受体活性的调节。如可通过还原剂二硫苏糖醇及烷化剂N-乙基马来亚胺修饰松散蛋白质构象而影响受体活性。

（三）受体调节的意义

受体的调节在细胞信号传导过程中起着重要作用，其调节具有重要的生理意义。①脱敏现象：是指连续使用激动剂后，在较短的时间内组织的反应降低或消失。这在临床中用于超敏反应疾病的治疗；②产生耐受性：是指某些药物连续使用后，必须逐渐的增加药物的剂量，才能维持其疗效的现象；③产生依赖性：是指长期使用某些精神作用的药物时，人体对药物产生的生理上和心理上的依赖；④反跳现象：是指在长期使用一些药物后，突然停药使其疾病加重的现象，如糖皮质激素的应用应该避免反跳现象的发生。

第四节 细胞信号转导通路的交叉联系

细胞内的信号转导模式多种多样，为了便于研究和讨论，细胞信号转导模式被人为地划分为相对独立、单一的级联信号传递途径，这往往让人误解为细胞信号传递是按照直线方式传播的。传统的信号转导研究通常对单一的信号转导分子的特异功能进行分析研究，并采用线性作用的方法鉴定了数十条信号转导途径，如依赖环一磷酸腺苷的信号转导途径、依赖甘油二酯/三磷酸肌醇的信号转导途径、依赖钙离子/钙调素的信号转导途径和依赖酪氨酸蛋白激酶的信号转导途径等。信号转导通路的数量日益剧增，几乎每年都有新发现的信号通路报道。

信号转导实质上是众多信号分子间相互作用、相互调控的复杂网络，各条途径并非独立存在，而是存在着广泛的信号串话（cross-talk）。细胞内没有独立的信号转导途径，信号转导途径之间存在复杂的相互交叉调控作用，信号转导是以非线性的网络模式发挥调控功能的（图17-9）。细胞信号网络的各种信号转导分子在结构上并非处于平等地位，其中某些节点与其他众多节点发生连结（此类节点称为重要节点），重要节点的共同特征是具有较多的信号转导分子或作用底物与其直接连结，而网络中大多数的节点只与其他少数节点发生连结（此类节点称为普通节点）。

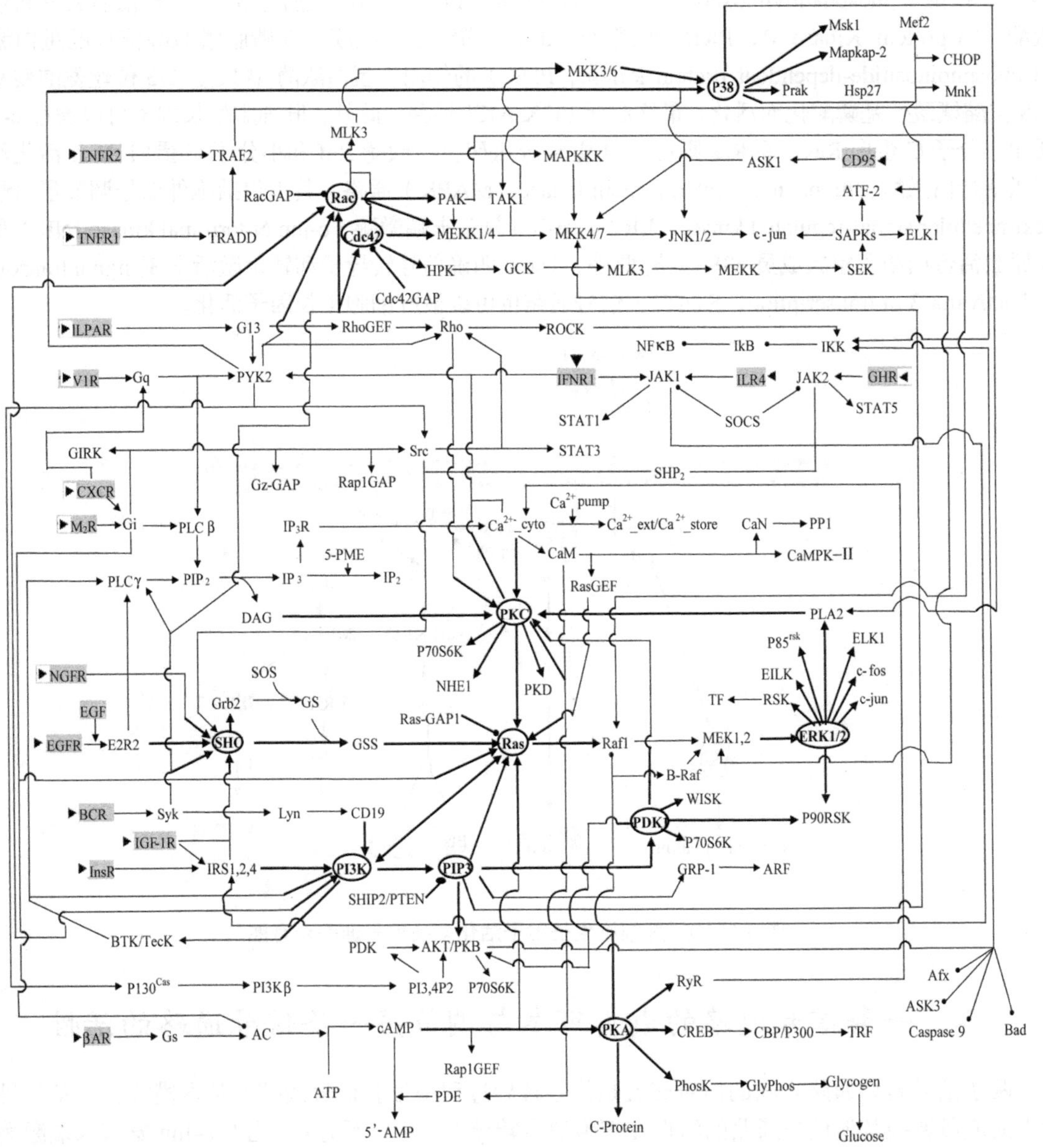

图 17–9 细胞信号转导网络示意图

→兴奋性信号 —• 抑制性信号 ○重要节点分子 ▶信号转导受体

一、一种信息分子可活化几条信号转导通路

对于信号转导，不能简单地认为是一种刺激引发一条信号通路并产生一种生理反应。众多的细胞外信息分子均可以同时活化多条信号转导通路，实现复杂的功能调控。下面以肝细胞生长因子（hepatocyte growth factor，HGF）为例说明此问题。肝细胞生长因子是目前已知的生物活性最广泛的生长因子之一，该生长因子能够调节细胞分裂、增殖、分化和迁移等（图 17-10）。酪氨酸激酶 c-Met 是肝细胞生长因子的受体，c-Met 与肝细胞生长因子结合后发生二聚化活化，活化的 c-Met 通过调控其下游信号转导通路发挥肝细胞生长因子的生物学功能。c-Met 活化后可以募集并

活化磷脂酰肌醇 3-激酶，磷脂酰肌醇 3-激酶磷酸化细胞膜上的 PIP_2 生成细胞内第二信使磷脂酰肌醇 3,4,5-三磷酸（phosphatidylinositol 3,4,5-trisphosphate，PIP_3），磷脂酰肌醇 3,4,5-三磷酸募集并将蛋白激酶 B（protein Kinase B，PKB，也称作 AKT）锚定于细胞膜，在磷脂酰肌醇依赖的蛋白激酶（3-phosphoinositide-dependent protein kinase，PDK）的作用下蛋白激酶 B 发生 473 位丝氨酸残基和 308 位酪氨酸残基磷酸化而活化，最终激活 PI3K/AKT 通路。此外，肝细胞生长因子可以通过 c-Met 活化小分子 G 蛋白 Ras，而 Ras 则可以通过 *c-raf* 编码蛋白激酶 Raf 和小分子 G 蛋白 Rac1 活化丝裂原激活蛋白激酶（mitogen-activated protein kinase，MAPK）通路，其中包括胞外信号调节蛋白激酶（extracellular signal-regulated kinase，ERK）、c-Jun 氨基末端激酶（c-jun N-terminal kinase JNK）和丝裂原激活蛋白激酶家族成员 p38 通路。此外，目前也明确信号转导子和转录激活子 3（signal transducer and activator 3 of transcription，STAT3）信号通路也可以被肝细胞生长因子活化。

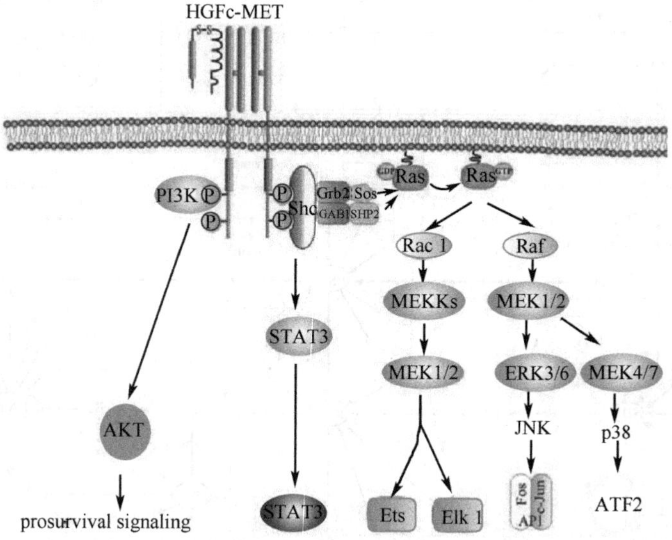

图 17-10　肝细胞生长因子活化多条信号通路示意图

二、一条信号通路的成员可参与调节另一条信号通路的活性

两条信号转导通路之间的信号交流是信号转导过程中细胞信号调控的基本模式，一条信号通路中的成员调控其他信号通路的活性在细胞信号转导系统中广泛存在。比如 c-Jun 氨基末端激酶信号转导通路对哺乳动物雷帕霉素靶蛋白（mammalian target of rapamycin，mTOR）信号转导通路的调控。mTOR 调节相关蛋白（regulatory-associated protein of mTOR，Raptor）是哺乳动物雷帕霉素靶蛋白通路中的关键调控分子，mTOR 调节相关蛋白的磷酸化活化对哺乳动物雷帕霉素靶蛋白通路的活化至关重要，而 c-Jun 氨基末端激酶可以调节 mTOR 调节相关蛋白的磷酸化，从而达到促进哺乳动物雷帕霉素靶蛋白通路活性的作用。

磷脂酰肌醇 3-激酶通路对胞外信号调节蛋白激酶通路的调控也充分表明了一条信号通路的成员可以参与调节其他信号通路活性的细胞信号调控模式。磷脂酰肌 3-激酶通路对胞外信号调节蛋白激酶通路的调控具有双向性，其中 PKB 可以通过对胞外信号调节蛋白激酶的磷酸化修饰促进胞外信号调节蛋白激酶通路的活性。磷脂酰肌 3-激酶通路对胞外信号调节蛋白激酶通路的协同作用是比较普遍的现象，但是在特殊情况下，例如，细胞分化和细胞发生内质网应激时，PKB 可以通过调节胞外信号调节蛋白激酶通路中的关键节点分子 Raf 对胞外信号调节蛋白激酶通路起抑制作用。具体机制为PKB使Raf的259位丝氨酸残基发生磷酸化，进而抑制Raf的活性，最终起到抑制胞外信号调节蛋白激酶通路活化的作用。

三、不同的信号通路可共同作用于同一效应蛋白或基因

细胞信号转导通路具有富足性，即不同的信号通路可以通过调控同一效应分子达到同种生物学效应。PKC作为细胞代谢和基因表达的重要调控分子受到了多条信号通路的调控。G蛋白偶联受体信号通路通过活化磷脂酶Cγ（phospholipase Cγ，PLCγ）诱发细胞膜上的PIP_2生成第二信使DAG和IP_3，IP_3进而诱导胞浆Ca^{2+}升高，DAG和胞浆Ca^{2+}协同活化PKC，此途径被称为磷脂肌醇信号途径。除了磷脂肌醇信号途径外，PKC还受到了其他通路的调控。磷脂酰肌3-激酶通路可以通过PKD1活化PKC，胞外信号调节蛋白激酶通路通过磷脂酶A2（phospholipase A2，PLA2）促进PKC的激活。

内质网应激反应信号系统对基因葡萄糖调节蛋白78（glucose regulated protein 78kD，GRP78）的诱导也很好地表明了同一基因的表达可以受控于不同的信号通路。内质网应激主要启动双链RNA激活蛋白激酶样ER激酶/真核生物起始因子2α（double-stranded RNA-activated protein kinase-like endoplasmic reticulum kinase/ eukaryotic initiation factor 2α，PERK/eIF2α）、激活转录因子6（activating transcription factor 6，ATF6）以及需肌醇激酶1/X盒结合蛋白1（inositol-requiring enzyme 1/X-box binding protein 1，IRE1/XBP1）三条信号通路，作为内质网应激信号系统活化的经典标志分子，葡萄糖调节蛋白78不仅是内质网应激启动与否的分子开关，其还是促进未折叠蛋白加工成熟和维持内质网内稳态的核心分子。双链RNA激活蛋白激酶样ER激酶/真核生物起始因子2α、激活转录因子6以及需肌醇激酶1/X盒结合蛋白1三条信号通路均可以在基因水平诱导葡萄糖调节蛋白78的表达（图17-11）。不同的信号通路共同调控同一效应分子充分体现了信号转导通路的协同效应。

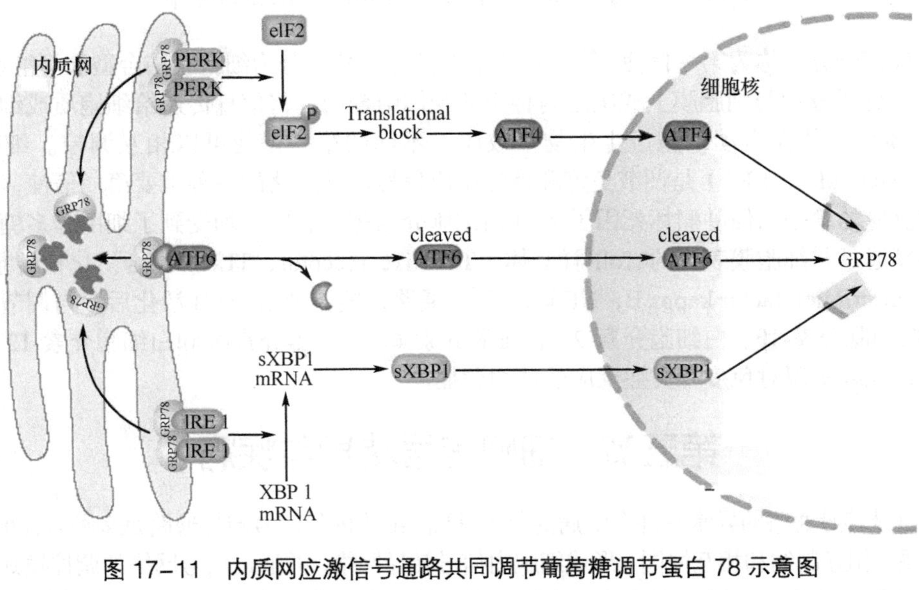

图17-11 内质网应激信号通路共同调节葡萄糖调节蛋白78示意图

四、多种信息分子可活化相同的信号转导通路

虽然不同的信息分子通过不同的受体传递信息，但是多种功能上类似的信息分子可以通过不同的机制活化相同的信号转导通路，从而实现功能上的协同效应。例如，调节细胞代谢和增殖的

信息分子胰岛素和表皮生长因子就可以通过不同的机制活化磷脂酰肌醇 3-激酶信号转导通路。结合胰岛素后，胰岛素受体发生活化，活化的胰岛素受体激活胰岛素受体底物 1，而胰岛素受体底物 1 可以活化磷脂酰肌醇 3-激酶信号转导通路。EGFR 被表皮生长因子结合活化后就能活化磷脂酰肌醇 3-激酶信号转导通路。

五、同一种配体（或受体）可结合不同的受体（或配体）

受体与配体之间的结合具有特异性，这是细胞信号转导的基本特点，否则受体就无法辨别细胞外的特异配体分子，也无法实现准确传递信息的目的。配体与受体分子之间的空间结构的互补性是实现二者特异结合的关键因素。虽然受体对配体的识别具有高度的特异性，但也不能简单地理解为任意一种受体只能被一种配体识别并结合，受体与配体结合的特异性具有一定程度上的相对性。在同种细胞或不同类型的细胞中，同种配体可能会与两种以上的不同受体结合，从而产生不同的生物学效应。比如乙酰胆碱就能与烟碱型和毒蕈碱型两种胆碱能受体结合。毒蕈碱型受体广泛存在于副交感神经节后纤维支配的效应器细胞上，当乙酰胆碱与这类受体结合后，可产生一系列副交感神经末梢兴奋效应。毒蕈碱型受体存在于交感和副交感神经节神经元的突触后膜和神经肌肉接头处的终板膜上，当乙酰胆碱与这类受体结合后，就产生兴奋性突触后电位和终板电位，导致节后神经元和骨骼肌的兴奋。又如，能够识别肾上腺素的受体包括 α 和 β 两种。肾上腺素结合 α 型受体所引起的反应为血管收缩、瞳孔扩散等，肾上腺素与 β 受体结合所引起的反应为支气管扩张、血管扩张等。此外，胰岛素不仅能够以高亲和力与胰岛素受体结合，也能够以低亲和力与胰岛素样生长因子受体（insulin-like growth factor, IGF-R）结合。胰岛素与胰岛素受体结合后可以产生较短时间而强烈的代谢调节效应，而胰岛素与胰岛素样生长因子受体结合后产生的则是较长时间的微弱的代谢调节效应。

六、不同的第一信使之间可相互调节

细胞外信号分子称为第一信使。第一信使根据其理化性质分为细胞膜结合型和可溶型两大类，这两类信号分子分别与细胞膜上或细胞内特定的受体结合后，将信息传递给细胞质或细胞核中的功能反应体系，从而启动细胞产生生物学效应。不同的第一信使可以相互调控。细菌脂多糖（lipopolysaccharides，LPS）是调节免疫和炎症反应信号转导通路的一种重要第一信使，而参与免疫和炎症反应的第一信使肿瘤坏死因子 α 和白细胞介素等细胞因子均受到了细菌脂多糖的调节。细菌脂多糖通过与细胞膜表面的 Toll 样受体（Toll like receptor，TLR）结合活化核转录因子 κB（nuclear transcription factor kappa B，NF-κB）信号通路，核转录因子 κB 活化后参与调节肿瘤坏死因子 α、白细胞介素-1β、白细胞介素-2、白细胞介素-6、白细胞介素-8 和白细胞介素-12 等细胞因子的表达，最终实现对免疫和炎症反应的精细调控。

第五节　细胞信号转导与疾病

细胞信号转导通路的异常是许多疾病的分子基础。细胞内的信号转导通路是多种多样的，信号通路相互联系、相互制约和相互协同，形成细胞内信号转导网络，并通过信号网络的调控模式对细胞的功能活动起调控作用。信号转导系统的协调是维持细胞正常代谢和存活的基本条件，因此，信号转导系统的紊乱无疑会引起细胞功能的异常，进而导致组织器官功能的异常，最终导致疾病的发生。

一、细胞信号转导异常与疾病发生

细胞信号转导异常主要是由于信号分子、受体或信号转导蛋白表达量或结构的改变导致信号

转导过强或过弱，并由此导致细胞代谢、增殖、分化和凋亡等生物学行为发生改变。引起细胞信号转导异常的原因是多种多样的，基因突变、病毒感染、自身免疫系统异常和应激环境等，都能导致细胞信号转导异常。各种疾病的发生和发展都直接或间接的与信号转导异常相关。

虽然细胞信号转导异常的原因和机制很复杂，但主要有三个方面的原因，即细胞外信号分泌异常、受体功能异常及细胞信号转导分子功能的异常。

（一）细胞外信号分子分泌异常

生长激素水平过高可导致巨人症或指端肥大症，而该激素水平过低则可导致侏儒症。甲状腺素水平过高可引起甲状腺功能亢进，其水平过低则可导致呆小症。胰岛素水平不足和Ⅰ型糖尿病紧密相关。

（二）受体功能异常

受体异常包括受体异常激活和异常失能。

1. 受体异常激活　正常情况下，受体只有在结合配体后才能被激活并触发靶细胞的应答，但是基因突变可以导致受体功能异常，异常的受体可以不依赖于外源信号分子的存在而发生活化，并激活细胞内信号通路。表皮生长因子受体广泛分布于哺乳动物上皮细胞、成纤维细胞、胶质细胞和角质细胞等细胞表面，对细胞的生长、增殖和分化等生理过程发挥重要调控作用。结构上，表皮生长因子受体分为胞外配体结合区、跨膜区和胞内激酶区三个区。正常情况下，表皮生长因子受体只有通过胞外配体结合区与表皮生长因子结合后才能通过胞内激酶区激活丝裂原活化蛋白激酶通路。*erb-B* 癌基因表达的蛋白为变异型表皮生长因子受体，相当于截短的表皮生长因子受体，变异型表皮生长因子受体缺乏与配体结合的胞外区，而其胞内激酶区则处于活性状态，可不依赖外源信号的存在持续激活 MAPK 通路。在体内，正常细胞的增殖受到严格控制，而当 *erb-B* 癌基因异常表达时，细胞获得不依赖表皮生长因子而持续活化 MAPK 通路的能力，从而导致细胞的异常增殖，并参与多种肿瘤的发生和发展。

某些因素可以引起受体基因的过表达，受体过表达时外源信号所诱导的细胞内信号通路的活化程度远远高于正常细胞，从而导致靶细胞对外源刺激信号发生过度反应。此外，某些过表达的受体可以不依赖于配体的结合而发生二聚化和自身活化，进而诱导细胞内信号转导途径的异常活化。在肝癌细胞和胆管癌细胞中已经发现了肝细胞生长因子受体 c-Met 由于过表达而不依赖于肝细胞生长因子自身活化的现象。EGFR 在胸腺瘤、肺癌、乳腺癌、胰腺癌、前列腺癌、胶质细胞等组织中过表达，EGFR 的异常高表导致了相关信号通路的持续性活化，促进了多种癌细胞的生长。

2. 受体异常失能　在某些情况下，受体可能发生异常失能而不能正常传递信号，比如胰岛素受体异常失能。胰岛素受体由 α、β 亚基组成，胰岛素受体 α 亚基与胰岛素结合后，引起 β 亚基的酪氨酸磷酸化，并在胰岛素受体底物 1/2 的参与下，与含 SH2 结构域的 Grb2 和 PI3K 结合，从而活化与代谢和生长相关的信号转导通路。根据发生的原因，胰岛素受体异常失能分为三类：①基因突变所致的遗传性胰岛素受体异常。此类异常引起受体数量减少（受体合成减少或结构异常的受体在细胞内分解破坏增多导致）、受体与配体的亲和力降低（受体精氨酸 735 突变为丝氨酸，合成的受体不能正确折叠导致与胰岛素的亲和力下降）、受体酪氨酸蛋白激酶活性降低（第 1008 位甘氨酸突变为缬氨酸，胞内区酪氨酸蛋白激酶结构异常导致其磷酸化酪氨酸的能力减弱）；②自身免疫性胰岛素受体异常。此类异常是因血液中存在抗胰岛素受体的抗体而导致的；③继发性胰岛素受体异常。高胰岛素血症可使胰岛素受体继发性下调，引起胰岛素受体失能。在上述情况下，胰岛素受体均不能正常传递胰岛素信息。

（三）信号转导分子功能异常

基因突变和异常表达等原因可导致细胞内信号转导分子功能发生改变，包括异常激活和失活两种情况。信号转导分子异常激活时可以持续活化下游通路，导致信号转导途径的持续性异常激活。信号转导分子的异常失活能导致信号转导途径的异常中断，使细胞失去对外源信号刺激的反应性。

1. 信号转导分子异常激活 Ras 蛋白对细胞的生长和分化等起重要调控作用，其活性受到与其结合的 GTP 或 GDP 的调节。Ras 具有弱的 GTP 酶活性，结合 GTP 后，其 GTP 酶活性不能达到生理条件下水解 GTP 并使其失活的要求，但在 GTP 酶激活蛋白的催化下 Ras 的 GTP 酶激活性增强，使结合的 GTP 水解生成 GDP，从而终止其信号转导。在 *ras* 基因发生突变时，其 GTP 酶活性降低，且不受控于 GTP 酶激活蛋白，从而使 Ras 蛋白处于持续激活状态，导致 Ras 下游通路持续激活。信号转导分子 Ras 的异常激活是肿瘤细胞持续增殖的重要机制之一。

在另一种情况下，信号转导分子本身并未发生基因突变，但受某些因素的影响，其基因过度表达。过度表达的信号转导分子也能达到异常活化的效果，最终导致相关信号通路的异常激活。癌基因 *gankyrin* 编码的蛋白是人 26S 蛋白酶体（26S proteasome）调节亚单位 19S/PA700 复合物的一种非 ATP 酶亚基，其核酸序列中含有 5 个串联排列的 ankyrin 重复单位，这些保守的 ankyrin 序列在介导蛋白之间的相互作用中起重要作用。在肝癌、胆管癌和肺癌等肿瘤中 *gankyrin* 基因过度表达，进而导致其调控的下游通路功能异常，其中包括 P53 及 Rb 信号通路异常失活，PI3K/Akt 信号通路异常活化。

2. 信号转导分子异常失活 在多种肿瘤中常常有 *p53* 基因编码产物的异常失活。肿瘤抑制基因 *p53* 编码的蛋白质是一种转录因子，其不仅控制着细胞周期的启动，也在细胞凋亡中起重要作用，p53 的功能失活在肿瘤发生中具有重要作用。*p53* 基因突变以及 p53 与其他蛋白的相互作用均能导致其正常生物功能的丧失。P53 正常功能的丧失，最主要的方式是其基因突变，大部分突变是位于突变热点区域 129～146 位、171～179 位、234～260 位和 270～287 位。DNA 肿瘤病毒如 HPV16、HPV18 和 SV40 以及腺病毒编码癌蛋白与 p53 蛋白相互作用也能导致其正常生物学功能丧失。

二、细胞信号转导与疾病治疗

对疾病发生和发展过程中信号转导异常及其机制的不断深入研究，为疾病的防治提供了新的思路和策略。针对信号转导分子的激动剂和抑制剂的药物开发和应用在疾病治疗中具有广阔的应用前景。

干预信号转导的药物是否可用于疾病的治疗主要取决于信号转导药物是否具备特异性和高效性。特异性是指药物能够特异性的抑制或激活细胞信号转导通路中某一个或某一类分子，药物对细胞信号转导靶分子的特异性越高，其副作用也就越小。高效性是指药物发挥作用所需要的有效浓度较低，这有助于避免药物对正常细胞的生理功能造成明显影响。目前，针对细胞信号转导通路的激活剂和抑制剂的研究和开发已进入到临床阶段。信号转导通路中的激酶分子是目前筛选和开发分子靶向药物的热点，下面举例对信号转导激酶分子药物进行介绍。

（一）抗蛋白激酶 C 的药物

PKC 是一种 Ca^{2+}、磷脂依赖性丝/苏氨酸激酶，在调节细胞生长和增殖中起重要作用。PKC 是佛波酯类促癌物发挥作用的主要受体和靶点，在多种肿瘤细胞中都发现 PKC 的异常。PKC 已经成为卵巢癌、肺癌和黑色素瘤等恶性肿瘤的治疗靶点。Edelfosine 为人工合成的抗肿瘤醚酯类药物，是 PKC 抑制剂，能选择性引起肿瘤细胞凋亡，而许多正常的人类细胞对其促凋亡作用具有抵抗性。

（二）抗蛋白质酪氨酸激酶的药物

蛋白酪氨酸激酶是细胞增殖、分化和迁移的重要调节分子，酪氨酸激酶的异常与肿瘤密切相关，阻断酪氨酸激酶通路可用于肿瘤治疗。目前已经有较多的酪氨酸激酶药物：①imatinib mesylate，是人工合成的2-苯基氨基嘧啶类化合物，可以特异性的抑制酪氨酸激酶活性。它可作为ATP竞争性抑制剂，阻滞酪氨酸激酶的磷酸化，抑制 *bcr-abl* 表达，从而抑制肿瘤细胞的增殖；②Dasatinib，是一种人工合成的2-（氨基吡啶）-2-（氨基嘧啶酮）噻唑-5-甲酰胺的类似物，能抑制Src激酶活性，抑制细胞增殖并诱导细胞凋亡；③Iressa，是一种苯胺奎哪唑林类化合物，可选择性抑制表皮生长因子受体的酪氨酸激酶，进而抑制Ras、PI3K/AKT和PLC/PKC信号转导通路，从而抑制多种实体瘤的增殖并促进肿瘤细胞凋亡；④Erlotinib，为喹唑啉衍生物，是人Ⅰ型表皮生长因子受体酪氨酸激酶的可逆抑制剂，通过抑制表皮生长因子受体自身磷酸化，阻断表皮生长因子受体信号转导，实现对细胞的增殖和分化等过程的干预。

（代荣阳）

思 考 题

1. 信息物质的种类及其作用特点。
2. 列举G蛋白偶联受体介导的信号转导通路。
3. 细胞信号转导的网络性与复杂性。
4. 列举信号转导异常在药物开发中的意义。

第十八章　常用分子生物学技术

内容提要

分子生物学技术的发展不仅带来了分子生物学概念、理论的创新，而且在疾病的诊治和新药研发方面也具有重要应用价值。

PCR 技术是体外酶促合成特异 DNA 片段的一种方法，由高温变性、低温退火（复性）及适温延伸等几步反应组成一个周期，循环进行，使目的 DNA 得以迅速扩增。其衍生技术有原位 PCR 技术、逆转录 PCR 技术、定量 PCR 等。

分子杂交技术是利用单链核酸碱基可以互补配对、抗原与抗体、受体与配体、蛋白与其他分子具有相互作用的原理来进行目的核酸及蛋白质的检测方法。常用的分子杂交技术及印迹方法有：Southern 印迹、Northern 印迹、Western 印迹及原位杂交等。

常用的生物大分子相互作用研究技术分为蛋白质与蛋白质相互作用技术及蛋白质与核酸相互作用技术。常用的研究蛋白质相互作用的技术包括酵母双杂交系统、各种亲和分析（亲和色谱、免疫共沉淀等）、噬菌体展示、生物传感芯片质谱、定点诱变等。研究蛋白质与 DNA 之间相互作用的主要方法包括电泳迁移率变动分析、酵母单杂交技术、染色质免疫沉淀技术、DNase Ⅰ 足迹试验等。

生物芯片是将核酸、多肽或蛋白质分子、组织切片和细胞等制成探针，以预先设计的方式有序地、高密度地排列在玻片或硅片等载体上，构成二维分子阵列，然后与待测生物样品靶分子杂交，通过检测杂交信号实现快速、高效、高通量样品检测。目前常见的生物芯片分为三类：第一类为微阵列芯片，包括基因芯片、蛋白质芯片、细胞芯片和组织芯片；第二类为微流控芯片，包括各类样品制备芯片、毛细管电泳芯片和色谱芯片等；第三类为以生物芯片为基础的集成化分析系统或称芯片实验室。

基因沉默技术是指利用 DNA 或 RNA 分子通过碱基配对原则与目的基因的 mRNA 互补结合，通过各种机制使其降解或抑制其编码蛋白的翻译，从而抑制特定目的基因表达的方法。目前，可用于抑制基因表达的基因沉默技术包括三类：反义寡核苷酸，包括反义寡脱氧核苷酸和反义 RNA；具有催化活性的核酶及 DNA 酶；小干扰 RNA。

转基因技术是指将外源基因整合到动物细胞或植物细胞的基因组中并使外源基因在动物细胞或植物细胞中稳定遗传和表达的技术，是在细胞水平和整体水平研究目的基因的生物技术。

基因敲除是基因打靶技术的一种，类似于基因的同源重组。即外源 DNA 与受体细胞基因组中序列相同或相近的基因发生同源重组，从而代替受体细胞基因组中的相同或相似的基因序列，整合入受体细胞的基因组中。

分子生物学技术的不断突破，带来了分子生物学概念、理论的创新，不仅使人们从分子水平了解疾病发生的机制，而且也为开发新的诊断、治疗方法以及新药研究提供了技术平台。本章主要介绍一些常用的分子生物学技术。

第一节　PCR 技术

人类对核酸的研究已经有 100 多年的历史。20 世纪 60 年代起，人们致力于研究基因的体外分离，但是，由于核酸的含量较少，一定程度上限制了 DNA 的体外操作。1985 年，美国人类遗传学家 Kary B. Mullis 发明了具有划时代意义的聚合酶链反应（polymerase chain reaction，PCR）技术，并因此获得了 1993 年度诺贝尔化学奖。PCR 技术的原理是在体外提供 DNA 合成的条件从而模拟 DNA 的体内复制，该技术的建立使很多以往难以解决的分子生物学问题得到解决，极大地推动了生命科学研究的发展，是生命科学领域中的一项革命性创举。

案例 18-1

某一种哺乳动物有 A 和 B 两种细胞，其中 A 细胞只比 B 细胞多表达一种蛋白质 X。

问题：

1. 如果想快速得到蛋白质 X 的 cDNA，需要选择什么样的实验方法？
2. 该实验方法中可能用到哪些常用的分子生物学技术？
3. 你能举例说明 PCR 技术在医学研究中还有哪些应用吗？

一、PCR 技术的基本原理、体系及步骤

（一）PCR 技术的基本原理

PCR 是体外酶促合成特异 DNA 片段的一种方法，由高温变性、低温退火（复性）及适温延伸等几步反应组成一个周期，循环进行，使目的 DNA 得以迅速扩增。PCR 反应体系相对简单，包括拟扩增的 DNA 模板、特异性引物、dNTP 以及合适的缓冲液。PCR 的基本工作原理就是以拟扩增的 DNA 分子为模板，以一对分别与两条模板链互补的寡核苷酸片段为引物，在 DNA 聚合酶的作用下，以 dNTP 为底物，按照半保留复制的原则，通过变性、退火、延伸三个步骤完成新 DNA 的合成，且新合成的 DNA 片段也可以作为模板，重复这一过程就可以使 DNA 的数量呈指数增长（图 18-1）。

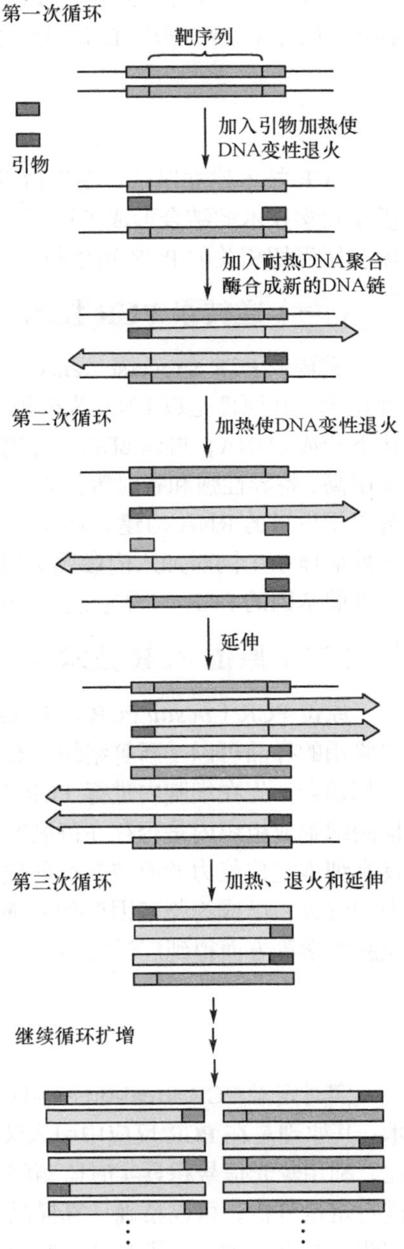

图 18-1　PCR 反应的基本原理及步骤

（二）PCR 体系的基本成分

完整的 PCR 体系包括 7 种基本成分：模板、特异性引物、热稳定的 DNA 聚合酶、脱氧核苷三磷酸（dNTP）、二价阳离子、缓冲液及一价阳离子。

1. 模板　几乎所有形式的 DNA 和 RNA 都能作为 PCR 的模板，包括生物体基因组 DNA、质粒 DNA、噬菌体 DNA、mRNA 和 cDNA 分子等。除此之外，PCR 还可以直接以细胞为模板。

2. 特异性引物　是一段与模板 DNA 链互补的寡核苷酸片段，对 DNA 的扩增起到引发的作用。

3. 热稳定的 DNA 聚合酶　这是 PCR 技术实现自动化的关键。热稳定的 DNA 聚合酶是从两类微生物中分离的：一类是嗜热的细菌，另一类是嗜热的古细菌。

4. 脱氧核苷三磷酸（dNTP）　是 DNA 合成的原料，包括 dATP、dGTP、dTTP、dCTP。

5. 二价阳离子　Zn^{2+}和 Mg^{2+}常作为构成热稳定性 DNA 聚合酶的成分之一用于该体系。

6. 缓冲液　一般使用10 mmol/L、pH 8.3～8.8的 Tris-HCl 缓冲液。

7. 一价阳离子 一般使用50mmol/L的KCl溶液，有利于改善扩增的产物质量。

（三）PCR技术的步骤

PCR由变性（denaturation）、退火（annealing）和延伸（extension）三个基本反应步骤构成：①模板DNA变性：在95℃左右加热一定时间后，模板DNA的双链或经PCR扩增形成的双链DNA解离，变为单链，以便与引物结合；②模板DNA与引物退火（复性）：模板DNA经加热变性成单链后，降温至适合温度，引物与模板DNA单链的互补序列配对结合，退火温度的选择常用于调节PCR产物合成的特异性；③引物延伸：将反应体系温度提高到DNA聚合酶作用的最适反应温度72℃，DNA聚合酶在合适的缓冲溶液中，以dNTP为底物，严格按照模板链碱基序列合成互补链，即从引物的3′端-OH进行延伸，合成方向为5′→3′。以上三步骤为一次循环，而新合成的DNA分子又可作为下一轮反应的模板，因此每循环一次，DNA分子会按指数增加，经多次循环后即可达到大量扩增DNA片段的目的。

二、PCR衍生技术

PCR技术建立以来，在生命科学的各个领域得到了广泛应用。PCR技术的发展以及与其他分子生物学技术的结合形成了适用于不同目的的PCR衍生技术。下面主要介绍几种与医学研究、临床应用密切相关的PCR衍生技术。

（一）逆转录PCR技术

逆转录PCR（reverse transcription PCR，RT-PCR）是将逆转录反应与PCR反应联合应用的一种技术。其原理是以RNA为模板，以一个与RNA 3′端互补的寡核苷酸为引物，在逆转录酶的催化下合成cDNA，再以cDNA为模板进行PCR扩增，从而获得大量的双链DNA。RT-PCR具有灵敏度高、特异性强和省时等优点，是目前获得目的基因cDNA和构建cDNA文库的有效方法之一，可以用少量的RNA构建cDNA文库。RT-PCR也可用于对已知序列基因进行定性定量分析，只要在反应体系中同时加入内参照基因的引物，使已知基因和内参照基因在同一反应体系中扩增，以内参照基因的PCR产物为对照，可以估算已知基因的表达水平。

（二）原位PCR技术

原位PCR（*in situ* PCR）是以细胞内的DNA或RNA为靶序列，在细胞内进行的PCR反应。实验用的样品可以是新鲜组织、石蜡包埋组织、脱落细胞、血细胞等。其原理是将PCR与原位杂交相结合，先在细胞内进行PCR反应，然后用特定的探针与细胞内的PCR产物进行原位杂交，检测细胞或组织内是否存在待测的DNA或RNA。原位PCR结合了高度特异敏感的PCR技术和具有细胞定位能力的原位杂交的优点，既能分辨鉴定带有靶序列的细胞，又能标出靶序列在细胞内的位置，已成为靶基因序列的细胞定位、组织分布和基因表达检测的重要手段，在肿瘤学、组织胚胎学等方面得到广泛应用。

三、定量PCR

实时定量PCR（real-time Q-PCR）技术是近年发展起来的一种对PCR产物进行定量的分析技术。其原理是在PCR反应中引入荧光标记分子，PCR反应中产生的荧光信号与产物的生成量成正比，利用荧光信号积累实时监测整个PCR进程。根据动态变化的数据，通过标准曲线对未知模板进行定量分析，可以精确计算样品中原有模板的含量。目前，real-time Q-PCR所使用的荧光化学方法主要有四种，分别是DNA结合染料法、水解探针法、杂交探针法、荧光引物法。它们又可分为扩增序列非特异和扩增序列特异两种类型。

下面以Taq Man探针法为例介绍实时PCR(图18-2)。Taq Man反应系统中除了两条PCR引物外，还增加了与上游和下游引物之间的序列特异性杂交的探针。探针的5′端标记荧光报告基团，3′端标记荧光淬灭基团。没有PCR扩增反应时，探针保持完整，由于淬灭基团的作用，报告基团不能产生荧光；PCR扩增时，Taq DNA聚合酶随着引物的延伸而沿着DNA模板移动，当到达探针结合的位置时，其5′→3′的外切酶活性将探针5′端报告基团切下，使荧光基团和淬灭荧光基团分离，从而发出荧光，切下的荧光分子数与PCR产物的数量呈正比，可以通过荧光光谱仪检测荧光强度。

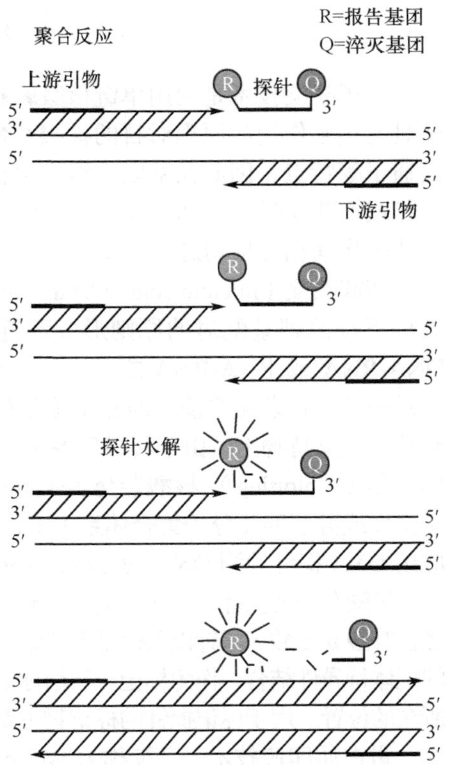

图 18-2　实时 PCR 反应的基本原理及步骤

荧光定量PCR技术自建立以来，发展迅速、应用广泛，表明其具有强大的功能和作用。由于该技术具有定量、特异、灵敏和快速等特点，因此作为目前检测目的核酸拷贝数的可靠方法，在各领域得到广泛的应用。近些年来，许多科研工作者基于荧光PCR的基本原理对荧光PCR技术进行不断深入的研究和改进，使荧光PCR技术得到了进一步的完善，并在此基础上开发出了许多新的荧光定量PCR技术。随着科技的发展，功能更强大、操作更方便的实时定量PCR仪不断推出，更特异、更灵敏的荧光标记材料的不断出现，数据分析软件的不断改进更新，使得实时定量PCR技术的应用前景更加广阔。

案例 18-1 分析讨论

1. 该实验方案可设计如下：①提取A细胞的总mRNA，以总mRNA作为模板制备总cDNA；②提取B细胞的总mRNA；③将A细胞的总cDNA与B细胞的总mRNA进行杂交，因为B细胞不表达X基因，因此只有X基因的cDNA保持单链状态；④使用羟基磷灰石可以将单链状态的X基因的cDNA与其他的cDNA分开。

2. 该实验方案中用到了PCR技术以及分子杂交技术。

3. PCR技术的应用很多：①目的基因的克隆；可以用特异引物，简并引物或随机引物从基因文库或cDNA文库中克隆基因以供研究；②可以通过设计引物引入突变，造成嵌合、缺失或点突变用于基因的突变研究；③用胎儿羊膜细胞、羊水或母血可检测胎儿的遗传病；④对于难以培养的病毒、细菌和原虫，可以用PCR或RT-PCR的方法检测微生物的核酸来鉴定；⑤提取头发、细胞等可以取得个体特征性图谱，用以进行DNA指纹分析、亲子鉴定及法医物证等。

第二节　分子杂交与印迹技术

案例 18-2

一个人类疾病基因被定位在7号染色体一段140kb的区域内，并已分离到该染色体区域段的克隆，但是并不知道该基因定位在区域的哪一个位置。

问题：

1. 可用什么方法找到该基因？
2. 什么是分子杂交技术？

一、分子杂交与印迹技术的原理

分子杂交技术是利用单链核酸碱基可以互补配对、抗原与抗体、受体与配体、蛋白与其他分子具有相互作用的原理对目的核酸及蛋白质进行检测的方法。由于其具有高特异性、高灵敏度、高通量等特点，因此在基因重组、生物印迹示踪、生物芯片等领域得到广泛应用。分子杂交可在液相或固相中进行，如在印迹技术中通常应用硝酸纤维素膜或尼龙膜，而生物芯片则应用玻片、硅片等作固相支持物进行杂交。

核酸杂交（nucleic acid hybridization）是指具有一定互补序列的不同来源的核苷酸单链在一定条件下按照碱基配对的原则形成双链的过程。核酸分子杂交可以在 DNA-DNA 之间，也可在 DNA-RNA 或 RNA-RNA 之间进行，只要它们之间存在同源序列，就可以进行碱基配对形成杂交双链分子。在杂交之前，通常用琼脂糖凝胶先分离待测的 DNA 分子，再将分离的 DNA 片段转移到特定的支持物上。由于转移后各个 DNA 片段在膜上的相对位置与在凝胶中的相对位置一样，故称为印迹（blotting）。核酸杂交多采用硝酸纤维素膜、尼龙膜作固相支持物，利用标记的探针，从分子文库或分子群（分子集合体系）中，筛选出能够与探针特异性结合的分子。Southern 印迹技术是应用 DNA 探针检测 DNA 的方法，Northern 印迹技术是应用 DNA 探针检测特异 mRNA 的方法。

核酸杂交的探针（probe）是指能够与靶分子核酸按碱基互补原则特异性相互作用的一段已知序列的寡核苷酸或核酸。探针以共价键形式结合能够产生强烈信号的基团、原子，或能够与一些产生强烈信号的配体特异性结合，作为标记。利用标记物的特定性质，来跟踪检测探针的位置，从而确定核酸靶分子所在的位置。用于标记探针的标记物主要有：同位素（如 ^{32}p、^{35}S）、荧光基团、生物素、地高辛等。

蛋白质印迹技术，又被称为 Western 印迹技术，是根据蛋白质分子之间存在相互作用的特点，将蛋白质电泳分离，然后将其转移和固定于固体支持物（NC 膜或其他膜）上，再用相应的蛋白质分子对其进行检测。最常用的蛋白质是抗体，因此被称作是免疫印迹（immunoblotting）技术。蛋白质印迹技术的原理与 Southern 印迹和 Northern 印迹类似，首先用聚丙烯酰胺凝胶电泳将蛋白质按分子量大小分开，再将蛋白质转移到 NC 膜或其他膜上，但其转移的方式只有靠电泳才能完成。蛋白质的检测主要靠抗体来进行。通常要用两种抗体，第一种抗体是特异性抗体（称为第一抗体），与膜上相应的蛋白质结合，第二种抗体是能与第一种抗体结合的抗体，用碱性磷酸酶、辣根过氧化物酶或放射性核素标记。反应之后用底物显色、化学发光剂或放射性自显影检测蛋白区带的信号。Western 印迹技术主要用于检测样品中特异蛋白质的存在和表达情况。

在组织或细胞水平，使用标记探针与细胞内 DNA 或 RNA 杂交的方法称为菌落原位杂交。生物芯片是生命科学领域中迅速发展起来的一项高新技术，该方法通过微加工技术和微电子技术，在固体芯片表面构建微型生物化学分析系统，以实现对细胞、蛋白质、DNA 以及其他生物组分的准确、快速、大信息量的检测。从本质上讲，生物芯片与 Southern 印迹、Northern 印迹和 Western 印迹等分子杂交原理相同，只是将许多探针同时固定在同一芯片上，因此在平行的实验条件下，可同时完成多种不同分子的检测。

二、常用的分子杂交与印迹技术

（一）Southern 印迹

Southern 印迹（Southern blotting）是 1975 年由 Edwin M. Southern 创建的，现已成为进行基因组 DNA 特异序列定位、检测目标 DNA 的通用方法。该方法通过核酸限制性内切酶降解样品中 DNA，再经凝胶电泳分离，将分离后的 DNA 片段从凝胶转移到吸附薄膜上并固定，随后用标记的探针进行杂交，以检测目的 DNA。

Southern 印迹包括下列步骤：①将 DNA 样品经核酸限制性内切酶降解后，进行琼脂糖凝胶或聚丙烯酰胺凝胶电泳分离，电泳后的凝胶浸泡在碱液（NaOH）中使 DNA 变性；②将变性 DNA 转移到硝酸纤维素膜或尼龙膜上，80℃烤 4～6 小时（或用红外线），使 DNA 牢固地吸附在固相膜上；③预杂交固相膜，封闭固相膜对 DNA 探针的非特异性吸附；④与放射性同位素或生物素标记的 DNA 探针进行杂交，杂交需在较高的盐浓度及适当的温度（一般 68℃）下进行几小时或几十小时；⑤通过洗涤，除去未杂交的 DNA 探针，将固相膜烘干后进行放射自显影或酶促反应显色，从而检测或定位特定的 DNA 分子（图 18-3）。

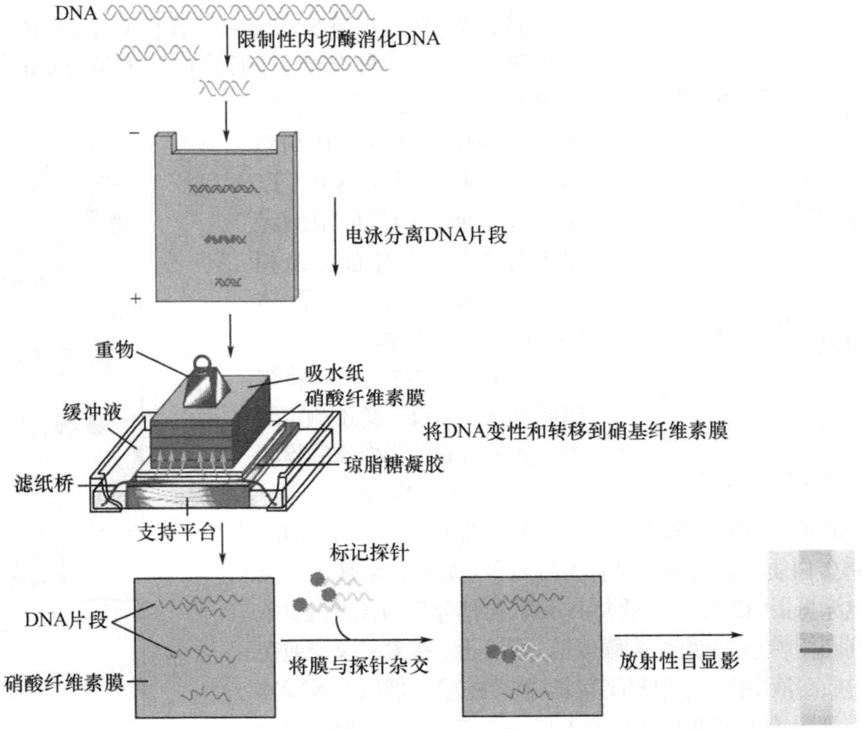

图 18-3　Southern 印迹的实验步骤

Southern 印迹能否检出杂交信号取决于很多因素，包括目的 DNA 在总 DNA 中所占的比例、探针的大小和比活性、转移到固相膜上的 DNA 量以及探针与目的 DNA 间的碱基配对情况等。在最佳条件下，放射自显影曝光数天后，Southern 印迹能很灵敏地检测出低于 0.1pg 用 ^{32}p 标记的高比活性探针的互补 DNA。如果将 10μg 基因组 DNA 转移到固相膜上，并与长度为几百个核苷酸的探针杂交，曝光过夜，可检测出哺乳动物基因组中 1 kb 大小的单拷贝序列。

（二）Northern 印迹

Northern 印迹（Northern blotting）是应用 DNA 探针检测特异 mRNA 的一种杂交技术，由 JamesAlwine 于 1997 年建立，后经 Patricia S. Thomas 等改进，主要用于分析基因的转录或 mRNA 分子的大小。其方法类似于 Southern 印迹，为了与 Southern 印迹对应，故称为 Northern 印迹。Northern 印迹中的 RNA 膜转移与 Southern 印迹中的 DNA 膜转移方法类似，只是在处理样品时用甲基氢氧化银、乙二醛或甲醛使 RNA 变性，而不是用 NaOH，因为 NaOH 会水解 RNA 的 2′-羟基。RNA 变性后有利于其在膜转移过程中与硝酸纤维素膜结合，它同样可在高盐浓度下进行膜转移，但在烘烤前与膜结合得并不牢固，所以在转印后用低盐缓冲液洗脱。为了不影响 RNA 与硝酸纤维素膜的结合，通常在凝胶中不加入溴乙锭。通过在同一块胶上加载分子量标记物一同电泳，可以测定目标片段大

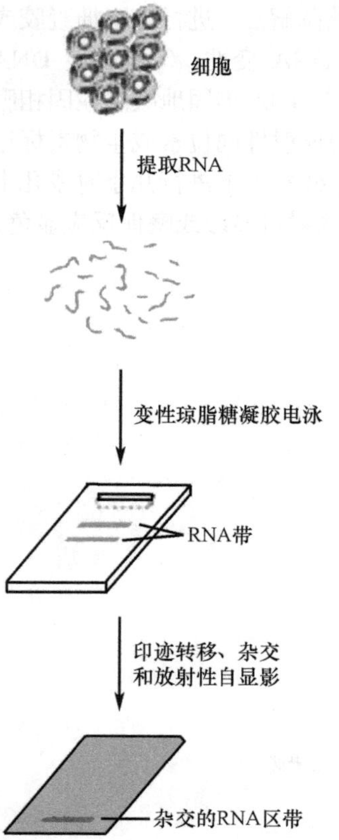

图 18-4 Northern 印迹的实验步骤

小。通常电泳后将加载标记物泳道的凝胶切下、上色、照相。标记物胶上色的方法是在暗室中将其浸在含 5μg/ml 溴乙锭的 0.1mol/L 醋酸铵溶液中 10 分钟，然后在紫外光下成像。Northern 印迹过程所有操作均应严格避免 RNase 的污染（图 18-4）。

（三）Western 印迹

Western 印迹（Western blotting）又称蛋白质印迹，是分子生物学、生物化学、分子遗传学中常用于目的蛋白质定量检测的实验方法，其过程与 Southern 印迹相似，Neal Burnette 于 1981 年所著的《分析生物化学》中首次称其为 Western 印迹。Western 印迹是将聚丙烯酰胺凝胶电泳分离的蛋白区带转移到硝酸纤维素膜或尼龙膜上，以免疫反应或亲和反应检测经电泳分离的样品中能与亲和反应或免疫反应的标记配体特异结合的蛋白区带。

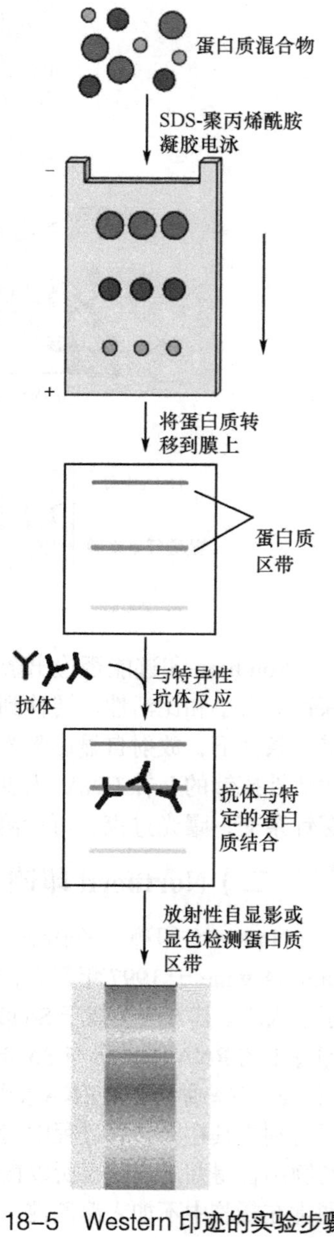

图 18-5 Western 印迹的实验步骤

Western 印迹是一种将蛋白质电泳、印迹、免疫测定融为一体的特异性蛋白质的检测方法。其步骤（图 18-5）是：先从生物细胞中提取总蛋白或目的蛋白，将蛋白质样品溶解于含有去污剂和还原剂的溶液中，经 SDS-PAGE 电泳将蛋白质按分子量大小分离，再把分离的各蛋白质条带原位转移到固相膜（硝酸纤维素膜或尼龙膜）上，接着将膜浸泡在高浓度的蛋白质溶液中温育，以封闭其非特异性位点。然后加入特异抗体（一抗），膜上的目的蛋白（抗原）与一抗结合后，再加入能与一抗专一性结合的带标记的二抗（通常一抗用兔源的抗体时，二抗常用羊抗兔免疫球蛋白抗体），最后通过二抗上标记物（一般为辣根过氧化物酶或碱性磷酸酶）的特异性反应进行检测。根据检测结果可得知被检生物细胞内目的蛋白的表达与否、表达量及分子量等情况。Western 印迹方法灵敏度高，可检测 1ng 抗原蛋白。

（四）原位杂交

原位杂交（*in situ* hybridization）是以特异性标记探针与细菌、细胞或组织内的 DNA 或 RNA 杂交的方法。在杂交过程中不需要改变核酸所在的位置。

1. 菌落原位杂交 该方法将平板培养基上菌落或噬菌斑影印在硝酸纤维素膜或尼龙膜上，将影印后的膜用 NaOH 处理，这样不仅可以使微生物裂解，同时可使核酸变性而吸附在膜上，然后用无关的其他核酸处理膜，该过程称为预杂交，这样可以封闭膜对标记探针的非特异性吸附，降低背景噪音。封闭后的膜与标记探针在缓冲溶液中杂交，洗涤除去未结合的探针，干燥后经放射自显影确定阳性菌落或噬菌斑，再从主平板回收阳性菌落或噬菌斑。这种方法快速准确，适用于大量重组体筛选，常用来从基因组文库或 cDNA 文库中筛选目的基因。

2. 细胞或组织原位杂交 该方法利用标记探针在细胞或组织切片内，检测 DNA 或 RNA，基本步骤包括细胞或组织切片固定、经适当方法增加通透性以便于探针进入、预杂交、杂交和洗涤等一系列步骤以及放射自显影或免疫酶法显色，以显示杂交结果。该技术常用于检测基因在细胞或组织内的表达与定位以及基因在染色体上的定位。

案例 18-2 分析讨论

1. 将 140kb 的克隆片段分成一系列更小的片段，以每一个片段作为探针对其他哺乳动物的 DNA 进行印迹实验，种间保守的片段将出现信号，这些片段可能编码外显子。用外显子片段作为 Southern 印迹实验的探针来检测带病患者的 DNA，通常遗传性疾病都是因为某些基因内的 DNA 发生了变化所致。如果患者的 DNA 与对照 DNA 的某一片段有着不同的杂交类型，那么这一片段很可能与疾病有关。从患者和正常对照组中分离 RNA，用这一片段作为探针进行 Northern 杂交，如果患者和对照组的 RNA 总量不同，则这一片段很可能包括致病的基因。

2. 分子杂交技术是利用单链核酸碱基可以互补配对，抗原与抗体、受体与配体、蛋白与其他分子具有相互作用的原理来对目的核酸及蛋白质进行检测的方法。

第三节 生物大分子相互作用研究技术

蛋白质和核酸是构成生命体最为重要的两类生物大分子。蛋白质与核酸的相互作用是分子生物学研究的中心问题之一，它是许多生命活动的重要环节。随着人类基因组计划的完成，大量基因被发现和定位，基因的功能问题将成为今后研究的热点。大多数基因的最终表达产物是蛋白质，因此要认识基因的功能，必然要研究基因所表达的蛋白质。蛋白质的功能往往体现在与其他蛋白质及（或）核酸的相互作用之中。细胞各种重要的生理过程，包括信号的转导、细胞对外界环境及内环境变化的反应等，都是以蛋白质与其他物质的相互作用为纽带。所以，近年来，蛋白质与蛋白质或蛋白质与核酸之间的相互作用的研究逐渐得到重视。

一、蛋白质相互作用研究技术

蛋白质是各种生物学功能执行者，蛋白质与蛋白质之间的相互作用是细胞生命活动的基础和特征。几乎所有的生命活动都离不开蛋白质分子之间的相互作用。研究细胞内蛋白质分子之间相互作用的机制及蛋白质相互作用网络，将有助于理解生命活动的分子机制。目前常用的研究蛋白质相互作用的技术包括酵母双杂交系统、各种亲和分析（亲和色谱、免疫共沉淀等）、噬菌体展示、生物传感芯片质谱、定点诱变等。

（一）酵母双杂交系统

酵母双杂交系统（yeast two-hybrid system）是由 Stanley Field 等于 1989 年提出，是在酿酒酵母（*Saccharomyces cerevisiae*）中研究蛋白质间相互作用的一种非常有效的手段。其作用原理与酵母转录因子 GAL4 分子的结构和功能特点密切相关。GAL4 包括两个彼此分离但功能互补的结构域，一个是位于 N 端 1～174 位氨基酸残基区段的 DNA 结合域（DNA binding domain，DNA-BD），另一个是位于 C 端 768～881 位氨基酸残基区段的转录激活域（activation domain，AD）。DNA-BD 能够识别 GAL4 效应基因的上游激活序列（upstream activating sequence，UAS）并与之结合。而 AD 则是通过与转录机器（transcription machinery）中的其他成分之间的结合作用，从而启动 UAS 下游基因的转录。如果 DNA-BD 和 AD 分开，两者均不能激活下游基因的转录反应，但是当二者在空间上充分接近时，就可以呈现完整的CAL4转录因子活性并可激活UAS下游启动子，使启动子下游基因得到转录。因此，将DNA-BD与已知的诱饵蛋白质X（Bait）融合，构建BD-X质粒载体；将AD基因与cDNA文库、基因片段或基因突变体（以Y表示）融合，形成猎物（prey）或靶蛋白（target protein）基因，构建AD-Y质粒载体。在GAL4上游启动激活序列的下游融合有特定的报告基因，报告基因的产物可以是一些特殊的酶（如β-半乳糖苷酶，*LacZ*）或报告基因的产物（如His、Leu、Trp等）。当两种融合基因的质粒载体同时转化酵母细胞时，如果表达的蛋白质X和蛋白质Y发生相互作用，则导致了BD与AD在空间上的接近，从而激活UAS下游报告基因的表达。通过观察报告基因的表达可以筛选出与诱饵蛋白X相互作用的阳性菌落，从而判断蛋白质X与蛋白质Y之间是否存在相互作用（图18-6）。

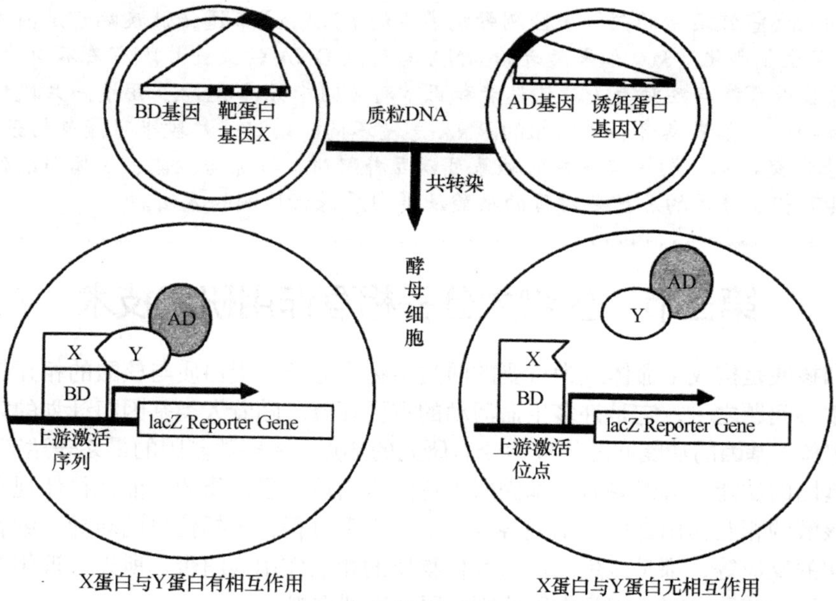

图18-6 使用酵母双杂交技术分析蛋白质相互作用

酵母双杂交系统建立以来，已广泛应用于蛋白质之间的相互作用、筛选和发现新的蛋白质、筛选药物的作用位点以及绘制蛋白质相互作用网络图谱等方面的研究。

（二）噬菌体展示技术

噬菌体展示（phage display）技术是将外源蛋白或多肽与噬菌体外壳蛋白融合并呈现于噬菌体表面的技术。将编码外源肽或蛋白的DNA片段与噬菌体表面蛋白的编码基因融合后，以融合蛋白的形式出现在噬菌体的表面，被展示的多肽或蛋白质可保持相对的空间结构和生物活性，而不影响重组噬菌体对宿主菌的感染能力。通过与特定的靶标反应（如抗体、受体、配基、核酸，以及某些碳水化合物等），可以使展示特定蛋白的噬菌体从表达有各种外源性蛋白的噬菌体肽库中筛选出来，再通过感染大肠埃希菌进行噬菌体扩增，然后进行序列测定，可获得相应外源肽或蛋白的结构和功能信息。该技术的特点是实现了表型与基因型的统一，是一种高通量筛选功能性多肽或蛋白质的分子生物学技术。因此，噬菌体展示技术在抗原表位分析、分子间相互识别、新型疫苗及药物的开发研究等方面有广泛的应用前景。

（三）蛋白质工程中的定点诱变技术

基因定点诱变是一种蛋白质工程技术。其基本原理是在编码蛋白质基因的特定位置引入碱基替代、产生小的碱基缺失或插入，使其编码的蛋白质的一级结构发生改变。目前常用的定点诱变的方法是 PCR 诱变。其基本过程是：在合成 PCR 引物时，除了在定点诱变的位置引入相应的突变（点突变、小片段插入或缺失）外，其余序列与模板完全配对，PCR 扩增后，在 PCR 产物中引入特定的突变，将 PCR 产物克隆并表达，可获得定点突变的蛋白质。通过定点诱变，可以比较正常蛋白质和突变蛋白质的功能，鉴定蛋白质分子中特定位置的氨基酸残基在维持蛋白质结构与功能中的作用，也可以筛查能够改善蛋白质功能的突变。因此，定点诱变技术可用于蛋白质的相互作用研究、蛋白质药物及疫苗的筛选等。

（四）等离子共振技术

表面等离子共振技术（surface plasmon resonance，SPR）已成为蛋白质相互作用研究中的新手段。它的原理是利用一种纳米级的薄膜吸附上“诱饵蛋白”，当待测蛋白与诱饵蛋白结合后，薄膜的共振性质会发生改变，通过检测便可知这两种蛋白的结合情况。SPR 技术的优点是不需标记物或染料，反应过程可实时监控。测定快速且安全，还可用于检测蛋白与核酸之间及其他生物大分子之间的相互作用。

（五）荧光能量转移技术

荧光共振能量转移（fluorescence resonance energy transfer，FRET）是较早发展起来的一门技术，现已广泛用于分子间的距离及其相互作用研究。该技术与荧光显微镜结合，可定量获取有关生物活体内蛋白质、脂类、DNA 和 RNA 的时空信息。FRET 是距离很近的两个荧光分子间产生的一种能量转移，当供体荧光分子的发射光谱与受体荧光分子的吸收光谱重叠，并且两个分子的距离在 10nm 范围以内时，就会发生一种非放射性的能量转移，即 FRET 现象，使得供体的荧光强度比它单独存在时要低的多（荧光猝灭），而受体发射的荧光却大大增强（敏化荧光）。FRET 荧光显微镜可以实时测量活体细胞内分子的动态性质，它是一种定量测量 FRET 效率以及供体与受体间距离的简单方法，仅需使用一组滤光片和测量一个比值，利用供体和受体的发射谱消除光谱间的干扰，即可简单快速测量 FRET 的效率和供体与受体间的距离，尤其适用于基于 GFP（绿色荧光蛋白）的供体受体对。目前 FRET 已经成为检测活体中生物大分子间纳米级距离变化的有力工具，在生物大分子相互作用分析、细胞生理研究、免疫分析等方面有着广泛的应用。

（六）抗体与蛋白质阵列技术

蛋白质芯片技术的出现给蛋白质组学研究带来了新的思路。蛋白质组学研究中的一个主要内容就是研究在不同生理状态下蛋白质的变化，因而，微型化、集成化、高通量化的抗体芯片就是一个非常好的研究工具，抗体芯片技术发展迅速并且日益成熟，有些抗体芯片已经应用于临床，如肿瘤标志物抗体芯片等。

（七）免疫共沉淀技术

免疫共沉淀（co-immunoprecipitation，Co-IP）是以抗体和抗原之间的专一性作用为基础，研究蛋白质相互作用的经典方法，也是确定两种蛋白质在完整细胞内生理性相互作用的有效方法。其原理为：当细胞在非变性条件下被裂解时，完整细胞内存在的许多蛋白质–蛋白质间的相互作用被保留了下来。当用预先固化在琼脂糖微球上的蛋白质 A 的抗体免疫沉淀 A 蛋白，那么与 A 蛋白在体内结合的蛋白质 B 也能一起沉淀下来。再通过蛋白变性分离，对 B 蛋白进行检测，进而证明两者间的相互作用。这种方法得到的目的蛋白是在细胞内与靶蛋白天然结合的，符合体内实际情况，得到的结果可信度高。Co-IP 常用于测定两种目标蛋白质是否在体内结合，也可用于确定一种特定蛋白质的新的作用搭档。该方法的优点是可以避免人为的影响并可分离得到天然状态的相互作用蛋白复合物；缺点是灵敏度低于亲和色谱，可能检测不到低亲和力及瞬间的蛋白质-蛋白质相互作用，并需要在实验前准确预测目的蛋白以选择最后检测的抗体，一旦预测不正确就无法得到实验结果，因此具有一定的风险性。

（八）pull-down 技术

Pull-down 技术即拉下实验，又称为蛋白质体外结合实验（binding assay *in vitro*），是一种在试管中检测蛋白质之间相互作用的方法。此方法简单易行，操作方便，近年来越来越受到广大学者的青睐。其基本原理是将靶蛋白-GST 融合蛋白亲和固化在谷胱甘肽亲和树脂上，作为与目的蛋白亲和的支撑物，充当一种“诱饵蛋白”，然后将目的蛋白溶液过柱，即可捕获与之相互作用的“捕获蛋白”（目的蛋白），洗脱结合物后通过 SDS-PAGE 电泳分析，从而证实两种蛋白间的相互作用或筛选相应的目的蛋白。“诱饵蛋白”和“捕获蛋白”均可通过细胞裂解物、纯化的蛋白、表达系统以及体外转录翻译系统等方法获得。

二、蛋白质与核酸相互作用研究技术

基因表达的调控是细胞对外部或内部的刺激发生应答的方式，其涉及基因组 DNA 和一系列结合蛋白的相互作用。不同生理条件下特异性的基因转录调控常常依赖于不同的反式作用因子与顺式作用元件的特异性结合。研究蛋白质与 DNA 的相互作用将有助于阐明基因表达调控的机制。研究蛋白质与 DNA 之间相互作用的主要方法包括电泳迁移率变动分析、酵母单杂交技术、染色质免疫沉淀技术、DNase Ⅰ足迹试验等。

（一）电泳迁移率变动分析

电泳迁移率变动分析（electrophoretic mobility shift assay，EMSA），也称为凝胶阻滞分析（gel retardation assay），是一种在体外研究核酸序列和蛋白质相互作用的技术。这一技术最初用于研究 DNA 序列与蛋白质之间的相互作用，目前也可用于研究 RNA 序列和蛋白质的相互作用。其原理是将纯化的蛋白或细胞粗提液与 ^{32}P 放射性核素标记的 DNA 或 RNA 探针一起保温，然后在非变性的聚丙烯酰胺凝胶上电泳分离，如果探针与目的蛋白结合，则 DNA-蛋白质复合物或 RNA-蛋白质复合物的移动比非结合的探针移动慢。探针与目的蛋白结合反应的特异性可以通过过量的冷探针竞争性结合反应来确定，从而在体外证实靶 DNA 能与相应的目的蛋白结合。EMSA 通常用于研究和寻找具有调控作用的顺式作用元件以及与顺式作用元件相结合的蛋白质氨基酸序列或结构域。

（二）酵母单杂交技术

酵母单杂交（yeast one hybrid）技术是 1993 年创立的，是由酵母双杂交技术发展而来的体外分析 DNA 与细胞内蛋白质相互作用的一种方法。真核生物基因的转录起始需转录因子参与，转录因子通常含有一个 DNA 结合结构域以及一个或多个与其他调控蛋白相互作用的转录激活结构域。酵母转录因子 GAL4 蛋白含有一个 DNA 结合结构域和一个转录激活结构域。前者可结合酵母半乳糖苷酶的上游激活位点（UAS），后者可与 RNA 聚合酶或转录因子相互作用，提高 RNA 聚合酶的活性。在这一过程中，GAL4 蛋白的 DNA 结合结构域和转录激活结构域可完全独立地发挥作用。因此，可将 GAL4 的 DNA 结合结构域置换为转录因子编码基因，构建 cDNA 文库与酵母 GAL4 转录激活结构域融合表达的 cDNA 文库。同时构建含有目的基因和下游报告基因的报告质粒。在实验中，首先将报告质粒整合入酵母基因组，产生带有目的基因的酵母报告株，再将文库质粒转化入酵母报告株中。如果表达的文库蛋白与目的基因具有相互作用，可使报告基因表达，从而将文库蛋白的基因筛选出来。酵母单杂交技术主要用于筛选与 DNA 结合的蛋白质，分析 DNA 结合结构域，鉴别 DNA 结合位点以及发现潜在的结合蛋白基因。

（三）染色质免疫沉淀技术

染色质免疫沉淀（chromotin immunoprecipitation，ChIP）技术是一种研究体内 DNA 和蛋白质相互作用的方法。其原理是在活细胞状态下把细胞内的 DNA 与蛋白质交联在一起，并将其随机切断为一定长度范围内的染色质小片段，然后利用目的蛋白质的特异抗体通过抗原抗体反应形成 DNA-蛋白质抗体复合体，使与目的蛋白结合的 DNA 片段被沉淀下来，特异性地富集目的蛋白结合的 DNA 片段，最后将蛋白质与 DNA 解偶联，通过对目的 DNA 片段的纯化与检测，获得蛋白质与 DNA 相互作用的信息。ChIP 能准确、完整地反映结合在 DNA 序列上的转录调控蛋白，主要用于鉴定与体内转录调控因子结合的特异性核苷酸序列或鉴定与特异性核苷酸序列结合的蛋白质，已成为研究染色质水平基因表达调控的一种有效的方法。

（四）ChIP-on-chip

ChIP-on-chip（chromatin immunoprecipitation based on microarray）是一种全基因组范围内的定位分析技术，建立于染色质免疫沉淀和芯片技术的联合运用之上。用于分析细胞中 DNA 结合蛋白的特异结合位点，包括启动子、增强子、抑制子、沉默子、绝缘子、边界元件，以及 DNA 复制的调控序列的鉴定，整体研究生物体发育和病变过程中的复杂信息网络，是一个绘制基因组功能元件作用网络的技术平台。

第四节　生物芯片技术

生物芯片（biochip）是将核酸、多肽或蛋白质分子、组织切片和细胞等制成探针，以预先设计的方式有序地、高密度地排列在玻片或硅片等载体上，构成二维分子阵列，然后与待测生物样品靶分子杂交，通过检测杂交信号实现快速、高效、高通量样品检测。因该技术常用玻片或硅片等材料作为固相支持物，且在制备过程中模拟计算机芯片的制备技术，所以称之为生物芯片。生物芯片集微电子、微机械、化学、物理、计算机等技术于一体，是分子生物学技术与其他学科相互交叉和渗透的产物，具有高信息量、快速、微型化、自动化、成本低、污染少、用途广等特点，能够在很短的时间内分析大量的生物分子，使人们能够快速准确地获取样品中的生物信息。因此，生物芯片技术将引起继大规模集成电路之后的又一次具有深远意义的科学技术革命。

生物芯片技术已广泛应用于分子生物学、疾病预防、诊断和治疗、新药开发等诸多领域，并促进现代医学从系统、组织和细胞层次向 DNA、RNA、蛋白质及其相互作用层次过渡。生物芯片技术在药物研究与开发领域也有广泛应用，可用于药物作用靶点发现、药物作用机制研究、高通量药物筛选、毒理学研究、药物基因组学研究以及药物分析等药物研发的各个环节。

目前常见的生物芯片分为三类：第一类为微阵列芯片（microarray chip），包括基因芯片（gene chip）、蛋白质芯片（protein chip）、细胞芯片（cell chip）和组织芯片（tissue chip）；第二类为微流控芯片（microfluidic chip），包括各类样品制备芯片、毛细管电泳芯片和色谱芯片等；第三类为以生物芯片为基础的集成化分析系统或称芯片实验室（lab-on-chip）。本节主要介绍基因芯片与蛋白质芯片。

一、基因芯片

（一）基因芯片的定义及原理

基因芯片又称为 DNA 芯片（DNA chip）、DNA 微阵列，是在多聚赖氨酸包被的硅胶上，将 DNA 以大规模阵列的形式排列，可与目的分子相互作用，构成反应的固相表面，在激发光的顺序激发下，标记的荧光基团根据其实际反应情况，分别显示出不同的荧光发射谱征，利用相机或激光共聚焦显微镜，根据收集的波长及波幅的特征信号，由计算机分析相互作用的结果。目前成熟的基因芯片是把无数已知的 cDNA 或预先设计好的寡核苷酸在芯片上做点阵，形成高密度的探针点阵，再与待分析样品中的同源核苷酸分子杂交。

（二）基因芯片技术的制备环节

1. 芯片的制备 主要是原位合成法和直接点样法。原位合成法适用于寡核苷酸；点样法多用于大片段，有时也用于寡核苷酸。原位合成法包括光导合成法和压电合成法，其优点是反应量大、探针的密度高并且可以和其他芯片制备方法结合使用；缺点是探针的长度较短，一般为 20～50 bp。点样法包括接触式点样和非接触式点样（又称喷墨式打印）。因点样法成本高，故适用于芯片上需要同一探针或是探针是长链 DNA 的情况。

2. 样品制备与标记 从待检细胞或组织中分离出 DNA 或 RNA 后进行逆转录、PCR 扩增、末端标记等操作。标记的方法主要有荧光标记、生物素或同位素标记，现在常用荧光素标记，以提高检测的灵敏度和使用者的安全性。

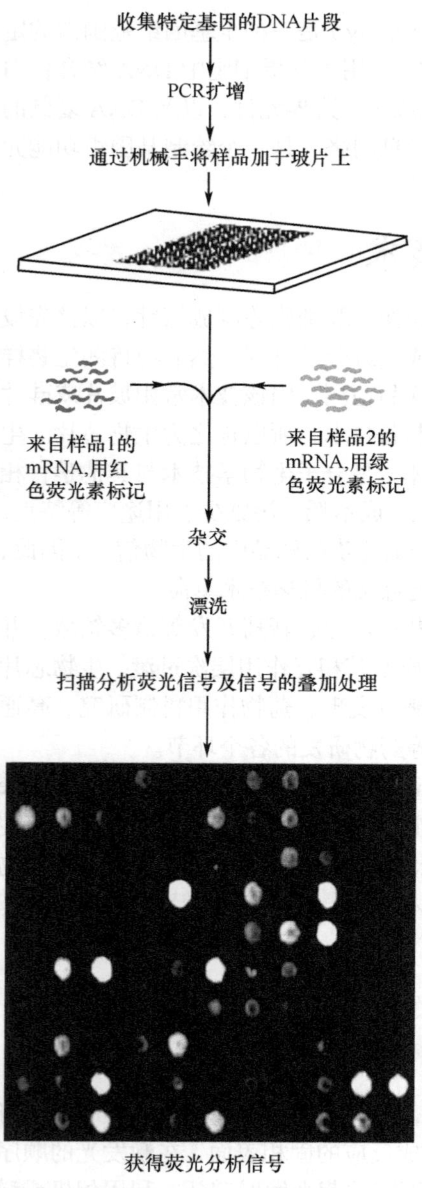

图 18-7 基因芯片检测基因表达的过程

3. 杂交反应 属于固-液相反相杂交，探针分子固定于芯片表面，与液相的靶分子进行反应。但杂交条件的选择需考虑多方面的因素，如杂交反应体系中盐浓度、探针 GC 含量和所带电荷、探针与芯片之间连接臂的长度及种类、检测基因二级结构的影响。由于基因芯片影响因素很多，所以要合理设置异种核酸平行实验、核酸质量、检测对照、封闭对照、归整化对照，以保证结果的准确性和重复性。

4. 信号检测和分析 常用的荧光标记法使用激光共聚集荧光扫描仪进行信号检测。激光共聚焦扫描仪的激光光源可产生激发不同荧光染料的光，探针与待测核酸完全正常配对时的荧光信号强度是具有单个或 2 个错配碱基探针的 5～35 倍，而且荧光信号的强度还与样品中靶分子的含量呈一定的线性关系。新发展的纳米银标记，通过银放大后可直接用肉眼观察，具有非常好的灵敏度（超过荧光标记法 100 倍）和特异性（图 18-7）。

基因芯片技术的出现使综合、系统分析某些生命现象成为可能。它可以同时进行许多基因的检测，彻底改变了传统的分子生物学方法只能对某一个或某几个基因进行研究的局限。

二、蛋白质芯片

（一）蛋白质芯片的定义及原理

蛋白质芯片也称蛋白质微阵列（protein microarray），是将已知多肽、蛋白质固定于硅片、玻片等支持介质上，制成高密度的多肽分子或蛋白质分子的微阵列，利用抗原与抗体、受体与配体、酶与底物、蛋白质与其他小分子之间的相互作用，检测分析多肽、蛋白质的一项技术。

蛋白质芯片的检测对象包括蛋白质、酶的底物或其他小分子，因而需要对被测物质进行同位素、荧光或酶标记，然后与蛋白质芯片上的生物分子进行相互作用，由荧光标记的芯片用激光共聚焦显微镜进行扫描，由酶标记的芯片显色后用电荷耦合器件（charge coupled device，CCD）对芯片扫描。另外还有质谱法、化学发光法、同位素标记法等检测技术。

（二）蛋白质芯片的特点

传统的酵母双杂交方法、Western 印迹、酶联免疫吸附法（ELISA）等常用蛋白质检测技术存在着操作烦琐、费时费力、不能大规模并行处理样品的缺点。二维蛋白质电泳虽然能够一次性大批量处理和检测蛋白质样品，但其操作复杂，不能精确确定蛋白质的分子量，电泳分离后的蛋白质条带还需进一步的质谱测定。蛋白质芯片技术的优点主要体现在：①由于抗原与抗体微阵列芯片探针结合的特异性高、亲和力强，受其他杂质的影响较低，因此对生物样品的要求较低，可简化样品的前处理，只需对少量样本进行沉降分离和标记后，即可加于芯片上进行分析和检测。甚至可以直接利用生物材料（血样、尿液、细胞及组织等）进行分析，便于诊断，实用性强；②能够快速高通量定量分析大量的蛋白样品；③蛋白芯片使用相对简单，结果正确率较高；④相对传统的酶标 ELISA 分析，蛋白质芯片采用光敏染料标记，灵敏度高、准确性好；⑤蛋白芯片检测所需的试剂和样品少，价格低廉。

第五节　基因沉默技术

人类基因组计划的完成为研究者提供了大量的序列信息，如何利用这些序列信息阐明未知基因的功能成为后基因组时代的研究热点。基因沉默技术利用 DNA 或 RNA 分子通过 Watson-Crick 碱基配对原则与目的基因的 mRNA 互补结合，通过各种机制使其降解或抑制其编码蛋白的翻译，从而抑制特定目的基因的表达，为阐明基因的功能提供了一种有效的方法。目前，可用于抑制基因表达的基因沉默技术包括三类：反义寡核苷酸（antisense oligonucleotide，AS-ON），包括反义寡脱氧核苷酸（AS-ODN）和反义 RNA；具有催化活性的核酶（ribozymes）及脱氧核酶（deoxyribozyme，DNAzyme，Dz）；小干扰 RNA（small interfering RNA，siRNA）。

一、反义寡核苷酸、核酶与脱氧核酶

（一）反义寡核苷酸

反义寡核苷酸是人工合成的，与靶基因或 mRNA 某一区段互补的核酸片断，可以通过碱基互补原则结合于靶基因或 mRNA 上，从而封闭基因的表达。AS-ON 的作用机制与其骨架结构有关，带有负电荷的反义寡脱氧核苷酸与互补 mRNA 结合后可以激活 RNase H，后者切割 RNA-DNA 杂化双链中 mRNA 链，抑制其表达；而其他不带负电荷的 AS-ON 通过空间位阻效应发挥作用。由于寡核苷酸在生物学介质中很容易被广泛存在的核酸酶降解，为解决这一问题，许多化学修饰的核苷酸被引入到 AS-ON 中，包括磷酸骨架的改变，戊糖的修饰等等。

硫代磷酸寡核苷酸（phosphorothioate oligodeoxynucleotide，PS-ODN）是第一代 DNA 类似物的主要代表，是迄今为止人们了解最多和应用最广泛的反义寡聚核苷酸。硫代修饰的寡核苷酸主要用于反义实验中防止被核酸酶降解。近年来，许多与 DNA 或 RNA 结构类似但由完全不同的化学成分构成的 DNA、RNA 类似物也应用于反义研究中。例如肽核酸（peptide nucleic acid，PNA），将 DNA 的磷酸脱氧核糖骨架用聚酰胺键取代；锁核酸（locked nucleic acid，LNA）等。这些第三代 AS-ON 使寡核苷酸在生理条件下更加稳定，与互补 mRNA 的亲和力更高，但它们大多不能激活 RNase H。因此目前应用最广泛的 AS-ON 仍然是 PS-ODN。

（二）核酶

尽管早在 1981 年，Thomas R. Cech 等就证实了 RNA 分子可以具有催化活性，但是直到上世纪 80 年代末，研究人员鉴定出一种相对简单的核酶催化结构域——“锤头”结构，使其更容易化学合成后，核酶才真正广泛用于抑制目的基因的表达。锤头结构的核酶仅含有大约 30 个核苷酸，包括两个结构域：催化结构域和位于两侧的底物结合结构域。催化结构域在目标 RNA 的 NUH 位点处切割（其中 H 为除 G 外的任意核苷酸）。

在实际应用中，核酶同样面临着稳定性和有效位点的选择等问题。对于核酶，提高其稳定性较 AS-ON 更困难，因为对核酶进行的修饰可能引起其构象的改变，造成酶活性的降低甚至失活。通过尝试，研究者设计了几种几乎不影响核酶活性的修饰，例如化学修饰及通过改造启动子进行诱导表达或组织特异性表达，这是 AS-OD 所无法比拟的。对于核酶有效位点的选择，除了可以利用 AS-ON 的筛选方法外，研究者还通过各种方法，例如 cDNA 文库部分降解法等，构建了底物结合结构域为随机序列的核酶文库来鉴定有效的靶位点或进行新基因功能的筛查。

（三）脱氧核酶

1994 年，Gerald F. Joyce 等报道了一个人工合成的 35 bp 的多聚脱氧核糖核苷酸能够催化特定的核糖核苷酸或脱氧核糖核苷酸形成磷酸二酯键，并将这一具有催化活性的 DNA 称为脱氧核酶或 DNA 酶（DNA enzyme，DE）。1995 年，Bernard Cuenoud 等在 *Nature* 杂志报道了一个具有连接酶活性的 DNA，能够催化与它互补的两个 DNA 片断之间形成磷酸二酯键。迄今已经发现了数十种脱氧核酶，脱氧核酶的结构和催化活性已扩展到多样化，目前研究的热点及应用最多的是 Dz10～23 和 Dz8～17 两种脱氧核酶。

尽管到目前为止，还未发现自然界中存在天然的脱氧核酶，但脱氧核酶的发现仍然使人类对于酶的认识又产生了一次重大飞跃，是继核酶发现后又一次对生物催化剂知识的补充。脱氧核酶作为一种强有力的 RNA 特异性切割工具，无论是在体外作为 RNA 限制性内切酶用于 RNA 转录，还是在生物系统内作为 RNA 水平上的基因失活剂，均有很好的应用前景及应用潜力。

二、RNA 干扰

RNA 干扰（RNA interference，RNAi）是新发展的分子生物学技术，是外源和内源性双链 RNA（double-stranded RNA，dsRNA）在生物体内诱导同源靶基因的 mRNA 特异性降解，导致转录后基因沉默的技术。

（一）RNAi 的发现

RNAi 最初是在对植物和线虫的研究中发现的。20 世纪 90 年代初，Rich Jorgensen 等将紫色素合成基因导入牵牛花中，发现不但导入的基因没有表达，植物本身的色素合成基因也受到某种程度的抑制，这种现象被其称为共抑制。1995 年，Su Guo 等在利用反义 RNA 阻断线虫 *par21* 基因表达时，发现反义和正义 RNA 均能抑制该基因的表达。1998 年，Andrew Fire 和 Craig Mello 等首次在秀丽线虫的研究中发现，一些小的双链 RNA（double stranded RNA，dsRNA）分子能够高效、特异性地诱导同源 mRNA 的降解，从而关闭基因表达或使其沉默，因此将该现象称为 RNA 干扰，因其主要发生在转录后水平，故也称为序列特异性转录后基因沉默（post-transcriptional gene silencing，PTGS）。该发现发表在 *Nature* 杂志上，因在 RNA 干扰机制方面的突出贡献，他俩共同获得了 2006 年度诺贝尔生理学/医学奖。

关于RNA 干扰的研究一直在不断地进行和完善中。目前认为，主要有两类小分子RNA，即 siRNA 和微 RNA（microRNA，miRNA），均可有效引发 RNA 干扰现象。一般认为，siRNA 主要参与抵御外来病毒性核酸的侵染以及抑制转座子基因的表达，在低等和高等真核生物均有存在；miRNA 主要参与内源性基因的表达调节，目前主要发现存在于高等真核生物。现以 siRNA 为例介绍如下。

（二）RNAi 的作用机制

经典的 siRNA 介导的 RNAi 可分为两个阶段，即起始阶段和效应阶段（图 18-8）。

1. 起始阶段　病毒基因、人工转入基因、转座子等外源性基因随机整合到宿主细胞基因组内，并利用宿主细胞进行转录时，常产生一些 dsRNA。宿主细胞对这些 dsRNA 迅即产生反应，其胞质中的核酸内切酶 Dicer 将 dsRNA 切割成多个具有特定长度和结构的小片段 RNA（大约 21bp～23bp），即 siRNA。

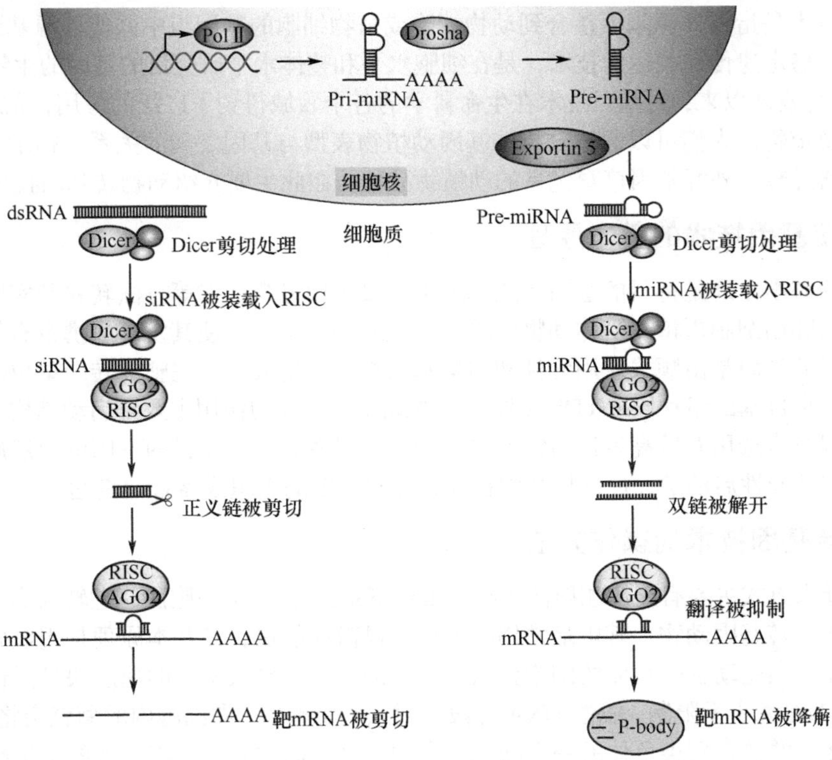

图 18-8　siRNA 和 miRNA 的作用机制

2. 效应阶段　siRNA 在细胞内 RNA 解旋酶的作用下解链成正义链和反义链，继之由反义 siRNA 再与体内一些酶（包括内切酶、外切酶、解旋酶等）结合形成 RNA 诱导的沉默复合物（RNA-induced silencing complex，RISC）。RISC 与外源性基因表达的 mRNA 的同源区进行特异性结合，RISC 具有核酸酶的功能，在结合部位切割 mRNA，切割位点即是与 siRNA 中反义链互补结合的两端。被切割后的断裂 mRNA 随即降解，从而诱发宿主细胞针对这些 mRNA 的降解反应。siRNA 不仅能引导 RISC 切割同源单链 mRNA，而且可作为引物与靶 RNA 结合并在 RNA 依赖的 RNA 聚合酶（RNA-dependent RNA polymerase，RdRP）作用下合成更多新的 dsRNA，新合成的 dsRNA 再由 Dicer 切割产生大量的次级 siRNA，从而使 RNAi 的作用进一步放大，最终将靶 mRNA 完全降解，从而引起目的基因的表达沉默。

（三）siRNA 的设计与制备

RNAi 成功的关键是 siRNA 的设计。在哺乳动物细胞 RNAi 研究中，目前常采用 Elbashir 等报道的 siRNA 设计规则，在 siRNA 的设计中，靶基因位点的选择是至关重要的。要求所设计的 siRNA 只能与靶基因具有高度同源性，而尽可能减少与其他基因的同源性。RNA 干扰技术用于细胞基因沉默成功的几个关键因素为：①目的基因序列的选择和 siRNA 的设计；②细胞系种类及细胞培养系统；③转染条件；④目的 mRNA 的量及周转率；⑤蛋白质的半衰期；⑥mRNA 蛋白质水平或表型分析的难易与准确。

目前较为常用的 siRNA 制备方法有：①化学合成；②体外转录；③RNaseⅢ消化长片段 dsRNA 制备 siRNA；④通过 siRNA 表达载体如病毒载体或者 PCR 制备 siRNA 表达框，在细胞中表达产生 siRNA。

第六节 转基因技术与基因敲除技术

一、转基因技术

转基因技术是指将外源基因整合到动物细胞或植物细胞的基因组中并使外源基因在动物细胞或植物细胞中稳定遗传和表达的技术，是在细胞水平和整体水平研究目的基因的生物技术。自 20 世纪 80 年代初发展以来，转基因技术在生命科学的各个领域得到了广泛的应用，先后培育出各种转基因动物及植物。人们可以通过分析转基因动植物表型与基因之间的关系，揭示外源基因的功能，也可以通过转入外源基因培育优良的动植物品种。在此主要介绍动物转基因技术。

（一）转基因技术的基本原理

转基因的基本原理是将目的基因（或基因组片段）用显微注射等方法转移到实验动物的受精卵或着床前的胚胎细胞再植入受体动物的输卵管（或子宫）中，使其发育成携带有外源基因的转基因动物。目的基因是由顺式作用元件和结构基因组成，构成一个完整的转录单位。目的基因中的结构基因可来自基因组片段或 cDNA 序列。顺式作用元件的作用主要是启动结构基因的转录，构建目的基因时应选用有较高表达活性的强启动子，或者直接选用目的基因的天然启动子序列，也可选择组织特异性启动子，使结构基因在动物体内特定的组织或器官中表达。

（二）转基因技术的操作方法

基因的导入方式主要有显微注射法（microinjection）、胚胎干细胞法、逆转录病毒感染法，三种方法均可产生转基因动物。其中最常用的方法是显微注射法，其基本原理是用显微注射针将外源基因直接注入实验动物受精卵的细胞核内。此法的优点是导入基因的速度快且操作简单，不需要载体，对 DNA 大小无限制。线性 DNA 片段注射入受精卵后，卵细胞内的酶就会将外源性 DNA 片段首尾相连，并整合到染色体的一个随机位点中。经显微注射后，将存活的受精卵移入假孕的母体子宫中，由此发育成带有外源基因的胚胎，从而得到转基因动物。

二、基因敲除技术

基因敲除（gene knockout）是基因打靶技术的一种，类似于基因的同源重组。即外源 DNA 与受体细胞基因组中序列相同或相近的基因发生同源重组，从而代替受体细胞基因组中的相同或相似的基因序列，整合入受体细胞的基因组中。此法可产生精确的基因突变，也可正确纠正机体的基因突变。

（一）基因敲除技术的原理

为了利用胚胎干细胞（embryo stem，ES）进行基因敲除，首先在体外通过常规的分子生物学技术构建基因敲除载体，载体中的外源基因与相应的目标基因具有高度的同源性，而且已对其进行了修饰和改造。将此基因敲除载体通过电穿孔、显微注射等方法导入 ES 细胞中，有的外源基因随机整合到 ES 细胞的基因组中，而有的则与 ES 细胞基因组中序列相同或相似的目标基因发生同源重组。从中筛选出发生了同源重组的 ES 细胞，经鉴定和扩增后，通过显微注射等方法将 ES 细胞导入胚胎，再将胚胎植入假孕雌鼠的子宫内发育，产生的小鼠经过交配传代，就可以获得特定的纯合基因型子代小鼠。通过ES细胞基因的同源重组来产生基因敲除小鼠的基本原理和操作程序如图18-9所示。

（二）基因敲除技术的步骤

1. 构建基因敲除载体　为了对ES细胞进行基因敲除，首先应在体外构建一个基因敲除载体，用来和ES细胞基因组中的同源序列进行重组而使其失活。载体上除含有与ES细胞中的目标基因同源的DNA序列以外，通常还会带有选择性标记基因，一方面是为了将其插入或置换同源序列中的外显子而导致目标基因的失活，另一方面便于后续筛选和富集发生了同源重组的ES细胞。

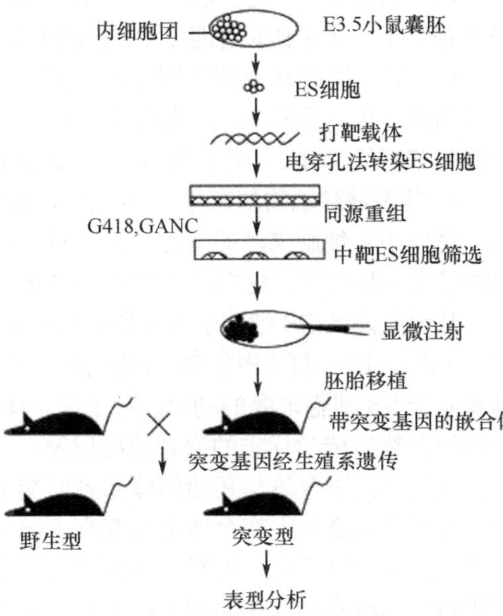

图18-9　基因敲除技术的原理

根据与ES细胞基因重组结果的不同，基因敲除载体可分为置换型载体（replacement vector）和插入型载体（insertion vector）两类。置换型载体又称为Ω型载体，载体上同源序列的一侧或两侧存在线性化位点（DNA分子的线性化有利于重组的发生），正选择性标记基因一般位于同源序列的内部。线性化后，这类载体与目标基因发生同源重组需要载体上的同源序列与ES细胞中的相应目标基因发生两次交换，这样目标基因可被载体上的同源序列及插入同源序列中的正选择性标记所取代。插入型载体又称O型载体，线性化位点位于载体同源序列的内部，而其选择性标记基因可位于同源序列内部，也可位于同源序列外侧。线性化的载体与目标基因的同源重组过程只发生一次基因交换，同源重组后整个载体整合到ES细胞基因组的相应位点上，由此在该位点产生了两个同源序列串联排列的重复序列，并导致目标基因发生插入突变。

为了提高同源重组的效率，方便后续操作并保证修饰改造后的目标基因在ES细胞导入动物体后真正丧失其功能，在设计和构建基因敲除载体时，应尽可能考虑以下方面：①在设计载体时，应尽量保证同源序列有足够的长度，一般基因敲除载体的同源序列长度在5～8kb之间；②重组位点在ES细胞基因组中的位置；③正选择性标记基因的插入方式对重组后基因的转录、剪接及翻译结果影响很大。

2. 基因敲除载体导入ES细胞　基因敲除载体在体外构建完成之后，就需要使其线性化并将线性化的载体通过一定的途径导入ES细胞，使载体与细胞内目标基因中的相应位点发生同源重组而定点整合到内源基因组中，从而得到基因敲除的ES细胞。

在将载体导人ES细胞之前，应预先通过体外培养，使ES细胞增殖，以获得足够量的细胞用于基因敲除。因而一般选用雄性的ES细胞。目前，用于基因敲除的小鼠ES细胞主要来源于129、C57BL/6和BALB/c等近交系（inbred strain，采用兄妹交配或亲子交配连续繁殖20代以上而培育出来的纯品系动物）。

基因敲除载体导入ES细胞的方法有很多，如显微注射法、电穿孔法、DNA-磷酸钙共沉淀法、DEAE葡聚糖介导法、脂质体法、病毒感染法、精子载体法等。由于各方法都有各自的优缺点，在进行基因敲除时，应根据实验的具体情况，选择合适的方法。

3. 重组细胞的筛选与鉴定　将基因敲除载体转染ES细胞后，大部分的细胞中并没有整合入外源基因，即使在整合了外源基因的ES细胞中，随机插入的发生概率也远远高于同源重组的概率。因此，在基因转染后通过合理、有效的手段，从众多的ES细胞中筛选和鉴定出发生了同源重组的ES细胞，是基因敲除中的重要步骤。

对少数的选择性标记基因进行基因敲除时，可以采用表型的改变对 ES 细胞进行筛选。但对于大多数目标基因，基因敲除的 ES 细胞无法通过表型的差异直接富集和筛选，因而必须采用其他筛选策略，诸如正负筛选法、正向筛选法等。

转染后的 ES 细胞在经过上述方法的筛选和富集之后，在选择性培养基中存活下来的有一部分仍然是发生随机重组的细胞，因此必须采用 PCR 或 Southern 杂交等方法对筛选得到的 ES 细胞克隆进行鉴定，以确认外源基因是否真正定向整合到 ES 细胞基因组的相应位点。一般，先要挑取选择性培养基中的阳性 ES 细胞克隆，并置于 96 孔板中−70℃暂存。之后，就开始分批提取 ES 细胞克隆的基因组 DNA，用于 PCR 或 Southern 杂交鉴定。

4. 基因敲除动物的产生 ES 细胞经体外遗传修饰之后重新引入动物胚胎，可以发育产生嵌合体或完全 ES 细胞来源的动物。由于同源重组一般只发生于两个等位基因中的一个，获得的动物需要经过进一步交配以建立纯合型的基因敲除动物模型，进而对其形态、生物学特性等方面进行研究。

基因敲除的 ES 细胞引入动物体胚胎的方式有多种，包括显微注射法、胚胎聚合法和核移植法等。获得了带有基因敲除 ES 细胞的胚胎后，就可以将其移植到假孕母鼠的子宫内，并发育成嵌合体或完全 ES 细胞来源的动物。对于嵌合体动物，在进行交配育种之前，需要通过检测嵌合体组织中某种天然遗传学标志的嵌合情况以及对其进行繁殖检测，以确定 ES 细胞是否真正整合入生殖系，也就是让嵌合体与胚胎供体品系回交（backcross）。确定的生殖嵌合体再与正常的近交动物交配，得到的杂合型突变个体进行互交（intercross），可以产生野生型（25%）、杂合型（50%）和纯合型（25%）的子代，再经过基因型鉴定就可以筛选得到纯合型的基因敲除动物。通过比较正常动物和基因敲除动物在表型上的差异，可以推测被敲除基因的功能。

（金 越）

思 考 题

1. 请简述 PCR 技术的基本原理及步骤。
2. 何为分子杂交技术？常用的分子杂交技术有哪些，请简要说明。
3. 什么是基因芯片技术？什么是蛋白质芯片技术？
4. 什么是 RNA 干扰技术？简述其原理。
5. 请简要说明转基因技术的基本原理及方法。

第十九章 基因工程

内容提要

基因工程技术的基本过程包括：目的基因的获得，载体分子的选择与改造、目的基因与载体的连接、重组 DNA 分子的导入和筛选与鉴定。重组 DNA 操作中涉及一些重要的工具酶，如限制性核酸内切酶、DNA 连接酶及逆转录酶等。外源目的基因要在宿主细胞中扩增、表达，必须选择适当的载体，常用的有质粒载体、噬菌体载体、人工染色体载体和病毒载体等，每种载体具有不同的特点和应用。化学合成法、PCR 或 RT-PCR 法及通过基因文库筛选法等被用来获取外源目的基因。目的基因与载体的连接方式主要有黏性末端连接、平末端连接、人工接头连接、同聚物加尾连接和 T-A 克隆等。将重组 DNA 分子导入原核细胞的过程称为转化，导入真核细胞的过程称为转染。常用的转染方法有磷酸钙转染法、电穿孔转染法、脂质体转染法及显微注射法等。重组 DNA 分子导入受体细胞经适当培养后，必须进行筛选，载体的遗传表型及限制性酶切、核酸分子杂交、PCR、免疫化学检测等可作为筛选、鉴定重组体的依据。基因工程技术的另一目标是进行目的基因的表达，获取外源蛋白质产物。表达体系有原核表达系统和真核表达系统。要实现原核表达需选择原核表达载体，表达蛋白质产物可以融合型、非融合型或分泌型形式存在，有时也会以包涵体形式存在。借助真核表达载体，通过选择适当的转染方法可进行外源基因的瞬时表达或稳定表达。基因工程的下游技术包括基因工程菌的发酵、目的蛋白的分离纯化、目的蛋白的分析鉴定三个部分。基因工程菌更适合工业生产应用，产量更高、产物更纯、成本更低。基因工程蛋白质的分离纯化是用生物工程下游技术将目的蛋白从混合物中分离纯化出来所需要的方法，是当代生物产业当中的核心技术。目的蛋白的分析鉴定主要包括电泳分析、免疫印迹鉴定、蛋白含量测定等。基因工程技术的主要应用包括：克隆目的基因表达具有生物学活性的蛋白质；利用定点突变技术研究蛋白质功能或蛋白质进行结构改造；开发基因工程药物与疫苗用于疾病治疗；利用转基因技术和基因敲除技术研究基因工程；建立基因诊断与基因治疗技术为疾病的预防、治疗提供新方法。

基因克隆（Gene Cloning）是 20 世纪 70 年代发展起来的一项具有革命性的研究技术，又称为重组 DNA 技术（recombinant DNA technology)。1973 年，Stanley N. Cohen 等成功进行了基因工程史上第一个基因克隆实验，由此建立了基因克隆的基本步骤，可概括为：分、切、接、转、筛、表。在体外将不同来源的特定基因或者 DNA 片段插入载体分子，构建重组 DNA 分子，并将重组 DNA 导入合适的受体细胞，使其在细胞中扩增和繁殖（称之为“克隆”），筛选出含有目的基因的转化子细胞，再进行扩增，获取大量同一 DNA 分子，即 DNA 克隆（DNA cloning）。实现基因克隆所采用的方法及相关的工作统称为重组 DNA 技术，又称基因工程（genetic engineering）。基因工程技术为基因的结构和功能的研究提供了有力的手段。同时基因工程又是生物工程的一个重要分支。

克隆（clone）是指从一个共同祖先无性繁殖下来的一群遗传上同一的 DNA 分子、细胞或者个体所组成的群体。克隆化（cloning）则是获取这类群体的过程。采用克隆技术，把来自不同生物的外源 DNA 插入载体分子所形成的杂合 DNA 分子，即为重组 DNA（recombinant DNA）或嵌合 DNA（chimera DNA）。

基因工程技术主要包括以下步骤（图 19-1）：①分，目的基因的分离获取和基因载体的分离；②切，限制性核酸内切酶对目的基因和基因载体进行切割；③接，在体外将带有目的基因的外源 DNA 片段连接到能够自我复制并具有选择标记的载体分子上，形成重组 DNA 分子；④转，将重组 DNA 分子导入受体细胞（即宿主细胞），并与之一起增殖；⑤筛，从细胞繁殖群体中，筛选出含重组 DNA 分子的受体细胞；⑥表，在受体菌中表达目的基因。

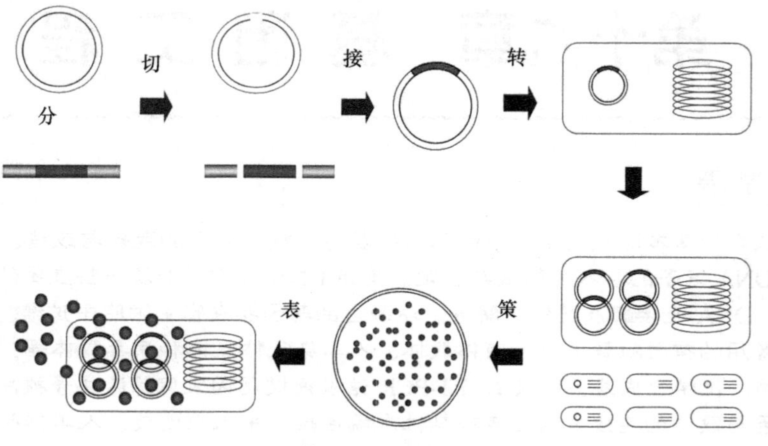

图 19-1 基因工程技术的基本步骤

第一节 基因克隆的工具酶

基因的重组与分离包含一系列相互关联的酶促反应。已知有多种重要的酶，例如，对外源 DNA 和载体分子进行特异性识别和切割的限制性核酸内切酶、将 DNA 片段与载体分子连接形成重组 DNA 分子的 DNA 连接酶、以 mRNA 为模板合成 cDNA 的逆转录酶等，都在重组 DNA 技术中有着广泛的用途。

一、限制性核酸内切酶

限制性核酸内切酶（restriction endonuclease，RE)，简称限制酶，是一类能识别双链 DNA 分子中的某些特定核苷酸序列，并由此切割 DNA 双链的核酸内切酶，主要存在于原核生物中。限制酶和甲基化酶共同构成细菌的限制修饰系统，限制外源 DNA、保护自身 DNA，对细菌遗传性状的稳定性具有重要意义。

Wemer Arber、Danien Nathans 和 Hamilton O. Smith 的研究工作奠定了限制酶作为重组 DNA 技术关键酶的基础，三人在 1978 年分享了诺贝尔生理/医学奖。

（一）限制酶的命名

限制酶的命名是根据其来源的微生物种属而确定，通常用缩略字母表示，其中第一个字母来自产生该酶的细菌“属”名，用斜体大写；第二、三个字母是该细菌的“种”名，用斜体小写；第四个字母（有时无）代表该细菌的“菌株”，用正体；如果同一微生物中有几种限制酶，则根据其发现和分离的先后顺序用罗马数字表示。例如，从流感嗜血杆菌（*Haemophilus influenzae*）Rd 株中分离的第三种酶用 *Hind*Ⅲ表示。

（二）限制酶的类型

目前已鉴定出三种不同类型的限制酶，即Ⅰ型酶、Ⅱ型酶与Ⅲ型酶，它们各自具有不同的特性。

Ⅰ型酶和Ⅲ型酶通常是相对分子质量较大、多亚基的蛋白质复合物，同时具有内切酶和甲基化酶活性。Ⅰ型限制酶从距离识别序列数千碱基处随机切割 DNA，Ⅲ型限制酶在距离识别序列约 25bp 处切割 DNA，二者在反应过程中沿着 DNA 移动，并需 Mg^{2+}、ATP 参与。与Ⅰ型、Ⅲ型限制酶不同，Ⅱ型限制酶只有一种多肽，通常以同源二聚体形式存在，核酸内切酶活性和甲基化作用是分开的。此类酶作用不需 ATP 功能，仅需 Mg^{2+}参与。由于Ⅱ型酶只具有核酸内切酶活性，而且核酸内切作用又具有序列特异性，可对靶 DNA 进行精确切割，故在重组 DNA 技术中有着特别广泛的用途，被誉为基因工程的“手术刀”。目前已在不同种属的细菌中发现数千种限制酶，在重组 DNA 技术中所说的限制酶，通常指Ⅱ型限制酶。

（三）Ⅱ型限制酶的作用特点

1. 基本特性 大部分Ⅱ型限制酶能够识别由 4～8 个核苷酸组成的特定序列，表 19-1 列出部分限制酶的识别序列。Ⅱ型酶识别的核苷酸序列具有回文结构（palindrome)，回文结构，又称反向重复序列，是指在两条核苷酸链中，从 5′→3′方向的核苷酸序列是完全一致的（图 19-2）。

表 19-1 部分限制酶的特性

名称	识别序列及切割位点	名称	识别序列及切割位点
*Bam*HⅠ	↓ * (5′) GGATCC(3′) CCTAGG * ↑	*Hind*Ⅲ	↓ (5′) AAGCTT(3′) TTCGAA ↑
*Cla*Ⅰ	↓ * (5′) ATCGAT(3′) TAGCTA * ↑	*Not*Ⅰ	↓ (5′) GCGGCCGC(3′) CGCCGGCG ↑
*Eco*RⅠ	↓ * (5′) GAATTC(3′) CTTAAG * ↑	*Pst*Ⅰ	* ↓ (5′) CTGCAG(3′) GACGTC ↑ *
*Eco*RⅤ	↓ (5′) GATATC(3′) CTATAG ↑	*Pvu*Ⅱ	↓ (5′) CAGCTG(3′) GTCGAC ↑
*Hae*Ⅲ	↓* (5′) GGCC(3′) CCGG *↑	*Tth*111Ⅰ	↓ (5′) GACNNNGTC(3′) CTGNNNCAG ↑

注：↓所指为限制酶的切割位点，* 表示能被相应的甲基化酶所修饰的碱基，N 代表任意一种碱基

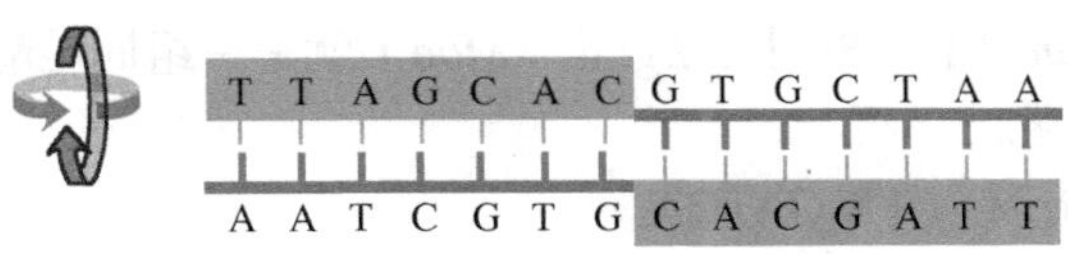

图 19–2 回文结构

Ⅱ型限制酶从其识别序列内切割 DNA 分子中的磷酸二酯键，产生 5′-P 和 3′-OH 的 DNA 片段。识别序列又称为限制酶的靶序列，不同的限制酶切割 DNA 后产生的片段末端不同。限制酶可以在两条 DNA 链上交错切割，形成带有 2～4 个未配对核苷酸的单链突出末端，称为黏性末端（sticky end）。两个不同的 DNA 分子，经同一限制酶切割所形成的黏端是相同的，经互补的碱基配对在 DNA 连接酶的作用下即形成新的重组 DNA 分子（图 19-3）。有些限制酶，如 *Pst*Ⅰ，切割 DNA 分子后产生具有 3′-OH 单链突出的黏性末端（图 19-4A）；而有些限制酶，如 *Eco*RⅠ，切割 DNA 分子后则形成具有 5′-P 单链突出的黏性末端（19-4B）。另外还有一些酶，如 *Eco*RⅤ，切割 DNA 分子形成的是没有单链突出的末端，称为平末端或钝末端（blunt end）（图 19-4C）。

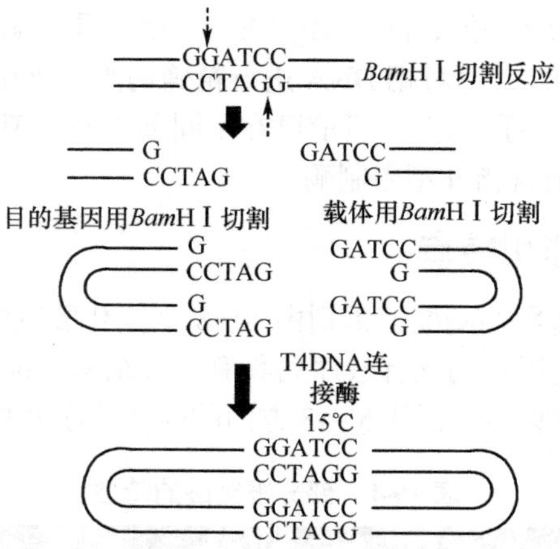

图 19–3 限制酶 *Bam*HⅠ对双链 DNA 分子的切割作用

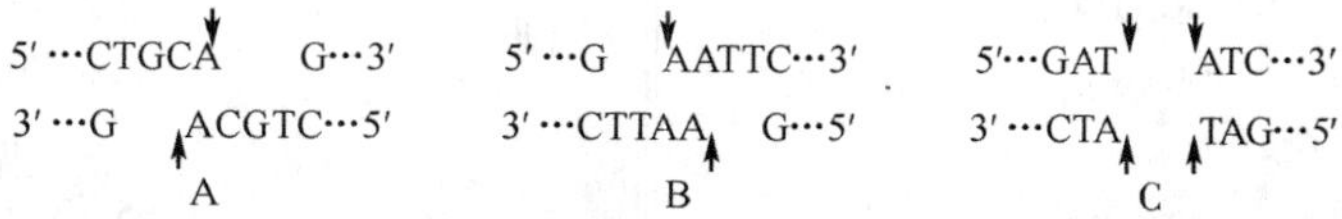

图 19–4 不同限制酶切割 DNA 分子产生的末端结构

限制酶切割 DNA 链后所产生的 DNA 片段大小，取决于限制酶特异性切割位点在 DNA 链中出现的频率，即依赖于限制酶所识别的靶序列大小。如果 DNA 的碱基组成是均一的，限制酶位点在 DNA 链上的分布是随机的，那么限制酶（*Bam*HⅠ、*Hin*dⅢ等）识别的六核苷酸序列将每隔 4^6（4096）bp 出现一次，而限制酶（如 *Hae*Ⅲ、*Mbo*Ⅰ等）所识别的四核苷酸序列将每隔 4^4（256）bp 出现一次，这样切割 DNA 链后就会产生较小的 DNA 片段。

2. 同裂酶（isoschizomer） 又称同工异源酶，指来源不同但识别序列相同的酶。该类酶切割 DNA 的位点或方式可以相同，也可以不同。例如 *Sau*3AⅠ（▼GATC)与 *Mbo*Ⅰ（▼GATC），二者的识别序列和酶切位点均相同；而 *Sam*Ⅰ（CCC▼GGG）与 *Xma*Ⅰ（C▼CCGGG)，二者的识别序列相同，但酶切位点不同。

3. 同尾酶（isocaudarmer） 指来源及识别序列各不相同，但作用后可以产生出相同黏性末端的酶。常用的限制酶 *Bam*HⅠ、*Bcl*Ⅰ、*Bgl*Ⅱ、*Mbo*Ⅰ就是一组同尾酶，它们切割 DNA 后均形成由 GATC 组成的黏性末端。

*Bam*HⅠG▼GATCC *Bcl*Ⅰ T▼GATCA

*Bgl*Ⅱ A▼GATCT *Mbo*Ⅰ ▼GATC

由同尾酶所产生的 DNA 片段，由于具有相同的黏性末端，即可通过其黏性末端之间的互补作用而彼此连接起来，因此在 DNA 重组实验中很有用处。有时同尾酶产生的末端，重组后形成的序列不能再被原来的同尾酶所识别。例如，上面的一组同尾酶中，只有 *Mbo*Ⅰ能识别并切割黏性末端重新连接后所形成的 DNA 片段，而其他三个酶却不能再识别重组后的 DNA 片段。

4. 可变酶 此类酶是Ⅱ型限制酶的特例，其识别序列中的一个或几个碱基是可变的，并且识别序列往往超过 6 个核苷酸。例如，*Bst*pⅠ识别序列为 G▼GTNACC，有 1 个可变碱基；*Bgl*Ⅰ识别序列为 GCC(N)$_4$N▼GGC，有 5 个可变碱基。

（四）限制酶的应用及影响限制酶作用的因素

1. 限制酶的应用 限制酶除作为重组 DNA 技术的关键工具酶外，还广泛应用于分子生物学研究的各个领域，包括绘制基因组 DNA 物理图谱、研究基因组 DNA 同源性、切割基因组 DNA（或 cDNA）构建基因组文库（或 cDNA 文库）、筛选鉴定重组质粒、测定基因的核苷酸序列以及研究基因突变与诊断遗传性疾病等。

2. 影响限制酶作用的因素 不同的限制酶需要不同的反应条件以获得最佳切割靶 DNA 分子的效率。影响限制酶反应的主要因素包括 DNA 的纯度、DNA 的甲基化程度、DNA 分子的结构、酶切反应的温度、酶切反应的时间以及酶切反应的缓冲体系等。

二、其他工具酶

（一）DNA 连接酶

DNA 连接酶（DNA ligase）是一类能够催化不同的 DNA 分子通过 5′端磷酸基与 3′端羟基之间形成 3′，5′-磷酸二酯键的连接反应的酶，催化过程需要消耗能量。DNA 连接酶只能封闭 DNA 链上的缺口（nick），而不能封闭裂口(gap)。前者指 DNA 某一条链上两个相邻核苷酸之间的磷酸二酯键破坏所形成的单链断裂（图 19-5A）；后者指 DNA 某一条链失去一个或数个核苷酸所形成的单链断裂（图 19-5B）。原则上不同来源的 DNA 都能进行连接形成新的重组 DNA 分子，这是 DNA 重组的基础，因此，DNA 连接酶是 DNA 重组技术中不可缺少的工具酶之一，被誉为基因工程的“缝纫针”。

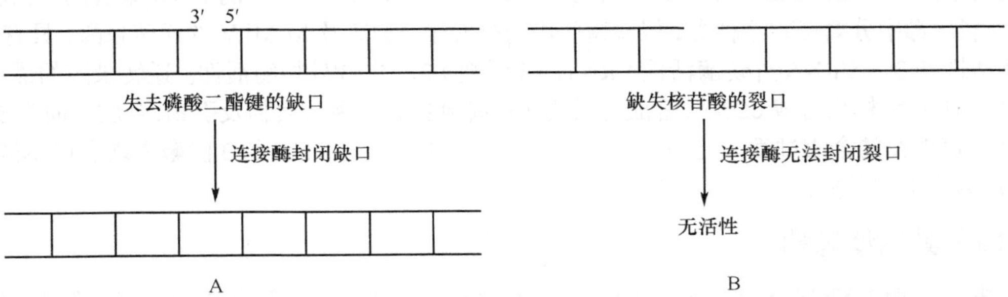

图 19-5 DNA 连接酶的活性

1. DNA 连接酶的类型 DNA 连接酶有大肠埃希氏菌 DNA 连接酶和 T4 噬菌体 DNA 连接酶两种，分别由 NAD^+和 ATP 供能。大肠埃希氏菌 DNA 连接酶由埃希菌基因 *lig*A 编码，相对分子质量为 74kDa，不能催化平末端 DNA 分子的连接，其底物只能是带缺口的双链 DNA 分子或具有互补黏性末端的 DNA 分子。T4 噬菌体 DNA 连接酶，最早从 T4 噬菌体感染的大肠埃希氏菌中发现并分离出来，由 T4 噬菌体基因 30 编码，相对分子质量为 68 kDa，能催化不同 DNA 分子的 5′-P 端与 3′-OH 之间形成磷酸二酯键，反应需要 Mg^{2+}作为辅助因子并由 ATP 功能。T4 DNA 连接酶连接的底物可以是两个双链 DNA 分子的互补黏性末端或平末端，而且该酶比较容易制备，因此在重组 DNA 技术及分子在生物学研究中有广泛的用途。

2. DNA 连接酶的应用及影响连接酶作用的因素

（1）DNA 连接酶的应用：①催化两个具有黏性末端或平末端的 DNA 片段形成磷酸二酯键，组成新的重组 DNA；②在 DNA 复制中发挥接合缺口的作用，这种单链缺口是由复制叉上的不连续复制所产生；③在 DNA 损伤修复、遗传重组及 DNA 链的剪接起缝合缺口的作用。

（2）影响 DNA 连接酶作用的因素：①DNA 连接酶对黏性末端的连接效率远高于平末端的连接效率；②温度是影响连接产物转化效率的重要参数之一，连接黏性末端的温度一般在 4～15℃；③连接酶的用量也影响连接产物的转化效率，在平末端连接反应中的酶量高于黏末端所需的酶量；④ATP 的浓度一般为 0.1～1mmol/L；⑤构建重组载体时，为提高重组效率，载体分子与外源插入片段的摩尔数比值以（1∶10）～（1∶3）为宜。

（二）DNA 聚合酶

DNA 聚合酶（DNA polymerase）催化以 DNA 为模版合成 DNA 的反应，此类酶的作用特点是能够把脱氧核糖核苷酸连续地添加到双链DNA分子引物链的3′-OH末端，催化核苷酸的聚合作用。DNA聚合酶Ⅰ、Klenow片段、Taq DNA聚合酶是DNA重组中主要使用的三种酶。

DNA聚合酶Ⅰ（DNA-*pol*Ⅰ）是由大肠埃希氏菌*pol*A基因编码的一种单链多肽，具有5′→3′聚合酶活性、5′→3′和3′→5′外切核酸酶活性，其中5′→3′聚合酶活性和5′→3′外切核酸酶活性协同作用，可催化DNA链发生缺口平移反应，制备DNA探针。DNA-*pol*Ⅰ主要参与DNA修复过程，而体内参与DNA复制过程的主要聚合酶是DNA聚合酶Ⅲ。

Klenow片段是DNA-*pol*Ⅰ经枯草杆菌蛋白酶水解得到的较大片段，具有完整的5′→3′聚合酶活性和3′→5′外切核酸酶活性。该酶的主要用途有：①填补DNA双链的3′隐蔽末端；②合成cDNA第二链；③DNA序列分析；④随机引物标记DNA链的3′末端，制备探针。

Taq DNA聚合酶是第一个被发现的耐热的依赖于DNA的DNA聚合酶，相对分子质量为65kDa，最佳反应温度70～75℃。*Taq* DNA聚合酶具有5′→3′聚合酶活性和5′→3′外切核酸酶活性，Mg^{2+}浓度对于酶活性的发挥非常重要，主要用于PCR和DNA测序反应。

（三）逆转录酶

逆转录酶（reverse transcriptase）又名反转录酶，全称是依赖RNA的DNA聚合酶，已从多种RNA肿瘤病毒中分离得到这种酶，但普遍使用的是源于AMV及M-MLV的逆转录酶，具有5′→3′聚合酶活性和3′→5′RNA外切酶活性（RNase H活性）或5′→3′外切酶活性。逆转录酶的最主要用途是以mRNA为模板合成cDNA，合成时需要4种脱氧核苷三磷酸底物及引物，合成方向为5′→3′，广泛用于cDNA的合成过程。此外，逆转录酶还可补齐和标记DNA的3′隐蔽末端、以单链DNA或RNA为模板制备探针。

（四）其他修饰酶

1. 末端脱氧核苷酸转移酶(terminal deoxynucleotidyl transferase) 简称末端转移酶，催化脱氧核苷酸逐个参入到DNA的3′-OH末端的单链DNA，或是具有3′-OH突出末端的双链DNA，在某些条件下也可以是具有3′平端或3′隐蔽端的双链DNA。该酶的主要作用是在外源DNA片段及载体分子的3′-OH加上互补的同聚物尾巴，形成人工黏性末端，便于DNA重组。也可以用于DNA片段3′-末端标记。

2. 碱性磷酯酶（alkaline phosphatase） 碱性磷酯酶能特异地切除DNA、RNA和dNTP上5′-磷酸基团。在重组DNA技术中，用碱性磷酸酶去除载体分子或DNA片段的5′-末端标记时，先用此酶去除5′-末端标记时，先用此酶去除5′-P，再用多核苷酸激酶对5′-末端进行标记。

3. 多核苷酸激酶（polynucleotide kinase） 多核苷酸激酶又称T4多核苷酸激酶，催化ATP的γ-磷酸转移到DNA或RNA的5′-OH末端。在重组DNA技术中，多核苷酸激酶可用于标记DNA的5′-末端，也可使缺失5′-P末端的DNA发生磷酸化作用。

第二节　基因克隆的载体

在基因克隆中会使用到载体作为一个运载工具，将外源DNA分子携带进入受体细胞进行扩增和表达。作为基因克隆技术的载体应具备以下条件：①具有自主复制能力，以保证携带的外源DNA可以在受体细胞内扩增。②有多个单一限制酶的酶切位点，即多克隆位点（multiple cloning sites，MCS），以利于外源DNA与载体重组。③具有一个以上的选择性遗传标记（如对抗生素的抗性、营养缺陷型、显色表型反应等），以便于重组体的筛选和鉴定。④分子质量相对较小，以容纳较大的外源DNA。⑤拷贝数较多，易与受体细胞的染色体DNA分开，便于分离提纯。⑥具有较高的遗传稳定性。

目前可满足上述要求的多种载体均为人工构建，主要有质粒载体、噬菌体载体、人工染色体载体和病毒载体等多种类型。根据用途不同分为克隆载体（cloning vector）和表达载体（expression vector）两类，前者主要用于扩增或保存插入的外源DNA片段，后者是为了转录插入的外源DNA

序列，进而翻译成多肽链。表达载体是在克隆载体的基础上衍生而来的，主要增添了与宿主细胞相适应的强启动子和表达元件，以及有利于表达产物分泌、分离或纯化的元件。根据所对应的受体细胞不同可将载体分为原核细胞载体和真核细胞载体。

一、克 隆 载 体

常用的克隆载体主要有质粒、噬菌体载体等。

（一）质粒载体

质粒（plasmid）是天然存在于细菌染色体外的、具有自我复制能力的核酸分子，相对分子质量小的为 2～3kb，大的可达数百 kb。基因工程中常用的质粒为闭合环装双链 DNA，质粒的分子结构如图 19-6。质粒具有以下特点：①具有独立的复制起点（*ori*），能利用细菌的酶系统独立进行复制，并在细胞分裂时恒定地传给子代细胞；②分子量小，拷贝数高，能在宿主细胞内稳定存在；③具有一定数量的限制性核酸内切酶识别位点（多克隆位点）；④带有一定的遗传学标志，如质粒携带的氨苄西林抗性基因（*amp*^{r}）可使宿主细胞在含有氨苄西林的培养基中存活，作为筛选标志。

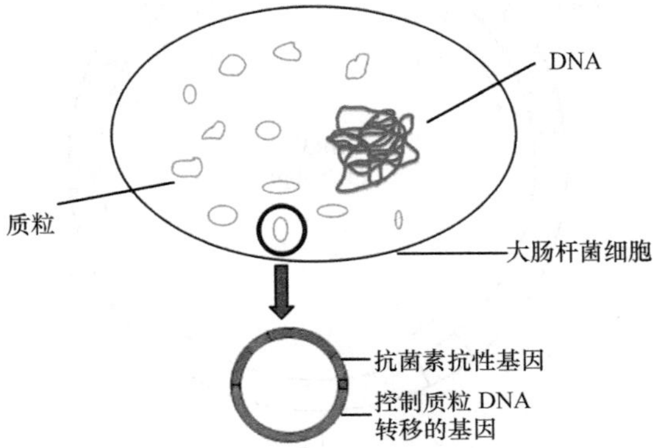

图 19–6 大肠杆菌内的质粒 DNA 分子结构

根据细菌染色体对质粒复制的控制程度，可将质粒分为严紧型质粒（stringent plasmid）和松弛型质粒（relaxed plasmid）。严紧型质粒多为大型质粒，拷贝数少（1～2 个细胞），具自身传递能力，其 DNA 复制与宿主细胞染色体 DNA 的复制相偶联，故复制受宿主细胞的严格控制。松弛型质粒多为小型质粒，拷贝数多（10～200 个/细胞），其 DNA 复制是在宿主细胞松弛控制下进行的，与染色体复制不同步，适用于 DNA 重组中作为质粒载体。

由于质粒带有某些特殊的不同于宿主细胞的遗传信息，所以质粒在细菌体内的存在会赋予细胞一些新的遗传性状，如对某些抗生素的抗性、显色表型反应等。根据宿主菌的表型即可识别质粒的存在，这一性质被用于筛选和鉴定重组质粒。

质粒载体大多是在天然松弛型质粒的基础上经人工改造构建而成，一般只能接受 15kb 以下的外源 DNA 分子插入，可用于细菌、酵母、哺乳动物细胞和昆虫细胞等。质粒载体可用于对外源目的基因进行克隆和表达，常用的质粒克隆载体有 pBR322 和 pUC 系列等多种。

1. pBR322 质粒载体 pBR322 质粒载体由三种天然质粒 pSC101、ColE1 和 pSF2124 重组而成，全长 4361bp。pBR322 质粒是按照标准的质粒载体命名法则命名的，“p” 表示它是一种质粒；“BR” 分别取自该质粒的两位构建者 Bolivar 和 Rodriguez 姓氏的第一个字母；“322” 系指实验编号。pBR322 质粒具有以下的结构（图 19-7）与功能：①带有一个复制起始点 *ori*，保证质粒在大肠埃希菌中高拷贝自我复制。②含有 AMP^r（氨苄西林抗性）和 Tet^r（四环素抗性）抗性基因标记，便于筛选阳性克隆。缺失抗药性基因的大肠埃希菌是不能在含有这些抗生素的培养基中生长的，而一旦被 pBR322 质粒所转化，即从中获得了对抗生素的抗性。③有数个单一限制酶切位点，可用于插入外源 DNA 片段。如酶切位点 *Bam*H Ⅰ、*Sal* Ⅰ位于 *Tet*^{r} 基因内。当外源 DNA 片段插入这些抗性位点时，则导致 Amp 敏感（Amp^s）或 Tet 敏感（Tet^s），即插入失活。质粒 DNA 编码的抗生素抗性基因的插入失活是非常有用的检测重组质粒的方法。④具有较小的分子质量，不仅易于自身 DNA 纯化，而且能有效克隆 6kb 大小的外源 DNA 片段。⑤具有较高的拷贝数，这为重组 DNA 的制备提供了极大的方便。

2. pUC 质粒载体系列 pUC 系列载体是在 pBR322 质粒载体基础上，插入了一个来自 M13 噬菌体并带有一段 MCS 的 LacZ′基因，形成具有双重检测特性的质粒载体。以 pUC19 质粒载体为例（图 19-8），典型的 pUC 系列载体包含如下组分：①复制起始点 *ori*，来自 pBR322 质粒。②*Amp*ʳ 基因，来自 pBR322 质粒，其 DNA 序列已不再含有原来的限制酶切位点。③*LacZ′*基因，来自大肠埃希菌 β-半乳糖苷酶基因（*LacZ′*）的启动子及其编码 α-肽链的 DNA 序列。④MCS 区段，来自 M13 噬菌体，位于 *LacZ′*基因中靠近 5′-末端，但并不破坏该基因的功能。

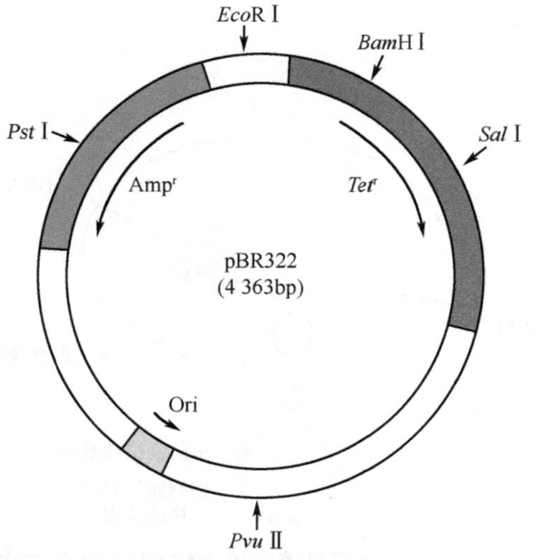

图 19-7 pBR322 质粒载体图谱

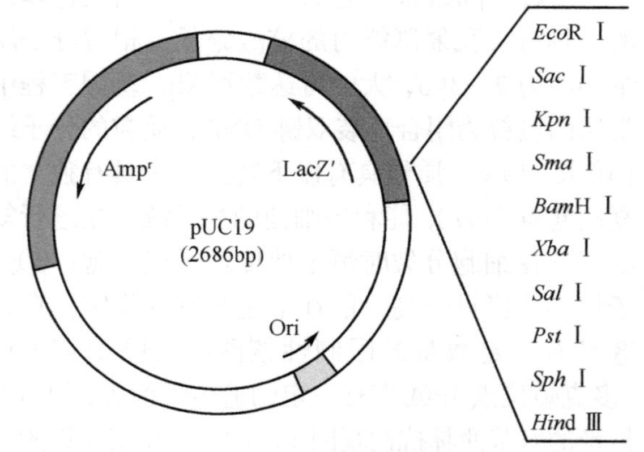

图 19-8 pUC19 质粒载体图谱

pUC 载体系列大多是成对的，如 pUC8/9、pUC12/13、pUC18/19 等。成对载体的其他特性完全相同，只是 MCS 的排列方向相反，这就提供了更多的克隆载体策略选择机会。pUC 载体系列已成为 pBR322 的替代载体，是基因重组中应用较普遍的质粒载体。

pUC 质粒载体的优点：①具有更小的分子质量和更高的拷贝数。②适用于组织化学方法检测重组体。pUC 载体中含有 *LacZ′*基因，可编码 β-半乳糖苷酶氨基端的 146 个氨基酸残基形成的 α-肽链。该 α-肽链与宿主细胞中 F′因子上的 *LacZ′ΔM15* 基因（α-肽链缺陷型）的产物互补，产生完整的、有活性的 β-半乳糖苷酶，此酶可分解产生底物 X-gal（5-溴-4 氯-3-3 吲哚-β-D-半乳糖苷）形成蓝色菌落。当外源基因插入 MCS 后，LacZ′α-肽链基因的读码框被破坏，不能合成完整的 β-半乳糖苷酶分解底物 X-gal，菌落呈白色。用这种方法可筛选阳性重组体，称为“蓝白斑”筛选。③pUC 载体系列的 MCS 与 M13mp 系列对应，因此克隆的外源 DNA 片段可以在两类载体系列之间来回“来回穿梭”，使得克隆序列的测序极为方便。

3. 其他质粒载体

（1）能在体外转录克隆基因的质粒载体：此类载体由 pUC 系列质粒载体派生而来，携带有噬菌体 T7、SP6 的启动子。这些启动子为 RNA 聚合酶的附着提供了特异性识别位点，使载体能在体外转录插入外源 DNA。如 pGEM-3Z/4Z 是由 pUC18/19 改造而来，大小为 2.74kb，序列结构几乎与 pUC18/19 完全一样，其不同之处是 pGEM-3Z/4Z 在 MCS 两端添加了 SP6 和 T7 噬菌体的启动子。而 pGEM-3Z/4Z 之间的差别仅在于 SP6 和 T7 两个启动子的位置互换、取向相反而已。

（2）穿梭质粒载体（shuttle plasmid vector）：穿梭质粒载体是一类人工构建的具有两种不同复制起点和选择标记，可在两种不同的寄主细胞中存活和复制的质粒载体。这类质粒载体可携带外源 DNA 序列在不同物种的细胞之间，特别是在原核和真核细胞之间往返穿梭，因此在基因工程中研究非常有用。

4. TA 克隆载体 此类载体是专为克隆 PCR 产物而设计的，它们的共同点是在其 MCS 两侧的 3′-末端携带有未配对的 T 碱基。许多耐热的 DNA 聚合酶（如 *Taq*、*Tth* 等）扩增时都在 PCR 产物 3′-

末端加上 A 碱基，因此在连接酶的作用下可直接将 PCR 产物插入到 TA 载体中。TA 克隆载体的突出优点是能直接克隆 PCR 产物，获取、连接外源 DNA 不受酶切位点的限制，近年来得到非常广泛的应用，已有不同公司推出具有各自特点的 TA 克隆载体系列。

（二）噬菌体载体

噬菌体（phage）是特异感染细菌的病毒，其结构十分简单，基因组外包被着蛋白质衣壳（图 19-9）。噬菌体基因组可用于克隆和扩增特定的 DNA 片段，是广泛使用的基因克隆载体。常用噬菌体载体有 λ 和 M13 噬菌体载体。

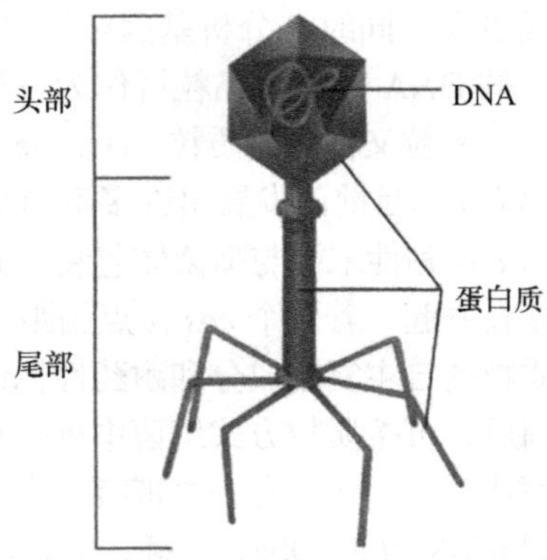

图 19-9 噬菌体的基本结构

1. λ 噬菌体载体 野生型 λ 噬菌体基因组大小为 48502bp，是线状双链 DNA，共含有 66 个基因，线性 DNA 的两端为 12bp 互补的 5′-单链突出黏性末端，称为 *cos* 位点。进入宿主细胞的线性 DNA 会借助 *cos* 位点互补连接形成环装双链结构，按 θ 方式及滚环方式进行复制。噬菌体感染细菌以后，可进入溶菌生命周期及溶源生命周期。

λ 噬菌体在大肠埃希氏菌中繁殖所必需序列位于左右两臂，基因组中约 1/3 的序列不是病毒生活所必需的成分，可以被切除而被大小相当的外源 DNA 片段取代。重组后的 λDNA 其大小在原来长度的 75%～105%之间，才能在体外包装成有感染性的噬菌体颗粒，感染细菌后在细菌体内繁殖（图 19-10）。

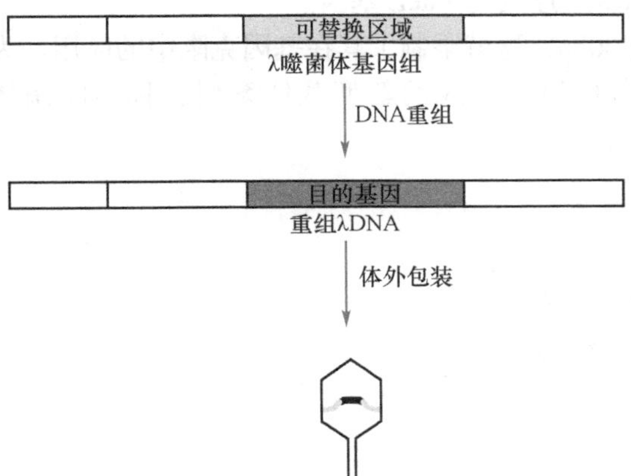

图 19-10 λ 噬菌体作为载体用于基因克隆的示意图

λ 噬菌体是最早发展和使用的基因工程载体，以溶菌方式生长。与质粒载体相比，其突出优点是可插入较大外源 DNA 片段，并且其感染效率远高于质粒载体的转化效率。在野生型 λDNA 基础上构建的载体可分为两类：一类具有两个或两组酶切位点，经酶切除去基因组中噬菌体正常生长非必需的序列，由外源基因片段取代之，这种载体称为置换型载体（replacement vector 或 substitution vector），如 Charon 系列、EMBL 系列等。另一类具有供外源基因片段插入的单一内切酶位点，这种载体称为插入型载体（insertion vector），如 λgt10/11、λZAP。

EMBL3/4λ 克隆载体中非必需序列两端各有一个含多个单一限制酶位点的接头，但方向相反。若用两种不同的限制酶切割 EMBL 载体后，即可直接与具有相同切口的外源 DNA 片段连接，重组效率很高，可容纳 9～23kb 的外源片段，常用于构建基因组 DNA 文库。

λgt10/11 载体能克隆 7kb 以下的外源 DNA，适用于构建 cDNA 文库。外源 DNA 的插入位点位于 λgt10 的阻遏子（repressor）λCI 基因上，DNA 插入后使 CI 基因失活，重组噬菌体可使大肠埃希菌形成透明斑点，而未重组的 λgt11 载体含有 LacZ′基因，外源 DNA 插入位点在其编码的羧基端。当插入的 cDNA 阅读框架与 LacZ′基因相一致时，能产生融合蛋白，可用免疫学方法进行检测。此外，重组的 λgt11 因 LacZ′基因失活，故在含 X-gal 培养基中形成白斑，而未重组的 λgt11 则形成蓝斑，便于区分筛选。

2. 黏粒载体 虽然用 λ 噬菌体作为可插入 23kb 的外源 DNA 片段，但有些基因可达 35～40kb 或更大。同时在分析基因组结构时，还需要了解相连锁的基因及基因的排列顺序，这要求克隆更大的 DNA 片段。黏粒可作为克隆大片段 DNA 的一种载体，如图 19-11 所示。

黏粒又称柯斯质粒（cos site-carrying plasmid，cosmid），是由 λ 噬菌体的 *cos* 黏性末端和质粒构建而成。目前已发展出许多不同类型的黏粒载体，具有以下结构（图 19-11A）与特点：①含有 λDNA 的 *cos* 黏性末端与噬菌体包装有关的短序列。通过 *cos* 位点的突出单链相互补，可将多个 λDNA 串联在一起，若两个 *cos* 位点相距 35～45kb，则能被包装酶系识别并切断而包装成病毒颗粒。②含有质粒的自主复制成分和耐药性标记（如 Amp^r 基因）。当体外重组的黏粒分子包装成病毒颗粒感染细菌后，可按质粒方式细菌中进行复制、扩增。黏粒载体所携带的抗药性基因，可作为重组体分子的筛选标记。③含有一段带有一个或多个单一限制酶位点的多聚物接头（polylinker）。④黏粒分子小，如 pJB8 为 5400bp，可插入大片段的外源 DNA（可达 45kb）。⑤某些黏粒若接上能在真核细胞生活的元件（如 SV40 复制去及启动子）及选择标记，便可作为穿梭载体在真核细胞中生存及表达。

3. M13 噬菌体载体 M13 是一种丝状噬菌体，基因组全长 6407bp，为闭环单链 DNA。M13 只感染雄性大肠埃希菌，在细菌内复制时形成双链 DNA，这种复制型（replication form，RF）M13 相当于质粒，可用于基因克隆载体。当 RF 的 M13 在细菌内达到 100～200 个拷贝后，M13 只合成单链 DNA，使其在细菌内产生单链 DNA，以进行 DNA 序列分析、体外定点突变和核酸杂交等。通过 M13 噬菌体进行改造，已成功构建 M13mp 系列载体，这些载体大多是成对的，如 M13mp8/9、M13mp10/11 及 M13mp18/19 等，它们都含有携带 MCS 序列的 LacZ′基因。

M13 噬菌体载体克隆的外源 DNA 不宜大于 1500bp，这就限制了其在基因克隆中的应用。为解决这一问题，已发展出一类由质粒和单链噬菌体组合而成的新型载体系列，称为噬菌体（phagemid），如 pUC118/119 噬菌体粒载体。

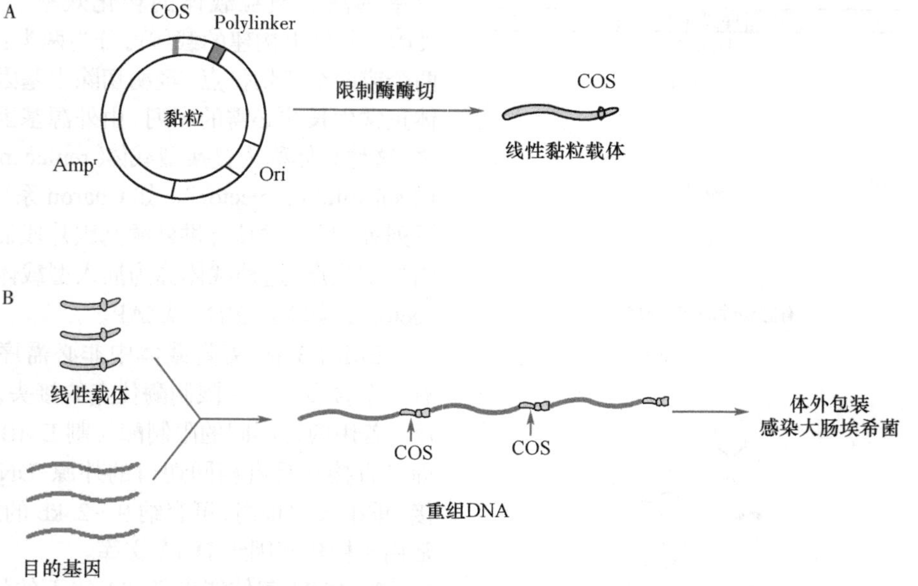

图 19-11 黏粒作为载体进行基因克隆的一般过程

（三）人工染色体载体

人工染色体载体是为了克隆更大的 DNA 片段以及建立真核生物染色体物理图和进行序列分析等而发展起来的一类新型载体。

酵母人工染色体（yeast artificial chromosome，YAC）载体是第一个成功构建的人工染色体载体，用于在酵母细胞中克隆大片段外源 DNA。YAC 载体由酵母染色体，酵母 2μm DNA 质粒的复制起始序列等元件衍生而成，可插入 100～2000kb 的外源 DNA 片段，是人类基因组计划中物理图谱绘制采用的主要载体。

细菌人工载体（bacterial artificial chromosome，BAC）载体是继 YAC 载体之后的又一人工染色体载体，是以细菌的 F 因子（一种特殊质粒）为基础构建而成，可插入 100～300kb 的外源 DNA 片段。与 YAC 载体相比，BAC 载体具有克隆稳定、易与宿主 DNA 分离等优点，是人类基因组计划中基因序列分析所用的主要载体。

此外，噬菌体 P1 衍生的人工染色体（PAC）载体和哺乳动物人工染色体（MAC）载体也在不断发展中。

（四）病毒载体

前述的质粒载体、噬菌体载体都是以原核细胞（如大肠埃希氏菌）作为宿主细胞。近年来，为适应真核细胞重组 DNA 技术的需要，特别是为实现真核基因表达或基因治疗的需要，已发展出用动物病毒（如 SV40、牛乳头病毒、腺病毒及逆转录病毒等）改造的病毒载体及用于昆虫细胞表达的杆状病毒载体等。

目前常用病毒载体有整合型和游离型两类。整合型载体可整合到宿主细胞的染色体上，随染色体一起复制，可持续表达外源基因，但存在插入诱变的危险。游离型载体并不整合到宿主染色体 DNA 上，而是游离于染色体外瞬时表达外源基因，有较好的安全性。逆转录病毒载体和腺病毒载体是两种常用于哺乳动物细胞的病毒载体。

二、表 达 载 体

表达载体是用在宿主中表达一个基因的载体，除了应具有克隆载体的特征外，还应在要表达的基因上游具有转录启动子、核糖体结合位点，下游有转录终止子。根据宿主细胞的不同可分为原核表达载体（prokaryotic expression vector）和真核表达载体（eukaryotic expression vector）。

（一）原核表达载体

原核表达载体由克隆载体发展而来，用于在原核细胞中表达外源基因，除了具有克隆载体的一般特征外，还具有调节外源基因进行有效转录和翻译的序列，如启动子、核糖体结合位点，即 SD 序列（Shine-Dalagarno sequence）、转录终止序列等，如图 19-12 所示。SD 序列富含嘌呤核苷酸，刚好与 16S rRNA 3′端的富含嘧啶的序列互补，可促进 mRNA 与核糖体结合，提高翻译效率。原核表达载体常用的启动子有 Lac 启动子、色氨酸（Trp）启动子、T7 噬菌体启动子或其他启动子序列。原核表达的蛋白质包括非融合型表达蛋白、融合型表达蛋白和分泌型表达蛋白。目前应用最广泛的原核表达载体是大肠杆菌表达载体。

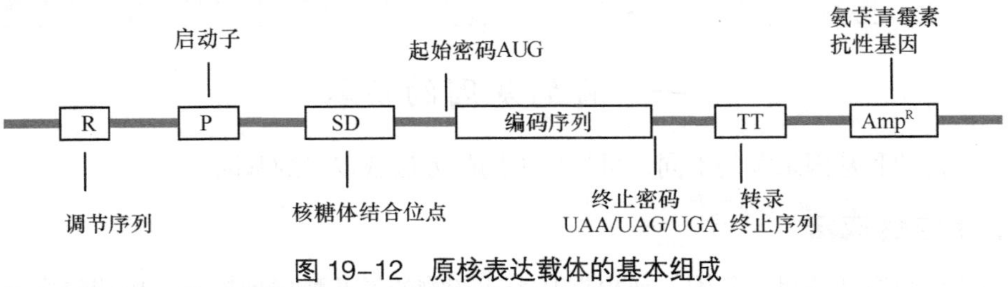

图 19-12 原核表达载体的基本组成

（二）真核表达载体

真核表达载体也是由克隆载体发展而来，用于在真核细胞中表达外源基因。该表达载体含有必不可少的原核序列，包括在大肠杆菌中其复制作用的复制起点、抗生素抗性基因、MCS 等，这些原核序列便于真核表达载体在细菌中复制及阳性克隆的筛选。同时，真核表达载体还具有自身特点，主要是：①真核表达调控元件、包括启动子、增强子、转录终止序列、polyA 加尾信号等；②真核细胞复制起始序列；③真核细胞药物抗性基因，用于转入真核细胞后进行阳性克隆的筛选。图 19-13 显示了真核表达载体的基本组成。根据真核宿主细胞的不同，真核表达载体主要分为酵母表达载体、昆虫表达载体和哺乳类细胞表达载体等。

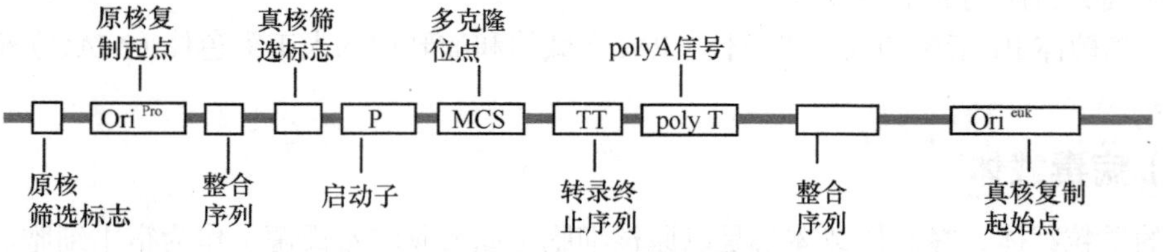

图 19-13 真核表达载体的基本组成

第三节 基因克隆的一般过程

基因克隆的基本过程包括以下几个主要步骤：①靶基因 DNA 片段的制备；②适宜载体的选择和制备；③DNA 片段与载体的连接；④重组 DNA 转化宿主细胞；⑤含有重组 DNA 宿主菌的筛选；⑥重组 DNA 分子的鉴定。因此基因克隆的技术的第一步是获得目的基因并将其插入合适的载体中。目的基因（target DNA）是指待研究或应用的特定基因，亦即待克隆或表达的基因，又称为外源基因（foreign DNA）。获得目的基因后必须将其插入合适的载体中才能够在宿主细胞内扩增或表达。将目的基因插入载体的过程即为 DNA 重组。

案例 19-1

世界范围内，宫颈癌是第二常见的女性恶性肿瘤，其发病率仅次于乳腺癌，死亡率却居于女性恶性肿瘤死亡之首。有研究人员发现，激活的蛋白激酶 C 受体 1（receptor for activated C-kinase 1，RACK1）在血管新生过程中表达上调，而在肿瘤病灶中新生血管增多，以供应肿瘤细胞快速增殖所需的营养。目前已知 RACK1 在多种恶性肿瘤中异常表达，但是在宫颈癌发展中的作用还不是很明了。因此，某知名大学一分子生物学实验室的研究人员想在宫颈癌细胞中过表达 RACK1 基因，探讨 RACK1 基因过表达对宫颈癌细胞增殖的影响及其意义。

问题：

1. 该实验室的研究人员该如何选择 RACK1 过表达的载体？
2. 研究人员如何才能将 RACK1 重组体导入宫颈癌细胞中？
3. 研究人员如何确定 RACK1 基因在宫颈癌细胞中过表达成功？

一、目的基因的获取

根据研究目的和基因来源的不同，可选用不同的方法获取目的基因。

（一）化学合成法

对已知核苷酸序列的目的基因，或根据其表达产物的氨基酸序列推导出核苷酸序列的基因，可用化学合成法获得。化学合成对短片段的合成效率极高，对于较长的基因，可以将其划分为较短的片段进行分段合成，然后再拼接成一个完整的基因。化学合成法可以改变原始的基因序列，甚至可以合成自然界不存在的基因序列。在合成过程中可根据需要改变核苷酸密码子，如将真核基因序列中不易在大肠杆菌中利用的稀有密码子改变为大肠埃希氏菌偏爱的密码子，以实现真核基因在原核细胞中的高效表达。

化学合成基因具有快速、有效、不需收集基因来源的优点，特别对于获取小片段目的基因、设置某种生物偏爱密码子、消除基因内部的特定酶切位点以及获取天然基因的衍生物等具有其他方法不可比拟的优点。采用化学合成法已得到百余种基因，如生长抑素基因、胰岛素基因、生长激素基因和干扰素基因等。

（二）PCR 或 RT-PCR 法

对完全序列或两侧序列已知的目的基因可采用聚合酶链式反应（polymerase chain reaction，PCR）或者 RT-PCR 从组织或细胞中获取。对于已知基因序列相似的未知基因，也可利用此法进行扩增。

PCR 或 RT-PCR 方法是目前实验室最常用的获取目的基因的方法，它具有简便、快速、特异等优点。此法能在很短时间内，用特异性的引物将仅有几个拷贝的基因扩增合成有数百万拷贝的特异 DNA 序列；而且还可以根据实验需要在引物序列上设计适当的酶切位点、起始密码子或终止密码子等，或通过错配改变某些碱基序列，对基因片段进行有限的修饰。

（三）从基因文库中筛选

基因文库是指包含某以生物体全部基因信息的克隆化集合，包括基因组 DNA 文库（genomic DNA libray）和 cDNA 文库（cDNA libray）。

基因组 DNA 文库是指包含某一生物体全部基因组 DNA 序列的克隆群体，其储存着一个细胞或生物体的全部基因组 DNA 的编码区和非编码区的 DNA 片段，含有基因组的全部遗传信心。其构建过程是分离纯化细胞基因组 DNA，用适当的限制性内切酶将纯化的细胞基因组 DNA 切割成一定大小的片段，再将这些片段与适当的克隆载体（如 λ 噬菌体、黏粒、酵母人工染色体等）连接，获得一群含有不同 DNA 片段的重组体，继而将重组体转入受体菌中，使每个受体菌内携带一种重组体。在一群受体菌种，每个细菌所包含的重组体内可能存在不同的基因组 DNA 片段，这些细菌中所携带的各种大小不同的 DNA 片段就代表一个细胞或生物体的基因组。基因组 DNA 文库获取目的基因如图 19-14。

cDNA 文库是指某一组织在一定条件下所表达的全部 mRNA 经逆转录而合成的全部 cDNA 的克隆群体，它将细胞的基因表达信息以 cDNA 的形式储存于的受体菌中。其构建过程除了逆转录外，其他步骤基本上与基因组 DNA 文库的构建相同。cDNA 文库获取目的基因的方法如图 19-15。

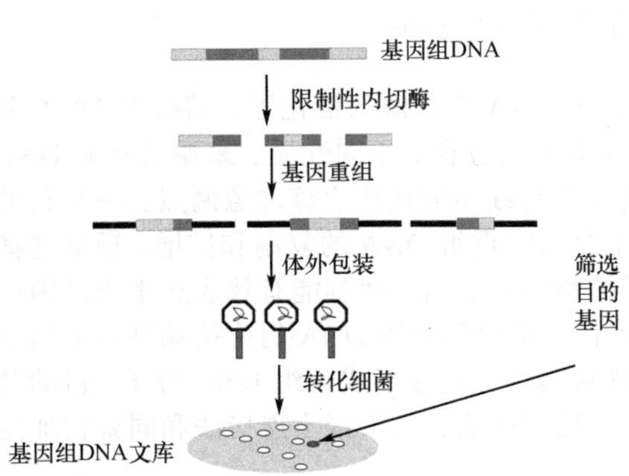

图 19-14 基因组 DNA 文库获取目的基因示意图

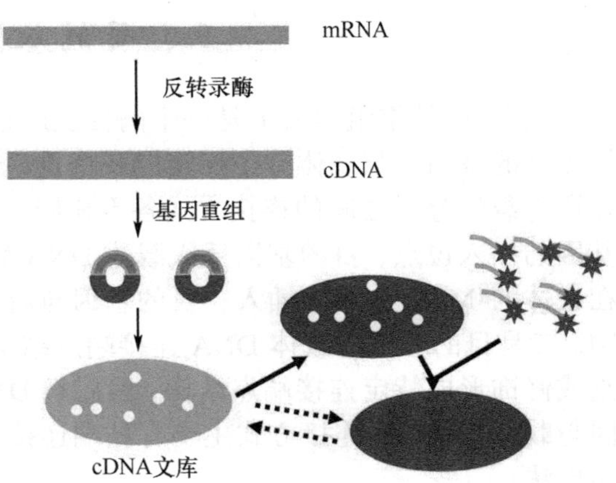

图 19-15 cDNA 文库获取目的基因示意图

大部分未知基因的获得，需要先构建基因组 DNA 文库或者 cDNA 文库。基因文库构建成功后，可采用适当的方法（如特异性探针杂交筛选法、PCR 法等）从中筛选出含有目的基因的克隆，再进行扩增、分离、回收，最后获取目的基因。

除通过构建文库的方法筛选未知的目的基因外，近年来 mRNA 差异显示技术和差异蛋白质谱表达技术也被用来筛选差异表达基因和功能基因。

二、选择与制备合适的基因载体

DNA 载体对于 DNA 克隆成功与否是一个非常关键的因素。载体选择主要取决于重组 DNA 分子构建的目的。选择和构建合适的 DNA 载体我们依据以下：①DNA 克隆的目的：DNA 克隆的目的主要是为了获得目的基因片段和获得目的基因编码的蛋白质。如果要克隆 DNA 片段，就该选择克隆载体。如果是要表达一个基因，应该根据宿主来选择一个适合该宿主的表达载体，如细菌表达载体、酵母表达载体、哺乳动物细胞表达载体等。②受体细胞：不同类型的细胞对 DNA 载体的组成和结构均有要求，因此根据受体细胞的特点对载体加以选择或改造。③目的基因片段的类型与大小：DNA 载体的组成、结构及容纳量应与目的基因的类型和片段长度相适应。④其他：如 DNA 克隆规模、实验室条件等。

案例 19-1 分析讨论

基因过表达是指将某个基因通过基因工程技术导入宿主细胞使之在宿主细胞内大量表达的过程。基因工程的基本过程是分、接、转、筛、表，第一步首先是要获得目的基因和合适的载体，然后目的基因与载体在 DNA 连接酶的作用下形成重组体；选择合适的载体对于基因的过表达至关重要，现在常用的载体都是人工构建的，主要有质粒载体、噬菌体载体、人工染色体载体和病毒载体等；按照用途的不同又可以分为克隆载体和表达载体。表达载体中常用的有质粒载体和病毒载体，病毒载体又分为逆转录病毒载体、腺病毒载体和慢病毒载体。决定基因过表达载体选择的最主要因素是载体进入目的细胞的效率，如果目的细胞用质粒很好转染，用质粒作为载体就可以，可以省很多实验费用；如果质粒载体进入目的细胞地效率很低，选用病毒载体。一般来说，推荐使用慢病毒载体介导的基因过表达，转染效率高，并且可以稳定表达，而且一般对宿主细胞没有毒性。RACK1 要在宫颈癌细胞中过表达，首先应该获得 RACK1 基因和慢病毒载体，然后再将 RACK1 目的基因连接到慢病毒载体上构成重组体。

三、目的基因与载体的连接

DNA 体外重组本质上是一个酶促反应过程，在 DNA 连接酶的催化下，将外源 DNA 分子（目的基因）与载体分子连接成一个重组 DNA 分子的过程。不同性质、来源的外源 DNA 片段与载体分子之间的连接方式各不相同。目的基因与载体的连接应该注意两点：一是目的基因的插入位点，目的基因插入载体 DNA 后，不会影响重组 DNA 的复制和扩增，通常选择在载体的 MCS 位点上插入；目的基因与启动子的距离应恰当，使其能有效表达生成基因产物。二是目的基因与载体 DNA 连接端点结构。将目的基因和载体 DNA 的连接端进行适当切割或修饰形成特定连接端点结构，然后经 DNA 连接酶催化连接形成重组 DNA 分子。目的基因与载体 DNA 的连接方式主要有黏端连接法、平端连接法、人工接头连接法和同聚物加尾连接法。

（一）黏性末端连接

目的基因与载体分子经同一限制性核酸内切酶切割成具有相同黏性末端的 DNA 片段后，在

DNA 连接酶的作用下形成重组 DNA 分子，这是 DNA 体外重组最普遍最方便的一种连接方式。例如，外源 DNA 和载体分子被 *Eco*RⅠ酶切后，产生带有相同单链突出的黏性末端 AATT[图 19-16（A）]。二者在退火时碱基配对相互连接，仅在双链 DNA 上留下缺口，DNA 连接酶可催化缺口上游离的 5′-P 与相邻的 3′-OH 之间生成磷酸二酯键而封闭缺口。

如果用同一种限制酶切割载体分子或目的基因，由于 DNA 分子两端带有相同的黏性末端，那么载体分子可通过黏性末端的互补连接形成多聚体，而且可能以两个方向插入载体中。为解决这些问题，可选用两种不同的限制酶切割 DNA，在目的基因和载体分子两端形成不同的黏性末端或一端是黏性末端、另一端是平末端。如图 19-16 所示，用 *Eco*RⅠ和 *Pvu*Ⅱ酶切目的基因和载体，产生的 DNA 分子末端是不相互补的，这样外源目的基因只能以一个方向插入到载体分子中，这种克隆方案即为定向克隆。

具有不同黏性末端的载体与目的基因，连接形成重组体的几率很高。需注意的是，不同的限制酶如同尾酶，虽然识别的序列不同，但切割后所产生的 DNA 片段具有相同的黏性末端，因此可通过其末端之间的互补作用而彼此连接起来。

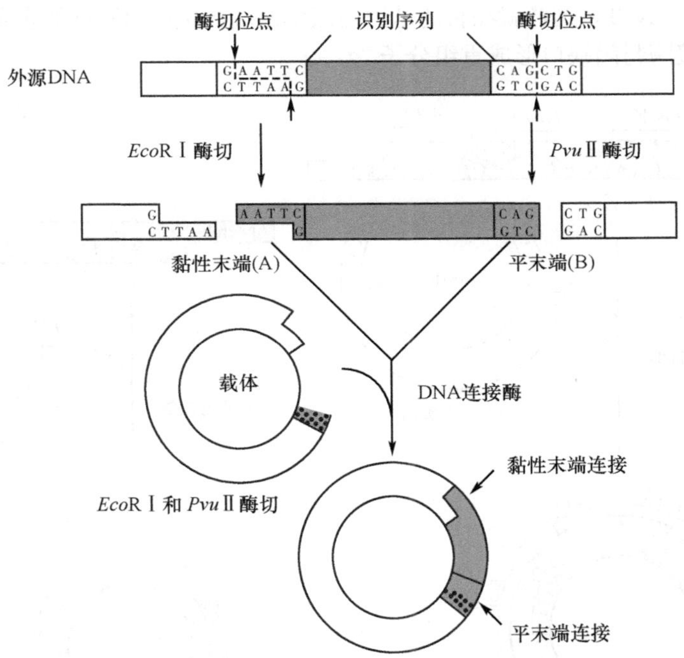

图 19-16 利用黏性末端和平端连接重组 DNA 分子

（二）平末端连接

某些限制酶对 DNA 分子切出平齐的末端，可利用 DNA 连接酶将其连接，这就是平末端连接法。例如，外源 DNA 和载体分子被限制酶 *Pvu*Ⅱ切割后产生平末端[图 19-16（B）]，在 DNA 连接酶的催化作用下二者连接形成重组 DNA 分子。

如果目的基因和载体没有相同的限制酶位点，那么用不同的限制酶切割后产生的黏性末端不能互补结合，此时可选用适当的酶将 DNA 突出的黏性末端消化平齐（如 S1 核酸酶）或补齐（如 Klenow 酶），再用 DNA 连接酶连接。

平末端连接要求 DNA 的浓度较高，而且连接酶的用量也比黏性末端连接大 20～100 倍，因此其连接效率比黏性末端连接低很多。平末端连接时，载体自连的几率较高，而且往往在重组体有目的基因的多聚体及双向插入等。

（三）人工接头连接

人工接头连接法是在待连接的载体分子或外源基因两端，接上一段人工合成的含有限制酶识别序列的 DNA 片段，称为多聚物接头（polylinker）。借此可用限制酶将其切开，产生黏性末端，将外源基因与载体 DNA 连接。如图 19-17 所示，先合成一段含有几种限制酶位点的接头，然后在 DNA 连接酶催化下，将人工合成的多聚物接头经 *Eco*R Ⅰ 酶切的载体中，产生新的 DNA 序列。最后用合适的限制酶切割载体，产生黏性末端，再与具有相同黏性末端的目的基因退火连接，形成重组 DNA 分子。

（四）同聚物加尾连接

如果待连接的两个 DNA 片段均为平末端，或两个 DNA 片段的连接段不是互补的黏性末端，则可通过同聚物加尾法在其末端引入互补黏性末端，即利用末端转移酶把互补的多聚核苷酸（Poly A 与 Poly T 或 Poly G 与 Poly C）连接到两个 DNA 片段的末端，然后利用 DNA 连接酶将其连接。如图 19-18 所示，在末端转移酶催化下，在外源 DNA 分子的 3′-OH 端连接上 Poly A，载体 DNA 分子的 3′-OH 接上 Poly T。这样就在目的基因与载体两端产生可以互补的多聚物黏性末端，二者退火后由 DNA 连接酶封闭缺口形成重组分子。

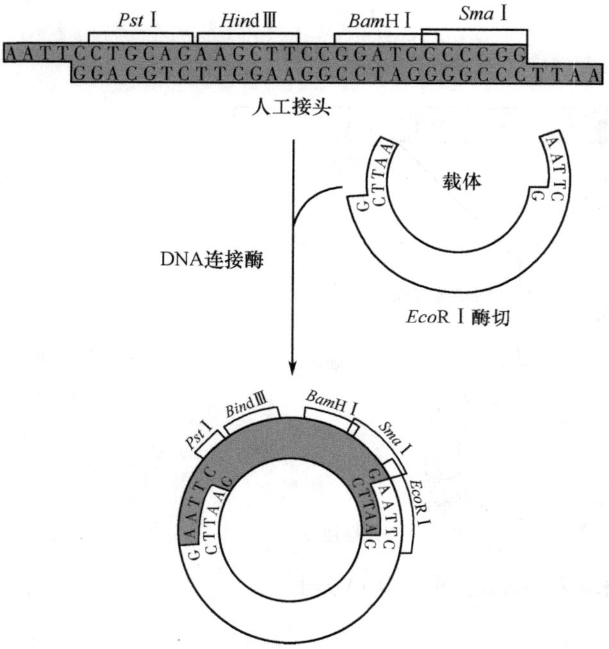

图 19-17 利用人工合成的接头连接重组 DNA 分子

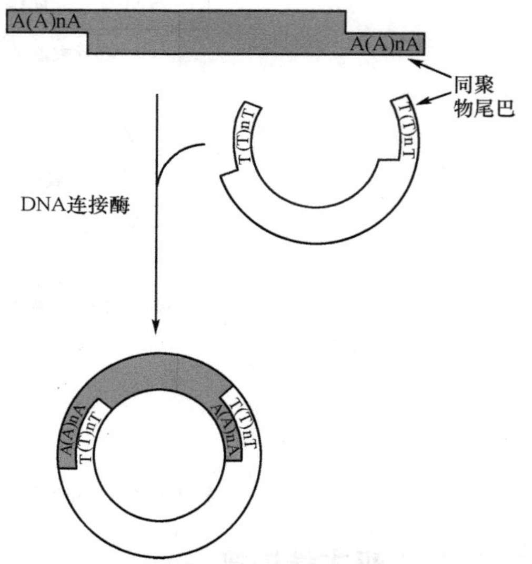

图 19-18 利用同聚物加尾法连接重组DNA分子

（五）T-A 克隆

T-A 克隆策略是一种直接将 PCR 产物插入到载体中的方法。前已述及 TA 克隆载体两侧的 3′-末端带有突出的 T 碱基，而 PCR 扩增后产物两侧的 3′-末端会加上突出的 A 碱基。这样载体与产物之间通过 T-A 互补配对，再在 DNA 连接酶的作用下封闭缺口形成重组 DNA 分子。

四、重组 DNA 导入宿主细胞

体外构建的重组 DNA 分子需要导入合适的受体细胞才能进行复制、扩增和表达。重组 DNA

分子导入宿主细胞是DNA分子进行无性繁殖的先决条件。因此，选定的受体细胞应具备以下条件：易于接纳重组DNA分子的导入；对载体的复制、扩增和表达无严格限制；不存在特异性降解外源DNA的酶系统；不对外源DNA进行修饰；能表达由导入的重组体分子所提供的某种表型特征。受体细胞包括原核细胞和真核细胞，不同的重组DNA分子需要在适当的受体细胞中扩增、表达，因此选择不同的导入方法。

（一）转化

质粒DNA分子导入细菌宿主，并使其获得新表型的过程称之为转化（transformation）。最常用的细菌是大肠埃希氏菌K12突变体菌株。该菌株在人的肠道几乎不存活或者存活率极低，而且由于丧失了限制体系，故不会使导入细胞未经修饰的外源DNA发生降解。

利用一定的方法处理细菌细胞，并使之处于容易接受外源DNA分子的状态，此时的细胞称为感受态细胞（competent cell）。最常用的转化方法是用低渗$CaCl_2$溶液在0℃条件下处理对数生长期的细菌，使细菌细胞壁和膜的通透性增加，处于感受态，然后加入重组DNA或质粒DNA，通过42℃短时间热激作用促使DNA分子进入细胞内。大肠埃希氏菌的转化关键是感受态细菌的制备，用冰预冷的$CaCl_2$处理制备的感受态细菌，其转化效率可达10^6～10^7个转化子/μg DNA，是重组DNA实验中最常用的简便而重复性好的方法，原理见图19-19。

此外，还可用电穿孔法（electroporation）进行转化。除需特殊仪器外，该法比$CaCl_2$法操作简单，无需制备感受态细胞，适用于任何菌株，转化效率较高，可达10^9～10^{10}个转化子/μgDNA。

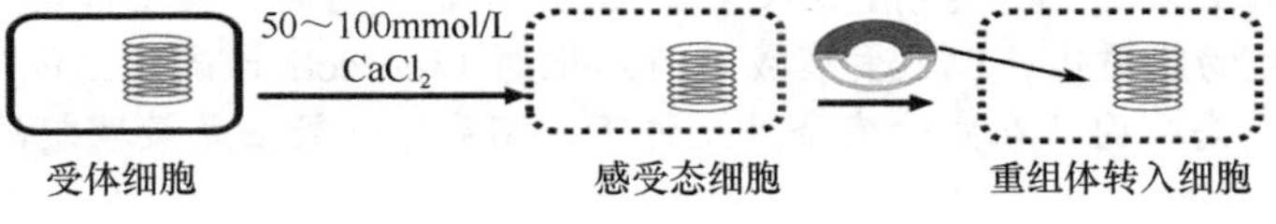

图19-19 $CaCl_2$法将重组体导入细胞示意图

（二）转染

转染（transfection）是指将噬菌体、病毒或以此为载体构建的重组DNA分子导入真核细胞的过程。已接受外源DNA分子的细胞称为转染细胞（transfectant）。导入细胞内的DNA分子可以被整合至真核细胞染色体，经筛选而获得稳定转染（stable transfection）；也可以游离在宿主细胞染色体外短暂地复制表达，不加选择压力而进行瞬时转染（transient transfection），常用的转染方法有以下几种：

1. 磷酸钙转染法 将被转染的DNA和磷酸钙混合形成磷酸钙-DNA共沉淀物后，使其附着在培养细胞的表面，外源DNA通过内吞作用被细胞捕获。该法不需要昂贵的仪器和试剂，是将外源DNA导入哺乳动物细胞中进行瞬时或稳定转染的常规方法，也是20世纪90年代以前广泛使用的方法。

2. 二乙氨乙基（DEAE）-葡聚糖介导转染法 DEAE-葡聚糖是一种高分子阳离子多聚物，能促进哺乳动物细胞捕获外源DNA，其机制可能是DEAE-葡聚糖与DNA结合成复合物，可保护DNA免受核酸酶的降解，或DEAE-葡聚糖与细胞膜发生作用，促进细胞对DNA的内吞作用。此法比磷酸钙转染法重复性好，但最适宜于瞬时转染。

3. 电穿孔转染法 对于磷酸钙转染法等不能导入的受体细胞，可利用很短促的高压电脉冲，在受体细胞的质膜上形成暂时性微孔，外源DNA可通过这些微孔进入细胞。该方法由于操作简单且转染效率高而被广泛应用，几乎可以转染任何细胞用于瞬时或稳定表达。但是该法需要专门仪器，而且导入前需要进行预实验，以确定最佳实验条件。

4. 脂质体（liposomes）转染法 用阳离子脂质体包裹DNA，通过与细胞膜融合将外源DNA导入细胞。脂质体转染法可用于瞬时或稳定表达，操作简单，转染效率高，重复性好，且毒性低、包装容量大，近年来使用日益广泛，但试剂相当昂贵。

5. 显微注射法 通过显微注射装置将外源 DNA 直接注入细胞核中并进行表达。该法虽然转染效率高，但需要一定的仪器和操作技巧，主要用于进行稳定表达的细胞转染。

（三）感染

感染（infection）是指以人工改造的噬菌体或病毒为载体构建的重组 DNA，经体外包装成具有感染性的噬菌体颗粒或病毒颗粒后，借助噬菌体或病毒的外壳蛋白将重组 DNA 注入细菌或真核细胞，使目的基因得以复制的过程。感染的效率较高，但重组 DNA 需经过较为复杂的体外包装过程。

案例 19-1 分析讨论（续）

RACK1 目的基因整合到慢病毒载体上后形成 RACK1 重组体，下一步需要将该重组体导入宫颈癌细胞中，应选择转染法。转染（transfection）是指将噬菌体、病毒一次为载体构建的重组 DNA 分子导入真核细胞的过程。常用的转染方法有磷酸钙转染法、二乙氨乙基（DEAE）-葡聚糖介导转染法、电穿孔转染法、脂质体转染法、显微注射法，其中磷酸钙转染法是将外源 DNA 导入哺乳动物细胞中进行瞬时或稳定转染的常规方法；二乙氨乙基（DEAE）-葡聚糖介导转染法只对少数细胞系转染效率好高而且对细胞有毒性；电穿孔转染法和显微注射法需要专门仪器，而在导入前必须进行预实验；脂质体转染法可用于瞬时或稳定表达，操作简单，转染效率高，重复性好，而且毒性低、包装容量大，因此在实验室重组体转染中常用脂质体转染法。脂质体转染法是 Weinstein 等人于 1984 年开始使用的，最初转染时采用逆向蒸发技术制备包装 DNA 的脂质体，现已发展成为商品化的 Lipofection 试剂，价格比较贵，但是操作简单，转染效率高，因此在实验室条件允许下，脂质体转染法是最理想的选择。

五、重组体的筛选与鉴定

在重组 DNA 转入过程中，并非所有的受体细胞都能转入成功，事实上能转入重组 DNA 分子的只占很少一部分。将目的基因与载体的重组产物转化、转染或感染受体细胞，经适当培养得到大量转化菌落或转染噬菌斑后，采用特殊的方法从中筛选出含目的基因的重组体克隆，并鉴定从这些克隆中提取的质粒或噬菌体 DNA 确实带有外源目的基因。根据不同的载体系统、相应的宿主细胞特性及外源 DNA 的性质，选用不同的筛选和鉴定方法。

（一）根据重组载体的遗传表型进行筛选

1. 根据载体的耐药性标记筛选 大多数克隆载体都带有抗生素抗性基因，如 Amp^r、Tet^r 等。当带有完整耐药性基因的载体转化至无耐药性细胞后，理论上讲，凡转入载体的细胞都获得了耐药性，能在含相应抗生素的培养板上生长成菌落，而未被转化的细胞不能生长。但是在培养板上生长的菌落，除含有重组体分子外，可能也含有自身环化的载体、未被酶切完全的载体以及非目的基因插入的载体等，因此还需要进一步筛选鉴定。原理示意图如图 19-20。

2. 根据载体的耐药性标记插入失活选择 在含有两个耐药性基因载体中，将外源目的片段插入其中一个基因，并导致其失活，可用两个不同抗生素的平板相互对照筛选含重组体的阳性菌落。如携带完整 pBR322 质粒的细胞，能够在含 Amp 和 Tet 的培养基中生长，若质粒 Tet^r 基因被外源基因插入后失活，细胞则失去低 Tet 的抗性。这样只能在含 Amp 的培养基中生长，而不能在含 Tet 的培养基中生长的菌落即为含重组质粒的阳性菌落。

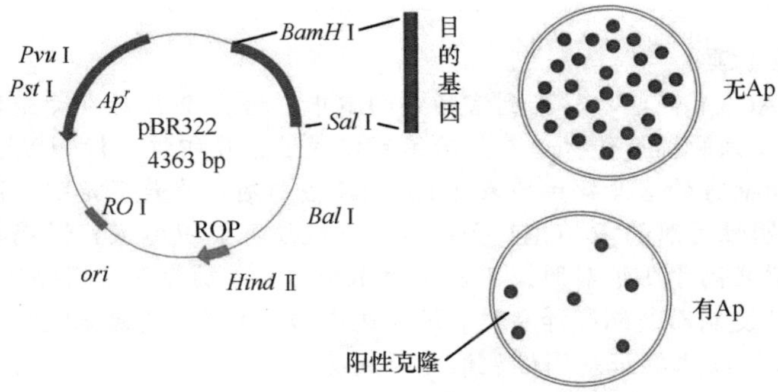

图 19-20 利用 *Amp*ʳ 抗性基因筛选阳性克隆

3. 根据 β-半乳糖苷酶显色反应筛选 pUC 系列载体及其他一些载体中含有 *LacZ'*基因，可通过“蓝白斑”标记进行筛选。含重组 DNA 分子的菌落在 IPTG/X-gal(IPTG 是 β-半乳糖苷酶产生的诱导剂）培养基上呈白色，而没有外源片段插入的载体转化的细菌则将呈现蓝色。

4. 根据插入的外源基因性状进行筛选 如果克隆的外源基因能够在宿主菌中表达，且表达产物与宿主菌的营养缺陷性状互补，则可以利用营养突变菌株进行筛选。如把酵母基因组 DNA 随机切割后插入质粒载体中，将重组质粒转化到组氨酸缺陷型大肠埃希氏菌细胞，并在无组氨酸的培养基中培养。这样只有含酵母组氨酸基因并获得表达的转化菌才能在无组氨酸的培养基中生长。

（二）限制酶酶切鉴定

对于初步筛选确定含有重组体的菌落，扩增培养后提取重组 DNA 分子，用插入位点的限制酶切，琼脂糖凝胶电泳分析，即可判断目的基因是否存在。若目的基因已成功插入到载体分子中，那么电泳结果应显示出预期大小的插入片段，这是简单而常用的鉴定方法。

（三）核酸分子杂交法

为进一步确定插入片段的正确性，在限制酶消化重组 DNA 分子并进行电泳分析后，利用标记的核酸探针进行分子杂交（如 Southern blotting)，对重组体插入的片段进行鉴定。

菌落或噬菌斑原位杂交也是常用的筛选方法，先将转化菌直接铺在磷酸纤维素膜或琼脂板上，再转移到另一硝酸纤维素膜上，碱裂解后从菌落释放的 DNA 原位吸附在膜上，然后用标记的特异性探针进行分子杂交，挑选阳性菌落。该方法适用于大规模操作，是从基因文库中挑选含目的基因的阳性克隆的常用方法。

（四）PCR 法

某些载体的 MCS 两侧存在保守序列，如 pGEM 系列载体的 MCS 两侧是 T7 及 SP6 启动子序列。可根据此序列设计引物，对提取的重组载体进行 PCR 扩增，不但可快速扩增插入的目的片段，而且可以直接进行 DNA 序列分析。

如果已知目的基因的全序列或其两端的序列，可设计合成一对引物，以转化菌种提取的重组载体为模板进行 PCR 扩增。若 PCR 产物与目的基因的预期长度一致，即可初步筛选出重组体的阳性菌落。

（五）免疫化学检测法

此法不是直接筛选目的基因，而是利用标记的特异性抗体与目的基因的表达产物相互作用来筛选含重组 DNA 分子的转化菌，因而要求进入细胞的目的基因能表达蛋白质产物。通过放射免疫、化学发光或显色反应进行筛选。

案例 19-1 分析讨论（续）

将包装好的 RACK1 慢病毒转染到宫颈癌细胞中，培养 2 周后在荧光显微镜下挑取带荧光标记阳性的单克隆细胞继续传代培养。后续可以通过免疫印迹分析如 Western Blot 实验来验证转染 RACK1 慢病毒的宫颈癌细胞表达 RACK1 蛋白质水平是不是明显高于以转染空载体的宫颈癌细胞作为阴性对照的 RACK1 蛋白水平，假设转染 RACK1 慢病毒的宫颈癌细胞，RACK1 蛋白水平明显高于阴性对照，可以认为 RACK1 成功导入宫颈癌细胞中并且 RACK1 基因随细胞 DNA 的复制而复制翻译表达，过表达成功。另外，一般来说，实验室也会选择在 mRNA 水平通过 PCR 技术验证基因过表达是否成功。

第四节　克隆基因的表达

通过外源 DNA 的重组、克隆以及鉴定，可以获得所需的特异 DNA 克隆。将外源目的基因连接到表达载体上，导入受体细胞，实现外源基因的表达也是基因克隆技术操作的重要内容。外源基因的表达设计目的基因的克隆、复制、转录、翻译、蛋白质产物的加工及分离纯化等，这些过程需要在合适的表达系统中完成。表达体系的建立包括表达载体的构建、受体细胞的建立以及表达产物的分离、纯化等技术和策略。根据受体细胞的不同，分为原核表达系统和真核表达系统。

一、原核生物表达系统

原核表达系统就是将外源基因导入原核细胞中，使其在细胞内快速、高效地表达，主要有大肠埃希菌、芽孢杆菌及链霉菌系统等，其中大肠埃希菌是最常采用的原核表达系统，因其培养简单、生长迅速、成本较低而适合大规模生产。人胰岛素、生长激素、人干扰素等基因在大肠杆菌中的表达便是一系列成功的例子。

要实现外源基因在原核表达细胞中的高效表达，需考虑外源基因的性质、表达载体的特点以及原核细胞的启动子和 SD 序列、阅读框架、宿主菌调控系统等诸多因素。

（一）对外源目的基因的要求

克隆基因要在原核细胞中获得有效表达，需满足以下基本条件：①外源真核基因不能带有 5′端非编码区和内含子结构，因此必须用 cDNA 或化学合成基因。②外源基因必须置于原核细胞的强启动子和 SD 序列等元件控制下，以调控其基因表达。③外源基因与表达载体重组后，必须形成正确的开放阅读框架，利于外源基因正确表达。④外源基因转录生成的 mRNA 必须相对稳定并能够被有效翻译，所表达的蛋白质产物不能对宿主菌有毒害作用，且不易被宿主的蛋白酶水解。

（二）原核表达载体

要利用大肠埃希菌系统表达外源基因，必须使用合适的表达载体。目前已构建出多种原核表达载体，具有以下的调控元件与功能：①具有强启动子及两侧的调控序列，能调控基因的转录，产生大量的 mRNA。②含有 SD 序列。SD 序列提供核糖体 16S rRNA 3′端的识别与结合位点，并与其密码子之间有合适的距离，以启动正确、高效的翻译过程。③带有转录终止序列。一般在外源基因下游加入不依赖 ρ 因子的转录终止区，避免 RNA 过度转录。④含多克隆位点，确保外源基因按正确方向插入载体，且阅读框架保持不变。另外，带有原核的复制起始点 *ori*、大肠埃希氏菌适宜的筛选标记等。

（三）外源基因在原核细胞中的表达

当选用适当的方法通过原核表达载体的介导，将外源基因导入宿主细胞后，在细胞调节元件控制下即可表达出融合型、非融合型或分泌型蛋白质。在实际工作中，可根据目的蛋白的性质与用途及所用载体的特点，选择不同的表达方式。

融合型表达是指将外源目的基因与另一基因（可以是原核 DNA 或其他 DNA 序列）相拼接构建成融合基因进行表达，这种由外源目的蛋白与原核生物多肽或具有其他功能的多肽结合在一起的蛋白，即为融合蛋白（fusion protein)。可通过酶解法或化学降解法切除融合蛋白中的其他多肽成分而获得外源目的蛋白。采用融合型方式表达时，需选用融合表达载体。目前已构建出多种融合表达载体，如 pET 系列载体、pGEX 系列载体等。融合型表达的特点是：融合蛋白表达效率高；融合蛋白较稳定，可抵御细菌蛋白酶的水解；融合蛋白能形成良好的构象，且大多具有水溶性；融合蛋白常带有特殊标记，易于进行亲和纯化。

非融合型表达是指外源目的基因不与其他基因融合，直接从起始密码 AUG 开始在原核调控元件下表达蛋白质。非融合型表达载体也应包含强启动子及其调控序列、SD 序列、转录终止序列以及筛选标记等元件。非融合型表达的蛋白质具有类似天然蛋白质的结构，其生物学功能与天然蛋白更为接近，但其缺点是更容易被细菌蛋白酶水解。

分泌型表达是利用分泌型表达载体将表达的蛋白质由细胞质跨膜分泌出胞浆，需要在信号肽的帮助下进行。分泌型表达载体除含有强启动子及其调控序列、SD 序列等元件外，必须在 SD 序列下游携带有一段信号肽序列。分泌型蛋白可以是融合蛋白或非融合蛋白。分泌型表达可防止宿主蛋白酶对外源蛋白的水解，减轻大肠埃希氏菌代谢负荷，便于蛋白质的正确折叠和提纯。但分泌型蛋白的表达量往往较低，且有时信号肽不能被切除或在错误的位置上被切除。

当大肠埃希氏菌高效表达外源基因时，所表达的蛋白质致密地聚集在细胞内，或被膜包裹或形成无膜裸露结构，这种水不溶性的结构称为包涵体（inclusion body）。包涵体的形成有利于表达产物的分离纯化，可在一定程度上保持表达产物的稳定，也能使对宿主细胞有毒或有致死效应的目的蛋白，以包涵体形式存在而丧失了原有的生物学活性，因此必须通过有效的变性复杂操作以恢复其生物活性。

（四）原核表达系统的不足

原核表达系统主要存在以下不足：由于缺乏转录加工机制，原核系统只适合表达克隆的 cDNA，不宜表达真核基因组 DNA；由于缺乏适当的翻译后加工机制，原核系统表达的真核蛋白不能形成正确的折叠和进行糖基化、磷酸化、乙酰化等修饰；原核表达系统的真核蛋白常以包涵体形式存在，且表达的真核蛋白易受细菌蛋白酶水解；原核细胞周质中常含有多种内毒素，易污染表达产物，影响产品纯度。

二、真核生物表达系统

真核生物表达系统是指在真核细胞中表达外源基因的体系，主要有酵母、哺乳动物、昆虫细胞（杆状病毒）系统和高等植物系统等。这些表达系统在重组 DNA 药物、疫苗生产及其他生物制剂生产上都获得了一些成功。另外，真核表达系统在研究蛋白质分子功能、了解真核基因表达调控机制等方面也有广泛应用。

（一）真核表达系统的优点

相对于原核表达系统，真核表达系统具有更多的优越性：具有转录后加工系统，因而真核系统可表达克隆的 cDNA 或真核基因组 DNA；具有翻译后加工系统，故可进行糖基化、磷酸化、乙酰化等修饰；某些真核细胞可将外源基因表达产物直接分泌至细胞培养基中，简化了分离纯化的操作。

（二）真核表达载体

真核表达载体大多是穿梭载体，既含有原核克隆载体的复制子、抗性筛选基因和 MCS 等序列，利于在原核细胞中进行目的基因重组和载体扩增；又含有真核细胞的启动子、增强子、剪接信号、转录终止信号和 PolyA 化信号及遗传选择标记等组件，便于在真核细胞中高效、正确表达目的基因。

哺乳动物细胞表达载体通常包括以下元件：①强启动子：位于基因上游，决定转录的起始及速度，启动子的转录效率因细胞而异。②增强子：能提高基因转录效率的端 DNA 序列，发挥作用时与所处的位置和方向无关，应根据宿主细胞来选择增强子。③剪接信号：真核基因的初级转录产物通常需要剪接去除内含子，一般选择在哺乳动物基因转录单位中带有剪接信号的载体。④终止信号和 Poly（A）信号：真核表达载体中必须含有转录终止信号和 Poly（A）信号，以使生成的 mRNA 能有效进行切割和 Poly（A）化。⑤遗传选择标记，为筛选出含重组体的转染细胞，表达载体需带有可供筛选的遗传标记。常用的标记基因有：胸苷激酶基因（*tk*）、二氢叶酸还原酶基因（*dhfr*）、氯霉素乙酰转移酶基因（*cat*）和新霉素抗性基因（neo^r）等。

（三）外源基因的导入和转染细胞的筛选

将外源基因导入真核细胞的方法有两大类：病毒感染和载体转染。病毒感染是一种将外源基因导入细胞的天然方法，而转染则是利用化学或物理等方法将外源基因导入真核细胞的方法。

可利用表达载体中带有的标记基因对转染细胞进行筛选，常用的筛选系统有胸苷激酶基因-HAT 选择系统、二氢叶酸还原酶基因选择系统及新霉素抗性选择系统等。

（四）外源基因在真核细胞中的表达

采用真核系统表达外源蛋白时，由于所用载体、转染方法以及选用宿主细胞的不同，其表达方式也不同，主要有瞬时表达和稳定表达两大类。在实际工作中，应根据实验目的选用不同的表达方式。

瞬时转染的外源基因在宿主细胞中瞬时表达，基因表达和对细胞的影响只能维持较短的时间。瞬时转染方法相对简单，无需筛选，耗时短，各种转染方法都可使用。常用的瞬时表达宿主是源自非洲绿猴细胞株 CV-1 的 COS 细胞。

稳定转染是为获得持续表达外源目的基因的转染细胞，为此需选用药物来进行筛选。稳定转染耗费时间长，因此不易获得成功。常用的稳定表达宿主细胞是中国仓鼠卵巢(CHO）细胞。

第五节　基因工程的下游技术

随着科学的进步，基因工程技术已由实验室走向了工业生产。基因工程的下游技术是现代生物技术的关键技术，它的重要性已越来越为人们所重视。它使我们获得了更好的菌种改良技术和手段，也为攻克医学上疑难杂症（例如癌症、遗传病、艾滋病等）提供了可能。基因工程的下游技术包括基因工程菌的发酵、目的蛋白的分离纯化、目的蛋白的分析鉴定三个部分。

一、基因工程菌的发酵

基因工程菌就是利用基因工程技术改造遗传物质获得的菌株，这样的菌株更适合工业生产应用，产量更高、产物更纯、成本更低。基因工程菌生产的产品主要有两类：蛋白质类和非蛋白质类，其中，蛋白质类是现代基因工程的重点。现在由基因工程菌产生的蛋白质类药物主要有胰岛素、干扰素、人生长激素、乙肝表面抗原等。基因工程技术不仅保证了这些药物的来源，而且使得药物生产的成本大大降低；但是基因工程菌的生产过程也存在一定的问题，尤其是工程菌在保存过程及发酵过程中表现出不稳定性。因此，工程菌不稳定性的解决已成为基因工程这一高技术成就转化为生产力的关键之一。

（一）工程菌的获得

首选确定我们需要的目的产物，然后找出含该产物的细胞，将细胞破碎后提纯全部的信使RNA，这些信使 RNA 中包含了该细胞内表达的所有蛋白质的合成信息。然后利用基因扩增技术（PCR），找出对应的目的基因，将目的基因连接到设计好的质粒载体上，形成重组 DNA 分子，将重组 DNA 分子导入到受体细胞内（如大肠杆菌、枯草杆菌或酵母受体细胞），选择合适的培养条件使细胞繁殖，根据选择性标记，把能表达目的基因的受体细胞筛选出来进行鉴定和表达，能稳定遗传且较好表达目的产物的菌株就是我们需要的基因工程菌。我们选出的工程菌必须具备以下条件：①发酵产品是高浓度、高转化率和高产率的，同时是分泌型菌株；②菌株能利用常用的碳源，并可进行连续发酵；③菌株不是致病株，也不产内毒素；④代谢容易控制；⑤能进行适当的DNA 重组，并且稳定，重组的 DNA 不易脱落。

构建基因工程菌，必须要选择合适的宿主和表达系统，按照翻译后修饰要简单的要求来选择。常用的宿主系统有：大肠杆菌、G^+ 细菌 、低等真核细胞、哺乳动物细胞等。基因工程菌最常用的宿主系统是大肠杆菌，因其体系遗传背景、代谢途径和表达机制清楚，基因工程操作方便，载体系统完备，易培养，成本低，培养周期短，表达效率高和表达产物分离纯化相对简单，抗污染能力强等特点被选为外源蛋白和基因工程菌应用最多的系统。但大肠杆菌作为宿主也存在一些问题，蛋白质翻译后加工机制缺乏；因二硫键的形成、蛋白质糖基化和折叠的立体结构等问题易形成包涵体；其表达的蛋白质基本不分泌，很难进入培养基，通常在周质空间积累；当其表达一些食用与医用蛋白，因产生对人体有害的热源性物质（如内毒素）难以去除，导致使用者发高烧等一系列毒、副反应。

（二）基因工程菌发酵的不稳定性

基因工程菌带有外源基因，外源基因可能重组到质粒中也可能整合到染色体上，这些基因可能不稳定，丢失外源基因的菌往往比未丢失的菌生长快得多，这样就会大大降低产物的表达。为了抑制基因丢失的菌的生长，一般在培养基中选择加入抗生素。此外，基因工程菌发酵的目的是为了获得最大量的外源蛋白，但是大量外源蛋白的形成对宿主细胞是有害的，通常是致死的。失去制造外源蛋白的细菌生长快的多，从而替代有生产能力的菌株，导致了基因的不稳定性。因此，基因工程菌的发酵过程最大的特点就是基因的不稳定性。导致基因不稳定性有以下原因：①分离丢失，在工程菌的分裂时出现了一定比例不含质粒的子代菌。质粒的分离丢失受很多因素的影响，如溶氧、温度、培养基组成和恒化器中的稀释速率等。通常在大的反应器中含有非常多的细胞，总会存在很多无质粒的细胞，例如 1000L 发酵液，每毫升有 10^9 个细胞，总共就有 10^{15} 个细胞，那么在这个反应器中就有 10^9 个无质粒细胞。②质粒结构的不稳定性。质粒结构的不稳定性是指外源基因从质粒上丢失或碱基重排、缺失导致工程菌性能的改变。如果质粒发生突变，仍保留了抗生素抗性基因，但不合成外源蛋白，那么这些突变株仍能在含有抗生素的培养基中生长。而且由于不合成外源蛋白，生长的比原来的工程菌更快，使得在这些培养物中带有突变质粒的菌占统治地位，这种培养情况就是结构不稳定性。另外，表达产物不稳定也是一个很重要的问题，如人干扰素工程菌在表达干扰素时，随着培养时间的延长，干扰素活性反而下降。

提高基因工程菌生产的稳定性是实现外源基因产物高水平生产的基本条件，而基因工程菌生产的稳定性主要在于质粒的稳定性，提高质粒稳定性的方法有：①选择合适的宿主菌。宿主菌的遗传特征对质粒的稳定性有很大影响。宿主菌的生长速率、基因重组系统的特征、染色体上是否有与质粒和外源基因同源序列都会影响质粒的稳定性。②选择合适的载体。低拷贝质粒工程菌产生不含质粒子代菌频率高，增加工程菌的拷贝数可提高其稳定性。高拷贝质粒工程菌产生不含质粒子代菌频率低，但对稳定性不利，所以控制质粒的拷贝数对于提高质粒的稳定性很重要，可以通过对同一工程菌控制不同的比生长速率改变质粒的拷贝数。③选择压力。在培养基中加选择性压力抗生素，可以抑制质粒丢失菌的生长，但是添加选择性压力抗生素对于质粒结构不稳定性无效，大规模生产时不可选。④分阶段控制培养。基因工程菌的培养方式有多种，但是分批培养能够提高质粒的稳定性。第一阶段先使菌体生长至一定的密度，使质粒稳定的遗传，第二阶段诱导外源基因的表达。由于第一阶段外源基因未表达，减小了重组菌与质粒丢失菌的生长速率的差别，增加了质粒的稳定性。⑤控制培养条件。基因工程菌的发酵对于环境有一定的要求，我们可以通过调控环境参数如温度、pH、培养基组分和溶解氧浓度、限制性营养物质来控制比生长速率。

（三）基因工程菌的培养方式

在制备大量微生物菌体或其代谢产物时，可采用不同的发酵方式。本质上来说，基因工程菌的发酵与普通微生物的好氧培养并无两样，但是由于细胞生长和异源基因表达之间有着较大差异，各培养参数在全过程必须分段控制。从生物学的角度要求考虑质粒的稳定性、质粒拷贝数的控制、转录效率的提高与控制、翻译效率的提高及向菌体外的分泌等主要因素。从培养工程菌的角度我们要考虑营养源浓度如碳源、氨基酸、氮源、溶氧等的控制，解除抑制生长的代谢产物。基因工程菌的发酵方式可分为分批发酵、补料分批发酵和连续发酵。为获得大量的基因工程产品，基因工程菌通常采用高密度培养技术（high cell-density culture，HCDC)，又称高密度发酵技术（high cell-density fermentation），即提高菌体的发酵密度，最终提高产物的比生产率（单位体积单位时间内产物的量）的一种培养技术，也就是补料分批发酵技术。

1. 补料分批发酵 补料分批发酵即高密度发酵，是指将种子接种至发酵反应器中进行培养，经过一段时间后，间歇或连续地补加新鲜培养基，使菌体进一步生长。所补材料可为全料（基础培养基）或简单的碳源、氮源及前体等。补料分批发酵以微生物生长、各种基质消耗和代谢产物合成都处于瞬变之中为特征，整个发酵过程处于不稳定状态。为了保持基因工程菌生产的良好微环境，延长其生长对数期，获得高密度菌体，在分批培养中，通常把溶氧控制和添加补料措施结合起来，根据基因工程菌生长规律来调节补料的流加速率。

重组大肠杆菌高密度发酵成功需要从基因工程菌的特点及产物的表达方式采用合理的营养流加方案。大肠杆菌在葡萄糖过量或者缺氧条件下会引起“葡萄糖效应”，积累大量的有机酸，主要是乙酸，从而影响重组大肠杆菌的生长和外源蛋白的有效表达。在重组大肠杆菌的发酵过程中，我们通过合理流加碳源降低“葡萄糖效应”，而常用的流加技术有恒速流加、变速流加、指数流加和反馈流加等。

酵母菌是外源基因一个常用的表达系统，常见的酵母菌表达系统有酿酒酵母（*Saccharomyces cerevisiae*）和毕赤酵母（*Pichia pastoris*）。毕赤酵母是近年来发展起来的一种新型表达系统，能够以甲醇为唯一碳源和能源生长。利用高密度培养技术培养毕赤酵母是采用三阶段法：第一阶段，在甘油或葡萄糖能够为碳源的合成培养基中进行工程菌的分批培养，以积累菌体细胞；第二阶段，在限制生长速率下流加甘油或者葡萄糖的流加补料培养，以进一步提高菌体量；第三阶段，即诱导阶段，开始较低速度流加甲醇，以诱导外源蛋白的表达。

2. 连续发酵 连续发酵是指将种子接入发酵反应容器中，搅拌培养基至一定菌体浓度后，开动进料和出料的蠕动泵，以控制一定稀释率进行不间断的培养，发酵反应器中的细胞总数和总体积均保持不变，发酵体系处于平衡状态，发酵中的各个变量都能达到恒定值而区别于瞬间状态的分批发酵。连续发酵可为微生物生长提供稳定的生活环境，控制其比生长速率，为研究基因工程菌的发酵动力学、生理生化特性、环境因素等对基因表达的影响创造了良好的条件。连续发酵所用的生物反应器比分批发酵所用的生物反应器要小，发酵时细胞的生理状态更一致，容易实现生产过程的仪表化和自动化。啤酒、酵母、酒精、有机酸的生产都采用了连续发酵的生产方式。

但是由于基因工程菌的不稳定性，连续培养比较困难。为了解决这一难题，人们将工程菌的生长阶段和表达阶段分开来，进行两阶段的分批培养。两阶段分批培养关键在于控制诱导水平、稀释率和比细胞生长速率，这样可以保证第一阶段培养时质粒的稳定，菌体在进行第二阶段时可获得最高表达水平或最大产率。

3. 固定化培养 基因工程菌的培养的一大困难在于如何维持质粒的稳定性。有人将固定化技术应用到这一领域里，发现基因工程菌经过固定以后，质粒的稳定性大大提高，便于进行连续培养，特别是对于分泌型菌更加有利。常用的固定化方法有吸附法、包埋法、共价结合法、交联法、多孔物质包络法、超过率法等。至今，基因工程菌的固定化培养研究已经得到了迅速发展。

4. 透析培养 透析培养技术就是利用膜的半透性原理使培养物和培养基分离，其主要目的是通过除去培养液中的代谢产物来解除其对生产菌的不利影响。采用透析装置是在发酵过程中用蠕动泵将发酵液抽出打进罐外的膜透析器的一侧循环，其另一侧通进透析液循环，在补料分批培养中，大量乙酸在透析器中中透过半透膜，降低培养基中的乙酸浓度，并可通过在透析液中补充养分而维持较合适的基质浓度，从而获得高密度菌体。透析膜的种类、孔径、面积，发酵液和透析液的比例，透析液的组成，循环流速，开始透析的时间和透析培养的持续时间段都对产物的产率有影响。

（四）基因工程菌的安全问题

基因工程菌的发酵能够为人类提供珍稀的药物，但是另外一方面，我们应该注意到基因工程菌的潜在危险。基因工程菌含有外源 DNA 片段，其遗传结构与自然界中的 DNA 相比有着较大的差别，进入自然界可能对自然物种形成威胁；另外基因工程菌一般还有抗生素抗性基因，有的还含有病毒的遗传信息，一旦基因工程菌进入工业化生产就不可避免的进入自然界。这些菌会间接地危害人类健康，使治疗药物失去效果，污染环境，对于基因工程菌的安全关注及采取措施防患于未然是非常重要的。

二、目的蛋白的分离纯化

通过探索蛋白质表达的适当条件（如诱导时间、温度以及诱导添加剂量），进行大量的诱导表达后，就要考虑蛋白质的纯化。蛋白质的分离纯化是用生物工程下游技术将目的蛋白从混合物中分离纯化出来所需要的方法，是当代生物产业当中的核心技术。根据蛋白纯化的目的不同，可以进行蛋白质纯化的生物材料很多，我们着重在于表达重组蛋白的基因工程菌的纯化重组蛋白的主要技术加以介绍。分离和纯化的一般流程，首先对生物材料进行前期处理，将重组蛋白与细胞分离开来，然后根据所要纯化的蛋白质的性质选择适当的分离和纯化方法。在蛋白质纯化的操作中应注意保持生物大分子的完整性与活性，防止因酸、碱、高温以及剧烈机械力导致蛋白质生物活性丧失。目的蛋白的分离纯化以及鉴定流程见图 19-21。

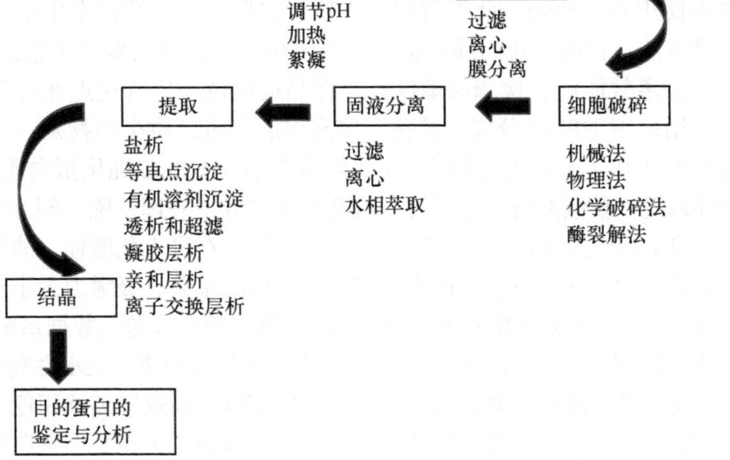

图 19-21 目的蛋白的分离纯化与鉴定流程图

（一）蛋白样品的前期处理

1. 预处理 分离和纯化某一蛋白质首先要将蛋白质从原来的组织中释放出来，并且保持原有的天然状态，不丢失活性物质。前期处理过程中要涉及细胞或菌体的分离或富集，一般采用离心和过滤的方法，因此对发酵液和培养液的状态有要求，要有利于提高固液分离的速度。基因工程菌株和细胞的发酵液或培养液的预处理就是在保证蛋白质生物活性稳定的前提下通过调节 pH、加热等处理来降低溶液的黏度，改变溶液的性质，使其状态更有利于后续操作。

2. 细胞破碎 基因工程菌株和细胞表达的产物，有的可以分泌到细胞外，但大部分存在于细胞内，按照优化的条件诱导培养含有重组表达载体的宿主菌，需通过离心收集、菌体洗涤，然后进行细胞破碎才可以使胞内目的产物最大程度地释放到液相中，以便进行进一步提取。细胞破碎的方法和原理见表 19-2。

表 19-2 细胞破碎方法与原理

名称	原理	方法
机械法	通过机械力的作用使细胞破碎	捣碎法、匀浆法、超声法、淹没法
物理法	通过各种物理因素使组织、细胞的外层结构破坏导致细胞破碎	反复冻融法、急热骤冷法、压力差破碎法
化学破碎法	通过各种化学试剂对细胞膜的作用，使细胞破碎	有机溶剂、表面活性剂、酸碱
酶裂解法	通过细胞本身的酶系或外加酶制剂的催化作用，使细胞外层结构受到破坏，而达到细胞破碎目的	自溶法、酶溶法、外加酶制剂法

3. 固液分离 细胞破碎后的匀浆中含有大量的细胞碎片，必须将其分离除去后才能进一步提取分离，目前主要是过滤、离心、水相萃取等方法。

（二）蛋白分离纯化主要方法

蛋白分离纯化的总目标是增加蛋白制品的纯度或比活，以增加单位质量蛋白质中目标蛋白的含量或生物活性；设法除去不要的蛋白质和变性的蛋白质，并且希望得到的蛋白质的产量达到最高值。对蛋白质的纯化分为粗提纯和精提纯，粗提纯是指选用合适的方法将目的蛋白与其他杂蛋白分离开来，常用的方法有：盐析法、等电点沉淀法、有机溶剂沉淀法等，它们的主要原理都是利用蛋白质在溶液中的溶解度不同来进行分离的。蛋白质的精提纯是指联合几种方法来获得较高纯度的蛋白质样品。对于重组蛋白的分离纯化使用的方法主要是层析技术。依据分离原理的差异，常用的有亲和层析、凝胶层析、疏水层析、离子交换层、反向层析等（见第一章），其中反向层析技术，在洗脱时需使用有机溶剂，此类溶解往往使蛋白质的三级结构发生变化，丧失其活性，原则上应避免使用该方法。目前，我们纯化蛋白质最常用的方法是高效液相色谱（HPLC）法。因其具有分析速度快、分离效能高、检测灵敏度高，样品适用范围广等优点在药学研究和生物医学测定中得到了广泛应用；用 HPLC 分离、纯化、鉴定多肽和蛋白质类药物是一门新技术，但是能够有效地分离和纯化多肽和蛋白质类药物。下面我们将详细对 HPLC 纯化蛋白质这种方法进行叙述。

HPLC 由进样系统、输液系统、色谱柱、检测系统和数据处理系统几部分组成，其基本原理是输液泵将流动相以稳定的流速（或压力）输送至分析系统，在进入色谱柱之前通过进样器将样品导入，流动相将样品带入色谱柱，在色谱柱中各组分依照分配系数、吸附力大小、带电性质、分子量大小的差异依次被分离，并随流动相流至检测器，将检测到的信号送至数据系统记录、处理或保存。

高效液相色谱（HPLC）按其固定相的性质可分为高效凝胶色谱、疏水性高效液相色谱、反向高效液相色谱、高效离子交换液相色谱、高效亲和液相色谱以及高效聚焦液相色谱等类型；根据蛋白质的大小、形状、电荷、疏水性功能等特性以及蛋白质的来源、实验要求可选择不同的分离模式来分离蛋白质。用不同的类型的高效液相色谱分离或分析各种化合物的原理基本和普通的液相色谱原理相似，不同点就在于高效液相色谱灵敏、快速、分辨率高、重复性好，且需在色谱仪中进行。

1. 反向高效液相色谱（reverse-phase high-performance liquid chromatography，RP-HPLC） RP-HPLC 的固定相是非极性的，现在最常用硅烷化基质为固相填料，而流动相是比固定相极性更强的溶剂系统，常采用水-有机溶剂为流动相，其中有机部分常用乙腈或异丙醇，三氟乙酸（TFA）也是反向色谱中常用的离子对试剂。用 RP-HPLC 分离蛋白质是根据蛋白质分子疏水性的不同在两相中的分配不同而得到分离，因其高分辨力、快速、重复性好等优点被广泛应用于蛋白质的分离分析，是所有 HPLC 中应用最广泛的。但是由于天然三维结构的蛋白质对溶剂化作用的微环境的改变是非常敏感的，另外，盐类物质解离引起的离子强度增大及环境的 pH 的不适会导致蛋白质失去生物活性，因此用 RP-HPLC 分离纯化蛋白质有一些具体要求：①如果被分离的物质需要保留其生物活性时，要特别注意固定相的特性和流动相的组成对其活性的影响，需要在分离实验前研究流动相组成对被分离物质生物活性的影响，以选择最佳流动相组成。②选择的固定相填料要合适，硅胶的孔径要能适合蛋白质在此固定相上产生多方位的吸附，特别是分离大分子蛋白质时，如果硅胶孔径不合适，蛋白质分子不能自由扩散通过硅胶细孔，则会造成柱效率和回收率的下降；此外还要考虑蛋白质分子与硅烷基硅胶的相互作用也导致其对流动相的组成的变化的敏感性增高。③必须在确定所需分离的蛋白质分子在层析柱上的保留行为，只由洗脱剂中的一种成分来调节时，才能进行分离，否则如果该蛋白质的保留行为受多种物质的影响则会出现不正常的洗脱峰及发生分子排阻现象。

2. 高效亲和色谱（high-performance affinity chromatography，HPAFC） HPAFC 的基本原理是抗原抗体反应，蛋白质在行使功能时必须和底物、受体、抑制剂等分子进行生物专一性结合，这种高度专一结合特性可用于亲和色谱分离。HPAFC 可以从复杂的混合物中直接分离得到目标蛋白质，对于疫苗、糖蛋白和抗体的分离，此法是最适合的。HPAFC 可以分离纯化酶、抗体、抗原、结合蛋白、受体蛋白、辅助蛋白等；也可以分离变性蛋白、化学改性蛋白等，在蛋白质化学中起着重要作用。目前乳源性的功能蛋白，如乳铁蛋白、乳清蛋白、乳球蛋白等都可以用此法得到分离。HPAFC 是基因工程中最常用的蛋白纯化技术，在各种表达载体上带有各种标签蛋白，如 GST-tag，His-tag，V5-tag 等，它们不仅可以用于蛋白质表达与否，还可以用于与之相连的目标蛋白的纯化，具有高效简便、可以去除大量杂质等优点。

3. 高效离子交换色谱（high-performance ion exchange chromatography，HPIEC) HPIEC 是根据蛋白质分子在一定的 pH 和离子强度条件下所带电荷的差异进行分离的方法，是最早用于蛋白质分离的一种方法。这种方法已成功应用于大多数水溶性蛋白质的分离，包括水解以后的多肽甚至氨基酸，并且在选择合适的流动相 pH 值时能维持蛋白质的生物学活性。HPIEC 是一种吸附性的梯度洗脱过程，具有很好的负载力。近些年来，HPIEC 成为分离蛋白质的重要方法，并且其固相填料中聚合物交换离子剂颇受重视，因为这种填料具有稳定性好、离子交换容量大、对蛋白质的分离具有选择性等特点。离子交换色谱分为阴离子交换色谱和阳离子交换色谱，对于大多数蛋白质在生理 pH6～8 时常选用阴离子交换色谱来进行分离，而对于一些等电点较高的蛋白质来说，如乳铁蛋白，选用强阳离子交换色谱的分离手段则更为有效。

4. 高效凝胶过滤色谱（high-performance gel filtration chromatography，HPSEC） 凝胶过滤色谱又称为体积排阻色谱（size exclusion chromatography，SEC），是根据分子相对大小进行分离的一种色谱技术。SEC 的固定相具有分子筛的作用，流动相为样品溶液，当不同分子大小的样品同时流经凝胶层析柱时，比孔穴孔径大的分子不能进入到凝胶内部，被排阻在孔外，随流动相向下流动，最先流出柱子；而较小的分子渗透进入凝胶孔内部，流动速度慢，路程长，最后流出；而分子大小介于两者之间的样品在流动相中部分渗透，渗透的程度取决于它们的分子大小，流出时间介于两者之间，分子越大的组分越先流出，分子越小的组分越后流出。相对于吸附性液相色谱技术而言，SEC 的分辨力和负载力都很低，但是 SEC 又是一种温和的技术，可用来平衡柱及分离样品的缓冲范围较广。SEC 对于流动相的要求不高，适用范围广，但是用 SEC 进行分离时，出峰的峰宽通常比较大，对于分子量差异较小的组分，分离度不高。

5. 高效疏水色谱（high-performance hydrophobic intercation chromatography，HPHIC） 疏水色谱是用来分离构象不稳定的技术之一，其分离机制类似于反向液相色谱，只是用水性溶液代替了有机溶剂，以键氟化合物作固定相，在用 SDS 或 CTAB 作为流动相的 HPHIC 中，因为溶质存在疏水、亲水并存的非均相环境中，蛋白质在分离过程中会重新发生折叠，因而在变性乳蛋白的检测中表现出劣势。

三、目的蛋白的分析鉴定

经过分离纯化得到的目的蛋白，我们需要对其做分析鉴定，包括目的蛋白含量的测定、分子量的测定、纯度的测定及生物学活性等四个方面。

（一）蛋白含量测定

目前蛋白质的直接定量分析技术只能测定样品的总蛋白量，目前没有方法能直接分析样品中某一特定蛋白成分的含量。最常用的方法是比色法，包括紫外吸收法，Braford 法、BCA 法等。蛋白含量常用的几种方法及原理见表格 19-3。

表 19-3 常用蛋白定量方法的比较

方法	灵敏度	时间	原理	干扰物质	说明
紫外吸收法	较灵敏	快速，5～10min	蛋白质中的酪氨酸和色氨酸残基在280nm 处的光吸收	各种嘌呤、嘧、核苷酸	用于层析柱流出的液的检测，若掺杂有核酸，需要进行校正
Lowery-Folin-酚试剂法	灵敏度高	慢速，40～60min	双缩脲反应，磷钼酸-磷钨酸试剂被 Tyr 还原成蓝色	硫酸铵；Tris 缓冲液；甘氨酸；各种硫醇	检测时间较长，而且操作要求严格计时，且最终颜色深浅随不同蛋白质变化
Bradford 法	灵敏度最高	快速，5～15min	考马斯亮蓝染料与蛋白质结合时，其最大光吸收由 488nm 变为 595nm	强碱性溶液；TritonX-100	最好的蛋白质含量检测法，可检测微量蛋白质；干扰物质少；颜色稳定；颜色深浅随不同蛋白质变化
BCA 法	灵敏度较 Lowery 法高	中速，20～30min	二价铜离子被蛋白质还原为一价铜离子，一价铜离子与 BCA 形成紫色络合物	尿素、B2 巯基乙醇	近年来使用最广泛的蛋白定量法，操作简单，颜色稳定，干扰物质少，不受去垢剂的影响

（二）蛋白分子量的测定

蛋白分子量的测定法目前常用的有 SDS-PAGE 法、凝胶过滤层析法、质谱法等。在这几种方法中，质谱法测定蛋白分子量是最准确的，对样品的消耗少，而且能够与多种分离技术联用，是解决非挥发性、热不稳定性、极性强的复杂复合物的定性定量的高灵敏度检测方法。

1. SDS-PAGE 法测定蛋白分子量 SDS-PAGE 即聚丙烯酰胺凝胶电泳法，在聚丙烯酰胺凝胶中加入 SDS，SDS 是一种是一种阴离子去垢剂，由于蛋白质样品中加入大量的负电荷 SDS，大大超过了蛋白质本身的电荷，蛋白质本身的电荷被覆盖，就像蛋白质穿上了带负电的“外衣”，从而消除了蛋白质分子之间自身的电荷差异。同时 SDS 将蛋白质的氢键和疏水键打开，使蛋白质分子的电泳迁移速率与其所带电荷和形状无关。可根据大小不同的蛋白质分子在聚丙烯酰胺凝胶中电泳速率的不同分离蛋白质，并测出他们的相对分子质量。SDS-PAGE 电泳具有快速、灵敏、分辨率高、重复性好等优点，主要用于蛋白质的分离鉴定和分子量测定。

2. 凝胶层析法测定蛋白分子量 凝胶层析法测定蛋白质分子量的原理见前面内容。

3. 质谱法测定蛋白分子量 质谱法分析蛋白的原理是通过电离源将蛋白质分子转化为离子，然后利用质谱分析仪的电场、磁场将具有特定质量与电荷比值（M/Z）的蛋白质离子分离开来，经过离子检测器收集分离的离子，确定离子的 M/Z 值，分析鉴定未知蛋白。通常结合相应的处理及其他技术，能够比较准确、快速地鉴定蛋白质。质谱技术具有较好的灵敏度、准确度，能准确测定蛋白质。目前质谱主要测定蛋白质一级结构包括分子量、肽链氨基酸排序及多肽或二硫键数目和位置，在对蛋白质结构分析的研究中占据了重要的地位。质谱有进样器、离子源、质量分析器、离子检测器、控制电脑及数据分析系统等组成。传统的质谱仪用于小分子挥发物质的分析，但随着新的离子化技术的出现，如基质辅助激光解析电离飞行时间质谱（MALDI-TOF-MS）和电喷雾电离质谱（ESI-MS）等，各种质谱技术的出现为蛋白质分析提供了一种新的且准确快速的途径。目前，酶解、液相色谱分离、串联质谱及计算机算法的联合应用已成为鉴定蛋白质的发展趋势。

（三）目的蛋白纯度的测定

蛋白质分离纯化的最后一个步骤是鉴定蛋白质样品是否均匀一致，但从目的蛋白质中检测出少量污染蛋白质并不是那么简单，这主要是由于污染蛋白质的量可能低于其分析方法的检测极限，当用一种方法检测蛋白质纯度时，可能有两个或者更多的蛋白质表现行为类似，这种类似的表现行为可能会得出本来是混合物的样品却被认为是均一的错误结论。因此，只用一种方法作为蛋白质纯度的检验标准不很可靠，纯度鉴定需要应用多种分析方法，从不同角度测定蛋白质样品的均一性。下面简单叙述几种测定蛋白质纯度的方法。

1. 电泳法 电泳法是测定蛋白质纯度最常用的方法。如果样品在凝胶电影上显示一条区带，说明样品在其荷质方面是均一的，可作为纯度鉴定的一个指标。如果在不同 pH 下电泳，出现一条区带，说明样品的分子是均一的，只适用于含有相同亚基的蛋白质。等电聚焦电泳是根据蛋白质等电点不同来分辨的，但在进行等电聚焦电泳时，蛋白质有时能和载体两性电解质结合改变其等电点，由于载体两性电解质是组分构成的，而在凝胶上会出现多条微小区带。如果等电聚焦凝胶上只出现一条区带，那么足以证明此蛋白为均一蛋白质；如果出现多条微小区带，不能证明该样品是不均一的。

2. 通过层析性质检测 当样品用线性梯度离子交换层析或分子筛层析分离时，若得到的组分是均一的，则各组分的比活力应当恒定。因此，可以通过层析组分具有相同的比活力判定样品的层析性质是均一的。

3. 免疫化学法 免疫扩散、免疫电泳、双向免疫电泳、放射免疫电泳、放射免疫分析等都是鉴定蛋白质纯度的有效方法，特别是放射免疫分析法发展迅速、应用广泛、几乎普及于生物体内各种微量成分的测定，灵敏度高，但是需要一定的设备，对设备要求高。此外，操作人员需要经特殊训练，长期使用时，操作人员的保健与可能造成公害的废弃物处理均存在问题。因此，近年来发展了以无害标记物取代放射性同位素的免疫法，如两标免疫分析、发光免疫分析等。

4. 蛋白质化学结构分析法 随着蛋白质分析技术的改进，末端基团的测定方法等爷逐渐用于蛋白质纯度的鉴定。对于一个纯蛋白质来说，通过 N-末端的定量分析可以发现，每摩尔蛋白质应当有整数摩尔的 N 末端氨基酸。少量其他末端基的存在，常常表示存在着杂质。此外，对样品进行氨基酸分析也是检验纯度的一个方法，对于一个蛋白质而言，应当发现所有的氨基酸都成整数比，如果含有辅助因子的话，此法常被用来鉴定蛋白质的纯度，其纯度标准是唯一的氨基酸序列，但很少用它来鉴定纯度。

5. 超速离心沉降分析法 凝胶电泳可检测出占主要成分 1%的杂质，但有些样品不适用于电泳分析。例如，脂蛋白和其膜束缚的蛋白质的电泳行为异常，而且其结构完整性需在去污剂存在下才能保持，这时最好选择超速离心法。

（四）目的蛋白生物活性的测定

经过分离纯化得到的目的蛋白需要进一步确定它的生物活性和功能。例如，我们通过基因工程技术和蛋白分离纯化技术得到一种重组蛋白，需要鉴定此重组蛋白是否具有生物活性和功能，我们首先要知道这个蛋白本身应该具有什么功能，如抑制某种生长因子的分泌或者是促进细胞的增长等，在清楚该蛋白的生物功能后设计实验在细胞或者动物身上检测纯化得到的目的蛋白是否能够达到要求。检测一种蛋白对某种细胞活性的影响，我们常用 MTT 法来检测。MTT 法的检测原理是活细胞线粒体中的琥珀酸脱氢酶能使外源性的 MTT 还原为水不溶性的蓝紫色结晶甲瓒而沉积在活细胞中，而死细胞没有这种功能。二甲基亚砜（DMSO）能溶解细胞中的甲瓒，用酶联免疫检测在 490nm 波长处或者 570nm 测定其吸光值，可间接反映活细胞数量。在一定细胞数范围内，MTT 结晶形成的量与细胞数成正比。

第六节 基因工程技术在医学中的应用

基因工程技术不仅使整个生命科学研究发生了前所未有的深刻变化，而且也给医药卫生、工农业生产开拓了新的研究途径。在生命科学研究领域，基因工程技术的主要应用包括：克隆目的基因表达具有生物学活性的蛋白质；利用定点突变技术研究蛋白质功能或蛋白质进行结构改造；开发基因工程药物与疫苗用于疾病治疗；利用转基因技术和基因剔除技术研究基因工程；建立基因诊断与基因治疗技术为疾病的预防、治疗提供新方法。

利用基因工程技术生产有应用价值的药物是当今医药发展的一个重要方向，主要是用克隆的基因表达生产有用的肽类和蛋白质药物或疫苗。基因工程制药是将药物蛋白或多肽的编码基因通过特定的载体导入特定的受体细胞中，通过受体生物或者细胞表达出药物蛋白或多肽，最后将其纯化并制成药剂的过程。

案例 19-2

我国大约有 10%的人口受到乙型肝炎病毒（HBV）的感染，HBV 的感染通常还与肝癌的发病有着密切的关系，全世界每年大约有 60 万～100 万人死于 HBV 的感染。HBV 具有高度专一性，只能感染人类和黑猩猩，意味着只能从肝炎患者身上才能获得有限数量的病毒用来制作疫苗使用。传统的乙肝疫苗主要运用乙肝病毒携带者血清中提纯出来的乙肝病毒表面抗原，先后进过减毒处理和添加佐剂后注入体内预防接种，从患者体内提取制备的乙肝疫苗还有感染艾滋的可能，而且血源价格昂贵，供应量有限，采集困难。传统的乙肝疫苗存在着安全性小、获取困难等问题，因此，利用基因工程技术来生产乙肝疫苗非常重要。

问题：如何通过基因工程技术来生产制备乙肝疫苗？

一、基因工程技术与药物和疫苗的生产

基因工程药物是指利用基因工程技术生产的药物，主要包括细胞因子、抗体、疫苗、激素及寡核苷酸药物等，它们对预防、诊断和治疗人类肿瘤、心血管疾病、糖尿病、类风湿性疾病、

各种遗传病和传染病具有重要作用。自 20 世纪 80 年代初第一种基因工程产品—人胰岛素投放市场以来，以基因工程药物为主导的基因工程产业就已经成为全球发展最快的产业之一。基因工程药物生产的基本过程与其他基因工程产品的基本理论是相通的，包括载体构建、工程菌或细胞培养、目的产物的分离纯化与鉴定等。在我国，生产基因工程药物首先要经过体内外药效分析、临床前研究，然后经国家药品鉴定管理局批准，拿到新药证书和临床批文以后才能投入生产。

基因工程药物有多种分类。按照结构组成不同可分为蛋白类多肽药物、基因工程疫苗、核酸类药物和基因工程化学药物四类。按照作用方式可将基因工程药物分为基因水平作用药物、转录水平药物、蛋白质水平作用药物。按照作用机理可分为三类：①通过蛋白自身的生理生化特性而抵抗疾病的蛋白或多肽类药物；②基于抗原抗体反应的原理而抵抗疾病的基因工程疫苗、基因工程抗体或 DNA 疫苗；③基于中断基因表达而抵抗疾病的反义核酸、核酶和 RNAi。

本章所指的基因工程药物是指以蛋白质为物质基础的药物，包括蛋白质形态的药物，以及抑制蛋白质合成的核酸式药物。

（一）基因工程激素类药物

激素（hormone）是一类由内分泌腺或特异细胞产生的含量极低的生物分子，经血液循环至靶组织，作为一种化学或信号分子引发专一的生理效应。按照化学结构激素可以分为蛋白质多肽类激素、类固醇激素和脂肪酸类激素，表 19-4 列出了基因工程生产的常见激素类药物（表 19-4）。

表 19-4　基因工程生产的常见激素类药物

激素	来源	治疗
降钙素	基因工程	调节钙、磷代谢，维持内环境稳定；治疗以骨量减少、骨更新功能障碍为特点的疾病：骨质疏松、Paget's 疾病、高血钙症等
人心钠素	基因工程	治疗高血压、肾功能不全、充血性心里衰竭等疾病
胰高血糖素	基因工程	治疗糖尿病患者因胰岛素引起的严重低血糖反应和新生儿低血糖
甲状旁腺素	基因工程	维持血钙浓度平衡
促卵泡素	基因工程	治疗不孕症
人绒毛膜促性腺激素	基因工程	治疗不孕症
人胰岛素	基因工程	降低血糖，用于治疗糖尿病，尤其是 I 型糖尿病
生长激素	基因工程	治疗生长激素缺乏症、慢性肾功能不全导致的生长缓慢、垂体性侏儒症等，能够促进骨和软骨的生长，影响蛋白质、糖、脂类的代谢，最终影响机体的生长与发育

（二）基因工程细胞因子类药物

细胞因子（cytokine）是细胞分泌的能调节机体的生理功能，参与细胞增殖、分化、凋亡和行使功能的小分子多肽物质。绝大多数细胞因子是分泌型的小分子多肽，少数结合在细胞膜表面。细胞因子通过与细胞表面的受体结合后发挥作用，其生物学功能主要包括：调节免疫应答、抗病毒、抗肿瘤、调节机体造血功能、促进炎症反应等。

1957 年英国病毒生物学家 Alick Isaacs 和瑞士研究人员 Jean Indenmann 首次发现，利用灭活的流感病毒作为鸡胚绒毛尿囊膜后，可使细胞产生一种干扰病毒繁殖的可溶性物质，称为干扰素。此后已有数百种细胞因子被发现，其中数十种基因重组的细胞因子处于临床研究阶段，用于治疗肿瘤、感染、造血功能障碍等疾病，10 多种已被批准上市，主要包括干扰素（Interferon，IFN）、白细胞介素（Interleukin，IL）、集落刺激因子（Colony stimulating factor，CSF）、杆细胞因子、血小板生成素、肿瘤坏死因子（Tumor necrosis factor，TNF）、促红细胞生成素等、表皮生长因子、碱性成纤维细胞生长因子、角质细胞生长因子。

（三）基因工程抗体

抗体（antibody）是指在抗原物质刺激下产生的，能够与相应的抗原分子结合产生免疫反应的含有糖基的球蛋白。1964年世界卫生组织召开会议，将具有抗体活性及化学结构，并与抗体相似的球蛋白统称为免疫球蛋白（immunoglobulin，Ig）。因此，抗体可以理解为能与相应抗原特异结合的具有免疫功能的球蛋白。抗体都是免疫球蛋白，但免疫球蛋白不一定都是抗体。抗体的结构是由两条相同的重链（heavy chain，H链）和两条相同的轻链（light chain，L链）通过二硫键连接而成的四肽链结构。

抗体的产生经历了 3 个阶段，分别是经典免疫方法产生的异源多克隆抗体、细胞工程产生的鼠源单克隆抗体和基因工程产生的人源单克隆抗体。其中，鼠源性单抗在治疗过程中会出现严重的毒副作用，这主要表现在鼠单抗对人体而言具有较强的免疫原性，可产生较强的人抗鼠抗体（human anti-mouse antibody，HAMA）反应。此外，鼠单抗的生产成本较高，难以大规模普及应用。因此，为了克服以上困难，基因工程抗体应运而生。基因工程抗体属于第三代抗体，是以基因工程技术等高新技术为平台制备的抗体总称，主要包括嵌合抗体、人源化抗体和人源性抗体。随着人源化技术、抗体库技术及抗体体外亲和力成熟技术的日趋完善，基因工程抗体已成为治疗性抗体研发的主体。其优点主要有：①通过基因工程技术的改造，可以最大程度降低抗体的鼠源性，免疫原性大大消除甚至消失；②基因工程抗体的分子量一般较小，更易穿透进入病灶核心；③可以根据治疗的需要，对抗体分子进行改造，设计出不同的抗体片段和类型，以提高抗体的治疗效果；④基因工程抗体的成本大大降低，可以采用真核细胞、原核细胞等多种表达系统大量生产抗体分子。

基因工程抗体的制备主要有两种方法，分别是将人的整套抗体基因克隆噬菌体载体上，构建抗体基因文库和以人的抗体基因置换小鼠的全套抗体基因。

（四）基因工程疫苗

基因工程疫苗是指将病原微生物的保护性抗原编码的基因片段克隆入表达载体，用以转染宿主细胞后得到的产物，或者将病毒的毒力相关基因删掉，使之成为不带毒力相关基因的疫苗。利用基因技术能制备出不含感染性物质的亚单位疫苗、稳定的减毒疫苗和能预防多种疾病的多价疫苗。

案例 19-2 分析讨论

基因工程乙肝疫苗是通过构建含有乙肝表面抗原的重组质粒转染酵母细胞，制备乙肝病毒表面的有效蛋白。利用基因工程方法生产乙肝病毒疫苗曾经历了用大肠杆菌系统、啤酒酵母细胞系统、哺乳动物细胞系统和牛痘病毒系统等几个过程，人们发现利用酵母细胞系统生产的基因工程乙肝病毒疫苗具有良好的免疫原性，免疫应答特点与血源性乙肝疫苗基本相似，且多无严重的不良反应，因此，现在基本用的是酵母基因工程方法来生产乙肝病毒疫苗。首先根据已经测定的编码乙肝病毒表面抗原决定簇基因序列，用化学合成法直接合成目的基因或者用鸟枪法克隆目的基因，然后用识别相同黏性末端的限制性内切酶将外源 DNA 和质粒分子切开，用 DNA 连接酶将外源 DNA 连接到质粒上，构成重组 DNA 分子，借助细胞转化手段将重组体导入酵母细胞中，然后短时间培养酵母细胞以扩增重组 DNA 分子，然后筛选和鉴定转化处理的酵母细胞，获得外源基因高效表达的基因工程菌。重组酵母表达的 HBsAg 在没有化学处理的条件下自发地构成平均直径为 22nm 的球形颗粒，这些颗粒含有未糖基化的 HBsAg 多肽和主要由酵母特有的磷脂构成的脂基。用成功构造的基因工程菌进行扩大培养，经过逐级放大至发酵罐。发酵过程应具备下列特点：原料以碳水化合物为主，不含有毒物质，并加入少量的无机碳源；能容易进行大量有效表达的乙肝病毒表面抗原的生产等。发酵过程应该采用补料分批培养或连续流加补料以保证最优生长和维持细胞浓度、生长速度、和营养供应之间的适当平衡，可加入诱导剂如乳糖到发酵液中去诱导可调节启动子的表达。发酵结束后，通过过滤或者离心使酵母与菌液分离，然后细胞通过高压匀浆破碎，释放出抗原。在细胞破碎前加入蛋白酶抑制剂以防止抗原被分解，破碎后加入表面活性剂使抗原溶解，然后进行微滤，滤液再进行超滤，此时抗原被膜拦截而低分子量宿主细胞内含物通过滤膜去除，然后再对疫苗进行进一步纯化，利用层析法对抗原进行纯化。纯化后的疫苗需要进行纯度测定，乙肝疫苗表面抗原的纯度检定是疫苗质量控制的关键手段之一，常用 HPLC 法来对其进行纯度测定。疫苗的稳定性差，一般在 2～8℃下可保存 12 个月，常采用冻干的方法对疫苗进行保存。

（五）核酸疫苗

核酸疫苗（nucleic acid vaccine）又称基因疫苗（gene vaccine），是指一类将抗原基因重组到表达载体上的重组质粒疫苗，经过肌肉注射或者微弹攻击等方法导入宿主体内，通过宿主细胞表达抗原蛋白，诱导宿主细胞产生对该抗原蛋白的免疫应答，以达到预防和治疗疾病的目的。核酸疫苗是结合现代免疫学、生物技术、生物化学、分子生物学等发展研制而来的，分为 DNA 疫苗和 RNA 疫苗两种，目前研究最多的是 DNA 疫苗。DNA 疫苗因其不需要任何化学载体又称为裸疫苗。疫苗的发展经历了三个阶段，第一代疫苗是多种灭活或减毒疫苗，第二代疫苗是利用基因工程方法研制的亚单位疫苗，第三代疫苗即为基因疫苗。理想的疫苗应该满足安全、廉价、热稳定好，含有多种具有保护作用的免疫原，最好是一次口服即可生效，而前两代疫苗均不能满足这些条件，基因疫苗因此应运而生。而对核酸疫苗的研究是近几十年发展起来的一项新技术，已成为了疫苗研究领域中的热点之一。对核酸疫苗的研究具有深远意义，可用于细菌、病毒、寄生虫等疾病的防治，制备简单、省时省力，能够产生较长久的免疫应答等优点使得核酸疫苗的研制应用前景不可估量。

知识链接：核酸疫苗的发展史

DNA 疫苗是 20 世纪 90 年代发展起来的新型疫苗，是继减毒疫苗、基因工程疫苗之后的第三代疫苗。1990 年，Jon A.Wolff 等在给小鼠直接肌肉内注射质粒 DNA 的时候发现，表达载体质粒、纯化的 DNA 或 RNA 上等重组表达载体可使载体上的基因在局部肌肉细胞内表达，这种表达时间可以持续几个月甚至可以持续终生，且没有检出注射的外源核酸与宿主染色体的混合物。1991 年，R. Sanders Williams 等发现输入的外源基因在体内的表达产物可诱导免疫应答。1992 年，De-ChuTang 等进一步证实了 Williams 等的发现。1993 年，Jeffrey B.Ulmer 直接给小鼠肌内注射含有编码流感病毒核蛋白的重组质粒载体，使小鼠产生了对该病的抵抗力。1994 年，世界卫生组织（WHO）在日内瓦召开会议，将其统一命名为核酸疫苗。目前，在核酸疫苗发展的这十几年的时间里，已经在病毒、细菌、寄生虫等感染性疾病的预防和治疗等领域开展了广泛和深入的研究，针对 HIV、HBV、结核杆菌、疟原虫等的 DNA 疫苗已进入临床试验阶段，并期待研制成功。

二、基因工程技术在医学中的其他应用

基因工程技术在医学上的其他应用还有基因诊断、基因治疗与疾病基因的定位与克隆等（见第二十章）。此外，利用基因工程技术科获得转基因动物或利用基因打靶技术实现在体（动物）特异靶基因失活或置换。再者，基因工程技术对于人类基因组计划（human genome project，HGP）的快速发展和完善起到了很大的促进作用，主要包括大片段 DNA 克隆、DNA 的大尺度分析、全自动 DNA 测序等。当然，HGP 的完成需要弄清人类基因的全部功能、各基因间的关系、基因的表达调控以及人类遗传信息的多样性，这需要科学家持续的努力和科学的进步。

知识链接：世界第一个基因工程药物的诞生——重组人胰岛素

鉴于胰岛素的重要临床价值和重组 DNA 技术应用研究的逐渐深入，国际上开始有不同的公司进行基因工程胰岛素的研究与开发。1978 年，美国 Genentech 公司首次实现了利用大肠埃希菌生产由人工合成基因表达的人胰岛素。1982 年，美国 Eli Lilly 公司将由基因工程菌生产的胰岛素投放市场，重组人胰岛素的开发生产标志着世界第一个基因工程药物的诞生。1978 年，丹麦 Novo Nordisk 公司又推出了利用重组酵母菌生产的胰岛素新工艺。Novo Nordisk 公司的诺和灵（Insulin）和 Eli Lilly 优泌乐（Humalog）是销售额最大的三个基因工程胰岛素产品。

制备重组人胰岛素主要有以下几种方法：①α 链和 β 链分别表达法。化学合成胰岛素 α 链和 β 链编码序列，分别将其插入载体，并与 β-半乳糖苷酶（β-Gal）基因融合，构建融合表达表达载体。将两个融合表达载体转入大肠埃希菌细胞，培养增殖后，分离纯化融合蛋白 β-Gal-α 和 β-Gal-β。之后，在体外用溴化氰（CNBr）裂解融合蛋白，分离纯化 α 链和 β 链。最后，将纯化的 α 链和 β 链融合，经半胱氨酸体外氧化和重折叠，形成有活性的胰岛素。②人胰岛素原表达法。采用 RT-PCR 方法，获取人胰岛素原 cDNA 序列。将获得的 cDNA 序列插入融合表达载体，并转化大肠埃希菌细胞，扩增培养分离纯化含重组人胰岛素原的融合蛋白。由于在胰岛素原分子中存在 C 肽，可使融合蛋白适当折叠。之后，在体外用 CNBr 裂解，使胰岛素原从融合蛋白上解离下来。最后，用胰蛋白酶和羧基肽酶 B 处理，形成由活性的胰岛素。③α 链和 β 链同时表达。该法与 α 链和 β 链分别表达法相似，主要区别是将化学合成的 α 链和 β 链 α 的编码序列克隆至表达载体，表达融合蛋白 β-Gal-β-α。以上三种方法所产生的融合型重组蛋白表达率高、稳定性强，但不能分泌。④将胰岛素或胰岛素原编码序列与 β-内酰胺酶基因拼接，β-内酰胺酶通常能被大肠埃希菌分泌到胞外。由此可以获得稳定、高效表达的分泌型融合蛋白，为胰岛素的后续分离纯化工序减轻了负担。

（杨　霞）

思 考 题

1. 简述基因工程技术的基本过程。为什么说基因工程是生物学和遗传学发展的必然产物？
2. 限制性核酸内切酶可分为哪几类，各有何特点？为什么只有Ⅱ型限制性核酸内切酶常用于基因工程技术？
3. 比较克隆载体和表达载体的异同。
4. 原核生物和真核生物基因表达体系有何差别？
5. 根据你所学的基因工程方面的知识，谈谈你对转基因食品安全性的看法。

第二十章 基因诊断与基因治疗

内容提要

现代医学认为，人类疾病的发生和发展主要由遗传因素和环境因素制约。基因的改变能够引起疾病的发生，而疾病也会导致人体基因结构或表达的异常。从基因水平进行疾病的诊断和治疗，是实现精准化医疗、个性化医疗以及预防性医疗的重要途径。

基因诊断是指采用分子生物学和遗传学的技术方法，对人体细胞DNA序列或其表达产物RNA进行的定性、定量分析。基因诊断具有针对性强、特异性高、灵敏度高、适用范围广等特点。基因诊断的基本策略可分为直接诊断策略（如点突变的检测、片段性突变的检测以及病原微生物基因的检测）和间接诊断策略，即基因多态性连锁分析。基因诊断的基本步骤包括：临床样本的采集、核酸提取、靶序列扩增/分子杂交、信号检测和结果分析。基因诊断常用的技术方法是以核酸分子杂交、聚合酶链反应以及DNA序列分析技术为核心发展起来的。目前，基因诊断已广泛用于遗传性疾病、肿瘤、感染性与传染性疾病等多种疾病的预测和诊断，另外也用于临床疗效评价和用药指导，以及法医学中的亲子鉴定和个体识别等。

基因治疗是指将外源核酸分子经一定方式导入患者靶细胞，通过改变患者细胞的基因序列或表达情况从而实现治疗目的的新型治疗方法。基因治疗按靶细胞分为：体细胞基因治疗和生殖细胞基因治疗；按导入方式分为：间接体内疗法和直接体内疗法；按治疗方法分为：基因置换、基因矫正、基因增补、基因失活、基因沉默、活化前体药物性基因治疗、免疫性基因治疗等。基因治疗的策略有：替换性基因治疗、补偿性基因治疗、调控性基因治疗、自杀基因疗法和免疫基因治疗。基因治疗的基本程序包括：选择治疗基因、选择基因载体、选择靶细胞、基因转移、治疗基因及其表达产物的筛检和回输体内。目前基因治疗已广泛用于遗传性疾病、肿瘤、心血管疾病和感染性疾病等疾病的治疗。

虽然基因治疗已经部分应用于临床，但总体仍处于研究探索阶段，还有许多理论和技术性问题以及伦理学问题有待深入研究。

现代医学认为，人类疾病的发生和发展主要由遗传因素和环境因素制约。无论是遗传因素导致的各种遗传性疾病，抑或遗传因素和环境因素均发挥作用的复杂性疾病如肿瘤，乃至外伤等纯粹由环境因素引起的疾病，都是环境因素和个体遗传因素在人体内相互作用的结果。因此，个体基因与疾病的发生发展存在着密切的关系：基因的改变能够引起疾病的发生，而疾病也会导致人体基因结构或表达的异常。从基因水平进行疾病的诊断和治疗，可以克服传统医学根据临床症状进行诊治而存在的非特异性、滞后性等缺点，是实现精准化医疗、个性化医疗以及预防性医疗的重要途径。随着现代医学技术的发展，基因诊断（gene diagnosis）和基因治疗（gene therapy）在临床上的应用也日益广泛，表现出巨大的医疗应用价值和发展潜力，已成为医学未来发展的重点方向。

第一节 基因诊断

1978 年，美籍华裔科学家简悦威首次应用 DNA 诊断技术开展镰刀形红细胞贫血症的产前诊断，由此开创了基因诊断技术用于临床诊断的新时代。基因诊断技术是继细胞学诊断技术、生物化学诊断技术和免疫学诊断技术之后出现的第四代诊断技术，突破了前三代诊断技术以疾病表型为主要诊断依据的局限，通过直接检测患者基因结构或者功能的异常，从而对疾病做出精确诊断。

由于基因诊断的对象是个体的基因，因此在表型相似而致病机制不同的疾病的确诊、表型正常的疾患或携带者的早期诊断以及遗传易感人群的预防性诊断中，都具有常规诊断技术无可比拟的优势。近年来，基因诊断已被公认为是遗传性疾病最准确、最可靠的诊断技术，同时在肿瘤、感染性疾病以及传染性疾病的诊断中也发挥了越来越重要的作用。

一、基因诊断的特点

从广义上说，凡是采用分子生物学和遗传学的技术方法，对人体细胞 DNA 序列或其表达产物（如 RNA 或蛋白质）进行的定性、定量分析，都可以称为分子诊断（molecular diagnosis）。虽然一般并未将基因诊断和分子诊断作严格区分，但基因诊断通常特指针对 DNA 和 RNA 的分子诊断。

与传统诊断方法相比，基因诊断具有如下特点：①针对性强：直接以疾病的相关基因（DNA）或基因表达产物（RNA）作为检测目标，属于病因诊断；②特异性高：基因诊断采用的很多检测技术，如分子杂交、聚合酶链反应（polymerase chain reaction，PCR）以及基因芯片技术等，都是利用碱基互补配对的原理检测样品中的目的序列，因此检测的特异性非常高；③灵敏度高：分子杂交和 PCR 等检测技术也具有放大效应，故检测所需的样本量非常少，可以达到微量甚至痕量水平，使得临床取样流程大为简化；④适用范围广：由于基因诊断检测目标可以为任意一段 DNA 或 RNA 序列，因此疾病诊断范围已从原先的遗传性疾病逐步扩大到肿瘤、心血管疾病以及感染性疾病等多种疾病类型，此外在疾病预防、疗效评估与用药指导、法医学等领域也有广泛应用。

二、基因诊断的内容与基本策略

目前，基因诊断在临床上主要用于各种遗传性疾病、感染性疾病以及肿瘤等复杂性疾病的诊断。由于这些疾病的致病机制多样，因此对其进行基因诊断所采取的检测策略和要求也各不相同。一般而言，如果某种疾病的致病机制已经阐释清楚，致病基因的序列和结构也已阐明，可以采用直接诊断策略；如果某种疾病的致病基因尚未确定或阐明，或者该疾病的基因突变种类多且分布广泛，可以采用间接诊断策略，即基因多态性连锁分析进行诊断。

（一）直接诊断

直接诊断的前提是疾病的致病基因已知并已被克隆，此时可以通过直接检测基因的点突变、缺失、插入等遗传缺陷来诊断疾病。直接诊断方法简单，结果可靠，并且不需要相关家系资料，因此在临床上的应用也最为广泛。

1. 点突变的检测 点突变即 DNA 分子单个碱基的改变，对于突变位点已被阐明的一些疾病，如 β 地中海贫血，可以采用等位基因特异性寡核苷酸（allele specific oligonucleotide，ASO）分子杂交法、PCR 联合限制性片段长度多态性（restriction fragment length polymorphism，RFLP）分析、基因芯片技术等方法进行检测。而对于点突变未知疾病基因的检测，则可以先采用单链构象多态性诊断法（single strand conformation polymorphism，SSCP）、变性高效液相色谱(denaturing high performance liquid chromatography，DHPLC) 等方法检测是否存在突变，然后进一步采用 DNA 测序明确突变的类型和位置。

2. 片段性突变的检测 片段性突变是 DNA 分子中的一段碱基序列发生了改变，如碱基序列的缺失、插入、重排或扩增等。一般较短碱基序列的缺失或插入可以用 Southern 印迹法、PCR 法等进行诊断；而对于较大碱基序列的缺失或插入，或者基因中存在多个位置缺失或插入的情况下，就需要采用多重 PCR 法，该法目前已经用于杜氏肌营养不良症(Duchene muscular dystrophy，DMD ）等疾病的临床诊断。PCR 法也常用于重排位点序列已知的基因重排的检测。另外，临床上也采用荧光原位杂交技术（fluorescence *in situ* hybridization，FISH）直接观察单个细胞内染色体基因的易位、缺失和扩增等突变情况。

3. 病原微生物基因的检测　感染性疾病是由于病毒、细菌、真菌等病原微生物侵袭人体而发生的。对于此类疾病的诊断一般采用两类方法：一是使用特异性寡核苷酸杂交的方法，这类方法不需要扩增反应，因此稳定性和重复性高，美国 FDA 批准的感染性疾病诊断试剂主要采用这类方法；二是基于靶序列扩增技术的方法，如 PCR 法及其衍生的一系列方法，此类方法简便快速、灵敏度高，但是稳定性和重复性相对不足，因此临床使用受到一定限制。

（二）基因多态性连锁分析

目前，临床上有许多疾病的致病基因尚未被阐明，或者疾病的遗传机制过于复杂，此类疾病只能采用间接诊断策略，即通过基因多态性连锁分析进行诊断。基因多态性连锁分析的原理如下：一条染色体上所有的基因构成一个连锁群，基因之间距离越近，连锁就越紧密，由于染色体重组而分开的概率就越小；此时利用与致病基因相邻的某些 DNA 序列作为遗传标志，即可以通过鉴定遗传标志的存在来判断个体是否带有致病基因。

间接诊断并不直接检测致病基因，因此无需了解致病基因的结构及分子机制。但是由于基因多态性连锁分析需要在家系中进行，因此受到家系资料的完整性、遗传标志的数量和杂合性等因素的影响。目前，临床上用于间接诊断的遗传标志有 RFLP、短串联重复序列（short tandem repeat，STR）和单核苷酸多态性（single nucleotide polymorphism，SNP）等。

三、基因诊断的基本步骤

在基因诊断中通常采用分子杂交法和 PCR 法等技术对目的基因序列进行检测，这些方法虽然具有很高的特异性和灵敏度，但同时也存在易污染和假阳性等问题。因此，在临床上应用基因诊断时要建立严格的诊断标准，确保操作过程中样本基因不被污染，同时设置阳性和阴性对照。另外还需要遵守伦理学要求，如隐私保密、知情同意等。目前，临床上针对不同疾病已经建立了各自的诊断技术流程，但就总体而言，基因诊断的基本步骤包括：临床样本的采集→核酸提取→靶序列扩增/分子杂交→信号检测和结果分析。

（一）临床样本的采集

临床样本的采集和预处理过程是否合理对于基因诊断极为重要。临床样本的采集一方面要考虑病理机制特点，另一方面也要注重采集的便利性和通用性。目前临床上常用的样本包括血液、各种组织或细胞、组织液或分泌物等。同时，采集过程还需依据诊断的对象和要求做出调整，如 RNA 样本非常不稳定，需要新鲜样本并注意低温保存。值得注意的是，血浆 DNA 在肿瘤等复杂性疾病的临床诊断中发挥了越来越重要的作用，可能成为未来基因诊断的重要靶标。

（二）核酸提取

核酸提取的方法依诊断对象和诊断内容的不同而异。如 Southern 印迹法等都是先从组织或细胞中提取得到 DNA 或 RNA，然后对其进行检测，而原位杂交法等是直接将组织或细胞样品固定在支持物上进行检测；DNA 提取后通常可直接作为靶分子进行检测，而 RNA 提取后有时还需要进一步反转录生成 cDNA；基于 PCR 法等扩增反应的检测技术只需采集微量样品就可以进行检测，但是非扩增的检测方法则需要获得足够量的 DNA 或 RNA 样品。

（三）靶序列扩增/分子杂交

获得 DNA 或 RNA 样本后，即可采取不同的方法进行检测。具体检测方法详见下一节内容“四、基因诊断常用的技术方法”。

（四）信号检测和结果分析

基因诊断一般容易存在假阴性和假阳性结果。假阴性结果与样本采集保存的不规范、样本量不足、扩增效率降低、存在干扰性物质等多种因素有关，而假阳性结果一般是样本或检测环节的污染及非特异性反应造成的。因此，基因诊断需要有规范化、标准化的操作流程，并建立严格的诊断质量控制体系，尤其要重视诊断结果的可重复性和可比性。

四、基因诊断常用的技术方法

基因诊断的基本方法是以核酸分子杂交、PCR 以及 DNA 序列分析技术为核心发展起来的，随着现代分子生物学、材料学、信息工程技术等学科的发展，新的发现和技术不断应用于基因诊断，使基因诊断的技术方法得到了突飞猛进的发展。

（一）直接诊断技术

1. 点突变的诊断

（1）ASO 分子杂交：如果点突变的确切位置及其基因序列都已经明确，可以采用 ASO 分子杂交对点突变进行检测。根据突变位点的核苷酸序列，设计包含突变位点在内的一对寡核苷酸探针（N 和 M），分别对应于正常基因和突变基因。将两个探针标记后分别与待检 DNA 样品进行杂交，正常人的 DNA 样品只能与 N 探针杂交，突变纯合子的 DNA 样品只能与 M 探针杂交，突变杂合子的 DNA 样品能同时与两个探针杂交（图 20-1）。如果被检 DNA 样品与两个探针都不杂交，则表明缺陷基因可能是新的突变类型。由此可见，ASO 法不仅可以检测已知突变，还可为发现新的突变基因提供线索，但是，当某种基因存在多种突变类型且其频率又较分散时，采用 ASO 法就有些繁琐。目前，ASO 法已经用于一些遗传性疾病如地中海贫血、苯丙酮尿症的基因诊断，以及癌基因如 *H-ras* 和抑癌基因如 *p53* 等的点突变分析。

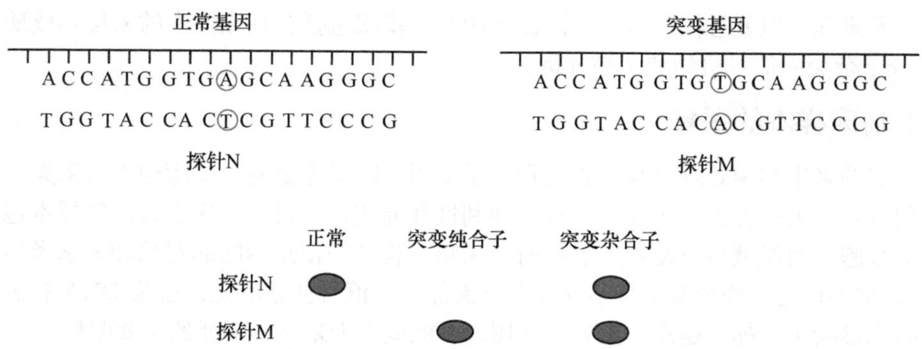

图 20-1 等位基因特异性寡核苷酸分子杂交的基本原理

（2）反向点杂交法：反向点杂交（reverse dot blot，RDB）是在 ASO 的基础上改进而来的，其与 ASO 的操作刚好相反。在 ASO 杂交体系中，待检 DNA 样品固定在杂交膜上，ASO 探针作为流动相与扩增产物进行杂交；而在 RDB 杂交体系中，ASO 探针固定在杂交膜上，而将待检 DNA 样品作为液相进行杂交，这样一次可以同时筛查多种突变，大大提高了诊断效率。目前，RDB 法也已经用于一些遗传性疾病如 β 地中海贫血、囊性纤维化的基因诊断。

（3）SSCP 法：SSCP 可用于 DNA 或 RNA 分子中单个碱基的突变以及微小碱基缺失的检测。其原理为单链 DNA 或 RNA 分子在中性条件下会形成空间构象，这种空间构象依赖于其碱基组成，即使一个碱基的不同，也会形成不同的空间构象而出现不同的电泳迁移率。在 SSCP 基础上发展起来的 PCR-SSCP 法具有快速、灵敏的特点，通常在有可能突变的 DNA 片段附近设计一对引物进行 PCR 扩增，然后将扩增物用甲酰胺等变性，接下来在聚丙烯酰胺凝胶中电泳，突变所引起的 DNA 构象差异将表现为电泳带位置的差异。PCR-SSCP 法既可用于检测已知基因点突变，也能够用于基因多态性或基因未知突变的检测。

（4）DHPLC 法：DHPLC 也是一种可以检测基因未知突变的常用方法。其原理是 PCR 扩增的单链 DNA 产物，可随机与互补链结合形成双链，如果样品 DNA 中不存在点突变，所有 PCR 产物的序列都会是相同的，最终只产生一种同源双链；如果样品 DNA 中存在点突变，PCR 产物中就会存在 4 种不同的 DNA 双链分子，2 种异源双链分子和 2 种同源双链分子。在给定的部分变性洗脱条件下，异源双链分子的变性程度将有别于同源双链分子，可以在液相色谱柱中呈现出不同的滞留时间。因此，可将含不同点突变的片段分离成不同特征性洗脱峰而达到检测基因变异的目的。将洗脱的样品进一步进行 DNA 序列分析，就可以确定样品 DNA 的突变位点和突变类型。

2. 片段性突变的诊断

（1）DNA 印迹法：DNA 印迹也称为 Southern 印迹（见第十八章），其可显示 50 bp～20 kb 的 DNA 片段，是检测基因缺失或插入的常用方法；但其操作相对繁琐，而且会带来放射性污染，所以很难作为一种常规的临床诊断方法加以推广。

（2）PCR 技术：其是体外扩增目的基因的重要技术（见第十八章）。在检测基因缺失或插入时，可以根据待测基因两端的 DNA 序列设计一组引物，然后对待测基因进行 PCR 扩增和琼脂糖凝胶电泳，从扩增片段的大小判断基因缺失或插入情况。目前，大多数基因突变诊断技术都是建立在 PCR 技术的基础上，PCR 技术与其他方法联合应用，具有自动化程度高、分析时间短、结果准确可靠等优点，因此在基因诊断中已有广泛应用。如 PCR-ASO 探针法、PCR-RFLP 法、PCR-SSCP 等。

3. 其他诊断技术

（1）基因芯片技术：基因芯片（gene chip）技术又称 DNA 芯片技术、DNA 阵列等（见第十八章）。基因芯片技术是近年来发展起来的基因分析和检测技术，具有高通量、快速、灵敏、自动化等特点。在临床诊断中主要应用于核酸序列分析、基因表达分析、基因扫描、突变体分析、基因多态性检测等。

（2）DNA 序列测定：分离相关致病基因并直接进行序列测定，是检测基因突变位点和突变类型的最直接、最准确的方法。但是，DNA 序列测定只能用于疾病的分子机制已经明确的遗传性疾病的诊断及产前诊断。

（二）基因多态性连锁分析

1. RFLP 连锁分析　在人类基因组中，平均约 200 个核苷酸即可发生一次变异，这种变异一般不引起生理功能的改变，但是会导致个体之间的核苷酸序列差异，也称为 DNA 多态性。有些 DNA 多态性恰好发生在限制性内切酶的识别位点上，因此用该限制酶酶切 DNA 时就会产生不同长度的片段，即为 RFLP。目前，在人类基因组中已发现有 10 万个 RFLP 位点。在携带某种遗传性疾病的家族中，如果致病基因与特异的多态性片段紧密连锁，就可用这一多态性片段作为一种“遗传标记”来判断家族成员或胎儿的基因组中是否携带致病基因（图 20-2）。但是，应用 RFLP 连锁分析时需要有足够数量的家系成员资料，并且选择杂合率较高的限制性位点。而且，染色体中的基因重组会降低诊断的准确性。目前，RFLP 连锁分析主要用于一些基因较大且突变类型不清楚的单基因遗传病的基因诊断，如杜氏肌营养不良、甲型血友病和苯丙酮尿症等。

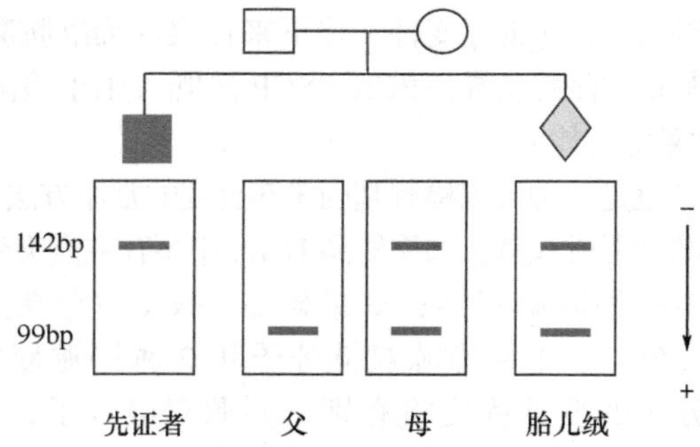

图 20-2 RFLP 连锁分析诊断甲型血友病的基本原理

□代表男性，○代表女性，■先证者，◆胎儿绒毛样品。142bp 为甲型血友病基因连锁片段，99bp 为正常片段，诊断结果证明该胎儿仅是基因携带者，可以继续妊娠

2. STR 连锁分析 短串联重复序列（short tandem repeat，STR）是广泛存在于人类基因组中的一类具有长度多态性的 DNA 序列，也称微卫星 DNA（microsatellite DNA）。STR 总数约有 5 万～10 万个，一般由 2～6 对核苷酸构成，最常见的是二核苷酸重复，其次是三、四核苷酸重复，如（CA）n、（GT）n、（GC）n、（TC）n、（AGC）n、（CAG）n 等。不同个体染色体中的 STR 拷贝数相差悬殊，具有高度的遗传多态性，因此 STR 可以作为一种有效的遗传标志。近年来，STR 连锁分析与 PCR 技术相结合，产生了一种更为简便灵敏的检测方法，即扩增片段长度多态性（amplified fragment length polymorphism，AFLP）连锁分析，只需要利用 PCR 扩增致病基因内部或两侧的 STR，经电泳检测扩增片段长度的多态性，即可快速作出诊断。目前，STR 分析技术已经广泛用于遗传性疾病的基因连锁分析、法医学的亲子鉴定和个体识别等方面，成为继 RFLP 之后的第二代 DNA 连锁分析技术。

3. SNP 连锁分析 单核苷酸多态性（single nucleotide polymorphism，SNP）是指单个核苷酸的变异所引起的 DNA 序列多态性。目前已知 SNP 总数至少有 300 万个，是人类最常见的遗传标志物，几乎在所有基因附近都能找到 SNP 位点。同时，SNP 变异类型简单、易于进行自动化检测，更适合在大规模连锁分析中发挥作用。SNP 连锁分析不同于上述两类分析方法，其实质上是检测基因序列的点突变，因此点突变检测技术也可用于 SNP 分析。但是单个 SNP 位点所能提供的信息极为有限，因此 SNP 连锁分析通常采用多个基因位点的 SNP 进行“单倍型”分析。即根据同一条染色体上的一组或者全部 SNP 位点的随机组合类型来进行分析，称为基于 SNP 的单倍型分析（SNP-based haplotyping）。以 SNP 的单倍型为遗传标志，可以避免因染色体重组等偶然现象所造成的误差，因此可以提高遗传连锁分析和基因诊断的准确性。目前，SNP 已成为公认的第三代 DNA 连锁分析技术。

（三）RNA 诊断

RNA 诊断是对基因的转录产物 mRNA 进行检测，以判断基因的转录效率以及转录物的大小。常用的方法有 RNA 印迹、RT-PCR 及荧光定量 PCR 等。

1. RNA 印迹法 RNA 印迹即 Northern 印迹（见第十八章），RNA 印迹可以检测目的基因是否表达以及表达产物 mRNA 的大小，为疾病诊断提供依据。

2. RT-PCR RT-PCR 即逆转录 PCR（reverse transcription PCR，RT-PCR）（见第十八章），也是一种常用的 mRNA 检测方法，在实际应用时一般与荧光定量 PCR 技术（real-time fluorescence quantitative PCR，RTFQ PCR）相结合，可以直接测定 mRNA 的表达量，目前已广泛用于临床疾病的诊断和疗效评价。

五、基因诊断的应用

基因诊断在临床上主要用于各种疾病的预测和诊断，如遗传筛查、产前基因诊断、早期诊断、鉴别诊断和预后判断等。另外，基因诊断还可以用于临床药物的疗效评价和指导用药，以及法医学中的亲子鉴定和个体识别等。

（一）遗传性疾病的预测和诊断

案例 20-1

患者，男，2 岁。出生 9 个月后出现面色苍白，逐渐加重。因面色苍白 1 年余，发热、咳嗽入院。

体格检查：体重 10kg，体温 38.8℃，脉搏 140 次/分，呼吸 30 次/分。一般情况差，全身皮肤黏膜苍白。双肺呼吸音清晰，心律齐，无杂音。肝脏未触及。

实验室检查：

血分析：RBC：2.07×10^{12}/L（参考值 4.0～5.5×10^{12}/L），WBC：16.5×10^{9}/L（参考值 4～10×10^{9}/L），HGB：43g/L（参考值 120～160g/L），红细胞压积（HCT）：0.147L/L（参考值 0.42～0.49L/L），红细胞平均压积体积（MCV）：69.8fl（参考值 80～100fl），平均红细胞血红蛋白含量（MCH）：20pg（参考值 27～33pg），平均红细胞血红蛋白浓度（MCHC）：301g/L（参考值 320～360g/L），血小板计数（PLT）：109×10^{9}/L（参考值 100～300×10^{9}/L），网织红细胞计数（RC）：4.0%（参考值 0.8%～2%）。

血红蛋白电泳：血红蛋白 A（HbA）：58.5%（参考值 95%），血红蛋白 A2（HbA2）：36.2%（参考值 1.6%～3.5%），血红蛋白 F（HbF）：46.2%（参考值 0.2%～2.0%）。

初步诊断：重型 β 地中海贫血，流行性感冒，建议进一步采用基因诊断技术进行确诊。

问题：

1. 本病例属于哪一种类型的遗传性疾病？发病原因是什么？初步诊断的依据又是什么？
2. 基因诊断技术在本病例的诊断中有何优势？
3. 基因诊断在本病例的防治中有何作用？

1. 遗传性疾病的预测 对遗传性疾病进行提前预测和症状前诊断是基因诊断的主要应用领域之一，也是群体预防性医疗的基础，主要包括遗传筛查和产前基因诊断等。

（1）遗传筛查：遗传筛查一般在婚前或孕前开展，可以确定个体是否携带有特定疾病的基因，并对其子女的患病风险进行分析，从而为遗传性疾病高风险家庭提供遗传咨询和婚育指导。遗传筛查主要针对一些常见或会导致严重后果的遗传性疾病，如镰状红细胞贫血、地中海贫血等。遗传筛查显示为遗传性疾病高风险的家庭，在孕期需要进一步开展产前基因诊断。

（2）产前基因诊断：产前基因诊断是通过对胎儿羊水、绒毛或脐带血等来源的 DNA 进行基因或染色体的检测，以分析胎儿是否携带某种遗传性疾病的基因诊断方法。由于目前临床上对大多数遗传性疾病都缺乏有效的治疗方法，因此，对高危孕妇进行产前基因诊断，预防遗传性疾病患儿出生，是降低遗传性疾病发生率的主要途径。产前基因诊断一般在早、中孕期进行，如诊断出胎儿携带某种严重遗传性疾病，可以建议受试者终止妊娠。否则，也可提前采取相应的预防和治疗措施，延缓或防止疾病的发生。目前，产前基因诊断已广泛用于常见染色体病和单基因遗传性疾病的检测，如 13/18/21 三体综合征、镰状红细胞贫血、α/β-地中海贫血、苯丙酮尿症、甲/乙型血友病、肌营养不良症和脆性 X 综合征等。此外，产前基因诊断也可用于植入前遗传学诊断(preimplantation genetic diagnosis，PGD)、致出生缺陷的感染性疾病病原微生物的检测以及围产期监测等。

2. 遗传性疾病的基因诊断 基因诊断最初主要应用于单基因遗传性疾病的临床诊断。目前，在欧美等发达国家，单基因遗传性疾病的诊断，已成为医疗机构的常规诊断项目。截至 2016 年 5 月，美国华盛顿大学 GENETests 网站（www.genetests.org/）公布的人类遗传性疾病基因检测项目已达 5400 余种（表 20-1）。我国基因诊断的研究和应用始于 20 世纪 80 年代，目前主要开展一些常见单基因遗传性疾病，如 α/β-地中海贫血、甲/乙型血友病、肌营养不良症等的基因诊断。

表 20-1 一些常见单基因遗传病及其缺陷基因

遗传病	病变基因
常染色体显性遗传病	
家族性高胆固醇血症	低密度脂蛋白受体（LDLR）突变
亨廷顿舞蹈症	Huntington 基因发生变异(注：已有诊断用探针)
马尔芬综合征	赖氨酰氧化酶缺陷
肝豆状核变性（威尔逊氏综合征）	P 型铜转运 ATP 酶缺陷
家族性腺瘤性息肉病	APC 基因突变
遗传性球形细胞增多症	红细胞膜蛋白先天缺陷
软骨发育不全症	成纤维细胞生长因子受体-3 基因突变
成年型多囊肾病	PKD 基因突变
常染色体隐性遗传病	
重症联合型免疫缺陷病（SCID）	腺苷脱氨酶缺陷（ADA）
囊性纤维化病（CF）	囊性纤维化跨膜转运调节蛋白（CFTR）突变
苯丙酮尿症（PKU）	苯丙氨酸羟化酶（PHA）突变
镰状红细胞贫血	血红蛋白 β 链第六位 Glu→Val
β-地中海贫血	β-珠蛋白链突变
白化病	酪氨酸酶基因突变
着色性干皮症	DNA 损伤修复基因缺陷
黑尿症	尿黑酸氧化酶基因缺陷
Ⅱ型肝糖原贮积症	α-糖苷酶缺陷
高雪病（Gaucher’s disease）	葡萄糖神经酰胺酶基因缺陷
染色体 X-连锁（X 伴性显性遗传病）	
Alport 综合征（AS）	胶原Ⅳα 链亚单位 α3、4（COL4A3 及 COL4A4）
杜氏肌营养不良症（DMD）	抗肌萎缩蛋白基因
色盲症	红或绿色盲基因
染色体 X-连锁（X 伴性隐性遗传病）	
血友病甲/乙型	凝血因子Ⅷ/Ⅸ缺陷
葡萄糖 6-磷酸脱氢酶（G6PD）缺乏症	葡萄糖 6-磷酸脱氢酶缺失
无汗性外胚叶发育不良症(EDA)	EDA 致病基因突变

案例 20-1 分析讨论

β 地中海贫血，发病原因为血红蛋白珠蛋白 β 亚基基因发生突变，从而导致珠蛋白 β 链合成减少或缺乏所引起的一类溶血性贫血，属于常染色体显性遗传性疾病。本病例临床检测贫血明显，血红蛋白及红细胞均低下，红细胞压积降低，网织红细胞增高，同时血红蛋白 A2 与血红蛋白 F 显著升高，因此初步诊断为重型 β 地中海贫血。

为了进一步确诊并查清突变类型，需要做基因诊断。目前在临床上多采用多聚酶链反应-反向点杂交技术（PCR-RDB）进行诊断。该方法可以直接检测基因突变的类型和组合情况，从而对患者的病情进行精确诊断。本病例采用 PCR-RDB 检测结果显示为珠蛋白 β 亚基 41 /42 位点突变纯合子，确诊为重型 β 地中海贫血。

本病例经基因诊断确诊后，给予抗感染、输血治疗后，发热、咳嗽明显好转，血红蛋白也上升至 110g/L。重型 β 地中海贫血预后不良，严重可导致患儿死亡。因此，积极开展产前地中海贫血基因筛查，可以有效控制地中海贫血疾病的发生。

染色体病是另一类具有严重危害的遗传性疾病，目前在临床上采用 PCR 技术或 FISH 技术，可以快速诊断三体综合征等多种染色体病，极大提高了染色体病诊断的敏感性和效率。

（二）感染性与传染性疾病的基因诊断

感染性与传染性疾病都是由于人体感染了某种病原微生物从而引发的疾病。基因诊断可以通过分子杂交技术和 PCR 技术等方法，直接检测人体组织中是否存在病原微生物的基因或基因表达产物，从而诊断出人体是否感染了某种病原微生物。与传统诊断方法相比，基因诊断具有以下优势：①能够检测非活跃、潜伏的病原微生物，实现症状前检测，有利于疾病的早期诊断和预防；②对于不易体外培养或不能在实验室安全培养的病原微生物也能进行检测；③对病原微生物进行分型及耐药性快速检测；④无需分离培养病原微生物，简便、快速、经济。但是，基因诊断也有不足之处，如只能检测病原微生物的有无及拷贝数的多少，难以诊断出人体感染病原微生物后的反应及变化情况等。因此，基因诊断还需要和其他诊断方法相互补充，才能对这些疾病做出正确的诊断。目前，基因诊断已被广泛应用于感染性与传染性疾病的预测、监控以及病情发展的危险性评估和预后等各个领域。

1. 病毒性疾病的基因诊断 随着现代社会全球化进程的不断加快，病毒传播的范围越来越广，危害也越来越大。本世纪初人类社会爆发了几次全球性的病毒感染事件，已经给人类的健康安全敲响了警钟。由于基因诊断方法无需病毒培养，具有安全、快速、敏感等优点，因此在病毒性疾病的临床诊断中得到了广泛运用。目前，基因诊断已能检测多种常见的病毒性感染，如甲型肝炎病毒（hepatitis A virus，HAV）、乙型肝炎病毒（hepatitis B virus，HBV）、丙型肝炎病毒（hepatitis C virus，HCV）、人类免疫缺陷病毒（human immunodeficiency virus，HIV）、巨细胞病毒（cytomegalovirus，CMV）、人类乳头瘤病毒（human papillomavirus，HPV）、单纯疱疹病毒（herpes simplex virus，HSV）等。此外，基因诊断也能用于一些爆发性病毒感染的诊断和病情发展的监控，如 SARS 冠状病毒、埃博拉病毒和寨卡病毒等。

2. 细菌性疾病的基因诊断 细菌是临床感染性疾病的主要病原微生物，由于抗生素药物的滥用，耐药性细菌感染已成为危害人类健康的重要因素。基因诊断在细菌分型、耐药性基因检测以及流行性爆发监测等方面都显示出巨大的优势，因此在细菌性疾病的临床诊断中也得到了广泛应用。目前，许多致病性细菌都能采用基因诊断法进行检测，如结核分枝杆菌、金黄色葡萄球菌、幽门螺杆菌、淋病奈瑟菌、绿脓杆菌、沙门菌、志贺菌等。

3. 其他病原微生物感染性疾病的基因诊断 除了病毒和细菌外，临床上能够导致人体感染的病原微生物还有衣原体、支原体、螺旋体、立克次体以及寄生虫等。目前，临床对于这些病原微生物感染性疾病已都建立相应的基因诊断方法。基因诊断还可以检测这些病原微生物感染性疾病是现行还是既往感染，以及是否存在混合感染等。

（三）肿瘤的基因诊断

人类肿瘤的发病机制非常复杂，由于缺乏有效的早期诊断技术，临床上确诊的肿瘤往往已到病程的中后期，此时临床治疗效果和预后均不佳。但是，随着现代医学和分子生物学的发展，人们已经认识到在肿瘤发生的早期，甚至在还未发生肿瘤病变时，人体细胞已有基因结构或表达的异常，因此可以通过基因诊断技术对肿瘤进行易感性预测以及早期诊断等。

1. 肿瘤易感性的预测 癌基因或抑癌基因结构和表达的异常是肿瘤发生的重要因素，因此基于这类基因的预测性诊断，可以为受试者提供相关肿瘤发生风险的评估意见。目前，一些恶性肿瘤易感性的预测性诊断，已在临床上采用，诊断的结果可以为遗传咨询提供依据，这也是预防性治疗的基础。随着人们对肿瘤发生机制认识的不断深入，肿瘤易感性的预测将得到更为广泛的应用，成为未来肿瘤诊断的重要领域。

2. 肿瘤的诊断 基因结构和表达的异常贯穿了肿瘤发生发展的整个过程，因此在肿瘤的早期诊断、分期分型、病情检测以及评估预后中，这些基因或基因表达产物都能作为诊断的标志物。目前，作为肿瘤诊断标志物的基因或基因表达产物主要有以下类型：

（1）癌基因或抑癌基因：癌基因、抑癌基因及其表达产物是临床上使用最为广泛的肿瘤标志物，如 *K-ras*、*c-myc*、*p53* 等目前已经用于结肠癌等恶性肿瘤的临床早期诊断（表 20-2）。

表 20-2 部分常见恶性肿瘤的基因诊断

疾病	致病基因	诊断方法
肝癌	*K-ras*、SAMS	ASO 杂交、RT-PCR、Northern 杂交
小细胞肺癌	*K-ras*、*H-ras*、*p53*	ASO 杂交、SSCP
乳腺癌	BRCA1、BRCA2	SSCP、直接测序
结肠癌	APC、*K-ras*	SSCP、PCR
前列腺癌	KAI1 等	RT-PCR
胰腺癌	*K-ras*、CCK-A	PCR-酶切分析

（2）肿瘤相关病毒：现代流行病学调查和分子生物学研究，揭示病毒感染可以引起肿瘤。目前国际上已经确定一些病毒与特定的肿瘤有关：如 EB 病毒与鼻咽癌、人乳头瘤病毒与宫颈癌、肝炎病毒与肝癌、人类嗜 T 细胞病毒与白血病等。因此，通过检测这些病毒基因可以为相关肿瘤的预防和诊断提供依据。

（3）其他肿瘤标志：现代肿瘤病学研究发现肿瘤的发生与细胞微卫星不稳定性、基因异常扩增以及染色体异常等均有密切联系，因此对于这些遗传变异的检测也可用于肿瘤的早期诊断和治疗指导。如肺鳞癌通常可见 *c-erB-B1* 基因的扩增，并与临床化疗的耐药性有关，因此可用于肺鳞癌的诊断和治疗指导。

（四）疗效评价和用药指导

基因诊断可用于临床治疗的疗效评价并提供指导用药的信息。微小残留病（minimal residual disease，MRD）的概念指出，即使肿瘤原发病灶已被去除，但是病人体内仍存在单个或微小集落形式的肿瘤细胞，这些细胞是肿瘤复发的主要原因，但是依靠常规诊断技术难以诊断。而 PCR 技术由于其灵敏度高、简单快速等特点，现已成为临床上检测微小残留病的常规方法，可以为临床医生在肿瘤治疗过程中制定治疗方案、判断治疗效果以及疾病预后等提供重要依据。

人体基因组的多态性会导致个体之间药物代谢酶类的不同，这是造成个体之间药效差异的主要原因之一。因此，通过提前检测个体的相关基因，并针对不同个体的基因型制订相应的药物治疗方案，就可以达到提高疗效、减少药物不良反应的目的。例如，某些儿童存在线粒体 12S rRNA 的 A1 555G 点突变，这些儿童在使用氨基糖苷类抗生素时有可能发生药物中毒性耳聋。因此，通过遗传筛查对存在突变的儿童避免使用氨基糖苷类抗生素，就可以有效防止此类儿童的药物中毒性耳聋。目前，人们正在深入研究药物代谢酶类或相关蛋白的基因多态性，并进一步开发检测这些基因的诊断方法，这些工作将为临床治疗的个体化用药提供依据。

（五）亲子鉴定和个体识别

亲子鉴定和个体识别都需要对个体的身份进行鉴定。传统的鉴定方法有血型鉴定、外貌特征比对等，但是这些方法的鉴定准确率较低。由于除了同卵双胞胎或多胞胎外，个体之间的 DNA 序列都不相同，并且有些 DNA 差异具有高度的个体特异性和终生稳定性。因此，这类具有个体特征的遗传标记就可以用于亲子鉴定和个体识别，如 DNA 指纹分析（DNA fingerprinting）、STR-PCR 技术等。目前，采用 STR 作为遗传标记，其鉴定肯定概率高达 99.99%以上，已经成为法医实验室进行亲子鉴定和个体识别的主要技术。

第二节 基因治疗

基因治疗（gene therapy）是指将外源基因经一定方式导入患者靶细胞，通过改变患者细胞的基因表达情况从而实现治疗目的的新型治疗方法。由于基因治疗直接针对导致疾病发生的异常基因，可以从根本上治愈常规方法无法治疗的疾病，因此在许多严重威胁人类健康的疾病，如遗传性疾病、肿瘤、心血管疾病、感染性疾病等的治疗上都具有极大的优势和发展潜力。自从 20 世纪 90 年代，W. French Anderson 等对两例严重复合型免疫缺陷症（severe combined immunodeficiency disease，SCID）患儿进行基因治疗并取得成功，至 2014 年，全世界已经有约 2000 余项基因治疗方案正在进行临床研究或已被批准用于临床治疗。其中，癌症居基因治疗的首位。目前每年用于基因治疗的投资超过 10 亿美元，主要集中在欧美等国家。我国的基因治疗研究开展较早。1991 年，我国复旦大学遗传所薛京伦领导的课题组与上海长海医院、第二军医大学合作，对 2 名乙型血友病患儿兄弟实施了基因治疗，揭开了我国基因治疗应用于临床的序幕。同时，国家 863 高技术项目正式启动肿瘤基因治疗的课题研究。目前，我国已有多个基因治疗方案获得有关部门的批准，如采用血管内皮生长因子（VEGF）治疗外周梗塞性下肢血管病、凝血因子治疗血友病方案等已获准进入临床试验。

一、基因治疗的分类

早期的基因治疗特指将正常基因或有治疗作用的 DNA 片段，导入人体靶细胞内以矫正或置换致病基因的治疗方法。但是随着基因治疗技术的发展，基因治疗的内涵已得到极大扩展，从广义上说，凡是采用分子生物学技术在核酸水平上对疾病进行治疗都属于基因治疗范畴。目前，基因治疗在临床上已有了广泛的研究和应用，已发展出多种类型的治疗方法。

（一）依据治疗靶细胞分类

1. 体细胞基因治疗 是指将外源基因转入患者体细胞的基因治疗方法。这种治疗方法主要应用于单基因遗传性疾病的治疗，如免疫缺陷、地中海贫血、血友病等。目前正在进行的体细胞基因治疗研究项目已有数百项，但是其中只有少数已经进入临床应用。由于体细胞基因治疗仅限于患者个体，不会造成遗传扩散等伦理风险，因此目前体细胞基因治疗已被批准用于人类疾病的治疗。

2. 生殖细胞基因治疗 是将外源基因转入患者的生殖细胞（精子、卵子）或早中期胚胎的基因治疗方法。生殖细胞基因治疗的优势在于，不仅当代可以得到根治，而且其治疗效果可以延续给子代。但是这一方法具有潜在的风险和伦理学问题，因此，目前尚未批准用于人类疾病的治疗。

（二）依据基因导入方式分类

1. 间接体内疗法 间接体内疗法（ex vivo）通过分离并在体外培养人体靶细胞，然后将外源基因导入靶细胞，经过筛选后再将靶细胞回输病人体内，使带有外源基因的细胞在体内表达相应产物，达到治疗的目的。间接体内疗法的基本过程类似于自体组织细胞移植，是目前研究和应用较多的基因治疗方法。

2. 直接体内疗法 直接体内疗法（in vivo）即将外源基因直接导入体内器官组织的相应细胞内，以治疗疾病的方法，如肌肉注射、静脉注射、器官内灌输、皮下包埋等。这种方法简便易行，但是基因转染效率较低。

（三）依据治疗方法分类

依据治疗靶点、治疗目的以及所采取技术的不同，基因治疗包括以下几种方法，如基因置换、基因矫正、基因增补、基因失活、基因沉默、活化前体药物性基因治疗、免疫性基因治疗等（详见“二、基因治疗的总体策略”）。针对不同的疾病，可以采用不同的治疗方法来制定基因治疗策略。

二、基因治疗的总体策略

基因治疗的策略大致分为以下几种：

（一）替换性基因治疗

主要包括基因置换和基因矫正两种方式。基因置换（gene replacement）是用正常的基因通过细胞内基因同源重组，原位替换缺陷基因，从而实现对缺陷基因的精确修复的治疗方法。基因矫正（gene correction）也属于此范畴，它是对突变基因的异常碱基进行纠正。基因置换或基因矫正是最为理想的基因治疗方法，不会破坏整个基因组的结构，但目前基因定向同源重组技术尚不成熟，限制了其临床应用。

（二）补偿性基因治疗

主要有基因增补技术。基因增补（gene augmentation）又称基因替代或基因添加，是在不去除异常基因的情况下，将正常基因导入宿主细胞并表达功能正常的蛋白质，从而达到治疗疾病的目的。基因增补实际上是基因的异位替代，能替代异常基因的功能或使原有的某些功能得以加强。该方法也是目前基因治疗采用最多的策略，如国际上第一例对严重复合型免疫缺陷症（SCID）患儿的基因治疗，以及国内第一例对乙型血友病的基因治疗都是采用这一方法。

（三）调控性基因治疗

主要包括基因失活或基因沉默技术。基因失活（gene inactivation）或基因沉默（gene silencing）是指向宿主细胞内导入具有抑制基因表达作用的核酸分子，通过抑制或封闭相应基因的mRNA，从而阻断该基因的表达。基因失活一般用于基因过度表达所引起的疾病，如很多肿瘤都存在癌基因的过度活化，此时可以向肿瘤细胞内导入肿瘤抑制基因（如 *p53*）来抑制癌基因的表达，也可以利用反义 RNA、核酶、肽核酸以及 siRNA 等直接抑制或阻断癌基因的表达，从而达到抑制肿瘤细胞增殖的目的。另外，基因失活技术还可用于封闭肿瘤细胞耐药基因的表达，从而增加临床化疗的效果。

（四）自杀基因疗法

自杀基因疗法（suicide gene therapy）是将某些病毒或细菌的酶基因导入肿瘤细胞，其表达产生的酶可将无细胞毒性或低毒性的药物前体转化为细胞毒性产物，从而导致肿瘤细胞死亡。而正常细胞因为不含这种外源基因，故不受影响。此类酶基因也称为自杀基因，常见的有单纯疱疹病毒胸苷激酶（HSV-tk）基因和大肠杆菌胞嘧啶脱氨酶（EC-CD）基因等。

（五）免疫基因治疗

免疫基因治疗（immunogene therapy）是将抗体、抗原或细胞因子的基因导入患者体内，通过激活或增强患者的免疫功能，达到预防和治疗疾病的目的。其中，抗原基因也称 DNA 疫苗，其在宿主细胞中可以持续表达抗原蛋白，不断刺激机体产生免疫应答反应。细胞因子一般包括肿瘤坏死因子、干扰素等，如白细胞介素-2（IL-2）可以激活体内免疫系统的抗肿瘤活性，目前已应用于多种恶性肿瘤的临床试验。

三、基因治疗的基本程序

基因治疗的基本程序可分为 6 个步骤：①选择治疗基因；②选择基因载体；③选择靶细胞；④基因转移；⑤治疗基因及其表达产物的筛检；⑥回输体内。其中选择基因载体、基因转移和治疗基因及其表达产物的筛检等环节采用了基因工程的原理和方法。

（一）选择治疗基因

基因治疗的首要问题是选择对疾病有治疗作用的目的基因。因此，需要首先明确疾病的致病机制和拟采用的治疗策略，然后有针对性地选择治疗基因。治疗基因可以是个体细胞、细菌或病毒内存在的基因，也可以是人工合成的核酸分子。对于单基因缺陷引起的遗传性疾病，就可选择相应的野生型基因作为治疗基因，如选用腺苷脱氨酶（ADA）基因治疗 ADA 缺陷导致的重症联合免疫缺陷综合征（SCID）。而对于肿瘤，则可以选择反义 RNA、核酶以及 siRNA 等抑制癌基因的表达，从而发挥治疗作用。

（二）选择基因载体

要有效的将治疗基因导入人体细胞内，需要借助合适的基因工程载体（见第十九章）。目前使用的基因载体有病毒载体和非病毒载体两大类，临床治疗一般多选择病毒载体。常用的病毒载体有逆转录病毒（retro-virus，RV）、腺病毒（adeno-virus，AV）、腺病毒相关病毒（adeno-associated virus，AAV）等。几种常用病毒载体的特点见表 20-3。

表 20-3 几种常用病毒载体的主要特点比较

	逆转录病毒载体	腺病毒载体	腺相关病毒载体
基因组大小	8.5kb	36kb	5kb
核酸类型	RNA	DNA	DNA
外源基因容量	<9kb	2～7kb	<3.5kb
重组病毒滴度	中	高	较低
靶细胞状态	分裂细胞表面有特异受体	分裂细胞或非分裂细胞	分裂细胞或非分裂细胞
基因整合	随机整合	不整合	优先整合于染色体 19q 位点
外源基因表达情况	短暂表达/稳定表达	短暂表达	稳定表达
基因转移效率	高	高	不明
生物学特性	清楚	清楚	尚未研究清楚
安全性	不明	病毒蛋白可引起炎症及免疫反应	无病原性

（三）选择靶细胞

由于安全因素和伦理学问题的限制，目前基因治疗禁止采用生殖细胞，而仅限于体细胞。人类的体细胞有 200 多种，但是大多数体细胞还不能进行体外培养，因此能用于基因治疗的体细胞十分有限。目前能成功用于基因治疗的靶细胞主要有：造血细胞、上皮细胞、内皮细胞、成纤维细胞、肝细胞和肌细胞等。

1. 造血干细胞 造血干细胞（hematopoietic stem cell）是骨髓中具有高度自我更新能力的细胞。造血干细胞在体外经过扩增后，已成为基因治疗最有前途的靶细胞之一。但造血干细胞在骨髓中含量很低，难以满足基因治疗的需要，因此人脐带血细胞是造血干细胞的主要来源，它在体外增殖能力强，移植物抗宿主反应发生率低，是替代骨髓造血干细胞的理想靶细胞。

2. 皮肤成纤维细胞 皮肤成纤维细胞的优点是：皮肤面积大、易采集、可在体外扩增培养、易于移植等，是基因治疗很有发展前途的靶细胞来源。带有治疗基因的逆转录病毒载体能高效感染原代培养的成纤维细胞，将它再移植回受体时，治疗基因可以稳定表达一段时间，并通过血液循环将表达的蛋白质送到其他组织。

3. 肌细胞 肌细胞的 T 管系统与细胞外直接相通，将质粒 DNA 直接注射入肌组织，质粒 DNA 可内吞进入细胞内，而且肌细胞内的溶酶体和 DNA 酶含量很低，质粒 DNA 以环状形式在胞浆中存在，不整合入细胞基因组 DNA，能在肌细胞内长时间保留并持续表达，因此肌细胞也是基因治疗的理想靶细胞之一。

（四）基因转移

将外源治疗基因准确高效地转入靶细胞，并使之安全可控的在体内表达，是基因治疗成败的关键。目前，将治疗基因导入靶细胞的方法有两类：一类是非病毒介导的基因转移，包括物理方法（如显微注射、电穿孔、DNA 直接注射法和基因枪技术等）和化学方法（如磷酸钙沉淀法、DEAE—葡聚糖法、脂质体介导的基因转移等）（见第十九章）。另一类是病毒介导的基因转移，这是目前基因治疗采用最多的方法。

（五）治疗基因及其表达产物的筛检

在间接体内疗法中，基因转染效率很难达到 100%，因此首先需要利用载体中的筛选标记对靶细胞进行筛选，然后再对靶细胞中治疗基因的表达状况进行进一步检测，只有稳定表达外源治疗基因的靶细胞，才能回输病人体内发挥治疗作用。而在直接体内疗法中，也需要对导入体内的外源基因的表达情况进行检测。目前常采用生物化学与分子生物学、免疫学等方法进行筛检，如 PCR 技术、核酸分子杂交技术、ELISA 技术等（见第十八章 常用分子生物学技术）。

（六）回输体内

在间接体内疗法中，经过严格筛检的含有治疗基因的靶细胞，还需要回输体内才能发挥治疗作用。一般不同类型的细胞以不同的方式回输体内：如淋巴细胞可经静脉回输入血；造血细胞可采用自体骨髓移植的方法；皮肤成纤维细胞经胶原包裹后可埋入皮下组织中等。

四、基因治疗的应用

基因治疗最初主要用于单基因遗传性疾病，因为此类疾病的发生机制简单明确，设计治疗方案相对容易。但是随着现代医学的发展，许多复杂性疾病的分子机制也逐渐被阐明，基因治疗范围也因此得以扩展，由最初只用于单基因遗传性疾病，逐步扩展到对肿瘤、心血管疾病和感染性疾病等复杂性疾病的治疗上。

（一）单基因遗传性疾病的基因治疗

案例 20-2

患者，男，5 岁，体重 22 kg。8 个月开始在双侧腋下、背部反复出血，常有皮肤瘀斑，外伤后出血不止。双侧膝关节、肘关节、肩关节及踝关节反复肿痛，每月关节出血 1～2 次。鼻出血、牙龈出血。

实验室检查：

血分析：RBC：3.57×10^{12}/L（参考值 4.0～5.5×10^{12}/L），WBC：12.3×10^9/L（参考值 4～10×10^9/L），Hb：123g/L（参考值 120～160 g/L），红细胞压积（HCT）：0.42 L/L（参考值 0.42～0.49 L/L），血小板计数（PLT）：188×10^9/L（参考值 100～300×10^9/L）。

凝血全套：活化部分凝血活酶时间（APTT）：112.8s（参考值 24～36s），凝血酶原时间（PT）：12s（参考值 12～16s），国际标准化比值（INR）：0.94（参考值 0.8～1.5），凝血酶时间（TT）：15.2s（参考值 11～18s），纤维蛋白原（Fbg）：2.62 g/L（参考值 2～4 g/L）。

凝血因子检测：凝血因子Ⅱ（FⅡ）：113.2%（参考值 70%～120%），凝血因子Ⅴ（FⅤ）：133.1%（参考值 70%～140%），凝血因子Ⅶ（FⅦ）：115.2%（参考值 70%～120%），凝血因子Ⅷ（FⅧ）：146.6%（参考值 70%～150%），凝血因子Ⅸ（FⅨ）：0.9%（参考值 70%～120%），凝血因子Ⅹ（FⅩ）：116.8%（参考值 70%～120%），凝血因子Ⅺ（FⅪ）：113.6%（参考值 70%～120%），凝血因子Ⅻ（FⅫ）：125.2%（参考值 70%～150%）。

血沉正常，束臂试验阴性。

诊断结果：重型乙型血友病。

问题：

1. 本病例发病原因是什么？临床传统治疗有何缺点？
2. 本病例的基因治疗应采用哪一策略？如何进行？
3. 基因治疗在本病例的临床治疗中有何优缺点？

单基因遗传性疾病是由单个基因缺陷所引起的一类疾病。这类疾病的发生机制较为简单，治疗也相对容易。一般只需要将正常基因导入人体内，能够表达出有功能的正常蛋白，即可实现治疗目的。单基因遗传性疾病的种类很多，迄今已发现了 6000 多种，如腺苷脱氨酶（ADA）缺陷引起的严重联合免疫缺陷综合征、苯丙酮尿症（PKU）、杜氏肌营养不良症、囊性纤维变性、镰状红细胞贫血、地中海贫血、血友病等。

世界上第一例成功的基因治疗病例是对腺苷脱氨酶（ADA）缺陷引起的严重联合免疫缺陷综合征的治疗。该病的分子机制是由于 *ada* 基因缺陷，导致人体 T、B 淋巴细胞发育受阻，进而引起的重症联合免疫缺陷。1990 年，美国批准了 ADA 缺陷的基因治疗方案。首先分离患儿血细胞中的单个核细胞，体外培养并刺激 T 淋巴细胞增殖，以携带 ADA 基因的逆转录病毒转染增殖细胞，数日后将细胞回输患者体内。该患儿在随后的 10 个半月中，共接受了 7 次上述的自体细胞回输，PCR 分析表明，治疗后患儿血液中约有相当于正常人 25%的 ADA 基因转染细胞，患儿免疫功能明显增强，临床症状得到改善。

我国首例基因治疗的成功病例是对乙型血友病的治疗。乙型血友病是由于凝血因子Ⅸ缺失所引起的凝血功能障碍性疾病。研究者将人Ⅸ因子基因与反转录病毒重组后，转移到患者的皮肤成纤维细胞中，经过克隆筛选出高表达Ⅸ因子的细胞株，再与胶原混合后直接注射到患者腹部皮下，结果患者血中Ⅸ因子浓度升高，出血症状及出血次数都明显减少，有的患者 8 年随访仍安全有效。

案例 20-2 分析讨论

乙型血友病（hemophilia），又称凝血因子Ⅸ缺乏症或血浆凝血活酶成分缺乏症，是一种 X 染色体连锁隐性遗传病，起因于凝血因子Ⅸ（FⅨ）编码基因突变从而导致凝血因子Ⅸ的缺乏。该病在男性中发病率约为 1/25 000。该病传统治疗手段为替代治疗，如输注血浆或凝血因子Ⅸ等，但是血液制品输注容易传染疾病，而长期反复输注外源性 FⅨ可引起 FⅨ抑制物形成，并且医疗费用昂贵。

结合病人情况，征得病人家属同意后，决定采取基因治疗方法，将人Ⅸ因子基因与反转录病毒重组后，转移到患者的皮肤成纤维细胞中，经过克隆筛选出高表达Ⅸ因子的细胞株，再与胶原混合后直接注射到患者腹部皮下，结果患者血中Ⅸ因子浓度升高，出血症状及出血次数都明显减少。一年后，患者血中Ⅸ因子浓度下降，因此再次接受细胞输注，在随后的 3 年时间内，患者病情稳定，治疗结果令人满意。

基因治疗可以极大提高乙型血友病治疗的方便性和降低治疗成本，已经成为乙型血友病治疗的重点发展方向。目前，乙型血友病的基因治疗虽然取得了一些成绩，但还存在许多问题，如反转录病毒载体的安全性、外源因子不能持续表达等。因此，乙型血友病的基因治疗还未能真正在临床上推广。

（二）肿瘤的基因治疗

目前已被阐明和克隆的肿瘤致病基因已有很多，因此对肿瘤基因治疗的研究也日趋活跃，世界各国已经批准的基因治疗方案中，70%以上是针对肿瘤的。肿瘤产生的分子机制主要有以下几方面：①细胞中原癌基因和抑癌基因的表达失衡，导致正常细胞的恶性转化；②肿瘤细胞可能通过某些作用机制，逃脱机体免疫系统的监视或破坏机体的免疫系统；③细胞信号转导网络出现异常，如生长因子、生长因子受体、蛋白激酶和转录因子等重要信号分子和信号转导分子的结构与功能异常，导致细胞的异常增生或凋亡不足。目前，肿瘤的基因治疗方案也正是基于对上述分子机制的干预，如肿瘤的病因性基因治疗、免疫基因治疗等。

1. 肿瘤的病因性基因治疗 肿瘤的病因性基因治疗主要针对细胞中的抑癌基因和原癌基因。

（1）导入抑癌基因或恢复其活性：抑癌基因可以调控细胞的增殖与分化，具有潜在的抑癌作用。目前已知的抑癌基因近 20 种，如 *p53*、*Rb* 等。人类大多数肿瘤中都存在抑癌基因失活现象，因此，将抑癌基因导入肿瘤细胞中表达，替代或补偿有缺陷的抑癌基因是肿瘤基因治疗的常用方案。例如，许多肿瘤中都有 *p53* 基因突变。将野生型 *p53* 基因通过逆转录病毒、腺病毒等导入肿瘤细胞内，不仅可以诱导肿瘤细胞的凋亡，还能抑制肿瘤血管生成相关基因的表达。目前，我国自行研制的重组人 *p53* 腺病毒注射液，对中、晚期喉癌、头颈部鳞癌都有很好的治疗效果。

（2）封闭癌基因的过度表达：许多肿瘤的发生和发展，与某些癌基因的过度表达有关。因此，封闭这些癌基因或者抑制其过表达，也是肿瘤基因治疗的常用手段。常用的基因治疗技术主要有以下两种：①反义 RNA：反义 RNA 一般含 15～30 个碱基，是与癌基因靶序列互补的寡核苷酸序列，目前已被广泛用于抑制多种癌基因的过表达，如 *c-ras*、*c-myc*、*c-myb*、*bcl-2* 等；②RNA 干扰：RNA 干扰（RNA interference，RNAi）技术能特异高效的沉默靶基因的表达，通过将靶基因特异的 siRNA 导入肿瘤细胞，可以抑制癌基因的表达，从而达到治疗肿瘤的目的。

2. 肿瘤的免疫基因治疗 正常机体经常有细胞发生突变，但一般并不会引起肿瘤，这是因为机体免疫系统能识别并特异地杀伤突变的细胞。但是，如果突变细胞逃避了免疫系统的监视，就会形成肿瘤。因此，可以通过重新激活或增强机体的免疫机制来发挥抗肿瘤作用。

（1）细胞因子基因治疗：许多细胞因子在细胞免疫中显示了抗肿瘤的活力。将细胞因子的基因与载体重组后导入受体细胞内，使其在细胞内持续产生细胞因子，可以达到激活和增强机体特异性抗肿瘤免疫反应的作用。近年有人用成纤维细胞作为受体细胞，将不同的细胞因子基因，如 IL-2、IL-4、IL-6、TNF-α 等，分别转染成纤维细胞，筛选分泌细胞因子最多的细胞株，经体外胶原包裹后分别移植到带瘤小鼠体内，对白血病、肾癌、肝癌等模型小鼠都有很好的疗效。

（2）主动免疫基因治疗：CAR-T（chimeric antigen receptor T-cell immunotherapy），即嵌合抗原受体 T 细胞免疫疗法，是一种全新的免疫基因治疗方法。CAR 是一种蛋白质受体，可使 T 细胞识别肿瘤细胞表面的特定抗原，因此表达 CAR 的 T 细胞可识别并结合肿瘤细胞，进而攻击肿瘤细胞，这种表达 CAR 的 T 细胞被称为 CAR-T。通过提取患者体内 T 淋巴细胞，将肿瘤细胞表面的特定抗原受体基因整合到正常 T 细胞基因序列中，形成嵌合抗原受体 T 细胞（CAR-T），就能获得特异性识别和攻击杀伤肿瘤细胞的能力，尤其在急性白血病和非霍奇金淋巴瘤的治疗上有着显著的疗效，成为临床治愈白血病的全新途径。这种新的免疫基因治疗模式已经获得美国食品与药物管理局（FDA）和欧洲药品局的认证，被认为是最有发展前途的肿瘤治疗方式之一。

（三）心脑血管系统疾病的基因治疗

心脑血管系统疾病包括单基因遗传和多基因遗传两类。单基因遗传性心脑血管疾病，如家族性高胆固醇血症、遗传性扩张性心肌病、肥厚性心肌病等，其发生的分子机制已明确，采用基因治疗相对容易，其治疗策略与其他单基因遗传性疾病类似。

但是大多数常见的心脑血管系统疾病，如高血压、动脉粥样硬化、心肌肥厚等，是遗传因素和环境因素共同作用引起的，涉及多种基因的改变，其分子机制尚未阐明，目前基因治疗的疗效也不明确。对这类疾病进行基因治疗，一般可选择的治疗基因有：调节细胞增殖、分化和凋亡的相关基因；调节血管收缩和舒张，促进和抑制血管生长的基因；调控水、盐代谢以及脂代谢的基因等。而靶细胞则多采用血管平滑肌细胞。

（四）艾滋病的基因治疗

艾滋病（aquired immunodeficiency syndrome，AIDS）即获得性免疫缺陷综合征，是由于感染了人免疫缺陷病毒（HIV）而引起的免疫系统缺陷性疾病。

目前，人们已经发展出了多种针对 AIDS 的基因治疗策略。例如，用反义核酸技术封闭 HIV *env* mRNA 的表达；设计针对 *nef* 基因和 *env* 基因序列的核酶，能有效地切割靶序列；采用结构类似物（RNA decoy）的策略与 *tat* 基因和 *rev* 基因结合，阻止调节蛋白与病毒 mRNA 上的茎环结构结合，从而抑制 HIV mRNA 的合成和运输；利用细胞内抗体清除 HIV 外壳蛋白，即将 HIV 外膜糖蛋白 gp120 蛋白的单链抗体基因导入 HIV 感染的细胞，表达后滞留在内质网中，它们与 gp120 蛋白结合，从而阻止成熟病毒颗粒的形成等。但是，AIDS 的各种基因治疗方案还处于试验阶段，有一些方案显示出良好的治疗前景，并已进入临床试验阶段，但还远未达到满意的疗效，有待进一步研究。

五、基因治疗面临的问题与展望

（一）基因治疗面临的问题

1. 基因治疗的理论和技术问题 虽然基因治疗已经部分应用于临床，并获得了一些成功，但大多还处在理论研究和动物试验阶段，依然存在一些亟须解决的问题。例如：①对于许多疾病，尤其是复杂性疾病的分子机制尚未阐释清楚，因此难以制定安全、有效的基因治疗策略；②缺乏高效、安全和靶向性的基因载体和导入系统；③尚未完全阐明真核生物基因表达调控的机制，对基因治疗的过程还不能做到精确掌控，因此治疗过程具有较高的安全性风险；④缺乏准确、有效的疗效评价，因此不能对基因治疗的效果做客观、公正的评价。

2. 基因治疗的伦理学问题 由于体细胞基因治疗引发的伦理争议较少，因此目前的基因治疗主要采用体细胞作为靶细胞。但是体细胞基因治疗只限于当代，其下一代仍可能产生同样的疾病。而生殖细胞基因治疗的效果能够延续给子代，可以从根本上治疗遗传性疾病。由于目前基因治疗的理论和技术尚不成熟，生殖细胞基因治疗具有引发新的疾病及其他潜在风险的可能性，带来严重的社会伦理学问题，因此，各国政府都严令禁止在临床上开展生殖细胞基因治疗。

（二）基因治疗的展望

从 1990 年第一例成功的基因治疗病例开始，对基因治疗的研究和应用已有 20 余年。作为一种全新的治疗手段，基因治疗目前仍处于研究探索阶段，还有许多理论和技术性问题有待深入研究，其潜在的风险也需要时间来检验。但是基因治疗带给临床诊疗的革命性变化已初显峥嵘，其在肿瘤、遗传性疾病等重大疾病治疗中的作用和潜在价值也已为全世界所重视，已经成为近年来发展最为迅猛的医疗领域之一。我们有理由相信随着人类科学技术的发展，基因治疗的研究和应用也将不断取得突破性进展，为实现人类未来的个性化治疗、精准化治疗和预防性治疗奠定坚实的基础。

（王建东　王玉明）

思 考 题

1. 基因诊断的基本策略是什么？常用的技术方法有哪些？
2. 基因诊断在临床上有何应用？请举例说明。
3. 基因治疗的策略有哪些？可以分为哪几类？
4. 试述基因治疗的基本步骤。
5. 基因治疗在临床上有何应用，又面临哪些问题？

参考文献

成军. 2014. 现代基因治疗分子生物学. 第 2 版. 北京：科学出版社.
冯作化，药立波. 2015. 生物化学与分子生物学. 第 3 版. 北京：人民卫生出版社.
黄诒森，张光毅. 2012. 生物化学与分子生物学. 第 3 版. 北京：科学出版社.
贾弘禔，冯作化. 2010. 生物化学与分子生物学. 第 2 版. 北京：人民卫生出版社.
李刚，马文丽. 2013. 生物化学. 第 3 版. 北京：北京大学医学出版社.
倪菊萍，郑戈萍，刘观昌. 2014. 医学生物化学. 第 4 版. 北京：科学出版社.
屈伸，冯友梅. 2009. 医学生物化学与分子生物学. 第 2 版. 北京：科学出版社.
宋方洲. 2014. 生物化学与分子生物学. 北京：科学出版社.
孙明. 基因工程. 2013. 第 2 版. 北京：高等教育出版社.
万福生，揭克敏. 2010. 医学生物化学. 北京：科学出版社.
王镜岩，朱圣庚，徐长法. 2007. 生物化学（下册）. 北京：高等教育出版社.
王廷华，张连峰，董坚. 2015. 基因沉默理论与技术. 第 3 版. 北京：科学出版社.
王玉明. 2011. 医学生物化学与分子生物学. 北京：清华大学出版社.
吴士良，魏文祥，何凤田，周泉生. 2014. 医学生物化学与分子生物学. 第 3 版. 北京：科学出版社.
姚文斌. 2011. 生物化学. 第 7 版. 北京：人民卫生出版社.
尹一兵. 2007. 分子诊断学. 北京：高等教育出版社.
尹一兵，倪培华. 2015. 临床生物化学检验技术. 北京：人民卫生出版社.
查锡良. 2007. 生物化学. 第 7 版. 北京：人民卫生出版社.
查锡良，药立波. 2013. 生物化学与分子生物学. 第 8 版. 北京：人民卫生出版社.
张景海. 2011. 药学分子生物学. 第 4 版. 北京：科学出版社.
张玉斌. 2015. 生物化学与分子生物学. 北京：人民卫生出版社.
郑杰. 2014. 肿瘤的细胞和分子生物学. 北京：军事医学科学出版社.
中华医学会感染病学分会艾滋病学组. 2015. 艾滋病诊疗指南第三版（2015 版）.华临床感染病杂志，8（5）：385-401.
周克元，罗德生. 2010. 生物化学（案例版）. 第 2 版. 北京：科学出版社.
B.J. Reinhart，F.J. Slack，M. Basson，A.E. Pasquinelli，J.C. Bettinger，A.E. Rougvie，H.R. Horvitz，G. Ruvkun. 2000. The 21-nucleotide let-7 RNA regulates developmental timing in Caenorhabditis elegans. Nature，403（8772）：901-906.
David L. Nelson，Michael M. Cox. 2013. Lehninger Principles of Biochemistry，6th Edition. New York：W.H.Freeman & Co Ltd.
DeVincenzo J，Cehelsky JE，Alvarez R，et al. Evaluation of the safety，tolerability and pharmacokinetics of ALN-RSV01，a novel RNAi antiviral therapeutic directed against respiratory syncytial virus (RSV). Antiviral Res. 2008；77(3)：225-231.
Eugene C. Toy，MD，William E. Seifert，JR.，PHD. 2007. Case Files™ Bioche-mistry.
Jun Ma. 2010. Gene Expression and Regulation. Springer-Verlag New York Inc.
Kapranov P，Ozsolak F，Kim SW，et al. New class of gene-termini-associated human RNAs suggests a novel RNA copying mechanism. Nature，2010；466（7306）：642-646.
R.C. Lee，R.L. Feinbaum，V. Ambros. 1993. The C. elegans heterochronic gene lin-4 encodes small RNAs with antisense complementarity to lin-14. Cell，75（5）：843-854.
Robert K. Murray，Daryl K. Granner，Victor W. Rodwell. 2010. 哈珀图解生物化学（Happer's illustrated biochemistry）. 第 27 版. 北京：科学出版社.
Suming Huang，Michael D Litt，C. Ann Blakey. 2015. Epigenetic Gene Expression and Regulation. Academic Press.
Victor W. Rodwell，David A. Bender，Kathleen M. Botham，Peter J. Kennelly，P. Anthony Weil. 2015. Harper's Illustrated Biochemistry，30th Edition，New York：McGraw-Hill Publishing Company.

索　引

F

G

K

L

M

N

P

R

S

T

W

其他

其他